智能设计·数字建造·智慧运维

2022计算性设计学术论坛暨中国建筑学会计算性设计学术委员会年会论文集

东南大学建筑学院
东南大学建筑设计研究院　编著

东南大学出版社
SOUTHEAST UNIVERSITY PRESS
·南京·

图书在版编目(CIP)数据

智能设计·数字建造·智慧运维：2022 计算性设计学术论坛暨中国建筑学会计算性设计学术委员会年会论文集 / 东南大学建筑学院，东南大学建筑设计研究院编著. —南京：东南大学出版社，2023.2

ISBN 978-7-5766-0510-5

Ⅰ. ①智… Ⅱ. ①东… ②东… Ⅲ. ①建筑设计—计算机辅助设计—文集 Ⅳ. ①TU201.4-53

中国版本图书馆 CIP 数据核字(2022)第 241786 号

责任编辑：戴丽　魏晓平　责任校对：韩小亮　封面设计：张琪岩　黄瑞克　宣姝颖　邹雨菲
责任印制：周荣虎

智能设计·数字建造·智慧运维

Zhineng sheji · Shuzi Jianzao · Zhihui Yunwei

编　　著：东南大学建筑学院　东南大学建筑设计研究院
出版发行：东南大学出版社
社　　址：南京四牌楼 2 号　邮编：210096　电话：025-83793330
网　　址：http://www.seupress.com
电子邮件：press@seupress.com
经　　销：全国各地新华书店
印　　刷：广东虎彩云印刷有限公司
开　　本：700mm×1 000mm　1/16
印　　张：48
字　　数：1 022 千字
版　　次：2023 年 2 月第 1 版
印　　次：2023 年 2 月第 1 次印刷
书　　号：ISBN 978-7-5766-0510-5
定　　价：290.00 元

本书编委会

目　录

第一章　数控建造与结构形态设计

第二章　生成设计与优化

第三章　建筑信息模型

第四章　人工智能与设计

第五章　大数据与空间评估

第六章　基于环境性能的设计研究

第七章　虚拟仿真

第八章　保护更新中的数字技术

第九章　智慧运维

第十章　可持续性与智能化设计工作流

第一章

数控建造与结构形态设计

感知、生形、优化、建造

——多姿态融合的设计方法研究

丁相文[1]　李浩威[1]　李可可[1]　吴　昊[1]　袁　烽[1*]

（1. 同济大学建筑与城市规划学院，上海市 200092，philipyuan007@tongji. edu. cn）

摘要

定制化是后工业时代的新生产模式。传统工业生产方式在定制层面，面临着数据采集工作量大、定制化生产成本高等问题。借助大数据驱动和深度学习算法，能有效降低信息采集的难度与成本，提高针对个体数据采集的精确度，完成真正的针对个体的精确定制。本文提出了一个针对个体的多姿态座椅定制工作流：借助 OpenPose 等深度学习算法与 Grasshopper 等参数化设计平台，将用户输入的人体坐姿照片生成为容纳个性化坐姿的座椅模型。本工作流将深度学习算法打包，将数据采集与处理、定制交互的全过程集成在 Grasshopper 平台上，简化了数据收集过程，提升了用户体验。本工作流为大数据驱动的精确定制化语境提供了一个完整的工作流实例，是以数据驱动设计为主要方法的数字设计新范式下的一个探索性对话。

关键词：定制化；姿态识别；多平台协同；深度学习；工作流程

Keywords：Customization；Posture recognition；Multi-platform collaboration；Deep learning；Workflow

项目资助情况：国家自然科学基金联合基金集成项目（U1913603）；上海市科学技术委员会项目（21DZ1204500）；住房和城乡建设部科学技术计划项目（2021－R－085）

引言

定制化（customization）这个名词的出现，与标准化（standardization）的产生密切相关。工业革命以后，社会生产力得到了大幅度提升。随之而来的是取代传统手工生产的大机器生产：一条条工业流水线将相同的、标准化的产品输送到千家万户。这样的生产方式深刻地影响了每一个个体对生产的理解及对自身的认知。定制化的出现往往与每一个个体用户的个性化数据相关。选择什么样的数据供定制化流程使用取决于具体定制的对象。本文试图探讨将个性化的人体姿态作为数据的定制化工作流程，借助对多姿态融合的探讨，试图提出数字化定制的新范式。

1 定制化与人体姿态的研究

在这里定制化最早起源于服装领域，更为准确地说是萨维尔街的“全定制”西装（bespoke），全称为“to be spoken”，即“为个别的客户量身剪裁，定制西装”。其体现了关于定制化的核心特点：对个体的数据及个体差异的精确收集。而当定制化真正成为产业，其所要直接面对的是对于海量用户个体差异数据的收集与处理。故在社会的数据收集与分析能力还处在较低的阶段时，“定制化”并不能真正地涵盖详尽的个体差异，仍然对“特定群体”进行批量生产。

1.1 定制化的矛盾与探索

法国社会学家让·鲍德里亚在《消费社会》[1]一书中，将这一现象称为“差异化的工业垄断性集中”（monopoly concentration of the production of differences）。这一论述深刻地揭示了定制化与工业化生产之间的矛盾，是无法完全获取用户的细微差异，导致对于用户的进一步分类化与模型化。消弭这一矛盾，需要依赖相关技术的革新。

自1980年代大批量定制（mass customization）的概念被提出以来，人们试图以各种各样的方式突破定制化与批量生产之间的矛盾。最早，家具公司设置若干种模块进行模块选择定制；Y. H. Chen 等[2]提出用户调整具体产品信息的数据调整定制工作流；Laura Trautmann[3]借助计算机力学模拟软件，完成了通过输入个体信息进行产品生成的定制工作流；如今，张周捷[4]借助力学传感器，完成了即时收集身体数据用于定制的工作流。

可以看出，定制化的过程慢慢地从广泛的、模度化的过程演变为具体的、精确的过程，随之而来的是数据收集与处理复杂性的提升。如何便捷而准确地收集用户端的数据，成了大批量定制新阶段所要考虑与解决的核心问题。大数据时代与深度学习算法的发展，为这一问题提供了新的答案。如今的工作流可以通过收集用户部分身体信息，借助深度学习模型对其余身体信息进行预测模拟。实现降低信息获取端所需的精度、提升信息处理端的产出完整度的目的，其便于降低对用户数据精确收集的难度，弥合定制化与工业生产之间的矛盾。

本文所提出的面对多姿态融合的新型工作流，借助照片的输入即完成对用户数据的采集，并简化了用户的参与方式，试图完成从参数化定制向数据化定制的范式转变。

1.2 姿态研究简述

对于人体姿态识别与获取的研究经历了从单一姿态、复合姿态，进而转化为多姿态的动态过程。如何将人体姿态作为设计的核心点与落脚点，完成针对多姿态融合的设计方法研究是本篇论文的核心内容。由于人的身体姿态由骨骼位点的相对位置决定，且所有人的骨骼结构并无二致，人的身体姿态就有了被记录与编码的可能。1955年，

Benech 将自身发明的用于记录舞蹈动作的 Benech 记谱法用于所有动作的记录领域，这让人类各种形式的运动有了进行美学与科学研究的可能性。美国景观建筑师 Lawrence Harplin 基于这样的记谱法衍生出了 Motation System 方法，即以编码的形式记录人体的行为轨迹，介入对运动环境的设计[5]。

在包豪斯时期，奥斯卡·施莱默（Oskar Schlemmer）以舞蹈服装作为媒介，以更具象的方式探索人体姿态与舞台空间的关系。他在剧目中为不同的演员定制不同的服装，通过服装这一“空间”，达到对人体动作的限制。服装成了对人体姿态的一种阻碍或是“规训”。他通过设计以不同方式限制人体的服装，实际上设计了人体姿态轨迹所呈现的“虚拟空间”[6]。

基于定制化和人体姿态两个话题的相关研究，本文试图将对人体姿态的研究与描述加入定制化流程的数据收集之中，并提出了以下的工作流程：运用深度学习算法将照片所转换的姿态模型作为输入端的数据，借助 Kangaroo、Karamba[7]、Biomorpher[8] 等软件进行椅面生形、结构优化，最终生成一把椅子。本文将整个椅面设计流程分解成生形、优化等若干工作阶段，并在每个工作阶段中加入与用户交互的内容：用户可以亲身参与到设计流程的每一个环节，并按照自身的喜好调整椅面形态数据。

2 工作方法介绍

由于组件之间互相固定的角度可变，因此由组件构成的椅子通常具备能够容纳多姿态的潜力(如正常坐姿、躺姿等)。能否让一个连续打印体容纳多姿态是这把椅子想要回答的一个潜在命题。为了使椅子精确地面对具体的身体姿态，用户身体数据的获取需要尽可能详细与精确。为了使椅子能够舒适地包裹人体，我们需要找到合适的曲面生成方法，并保证其对身体的包裹性可以被量度。为了让椅子本身能够承担身体的荷载且不至倾覆，椅子需要被进行结构验证和倾覆状态分析。同时，我们还需要保证椅子在符合结构要求的前提下能够尽可能轻薄，以期使用较少的材料。最后，整个流程需要设置尽可能多的用户参与接口，为用户提供更多个性化的选择。

为了达到以上的目的，本文选择 OpenPose[9] 姿态识别算法与 SMPL-X[10] 代理人生成算法完成用户数据端的输入。这两个算法的组合可以配合完成输入人体照片转化为代理人模型的过程，即第一步，对于基本人体数据的采集与处理。本文通过 Kangaroo 力学插件完成对身体的包裹性生形，其可以通过设置参数网布，调节网布的弹力改变其包裹身体的程度，并对身体和曲面之间的距离进行测量，即第二步，生成曲面的雏形并提供量化的衡量标准。本文通过 Karamba3D 对曲面进行有限元分析和外力作用下的倾倒测试，结合 Biomorpher 进行多目标优化，保证其能在形变量可控的状态下整体较为轻薄，并进行以下实验。

本实验模拟了工作流的整套流程（图 1）：首先从 Pinterest 网站中检索若干人体坐姿

图片，作为输入数据。经过 OpenPose 与 SMPL-X 的计算得到若干与照片姿态一致的代理人模型。其次，按照一定的参数（Kangaroo 的曲面贴合度调整参数，椅子的高度、宽度以及椅面的整体厚度范围需要调整的各项参数）设置，并选择整体式底座方向进行椅子的生成。通过塑料层积打印的方式对一体化方向的椅子进行了试验打印。最后，通过人体试坐、姿态重现等方式对打印成椅进行了承载力与舒适度的实验验证。

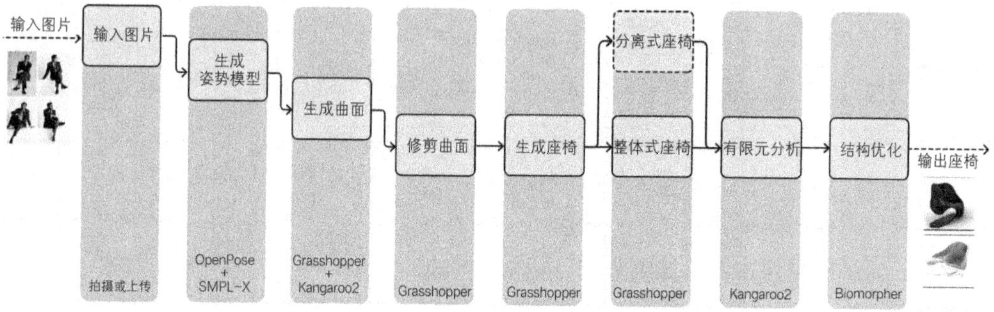

图 1 工作流示意图

本工作流将深度学习算法引入定制工作流中，通过对于人体照片的姿态识别，完成对个体差异化数据的收集，大大减轻了定制工作流对于差异化信息收集的工作压力。同时，借助收集的人体数据进行座椅的定制。本文更新了原本分级化归类的人体工程学范式，提出了一种针对个体的新人体工学，最后整个工作流程被最大限度地开放给定制方，扩大了用户在全流程定制中的决定范围。

3 从图片到模型的工作流

3.1 从图片到人体模型

计算机技术的发展带来了新的人体姿态研究工具。随着深度学习技术的发展，计算机模型可以通过对大量人体姿态图片与视频的辨识训练，获得其中的人体关节位点并记录相对位置。这一过程被称为姿态识别，主要应用于动画/游戏制作领域，多用于对于现实人体动作的记录。目前较为主流的姿态识别框架有 CMU 开发的 OpenPose 框架，Facebook 公司开发的 DensePose[11] 框架，上海交通大学开发的 AlphaPose[12] 框架等。这些算法都试图解决从 2D 图片获取框架骨骼中存在的潜在问题。

三维人体重建是在计算机中建立人体模型的方式，研究者使用一个三维网格模型将人体数据进行存储。在计算机中所重建的人体模型被广泛应用在动画/游戏/相关影视特效制作等领域。这一方式将大范围的人体工程学数据进行了统计，把不同个体的高矮胖瘦等个性化数据归纳为若干参数。用户可以通过对相关参数的调整，获取不同的人体模型。应用较为普遍的三维人体参数化模型有 Shape、SMPL、SMPL-X 模型等。故本文选择 OpenPose 与 SMPL-X 算法进行协同，通过将已有代理人模型进行局部放缩、局部转动、贴合边缘的方式对2D图像文件进行重建，具体过程如下。

在用户输入一张jpg图片后，OpenPose算法从图片中抓取18个人体关节点，具体为左右眼、鼻子、脖颈、左右肩、左右肘、左右手、左右髋、左右膝和左右脚。经过训练的OpenPose模型会抓取人体的关节点位坐标的相对值，并将它们放缩至标准空间的坐标值以json文件的形式存储。通过对于json文件的读取，我们可以清晰地看到经过算法处理之后的点位坐标和一些基本的人体模型信息。将该json文件与原本的输入图片一同输入SMPL-X模型，即可进行代理人模型的生成。在输入的文件中，jpg图片存储的像素信息被用于确认人体的边缘曲线，json文件用于确定代理人体的关节点位。SMPL-X通过调整控制人体体型的betas矩阵对人体体态进行模拟，同时将身体关节的相对位置与json文件相匹配。矩阵中十个参数的变化即对应着人体高矮胖瘦的不同具体肌肉状态，通过模拟，SMPL-X会得出一个结果相近的代理人模型。模拟完成后，SMPL文件会对人体进行重建，并生成一个obj网格模型进行输出。通过这样的方式，我们通常可以得到一个对照片中人体复原度较高的模型（图2），于是便可以进行下一步骤的曲面贴合找型。

图2 从人体照片生成人体模型

3.2 曲面的生成与切割

Grasshopper是内置于Rhino三维建模软件内的参数化设计平台，其具备C++、VB与Python多种程序语言的接口，在其中构建的模型也可以依赖参数的变化与调整。Kangaroo是内置于Grasshopper平台的力学生形插件，是由丹尼尔·皮克开发的。这一插件借助计算机粒子弹簧模型，对物理世界进行计算机模拟。借助Kangaroo，可以进行张拉膜、弹性布面、倒挂悬链线等多个模型进行计算机模拟，以获取它们在特定受力条件下的形态变化。其作为找型工具被广泛地用于参数化设计领域。

在曲面生成过程中，本流程首先定义人体与座椅曲面之间的关系，然后使用插件

Kangaroo 生成曲面。作为从多姿态的身体生成的曲面，该曲面应当能舒适地容纳相应的姿势。因此，我们希望生成的座椅曲面能尽可能地贴合身体，同时提供前向与侧向冗余度。本文使用 Kangaroo 插件搭建了一个从人体模型生成曲面的物理模型（图 3）。

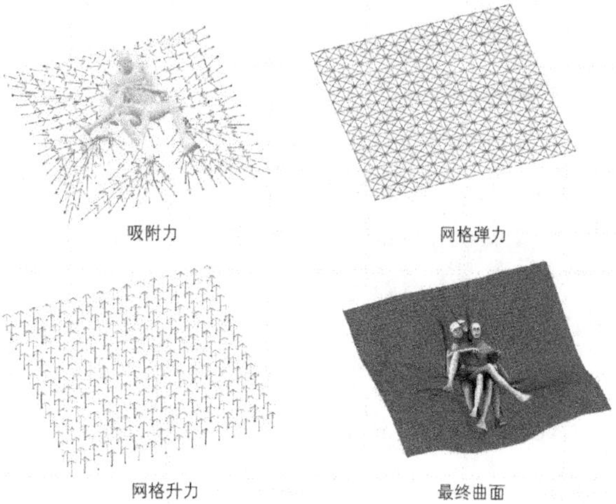

图 3　Kangaroo 物理模型示意图

在这个物理系统中，主要存在四种作用力：网布自身的弹力维持网布的基本形状，升力、展平力使得网布贴近人体并减少褶皱，吸附力使得网布贴合人体形状。形象地说，其作用效果像是用一张磁性的弹力网布包裹人体。本文使用 Grasshopper 中的 Quadremesh 细分工具对网布进行细分重建，以消除柔性网布的褶皱，得到最终的曲面。在这个过程中，各种力的参数与重建精度是根据实验确定的。我们测量了不同的参数条件下曲面与身体表面的偏移距离观察排除掉冗余度过低的情况，并选取出最终的参数组合(图 4)。

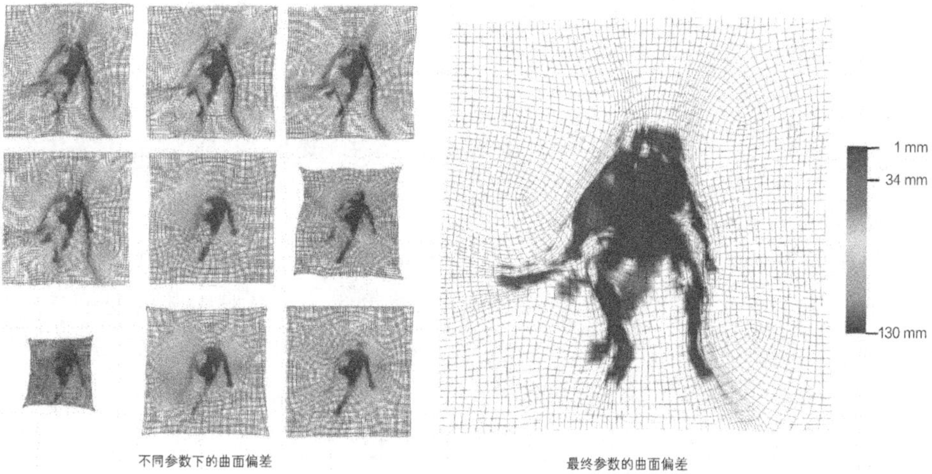

图 4　曲面偏差图

通过参数网布确定贴合程度之后，我们对曲面进行切割（图 5）。座椅曲面切割的方式是基于人体的，出于形式与建造工艺的要求，本工作流希望使用一个光滑的边缘涵盖人体的大部分轮廓。同时，不同用户可能会对座椅支撑的部位有个性化的要求，例如更多的头部或腿部支撑，因此本文也提供了用户个性化调节的方法。我们使用包络算法生成了一个包裹人体模型的网格，其网格外边缘即为大致的人体的平面轮廓，提取曲线的等分点作为人体轮廓点。此后，我们从 SMPL 模型输出的人体关节点位中获取头部点与膝部点，用其替换掉对应位置的人体轮廓点，与剩余的人体轮廓点一并作为控制点构造 nurbs 曲线。最后，使用该曲线的投影对上一步生成的曲面进行切割，得到座椅曲面。在这个过程中，用户可以通过调节头部点与膝部点的位置来控制座椅曲面的边缘，以根据个人需要调整椅面范围。

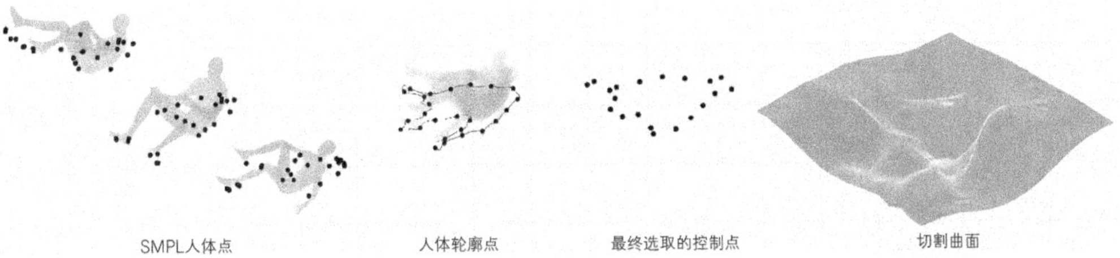

图 5　曲面切割方法示意

3.3　底座生长与实体生成

在获得调整过后的座椅曲面后，本定制工作流提供了生成座椅底座的两种途径，分别是生成整体性底座椅和生成分离式底座椅。

整体式底座（图 6）：在获得切割后的座椅之后，本工作流首先提取座椅面网格的顶点，并按照 x、y、z 方向坐标的绝对值进行重新排序。本文将座椅网格面最下端的顶点作为整体椅子的生成顶点，并将这些顶点作为座椅生成的根节点进行椅面底座的生长，即将顶点按照指定方向偏移，进行网格的重建。默认状态下，座椅会生成高 350 mm、深 400 mm、宽 700 mm 的底座。用户可以根据自身对于坐姿更改的需求进行数据调整。在用户完成数据调整之后，本工作流得到一个完整的、不带厚度的座椅曲面。之后，需要借助 Karamba3D 插件与 Biomorpher 多目标求解插件完成座椅曲面的确定。

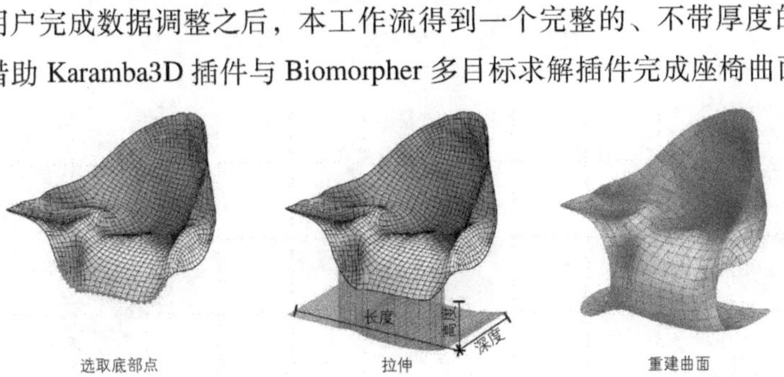

图 6　整体式底座生成过程

分离式底座：曲面需要被设置支撑点以减少曲面的应力，故支架对曲面的支撑点需要被合理布置。第一步（图 7）：使用 Karamba 插件对曲面的受力情况进行分析，具体可分为四步：①设置荷载；②将曲面与人体臀部最近点设置为初始支撑；③计算曲面应力；④选取曲面上应力最大点，添加到支撑点集合中，然后将新的支撑点集代入计算。重复③④步骤，即可得到给定数量的支撑点。验算结果表明，通过这一迭代方法得到的支撑点集，与相同数量的随机分布或均匀分布的点相比，曲面的最大应力与最大偏移量更小。第二步（图 8）：根据曲面支撑点生成底座。将支撑点投影到地面，使用插入点曲线将投影点连接，投影点与支撑点之间错位连接，得到一个杆件体系的底座。在底座生成的步骤中，底座本身可出于形式需要设计不同的生成规则，底座杆件的结构也有进一步优化的空间。但在寻找支撑点的过程中使用有限元迭代的方法，减小了座椅的内力，确保了座椅曲面受力的合理性。第三步：赋予不同属性的曲面一定的厚度。在人的荷载下，座椅曲面的应力是不均匀的，座椅曲面的厚度应当与受力大小相对应，这样也能充分地利用材料。因此，曲面的实体厚度将根据相应位置的应力大小设置。本工作流使用 Karamba3D 对模型进行施加荷载状态的形变模拟，并将物体所受应力状态以色彩的方式显示在物体表面，物体表面颜色越深，相应位置的受力强度也就越大。借助这一特性，物体表面的受力情况可以从 RGB 数据转换为灰度数据，继而具备单一数值，以便将这一数值与椅面的实际厚度区间进行映射。初始条件下这个区间被设置为 2～10 cm，通过 Biomorpher 改变这个区间的上下界，并将每一个结果输入 Karamba 进行结构强度验证，以形变量的大小对其进行排序。由于区间总体厚度和结构强度之间呈正相

图 7 分离式底座支撑点与偏移量分析

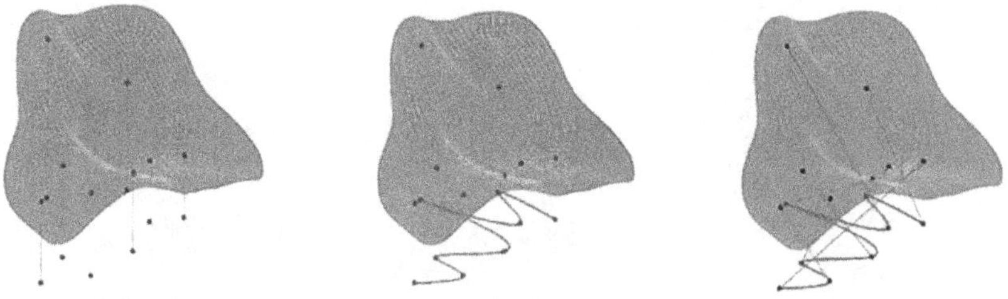

图 8 分离式底座生成过程

关，因此厚度因素也需要被加入考量，而过于厚重的结构显然不是设计的目的。我们通过对结果的人工筛选，选择出较为轻薄，但结构强度可行的椅面，作为最终选择。

3.4 稳定性校验

稳定性检验是座椅打印前的检验步骤，这一步骤使用 Kangaroo 模拟座椅是否会倾倒。本文参考了家具座椅稳定性测试标准[13]。在 Kangaroo 的物理模型中将座椅设为刚体，按标准中实验方法加载荷载，分别检验其前倾、后倾、侧倾稳定性。如图 9 所示，示例座椅在相应荷载下保持稳定状态。若座椅不满足稳定性要求，则需要增加底座宽度与长度或进行其他的手动调整。

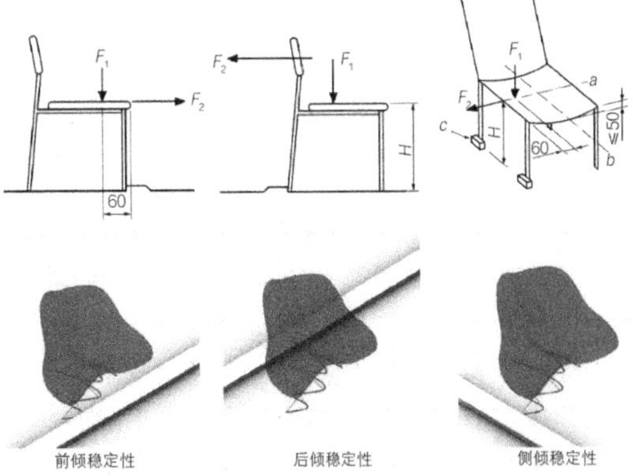

图 9 座椅稳定性检验

3.5 打印制造

本文选择整体式座椅进行打印制造方向的探索。通过 Grasshopper 平台搭载的 FURobot 插件，将电子模型按照层间距 3 mm 进行切割和重连接，生成机器人的打印路径。将整个路径切分成若干点位作为机器打印过程的打印头方位坐标，输入机器人即可完成打印。

由于层积打印的连续性需求，因此椅子的侧面是打印过程中唯一的可能基面。又由于椅子的侧面并不是平整面，无法进行直立打印，因此先参照座椅的负形打印了基座，并在此基座的基础上进行了整体椅子的打印（图 10）。

图 10 座椅打印成品

结语

本文提出并实践了一种定制化座椅工作流。该设计概念是用户能通过输入人体照片与偏好选择，生成能容纳与反映个人体型与个性坐姿的椅子。该工作的特点在于利用深度学习算法极大地降低了用户数据的收集成本，借助参数化设计平台与 3D 打印技术减轻了定制化设计与制造的工作量。座椅在过去的工业生产线中往往作为标准化的产品出现。本工作流重新建立了座椅与身体的连接，使其成为身体的形式表达。本文借此探索未来工业生产由标准化向定制化转变的可能性。

回到建筑学语境，关于多姿态融合的设计方法在当今时代也有其创新意义：其提供了一种新的人体介入设计的范式。同时，这种与身体尺寸、动作的强关联性设计，指向了一种兼具极小与舒适两种可能性的新空间。对于身处疫情时代的人类而言，这样的空间本体也值得被进一步挖掘与讨论。

参考文献

[1] 鲍德里亚. 消费社会[M]. 4版. 刘成富,全志钢,译.南京：南京大学出版社，2014.

[2] CHEN Y H. A web-based fuzzy mass customization system[J]. Journal of Manufacturing Systems, 2001, 20(4): 280-287.

[3] TRAUTMANN L. Product customization and generative design[J]. Multidiszciplináris Tudományok, 2021, 11(4): 87-95.

[4] 张周捷. Triangulation 系列椅子[J]. 缤纷，2013(S1)：160.

[5] MERRIMAN P. Architecture/dance: choreographing and inhabiting spaces with *Anna* and Lawrence halprin[J]. Cultural Geographies, 2010, 17(4): 427-449.

[6] PRESTON C J. Modernism's dancing marionettes: Oskar Schlemmer, Michel Fokine, and Ito Michio[J]. Modernist Cultures, 2014, 9(1): 115-133.

[7] PREISINGER C. Linking structure and parametric geometry[J]. Architectural Design, 2013, 83(2): 110-113.

[8] HARDING J, BRANDT-OLSEN C. Biomorpher: interactive evolution for parametric design[J]. International Journal of Architectural Computing, 2018, 16(2): 144-163.

[9] CAO Z, SIMON T, WEI S H, et al. Realtime multi-person 2D pose estimation using part affinity fields[C]//2017 IEEE Conference on Computer Vision and Pattern Recognition (CVPR). Honolulu, 2017: 1302-1310.

[10] PAVLAKOS G,CHOUTAS V,GHORBANI N,et al. Expressive body capture:3D hands,face,and body from a single image[C]//2019 IEEE/CVF Conference on Computer Vision and Pattern Recognition (CVPR). Long Beach,2019:10967-10977.

[11] GÜLER R A, NEVEROVA N, KOKKINOS I. DensePose: dense human pose estimation in the wild[C]//2018 IEEE/CVF Conference on Computer Vision and Pattern Recognition. Salt Lake City, 2018: 7297-7306.

[12] FANG H S, XIE S Q, TAI Y W, et al. RMPE: regional multi-person pose estimation[C]//2017 IEEE International Conference on Computer Vision (ICCV). Venice, 2017: 2353-2362.

[13] European committee for standardization. Furniture-Seating-Determination of stability(EN1022)[S]. Belgium: CEN-CENELEC Management Centre.

图片来源

图1~10:作者自绘.

流体画艺术的数字加工实验

张　帆[1]　刘小凯[1*]　赵冬梅[1]

（1. 上海交通大学设计学院建筑学系，上海市 200240，sukerliu@sjtu. edu. cn）

摘要

本文从建筑学数字化模型实验室的建设和运行情况谈起，探讨了网络代加工影响下，建筑学实验室如何走出纯加工的局限，利用数字化加工设备的特点，进行更多元的创新实验研究。本文以流体画的多种数字创作形式的设计与实践为例，利用 Grasshopper 参数化设计软件对创作对象进行计算性转化，将图像语言转译为机器语言，运用激光切割机、CNC 雕刻机等常用数字化加工设备为主要创作工具，完成数字与手工相结合的艺术创作，以实例探索数字加工设备在艺术创作领域的可能性。这一创作实验试图为建筑学实验室的转型提供思路，借此展望建筑学实验室在数字化技术快速发展下多领域结合的前景。

关键词：建筑学实验室；数字加工；流体画艺术；Grasshopper

Keywords：Architecture laboratory；Digital fabrication；Fluid art；Grasshopper

引言

模型实验室是建筑院校必备的功能空间，为学生进行模型的设计与制作提供场地和设备条件。但随着国内互联网和物流的快速发展，各类网络代加工服务的出现，实验室的传统加工功能逐渐弱化，出现了使用率下降等情况。在软硬件迅速发展的时代背景下，多样的数字化技术为设计领域提供了丰富的途径，建筑设计也越来越多地呈现出多学科结合的特点。计算性艺术作为建筑学教育新兴的研究领域，相比较一些参数化的临时建筑，其以易实现、小型化的特点，更容易成为探索计算性设计实体转化的试金石。

在此背景下，本文以上海交通大学设计学院建筑学系实验教学实践为例，尝试通过计算性艺术的创作，对建筑学实验室的设备进行重新改造利用，为建筑学实验室的转型提供思路，借此展望建筑学实验室在数字化技术快速发展下多领域结合的前景。

1　背景

1.1　模型实验室的困境

相较于高校模型实验室，网络代加工服务在模型加工方面拥有一定的优势：

（1）加工精度高。受市场竞争的影响，代加工服务所能提供的选择较多，设备更新也较快，而高校实验室无论在采购制度还是设备报废制度方面都受到了较大的约束，设备的更新迭代较为滞后。因此，网络代加工的材料或定制模型在精度和质量上一般更高。

（2）完成度高。通常加工企业在人员配备方面也高于高校模型实验室，相应的专业技术人员会对模型文件进行检查、修整和加工后的打磨等。相应的服务在校内是较难实现的，因此对于学生而言，这些附加的服务既提高了效率又实现了较高的完成度。

（3）时间成本低。模型实验室的设备数量有限，学生需要通过预约排队才能使用加工设备，在高峰期，实验室容量未必能满足全部学生的需求。相对而言，代加工所能提供的服务相对稳定，时间安排相对可控。

综上所述，与网络代加工服务相比，高校模型实验室在纯加工方面不具备优势，且经过调研，国内各院校实验室确实受其影响，使用率大幅降低，因此实验室面临着走出纯加工模式、实现更多元的转型。

1.2 基础美术教学与实验室的结合

美术课程是建筑学专业的基础课程，随着世界建筑业的发展，建筑学教育理念和体系不断改革，美术课程在专业学习中的定位发生着巨大的变化。美术教学的内容与形式也顺应其发展趋势进行了多轮的变革，从传统手绘向综合材料创作、数字艺术等更多元的创作形式发展，这正是实验室介入美术教学的契机。因此在网络代加工盛行以及美术课程改革的双重背景下，上海交通大学设计学院建筑学创新实验中心尝试将数字技术与美术教学相结合，在形态的数字生成、数字加工、材料研究等多方面为艺术创作提供技术支持，同时也为启发新的艺术创作形式提供更多可能性。

1.3 数字艺术创作形式

随着科学技术的高速发展，数字艺术已经成为日常生活中极为普遍的艺术形式，如数字绘画、数字灯光秀、数字动画等。“数字媒体艺术可以定义为数字艺术作品本身，又可以定义为利用计算机和数字技术来参与或者部分参与创作过程的艺术。”[1]数字艺术的概念非常宽泛，当下的科学技术手段可以实现的艺术创作形式也非常多样。

本文中的数字艺术创作主要聚焦于运用基于 Rhino 平台的 Grasshopper 参数化设计等数字软件进行形态的设计生成和算法的优化，解决设备运用于艺术创作时面临的技术局限和问题，并进一步运用软件将形态转译为机器语言，最后利用激光切割机、CNC 雕刻机等常用数字化加工设备结合手工完成作品实体的创作。

2 流体画的数字创作形式

流体画颜料是一种丙烯颜料与媒介剂相融合的材料，其运用水油不合的原理在画面中实现丰富的色彩肌理，而流动性较强的特性又能使画面形成一定的动感。流体画的创作形式较为特殊，可用泼甩、吹风、旋转等各种形式进行创作，画面抽象且表现力丰富。相较于传统绘画，流体画在形式上不拘于细节，对于创作者的绘画功底要求较低，这一特点对于美术零基础的建筑系学生而言是极大的优势。其画面表现丰富，容错率高，学生易于把握。基于以上特点，本文选择将流体画作为实验的创作形式。

流体画的创作方法非常多样，可以结合不同的工具如滴管、花纹漏斗等以形成丰富的肌理，但目前流体画常见的创作大多采用手工的方式，控制随机，具有一定的偶然性。而本文尝试利用建筑学实验室的激光切割机、CNC 雕刻机等数字设备对颜料流向进行精准的控制，在画面中呈现出精确动势与偶然性肌理相结合的特点，具有一定的原创性。

3 流体画创作案例

3.1 激光切割机与流体画创作

激光切割设备是模型实验室最基础的设备之一，其两轴精准移动的特点为绘制精准的几何图案提供了可能，因此实验通过对激光头的简单改造实现导流和增料的功能，从而完成创作。

3.1.1 导流创作

创作以多色叠加的流体画颜料为原料，将调配好的颜料满铺油画布作为创作的载体，将硬质画笔固定于激光头，通过激光头的两轴移动，实现画笔在画面上预设的轨迹，在轨迹的行进过程中，流体颜料受其影响进行流动，最终完成作品的创作。创作的主要难点在于在设备特征影响下对轨迹进行设计，由于激光切割设备为两轴设备，激光头的运行均为平面运动，所有运行轨迹（包括设计的路径及空程路径）都会在画面中有所呈现，因此创作中须保证运行轨迹连续以避免空程轨迹影响画面的完整性，即需要将画面转化为一段连续的线条。连续线的生成采用了两种方式：一是通过软件直接生成连续几何线；二是通过编程将图像直接转化为一笔画，从而形成更多样的形态。

作品 1（图 1）的创作方式采用 Grasshopper 直接生成连续几何线，以规律的螺旋线为轨迹，以突出精准的机械控制与流体颜料的随机肌理相对比并交织的效果。轨迹的设计除了符合一笔画的原理之外，由于设备运行的起始点为图面的右上角，因此须通过简单的编程设定线条的起始点为外圈，由外及内绘制以避免不必要的运行轨迹。

作品 2（图 2）的形态生成则采用软件计算生成的方式，利用 Grasshopper 的 Kangaroo 功能对图像进行一笔画线条转化（图 3），具体步骤如下：

（1）在图像范围内，预先绘制一条曲线，并取足够密集的等分点，为每个等分点设置防御范围，可以利用 Kangaroo 的 ImgCircles 来设定范围的半径值。

（2）按等分点的坐标读取图像的色彩（亮度值），并依据等分点的亮度为防御范围半径值，重新进行等分点的分布计算，亮部区域的点的防御半径大，空间分布的点的数

图 1 流体画作品 1

图 2 流体画作品 2

图 3 图像的线条转化

量就较少，暗部区域的点的防御半径小，数量相对较多，可以初步表现图像的轮廓。

（3）进行 Kangaroo 的 ImgCircles 点碰撞算法，为了避免点和点之间的连线出现交叉，点的数量随着长度的增加逐步增加，以保证曲线的精度。

除此之外，丹尼尔·皮克（Kangaroo 的开发者）也提供了对图片进行一笔画绘制的其他思路，比如通过调整网格中的张力来实现线条的疏密分布，通过线条的首尾相连即可形成一笔画效果。

3.1.2 增料创作

增料创作是基于画布载体的设计与制作，结合激光切割机的运行轨迹将稀释的颜料按照设定好的路径匀速洒落在画布上的创作。为打破激光切割机二维操作的局限性，创作从画布的三维化作为突破，制作石膏体块以形成画面的凹凸肌理，从而实现流体画颜料滴落在不同表面所形成的丰富肌理（图 4）。

创作的第一步为三维体块的设计与制作，利用 Voronoi 的 3D 算法进行多面体块的生成。Voronoi 的通常生成方式依据范围内的随机点分布，由于随机点的分布并不均匀，会造成拆分后的多面体块大小有差异，因此算法聚焦于对 Voronoi 体块的优化。体块设计采用了劳埃德算法（Lloyd’s algorithm，也称为 Voronoi 迭代或 Voronoi 松弛），是一种在空间的子集中找到均匀间隔的点集，并将这些子集重新切割为形状均匀的凸面体的算法（图 5），具体在 Grasshopper 中的操作如下：

图 4 流体画作品 3

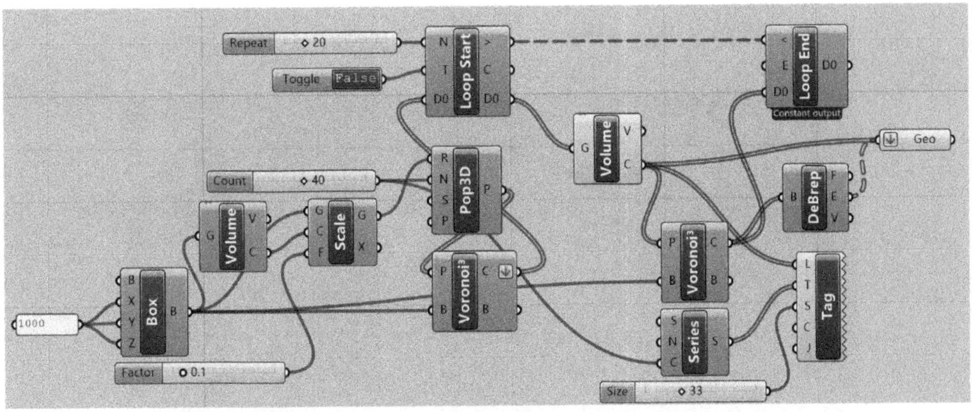

图 5 劳埃德算法程序

（1）在设定的立方体范围内，生成缩小的立方体，并在体块内生成随机点，以这些聚合在一起的点为控制点和大的立方体为边界形成 Voronoi 体块（图 6）。

（2）对初始的 Voronoi 体块取形心，以新产生的形心为控制点和大立方体为边界作为下一代 Voronoi 体块生成的依据。

（3）利用 Aneome 插件对程序进行 20 次左右的循环迭代，最后可以生成体积相对接近的多面体块（图 7），应注意循环的次数不宜过多，以免造成体块过多的相似性。体块设计完成之后，将生成的体块制作成硅胶模具并完成石膏浇筑，再将浇筑完成的石膏体块均匀地粘贴在画布上。此外，将流体颜料按比例稀释并灌装于分液漏斗内，漏斗固定于激光头，颜料随着激光头的运行轨迹滴落在画布上，从而形成重力影响下的图面肌理（图 8）。颜料以精准水平线的方式滴落并分布在画布上，受画布表面凹凸肌理的影响，颜料呈现出随机蔓延的形态，最终的画面则展现出秩序与偶然相结合的韵律，并在三维层面上体现了流体画的流动性。除此之外，在创作中同样需要考虑轨迹的运行原理，采用一笔画的形式以保证作品的完整。

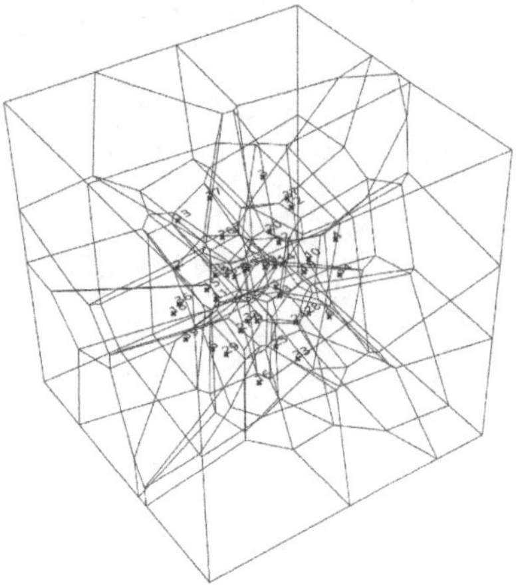

图 6 聚合点形成的 Voronoi 体块

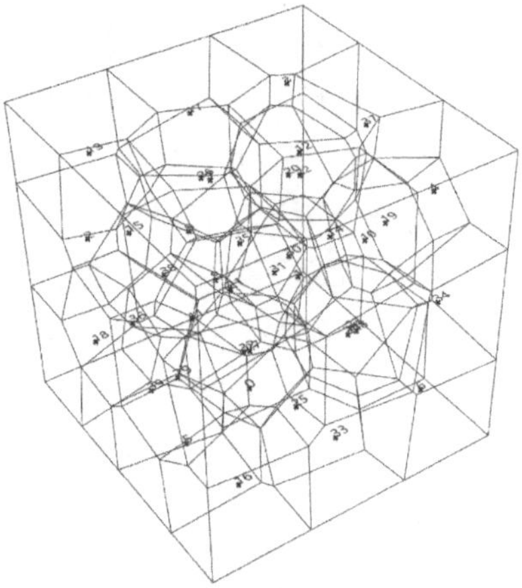

图 7 均匀分布的 Voronoi 体块

图 8 过程照片

3.2 CNC 雕刻机与流体画创作

CNC 雕刻机为三轴的设备，相较于激光切割机增加了在 z 轴上升降的可能，因此创作形式可以不局限于一笔画，有着更多创作的可能，并且钻头的高速旋转也为丰富画面肌理提供了机会。

3.2.1 导流与增料的结合创作

将沾有颜料的硬质画笔固定于 CNC 雕刻机的钻头卡槽内，在铺有底色的画布上绘制设计的图形，使两种颜料在运动中产生交织叠加的效果（图 9）。

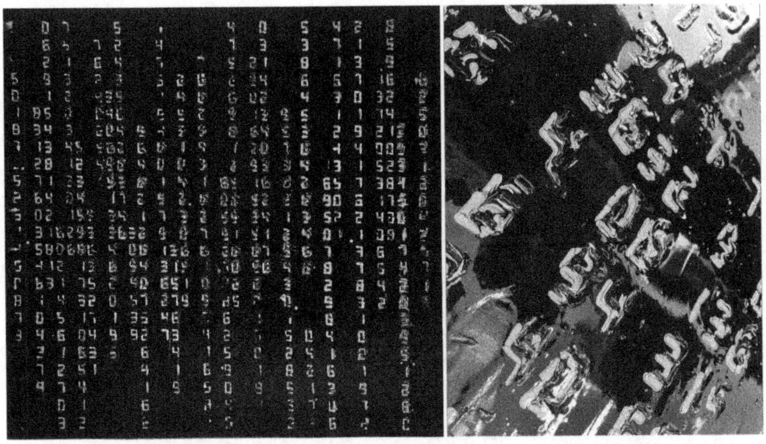

图 9 流体画作品 4

在创作过程中发现，雕刻机受其工作原理的影响，运行速度较慢，且运行轨迹严格按照绘图顺序进行，因此会产生大量无用的空程路径，导致效率极低。创作大幅作品时，低效的运行模式极容易使颜料在作品创作未完成时便已固化成形，因此通过算法优化路径、提高效率成为 CNC 创作的重要环节。具体算法如下：

（1）以随机的方式生成数字，并按网格进行排布（图 10）。

（2）通过 PathMapper 对生成的数据树进行重新编组，生成垂直式的数据结构（图 11），根据表达的需要也可以生成水平式的数据结构，甚至放射形数据结构。

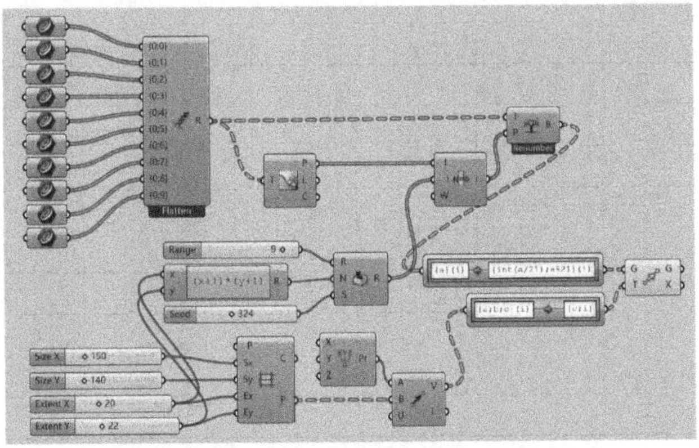

图 10 利用 Grasshopper 进行数据生成和重组

图 11 数字的垂直排列

（3）将最后的数据烘焙后，生成的零散的线会依照数据结构排序，依次生成，删除部分不需要的部分即可生成最终设计。

对于生成逻辑严谨的数据，可以采用上述程序对数据组织方式进行优化，而对于手工绘制的线条，则可以采用设置起始点的方式，依次计算线条离开起始点的距离作为编组依据，从而达到优化路径的效果。

3.2.2 旋转与导流的结合创作

CNC 雕刻机的高速旋转功能为丰富画面肌理提供了可能，将特制的分叉画笔固定于钻头卡槽内，画笔在沿着设定轨迹运动的同时，也会在画面上快速旋转，从而将颜料搅拌形成层次丰富的肌理（图 12），这种细密的层次是手工难以达到的。

图 12 流体画作品 5

小结与展望

本研究借助流体画形式，探索了利用数字加工设备进行艺术创作的可能性。这一创作研究将以技术专长的实验室和以感性为主的美术课程进行结合，为建筑学实验室探索了一个新的研究方向，也为基础美术教学提供了新的教学思路。同时，利用 Grasshopper 这一类数字化设计软件进行形态生成和优化，为精确稳定和重复性强的数字艺术增加了复杂度和不确定性，在某种程度上弥补了手工艺术的不足，为新的数字艺术创作思路提供借鉴和可能。

参考文献

[1] 李四达. 数字媒体艺术概论[M]. 3 版. 北京：清华大学出版社，2015.
[2] 王强. 改进建筑学美术教育的途径[J]. 建筑学报，2009(9)：54-56.

图片来源

图 1、图 2、图 4、图 8、图 9、图 12：作者自摄.
图 3、图 5~7、图 10、图 11：作者自绘.

面向现场移动机器人建造的木构建筑计算性设计方法研究

柴　华[1]　郭志贤[2]　袁　烽[1*]

（1. 同济大学建筑与城市规划学院，上海市 200092，philipyuan007@tongji.edu.cn；
2. 上海一造科技有限公司，上海市 200090）

摘要

移动机器人现场建造为木构建筑建造系统创新提供了新的契机。本文基于移动机器人木构建筑平台，综合考虑建筑系统设计、结构体系、机器人建造技术等多方面内容，开发适用于机器人现场建造的木构建筑系统。本文以板柱式木结构建筑为应用场景，开发了一种由高度分化的木梁网格构成的整体楼板结构。研究采用基于智能体的建模方法（agent-based modelling，ABM）整合结构性能需求与机器人建造约束，通过拓扑优化、基于 ABM 的深化设计等过程开发了一套平面木梁网格计算设计方法，并通过一个大尺度板柱式结构系统的设计实验对设计方法进行测试与分析。与传统的木构建造相比，该建造系统可以被灵活地塑造为多样化的平面网格，打破了木梁系统在跨度和方向上的局限性，有助于推动木结构建筑体系创新发展。

关键词：木构建筑；计算性设计；建筑机器人；现场建造；胶合木结构

Keywords：Timber building；Computational design；Construction robot；On-site construction；Glulam structure

项目资助情况：国家重点研发计划课题（2018YFB1306903）；上海市科学技术委员会项目（21DZ1204500）；博士后创新人才支持计划（BX20220228）

引言

当前，木构建筑实践以工厂预制、现场装配为主要模式，建筑设计采用严格的网格化平面组织和模块划分，在旅馆、学生宿舍、医院等建筑类型中展现出显著优势。木构建筑多采用梁柱结构或板柱结构体系，木梁在跨度和方向上遵循严格的网格划分，在设计自由度方面表现出显著局限性[1]。对于大多数建筑项目来说，建筑需要针对特定场地、功能需求进行定制设计，难以采用标准或模块化的设计策略。与现场建造的钢筋混凝土结构相比，木构建筑在设计灵活性方面远远不足——钢筋混凝土可以被灵活地塑造成几乎任何形状，钢筋则可以在各个方向和跨度上对混凝土进行加固。相比之下，木构建筑领域尚不存在一种大尺度、现场一体化建造的建筑系统。机器人现场移动木构建造平台为解决大尺度、一体化建造的木构建造问题提供了技术可能。本文基于前期研究开发的移动机器人木构现场建造平台，探索与之相适应的现场一体化建造的木构建造系统，为木构建筑提供新的结构系统和建造范式。

1 研究背景

1.1 移动机器人现场建造

为了在非结构化的建筑施工现场进行建造活动，现场建造机器人常配置轮式、履带式移动平台等无固定轨迹限制的机器人，使其能够在现场建造环境中灵活移动，完成多样化的现场建造任务。相关案例包括屋面作业机器人 HILTI Jaibot BIM[2]、墙面涂抹机器人 Pictobot[3]等。此外，分布式或集群建造机器人也为现场组装等任务提供了创新性视角[4]。Leder 等[5]开发的模块化、单轴的多机器人系统通过多机器人之间的团队协作并行处理材料运输、放置和固定等任务，创造了具有新颖美学和性能的木构建造体系。

1.2 机器人建造导向的木构建筑研究

机器人建造技术的进步不仅为传统建筑体系建造带来了高效的解决方案，而且也为新型木构建造体系的发展创造了有利环境。斯图加特大学研发的木板壳结构有赖于机器人铣削加工技术进行批量化的定制加工[6]。Sequential Roof 项目利用桁架机器人系统将小木方组合成特殊的钉接胶合木（nail laminated timber，NLT）结构[7]。机器人木缝纫技术有效地解决了金属连接件对薄木板材的破坏问题，为弹性弯曲木结构提供了新型连接技术[8]。在计算性设计与数字建造的技术框架下，建筑师在设计过程中通过综合考虑整合材料特性、结构性能、几何约束、建造能力等因素，从计算设计和数字建造技术的交互作用中发掘材料系统的创新潜力。

1.3 基于智能体的建筑计算性设计与建造

基于智能体的建模方法能够有效处理复杂约束条件下的设计问题，常被用作一种建筑计算性找形方法。Gerber 等[9]全面梳理了 ABM 用于设计与建造的应用案例。近年来，越来越多的研究开始将基于智能体的建模方法用于建筑计算性设计与机器人建造的一体化集成。Baharlou[10]讨论了将材料与建造集成到基于智能体的设计系统中的可能性。ICD 在 Landesgartenschau 等项目中采用 ABM 算法来设计机器人建造的木板壳结构，其中智能体被用来指代板块和接缝[11]。Vasey 等[12]将 ABM 用于纤维符合结构的设计与建造中。

2 研究目标与方法

2.1 移动机器人木构建造平台

2020 年，同济大学与上海一造科技、斯图加特大学合作开发了机器人木构现场移动建造平台[13]，以履带式移动平台与工业机器人为主要装备系统，集成多功能的木构建造工具，能够满足木材加工的一般需求（图 1）。机器人平台通过视觉系统检测空间中的定位标记，在建造过程中快速得到机器人平台与周围环境的位置关系。

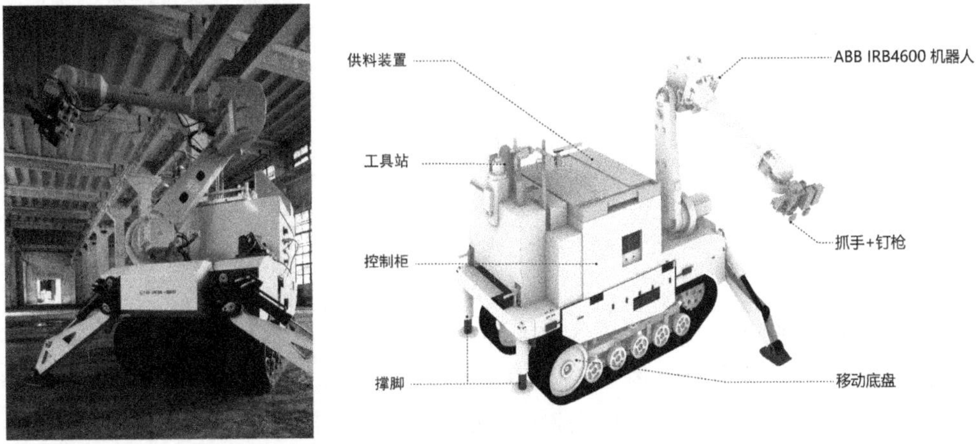

(a) 移动机器人木构建造平台　　(b) 机器人平台构成

图 1　机器人木构现场移动建造平台

2.2　研究目标与方法

本文基于机器人现场移动建造技术，综合考虑建筑系统设计（包括设计、材料、建构等）、结构体系、机器人建造技术等多方面内容，开发适用于机器人现场建造的木构建筑系统。

本文以板柱式木结构建筑为原型，基于移动式机器人建造平台开发了一种由高度分化的木梁网格构成的整体楼板结构。与传统的木构建造相比，该建造系统可以被灵活地塑造为多样化的平面网格，从各个方向和跨度上对木楼板进行加固，打破了木梁系统在跨度和方向上的局限性。采用 ABM 算法整合结构性能需求与机器人建造约束，通过拓扑优化、基于 ABM 的深化设计等过程开发了一套一体化的平面木梁网格计算设计方法，并通过一个大尺寸板柱式结构系统的设计实验进行了系统测试。

3　建造系统

3.1　平面胶合木梁网格

楼板系统由两部分组成，即 CLT 面板和用作结构增强的木梁网格。木梁网格由现场机器人组装的标准化木方组成，木方通过机器人平台的胶水和钉子连接到 CLT 面板上。为了解决在木梁网格在结构性能、建造约束等条件下的综合布局等复杂性问题，本文采用 ABM 算法来协调影响木方布局的不同因素，实现木梁网格的适应性生成设计。

3.2 建造场景设计

机器人运用移动建造的方式来组装平面木梁网格，通过重复抓取、涂胶、放置和打钉的工作流程进行结构组装。木板首先被安装到支撑柱上，机器人通过逐步从木板下方进行木梁网格的组装，将离散的木方形成连续的木梁网格，对楼面板进行增强。预先设立的木板也为机器人提供了一个半结构化的定位和建造环境（图 2）。

图 2 机器人现场建造场景

3.3 建造系统设计

建造系统的设计采用标准化构件，避免在现场进行不必要的减材加工。标准木方可以通过不同的组合形成多样化的木梁建构系统（图 3）。研究以图 3 中选型 A 为例对平面胶合木梁网格设计进行了深入探索。众所周知，木结构中纤维方向和力流的一致性将有效提高木材的使用效率，构件的排布尽可能平行于木梁轴线，从而保证力流可以最大限度地与木纹方向保持一致。该建造系统包括两排平行于中轴线的构件，两排构件之间由垂直于中轴线的横向构件相连接。构件呈多层交错排列，在水平胶接面的位置建立起连续的力流传递。离散的构件组合允许木梁存在分叉与交汇等复杂情况，形成一个多向受力的木梁网格。垂直方向上叠加的层数根据局部结构设计需要而增减。这种建造方式可以用较少的材料实现较大的梁高，同时构件间的缝隙为管线排布提供了空间。

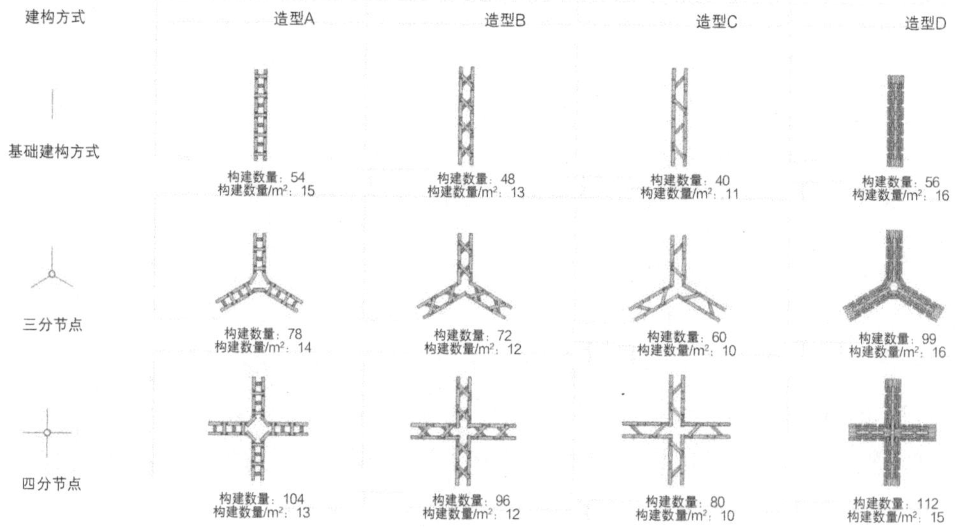

图 3 平面木梁网格构造系统

4 计算性设计

4.1 基于拓扑优化的木梁网格布局

本文采用拓扑优化技术进行木梁的整体布局找形。Grasshopper 插件 tOpos 被用来进行拓扑优化计划。拓扑优化结果以两种形式输出：优化后的网格（mesh）模型，可以作为楼板上材料分布的直观指示；结构模拟数据则用于后续木梁的梁高优化。本文从 tOpos 软件输出的 mesh 模型中提取一系列能够反映材料分布的轴线作为木梁设计的初始轴线。

4.2 基于 ABM 的木梁建构系统深化设计

木梁建造系统的生成，即从木梁轴线生成一个可以利用机器人建造的建造系统的过程，本质上是利用 ABM 算法在设计边界条件、建造约束和材料特性之间不断权衡的过程。由于木梁轴线长度、方向、交接情况各不相同，如何使标准木方沿着木梁轴线排布，并适应轴线交会、分叉等不同情况，是建构系统的设计难点之一。同一层的构件之间需要完全避免碰撞，构件与构件之间的位置关系需要满足建造约束，如平行构件之间的间距由机器人抓手所限制；上下层构件的搭接面积作为胶水黏结面，也是钉枪打钉位置，需要充足的尺寸来进行涂胶和打钉等。

本文开发了一个 ABM 算法以生成木梁建构系统，调整构件布局。ABM 算法开发以木梁轴线的端点集合作为算法中的智能体（agent），智能体之间通过木梁轴线直接链接，每个智能体都与一定数量的其他智能体相连。通过将木方之间的几何约束转换为施加在智能体上的行为，建造系统可以通过点和链接的简化模型来表示。两个相互连接的智能体之间的每个链接代表第一层上两个平行木方的中心线，而上面一层的木方与其下层木方的几何关系可以自动生成（图 4）。

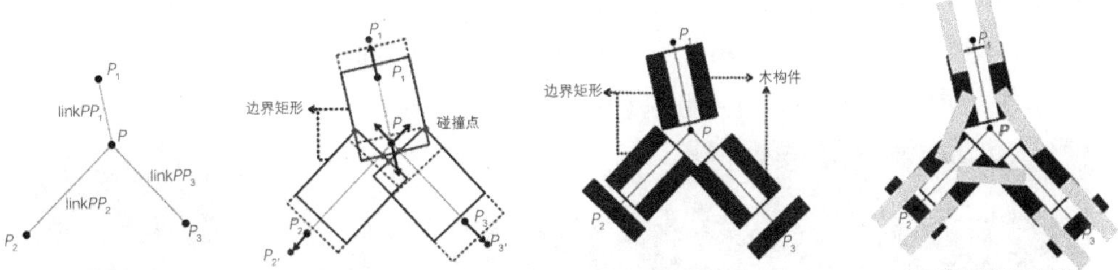

(a) 智能体系统　(b) 智能体行为 2 图解　(c) 智能体系统与第一层木方的几何关系图解　(d) 智能体系统与第二层木方的几何关系图解

图 4 ABM 系统与建构系统的几何关系

本研究中，ABM 算法开发的基本思想是通过相邻的智能体之间的距离控制来满足不同的约束条件。每个智能体可能受到四种不同的行为或力的控制。这些具有不同强度的行为相互竞争，朝着尽可能满足所有约束条件的状态收敛。

行为 1：首先，直接链接的智能体受线性引力和排斥力的作用，以保持合理的距离，其静止间距值受输入参数的影响，包括每个木方的长度和宽度，以及在轴线方向上相邻木方之间所需的最小间隙。

行为 2：智能体还被施加了一个额外的排斥行为来避免木方的复杂碰撞。算法提取了每一对木方的边界矩形来检测碰撞情况，该边界矩形的长度等于一根木方的长度，其宽度是并列的一对木方宽度及其横向间距的总和。

行为 3：没有直接链接但彼此靠近的智能体会受到一种额外的排斥力的影响，用来避免折叠等不理想的状态。此排斥力在一定半径内起作用。

行为 4：当智能体之间的链接长度超过某个阈值时，将在链接的中间生成新的智能体。此时初始链接将被删除，同时将两个新链接添加到系统中，新加入的智能体与原有的两个智能体分别连接。下一次迭代将使用更新后的智能体和链接进行计算。增长机制能够确保木方之间的排布更加均衡。

每次迭代都按照上述所有移动的总和计算智能体的新位置。尽管最终得到的木梁网格会稍微偏离原始轴线，但是在拓扑形态不变的情况下，网格的结构性能不会受到太大影响。

5 实验与评估

5.1 设计实践

为了验证本文提出的平面胶合木网格概念的有效性，研究基于上述设计方法设计并建造了一个大尺度木板柱结构，对设计系统的可行性进行测试（图 5）。该结构由 2 块屋面板组成，屋面高度分别为 3 150 mm、2 650 mm。其中上层屋面长 13.5 m、宽 3.5 m，由 6 根柱子支撑；下层屋面长 10.5 m、宽 3.5 m，由 4 根柱子支撑。本项目以截面为 50 mm×25 mm、长度为 300 mm 的木方为基本单元，采用上述设计方法为两个屋面设计了一体化的木梁系统，用于增强屋面板的结构承载能力。上层屋面木梁网格由 2 610 块木方组成，下层屋面由 2 088 块木方组成（图 6）。

图 5 移动机器人建造的实验展亭

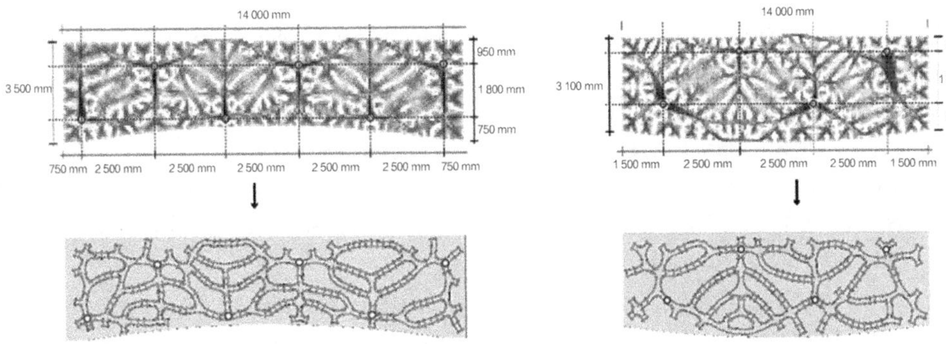

图 6 屋顶结构的木梁网格设计

5.2 设计评估

研究对计算性设计过程进行了分析与评估。设计过程可分为 5 个步骤：全局设计、拓扑优化找形、木梁轴线生成、基于 ABM 的构件排布及梁高优化。结果显示，设计过程包含一定程度的人为干预：拓扑优化的边界条件需要手动设置；从拓扑优化结果提取的木梁轴线也需要通过手工调整来满足连续性和美观需求。在屋面的设计中，研究对每个步骤的持续时间进行了分析，拓扑优化过程耗时最长，需 20～30 min，而每个屋顶的布局 ABM 算法优化过程则仅需 3 s 左右的时间。

ABM 设计过程使设计结果有效满足了机器人建造需求。然而，该过程并没有完全消除构件碰撞。以上层屋面设计为例，初始设计由 2 246 根木方组成，构件之间存在 57 处碰撞。经过 800 次迭代计算后，木方数量增长到 2 610 根，但碰撞次数减少到了 6 处。生成结果不仅保证了结构合理性，而且为机器人现场建造过程提供了必要条件。

结语

本文介绍了一种基于机器人现场移动建造技术的新型木构建造体系，该体系在传统木楼板结构中引入了机器人现场建造的胶合木梁网格，使楼板系统突破了跨度和方向上的局限性。木梁网格的布局遵循结构性能化设计原则，为木构建筑的高性能建造提供了创新性解决方案。采用 ABM 算法整合结构性能需求与机器人建造约束，通过拓扑优化、基于 ABM 的深化设计等过程开发了一套平面木梁网格计算设计方法。与传统的木构建造相比，该建造系统可以被灵活地塑造为多样化的平面网格，打破了木梁系统在跨度和方向上的局限性，能够为多层木构建筑设计创新提供参考。本文侧重于木梁系统的自适应设计与建造潜力，后续研究有必要对该系统的许多关键方面进行深入探究，包括结构性能、防火策略等，以推动该系统在多层木构建筑中的应用。

参考文献

[1] KAUFMANN H, KRÖTSCH S, WINTER S. Manual of multi-storey timber construction[J]. Structural Engineer, 2019, 79(4): 35.

[2] Hilti unveils BIM-enabled construction jobsite robot [EB/OL]. [2022-06-02] https://www.hilti.group.

[3] ASADI E, LI B B, CHEN I M. Pictobot: a cooperative painting robot for interior finishing of industrial developments[J]. IEEE Robotics & Automation Magazine, 2018, 25(2): 82-94.

[4] PETERSEN K H, NAPP N, STUART-SMITH R, et al. A review of collective robotic construction[J]. Science Robotics, 2019, 4(28): eaau8479.

[5] LEDER S, WEBER R, WOOD D, et al. Distributed robotic timber construction[C]//Proceedings of the 39th Annual Conference of the Association for Computer Aided Design in Architecture (ACADIA). Austin, 2019: 510-519.

[6] GROENEWOLT A, SCHWINN T, NGUYEN L, et al. An interactive agent-based framework for materialization-informed architectural design[J]. Swarm Intelligence, 2018, 12(2): 155-186.

[7] APOLINARSKA A A, BäRTSCHI R, FURRER R, et al. Mastering the sequential roof [J]. Advances in architectural geometry, 2016: 240-258.

[8] ALVAREZ M E, MARTÍNEZ-PARACHINI E E, BAHARLOU E, et al. Tailored structures, robotic sewing of wooden shells[M]//Robotic fabrication in architecture, art and design 2018. Cham: Springer International Publishing, 2018: 405-420.

[9] GERBER D J, PANTAZIS E, WANG A L. A multi-agent approach for performance based architecture: design exploring geometry, user, and environmental agencies in façades[J]. Automation in Construction, 2017, 76: 45-58.

[10] BAHARLOU E. Generative agent-based architectural design computation: behavioral strategies for integrating material, fabrication and construction characteristics in design processes [D]. Stuttgart: Institute for Computational Design and Construction, 2017.

[11] SCHWINN T, KRIEG O D, MENGES A. Behavioral strategies: synthesizing design computation and robotic fabrication of lightweight timber plate structures[C]//Proceedings of the 34th Annual Conference of the Association for Computer Aided Design in Architecture. Los Angeles, 2014.

[12] VASEY L, GUNDULA. Behavioral design and adaptive robotic fabrication of a fiber composite compression shell with pneumatic formwork[C]//Proceedings of the 36th Annual Conference of the Association for Computer Aided Design in Architecture. Ann Arban,2016:297-309.

[13] CHAI H, GUO Z X, WAGNER H J, et al. In-situ robotic fabrication of spatial glulam structures[C]//Proceedings of the 27th Conference on Computer Aided Architectural Design Research in Asia. Sydney, 2022: 41-50.

图片来源

图 1~4、图 6:作者自绘.

图 5:詹强拍摄.

以混合现实技术进行主动弯曲竹构反馈式建造的研究

许伟舜[1*]　金晨晰[1]　陆　浩[1]　Leslie Lok[2]

（1. 浙江大学建筑工程学院，浙江省杭州市 310000，xuweishun@zju.edu.cn；

2. Cornell University College of Architecture，Art，and Planning，Ithaca，NY，14853）

摘要

在数字建造领域，混合现实技术在复杂形态手工加工建造中的应用日趋涌现，但其将物理世界信息反馈数字模型的潜力有待进一步挖掘。本文以原竹竹材的主动弯曲为例，探索了一种在建造准备阶段进行混合现实备材指导，在建造阶段采集物理世界的建造误差信息，实时修改设计模型并指导下一步建造，进行全过程反馈式建造的方法。本文针对以上反馈式建造方法进行了1：1的足尺寸建造测试，通过实证实验论证了该方法的可行性。本次实验证明，对于非标准材料完成复杂形态空间形体的建造，混合现实技术能够通过设计与建造之间的实时互动，有效控制建造完成度，并提升建造效率。混合现实技术作为一种新型的数字建造手段，不仅能对传统建造进行技术支持，且应对相应设计-建造全流程进行重新探讨。

关键词：混合现实；竹构；主动弯曲；反馈式建造；结构找形

Keywords：Mixed reality；Bamboo structure；Active bending；Feedback construction；Form finding

项目资助情况：住房和城乡建设部科学技术计划项目（2022－K－004）

1　研究背景

天然竹材是一种具有良好弹性和弯曲性能的低碳材料，适合利用其主动弯曲特性进行非线性复杂形态的建造。但作为天然材料，其外观尺寸及力学性能变化较大，难以依据理论模型进行准确找形，加之手工低技建造方式不适应复杂空间形体，常造成设计与建造间产生不可避免的误差。尽管现已有研究尝试各环节的改进方法，但是目前仍未提出从备材到建造全流程的解决方案。本文认为，混合现实技术有助于结合数字模型和现实建造，形成反馈式建造流程，从而减少两者间的误差，提高建造精度及效率。

1.1 天然材料的不准确模拟

作为一种天然的生物质材料，竹材的外观尺寸和力学性能受生长年龄、立地条件、高度、环境的影响而产生差异[1]，使得实际建造与设计间产生较大误差。首先，由于生长年龄和部位不同，同一根竹材自上而下的各力学性质逐渐增加，如抗拉强度、抗压强度、抗弯强度、弹性模量等[2]。其次，竹节的不均匀分布对压缩有复杂的影响。因此，即使能够使用数字建模软件 Rhinoceros 的插件 Kangaroo Physics 用动态松弛方法来模拟主动弯曲进行数字仿真找形[3]，精确设计和构建主动弯曲竹结构仍然很困难。早期有研究通过深度学习工具探索竹材的主动弯曲[4]，但并未针对建造流程提出建议。在竹建造ZCB 竹亭案例中，设计师提出了模拟-原型设计反馈链，将数字仿真模型作为其中的一个元素，而非精确且完成的模型[5]。然而，其反馈链仅限于完整建造后的反馈，没有从备材至建造整个循环的解决方案。

1.2 传统建造不适应复杂空间形体

随着数字建造技术的发展，建筑师开始探索非线性复杂空间形体的建造。竹材具有优越的弯曲性能和抗拉能力，是实现非线性建筑的良好材料[6]。然而，目前“低技建造”普遍应用的建造方法仍有随设计方法演进而改变的空间[7]，使得非线性形态在建造过程中存在问题：首先，设计人员难以通过传统的二维图纸传达复杂空间形体的建造信息，建造过程中的定位不精准造成较大误差；其次，传统竹构建造的热弯定型等需要大量技术工人，较难应对技术工人短缺的现状。因此，需要寻求更高维度（三维）建筑信息的传递方式，使得设计信息能够更加精确且直观地传达给建造人员[8]，并对建造技术进行革新，使得非熟练工人也能进行建造。

1.3 混合现实技术辅助建造的研究发展

近年来，随着科技的发展及数字化工具的广泛应用，混合现实技术作为现实与虚拟世界的互动媒介得到了迅速的发展。它越来越多地被运用于建筑领域的数字建造中，以解决设计与建造两阶段信息不对等和反馈不及时的问题。混合现实技术能够将所需的数字建造信息投射到实际场地中，解决建造过程中复杂的构件定位工序问题，有利于非线性建筑等复杂设计的实现[9]。目前其研究及应用主要集中在设计阶段的评估反馈和建造阶段的指导。在设计阶段，Yan 等[10]设想运用混合现实技术填补反馈式工作流程的空白，对初始设计进行可视化，并通过人机交互实时评估优化、迭代设计，实现设计—评估—优化的周期性设计流程。然而此反馈式工作流程只局限于设计阶段，并未将建造过程纳入反馈。在建造阶段，Jahn 等[11]通过遵循混合现实平台的虚拟模型构造信息来执行建造任务，实现了复杂非线性结构的手工低技建造。但是其仍是单向接受设计的指导，在建造出现误差时仍无法对设计模型做出自动修正。

2 “反馈式建造”方法的提出

结合混合现实技术，本文以竹材弯曲为例，提出了一种在建造准备阶段进行混合现实备材指导，在建造阶段采集物理世界的建造误差信息，实时修改设计模型并指导下一步建造，进行全过程反馈式建造的方法。

2.1 混合现实技术的实现

目前，较多的混合现实辅助建造案例都是通过穿戴式设备 HoloLens 完成的。然而由于其单价过高、操作复杂，在实际建造过程中不具备大规模推广及应用的可能性，因此本文选用带有手持移动设备应用软件 Fologram 作为混合现实交互工具。Rhinoceros-Grasshopper 和 Fologram 在数字 3D 模型和 AR 环境之间具有交换数据的工作流的潜力[12]，能够将数字三维信息直观且明确地呈现在物理世界中，完成建造信息在虚拟和现实间的传递。

为传递物理世界位置信息，本实验运用 ArUco Marker 定位技术，找到现实世界和图像投影之间的对应点。ArUco Marker 是一种适用于增强现实和机器人定位等应用中相机位姿估计的基准标记系统[13]，能够精确定位表面贴上该标记的物体。通过该定位技术，能够将物理世界的建造信息反馈至数字模型中，从而进行设计调整。

2.2 反馈式设计-建造流程

结合混合现实技术 Fologram 和定位技术 ArUco Marker，本文探索了设计与建造信息在虚拟与现实世界的传递路径，并提出了相应的标准化反馈式设计-建造流程（图 1）：

（1）设计阶段：在 PC 端运用数字建模软件 Rhinoceros 及其插件 Kangaroo Physics 搭建参数化虚拟模型，完成初步设计。

（2）设计-建造信息传递：在移动端运用 Fologram 软件扫描定位二维码，将数字模型中的竹材长度及位置准确定位至现实世界中，以指导备材与建造。

（3）建造-设计信息反馈：在生成式模型的关键定位点相应的物理构件关键点上贴上 ArUco Marker 标记进行定位，并用移动端 Fologram 扫描，将现实世界的位置信息传递至虚拟模型中。

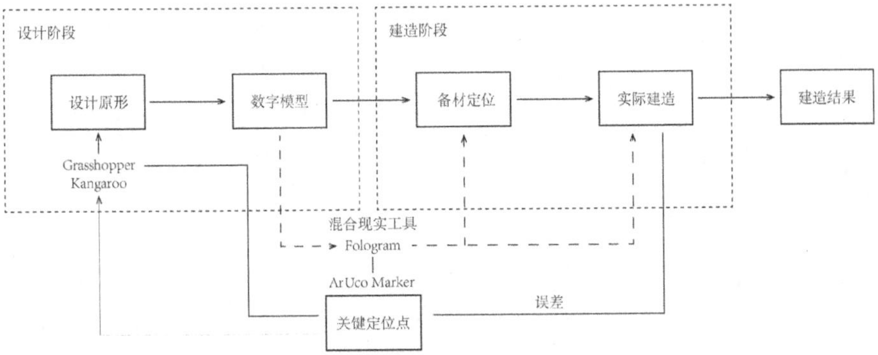

图 1 反馈式设计-建造流程图

（4）设计修改：将反馈得来的实际定位点输入 Grasshopper 中，更新参数，并迅速生成力学模拟的形态，修改设计。

（5）设计-建造信息传递：修改后的数字模型通过 Fologram 在现实世界中实时显现，完成一次设计-建造反馈式流程。

3 混合现实辅助建造实验

为验证反馈式建造方法，本文进行了 1∶1 的足尺竹构建造实证实验。建造场地位于浙江省杭州市余杭区青山村，本地具有丰富的天然竹资源。本次实验的目标是基于提出的全反馈式设计-建造理论模型，运用混合现实工具 Fologram 将数字模型投射进现实世界，以指导备材及定位，并通过 ArUco Marker 技术对关键点进行定位以采集建造信息，使得数字模型能基于建造误差实时修正，以指导下一步设计，完成设计-建造全链条，对该理论模型进行验证。

3.1 数字模型准备

为便于反馈式建造时能够迅速调整设计，本次建造实验的所有构件均采用主动弯曲受力的方式，以实现基于动态松弛的全参数化模型。尽管基于动态松弛模型的找形与竹材天然弯曲无法准确对应，但在设计初步阶段对形态推敲仍具有参考意义。同时，对杆件的建造参数进行标注，为运用混合现实技术辅助建造做准备。

（1）基于动态松弛模型的参数化找形

本文充分发挥竹材主动弯曲的性能，设计了自由度较高的结构。整体结构由单片模块和侧向连接组成[图2(a)]。在单片模块设计上，设置顶部点 A 及底部点 B、C 为固定点作为铰接锚点；设置其他点为模拟点，仅用于固定杆件的长度，并设置点 A_1B_1、B_2C_2、A_2C_1 相吸[图2(b)]。再由 Kangaroo 动态松弛模型计算出结构的解析解，得到整体形状[图2(c)]。调整点 A_1、A_2、B_1、B_2、C_1、C_2 的位置即可以改变杆件长度，从而改变整体形状。在侧向连接上，两片模块间利用竹材的抗弯性能提供侧向拉结力，保持

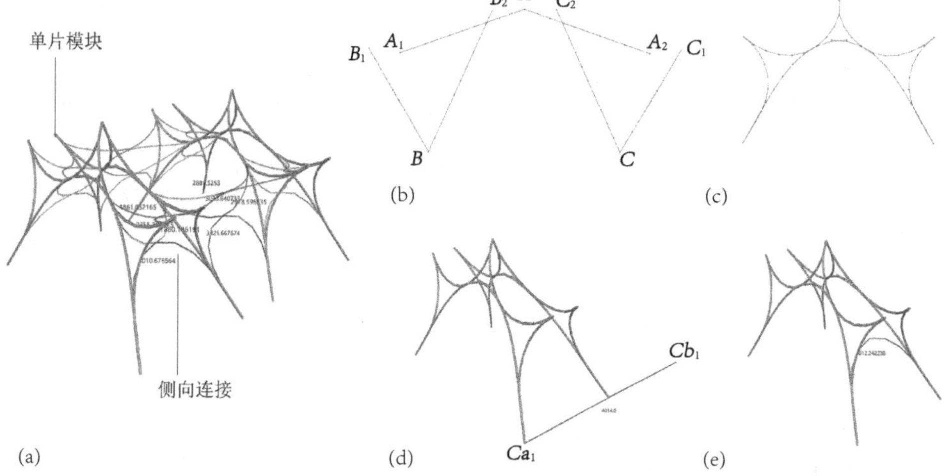

图 2 基于动态松弛模型的数字模型图

结构的稳定。设定 Ca_1Cb_1 方向的杆件，给定初始长度[图2(d)]。通过动态松弛模型得到初步结构，再通过优化杆件长度得到理想形状[图2(e)]。经过以上力学模拟找形步骤，得到初始数字模型。

（2）对杆件长度及关键节点进行标注

为提高建造信息的传递效率，对杆件及节点进行了编号，并提供长度等建造必需信息。设计中的杆件、节点数量众多，编号有利于建造人员在不熟悉设计的情况下仍能对材料进行准确定位[图3(a)]。在 Grasshopper 中将弯曲的杆件展开，根据编号标注长度[图3(b)]，便于实际建造中进行材料预切割。同时，当数字模型进行修改时，展开杆件也会相应自动进行修改，以提高反馈式建造的效率。

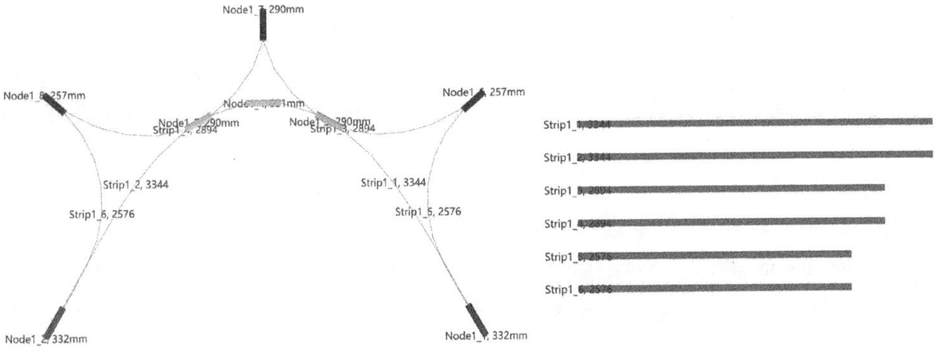

(a)　　　　(b)

图 3　杆件与节点编号及标注图

3.2　运用混合现实工具 Fologram 指导备材及定位

通过数字工具完成初步设计后，运用混合现实工具 Fologram 将数字模型投射到物理世界中，在建造准备阶段进行备材指导及定位。

（1）指导备材

建造测试从当地选取新鲜毛竹作为材料。为减少材料带来的误差，在选材时尽量采用粗细一致、形态笔直的竹子。运用混合现实工具 Fologram，将展开的杆件及其编号与长度投射到现实世界中，无须查看图纸或测量杆件，即可进行迅速高效的材料切割[图4(a)]。建造过程中，该方法能方便指导非专业施工人员完成操作，甚至吸引本地村民及游客加入这一过程。

（2）辅助定位

完成竹条及竹筒的备材后，使用混合现实工具 Fologram，将设计模型投射到物理世界中，对节点及杆件进行定位，辅助快速建造。首先，将竹筒放置到已进行过颜色标注的节点处[图4(b)]；其次，将竹条按照虚拟模型的形状进行弯曲[图4(c)]。最终得到与数字模型几乎贴合的实际建造[图4(d)]，完成由 6 片主动弯曲竹条搭接的支撑模块仅用时 15 min。

图 4 混合现实工具 Fologram 指导备材及定位图

3.3 运用 Aruco Marker 技术进行关键点定位反馈

由于 Kangaroo 模拟难应对天然竹材的受力及质量不平衡，将纵向支撑模块竖立及搭接横向支撑时难免产生误差，直接采用原模型中的横向支撑会不可避免地扩大该误差，因此为避免累积误差，本文采用 Aruco Marker 技术对关键点进行定位，采集物理世界中的建造信息至数字模型中，使得模型可建造误差实时进行调整，并指导下一步建造。

（1）扫描 Aruco Marker 定位关键点

在侧向连接中，数字模型将弯曲杆件的底部两点（提取切线方向）和中部顶点作为关键点，进行力学模拟找形。因此在实际建造中，需要在相应的关键点贴上特定编号的 Aruco Marker（其中中部顶点由两端取中点得到），并用 Fologram 进行扫描。扫描后，Aruco Marker 的中心点将反馈至数字模型中，在 Rhino 视图中可以看到其在模型空间中的位置。

（2）生成新的数字模型

将扫描得到的点输入 Grasshopper 中，更新原来的定位点参数，运用 Kangaroo 模拟主动弯曲，进行动态松弛力学找形。模拟出的数字模型直接通过混合现实工具 Fologram 实时投射到物理世界中，与实际建造中构件的位置相契合，及时解决了误差问题，并提供了下一步建造指导，从而提高了效率。

（3）运用 Fologram 指导备材与定位

在呈现数字模型的同时，Fologram 还投射了杆件的长度等重要建造信息。建造人员根据该信息可迅速进行备材，并根据数字模型的位置进行建造。建造完成后，通过 Fologram 比对该步骤数字模型与实际建造的偏差情况（图 5），发现两者贴合较好，表明该反馈式建造方式避免了误差累积，能有效控制建造的完成度。

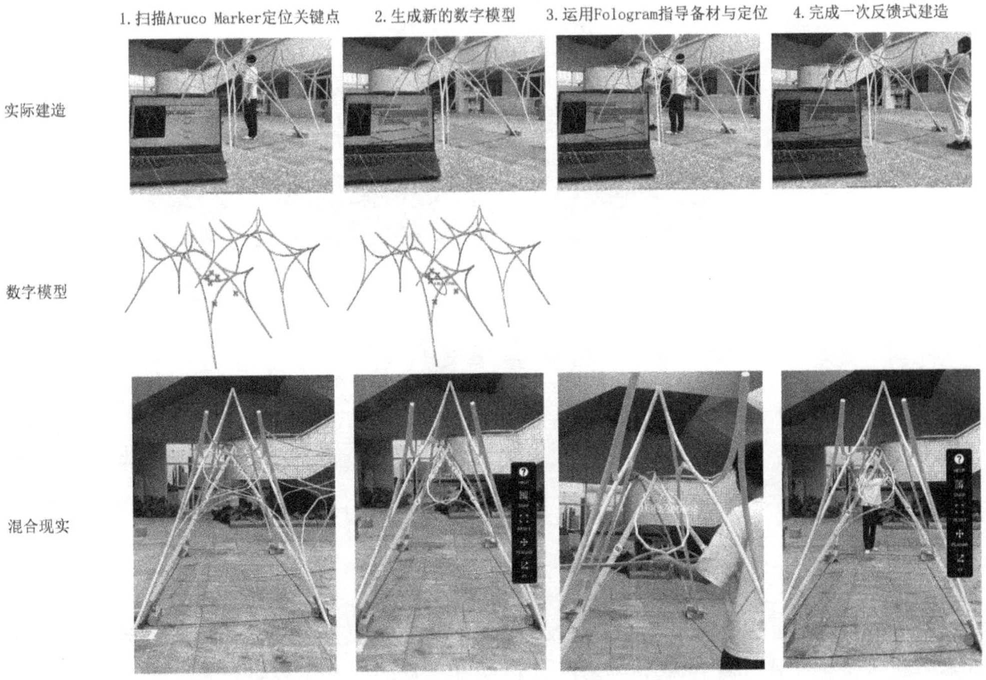

图 5 运用 Aruco Marker 定位技术的反馈建造步骤图

3.4 建造结果及误差分析

本次实验完成的 1∶1 足尺建造如图 6 所示，其完整的反馈式设计-建造流程如图 7 所示。相比传统建造，在混合现实技术辅助下的反馈式设计-建造方法在面对预期内

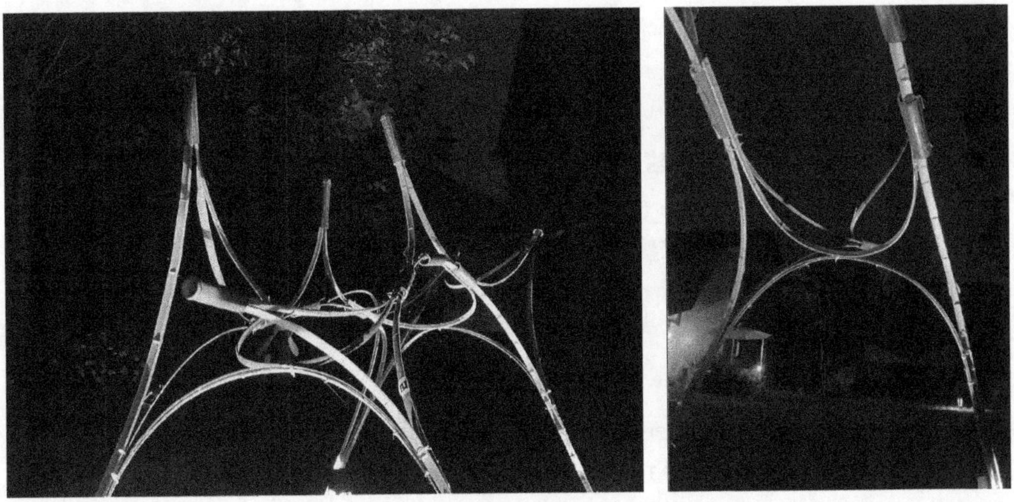

图 6 足尺建造结果图

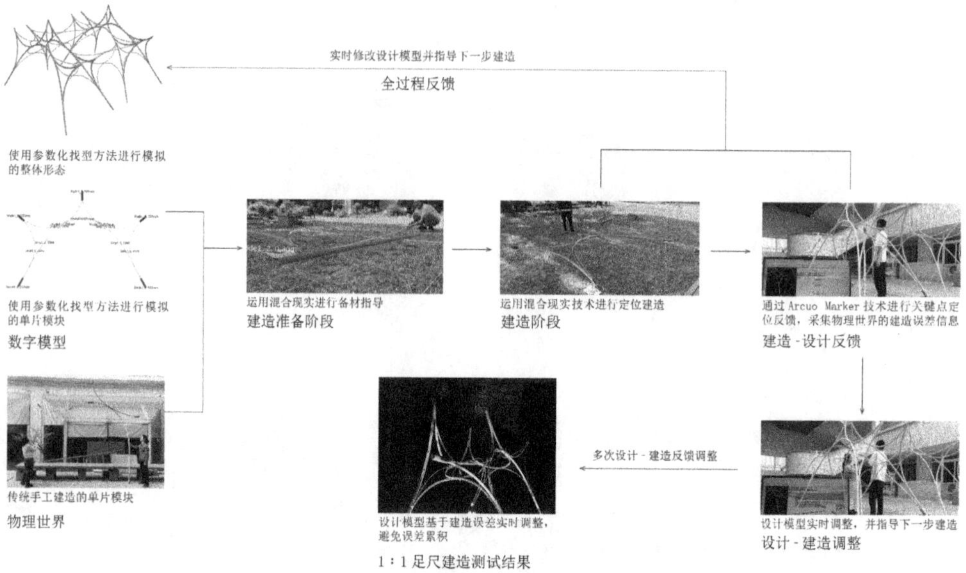

图 7 本次建造测试中的反馈式设计-建造流程图

的误差时体现出了预想的优势，主要分为两点：其一，该方法避免了误差累积，在出现误差后能迅速进行模型修正与下一步的备材指导，从而提高了建造精度。其二，混合现实技术使设计-建造间的信息以三维的形式直观且实时地进行传递，从而降低了建造的技术门槛，提高了建造效率。

4 结论与未来工作

竹材作为一种可持续、经济且结构高效的材料，在非线性复杂空间形态建造上有广泛的应用场景。但与此同时，竹材难以进行弯曲模拟及传统建造工人短缺的现状对建造造成了挑战。本文将混合现实技术作为新型的数字建造手段，以普遍易得的手持移动设备及贴纸作为实现工具，对低技手工建造进行了技术上的补充；同时，对设计-建造的工作流重新思考，提出反馈式建造流程，经实验证明有效提高了建造精度及效率。

本文的实证实验结果表明，在手持设备的有限技术条件下，反馈式建造关键之一在于数字模型能够迅速根据实际建造信息进行修改，从而达到实时反馈的效果。因此，设计建造流程需要考虑有限取点情况下对参数化生型的影响。这将要求设计人员在生成式模型中对关键点如何选取进行重点设计，对设计-建造作为整体流程进行安排。关键之二在于使用设计流程的模块化避免误差累积，即在复杂形体中有意识地选取需要反馈给下一步建造流程的关键点，而暂时忽略不会产生累积效应的误差，以确保手持终端始终处于高效反馈过程中。本研究组将针对本次实验所获经验进行进一步深化，以进行更具有参考价值和普遍性的混合现实设计-建造方法论探索。

参考文献

[1] 苏勤，宗钰容，黄爱月，等. 竹材分级研究现状与展望[J]. 林产工业，2022，59(3)：49－54.

[2] 李霞镇. 毛竹材力学及破坏特性研究[D]. 北京：中国林业科学研究院，2009.

[3] CUVILLIERS P, YANG J R, COAR L, et al. A comparison of two algorithms for the simulation of bending-active structures[J]. International Journal of Space Structures, 2018, 33(2): 73－85.

[4] YANG X Y, XU W S. A tool for searching active bending bamboo strips in construction via deep learning [C]//Proceedings of the 26th International Conference of the Association for Computer-Aided Architectural Design Research in Asia. Hongkong,2021:463–472.

[5] CROLLA K. Building indeterminacy modelling: the "ZCB Bamboo Pavilion" as a case study on nonstandard construction from natural materials[J].Visualization in Engineering, 2017, 5(1): 1－12.

[6] 宋明星，袁玥. 参数化技术参与非线性曲面竹建造[C]//数智营造:2020 年全国建筑院系建筑数字技术教学与研究学术研讨会论文集. 长沙，2020：418－422.

[7] 邹华. 非线性曲面形态"低技术"数字化建造研究[D]. 长沙：湖南师范大学，2016.

[8] 姚建恩，洪毅，何宾滨. 混合现实技术在建造中探索与思考[C]//数智营造:2020 年全国建筑院系建筑数字技术教学与研究学术研讨会论文集. 长沙，2020：266－270.

[9] 张一承，王蒙. 混合现实技术在乡村非线性建筑建造中的应用探索[C]//智筑未来：2021 年全国建筑院系建筑数字技术教学与研究学术研讨会论文集. 武汉，2021：581－585.

[10] YAN M C, TAMKE M. Augmented Reality for Experience-centered Spatial Design - A quantitative assessment method for architectural space[C]//Proceedings of the 39th International Conference on Education and Research in Computer Aided Architectural Design in Europe. Novi Sad, 2021: 173–180.

[11] JAHN G, NEWNHAM C, VAN DEN BERG N, et al. Holographic construction[M]//Impact: design with all senses. Cham: Springer International Publishing, 2019: 314－324.

[12] VERMISSO E, THITISAWAT M, SALAZAR R, et al. Immersive environments for persistent modelling and generative design strategies in an informal settlement[M]//Impact: design with all senses. Cham: Springer International Publishing, 2019: 766－778.

[13] GARRIDO-JURADO S, MUÑOZ-SALINAS R, MADRID-CUEVAS F J, et al. Automatic generation and detection of highly reliable fiducial markers under occlusion[J]. Pattern Recognition, 2014, 47(6): 2280－2292.

图片来源

图 1~7:作者自绘.

线性匀生

——树状参变：基于分形镶嵌理论的互承结构参数化找形研究

贺晓旭[1]　孙明宇[1*]

（1. 厦门大学建筑与土木工程学院，福建省厦门市 361000，1362697595@qq.com）

摘要

“参数”建筑概念是以数字化几何为逻辑体系，以计算性语言为算法基础，用以描述建筑尺度和建筑结构的控制变量因素。互承结构作为古老的结构体系之一，从语源学语境来说，指构件之间相互迭代承接的空间结构关系。本文针对互承结构参数找形困难的问题，运用分形镶嵌理论解构互承结构生成原理和优化机制。作为新兴前沿科学，分形镶嵌理论从“参数”概念出发运用简单规则解构自然界及物质世界的复杂现象，为事物发展提供从线性到树状多支生长，从匀生到参变多项变化的几何指导。本文采用自上而下与自下而上相结合的研究方法，基于分形镶嵌理论的 L-system 原理通过二维映射和三维拟合的方式将两个方向的研究方法结合起来，为互承结构线性匀生提供更多树状参变的参考，促进互承结构实现从平面到立体的构形转变。

关键词：互承结构；分形理论；镶嵌系统；参数化找形；高级几何

Keywords: Reciprocal structure; Fractal theory; Mosaic systems; Parametric shape finding; Advanced geometry

项目资助情况：国家自然科学基金项目(51808471)；中央高校基本科研业务费专项资金(20720220079)

引言

互承结构被誉为“开在建筑上的结构之花”，古老的构造技艺在建筑结构体系的发展史上占据重要地位。从满足建筑需求的新石器时期半凹坑住所，如爱斯基摩人的原屋，到应用结构承载的北宋《清明上河图》中的虹桥、文艺复兴时期达·芬奇的达芬奇拱，再到拥有丰富序列韵律的 20 世纪 Casa Negre 的顶棚，其科学与艺术方面均得到深入的发展[1]。

在技术价值方面，互承结构实现了以力维形、以数控形的理性演变；在艺术表现层次上，互承结构实现了以形为韵、以态为律的感性递进。20 世纪末，西方学者开始针对互承结构进行系统性研究，多种找形方法应运而生，如遗传基因找形算法、正多面体旋转找形算法[2]等，新时代背景下互承结构研究局限于单元的匀质变化、维度的线性发展，如何与几何和力矩有效结合达到找形的最优方式的问题亟待解决。本文试图从分形镶嵌系统出发，通过“数”与“力”的结合统一几何与结构的秩序，为互承结构的动态延展提供新的建造视角。

1　“参数”协同：结构与几何

“参数”建筑以数字化几何为逻辑体系，以计算性语言为算法基础，用“量”作为可变因素调节“数”与“力”平衡的协同秩序（图 1）。作为搭建数学几何和建筑结构的桥梁，在控制变量的过程中，对应的构形结果具有多面拓展的可能性。

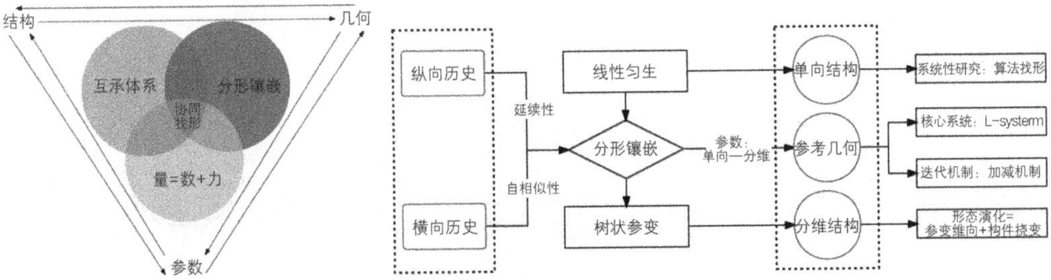

(a) 研究对象　　　　(b) 目标方法

图 1　研究方向

1.1　径向发展：历史与技术

本文以“参数”为协同核心，从两个路径（图 2）并行——以互承体系为研究目标，以分形镶嵌为指导手段，从相似性和对立性两方面进行剖析，浅析几何应用结构科学性研究的必要性。从相似性角度出发，从纵横维度切入，在纵向历史方面，两者均呈现延续性特点。在横向技术方面，互承结构以“力”维形，运用物理属性改变参数“量”；分形镶嵌以“数”控形，运用数学属性改变参数“量”，核心均是对“量”的控制与处理。从对立性角度出发，从层级概念切入，互承结构指两个物体之间相互承接的空间关系，构件之间无等级差异；分形镶嵌指一个物体通过自我相似的产生机制达到迭代生成，图形之间存在明显的分级差异。概念协同将相似与对立结合，解构几何迭代机制，为互承结构参数化找形提供理性支撑。

1.2　竖向实验：自然与建造

本次竖向实验研究在两个路径横向协同的基础上，实践自然—几何—结构生成体系（图 3）。第一步，选取同时具有互承体系和分形特点的自然生物鹦鹉螺为自然原形，探究该生物演化迭代机制；第二步，以正四边形作为基础图形，采用自下而上与自上而下

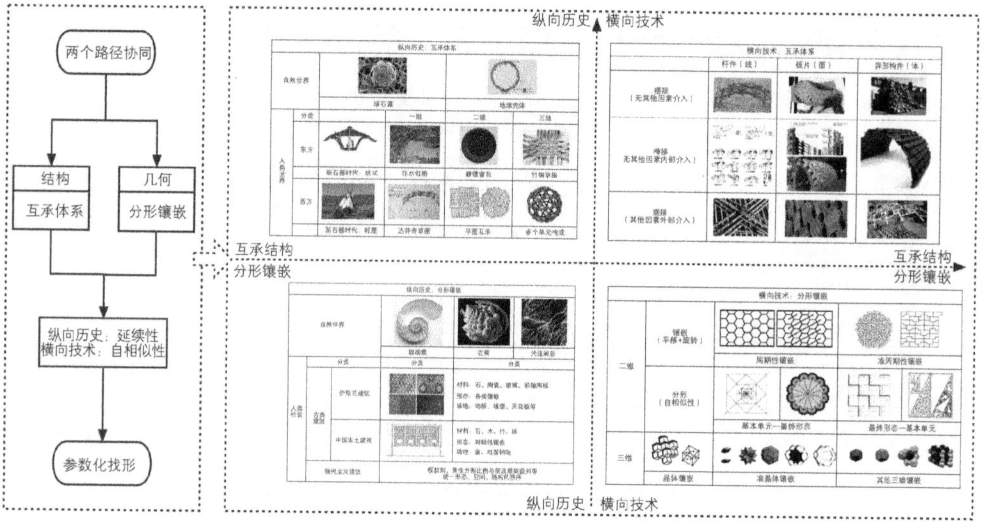

图 2　概念协同

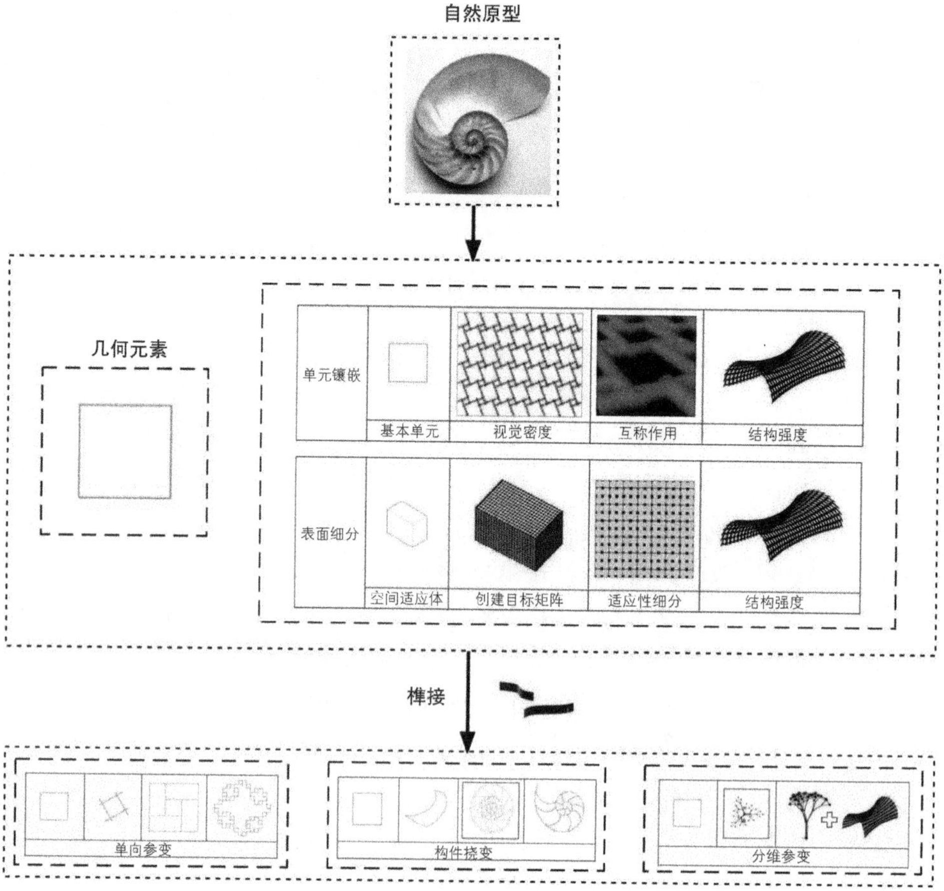

图 3　实验步骤

相结合的研究方法，模拟互承结构在“数”与“力”的作用下的拟态规状；第三步，选取适应的构件连接方法，研究结构从单向到分维、构件从塑质到弹性发展的可能性。实验旨在突破互承结构线性与匀生的形态桎梏，运用分形镶嵌理论从互承体系的维度建构入手，将两者有机结合，从而达到历史构形、自然生形、参数找形的高效建造。

2　单向结构：线性匀生

互承结构是将短杆构件相互支承、有规律性地顺次交叠排列的结构体系，具有如下3个特点：“材简点节”，即材料形式高度灵活，构造节点简单；“量小体大”，即选材用量节省，空间跨度延展；“利循可卸”，即耐用性强，搭建、拆卸方便。在理论研究层面，如何多方面找形为互承结构研究的难点；在实践价值层面，如何将互承结构大规模运用于现实为研究者关注焦点[3]。

2.1　纵横面延续：历史构形

（1）纵向历史

历史的视野从自然世界与人类世界两个维度展开（图4），自然进化过程中，保护机制与利用体系成熟，互承作用更倾向于三维的推演。人类社会逐步从一维向多维多向发展，中秀于内，外显于外，从手工编织到窗棂雕花，再到屋盖遮蔽，最后到单独的建筑结构体系，需求层次从空间局部容纳延伸至全局乃至渗透拓展。

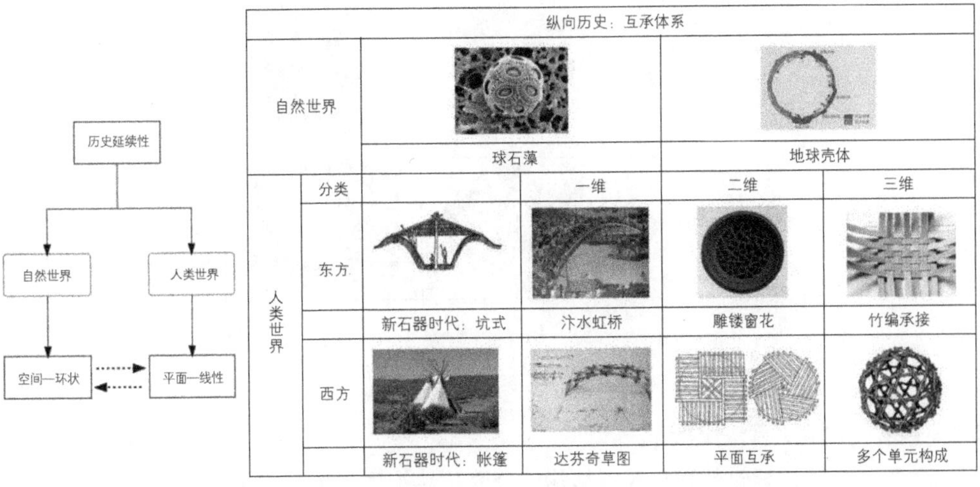

图4　互承结构：纵向历史

（2）横向技术

互承结构技术手段从连接方法与材料选型介入，两者均从构件节点锲入。连接方法层面[图5（a）]，以有无要素介入，可分为搭接、榫接和捆接；材料选型层面[图

5（b）]，以无机与有机介入，可分为传统有机、无机材料和复合材料。互承结构基本单元与空间适应体参数的调整与变化对形态呈现均可造成影响，如由基本几何单元旋转角度的改变造成结构弯矩重构，杆件长度、偏心距不同，最终形态均会重塑[4]。

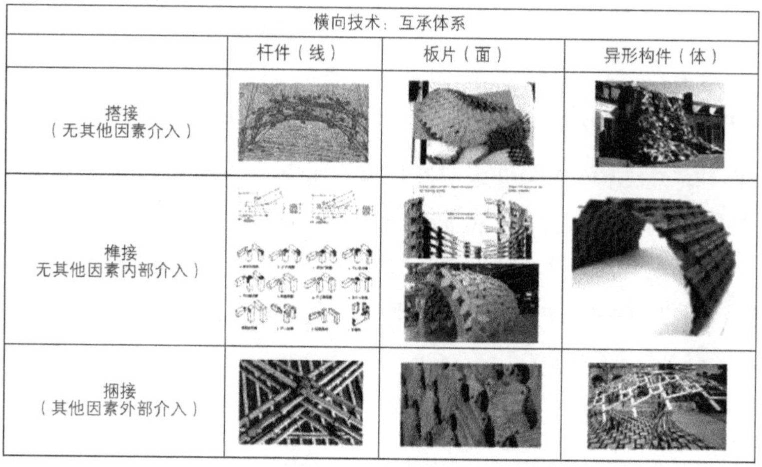

（a）连接方法

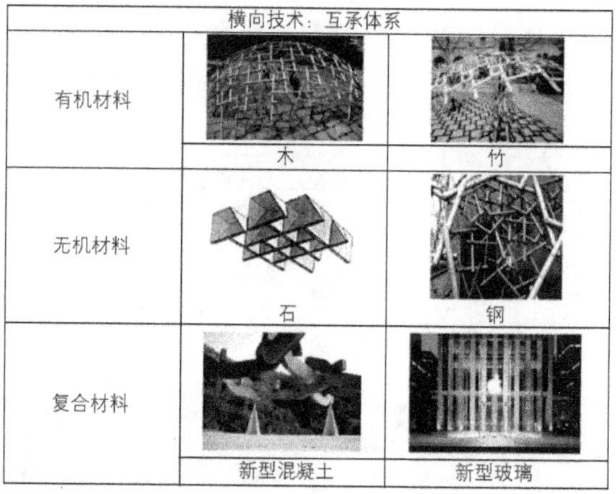

（b）材料选型

图 5　互承结构：横向技术

2.2　系统性研究：算法找形

21 世纪以来，建筑师对于互承结构的研究从传统手工绘图过渡到计算机辅助设计，衍生出系列找形算法[图 6（a）]，如遗传基因找形算法、正多面体旋转找形算法等。其中，2014 年宋鹏带领南洋理工大学的团队开发了基于单元镶嵌的算法找形软件[图 6（b）]，从二维镶嵌出发对互承平面形态进行拼贴，一方面，统一秩序的引导下难以突破维度的限制；另一方面，难以克服软件之间的同步置换与协同作业。

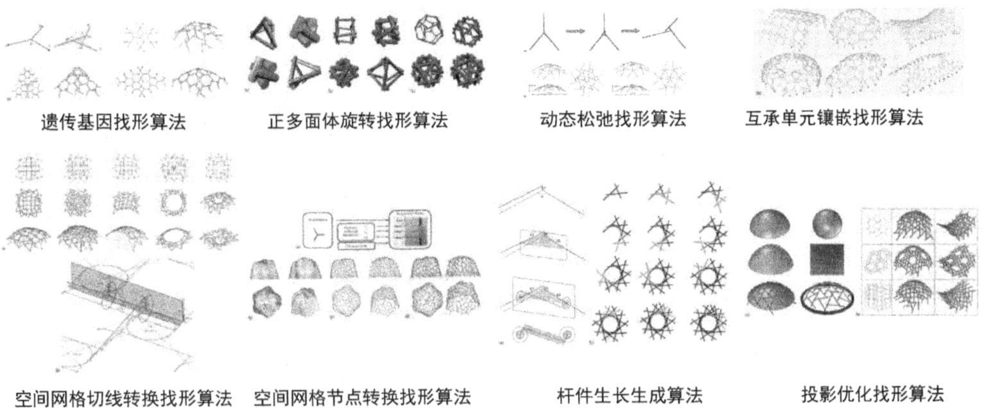

(a) 系统性研究

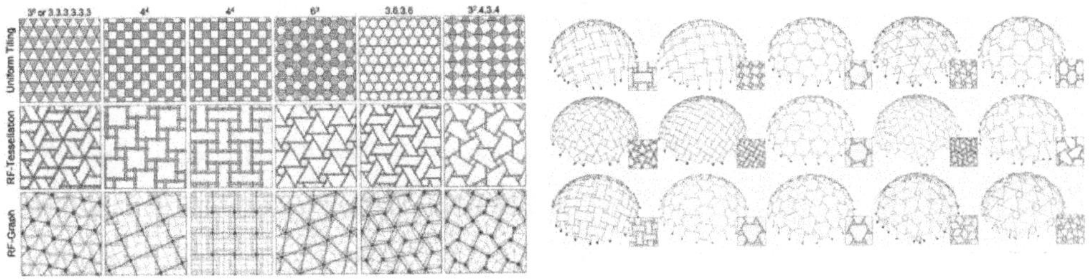

(b) 互承单元镶嵌找形算法

图 6　系列找形算法

3　参考几何：分形镶嵌

分形镶嵌，从自然复杂现象抽离理性描述逻辑——从二维和三维两个角度解构，是具有自相似性、重叠性、无标度性等特征的动态填充空间区域的算法，利用图形的可重复性进行迭代生形[5]，无缝衔接以实现拼贴结合。镶嵌理论寓于分形系统之中，理解并指导自然世界规律的生成。

3.1　溯源体系：纵横生成

(1) 纵向历史

曼德布罗特 1982 年在《大自然的分形几何学》[6]中，阐释大自然的丰富景观的背后运行机制时，提出将“分形几何学”作为参考几何，因为欧几里得几何学和拓扑几何学无法描述自然生长动势。人们通过自然分形现象，分析其自相似性和随机性，提取背后蕴含的迭代机制（图 7），绘制经典分形结构：科赫曲线、埃塞尔镶嵌等，并将分形镶嵌理论运用于建筑设计之中。

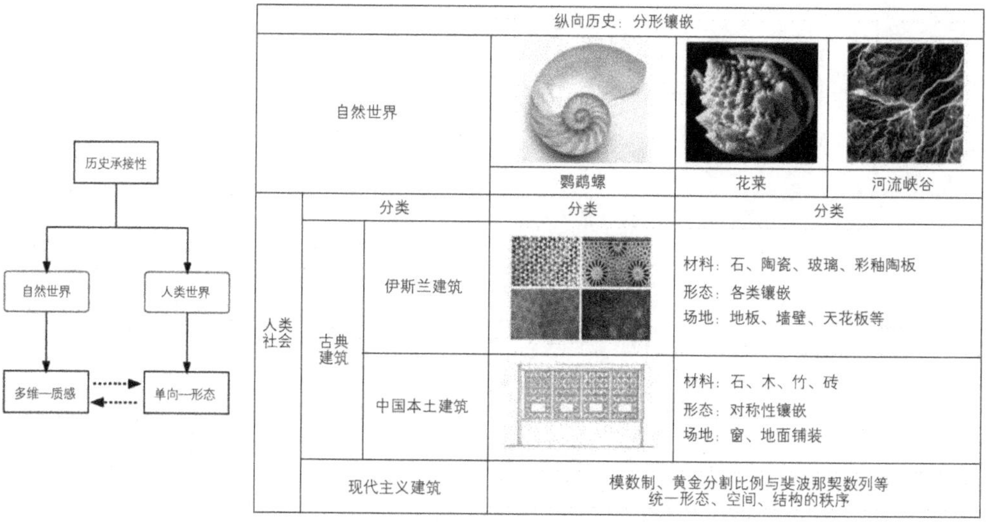

图 7　互承结构：纵向历史

（2）横向技术

分形与镶嵌的关系协寓相并（图 8），镶嵌根据有无中心可分为周期性镶嵌和准周期性镶嵌，通过平移、旋转等操作实现重叠性镶嵌；分形根据自相似性的生成方法可分为单元嵌入和表面细分两种划分方法，基本单元与最终形态相互联系、相互牵制。在二维的基础上，分形镶嵌进一步拓展到三维晶体镶嵌。

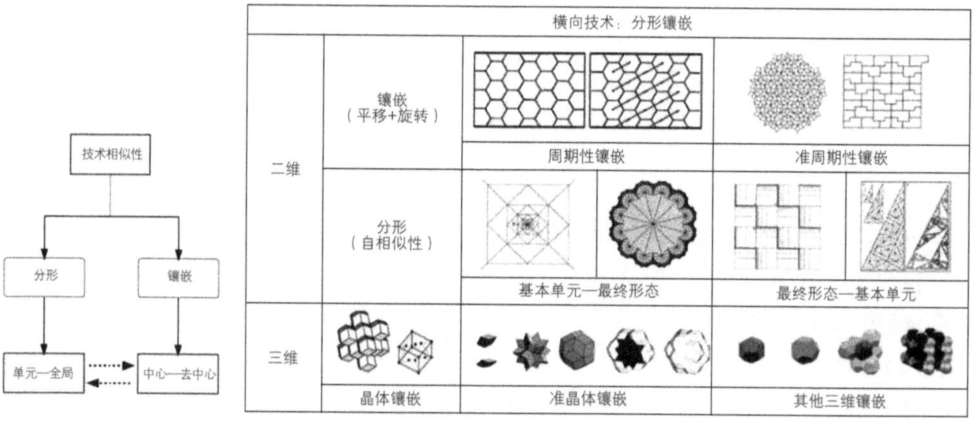

图 8　分形镶嵌：横向技术

3.2　迭代机制：加减操作

分形镶嵌迭代机制[7]以数学计算进行划分，可将单元衍生与全局细分概括为加法机制与减法机制。加法机制如图9（a）所示，科赫曲线具有 4 个并行的线性几何变换，迭代一次，尺度层级增加一个，可用于模拟自然界中的海岸线形态；减法机制如图 9（b）所示，以长沙建发大楼为例，从基本矩形—菱形划分—尺度渐变，在视觉大楼的上表皮形成分形网格的效果。

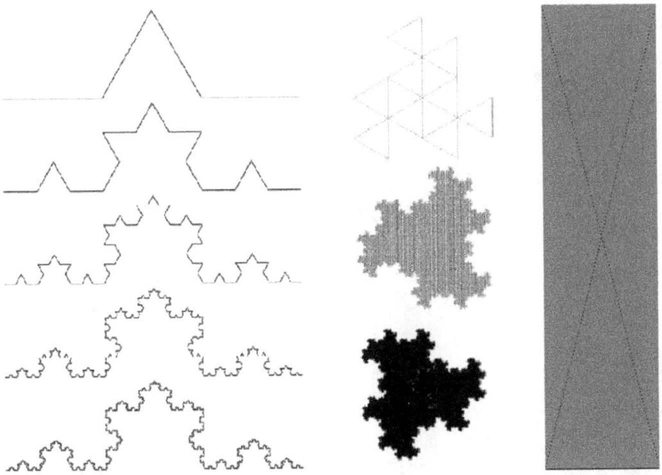

（a）加法机制

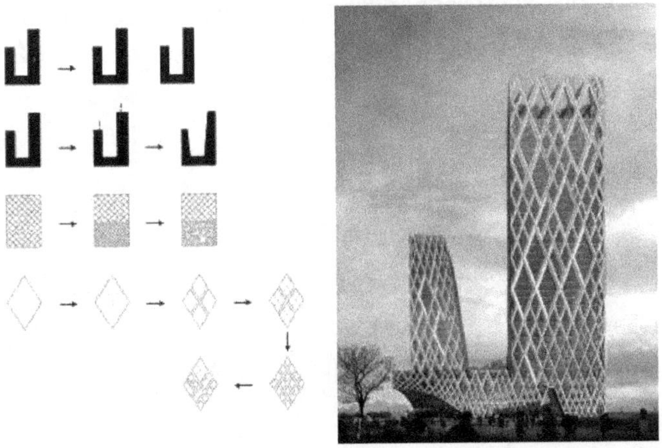

（b）减法机制

图 9　迭代机制

3.3　核心系统：L-system

匈牙利生物学家 Aristid Linder Mayer 于 1968 年提出一种字符串重写规则：L-system[8]（图 10），最初用于植物形态的计算机图形模拟生成，其核心为运用分形镶嵌理论的迭代机制表述生长方法，限定字符要素，如旋转角度、行走步长等。本次实验借助 Grasshopper 平台 Rabbit 插件对其进行要素控制和形态生成。

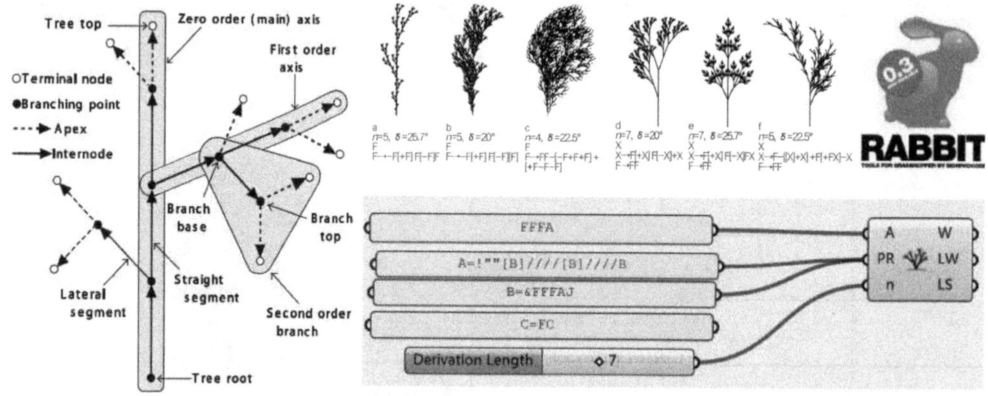

图 10　L-system 系统

4　分维结构：树状参变

下文在互承结构线性匀生的基础上，探讨体系树状参变的可能性，研究采用自上而下与自下而上相结合的方法，与分形镶嵌理论迭代机制的加减操作相呼应。本文以 Rhino 为基础建模平台，运用 Grasshopper 进行互承结构线性模型创建，最后基于分形镶嵌理论的 L-system 原理通过二维映射和三维拟合的方式运用 Rabbit 插件进行树状互承结构的找形模拟。在“参数”协同控制下，一方面，几何与结构有机结合；另一方面，结构超越几何，达到维向与异构发展。

4.1　研究方法：上下贯穿

本文采用自上而下与自下而上相结合的研究方法（图 11），一方面从基本单元到结构形态自上而下顺向生成，另一方面从结构形态到基本单元自下而上逆向分解，为互承结构线性匀生提供更多树状参变的可能。对于自上而下的顺向生成，首先确定基本单元的构成要素，基本单元由 1 ~ n 数量叠加，构件类型、受力形式、连接方式不同，构件之间可置换、转译、重塑，形态构成不尽相同；其次进行二维映射，综合考虑视觉密度与互承作用，最终形成适应系统的结构强度。对于自下而上的逆向分解，首先对于不同类型的空间适应体，创建目标矩阵进行适应性划分；其次结合三维拟合，可作单向承重——桥接、双向承力——拱状、三维承接——环形。从自上而下与自下而上相结合的研究角度，考虑局部与整体的协调关系，从单元个体（几何图形、构件数量、用材类型）—交接方式（力维展开、边界连续、拓扑方向）—空间适应体（黑白界面、目标矩阵、划分体系），将两向相互贯穿，辅助建筑方案的生成。

4.2　实验基础：对应关系

几何和结构相互联系的关键在于“参数”的协同，以研究的分形镶嵌系统和互承结构为例，针对互承结构的上下贯穿研究方法与分形镶嵌理论的加减迭代操作相对应

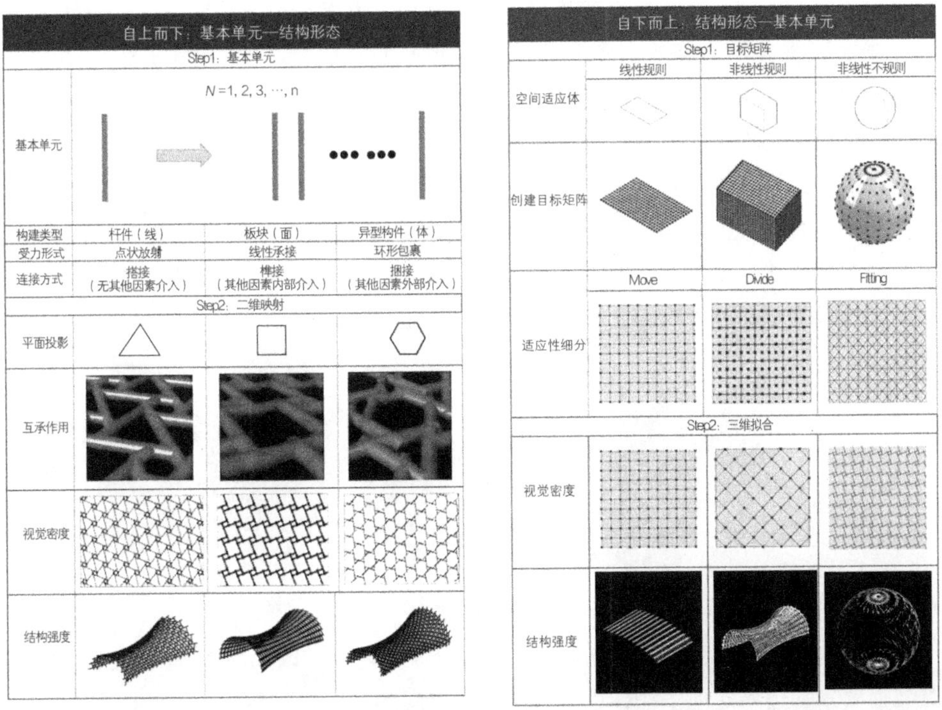

图 11　研究方法

（图 12），均从单元嵌入（点）和全局细分（面）两个方向出发。方法—机制的对应关系，是几何—结构相互对比、相互联系的研究桥梁，为指导互承结构的线性—树状发展提供理论数据搭接体系。

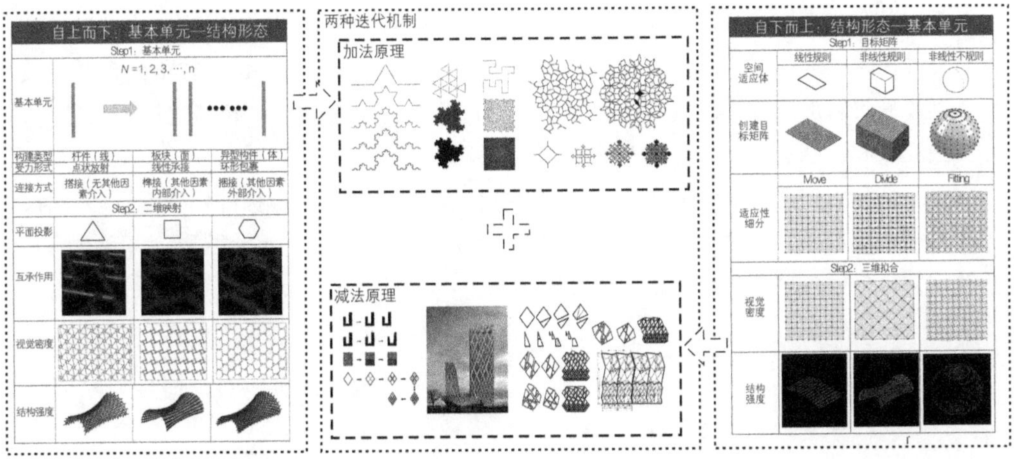

图 12　互承体系（结构）—分形镶嵌（几何）的对应关系

技术层面，由多个互承单元所组成的互承结构可根据分形镶嵌原理分为网格互承结构（二维周期性镶嵌）、致密互承结构（二维准周期性镶嵌）和空间互承结构（三维晶体镶嵌）[9-10]，以几何原理解释迭代机制的生成过程。

4.3 辅助设计：软件工具

软件工具支撑（图 13）分为 3 个部分：一是基础构型，以 Rhino 软件建立基本形体；二是创建线性匀生模型，借助 Grasshopper 平台，梳理纵向历史进程和横向技术涌现；三是演绎树状参变拟态，以 L-system 为理论核心，以 Rabbit 插件为技术辅助，生成单向与多维的参变互承结构模型。

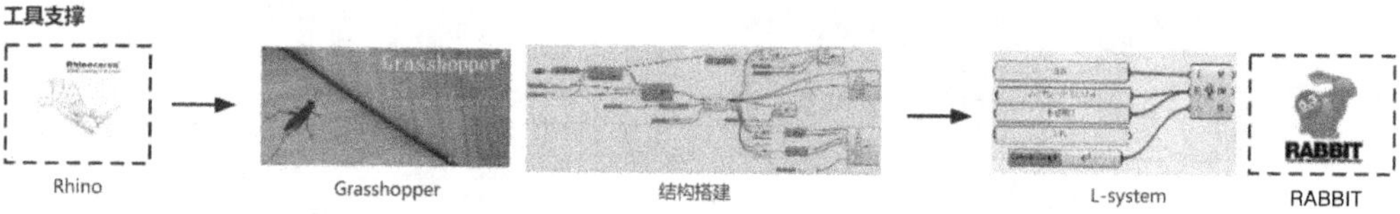

图 13 软件工具

4.4 形态衍化：规状异形

互承结构的树状参变主要延向两个分支：分维与挠变，以鹦鹉螺作为自然原型，提取其几何要素和边界处理手法，进一步细分为单向参变、多维参变、构件挠变。

第一部分为单向参变[图 14（a）]。将正四边形作为基本单元，球体作为空间适应体，两者自上而下与自下而上相结合，形成结构的基本承载体；几何围绕正四边形的准周期性镶嵌展开，运用 L-system 算法，形成迭代衍生图案，以分形维数 log（7）/log（3）= 1.771 为例，A=F+F+F+F，F=FF+F−F+F+FF，角度=90，F 为一单元的行走步长，最终形成具有层叠性和延伸感的互承结构体系。

第二部分为多维参变[图 14（b）]。在一定程度上，互承结构与张拉结构、树状结构具有几何连续性。以三维分支系统作为树状结构载体，一方面，由于枝干的自身生长性，其顶部自发形成分维镶嵌结构；另一方面，互承结构体系与树状结构体系相结合，相互独立又相互联系。

第三部分为构件挠变[图 14（c）]。张弛有度，弯直相合，当构件发生弹性形变时，无限趋向自然形态。此时，互承结构从网格互承结构过渡到致密互承结构，再到空间互承结构，构件也被赋予力塑多态的拓展性。

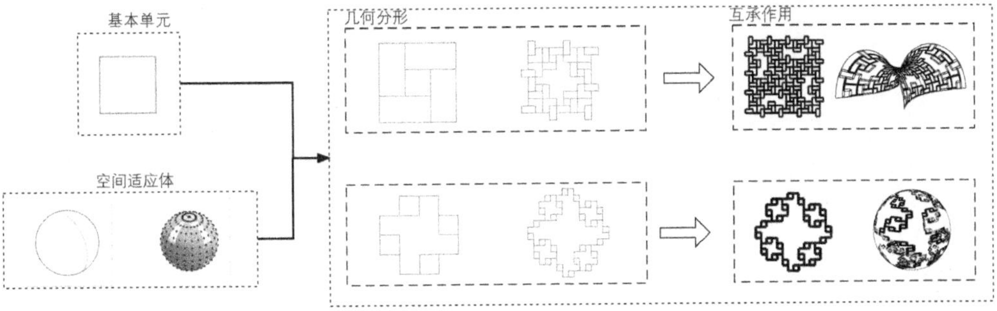

(a) 单向参变

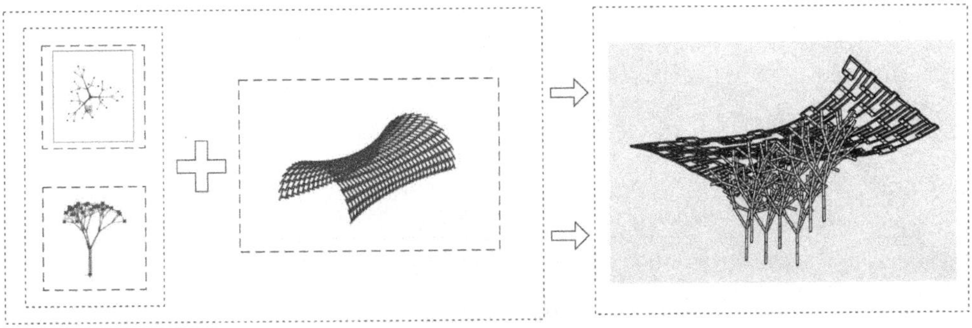

(b) 多维参变

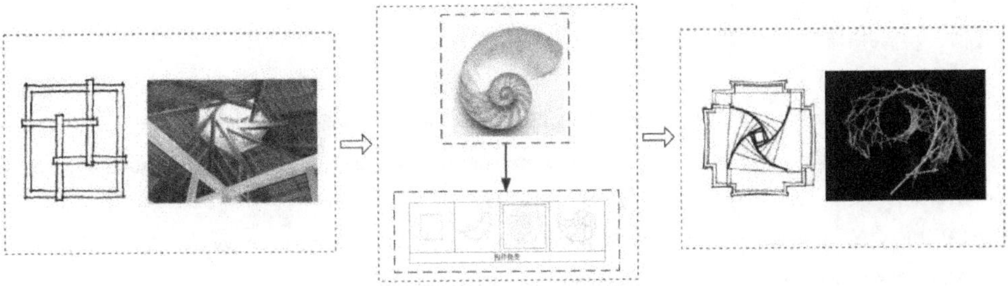

(c) 构件挠变

图 14　树状参变三个方向

4.5　找形衍变：线性—树状

基于自然—几何—结构的参数协同指导，系统性互承结构体系研究可从线性—树状（图 15）多维度开展。在价值形成层面，一是丰富互承结构的形态研究，拓展建筑参数化找形的途径；二是发掘互承结构大规模、大跨度运用的潜能，以期与其他结构形式结构，赋予更生动的结构更迭意义。

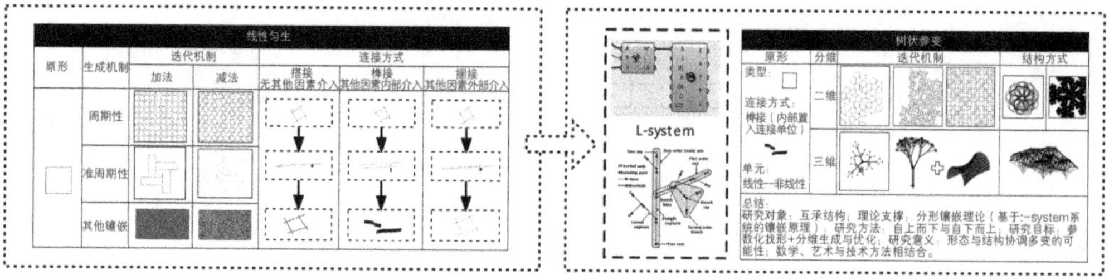

图 15　线性匀生—树状参变

结语

本文在对互承结构系统性研究的基础上，梳理互承结构线性匀生—树状参变的发展演化。以自然为原型，通过“参数”协同搭建几何与结构的桥梁，解构背后“量”“数”“力”之间的理性逻辑连续性，形成可渗透、可穿插、可互通的建筑结构研究方法，为互承结构找形提供新的思路，使建筑结构空间逐步向高质量、多维度、大跨度的特点发展。

参考文献

[1] 常成. 互承结构空间形态生成及优化[D]. 南京：东南大学，2018.

[2] 黄凯峰. 互承结构的形式生成研究[D]. 南京：南京大学，2018.

[3] 覃池泉. 互承结构的类型及应用[J]. 建筑技艺，2018(11)：91-95.

[4] 乔刚. 互承式空间网格结构构形方法及受力性能研究[D]. 哈尔滨：哈尔滨工业大学，2016.

[5] 林秋达. 基于分形理论的建筑形态生成[D]. 北京：清华大学，2014.

[6] 沈源. 整体系统：建筑空间形式的几何学构成法则[D]. 天津：天津大学，2010.

[7] 苏冲. 几何镶嵌找形的参数化设计过程研究[D]. 天津：天津大学，2012.

[8] SU Y, ZHANG J Y, OHSAKI M, et al. Topology optimization and shape design method for large-span tensegrity structures with reciprocal struts[J]. International Journal of Solids and Structures, 2020, 206: 9-22.

[9] SU Y, OHSAKI M, WU Y, et al. A numerical method for form finding and shape optimization of reciprocal structures[J]. Engineering Structures, 2019, 198: 109510.

[10] HUEI S Y. Parametric Architecture: performative/responsive assembly components [D]. Cambridge: Massachusetts Institute of Technology, 2009.

图片来源：

图 1~3、图 5、图 11、图 13~15：作者自绘.

图 4：作者自绘，引用图片源自参考文献[1].

图 6：参考文献[5].

图 7：作者自绘，引用图片源自参考文献[7].

图 8：作者自绘，引用图片源自参考文献[5, 6].

图 9、图 10：参考文献[6].

图 12：左图和右图作者自绘，中图源自参考文献[6].

离散几何的渐进变化函数模型及梯度优化研究

——以线杆捆束体系为例

钟政佳[1]　闫　超[1*]　袁　烽[1]

（1. 同济大学建筑与城市规划学院，上海市 200092，yanchao@tongji.edu.cn）

摘要

数字化离散几何的迭代设计过程通常遵循递归原理——通过不断重复自身规则进行生形和优化。其中，每一次迭代的变化可能性会以指数级积累，并最终决定整体形式的多样性水平。因此，每一次迭代的变化可能性之间的离散程度便决定了整体形式连续渐变的离散程度。针对离散几何与结构、环境、行为等渐进优化设计目标之间的拟合难题，本文对离散几何的函数模型展开研究，分析不同变量组合下的迭代变化机理。通过引入变量自迭代，对比分析不同函数模型下迭代变化的梯度连续性（柔性）及优化策略。再通过引入变量变化率、变量权重和概率，探索离散几何体系与渐进变化灰阶图之间的关联模型。最终，揭示出对离散几何的渐变梯度进行优化的数学原理，为离散几何建筑体系的柔性梯度拟合的提出基础模型和理论。

关键词：离散几何；迭代设计；渐进变化；柔性梯度；函数模型

Keywords：Discrete geometry；Iterative design；Continuous variations；Soft gradient；Mathematical models

引言

模块化建筑的离散几何体系可以实现建筑形式的自由组合和迭代变化。数字化离散几何的迭代设计过程通常遵循递归原理——通过不断重复自身规则进行生形和优化。其中，每一次迭代的变化可能性会以指数级积累，并最终决定整体形式的多样化水平。由于离散几何体系每一次迭代的变化可能性之间的离散程度较高，因此整体形式的渐进变化连续性往往较差。针对当前数字化优化设计主要以结构、环境、行为等连续渐变灰阶图为媒介的场景，模块化建筑形式的渐进优化主要可以归纳为两条路径：第一条是以牺牲构件的标准化程度作为条件，通过批量定制化技术实现模块化构件本身的连续渐变[1-4]；第二条是通过迭代变化的离散模型拟合设计目标中的连续模型[5-7]。虽然第二条路径保证了构件和装配的标准化水平，但是形式优化问题往往会反过来限制构件组合变化的自由度，并且更为重要的是离散模型对（渐进变化的）设计目标的拟合程度成为优化水平的关键决定因素。

针对（相对）标准化离散几何与连续性灰阶图（场域）之间的拟合难题，本文以线杆捆束单元的几何建构体系为例，从三个方面对离散几何的渐进变化函数模型展开研究：首先，分析不同变量组合下的捆束迭代分支对整体形式渐进变化的影响机理；其次，通过引入变量自迭代，对比分析不同函数模型下迭代变化的梯度连续性（柔性）及优化策略；最后，通过引入变量变化率、变量权重和概率，探索离散几何体系与连续渐变灰阶图之间的关联模型。本文试图揭示出对离散几何的渐变梯度进行优化的数学原理，为离散几何建筑体系的柔性梯度的拟合提出基础模型。

1　离散几何的渐进迭代函数模型

本文以线杆捆束单元的几何建构体系为例展开研究，其本质上是基于1968年提出的林登麦伊尔系统（Lindenmayer-system，简称L-system）数学模型，数据集为

$$G = \{w,\ q\} \tag{1}$$

其中，图形的初始状态（w）按照生长规则（q）进行有限次的迭代，生成一个复杂但具有一定规律的几何图形[8-10]。这种图形由于具有较为明显的自相似性，因此常常用于绘制复杂的分形图案，尤其被广泛应用于植物生长过程的研究[7]。随着林登麦伊尔系统的不断发展，建筑师也尝试把这一系统引入建筑领域，试图提供一个依据规则生成形态，并能进行实际建造的构件系统。

在此基础上，本文以标准化离散构件的渐进变化作为前提，首先在系统中引入网格化迭代模型。同时，为简化问题的研究，采用标准单位正交网格进行分析与讨论。其迭代生长系统中所需要的数据集为

$$H = \{p,\ l,\ f(p,\ l)\} \tag{2}$$

其中，p、l、f分别表示图形中的点元素、线段元素及迭代生长的规则，且f可由p、l表示，由f新生成的点集和线段集也会被加入p、l中，之后规则f会在点集中选取未被选取过的点进行下一次迭代。

诚然，在线杆捆束的分叉系统中，林登麦伊尔系统的初始状态和生长规则可以由生长过程中边的长度r和旋转角度θ表示，因此数据集还可以表示为$G = \{r,\ \theta,\ q(r,\ \theta)\}$，相当于一个原点不断变化的极坐标体系，而此处提出的数据集表示为$H = \{p,\ l,\ f(p,\ l)\}$，是用边p和节点l表述的，更像是一个原点不断变化的笛卡儿坐标系。然而，针对离散几何的迭代过程来说，二者仅仅是对同一种规则的两种不同的数学描述方式，因此是相通的。

1.1 迭代规则

对于该系统中的几何元素我们设置如下规则，建立相应的迭代数学模型：点元素 p 的位置只能选取在网格的节点上；线段元素 l 必须连接两个点元素，即若线段 $AB \in l$，则必有 $A \in p$，$B \in p$；为了进一步简化说明，对于空间中的一点 O，规则 f 暂时只允许点 O 向上连接距离最近的 5 个点（图 1）。

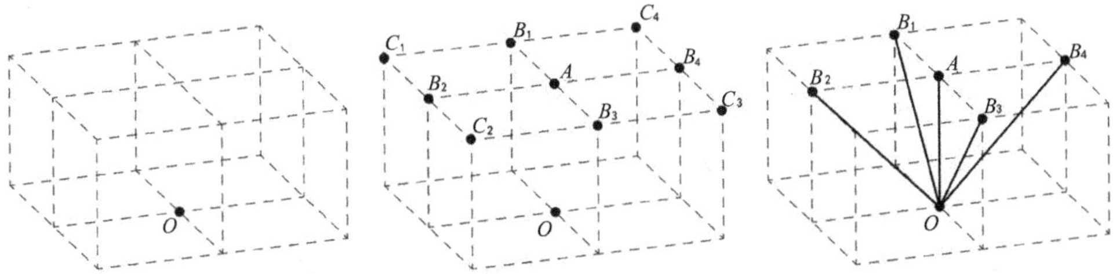

图 1 标准化捆束体系的迭代规则

例如，当我们以点 O 为起始点，即 $p=\{O\}$，规则 f 为“对每一个节点 $T \in p$，都选取其对应的点 A、B_1、B_4 连接，生成线段 TA、TB_1、TB_4”，经过 n 次迭代后，就会得到如图 2 所示的图形。

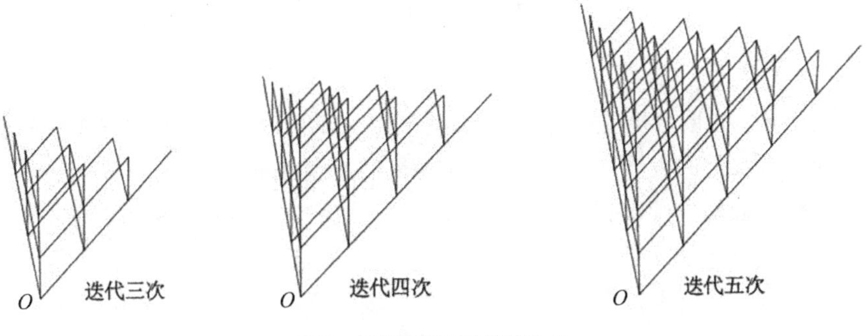

图 2 固定规则下的迭代生长

1.2 迭代变量

在基本迭代模型的基础上，我们在系统中引入变量因素，试验整体形式的变化机理。其中最简单且直观的方式就是在规则 f 中引入完全随机的变量。考虑起始点为 O，即 $p=\{O\}$，规则 f 为“对每一个节点 $T \in p$，都选取任意 $n(1 \leqslant n \leqslant 5,\ n \in \mathbf{Z})$ 个不重复的可选点进行连接”，规则中的 n 成为节点 T 的分叉数，其规则实现如下：

```
int n = rand ( ) % 5 + 1 ;                  //生成随机分叉数
int k ;                                     //用于确定具体连接参数
for ( int i = 1 ; i <= n ; i++) {
```

```
loop:
k = rand ( ) % 5 + 1 ;                      //随机生成连接方向
if ( isconnected ( k ) ) goto loop;         //判断k是否已经连接
switch ( k ) {                              //根据k确定具体连接
        case 1 : connect ( T, A ) ; break ;
        case 2 : connect ( T, B1 ) ; break ;
        …} }
```

从生成结果(图3)来看，变量的引入使得最后生成的整体形态产生了多样性，但由于规则f的完全随机，每一次的生成结果都会产生包括形态、点元素数量和线段元素数量在内的巨大差异性，并且这种差异性既不可控，也不存在渐进变化规律。为了使迭代模型具备向设计目标不断趋近的优化能力，我们进一步在系统中引入变量控制函数。

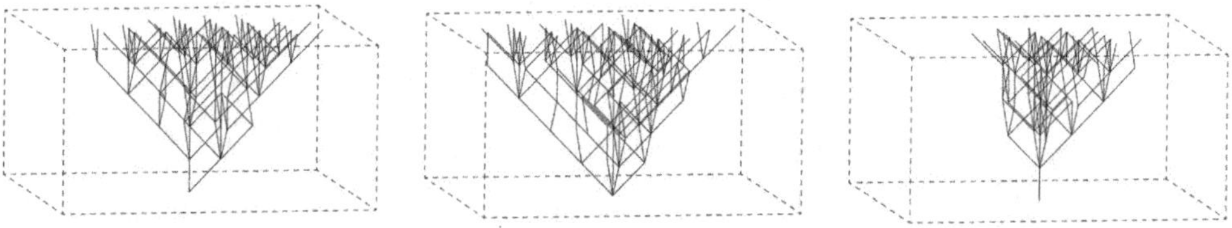

图3 完全随机迭代

1.3 可控迭代变量

针对规则f，如果想要增加整体形式的可控性，则可以从上述代码段中的随机变量入手，一个是分叉数的数量n，另一个则是随机的连接方向k。我们首先能将其中一个随机量——分叉数的数量n变为可控变量。因为连接方向k本身就是建立在分叉数n之上的（在规则中表现为n是k的循环条件），所以尝试将生长过程中的分叉数由使用者进行输入，连接方向仍设置为随机，调整后的规则如下：

```
int n ;
scanf ( " %d ", &n) ;                 //接收用户输入的分叉数
int k ;                               //用于确定具体连接参数
for ( int i = 1 ; i <= n ; i++) {
    …
    switch ( k ) {                    //根据k确定具体连接
            case 1 : connect ( T, A ) ; break ;
            case 2 : connect ( T, B1 ) ; break ;
            …} }
```

通过输入不同的分叉数n，我们可以在整体形式上得到杆件密度的变化规律。这意

味着整个迭代模型已经初步满足了可变且可控的要求。在迭代模型中，虽然每个节点连接的方向是随机的，但是其分叉数期望 $E(T)$ 都由可控变量 n 严格控制。目前可控变量 n 为输入的恒量，因此生成结果中所有节点的分叉数方差 $D(T)=0$，这表示杆件密度处处相等，呈均质状态（图 4）。当可控变量 n 随着影响因子成动态变化时，整体形式的杆件密度也便可以相应地呈现出渐进变化。

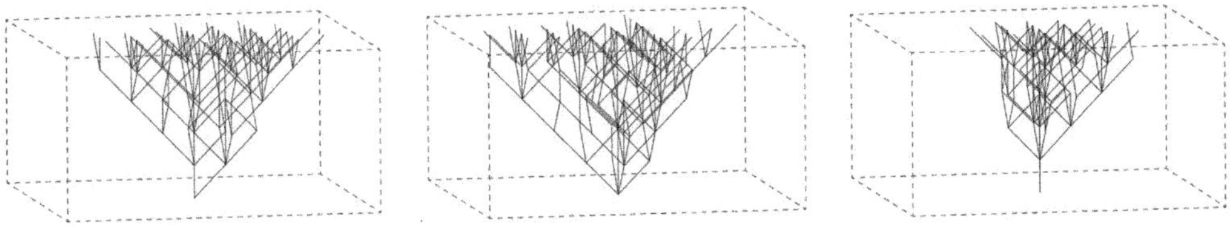

图 4 分叉数变量 n 控制下的迭代生长

2 渐进迭代函数模型的梯度优化

在迭代模型中，可控变量的变化规律决定了整体形式中对应特征的变化规律。因此，可控变量的变化梯度也便决定了整体形式的变化梯度，即影响着整体形式渐进变化的连续性。

针对迭代规则 f，我们首先对可控变量的复杂度进行分析，通过在可控变量中套嵌微观的迭代规则，以增加其变化梯度的细分程度。在前一阶段设置的迭代模型中，可控变量 n 表示每个节点可以选取“n 个不重复的可选点”进行连接。我们现将规则 f 改为“选取可重复的 n 个可选点进行连接，并在连接之前删去多余重复的点”，其规则实现如下：

```
int n ;
scanf ( " %d ", &n) ;                    //接收用户输入的分叉数
int k ;                                  //用于确定具体连接参数
for ( int i = 1 ; i <= n ; i++) {
    k = rand ( ) % 5 + 1 ;               //随机生成连接方向
    if ( isconnected ( k ) ) {           //判断 k 是否已经连接
            switch ( k ) {               //根据 k 确定具体连接
                    case 1 : connect (T, A); break ;
                    case 2 : connect (T, B1); break ;
                    …} } }
```

在调整后的规则 f 中，分叉数控制变量 n 本身被套嵌另外一层变量，即可选点之间的重复率。此时，分叉数变量 n 的梯度变化决定着整体形式的分叉密度变化，同时在变

量 n 的每一个变化梯度中，“可选点重复率”这一微观变量又决定着局部的分叉密度，从而间接增加了整体梯度变化的细分率，即增加了整体梯度变化的连续性（图 5）。如图 1 所示，在原有迭代模型中，每次迭代分叉数的控制变量 n 的输入范围是 $1 \leqslant n \leqslant 5$ 之间的整数。与之相对应，现有迭代模型中，由于“可选点重复率”的存在，n 变成了全体正整数，而对于每个点 T，都有分叉数期望值：

$$E(T) = \left(\frac{1}{5}\right)^{n} \sum_{i=1}^{\min(5,\ n)} \binom{i}{5} i!\ S(n,\ i) \quad i \propto n \tag{3}$$

$$S(n,\ m) = \frac{1}{m!} \sum_{k=0}^{m} (-1)^{k} \binom{m}{k} (m-k)^{n} \quad \text{（第二类斯特林数）} \tag{4}$$

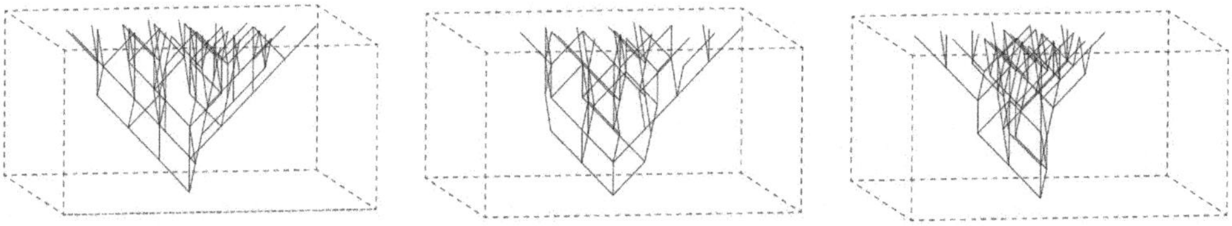

图 5 嵌入“可选点重复率”变量的迭代生长

此时，实际分叉数变量 n 可以被理解为分叉数期望值 $E(T)$ 的进一步细分，从而可以突破离散几何本身变化梯度的限制，在迭代变化中建立影响因子与变量之间更为平滑的非线性映射关系，实现局部与局部之间差异性的平滑过渡，同时也为三维灰阶图驱动的连续渐进迭代铺垫了柔性梯度基础（图 6）。

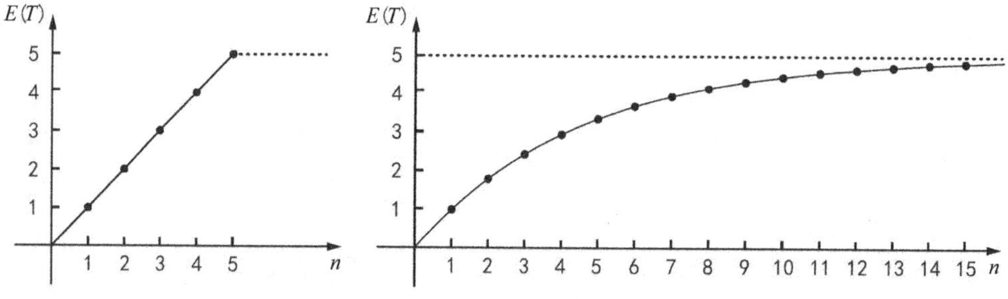

（a）线性映射　　（b）套嵌变量的高维映射

图 6 实际分叉数变量 n 与分叉数期望值 $E(T)$ 之间的关系

3 三维灰阶图驱动的“连续”渐进迭代函数模型

3.1 三维灰阶图驱动的渐进迭代模型建构

针对当前数字化优化设计场景，主要以结构、环境、行为等连续渐变灰阶图作为媒介驱动形式迭代过程。因此。在迭代模型中，每个节点的分叉数变量 n 不再是设计者给定的一个常数，而是与该节点所处三维空间场域中的具体位置所对应的灰阶值相关联，进而在灰阶图的影响下呈现出梯度化的差异性。

在这一场景中，我们首先将每个节点的分叉数变量 n 进行迭代控制，使得整体离散几何系统在生长过程中变量 n 可以随着环境的变化而变化。进一步，我们假设对空间中的任意一个节点 $k(x,\ y,\ z)$，都有函数 $h=(x,\ y,\ z)$ 唯一决定节点 k 的分叉数变量 nk。由于节点个数的限制，$h(x,\ y,\ z)$ 是有边界的，即 $\exists m,\ M\in\mathbf{R}$，使得 $m\leqslant h\leqslant M$，于是我们可以在 $h(x,\ y,\ z)$ 与任意闭区间 $[a,\ b](0\leqslant a<b)$ 之间建立映射关系，将节点 k 的分叉数系数 nk 在区间 $[a,\ b]$ 上由正整数表示出来。

$$h(x,\ y,\ z)=\frac{1}{2}x+\frac{1}{|y|+1}+\cos\left(\frac{1}{5}\pi z\right),\quad x,\ y,\ z\in\mathbf{R} \tag{5}$$

$$n_k=\left[\frac{h(x,\ y,\ z)+4}{13}\times 16\right] \tag{6}$$

例如，对于分叉数变量函数（图 7），在生长六层的条件下取映射目标区间为 [0，8]（图 8），采用线性映射。

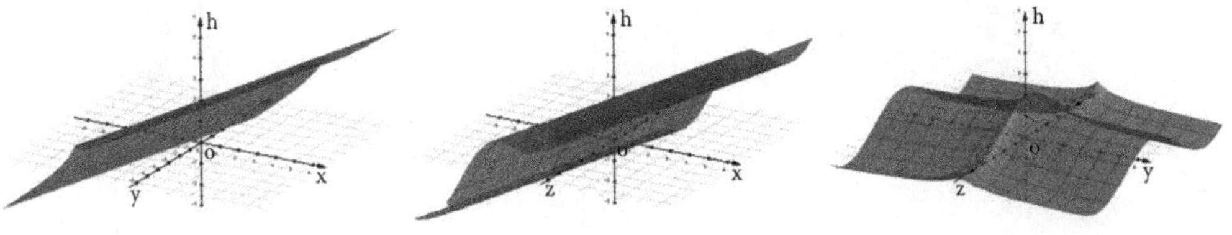

(a) $h\ (x, y, 5)$　　(b) $h\ (x, 0, y)$　　(c) $h\ (0, x, y)$

图 7　分叉系数函数 $h\ (x, y, z)$ 的图像

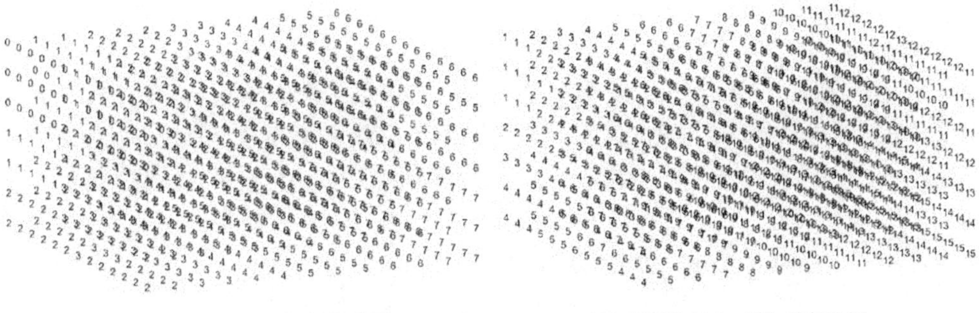

(a) 区间为 [0，8] 的灰阶图　　(b) 区间为 [0，15] 的灰阶图

图 8　$h\ (x,\ y,\ z)$ 三维灰阶图的可视化

通过函数对空间中的任意节点 k 的分叉数变量 n_k 进行定义，这样便实现了灰阶图驱动下的分叉密度控制。

进一步地，我们以“完全随机迭代”的离散几何模型作为参照[图 9（a）]，运用拟定的灰阶图对两种迭代模型进行干扰。其中，第一种模型的分叉数变量 n 与灰阶值进行直接线性映射[图 9（b）]，第二种模型的分叉数变量 n 被套嵌了“可选点重复率”这一微观变量[图 9（c）]。从生成的结果中不难看出，除了完全随机外，其他两种模型虽然在局部有所不同，但在整体上都符合灰阶图反映出的差异性分布情况。值得注意的是，在这两种映射模型中，第一种模型的差异离散度比第二种更高，即变化连续性比第二种差。这是因为在套嵌了“可选点重复率”的映射模型中，迭代过程中的分叉数变量可以取任意区间（在本例中为 0 到 8），而线性映射模型区间受到离散几何本身分叉数的限制，因此最大只能取［0，5］。同时，我们必须认识到，尽管第二种模型的变化连续性较优，但是从函数 k 曲线（图 6）中也可以发现，该模型的分叉数变量区间也不可以无限放大（即梯度无法无限细分）。从曲线中可以看出，变量区间取［0，15］或更小时变化梯度的映射较为均匀，超过一定数值后映射关系趋于水平。

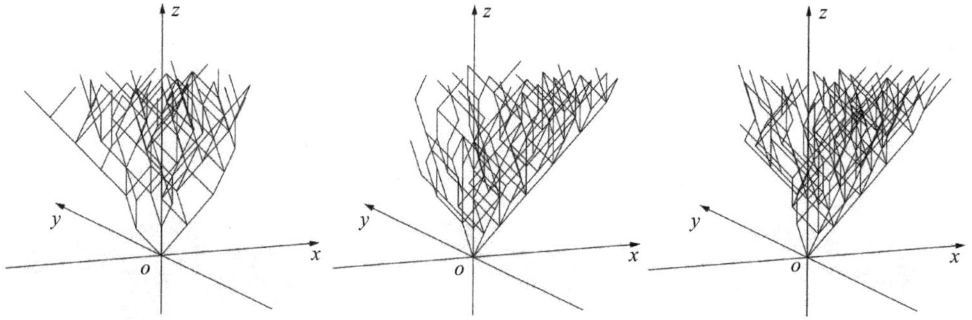

（a）随机生长　（b）线性映射迭代生长　（c）多维映射渐进迭代生长

图 9　迭代生长对比图

在上述迭代试验基础上，研究进一步探索多变量条件下的灰阶图映射关系。在上述迭代模型中，虽然分叉数变量 n 在灰阶图的影响下产生了梯度变化，但对于单个节点而言，5 个可选连接方向（图 1 中的点 A、B_1、B_2、B_3、B_4）的概率是一致的，均为 0.2。为进一步拟合灰阶图的渐进变化梯度，我们在函数模型中针对每一个单独点增加了可选连接方向的权重判断，根据灰阶图的局部差异性调整连接方向的概率。以图 2 为例，取单一生长点为 $O(x_0, y_0, z_0)$，B_1B_3 为 x 轴方向，B_2B_4 为 y 轴方向，$h(x, y, z)$ 为灰阶图空间函数，则可以将连接方向的概率调整为

$$P(OA) = 0.2$$

$$P(OB_1) = 0.2 - \lambda\left[\frac{\partial h(x_0, y_0, z_0)}{\partial x}\right];\quad P(OB_3) = 0.2 + \lambda\left[\frac{\partial h(x_0, y_0, z_0)}{\partial x}\right] \tag{7}$$

$$P(OB_2) = 0.2 - \mu\left[\frac{\partial h(x_0, y_0, z_0)}{\partial y}\right];\quad P(OB_4) = 0.2 + \mu\left[\frac{\partial h(x_0, y_0, z_0)}{\partial y}\right] \tag{8}$$

其中，$\lambda(x) \propto x$，$\mu(x) \propto x$，且 $-0.2 \leqslant \lambda(x)$，$\mu(x) \leqslant 0.2$，保证概率 $P \in [0, 1]$。为使最终结果不会因为个别点的极端特殊情况而影响整体变化梯度的连续性，还可以将上式中的趋势系数：

$$\frac{\partial h(x_0, y_0, z_0)}{\partial x}$$

调整为各层灰阶图的偏导数的复合函数（i 表示相对层数）：

$$\sum \frac{\partial h(x_0, y_0, z_0 + i)}{\partial x} \times \frac{1}{i!} \quad (i = 0, 1, 2, \cdots) \tag{9}$$

通过对可选连接方向概率的引入，迭代模型能够同时在整体层面和局部层面形成对灰阶图渐进变化趋势的精确映射。如图 10 所示，三种迭代模型均显示出对灰阶图的更好的拟合性，甚至连完全随机迭代的模型也表现出对灰阶变化趋势的呼应。另外，针对第三种引入“可选点重复率”的迭代模型，除了显示出更优的拟合度之外，由于“可选点”概率的差异性，使得在特定连接方向上的重复率增加，从而导致整体分叉密度的精简。

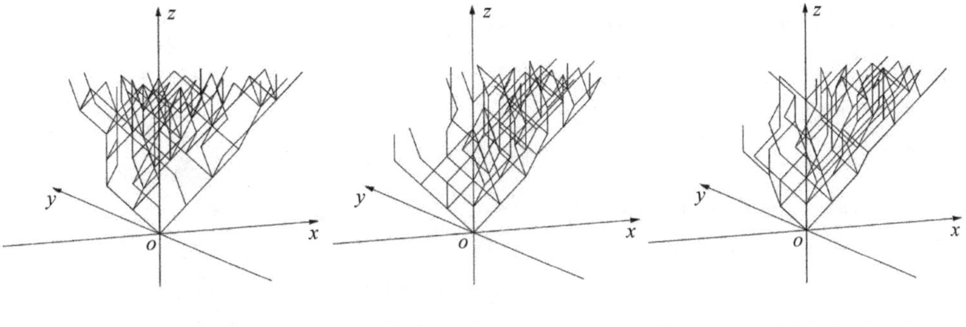

（a）随机生长　　（b）线性映射迭代生长　　（c）多维映射渐进迭代生长

图 10　引入概率后的迭代生长对比图

3.2　三维灰阶图驱动的迭代设计应用

在实际设计应用场景中，三维灰阶图往往是带有具体含义的数据集，可能表达了建筑结构的受力分布，也可能代表了环境温湿度、能耗、气流的动态变化，还可能与使用者的视线、行为、感知紧密关联。灰阶图的渐进变化场域驱动着离散几何模型的相应变化，最终形成密度的变化等。例如，图 11 展示了一个运用灰阶图影响离散几何迭代的特殊例子。其中，运用灰阶度拟定出“空间使用度”的梯度变化，灰阶图中数值为 0 的区域表示需要为特定功能预留的空间。在这种情况下，节点就不会进行迭代连接，而在其他区域则按照灰阶图的对应值，分叉密度产生疏密的梯度变化。通过对迭代变量与灰阶图映射模型的调整，我们就可以利用渐进梯度变化来优化构筑物与空间之间的边界条件（模糊性），即灰阶图中从数值为 0 到数值非 0 的过渡连续性。

图 11 灰阶图空间区域限定下的迭代生长应用

4 拓展研究与讨论

上述讨论是在几何层面梳理了离散几何的渐进变化函数模型。同时，我们还进一步针对线杆捆束体系的建构方法，探索了三维灰阶图驱动下的构造迭代变化。当然，线杆捆束体系的建构方法并不唯一，在此我们针对其中一种方式，研究离散几何建构体系的渐进变化规则，为下一步标准化建造实验做铺垫。

在线杆捆束体系中，每一个节点都需要向上和向下连接相应的节点。我们以一个非端点节点及其向上、向下分别连接的节点集作为一个基本单元进行分析。如图 12 所示，以一系列通过中心节点的标准化杆件来连接上下所有备选节点，可以形成无数种连接构造结果。当引入三维灰阶图时，所有备选节点所对应的灰阶图数值便决定了备选节点的权重，进而在一定的规则下决定了具体的捆束连接方式。在图 12 中，拟定三维灰阶图的数值按照①至⑤及①′至⑤′的次序递减，根据权重分布情况，生成杆件捆束的规则可以设置为：

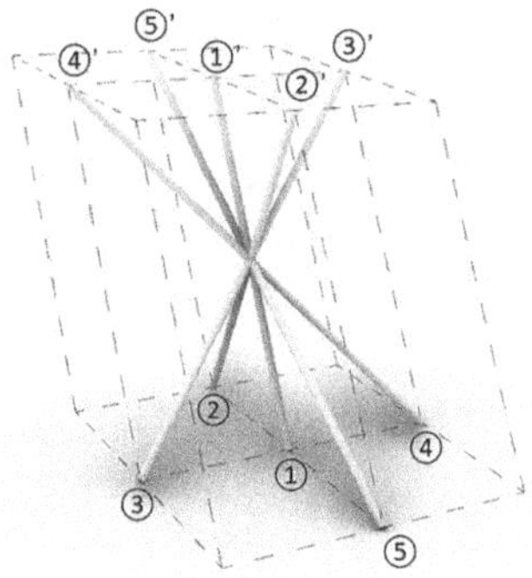

图 12 杆件连接示意图

（1）采用一根杆件连接权重值最大的两个备选节点（①①′）。

（2）杆件连接顺序按照先下后上，遵循①至⑤（①′至⑤′）的次序连接，但不可重叠已连接的杆件。

（3）若灰阶图数值较为相近，杆件连接产生多种可能时，则优先连接对位杆件（如③④′，②⑤′）及拥有较少的已连接杆件的备选节点。

按照此规则对灰阶图影响下的构造迭代过程如图 13 所示。最终，灰阶图的渐进梯度变化会映射到不同节点的杆件捆束数量上，形成相应的梯度变化规律。而由于基本杆件的规格、长度和弯折角度没有受到灰阶梯度的影响，因此仍然能够满足离散几何的标准化批量建造的研究前提。

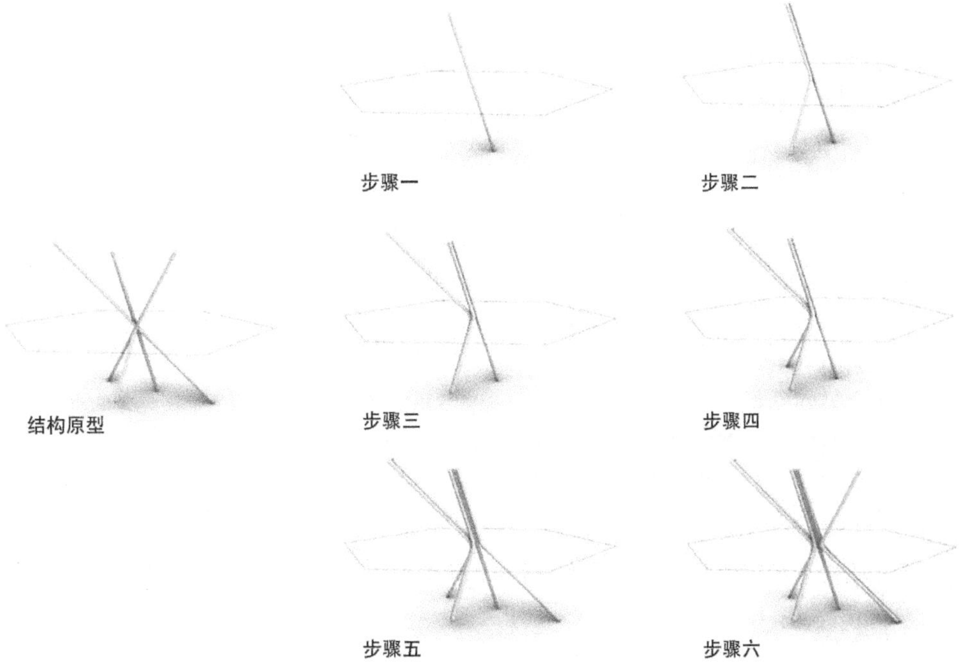

图 13 捆束杆件连接规则示例

结语

本文在标准化离散构件建造的前提下，针对离散几何与渐进优化设计目标之间的拟合问题，展开基础原理研究。研究通过对离散几何的迭代函数模型进行建构，分析了变量组合下的迭代原理。在此基础上，重点对比分析了不同变量组合迭代模型的渐进梯度优劣，提出了标准化离散几何体系的渐进梯度优化原理。进一步，研究通过引入变量权重和概率，探索离散几何体系与渐进变化灰阶图之间的关联模型。

本文从基础数学原理的角度，建立了离散几何向任意三维灰阶图的拟合路径和梯度优化原理。该路径和原理可拓展到结构、环境、行为等具体灰阶图优化问题的应用研究中。同时，本文对于灰阶图驱动下的建造与建构迭代设计也做出了初步的探索。

参考文献

[1] SHEIL B. Manufacturing the bespoke: making and prototyping architecture[M]. Chichester: John Wiley, 2012.

[2] WILLMANN J, KNAUSS M, BONWETSCH T, et al. Robotic timber construction: expanding additive fabrication to new dimensions[J]. Automation in Construction, 2016, 61: 16-23.

[3] 袁烽，张立名，高天轶. 面向柔性批量化定制的建筑机器人数字建造未来[J]. 世界建筑，2021(7)：36－42.

[4] PARASCHO S，KNIPPERS J，DÖRSTELMANN M，et al. Modular fibrous morphologies：computational design，simulation and fabrication of differentiated fibre composite building components[M]//Advances in architectural geometry 2014. Cham：Springer International Publishing，2014：29－45.

[5] 闫超，袁烽.数字工匠时代的设计课教学探索：以弗吉尼亚大学客座教学为例[C]//2020—2021 中国高等学校建筑教育学术研讨会论文集.北京：中国建筑工业出版社，2021.

[6] DIERICHS K，MENGES A. Towards an aggregate architecture：designed granular systems as programmable matter in architecture[J]. Granular Matter，2016，18(2)：25.

[7] ROSSI A，TESSMANN O. Aggregated structures：approximating topology optimized material distribution with discrete building blocks[C]// Proceedings of IASS Annual Symposia. Hamburg，2017：1-10.

[8] JACOB C. Genetic L-system programming[M]//Parallel problem solving from nature：PPSN III. Berlin：Springer Berlin Heidelberg，1994：333－343.

[9] POWER J L，BRUSH A J B，PRUSINKIEWICZ P，et al. Interactive arrangement of botanical L-system models [C]//Proceedings of the 1999 Symposium on Interactive 3D Graphics. Atlanta，1999：175－182.

[10] MISHRA J. Classification of linear fractals through L-system[C]//2008 First International Conference on Emerging Trends in Engineering and Technology. Nagpur，2008：1－5.

图片来源

图 1~13:作者自绘.

基于镶嵌图形二维展开的互动装置设计与建造

丁褚桦[1]　刘梦嫚[1]　王　晖[1*]

（1. 浙江大学建筑工程学院，浙江省杭州市 310058，wang_hui@zju.edu.cn）

摘要

结构稳定性与鲁棒性是限制可动建筑表皮发展的重要因素，目前可动建筑表皮设计大多采用单元式和分布式构造系统，故障率较高，鲁棒性难以保证。本文结合近期所做的互动装置设计与建造实例，探索以二维展开方式实现表皮稳定可动的方法。几何形态方面，通过规则镶嵌图形加铰接点的方式实现二维方向上的稳定展开；运动机制方面，采用单一动力源驱动 4 个面共 484 块面板；感应控制方面，通过 Arduino 嵌入式平台，并配合感应器、灯光和音乐建立可展表皮反馈机制，提供了具身化的空间体验。在建造过程中发现并尝试解决离散单元的平面外变形、最大展开态和驱动机制、互动机制等实际问题。互动装置作为多学科交叉研究的平台，整合了建筑、几何、机械、自动控制等专业，构建了高效的驱动机制方案，提升了系统的稳定性和鲁棒性，拓展了可动建筑表皮的设计思路。

关键词：互动装置；镶嵌几何；二维展开；学科交叉研究

Keywords：Interactive installation；Tessellation geometry；Two-dimensional expansion；Interdisciplinary research

项目资助情况：浙江省自然科学基金项目（LY20E080019）；浙江省属基本科研业务费专项资金（2021XZZX016）

1　引言

1.1　相关研究及实践

尽管被描述为可动建筑的例子可以追溯到许多世纪前，但可动建筑作为一个学术研究领域主要在早期的现代主义思潮中得到发展，出现了一系列结合机械装置的可动建筑案例。1960 年代出现的建筑电讯派（Archigram）和新陈代谢派都试图重新定义未来建筑的形式和特征，提出了很多可动建筑与可动城市的概念设想。之后出现了诸如 Utopie Group、Haus-Rucker Co.、Super Studio 和 Archizoom 等更为激进的先锋建筑团体。

William Zuk 和 Roger H. Clark 是第一批将可动建筑描述为“能够通过动态适应变化

的建筑”的学者之一，他们在 1970 年出版的《可动建筑》（*Kinetic Architecture*）一书中描述了可动建筑，即“建筑应是在一定压力下建立的一个平衡反应的形式，而不应是一直稳定的状态”[1]。其对可动建筑的定义包含了建筑或其构件机动性、可变性、组装性、智能性的特征。实验探索也逐步深入，如西班牙建筑师 Emilio Perez Pinero 在研究中发现将直线剪叉机构的转动中心从中心点向边缘移动，即可利用该机构构造出曲线结构。Pinero 通过曲线机构的组合构造了可展壳体结构[2]（图 1），并提出了包括旅行亭、可伸缩穹顶和临时围场等许多结构系统。

图 1 Pinero 研制的可展壳体结构

目前国内外关于可动建筑的研究，主要集中在可调适建筑表皮、动态建筑结构、互动艺术装置以及智能建筑材料等方面。哈佛大学 Chuck Hoberman 团队在直线剪叉杆组的基础上，通过将直杆变为具有夹角的折弯杆构造了折弯剪叉杆组，通过将组合的折弯杆组插入基础多面体的边，并将顶点铰接，构造 Hoberman Sphere 可展机构[3-5]，启发了后期大量可展杆状结构研究。可动表皮是可动建筑研究的主要领域，麻省理工学院媒体实验中心（MIT Media Lab）、英国伦敦建筑联盟学院（AA School of Architecture）、德国斯图加特大学 ICD 研究所等学术机构分别从互动装置、信息技术应用和智能材料研究等不同的角度对适应性动态建筑表皮进行了研究（图 2），国内哈尔滨工业大学团队在结合环境性能的可动建筑表皮方面进行了深入的探索[6]。

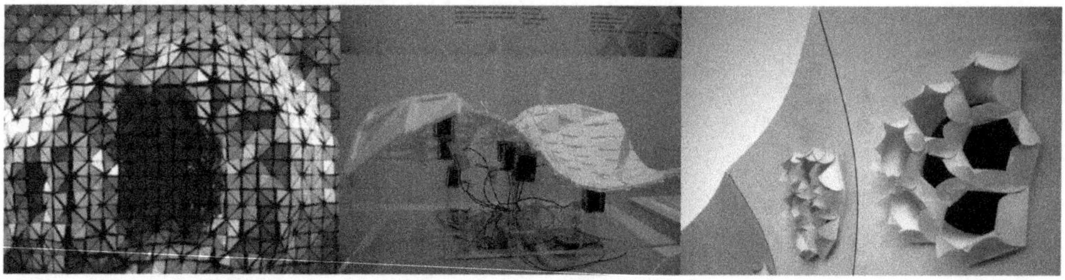

图 2 MIT Media Lab、AA School of Architecture 和 ICD 在可动建筑方面的尝试

1.2 应用潜力与限制因素

可动建筑尤其是可动表皮具有醒目的艺术表现力，随着信息化、智能化技术的发

展，为现有的建筑造型、立面和空间体验注入新的活力。更重要的是，可动建筑表皮在温控、光控、声控等方面有突出的潜力，在环境响应方面具有优势，能更好地结合室内外环境需求对空间进行调节，在低碳建筑等领域有良好的发展前景。

目前可动建筑表皮在技术水平、经济成本方面仍有许多限制因素。例如，在能耗上，部分案例存在先耗能再节能、为可动而可动的问题；在构造上，目前大多数案例采用表皮单元旋转、折叠方式，驱动方面采用多单元分布式驱动系统，结构稳定性和鲁棒性较低。这些问题最终都体现在成本方面，可动建筑表皮普遍存在一次性投入成本大、运营（能耗、维护）成本高，并且由于表皮占据了一定的空间厚度，也造成了建筑面积的浪费。

1980 年代建成的巴黎阿拉伯世界文化中心是可动建筑表皮的经典案例。它借鉴了相机快门的构造，将遮阳金属表皮被划分为不同尺度的矩形单元，单元中间的可收缩圆孔通过扇形面片旋转控制，属于二维可动表皮，但构造层次复杂，故障率高。2012 年建成的迪拜巴哈尔塔是三维折叠表皮的应用案例，其可动表皮运用了折纸（origami）原理，通过均匀排布的正三角形单元实现，但结构厚度较大。两个案例的可动表皮都有良好的艺术表现力和环境响应能力，但都存在构造复杂、运转能耗高、造价昂贵的问题[7]（图 3）。

(a) 阿拉伯世界文化中心

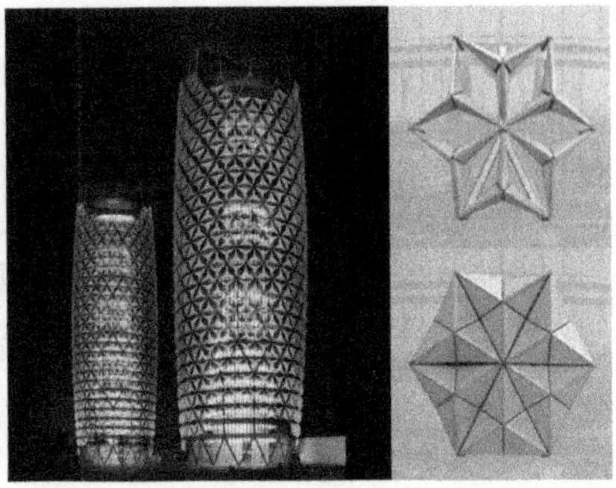
(b) 巴哈尔塔

图 3　整体表皮和表皮单元

2　二维可展表皮的探索

2.1　互动装置

课题组近期设计制作的互动装置作品 Discrete Metaverse 是一个层层嵌套的立方体结构（图 4）。外框立方体边长 4.8 m，内框立方体边长 2.4 m，采用了可动金属表皮，闭合后形成立方八面体，观众可以进入其内部进行体验。立方八面体的内表面为镜面，其几何中心是边长 0.1 m 和 0.3 m 嵌套的发光体。这个装置综合运用了机械装置、感应装置、音乐、灯光等手段，以具身化的方式探讨了当代语境下虚拟空间与现实空间、中心化与去中心化（离散化）的复杂关系（图 5）。

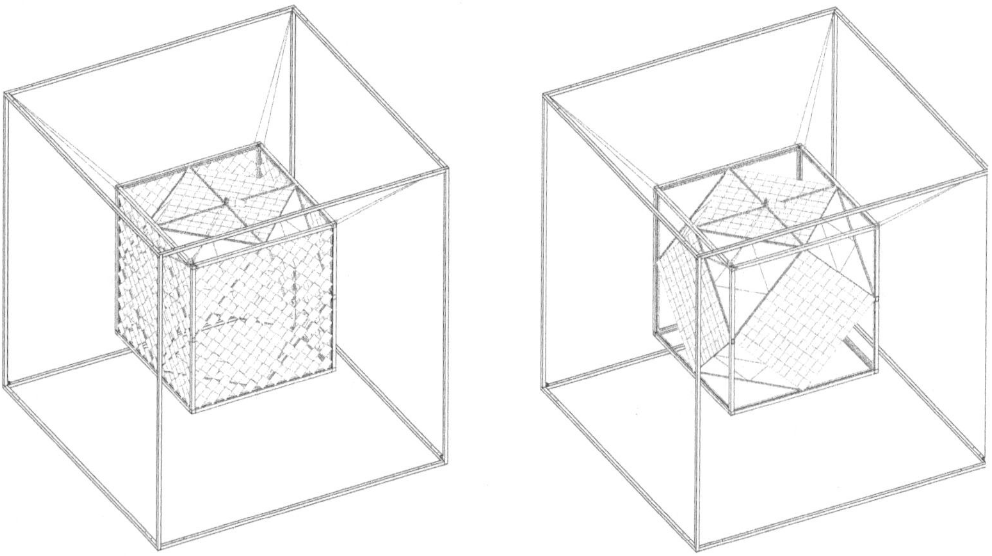

图 4 Discrete Metaverse 设计图

图 5 互动装置外部实景与内部效果

2.2 基于二维镶嵌加铰接点的可动表皮

立方八面体的表皮采用了二维展开的可动表皮，在几何形态方面基于镶嵌几何原理，通过规则镶嵌图形加铰接点的方式实现表皮的展开。几何学上的镶嵌（tessellation）是指用无缝隙且无重叠地铺满平面或者空间的状态。根据镶嵌单元的重复性，可以分为周期、准周期和非周期等三种类型。在二维平面镶嵌中，由正多边形组合构成的均匀镶嵌（uniform tessellation）应用最为广泛，其中最常见的就是单一正多边形构成的镶嵌。此装置的可动表皮通过对这种镶嵌添加铰接点的方式，实现旋转展开（图 6）。从机械学角度，这个系统属于单自由度系统（single DoF system），可动单元都具有确定的运动轨迹，仅用一个参数即可确定机构的运动状态[8]。

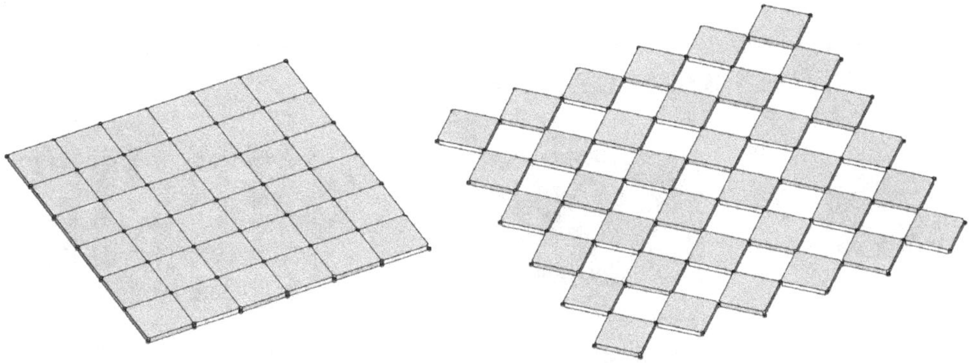

图 6 正方形添加铰接点的展开方式

2.3 铰接点构造设计

从几何形态到实际物理状态是具有挑战性的跨越。节点构造的体积大小、厚度、牢固性等因素影响实践中整体机构的运动机制和美观。可动平面单元的铰接点可以分为面内节点和面外节点两种类型。面内节点是指节点在基本几何单元范围内，单元之间有一定的重叠，通过铆钉等直接铰接；面外节点是节点放大、超出基本几何单元范围，一般通过单元之间的凸凹设计实现。面内节点的优点是构造较为简单，力学性能好，缺点是由于节点的占位问题，往往无法达到理论上的最大展开态。面外节点在实现最大展开态上具有优势，但构造较为复杂，节点本身需要一定的厚度来实现铰接的稳定性，在多个单元相互铰接的情况下其厚度可能达到不合理的程度。

经过分析，该装置的可动表皮采用了面内铰接点。所有单元在几何图形基础上扩展一周并分为 4 层（图 7），两两分层铰接（一层与二层、二层与三层、三层与四层、四层与一层）。具有体积的节点在机构闭合状态下存在几何位置冲突，为避免节点相撞和

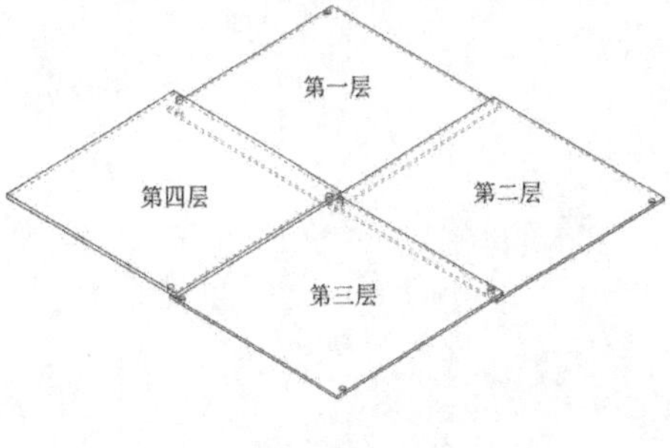

(a) 面片闭合状态相邻层数关系

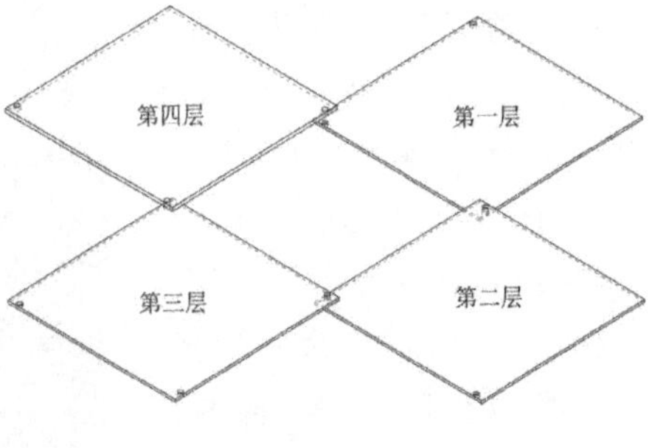

(b) 面片展开状态相邻层数关系

图 7 面片铰接关系

构造厚度过大，将所有铰接点以面片几何中心为圆心旋转一定角度，使在机构闭合时所有节点位置相互错开，机构的厚度仅为四层图形单元面片叠加的厚度。但是面内节点会造成展开角度的损失，导致机构无法展开至理论最大，更完善的节点设计有待进一步研究（图8）。实际操作中，为追求美观与构造间的平衡，节点要求强度高且体积小，所以采用M3高强度对锁螺丝将面片分层铰接。

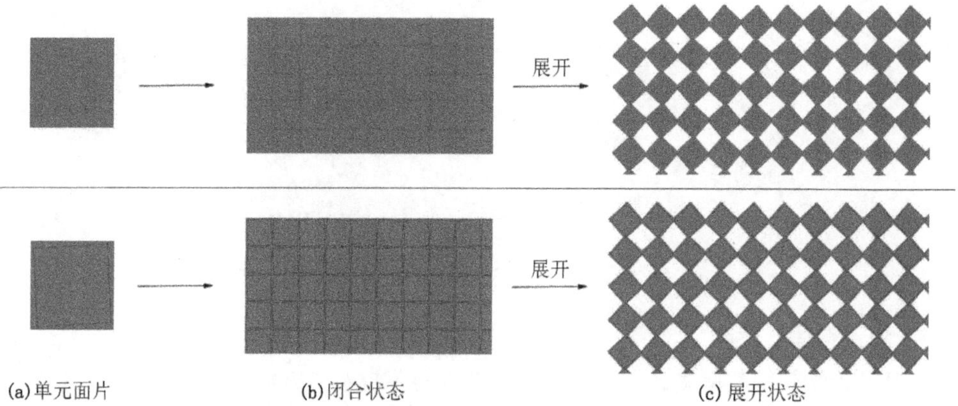

图8　铰接点错开以及最大展开损失角度

2.4　机构运动过程中的面外变形问题

由离散单元构成的二维镶嵌图形整体性较弱，结构强度低，受到重力影响在竖直状态下单元容易产生平面外形变化，立面产生前后凹凸，这种情况在表皮闭合的过程中发生的概率高于展开过程。另外，数控加工的构件与购买的标准化零件均存在标准误差，累积误差的存在导致大尺度构件的安装很难保证误差在毫米级以下，这些误差会进一步加剧面外变形问题。变形程度较大时会导致单元间相互卡锁，影响整体机构运动，甚至导致机构损坏。该装置的每个侧面由纵横各11块铝合金板组成，根据二维展开具有中心性的特点，采用了十字框在立面中心增加一个固定点（图9），以中心

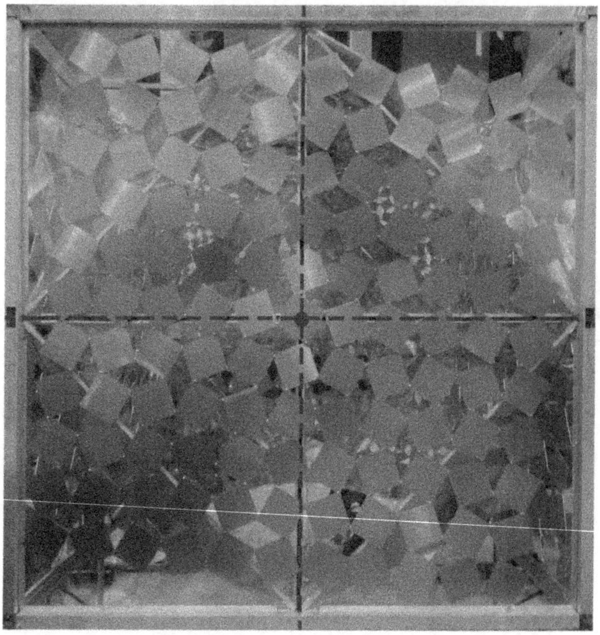

图9　表皮旋转的中心点固定

点作为受力支点，将悬空单元整体长度减少到1/4。进一步在内侧安装一层透明亚克力，防止机构向内形变后与内部固定结构产生冲突。

3 可展表皮的驱动系统

3.1 立面的单轴驱动机制

不同于传统的分布式驱动，该装置探索了单轴驱动的机械运动方式。它是利用驱动点的线性运动来驱动整体结构，能够通过简单构件的局部运动来实现系统的整体运动，具有动力机制简单、系统鲁棒性强等优势。在单轴驱动机制中，不动点、驱动点和滑移轴为其主要构成要素。每个立面以几何中心为不动点，以某一边上的单元角点为驱动点沿外框滑移，实现121个正方形面板的旋转展开。作为驱动点的滑块被限定在导轨上，导轨隐藏在边框中（图10）。进一步，同一立面上的四个滑块通过1条钢丝和8个转角滑轮被连接成一个封闭的“驱动环”，使立面单元在中心对称的受力状态下更加稳定[9]。

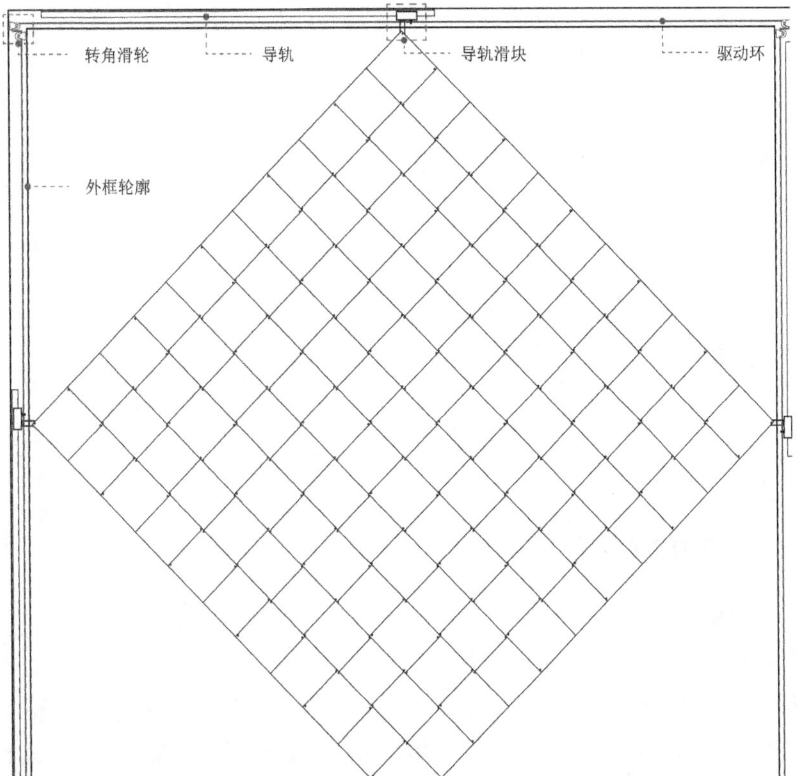

图10 单个驱动环结构

3.2 整体的单一动力源驱动

为实现“以少博多”的高能效方式，互动装置采用单一动力源，由一个小型电机驱动装置中心立方体的4个面，共484块离散单元。电机键轴通过法兰盘与绕线盘连接固定，驱动钢索与“驱动面”上部的滑块连接；另一驱动钢索与“驱动面”竖向一侧的滑块连接，并通过转角滑轮穿过绕线盘另一固定孔洞固定，两驱动钢索形成一个封闭的“动力环”。相邻的“驱动环”共用一个滑块，因此相邻面的旋转方向相反，4个面构成4个相互关联的“驱动环”（图11）。4个立面表皮的展开与闭合，通过电机键轴的顺、逆时针旋转进行控制。

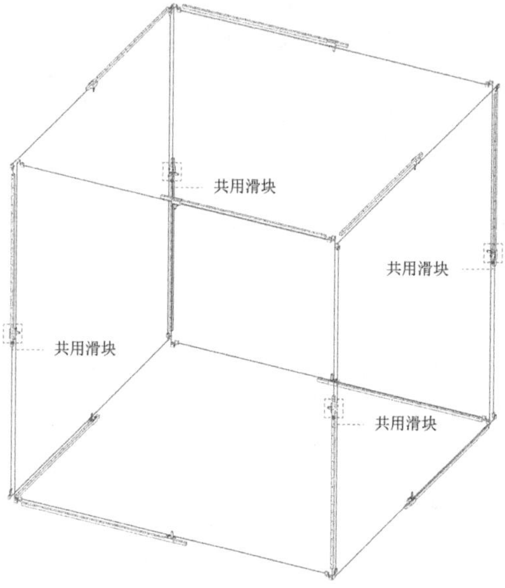

(a) 驱动环结构

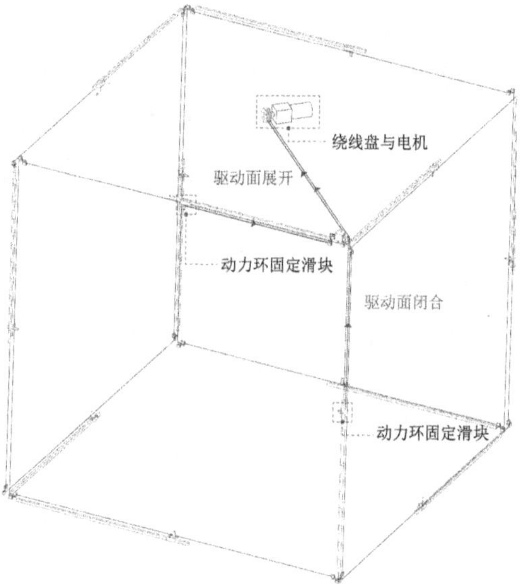

(b) 驱动索分布

图11 4个驱动环结构及驱动索分布

4 可展表皮的互动响应

4.1 基于互动机制的具身化体验

课题组与自动控制专业团队进行跨学科合作，实现了人与装置的互动。当有人进入外框范围时，感应器感应到人并触发运动机制，背景音乐响起，内部灯光亮起，立方体表皮徐徐展开。观众进入立方体后，立方体表皮闭合，内部灯光随背景音乐逐渐黯淡或逐渐亮起，内部镜面互相反射，灯光的镜像和自我的镜像在无限空间中不断延伸，并随时间发生变化，给体验者以真实与虚拟相互交融的感受（图12）。

4.2 响应电路构造

响应电路由感应器、arduino电路板、驱动器、LED装置灯、音乐播放器和电机构

图 12　内部镜像空间的无限深度效果

成。感应器采用 8 个主动式漫反射红外线传感器，安装于外框底部的框架之上，每个感应距离约 4 m，感应范围是 30°~40°圆锥角。驱动器使用的是智能电机驱动模块，具有较好的驱动和刹车效果。电机选用的是 24 V 永磁直流减速电机，能够在驱动钢索的过程中克服摩擦和面片自重。装置灯的明暗变化则是通过驱动器控制 LED 两端的电压实现。

5 V 的直流电源为感应器单独供电，24 V 的直流电源为 arduino 电路板、驱动器、LED 装置灯和电机供电。响应电路的整体反馈机制为：红外线传感器感应体验者并传送感应信号，arduino 接收感应信号并将信号分别传送给驱动器、LED 装置灯、音乐播放器，进而驱动器向驱动电机输送信号，最终实现对装置驱动面的展开与闭合、LED 装置灯的明与灭、音乐播放器的播放与关闭的整体控制。

结语

作为受邀参加 2022 中国设计大展及公共艺术专题展的艺术作品，互动装置在制作过程中形成了一个多学科交叉研究的平台，跨越了建筑、几何、机械、自动控制等多个专业，特别是自动控制团队提供了有力的技术支持。建筑专业在其中起到了统筹领导的核心作用，凸显了建筑教育所具有的整体性思维和全局把控能力。装置作品的设计与建造前后历时半年，团队成员付出了艰苦的努力，也有多方面的收获。对于可动表皮本身而言，它构建了新的可动表皮形态与驱动机制方案，提升了系统的稳定性和鲁棒性，拓展了可动建筑表皮的设计思路。不仅如此，大尺度复杂装置的制作推动了跨学科研究与合作，整合了艺术思维、工程思维、管理思维乃至经济思维的训练过程，对面向未来的建筑教育也具有一定的参考意义。

参考文献

[1] ZUK W, CLARK R H. Kinetic architecture[M]. New York: Van Nostrand Reinhold, 1970.

[2] PINERO E P. Project for a mobile theatre[J].Architectural Design, 1961, 12(1):154 - 155.

[3] HOBERMAN C. Reversibly expandable doubly-curved truss structure: US 4942700[P]. 1990 - 07 - 24.

[4] HOBERMAN C. Radial expansion/retraction truss structures: US 5024031[P]. 1991 - 06 - 18.

[5] HOBERMAN C. Reversibly expandable structures having polygon links: US 6082056[P]. 2000 - 07 - 04.

[6] 朱鹏程. 互动建筑研究初探: 以当代世博会建筑场馆为例[D]. 南京: 东南大学, 2017.

[7] 巴黎阿拉伯文化研究中心[J]. 照明设计, 2006(4): 96.

[8] 西北工业大学机械原理及机械零件教研室. 机械原理[M]. 7 版. 北京: 高等教育出版社, 2006.

[9] 丁褚桦, 叶子超, 王晖. 基于极坐标系的单轴驱动可展建筑表皮形态控制研究[C]//智筑未来: 2021 年全国建筑院系建筑数字技术教学与研究学术研讨会论文集. 武汉, 2021: 321 - 328.

[10] Clinto J D. Advanced structural geometry studies: part 2: a geometric transformation concept for expanding rigid structures[M].Washington: National Aeronautics and Space Administration, 1971.

[11] PATEL J, ANANTHASURESH G K. A kinematic theory for radially foldable planar linkages[J]. International Journal of Solids and Structures, 2007, 44(18/19): 6279 - 6298.

[12] YOU Z, PELLEGRINO S. Foldable bar structures[J]. International Journal of Solids and Structures, 1997, 34(15): 1825 - 1847.

图片来源

图 1:参考文献[2].

图 2: https://www. media. mit. edu/research/? filter = groupshttps://www. aaschool. ac. uk/academicprogrammes; https://www.icd.uni-stuttgart.de/projects.

图 3:http://www.iarch.cn/thread-31877-1-1.html; https://www.archdaily.com/270592/al-bahar-towers-responsive-facade-aedas.

图 4、图 6、图 7、图 8、图 9、图 10、图 11:作者自绘.

图 5、图 12:作者自摄.

Y 形分支结构 3D 空间打印路径设计研究

梁　源[1]　石新羽[2*]　万　达[3]　高伟俊[4]

（1. 青岛理工大学建筑与城乡规划学院，山东省青岛市 266520；

2. 青岛理工大学建筑与城乡规划学院，山东省青岛市 266520，sxy@qut.edu.cn；

3. 天津城建大学建筑与城乡规划学院，天津市 300192；

4. 青岛理工大学建筑与城乡规划学院，山东省青岛市 266520）

摘要

3D 空间打印可以生产高度定制化、高精度、高刚重比结构，并且已经在一些建筑围护构件上进行过科研开发和工程实施。然而，目前主流的 3D 空间打印程序仅可以用于单一 NURBS 曲面，或者简单 Breps 几何体，其打印路径设计方法在具有分支结构的几何体上难以实施，这主要是由于分支连接处和悬挑部分的路径设计比较复杂，实际打印难度较大。因此，在 3D 空间打印中带有分支的结构必须进行细分，将不同的分支简化为单一曲面，打印为单独的部分，以避免处理分支连接问题和大于特定角度的悬挑部分。为了解决这一限制，本文提出了直接从分支结构 Mesh 网格顶点生成晶格结构的方法及相对应的打印路径设计方法。本文采用 Y 形分支结构作为研究对象，采用三维图方法处理分支连接点，K-means 聚类方法对无序网格顶点进行层级化排序，并利用该数据结构生成最终的打印路径，路径设计结果采用基于 Grasshopper 的 KUKA/PRC 进行模拟，并对算法复杂度进行优化。本路径算法生成结果与平行切割算法相比具有对于更高自由度几何体的适应性和灵活性，实现了对分支结构的无支撑打印，在分支连接处的优化处理可以保证整个结构的刚度，减少了薄弱点。这种方法减少了对于分支结构的连续打印路径限制，为 3D 空间打印分支结构提供了路径设计参考。

关键词： 高刚重比；3D 空间打印；分支结构；细分网格；路径设计

Keywords：High stiffness to wight ratio；3D spatial printing；Branching structure；Mesh；Path planning

引言

增材制造（additive manufacturing，AM）也称为 3D 打印，近年来越来越受到各个领域的关注，包括航空航天、生物医学、汽车和涡轮机械制造等[1]。增材制造的工艺特性使其能够实现其他制造方式无法实现的高精度和高自由度，其在建筑中的许多早期应用是生产具有复杂几何形体的原型或节点构件。如今，这项技术逐渐应用于全尺寸的房屋构件制造，在更广阔的商业环境和研究领域中有着充足的发展潜力。

本文重点关注增材制造的一个子类，即 3D 空间打印（3D spatial printing，3DSP）。3D 空间打印成品空间晶格结构是由杆件和节点的重复单元构成的结构系统，打印方式为在三维空间中直接挤出成型的立体杆件和固定节点[2]。本文以 Y 形分支结构为例，提出一种对于分支结构的自动化 3D 空间打印路径设计方法，旨在拓宽 3D 空间打印在数字化建筑结构构件生产方面的可能性。

1 研究现状

该领域现有的研究围绕整体结构优化、路径算法设计、机械臂运动规划、结构分析评估、挤出系统控制和工作流构建等不同课题展开。3D 空间打印相比于传统熔融沉积打印（fused deposition modelling，FDM）具有高刚重比、打印速度快、节省材料、可自支撑等优良特性，其打印平台基于六轴机械臂，在可打印构件尺寸、挤出方向自由度方面均优于传统 3D 打印机，因此在大尺度增材制造（large area additive manufacturing，LAAM）领域中具有天然优势，具有生产有机形体建筑构件的潜力。然而，3D 空间打印发展至今在建筑领域中的应用仍然具有很大的局限性，主要原因之一是路径算法的不完备性。建筑构件可以分为结构构件和围护构件，在对结构构件的设计中，目前的主流生成性结构优化算法如拓扑优化算法（evolutionary structural optimization，ESO）、三维图解静力学（3D graphic statics，3DGS）[3]等都会生成具有分支结构的几何形体，而目前大部分的 3D 空间打印路径生成算法的输入几何形体均局限于单一 NURBS（non-uniform rational B-splines）曲面[4-5]，针对分支结构的路径研究非常有限，其中，Huang 等人[6]提出的挤出序列和运动规划算法（extrusion sequence and motion planning，SAMP）虽然可以解决分支结构的自动路径规划问题，但计算成本过高，无法应用于大尺度和具有大数量级节点的构件打印。

本文旨在通过提供对于分支结构的自动化 3D 空间打印路径设计方法来解决这一限制，该方法可以在适应分支结构的同时保持合理的计算成本。为实现复杂几何形体的大尺度 3D 空间打印提供了一种有效的解决方案，扩展了 3D 空间打印在建筑领域中应用的可能性，使其不再局限于单一 NURBS 曲面围护构件生产，可以适应具有分支结构的高自由度数字化建筑结构构件设计和生产流程。

2 路径设计方法

2.1 拓扑学原理

建筑构件计算机模型的建立通常采用两种方式：NURBS 曲面和 Mesh 网格，从

NURBS 曲面的 UV 控制线提取的控制点是有序点集，存储形式为树形数据，可以很容易地转化为打印路径顺序，因而是应用于大尺度增材制造 3D 空间打印研究的主要方式，然而单一 NURBS 曲面无法支持分支结构。Mesh 网格具有更大的自由度和灵活性，可以生成任意拓扑类型的几何体，但是其网格顶点是无序的，无法直接应用于打印路径的生成。

从几何原理角度分析，单一 NURBS 曲面是由两条或两条以上曲线生成的，这些曲线之间的映射关系很容易建立，在建立起相互映射关系后，可以利用曲线上点的数据结构生成有序网格。与曲线类似的情况是一个圆周（或称闭合曲线），圆周可以理解为与自身有一个交点的曲线。一个圆周上与另一个圆周上的控制点也很容易建立映射关系，它们虽然可能具有不同的大小和形状，但拓扑属性相同，即拓扑等价，都可以理解为二维空间中亏格数相同的图形。然而，当涉及分支结构不同分支间的相互映射时，控制线不再是拓扑等价的，因此很难处理它们之间的相互映射关系，从而难以通过映射点生成合理的有序网格。然而在应用方面，分支结构是一种常见的结构形式，通过力学性能优化生成的有机建筑结构构件可以理解为由分支结构迭代组合而成。如图 1（a）和（b）为在 Grasshopper 平台中分别使用三维图解静力学插件 Graphic Statics 3D[7] 和双向渐进拓扑优化算法插件 Ameba[8] 生成的桥结构和悬臂梁结构，它们都包含了数量不等、形式不同的分支结构。

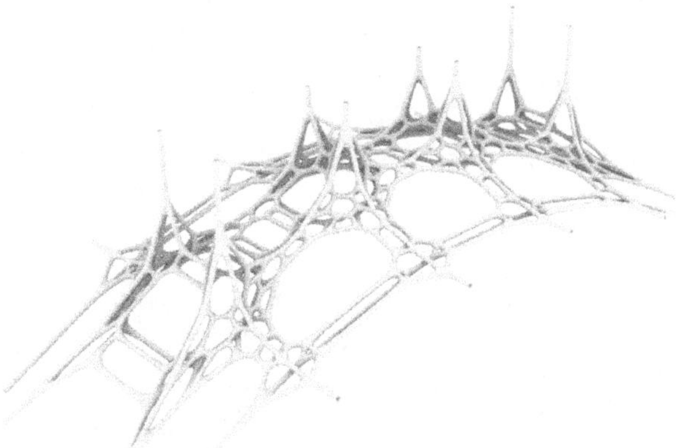

（a）桥结构：三维图解静力学

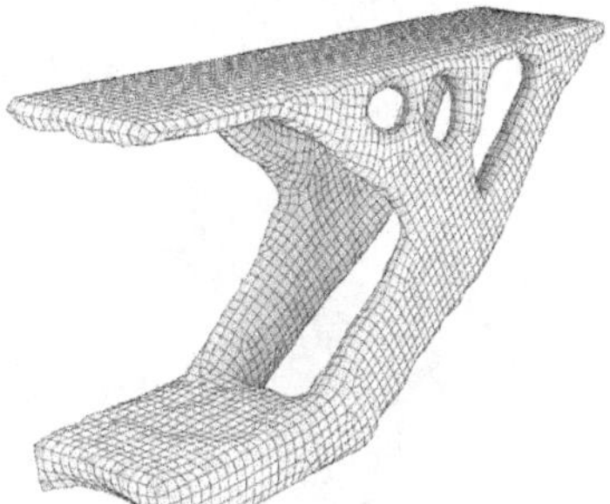

（b）悬臂梁结构：双向渐进拓扑优化

图 1 算法优化结构中的分支结构

在拓扑理论中，我们将使用图（graph）这个词来描述空间中任意有限连通的线段集，如图 2(b) 所示。图 2(a) 展示了不包含任何环柄的图，称为树（tree），树的根（root）和分支（branch）位于不同的层次结构中。

为了研究方便，我们设计了最简单的树（tree）作为研究对象，它只包含第一级分支，即Y形分支结构，如图2（a）右侧部分所示。Y形分支结构采用Mesh网格作为其计算机模型数据结构，下文将具体阐释该网格的具体生成方法。

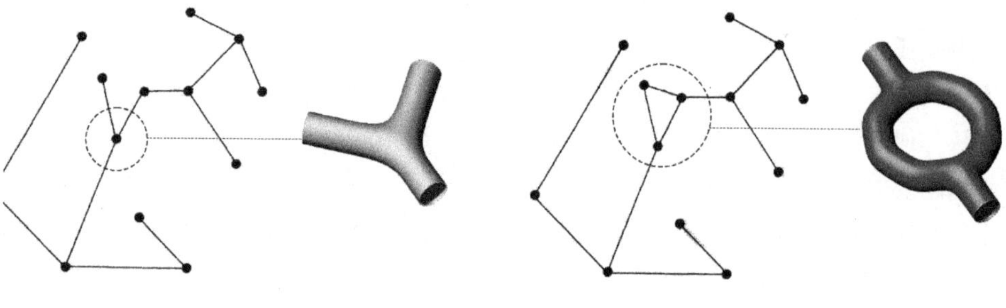

（a）分支（branch）　　（b）环柄（torus）

图2　图论中的分支和环柄结构

2.2　可打印网格生成方法

在Rhinoceros平台上，我们使用细分工具（SubDivision，SubD）生成具有良好流形特性的细分面，如图3（a）所示。然后用特定的网格边长对细分面进行四边网格重新划分（quad remesh，QR），如图3（b）所示。空间网格 $G=\{N, S\}$ 由一组节点（node，N）$N=\{n_i,\ i=1,\ 2,\ \cdots,\ |N|\}$ 和一组杆件（strut，S）$S=\{s_i,\ i=1,\ 2,\ \cdots,\ |S|\}$ 组成，其中每个杆件 $s_i=[n_{i1},\ n_{i2}]$ 连接两个相邻节点 n_{i1} 和 n_{i2}。由于模型的网格边（edge，E）等于3D空间打印中的杆件（S），并且网格顶点等于节点，为了使网格具有可打印性，使用四边网格算法（QR）$\{\min\sum(S_i,\ l-30),\ i=1,\ 2,\ \cdots,\ |S|\}$ 将网格边（E）的长度 S_i，l 保持为约30 mm，这是由打印实验得出的经验数值。

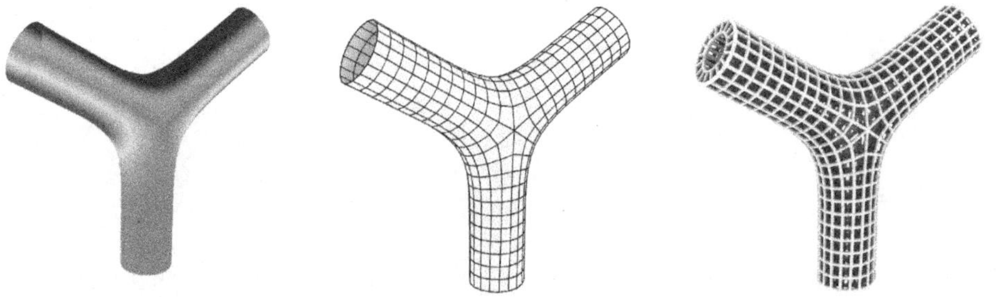

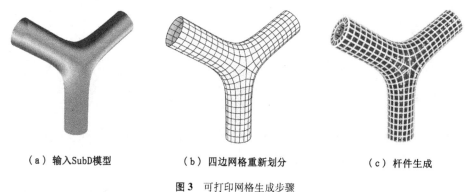

（a）输入SubD模型　　（b）四边网格重新划分　　（c）杆件生成

图3　可打印网格生成步骤

在曲面上生成网格后，我们在每个网格顶点上沿矢量方向偏移（offset）网格，形成拓扑等价的另一个网格。最后，将两个网格的顶点对应连接起来，形成如图3（c）所示的空间网格。

网格生成后，算法难度集中于分支连接处映射关系问题和路径规划问题，即无序网格顶点的重新排序和其数据结构组织问题。

2.3 分支连接特殊图的建立和网格顶点点序数据结构处理

令 X 和 Y 为拓扑空间，如果对于 X 中的每个点 x 和 Y 中 $f(x)$ 的每个邻域 N，集合 $f^{-1}(N)$ 是 x 在 X 中的邻域，函数 f：$X \to Y$ 即是连续的。如果函数 h：$X \to Y$ 是单一、连续且可逆的，则 X 和 Y 称为同胚或拓扑等价空间。

传统的投影方法不适用带有分支的结构，因为位于分支连接处上方的两个控制圆应该被视为一个整体，而不是单个元素。然而，两个圆周不能投影到一个圆周上，因为它们不是同胚的（拓扑等价的），这意味着在这种情况下不存在函数 f：X，$Y \to Z$。

在二维空间中，没有办法将两个圆投影到一个圆上，但我们可以在三维空间中创建一个图来实现这一点。如图 4（a）所示，分支的控制圆可以很好地投影到中心图上，没有不必要的线性交叉或缺失部分。分支连接处的投影关系建立后，我们采用层级化架构处理分支内的网格顶点来得到合理的打印点序。

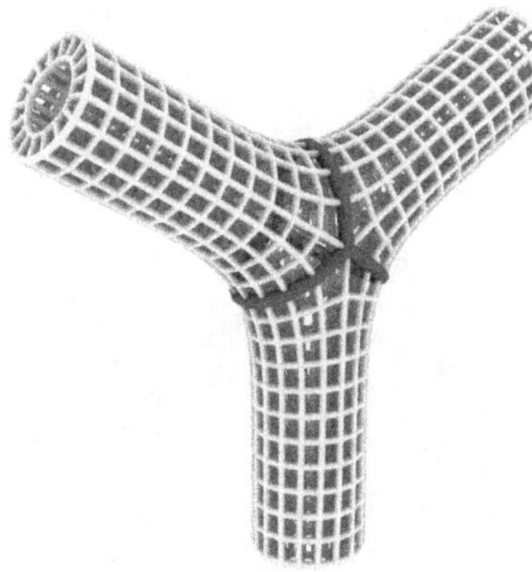
（a）分支连接处特殊图（graph）设计

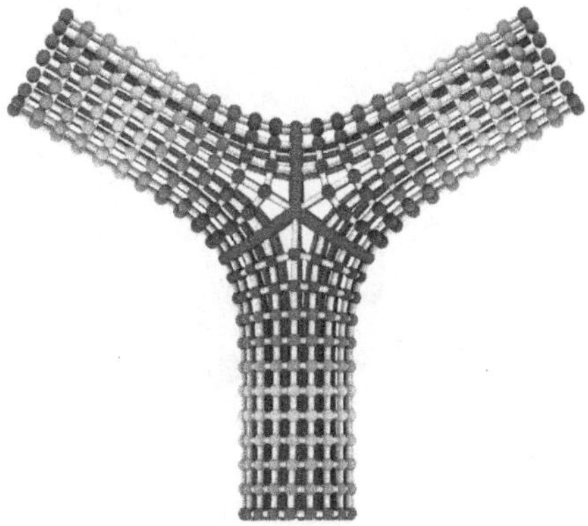
（b）聚类算法生成

图 4 分支连接和网格顶点层级结构

对于分支结构原型的第一次划分是基于拓扑理论的根和不同分支之间的划分，分支内的控制点即网格顶点通过 K-means 聚类算法分组，形成第二层级划分，不同分组以不同的颜色标识，如图 4（b）所示，每个分支内都包含 11 个由网格顶点构成的圆环。每个圆环包含 10 个网格顶点，每一组圆环内的顶点按照从圆心到每个网格顶点的向量生成的相对角度排序。为此，设 P 为圆上的网格顶点，$\tan P(x,\ y) = \{P(x,\ y)P = 1,\ 2,\ \cdots,\ |P|\}$ 可以通过将圆环投影到 xOy 平面上计算得出，并通过 $\tan A(x,\ y)$ 的值重新排列顶点顺序。网格顶点数据由 Grasshopper 中特有的数据结构树（DataTree）存储，运用该数据结构可以生成晶格框架的不同部分及其打印点序，如表 1 所示。

表 1 空间网格数据结构

网格类型	数据结构
竖向连接	{A; B; C; D} – {A; B; C+1; D}
空间斜向连接	{A; B; C+1; D+1} – {A; B; C+1; D+1}
平行连接	{A; B; C; D+1} – {A; B; C; D+1}

3 模拟结果

图 5 显示了表 1 中描述的不同种类杆件网格顶点排序。网格顶点由高度结构化的数据结构存储，使得路径生成速度更快。在数据结构树（DataTree）{A; B; C; D} 中，A 指分支顺序；B 等于 0 或 1，指的是内部顶点或外部顶点；C 表示分支内圆环顺序，D 表示圆环上的网格顶点顺序。

数据结构和最终模拟结果显示了该路径设计方法的优势：Y 形分支结构的空间网格可以有序组织和打印为一个整体结构而不需要在分支连接处使用额外的连接件；网格均匀，杆件长度离散度低，与传统熔融沉积打印相比，杆件的空间化降低了构件力学性能的各向异性，稳定性高。

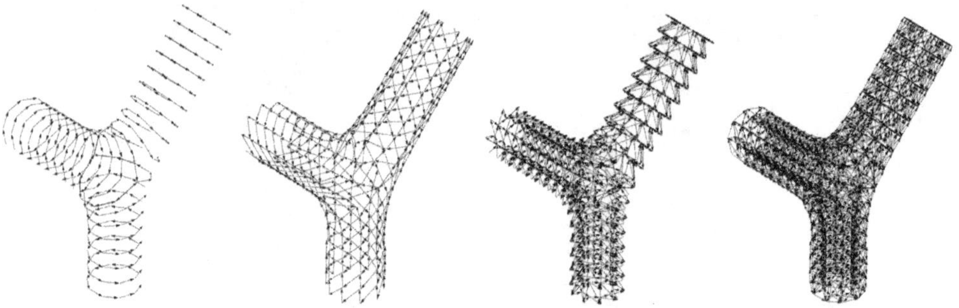

（a）平行连接　（b）竖向连接　（c）空间斜向连接　（d）整体网格

图 5 网格打印次序

结语

本文提出了一种 Y 形分支结构 3D 空间打印路径设计方法，包含了分支连接处的创新处理，聚类算法对顶点进行分组，以及对无序网格顶点采用高度结构化数据结构重新排序整理的方法，使 3D 空间打印可以适用于分支结构，拓宽了 3D 空间打印的输入形体范畴和数据类型。Y 形分支结构可以迭代组合成复杂拓扑结构，如由拓扑优化方法或三维图解静力学生成的有机建筑结构构件。该路径设计方法为发挥 3D 空间打印的天然优势带来了路径技术方面的基础条件，减少了建筑师和结构师实现复杂有机几何体建造方面的限制。

在研究中我们发现本文仍然存在不足，需要在未来进行更深入的研究和拓展。本文未考虑在 2.1 中提到的带有环柄的几何体及其可迭代生成的高亏格几何体，因其拓扑类型不同，打印路径的生成可能与分支结构有所差异，实际打印难度更大。又因其交接点的复杂度，需要将碰撞检测算法考虑在内。

参考文献

[1] GAO W, ZHANG Y B, RAMANUJAN D, et al. The status, challenges, and future of additive manufacturing in engineering[J]. Computer-Aided Design, 2015, 69: 65-89.

[2] TAM K M M, MARSHALL D J, GU M, et al. Fabrication-aware structural optimisation of lattice additive-manufactured with robot-arm[J]. International Journal of Rapid Manufacturing, 2018, 7(2/3): 120.

[3] BOLHASSANI M, AKBARZADEH M, MAHNIA M, et al. On structural behavior of a funicular concrete polyhedral frame designed by 3D graphic statics[J]. Structures, 2018, 14: 56-68.

[4] CHEN Z W, ZHANG L M, YUAN P F. Innovative design approach to optimized performance on large-scale robotic 3D-printed spatial structure[C]//Proceedings of the 24th Conference on Computer Aided Architectural Design Research in Asia (CAADRIA) [Volume 2]. Wellington, 2019: 451-460.

[5] HACK N, LAUER W V. Mesh-mould: robotically fabricated spatial meshes as reinforced concrete formwork[J]. Architectural Design, 2014, 84(3): 44-53.

[6] HUANG Y J, GARRETT C R, MUELLER C T. Automated sequence and motion planning for robotic spatial extrusion of 3D trusses[J]. Construction Robotics, 2018, 2(1/2/3/4): 15-39.

[7] D'ACUNTO P, JASIENSKI J P, OHLBROCK P O, et al. Vector-based 3D graphic statics: a framework for the design of spatial structures based on the relation between form and forces[J]. International Journal of Solids and Structures, 2019, 167: 58-70.

[8] LEE T U, XIE Y M. Simultaneously optimizing supports and topology in structural design[J]. Finite Elements in Analysis and Design, 2021, 197: 103633.

图表来源

图 1~5:作者自绘.

表 1:作者自绘.

基于直纹拉索体系的张拉整体结构设计与机器人编织方法初探

曾译萱[1]　叶志颖[1]　柴　华[1]　周鑫杰[1]　袁　烽[1*]

（1. 同济大学建筑与城市规划学院，上海市 200092，philipyuan007@tongji.edu.cn）

摘要

张拉整体结构是一种由拉索和压杆组成的轻质高效的结构体系，被广泛应用于结构工程、家具、机器人学等领域。在建筑中，张拉整体结构主要用作结构承载系统，其作为一种柔性结构所有的使用功能与价值很少被涉及。本文通过在张拉整体中引入直纹拉索体系，探索一体化的张拉整体结构的功能性设计、结构优化与机器人协同编织建造方法。以一把张拉整体结构的柔性椅的设计优化与机器人建造对上述方法进行综合应用，通过几何形态调控、力学结构模拟、机器人路径设计、机器人编织等过程，验证了基于直纹曲面的张拉整体结构设计与建造方法的可行性。本文是对张拉整体结构的使用功能的初步探索，形成了一套一体化的直纹曲面张拉整体结构形态设计、优化与建造流程，能够为张拉整体结构在建筑与家具领域的推广应用提供新的思路。

关键词：直纹曲面；张拉整体；机器人建造；纤维编织；设计建造一体化

Keywords: Ruled surface; Tensegrity; Robotic fabrication; Fiber winding; Design-fabrication integration

项目资助情况：国家自然科学基金联合基金集成项目（U1913603）；上海市科学技术委员会项目（21DZ1204500）；住房和城乡建设部科学技术计划项目（2021-R-085）；上海市级科技重大专项（2021SHZDZX0100）；中央高校基本科研业务费专项资金

引言

数字化设计和机器人精准定位和建造技术的发展，为复杂几何空间建造提供了更多的可能性。数字化设计促进了几何形式与结构性能的平衡，设计师可以把力学因素和建造情况纳入设计的考量范围，更好地控制从形态到建造一体化设计的全过程。计算能力结合数字制造，将虚拟找形、材料选择和结构的可行性结合起来，形成一个开放的设计过程[1]。

现有研究多数关注张拉整体的结构性能，但作为一种特殊结构，其具有的柔性价值和减震效果却很少被提及。本文从张拉整体的结构原型出发，提出利用直纹曲面替代拉索体系，用于创造空间或使用功能。结合图解静力学设计和机器人编织方法，提出了一套集设计、优化和建造于一体的数字化建造流程，并通过一把特定的柔性椅设计及建造实验对所提出的方法进行检验。

1 背景介绍

1.1 张拉整体在建筑领域的应用

张拉整体结构是一种自应力、自支撑的网状杆系结构，其构成是一组连续的拉杆和不连续的压杆[2]。最早由 Snelson[3] 和 Fuller[4] 在 1960 年代提出。Snelson 用 X 形状的二维构件代替一维杆来做张拉结构中的受压构件，即 X 模块（X-Module），并在 Smithsonian Hirshhorn 博物馆中展出“张拉塔”，展示了二维几何构件在张拉整体结构中的运用。早期研究者更多探讨的是张拉整体结构的力学特征，但并未提出有效的设计与分析方法。直到 1980 年代，该结构以其自由的造型和低廉的造价受到了建筑工程师的青睐，也被成功地应用于一些大跨度的建筑结构中。Geiger 等[5] 提出了支承于周边受压环梁上的一种索杆预应力穹顶体系，并将其运用在汉城奥运会的体操馆和亚特兰大奥运会的主体育馆[6] 上。索穹顶结构仅利用张拉整体结构的原理，但并不完全遵循结构自应力、自支撑的原则。直到 Smaili 和 Motro[7] 利用三维受压构件代替一维杆，将杆凝结成折线形的构件，增加了张拉整体结构的可控制性，建立了双层弯曲状的张拉整体结构。谢亿民团队通过三维“压缩”组件的开发和形态分析，提出了受压三维几何构件与受拉绳索组成的非连续自平衡张拉整体结构体概念[8]，在纽约 eVolo 摩天大楼竞赛中运用并取得了创意奖。张拉整体结构为设计轻量、可变、模块化的系统性建筑开辟了广阔的领域。作为一种结构解决方案，对于非标准的建筑形式的设计具有极大潜力（图 1）。

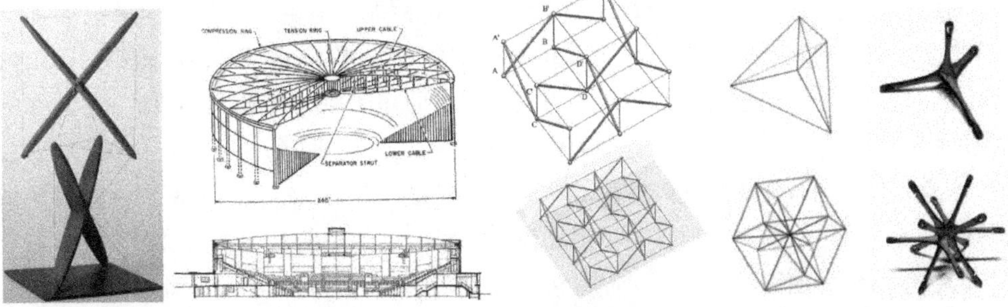

（a）Snelson 的 X 形张拉整体模型　（b）索穹顶结构　（c）双层折线构建的张拉整体结构图　（d）非连续自平衡张拉整体结构体

图 1　四种张拉整体结构

1.2 机器人建造在编织形态中的应用

编织形态作为一种特定几何体，其建构特征和逻辑秩序一直是参数化建模与相关设计研究的重点。越来越多的学者展开编织图形的生形策略研究，使用机械臂编织工艺模拟传统手工操作实现设计、加工、建造的无缝衔接。Vasey 等[9]开发了一种单一的张拉整体模块，使用纤维缠绕工艺构建由机器人制造的模块组成的大型穹顶结构。Giulio 等[10]基于织布鸟在建造巢穴过程中使用的行为逻辑设计了一种自适应的机械臂编织框架平台，但不依靠固定框架作为模板进行编织形式的建造往往很难实现。Prado 等[11]使用无芯长丝缠绕工艺，单独制造具有差异化纤维布局的组件，在复杂几何形态中充分利用纤维复合材料的各向异性特征。Bodea 等人[12]使用机器人无芯纤维缠绕工艺，解决了具有不同几何形状和纤维布局的双曲面管状部件预制问题，完成了 BUGA 纤维展亭的实验建造。Mirjan A 等人[13]使用飞行机器人对拉伸结构进行建造，将建造逻辑贯穿于等尺度负载构筑物的编织过程中。数字计算工具帮助设计师创造出几何结构，拉伸聚集原型被描述成节点和连线的集合体（图 2）。

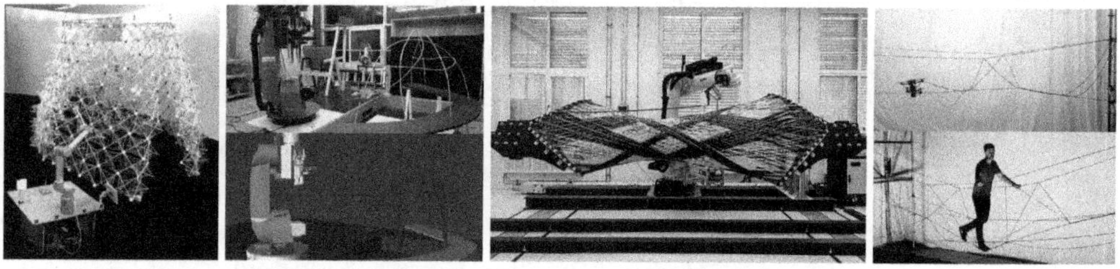

（a）大型穹顶纤维缠绕工艺　（b）模拟鸟类筑巢的机械臂编织框架平台　（c）机器人无芯纤维缠绕工艺　（d）无人机等尺度负载构筑物编织

图 2　在数字计算工具帮助下创造的编织图形

1.3 机器人编织在张拉整体建造中的可能性

利用张拉整体进行的建筑设计多数关注其结构性能，但由于本身结构形式的特殊性，其设计缺乏建筑上的美观性与空间上的围合感，人在其中穿行时很难感受到由结构包裹的空间，而围合产生的空间也缺乏与人类身体的互动性。直纹曲面作为一种特殊的编织形式，其形态上的优美与建造上的优越性，被广泛利用在薄壳和大跨度的建筑上。同时作为一种设计与建造高度一体化的曲面，在建造工艺上具有极大的便利性。对于传统的建造方式，可以实现高效预制、现场建造；对于机器人编织的建造方式，机器人只需打印数根直线，便可以实现有机曲线形式和复杂连续曲面的创建，进而表达复杂形式的编织空间。因而将直纹曲面与张拉整体结构相结合，既能保持张拉整体结构自平衡的特性，又能利用直纹曲面产生空间上的包络，增加形式的美观感。而机器人编织技术解决了复杂曲面建造的问题，为利用张拉整体创造复杂曲面增加了更多的可能性。

2　张拉整体的直纹化与机器人编织的工作流程

2.1　张拉整体拉索的直纹化设计

张拉整体最大限度地利用建造杆件的截面，使得受压和受拉的杆件之间的应力相互平衡抵消。张拉整体结构的生成类似于“编织”过程，可以理解为一种三维空间结构编织体系，具有与直纹曲面相结合的可能性。从某种程度上来说，只要满足结构单元的受力平衡，张拉整体的拉索可以由直纹曲面替代。张拉整体单元中的杆件并不直接接触，相互之间的应力传导靠相互联系的绳索传递，利用弹性绳索控制杆件的上下两端从而形成闭合的受力系统，在张力的牵拉下最终达到数根杆件构成的整体平衡。每个张拉整体单元必须形成闭合的三角形受力体系才能保证结构的稳定性。闭合的三角形可以分为两种：一种是由一根杆件和不多于两根的绳索组成的拉力与压力并存的三角形；另一种是纯拉力的受力三角形，最极端的情况可以组成三角形的都是拉锁。

基于此理论，笔者对常见的张拉整体结构单元进行了直纹化的探索，如表 1 所示。以四杆十二索组成的张拉整体结构为例，进行张拉整体拉索的直纹化探索。该结构共有

表 1　张拉整体结构单元的直纹化探索表

类型	基本形式	横向拉索替代	纵向拉索替代
十字形	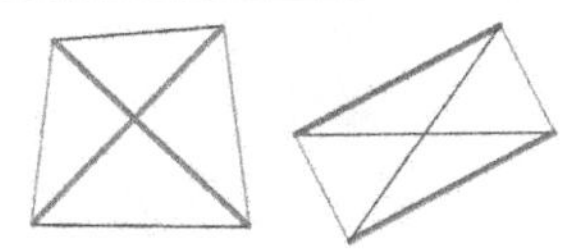	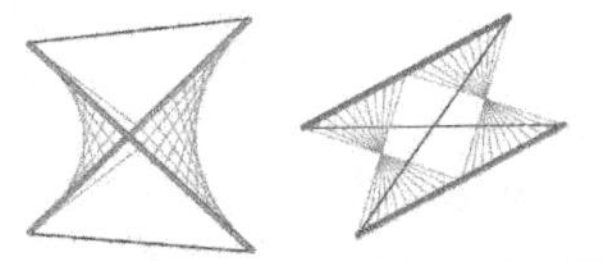	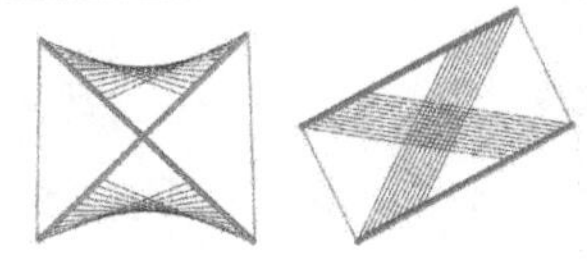
三角形	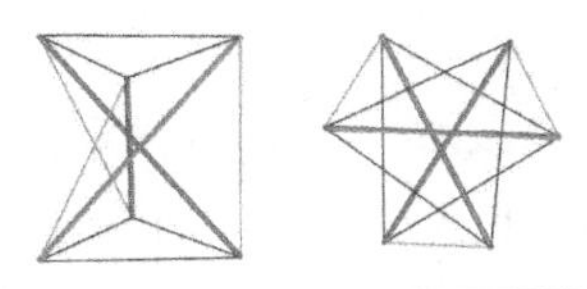	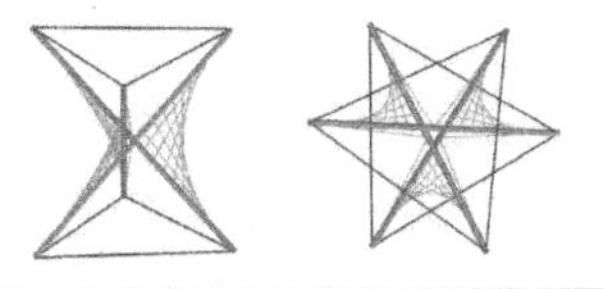	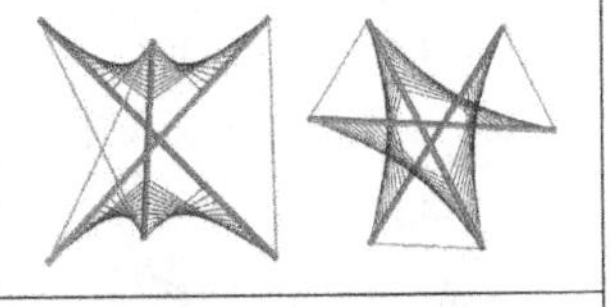
井字形	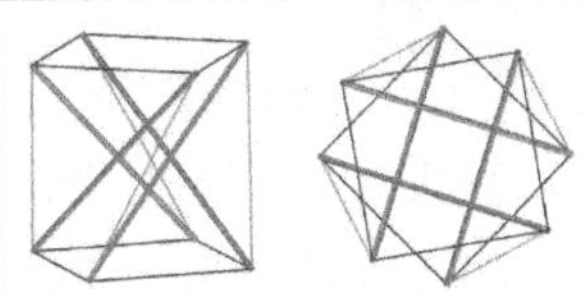	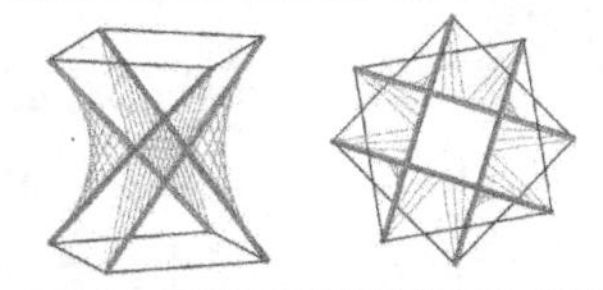	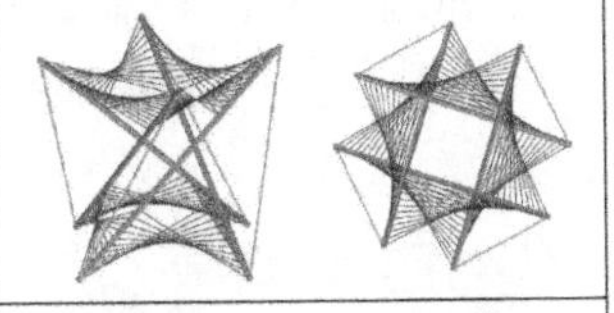
五边形	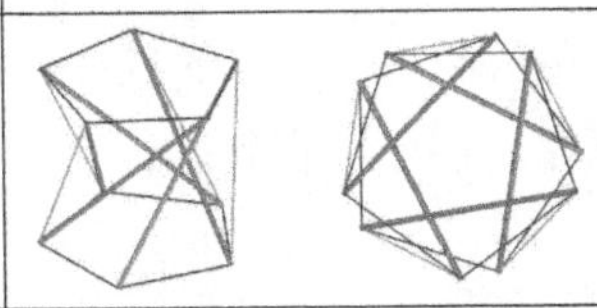	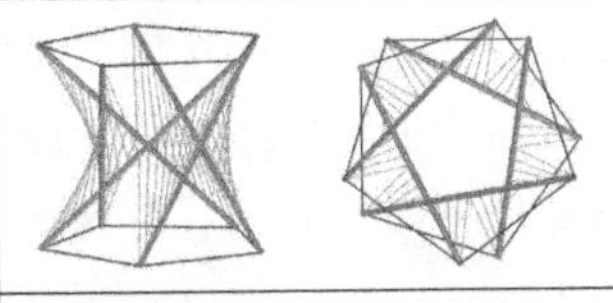	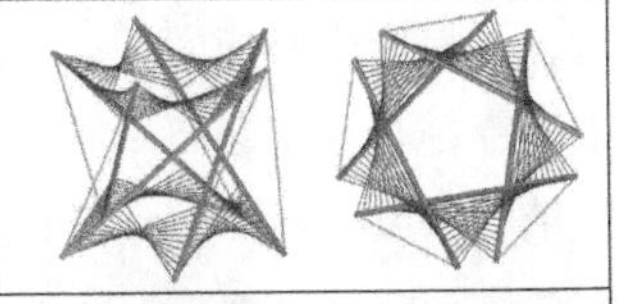
六边形	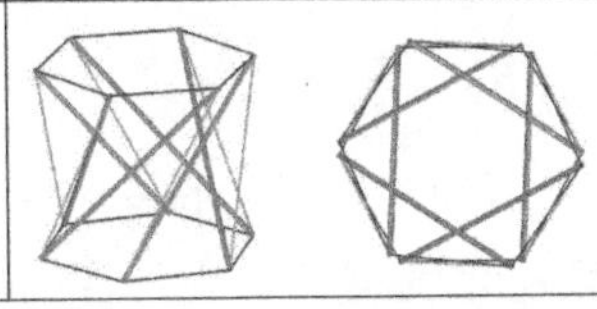	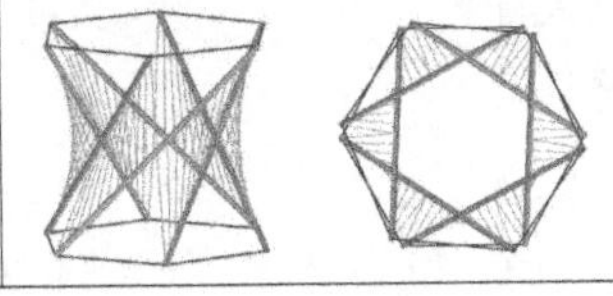	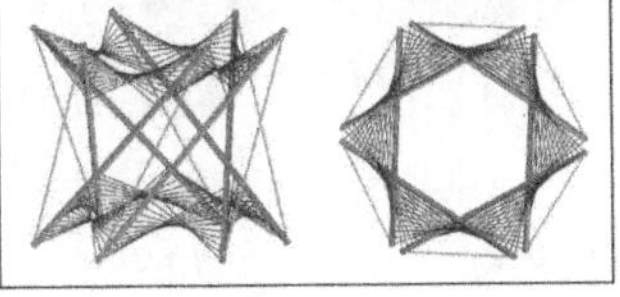

8 个节点，每个节点上均连接 1 根杆和 3 根索。其中拉索可以分为两部分：提供横向水平拉力的 2 根索和提供纵向拉力的 1 根索。对于横向的拉索，可以理解为在一个趋近于 0 的极小范围内，用多条直线模拟直纹曲面，即可替代纵向方向的拉索。对于纵向的拉索，在杆件上选取多点连接成直纹曲面，即可替代纵向方向的拉索。基于此，可以将张拉整体结构转换为一个由直纹曲面构成的自稳定结构。同时，可以在杆件上选取生成直纹面的范围，因而产生的曲面是可以通过参数进行控制和优化的，更满足形态上的美观性。

2.2 机器人直纹编织策略

为了开发一致且可预测的机器人运动，有必要开发产生机器人的算法缠绕模式，模拟这些机器人路径的方法，以及将这些路径转换为明确的机器人的方法控制代码。该过程的机器人控制存在编织的工艺流程、机器人的路径避障、纤维的张紧机制这三方面的挑战（图 3）。

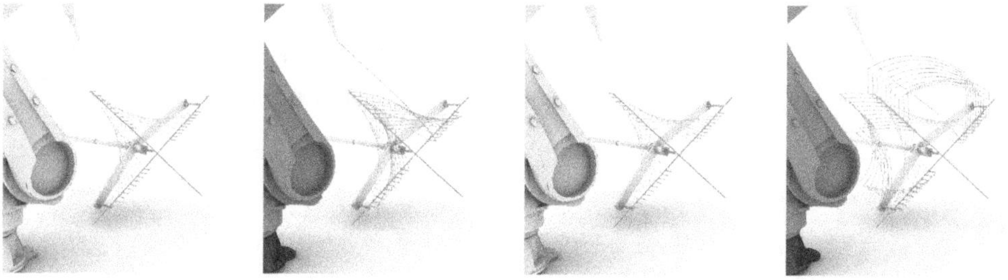

（a）杆件同一侧的锚点设置　（b）同侧时编织路径　（c）杆件不同侧的锚点设置　（d）不同侧时编织路径

图 3　编织策略

对于编织的工艺流程，由于张拉整体单元中杆件不直接接触，其在完成编织之前无法达成自稳定体系，因此在编织前应设计杆件的固定装置，此装置应为可调节的，以满足不同的单元体需要。之后根据杆件材料的特性，通过焊接、铆接、螺栓连接等方式，在杆件对应位置布置编织锚点，随后机器人可根据设定路径在框架上进行编织。对于复杂的编制体系，一次路径无法完成的，则分部分进行编织。在机器人的路径避障方面，编织过程中确保机器人路径不与杆件发生碰撞十分重要。当锚点设置在杆件的同一侧时，不易产生碰撞问题；当锚点设置在杆件的不同侧时，需要机器人工具头在杆件两侧来回穿越，则有必要单独设计机器人避障路径。纤维的张紧机制上，在编织过程中，由于结构需要，需要保证纤维始终处于绷紧状态，张紧装置一般集成于机器人工具头内，需要结合具体方案进行工具头设计。

2.3 设计建造一体化工作流程

不同于传统的先设计再建造流程，本文联合了几何、性能和制造工艺的设计建造一体化的工作流程，基于 Grasshopper 和 FUrobot 平台，在可视化编程环境中，将线性的数据与参数数据相结合，实时反馈数据信息，在同一平台下将方案设计、结构优化和数字建造进行整合，三者相辅相成，达到设计与建造的平衡。

本文提出了一种基本的流程框架，在方案设计中，将调控模型中各项参数的数据关联快速地进行多方案的生成与比选，并运用遗传算法进行模型的优化。在结构设计中，将三维图解静力学分析得出的结果进行多材料选择与材料配置密度转化。在数字建造中，机器人建造程序的自动计算及建造文件的自动化生成，让建筑数字化设计流程在设计平台上实现成为可能。在这个流程框架下，"设计方案—结构性能—数字建造"之间的关系得到整合，可以迭代更新，实现了从设计到建造的一体化流程（图 4)。

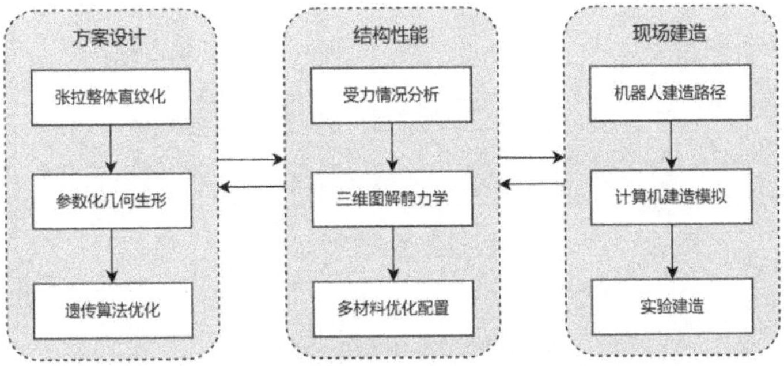

图 4 设计建造一体化工作流程图

3 设计建造一体化工作流程下的实践

3.1 柔性椅的工作流程

基于上文的工作流程，研究设计一把由木制框架和碳纤维构成的柔性椅，探索一种设计建造一体化工作流程下的座椅设计与建造方法（图 5)。该工作流程基于 Grasshopper 平台建立参数化模型，运用 FUrobot 进行机器人编织路径的模拟。其工作流程主要分为五个步骤：一、基于张拉整体结构推导出柔性椅的原型。二、采集人体坐姿信息，转化为布帘曲面。三、运用马鞍面与直纹曲面拟合人体布帘曲面，运用遗传算法得到最优曲面，尽可能符合人体工学坐姿形态。四、运用三维图解静力学对生成的模型进行受力分析，将力学结果转化为纤维密度分布，使其结构性能更为合理。五、模拟机器人编织路径，在无模具的情况下使用机械臂模拟编织动作进行直纹曲面形式构建，进而表达复杂形式的编织空间。本文基于这一方法，使用机械臂编织工艺模拟传统手工操作实现设计、加工、建造的无缝衔接。

3.2 柔性椅的形态调控与结构优化

本文选取由 2 个刚性体与 8 根拉索组成的张拉整体结构作为基本原型，以人体坐姿形态为依据，在原型框架内运用直纹曲面进行初始的几何构建，用两个马鞍面模拟椅面和椅背曲线。笔者先采集人体坐姿照片和数据信息，然后将数据信息转化为三维人体坐

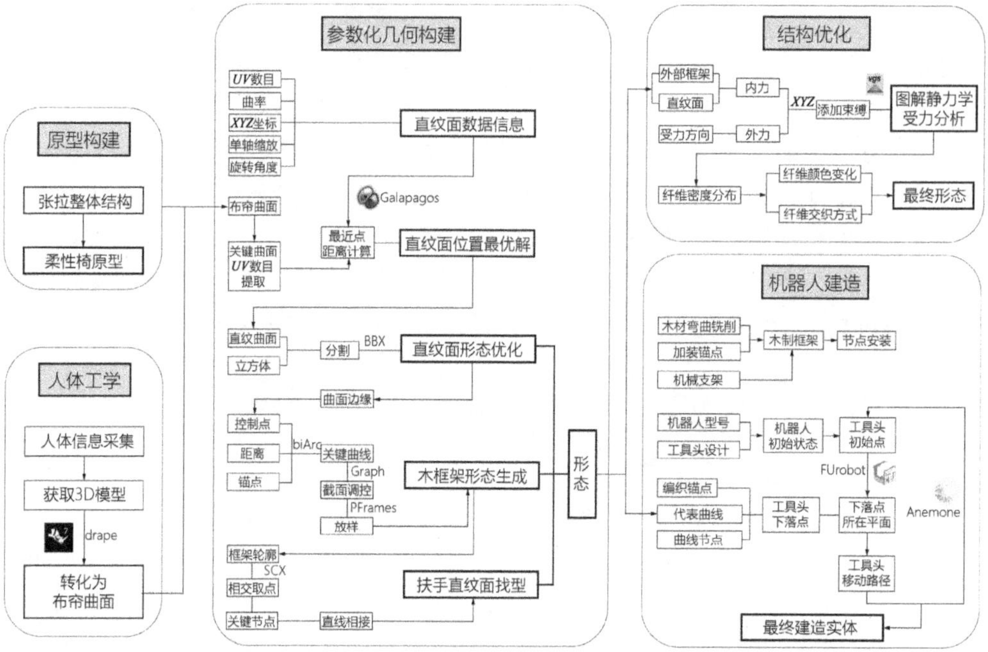

图5　柔性椅工作流程图

姿模型作为通用的人体工学模板，接着基于人体负型，得到包络人体的布帘曲面，修剪布帘曲面，得到作为遗传算法计算的曲面模型。将该模型与两个马鞍面上的网格点相连接，通过遗传算法计算连接直线的最近距离，进行直纹曲面的形态拟合与优化，得到符合人体坐姿曲线的直纹面（图6）。

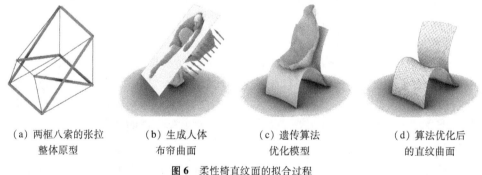

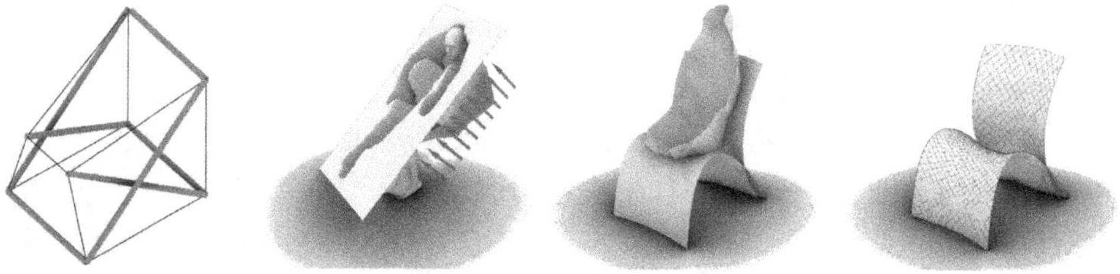

（a）两框八索的张拉整体原型　（b）生成人体布帘曲面　（c）遗传算法优化模型　（d）算法优化后的直纹曲面

图6　柔性椅直纹面的拟合过程

将优化后的曲面与设定的张拉整体框架相交，截取后得到最终的椅面和椅背的曲面。笔者提取曲面与框架面相交的点和直线作为圆心和半径，绘制两段平滑的圆弧，两条弧线在相交的连接点处具有相同的切线。在形成的曲线上提取切点方向的法向平面，参数化控制截面大小和变截面放样，并补充连接框架底部的受压横杆，以此作为柔性椅的木制框架。在不破坏结构受力平衡的前提下，将8条拉索的位置由刚性框架的顶端和末端移动至刚性框架的中部。笔者提取木框架上的节点，规整后成为两侧锚点，锚点间两两相互连线形成扶手的直纹面，以直纹曲面替代张拉整体的拉索(图7)。

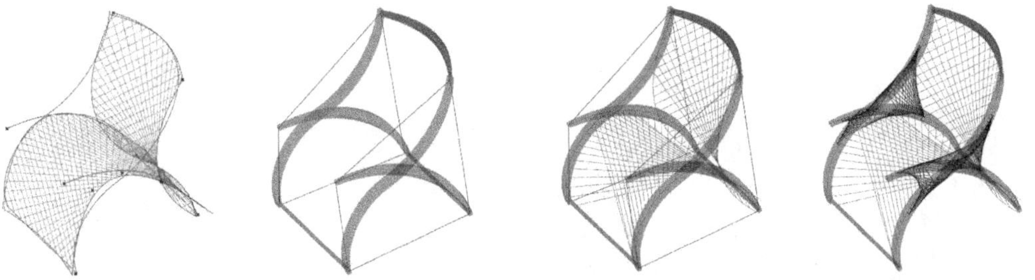

(a) 柔性椅的框架线　(b) 用拉索稳固住不相交的木框架　(c) 在木框架上编织椅面和椅背　(d) 用直纹曲面替代拉索

图7　生成扶手的直纹面

本文以图解静力学为主要工具，基于Grasshopper平台的VGS插件分析每根杆件和纤维的受力情况。选取椅背和椅面上的受力点和受力大小、刚性框架上的轴向压力，计算直纹曲面中每根纤维的受力情况。将受力分析的结果转化为直纹面纤维的密度分布，在轴线受拉力大的位置增加纤维的数目（图8）。实际建造采用碳纤维和玻璃纤维作为直纹面和拉索面的材料。碳纤维密度小、强度大、模量高，又兼备纺织纤维的柔软可加工性，是理想的编织材料。玻璃纤维绝缘性好，但性脆，耐磨性较差，选做辅助材料。最后，将受力结果反馈到实际建造的所选材料上，原始曲线采用碳纤维进行编织，后增加的曲线采用玻璃纤维进行编织。调整两种材料编织的叠合顺序，借鉴了藤编的工艺，上下交叠，既保证了结构的稳定性，又不失美观。

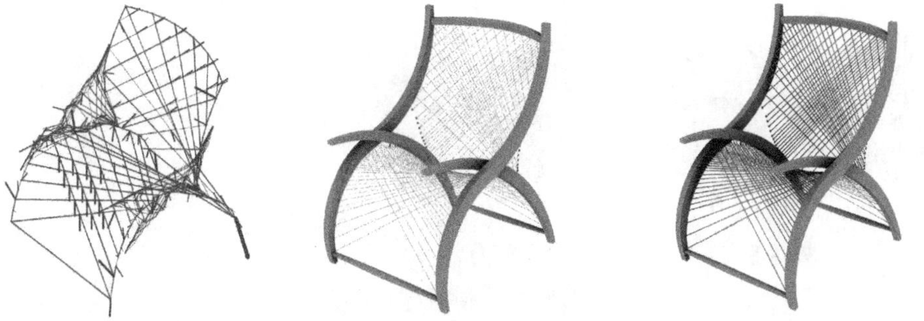

(a) 图解静力学进行受力分析　(b) 分析结果转化为纤维的密度分布　(c) 优化后的椅面和椅背

图8　根据受力分析优化直纹面纤维的密度

3.3　无模具的一体化机器人编织技术

为简化工艺流程，笔者期望尽可能在一套装置内完成张拉整体椅各个部分的编织工作，由此设计的编织与支撑装置如图 9 所示。该装置主要包含两大系统：机器人编织系统和框架翻转系统。机器人编织系统承担各个部分的编织工作，机器人型号为 KR120 R180；框架翻转系统用于调整椅子姿态，使用一台步进电机驱动。二者配合即可完成张拉整体椅的建造。

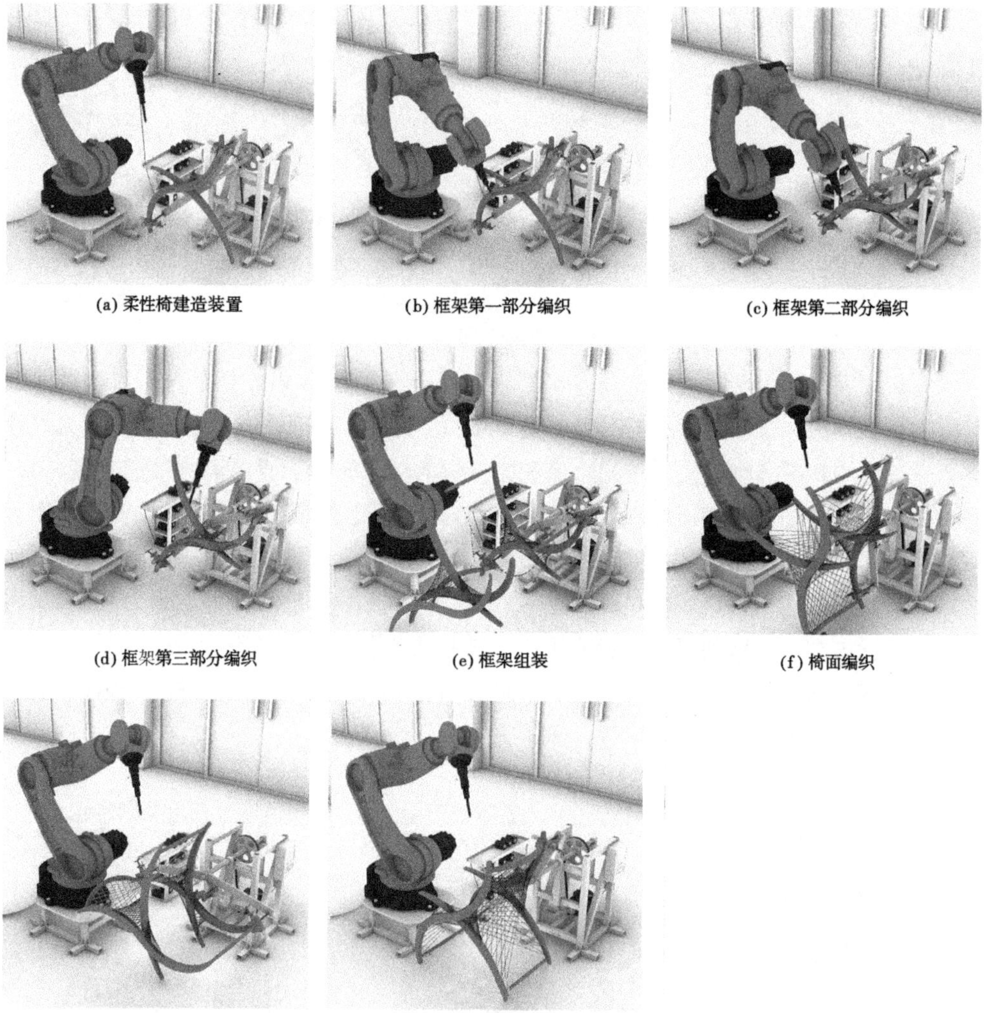

(a) 柔性椅建造装置　(b) 框架第一部分编织　(c) 框架第二部分编织

(d) 框架第三部分编织　(e) 框架组装　(f) 椅面编织

(g) 椅背编织　(h) 完成状态

图 9　设计编织和支撑装置

该建造具体流程如下：(1) 安装好锚点后，将单侧框架固定在支架上，机器人完成框架第一部分编织，设定此时装置翻转角度为 0°。(2) 将装置顺时针转动 195°，机器人完成框架第二、三部分编织。镜像重复一、二步，得到两边椅子框架。(3) 在支架上组装椅子框架，并安装椅背、椅面锚点，同时翻转角度归零。(4) 将支架顺时针旋转 135°，机器人完成椅面编织。（5）将支架再顺时针旋转 90°，机器人完成椅背编织，随后旋转角度归零，张拉整体柔性椅编织完成。值得注意的是，该流程中框架旋转角度需根据具体方案来设置，而该套装置可满足同类型单元体编织的需求（图 10）。

(a) 柔性椅场景图　　(b) 柔性椅坐姿图　　(c) 柔性椅编织细节图

图 10　柔性椅的完成图

结语

Neil Leach 指出："数字化新领域中，形式变得不重要，我们关注的是全新的设计手法，它以智能化和逻辑化的设计建造流程为特征，而逻辑是新的形式。"[14] 机器人数字建造在建筑领域的最大突破是建筑师从设计开始便介入从设计到建造的全过程，让设计师对于建筑形式、材料特性、结构性能和建造方式等本体问题进行综合思考。

本文提出了一种基于张拉整体结构初始形态的预应力找形，运用直纹曲面完成形态构建，无模板情况下以机器人编织技术完成建造的方法。该方法实现了设计、分析、建造一体化，同时指出了运用直纹曲面代替张拉整体拉索的可能性，具有形态美观、节约模板、节省施工时间和成本的优势。直纹曲面除了使用碳纤维和玻璃纤维外，还可以使用亚麻绳等环保性材料，搭配木、钢、塑料等刚性结构，实现材料性能上的进一步优化。随着此框架的继续拓展，可进一步增加制造约束、材料约束、施工约束、设计约束，以及这一系列约束的优化环节，以实现更加复杂几何的建筑形式。

参考文献

[1] QUARTARA A. Architecture after the digital turn: digital fabrication beyond the computational thought[M]//Computational Morphologies. Cham, Springer, 2018:113 - 131.

[2] 霍顿.微建筑:回顾过去和展望未来[J].建筑细部 · 微建筑专辑,2005(2): 21.

[3] SNELSON K D. Continuous tension, discontinuous compression structures: US 3169611[P]. 1965 - 02 - 16.

[4] FULLER R B. Tensile-integrity structures: US 3063521[P]. 1962-11-13.

[5] GEIGER D, ANDREW S, CHEN D. The design and construction of two cable domes for the Korean Olympics [C]//Proceedings of the IASS Symposium on Membrane Structures and Space Frames. Osaka,1986:15 - 19.

[6] RASTORFER D. Structural Gymnastics for the Olympics [J]. Architectural Record,1988(1).

[7] SMAILI A, MOTRO R. Foldable/unfoldable curved tensegrity systems by finite mechanism activation[J]. Journal of the International Association for Shell and Spatial Structures, 2007, 48(3): 153-160.

[8] Frumar J A, Zhou Y Y, Xie Y M, et al. Tensegrity structures with 3D compressed components: development, assembly and design[J]. Journal of the International Association for Shell and Spatial Structures, 2009, 50(2): 99-110.

[9] VASEY L, NGUYEN L, et al. Collaborative construction: human and robotic collaboration enabling the fabrication and assembly of a filament-wound structure[C]//Proceedings of the 36th Annual Conference of the Association for Computer Aided Design in Architecture. Ann Arban,2016:184-195.

[10] BRUGNARO G, BAHARLOU E, VASEY L, et al. Robotic softness: an adaptive robotic fabrication process for woven structures[C]//Proceedings of the 36th Annual Conference of the Association for Computer Aided Design in Architecture. Ann Arbor, 2016: 154-163.

[11] PRADO M, DÖRSTELMANN M, SCHWINN T, et al. Core-less filament winding: robotically fabricated fiber composite building components[M]//Robotic fabrication in architecture, art and design 2014. Cham: Springer, 2014: 275-289.

[12] BODEA S, ZECHMEISTER C, DAMBROSIO N, et al. Robotic coreless filament winding for hyperboloid tubular composite components in construction[J]. Automation in Construction, 2021, 126: 103649.

[13] MIRJAN A, AUGUGLIARO F, D'ANDREA R, et al. Building a bridge with flying robots[M]//Robotic fabrication in architecture, art and design 2016. Cham: Springer, 2016: 34-47.

[14] 袁烽，门格斯，里奇，等. 建筑机器人建造[M]. 上海：同济大学出版社，2015.

图表来源

图 1：(a)参考文献[3];(b)参考文献[6];(c)参考文献[7];(d)参考文献[8].

图 2：(a)参考文献[9];(b)参考文献[10];(c)参考文献[12];(d)参考文献[13].

图 3~10:作者自绘.

表 1:作者自绘.

变支承条件下的自由曲面网格划分方法

孙钟煦[1]　方立新[2*]　孙　逊[3]
（1. 东南大学土木工程学院，江苏南京 210096；2. 东南大学建筑学院，江苏南京 210096，seufang@aliyun.com；
3. 东南大学建筑设计研究院有限公司，江苏南京 210096）

摘要

工程实践中自由曲面的支承位置常常因方案的变动而改变，网格的受力机理、薄弱位置也随之不断变化。基于几何特征的传统划分方法生成的网格形式并不会随支座变化而改变，这类划分方法忽略了对网格力学性能的考量。本文提出一种基于骨架提取的间接网格划分方法，能够实现随支承位置变化而改变的网格，并采取了两个自由曲面算例，分别在两种不同的支承条件下，对随动网格和传统网格的力学性能、几何性能和拓扑性能进行了比对。结果表明，在不同的支承条件下，基于骨架图生成的随动网格力学性能都优于传统网格，几何指标和拓扑指标也适用于工程应用，此网格划分方法可作为设计方案的备选。

关键词： 自由曲面；网格划分；变支承；应力迹线；骨架提取

Keywords: Free-form surface; Grid generation; Variable support; Principal stress trajectory; Skeleton extraction

引言

随着社会的进步发展，传统的空间曲面形式已经不再能满足人们的审美和精神需求，自由曲面空间网格结构无论是在具有地标性的大跨度空间结构中，还是城市更新过程的景观小品中都有广泛的应用。目前对于自由曲面网格划分的研究主要基于几何特征，网格的生成并不考虑力学因素，而当支承位置改变时，网格划分并不随之改变，这从网格力学性能上来说是不合理的。本文提出一种能够随支承条件改变而变化的自由曲面网格生成方法，并对其和传统方式划分的网格进行比较和探讨。

1　网格评价指标

1.1　杆长指标

本文选取杆长均值和杆长均方差作为杆长指标：

$$\bar{L} = \frac{1}{m}\sum_{i=1}^{m} L_i \tag{1}$$

$$S_L = \sqrt{\frac{1}{m-1}\sum_{i=1}^{m}(L_i - \bar{L})^2} \tag{2}$$

其中，L 为杆件长度，m 为杆件个数，其均值 $\bar{L}$ 同目标长度越接近、杆长均方差 S_L 越小，杆长指标就越好。

1.2　形状指标

对于三角形和四边形而言，越接近于正三角形和正方形，其形状质量越好，具体计算方法见表 1[1]。

表 1　网格形状质量计算方法

网格形状	形状质量系数公式	示意图
三角形	$\alpha = 4\sqrt{3}\dfrac{S_{\triangle ABC}}{\lvert AB\rvert^2 + \lvert BC\rvert^2 + \lvert AC\rvert^2}$	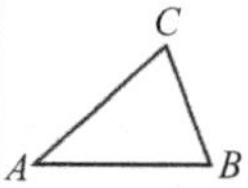
四边形	$d = 4\sqrt[4]{\dfrac{S_{\triangle ABC}\times S_{\triangle ADC}\times S_{\triangle ADB}\times S_{\triangle CBD}}{(\lvert AB\rvert^2+\lvert BC\rvert^2)\times(\lvert AD\rvert^2+\lvert CD\rvert^2)\times(\lvert AB\rvert^2+\lvert AD\rvert^2)\times(\lvert BC\rvert^2+\lvert CD\rvert^2)}}$	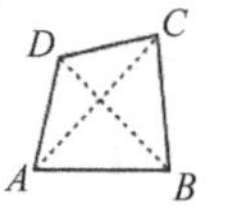

本文采用网格形状质量系数的均值和均方差作为评价指标，系数均值越大、均方差越小，网格形状质量系数越好。杆长指标和形状指标均为几何指标。

1.3　拓扑指标

节点价指的是网格中某个节点所连接的网格边的个数，节点价不为理想价的网格点被称为奇异点，奇异点的个数、位置、占总节点数量的比例对网格整体流畅度有极其重要的影响。

三角形网格内部节点的理想价为 6，四边形网格内部节点的理想价为 4，而边界节点的理想价取决于网格边界线的具体形态。为使网格边界节点的理想价和内部节点的理想价保持一致，本文引入节点虚价的概念根据公式对边界节点价进行调整[2]。

流畅度这一指标目前尚无统一定量指标，有人为判定的因素包含在内，而合理的奇点设置可能会使得网格呈现出某种特定的流向，所以流畅度可结合奇点数量、占比和实际观感进行综合判定。

1.4　力学指标

结构的力学性能通常由结构最大位移和应变能来评价，最大位移可以反映结构最薄弱部分，而外荷载对结构所做的功将以应变能的形式储存在结构体内，所以应变能可以反映结构的整体性能。结构的应变能表达式为：

$$C = \frac{1}{2}\{\boldsymbol{F}\}^{\mathrm{T}} \cdot \{\boldsymbol{U}\} \tag{3}$$

其中，C 为结构的应变能；$\{\boldsymbol{F}\}$ 为结构荷载向量；$\{\boldsymbol{U}\}$ 为结构节点位移向量。

2　自由曲面网格划分方法

2.1　基于 UV 的参数域法

由 NURBS 曲面的基本定义[3]可知，曲面中任意一点 (x, y, z) 都可以用参数坐标 (u, v) 来表示，且矩形参数域中点之间的拓扑关系在映射到参数曲面的过程中不发生改变。所以，当曲面为修剪曲面（untrimmed surface）时，可以直接在规则的矩形参数域上进行网格划分，得到参数域上对应的节点，对应到 NURBS 曲面上，根据一致的拓扑关系进行连接即可完成（图 1）。

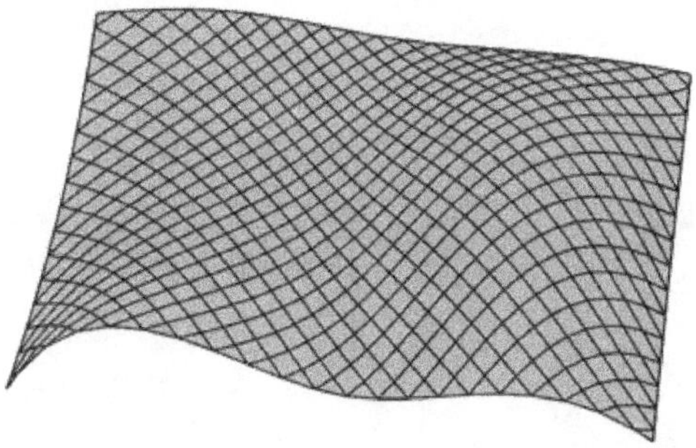

（a）MeshA－0

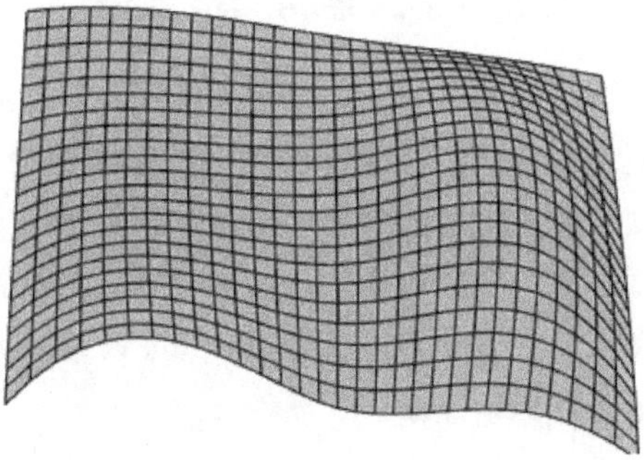

（b）MeshA－1

图 1 基于 UV 的参数域法

2.2　基于曲面近似不变展开的映射法

当原曲面边界复杂或经过修剪（trimmed surface）时，基于 UV 的参数域法难以得到均值的网格，此时可采用于曲面展开的映射法。

首先将自由曲面展开，将网格在展开曲面上划分好之后，再映射回原曲面。本节采用文献[4]提出的基于面积变化最小原则的方法对曲面进行展开。其次选取能够覆盖曲面的矩形网格，将网格中心不在边界范围内的网格清理后，运用 Rhino7 内置的 Kangaroo2 动力学插件将网格凸出格点拉回边界，最终映射回原自由曲面（图 2）。

2.3　基于流向引导线的间接网格划分法

平面三角形网格生成技术目前已经很成熟，四边形网格可通过三角形网格的分解或合并得来，这种网格划分方法称之为间接法。S. J. OWEN 等[5]提出的 Q-Morph 算法改进了间接法奇点过多的问题，且所生成的网格还具备贴边以及和边界正交等特性，被广泛应用于各种大型商业程序中（如 Ansys 等）。本文采用 Rhino7 内置的 Quad Remesh 组

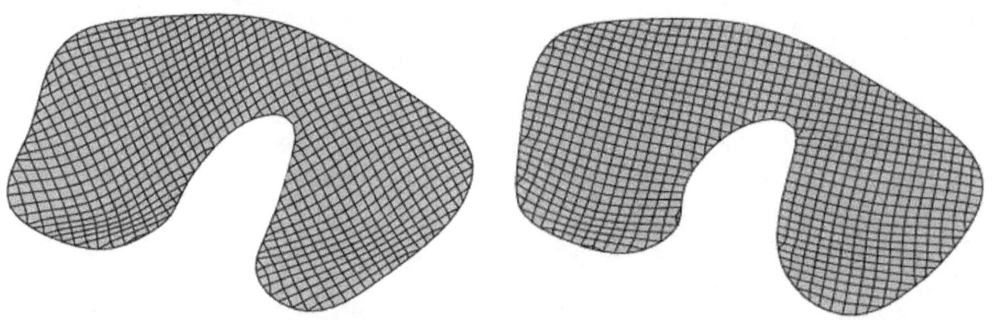

（a）MeshA - 0　　（b）MeshA - 1

图 2　基于曲面近似不变展开的映射法

件进行网格划分，可指定预期网格划分个数和网格面积，生成的网格可以随着流向引导线的变化而变化。

3　考虑力学因素的网格划分

网格作为自由曲面空间结构的重要部分，不仅构成了曲面的形态，而且承担着传递荷载的作用，所以网格的力学性能是非常重要的。同时，工程实践中常常因为建筑外观、功能的改变导致支承位置变化，网格的传力途径、薄弱位置也随之不断变化。传统方式划分的网格并不会因为支座的改变而改变，这从力学因素上来说是不合理的。

目前对于考虑力学因素的网格生成方法较少。现有文献主要从改变局部网格密度和改变网格流向两个方面来考虑力学因素。

3.1　网格密度

文献［6］和［7］首先对网格进行划分，然后根据轴力大小改变杆件两端斥力，重新进行网格优化，最终使得受力大的区域网格变密，受力小的区域网格变疏。文献［6］推导了节点应变能梯度，通过调整节点的位置来进行优化。以上两种方法最终都改变网格密度的分布。根据结果显示，该优化方法可以降低结构最大轴向压力和较大杆件的平均轴向压力，但是结构整体应变能没有发生变化。所以仅仅改变网格密度分布的优化空间有限。

3.2　网格流向

（1）主应力迹线

结构中的主应力迹线反映了结构内部内力的传递形式，在空间网格结构的网格生成过程中，沿结构主应力线进行杆件布置通常会带来力学性能的较大提升。

文献［6］选取一个四点支承上拱的自由曲面对网格流向进行了研究，根据在均布荷载下的主应力迹线［图 3（a）］手工对网格进行布置［图 3（b）］，结果显示优化后的网格比规整网格在最大位移方面下降了 64.02%，在总应变能方面下降了 67.3%，力学性能得到极大提高。结果表明，网格流向对自由曲面的力学性能有较大的影响。

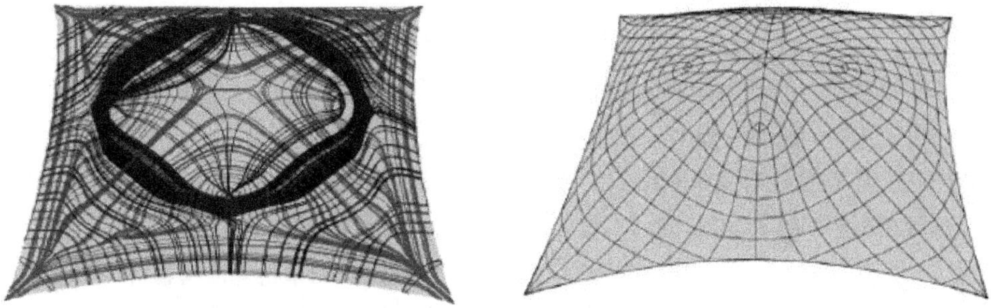

（a）文献所示应力迹线　　　　　　（b）手工绘制的网格

图 3　沿主应力迹线生成网格

结构的主应力迹线会随着支承位置的改变而变化，将变化的应力迹线作为网格流向引导线，从理论上可以生成力学性能更好的随动网格。

（2）Voronoi 骨架提取

骨架[8]作为表示和识别对象的重要描述符号，能很好地捕捉对象的中心线和对称线，其简洁的形式表达了物体的形状特征和内部拓扑关系。把支承点位置作为自由曲面的特征点，采用基于 Voronoi 的骨架提取法，得到如图 4 所示的骨架图。骨架图在各个支承点处形成闭环区域，并在闭环外呈现均匀的放射线。

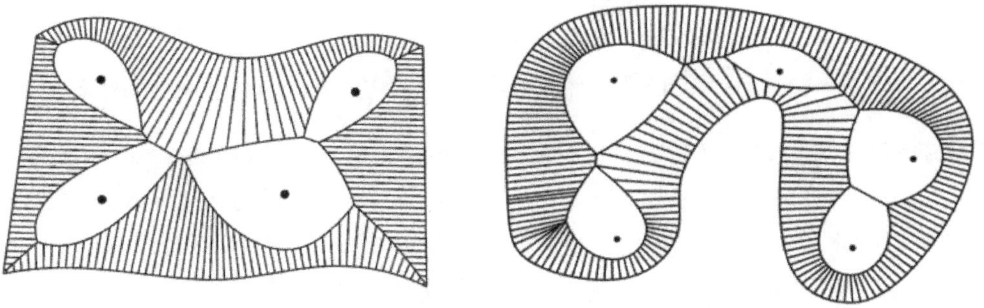

（a）MeshA 的骨架图　　　　　　（b）MeshB 的骨架图

图 4　基于 Voronoi 的骨架提取

本文提出以骨架图作为引导线，通过间接法生成的网格可将网格流向引导至支座，提高力学性能，网格呈现出分片的形态。网格能够自动随支承位置的改变而变化，无须重新绘制。

4　变支承条件下的网格算例分析

4.1　算例一

（1）支承条件 1

如图 5 所示的是自由曲面 A，平面投影尺寸约为 60 m×40 m，左边向内凹陷，右边往上拱起，白色点代表着支承的位置，支座与下部结构铰接。本案例均采用单层网格结构，杆件间连接方式为刚接。荷载取自重 5 kN/m^2，结构材料选用 Q345，构件截面均为统一尺寸 450 mm×200 mm×12 mm×12 mm。

自由曲面 A 的高斯曲率如图 5 所示，红色（a）代表正高斯曲率最大的部分，蓝色（b）代表负高斯曲率最大的部分，青色（c）、黄色（d）和绿色（e）代表介于两者之间的部分。上凸的正高斯曲率处受薄膜压应力，下凹的正高斯曲率处受薄膜拉应力，而在这两者交界的负高斯曲率处主要受弯曲应力，为曲面的薄弱处。从应力迹线图（图 6）可以看出，主应力迹线最密集的部分在这两者交界处，分布杂乱无规律。结构的主应力迹线在四个支承点处形成围合圈，其他部位的应力有明显的往支承部位流向的趋势，这与基于 Voronoi 骨架提取[图 4（a）]得到的流向引导线相似。

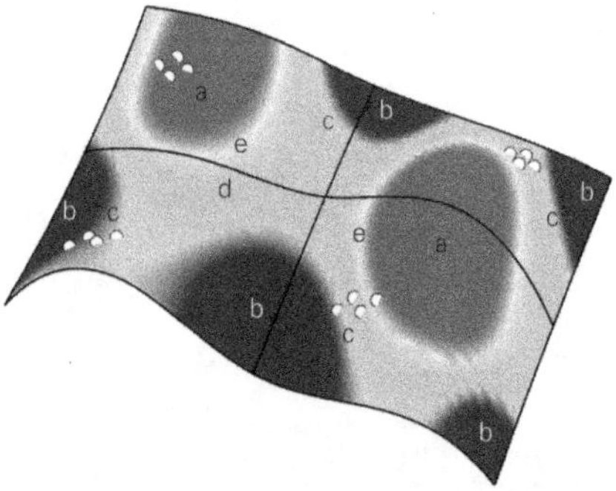

图 5 MeshA 的支承点位置和曲率分析

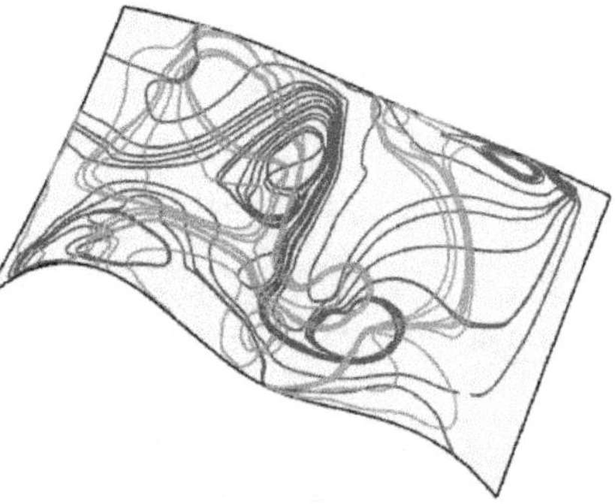

图 6 支承条件 1 下的 MeshA 应力迹线

我们对网格选取了 4 种方式进行划分，MeshA－0[图 1（a）]和 MeshA－1[图 1（b）]为规则布置的菱形网格和矩形网格，MeshA－2[图 7（a）]为基于 Voronoi 骨架提取生成的网格，MeshA－3[图 7（b）]为基于应力迹线生成的网格，在控制总长度一致的情况下，对它们的力学指标、几何指标和拓扑指标进行研究和比较。

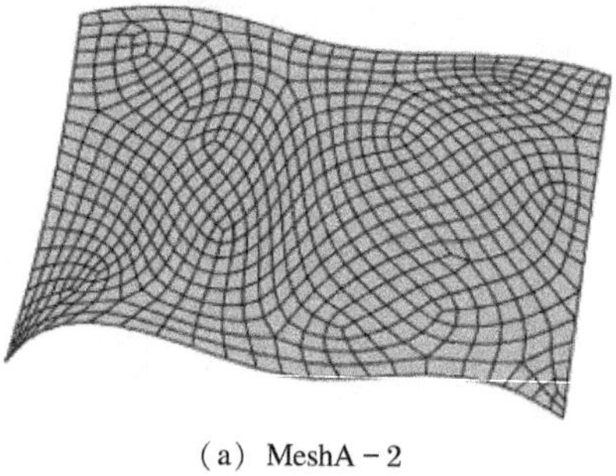

（a）MeshA－2

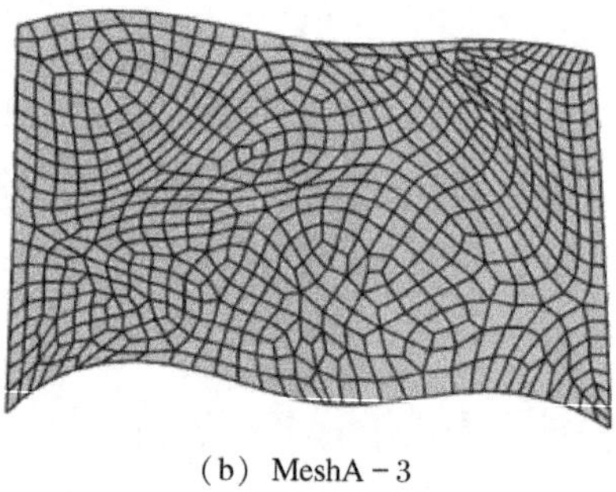

（b）MeshA－3

图 7 基于流向引导线生成的网格 A

从表 2 中可以看出，规则布置的菱形网格 MeshA－0 和矩形网格 MeshA－1 在几何指标上表现最好。MeshA－2 的几何指标与 MeshA－0 和 MeshA－1 基本一致，而

MeshA－3的指标最差。从拓扑指标来说，因为 MeshA－0 和 MeshA－1 遵循严格的 UV 参数域划分，所以网格无奇点，整体流畅度最好。MeshA－2 的流畅度次之，而 MeshA－3的流畅度最差。而从力学角度来说，MeshA－2 的指标最为优越，最大节点位移为MeshA－0的 65.84%，为 MeshA－1 的 85.05%，为 MeshA－3 的 82.42%；总应变能为MeshA－0的 75.21%，为 MeshA－1 的 89.04%，为 MeshA－3 的 85.71%。

表 2 支承条件 1 下的 MeshA 网格性能对比

编号	总长度/m	力学指标		几何指标			拓扑指标	
		最大节点位移/mm	总应变能/(kN·m)	杆长均方差	形状均值	形状均方差	奇点个数	奇点占比
MeshA－0	2 817.23	41.30	895.57	0.417	0.938	0.071	0	0%
MeshA－1	2 831.78	31.97	756.49	0.362	0.947	0.052	0	0%
MeshA－2	2 786.05	27.19	673.60	0.434	0.945	0.067	38	6.15%
MeshA－3	2 945.86	32.99	785.93	0.551	0.843	0.122	121	20.13%

因为自由曲面 *A* 的平面投影近似为矩形，所以采用 UV 参数域方法划分的 MeshA－0 和 MeshA－1 无论是在力学性能上还是几何性能上都有较好的适应性。基于 Voronoi 骨架提取生成的 MeshA－2 因为在支承位置处改变了网格流向，使得力向支座位置处流动，所以在力学性能上有一定的提高，经过动力松弛优化后几何指标也和 MeshA－0、MeshA－1 接近。MeshA－2 中的奇点削弱了整体流畅性，网格呈现出明显的流向性和区域性，但奇点占比不高，整体流畅性依然在可接受范围之内。

而 MeshA－3 奇点占比过多，网格整体杂乱无章，且力学性能和几何性能均未有提升，其原因在于自由曲面 A 的曲率变化较大，所以求得的主应力迹线错综复杂，以此为依据得出的网格划分并不适用于本工程。而前文所述文献[6]中的网格为一规则的中间上拱的自由曲面，高斯曲率均为正值且均匀变化，应力迹线呈现出明显的规律性且采用手工绘制网格，所以优化幅度较大。

(2) 支承条件 2

在曲面 A 中间添加一个支承点，并改变右下角支承点的位置（图 8），传统划分的网格 MeshA－0 和 MeshA－1 不变，随支承位置更新后的 MeshA－2 如图 9 所示。

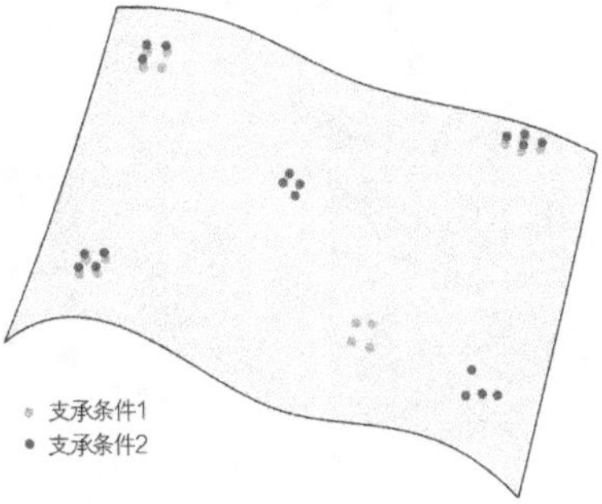

图 8 支承点位置的改变

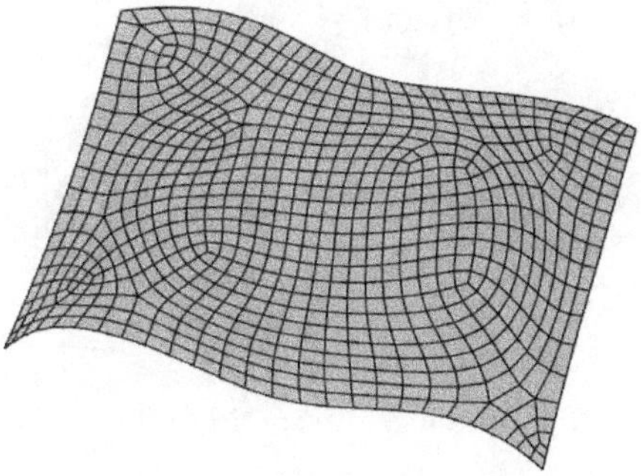

图 9 支承条件 2 下的 MeshA－2

三种网格的力学指标分析如表3所示。

表3 支承条件2下的MeshA网格性能对比

编号	总长度/m	力学指标		几何指标			拓扑指标	
		最大节点位移/mm	总应变能/(kN·m)	杆长均方差	形状均值	形状均方差	奇点个数	奇点占比
MeshA-0	2 817.23	39.33	465.89	0.417	0.938	0.071	0	0%
MeshA-1	2 831.78	38.59	498.03	0.362	0.947	0.052	0	0%
MeshA-2	2 847.17	37.31	442.31	0.392	0.941	0.071	34	5.50%

对比支承条件2下的MeshA-0、MeshA-1、MeshA-2，可以看出Mesh-2的力学指标均为最好，但是提升程度没有支承条件1好：三者最大节点位移基本相同，Mesh-2总应变能为MeshA-0的94.94%，为MeshA-1的88.81%。其原因可以从三种网格的形式得出：在支承条件改变后，MeshA-2的流向发生了改变，在中间支承处呈现矩形网格的排布，与MeshA-1相似，而在四角处呈现放射状网格分布，与MeshA-0相似，所以在流向上MeshA-2介于前两者之间，力学性能相对接近。

支承条件2下的MeshA-2的几何指标和MeshA-0和MeshA-1基本一致。从拓扑指标来说，虽然有一定的奇点，但是占比不多，整体感观较为流畅。

4.2 算例二

(1) 支承条件1

如图10所示的是复杂边界自由曲面B，平面投影跨度约为65 m×35 m，曲面两侧下凹，中间向上拱起，白色点代表着支承的位置。其他参数和算例一相同。

自由曲面B的高斯曲率如图10所示，和自由曲面A相比，曲面B凹凸变化较多，但曲率过渡处面积小且矢高也较小，所以应力过渡较为均匀。从应力迹线（图11）可以看出，整体分布较为均匀，且在5个支承点处呈现围合状态，说明应力有明显的往支承部位流向的趋势，这也与基于Voronoi骨架[图4(b)]提取得到的流向引导线相似。

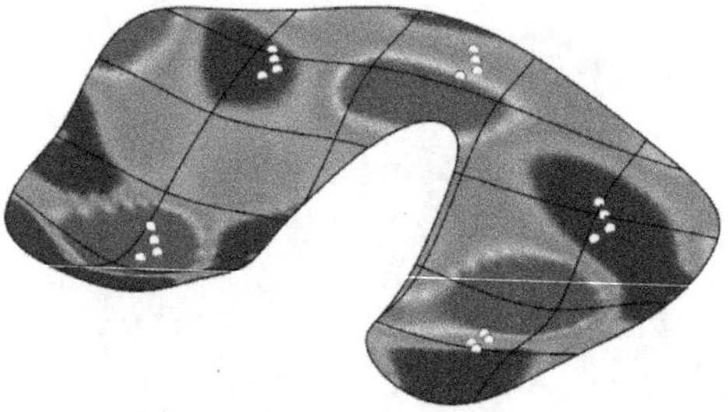

图10 MeshB的支承点位置和曲率分析

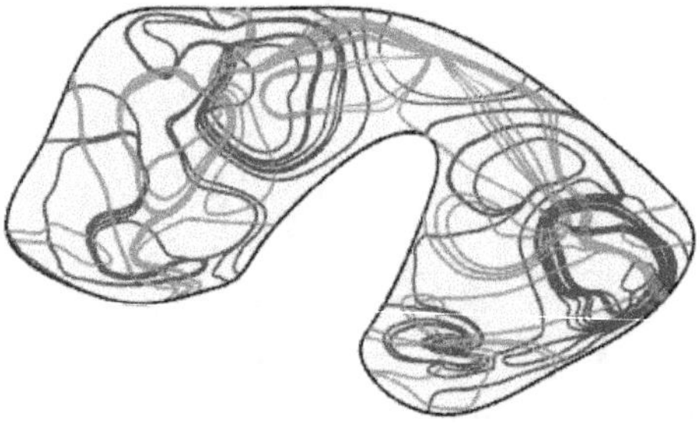

图11 支承条件1下的MeshB应力迹线

同样对网格选取了4种方式进行划分，MeshB-0[图2(a)]和MeshB-1[图2

（b）］为规则布置的菱形网格和矩形网格，MeshB－2［图 12（a）］为基于 Voronoi 骨架提取生成的网格，MeshB－3［图 12（b）］为基于应力迹线生成的网格，在控制总长度一致的情况下，对它们的力学指标、几何指标和拓扑指标进行研究和比较。

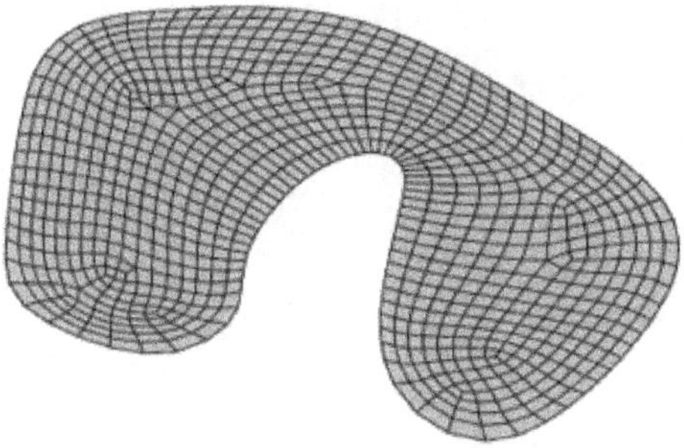

(a) MeshB-2

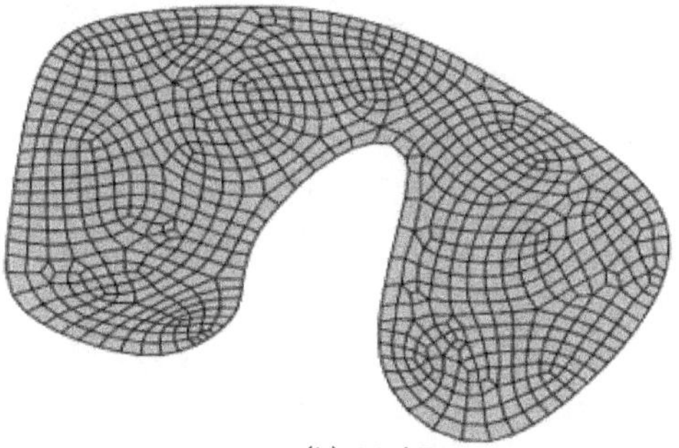

(b) MeshB-3

图 12 基于流向引导线生成的网格 B

表 4 支承条件 1 下的 MeshB 网格性能对比

编号	总长度 /m	力学指标		几何指标			拓扑指标	
		最大节点位移/mm	总应变能 /（kN·m）	杆长均方差	形状均值	形状均方差	奇点个数	奇点占比
MeshB－0	2 845. 75	67. 76	706. 64	0. 216	0. 920	0. 167	11	2. 13%
MeshB－1	2 764. 93	52. 15	662. 89	0. 228	0. 947	0. 150	15	2. 39%
MeshB－2	2 841. 67	30. 21	277. 75	0. 372	0. 907	0. 075	24	2. 89%
MeshB－3	2 767. 90	39. 02	289. 96	0. 377	0. 925	0. 061	109	13. 34%

从表 4 中可以看出，四种网格几何指标基本一致，MeshB－2 和 MeshB－3 因为经过了动力松弛，所以形状系数均方差较小。从拓扑指标来说，因为边界进行了修剪，所以映射法生成的 MeshB－0 和 MeshB－1 在边界处存在一定的奇点，但是占比不多，综合流畅性最好。MeshB－2 的流畅度次之，而 MeshB－3 的流畅度最差。而从力学角度来说，MeshB－2 的指标最为优越，最大节点位移为MeshB－0的 44. 58%，为 MeshB－1 的 57. 93%，为 MeshB－3 的 77. 42%；总应变能为 MeshB－0 的 39. 31%，为 MeshB－1 的 41. 90%，为 MeshB－3 的 95. 79%。

自由曲面 B 的平面投影为一边界复杂曲面，但应力迹线分布呈现均匀性和规律性。MeshB－2 在支承位置处改变了网格流向，使得应力向支座位置处流动，所以在力学性能上有大幅度提高。MeshB－2 呈现出明显的流向性和区域性，但奇点占比不高，整体流畅性依然在可接受范围之内。而 MeshB-3 流畅度不足，虽然在力学性能上有所提升，但是依旧无法应用于工程实践。

(2) 支承条件 2

在曲面 B 中删除左上角和右上角的两个支承点（图 13），传统划分的网格 MeshB－0和 MeshB－1 不变，随支承位置更新后 MeshB－2 如图 14 所示。

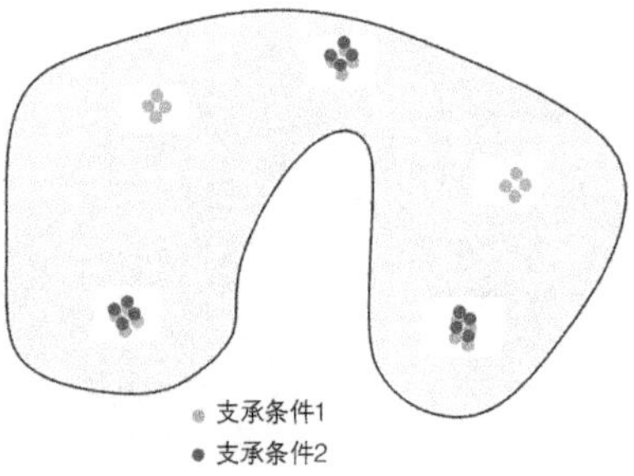

图 13 支承点位置的改变

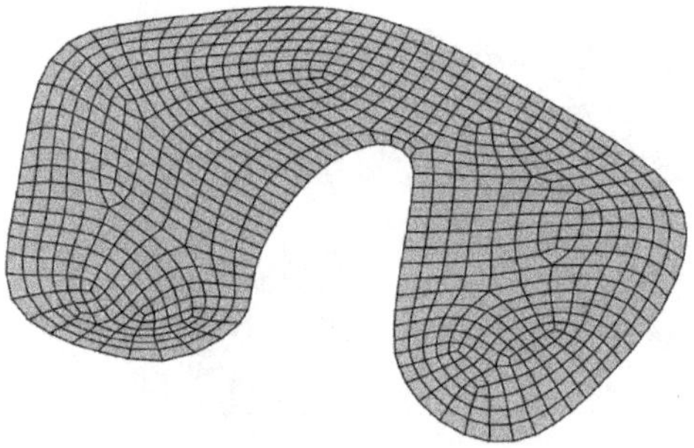

图 14 支承条件 2 下的 MeshB－2

三种网格的力学指标分析如表 5 所示。

表 5 支承条件 2 下的 MeshB 网格性能对比

编号	总长度/m	力学指标		几何指标			拓扑指标	
		最大节点位移/mm	应变能/(kN·m)	杆长均方差	形状均值	形状均方差	奇点个数	奇点占比
MeshB－0	2 845. 75	348. 59	3 594. 35	0. 216	0. 920	0. 167	11	2. 13%
MeshB－1	2 764. 93	408. 01	3 809. 81	0. 228	0. 947	0. 150	15	2. 39%
MeshB－2	2 841. 67	293. 20	2 271. 67	0. 310	0. 936	0. 104	37	4. 46%

对比支承条件 2 下的 MeshB－0、MeshB－1、MeshB－2，可以看出 MeshB－2 的力学指标均为最好，MeshB－2 的最大节点位移为 MeshB－0 的 84. 11%，为 MeshB－1 的 71. 86%。MeshB－2 总应变能为 MeshB－0 的 63. 20%，为 MeshB－1 的 59. 63%。

支承条件 2 下的 MeshB－2 的几何指标和 MeshB－0 和 MeshB－1 基本一致。从拓扑指标来说，虽然有一定的奇点，但是占比不多，整体感观较为流畅。

5 结语

本文提出一种基于骨架提取的间接网格划分法，采取两个自由曲面算例，分别在两种不同支承条件下比较随动网格和传统网格的几何指标、拓扑指标和力学指标，结果表明：

(1) 基于骨架提取生成的随动网格呈现出以支承位置为中心的流向变化，在不同支承条件下力学性能均优于传统划分方式的网格。此类方法可作为网格划分的可行解，运用于工程实践指导。

（2）基于骨架提取生成的随动网格在力学性能上的提升程度与初始曲面形态、支承点数量、支承点位置的改变等因素有关，运用时需要根据具体案例进行分析。

（3）主应力迹线复杂的分布导致了无法采用它作为网格流向引导线，如何根据应力迹线智能生成能够应用于工程的网格，还需要进行进一步的探索研究。

参考文献

[1] 罗尧治，闵丽，丁慧，等. 自由形态空间网格结构建模技术研究综述[J]. 空间结构，2015，21(4)：3－11.

[2] FREY W H，FIELD D A. Mesh relaxation：a new technique for improving triangulations[J]. International Journal for Numerical Methods in Engineering，1991，31(6)：1121－1133.

[3] PIEG L，TILLER W. 非均匀有理B样条[M]. 赵罡，穆国旺，王拉柱，译. 北京：清华大学出版社，2010.

[4] 马健强. 基于B样条和几何映射的曲面展开法研究[D]. 天津：天津大学，2007.

[5] OWEN S J，STATEN M L，CANANN S A，et al. Q-Morph：an indirect approach to advancing front quad meshing[J]. International Journal for Numerical Methods in Engineering，1999，44(9)：1317－1340.

[6] 刘峰成. 自由曲面单层空间网格结构形态与网格优化研究[D]. 南京：东南大学，2020.

[7] 张旭东. 自由曲面单层刚性结构网格划分优化与工程应用[D]. 重庆：重庆大学，2015.

[8] 王钰婷. 图像目标的显著性骨架计算方法研究[D]. 济南：山东大学，2021.

图表来源：

图1~2、图4~14：作者自绘.

图3：参考文献[6].

表1~5：作者自绘.

第二章
生成设计与优化

几何原型与形态编码在商业建筑平面生成的应用探索

张柏洲[1]　李　飚[1*]
（1. 东南大学建筑学院建筑运算与应用研究所，江苏省南京市 210096，jz. generator@gmail. com）

摘要

在建筑生成设计方法中，几何原型和形态编码是两类建立在几何运算基础上的规则转译策略。前者通过几何学原型的形式变形与参数调整回应建筑形式问题，后者通过设计规则的直接提炼和编码对形态要素进行模拟生成。针对部分典型商业建筑平面的设计问题与空间要素，本文分别探索了几何原型策略主导的公共空间生成，以及形态编码策略主导的营业空间生成方法，并对室外商业步行街及室内购物中心的案例进行了平面生成实验，表现出两类策略对于不同空间要素与设计条件的适用性。

关键词：规则转译；商业建筑平面；几何原型；形态编码；建筑生成设计

Keywords：Rule translation；Commercial building layout；Geometric prototype；Morphological encoding；Architectural generative design

项目资助情况：国家自然科学基金面上项目（51978139）

引言

建筑生成设计的发展为建筑设计问题带来了更丰富的解决策略，以及更宽广的探索方向。在生成设计的系统中，相关的设计问题和形式原型一般需要通过抽象提炼来进行图解和归纳，并以图形化方式进行信息存储，进而编写理性的计算规则完成设计结果的推演[1]。设计规则到算法规则的转译是这一工作中的关键问题，常常伴随其他相关领域知识的介入，它既是设计问题的抽象化分析和归纳的过程，也是生成结果具象化输出和表达的前提。

几何原型与形态编码可被视作两类典型的规则转译策略。几何原型策略通常以几何学的某类原型出发，经过形式变形和参数调整，适应性地解决建筑设计问题，对空间生成的逻辑进行反映。例如在城市尺度上，出现了以 Voronoi 图形为原型的道路生成研究[2]，以张量场的物理原理与几何形式为基础的城市肌理生成研究[3]；在建筑尺度上，相关研究针对公寓平面的生成问题，结合了多边形直骨架等几何原型，以及自定义的划分语法来进行形式变形，以得到生成布局[4]。这一策略在形态特征突出，且能够通过既有原型进行生形或重构的问题上具有应用价值。

形态编码策略通过设计手法和空间特征的模式化分析，对建筑空间形态直接进行生成规则制定。例如，这一策略在建筑平面与形体的过程式建模（procedural modeling）工作中得到了应用，通过定义建筑轮廓细分的语法规则，将平面生成问题编码为形状剖分的递归过程[5]。另有研究将走廊与房间的邻接关系以及几何位置关系编码为一系列基本生成规则，并在此基础上以房间数量和面积作为评价标准，以编码迭代优化的规则来进行平面生成[6]。这一策略通过设计手法的观察和归纳来得出编码逻辑，在规则和语法可被明确定义的建筑问题上具有适用性。

以上两类策略均建立在基本的几何运算基础之上，在生成方法的探索中常常交叉运用以求互补。本文以商业建筑平面为研究对象，探索了两种规则转译策略在公共空间的形态模拟和营业空间的划分生成上的应用方法，进而生成方案阶段可供参考的平面案例。

1　几何原型策略主导的公共空间生成

商业建筑的公共空间主要包含了水平动线、中庭等空间要素。水平动线具有路径属性，主要承载场地内的交通功能；中庭空间根据规模和形状不同，分别具有向心聚拢和线性引导作用，通常以封闭的多边形或曲线形状构成。以上述二者为代表的公共空间要素，均具有形态导向的特点，因此可采用以几何原型策略为主导的生成方法，并通过变形与组合生成理想的公共空间形式。

1.1　基于 Prim 算法和向量规则的方法

最小生成树（minimum spanning tree）在城市及建筑路径生成中具有一定应用价值，能够生成经过数个指定节点的树状路径系统[7]。以最小生成树作为水平动线的几何原型，进而可在其基础上结合二维向量的若干计算规则来生成公共空间的平面形态。

（1）Prim 算法生成动线路径

Prim 算法是计算最小生成树的两种常用算法之一，其算法原理可概述为四个步骤：①对于具有 m 个节点的连通图 G，定义两个记录图 G 节点的集合 $A=\{\}$，$B=\{N_0, N_1, \cdots, N_m\}$；②将 B 中任意一个节点移至 A 中，作为起始点；③迭代 B 的所有节点，计算出一条连接 A 中某个节点且权值最小的边，将此边连接的节点从 B 移至 A 中，并记录其连接边；④循环执行步骤③，直至 B 的全部节点转移至 A 中，由此可找到 $m-1$ 条边，构成 G 中所有节点的最小生成树。

借助 Prim 算法可以对给定场地内的水平动线路径进行生成。首先设置可交互调节的场地出入口点以及场地内部控制点，继而将全部节点构建为全连通图[图1（a)]，以点与点之间的直线距离作为每条连接边的权重值，计算最小生成树[图1（b)]。随后由生成路径偏移得到的动线区域可将原场地进行划分[图1（c)]，划分得到的次级区域可再次进行同一规则的路径生成，并通过节点位置的交互调节，获得不同连接关系和层次的水平动线路径原型[图1（d)]。

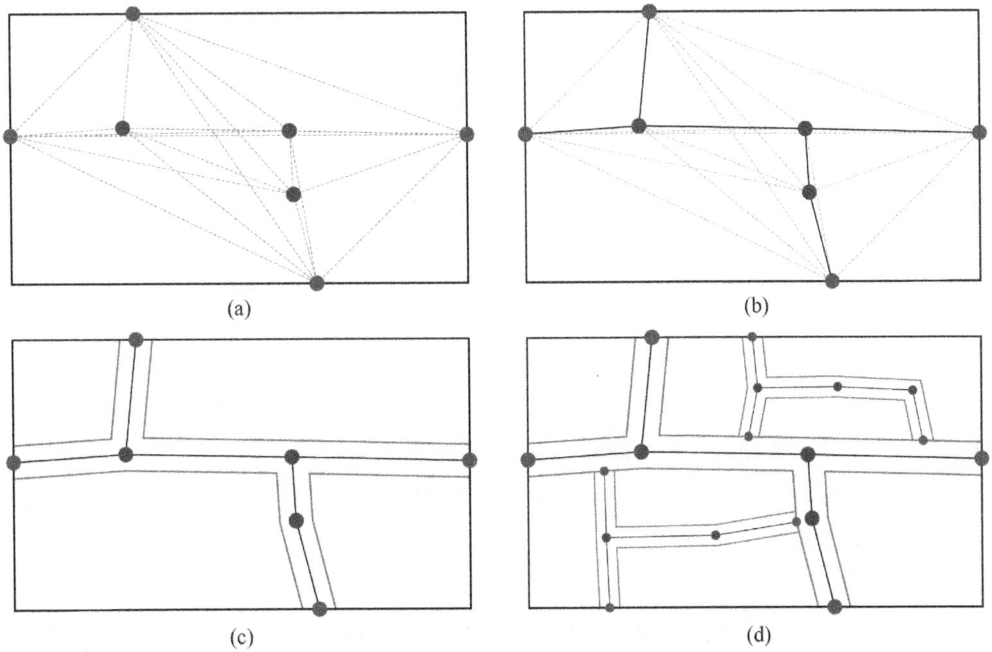

图1 最小生成树生成水平动线路径

（2）公共空间形态的生成规则

在最小生成树作为原型的动线路径生成后，可根据路径控制点和路径边的位置，对中庭及公共空间整体形态进行生成。针对每个内部控制点 N 及其相连的 n 条路径边，可根据中庭尺度的控制，记录沿路径边移动一定距离和比例后的点，并计算出与路径边垂直的2个控制点，由此可得到 $2n$ 个控制点[图2（a)]，进而将 $2n$ 个控制点围绕点 N 进行极坐标排序并依次连接，即可得到处在控制点上的中庭形状[图2（b)]。其中，对于两条边构成的劣角，可将相邻的控制点直接相连，而对于优角则需额外增加优角平分线上的控制点，得到转折的中庭边[图2（c)]。最后将动线路径与中庭形状进行整体偏移得到公共空间轮廓边界[图2（d)]。

1.2 基于骨架线与形状建模的方法

直骨架（straight skeleton）是一种用内部拓扑骨架表示多边形的方法，由多边形每个角点沿其对应的角平分线等速移动所形成的直线轨迹构成，它通常可被用于表示多边

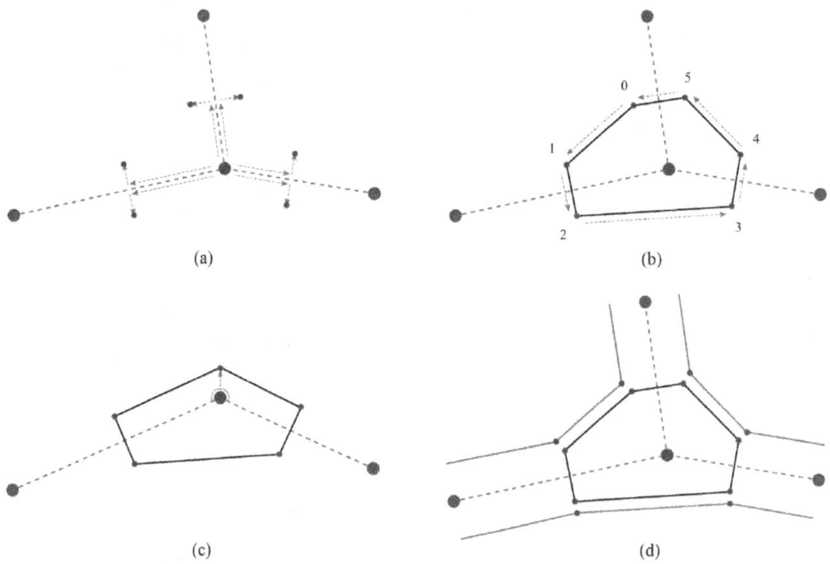

图 2 中庭与公共空间生成规则

形的中轴[8]。在商业建筑公共空间的生成中，通过骨架线的计算可以提取到位置相对居中的水平动线路径，进而通过构建常用中庭几何形来得到公共空间形态生成结果。

（1）直骨架算法生成动线路径

对于给定的轮廓形状，第一步计算生成其多边形直骨架，随后根据骨架线的顶点连接关系，筛选出与轮廓顶点不相接的线段，作为动线骨架的初始原型[图 3（a）]；第二步对于动线骨架可能产生的分叉情况进行处理，从骨架任一节点出发，对全部节点进行两次遍历，每次遍历均计算与起始节点距离最远的节点，由此可提取到初始骨架的最长单链[图 3（b）]；第三步将最长单链进行均分，将均分点作为控制点，使用 B 样条曲线进行拟合并进行偏移，由此可得到一条带有内部控制点的动线路径及其区域[图 3（c）]。

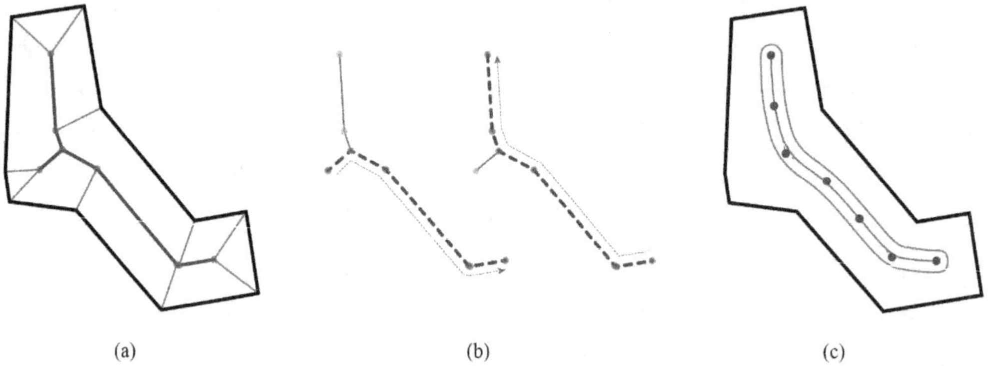

图 3 基于直骨架的水平动线生成原理

(2) 中庭形状建模及连廊生成规则

得到水平动线区域后，可将其作为中庭形状布置的限制区域，根据常见的中庭形状，在计算机程序中编写多种形状的创建规则，并以中心锚点 O、形状端点 P_n、锚点到端点的向量 $\boldsymbol{V}_n$ 作为对每个中庭形状的属性记录（图 4），从而满足公共空间设计过程中对于中庭形状、面积、位置的交互修改。

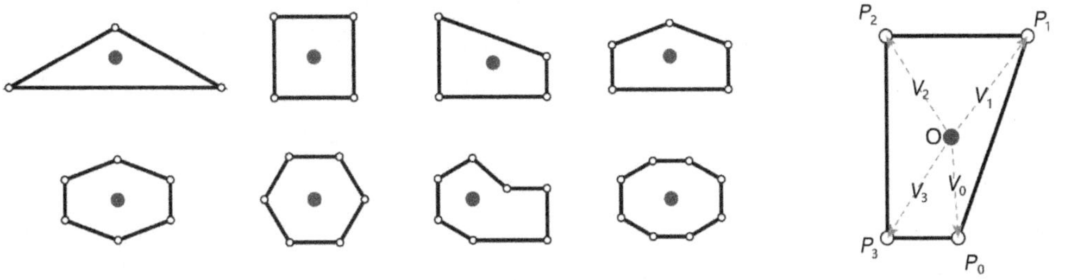

图 4 中庭形状创建与属性记录

对于经过设计者调节和布置的中庭几何形[图 5（a）]，可进一步制定三种对于多边形的形状重构规则：①B 样条曲线重构，即使用中庭形状端点作为曲线控制点，重新生成曲线形的中庭形状；②圆弧倒角重构，即将中庭形状的每个折角替换为一定半径的圆弧；③等比例细分方法重构，即设定比例和细分次数，取每一对邻边上的相同长度比例的点进行连线，经过若干次迭代后可得到相对平滑的过渡。

上述三种形态重构规则可由设计者根据公共空间整体效果的需要，分别进行选择和执行，从而得到相对自然平滑的中庭形态[图 5（b）]。随后，综合中庭形状重构的结果，将全部形状整体向外侧偏移所需的走廊宽度，得到最终的公共空间生成结果[图 5（c）]。

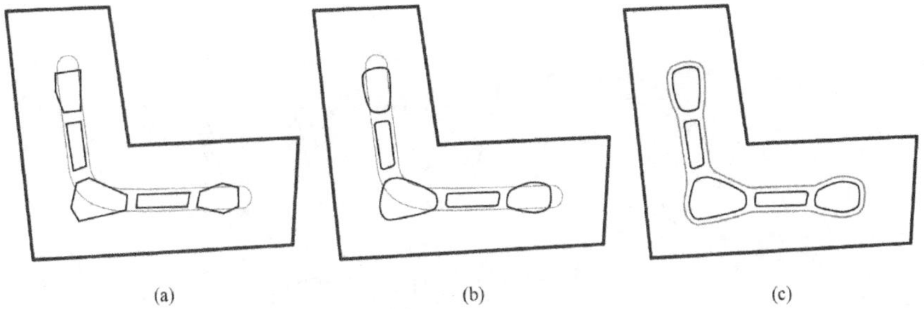

图 5 中庭形状重构与公共空间生成

2 形态编码策略主导的营业空间生成

营业空间的生成以商铺的划分问题为主，具有较为典型的形态特征，而其特征大多是以建筑学的规则进行描述和构成，少有明确定义的几何规则或几何模式，因此采用以形态编码策略为主导的方法，通过设计手法的模拟编码进行规则转译。

2.1 基于多种剖分规则的方法

在室外的商业场所（例如步行商业街等），营业空间划分出的区域往往同时也是不同商铺所在建筑的用地区域，它在设计操作手法上可类比为对于大面积场地的地块细分，因此可根据不同的肌理特性，编码多种剖分规则来适应不同形状的营业空间。

较大面积空间通常须对其进行若干次均分后再进行商铺空间细分。参考相关研究提出的 OBB 方法[9]，即首先计算形状的最小有向包围盒（oriented bounding box），进而对 OBB 两条长边的中点进行连线，通过连线将大面积空间划分为两个区域[图 6（a）]。

整形空间通常具有均匀环绕的商铺划分。这一类空间可对形状轮廓向内偏移合适的进深距离，进而在偏移线上取点（根据面宽均分布点或人为取点），以取得的点作为生成点，生成 Voronoi 图形，由此可将整形空间剖分为进深面宽相对均匀，方向朝向外侧的组团空间[图 6（b）]。

长条形空间通常需顺应形状走势进行均匀划分。首先借助本文 1.2 节中提及的直骨架算法，计算出长条状空间的中轴作为参考线；进而根据空间面宽的需求，将中轴参考线分成若干等份，并由各个等分点出发，向两侧生成与中轴参考线垂直的剖分线，延伸至长条状空间边界，由此可将其切分为若干并排的小空间[图 6（c）]。

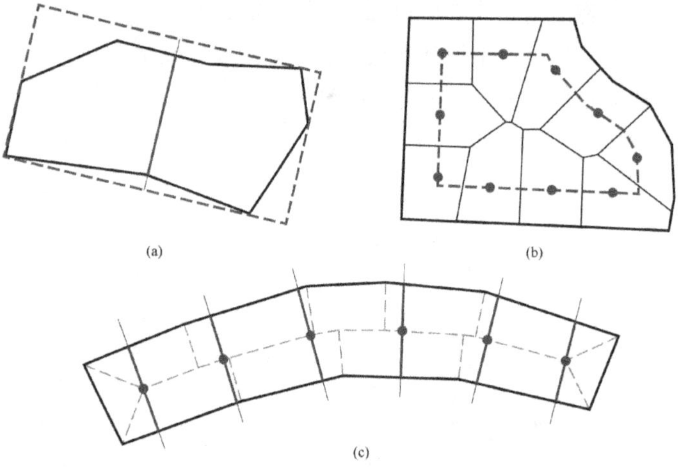

图 6 三类营业空间剖分的规则编码

2.2 基于格网线的方法

对于室内的商业场所，其营业空间的划分主要由公共空间两侧的隔墙来完成，铺位的形状和位置往往须在一定的格网和模数之上确定，具有隐含的结构逻辑。因此可采取基于格网线的方法，在格网线之上编码划铺线的生成规则。

（1）格网线生成

商业建筑的结构体系可被简化抽象为若干正交格网对于外轮廓的覆盖，一般须根据轮廓形状的趋势来确定格网数目。参照该特性，可从外轮廓的包络矩形生成入手，生成格网参考线。

首先，根据二维向量叉积判断夹角正负值的原理，对轮廓多边形各个顶点进行叉积计算，筛选出形状凹角[图7（a）]，凹角通常是格网体系产生变换的位置；继而，人为设定所需的参考线数量 m，从各个凹角处向内均匀产生射线，以 $m-1$ 为每组射线的数量，对全部射线进行枚举，并将轮廓划分为 m 个区域[图7（b）]；最后计算各组射线划分出区域的最小有向包围盒，排序查找到包围盒与轮廓面积比值最小的一组，作为最紧密的轮廓包络矩形，并在矩形中根据常用模数生成格网线[图7（c）（d）]。

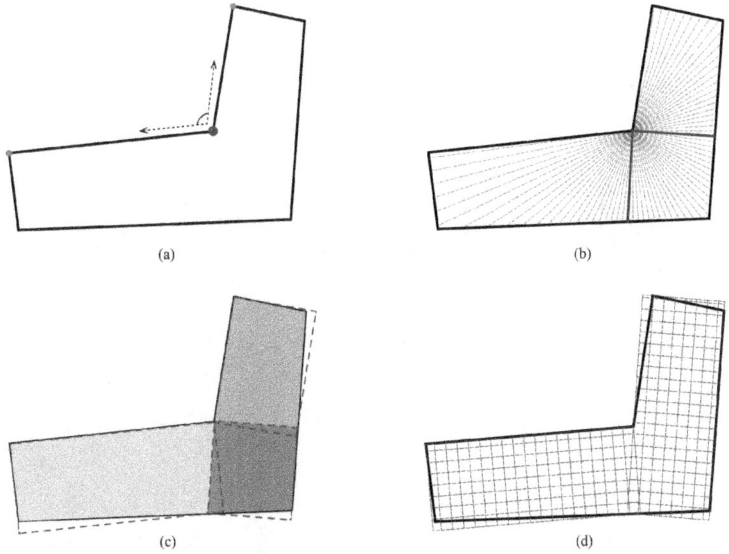

图7 格网参考线生成原理

（2）营业空间划分规则

在格网线的基础上，可结合公共空间生成的轮廓线编码营业空间的划分语法。首先计算轮廓线与各条格网线的交点，并记录每个交点处的相交角度；随后可对相交角设定一个角度阈值，用以筛选轮廓线与格网线相对垂直的交点；进一步从筛选得到的交点处沿格网线的方向进行延伸，从而得到若干条划铺线[图8（a）]，保证各个商铺与公共空间的朝向关系相对适宜。

此外，对于初始的划分结果，可根据常见的商业建筑划铺手法，编码三类细节性的规则：①划铺线转折的规则，即进一步对相交角的大小进行细分判断，将部分划铺线的端头从格网节点处转向与公共空间轮廓线垂直[图8（b）]；②铺位选择与合并的规则，即通过人为指定需合并处理的铺位，通过形状布尔运算来进行合并操作，满足较大规模主力店的布置，并处理初次剖分可能产生的不可用空间[图8（c）]；③转角区域铺位二次剖分的规则，即从铺位内部的格网点向两侧产生新的带有转折的划铺线，对较大铺位进行二次剖分，符合划铺设计手法的常见操作[图8（d）]。

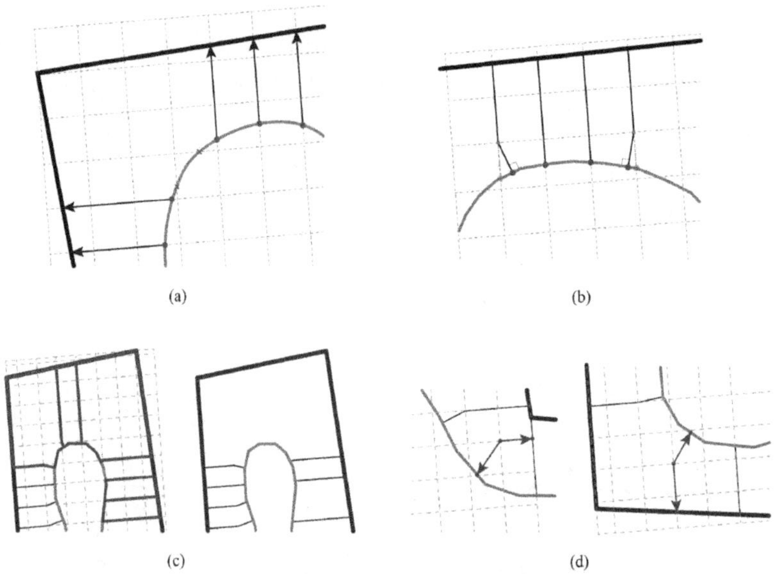

图 8 在格网基础上编码的划铺线生成规则、合并规则、二次剖分规则

3 生成结果

上述的生成方法均通过 Java 程序编写，部分算法和交互操作的实现借助 Processing、JTS Topology Suite 等开源程序库完成。进而，以部分商业建筑平面轮廓作为测试案例，进行生成方法的组合验证。

图9（a）为方法1.1和方法2.1结合，在室外步行商业街平面案例中进行的生成模拟，首先由7个控制点（4个出入口点，3个内部控制点）生成最小生成树，并产生主动线及3个中庭挑空形状，将场地分为4个区域；进而在其中面积较大的区域内，进一步设置了3条次动线；最后根据动线划分出的不同形状的营业空间，指定了不同的剖分规则，划分得到最终的商铺区域。

图9（c）为方法1.2与方法2.2结合，在购物中心平面案例中进行的生成模拟。首先通过直骨架和B样条曲线等原型生成了水平动线的控制区域；随后布置了7个中庭形状并生成公共空间形态，其中端头和转角处的中庭使用相对圆滑的曲线重构方法以强调向心性，其余中庭采取倒圆角的重构方法强调线形引导；进而根据L形的轮廓特点，设定2套参考线体系，生成包络矩形及格网；最后根据划铺线的编码规则进行铺位划

分，并通过人为交互指定合并与二次剖分的区域，得到最终的生成结果。

在公共空间及营业空间的平面生成基础上，可进一步对生成结果进行后续的程序生成或人工设计。例如针对历史型步行商业街的建筑形式，编码三维建筑体量的生成规则置于划分出的营业空间内，并进行方案深化[图 9（b）]；或是在当前平面生成的基础上，制定后续例如自动扶梯、疏散楼梯、卫生间等模块的生成规则，得到更为完整和细化的平面生成结果[图 9（d）]。

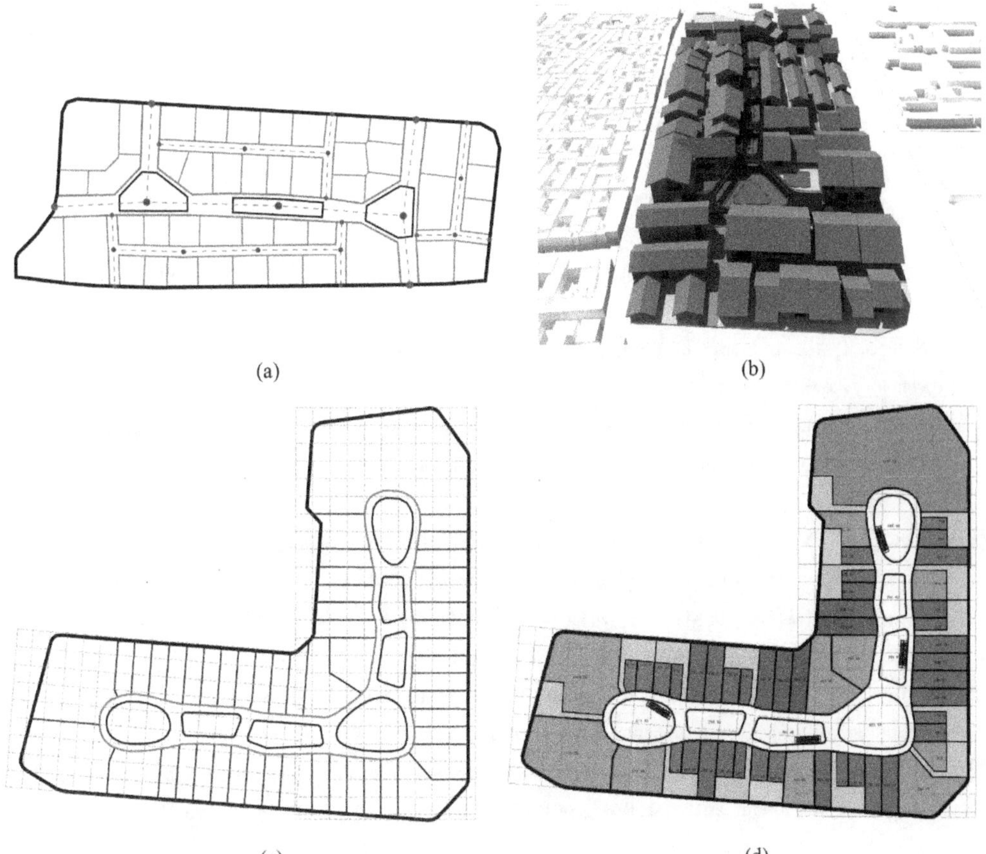

(a) (b) (c) (d)

图 9 步行商业街案例平面生成

结语

规则转译作为建筑生成设计中的重要环节，对设计要素与手法的分析是其基础工作。研究从商业建筑平面的典型模式、通用手法出发，进行了设计规则的抽象提炼，并分别应用几何原型与形态编码两类规则转译策略，提出了基于最小生成树、基于直骨架的公共空间生成方法，以及基于剖分规则、基于格网线的营业空间划分方法。两类策略在面对不同设计要素时具有不同的应用价值，也具有互补的可能，建筑问题的迁移与转化是决定策略使用的关键。

在后续的研究工作中，可进一步探索其他空间要素在规则转译过程中的适用方法，建立更复杂和更全面的规则库，并借助当前的软件平台、网络平台等工具作为载体，将生成方法整合为更加通用和灵活的生成设计辅助系统，从而将基于规则的生成方法拓展至更多可行的建筑实践环节中。

参考文献

[1] 李飚，季云竹．图解建筑数字生成设计[J]．时代建筑，2016(5)：40-43.

[2] GLASS K R, MORKEL C, BANGAY S D. Duplicating road patterns in south african informal settlements using procedural techniques[C]//Proceedings of the 4th international conference on Computer Graphics, Virtual Reality, Visualisation and Interaction in Africa. New York: Association for Computing Machinery, 2006: 161-169.

[3] 张琪岩．基于规则和张量场的街区肌理与空间布局生成方法探索：以南京老城街区为例[D]．南京：东南大学，2021.

[4] RINDE L, DAHL A. Procedural Generation of Indoor Environments[D]. Gothenburg: Chalmers University of Technology, 2008.

[5] ADÃO T, PÁDUA L, MARQUES P, et al. Procedural modeling of buildings composed of arbitrarily-shaped floor-plans: background, progress, contributions and challenges of a methodology oriented to cultural heritage[J]. Computers, 2019, 8(2): 38.

[6] EGOR G, SVEN S, MARTIN D, et al. Computer-aided approach to public buildings floor plan generation. Magnetizing Floor Plan Generator[J]. Procedia Manufacturing, 2020, 44: 132-139.

[7] 李昊．基于多种寻径算法的路径生成研究与应用[C]//数字技术·建筑全生命周期：2018 年全国建筑院系建筑数字技术教学与研究学术研讨会论文集．西安，2018：68-73.

[8] AICHHOLZER O, AURENHAMMER F, ALBERTS D, et al. A novel type of skeleton for polygons[M]. JUCS the Journal of Universal Computer Science. Berlin: Springer, 1996: 752-761.

[9] VANEGAS C A, KELLY T, WEBER B, et al. Procedural generation of parcels in urban modeling[J]. Computer graphics forum, 2012, 31(2/3): 681-690.

图片来源

图 1、图 5~7：作者编写程序生成．

图 2~4、图 8：作者编写程序生成后绘制．

图 9：(a)(c)作者编写程序生成，(b)(d)作者绘制．

一键排车位

——基于波函数坍缩(WFC)的停车空间自动化生成研究

陈珂臻[1*]　兰　迪[1]

(1. 天津大学建筑学院，天津市 300072，18235426098@163.com)

摘要

随着城市的发展，停车空间设计的意义显得愈发重要，它不仅设计难度大，而且具有网格化、模块化、强规则的主要特征。波函数坍缩（wave function collapse，WFC）算法可以令离散元素在一系列规则之下生成确定的结果，因此非常适合解决停车空间设计问题。本文旨在为设计师提供一套停车空间的自动化生成及评价系统，最大限度地辅助建筑师进行深化设计。首先，基于停车空间设计的主要特征，将设计问题分为识别、生成、评价、深化四个阶段，借助 Monoceros 插件在 Grasshopper 平台中建立自动化生成和评估系统；其次，分别以二维平面布局和三维空间布局的生成为例，探索该系统在实际应用中的潜力。研究结果表明，波函数坍缩算法在停车空间设计中具有很大的应用前景，未来可以在城市设计中发挥更大的价值。

关键词：波函数坍缩；停车空间设计；生成式算法；生成结果评估；模块化设计

Keywords：Wave function collapse；Parking space design；Generative algorithms；Evaluation of generation results；Modular design

引言

波函数坍缩（wave function collapse，WFC）是一种近年来兴起的、用于解决约束满足问题的程序性内容生成（procedural content generation，PCG）算法[1]，可以令离散元素在一系列规则之下随机生成具有内在逻辑的整体[2]。其机制是设定一个具有多个粒子的系统，在未进行观测时，所有粒子的状态都是不确定的，系统处于一种“叠加态”，此时熵值最大，而一旦某个粒子被观测到，根据一定的邻接规则，其周围的粒子的状态也随之确定，系统的熵值减小，即发生了坍缩[3]。WFC 最初由 Maxim Gumin 提出，用于程序性图像生成[4]（图 1）。WFC 目前广泛应用于游戏设计中，且展示出了在建筑领域应用的潜力。例如，在游戏 *Townscraper* 中（图 2），设计者利用 WFC 算法，构建了一个用户自定义的、基于模块的、在规则控制下可以无限延展的虚拟城镇世界。

此外，Subdigital 工作室的 Ján Tóth 和 Ján Pernecky 在 Grasshopper 中创建了基于 WFC 的插件 Monoceros，为设计、建筑和城市规划中出现的离散聚合的建筑问题提供了一种创新和快速的运算平台（图 3）[5]。Monoceros 包含 3 个主要元素：(1) 插槽（slot），模块进行迭代运算的基础环境；(2) 模块（module），参与运算的主要元素；(3) 规则（rule），模块之间的约束关系。将这三个主要元素输入主运算器（WFC solver）中，调节观测的随机值，并对解算结果实体化（materialize），便可以得到一系列生成结果。

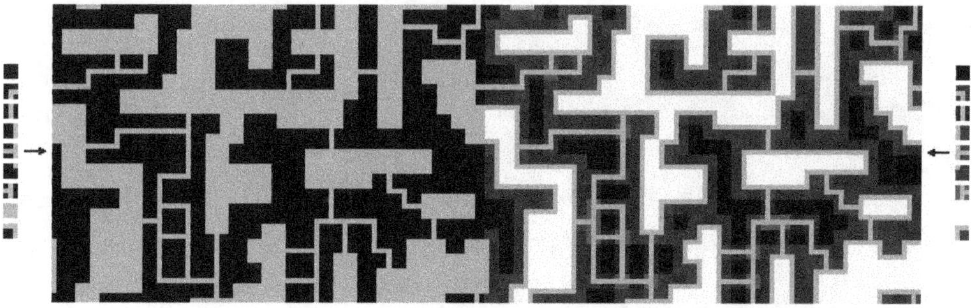

图 1　程序性图像生成

图 2　*Townscraper* 游戏界面

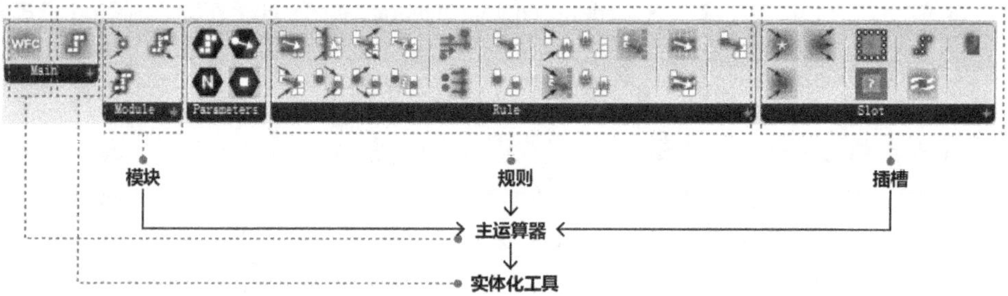

图 3　Monoceros 插件界面

在建筑设计实践中，停车空间设计难度较大且时间成本较高。首先，停车空间设计既要受到建筑平面和建筑构造的制约，又要受到建筑设计指标、建筑设计规范等诸多规则的影响；其次，停车空间的轮廓往往是不规则形体，增加了设计难度；再次，设计过程中需要进行多方案对比以获得最优布局，增加了设计量与时间成本。与其他建筑设计问题相比，停车空间具有三大特征：(1) 受上层建筑柱网排列的影响，停车空间的平面具有高度网格化的特征；(2) 每个柱跨间的车位布局相似，具有模块化的特征；(3) 根据停车场设计规范及防火规范，停车区、通行区、辅助功能区之间具有丰富且可量化的约束规则。

停车空间设计的特征与 Monoceros 的三个主要元素高度吻合，因此本文基于 WFC 算法和 Monoceros 平台，将问题聚焦于快速生成多个符合建筑规范和实际场地环境的停车空间结果，旨在建立一套停车空间的自动化生成及评价系统，从而为任意形态尤其是复杂轮廓的停车场设计提供新的可能性，最大限度地辅助建筑师进行深化设计。

1 系统框架

本文提出的自动生成及评价系统适用于单层的地下停车场，一共包括 4 个阶段，即识别、生成、评价、深化（图 4）。

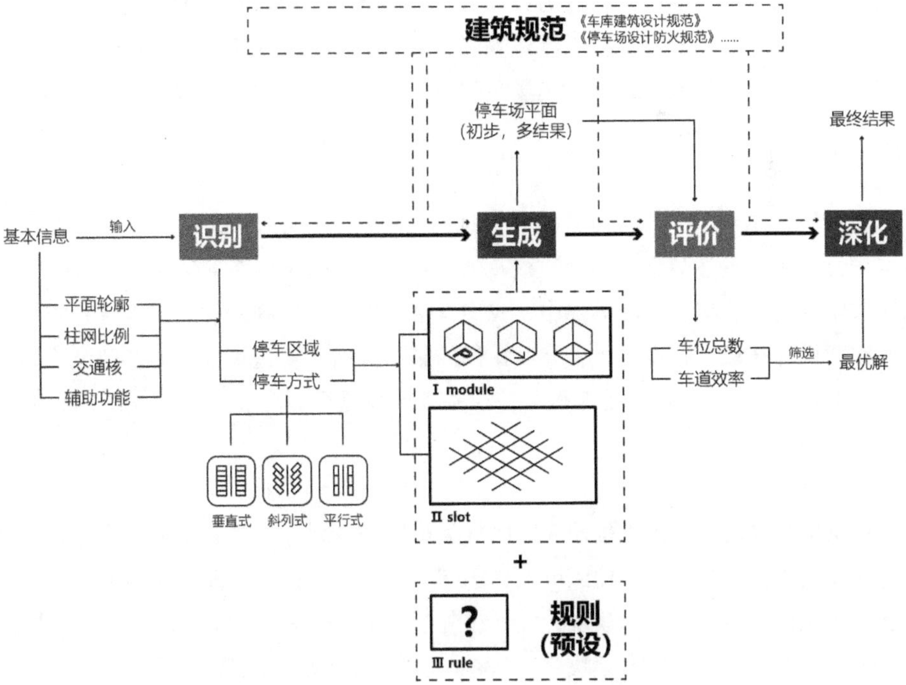

图 4 自动生成及评价系统的基本框架

1.1 识别

识别阶段是对运算信息的初步确定。首先，建筑师需要将包含平面轮廓、柱网比例、交通核及辅助功能区、出入口位置等基本信息的基础 CAD 图或 3D 模型输入 Rhino 中，系统根据这些基本信息确定可供停车的区域及停车方式（平行式、斜列式、垂直式）。

1.2 生成

在生成阶段，根据停车区域生成插槽（slot），由停车方式生成车位、车道、出入口的运算模块（module），然后根据模块之间预定义的邻接关系构建运算规则（rule），将插槽、模块和规则集成到 Monoceros 平台中，基础的运算系统由此构建。建筑师可以通过调节 seed 值获得一系列随机的停车空间平面，初步结果由此产生。

1.3 评价

这个阶段需要对生成的无限多个结果进行分析与评价，笔者选取了车位总数、车道效率这两个评价指标，测算每个结果的评价值，然后将每个结果的评价值进行对比，并与建筑规范、建筑师输入的预期指标进行对照，筛选出布局合理、经济适用的若干种最优平面，然后反馈给建筑师。

1.4 深化

建筑师可以将筛选后的结果作为设计参考，在此基础上进行平面深化。

本文提出的自动生成及评价系统建立了一套从停车场基础信息到最优布局的方法，下面以8.4 m×8.4 m 柱网的地下停车场空间设计为例，具体阐述生成及评价过程。

2 生成过程

上文提到，建筑师需要将包含基本信息的 CAD 图输入 Rhino 中，然后系统自动识别基本信息，排除不参与运算的交通核及辅助功能区，输出停车区域及停车方式，以此作为生成阶段的输入端。在本案例中，我们直接将停车区域的轮廓输入生成系统中。由于停车空间设计在很大程度上受到柱网比例的制约，因此将运算系统的基础尺寸设定为 8.4 m×8.4 m×8.4 m，然后将停车区域按照基础尺寸进行划分，由此建立了运算系统的第一个主要元素——插槽。

2.1 模块

在设定模块之前，首先须按照一定的分类标准进行划分。按照基本功能可分为停车模块及交通模块，由 8.4 m 的柱距可以确定停车方式为垂直式，根据最小车位尺寸可知最经济的停车模块为六车位的模块，此外还包括四车位及三车位的模块。交通模块按照连通性可分为直行模块、转弯模块、三岔路口、十字路口。按照拓扑关系可分为边界模块及中心模块，例如三车位的停车模块至少在上、下、左、右四个方向中的其中一个方向无法连接其他模块，因此只能放置在停车区域的边界区，而十字路口的交通模块在四个方向都会连接其他模块，因此无法放置在边界区。根据以上逻辑，边界模块包括三车位、四车位的停车模块、直行模块、转弯模块、三岔路口，中心模块包括六车位的停车模块、直行模块、转弯模块、三岔路口、十字路口。

在确定模块类型之后，需要根据其拓扑关系及邻接关系设定模块。在 Monoceros 平台中，拓扑关系相同但邻接关系不同的元素被视为不同的模块，即模块具有方向性，例如六车位停车模块依据其方向及与交通模块的关系可被设定为 6 种不同的模块，又如三岔路口的交通模块根据其上下左右的邻接关系可以设定为 4 种模块。此外，一些特定的位置需要组合多个模块以便于简化后续的运算规则，如边界的转角空间可以视为一个三车位停车模块与一个转弯模块或直行模块的组合。最终，笔者建立了 45 种不同的运算模块（图 5），包括 17 种中心模块和 28 种边界模块。为了便于后续的结果分析，按照拓扑关系-基本功能-序号对每个模块进行编号，如中心-三岔-02、边界-三车位-03。

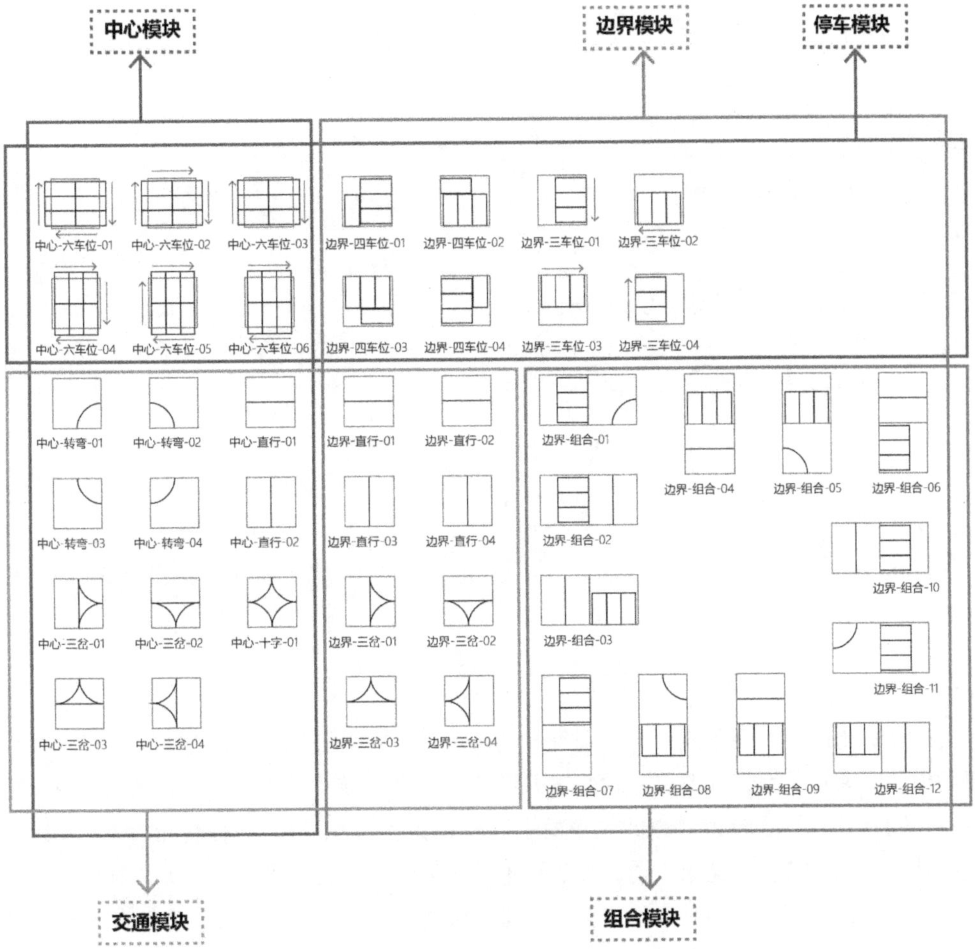

图 5　运算模块

2.2 规则

WFC 算法的核心在于建立各个模块之间的运算规则，一旦某个模块成为被观测值，那么它周围的 4 个模块就会根据预定义的规则而生成，以此实现整个系统的生长。基于上文设定的 45 种模块，可以按照中心-中心、中心-边界、边界-边界这三个部分建立规则，每个部分又需要建立交通-交通、交通-停车、停车-停车之间的规则。Monoceros 平台提供了多种声明规则的方法，笔者选取了从曲线建立规则的方法，主运算器会自动识别一条线的两个端点并将它们联系在一起（图 6）。除了建立具有直接邻接关系的模块规则之外，还需要考虑到无差别的规则，即最终的生成结果建立在确定与随机的规则之上。本案例中一共建立了 352 种运算规则，至此，整个系统的三个主要元素全部建立。

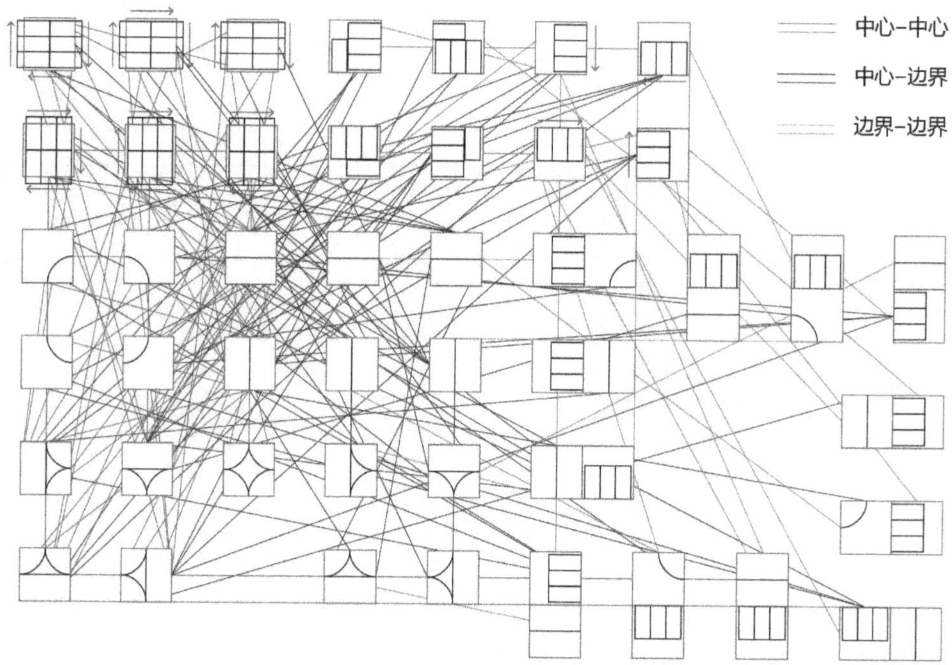

图 6 具有直接邻接关系的规则

建立规则的难点在于既要考虑到每个模块与其他模块相接的所有可能性，不能有遗漏的模块和邻接关系，又要保证这些规则能够在一个系统中同时运行，不能相互矛盾。以一个同时具有外凸转角和内凹转角的平面轮廓为例（图 7），两种转角看起来相似，但拓扑关系和邻接关系完全不同，外凸转角只在两个方向上连接其他模块，内凹转角在四个方向都连接模块，而且由于它们和交通模块的相对位置不同，导致即使在右侧和下侧两个方向连接的模块类型也不相同，因此这两种转角空间应当设置不同的模块和运算规则。在构建运算系统的过程中，笔者综合考虑了系统本身的逻辑以及实际设计中的合理性，不断调整模块及运算规则，最终建立了一套相对完善的自动生成系统。

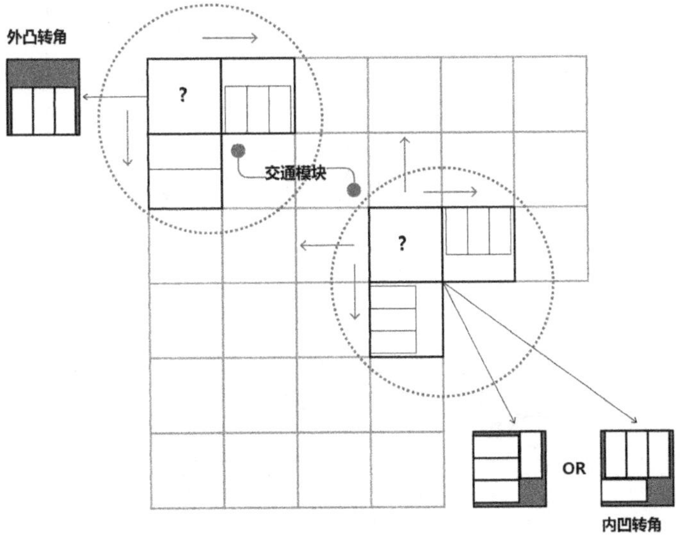

图 7 两种转角对比图

2.3 初步结果

基于以上逻辑构建完 Monoceros 的三要素之后，还需要对所有的插槽做出筛选，确保中心或边界模块只在对应的插槽中发生运算；然后将它们输入主运算器 WFC solver 中，并利用 materialize slot 工具将运算结果可视化，自动生成系统基本构建完毕(图 8)。建筑师可以输入任意轮廓来获得停车空间平面，如图 9 所示，也可以调节随机 seed 值得到一系列不同结果。

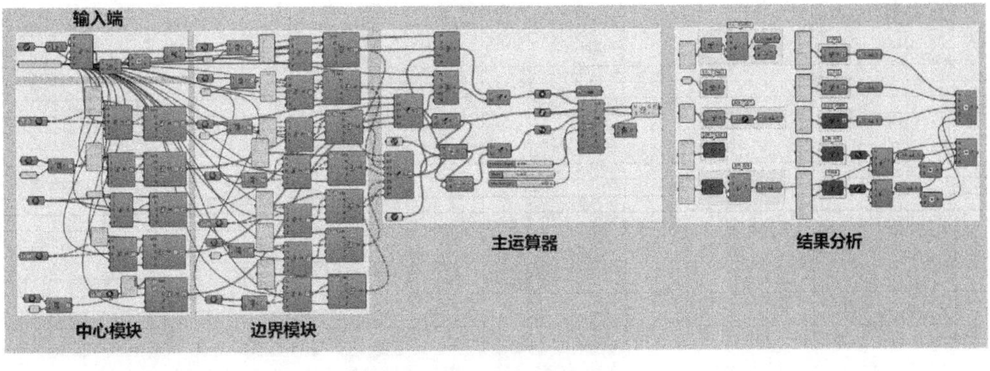

图 8 Grasshopper 运算界面

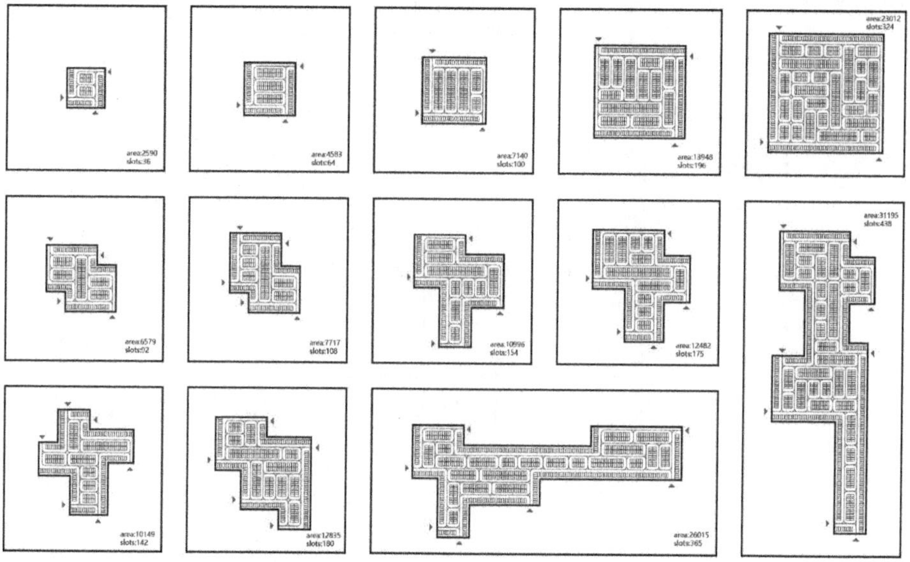

图 9 输入不同轮廓的生成结果对比

3 评价方法

面对生成过程得到的无限多个结果，需要通过一套分析与评价方法来筛选出最优解，以供建筑师进行后续深化。在分析部分，将生成结果所包含的各类模块分别提取出来，为评价提供基本数据；在评价部分，笔者计算了每个随机结果的车位总数和车道效率，以作为生成结果的评价值（图 10）。

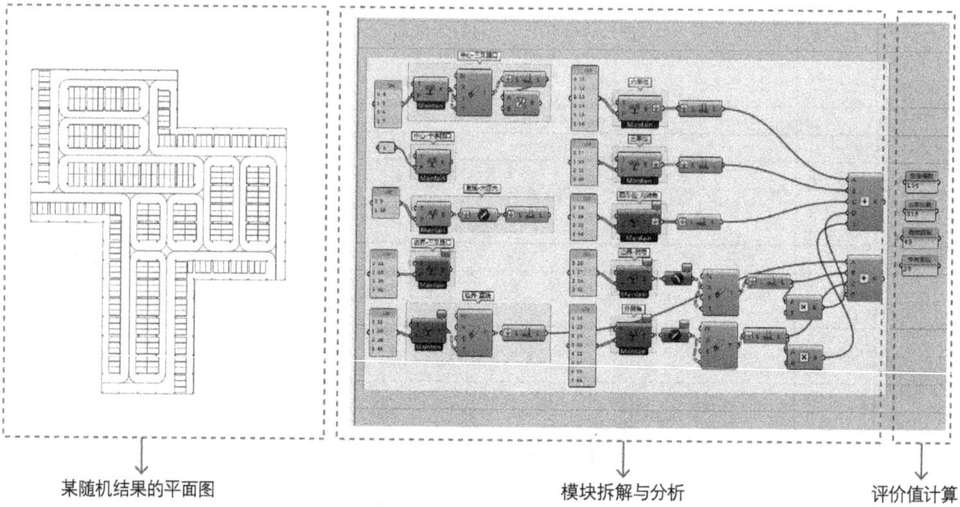

图 10 生成结果的评价

3.1 车位总数

一般认为，当停车空间面积相同时，车位数越多，表明空间的利用率越高。在输入的 45 种模块中，包含车位的模块有：6 种六车位模块、4 种四车位模块、4 种三车位模块、12 种组合模块，将这些模块包含的车位数求和可得车位总数。

3.2 车道效率

在停车场平面中，每一个柱跨间的车道所连接的车位数不同。将能够连接六个车位的车道模块称为高效路段，连接三个车位的车道模块称为中效路段，只具备转向功能的车道模块称为低效路段。高效路段在总车道模块数目中的占比越高，表明停车场平面的车道效率越高。

3.3 评价

利用上述两个指标，建筑师可以对生成的每个平面进行实时评价，同时与建筑规范、预期指标进行对照，通过多个结果的比较可以筛选出布局合理、经济适用的最优平面。图 11 展示了基于某轮廓的 500 种生成结果的局部评价与筛选结果。值得注意的是，由于生成结果是无限的，因此只能筛选出一定范围内的相对最优解，理论上参与筛选的平面基数越大，筛选结果越好。

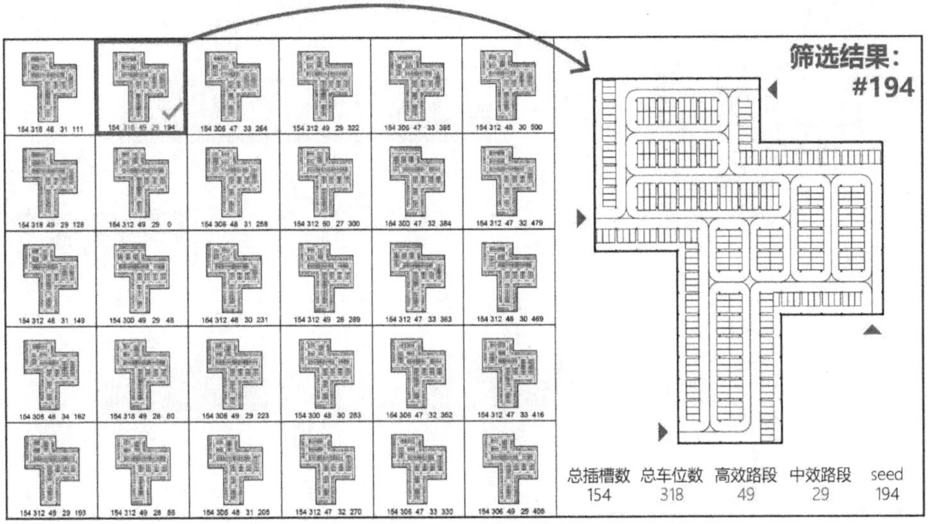

图 11 某轮廓的生成结果评价与筛选

4 结果

4.1 总体流程

本研究建立了一套从停车场的基础信息到完整平面布局的生成系统，能够基于各种不规则轮廓生成合理的平面布局，同时对生成结果进行了评价与筛选，从基于同一轮廓的若干种布局中筛选出相对最优解，为建筑师深化设计提供了一套成熟的工具和工作流程（图 12）。

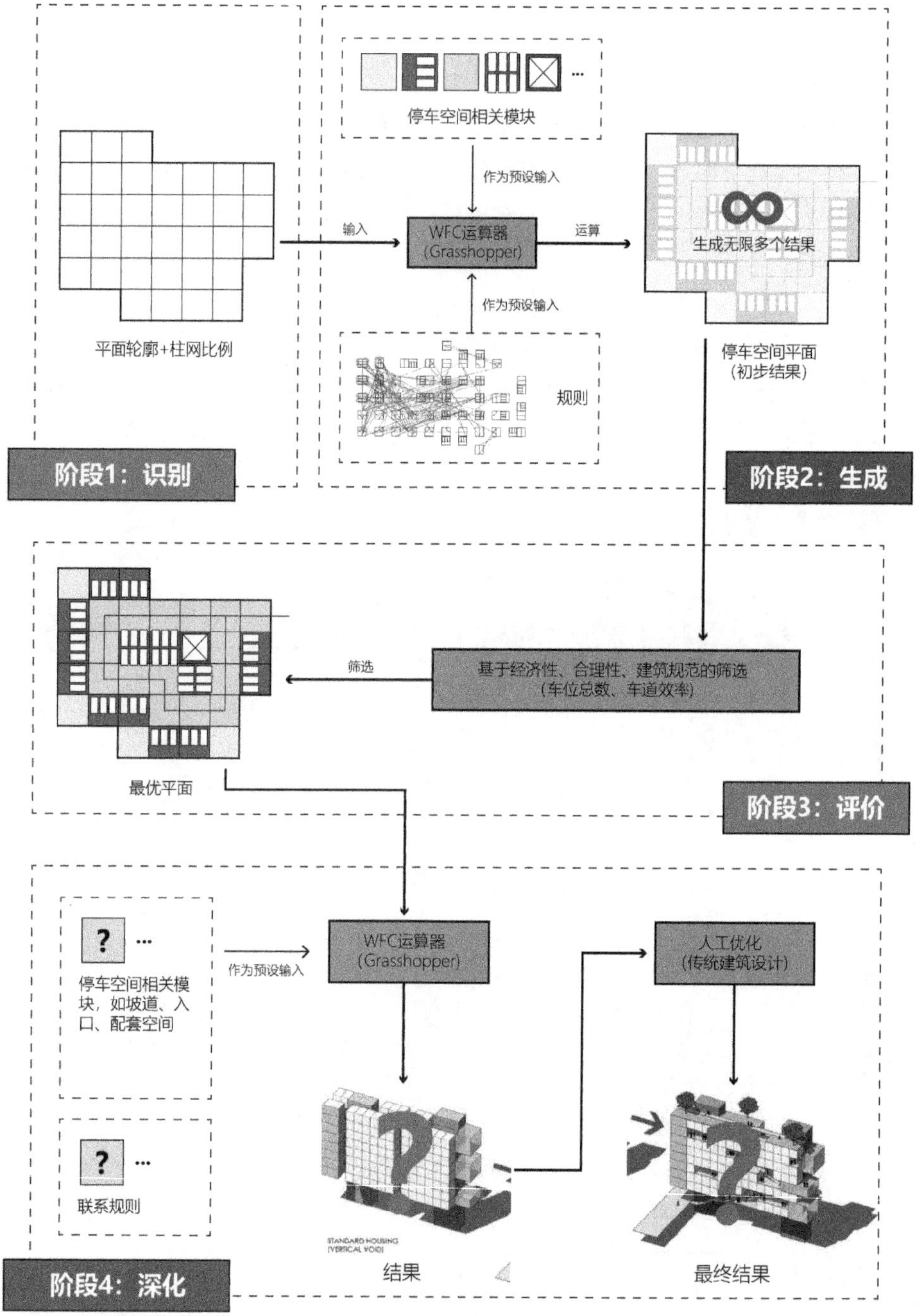

图 12　总体流程图

4.2 拓展应用

在天津市某地，需要建设一个地下停车场及社区绿化空间。首先将平面轮廓及柱网比例导入 Monoceros（module 和 rule 已预设好），并根据场地现状和建筑规范预设 4 个出入口，生成地下停车空间平面。基于经济性和合理性对生成结果进行筛选，得到最优平面（图 13）。

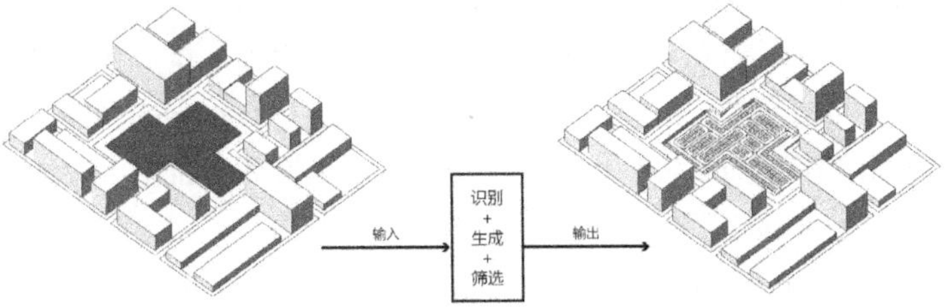

图 13 地下停车空间生成

在分别设计地下车库平面和地上绿化空间时，对于相同的平面轮廓，笔者根据两种不同的空间类型设计了两套模块与规则，生成了两个完全不同的建筑平面。将停车场平面与地上绿化空间叠合，方案初步设计完成（图 14）。

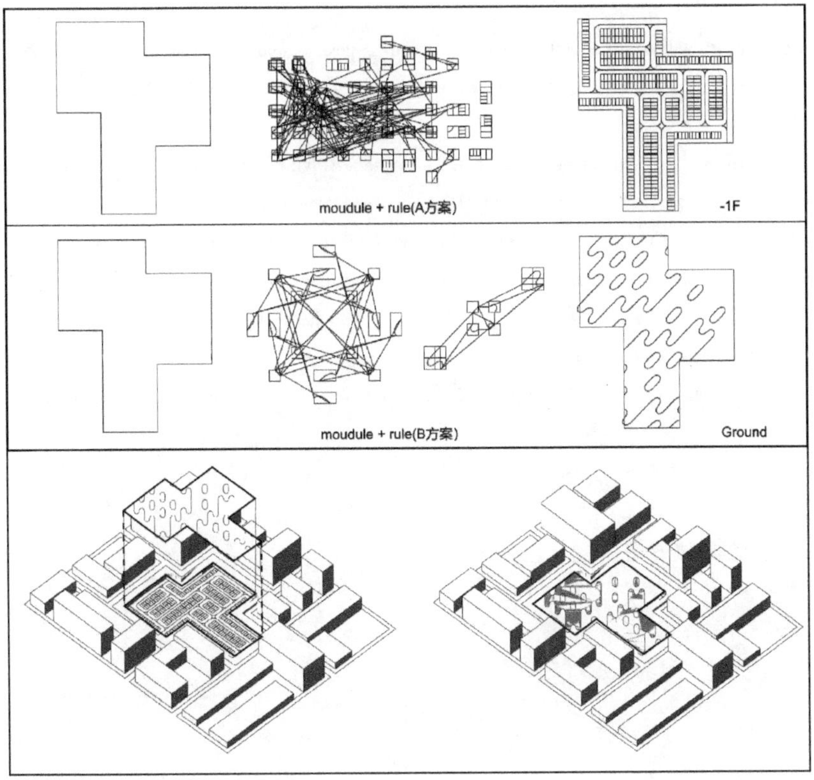

图 14 停车空间及绿化空间

本次应用证明了 Monoceros 在建筑设计领域的潜力，除节约时间成本外，还可以根据不同的设计目标进行灵活的调整，生成多样的结果。

结语

近年来，随着施工和装配技术的发展，模块化和装配式建筑逐渐兴起。波函数坍缩作为生成式算法的一种，在处理离散问题时具有很大优势。Monoceros 平台建立了复杂算法和三维模型之间的联系，使得建筑师能够在创建模块和规则之后快速生成整体的建筑设计，从而简化了中间的逻辑推导过程，令生成结果既具备逻辑合理性，又具有一定的随机性，因此在未来具有很大的应用潜力。

然而，由于 Monoceros 插件本身具有局限性，无法处理非正交体系的问题，因此目前还无法完成异形模块的运算。此外，本方案中的评价指标受到很多因素的制约，且所谓的最优解因人而异，当更换评价标准之后，"最优解"也会随之发生变化。

本次研究挖掘了波函数坍缩算法在平面生成方面的应用潜力，在未来，笔者将会在三维建筑空间中进行更深入的尝试。

参考文献

[1] SMITH G. Understanding procedural content generation: a design-centric analysis of the role of PCG in games [C]// Proceedings of the SIGCHI Conference on Human Factors in Computing Systems. New York, 2014: 917-926.

[2] KARTH I, SMITH A M. WaveFunctionCollapse is constraint solving in the wild[C]// Proceedings of the 12th International Conference on the Foundations of Digital Games. New York, 2017: 1-10.

[3] SANDHU A, CHEN ZY, MCCOY J. Enhancing wave function collapse with design-level constraints[C]// Proceedings of the 14th International Conference on the Foundations of Digital Games, 2019:1-9.

[4] GUMIN M. WaveFunctionCollapse[EB/OL]. (2017-05-20)[2022-06-02]. https://github.com/mxgmn/WaveFunctionCollapse/blob/master/README.md.

[5] TOTH J, PERNECKY J. Project Monoceros[EB/OL]. [2022-06-02]. https://monoceros.sub.digital.

图片来源

图 1:参考文献[2].

图 2: *Townscraper* 游戏界面截图.

图 3~14:作者自绘.

基于形状语法的民居建筑再生设计研究

——以济南东泉村为例

张　胜[1]　周建东[1]　王　江[1*]

（1. 山东建筑大学建筑城规学院，山东省济南市 250101，wangjiang@sdjzu.edu.cn）

摘要

近年来我国乡村建设处于高速发展期，但因新民居规划建设同质化造成部分原生聚落的物质空间肌理趋向瓦解，民居建筑的再生设计成为新的研究热点。基于形状语法的乡村聚居空间计算性设计生成方法具有便捷的可操作性，能从空间肌理、民居建筑平面等复杂现象中挖掘出简单性与规律性的生成逻辑，用于解决新民居建筑设计过程中的单调性、同质化问题，生成大量“和而不同”的设计结果。本文以济南东泉村民居建筑为例，首先，在基于现存乡土民居语料库构建的基础上，从平面功能、平面布局两个层级探索相应的语法规则；其次，基于规则推理建立一套具有本土地域风格的新民居建筑再生设计方案模型库；最后，选取东泉村内一地块进行了三维建模实施验证。

关键词：形状语法；形状规则；设计分析；生成设计算法；民居建筑

Keywords: Shape grammars; Shape rule; Design analysis; Generative design algorithm; Rural dwellings

引言

我国传统乡村建设因受地域性及血缘性的影响，在长期的历史演变过程中形成了独具匠心的乡土风貌。然而，自 20 世纪八九十年代开始，村民物质条件逐步提升、交通网络日趋发达，同时受城市化进程影响，村民开始自发性拆除传统民居转而修建现代化的平房、楼房等新民居，凸显出对城市现代化生活的向往。同时，政府、开发商主导的大规模乡村住宅建设，普遍采用自上而下的设计规划流程，追求设计的高效性以及城市建设的设计思维，造成乡村建设日趋同质化，兵营式住宅现象屡现，乡村聚落风貌由“千村千面”逐步转向“千村一面”。

针对以上问题，国家提出了实施“乡村振兴”的战略目标，全面建设美丽乡村，并于 2022 年中央一号文件提出“落实乡村振兴为农民而兴、乡村建设为农民而建的要求”[1]。在关于乡村高质量建设所涉及的设计环节中，传统民居的再生设计不仅成为研究热点之一，而且借助计算性设计方法研究乡村聚居空间的生成设计也成为一种重要的研究方向。本文以济南东泉村为例，利用形状语法研究了民居建筑的生成设计规则，验证了形状语法具有响应村民需求以及便捷、快速、大规模设计的优势。

1 形状语法概述

1.1 形状语法的定义

生成式设计算法作为计算性设计的重要组成部分，主要用于针对部分或整体设计过程的自动化研究，旨在帮助设计师更正式、更有效地探索设计空间，促进设计师在设计过程中具有更好的可操作性。

形状语法是生成设计的主要计算方法之一，其萌芽于1950年代末由艾弗拉姆·诺姆·乔姆斯基（Avram Noam Chomsky）提出的生成语法理论。后来乔治·斯蒂尼（George Stiny）和詹姆斯·吉普斯（James Gips）明确提出了形状语法，将其视为设计理论并演示了一个具有转换规则的生成系统，该系统可以根据规则的应用生成几何形状。这种设计语法类似于语言法则，包含一些抽象的转换规则，可以从有限的形状集合中生成大量的设计实例。每一套形状语法都可以通过形状规则推理来正确地表示和再现一种特殊的设计风格[2]。

形状语法通常包含一组有限的形状、符号，以及可用于变换形状的规则。它以拟定的初始形状作为规则推理的起始点，在推理过程中该形状与至少一组形状转换规则进行匹配。在形状递归推理过程中，一般会涉及符号的替换、删除，以及形状的加法、减法、除法或拆分、修改和替换等规则的应用，最终生成相应的形状结果集合。为了增加形状变化的丰富性和复杂性，乔治·斯蒂尼于1980年又提出了参数形状语法的概念，通过一组参数化特征来约束形状规则的推理[3]。1981年，他进一步提出了描述语法的概念[4]，便于在更复杂的设计任务中更好地描述设计的功能、尺寸、需求等信息。

1.2 形状语法的发展

在形状语法研究的60余年间，它们已经被开发用于各种设计领域，包括风格分析、设计生成和定制、平面设计、工业设计、绘画陶瓷等，尤其是在乡土住宅的分析与设计领域出现了很多有益的成果（表1）。

以印度艾哈迈达巴德排屋为例，该案例阐述了形状语法在乡土住宅分析设计中的具体应用。首先，通过选取具有代表性的排屋建筑进行分析，通过图解传统排屋空间布局及建筑元素，明晰功能空间的主次关系及相互间的关联性，进而确定形状语法的基本构成逻辑。其次，按功能空间在排屋建筑中的主次关系，运用加法的分析逻辑，以庭院为初始形状，分13个阶段建立形状规则。其中，阶段1~9通过定义了一层功能单元间的相对位置，以生成排屋建筑一层平面功能关系；阶段10通过对功能平面内各功能单元

表 1 形状语法在乡土住宅中的实践

类型	时间	作者	研究对象	语法规则（条）	2D/3D	阶段	方法
传统民居	1995	S. C. Chiou, R. Krishnamurti	中国台湾民居	120	3D	17	手动
	1996	Taksim	土耳其住宅	86	2D	8	手动
	2005	Birgul Colakoglu	哈亚特住宅	21	2D	3	手动
	2008	Suzana Said, Mohamed R. Embi	马来长屋顶住宅	16	2D	7	自动+手动
	2015	Omer Erem	土耳其乡土住宅	25	2D	4	手动
	2017	Neeta Rajesh Lambe, Alpana R. Dongre	印度艾哈迈达巴德排屋	140	3D	13	自动+手动
	2019	Majid Yousefniapasha, Catherine Teeling	伊朗乡土村庄住宅	77	2D	6	手动

间的开口位置定义，解决功能单元间的连接、采光通风等问题；阶段 11 则通过对排屋建筑外围护结构上的柱子以及托架进行定义，呼应排屋建筑外部风格特征；阶段 12 为排屋建筑二层平面的生成规则；阶段 13 通过定义排屋建筑屋面形式以完成具有传统风格特征的形状语法规则推理。最后，通过以上阶段性推理，生成具有相应设计风格的设计方案集合（图 1）。

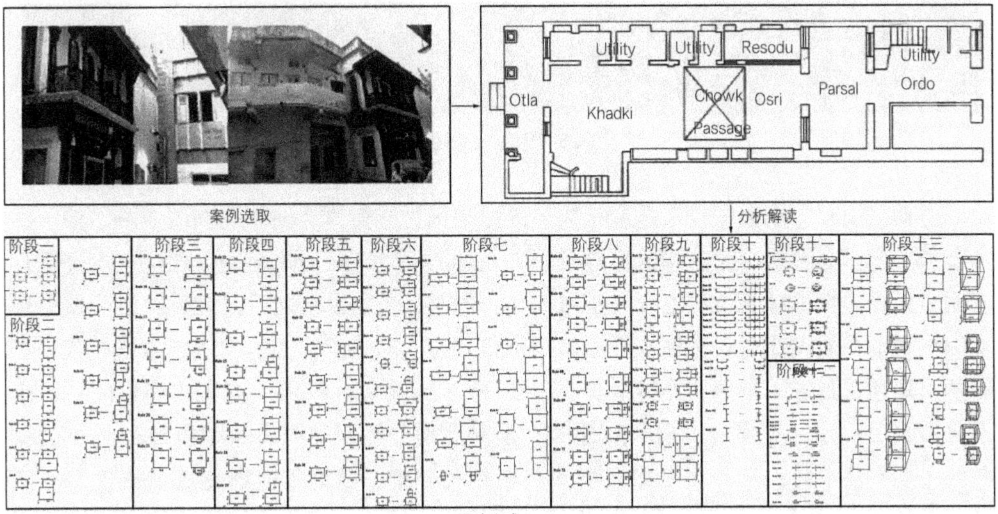

图 1 印度排屋形状语法

2　济南东泉村民居建筑再生设计研究

2.1　东泉村民居现状分析

在以上案例分析的基础上，本研究选取济南历城区东南部山区近郊村落——东泉村作为研究对象。据考究，该地区村落可追溯到明洪武年间（1368—1398 年），拥有 600 多年的发展历史；同时，因地处山区，受外界环境变化的影响较小，民居地域性文化特征明显，建筑空间肌理、布局形制在该地区具有一定代表性。但是因为相关文献资料缺失，所以通过现场调研与走访问卷，并结合无人机扫描获取 ContextCapture 三维信息模型，获取实地的相关数据（图 2）。

图 2　东泉村航拍图

经调研发现，东泉村空间布局相较于平原地区村落而言，缺乏规整的道路网格，村内交通及宅基地多依山而建，这也导致了宅基地的尺寸不一，进而造成住宅正房进深具有明显的差异性，空间布局也因此富有变化。同时，美丽乡村建设及乡村旅游开发等现实因素对宅基地内部空间布局产生了新功能植入、空间组织转变等影响。总体而言，现存的民居建筑具有一定的共性特征：（1）住宅布局通常由正房、正房拓展空间、辅房及院落组成；（2）正房位于宅基地北侧，坐北面南，是住宅内为家庭内部核心人员服务的主要生活空间；（3）正房拓展空间与正房相邻接，是为其他家庭成员或生产等活动服务的拓展空间；（4）辅房布局沿宅基地边界布置，辅房与正房间的空间关系表现为相切或离散，它与正房拓展空间同样表现为相切或离散，其功能属性上多为储藏、卫生间等服务性功能。以此做出基本判断，宅基地内部空间组成为：为家庭核心成员服务的“正房”是住宅内部核心空间，其次是同向拓展生成的正房拓展空间，最后为沿宅基地边界布置的辅房（图 3）。

2.2 东泉村新民居规则定义

根据村民诉求，结合当地民居空间布局形态，从以下两个层级构建东泉村新民居设计形状语法。在平面功能层级上，形状规则以加法为主，辅以优化凹凸空间关系等调整规则，具体涉及厨房、餐厅、卧室等功能单元模块组合为功能复合模块的形状规则，以及功能复合模块组合为功能区块的形状规则；在平面布局层级上，制定了功能区块在宅基地的定位规则，以及优化交通、修正平面等调整规则，并在宅基地内拟定一坐标点作为起始形状的定位标签，逐步定位添加功能模块完成民居建筑平面布局生成（图 4）。

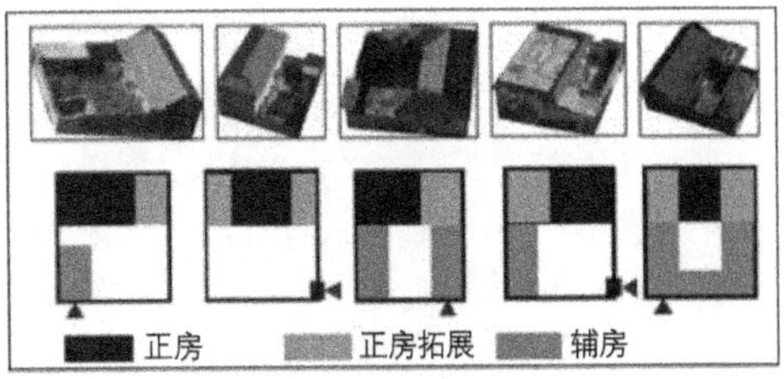

图 3 东泉村民居分析

（1）平面功能规则

单元模块定义。由于村民家庭构成的差异性，兄弟同居、多代同堂、老人独居等现象在村落中较为普遍。因此，村民对于卧室、客厅、厨房等功能空间的诉求也产生了差异。基于此，以民居建筑内部功能单元平面多为矩形或方形为前提，通过一组约束参数对各功能单元平面生成进行定义，即在确定功能单元面积的情况下，通过对功能单元模块的最大长宽比、最小边长及最大面积误差容忍度共三个条件进行限定[5]，使各功能单元均能生成一组水平、垂直或中性的矢量矩形模块。这一组功能模块同与之对应的功能单元形成一维矩阵关系（图 5）。村民可任选每组内的多个功能单元模块组合以进行复合模块的定义。

复合模块定义。为满足村民对民居建筑的异质性需求，根据村民所提供的功能单元面积，并通过对不同功能单元模块间组合的规则推理，生成多样的复合功能模块。功能单元模块在进行组合时，首先应满足模块间连接布局的紧凑型规则，以确保空间的有效利用，减少不必要的浪费。其次，根据各功能单元间的关联性，例如餐厅与厨房、主卧与卫生间等，运用加法的推理逻辑，生成满足用户功能需求的复合模块。具体规则推理如下：①定义单元模块组合顺序。单模块与单模块组合生成双模块；之后，单模块与双模块组合生成多模块单元；以此类推进行复合功能模块的组合。②定义单元模块之间连接点的位置。如图 6（a）所示，矩形单元模块间的连接方式由矩形模块间的四个角点确定，每个角点都有两种连接方式，生成八种可能的组合形式。其次，定义矩形单元模块与多模块单元之间的连接规则，单模块与多模块内的模块交点相连接，从而限定生成的平面类型，以生成设计所需的复合功能模块。

此外，由于生成的复合模块边界多带有一定的凹凸形式，不利于进一步规则的推理。因此，在满足上述功能单元模块三个限定规则的前提下，通过优化调整规则修正复合模块边界墙壁的凹凸，以生成空间布局相对合理紧凑的复合功能模块平面［图 6（b）］。当复合模块内墙壁凹凸小于 1 m 时，运用墙体调整规则，推拉凹凸墙壁，以修

一级规则　平面功能定义

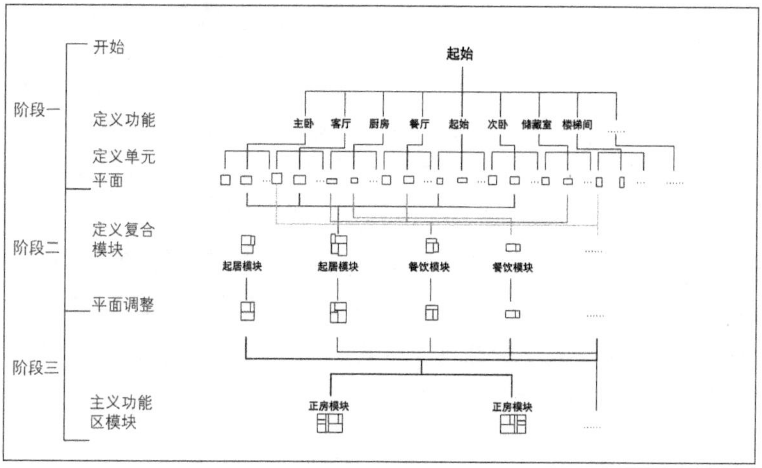

一级规则　平面布局定义

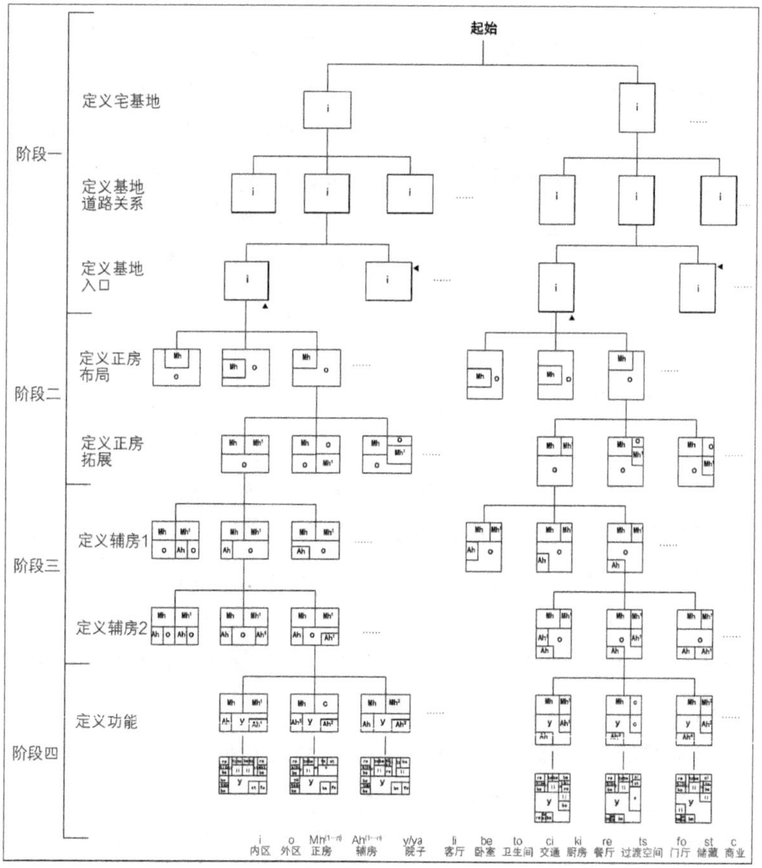

图 4　东泉村形状语法树状图

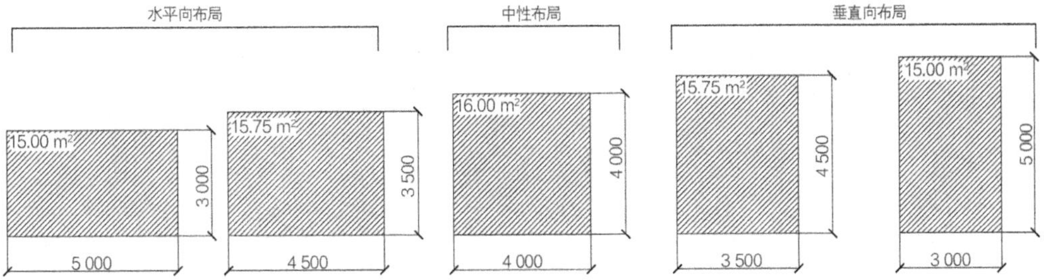

图 5 功能单元模块生成定义

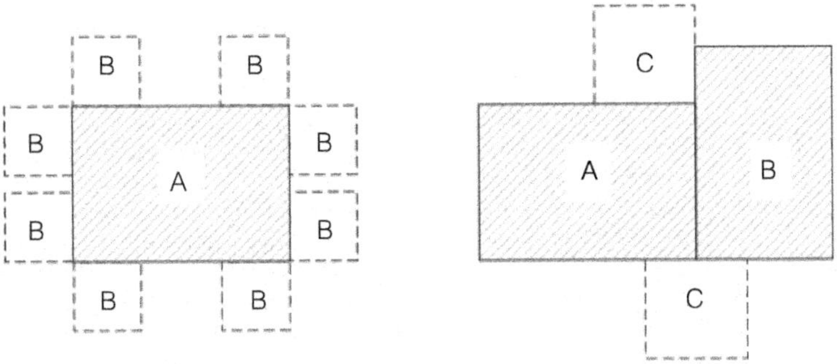

（a）单模块间组合规则　　（b）单模块与双模块组合规则

图 6 复合模块组合规则

正功能平面；当凹凸墙壁不小于 1 m 时，通过移动单元模块并置入过渡空间或直接置入过渡空间的方法以完成功能平面修正。

功能区模块定义。为实现功能模块与平面功能布局层级规则的适应性匹配，通过标签增添或复合模块再组合的方式生成功能区块平面布局。首先，通过定义规则将上述生成的复合模块增添标签，赋予模块功能属性，用于平面布局应用。其次，定义连接规则，将两个复合模块通过角点连接规则生成更复杂的平面布局，然后增添标签赋予模块功能属性。多复合模块组合时要考虑模块内部功能单元对日照采光的需求，避免产生黑房间。

该阶段形状规则通过对功能单元面积的定义，并进行规则的递归推理，以生成大量的功能模块库，用于民居建筑平面布局中的功能模块匹配（图 7）。

（2）平面布局规则

民居平面空间布局受当地地形因素的影响，从而导致宅基地尺寸、正房进深、功能单元尺寸等不尽相同，因此采取加法的策略，在宅基地内逐步添加不同功能模块以适应不同尺寸的宅基地形制。宅基地内部正房、辅房进深由村民与设计师之间协商确定。

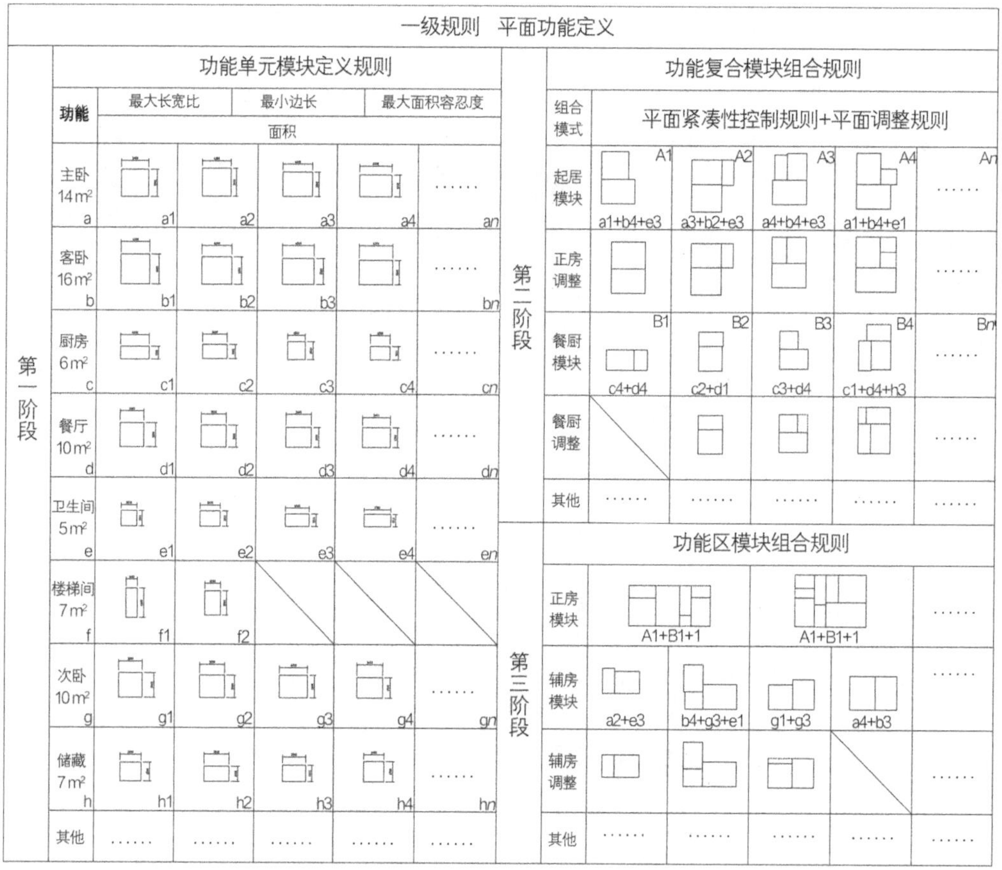

图 7 东泉村形状语法一级规则矩阵图

宅基地定义。首先，根据民居建筑原有的宅基地进深比例定义不同尺寸宅基地，作为功能区布局的外部约束。民居功能模块的增添都被约束在宅基地的内部进行推理。然后，通过确定宅基地与周边道路之间的关系，以约束出入口在宅基地内的位置，确保最后生成平面布局的合理性。

正房定义。正房作为民居建筑内部最为核心的功能区块，是家庭核心成员日常生活居住的主要功能空间，对采光要求较高。因此，首先考虑到民居之间日照采光的影响，将宅基地通过中线分割为南北两个区域，并通过规则的界定，在北区定义正房起始标记点，进而生成正房布局。其次，进行正房的拓展规则的定义。考虑到用户对院落空间、居住空间、家族同居的公共使用空间等因素需求，正房拓展模块按照沿着正房东西向拓展的规则进行生成，至宅基地边界轮廓线时终止。

辅房定义。辅房作为民居建筑内部辅助性的功能模块，是构成民居建筑空间布局多样性的重要因素。在进行辅房布局的规则推理时，首先进行单个辅房模块的定义，辅房模块在宅基地内的定位生成过程应满足辅房模块至少一条边界与宅基地边界重合的规则，且在无重叠规则的约束下，生成的辅房模块应与正房模块没有重叠区域；其次，通过平移、旋转、镜像等规则，生成多个辅房模块；最终生成用户所需的住宅院落空间布局。

功能模块置入。至此，民居建筑空间布局基本完成，民居室内外空间划分明晰。然后，根据用户实际功能需要，选用一级规则——平面功能规则所生成的功能模块进行功能区块匹配填充。在相同民居外部形态下，民居建筑生成多样化的内部功能空间布局。之后通过优化规则来优化各功能区块之间的交通联系。

生成的民居平面布局应遵循2条规则的约束——窗侧约束和无重叠约束，以删除不合理的平面布局。窗侧约束可以保证生成的院落空间布局内每个功能空间均能满足自然采光要求，并且通过对外采光的墙壁确定功能区块与宅基地边界是否相交。无单元重叠约束保证功能区块在置入的过程中不会产生功能单元的重叠现象。

二层的定义。民居建筑二层的空间布局主要是正房及正房拓展空间的上部空间的推理。其规则与其一层的生成规则类似，但须考虑在进行二层规则推理时，竖向交通的定位应与其一层平面相对应，确保交通的可达性；同时，生成的二层平面应受到其一层平面轮廓的约束。之后，定义屋顶形式。首先，进行每个功能模块的屋顶形式的定义，包括坡屋顶、平屋顶。其次，根据用户个性化的需求，对一层建筑上部的平屋顶进行规则定义，通过改变标签的方式，定义平屋顶功能属性，如晾台、屋顶花园等。

异质模块的定义。为与当地乡村住宅风格相匹配，同时满足不同用户之间的个性化需求，通过一定的异质模块如柱廊、花架等过渡性质构件或山墙侧窗等装饰构件等的制定（图8），根据用户实际需求，可选择性地加入设计中，完成最终民居建筑设计。

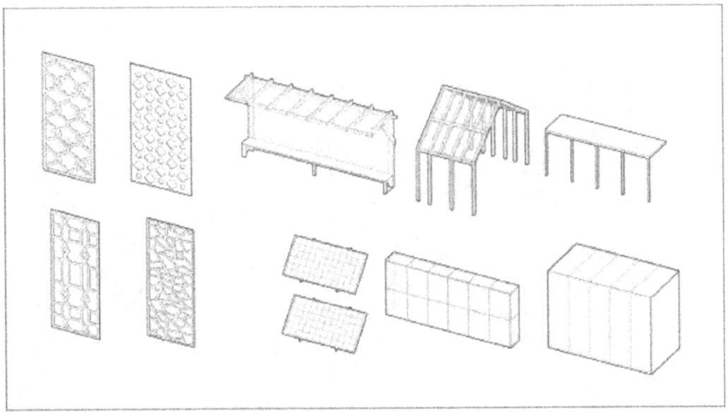

图8 风格化的异质模块

2.3 三维可视化衍生

通过规则推理的方式，东泉村新民居设计方案实现了三维生成。首先，确定用户所需功能单元信息，以此生成一组所需的功能模块集合；其次，拟定宅基地初始坐标点及范围，逐步生成宅基地内部功能布局；再次，将生成的功能模块置入宅基地中；最后，进行功能模块间的连接调整，以生成合理的民居平面布局，构建为相应的方案模型库（图 9）。选取东泉村内一地块，从模型库内调取适宜模型置入地块内部的宅基地范围中，并进行精细化修正，生成三维住区布局形态（图 10）。将生成的民居建筑模型与传统东泉村民居建筑风貌进行对比，证明形状语法作为一种计算性设计方法，能够在复现传统民居建筑空间布局的前提下，有效地解决乡村民居建筑设计中的同质化问题。

图 9 东泉村新民居平面布局

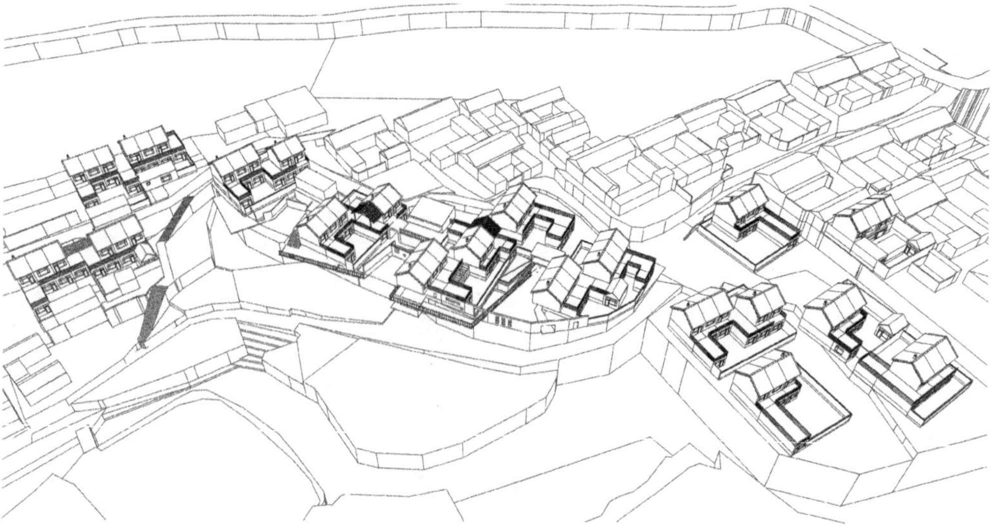

图 10 东泉村新民居三维可视化衍生

结语

在乡村民居建筑再生设计研究中，本文探索了基于形状语法规则推理的民居建筑功能空间布局设计生成方法，建立了一套由“分析现存语料库—制定形状规则—三维可视化衍生”的设计流程，并以济南东泉村新民居建筑设计为例，验证了该方法生成的设计方案在乡村民居建筑再生设计中具有再现传统乡村民居风格的设计优势，具体可以得出以下结论：

（1）从设计者的角度而言，形状语法作为一种基于分析现状语料库进行生成设计的建筑设计工具，具有快速转化民居形式要素，进而生成符合传统民居建筑风格设计方案的特点。它能够有效地帮助设计师在面对大规模村落设计时，快速生成大批量满足特定设计风格的理想方案。

（2）从村民角度而言，形状语法增加了村民在功能单元、平面布局等各个设计环节的参与度，使村民既是民居建筑的拥有者，又成为民居建筑的设计者；转变了原有自上而下的设计模式，提高了村民对最终生成结果的满意度。

（3）从民居建筑的可持续性角度而言，民居的内部功能属性、空间布局往往随着时间及家庭人口构成的不同而变化，而形状语法可以实现在民居建筑外部空间轮廓相同的情况下，通过不同属性功能块的植入以生成多样的平面功能布局，为民居建筑的后续演化提供了借鉴参考。

参考文献

[1] 中共中央 国务院关于做好2022年全面推进乡村振兴重点工作的意见[J]. 中国猪业,2022,17(1)：13-18.

[2] STINY G. Introduction to shape and shape grammars[J]. Environment and Planning B：Planning and Design, 1980, 7(3)：343-351.

[3] NING GU N, BEHBAHANI P A. Shape grammars：a key generative design algorithm[M]//Handbook of the mathematics of the arts and sciences. Cham：Springer International Publishing, 2021：1385-1405.

[4] STINY G. A note on the description of designs[J]. Environment and Planning B：Planning and Design, 1981, 8(3)：257-267.

[5] KHODABAKHSHI K, KHAGHANI S, GARMAROODI A A. A procedural approach for configuration of residential activities based on users-needs and architectural guidelines[J]. Nexus Network Journal,2022：1-22.

[6] 王江,范伟,郭道夷,等. 基于形状语法的AutoCons可持续住区生成设计研究：以章丘岳滋新村为例[J]. 西安建筑科技大学学报(自然科学版),2021,53(3)：421-428.

图表来源

图1、图3~10：作者自绘.

图2：作者自摄.

表1：作者自绘.

基于多智能体系统的住区规划布局探索

——以宿豫区大兴卢集新型农村社区低密度农房为例

张佳石[1]　唐　芃[2*]　李　竹[3]

（1. 东南大学建筑设计研究院有限公司数字建筑研究中心，江苏省南京市 210096；

2. 东南大学建筑学院建筑运算与应用研究所，江苏省南京市 210096，tangpeng@seu.edu.cn；

3. 东南大学建筑设计研究院有限公司 ATA 设计工作室，江苏省南京市 210096）

摘要

新型农村社区是当下推进城乡统筹和农村现代化发展的重要载体，在其规划设计中，高效节地的布局策略是重要的发展方向。数字技术所带来的程序手段在新型农村社区建筑及规划领域的不断深入应用，能有效实现节地策略，提升设计效率。在新型农村社区规划设计中，各种外部制约因素例如路网、肌理、绿化等都自上而下地影响着最终的规划布局，通过设计师综合考虑方案布局并进行方案对比将花费大量时间。通过算法工具的辅助设计，设计师不仅可以较为快速地得到符合既定规则的方案布局，同时还可以进行不同预设参数下的方案对比。通常人工排布 4 个地块一次需要 1 h 左右，可以排出 310 间左右的农舍，使用该生成工具可以在 20 min 左右排出符合预设要求的农房 350 间左右，可以极大提高设计前期的速度与效率，展现程序优势。

关键词：生成设计；新型农村社区；多智能体系统；节地策略；Java 编程

Keywords: Generative design; New rural community; Multi-agent system; Land-saving strategy; Java programming

项目资助情况：国家自然科学基金面上项目（52178008）；东南大学建筑设计研究院有限公司 2022 年度重点科研项目。

引言

建筑生成设计通过提炼设计问题并进行抽象量化处理，借助计算机程序编写的方式，建立推动设计的相关算法模型，将复杂的设计进程转化为可执行的计算机程序代码，最终获得具有指导意义的设计方案，拓展后续设计与创新的思维平台。生成设计以预设设计规则的程序转译为主导，提供具有一定合理性的程序生成结果，是对传统设计方法的有效拓展补充[1]。

在宿迁市宿豫区大兴镇卢集村新型农村社区规划设计的实际项目中，设计团队主要面临两方面的问题：首先，在新型农村社区的设计中，业主更加注重居住质量的提升、空间环境的优美、生活习俗的延续、就业机会的多样，农民的安居乐业成为首要的追求；其次，以损失安置率为代价也不可取。设计团队经过与业主的多轮沟通后，逐渐确定了“高效节地”的布局发展方向。

本项目中，问题导向明确，优化方向可以清晰地使用参数进行评价，适合使用生成设计手段进行优化。其中，外部路网衔接、外部绿化区域和内部停车位置等区域已经初步确定。规划中的主要制约因素来自两方面：一是场地外部客观条件，即建筑间距、日照、朝向等有着明确的限制；二是设计的内部考虑因素，例如户型、肌理等，以及设计师对整体空间结构、户型组团的组合形式、单体建筑的朝向等的规则设计。本文将以上两种制约因素转化为程序语言，通过算法整合成为辅助设计工具，以快速获得布局结果，尝试为新型农村低密度农房的节地策略提供快速便捷的生成工具（图 1）。

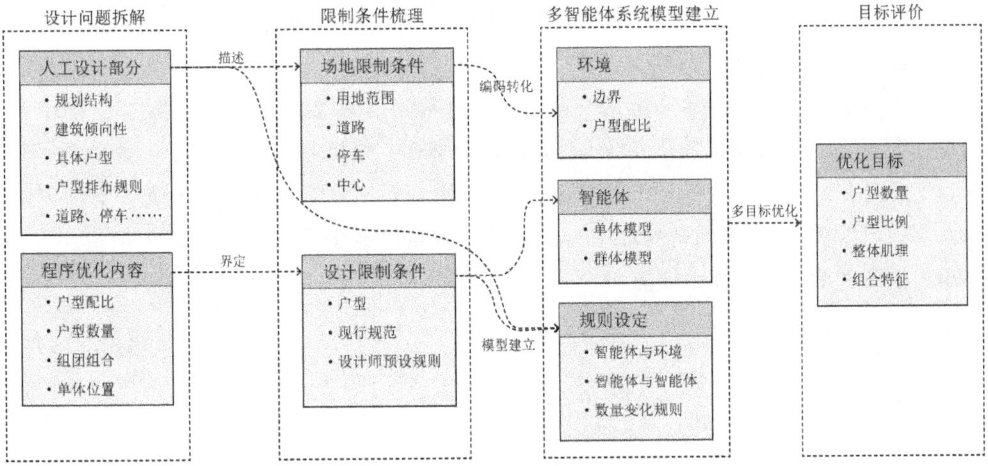

图 1 优化框架

1 设计问题提取

本项目为了提高效率，聚焦问题，将整个规划设计拆分成适合人工设计的部分与适合程序优化的部分。设计师在设计初期确定了人工设计的部分，提出了“一带、四片、多块、一中心”的规划结构（图 2）。因此，在规划方案中，设计的外部路网衔接、内部道路位置、外部绿化区域、内部停车位置等区域已经初步确定，同时，设计团队在与甲方的沟通中也确定了 7 种不同的户型，并结合自身设计愿景，对设计做出了一系列的规则限定。因此，该设计问题被转化为“在满足各种制约因素的前提下，在场地中最大限度地布置农房的问题”。

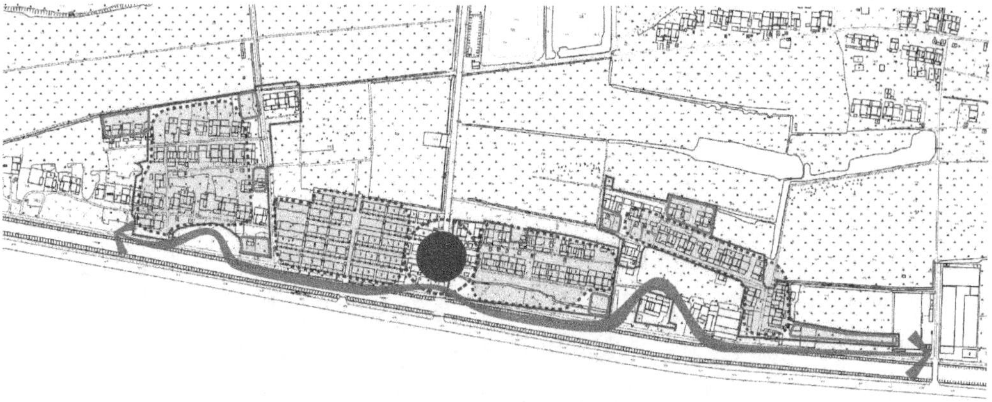

图 2 一带、四片、多块、一中心的规划结构

通过程序手段对建筑问题进行抽象，转化为数理模型，首先需要确定其解空间的范围，其影响因素主要包括两个部分，即场地限制条件与设计限制条件。

1.1 场地限制条件

基地位于宿迁市宿豫区东部的卢集村，南侧紧邻宿泗线，距离宿迁市约 20 km，约 40 min 车程。距离宿豫区约 9.6 km，约 20 min 车程。安置规模按照要求，为红线范围内 300 户左右。加上场地中间既有农房安置区约 120 户，该片区总共安置户数可达到 420~450 户（图 3）。在现有场地中，部分设计因素已经由设计师决定，包括道路、停车场、景观和活动中心 4 个要素。

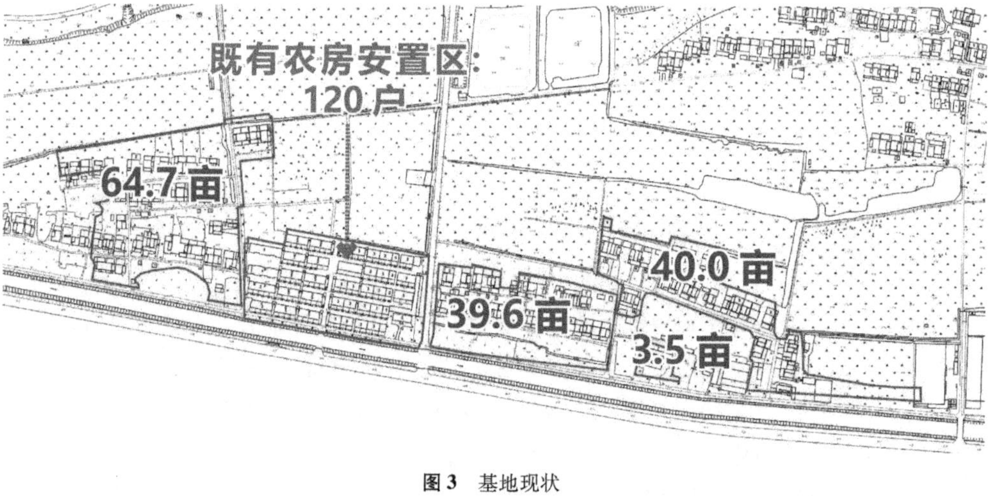

图 3 基地现状

（1）道路

场地中的道路分为两部分。一是已经确定形状与位置的外部道路：村庄南侧紧邻宿

泗线的外部道路，道路宽约 13 m，中部新振线南延穿村而过，道路宽约 8 m。二是由规划结构确定的村庄内部支路，内部硬化道路宽约 3~4 m，四片居住组团通过北边的村路、内部道路串联成一个整体［图 4（a）］。建筑与车行道路的退让距离满足：6 m 宽道路退让 3 m，4 m 宽道路退让 1 m。

（2）停车场

多块停车场地布置于村入口附近、道路转弯或交会处，深入道路的尽端大巴车停放设在环村道路的外围，最大限度地减小对村落环境的影响［图 4（b）］。建筑与停车场的退让距离为 6 m。

（3）景观

利用南侧已经建设完成的水渠，结合沿线的块状农用地景观、村落中重要的公共空间，重点打造南北长约 900 m、尺度宽窄变化、空间或收或放的十里长渠风光带，部分户型的最终布局将呼应景观带的布置［图 4（c）］。

（4）活动中心

把原有的穿过性主要道路转变为人行为主的公共空间，将配套设施集中安置，对接当地的相关产业，辐射镇域，形成新的文化聚集点，提升村落影响力，增强村民的身份认同感［图 4（d）］。

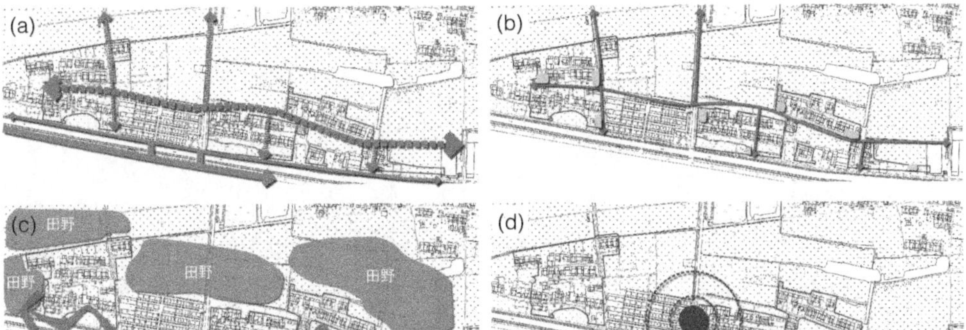

图 4 道路、停车场、景观、活动中心

1.2 设计限制条件

设计也对空间有着限定，设计师的思考从一定程度上为设计结果设定了规则限定，程序生成的满足了一系列规则的设计结果，可以看作是设计师人工设计的结果。这一系列规则在本项目中主要体现在户型、现行规范与设计思路 3 个方面。

（1）户型

设计团队通过对当地常见“堂屋—偏屋—门屋”的户型进行了原型提取，同时结合《江苏省土地管理条例》的相关要求：“农村村民一户只能拥有一处宅基地，宅基地面积按照以下标准执行：（一）城市郊区和人均耕地不满十五分之一公顷（一亩）的县（市、区），每户宅基地不得超过一百三十五平方米；（二）人均耕地在十五分之一公顷（一亩）以上的县（市、区），每户宅基地不得超过二百平方米”，将宅基地面积控制在 150 m^2 左右，最大不超过 200 m^2，最终将户型定位为 70 m^2 到 180 m^2 的 7 种户型。总体户数须达到超过 300 户的安置标准，各个地块中 120 m^2 的户数与 160 m^2、180 m^2 户数和的比例在 6∶4~7∶3之间（图 5）。

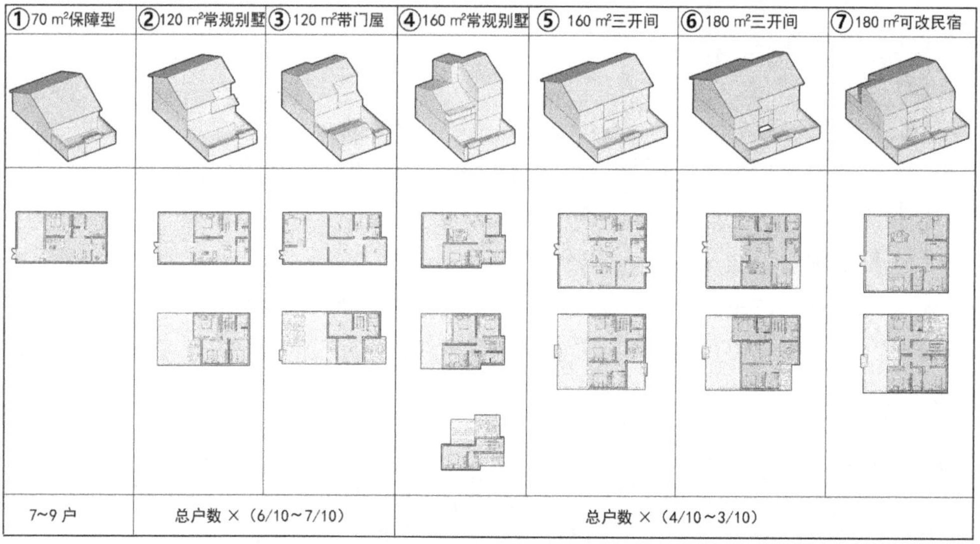

图 5　预设的 7 种户型模式

（2）现行规范

本文主要参照政策性文件《苏北地区农民群众住房条件改善项目考核验收标准》：①南北向平行布置的农房在满足日照要求的前提下，主房间最小间距一般不宜小于 12 m；②山墙之间在满足防火要求的前提下，最小间距不宜小于 2 m；③道路宽度适宜，主要道路路面宽度 5~7 m，次要道路路面宽度 4~5 m，宅间路路面宽度 2.5~3 m。

设计师根据现行规范与设计因素，综合考虑建筑之间的间距设计为：主屋的前后间距为 10~12 m（不计算门屋），前排主屋与后排门屋的间距最小值为 6 m，户间山墙的间距为 4 m。

（3）设计思路

首先，对整体肌理进行建筑朝向的控制，建筑应当尽量顺应地形的走向，保证建筑的南北朝向，同时，建筑的排布应当尽量紧凑，减少出现大片空地。

其次，为了使总体布局富有变化，对联排有如下规则设定：①户型联排数量为 3~7 个；②180 m^2 的两种户型只能设于边户，其余中间户、边户均可布置。③同排房屋前后错动的范围在正负 1 m 之间，以 0.5 m 为一档。

最后，对户型布局也有着整体倾向性要求：①70 m^2 安置房主要布置在西侧地块，将保障型户型整合布置，数量为7~9户；②160 m^2 与 180 m^2 的两种户型更靠近南侧道路布置，呼应规划布局中的沿河景观。

2 基于多智能体系统的数理模型

在计算机领域中，多智能体系统是在一个环境中交互的多个智能体组成的计算系统，系统中的每一个智能体都具有多种属性值，并通过智能体间的信息交互实现自身属性的更新；同时，在预定的规则的作用下，每一个智能体将寻找合适的资源，向自身最有利的方向进行发展与变化，系统局部最优的叠加下呈现出整体的规则性[2]。

本项目面临的问题可以抽象为，在满足各种制约因素的前提下，在场地中最大限度地布置农房的问题。当我们把每一个农房组团 $v \in V$ 看作一个单独的智能体，将多智能体之间的限定关系 E 转化为线性向量运算法则，多智能体系统模型 $G=(V, E)$ 可以设定每一个智能体组团在特定条件下的运动与更新方法，通过自下而上的方式模拟农房布局系统的更新与优化，最终生成所有农房组团的全局排布，可用如下伪代码表示：

令所有规则集合为 L

```
WHILE TRUE
  FOR l ∈ L
    计算规则 l 下智能体 v ∈ V 的状态变化
    计算智能体新的评价值 e_current
      IF e_current > e_previous
        更新 v 的内部属性，并记录评价值
      END
        智能体 v 的变化信息归零
  END
END
```

本文通过 Java 平台进行程序编写，使用到的程序包包括 processing，iGeo，Java Topology Suite（JTS）等，整个数理模型的建立包括场地关系模型、单体建筑模型、组团建筑模型、组团运动模型、评价与更新模型5部分。

2.1 场地关系模型

根据1.1场地限制条件中的内容，设计师需要预先将场地模型处理为犀牛文件，使用不同的图层分别存放以多段线形式表示的场地红线、道路中心线、停车场位置等，之后通过程序进行读取，再通过布尔运算的方式将用地红线与道路退让范围和停车场退让范围分别进行差集运算（图6右），将场地的可建设范围表示为多边形 S（图6左）。

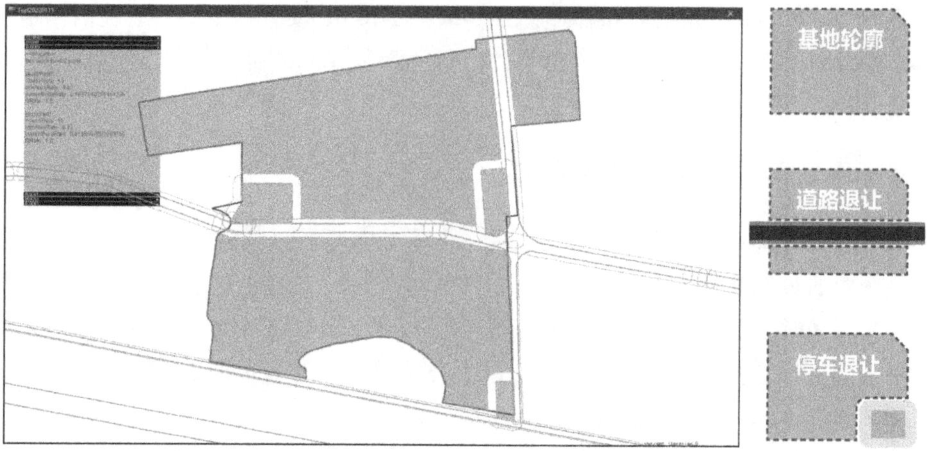

图 6　场地关系模型

2.2　单体建筑模型

本项目中设计的问题基本可以转化为空间占据的问题。将场地中所有建筑单体布局的一个状态描述为集合 P，对于任意一个建筑单体 $p\_i \in P$，其特征可以用 p_i（*pos*，*dir*，*type*）描述［图 7（b）］，其中，*pos* 为单体的位置，*dir* 为建筑的朝向，*type* 代表该建筑是 7 种单体中的具体某一种。当布局中每一个单体在空间中占据的位置都满足预设规则时，则 P 为一个可行方案，程序的目标就是在所有可行方案中搜索出最为节地，即户数最多的方案。

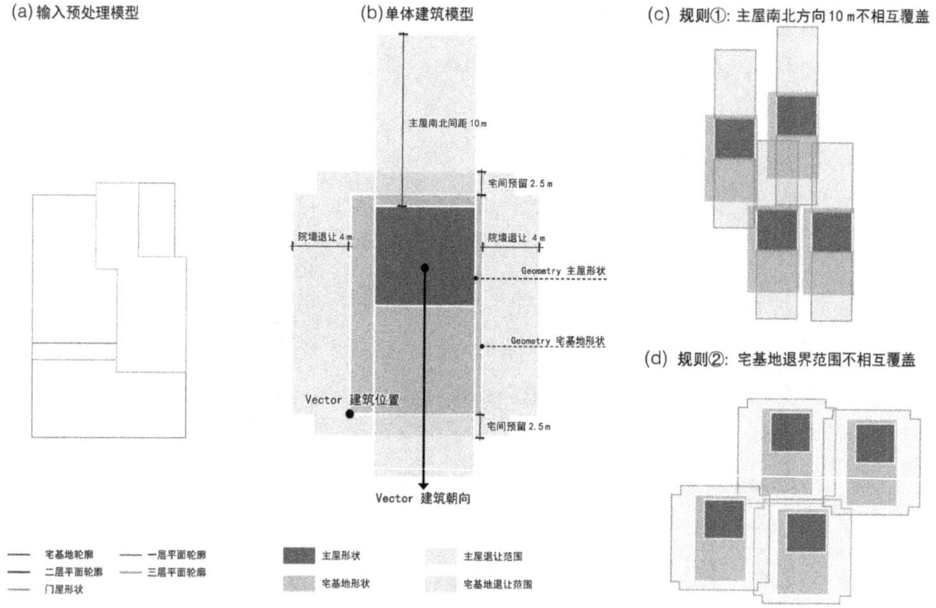

图 7　单体建筑模型

根据 1.2（1）中的 7 种预设户型，设计师需要先将设计模型的各层轮廓进行简单处理［图 7（a）］，之后输入程序成为单体建筑模板。这些单体建筑符合 1.2（2）与 1.2（3）中的现行规范与设计师预设规则后，得到两条规则：规则①主屋南北方向 10 m 不相覆盖；规则②宅基地四周退界范围内不相互覆盖。

程序中通过平面二维碰撞检测来测试规则是否被满足［图 7（c）（d）］，当规则被满足时，退让范围与建筑范围不相互覆盖。同时，程序通过二维向量运算以施加力的方式，实现每一个智能体的信息更新与位置移动，当其与周围智能体发生碰撞时，将会对双方施加一个反方向的力使其相互远离，可以用如下伪代码表示更新规则：

```
FOR each p_i ∈ P
    初始化位移向量 m⃗
    FOR each p_i · pos
    通过碰撞范围探测计算两者的位移向量 m⃗_i
    m⃗ ← m⃗ + m⃗_i
    END
    更新 p_i · pos
```

2.3 组团建筑模型

农房最后以联排别墅的形式呈现，故而需要使用整合的组团式建筑模型对每一个组团内的农房空间占据形式进行描述。程序中会随机生成符合组合形式的农房组合作为初始变量，每一个组团都由 3~7 个农房单体组成，并且程序会储存每一个单体与组团原点之间的位置关系，组团之间的位置关系满足 1.2（3）中的联排规则：（1）180 m^2 的户型只会出现在联排的两端；（2）单体之间会进行错动，在正负 1 m 的范围内进行随机波动［图 8（a）］。之后，程序通过布尔运算计算 2.2 中规则①与规则②的碰撞范围的交集，作为下一步组团运动与更新的参照［图 8（b）（c）］。

2.4 组团运动模型

上文规则设定基本满足了 1.2（2）中的规范要求，为了满足 1.2（3）中设计师的设计要求，本文将其抽象为组团与场地规则和组团与组团规则。

组团与场地规则包括：（1）地块内的建筑组团向建筑基地内部靠近。（2）地块内的建筑群组本身的方向朝着距离该群组最近的基地边界的朝向旋转（图 9）。

组团与组团规则包括：（1）组团之间相互远离，其主屋在南北方向，宅基地在四周均满足前文规则限定。（2）组团之间的建筑朝向逐渐接近，避免出现朝向差别过大的情况（图 10）。

2.5 评价与更新模型

程序首先会进行初始参数设定，最主要的初始参数有 3 点：户型配比 rate、目标总户数 maxNum 和每个地块的建筑密度 density。

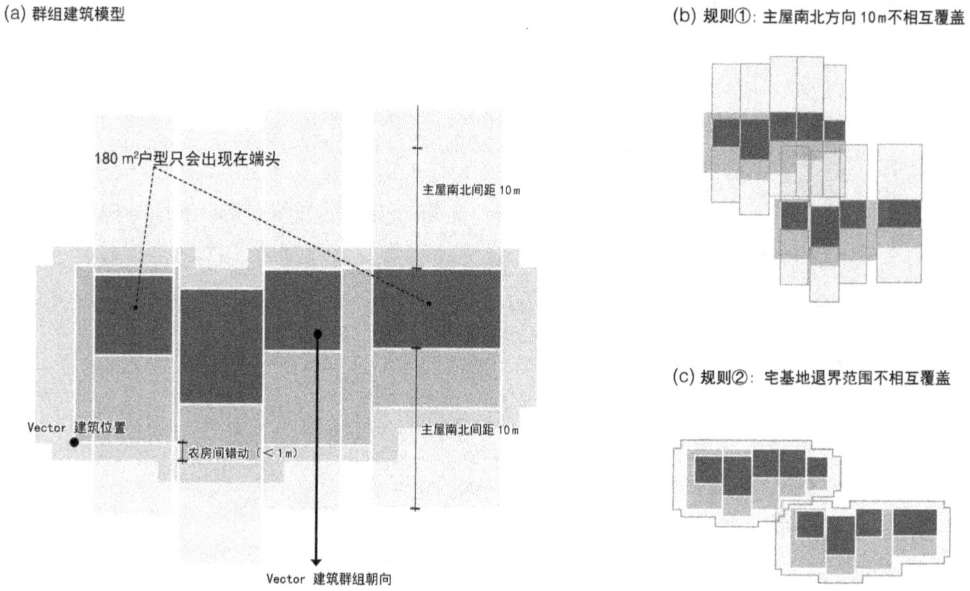

图 8　组团建筑模型

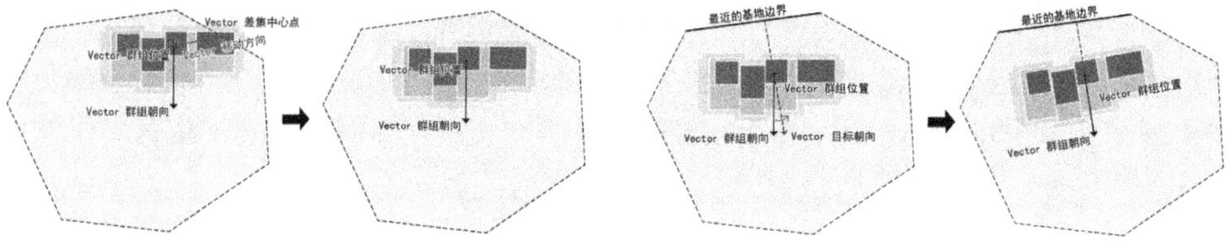

图 9　组团与场地关系

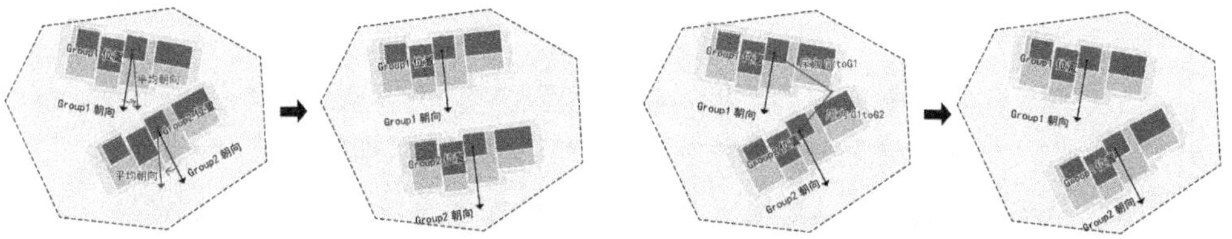

图 10　组团与组团关系

之后，程序会根据每一个地块的面积大小、位置，随机按照户型配比实例化农房直到数量达到最小目标户数 300 个为止，这些农房被随机组成数量为 3~7 个农房组团，并被随机置于地块之中。整个系统会基于 2.1~2.4 的数学模型进行运动模拟，当程序每运行 200 次，系统接近稳定时，将会对当前布局进行评价。最后，根据评价内容，对每个地块的每一个农房组团进行添加、移除、交换等操作，让系统产生突变。评价与突变的规则如下：(1) 当每个地块的建筑密度小于预设建筑密度时，根据差值代表的面积大小，系统会按照户型配比新增单个农房或者一组农房［图 11 (a) (b)］；(2) 当地块中的建筑密度大于预设建筑密度时，系统会随机删除民房［图 11 (c)］；(3) 系统会按照预设的建筑倾向，将不同户型的农房相互交换，使其出现在适合的位置［图 11 (d)］。根据以上三条规则，系统在满足各项规则的同时，总数量不断接近预设的排布密度，下图实验（图 12）表示整个系统从无序到有序的演化过程，耗时 20 min 左右，排出农房 351 间。

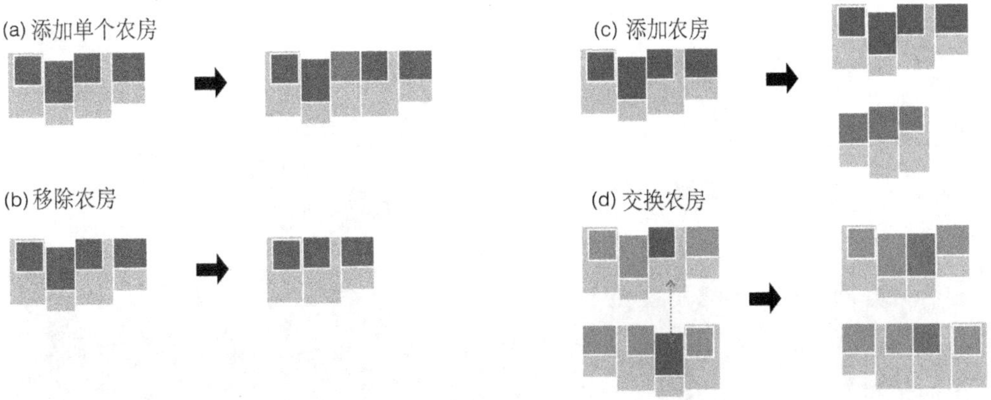

图 11 突变操作

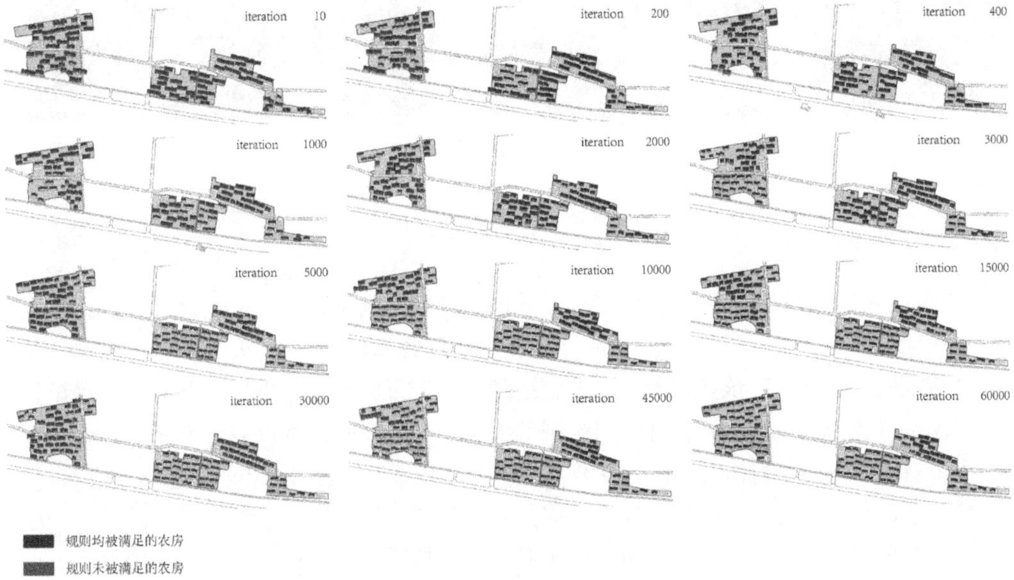

图 12 从 iteration 0-iteration 60000 的布局变化

3 交互界面设计

程序设计了人机交互界面，设计师可以在交互界面［图 13（a）］快速设置初始参数，包括初始的户型配比、每一个地块的最小建筑密度等参数，同时也可以在程序运行过程中实时监测地块数据，快速得到布局方案，之后可以直接保存为犀牛格式文件［图 13（b）］。设计师对众多程序运行结果进行评价筛选之后，选择其中较为合理的布局进行进一步方案深化、位置微调、图纸表现等，得到最终方案布局［图 13（c）］。

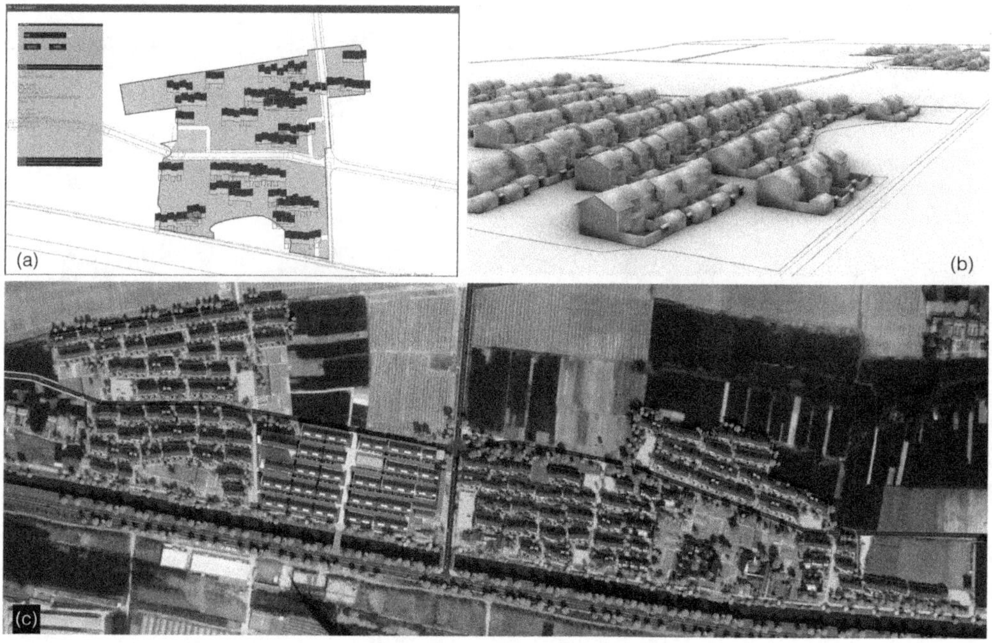

图 13 程序交互界面与最终方案

结语

在本生成工具研究过程中，新型农村社区设计目标的特性，导致优化的评价指标主要为场地的节地程度，通过多智能体“建筑组团”模型的搭建，以及优化过程中评价与更新规则的设定，系统能较为迅速地解决规则限定下的农房的空间排布问题。且设计师不仅可以较为快速地得到符合既定规则的方案布局，同时还可以进行不同预设参数下的方案对比。设计师扮演着制定优化规则的角色，计算机成为设计的实施者。换言之，设计者从设计结果转向了设计过程，并依据结果调整过程，以达到最优[3]。同时，程序有着可拓展性的优势，随着更多功能的拓展，例如视线评价、日照等模块的加入，可以让设计结果更有说服力。

参考文献

[1] 张柏洲,李飚．基于多智能体与最短路径算法的建筑空间布局初探:以住区生成设计为例[J]．城市建筑,2020,17(27):7-10.

[2] 张佳石．基于多智能体系统与整数规划算法的建筑形体与空间生成探索[D]．南京:东南大学,2018.

[3] 郭梓峰,李飚．建筑生成设计的随机与约束:以多智能体地块优化为例[J]．西部人居环境学刊,2014,29(6):13-16.

图片来源

图1~13:作者自绘.

智慧中小学教学空间平面生成流程及决策研究

张　宇[1]　程筱添[1*]

（1. 哈尔滨工业大学建筑学院建筑系，寒地城乡人居环境科学与技术工业和信息化部重点实验室，

黑龙江省哈尔滨市 150000，1471138772@qq.com）

摘要

随着我国基础教育理念革新，在“十三五”及“十四五”期间，我国各地中小学建设新建及改扩建规模巨大。信息技术的迅猛发展也促进了中小学校园教学空间教学智慧化发展，中小学校建筑设计方法亟待优化。本文基于智慧学校视角，解析教室空间基本功能模块，提出智慧教室空间结构化模型，为中小学教室空间设计决策提供模数优选方法。基于参数化设计平台与深度学习模型建立教学区平面自动生成工作流程。通过实际项目进行实证研究，模拟验证建筑设计方案阶段合理性的工作流，使建筑师能够借助数字化方法在中小学智慧教室设计中做出更加快速、理性与精准的决策。

关键词： 智慧学校；教室；优选尺寸；模数；深度学习

Keywords：Smart school；Classroom；Optimal size；Modulus；Deep neural network

项目资助情况： 国家自然科学基金项目（51878201）；中央高校基本科研业务费专项资金（HIT. HSS. 202110）

引言

当今世界，科技进步日新月异，随着第四次工业革命的到来，教育系统与全球经济发展呈现出逐渐脱节的趋势，新的人才需求推动我国教育变革和创新，构建网络化、数字化、个性化、终身化的教育体系，建设“人人皆学、处处能学、时时可学”的学习型社会，培养大批创新人才，是人类命运共同体视角下的重大课题。校园建筑作为承载教育行为的载体，其设计应响应教育模式变化，并与基于信息技术发展的智慧城市理念相结合，形成适应我国教育信息化发展的系统性智慧学校设计体系。

1　智慧学校理念驱动下中小学校设计发展

1.1　智慧学校理念

大数据、区块链、人工智能、语音识别、脑神经科学等智慧技术的快速发展与教育

信息化理念结合，促使智慧学校相关研究快速发展。中小学智慧学校强调对教学、校园生活和管理的数据采集、智能处理，为管理者和各个角色按需提供智能化的数据分析、教学、学习的智能化服务环境。从建筑设计角度，智慧学校理念一方面表现在设计阶段运用智慧设计方法，如校园建筑的计算性设计、数字建造等，另一方面表现在校园空间环境设计需要从多维度满足智慧教学设备并适应智慧教学模式。智慧学校包括信息化技术对校园空间环境的优化、对学校事务和教学管理的智能管控，除此之外，建设目标从以智慧教育为出发点，回归到教育本身，从学校空间的角度解读新时代下智慧化中小学建筑空间。智慧学校研究旨在使校园空间环境得到可获得性、可参与性及可变性三方面智慧性能的提升[1]。

智慧学校建设主要针对中小学校在信息化教育驱动下智慧环境、智慧管理、智慧课堂和智慧师生四方面的协调融合，将迭代而生的信息技术与多元新颖教学模式不断融合匹配，教学理念与空间设计原则也随之变化[2]。智慧学校的三大核心表征可归纳为自适应机制、柔性结构和人因生态系统[3]，从微观到宏观分别对应教室单元、教学区与校园环境。其中柔性结构作为中观层面的内容，通过利用可调节具有可变性的结构、界面和技术手段，满足变化的教学需求和社会教育需要，增强校园教学区的多样性，使教学区空间结构更加智慧地应对教学单元模块的多元组合。

1.2　智慧学校理念与中小学空间设计关联耦合

在我国基础教育领域，智慧学校涉及校园中的 4 个不同方面：智慧环境、智慧管理、智慧课堂、智慧师生[4]。这四个层面从基础到顶层逐步递进，从泛在环境到学习人群，涉及内容逐渐精确，并具有基础决定顶层设计的层级划分，形成智慧学校金字塔。从技术层面和教育层面解析这四方面的内容，耦合形成校园建筑空间性能层面的应变设计目标（图 1）。

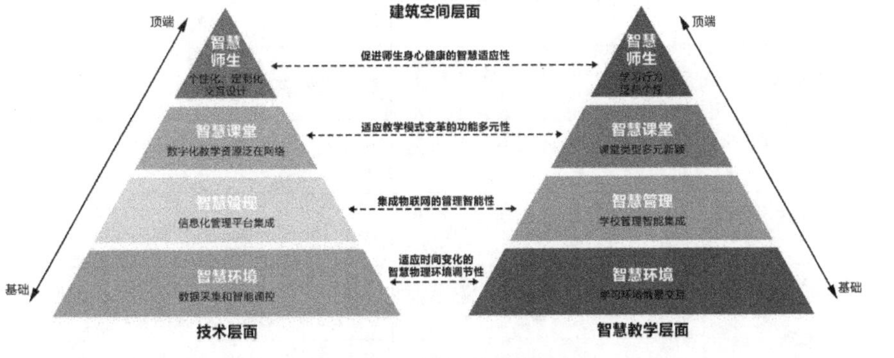

图 1　智慧学校金字塔分析

在技术层面上，智慧环境主要依靠智能感知系统和物联网系统的数据采集和智能调控，智慧管理主要依靠信息化管理平台集成，智慧课堂主要依靠数字化教学资源和泛在网络以及多元智慧设备辅助协同教学，智慧师生主要体现人性化的交互设计[5]。在教学层面上，智慧环境体现在利于交互的学习环境，智慧管理体现在最大程度上的师生系统化学习生活管理，智慧课堂体现在基于新教育目标的多元教学模式，智慧师生体现在个性化智慧服务。

将金字塔技术层面的智慧技术与教育层面的智慧理念进行关联耦合，从智慧学校应变设计角度对智慧学校金字塔四个梯度的内核要素进行剖析。在智慧环境方面，营造物理环境具有自适应能力且满足校园-社区交互、师生-校园交互的学习环境；在智慧管理方面，要求校园空间适应建筑-设备-管理优化集成平台；在智慧课堂方面，设计可满足多元智慧教育模式变化的教学空间与教室形式；在智慧师生方面，结合物联网技术提供便捷的校内个性化智慧服务与促进师生互动的教学媒介。在建筑空间性能提升上，提出适应时间变化的智慧物理环境调节性、集成物联网的管理智能性、适应教学模式变革的功能多元性、促进师生身心健康的适应性四重维度的应变设计要点与指导原则。

2 智慧教室单元内部功能模块

智慧教室作为教学区主要的正式学习单元，其空间尺度在一定程度上决定了主体教学楼的模数选择与体块生成，单元内部空间设计需要从各个维度满足基于上文对智慧学校金字塔模型关联耦合解析出的智慧学校空间性能提升目标。《中国未来学校白皮书》指出21世纪中小学校物理空间必须要支持的学习方式：独立学习、团队合作、远程教学、汇报展示、研讨式学习、基于设计的学习、基于游戏的学习等[6]。因此，基于空间性能提升目标，将这些学习方式进行分类可归纳出智慧教室单元的基本模块，每个模块的空间尺度与各模块之间的组合方式将决定教室单元的尺度。

表1 智慧教室单元功能模块

功能模块	学习行为	空间功能说明
基本学习模块A	独立学习、团队合作、同侪互学、表演等	用于全体学生集体听课、活动及自习休息等
基本教学模块B	讲解类授课、远程教学、论坛讲座等	用于教师或其他人员等进行讲授活动和学生演讲等
多元化多屏协同模块C	汇报展示、研讨式学习、项目式学习等	用于学生作品展示、分组汇报、分小班授课等
智慧化设备交互模块D	基于设计的学习、基于游戏的学习等	供学生进行部分游戏活动，基于AR、VR等信息化设备的教学及日常活动等
信息资源检索模块E	自主式学习、书籍查阅、网络信息检索等	放置书籍及电脑、平板、视听资料等检索设备，需要保证电源和网络连接
语音及研讨模块F	一对一线下教学、个性化学习、小组研讨等	供朗读练习、英语学习、演讲训练、配音模仿、小组研讨等多种语音功能的隔音空间

（1）基本学习模块 A

基本学习模块为教室单元的核心模块，分布在教室中心区域，是学生进行集中学习、课题研讨、成果展示等基本学习活动的区域。在智慧教育模式下，教师讲解在学习环节中的占比逐渐变小，学生为课堂学习环节的主体。在智慧学校目标下的基本学习模块尺寸要比传统秧田式学习模块的尺寸大很多，模块主要由不同的桌椅、智能学习设施及学生进行各种学习活动的空间构成，布局需要灵活可变，以适应不同的教学模式。基本学习模块主要有分组式、围合式、自由式，可在集中授课、小组学习与团队合作等学习模式之间快速切换。

（2）基本教学模块 B

该模块为教师提供讲授与展示区域，其基本配套包括一系列相关的智慧化设备，与可进行实体内容展示的可移动调节展示桌等。在建筑设计时可根据不同的班级规模和建设标准，选取几类基本教学模块进行组合，形成信息化智能模组，以满足教室单元的自适应调节，使教学模块可适应不同的教学目标和多元的授课模式。

（3）多元化多屏协同模块 C

多元化多屏协同模块主要由液晶触控屏、电脑、交互白板与可移动支架等组成，多结合教室墙体布置。在讲授模式中，教师在前端控制所有屏幕，学生可就近选择屏幕观看讲授内容。此模块可使教室尺寸更加自由，因此学生座位排布受视距影响更小；同时在小组讨论模式中，可借助组内分屏对课题内容进行讨论，并随时借助多屏协同进行班级展示；此外通过屏幕移动和组合可以将一个基本教学模块分割成两个或多个小型教学模块，进行教学目标分流，实现个性化针对性教学。

（4）智慧化设备交互模块 D

信息化教学模式强调多种多样的信息媒介的交互，因此教学空间相对于传统教室需要提供更多元、更充足的活动空间。该模块开间可拓展，分布在教室后侧。模块内主要布置 AR 及 VR 活动区、电脑控制区、大屏幕投射区、器材储存区等，适用于日常教学中的虚拟体验和 AR 展示环节，以及一些专业课程中的智慧化交互环节。在授课中的智能化展示环节中，学生可将座位方向转向智慧化设备交互模块，观看并参与智慧化展示内容。虚拟现实技术及交互技术可为智慧化专业课程学习提供更加安全便捷经济的解决方案，使得教室单元可以进行自适应调节，实现日常课程与专业课程之间的功能复合。

（5）信息资源检索模块 E

在智慧学校理念下，网络空间建设与网络学习资源极大地丰富了学习资源的源头，将一部分的学习内容从课堂空间转移到网络空间。信息资源检索模块可为学生提供 MOOC 等云课堂资源，配合平板、电脑和云打印机，学生可以在此获取更多的学习资源。此外，信息检索空间可与实体书籍阅览空间组合，形成线上线下相结合的多元有机学习场域。

(6) 语音及研讨模块 F

该模块可在班级整体处于安静学习的情况下，为学生提供相对独立的可进行语音学习或多人研讨的空间环境，以保证学生学习的过程中不互相干扰。该模块可提供集朗读练习、英语学习、演讲训练、配音模仿和小组研讨等多种语音功能为一体的隔音空间，并可通过物联网设备进行语音内容的录制、下载和分享。

3 智慧中小学教学区平面布局自动生成

通过上文的类型化研究，提炼智慧化中小学教室空间基本功能组成，提出智慧化中小学教室空间的6种基本功能模块，解析教室空间性状指标，建构智慧化中小学教学区平面布局优化工作流程。首先，基于规范及案例研究提出教室空间模块基本尺寸范围，通过 Grasshopper 平台调节参数生成可自适应参数变化的智慧教学单元，根据统计学方法解析推导适应性与合理性最优的平面模数，最后通过计算机深度学习 GAN 模型完成教学区空间布局自动生成（图2）。

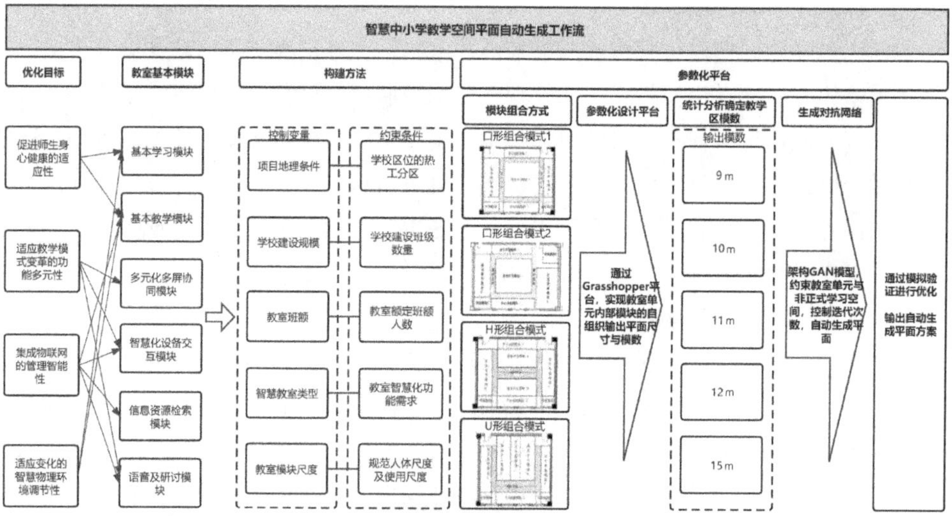

图2 智慧中小学教学区平面自动生成工作流

3.1 Grasshopper 平台自适应调节教学单元

Grasshopper 作为可视化编程软件，通过程序开发将不同算法形成模块化的方式，它带有输入端和输出端，根据具体建筑建设要求生成基本模型，确定生成逻辑选择设计不同的电池组，将建模相关数据输入所选择的运算器计算后，可以输出相应的模型，输入数值也就是影响模型的参数，具有可调性[7]。

作为中小学校园建筑设计的主体空间，智慧教室单元空间直接影响教学区布局。基于教室内部基本模块与智慧学校 STEM 教学模式，定义一些基本的房间类型模块组合规则原理，建立 4 种适应性最强的模块组合平面模型（图 3）。并且每个模块内智慧化设备的摆放位置与活动空间的基本尺寸需要满足相关设计规范，根据师生人体尺度和智慧化设备与家具等的规范尺寸，可得知各个模块的尺寸序列。由于智慧学校选课走班制或行政班制的教学形式不同，每个教室单元的额定班额人数也不同，将班额人数作为输入的可调节参数，由此可以输出很多组不同的模块尺寸序列。由于智慧学校的多元教学模式组织需求，一般需要不同班额大小的教室单元，统计参数化生成的不同班额教室单元平面尺寸序列，与中小学设计规范及案例分析得出的不同级别中小学的学生人均面积进行拟合分析，得出适应性最强的教室单元模数，从而适用于整个教学区平面布置。

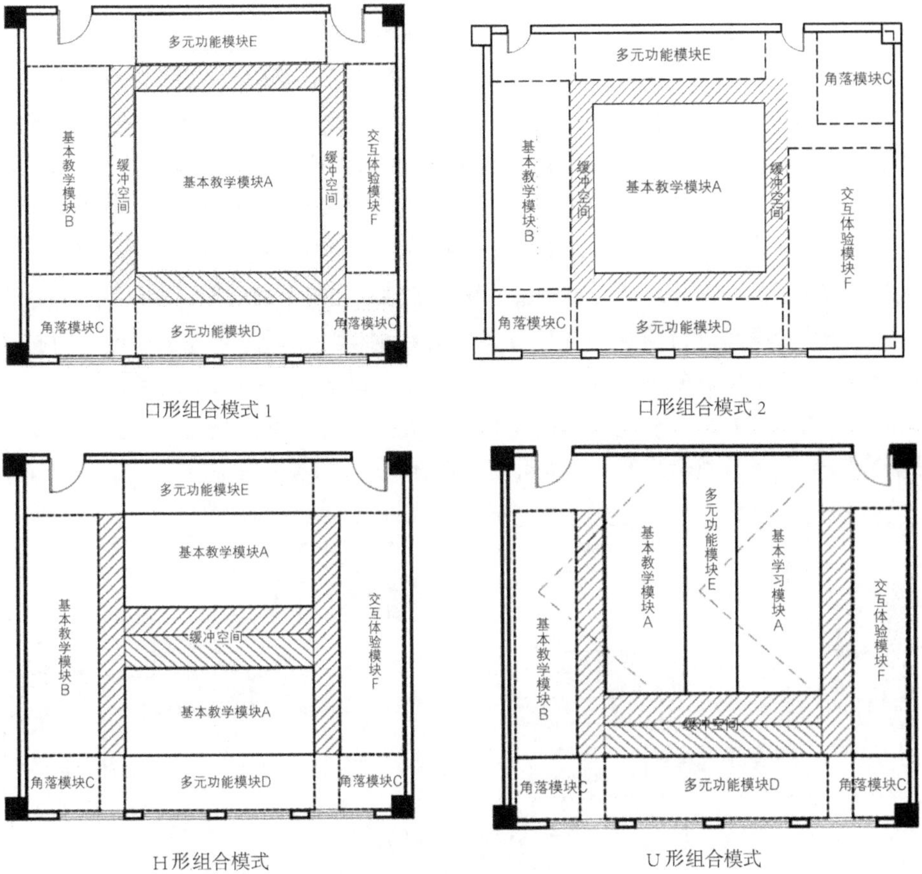

图 3　智慧教室单元模块组合模式

这一步工作流程将模块组合方式与额定班额人数转译为 Grasshopper 参数，通过在平台调节参数，可以依据学校实际任务书要求生成可自适应教室内部智慧教学模式变化的教室单元，并确定教学区模数。

3.2 深度学习自动生成教学区平面布局

深度学习作为人工智能技术的重要核心，通过国内外的实际案例研究已被证明是解决复杂的建筑平面布局问题的有效方法，目前多用于住宅平面布局自动生成研究。基于计算机数据的机器学习是从观测样本数据出发寻找规律，利用这些规律预测暂时无法观测的数据。生成对抗网络（generative adversarial networks，GAN）模型是概率生成模型的一种，它包括了一个生成模型（generative model）和一个判别模型（discriminative model），通过两者之间互相博弈的方式来让模型能够解释真实的数据规律，进而生成新的数据[8]。在建筑设计中，生成对抗网络得到新数据的过程在一定程度上就相当于建筑空间组织的自适应优化过程。类似于图像处理、计算机图形学的运算处理方式，建筑设计优化方案也可以被视为将输入图像（建设条件）“翻译”成相应的输出图像（方案设计）的过程。

在智慧中小学的设计中，依据不同学校的教学组织方式需求，教学区往往有不同的各班额教室单元数量与组合形式要求，并且还须综合考虑楼梯间与走廊等交通空间、卫生间等辅助空间与多元泛在学习共享空间的组合要求，这些组合要求可以作为指导教学区平面自动生成的约束条件。基于上一步选定的教学区模数，确定教学区柱网尺寸。将利于智慧教学区可参与性提升的教室单元数量与非正式学习空间尺度转译成约束条件，使其作为输入层的一部分，从而实现通过约束条件来控制生成结果，计算机通过求解约束条件输出生成模型。将建筑师设计方案作为判别模型，通过条件生成网络对抗系统（CGAN），使模型进行多次学习迭代，实现自优化组合并最终输出最优布局方式（图4）。以师生等用户在教学楼内的人因工程学尺度作为重要基础进行推导验证，最后得到最有利于智慧学校教学区柔性结构可变性提升的自动生成平面布局方案。

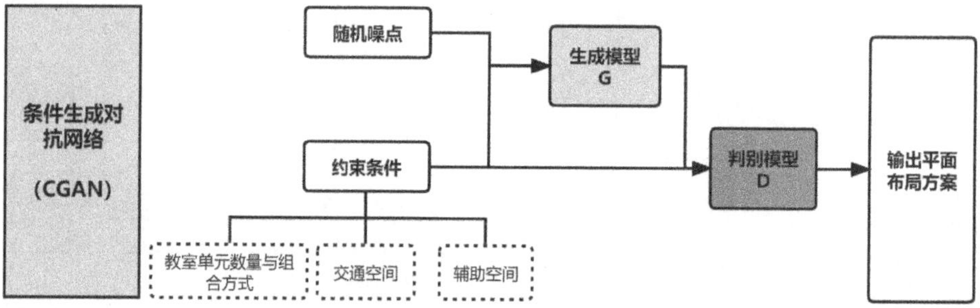

图4 CGAN工作原理示意

4 实际项目验证工作流程

选择我国中小学实际项目，在方案阶段通过上述工作流程生成平面设计方案，与建筑师结合经验设计的方案进行多方案比选，分析生成方案合理性与优势，旨在验证工作流合理性，并针对不足之处优化流程中的参数化模型与生成对抗网络学习模型。

该项目位于江苏省宿迁市沭阳县，计划建设基于智慧学校技术的完全小学，建设规模规划为6轨36班，小学每个班级人数按照45人计，可容纳学生1 620人，计容建筑面积约2.6万m^2。根据《江苏省义务教育学校办学标准（试行）》，学校按照国家和省规定的编制标准及教育教学需要配齐配足教职工，小学教职工与学生比按1∶19估算，共需教职工86人。

该工作流程在总平面图（图5）规划确定后启用，依据总图中的教学楼布局位置与体块（图6），用于确定教学区平面布局，将计算机自动生成平面图进行整理，得出平面图。对建筑师自决策布置的平面（图7~8）与经过工作流生成的平面（图9）进行多方案比选，经过分析得到如下优势与不足：

（1）计算机生成平面模数选择更具有科学性，10 m的模数适应性强，有更大的空间利用率；

（2）计算机生成平面在非正式学习空间处理上更为灵活性，赋予教学区更多的泛在学习可能；

（3）计算机生成平面设备用房考虑不足；

（4）建筑师设计平面在垂直空间布置上有多种方案，并与共享空间结合形成趣味性的垂直空间，如通高中庭等。

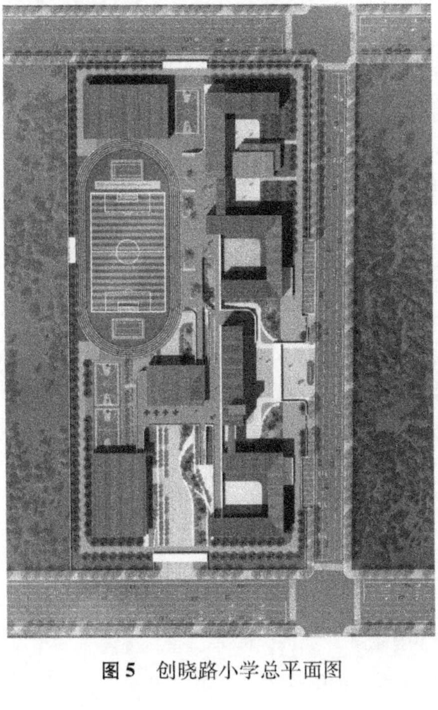

图5 创晓路小学总平面图

图6 创晓路小学总图教学楼布局

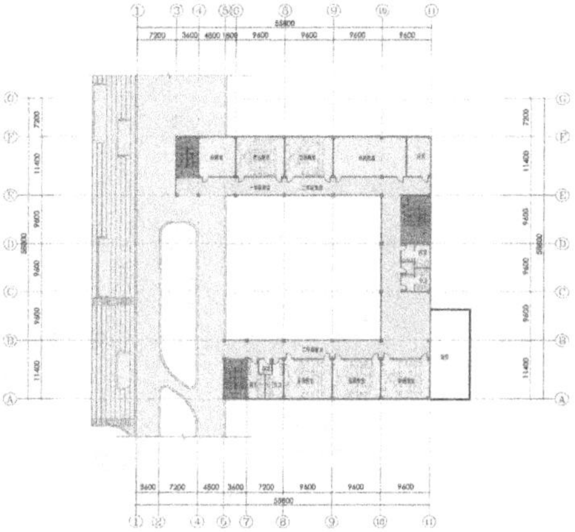

图 7 建筑师设计平面图 1

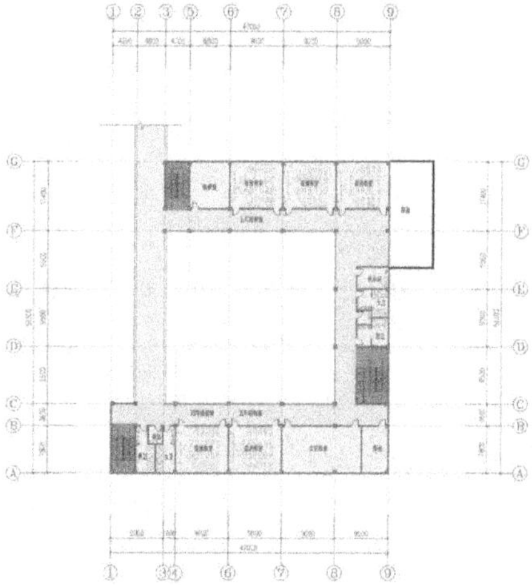

图 8 建筑师设计平面图 2

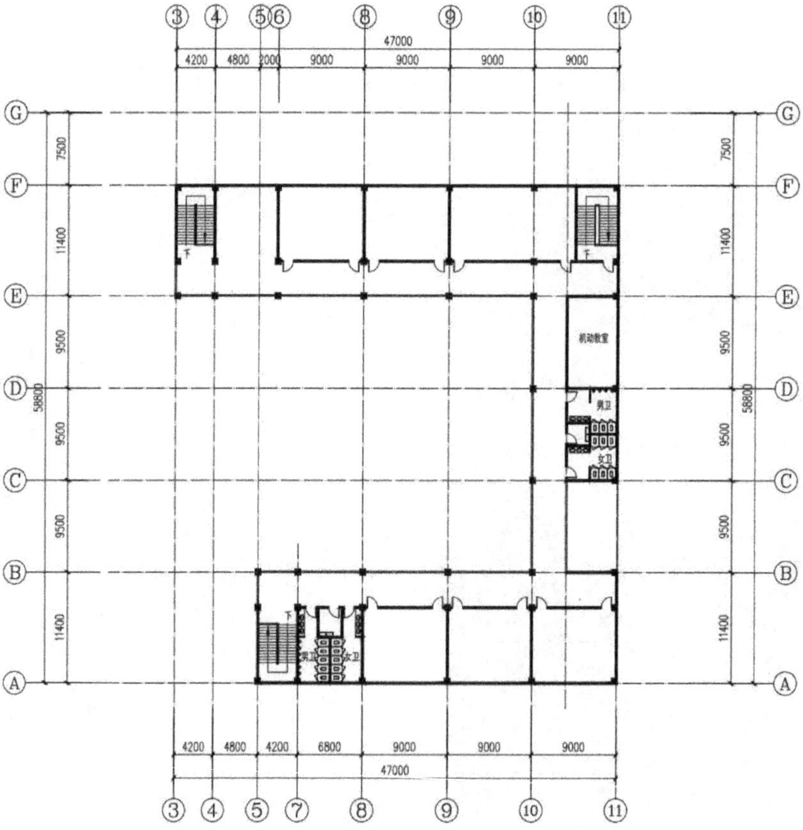

图 9 计算机生成平面经整理后方案（单位：mm）

结语

本文基于智慧学校理念与建筑设计关联耦合，归纳解析得出智慧教室功能模块，在此基础上提出智慧中小学教学区平面自动生成工作流程。尽管通过沭阳县创晓路小学实际项目可以验证该工作流具有实际意义，可以优化教学区生成流程并生成更经济、高效的平面方案，但由于实验次数过少，平面自动生成方法的研究还具有一定的局限性。后续研究将与计算机领域加强融合，优化自动生成的学习模型，旨在改善以往的自动生成相关研究中工作流程与实际项目运用存在脱节的情况，驱动优化作用，借助数字化方法，在智慧城市发展背景下，使建筑师能够在中小学智慧教室设计中做出更加快速、理性与精准的决策。

参考文献

[1] 陈侃杰. 基于“智慧学校”理念的中小学校典型空间设计研究[D]. 杭州：浙江大学,2016.

[2] 王明荃. 绿色智慧建筑的社会维度与交互性设计策略[D]. 南京:东南大学,2019.

[3] 梁为. 智慧校园的建设与应用研究:《深圳市中小学“智慧校园”建设与应用标准指引(试行)》解读[J]. 现代教育技术,2016,26(4)：119-125.

[4] 中华人民共和国住房和城乡建设部. 中小学校设计规范:GB 50099—2011[S]. 北京:中国建筑工业出版社,2012.

[5] 唐吉祯. 智慧学校目标下中小学教学空间设计策略研究[D]. 哈尔滨:哈尔滨工业大学,2020.

[6] 中国教育科学研究院.《中国未来学校白皮书》节选[J]. 教育科学论坛,2017(4):2-4.

[7] 朱可人. 公共教室平面的计算机自动生成设计研究[D]. 北京:北方工业大学,2021.

[8] 林文强. 基于深度学习的小学校园设计布局自动生成研究[D]. 广州:华南理工大学,2020.

图表来源

图 1~4、图 9:作者自绘.

图 5~8:哈尔滨工业大学建筑设计研究院有限公司《沭阳县创晓路小学建设工程勘探、设计》文本.

表 1:作者自绘.

基于古典园林空间特征量化的设计生成研究

张　爽[1]　张昕楠[1]　陈珂欣[2*]

（1. 天津大学建筑学院，天津市 300072；2. 天津市建筑设计研究院有限公司，

天津市 300074，1637157588@qq.com）

摘要

苏州古典园林空间作为自然人居环境的范式，对当今的建筑及景观设计具有重要启示意义。本文的研究范畴包括苏州古典园林的布局特征和形态特征，同时聚焦数字化生成方法的程序建立。具体的研究任务包括两个方面：首先，对园林进行形态特征分类量化并统计为具体数据，从而形成结果与数据之间的对应关系，同时建立园林原型语料库，归纳出设计规则的描述集；其次，编制出能生成多种目标场景解决方案的交互设计工具，对园林的设计过程进行程序化编译。在以上研究的基础上，对既有方案进行语义拓展和再组织，营建出现代化的园林栖居场所。

关键词：苏州古典园林；空间特征量化；程序化编译；生成式设计

Keywords: Suzhou classical Chinese garden; Spatial feature quantification; Programmed compilation; Generative design

项目资助情况：国家自然科学基金重点项目（52038007）

引言

古典园林作为中国历史中完整留存的建筑遗产，是中国古代杰出建筑艺术的重要组成部分，也是“在咫尺之内再造乾坤”的典范。本文以苏州代表性古典园林为研究对象，借助当代的数字化生成分析方法，实现复杂因素控制下的园林设计。

1　苏州古典园林既往研究

从明代的《园冶》开始，“造园”作为一门专业门类真正被详细记录在册，经过发展演变，到近代成为独立的学科并积累了大量设计资料和研究内容。在造园理论方面，童寯、杨鸿勋、刘敦桢、彭一刚等先生分别在《江南园林志》《江南园林论》《苏州古典园林》和《中国古典园林分析》等著作中从不同方面阐述了园林设计的方法和原则。在对空间的分析方法方面，刘惠锋的《江南私家园林空间量化分析——以拙政园为例》

对拙政园的组织要素进行特征量化，归纳出园林的布局特征。康洪涛在《苏州古典园林量化研究》[1]中，以空间模数理论为基础，总结出苏州古典园林组织布局的原则。郭中人在《传统园林空间量变化之研究》一文中，将人的视距与路径选择建立联系，探讨了中国古典园林中空间与感受的互相影响机制[2]。杨小倩的《苏州古典园林空间导引手法量化研究》系统地构建了从形态、结构和组织手法上对苏州园林进行统计分析的思路和方法[3]；王永金在《基于语义网络的中国古典私家园林空间量化研究》中，首次运用语义网络的方法分析多种因素之间的关联性，以及其对园林设计的综合影响[4]。

既往之于园林理论和空间的研究尚未能建立不同环境单一原型之间关联度的统计。因此，笔者将在上述研究分析的基础上，进一步将园林空间特征进行数据统计量化，逐步建立起各个园林中类型元素（建筑、路径、山水）的联系，总结设计共性及生成规则，以生成设计的方式为当代园林的设计方法提供思路。

2 苏州古典园林空间布局特征量化研究

对古典园林空间布局的现有研究，最初也多集中为空间特性的总结。本文的园林布局研究借助 Bill Hillier 教授的空间句法理论[5-6]，基于知觉的构形关系分析并解构古典园林的组织布局。空间句法理论认为，空间是社会物质和社会交往的共同基础[7]，将空间句法作为古典园林量化分析的工具，能很好地将园林的空间物质结构与人的主观感受相结合，将知觉和行为作为主要分析要素清楚、定量地反映在空间结构图解当中，并探析产生行为感受的背后原因[8]。

基于对园林中各空间关联的聚焦，本文在分析时重点借助空间句法理论中的“节点”“视域”“关系图解”等要素。通过选取拙政园、留园、网师园、怡园四座典型园林样本加以分析，从序列构形、视域节奏两个方面进行对比研究，从中总结出古典园林布局的总体特征。

2.1 序列构形

（1）大型园林：拙政园与留园

拙政园和留园，以超过 50 亩（1 亩≈667 m^2）的规模作为苏州面积最大的两座园林，同时因为丰富的游园体验被列入“中国四大名园”。本文以建筑位置为原始点、结合视线范围划分凸状空间，通过空间句法对拙政园、留园的布局结构进行初步分析（图 1）。

由上述图解分析可以得出以下结论：

之于拙政园：其建筑空间节点在园内分布均匀，连续的水面在不同方向上穿过了相邻视区，拓展了视域，并在横向、纵向两个不同方向交错导引视线，利于产生视觉焦点，丰富观赏视角；同时，安置了“与谁同坐轩”和“荷风四面”两座核心建筑强化视焦，转换视线方向，两区景色起到点睛作用。

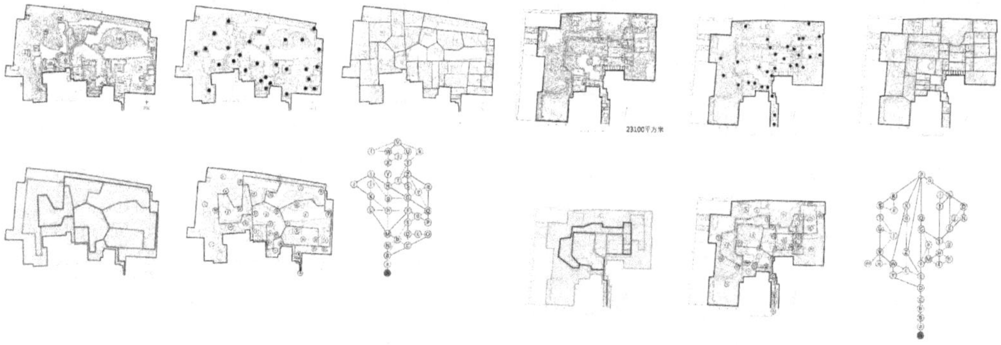

图 1 拙政园和留园的空间节点及序列图解

之于留园：其功能分区更加明确集中，建筑集中分布在东侧和南侧，西侧及北侧则以自然景观为主；其凸状空间划分更为细碎，视线阻隔更明显，反映出各场所更加密集、内聚的特点；曲廊串联起大部分节点，使各场所在分隔时保持延续，使室内外过渡更加自然，游园感知也更为连续。

为进一步对比研究拙政园和留园的流线和序列构成，笔者绘制了包含所有节点的关系图解（图 2）。建筑节点用大写字母“A～V”表示，所有庭院节点用小写字母“a～v”表示。通过分析关系图解，可知拙政园的节点连接值较好，园中节点个数多，反映出拙政园存在很多种建筑类型。留园路线选择更多，路径组织更为丰富，因而更容易让人感受到空间的错综复杂、彼此渗透。

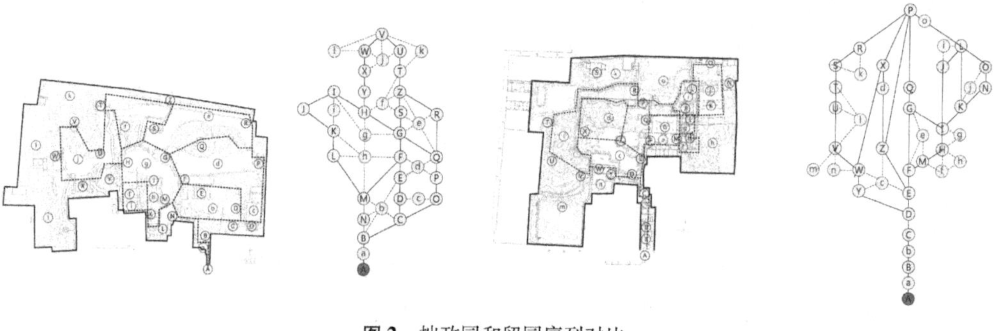

图 2 拙政园和留园序列对比

（2）中小型园林：网师园与怡园

网师园和怡园是苏州中小型园林的代表，利用空间句法对网师园和怡园的布局结构进行分析（图 3），可以讨论在面积有限的情况下如何让空间的组织结构富有意趣，对设计实践有很大参考价值。

通过分析比较两园的序列关系图解（图 4）可以发现，虽然同为中小型园林，二者在布局上存在较大区别。首先，网师园采取了宅园分离的方式，住宅部分为纵向复合型

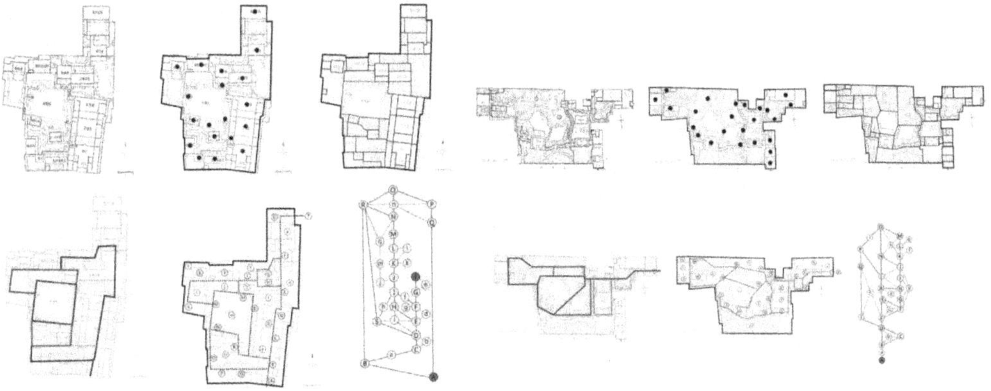

图 3 网师园和怡园的空间节点及序列图解

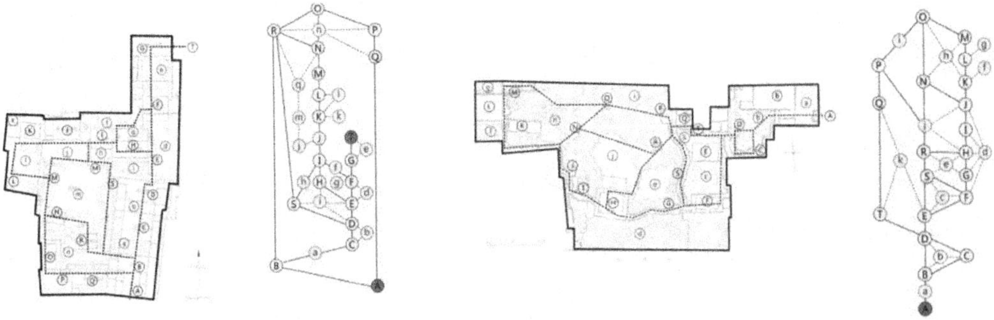

图 4 网师园和怡园序列对比

院落，建筑组合较为整齐规整；怡园没有明显的功能分区，建筑布局较为分散。其次，网师园景观营造较为独立集中，怡园结合地形由东到西划为三个庭院，庭院之间关联性较弱。最后，相比于怡园，网师园内景观节点密度更大，庭院划分种类也更细致。

通过对上述四园关系图解进行分析可以发现，虽然路径的选择有无穷的可能性，但是节点在结构层面上的组织逻辑非常清晰。层次鲜明却交织的序列构形在园林中起着统筹全局的作用，为园林设计提供了足够清晰的逻辑基础。

2.2 视域节奏

在古典园林环境中，视线关系一直是学界研究和分析的重点，也是体现园林空间品质的具体媒介。研究借助 Depth Map 软件对园林的空间连接度进行分析，以此讨论空间的复杂度和集成度，探析园林中不同空间节点的集成特征。

如图 5 所示，对拙政园的一条主要路径进行视线连接度分析，其东部比西部色域色彩更丰富、连接度更高，说明东部空间彼此关联更密切、空间渗透性更强，西侧园区视线关系更局限，空间相对更独立。以视线连接度为基础，笔者进一步测量了连接度相似的每段路径的距离，试图用“视域片段”的长度变化反映空间序列变化的频率。

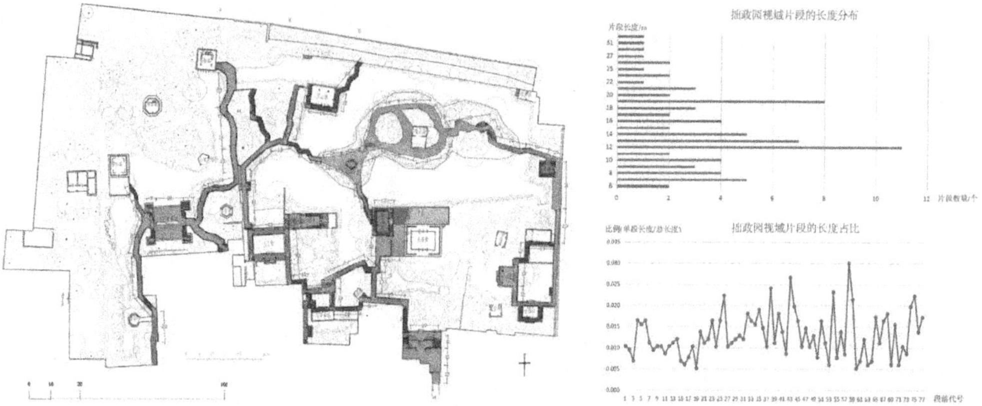

图 5　拙政园路径视区分析

从图 5 可知，每段视域片段的长度从 6~31 m 广泛分布，其中片段长度集中在 12~21 m 区域的最多，占比超过 61%，图 5 展现的是每节视域片段的长度占总路径长度的比值，整体反映了沿途的视域距离变化情况。由图可知，拙政园内单元视域片段的长度占比（单元长度/总长度）为 0.005~0.03，大多集中在 0.01~0.02。

继对拙政园完成视域分析后，笔者用相同方法对留园的入口至五峰仙馆一带、网师园、怡园进行了视域分析（图 6）。

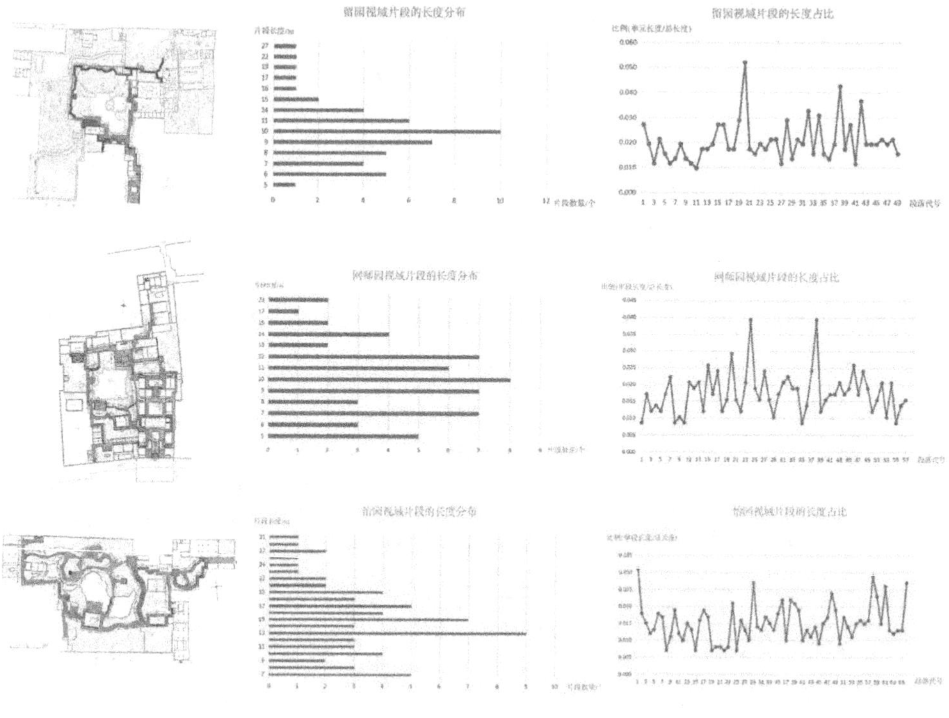

图 6　留园、网师园、怡园路径视区分析

2.3 空间布局

基于“空间构形”和“视域图解”分析，可以得出以下特征：

在构型特征方面，苏州园林的构形序列基本符合“拓扑分形”特征。互为拓扑同构的两者或多者，图形形式、尺度差别大，但其内在图形结构却保持一致[9]，例如呈现构图方式、位置关系保持不变。虽然内部庭院的构图关系相似，但为了达到空间上的收分和对比，会运用尺度的变化、密度的疏密来突出主题，区分重点。除了拓扑同构的布局特点外，在流线组织上也表现出明显的分形特征。利用分形原理可以用简单的几何图形演化出更高级的肌理和更复杂的聚合形态[10]。相似的在古典园林中，由于路径层层交织且自成体系，人在进入时会形成相似但不相同的“曲径幽深”的复杂感受。

在视域特征方面，可以总结出以下结论：

（1）围绕中心水面的建筑连接度最高，与其他建筑空间的视线关联最为紧密，在园林结构中起确定方位的作用。

（2）将园林视域片段长度以 5 m 为单位分组统计，可以得出几乎所有视域长度都在 30 m 以内（图 7）。虽然不同园林在每个区间内的分布数量不同，但当其转换为长度占比时，比例却非常接近；这说明相对于视域长度，比例是控制园林空间丰富性更核心的标准，能够更准确地反映园林空间设计的内在规律。空间丰富度不仅与重要建筑节点之间的距离有关，而且与沿途的方向、宽窄变化紧密联系。考虑进沿途节点对观赏节奏的影响，可以有效增加视觉感受的整体立体度。

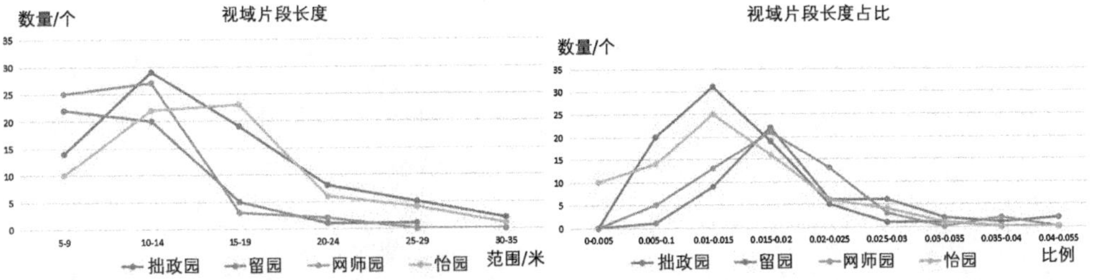

图 7 视域片段长度分布对比

3 苏州古典园林建筑节点特征量化研究

本节分析提取古典园林里的建筑元素（如亭、台、楼、阁、榭、舫），抽象出建筑类型、归纳其突出特征，从尺度、与景面的关系、建筑的连接性三个方面，搭建起园林建筑的类型语料库。

3.1 园林建筑类型形式图解

（1）亭

为研究亭子在各个园林中的体量情况，对三个园林中亭子的体量进行建模并进行数理统计，测量出各自的长、宽、高并绘制表格。

(2) 厅堂

对厅堂空间进行单一类别的体量分析，得到6个代表性厅堂的统计数据。厅堂空间的长宽集中在6~13 m，平面形态多为矩形，面积范围从50 m^2 至170 m^2 分布广泛，往往“厅”略小于“堂”。

(3) 轩馆

“轩”和“馆”体量更小，位置也更灵活，散布在园林中成为景观的重要组成部分。通过对轩馆空间的长、高、宽进行测量统计，可以发现轩馆的体量变化范围更大。轩馆类空间依据功能具有非常灵活的变化，在各个次级庭院处起到重要作用。

(4) 楼阁

楼阁多为居住、藏书或单纯观景之用，往往位于园林外层空间或一角作为远景出现，既丰富了空间层次感，也起到总览全局的作用。

(5) 廊

“廊”是园林中连接以上一切元素的纽带，也是直接引导人行为的诱因，更是形态最为复杂多变之处。通过对三个园林中代表性廊空间的形态分析，笔者将其连接方式总结为“C形”“Y形”“刀形”和“十字形”，分别对应2次转向、3次转向和4次转向(图8)。

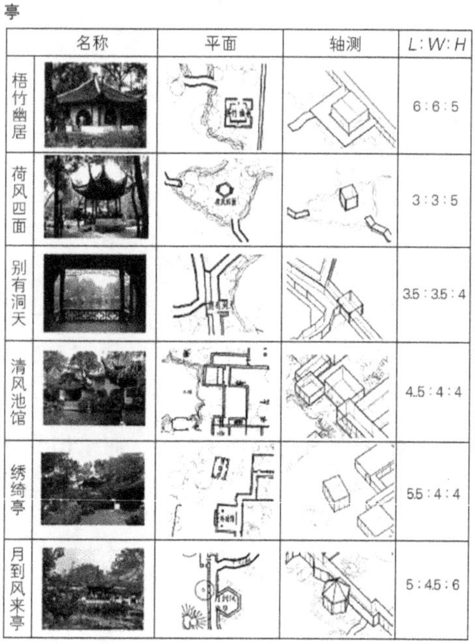
亭
名称
平面
轴测
L:W:H
梧竹幽居
6:6:5
荷风四面
3:3:5
别有洞天
3.5:3.5:4
清风池馆
4.5:4:4
绣绮亭
5.5:4:4
月到风来亭
5:4.5:6

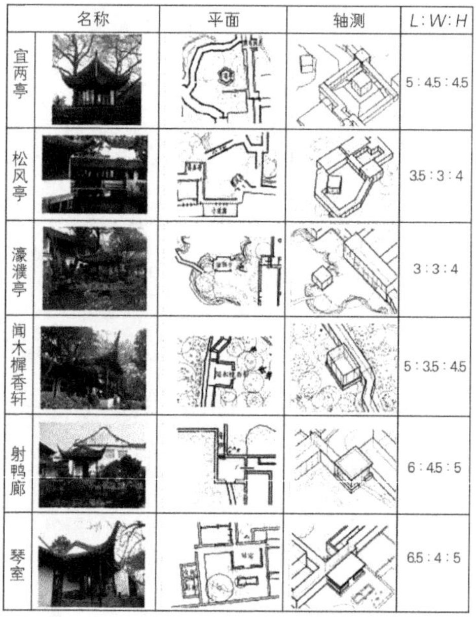
名称
平面
轴测
L:W:H
宜两亭
5:4.5:4.5
松风亭
3.5:3:4
濠濮亭
3:3:4
闻木樨香轩
5:3.5:4.5
射鸭廊
6:4.5:5
琴室
6.5:4:5

厅堂

名称		平面	轴测	L:W:H
远香堂				9:7:7
万卷堂				13:13:7.5
涵碧山泉				12.5:7:6
玉兰堂				12.5:7:7.5
前厅				9:6:6
大厅				10:6:6

轩馆

名称		平面	轴测	L:W:H
玲珑馆				7.5:6:5
卅六鸳鸯馆				13:13:10
海棠春坞				10:4.5:4
还我读书处				8.5:6:4
小山丛桂轩				9:7.5:5
殿春簃				9:7.5:5

楼阁

名称		平面	轴测	L:W:H
见山楼				9:6.5:6.5
倒影楼				7.5:7:6.5
远翠阁				5.5:5.5:7
曲溪楼				14:3.5:6.5
冠云楼				12.5:5:6.5
浮翠阁				6:6:11.5

廊

名称		平面	轴测	L:W:H
西北角廊				2
远翠阁西廊				2
还我读书处西廊				3
见山楼西廊				3
冠云台北廊				4
倚玉轩南廊				4

图 8 亭、厅堂、轩馆、楼阁、廊形态图解

3.2 空间组织

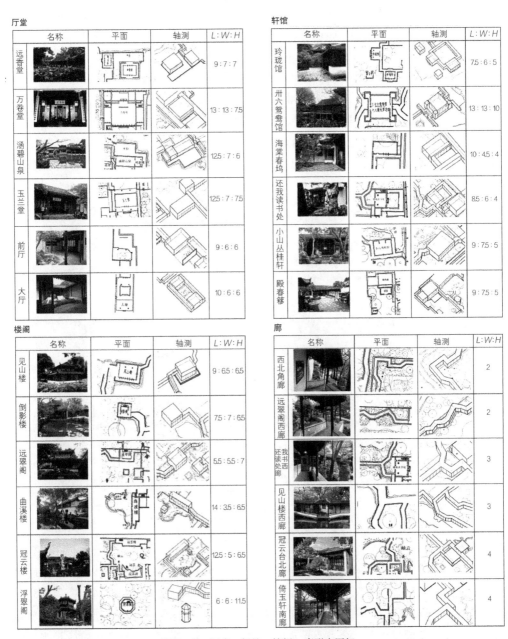

通过对原型进一步研究，可以得出连接关系在建筑的微观层面也有表现。基于上文对建筑原型的形态抽象和景面分析，笔者将进一步探究原型与原型之间所体现的连接方式，讨论建筑单元自身如何影响到园林整体结构。

首先，笔者选取园林中变化最多的元素“廊”作为主要分析对象进行连接性图解。依据连接程度的不同，“廊”元素的连接情况被分为 5 类，分别是单向通过、单向停留、二向连接、正三向连接和异三向连接。

以同样方式对其他建筑元素进行分类统计，可以得到典型建筑元素的园林切片连接度图表（图 9）。由此可知，在忽略园林整体组织的情况下，无论是亭、台、楼、阁、轩还是馆，仅从连接程度进行讨论时，其切片本身就具有非常丰富的空间连接形式特征。这些切片既可以自身连接，也可以互相组合，而当特定元素通过特定的序列安排，相互组织后就能够搭接成一座园林的核心骨架。

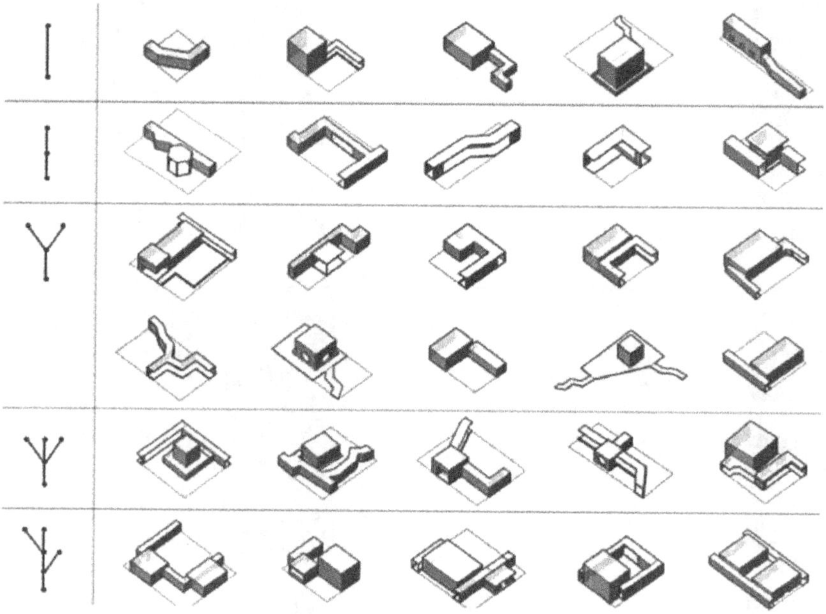

图 9 园林切片连接度图解

3.3 景面联系

景面要素在古典园林的空间组织系统中占重要地位，景面往往暗示方向，对景面的组织其实也是对路径的组织，从而暗示时空的变换。通过抽象拙政园、留园、网师园所有具有代表性的建筑节点 v，笔者将存在的景面关系概括为单面型、双面型、三面型和四面环绕型。单面型指有一个主要景观朝向的建筑类型，双面型指有两个有效景观朝向的建筑类型，以此类推。四面环绕型的景面关系在四种关系中，开放性和公共性最强的（图 10）。

通过以上总结，可以发现，在古典园林中建筑原型与景面的关系是非常密切且多样的。统计建立起包含景面关系的原型图集，一方面可以加深对园林丰富度来源的理解，另一方面也可以积累起设计景面角度的具体方法。

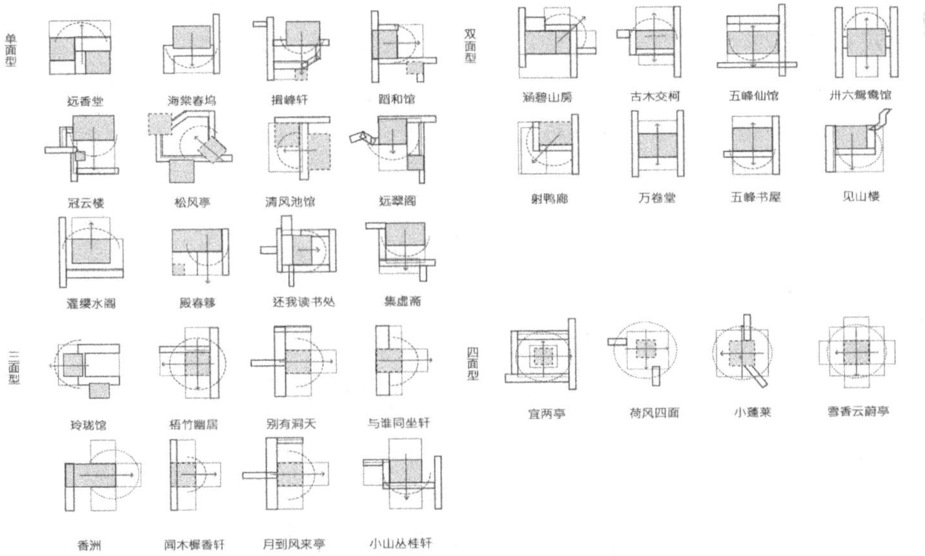

图 10 单面型、双面型、三面型、四面型景面图解

4 空间系统生成

4.1 布局秩序生成

基于对园林布局的分析结果，笔者将园林的初始空间结构抽象为三个环形的嵌套，由内而外分别代表着中心景观层、外侧游览层和侧边附着层（图 11）。从本质上看，其他三种环形嵌套都可以由 B 型（“回”字形）发展而来。因此，笔者选择 B 型作为空间结构的基本原型，代表其他种类别输入下一步路径和形态的生成机制，既可以保留原始园林结构的核心特征，又有机会通过简单的位置变化转变其他种形态结果，具有较强的设计代表性。

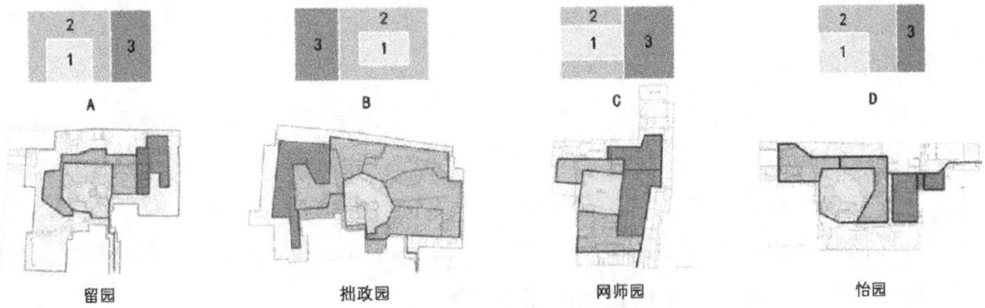

图 11 布局环形嵌套关系

由前文视域统计分析（图 7）可知，在空间生成的控制系统中，视域片段占比可以

作为关键要素参与生成路径调节，控制行进过程中人真实的体验节奏与体验密度。

因此，以“回”字形的空间布局结构为基础，笔者对路径系统的生成过程进行规划。采用的基本规划思路为：以园林空间中出现的视域长度和占比范围为参考，划分现有“回”字形路径并确定停点位置。

第一步，以 0.005 为步长，在［0.005，0.055］内随机取值“$I = 0.005 \times a$，$a \in \mathbf{N}$”得到数集 $I_x = \{i_1, i_2, i_3, \cdots, i_x\}$。

第二步，按得到的比例数集 I_x 将整个路径逐级划分，若路径总长为 L，则每经过一段“$L_x = L \times I_x$”的长度路径都会被划分，出现节奏提示。

第三步，计算得到的集合 $Q = \{L_1, L_2, L_3, \cdots, L_x\}$，即为每段子路径的长度集合；从而得到的每个节奏提示点的位置（l_x，m_x），则为路径中空间节点应出现的位置集合 P。图 12 展示了应用以上规则得到的部分路径节奏模拟结果图。

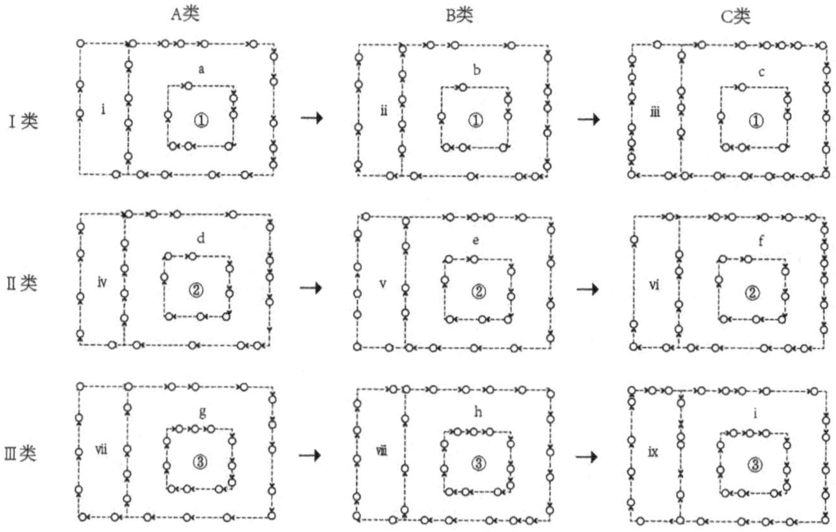

图 12　路径节奏生成结果

4.2　节点布局生成

根据形态数据整理结果，笔者认为在决定园林建筑形式特征的 4 个要素：占地面积（S）、高度（H）、平面形式（$L \times W$）、屋顶形式中，占地面积（S）能更综合地反映建筑全貌，区分建筑类别，因此作为生成过程的第一组变量是更为可取的。通过节点生成平面，通过平面计算面积（S）来确定建筑类型，继而发展出该类型下的平面形态、建筑高度等从属特征，这是形态生成过程的核心规则。

依据上一节路径节点的生成方法和本节的建筑数据统计，笔者在 95 m×105 m 的方形地块里进行园林系统形态生成实验。由于空间生成系统中有多个控制变量同时存在，因此，园林系统生成程序可以实现多种形式的结果（图 13）。

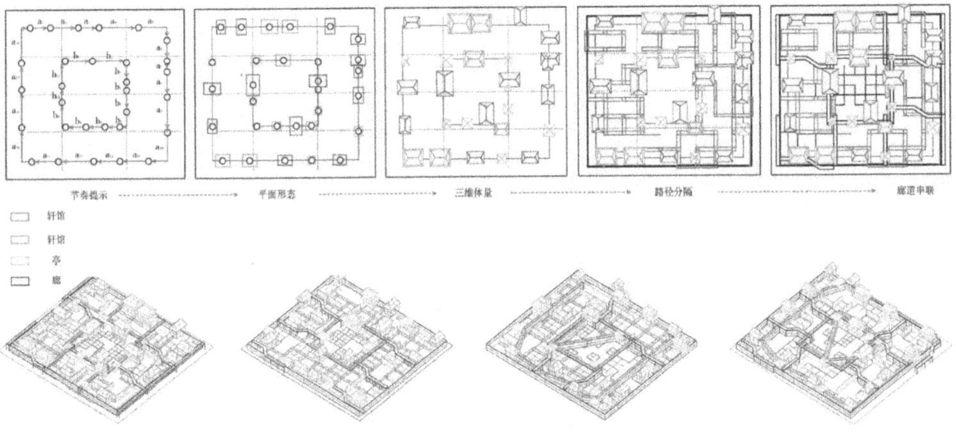

图 13 形态生成过程及多种生成结果

4.3 形态原型聚合

由于苏州古典园林在整体布局上存在分形同构的特征，因此在进行形态生成模拟时，参考 Daniel Koehler 教授提出的单元组构方法，即利用元空间计算迭代出新的空间组织形式。在进行具体操作过程中，笔者选取了原型图库里的 8 个原型作为园林空间中特色节点的代表进行聚合实验，其流程如下：

第一步，建立原型组块。将 8 个原型分别命名为 BOX1 - BOX8，并分别建立各个连接位置及连接方向。

第二步，建立组件间的具体连接规则。如此次实验的规则形式为“BOX1_ SIDE - BOX2_ SIDE”“BOX2_ SIDE - BOX3_ SIDE”，即组块之间通过侧边依次相连。

第三步，定义场地边界，输入边界线段，在场地里确定聚合发生的空间范围。

第四步，数量调节，以此控制组块延伸的范围。

第五步，进行运算。启动程序进行运算，即可得到最终的聚合形态结果。这种基于原型的聚合实验，可以形成形态各异的三维形态（图 14）。

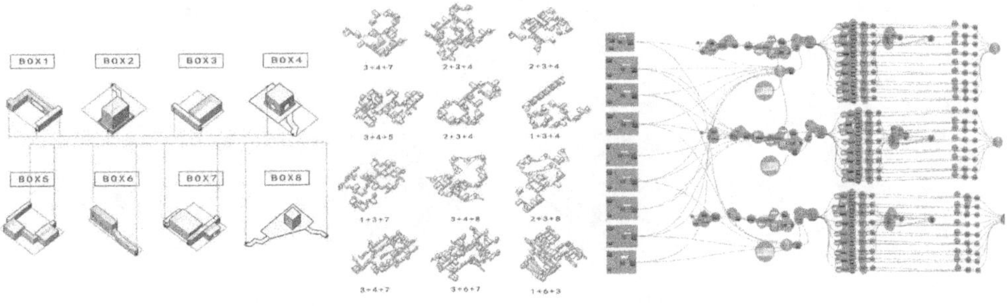

图 14 聚合过程示意和部分生成电池图

5 设计实证

本文选取苏州市某地块，以“戏院闲园”为主题进行园林空间的转译和再创作。

为还原园林中的“层次”关系，笔者在整体的组织模式上使用了“回”字形的布局设计。场地内部的规划生成，借助上文的生成工具进行辅助设计，遵循空间策划中平面布局的生成思路，方案的形态设计也是在程序的运算下得到初步结果，而后人为干预进行调整深化。图 15 展示了形态生成的过程。

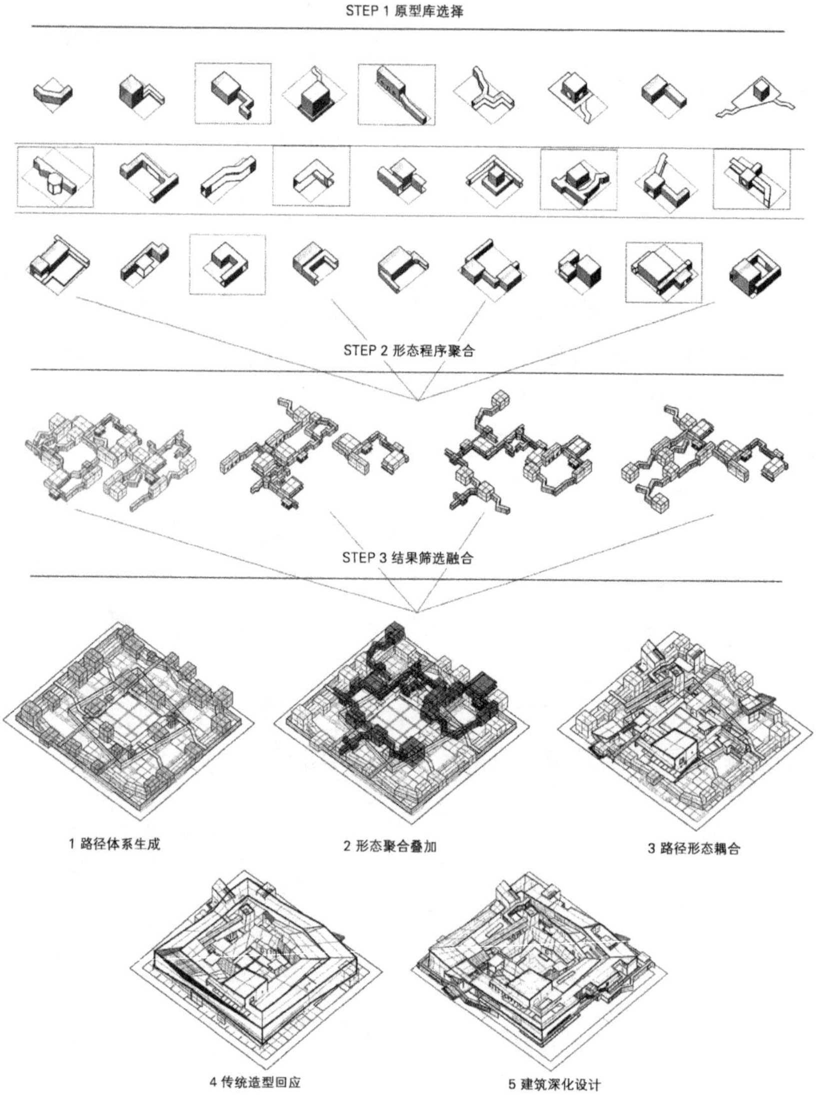

图 15 形态生成过程

第一步，在园林节点建筑的原型库中，选择意向形态接入聚合程序电池；

第二步，设定原型间的连接方式，并划定聚合发生的范围在用地领域内；

第三步，运行程序，得到多种聚合结果；

第四步，选择最符合设计意向的结果，叠加在体量生成的基本路径和建筑框架中，作为建筑内部的特色洄游路径；

第五步，依据功能要求，对叠加结果进行细化调整，并结合当地建筑风貌设计屋面和立面效果。

结语

苏州古典园林的设计是一个复杂的体系，其要素众多且彼此之间相互影响，对它的理解不能完全依赖主观经验，而应借助科学客观的分析工具。在对苏州古典园林进行系统的分析后，本文归纳出决定园林格局的核心影响因素和规律，形成的成果主要包括以下3方面：

（1）对苏州古典园林进行量化统计，形成了4座代表性园林的形态数据库；

（2）总结出园林化建筑设计的核心要素，据此形成了完整的程序生成流程，并最终实现园林化建筑的自动生成；

（3）应用园林数字化生成程序，进行了方案生成校验，提供了数字化视角下的建筑设计思路。

参考文献

[1] 康红涛．苏州古典园林量化研究[D]．南京:南京农业大学,2009.

[2] 郭中人．传统园林空间量变化之研究[Z]．建筑及都市设计学系所研究计划,2010.

[3] 杨小倩．苏州古典园林空间导引手法量化研究[D]．上海:华东理工大学,2018.

[4] 王永金．基于语义网络的中国古典私家园林空间量化研究[D]．哈尔滨:东北林业大学,2018.

[5] 希列尔,赵兵．空间句法：城市新见[J]．新建筑,1985(1):62－72.

[6] HILLIER B. The hidden geometry of deformed grids: or, why space syntax works, when it looks as though it shouldn't [J]. Environment and Planning B: Planning and Design, 1999, 26(2):169－191.

[7] HILLIER B. Space is the machine: a configurational theory of architecture [M]. Cambridge: Cambridge University Press, 1996.

[8] 韦克威,林家奕．留园、拙政园景观规划中的视觉控制浅析[J]．中国园林,2002,18(5):59－61.

[9] 朱光亚．拓扑同构与中国园林[J]．文物世界,1999(4):20.

[10] 赵倩．走向可持续的城市空间组织与量化方法研究:从起源到嬗变[D]．南京:东南大学,2017.

图片来源

图1~4、图7~15:作者自绘.

图5~6:作者于Depth Map分析自绘.

构件聚合

——基于波函数坍缩算法的建筑模块化生成设计方法研究

姜晚竹[1]　王佳琦[1*]（以上作者对研究做出了同等贡献，应被视为共同第一作者）
（1. 华南理工大学建筑学院，广东省广州市 510641，ucbq121@ucl.ac.uk）

摘要

数字技术革新了传统设计思维，为建筑生成提供了新媒介。波函数坍缩算法是一种图像生成算法，受约束求解启发，通过分析实例中离散图块的潜在联系，以生成大量风格类似的图像。本文探索了波函数坍缩算法在建筑模块化生成设计中的应用，旨在将建筑设计建模为约束求解问题，建立了基于一组预定义建筑模块及其局部组合关系、以自下而上方式满足设计目标的构件聚合算法。本文以文化建筑为例，分别验证了该方法在相同设计目标下生成多样化方案的创造力，以及不同设计目标时契合特异性需求的适应力。本文将建筑设计为独特的语义系统，使建筑师能自由定义设计元素及设计语言组合逻辑，以实现设计目标自动生成，拓展设计思维，为建筑创作提供更多可能性。

关键词：构件聚合；波函数坍缩；空间模块；约束求解；生成设计

Keywords: Component aggregation; Wave function collapse; Spatial module; Constraint solving; Generative design

引言

建筑学学科与计算机学科的交融已成为大势所趋。如今，借助数字化媒介与方法探索建筑设计过程的不确定性、复杂性与创造性成为新的研究议题。生成式方法将建筑设计视为一个迭代过程：在特定的程序中，对初始条件与生成规则进行定义，获得满足约束的输出结果。因此，设计者的核心关注点在于对象的原始基因而非最终形态，仅需制定简单清晰的逻辑即可获得丰富多样的方案。此时，数字技术对建筑领域的影响不再只是生产方法的改进，而是思维方式的升级[1]。

波函数坍缩算法作为一种数据驱动的新兴生成式设计方法，最初来源于对计算机领域程序化内容动态生成问题[2]的研究，它利用约束求解使相似的游戏场景在局部模式的引导下完成自动化运算。近年来，波函数坍缩算法逐步展现出在建筑领域中的巨大潜力，其蕴含的自下而上、选择多样、灵活高效等特点为建筑的模块化生成提供了新思路。

本文旨在探索波函数坍缩算法在模块式建筑生成设计中的应用。基于一组预定义的数字组件及其局部连接规则，将建筑设计建模为约束求解的过程，开发了一种生成具有自相似性空间集群的构件聚合算法，使建筑成为一种独特语义系统。同时，通过面向文化展览建筑的算法实验，进行了单一目标下生成多样化方案和不同目标下生成适应性方案共两个阶段的测试，全面验证了该方法在面对设计生成问题时的创造力及适应力。

1 约束求解问题与波函数坍缩算法

约束满足问题（constraint satisfaction problems）包含了一组有限的对象及其组合规则[2]，广泛应用于空间分配、决策制定、逻辑解谜等。类似地，建筑系统的生成也是各功能或形式要素按照特定规则的排列组合过程，其解决同样依赖大量试错实验。因此，可以将其作为一种 CSP 问题，建立一种面向建筑生成与组织的约束求解方法（constraint solving method）。

波函数坍缩来源于量子力学理论。其中，波函数是对具有不确定性的微观系统状态的描述，坍缩是指系统从叠加态（superposition）减少至本征态（eigenstate）的过程。在此过程中，“熵”用于衡量信息内容的不可预测性。波函数坍缩算法（wave function collapse，WFC）利用以上原理，通过局部检索、约束传播、回溯优化等机制在可能性的迷雾中逐步查验，寻找确定性的解决方案，衍生为一种解决约束满足问题的方法实例。

该算法最初由游戏设计师 Gumin[3] 开发，从源素材中捕捉局部片段与制作规则，快速生成大量具有相似性的图像，使游戏关卡富于变化。自开源以来，波函数坍缩算法逐步延伸到文学、音乐创作中，利用音节、韵律之间的链接属性生成诗歌、民谣[2]等艺术作品。近年来，建筑行业也对其进行了引进与转译，拓展了该算法在三维空间生成上的应用。伦敦大学 Hosmer 等人[4]利用波函数坍缩算法生成模块化数字游牧社区，将建筑定义为可随时搭建与重构的离散组件系统。南京大学陆柚余等人[5]则将该方法用于幼儿园建筑中的空间单元布局生成，将光线需求、功能联络等约束转译为空间拓扑关系[5]。除此之外，该算法还应用于三维风格迁移[6]、城市肌理生成[7]等方向。

在上述示例中，不同学者选取的元素片段及组构关系的不同，产生的研究成果也各具特色，体现出波函数坍缩算法强大的空间定义潜力。此时，与其将该算法作为技术黑箱重复使用，不如自主发掘特定问题的切入点及内在逻辑，为建筑生成式设计开辟新思路。

2 基于波函数坍缩算法的构件聚合

本文基于波函数坍缩算法，将建筑设计类比为约束求解过程：将一组离散建筑模块按照一定的连接规则进行排列组合，形成一种自主设计框架，即构件聚合算法。在本算法中，整体化的建筑意象被解构为模块化的特征三维构件，构件间的连接关系则被编码为一系列的算法约束，以此来实现高效的空间生成。

具体地，本算法框架主要由五个部分组成（图 1）：三维网格（grid）、空间模块库（library）、约束策略（policy）、约束求解器（solver）及结果评估器（evaluator）。其具体的设置如下：

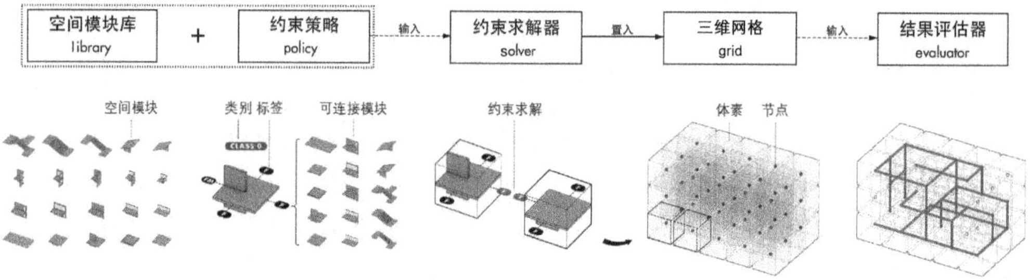

图 1 构件聚合算法的组成部分及其运行关系

三维网格（grid）是具有拓扑结构的虚拟生成环境。以空间中各节点（nodes）为中心，每个体素单元内部可以容纳一个预定义的建筑模块（tiles）。通过设置三维网格各边的节点数量以及体素的尺度与形状，我们可以定义方案生成的有效范围。

空间模块库（library）包含所有参与空间生成的建筑模块，每个模块由原型（prototype）以及约束信息（constraint）组成。原型应遵照网格体素的大小与形状。约束信息则为模块组合提供必要条件：类别信息（class）标记了该模块所在的功能分区；邻接信息编码了该模块各面上的链接关系。模块在网格体素各面（如正方体的 6 个邻接面）上的二维视图可被设置为不同标签（label）。

约束策略（policy）定义了所有空间模块类别及标签之间的连接与排斥规则。例如，如果邻接面上的几何图形可以相互贴合，则该组标签可相互连接。值得注意的是，非中心对称的邻接面图形只能与其镜像图形相连，不能与本身相连。

约束求解器（solver）是算法中的决策模块，通过触发波函数坍缩的过程，逐步选择确定性的空间模块置于网格环境中，以此生成完整方案。具体地，求解器会查找已规划区域所有邻接节点，选择可置入模块种类最少的点作为下一个规划位置（约束限制最大，熵值最小），并利用评估器决定具体的嵌入模块，使做出错误选择的概率降至最低。此外，为防止计算中途因选择可能性不足而陷入卡顿，求解器被赋予回溯优化的功能，节点的坍塌顺序和约束传播情况会保存为历史信息，当约束的误差大于阈值时，可撤销部分历史动作对模块进行重新选择。

结果评估器（evaluator）为方案提供实时空间指标评价，影响坍缩过程的进行及生成结果的筛选。通过整合已堆积的模块集群中预设的指标，可以获得如建筑密度、绿地密度、功能配比、结构稳定性和空间连通度等多项可视化数据。

综上，本算法的运行流程为：当算法初始化时，在任意位置插入一个任意空间模块，基于该模块携带的约束信息，其相邻节点的可嵌入模块阈值会坍缩为特定的几种可能。求解器选择该阈值最小的节点位置，按照评估器的要求填充入第二个构件模块。此时，整体邻接节点数量增加，求解器会基于新的邻接节点集再次选择最小熵值节点进行生成，重复此循环直至整个计算范围填充完毕。当计算范围仍未填满，但邻接界面没有可以连接的空间模块时，算法将发生回溯，重新选择上一步的构件，使算法可以继续运行。

3 面向文化展览建筑的算法实验

以博物馆为代表的文化展览建筑，一般具有空间组织自由、空间类型丰富的特点，适合作为本算法的实验对象。因此，本文在 40 m×28 m 的虚拟场地中，以生成一个 2 000 m^2 左右的文化建筑为目标，进行了两个阶段的生成设计实验，探索该方法面对不同需求时的应用潜力。

3.1 文化建筑生成模型配置

在进行实验前，对三维网格环境、空间模块库和约束策略等进行了配置，以建立针对文化建筑的计算性模型。

（1）在三维网格建立中，选择边长 4 m 的立方体作为节点的体素形态，设置 9 m×6 m×3 m（36 m×24 m×12 m）的网格范围（图 2）。

（2）在空间模块设计中，对传统坡屋顶建筑意象进行模块化解构，根据特征不同，分为功能模块、绿化模块、交通模块和空白模块 4 类（图 3）。

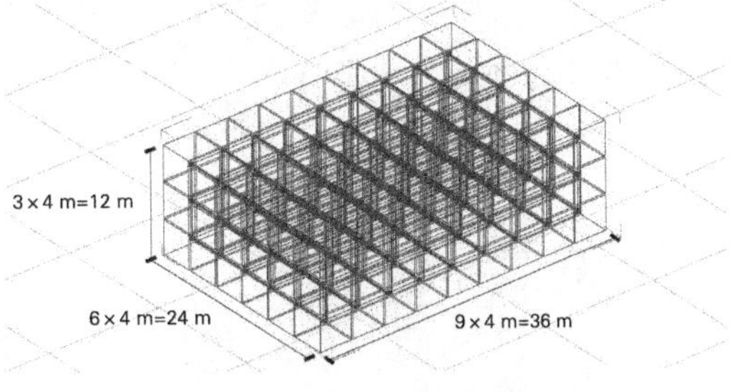

图 2　三维空间网格轴测图

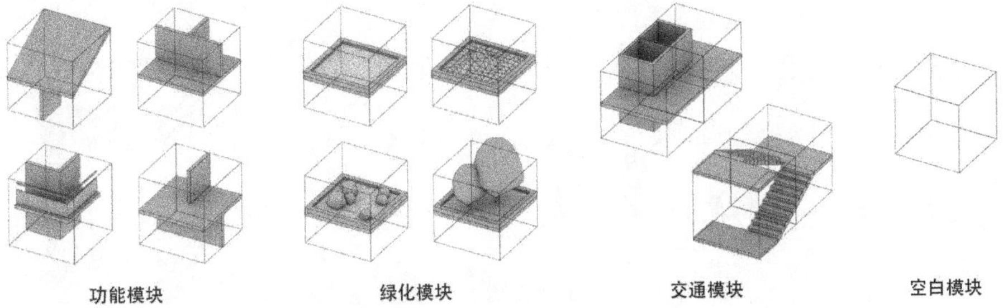

图 3　4 种不同模块轴测示意图

功能模块根据高度位置可被分为 3 个区域：屋顶区模块（roof，R）、墙体区模块（wall，W）及基础区模块（base，B）。根据模块所在平面位置，上述每区可分为外凸角模块（corner，ca）、内凹角模块（corner，ce）、边模块（side，s）以及中心模块

(middle，m)，自此完成一级编码。而在二级编码中，各模块会被进一步分化，以增加生成结果的丰富度。以墙体区模块为例，每个角模块可附加 4 种不同的阳台形式，共 8 种子类型（Wca - Lb1 - 4，Wce - Lb1 - 4)。类似地，每个边模块有 I 形和 T 形两种墙体形式并配合不同阳台形式，同样形成 8 种子类型（Ws - Lb1 - 4，Ws - Tb1 - 4)。最后，在三级编码中，所有子类型将进行旋转变换，获得各方向上的变体，共计 271 种模块（图 4)。

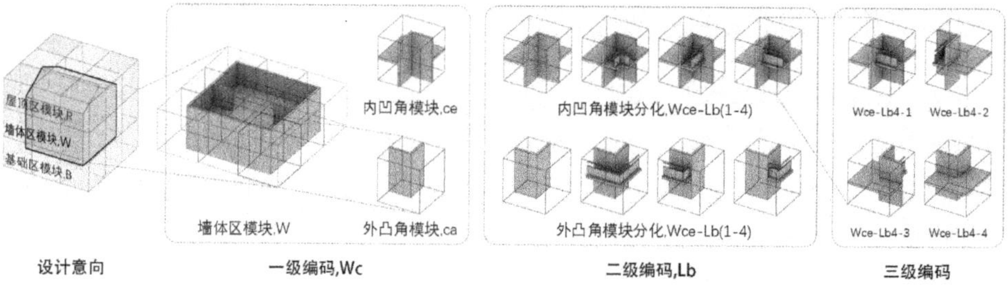

图 4　从设计意向到不同功能模块的分化

除上述功能模块外，模块库还包含 4 种绿化模块、8 种交通模块以及 1 种空模块。综上，共 284 种模块原型（图 5)。另外，通过复制绿化与交通模块的数量，各类模块比例大致控制为功能模块：绿化模块：交通模块：空白模块 = 10：2：1：1。

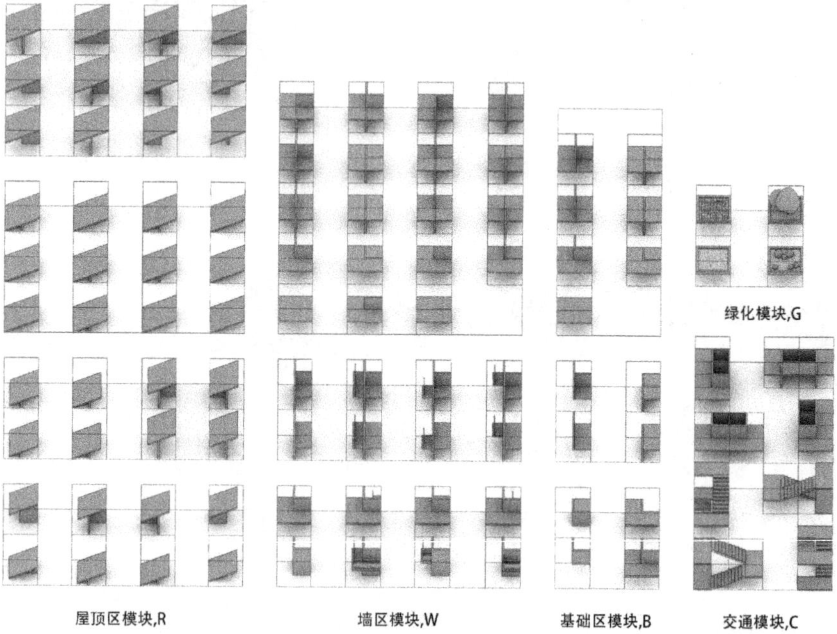

图 5　空间模块库（部分）轴测示意图

在完成原型设计后，需要标记各模块的约束信息。依据各模块在不同方向上的邻接面图形，有 36 种水平标记与 14 种垂直标记，共计 50 种（图 6）。除上述约束信息外，各模块的面积指标、空间连通度、结构稳定性、材质等属性信息，也会集成于空间模块库中，并参与后续的运算流程。

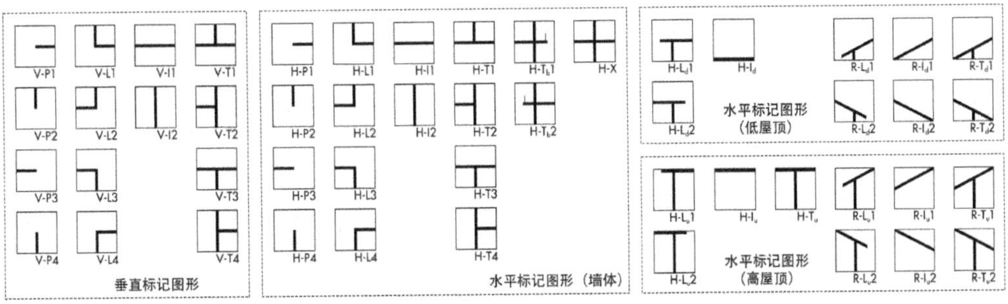

图 6　各邻接面图形及其标签

（3）在约束策略的设置中，类别信息的连接规则如表 1 所示，有标记处代表两者可以连接。功能模块被设置为可以与任意类别相连，自由度最大。邻接面标签之间的连接规则分别基于水平及垂直两种关系来制定，如表 2~5 所示。

表 1　类别信息的连接规则

	功能模块	绿化模块	交通模块	空白模块
功能模块	✓	✓	✓	✓
绿化模块	✓	✓		✓
交通模块	✓		✓	
空白模块	✓	✓		✓

表 2　垂直邻接面标签的连接规则

	V-P1	V-P2	V-P3	V-P4	V-L1	V-L2	V-L3	V-L4	V-I1	V-I2	V-T1	V-T2	V-T3	V-T4
V-P1			✓											
V-P2		✓												
V-P3	✓													
V-P4				✓										
V-L1						✓								
V-L2					✓									
V-L3								✓						
V-L4							✓							
V-I1									✓					

（续表）

	V-P1	V-P2	V-P3	V-P4	V-L1	V-L2	V-L3	V-L4	V-I1	V-I2	V-T1	V-T2	V-T3	V-T4
V-I2										✓				
V-T1											✓			
V-T2														✓
V-T3													✓	
V-T4												✓		

表 3 水平邻接面标签的连接规则（墙体）

	H-P1	H-P2	H-P3	H-P4	H-L1	H-L2	H-L3	H-L4	H-I1	H-I2	H-T1	H-T2	H-T3	H-T4	H-Tb1	H-Tb2	H-X
H-P1			✓		✓			✓	✓		✓		✓	✓			✓
H-P2		✓			✓	✓		✓		✓	✓	✓		✓			✓
H-P3	✓					✓	✓		✓		✓	✓	✓				✓
H-P4				✓			✓	✓		✓		✓	✓	✓			✓
H-L1	✓	✓				✓					✓			✓			✓
H-L2		✓	✓		✓						✓	✓					✓
H-L3			✓	✓				✓				✓	✓				✓
H-L4	✓			✓			✓						✓	✓			✓
H-I1	✓		✓						✓		✓		✓				✓
H-I2		✓		✓						✓		✓		✓			✓
H-T1	✓	✓	✓		✓	✓			✓		✓						✓
H-T2		✓	✓	✓		✓	✓			✓				✓		✓	✓
H-T3	✓		✓	✓			✓	✓	✓				✓				✓
H-T4	✓	✓		✓	✓			✓		✓		✓			✓		✓
H-Tb1														✓		✓	
H-Tb2												✓			✓		
H-X	✓	✓	✓	✓	✓	✓	✓	✓	✓	✓	✓	✓	✓	✓			✓

表 4 水平邻接面标签的连接规则（低屋顶）

	H-Ld1	H-Ld2	H-Id	R-Ld1	R-Ld2	R-Id1	R-Id2	R-Td1	R-Td2
H-Ld1		✓							
H-Ld2	✓								
H-Id			✓						
R-Ld1					✓				
R-Ld2				✓					

（续表）

	H-Ld1	H-Ld2	H-Id	R-Ld1	R-Ld2	R-Id1	R-Id2	R-Td1	R-Td2
Rld1							✓		✓
R-Id2						✓		✓	
R-Td1							✓		✓
R-Td2						✓		✓	

表 5 水平邻接面标签的连接规则（高屋顶）

	H-Lu1	H-Lu2	H-Iu	H-Tu	R-Lu1	R-Lu2	R-Iu1	R-Iu2	R-Tu1	R-Tu2
H-Lu1		✓								
H-Lu2	✓									
H-Iu			✓							
H-Tu				✓						
R-Lu1						✓				
R-Lu2					✓					
R-Iu1								✓		
R-Iu2							✓			
R-Tu1										✓
R-Tu2									✓	

最后，本实验中约束求解器未添加附加规则，仍采用最小熵值法选择规划位置，利用随机抽取法确定嵌入模块。结果评估器中置入建筑密度、绿地密度、功能配比、结构稳定性和空间连通度等指标，以指导后续结果评估。

3.2 单目标多样化生成实验

本实验基于以上模型，旨在验证该算法生成方案的合理性与多样性。通过在网格的随机位置中植入任意一个预设模块作为初始约束，当前的模型配置可生成大量具有自相似性的结果。图 7 展示了该算法以自下而上的方式生成其中一个空间集群的具体过程，图 8 则记录了 36 个连续生成的空间集群结果。

在生成过程中，由于初始模块的随机性，算法模型在坍缩时不会按照统一路径运行，具有极强的不确定性。即使初始模块位置相同，也会因为后续模块选择不同而产生差别，因此生成结果数量庞大。

经过对生成结果的评估，可以发现使用该算法产生的建筑方案中，无法满足合理性要求的比例大致为 28%，存在的问题包括：示例 02 没有生成屋顶模块；示例 17 没有覆盖整个生成范围；示例 32 有过多悬浮部分；示例 35 底层空间破碎等。在符合要求的生成结果中，可以发现许多具有创意性的方案：示例 07 与示例 16 中出现了整齐的小空间

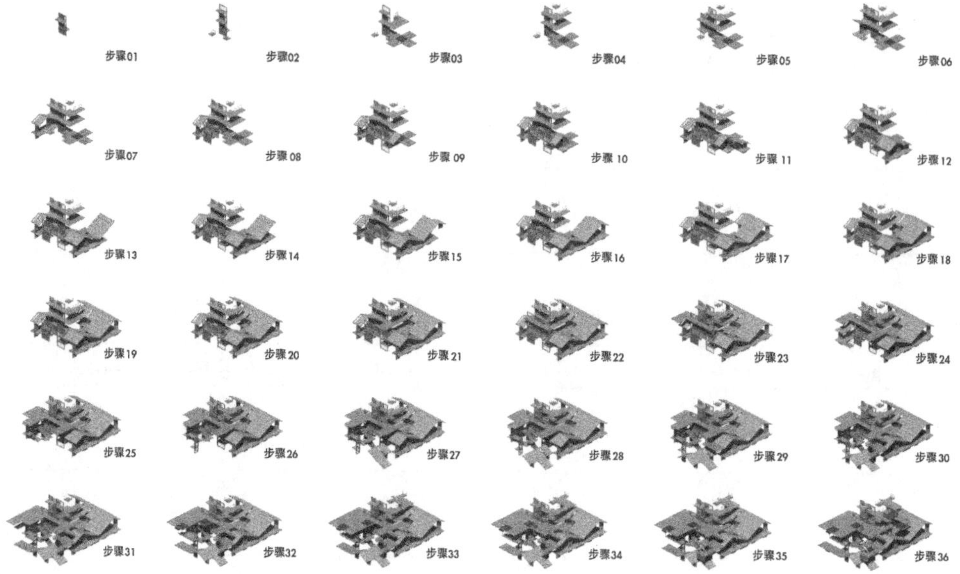

图 7 算法具体生成过程

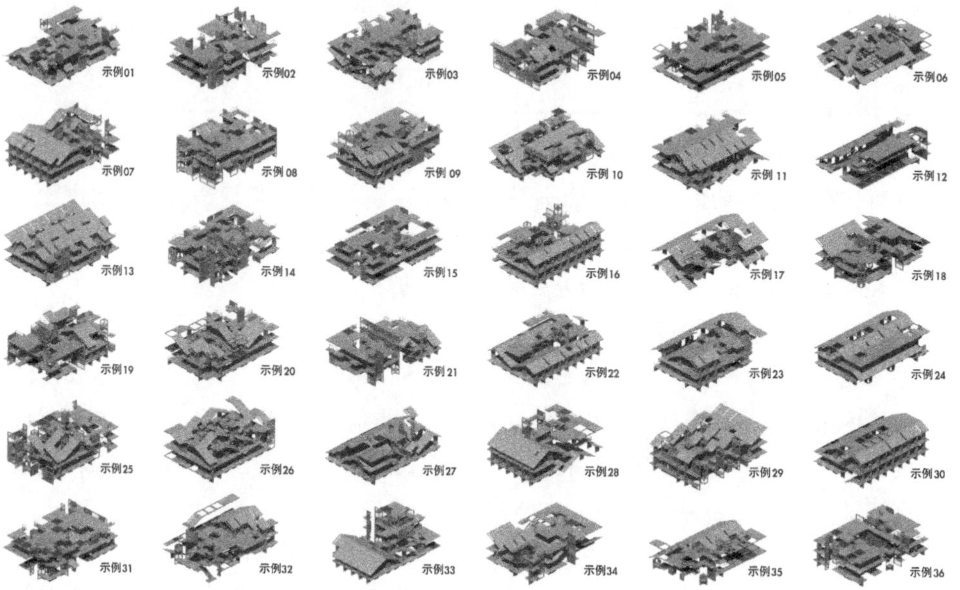

图 8 单目标多样化实验部分生成结果

区域与自由的公共区域；示例 10 与示例 26 生成了多层次坡屋顶关系；示例 13 与示例 29 生成了连续性坡屋顶关系。综合上述分析，本生成模型的可信度大致为 72%，横向探索的创造力较好，可满足生成多样化方案的需要。

3.3　多目标适应性生成实验

在上一阶段的基础上，本实验验证了该方法在面对不同设计目标如生成尺度、生成形态及空间配比时的适应性及可拓展性。通过设置 3 个新场景，包括围院、高层和聚落，算法基于原有配置再次生成了大量具有相同风格的结果（图 9）。

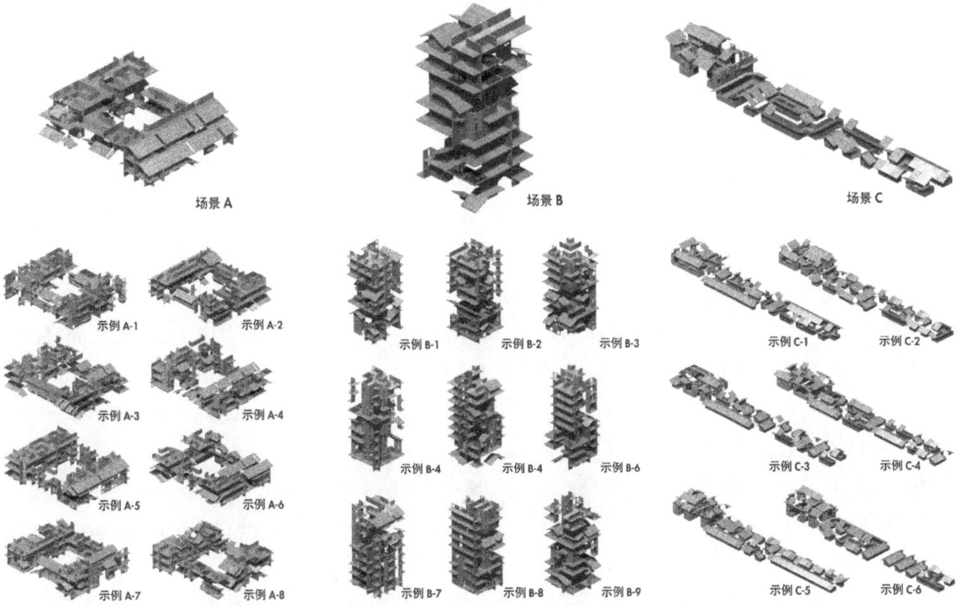

图 9　多目标适应性实验部分生成结果

生成结果设计风格保持高度统一，证实了该方法在应对不同设计场景时的可拓展性。同时，经过对生成结果的合理性评估发现，合格比例同样可以维持在 75%左右。特别地，在生成高层与聚落这类在单一方向上延展的建筑类型时，其方案的合理性与创造力会有明显的上升。因此，算法生成合理结果的比例基本没有差异，证明该模型具有良好的适应能力，可以满足转换设计目标的需要。

结语

通过将建筑设计建模为约束求解的过程，本文初步探索了将波函数坍缩算法应用于建筑模块化生成设计的可能性，开发了具有完善系统框架、自主生成逻辑的构件聚合算法。在两组实验中，该算法已被证明可以生成大量满足要求的自相似方案，符合创造性需要；同时，可以适应不同设计目标，满足多变性需求。

此次实验美中不足的是，相较于波函数坍缩算法原本生成的二维图像系统，三维建筑系统具有更加复杂的规范制度与实际约束，而目前约束求解器在模块选择的决策中随机性太大，导致以自下而上的方式生成的空间在宏观层面会呈现同质化或是不可控的问题，影响生成方案的质量。在未来的研究中，更多自上而下的建筑化约束（如场地环境条件、功能拓扑关系等）需要被引入，以提升算法架构的完整性与生成结果的可靠性；同时，基于人工智能技术的决策机制（如深度强化学习）可以被嵌入约束求解器中，以实现模块配置策略的智能化。

本文将建筑塑造为一个独特的语义系统。模块构件类似于字母，而构件之间的连接关系与组合逻辑则类似于词法与句法。各层级设计元素均可由设计者自由定义，以用于各种特异性设计目标的实现，极大地拓展了建筑师的设计思维，增强了建筑设计的适应性与自主性。同时，本研究也提升了建筑作为可预制、可重构单元系统的可能性，丰富了与模块化、装配式、离散式建筑等研究主题相关的综合性设计方法。

参考文献

[1] CARPO M. The second digital turn: design beyond intelligence[M]. Cambridge:MIT Press, 2017.

[2] KARTH I, SMITH A M. WaveFunctionCollapse is constraint solving in the wild[C]//Proceedings of the 12th International Conference on the Foundations of Digital Games. New York, 2017: 1-10.

[3] GUMIN M. WaveFunctioncollapse [EB/OL]. (2017-05-20)[2022-06-06]. https://github.com/mxgmn/WaveFunctionCollapse/blob/master/README.md .

[4] HOSMER T, TIGAS P, REEVES D, et al. Spatial assembly with self-play reinforcement learning[C]//Proceedings of the 40th Annual Conference of the Association for Computer Aided Design in Architecture. New York, 2020: 382-393.

[5] 陆柚余,童滋雨. 基于波函数塌缩算法的离散化单元布局生成研究[C]//数智营造：2020 年全国建筑院系建筑数字技术教学与研究学术研讨会论文集. 长沙,2020: 28-34.

[6] SAVOV A, WINKLER R, TESSMANN O. Encoding architectural designs as iso-surface tilesets for participatory sculpting of massing models[M]//Impact: design with all senses. Cham: Springer International Publishing, 2019: 199-213.

[7] LIN B, JABI W, DIAO R D. Urban space simulation based on wave function collapse and convolutional neural network[C]// Proceedings of the 11th Annual Symposium on Simulation for Architecture and Urban Design. SAN DIEGO, 2020: 1-8.

图表来源

图 1~9:作者自绘.

表 1~5:作者自绘.

致谢

感谢同济大学设计创意学院贺仔明博士在本文算法代码编写中提供的大力支持。

基于整数规划的空间网络定量建模研究

王　蓓[1]　李　飚[1*]

（1. 东南大学建筑学院建筑运算与应用研究所，江苏省南京市 210096，jz. generator@gmail. com）

摘要

空间网络理论能够灵活地描述具有空间属性的复杂系统，例如包含了环境、成本、空间等诸多要素的城市与建筑。该理论模型在设计分析中已经有了广泛的应用。本文使用 Java 语言搭建编程框架，将地理实体的几何信息与拓扑关系抽象为空间网络中的点和边，提炼几何形态、空间尺度、连通效率、可达性等设计要素，将其转化为数学语言，建立基于整数规划的定量模型，进行运算优化，统筹地解决了建筑学中空间布局和道路生成的问题。为验证模型的普适性和有效性，针对三维建筑空间进行生成实验，通过满足所有的指标约束来保证生成网络的有效性。

关键词：整数规划；空间网络模型；生成设计；数学优化；空间布局

Keywords：Integer programming；Spatial network model；Generative design；Mathematical optimization；Space allocation

项目资助情况：自然科学基金面上项目（51978139）；2022 年度省碳达峰碳中和科技创新专项资金（第三批）

引言

城市与建筑作为复杂系统，包含了环境、成本、空间等诸多要素，相互联系形成完整的体系，激发各种行为活动。空间网络理论能够灵活有效地描述具有空间属性的复杂系统[1]，将地理实体的几何信息与拓扑关系抽象为网络中的点和边，便于设计师深入地理解城市建筑的形态与结构。然而，设计师往往难以精确表达空间网络的特性，而使用连贯性、可读性、有机性等模糊的“术语”进行似是而非的描述。近年来跨学科研究蓬勃发展，以比尔·希列尔的空间句法[2]为代表的理论对空间网络的描述进行了定量的研究。目前的研究多应用于将既有的城市建筑抽象为网络之后，再进行定量分析，而缺乏从抽象网络到具体物质空间的转化，即生成设计[3]的探索。建筑是一门实践的学科，随着计算机技术的不断引入，设计师可以选择合理的算法，将相关“术语”转译为计算机可读的定量规则。

数学规划是一种常用于建筑生成设计中的算法，本质是寻找限制方程的最优解。设计师可以将各种设计要素及需求构造为数学规划模型中的变量、目标函数和约束条件，生成符合功能规范的程序结果。建筑领域基于数学规划的相关研究利用了空间网络的思想，如将建筑抽象为具有尺寸和位置属性的点，将道路抽象为线进行建模。目前的研究中，一批学者集中于建筑的空间布局生成，Keatruangkamala 等人[4]将房间的尺寸、位置、拓扑关系都用变量来表示，得到符合需求的建筑平面[图 1（a）]；Peng 等人[5]将布局问题转化为模板在格网中拼贴的问题，实现异形建筑平面布局[图 1（b）]；张佳石[6]在三维网格中进行模板拼贴，解决中小学建筑的空间布局问题[图 1（c）]。另一批学者则研究道路系统的生成，Peng 等人[7]进行了街区尺度的路网生成实验[图 1（d）]。华好等人[8]以住区设计为主题，先在场地中解决体量排布的问题，将住区日照规范转化为不等式约束，然后用斯坦纳树生成连接所有体量的道路系统[图 1（e）]。

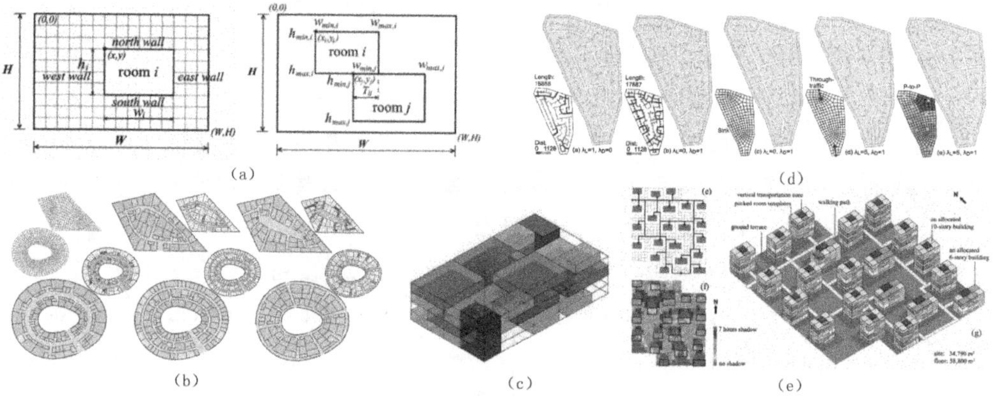

图 1　建筑学领域基于数学规划的相关研究

从以上文献综述可以发现，现有研究多基于特定情境（如小住宅、街区规划），分别对设计中的空间布局与道路求解问题进行了探索，对于位置、尺寸、数量乃至于指标规范等定量明确的设计要点提出了建模方式。鉴于此，本文的目标是建立一个普适的空间生成模型，首先提炼拓扑关系、几何形态、连通效率等设计要素，在简化的空间网络模型中对其进行定量转译和程序实验，并增加约束，使得模型能够统筹地解决空间布局和道路生成问题，然后运用该模型进行三维空间生成探索。

1　生成实验

为实现建筑术语到数学公式的定量转化，首先需要创建一个将地理实体抽象化，并能表达其空间位置属性的模型。本文结合空间网络的特征，以图模型[9]为基础建立数学规划模型，其中包含 2 个要素：（1）地理实体的几何信息，包括形状、位置、尺寸等，储存在图的节点中，如城市规划中的建筑、场地出入口等，以及建筑中的功能空间；（2）地理实体之间的拓扑关系，储存在图的边中，如城市中的道路，或建筑中空间的相邻关系可以视为节点之间的边，行人通行于其中视为图中的“流”[10]。

依此建立一个有向图 $M=(V,\ E)$ 来描述城市建筑系统[图 2（a）]，V 是图中所有节点的集合，点之间的边 ij 用 Z 表示其集合，边长记作 D_{ij}。在有向图中，每一条无向边 ij 都可以由一对具有方向的弧 $(i,\ j)$，弧 $(j,\ i)\in E$ 来表示。其中 i，j 必须是图中相互连接（在设计语境中可能表现为位置相邻）的节点[图 2（b）]。初始图的轮廓以及节点的数量、位置、连接关系等可根据设计需求自行建立。规整的正交系统网络适合排列规则的布局如住区设计，而部分城市街区具有特殊的肌理，或大型公共建筑常有异形轮廓，其地块剖分结果呈不规则曲线，其计算所需的点和边的引用关系都可以用有向图模型建立[图 2（c）]。

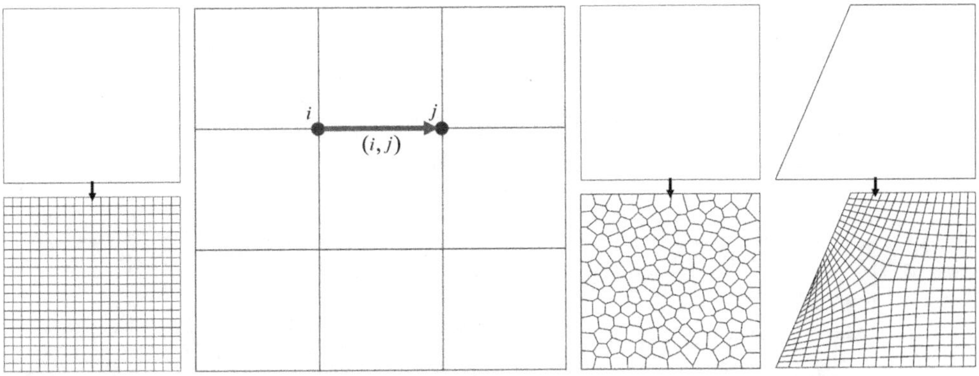

（a）将设计范围抽象为图　（b）图的节点和有向弧　（c）形态不规则的初始图

图 2　模型建立方法

求解的目标是根据设定的规则，在初始图中选择一部分节点和边，组成新的流通网络。若初始图中的边（或弧）被选择，则称该边（或弧）连通，“流”可以在其上通过。

模型中的变量如下：

z_{ij}，二元变量，表示节点 i、j 之间的无向边 ij 是否连通。

e_{ij}，二元变量，表示图中的有向弧 $(i,\ j)$ 是否连通。

其中两点 i、j 间的边变量和弧变量具有以下关系：

$$e_{ij}+e_{ji}=z_{ij},\quad \forall (i,\ j)\in E \tag{1}$$

此约束使得：（1）避免出现 $e_{ij}+e_{ji}=2!\ z_{ij}$ 的情况，即方向相反的两股流能够同时通过一条边；（2）当 e_{ij}、e_{ji} 任有一条弧连通时，对应的边也连通。

1.1　拓扑关系实验

在建立模型时需要设定节点间拓扑关系，如在城市设计语境中，道路需要连接所有建筑和场地出入口，即图中的“流”能覆盖所有预设的节点。该模型属于图论中的斯坦因树模型，图中的节点可分为两种：一种是必经的目的点，包括一个源点 p 和所有汇

点 k 的集合 K；另一种是非必经点，可能作为流通网络中的节点，也可能不在其中[8]［图 3（a）］。在模型中增加二元变量 f_{ij}^{k}，表示从弧（i，j）流向节点 k 的流量，除式（1）外，该模型还有以下目标函数及约束条件：

$$\min \sum z_{ij}\Delta_{ij},\quad \forall ij \in Z \tag{2}$$

$$\sum_{(i,\ j)\in E}(f_{ij}^{k}-f_{ji}^{k})=\begin{cases}-1 & \text{if}\quad j=p\\ 1 & \text{if}\quad j\in K\quad \forall j\in V,\quad \forall k\in K\\ 0 & otherwise\end{cases} \tag{3}$$

$$f_{ij}^{k}\leqslant e_{ij},\quad \forall(i,\ j)\in E,\quad \forall k\in K \tag{4}$$

式（2）为目标函数，使得生成网络的总长最短。式（3）约束对于源点 p 只有向外流出的流量，其流量总和为-1，对于 K 中汇点只有向内流入的流量，流量总和为 1，其他非必经点既有流入又有流出，仅起到流通的作用，流量总和为 0。式（4）确保只有当弧 e_{ij} 连通时，弧上才允许有“流”通过。使用模型在 21×21 的网格中分别生成了满足 10、20、30、40 个汇点相互连接的流通网络［图 3（b）（c）（d）（e）］。

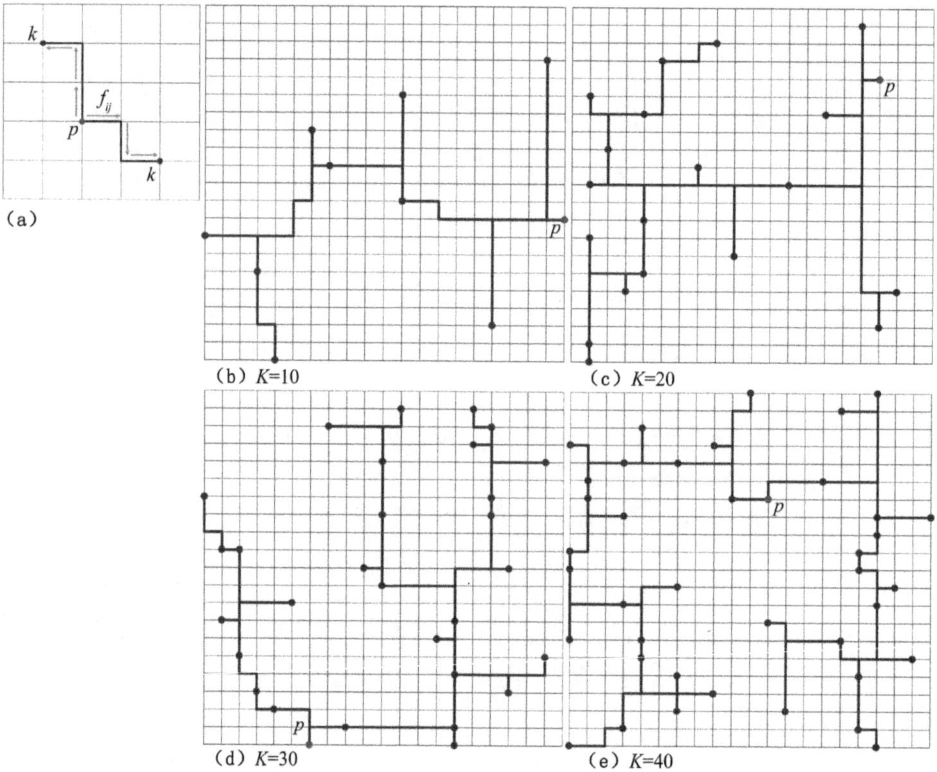

图 3　模型原理及汇点数量不同的程序实验

1.2 几何形态实验

为保证网络在视觉上的可读性，需要控制其几何形态。例如在城市设计中，为了满足人们的行走偏好，道路一般是笔直的。本文中实验的目标是尽可能地少出现拐弯或端头路。在变量中找到描述从节点出发的上、下、左、右四条弧是否连通的变量 z_i^{up}、z_i^{down}、z_i^{left}、z_i^{right}，$\forall i \in V$；并增加一组用于形态控制的二元变量 v_i、h_i 描述从图中的节点出发的弧在竖直方向或水平方向是否形成拐弯或端头路。模型的目标函数更改如下：

$$\min \sum_{i,\ j \in Z} z_{ij} \Delta_{ij} + \alpha \sum_{i \in V} (h_i + v_i) \tag{5}$$

列举所有会出现拐弯或端头路时变量 v_i、h_i 的取值[图 4（a）]，如当 $z_i^{up} + z_i^{down}$ 值为 1 时会出现右拐弯或端头路，此时约束垂直方向的形态变量 $v_i = 1$；值为 0 或 2 时会出现直路，或没有路，此时约束 $v_i = 0$。α 为正值系数，影响着求解器在全局网络总长最短和形态控制之间的决策。引入辅助二元变量 i_i、b_i，在式（1）（3）（4）的基础上增加约束条件：

$$\begin{cases} z_i^{up} + z_i^{down} = v_i + 2\theta_i \\ z_i^{left} + z_i^{right} = h_i + 2\beta_i \end{cases}, \quad \forall i \in V \tag{6}$$

将基本模型与增加形态约束的模型进行对照实验[图 4（b）]，生成的网络总长一致，但右图更加清晰易于理解，符合人们的行走习惯。使用该方法，还可以对 T 字路口、十字交叉路口等形态进行描述和控制。

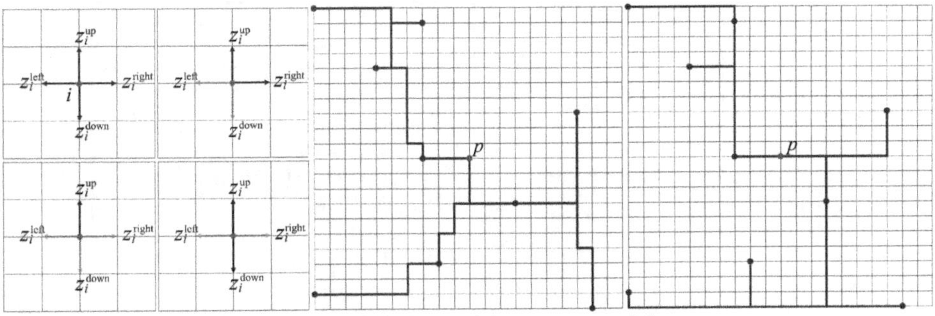

（a）　　　　　　　　　　　　　　（b）

图 4　形态控制原理及对照实验

1.3 空间尺度实验

设计中的尺度感可以用空间网络的密度来描述，车行城市的路网密度就远大于以步行为主的城市。本研究中，通过限制图中所有的节点到流通网络的距离小于给定值 d 来控制网络密度[7]。首先在有向图中取得与节点 i 的距离小于给定值 d 的节点集合，称为 i 的覆盖点集 V_i^{cover}，问题转化为每个节点都必须处于任一在流通网络中的节点的覆盖点集中。模型中新增以下变量：

$d_{ij} \in \left[0, \sum \Delta_{ij}\right]$，实数变量，表示从弧 e_{ij} 出发沿着网络流到达源点 p 的总距离。

l_{ijq}，二元变量，表示弧 e_{ij} 及跟随其后的下一条弧 e_{jq} 是否都流通。为获得 q 的取值范围，在有向图 M 中取得所有其他与 j 相邻且不为 i 的节点集合 T_{ij}，令 $q \in T_{ij}$。

v_a，二元变量，描述网络中节点的状态，即是否被流通网络覆盖。

模型的目标函数仍为式（2），除式（1）外还受以下约束条件限制：

$$l_{ijq} \leqslant e_{ij} \times e_{jq}, \quad \forall (i, j) \in E, \quad \forall q \in T_{ij} \tag{7}$$

$$\text{if} \quad j \neq p, \quad e_{ij} - \sum_{q \in T_{ij}} l_{ijq} \leqslant 0, \quad \forall (i, j) \in E \tag{8}$$

$$(d_{jq} - d_{ij}) \times l_{ijq} \geqslant l_{ijq}, \quad \forall (i, j) \in E, \quad \forall q \in T_{ij} \tag{9}$$

$$1 - |\varepsilon_a| \leqslant \sum_{b \in \varepsilon_a} z_{ab} - |\varepsilon_a| v_a \leqslant 0, \quad \forall a \in V \tag{10}$$

$$\sum_{x \in V_a^{\text{cover}}} v_x \geqslant 1, \quad \forall a \in V \tag{11}$$

式（7）使得若 e_{ij}、e_{jq} 任一弧不连通，则 l_{ijq} 取值为0。式（8）表示若 e_{ij} 连通，且 j 不是给定的源点 p 时，必须存在连通的弧 e_{jq}，使得流延续下去。若仅对模型增加约束（7）（8），结果会生成四散的孤岛，它们的弧首尾连接，不能集中到源点[7]［图5（a）］。式（9）避免了这种情况，假设网络中存在孤岛，其中的弧记录为 $e_{0,1}$，

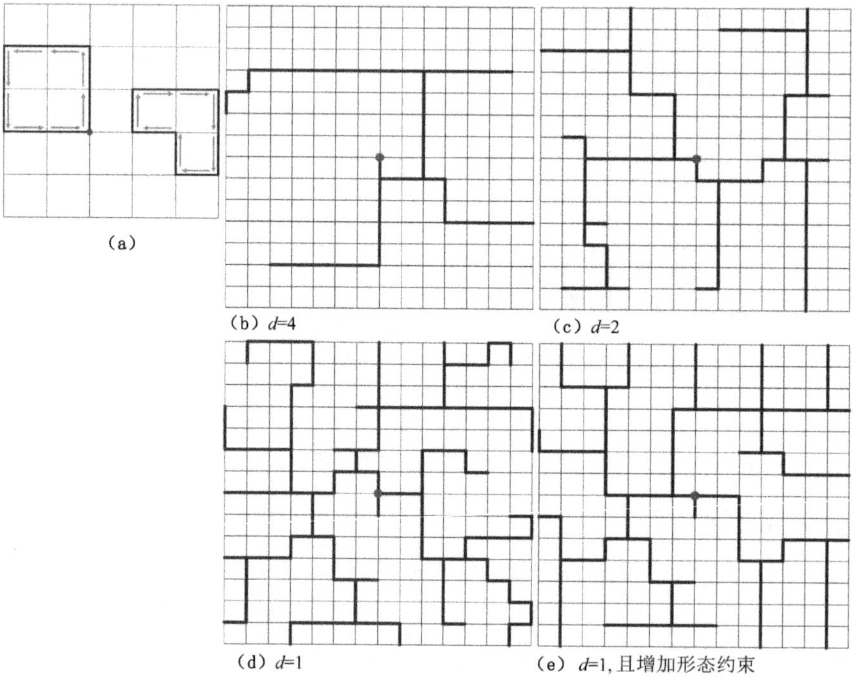

图5 模型原理及对照实验

$e_{1,2}$, …, $e_{n-1,0}$，则不能满足 $d_{0,1} > d_{1,2} > \cdots > d_{N-1,0} > d_{0,1}$。式（10）中 ε_a 是与节点 a 连接的边的集合，若限制 ε_a 中任一条边连通，则 $v_a = 1$，标记节点 a 在流通网络中。式（11）约束每个节点都必须在某个流通节点 a 的覆盖点集 V_a^{cover} 中。

运用该模型进行生成实验，随着 d 值减小，网络的覆盖程度明显增加，空间尺度变小[图 5（b）（c）（d）]。加入 1.3 节中的几何形态约束进行对照实验[图 5（e）]，在 d 值相同时，增加形态约束的网络更加清晰。

1.4 节点可达性实验

以上模型的目标均为总长最短的全局最优解，导致网络中存在部分很难到达的节点。如在大部分建筑设计中，应尽可能直接通过走廊进入功能空间，而不是在空间之间不断穿越，打断其完整性。本模型的目标函数为式（2），在式（1）（3）（4）的基础上增加以下约束条件：

$$\sum_{(i,\ j)\in E}(f_{ij}^k + f_{ji}^k) \leqslant M_k, \quad \forall k \in K \tag{12}$$

式（12）为每个汇点 k 设定距离阈值 M_k，限制 k 到源点 p 距离小于 M_k [图 6（a）（b）]，在网络总长一致的情况下，部分节点的可达性增强了。

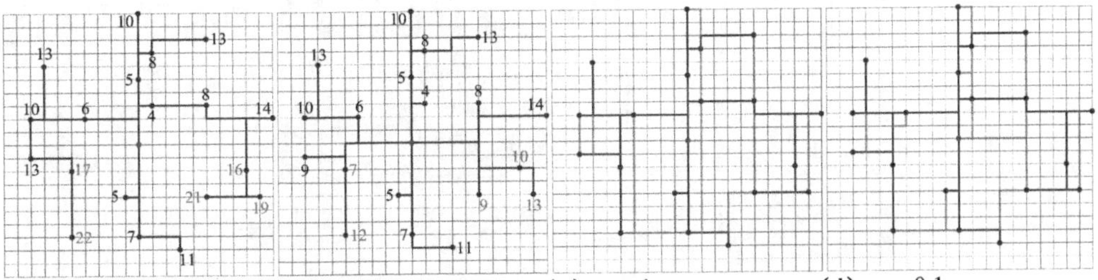

图 6 可达性实验及联通效率实验

1.5 连通效率实验

在以上实验结果中，每个汇点只能通过单一路径的“流”到达，而在实际中，通向某个节点往往不止一条路径，如城市道路设计中常常出现环路，使得网络的连通效率更高。如果有两股不同的流从源点到达汇点，就可以产生环路，基于这一点，可以通过构建多个斯坦因树模型来创建环路[8]。将两个斯坦因树模型中的边变量标记为 z_{ij} 和 z'_{ij}，在式（1）（3）（4）的基础上增加以下目标和约束：

$$\min \sum_{ij\in Z}(z_{ij} + z'_{ij} + \rho c_{ij})\Delta_{ij} \tag{13}$$

$$c_{ij} = z_{ij} \wedge z'_{ij}, \quad \forall ij \in Z \tag{14}$$

式（13）是新的目标函数，负数系数 ρ 代表对两个斯坦因树相异程度的期望。式（14）使用辅助变量 c_{ij} 来描述两次生成结果的差异值。ρ 取值越小，两次生成的结果差异就越大[图 6（c）（d）]。

2 空间生成探索

在第 1 节的程序实验中，多基于给定节点生成符合规范的网络，在设计中可视为已经在场地中规划好建筑再设计道路的情况，而在更多的设计情境中，空间和道路互相影响，需要统筹规划。且在城市、街区、建筑等各种不同尺度的情境中，模型需要依据设计需求进行变形和拓展。

本文以第 1 节的模型作为基础进行拓展[图 7（a）]，如在建筑空间设计中，由于交通占据空间较大，将其建模为团块来计算[图 7（b）]，并引入用于空间布局的 0~1 整数规划模型，使得模型能够统筹地生成空间和道路[图 7（c）]，并满足拓扑关系的要求[图 7（d）]。在街区规划情境中则探索了三步优化模型，分别优化生成主路、支路、沿街建筑，每步优化后都将初始图按照不同的尺度进行再次细分[图 7（e）（f）]。在以上探索的基础上，使用该模型在三维网络中进行空间生成实验。

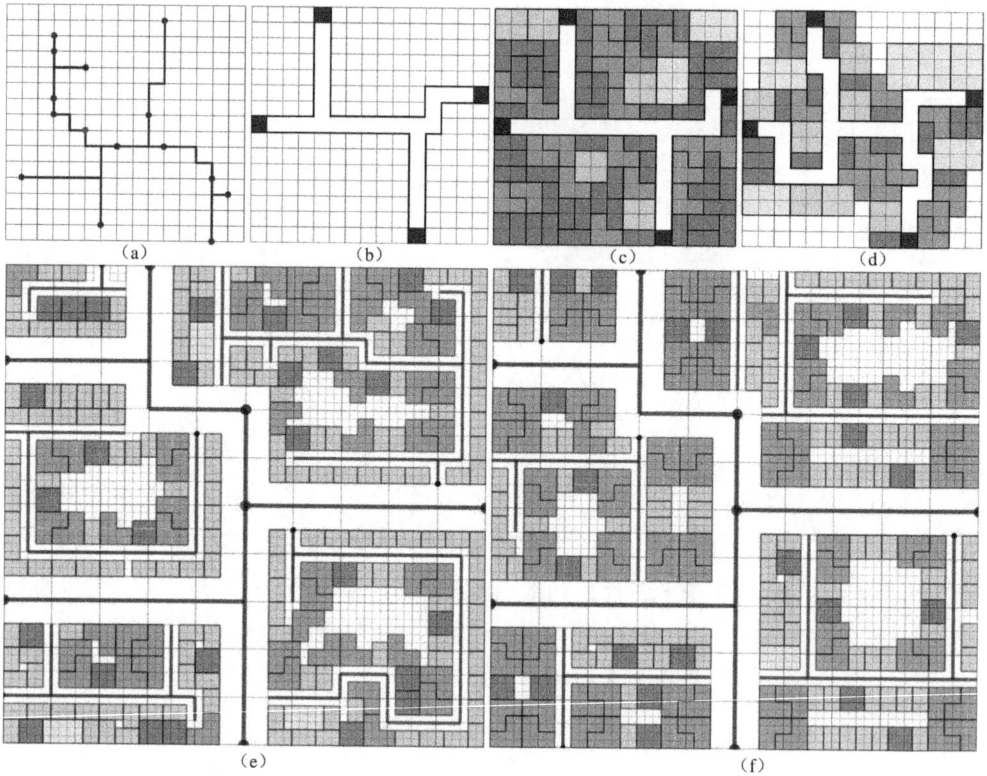

图 7 模型拓展

2.1 问题描述

划定 150×80×50 的设计范围，模型采用数学规划解决的主要设计问题有 2 个：（1）道路求解，交通空间在垂直方向通过交通核连通，在水平方向通过连续的走廊连通，保证每个功能空间可达。（2）空间布局，将功能空间排布在三维网格中，并满足设计要求。在优化计算之前，设定建筑出入口及核心筒的位置，调整运算的可行域。

2.2 模型构建

对于正交体系中已经确定形状和尺寸的建筑体量，可以将其按照模数抽象为三维的空间网络图 $M=(C,\ E)$。其中 C 是所有方块的集合，方块之间的“边”集记作 Z，弧的集合记作 E。该图与第 1 节中相比，几何形式发生了改变，而其他概念如有向弧、无向边继续沿用。原来的“节点”变成了占据一定空间的方块，而“边”则仅代表两个相邻方块之间的连接关系，而不占据空间[图 8（a）]。

对于功能空间在体量中占据的位置，可以将其抽象为在三维网络中占据一定空间的体块，并创建模板用于计算[6]。以模板的左下角格为基准格，创建集合 $T(i,\ w)$ 来记录模板内部所有方格相对于基准格的位置。例如：第 w 种公共空间模板由 2×2×1 的空间网格组成，基准格记录为 i，则 $T(i,\ w)=\{i,\ i.\ right,\ i.\ front,\ i.\ front.\ right\}$。在 M 中选择模板的基准格后，能够索引到模板占据的全部空间[图 8（b）]。按此方式记录设计好的功能空间的模板集记作 W，第 w 种模板的体积记作 S_w，该模板可排布的次数记作 n_w。

城市尺度的交通可视为第 1 节中流通网络的边集，而对建筑中的交通进行建模时，需要将其设计为占据体积的团块空间，参与到空间布局的计算中。本模型中将计算得到的流通的弧（i，j）所连接的方块 i、方块 j 视为计算得到的走廊空间。建模时设定底层一出入口所在格为源点 p，其余出入口及交通核所在方块为汇点 k，集合记作 K。

模型中的变量包括：

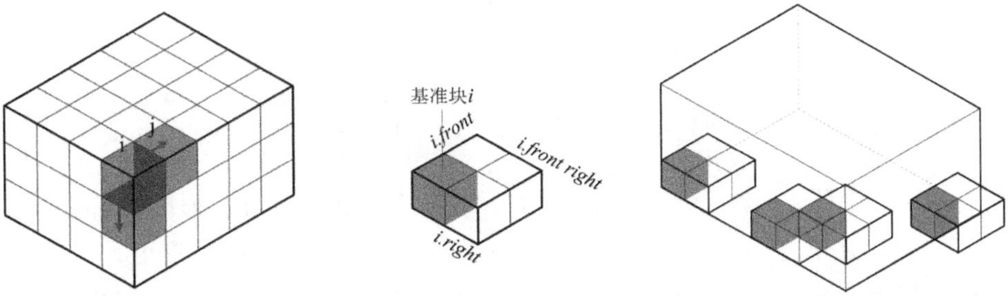

(a) 三维空间网络图　(b) 空间模板　(c) 排布合理、重叠、越界

图 8　三维模型构建

z_{ij}，二元变量，表示方块 i、j 之间的无向边 ij 是否连通。

e_{ij}，二元变量，表示网络中的有向弧（i，j）是否连通。

f_{ij}^{k}，二元变量，表示弧（i，j）流向方块 k 的流量，$k \in K$。

$d_{ij} \in \left[0,\ \sum \Delta_{ij}\right]$，实数变量，表示从弧 e_{ij} 出发沿着网络流到达给定出发格 p 的总距离。

l_{ijq}，二元变量，表示弧 e_{ij} 及跟随其后的下一条弧 e_{jq} 是否都连通，$q \in T_{ij}$。

r_i，二元变量，表示方格 i 是否是计算得到的交通空间。

x_{iw}，二元变量，表示方格 i 是否放置了 w 号空间模板的基准格。

模型的目标函数及约束条件如下：

$$\max \sum_{i \in C,\ w \in W} S_w x_{iw} + \sum_{ij \in Z} z_{ij} \Delta_{ij} \tag{15}$$

$$\text{if} \quad e_{ij} = 1,\ r_i,\ r_j = 1,\ \forall (i,\ j) \in E \tag{16}$$

$$\text{if} \quad T(i,\ w) \cap Q \neq \emptyset,\ x_{iw} = 0,\ \forall i \in C,\ \forall w \in W \tag{17}$$

$$\sum_{w \in W,\ i \in J_{jw}} x_{iw} \leqslant 1,\ \forall j \in C \tag{18}$$

$$\sum_{i \in C} x_{iw} \in n_w,\ \forall w \in W \tag{19}$$

$$\text{if} \quad x_{iw} = 1,\ \sum_{j \in T(i,\ w)} r_j = 0,\ \forall i \in C,\ \forall w \in W \tag{20}$$

$$e_{ij} + e_{ji} = z_{ij},\ \forall (i,\ j) \in E \tag{21}$$

$$\sum_{\forall (i,\ j) \in E} (f_{ij}^k - f_{ji}^k) = \begin{cases} -1 & \text{if } j = p \\ 1 & \text{if } j \in K \quad \forall j \in C,\ \forall k \in K \\ 0 & \text{otherwise} \end{cases} \tag{22}$$

$$f_{ij}^k \leqslant e_{ij},\ \forall (i,\ j) \in E,\ \forall k \in K \tag{23}$$

$$l_{ijq} \leqslant e_{ij} \times e_{jq},\ \forall (i,\ j) \in E,\ \forall q \in T_{ij} \tag{24}$$

$$\text{if} \quad j \neq p,\ e_{ij} - \sum_{q \in T_{ij}} l_{ijq} \leqslant 0,\ \forall (i,\ j) \in E \tag{25}$$

$$(d_{jq} - d_{ij}) \times l_{ijq} \geqslant l_{ijq},\ \forall (i,\ j) \in E,\ \forall q \in T_{ij} \tag{26}$$

$$\sum_{(i,\ j) \in E} e_{ij} = 0,\ \forall i,\ j \notin K,\ i,\ j \neq p \tag{27}$$

$$\text{if} \quad x_{iw} = 1,\ \sum_{j \in E_w} r_j \geqslant 1,\ \forall i \in C,\ \forall w \in W \tag{28}$$

式（15）为目标函数，为满足效益最大化，两个优化目标分别为让功能空间尽可能占满体块，让交通总长尽可能短。式（16）限制了变量 r_i 的取值，使得当弧 $(i,\ j)$ 连通时，方块 i、j 会被视为走廊空间。式（17）（18）（19）（20）保证了在体量中进行空间布局时的有效性[图 8（c）]。式（17）使得空间模板不超出计算域边界，在建筑设计中即为不超出给定红线范围。式中 Q 代表不可设计的区域。式（18）使得在排布时模板不互相重叠，即任意方块最多只能被唯一空间模板占据。式中 J_{jw} 是一个方块集，以 J_{jw} 中的方块为基准点放置模板 w 时，该模板会占据方块 j。式（19）约束了各类空间模板的出现次数。式（20）使得走廊空间块与空间模板在排布时不互相重叠。式（21）（22）（23）（24）（25）（26）与第1节中的约束式（1）（3）（4）（7）（8）（9）含义基本一致，与式（27）（28）一起约束生成符合功能规范的交通系统。式（22）（23）代表为使道路系统在三维空间中是整体连通的，在交通核保证了垂直交通的情况下，需要每一层的走廊空间都与每一层的交通核连通，即每一层的“流”应该覆盖所有预设的放置交通核的方块。式（24）（25）（26）约束道路系统整体连续，没有孤岛。式（27）约束道路网络仅能在水平方向上相邻的方块上流通，无法越过相邻的方块与其他方块产生连接关系，也不能在除交通核外的地方上下流通。式（28）在独立的空间系统与道路系统之间建立拓扑关系约束，保证空间模板的可达性。对每个空间模板 $T(i, w)$ 都可依据设定计算得出其可作为对外出入口的方块集 E_{iw}，至少有一走廊空间方块与 E_{iw} 中任一方块在空间上相邻。给定设计好的功能空间模板，对模型参数进行调整后，生成了多种方案（图9~10），都满足交通空间在三维上连续、每个功能空间可达的要求，并置入一定数量的中庭模板以丰富空间效果，挑选结果较优者继续进行深化设计，完成运算—设计的流程（图11）。

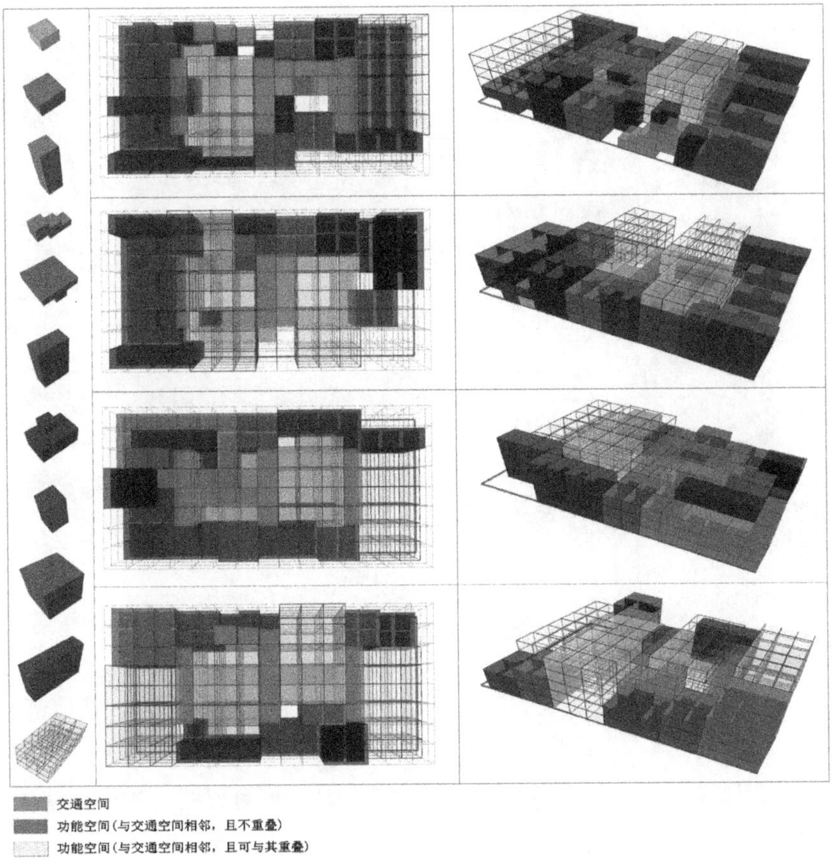

图9 部分程序生成结果

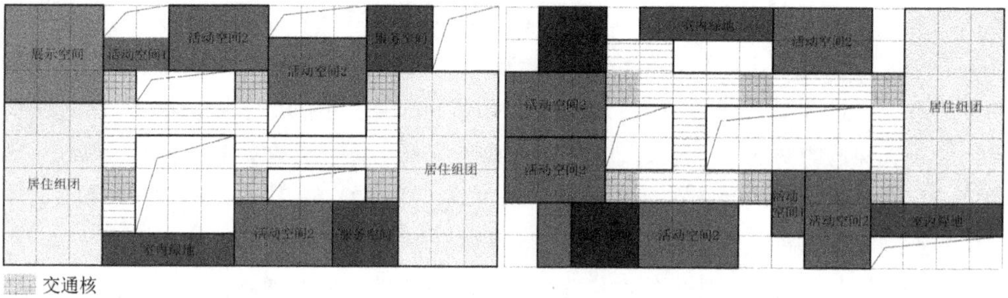

图 10 部分生成平面

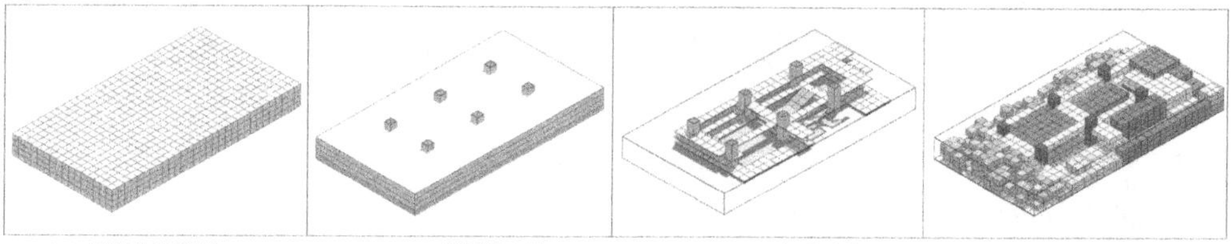

（a）**模数化计算域** （b）**设置核心筒** （c）**交通系统** （d）**模型计算结果**

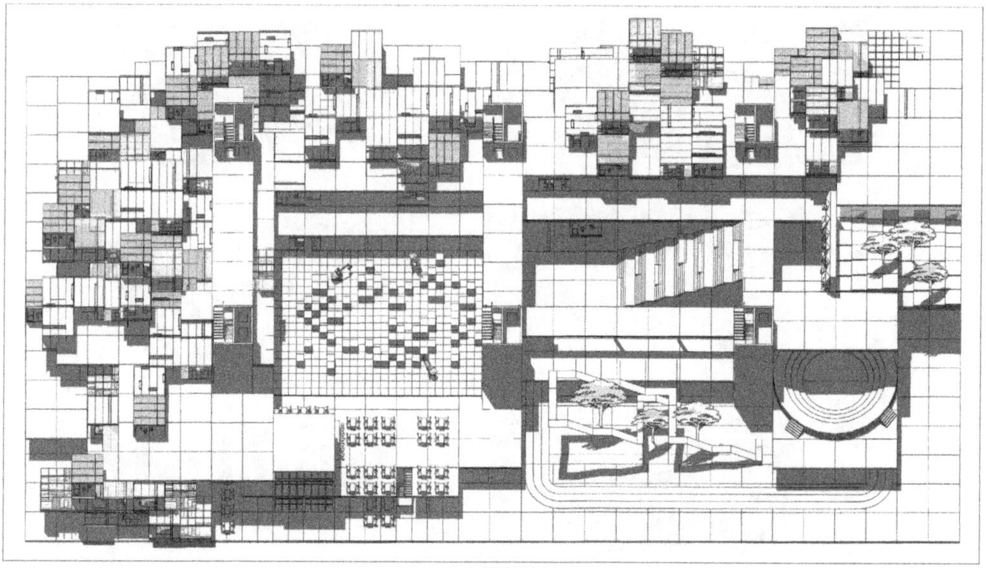

（e）**空间效果**

图 11 运算-设计流程

结语

设计师运用计算机技术，通过生成设计解答设计议题可以视为构建数理模型的过程。本文借助了图论中的网络流算法及相关概念，对拓扑关系、几何形态、空间尺度、连接效率等描述空间网络特征的设计要素进行了定量的建模，并进行三维空间生成探索，验证模型的有效性。

实验成功地转译了部分建筑学术语，使得描述性语言有了定量的支撑，并且建立了数学规划运用于建筑设计中的更具有普适性的模型，将运用场景从城市、街区、小住宅等扩展到一般的建筑空间，统筹地生成功能空间和交通系统。然而，相关研究中还有许多问题亟待探索，这一模型可以针对特定的建筑类型或设计需求继续拓展下去。

本研究目前尚存以下不足：（1）目前该模型仅作为一个普适性的框架，尚未针对特定的设计需求进行拓展和实验；（2）测试模型的精度受到初始网格细分程度和算量的限制，对于大数据量的计算需求需要耗费较长的计算时间；（3）模型将设计中的诸多细节问题简化，适用于前期快速生成多个方案进行比对，后期仍须建筑师进行调整和深化；（4）模型对设计给出了理性的解答，而建筑师经过训练达成的空间审美、对氛围和韵律的把控如何转化成数字逻辑还有待进一步探索。

参考文献

[1] 黎勇，胡延庆，张晶，等．空间网络综述[J]．复杂系统与复杂性科学，2010，7(S1)：145-164.

[2] HILLIER B, HANSON J. The social logic of space[M]. Cambridge：Cambridge University Press, 1989.

[3] 李飚．建筑生成设计：基于复杂系统的建筑设计计算机生成方法研究[M]．南京：东南大学出版社，2012.

[4] KEATRUANGKAMALA K, SINAPIROMSARAN K. Optimizing architectural layout design via mixed integer programming [M]//Computer aided architectural design futures 2005. Berlin：Springer-Verlag, 2005：175-184.

[5] PENG C H, YANG Y, WONKA P. Computing layouts with deformable templates[J]. ACM Transactions on Graphics, 2014，33(4)：99.

[6] 张佳石．基于多智能体系统与整数规划算法的建筑形体与空间生成探索：以中小学建筑为例[D]．南京：东南大学，2018.

[7] PENG C H, YANG Y L, BAO F, et al. Computational network design from functional specifications[J]. ACM Transactions on Graphics, 2016, 35(4)：131.

[8] HUA H, HOVESTADT L, TANG P, et al. Integer programming for urban design[J]. European Journal of Operational Research, 2019, 274(3)：1125-1137.

[9] 甘应爱，田丰，李维铮，等，运筹学[M]．3版．北京：清华大学出版社，2005.

[10] 李思颖．基于整数规划的住区生成方法初探：以日照、交通与功能限定为例[D]．南京：东南大学，2019.

图片来源

图1：文献[4-8].

图2~11：作者自绘.

基于形状语法的泉州传统院落民居设计生成研究

张　雨[1]　张昕楠[1]　古子豪[2*]

（1. 天津大学建筑学院，天津市 300072；2. 腾讯科技有限公司，广东省深圳市 518000，2018849275@qq.com）

摘要

传统院落民居作为种类最多、分布最广的建筑类型，具有其独特的地域和文化特性。本文以福建传统院落民居为研究对象，选取闽南传统古厝民居类型，聚焦构建地域民居建筑布局自动生成设计的方法，通过对闽南古厝民居类型进行布局影响因素分析与量化，对闽南古厝民居空间拓扑关系进行分析总结，基于形状语法将闽南古厝的空间结构、房间布局、空间尺度等转译成可进行编译的程序规则和算法。最终，结合蕉溪村闽南古厝民居设计对编写的程序进行了检验。本文探讨的层次涵盖公共空间和建筑内部空间组织，结合传统设计中的思考方式，完成了从规划到建筑设计的整套流程。

关键词：传统院落民居；闽南古厝；形状语法；生成设计

Keywords: Traditional courtyard residence; Southern Fujian ancient residence; Shape grammars; Automatic generation

项目资助情况：国家自然科学基金重点项目（52038007）

引言

院落式传统民居是我国建筑瑰宝的重要部分。从全国范围来看，传统院落民居多达 20 余种。本文选取民居空间形态特征作为尺度对民居类型归纳分类，对比大量有关中国各地传统民居的研究文献[1]，将中国传统民居分成 7 个大类：庭院式、杆栏式、窑洞、毡房帐房、碉房、阿以旺式、特殊民居①。本文在对所有类型的民居进行了分类整理和分布划分整理的基础上，选取闽南传统民居进行解构和多层次分析[2]，以形状语法对其进行生成研究[3~5]。

1　样本选取

福建民居的突出特点是柱高、墙厚、宅深，且建筑类型多样，地区差别十分显著。其中，闽南地区的传统院落建筑拥有完整的匠师体系，对传统营建的传承功不可没。相比于福建其他民居类型，闽南民居的空间布局更加具有规律性，且做法和材料传承较好，本文选取闽南民居作为研究对象[6]。

本文通过文献研究、实地走访调研等多种方式对福建各地民居案例进行筛选，从空间尺度的角度出发选取18个具有代表性的民居建筑案例，复原重置平面并建立3D模型，绘制成典型福建院落民居模型与平面示意图。

图1中，泉州、晋江、古田等区域的民居相似度极高，共同隶属于闽南片区，一般被称为闽南古厝。福建闽南古厝在空间构成上层次丰富且逻辑清晰，被选取为本文研究自动生成的案例样本。本文讨论的重点将聚焦于三间张②及以上的较为典型的合院式传统大厝[7]。

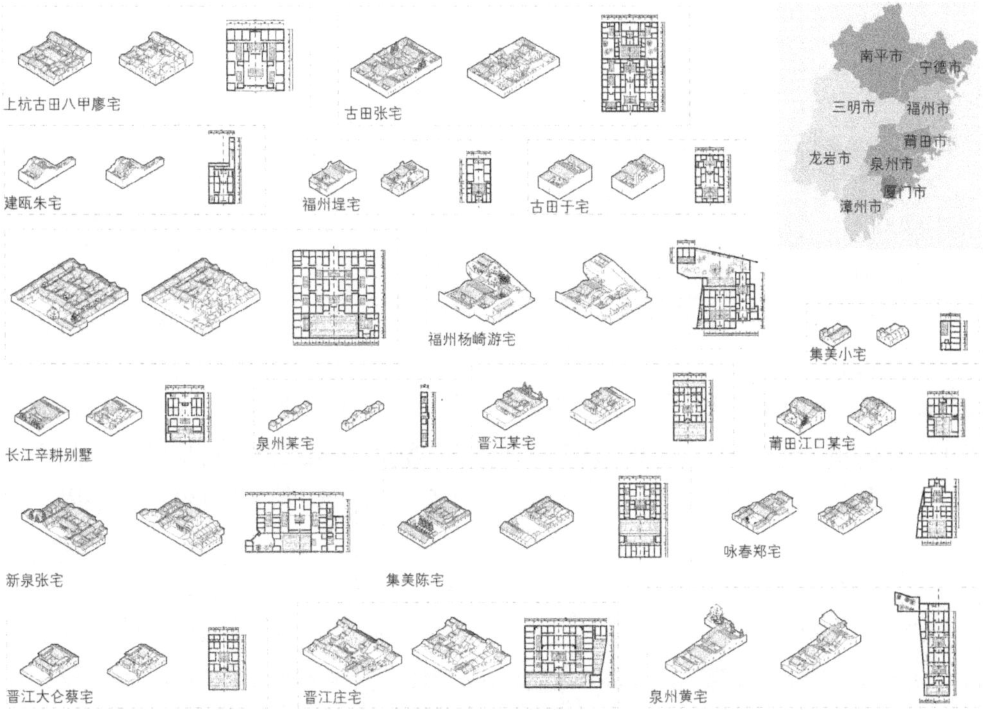

图1 典型福建院落民居模型与平面示意图

闽南古厝的构成要素如图2所示，以大厝身、护厝和前后庭院共同组成，其中大厝身又分成下落、顶落、后落三个部分。本文将会从外部环境因素、内部空间构成要素入手，分析量化布局特征、空间构成特征，并转译为可以适合现代居住使用的空间组合程式。

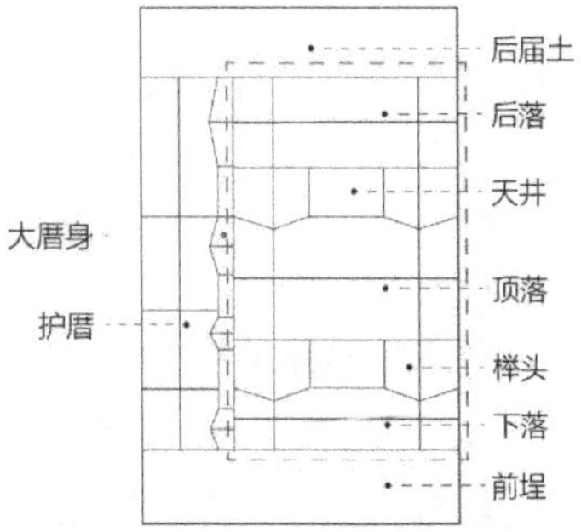

图2 典型福建院落民居模型与平面示意图

2　量化分析

福建古厝在布局上呈现出对称、规整的形式，但内部的空间极富变化。厅堂、庭院、柱廊组成了丰富层次的开放属性空间。本文将按照空间开放程度的不同，从现有民居案例对其进行分类、整理、尺度分析，量化空间单体并探究拓扑关系。

本文将民居开放属性空间分成3大类：庭院空间、厅堂空间、通廊空间，根据空间开放程度进行灰度标识（表1）。进而，将研究的量化样本集中在泉州区域，数据获取途径主要为实地调研和文献资料查找。样本选取统一制式和代表性的典型民居类群及较大规模的民居个例。

表1　空间开放程度的灰度标识表

<table>
<tr><td></td><td colspan="12">灰度标识</td></tr>
<tr><td>庭院空间</td><td colspan="3">主庭院</td><td colspan="3">侧庭院</td><td colspan="3">前埕</td><td colspan="3">后庭院</td></tr>
<tr><td>厅堂空间</td><td colspan="3">顶厅</td><td colspan="3">前厅</td><td colspan="3">后厅</td><td colspan="3">侧厅</td></tr>
<tr><td>通廊空间</td><td colspan="4">围廊</td><td colspan="4">榉头（廊）</td><td colspan="4">连廊</td></tr>
</table>

2.1　庭院空间

福建民居多为厅井式民居，庭院为“天井”式。在平面布局上，庭院空间往往被四面的檐廊所环绕，进而与厅堂、通廊等开敞空间贯通相连。这种空间处理手法极大地延展了室内空间的边界，促进私密空间与公共空间相互渗透，使整个民居形成一个整体。

（1）主庭院

主庭院对应顶厅，是院宅中最主要的一落天井。平面呈矩形，一般横向长度大于纵向。内部左右对称设置花坛，沿轴线正中铺设石道，自入口径直通向顶厅。规模没有固定的数值，一般与整个民居的规模相联系。

经统计分析，庭院的度宽与长度没有比例关系，也不受顶厅面阔与深丁的限定。综上所述，可以得到主庭院量化的限制条件：

$$\begin{aligned} myK &> myS \\ myA &< 50\ \mathrm{m}^2 \end{aligned} \tag{1}$$

得到主庭院量化对比结果如表2所示。

（2）后庭院

后庭院布局更加自由，以花草植物为主，主要供给生活起居。它是以房舍相围形成的合院式空间，但尺度较小，民居规模较大时，可加设小庭院在后面为双庭。

表 2 主庭院量化对比分析

	轴测图	数值量化	数值关系图	民居规模	比例关系
Ⅰ		myS：6.5 m myK：8.8 m myA：57.2 m^2	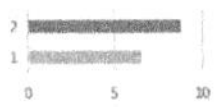	mS：12.8 m mK：7.0 m β：16.4 m	myS/myK：0.73 myK/myK：1.25 myK/β：0.53 β-myK：7.6
Ⅱ		myS：13.0 m myK：9.5 m myA：123.5 m^2	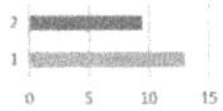	mS：10.6 m mK：5.0 m β：21.3 m	myS/myK：1.36 myK/myK：1.9 myK/β：0.45 β-myK：11.8
Ⅲ		myS：6.1 m myK：9.5 m myA：58.0 m^2	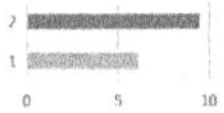	mS：15.5 m mK：6.2 m β：23.0 m	myS/myK：0.64 myK/myK：1.53 myK/β：0.41 β-myK：13.5
Ⅳ		myS：4.8 m myK：6.4 m myA：30.7 m^2		mS：12.4 m mK：7.5 m β：19.2 m	myS/myK：0.75 myK/myK：1.42 myK/β：0.33 β-myK：12.8
Ⅴ		myS：5.8 m myK：10.1 m myA：58.6 m^2	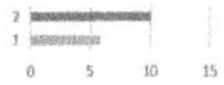	mS：9.7 m mK：9.0 m β：18.3 m	myS/myK：0.57 myK/myK：1.12 myK/β：0.55 β-myK：8.2
Ⅵ		myS：7.7 m myK：8.4 m myA：64.7 m^2	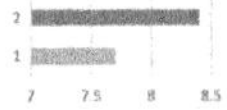	mS：12.0 m mK：5.5 m β：19.7 m	myS/myK：0.91 myK/myK：1.52 myK/β：0.43 β-myK：11.3
Ⅶ		myS：5.7 m myK：12.1 m myA：69.0 m^2	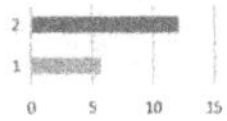	mS：14.3 m mK：7.2 m β：14.1 m	myS/myK：0.47 myK/myK：1.68 myK/β：0.85 β-myK：2.0

经统计分析，后庭院的规模比较小，长宽比在 0.5 比例居多，长与 β 的比例在 50% 左右，宽与顶厅的阔丁没有明确关系。

综上，后庭院的变量控制可以进行以下定义：

$$byK/byS = 2 \tag{2}$$

$$byK/\beta = 0.5$$

得到后庭院量化对比结果如表 3 所示。

表 3　后庭院量化对比分析

	轴测图	数值量化	数值关系图	民居规模	比例关系
Ⅰ		byS：4.0 m byK：4.6 m byA：18.4 m^2	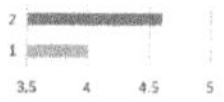	mK：7.0 m β：16.4 m	byS/byK：0.86 byK/mK：0.65 byK/β：0.28
Ⅴ		byS：4.9 m byK：8.4 m byA：41.2 m^2		mK：9.0 m β：18.3 m	byS/byK：0.58 byK/mK：0.93 byK/β：0.45
Ⅵ		byS：2.5 m byK：6.3 m byA：15.8 m^2	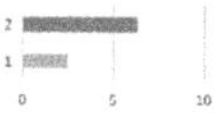	mK：5.5 m β：19.7 m	byS/byK：0.39 byK/mK：1.14 byK/β：0.31
Ⅷ		byS：6.7 m byK：4.8 m byA：32.2 m^2	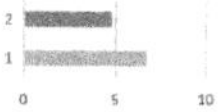	mK：5.3 m β：20.1 m	byS/byK：1.39 byK/mK：0.91 byK/β：0.23
Ⅸ		byS：4.3 m byK：7.8 m byA：33.5 m^2		mK：6.7 m β：16.0 m	byS/byK：0.55 byK/mK：1.16 byK/β：0.48

（3）侧庭院

侧庭院主要是在次轴线或护厝中出现，与侧厅搭配或作为配套附属用房使用，是一组容纳日常生活和家务活动的独立院落，往往呈现出极狭长的形状。

经统计分析，侧庭的尺度和面积都小于主庭，宽一般在 3 *m* 上下，长则没有固定的数值。侧庭的量化没有很大的限制条件，可以根据功能需要自由布置。

（4）前埕

前埕又被称为前庭，由院墙围合而成，居中位置开设大门。进深小，面阔大，是民居的主入口过渡空间，在民居所有类型的庭院中面积最大。

从比例上看，长一般是宽的 1/2。前埕的变量控制可以进行以下定义：

$$fyK/fyS = 2 \tag{3}$$

2.2　厅堂及房舍空间

厅堂一般位于民居的主轴线上，容纳家族公共活动。按照功能和位置分为顶厅、前厅、后厅和侧厅[8]。

（1）顶厅

顶厅又称主厅，承担家族祭祀、宴请来宾等功能，位于主入口轴线起始位置，在多进院落中被放置在第二落，空间尺度在整个民居中是最大的，顶厅空间是从入口院落到私密房间的主要过渡空间，处在公共与私密的平衡点，以 50%灰色标识其空间开放程度。

本文在量化分析时通过对于不同民居的顶厅尺度进行对比分析，得到阔丁（mK）、深丁（mS）、高度（mH）之间的规律。可得出顶厅的空间特点以及量化关系：隔断是设计的重点空间分割要素，主要分布在深丁 0.6~0.7 比例位置处，屏风与大房前墙同一水平放置。

由此，可以得到传统空间中顶厅空间的生成变量如下：

$$mS = mH/mK_1,\quad (1.0 < mK_1 < 1.2)$$
$$mH = \alpha \times mK_2,\quad (mK_2 = 0.25)$$
$$6 < mK < 7 \tag{4}$$

得到顶厅量化对比结果如表 4 所示。

表 4 顶厅量化对比分析

	轴测图	数值量化	数值关系图	民居规模	比例关系
Ⅰ		mS：9.5 m mK：7.0 m mH：9.7 m	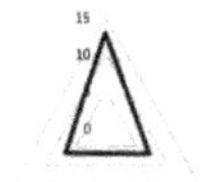	α：29.6 m β：16.4 m	mH/mS：1.02 $mH/\beta/mL$：0.39 mK/α：2.36 $mH/\alpha/mL$：0.21
Ⅱ	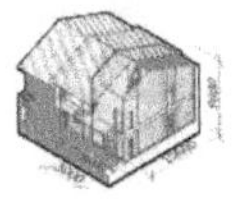	mS：10.6 m mK：5.0 m mH：10.8 m	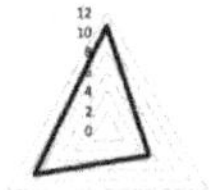	α：26.0 m β：21.3 m	mH/mS：1.01 $mH/\beta/mL$：0.25 mK/α：1.92 $mH/\alpha/mL$：0.21
Ⅲ	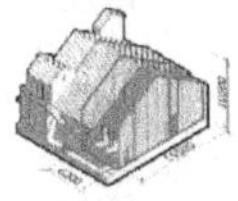	mS：12.3 m mK：6.2 m mH：12.9 m	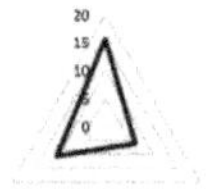	α：41.4 m β：23.0 m	mH/mS：1.05 $mH/\beta/mL$：0.28 mK/α：1.49 $mH/\alpha/mL$：0.16
Ⅳ	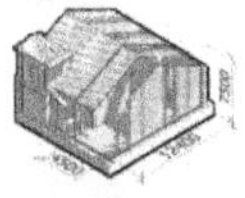	mS：9.1 m mK：4.5 m mH：9.3 m	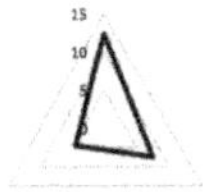	α：40.7 m β：19.2 m	mH/mS：1.02 $mH/\beta/mL$：0.24 mK/α：1.10 $mH/\alpha/mL$：0.11
Ⅴ		mS：9.0 m mK：5.5 m mH：9.8 m	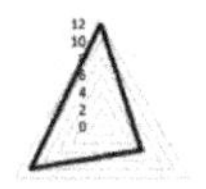	α：31.8 m β：19.7 m	mH/mS：1.09 $mH/\beta/mL$：0.17 mK/α：1.73 $mH/\alpha/mL$：0.10
Ⅵ		mS：10.3 m mK：7.2 m mH：9.8 m	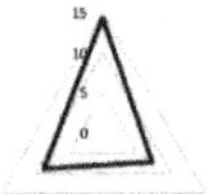	α：38.0 m β：14.1 m	mH/mS：0.95 $mH/\beta/mL$：0.35 mK/α：1.89 $mH/\alpha/mL$：0.13

（2）前厅

为了衬托出顶厅的地位及增加空间的层次感，部分民居还会在第一进院落前建造前厅，又称“下厅”，是由入口到顶厅间的过渡空间。前厅一般是作为入口的仪式空间，在举行重大活动时与顶厅连成整体使用，作为顶厅的补充空间。前厅与外部空间有着直接联系，同样以50%灰色标识其空间开放程度。

经统计分析，可得出前厅的空间特点以及量化关系：前厅的阔丁与深丁之间的比例关系比较自由灵活，前厅的高度与深丁有着较强的比例联系，其空间特征与顶厅类似，隔断可根据需要添加。

由此，可以得到前厅空间的生成变量如下：

$$\begin{aligned} & fS = fH/(kL \times kf_1)(0.9 < kf_1 < 1.1) \\ & fH = mH \times kf_2(0.7 < kf_2 < 0.8) \\ & fK<\alpha\ (\text{一般取}\ 0.2\sim0.3\alpha) \end{aligned} \tag{5}$$

得到前厅量化对比结果如表5所示。

表5 前厅量化对比分析

	轴测图	数值量化	数值关系图	相关数值	比例关系
Ⅰ		fS：5.0 m fK：4.5 m fH：5.1 m	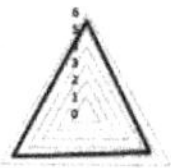	β：16.4 m mK：7.0 m mH：6.7 m	fH/fS/fL：0.92 fk/mK：0.64 fK/fS：0.81 fH/mH：0.76 fK/β：0.27
Ⅲ		fS：5.2 m fK：6.9 m fH：5.4 m	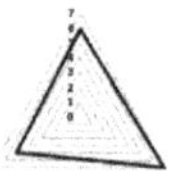	β：23.0 m mK：6.2 m mH：10.5 m	fH/fS/fL：0.86 fk/mK：1.11 fK/fS：1.16 fH/mH：0.48 fK/β：0.3
Ⅳ		fS：6.9 m fK：6.3 m fH：7.4 m	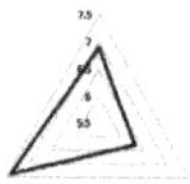	β：19.2 m mK：7.5 m mH：4.5 m	fH/fS/fL：1.07 fk/mK：1.40 fK/fS：0.91 fH/mH：0.98 fK/β：0.32
Ⅴ		fS：7.0 m fK：16.0 m fH：7.3 m		β：18.3 m mK：9.0 m mH：6.9 m	fH/fS/fL：0.91 fk/mK：1.77 fK/fS：2.00 fH/mH：1.05 fK/β：0.87
Ⅵ	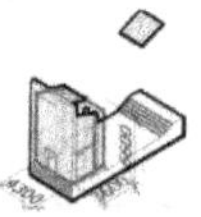	fS：3.6 m fK：4.3 m fH：6.6 m		β：19.7 m mK：5.5 m mH：9.8 m	fH/fS/fL：0.91 fk/mK：0.78 fK/fS：1.19 fH/mH：0.67 fK/β：0.21
Ⅶ		fS：5.0 m fK：6.0 m fH：5.2 m		β：14.1 m mK：7.2 m mH：8.8 m	fH/fS/fL：0.98 fk/mK：0.83 fK/fS：1.20 fH/mH：0.55 fK/β：0.42

（3）后厅

后厅对应后庭院，是家人进行日常活动的场所，位于主轴线末端。延续了顶厅的形式，屏风和隔断是重要的空间划分要素，考虑到使用功能的私密性，以 50%灰色标识后厅的空间开放程度。

经统计分析，单层后厅多在 4 m 以下，多层后厅高度可超过顶厅。其面阔主要为 6 m 左右，深丁则取决于居住所需的空间面积，没有明显的限制。后厅的空间特征以及量化关系可进行如下定义：其空间特征延续顶厅风格，尺度上有更高自由度。

由此，可以得到后厅空间的生成变量如下：

$$
\begin{aligned}
& bS = bH/(bL \times kb_1)(0.4 < kb_1 < 0.6) \\
& bH = mH \times kb_2(kb_2 > 1.05) \\
& bK < 0.6\beta
\end{aligned}
\tag{6}
$$

（4）侧厅

侧厅是民居中规模较小的厅堂空间，位于民居次要轴线上，分布极为灵活，并非仅限于以次轴线对称分布。属于相对私密的空间，较大的侧厅一般用来接待亲友，较小的侧厅用于日常香火祭祀、起居活动和家务劳动。

经统计分析，各项数值之间没有固定的比例关系。设计时更加注重功能的需要和平面布置要求。

以 50%灰色标识侧厅空间开放程度，并做出以下定义：

$$
\begin{aligned}
& wH < mH \\
& wK = 5\ \text{m}
\end{aligned}
\tag{7}
$$

进而，将其他房舍根据所在位置和院落的关系进行分类，并进行量化分析，如表 6 所示。

表 6 其他房舍量化对比分析

名称	描述	变量控制
下房	下房紧邻下厅，因为紧邻前庭，私密性较差	$15\ \text{m} < r_1A < 20\ \text{m}$ $r_1K = fk \times 0.6$
角间	角间一般位于大厝下落最外侧，在五间张大厝中出现较频繁，和下房类似，面向庭院开门，且公共性较强	$10\ \text{m} < r_2A < 15\ \text{m}$ $r_2S = fS - kr_1$ $(kr_1 = 1.5$ 或 $0)$
厢房	厢房属于榉头，分布在天井两侧。厢房空间形式较多，间张总尺寸受到天井长度的限制。一般用作厨房及贮藏的空间，或做子女的寝室	$20\ \text{m} < r_3A < 30\ \text{m}$ $r_3K = 3.5\ \text{m}$ $15\ \text{m} < r_4A < 20\ \text{m}$ $r_4K = 3.8$

（续表）

名称	描述	变量控制
大房	大房紧邻顶厅，通常是民居中主要空间如卧室、起居室的所在位置。根据主落进深的不同，会对空间进行分隔	4 m< r_5K <4.5 m 25 m< r_5A <30 m $T - r_5S = mS$
五间	一般指五间张大厝中位于顶落最外侧的房间，五间的进深划分与大房一致	r_6K =4 m
后房	后房位于后落，遵循与大房相同的布置规则，区别主要在入口处理和尺度	r_5K=4 m
护厝	护厝指古厝最外围房屋，以厨房餐厅和杂间为主。一般以榉头与大厝身相连，只出现在建筑规模较大的大厝中	r_8K =4 m

2.3　通廊空间

通廊主要承担交通功能，贯穿全宅，总面积巨大。在内部空间层次的过渡上也具有重要的承接功能。

（1）围廊

围廊主要指的是庭院四周的檐下空间，与其他空间结合可以产生多样的空间组合。围廊空间是庭院到室内的过渡，开放性极强，以10%灰度来标识其空间开放层级。

对样本中民居所有的围廊空间宽度进行测量和统计，主天井的围廊空间宽度变化较大，最小在1.5 m，最大在4 m。与面阔的尺寸比例波动较大，与正两侧房舍廊道之间无可参考比例联系。

表7　围廊量化对比分析

	主庭围廊	次庭围廊	其他围廊	n/S	n/K	n/ew
Ⅰ	1.5/0.9	1.1		0.117	0.214	1.667
Ⅱ	1.8/1.3			0.170	0.360	1.385
Ⅲ	3.0/2.6/1.6		1.5	0.194	0.484	1.154
Ⅳ	2.5/1.6			0.202	0.556	1.563
Ⅴ	3.5/3.0	1.5/1.0	1.4/1.3	0.361	0.389	1.167
Ⅵ	2.2/1.0	1.1/0.9		0.183	0.400	2.200
Ⅶ	2.8/1.15/0.9	1.4/0.6	1.3	0.196	0.389	2.435
Ⅷ	3.3/1.7	1.3		0.337	0.623	1.941
Ⅸ	3.2/4.2/1.5	2.0/1.6	1.5/1.0	0.291	0.478	0.762
Ⅹ	2.2/1.5	1.1	1.2	0.218	0.314	1.467

综上，围廊空间的变量控制分为两部分，主庭围廊和其他围廊如下：

$$
\begin{aligned}
&c_1M = kc_1(0.2 < kc_1 < 0.4)\\
&1.5 < c_2M < 2\\
&1.5 < c_3M < 2\\
&c_1,\ c_2,\ c_3 = 1.5
\end{aligned}
\tag{8}
$$

（2）榉头（廊）

在福建传统民居中，部分庭院两面被房舍或厅堂围合，在与其他庭院连接的部分以一个宽的柱廊分隔。该部分古称榉头，本部分只讨论作为廊道的榉头空间，以“榉头（廊）”来定义。

榉头（廊）宽度大，多是3 m以上，最大可至5 m，结构限制下大多为双坡屋顶，一般是侧庭之间的过渡空间。因在较为私密的侧庭院内出现，因此以20%灰色标识其空间开放层级。

综上，榉头（廊）的变量控制如下：

$$3\ \text{m} < cS < 5\ \text{m} \tag{9}$$

（3）连廊

连廊通常出现在规模较大的民居和庭园中，随地形起伏变化。连廊的尺度一般在1.5~2 m，走势受到民居中各个景观节点的影响较大。本次民居设计中以小规模民居为主，故该部分不进行过于深入的讨论。

3 设计生成

3.1 空间拓扑关系分析

福建古厝空间汇总涉及的空间开放层级非常丰富，造就了复杂的拓扑关系网络。随着规模扩大和平面划分复杂度增加，拓扑关系进一步复杂化。要实现传统民居转译及自动生成设计，需分析归纳出拓扑关系的特点和本质（图3）。

福建古厝的规模和组合特点反映在其命名方式上，五间张三落大厝、五间张两落大厝、单落归两落大厝、三间张两落大厝等表述了该民居院落数量和横向开间的数目，反映了规模的大小。

3.2 生成过程

在进行正式的空间转译程序设计之前，本文通过确定的空间尺度量化定义和拓扑关系尝试以程序的方式对传统闽南古厝空间进行生成，图4为整体设计思路。

传统闽南古厝为正交布局，本文为其程序构建设置了方便使用者交互的UI，最终达成效果如图5~6所示。

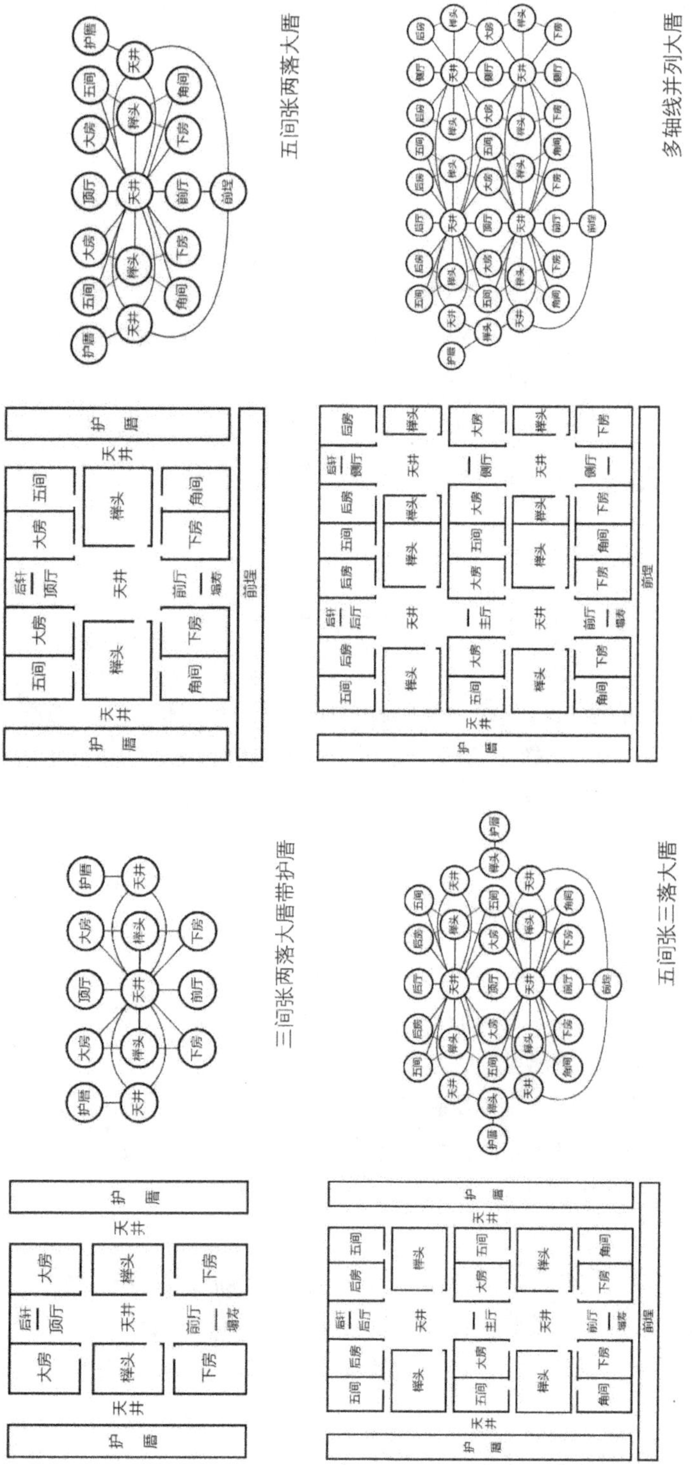

图 3 闽南古厝空间拓扑关系分析

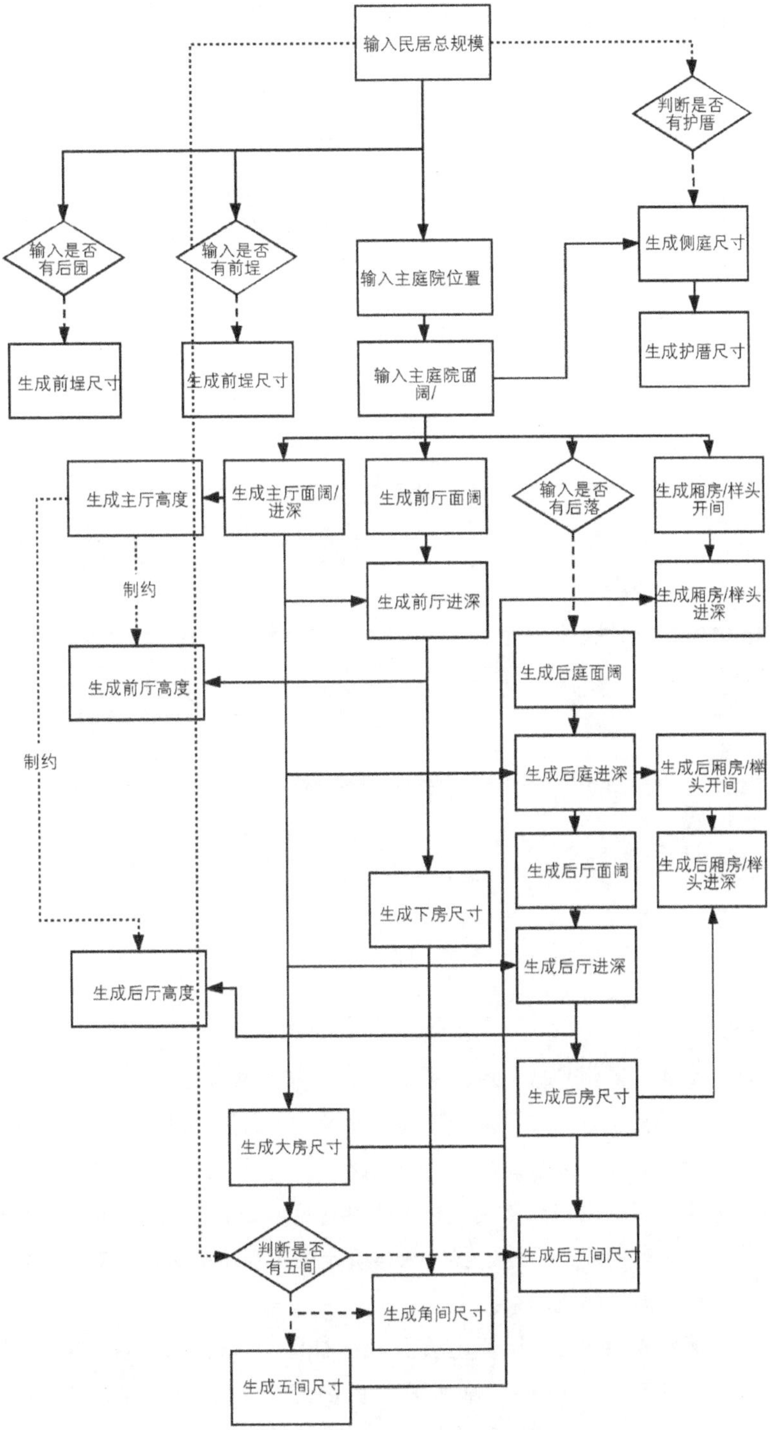

图4 传统闽南古厝自动生成流程图

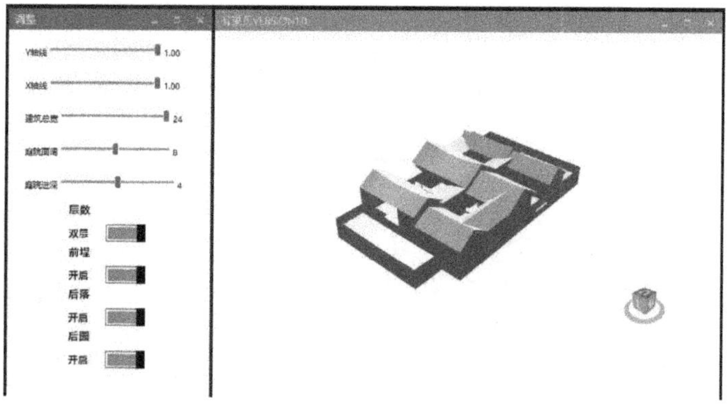

图 5　交互 UI

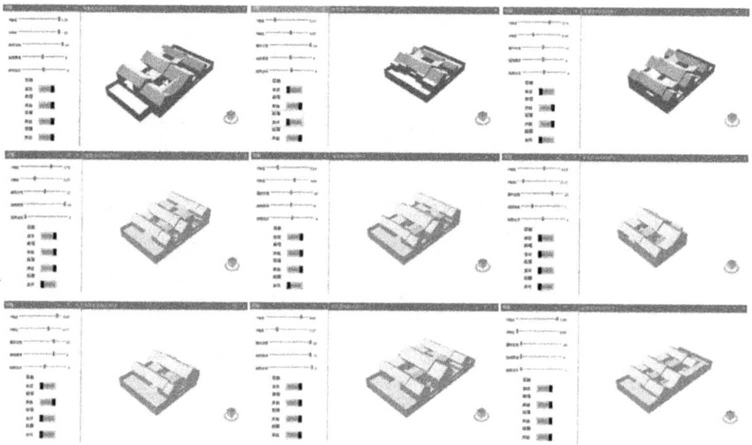

图 6　自动生成结果

3.3　设计应用

设计检验以福建省泉州乡村某地为场地，整体占地规模为 19.9 hm^2，计划为 65 户村民提供一户一宅的新建自宅，以及配套的交通设施、村民活动中心、村干部用房和其他公共建筑。本设计对场地进行梳理，增设支路，利用村落内部道路生成工具来生成内部路网，道路宽度依照《农村公路建设标准指导意见》要求定为 4.5 m。使用建筑用地边界生成工具确定住宅的建筑用地边界，获得确定的建筑用地边界后即可生成初步的民居建筑体量，获得不同的随机结果。

在生成的群落变成层次分明、具有多种功能社区的基础上，打破四方布局的边界感，通过放开对于建筑功能的限制，使每户村民都可以选择将住宅的一部分改为商用。进而，把道路、民宅、社群、广场和公共建筑这五个要素进行融合，以实现宏观层级上新村落的规划设计，最终如图 7~9 所示。

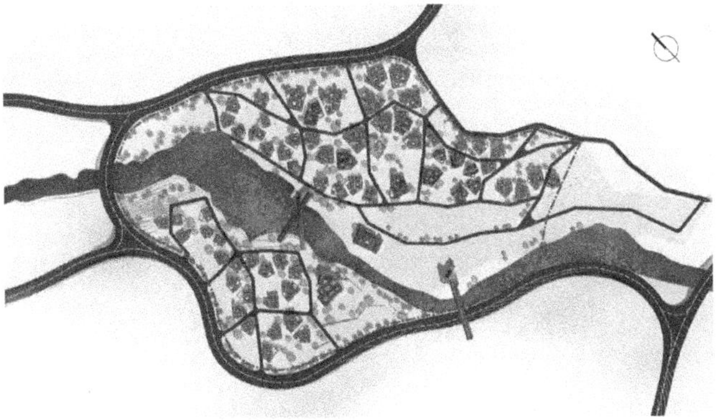

图 7 道路规划

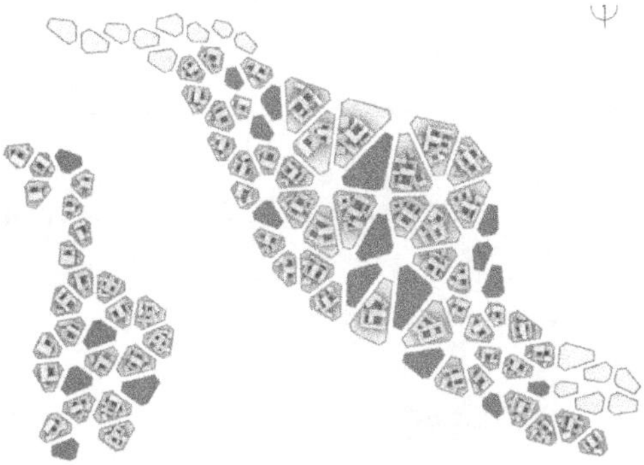

图 8 广场

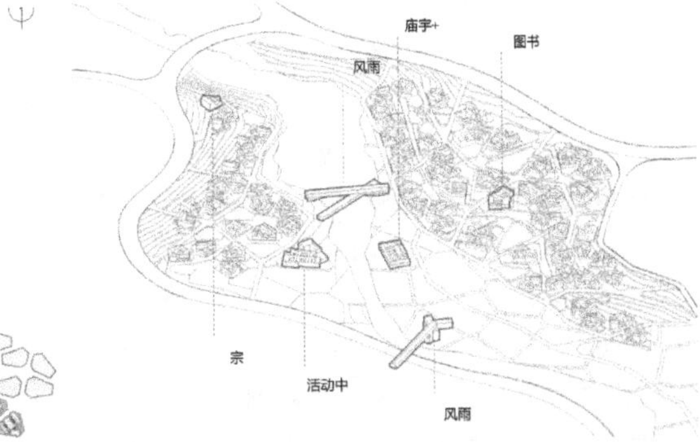

图 9 公共建筑分布

综上所述，本文应用自动生成工具并结合传统设计中的思考方式，完成了从规划到建筑设计的整套流程，探讨的层次涵盖公共空间和建筑内部空间组织，力求能够塑造一个传统与现代并存的村落社区，对新时代下村落设计方法进行了探索。

结语

作为从传统延续至今的建筑形式，中国传统民居在当今社会不应当仅仅是对传统文化的图景式扮演，而是应当作为启发和推动现代建筑设计的原动力。本文以中国传统庭院式民居中的闽南古厝为重点研究对象，通过量化分析和空间解构，基于形状语法将闽南古厝的空间结构、房间布局、空间尺度等转译成可进行编译的程序规则和算法，之后以 Python 和 Grasshopper 为工具进行程序构建，实现福建传统古厝的自动化生成设计。这种方式可以为新农村建设提供高效的方法和指导，有助于加强地方对传统民居文化的保护和传承。

自动生成对应当代快节奏的城乡建设，希望利用计算机的强大算力，取代传统设计中机械劳力的部分，提供更多的形式、空间的可能性，让村落摆脱千篇一律的枷锁，重现传统村落中生机与活力。

注释

① 分类参考文献:孙大章,《中国传统民居分类初探》。本文沿用其分类结果和命名方式,并在其基础上对于庭院式民居和特殊民居进行扩充和整合。

② “间张”是福建古话中的开间的意思,“三间张”指的是建筑主体由横向三开间构成,相应的还有“五间张”以及“单落归”(四间张)的类型。

参考文献

[1] 孙大章. 中国传统民居分类试探[C]//中国传统民居与文化(第七辑):中国民居第七届学术会议论文集.太原,1996: 104-112.

[2] 陈政高. 中国传统民居类型全集[M]. 北京: 中国建筑工业出版社,2014.

[3] DUARTE J P. A discursive grammar for customizing mass housing: the case of Siza's houses at Malagueira[J]. Automation in Construction, 2005,14(2):265-275.

[4] MERRELL P, SCHKUFZA E, KOLTUN V. Computer-generated residential building layouts[J]. ACM Transactions on Graphics (TOG), 2010,29(6):181.

[5] MICHALEK J, CHOUDHARY R, PAPALAMBROS P. Architectural layout design optimization [J]. Engineering Optimization,2002,34(5):461-484.

[6] 高铃明,王乃香,陈瑜. 福建民居[M]. 北京: 中国建筑工业出版社,2018.

[7] 顾煌杰. 闽南沿海地区传统民居平面格局研究[D]. 泉州:华侨大学,2019.

[8] 蒋钦全. 闽南古民居及其布局:承载着历史的古民居[C]//第三届中华传统建筑文化与古建筑工艺技术学术研讨会暨西安曲江建筑文化传承经典案例推介会论文集.西安,2010: 81-87.

图表来源

图 1~9:作者自绘.

表 1~7:作者自绘.

基于算法语言的乡村住宅总平面生成研究

刘　珍[1]　冯迹航[2]　刘小虎[3]

（1. 湖北工程学院建筑学院，湖北省孝感市 432000；2. 华中农业大学公共管理学院，湖北省武汉市 430070；
3. 华中科技大学建筑与城市规划学院湖北省城镇化工程技术研究中心，湖北省武汉市 430074）

摘要

随着国家大力推行乡村振兴，乡村住宅的建设在满足村民日常生活需求的同时，亟待焕发其新的生命力。本文以鄂西南地区的乡村住宅为研究对象，以当地总平面特征为切入点，利用类型学与形态学方法归纳总结传统乡村住宅的总平面特征。在Grasshopper平台中，利用GH_Python编程语言，构建了适应地形的生成算法，分别从基地高差特征、乡村住宅起吊方式、无高差布局理论，以及无高差情况下乡村住宅的布局算法构建上，将传统乡村住宅布局设计经验转化为算法模型，实现了鄂西南乡村住宅总平面的智能化输出，针对鄂西南乡村住宅活化的问题，提出了新思路、新方法与新策略。

关键词：乡村住宅；算法语言；GH_Python Script；Grasshopper；生成设计

Keywords: Rural residence; Algorithm language; GH_Python Script; Grasshopper; Generative design

项目资助情况：国家自然科学基金项目（51978295）

引言

当前，以算法语言为依托的计算机编程语言渗透到各个学科领域，无论是生活方面的语音文字录入、人脸识别，还是在医学领域的影像识别方面，对疾病的探测、诊断、治疗和管理，还是在建筑领域的大数据处理、机器学习和风格迁移，都在不断地发展中。利用算法描述解决问题的策略机制，用明确的指令引导执行，以此成生符合条件的结果。以算法语言为依托的生成理论迅速渗透到建筑物的生成设计中，并成为建筑设计领域的热点话题。由此，将其融入乡村建设之中，可有效缓解当前乡村振兴所面临的问题。

1　生成设计方法研究

建筑的生成设计方法主要包含两个部分：其一，利用参数化的方法实现建筑的动态生成；其二，运用编程语言搭建机器学习平台来生成多样方案。分别对比各生成设计的生成原理、应用领域和优缺点等方面，深入探索生成设计的生成特征，从而得出适合鄂西南地区乡村住宅平面的生成设计方法。

1.1 基于参数化生成方法

建筑参数化生成设计是建筑生成设计的方法之一，在参数化平台中将建筑设计过程转化为功能命令，把影响生成结果的元素设为变量，通过改变函数变量而生成不同的建筑设计方案[1]。在建筑设计中主要依托 Rhino 与 Grasshopper 中的插件实现，如空间句法、Magnetizing_FPG磁化平面生成器、Noah 和 Finch3D 等，其原理为利用参数化的方式动态生成设计[2]。利用参数化的方式生成建筑，可以实现对公共建筑和城市住宅的生成，对于传统的乡村建筑生成还具有一定的局限性，无论是利用哪种插件，其本质是利用 Grasshopper 运算器的组织实现对某一类问题的解决。因此，参数化平台的运用将作为本文的一个途径。

1.2 基于编程语言的生成方法

利用编程语言构建生成算法平台，从大量的数据样本中提炼生成逻辑，从而根据输入变量生成相应方案。如利用机器学习训练对抗神经网络[3]、遗传算法优化生成[4]、编程语言生成与优化输出等。利用编程语言构建算法平台来生成建筑，可以实现建筑的规划布局[5]、平面功能的细化优化[6]，无论是利用哪种生成方法，其本质都是利用大量的数据样本进行训练得出生成规律，或构建对比函数经过不断迭代生成最优方案。因此在训练样本足够多的情况下可以实现建筑的生成。虽然鄂西南乡村住宅平面的数量远远达不到训练样本的要求，但对于编程语言强大的数据处理能力、可更改性大和结合性强等特点在建筑生成中具有很大的借鉴意义。

1.3 乡村住宅平面生成方法总结

通过对参数化生成和编程语言生成方法的探索，得出鄂西南乡村住宅的生成方法，提取编程语言强大的数据与循环处理的优势，将算法语言作为逻辑数理关系的提炼，结合 Grasshopper 运算器功能来实现功能算法的编写。在满足鄂西南乡村住宅的总平面特征的功能运算器构建下，实现对鄂西南地区的乡村住宅总平面生成。

2 鄂西南地区传统乡村住宅布局特征

2.1 鄂西南区位概况

鄂西南地区坐落于湖北省西南部，其南为湖南省，西北侧与重庆市毗邻。根据《两湖民居》，鄂西南地区内含恩施州全境与宜昌西南角的五峰长阳苗族土家族自治县。

2.2 鄂西南地区乡村住宅布局特征

对于中国的传统乡村住宅遵循儒家之礼制，传扬华夏之文脉，由此乡村住宅在基地之中呈居中布局，延续坐北朝南的布局方式，满足采光和通风等物理条件，营造冬暖夏凉的乡村住宅生活环境。一般在乡村住宅入口的前侧留有较大的活动场地，以满足日常劳作场地需要和日常活动需求。乡村住宅的北侧多为山林给乡村住宅提供安全庇护，幽静的树林为乡村住宅打造宁静安详的人居环境。

2.3 鄂西南地区乡村住宅适应高差基地特征

为了更为清晰地分析鄂西南乡村住宅的地形原型，本文选择较为简单的座子屋和钥匙头乡村住宅原型。在保持地形不变的情况下研究乡村住宅的接地方式，利用控制变量法来分析乡村住宅的接地方式。在前期鄂西南的实地考察中发现，乡村住宅常用的接地方式为乡村住宅直接与地形相接、整体起吊与地形呈架空相接、局部起吊与地形相接和地形筑台、地形挖平等接地方式。在平地上乡村住宅采用的接地方式可为直接相接、整体起吊和局部起吊；在坡底和坡中乡村住宅的接地方式类似，通常采用直接相接、整体起吊、局部起吊、地形筑台和地形挖平等接地方式，仅仅只是乡村住宅在坡地的位置不同而接地呈现的外观有所变化；但在坡顶乡村住宅的接地方式大相径庭，由于坡顶地形特殊，坡度对坡顶影响较大，当坡度较小时，坡顶形态平缓，其接地方式和平地趋同；当坡度较大时，坡顶可能不利于建造房屋，当坡度适中时，而鄂西南乡村住宅常用单边局部起吊、双边整体起吊、地形筑台和地形挖平等接地方式，具体接地方式如图1所示。

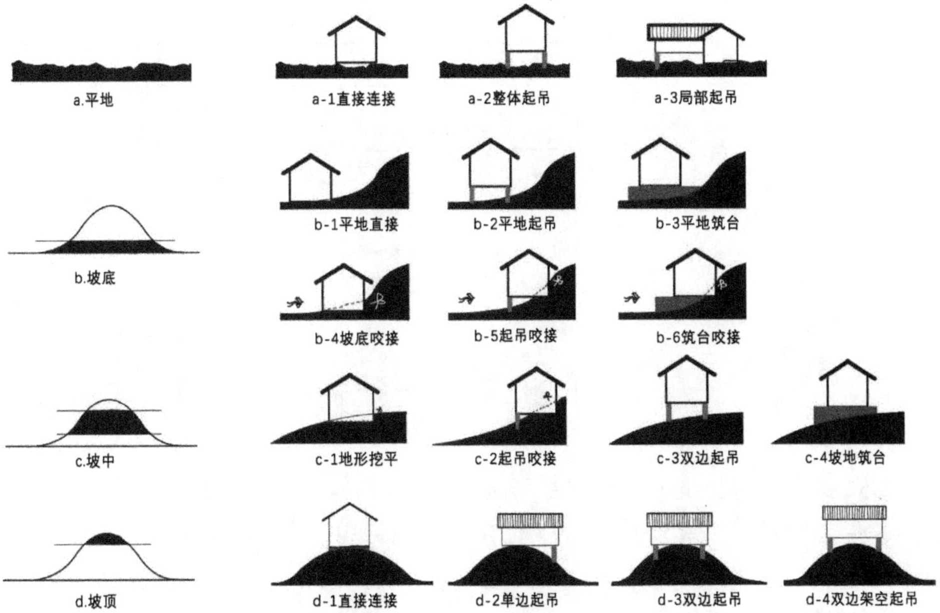

图1 鄂西南乡村住宅接地方式

2.4 鄂西南乡村住宅平面特征

鄂西南地区的乡村住宅因地制宜，由于独特的地形特征创造出极富地域特征的乡村住宅建筑形式。根据对鄂西南地区代表性村落的调研可得，在传统的乡村住宅中最具代表性的有四种类型，分别为一字形的“座子屋”、L 形的“钥匙头”、U 形的“三合水”和口字形的“四合天井”[7]。

3 适应高差的乡村住宅起吊算法构建

构建乡村住宅起吊逻辑算法主要包含两部分：其一，建立高差地形原型和提取村住宅起吊原型，简化起吊形式和复杂高差地形。从本质上分析影响民居起吊的根本因素，提炼限制民居起吊的内在条件，为构建算法提供逻辑思路。其二，构建适应高差的乡村住宅起吊生成算法，使民居平面的生成适应鄂西南地区高差地形环境。

3.1 高差地形原型提炼

鄂西南地区很多乡村住宅都是根据地形坡度沿着等高线呈阶梯状分布，这种布局方式有利于吊脚楼的起吊来适应地形变化。因此，主要在高差地形上提炼台地地形为原型，以其坡度为变量来为住宅的起吊提供限定条件。根据鄂西南地区起吊的台地地形的坡度在 30°~60°之间，在这个范围内选取均差为 15°的三个坡度来构建台地地形原型，其坡度分别是 30°、45°和 60°，以此来探索民居起吊特征。台地地形原型构建如表 1 所示。

表 1 台地地形原型

高差地形	剖面坡度	俯瞰等高线
	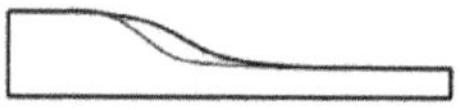	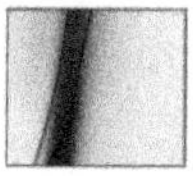
	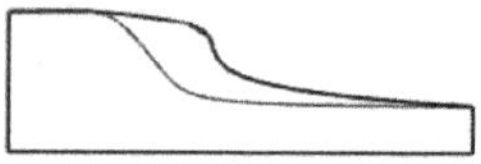	
	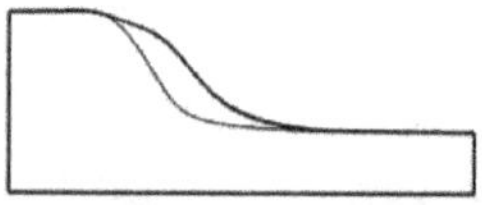	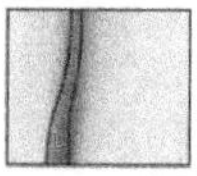

传统的乡村住宅在台地布局时，除了台地坡度外，台地等高线也为重要的布局条件，大量的乡村住宅沿着等高线呈阶梯状分布，也有垂直和斜列于等高线的布局方式。因此，乡村住宅的起吊方式与等高线密不可分。因此在建立地形原型时，等高线也是重要的布局依据。

3.2 住宅起吊原型提取

鄂西南地区传统的乡村住宅在起吊方面选择 3 种常见的住宅原型，分别是“座子屋”“钥匙头”和“三合水”乡村住宅，由于“四合水”乡村住宅在适应高差上的实例不多，因此在此仅讨论前三种住宅起吊原型，无论是哪一种都能与适应不同的地形特征。“座子屋”一般情况下不起吊，但当地形过于狭窄时，“座子屋”会局部起吊或整体起吊以适应特殊地形；“钥匙头”乡村住宅横屋起吊以适应高差地形；“三合水”民居双横屋起吊以适应地形高差。从乡村住宅的起吊原型中可归纳住宅起吊如下特征，为构建乡村住宅适应地形的起吊生成逻辑提供理论依据。

（1）一般高差情况，横屋起吊以适应高差地形。

（2）特殊地形，例如狭长和基地无平地时，主屋也可起吊以适应地形。

3.3 适应地形的乡村住宅生成逻辑

（1）民居起吊算法构建

选用乡村住宅的起吊以在横屋部位为例，来构建民居的起吊算法。对于起吊部位在横屋，则仅当住宅的进深 $n=3$ 时，才能实现横屋起吊。三进深的民居起吊有两种方式，一是当横屋个数为 1 时的民居起吊逻辑构建；二是横屋个数为 2 时的民居起吊逻辑构建。设横屋起吊点位为pt_ z,求得起吊点坐标为柱子起吊生成提供点位。民居起吊本质为起吊的横屋柱子向下立于坡地之上，需要计算的是柱子架空的高度，在实际情况下，需要测量架空的垂直高度。将其转化成数理逻辑关系则根据横屋的出挑距离和坡度，用三角函数来求得理想情况下柱子架空高度。假设坡度为 r，正屋边缘处于高差线边缘，柱子离架空起始点的水平距离则为横屋的进深，即为 y 进深大小。架空的垂直距离 $h=y\tan(r)$，因此只要给定坡度，即可求出起吊柱架空的高度 h（图 2）。

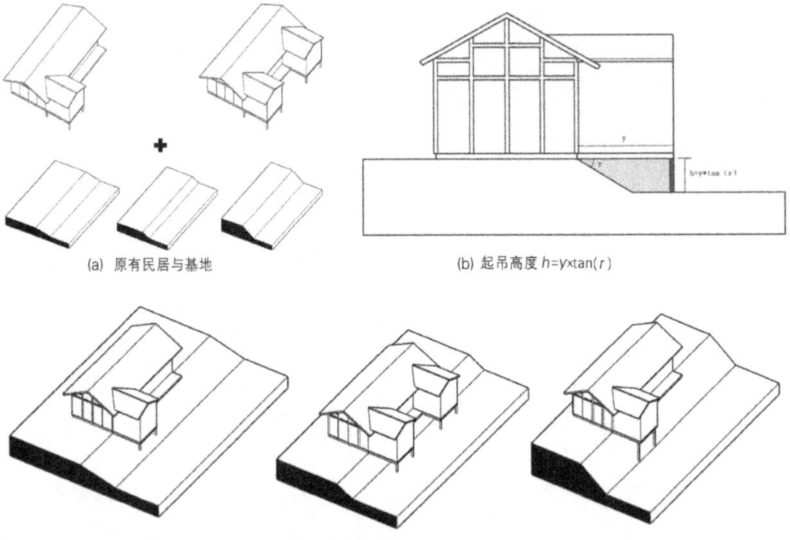

(a) 原有民居与基地　(b) 起吊高度 $h=y\times\tan(r)$

(c) 不同起吊情况

图 2　乡村住宅起吊数理逻辑

（2）适应高差布局建模逻辑

选用鄂西南民居常用于适应地形布局方式的平行等高线布局方式为例，其特征为沿着等高线布局。因此，将其特征转化为数理关系时，输入变量为地形等高线，用

dxCruve 表示，用分析曲线命令 Evaluate Curve 来提取等高线的内点位，输入位置参数为变量，在等高线取随机点位，首先让民居在此点位上生成，其次来设置民居与等高线的角度关系（图3）。首先，提取其点位的切线，求切线与 x 轴的角度 a，再让民居旋转角度 b，当 $b-a=0$ 时，民居与等高线平行，由此得到民居与等高线的布局建模逻辑关系。

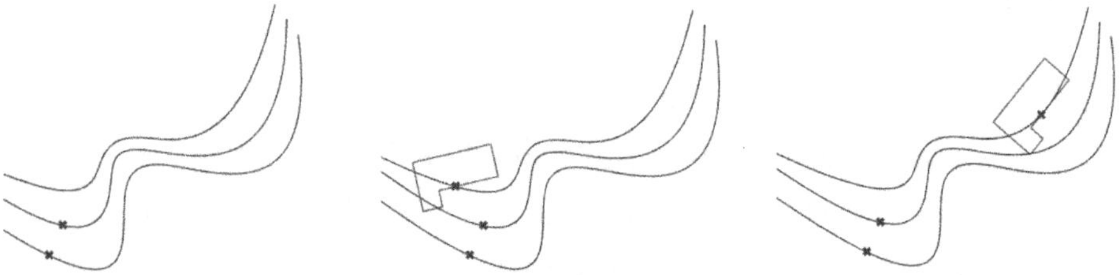

(a) 拾取等高线提取点位　　(b) 民居在点位生成　　(c) 沿着等高线布局生成

图 3　沿等高线布局函数关系

（3）生成结果

当民居起吊数理逻辑和适应高差布局建模逻辑构建完成之后，当输入的参数发生变化则将生成不同布局形式。基于三种民居适应高差布局情况，通过变化地形坡度和民居开间来得到不同的生成结果，如表 2 与图 4 所示。

表 2　民居开间与布局生成关系

开间	生成结果
三开间	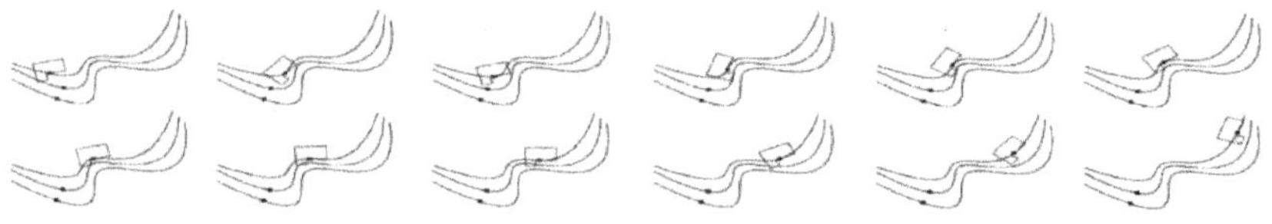
四开间	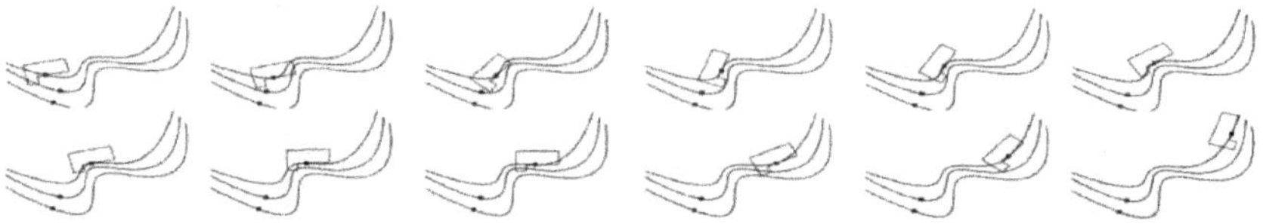
五开间	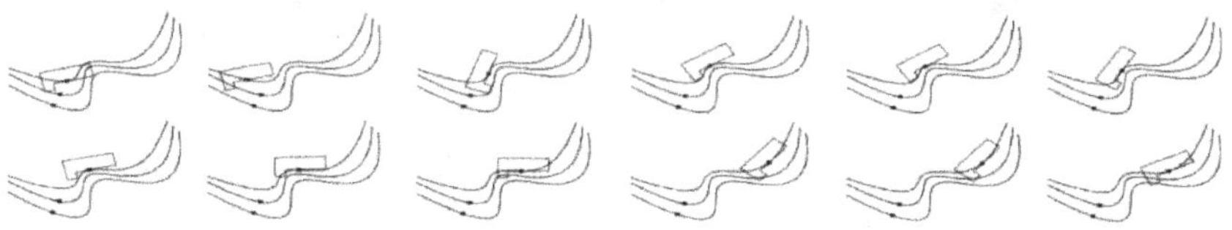

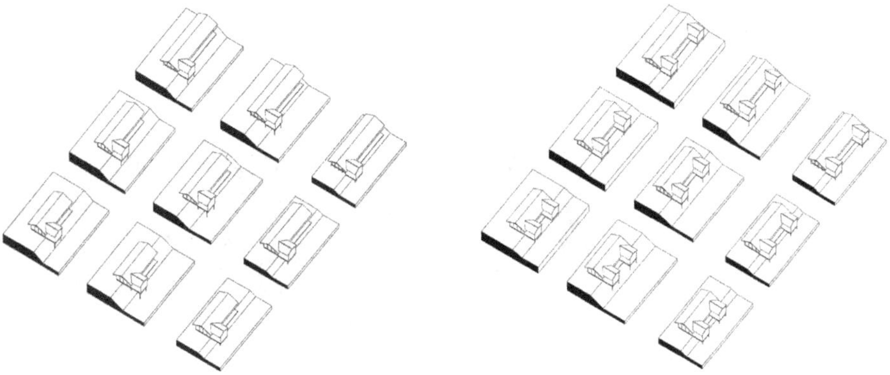

(a) 钥匙头起吊布局　　(b) 三合水起吊布局

图 4　住宅适应高差布局生成

4　无高差基地乡村住宅总平面生成算法

4.1　鄂西南地区乡村住宅无高差基地布局特征

鄂西南传统乡村住宅布局有着特殊的布局要点，通常情况下乡村住宅在地形中呈居中对称的布局方式，其前侧留有较大的生活场地，其后侧设置后院或紧靠山坡树林。由此可得，传统乡村住宅初期的设计过程主要分为 3 步：其一为分析地形特点；其二为提取乡村住宅原型；其三为构建乡村住宅算法。

（1）无高差基地形态特征

鄂西南地区大量乡村住宅分布在坡地上，但同时也有少量的乡村住宅分布在崖地和平地之上。由于鄂西南地区平地基本上为台地平整部分，且多为狭长基地和不规则基地，故将规则大面积的基地设为理想值，基地形态如表 3 所示。

表 3　无高差基地形态特征

A 不规则地形	B 狭长地形	C 规则大地形

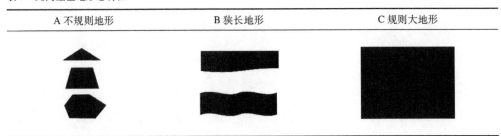

（2）乡村住宅原型选取

鄂西南乡村住宅建筑最小为三开间，最大为面阔五间的“四合水”乡村住宅。乡村住宅多为 1~2 层，少量高在 3 层及以上。为简化模型算法，则乡村住宅原型选取三开间的各种乡村住宅类型（例如三开间“座子屋”、三开间“钥匙头”、三开间“三合水”、三开间“四合水”）为乡村住宅原型，以此构建乡村住宅原型模型。

(3) 传统乡村住宅布局特征

鄂西南乡村住宅在地形中呈居中靠后布局，前活动场地大于后庭院（图 5）。

图 5 鄂西南乡村住宅布局原型提炼

4.2 无高差基地下的乡村住宅布局逻辑构建

在乡村住宅场地布局建模之前，研究的重点在于场地布局的原型提炼，将复杂多样的布局特点和影响因素转化算法模型。首先，简化地形特点，提取鄂西南乡村住宅常用的选址地形，构建地形特征拾取模型；其次，提炼乡村住宅原型布局的乡村住宅选择，以“座子屋”“钥匙头”“三合水”和“四合水”为乡村住宅原型，建立乡村住宅原型模型；最后，构建乡村住宅布局特征数理模型，将乡村住宅居中靠后布局转化为几何算法，从而得到传统乡村住宅布局经验向算法生成方向转变。

(1) 地形轮廓提取

在乡村住宅平面布局生成的过程中，给定任意地形能够生成鄂西南乡村住宅布局形态。乡村住宅呈居中布局，前活动场地大于后庭院面积。因此，地形形态为随机给定，为了生成逻辑，首先以无高差但形状各异的几何平面地形为原型；其次通过拾取几何平面地形来生成乡村住宅布局。算法构建主要使用 Grasshopper 参数，任意地形数据的提取利用 Curve 曲线命令。将角点和中心点等参数进行数据的处理后，可为下一步的乡村住宅布局提供布局定位。为验证乡村住宅布局合理性，以不规则几何形的三角形、梯形、狭长地形和理想矩形地形为例（图 6）。

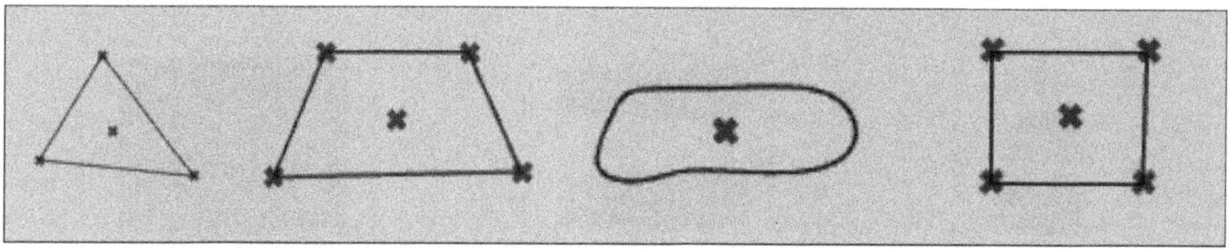

图 6 原有轮廓提取

(2) 乡村住宅原型模型构建

当地形模型构建完成之后，接下来则是构建鄂西南乡村住宅数理模型，乡村住宅三至五开间比较常见，为简化模型算法，以三开间为例，选取三开间“座子屋”、三开间

"钥匙头"、三开间"三合水"、三开间"四合水"为乡村住宅原型（图 7）。主要提炼出乡村住宅布局的移动中心点，为细化的乡村住宅平面生成提供算法依据。

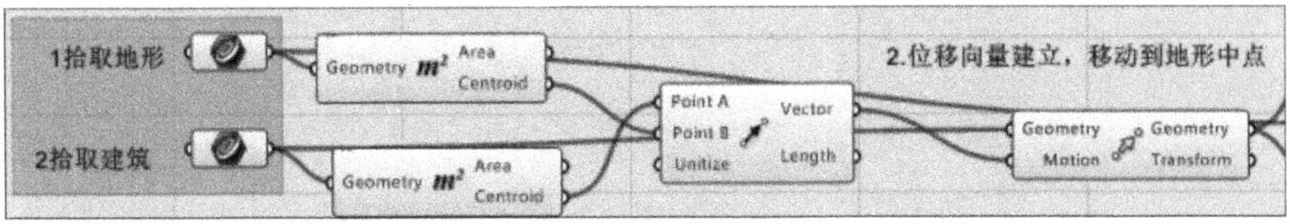

图 7 乡村住宅原型模型构建

（3）乡村住宅布局逻辑算法构建

地形算法和乡村住宅原型构建完成之后，需要将乡村住宅按照鄂西南乡村住宅布局特征进行逻辑算法的提炼。乡村住宅布局具有两大特点：其一，乡村住宅在地形中央；其二，乡村住宅在地形靠后的位置。根据理论特征进行算法提炼，乡村住宅居中则是将乡村住宅移动到地形中点位置，需要构建移动算法；乡村住宅前场地大于后场地，本质上也是将乡村住宅中轴线向后移动的过程。根据位置的不同，则有多种布局可能。因此，除了构建向后移动算法之外，还需构建多种生成可能的循环移动算法。具体内容如下：

① 乡村住宅居中算法构建

建立乡村住宅移动向量，首先找出乡村住宅中点 $A=(x_1, y_1)$，再找出地形中点 $B=(d_1, d_2)$，提取两点建立向量，用 Vector 2Pt 命令，建立由 *A*-*B* 指向 ***B*** 的向量，再将乡村住宅按照 ***AB*** 向量移动到地形中点。算法逻辑如图 8~9 所示。

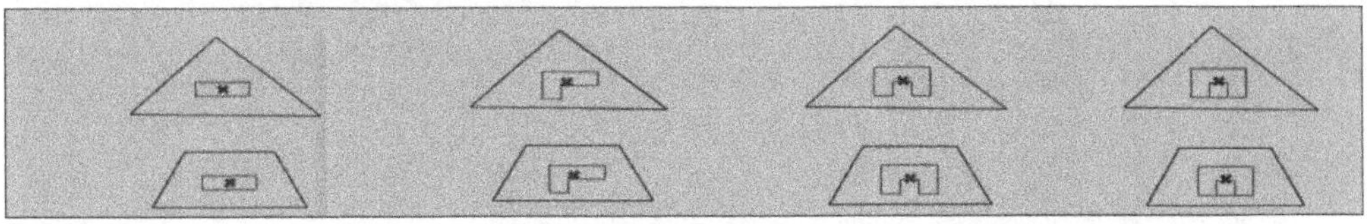

图 8 乡村住宅居中算法构建

② 乡村住宅后移算法构建

乡村住宅后移算法主要得出乡村住宅后侧离北向最远边的最远距离，乡村住宅只要在这个移动范围内向后移动，直到最远距离都为布局范围。首先求出移动最远距离，为了让乡村住宅在任何情况下都在地形范围内移动，避免乡村住宅移动到地形之外，则以乡村住宅轮廓与地形轮廓的距离最小值为移动范围。算法构建方法以乡村住宅外轮廓为 Curve1，地形外轮廓为 Curve2，用 Curve Proximitys 算法命令取两者之间的最近距离。最后，限定乡村住宅向北的移动方向。假设 Rhino 中的值 *Y* 指向正方向为北，则向北或向后移动转为算法语言就是向 *Y* 轴正向移动，选取 Uint *y* 建立向 *y* 轴移动方向（图 10）。

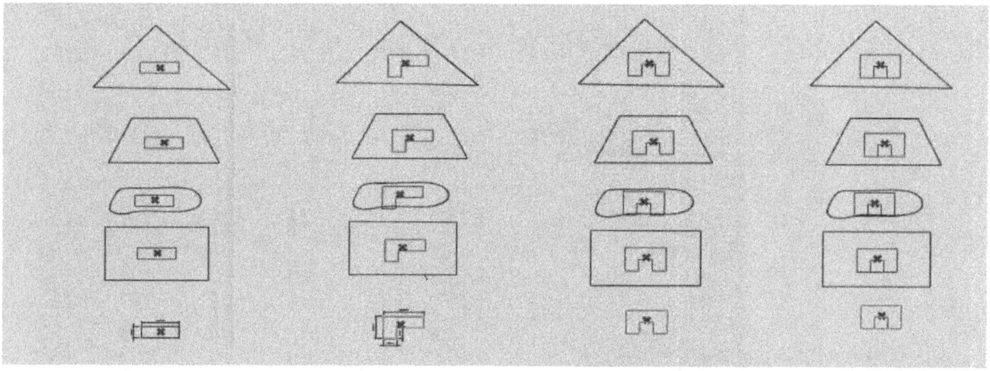

(a) 座子屋居中　　(b) 钥匙头居中　　(c) 三合水居中　　(d) 四合水居中

图 9　乡村住宅居中生成结果

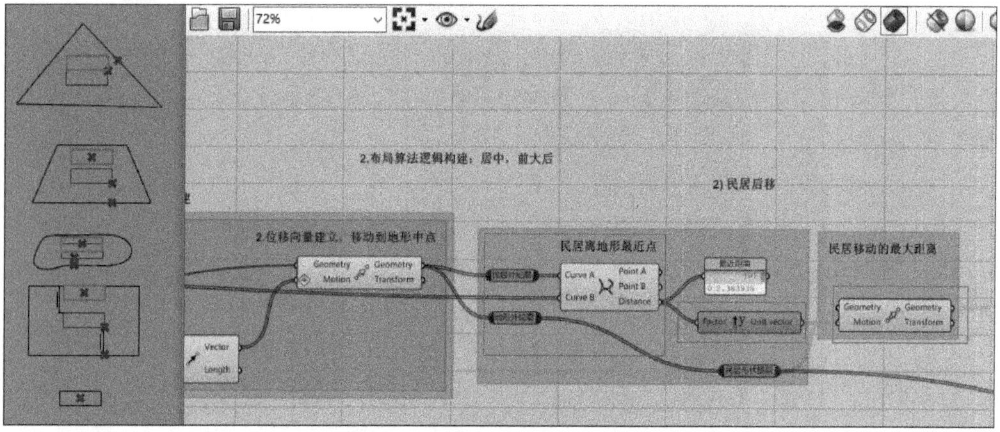

图 10　乡村住宅后移算法构建

③ 循环后移算法构建

在乡村住宅循环后移算法构建中，以矩形地形和“座子屋”形制为例，首先建立循环区间，给定循环值，再将乡村住宅向 y 方向移动。循环区间设定为［0，最大移动距离］，求出住宅边界距离基地轮廓的边界最近值 $d_{\min}$，将 $d_{\min}$ 近似为住宅向后移动的最大距离（图 11），则可以保证住宅在边界内部。利用 Grasshopper 内置运算器 Curve Proximity 求得最近距离，再利用 Python 将最值赋给 Slider 的最大值，此区间为住宅向后移动的距离范围，调整距离的精度来得到生成的向后移动距离个数，从而生成符合鄂西南地区乡村住宅布局方式。假设向后移动的个数为 8 时，根据不同地形和住宅原型得到不同的布局方式（图 12）。

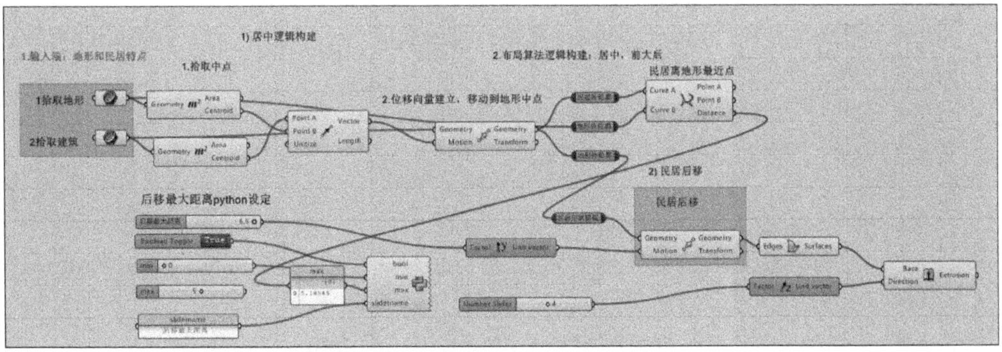

图 11　乡村住宅循环后移算法构建

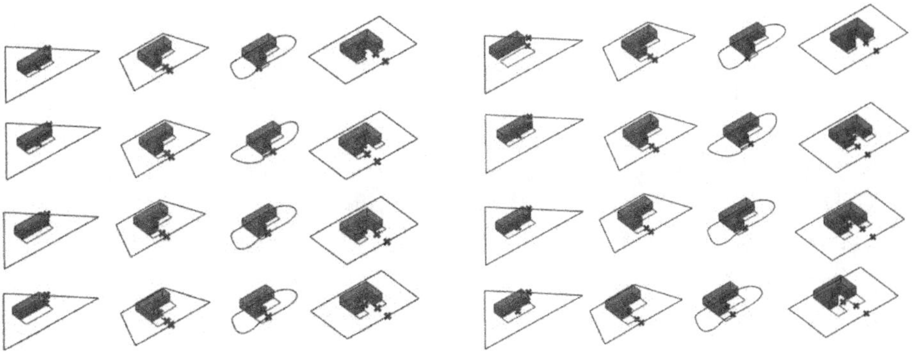

图 12　乡村住宅布局生成

结语

根据鄂西南地区传统乡村住宅适应地形的布局特点，分别构建了乡村住宅的起吊算法与布局算法，以此来适应鄂西南地区复杂的地形特征，取得成果如下：

（1）归纳了鄂西南乡村住宅起吊适应高差与布局的特征，有平地起吊与横屋起吊等不同的起吊方式，在地形上呈居中对称、坐北朝南、前有活动场地、场地后有幽静庭院的布局特征。

（2）根据鄂西南乡村住宅布局特点，提炼了平行等高线布局方式的数理关系，构建了乡村住宅适应地形高差算法，由此生成适应地形呈起吊形态的乡村住宅。

（3）构建了无高差布局构建逻辑算法，将鄂西南地形乡村住宅方式转译为数理关系。以 Grasshopper 参数化平台为依托，将传统乡村住宅布局设计经验转化为算法模型，实现鄂西南乡村住宅布局的算法生成。

参考文献

[1] 刘小虎,冰河,潘浩.《营造法原》参数化:基于算法语言的参数化自生成建筑模型[J]. 新建筑,2012(1):16-20.

[2] 叶海林. 壮族干栏民居参数化生成及优化研究[D]. 南宁:广西大学,2019.

[3] 梁晏恺. 浅谈人工智能技术在建筑设计中的应用:以小库 xkool 为例[J]. 智能建筑与智慧城市,2019(1):43-45.

[4] 刘少博. 基于丘陵地区环境特征的湖南住宅生成设计研究[D]. 长沙:湖南大学,2014.

[5] 李思颖. 基于整数规划的住区生成方法初探:以日照、交通与功能限定为例[D]. 南京:东南大学,2019.

[6] 郭梓峰. 功能拓扑关系限定下的建筑生成方法研究[D]. 南京:东南大学,2017.

[7] 刘少博. 基于丘陵地区环境特征的湖南住宅生成设计研究[D]. 长沙:湖南大学,2014.

[8] 潘伟. 鄂西南土家族大木作建造特征与民间营造技术研究:以宣恩县龙潭河流域传统民居为例[D]. 武汉:华中科技大学,2012.

图表来源

图 1~2、图 5~8、图 10~11:作者自绘.

图 3~4、图 9、图 12:作者利用 Grasshopper 生成.

图 5~8:作者自绘.

表 1、表 3:作者自绘.

表 2:作者利用 Grasshopper 生成.

以公共交往空间为切入点的产业园区形态生成方法

雷智锋[1]　孙延超[2]　徐卫国[1*]

（1. 清华大学深圳国际研究生院，广东省深圳市 518055，scorplui@163.com；

2. 深圳市建筑科学研究院股份有限公司，广东省深圳市 518055）

摘要

我国的产业园区经过多年的发展与优化，已经成为社会中一种重要的建筑类型。在产城融合时代的新设计要求下，产业园区设计需要面临更复杂的问题，设计的目光也聚焦到公共空间的使用效率问题上。本文通过利用影响产业园区公共空间生成的主要因素，搭建一种由外部影响内部的空间快速生成方法。该方法通过空间分布、空间连接与空间生形三个主要步骤，在短时间内生成多个备选方案，再通过空间整合度、绿地离散度与空间连接度三个择优参数，挑选出较优的若干个方案。该方法为产业园区乃至其他建筑群设计提供一种从城市外部到内部的设计生成思路，未来结合不同影响参数，可发展成面向未来且更具普遍性的生成方法。

关键词：产业园区；公共交往空间；建筑生成设计；产城融合；空间布局

Keywords：Industrial park；Public communication space；Architectural generative design；City-industry integration；Spatial layout

引言

改革开放以来，在政府政策与地方产业的支持下，不同类型的产业园区纷纷建立起来，在探讨新型管理与发展模式中发挥着不可忽略的作用。随着社会与经济的发展，产业园区也实现了升级与转型，在经历了劳动密集型与产业集聚型两个时期之后，目前呈现出精细化发展的趋势，走向功能复合化发展之路。

如今，产业园区的发展强调生产、生活、生态一体化发展，需要以“人”为核心，提高效率与品质，对室内与室外空间的重视程度相当。而在社会活动中，人与人之间的公共交往是最普遍与最重要的，这类活动空间遍布在园区的各个地方。但是就目前而言，公共空间的使用效率普遍低下，表现出来诸如空间不可被感知与空间尺度失衡等特点。

为了通过公共空间的高效使用来促进产业园区内“人流”“信息流”“资金流”等元素的快速运转，需要通过一种更精确且可被快速调整的设计方法来回应产业园区设计中的复杂问题。公共空间的高效运转，离不开使用者的感知情况，通过合理利用人际交往中的具体的空间尺度数据来塑造与组合空间，能够准确地回应这个设计问题。

1　公共交往空间生成影响因素

1.1　空间类型与尺度

在生成式设计中，根据空间的私密程度进行空间层级的划分，能够较清晰且方便地对空间进行类型划分。扬·盖尔在《交往与空间》一书中对比做了研究，他所总结出来的五感划分方法与社会性视域尺度数据能够有助于进行上述的层级划分[1]。

结合公共交往空间出现的具体位置，所承担的具体活动类型有所不同，继而所需要的空间尺度会有梯度化的差别。对于产业园区内的这类空间，可以总结为外部广场空间、外部围合空间、内部围合空间与楼层内部空间 4 类[2]。由于在社会性视域理论中，对 0~100 m 内的人视距离与所对应的活动进行了逐一对应（图 1），所以上述 4 类空间能够赋予具有差异性的影响范围尺度数据，以便后续计算。

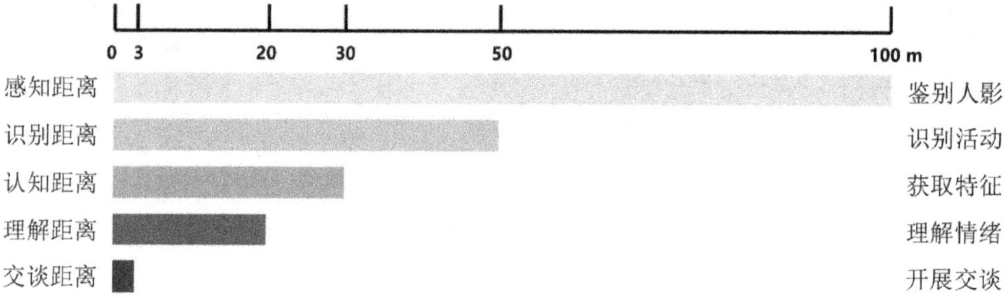

图 1　社会性视域

1.2　空间连接与组合

产业园区内公共交往空间分布广泛、尺度各异，需要通过归纳总结的方式对其连接方式进行总结。通过对深圳市 20 个典型产业园区进行建筑轮廓抽象化处理，可以结合空间的分类标准，定义出城市与园区、室外空间之间，以及室内外空间之间的连接 3 个层次[3]（图 2）。这个三层结构的连接关系，代表了从城市延伸到园区内部的逐步变化。

若将每个空间视为一个质点，在上述的连接系统下，可以总结出由 3 个基本连接形态组合而成的复杂园区连接系统。通过线形、环形与放射形 3 个具有不同序列性与方向性的基本形态，能够组合成平行、并列、嵌套、递进、包围与发散 6 种主要的空间具体形态（表 1）。

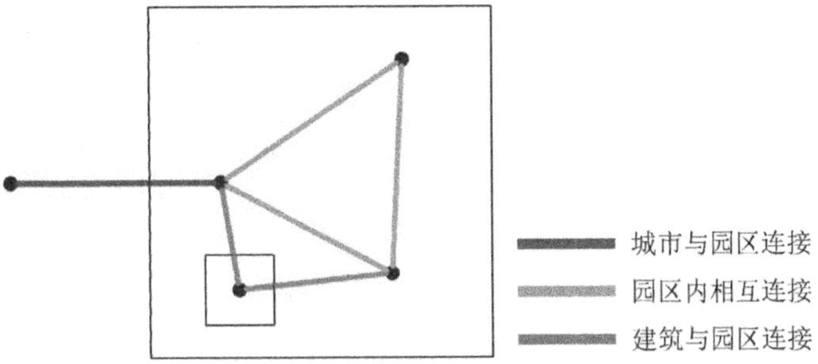

图 2 不同层次连接示意图

表 1 基本连接模式与组合模式表

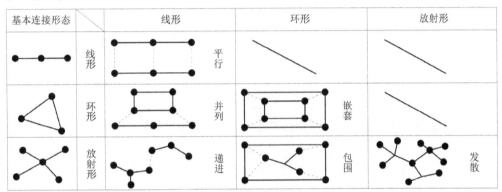

基本连接形态		线形	环形	放射形
	线形	平行		
	环形	并列	嵌套	
	放射形	递进	包围	发散

1.3 空间形态与界面

结合公共交往空间的分类标准，当随着园区流线从城市往园区内部蔓延的同时，不同类型空间会表现出具有差异化的空间形态。当空间越靠近园区内部，空间的围合度越高，界面的连续性越强，空间尺度也会越小，继而会导致流动性越弱。空间围合度的变化不一定必须通过建筑墙体来进行限定，栏杆、植物的组合使用，也能够在行动与视线上形成多样的限定界面。

2 空间生成逻辑

空间生成逻辑遵循 Nurbs 几何模型搭建逻辑，基于“点、线、面、体”的生成顺序[4]（图 3），分别分成“位置分布”“空间连接”与“形态生成”3 个步骤进行实现。

2.1 空间位置分布方法

空间生成的第一步需要利用不同层级空间的尺度数值，在可生成区域内进行空间位置的模糊化划分。结合不同类型空间的私密度变化，遵循从城市到园区内部的变化原则，先计算出室外广场的位置，再划定出合理尺寸的生成范围，进一步寻找低层级空间。

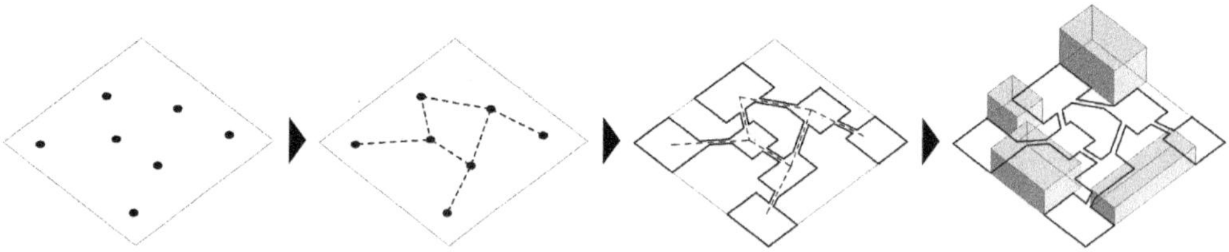

图 3 模型搭建逻辑

由于在这一步中，相比于空间的具体形状，更强调需要将所以合乎要求的空间都找出来，因此采用了低精度的 Circle Packing 方法来实现[5]。这种方法是在可生成区域内画出距离合适的点阵，再在其中遍历寻找距离符合要求的目标点，这样能够在较短的时间内获得可接受精度的布点位置。

（1）室外广场分布生成

首先需要将输入的场地红线图形信息结合限制建设区域（城市退线、城市轴线等）进行图形切割，获得可用于方案生成的图形区域。在该区域内，经过多次测试，构建 5 m 间距的点阵并进行后续的遍历寻点，能够在快速寻点与计算精度中获得较好的平衡。在研究中表明，室外广场空间可以以 30 m 的影响范围尺度作为基础参数，之后经过多次迭代，依次找出与已选点距离之和最小的目标点作为室外广场空间的基础分布位置。由于该计算是在正交体系内进行形态搭建，因此需要将每个布点所代表的圆形影响范围转化为等面积的正方形。转换之后需要对图形再一次进行切割计算，留下可生成区域内的部分，并缩放至符合预期面积设定的尺度（图 4）。

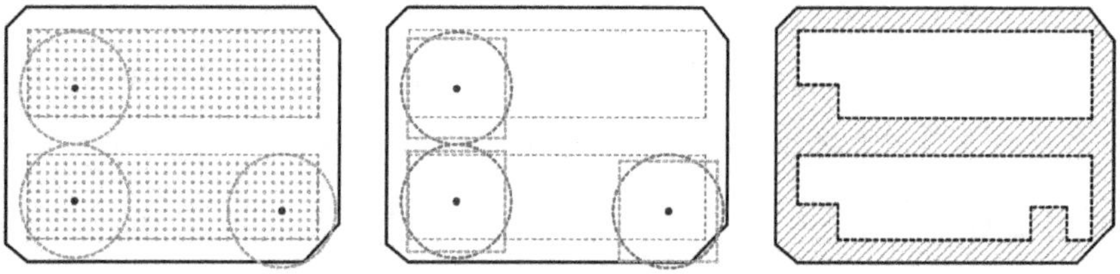

图 4 室外空间生成示意图

（2）建筑范围图形处理

在经过室外广场分布生成之后，获得了可用于下一步细分计算的复杂凹多边形，为了计算的方便，需要将其分割成多个凸多边形。这里采用的方法是以凹角判断与凹角延长线的方法来实现。通过计算凹多边形的每个顶点的所在两边线的合向量，将顶点进行细微偏移，判断偏移点是否在封闭图形内，可轻易挑选出凹角[6]。之后，再将凹角所在两边向图形内部做出延长线，并留下较短的延长线进行空间划分[7]。这种划分方法能够通过较少的切割线划分出面积尽可能大的凸多边形（图5）。

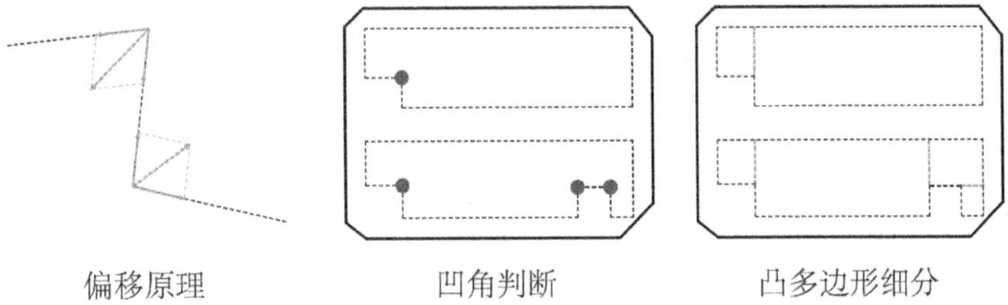

图5 凸多边形细分方法

在这些凸多边形里，进一步采用新定义的“长轴二等分原则”进行区域细分，使其满足输入参数中的标准层面积，并且符合一般建筑间距要求。这个原则的意思是不断用图形的长边中点连线来分割图形，直到最小图形面积符合要求为止（图6）。

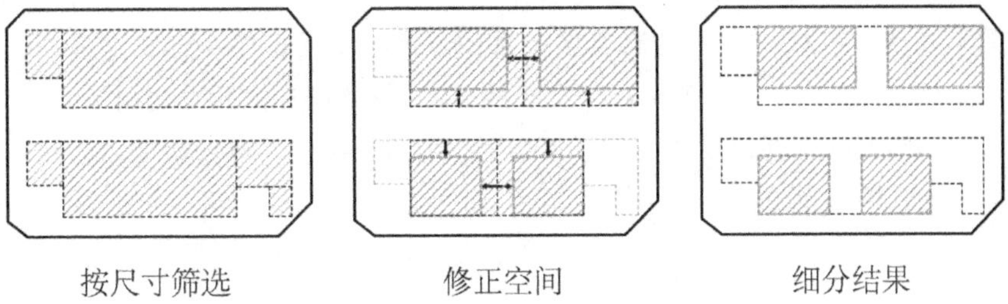

图6 等分原则方法

（3）建筑底层轮廓

经过上述操作，可获得建筑标准层投影轮廓线，并进行首层架空空间布点寻找。这里在每个投影线边缘内分别生成点阵，同样采用点阵寻点的方式进行遍历寻点。在计算的时候，首先保证每栋建筑都有架空空间，再在剩余的点阵中，挑选与已选点距离之和最小的点，生成布点列表。之后，同样将布点所代表的圆形覆盖范围转化为同中心的正方形，并根据图形与轮廓线的相交、相切、相离三种关系，采用保留或切割的方式进行图形处理。初步获得的图形，需要通过人体活动尺度，判断是否需要通过将部分细小空间去除或扩大的方式进行二次形态调整。

2.2 空间连接系统生成方法

该步骤需要通过指定的规则进行空间布点之间的连接，将不同层级的空间连接在一起，形成整个生成区域内的路径拓扑图。并将路径进行正交规整化处理，在将路径清晰化的同时，通过处理成不同宽度的路面来反映出原来路网的重合程度。

(1) 空间连接规则

为了实现不同空间的连接，需要定义出两个空间之间的连接规则。同时，需要针对该连接规则，引入浮动参数 k，用来消除由于低精度寻点而造成的空隙距离误差。而由于每个两个空间点分别代表了尺寸为 R_1 与 R_2 的影响范围空间，因此通过利用两点间距离 d 与 $k(R_1+R_2)$ 的计算数值，判断两点之间是否需要连接（图 7）。

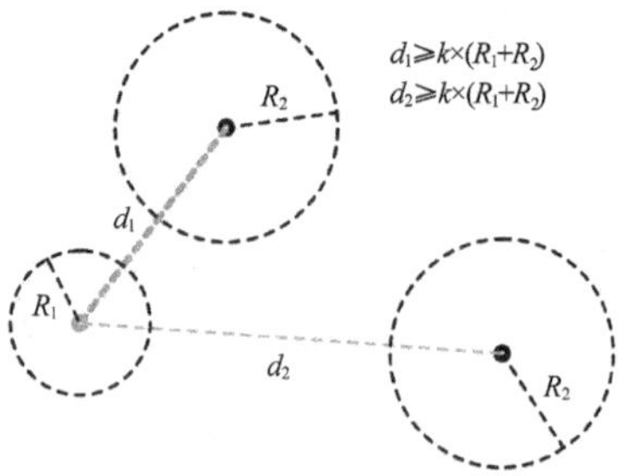

图 7　空间连接规则

由于空间之间可能存在不同层级的关系，因此需要进一步提出两种后续处理方法。在遍历完全部计算点之后，对于同一层级的空间而言，若某个点的连接量大于 2，则只留下连线长度最短的两段线段；而对于不同层级空间，当高层级空间的连接量大于 1 的时候，则只跟低层级最近的布点连接，否则与低层级最近两个布点连接。

(2) 规整拓扑关系

在经过空间连接之后，为了处理复杂的图形交叉问题，选择通过正交规整化的方式来进行图形处理。针对每一组具有连接关系的点 $A(x_1, y_1)$ 与 $B(x_2, y_2)$，都存在点 $M(x_1, y_2)$ 与点 $N(x_2, y_1)$ 能够构成正交折线 AMB 与 ANB。之后通过计算比较两根折线在已有封闭图形的内部线段长度，留下长度较短的折线，达到尽量减小对封闭图形内部形态影响的目的（图 8）。

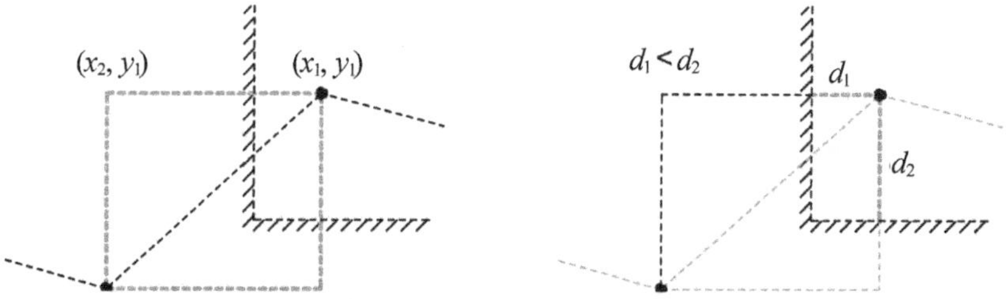

图 8　路径规整化方法

(3) 扩展路网形态

规整化后的正交连接系统，通过进行进一步的路面扩展，能够实现路网形态的塑造。为了实现拓扑关系在具体几何形态上的呈现，提出单线扩展与多线扩展两种扩展规则，回应连接折线的重叠程度。当折线与其余最近折线的最短距离大于路面尺寸的时候，则直接将折线往两边扩展即可；否则，则先分别进行扩展，然后计算扩展后路面图形的并集，并留下最外轮廓（图 9）。

图 9 路径扩展方法

2.3 空间形态轮廓生成方法

通过前两步在二维水平面找型，为每一栋建筑确定了可生成区域与约束条件，可用于后续的三维生形。首先利用类比于二维寻点的三维寻点方式进行距离约束选点，并进一步计算布点与楼层边缘的距离关系，则可以呈现出不同的楼层形态。最后根据目标建筑面积，按首层室内面积比例分配不同楼宇的建筑层数即可（图 10）。

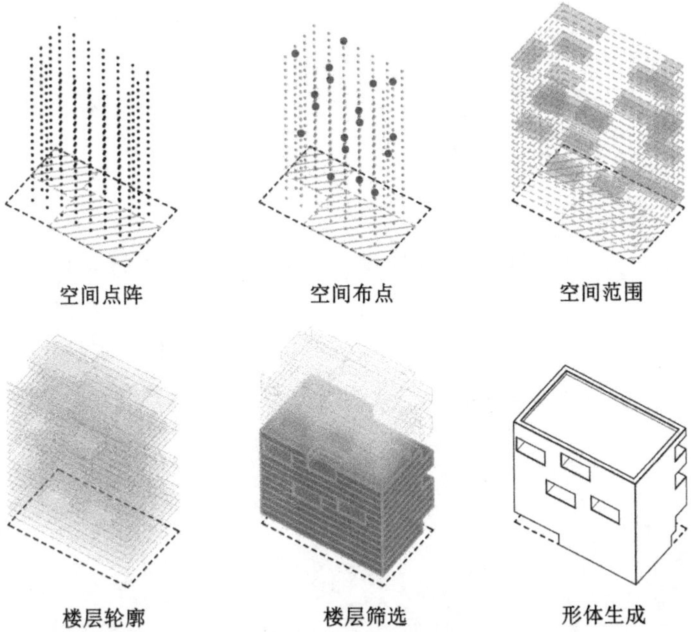

图 10 空间形态生成逻辑

(1) 立体空间布点

按照建筑底层轮廓线，在范围内生成适合内部空间使用、结构使用与层高要求的三维点阵，并结合所规划的公共交往空间类型与其影响范围，进行点阵内遍历寻点。生成布点的时候，由于需要考虑后续楼层内室外空间的生成，因此需要先分布比预期高度更多的布点。由于产业园区内首层层高通常比其余层高稍高，因此计算时需要先在二层点阵中找出与首层空间距离之和最近的点，再往上寻找距离符合要求的全部空间点。

（2）空间形态生成

空间形态的具体生成，包括了区域的界定与楼层轮廓的优化。与首层空间类似，由于每个布点代表了一种影响覆盖范围的空间类型，并且在计算中采用了该尺寸的球形来代表，因此需要通过布点与楼层边缘的距离关系，制定出不同的正交化规整方法。以 r 来代表布点的影响半径，以 d_1 与 d_2 代表与布点距离最近的两条邻边，当 d_1 或 d_2 小于 r 时，采用以布点为中心点扩展的图形；当 d_1 和 d_2 大于等于 r 时，则过布点作两邻边的垂线围合出空间区域。通过上述方法获得的图形，有可能会出现图形重叠、尺寸不符合具体使用要求等情况出现，则需要对此进行计算并集或微调空间的偏移操作（图 11）。

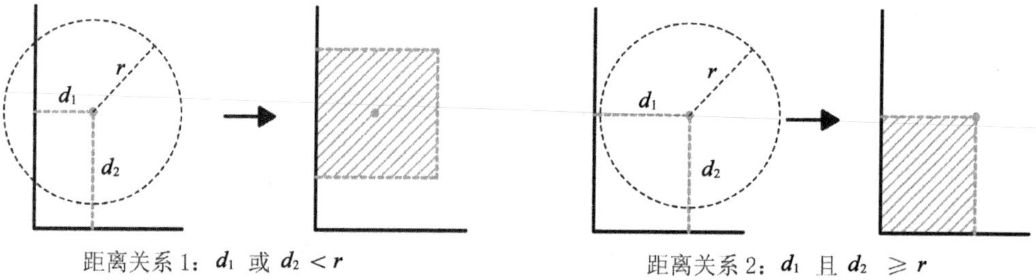

图 11 空间平面形态生成规则

（3）楼层筛选

由于在前置操作中的计算结果会比目标建筑面积更多，因此根据首层面积的比例，为每栋楼计算各自的建筑面积，从下往上筛选出符合容积率要求的楼层数量（图 12）。以三栋楼为例，底层面积分别是 a、b、c，那么三栋楼的面积比则是 $a:b:c$。通过这种方法来确定建筑面积，能够通过三维空间回应二维空间的信息，反映出首层空间的疏密程度。

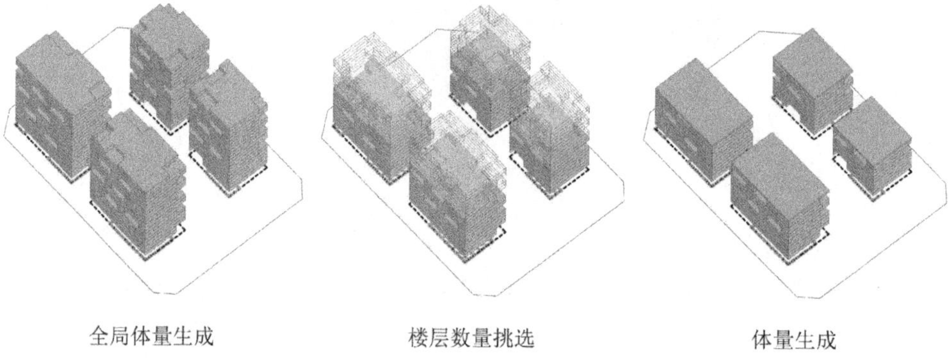

图 12 楼层筛选方法

2.4 多方案择优

经过上述图形计算，能够在较短时间内生成出多个用于后续挑选的备选方案，因此需要采用合适的评价体系对这些方案进行排序。由于该计算更多地考虑公共交往空间的使用效率，因此通过空间整合度、绿地离散度与空间连接度三个数值对方案进行评判。作为能够通过空间句法计算出来的空间整合度，可以结合室外路径拓扑图进行计算，衡量室外空间之间的可达性；而通过方差计算出图形中心点之间距离所获得的绿地离散度数值与空间连接度两个数值，前者可以衡量室内外空间的完整性，后者可以衡量室内外空间的连接紧密程度。由于上述三个数值对空间效率的评价并无明显的偏差，因此将每个方案分别通过三种数值进行排序之后，将排名进行取平均计算，可以获得较客观的最后排名。

以深汕特别合作区机器人小镇二期产业园区设计为例，通过上述设计方法，能够在较快的时间内，通过利用对场地分析的初步数据，获得大量可接受的备选方案（图 13），并

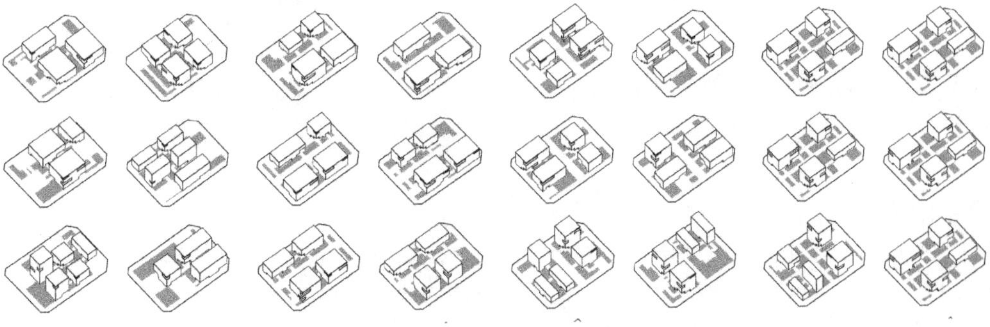

图 13 多方案生成效果

挑选其中的较优解进行深化设计。从生成结果来看，体量排布方案样式较多，并且有潜力展示出一般人工排布时易忽略的排布方案，使得设计师能够更多样地对场地进行认识。以挑选出的 5 栋建筑的排布方案为例（图 14），该方案中建筑均是点状建筑，由于场地周边道路情况不同，体量也呈现出不同的建筑高度，场地中的绿地分布也能够塑造不同类型的室外活动，并以较便捷的方式连接起来。

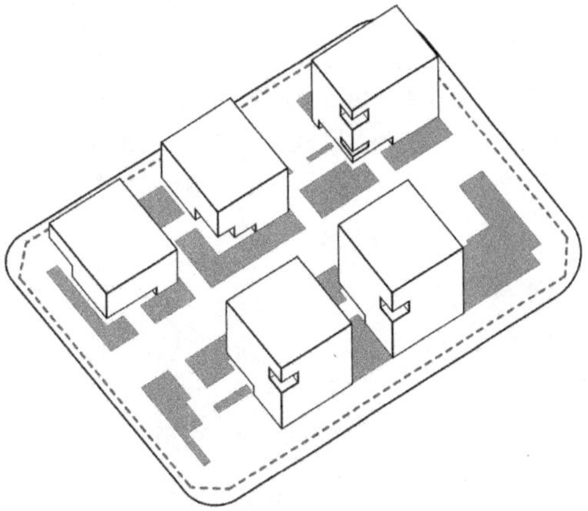

图 14 5 栋建筑的排布方案

结语

公共交往空间的设计将会在未来进一步影响产业园区的布局，设计的重点将会从室内蔓延到室外，公共交往空间不再只是一个简单的附属空间，更有机会成为建筑群落中的一个重点空间。而公共交往空间的复杂性与不确定性，则大大提高了设计难度，需要通过一种更精确的设计手段来实现。本文为生成式园区设计提供了一种从城市到园区内部紧密联系的设计思路。计算中以空间使用为前提，通过合理使用已有的研究参数与既有算法，打造出一种让人更高效使用的园区布局设计方法。这种量化分析的手段，能够从更客观的角度来评判设计的价值，并且在较短的时间内提出更多符合要求的解决方案。

该方法还存在可以继续拓展的可能性，例如采用非正交体系进行计算，引入对方案的前期影响因素与后期运营的评判标准，可以进一步扩展该方法的普遍性。经过延伸之后，该方法不仅可以解决产业园区的设计问题，更有可能为同为群落的建筑类型来使用。通过这种方法，可以让设计师在同类项目中从大量重复性的试错工作中释放出来，借助计算机技术在获得较优解的情况下，进行后续的具有复杂性、非标准化的深化设计。

参考文献

[1] 杨·盖尔. 交往与空间[M]. 3 版. 许金声,译. 北京:中国人民大学出版社,2012.

[2] 王珏. 城市公共休憩空间的私密性研究[D]. 广州:华南理工大学,2013.

[3] 石伟佳. 产城融合视角下高科技园公共空间设计研究[D]. 长沙:湖南大学,2019.

[4] 杨凤祥,王俪葳,段孟,等. 基于 Rhino+Grasshopper 参数化在异形建筑中的研究与应用[C]//中国土木工程学会 2020 年学术年会论文集. 北京,2020: 244-252.

[5] 李晓岸,徐卫国. 算法及数字建模技术在设计中的应用[J]. 新建筑,2015(5): 10-14.

[6] 金文华,唐卫清,唐荣锡. 简单多边形顶点凸凹性的快速确定算法[J]. 工程图学学报,1998,19(1): 66-70.

[7] 金文华,饶上荣,唐卫清,等. 基于顶点可见性的凹多边形快速凸分解算法[J]. 计算机研究与发展,1999,36(12): 1455-1460.

图表来源

图 1~14:作者自绘.

表 1:作者自绘.

针对功能气泡图智能化生成的样本标注方式优化研究

叶子超[1]　王　晖[1*]

（1. 浙江大学建筑工程学院，浙江省杭州市 310058，wang_ hui@ zju. edu. cn）

摘要

在建筑设计的初期，相当常见的一种状况是项目缺少精确量化的任务书，因而制订合理的建筑计划十分必要。建筑计划通常包括功能列表、面积分配、连接关系等基本指标，并以气泡图的形式成为设计起草阶段的重要工具，也因其直观性成为设计师与客户沟通的纽带。但频繁的设计变更与信息迭代使得修改建筑计划与调整气泡图成为一项繁重且容易出现差错的工作。由于拟定计划涉及大量潜在的专业知识，既往手动编制的规则驱动方法生成功能气泡图的效果并不理想；而以贝叶斯网络为代表的数据驱动方法则显示出巨大潜力。本文以独立住宅为例，首先对样本标注方式存在的缺陷提出反思，并尝试优化，提出相对明确的标注规则，使得具有相同统计特征的功能具有一致的标签。进而从机器学习领域的概率图模型视角阐释了几类功能气泡图生成模型的原理与特征。优化的标注方式结合贝叶斯模型所生成的结果反映了气泡图应表达的对设计合理性的考量，能有效辅助建筑师进行计划拟定工作。

关键词：机器学习；建筑计划；概率图模型；样本标注

Keywords：Machine learning；Architectural programming；Probabilistic graphical models；Sample labeling

项目资助情况：浙江省自然科学基金项目（LY20E080019）；浙江省属基本科研业务费专项资金（2021XZZX016）

引言

建筑设计的初期往往缺少精确量化的任务书，因而需要制订建筑计划、绘制气泡图。频繁的设计变更与信息迭代非常常见，这使得手工修改计划与气泡图变得繁琐而低效。

一种自然的想法是结合计算性设计方法，基于既往案例生成合理的气泡图，以贝叶斯网络为代表的概率图模型方法显示出巨大潜力。本文着重分析了既往研究所忽视的标注环节对学习结果的重要影响，并提出了一种能有效简化模型的标注方式，取得了合理的生成结果。

1 标注环节的重要性

即使采用相近的模型进行学习，样本标注方式的差异可能导致结果相当不同，但标注这一关键环节却未能得到足够的重视。

Merrell 等人[1]对 120 个一到三层住宅平面进行标注，包含全局信息、尺寸信息及交通节点等，基本是对平面图的翔实转译，信息保留完整而抽象程度较低，因而使得模型相对复杂。杨亚洲[2]对 20 个诊所及 17 个单层住宅平面进行标注，仍包含交通节点，但采用了去编号化的标注方式，对信息进行了一定的抽象与归纳，使模型得到简化。Landes 等人[3]对超 500 个单层住宅平面进行标注，包含交通节点且明确地对同名节点进行了编号，导致模型极其复杂，但通过引入重要性矩阵进行筛选保证了结果的质量。

样本（sample）不可能也不应该是对原始平面信息的完全提取，标注过程必定伴随着信息的损失（图 1）。换言之，在完备的标注规则下，一个平面可以对应于一个样本，但一个样本并不包含平面的全部信息，因而并不能对应于唯一的平面。这便要求标注者进行主观的信息筛选，剔除次要信息与无关信息，保留关键信息提供给模型学习。

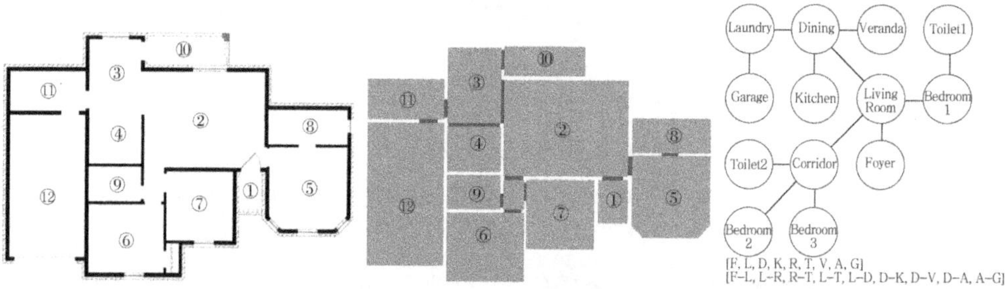

（a）某一层住宅的平面图，其中①门厅、②客厅、③餐厅、④厨房、⑤主卧、⑥次卧一、⑦次卧二、⑧内卫、⑨公卫、⑩露台、⑪洗衣房、⑫车库

（b）从该平面抽象出的布局图，灰色多边形表示功能区域，深色条带表示连接关系

（c）从布局图进一步抽象为气泡图，以及从气泡图抽象为标注样本，样本第一行的字母表示功能区域的种类，第二行的字母对表示连接关系的种类

图 1 提取原始平面信息

本文首先简单介绍功能气泡图与概率图模型的特征，并对三种模型进行对比，进而对标注需反映的统计特征进行分析，提出一种可行的标注方案。

2 作为联合分布的功能气泡图

2.1 功能气泡图

建筑计划（architecture programming）是指设计初期调查并确定设计要求的决策过程，其成果通常是一些列有功能需求的列表，还可以包含面积、方位、楼层及流线关系等额外信息，是建筑策划工作的主体内容。

功能气泡图（bubble diagram）是对计划成果的可视化表达，主要元素是气泡与连线：气泡对应于各个独立的功能空间，可以具备粗略的形状与大小，也可以仅表示方位信息，对应于图论中的节点；连线对应于功能空间的连通关系，可以用粗细表达连接的重要性，还可以用多种线型表达不同的邻接关系，对应于图论中的边。

2.2 联合分布

为了通过机器学习方法从大量样本中生成合理的功能连接关系，可从概率论的视角对功能气泡图进行抽象：将节点与边的存在性视作随机变量，则一个具体的气泡图对应于包含所有变量确定值的一个样本，大量样本反映了全体变量的联合分布，这种抽象使得从既往样本中学习潜在的知识成为可能。

以图 1（c）中的样本为例，我们不仅需要关注存在于标注中的 F、L、L-R 等，也要关注参与统计但表示不存在的变量如 O 等；F 被记录代表 existence_ F=1，O 未被记录代表 existence_ O=0。本文以表 1 的 11 种功能空间对 100 个平面案例进行了标注，存在 43 种不同的连接关系，故需要共计 54 个二元随机变量表示一个样本。

表 1 参与统计的功能空间节点中英文名称、别称及缩写（标注时采用缩写简记）

编号	英文名称及别称	中文名称及别称	缩写
0	Foyer, Entrance Hall, Porch	门厅、玄关、门廊	F
1	Living Room, Salle, Hall	客厅	L
2	Dining Room	餐厅	D
3	Kitchen, Cucina	厨房	K
4	Bedroom	卧室	R
5	Office, Library, Studio, Study	书房、工作室	O
6	Toilet, Bathroom	厕所、浴室	T
7	Laundry	洗衣房	A
8	Veranda, Balcony, Terrace, patio	阳台、露台	V
9	Utility, Pantry, Closet, Storage	储物	U
10	Garage	车库	G

直接以组合方式描述将导致指数爆炸，仅 6 个节点时就存在超过 100 万种组合，远远超过了一般机器学习所使用的样本数量。其原因在于我们无形中假设了各随机变量间

条件独立，而忽略了其间显然存在的依赖关系。例如C节点不存在而A-C连接却存在的样本显然是无意义的，因为A-C的存在性依赖于A的存在与C的存在，目前的条件独立组合中包含了大量这种无意义的样本。为了有效地描述多变量的联合分布，需要引入概率图模型这一工具。

3 概率图模型及多种模型特征对比

概率图模型（probabilistic graphical model，PGM）是针对联合概率分布问题进行描述与推断的有力方法，已在随机建模的不同领域验证了其有效性。该模型巧妙地结合了图论和概率论：从图论的角度，概率图包含结点与边，结点可以分为隐含结点和观测结点两类，边可以分为有向边和无向边两类；从概率论的角度，概率图描述了一个概率分布，图中的结点对应于随机变量，边对应于随机变量的依赖性或者相关性。

对于给定的一个实际问题，我们通常会观测到一些数据并且希望挖掘出隐含在数据中的知识。可以通过构建一个图，用观测结点表示观测到的数据，用隐含结点表示潜在的知识，用边来描述知识与数据的相互关系，用以描述一个概率分布，图的形态称为模型的结构（structure）。概率图模型的两项典型任务是学习（learning）与推断（inference）。给定概率图模型的结构后，可以通过对数据的学习来调整概率分布的参数使其更贴近实际分布，还可以通过观测部分节点来推断其余节点的后验分布。

3.1 假设随机变量完全独立的模型

为了从样本中获得联合分布，需要假设各变量间的依赖关系满足特定条件以通过某种模型加以描述，由于假设与模型选择的差异，获得的概率分布也可能很不同。作为最朴素的一种假设，认为各变量完全独立显然过于简化，这一例子旨在阐明引入其他假设的必要性。

在不考虑样本先验的时候各种概率均为0.5，结果显然是不合理的，这些结果包括必要功能如R可能缺失、不可能的连接如A–O频繁出现、不同功能的连接数期望都一样等。考虑样本先验即可修正上述问题，但由于随机变量完全独立，仍存在许多显然的不合理结果。例如K节点不存在、D-K节点却存在的情形。描述这种节点间的依赖关系，正是引入概率图模型的目的之一。

3.2 假设马尔可夫性的模型

马尔可夫性指随机过程在给定现在状态及过去状态的情况下，其未来状态的条件概率分布仅依赖于当前状态的性质；换言之，未来仅依赖于现在、独立于历史。这仍是一种相当大胆的简化，但许多知名的规则系统如形式语法正是该性质的具体演绎。生成气泡图的过程可以粗略描述为，从一个根功能节点如F出发，按照与其连接的功能节点的先验采样得到一批子节点，并对子节点重复这一采样过程若干次（图2）。

在采样轮次较多的情况下，常会出现如L-R-L-R式的交替链[4]，因为从单个节点的

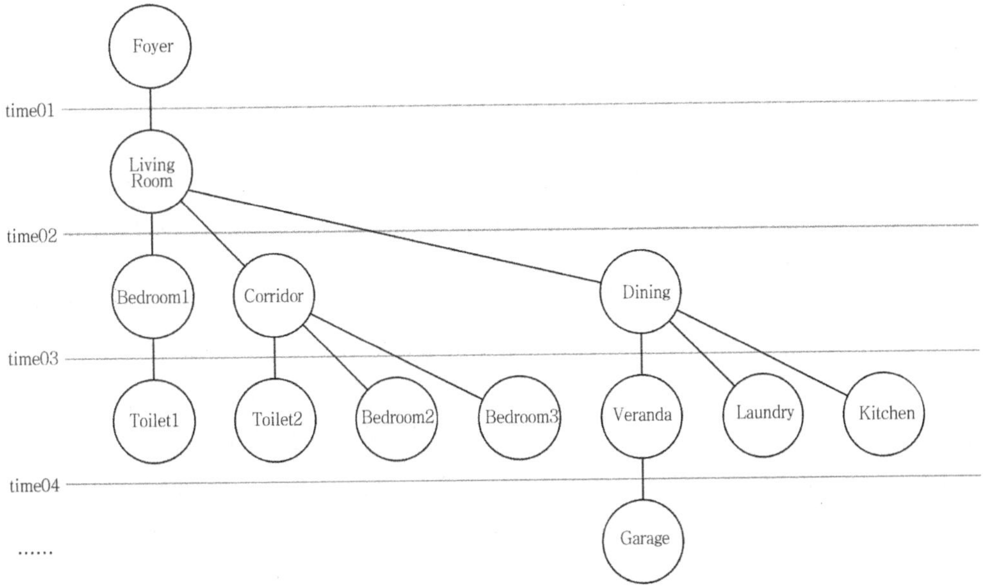

图 2 对于图 1（c）气泡图的一种生成式解读，可以将节点视作时间线上的一个序列，在 time 02 时刻将产生一批子节点，这一生成过程仅依赖于现在的状态，即 Living Room 节点的状态，而与更早的历史节点均无关；随时间推移，诞生的若干代节点将构成一个树形的功能气泡图

角度来看这完全符合先验。限制某种功能节点数目或规定 R 为叶节点等额外规则可以修正这一问题，但引入额外依赖关系的解决方案更能保持方法的一致性。

3.3 贝叶斯网络模型

贝叶斯网络是一种有向无环图模型，这意味着节点间存在明确的因果关系，因而避免了循环逻辑的出现。换言之，一个节点可以与非子节点的任意节点添加因果关系，这相对马尔可夫性质更具有一般性。

但要从样本中学习网络的结构十分困难，只能通过启发式算法以特定简单结构拟合网络的真实结构。并且依据随机变量输入的顺序不同，算法得出的网络结构也很可能不同。此外，由于贝叶斯网络的有向特点，它擅长描述有方向的依赖性，而不能很好地描述无方向的相关性，而作为无向图的马尔可夫随机场的结构学习问题甚至更为困难，故鲜有应用。

在功能气泡图生成问题中，模型的结构可能非常复杂，以至于难以手工制定。本文通过 Python 与 Pomegranate 包的启发式算法可以对模型的特定结构进行学习，同时从样本数据中学习结构与参数。

4 样本标注所反映的统计特征

样本标注可以看作对信息进行筛选与抽象的过程，面积、比例等信息可以被客观地量化，但是否纳入概率图模型学习参数则是一个主观决策。应当始终遵循的一项原则是，关注主要矛盾，尽可能忽略无关信息，以防干扰学习，样本必须鲜明地反映对象的统计特征。

4.1 聚焦关键变量

Merrell 等人的标注方式将信息分为 3 个方面：反映全局信息的建筑面积、占地尺寸，反映局部信息的房间存在性、房间面积及房间比例，反映关联信息的连接存在性、连接方式[图 3（a）]。

如此详尽的信息意味着概率图模型将拥有更多的节点与连接，统计特征的复杂性很大。以仅包含起居室和厨房 2 种空间节点的山间小屋为例，其贝叶斯网络包含 10 个节点、8 条边[图 3（c）]，而对于一到三层住宅的真实样本，节点与边的数目迅速增加［图 3（b）］。为减少变量数以简化结构学习，该方法假设房间比例仅与房间面积相关，先将比例变量从结构学习中隔离，然后通过后处理步骤自动添加该依赖。同样为了控制变量数，该方法为一到三层住宅分别训练了 3 个独立的模型，而非使用隐变量将三者统一。

Feature	Domain
Total Square Footage	Z
Footprint	Z×Z
Room	{bed, bath, ⋯}
Per-room Area	Z
Per-room Aspect Ratio	Z×Z
Room to Room Adjacency	{true, false}
Room to Room Adjacency Type	{open−wall, door}

(a) 标注信息

Network	Nodes	Edges	Training time / s
Single-story	42	33	1 452
Two-story	82	61	4 407
Three-story	120	92	8 293

(b) 一到三层住宅对应概率图模型的节点数、边数及训练时间

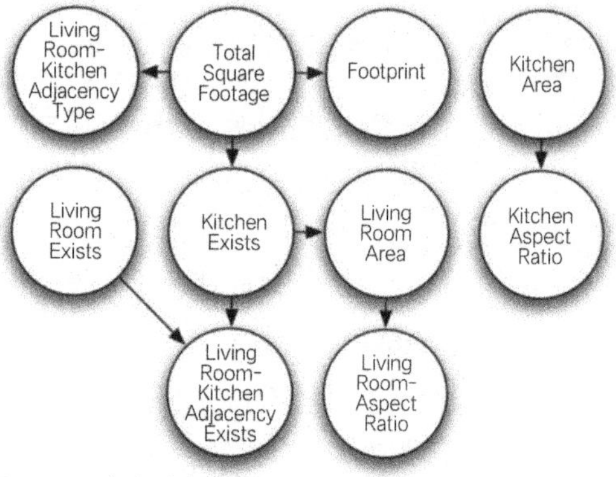

(c) 仅包含起居室和厨房2种空间节点的山间小屋的贝叶斯网络

图 3 标注关键变量

4.2 归并同名节点

同名节点是指可以用相同名称标记的功能空间，常见的如住宅内的多个卧室、写字楼内的多间办公室。对于同名节点的标注方式，存在一个显著的矛盾抉择：是否需要编号以区别各个同名节点。从计划与功能气泡图的对应关系考虑，编号是必要的，否则无法区分连接关系指向同名节点中的哪一个；但从节点统计特征的一致性角度考虑，编号后的节点将被视作具有不同的统计特征，造成气泡图结构的复杂化［图 4（a）］。

为了以较少的样本学习到一个复杂模型的合理结构，在标注阶段或数据清洗阶段应该尽可能归并具有相似统计特征的节点、使用无编号的同名标注；作为对应关系的补充，则需要一个后处理步骤将生成的样本映射为多个合理的功能气泡图。例如住宅内的

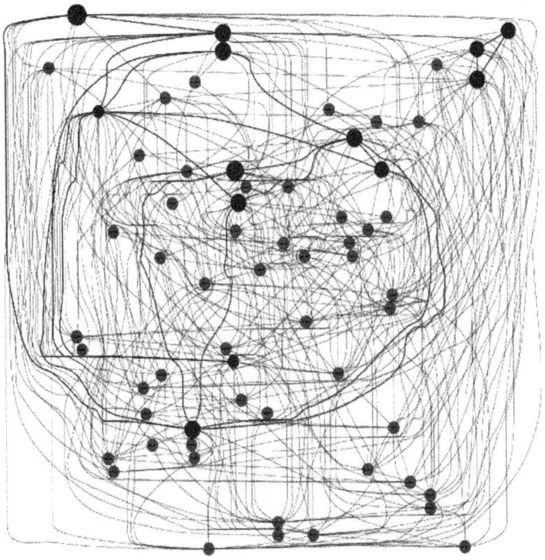

(a) 双卧室公寓的贝叶斯网络，包含 13 个房间节点、51 个关系节点，节点间的依赖关系错综复杂

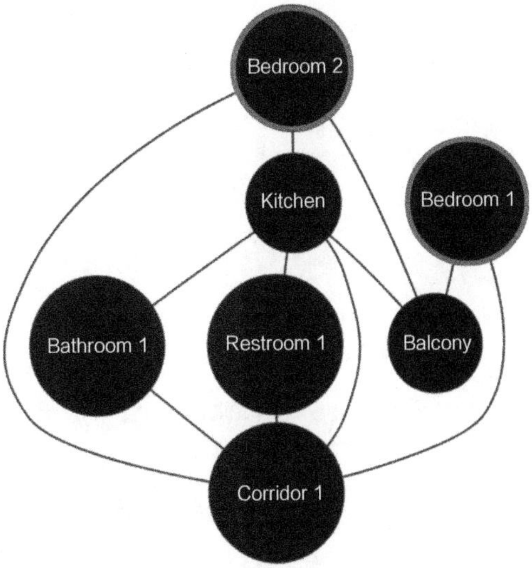

(b) 从中采样的一例气泡图，同名节点以编号区别

图 4 归并同名节点

卧室可以细分出主卧、次卧与客卧等，这相当于一种编号，这种细分固然能更好地描述各节点的特征，但“卧室”这个公共的统计特征却被破坏了。这种归并简化与公共建筑的常见设计方法有相似之处，即先考虑功能分区后组织流线，而非在初期就着手制定房间尺度的功能列表与连接关系。

4.3 去除交通节点

单纯的交通空间如走廊、楼梯间等，在设计中常被视为消极空间并被尽可能避免，通常也不在计划和气泡图中列出。但由于标注是一个逆向过程，将平面图简化为布局并进一步抽象出气泡图，交通空间几乎不可避免地出现在标注结果中，而且交通空间却往往不具备一致的统计特征。

以走廊节点为例，既存在连接卧室与公共区的走廊，也存在连接公共区与公共区的走廊，两者显然是不同的。为了与正向设计过程保持一致，也为了使模型不至于太复杂，交通节点都不应该出现在样本中。为了去除交通节点，可以从其所有相邻节点中指定一个父节点，将其与节点视作子节点与之建立连接（图 5）。

5 后处理步骤及生成结果

由于标注样本相比气泡图损失了信息，故生成的新样本所含的信息也并不完备，需要一个后处理步骤将生成样本解释为合理的气泡图。这是一个一对多的映射，即单个样本可以被解释为多种气泡图。本文采用基于规则的解释方案，包含一定的随机性，但总体遵循常规的合理性进行（图 6）。

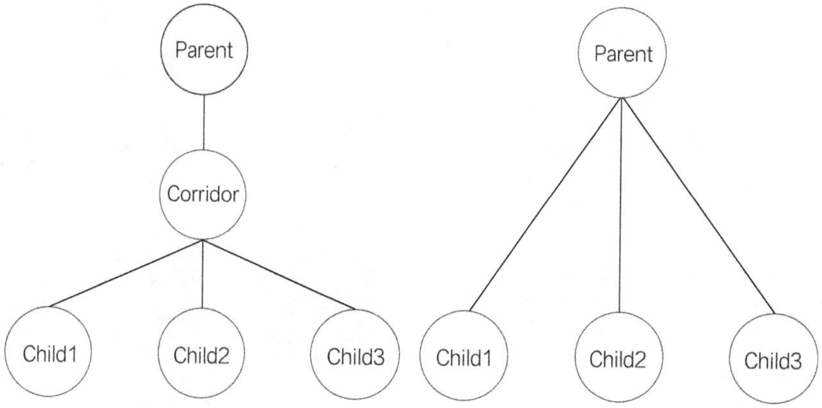

（a）含有 Corridor 节点的气泡图局部　（b）去除 Corridor 节点后的气泡图局部

图 5　去除交通节点的气泡图局部

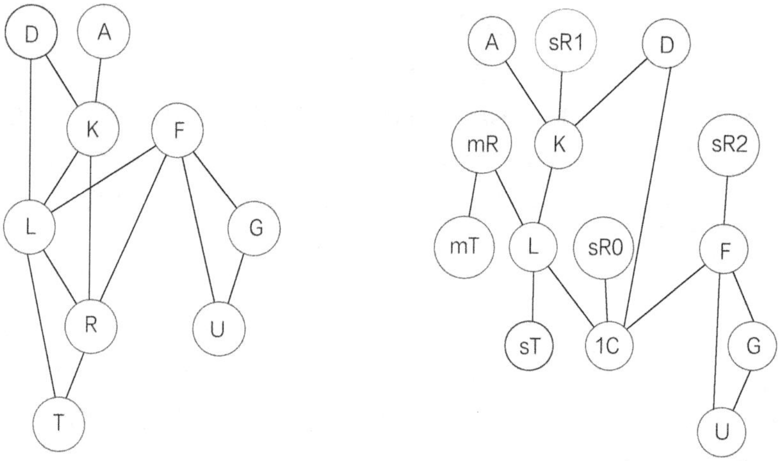

（a）由采样得到的新样本直接绘制的气泡图　（b）同一样本经后处理步骤解释后绘制的气泡图，具有与手工绘制气泡图相似的秩序与较好的合理性

图 6　绘制新样本气泡图

首先需要确定同名节点的真实数目与连接分配，对于单层住宅而言最常见的同名节点即卧室 R 和厕所 T。遍历连接列表，若存在 R-T 则可以断定存在带有独卫的主卧，存在主卧 mR 和主卫 mT；表中若还存在其他 T-＊的连接，则存在次卫 sT；次卧 sR 的数目以一定概率从｛1，2，3｝中选取，标记为 sR0、sR1、sR2。

其次是交通节点的还原，这一步是可选的，虽然设计师不一定会在气泡图中绘制交通节点，但对于后续进一步生成布局与平面的工作而言，交通节点能使连接数更平均进而避免出错。客厅 L 是最常见的连接数较多的节点，可规定连接数超过指定阈值时，超出的节点将通过添加的走廊 lC 与之相连。

针对收集到的 100 份单层住宅平面，依据前述方式标注后用于贝叶斯网络的训练，得到对应的贝叶斯网络模型（图 7），包含 54 个节点。从中采样可以得到新生成的样本，经过后处理步骤解释并绘制为气泡图（图 8），其中仍存在不完善之处，如出现频率较低的节点可能缺少与主体的连接，但总体已经具有了相当的合理性，反映了当前样本的部分统计特征和潜在逻辑。

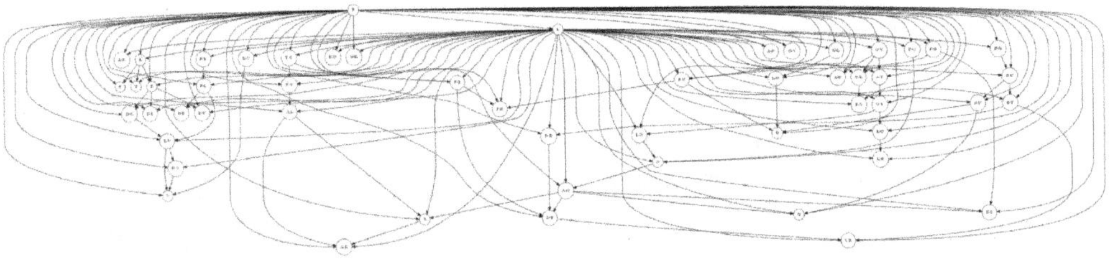

图 7 训练得到的贝叶斯网络模型

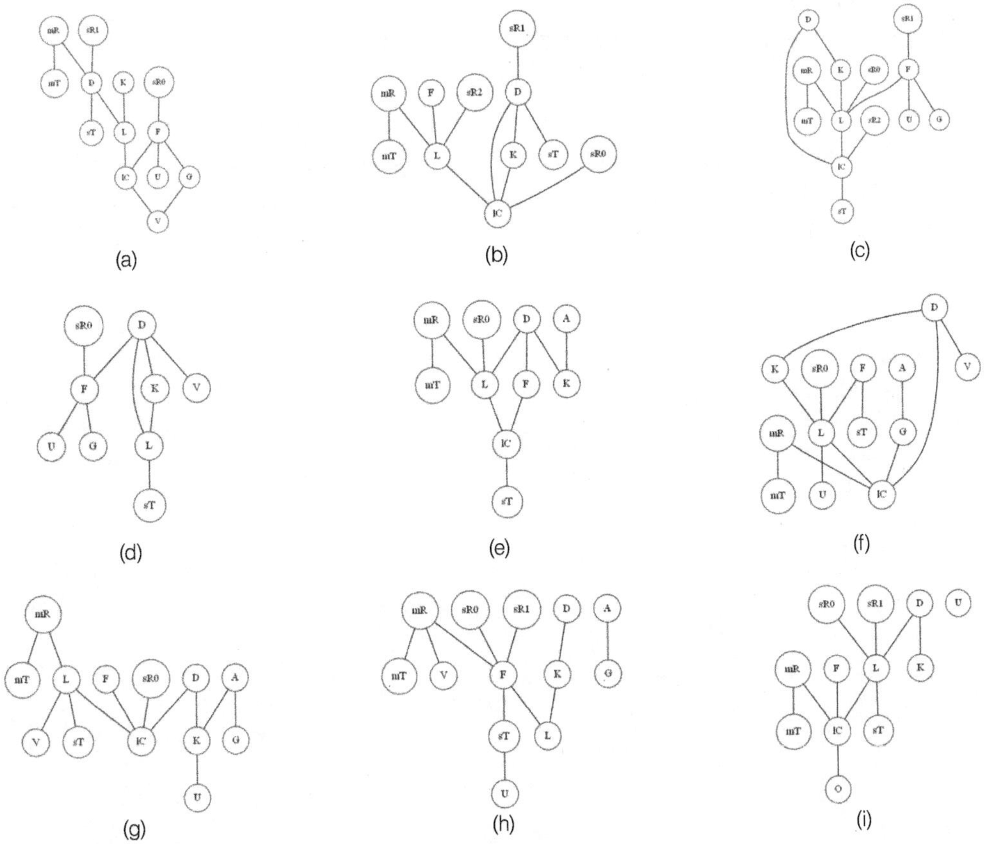

图 8 采样并后处理得到的新气泡图

结语

本文通过归并同名节点与去除交通节点，使得概率图模型的节点数量得到有效控制，因而可以将更多功能类型加入学习；与既往研究相比，在相同的模型复杂度下，采用该标注方式可以表达更为复杂的功能组成。后处理步骤的引入将规则驱动与数据驱动方法的优势相结合，将标注过程损失的信息以经验知识进行补全，既简化了模型的学习任务，也增加了解释步骤的可控性。

作为建筑生成式设计的先导环节，气泡图生成为后续的平面布局生成提供了基本的约束条件，并从功能层面丰富了结果的多样性。今后的研究工作在横向可以拓展至更复杂类型建筑的气泡图生成与流线组织问题，在纵向可以串联后续生成步骤以形成一套灵活易用的生成式设计工具，希望能对建筑计算性设计方法的研究有所帮助。

参考文献

[1] MERRELL P, SCHKUFZA E, KOLTUN V. Computer-generated residential building layouts[J]. ACM Transactions on Graphics, 2010,29(6): 181.

[2] 杨亚洲. 基于群智能算法的建筑形态发生研究[D]. 天津: 天津大学. 2019.

[3] LANDES J, DISSEN H, FURE H, et al. Architecture as a graph: a computational approach[EB/OL]. (2020-09-11)[2022-11-10]. http://blog. csdn. net/shadow czoo7/article/details/10854399. 2020.

[4] 郭梓峰. 功能拓扑关系限定下的建筑生成方法研究[D]. 南京: 东南大学,2017.

[5] SUTTON C, MCCALLUM A. An introduction to conditional random fields[J]. Foundations and Trends® in Machine Learning, 2012, 4(4): 267-373.

图表来源

图 1~2、图 5~8: 作者自绘.

图 3: 引自参考文献[1].

图 4: 引自参考文献[3].

表 1: 作者自绘.

第三章 建筑信息模型

基于 Revit 参数化建模的宋官式建筑甩网椽生成设计

王嘉城[1]　刘念成[3]　唐　芃[1,2]　俞海洋[1*]

（1. 东南大学建筑设计研究院有限公司，江苏省南京市 210096，1595290727@qq.com；
2. 东南大学建筑学院，江苏省南京市 210096；3. 上海建筑设计研究院有限公司，上海市 200000）

摘要

中国传统建筑虽然形式复杂，细节繁多，但在设计与建造过程中，呈现出逻辑统一，描述明确，构件标准化、模数化的特点。本文依据《营造法式》，对宋代官式建筑翼角甩网椽进行参数化研究，利用 Revit 平台进行程序自主开发，对传统建筑进行数字化转译，完成了从设计语言到模型再到图纸与建造构件的全流程参数化生成，实现了对传统建筑信息的参数化记录，深入研究了建筑构件的加工建造，提高了传统建筑设计与施工过程中的效率，让传统建筑设计能够有更多的思考与尝试。

关键词：Revit 二次开发；营造法式；参数化；甩网椽

Keywords：Revit secondary development；*Yingzao Fashi*；Parameterization；Net rafter

引言

中国传统建筑“以材为祖”，虽然结构复杂，但是本身逻辑统一，呈现出较强的规律性。虽然在《营造法式》中记录了宋代传统建筑的设计方法，但是在实际的设计与建造中，因历史原因延续下来的是各地工匠不同的习惯性做法，并且由于在一些技术的演进中对传统手艺的传承不当等多种原因，许多考究的做法逐渐没落。传统建筑的设计与建造缺乏精确的数据记录与信息传递，使得建筑师的设计是一方面，工匠的建造又是另一方面，两方的成果传递只能“大体相当”，却难以“细节一致”。因此，利用参数化建模的方式，将传统建筑的生成逻辑进行数字化转译，通过深入具体模型构件的研究，能够形成有利于传统建筑实现另一种信息化、参数化的记录与传承，同时精确的数据信息有助于协调设计师与工匠对于建筑具体施工建造中的细节控制，对于发挥传统建筑，特别是官式建筑中做法考究、工艺精湛的特点具有重大意义。

1 研究现状

国内传统建筑参数化的研究工作已经进行了多年，早在 1992 年，王春生[1]就开发了基于 CAD 的中国古典园林软件包。后续的学者中，2002 年重庆大学的陈越[2]探讨了中国传统建筑构件的参数化设计的实现及相关参数的设置方法。2006 年，谭洁[3]基于 GDL 技术，实现了对清代官式大木作基础构件图库的建立；同年，南京大学的罗翔等人[4]基于 Revit 平台，详细阐述了攒尖亭主体结构的建模过程。2018 年，高岱等人[5]对于中国古典建筑构件进行了研究。再到后来，有关于传统建筑的参数化生成研究逐渐有了针对性细分。在有关大木作的建筑研究中，2018 年，郭正可[6]对五台山佛光寺东大殿进行了大木作参数化研究，2019 年，王凯[7]利用 Dynamo 对大木作建筑进行参数化研究，并以南禅寺为例进行验证。有关于翼角的研究中，2018 年，李丹瑞等人[8]基于 Grasshopper 平台，提出了针对中国西南地区传统建筑的翼角自动生成算法。2020 年，刘肖健等人[9]基于《营造法原》的规则逻辑对南方古建筑翼角结构进行参数化研究。2021 年，刘念成[10]对宋官式建筑转角进行参数化建模研究，同时对于构件之间的构造关系进行扩展研究。

而在上述传统建筑参数化生成的研究中，仍然遗留了一些研究中的不足。

一方面是对于传统官式建筑中甩网椽的参数化细致研究较少。在宋代官式建筑中，甩网椽作为建筑翼角的重要组成部分，采用扇形布椽的方式，椽头向角梁方向逐渐起翘，形成优美的曲线，每一根椽飞在起翘过程中，在空间中也顺应扭转（图 1）。在参数化建模的过程中，需要对翼角的空间扭转进行回应。

图 1 山西太原晋祠圣母殿翼角甩网椽

另一方面，相关的研究对于生成的构件讨论得依然不够深入，同时缺乏面向设计师的相关工具，在参数化设计的基础上，提供相应的面向施工的构件导出等进一步深化设计的内容。

综上，本文针对宋官式建筑中甩网椽进行较为深入的参数化生成研究。

2 建模方法与思路

2.1 平台选择：Revit

Revit 作为强大的建筑 BIM 工具，最为突出的特点是其族库的模型逻辑结构。族库本身相当于不同的构件单元类型，同时每一个族库内部也容纳了自身调整的参数，同一族库通过不同的参数生成实例，共同组合成为整体模型。族库逻辑本身与传统建筑中的构件逻辑相吻合，借助于族库系统，有利于形成比较清晰的整体模型。这是本文选择 Revit 为开发平台的主要原因。此外，在 Revit 平台下，同时具备类似于 Rhino 中 Grasshopper 的 Dynamo 可视化开发，以及更为综合的 C#二次开发两种模式，前者实时反馈，便于一开始的实验性探索，其缺点是插件本身不够完善，模型复杂程度高以后，电池组不便于管理，可读性较差，同时对于没有经验的使用者不友好。而 C#的二次开发，借助于 WPF 程序，可以比较方便地创建 UI 系统，对于使用者来说能够简单上手，操作便利。同时 C#的程序结构，对开发者来说更加便于管理，有助于后续对于功能的优化补充。本文的开发模式，一开始以 Dynamo 进行研究，最后通过 C#借助 Dynamo 的运算库对程序进行改写和封装，实现操作上较为简单的 Revit 插件。

2.2 甩网椽的主要参数化思路

甩网椽的结构复杂，生成参数众多，各种参数之间或关联递进，或错综交汇，形成最终的控制线，因此首先需要确定相关的参数计算依据。本文的参数建模主要依照梁思成先生所著《〈营造法式〉注释》[11]，并结合实际设计工作中需要调整到的一些相关参数进行设定。

在具体的生成过程中主要经历 3 个阶段的参数调整，即确定甩网椽的平面轴线，通过设定翼角起翘曲线设定椽的空间线，以及最终生成每个椽的实例。

（1）确定平面轴线与椽空间线

如图 2 所示，为简便计算，一开始以角梁中线与下平槫中线交点作为原点，同时以榱檐枋上缘高度作为基准平面。根据椽架平长+出跳、出檐长、飞子出以及檐角生出长度，可以分别确定榱檐枋中心线、檐椽头线和飞子头线。

通过设定布椽的间距（图 3），可以在檐椽头线上得到椽头的投形点。需要注意的是此处因为布椽起点可能不会正好落在下平槫中线上，需要设置一个偏移值。

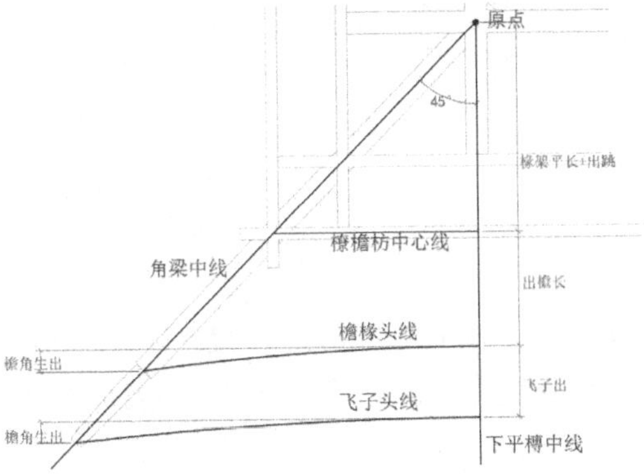

图 2　平面轴线设定图

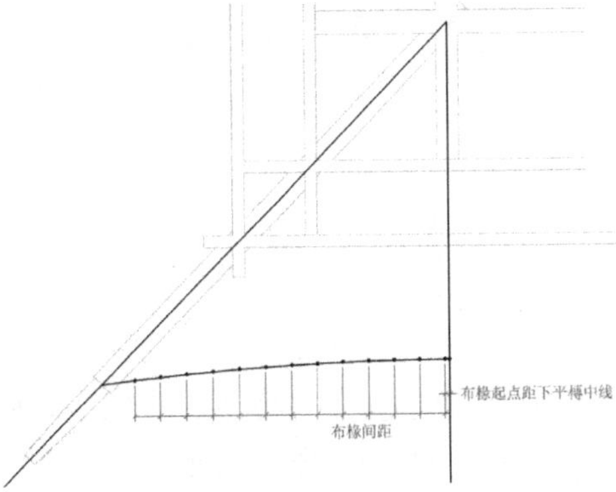

图 3　布椽间距设定图

初始平面上比较难得到的是椽的交会点 S 点。首先通过次角柱补间铺作中线和角梁中线交会于点 P，再与起始椽头连线，可以得到起始椽线投形线，然后根据椽和角梁的关系，通过椽直径以及角梁宽度的偏移得到末尾椽线的投形线，两者相交即得到椽尾交点的平面投形点 S'，即 S 点在平面上的投形点（图 4）。据此可以得到所有的椽线平面投形线（图 5）。

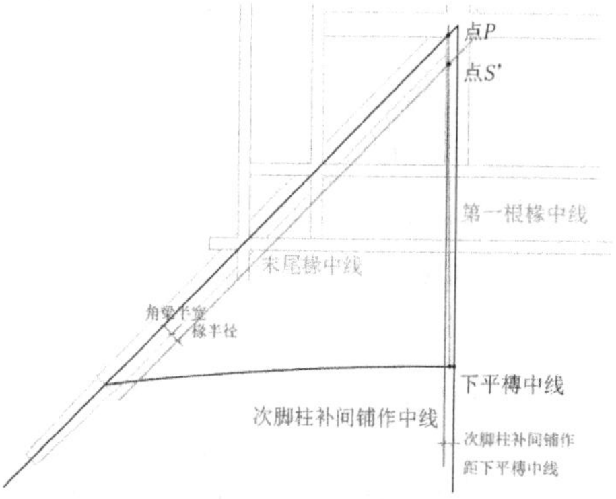

图 4　平面交汇参数设定图

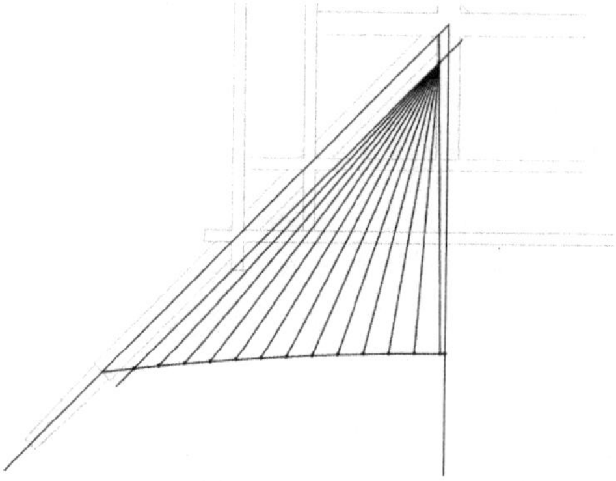

图 5　椽线平面投形线

（2）设定翼角的起翘

如图 6 所示，根据下平榑中线、最后一个椽线分别与橑檐枋中线交于点 A、B，由 A 点垂直向上作 C，通过高度参数控制 A、B 点高度得到点 D、E，以及 CD 的长度，连接 DC、DE，并依据不同的细分程度作卷杀，可以得到起翘线（图 7）。将每一根椽的平面线与橑檐枋中线交点垂直投形在起翘线，得到椽线中间点。

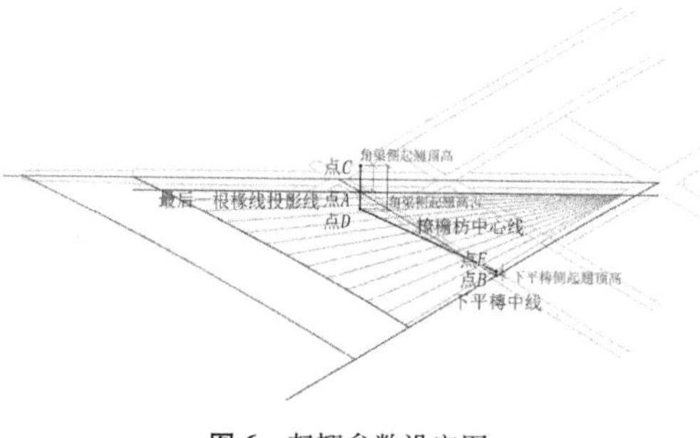

图 6　起翘参数设定图

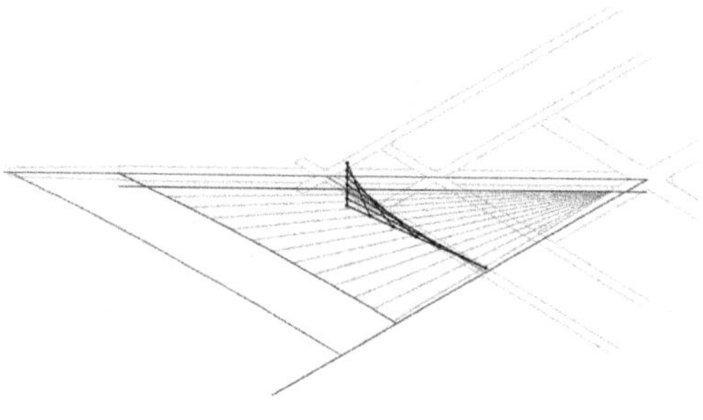

图 7　起翘卷杀图

根据所设定的橑檐枋与角柱交点升起高度以及角柱与下平榑交点高度，连接可得角柱空间线，将 P 点垂直投在该线上，得到点 P'，通过将点 P' 与第一个椽点中间点连线，再将 S' 垂直方向投形到该线段上则可得点 S（图 8）。

由上述椽线中间点以及点 S，连线并根据平面长度相应延长，则最终可得椽的空间线（图 9）。

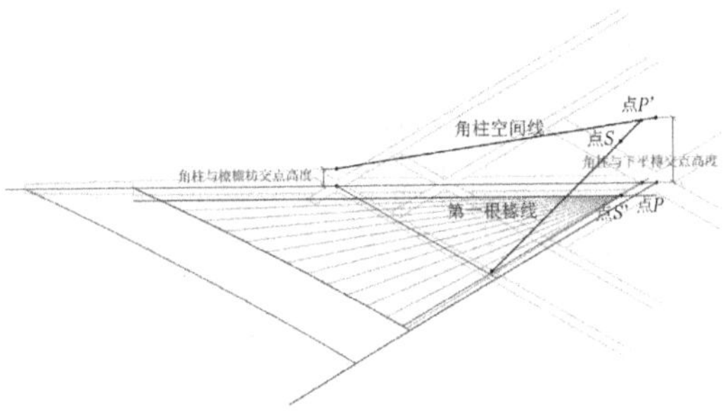

图 8　高度参数设定图

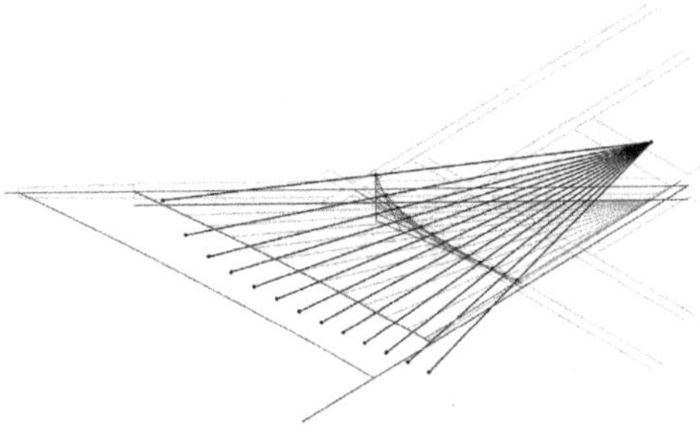

图 9　椽空间线图

（3）设定椽与飞子的族

族的设置主要是根据椽与飞子关系，创建出长度及垂直角度可调的椽飞，相关的参数及内部的参数关联如图 10 所示。

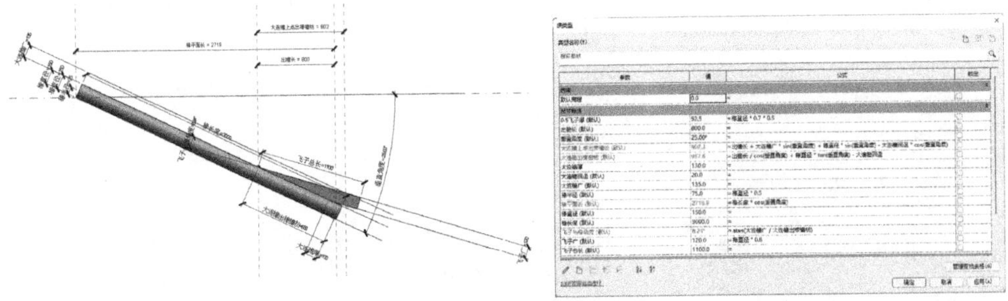

图 10　椽飞族及相应内置参数表

椽飞直接根据椽的空间线进行布置，通过设置水平角度、垂直角度、椽直径、出檐长度、椽长度、飞子长度，则可以得到初步的甩网椽模型［图 11（a）］。

最后，则是由起翘曲线上椽点的切向量得到每根椽的旋转角度进行旋转，旋转后的飞子头需要根据实际情况延伸到檐口的空间曲面上。并依据飞子卷杀的规则对飞子头进行卷杀切削，依据大连檐控制线对大连檐端部进行放样，得到最终的甩网椽模型［图 11（b）］。

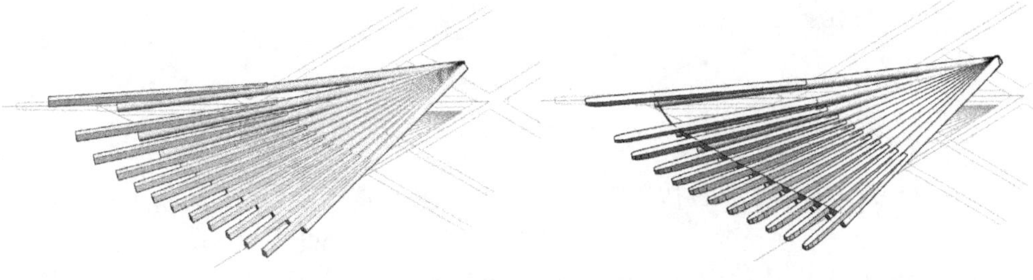

（a）　　（b）

图 11　创建椽飞族实例及进一步细化切削

值得一提的是，因为 Revit 族库在进行空间旋转的设定上较为复杂，故而有关飞子长度的设定，则通过初步的甩网椽模型生成的实例，以其几何模型进行旋转求得之后，再生成导入实例进行设置。在平面生成过程中，因为按照一定的布椽间距，最后一根椽的间距可能会比较小，所以针对最后的几项，对椽间距进行重新等分，以使得整体较为协调、过渡更加自然。类似地，根据起翘曲线的弧度，最后几根椽的起翘角度容易过大，也需要根据设计师的需求进行实际的调整，减少相应的旋转角度，从而便于椽飞协调地过渡到角梁上。

2.3 软件平台与设置

为了便于设计师的使用，同时作为传统建筑设计与建造的工具，本文以 C#重新编写了相关的插件程序，相比较单独使用 Dynamo，该插件程序可以使整体的操作逻辑更加清晰，同时运行也更为稳定。

软件界面如图 12 所示，依据甩网椽的生成过程，将参数设置分为 4 个部分，包括平面轴线控制、起翘高度控制、族库设置和图纸模型选项。涉及的参数如表 1 所示。

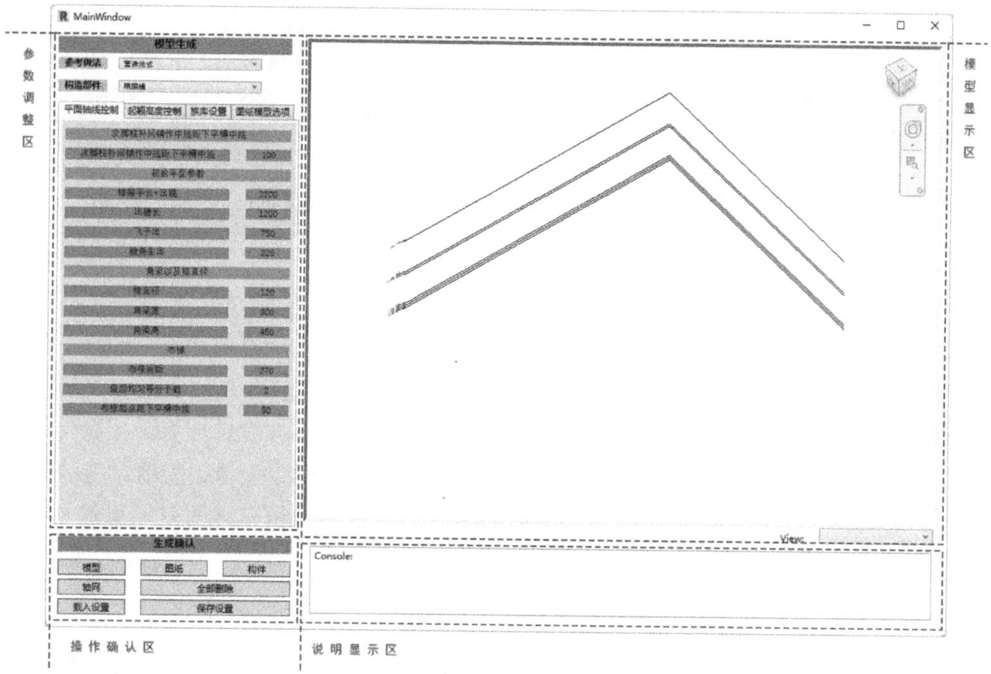

图 12　软件操作界面

甩网椽的控制参数主要包括 2 个部分：一部分是直接的控制参数，由用户直接给定，如椽的直径、平面上的出檐长度等。另一部分是间接参数，来源于《营造法式》中对所设定的规则，通过直接参数进行相应计算得到的参数，如基于椽直径可以间接得到飞子广、飞子厚等。在本文的操作中，直接参数需要用户进行设置，间接参数则内置于椽飞族的设定及程序建模的逻辑本身。

表 1 软件控制参数表

参数分类	参数名	默认值
平面轴线控制	次脚柱补间铺作中线距下平槫中线/mm	100
	椽架平长+出跳/mm	2200
	出檐长/mm	1200
	飞子出/mm	750
	檐角生出/mm	225
	椽直径/mm	120
	角梁宽/mm	300
	角梁高/mm	450
	布椽间距/mm	270
	最后均匀等分个数/mm	2
	布椽起点距下平槫中线/mm	50
起翘高度控制	角梁侧起翘高占/mm	500
	角梁侧起翘顶高/mm	300
	下平槫侧起翘顶高/mm	50
	起翘卷杀分段/mm	6
	角柱与下平槫交点升起/mm	750
	角柱与橑檐枋交点升起/mm	200
族库设置	选择飞子族库/mm	“椽+飞子”
	最后减少旋转飞子数目/个	1
	减少旋转程度/%	0.43
图纸模型选项	模型 X 方向位移/mm	8 000
	模型 Y 方向位移/mm	0
	图纸 X 方向位移/mm	−8 000
	图纸 Y 方向位移/mm	0
	构件 X 方向位移/mm	−8 000
	构件 Y 方向位移/mm	0
	构件排布间距 X /mm	4 000
	构件排布间距 Y /mm	1 000

3 软件应用模式

结合设计师的实际工作，软件在输出成果的设计上，围绕生成的模型出发，主要设计了三种不同的输出结果，分别是甩网椽模型、图纸，以及对应的每一个构件模型及相应的加工参数。

3.1 甩网椽模型

通过设定不同的参数，可以获得不同的模型。如图 13 所示，通过对角梁侧起翘顶高进行不同的参数尝试，获得了一系列模型，设计师可以直观比较不同参数控制下的甩网椽起翘效果，有助于前期确定相应的设计方案。所得到的模型，也可以通过 Revit 软件导出 . stl 等格式的文件，导出到其他模型软件中进行进一步使用。

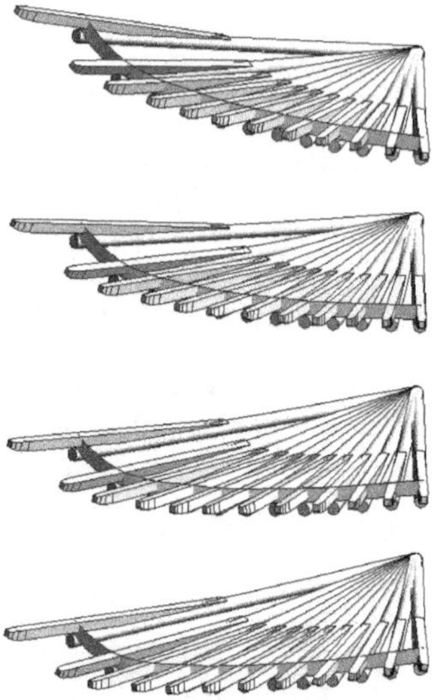

图 13 不同起翘生成模型对比图

3.2 施工图纸

在确定好具体的设计方案之后，根据所对应的设定参数，则可以选择导出相应的图纸。以平面图为例，通过程序预设的不同图层将模型线绘制出来，并且在标高一视图下，主要对檩檐枋中线、檐椽头线、飞子头线和椽线的交点进行标注。在 Revit 中的图纸可以直接进行相应的操作，或者通过导出为 . dwg 文件整合到 CAD 中（图 14）。

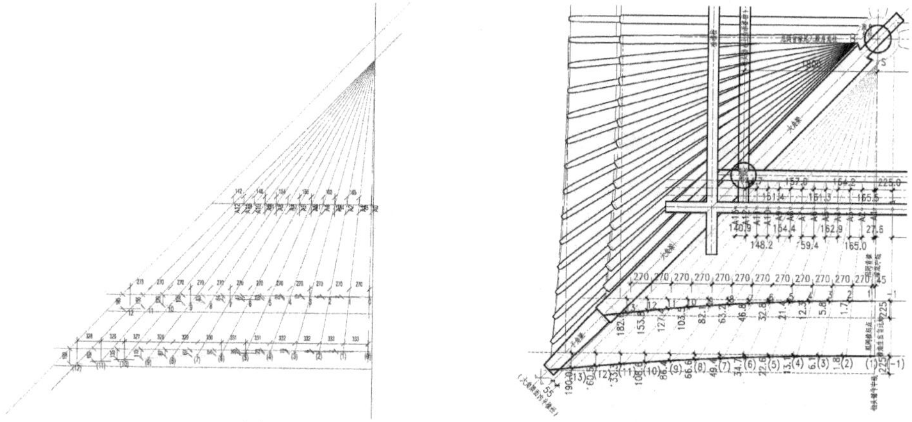

(a) (b)

图 14 生成平面图及相应 CAD 整理示意

3.3 构件及其加工参数

除此之外，根据生成的每一个椽飞的族实例，可以拆解出相应的构件。以交斜解造的加工方式为例，通过程序可以导出每一个构件的加工参数表（表2），包含有椽子和飞子具体的加工尺寸，同时通过相应的尺寸信息也可以进一步估算整体的用料及所费的工。此外，也可以通过导出每个构件的分解模型，进行相应的设计分析（图15）。在数字化建筑加工背景之下，数据还可以导出为相应的G代码，利用CNC设备进行构件的加工，实现传统建筑构件的数字化生产，推进传统建筑的设计、加工、施工技术的数字化更新。

表2 生成构件加工参数表 单位：mm

序号	椽子短侧	椽子长侧	椽直径	飞子长方向长	飞子短方向长	飞子广	飞子厚
1	4 552.30	4 552.30	120	2 876.20	1 475.00	96	84
2	2 042.32	4 327.85	120	2 676.26	1 358.34	96	84
3	2 093.86	4 103.04	120	2 605.34	1 370.02	96	84
4	2 116.87	3 883.10	120	2 476.62	1 320.02	96	84
5	1 623.88	3 735.24	120	2 380.03	1 275.17	96	84
6	1 663.13	3 596.14	120	2 299.79	1 242.65	96	84
7	1 691.30	3 472.37	120	2 210.46	1 195.12	96	84
8	1 712.25	3 368.34	120	2 134.56	1 153.85	96	84
9	1 726.72	3 282.49	120	2 070.25	1 117.95	96	84
10	1 736.70	3 216.47	120	2 026.21	1 095.84	96	84
11	1 745.66	3 174.96	120	2 001.21	1 084.82	96	84
12	1 754.78	3 158.90	120	1 994.00	1 083.46	96	84

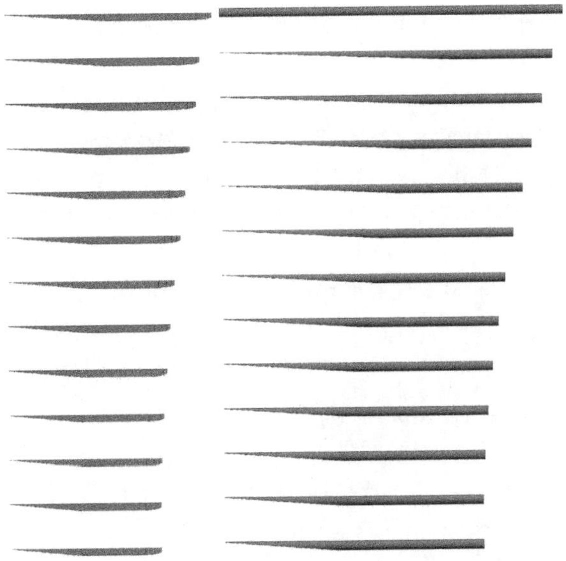

图15 不同起翘生成模型对比图

结语

中国传统建筑结构复杂而规则统一。本文主要通过对宋代官式建筑甩网椽的研究，依照《〈营造法式〉注释》以及相关的项目经验，利用Revit平台进行自主程序开发，实现对传统建筑进行数字化转译，将抽象的传统建筑术语转变为计算机语言，完成了从设计语言到模型到图纸与建造构件的全流程参数化生成。一方面，以一种“数字链”系统的方式对传统建筑的语言进行记录，实现中国建筑遗产保护的信息参数化记录。通过对传统建筑构件的拆解与建造研究，让传统建筑的构件能够以更先进的技术方式进行生产与加工，减低对传统工匠的依赖，提高设计师对于设计的把控程度，实现传统建筑更大范围的普及。另一方面，便捷的参数化设计工具能够依据传统建筑特点进行快速生成，从而减轻建筑设计师在传统建筑设计中进行大量的重复性劳动，在解放生产力的同时能够使建筑设计师对传统建筑设计有更多的思考与尝试。

参考文献

[1] 王春生. CAD技术在古建园林中的应用[J]. 古建园林技术,1994(3): 71-75.

[2] 陈越. 中国古建筑参数化设计[D]. 重庆: 重庆大学,2002.

[3] 谭洁. 参数化设计在古建筑设计的应用研究:以基于GDL技术的清代官式建筑大木作的参数化设计为例[D]. 重庆: 重庆大学,2006.

[4] 罗翔,吉国华. 基于Revit Architecture族模型的古建参数化建模初探[J]. 中外建筑,2009(8): 42-44.

[5] 高岱,王宏扬,杜嘉赫,等. 中国古典建筑构件BIM参数化建模方法研究[J]. 图学学报,2018,39(2): 333-338.

[6] 郭正可. 基于BIM的唐代建筑大木作参数化建模研究:以五台山佛光寺东大殿为例[D]. 太原: 太原理工大学,2018.

[7] 王凯. 基于BIM的大木作模型参数化生成方法与应用探索[D]. 北京: 北京交通大学,2019.

[8] 李丹瑞,曾旭东. 参数化驱动的中国传统建筑翼角设计[J]. 建筑技艺,2018(8): 90-94.

[9] 刘肖健,蒋怡枫. 南方古建筑翼角结构的参数化建模方法研究[J]. 建筑与文化,2020(5): 52-54.

[10] 刘念成. 基于参数化建模的中国传统建筑大木作研究:以宋官式建筑转角为例[D]. 南京: 东南大学,2021.

[11]梁思成. 梁思成全集: 第七卷[M]. 北京:中国建筑工业出版社,2001.

图表来源

图1:https: //hsiangming. blogspot. com/2015/06/blog-post. html.

图2~13:作者自绘.

图14:(a)作者自绘;(b)武夷山朱子文化园旅游设施配套工程(文公山)副阶甩网椽详图.

表1~2:作者自绘.

BIM 技术在装配式太阳能建筑中的创新实践

——以重庆大学 SDC2021 作品“斜屋”为例

黄海静[1,2]　程静茹[1]　任毅迪[3]　姜　玲[1]

（1. 重庆大学建筑城规学院，重庆市 400030；2. 重庆大学山地城镇建设与新技术教育部重点实验室，重庆市 400045；3. 中国建筑西南设计研究院有限公司，重庆市 400045）

摘要

BIM 建筑信息技术具有可模拟、可协同和可视化的特性，与现代装配式建筑对模块设计、协同作业和智能装配的需求不谋而合。本文首先结合重庆大学中国国际太阳能十项全能竞赛（SDC）参赛项目，梳理 BIM 技术应用于装配式太阳能建筑设计的关键问题、技术思路和设计流程，研究 BIM 信息可视化、能耗模拟、协同设计等特点，从 4 个方面进行创新实践：多专业协同设计及管理、主被动结合及能耗优化、管线碰撞检测与智能调控、建筑模块集成与装配建造。其次，以数字、装配技术与零碳建筑的整合设计为出发点，以在河北张家口建成以太阳能为唯一能源的绿色建筑——“斜屋”为例，探索了面向未来的全屋零碳智慧解决方案。该建筑全年可发电 3 万kWh，是日常用电量的 4 倍，远超零能耗建筑要求

关键词：BIM；装配式；太阳能建筑；Smart 系统；零碳建筑

Keywords：BIM；Prefabrication；Solar building；Smart system；Zero carbon building

项目资助情况：国家自然科学基金项目（52078071）；重庆市研究生教育教学改革研究重点项目（yjg222001）；重庆大学教育教学改革研究重点项目（重大校教〔2017〕102 号）

引言

在“数字中国”和国家“双碳”目标背景下，数字技术与零碳建筑的整合必将成为引领建筑产业转型升级的核心引擎。装配式太阳能建筑因其具有绿色节能、建造高效、维护运营成本低等特点[1]，成为实现零碳建筑的主要思路。而 BIM 建筑信息技术具有可模拟、可协同和可视化的特性，能为建筑全生命周期的设计、施工及运营的信息共享提供多专业协作平台、可视化的能耗模型数据、量化建筑的碳排放指标，以全面高效的方式辅助装配式太阳能建筑设计[2]。本文以重庆大学在 2021 年中国国际太阳能十

项全能竞赛（SDC 2021）上的建成作品“斜屋”为例，研究基于 BIM 技术的装配式太阳能建筑的减碳路径。

国际太阳能十项全能竞赛（Solar Decathlon，SD）是由美国能源部发起并主办的，是全球最高水平的国际建筑科技创新竞赛。2011 年 SD 落地中国（简称 SDC）。2013 年第一届 SDC 在山西大同举办，2018 年第二届 SDC 在山东德州举办。2021 年第三届 SDC 选址河北张家口，竞赛主题为“可持续发展、智慧互联、人居健康”。重庆大学作为西南地区首支参赛高校，联合中国建筑西南设计研究院、美的集团和霍普建筑设计事务所组成联合赛队（简称 CCMH 联队），将建筑定位为面向自由职业者、电子商务从业者、自媒体从业者、设计师、艺术工作者等居家办公二合一模式的可变住宅，以太阳能为唯一能源，利用 BIM 技术，探索装配式太阳能建筑的低碳化设计方法，最终建成零碳太阳能住宅——“斜屋”（图 1）。

图 1 “斜屋”项目建成实景

1 多专业协同设计及管理

项目采用“校企联合+多专业协同”的思路，集合建筑、景观、结构、设备、能源、材料、信息、工程管理等各相关专业学生组成 BIM 协同设计小组，针对项目全周期建立 BIM 协同设计流程（图 2）。

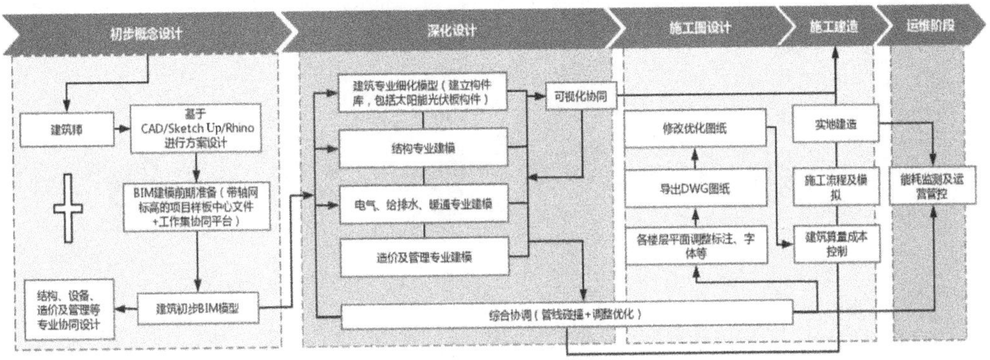

图 2 项目全周期 BIM 设计流程

1.1 方案设计及深化阶段的协同

在方案设计阶段，首先是梳理并确定项目定位和方案要点，基于 Rhino 辅助方案概念生成；然后采用 Revit 搭建 BIM 基础模型，以空间合理化、结构装配化、能耗最小化为依据对建筑方案进行整体优化，确定具体的建筑空间形态、模块尺寸、结构轴网等要素，建立并使用门、窗、光伏构件[3]等族库；最后各专业在 BIM 基础模型上进行专业协同，随时共享链接，完成结构、材料、管线设备等各系统深化设计。与此同时，基础体块模型由 BIM 结合绿色建筑分析软件进行建筑光热环境的性能分析，辅助优化建筑设计。

1.2 施工图及建造阶段的协同

在施工图设计阶段，基于 BIM 模型完成建筑细部、构造大样设计的同时，进行管线综合检查，集合各专业模型进行管线碰撞检测分析，对出现问题的管线进行识别、记录和分析，并与各专业讨论、协调和优化后，再进行第二轮综合检测直至全部检测完成。此外，基于 BIM 模型信息数据进行建筑算量和成本控制，以及装配化施工建造流程模拟，并在实际建造阶段，根据已有 BIM 综合模型，与现场搭建情况进行比对，整体全面地控制施工建造的进程和完成度。

2 主被动结合及能耗优化

项目采用“被动为主，主动优化”的设计原则，将太阳能光热利用、自然通风、围护保温与建筑设计进行耦合，积极利用可再生能源，实现零碳设计。

2.1 适应气候的被动式设计

项目所在地的日照时数、风向风速及温湿度等气候条件是太阳能建筑被动式设计的依据。张家口属于严寒地区，建筑设计须满足冬季保温要求的同时还要考虑夏季隔热。在冬季，最低气温达到零下 20 多摄氏度，需要注意防冻保温问题；在夏季，应考虑围护结构蓄热以及自然通风问题。梳理张家口地区传统建筑的绿色经验，结合气候条件分析，项目确定了多级缓冲空间、可调通风百叶、相变储能技术[4]及高性能围护结构等被动式策略（图3）。

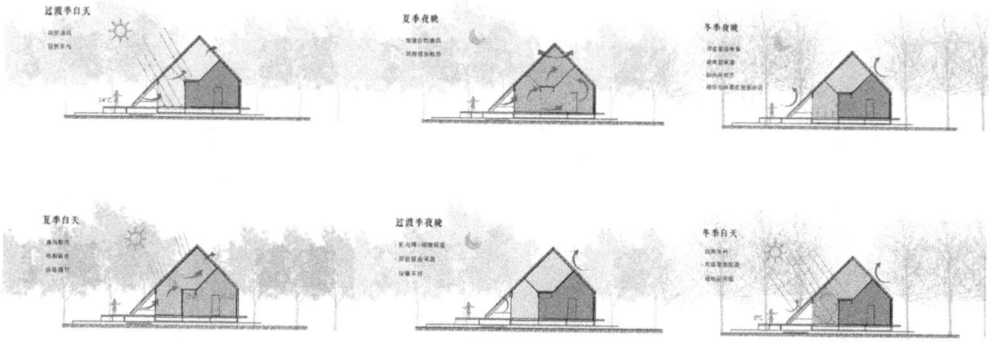

图3　多级缓冲空间的被动式设计策略

项目利用BIM基础模型进行性能及能耗分析时，Revit与PVsyst、Ecotect等绿色建筑分析软件的兼容性都较好。通过读取区域气象数据，可以在Ecotect的插件Weather Tool中对当地气候条件进行可视化分析，并基于风、光、热环境因素对建筑设计进行性能模拟分析，从而为被动式设计策略的选择提供参考（图4）。在确定建筑南向墙体加入相变储能材料，其他朝向墙体采用保温材料的方案后，利用Ecotect对不同厚度、构造参数的墙体进行能耗模拟，显示双层外保温墙体能耗更低。根据模拟结果协同各个专业讨论后，进一步对多种材料进行信息化建模分析，最终选择了轻钢龙骨内嵌聚氨酯发泡加外墙保温一体板构成双层保温系统，在降低建筑能耗的同时减少墙体厚度，增加

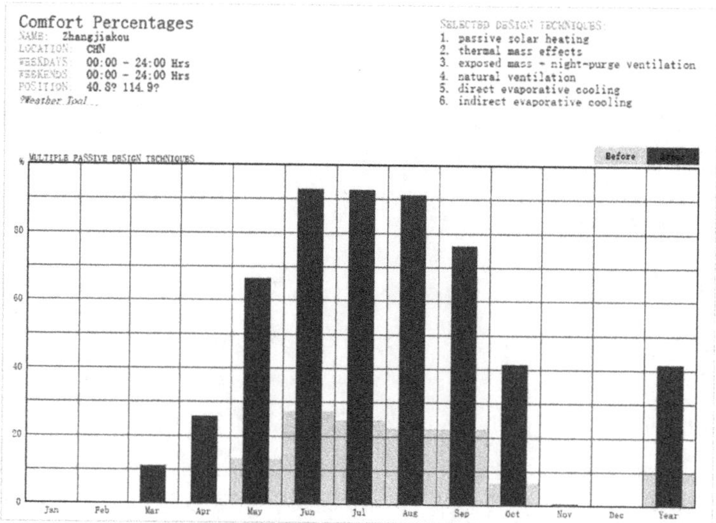

图4　基于被动式设计的建筑性能优化效果

了室内可利用空间，并合理解决钢结构热桥问题。

2.2 建筑光伏一体化设计

张家口地区平均年日照数为 2 500～2 700 h，年总辐射量达到每平方米 5 500～6 100 MJ，属太阳能较丰富地区。在被动式节能设计基础上，项目积极利用太阳能主动技术增加建筑产能。采用太阳能光伏技术时，光伏构件尺寸和安装倾角直接影响其接收的太阳辐射率和产能效果，是主动优化的关键[5]。在 Revit 中建立光热发电族，确定建筑朝向和太阳辐射参数，将 BIM 模型导入 Ecotect，改变不同构件倾角参数形成太阳能辐射的可视化分析（图 5）；然后输入张家口的气象数据，分别将 0°、45°、55°的光伏阵列导入 Ecotect 中进行发电量测试，从而确定最适宜的光伏倾角。结果显示，与张家口地区冬至日太阳高度角（约 45°）一致的安装倾角，可实现产能效率最大化（图 6），全年可发电 3 万kWh，是日常用电量的 4 倍，远超零能耗建筑要求。

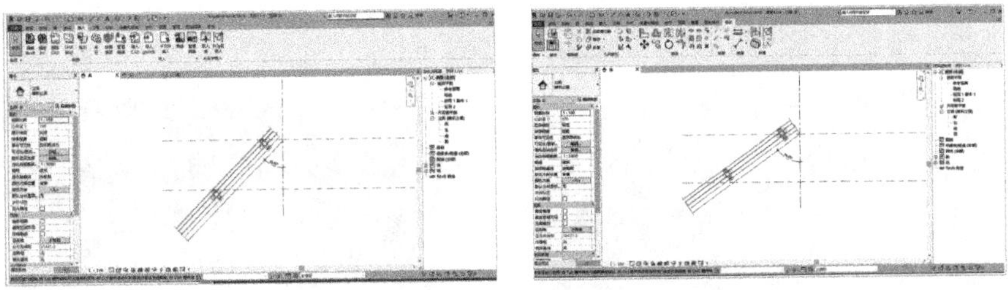

图 5 多级缓冲空间的被动式设计策略

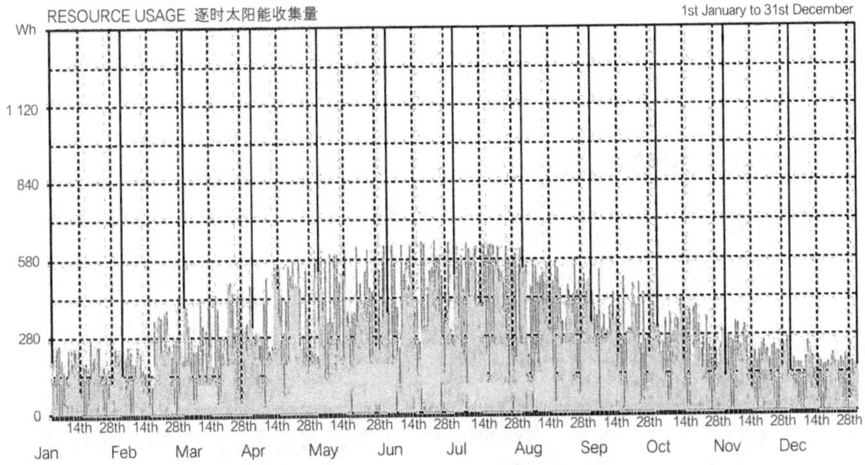

图 6 太阳能光伏构件 45°倾角的发电量

建筑光伏一体化（BIPV）是将太阳能光伏构件与建筑屋顶及墙面整体结合的能源利用形式。因其与建筑本体结构的联系性，在设计初始便需要与建筑主体进行整体考虑[5]。在 BIM 设计中，“族”构件的信息建立可以实现建筑构件信息集成化和可视化，一方面可以将太阳能组件的各类参数和指标进行录入，对组件角度、安装面积及尺寸进行调节，从而最大限度提高太阳能的利用效率；另一方面，基于 BIM 族库具有可量化的信息数值，可以全流程地从设计、施工及现场组装参与建筑的协同设计，保证装配式 BIPV 建筑的原生艺术性和高度的模块建造性，实现了最优的光伏组合方案。

2.3 能耗分析及碳排计算

建立 BIM 模型，将建筑材料、构件等信息录入 Revit 中，利用 EnergyPlus 模拟进行建筑能耗计算（图 7）；再根据能耗值，采用碳排放因子法计算得到碳排放量（碳排放量=能源消耗量×碳排放因子）。然后对建筑生产运输阶段、运行阶段、建造拆除阶段的碳排放量进行整合，减去建筑产能和碳汇，最后得到全生命周期的总碳排放量[6]。结果显示，“斜屋”项目碳排放量为−519 757.47 kg，通过太阳能光伏板发的电不仅供给建筑中家用电器的日常使用，多余的电还能输送给国家电网，不仅满足零碳建筑设计要求，而且负碳。

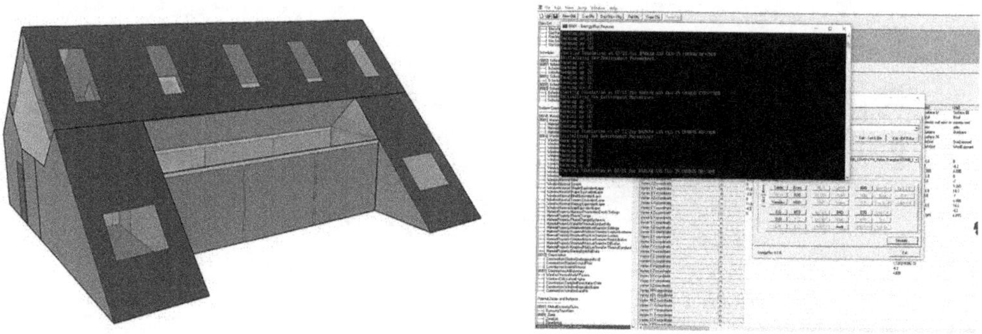

图 7　基于 BIM+EnergyPlus 的能耗优化分析

3 管线碰撞检测与智能调控

3.1 管线碰撞测试

项目采用全屋智能家居设计，以及全直流空调、新风及加湿系统，给管线综合设计带来一定挑战。利用 BIM 技术，在 Revit 中合并结构、给排水、电气和暖通各专业模型，使用“碰撞检查”功能，对管线与结构、管线与管线之间进行碰撞检测，在设计阶段及时发现问题，协调管线综合排布（图 8）。遇到管线复杂，一次性检查出现设备卡死和计算出错的问题时，再导入 Navisworks 软件进行各专业之间的碰撞检测[7]，并逐步检查更改。碰撞点示意、三维模型详图及冲突报告可清晰展现问题，为各专业模型优化与图纸更改提供可视、具体的表述，有利于减少设计变更。在设计阶段、生产阶段、施工阶段均有效降低沟通成本，减少了项目全生命周期的资源浪费。

3.2 智能环境控制

项目采用智慧能源、智能家居、智慧管理 3 个 Smart 系统设计。因此，在建筑运行

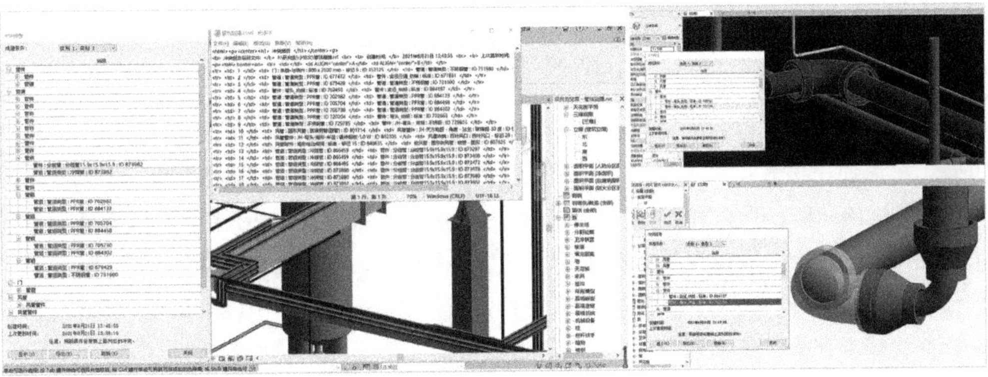

图 8 管线综合及碰撞检测

及后续维护阶段，会涉及对建筑能源、能耗和设备、家居的监控和多面管理。一方面，将智能设计与数字技术相结合，采用美的全屋智能家居系统，居家、办公两种模式通过“小美语言”智能控制、随时切换，通过室内多联机系统自动调节，实现对房门、灯光、电器、空调、百叶的智能感知和遥控（图 9）。另一方面，将智能技术与 BIM 能耗管理结合[8]，在室内布置传感器，监测室内空气质量、温湿度等指标，并对使用数据进行反馈和可视化实时调控，为使用者提供舒适的居住环境。通过 BIM 与 AI 技术的结合应用[9]，可降低建筑使用过程中的维护、管理成本，实现信息化动态可控的运维管理过程，以及面向未来的智慧人居环境。

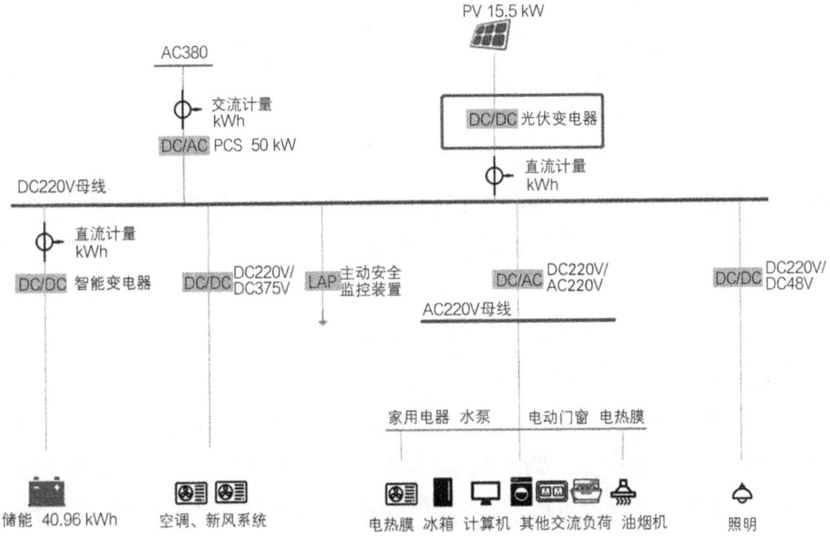

图 9 全直流系统流程图

4 建筑模块集成与装配建造

4.1 模块化集成设计

项目主体为钢结构，采用模块化、装配式设计。首先参考相应的建筑部品构件分类方式，考虑使用功能、装配部位意向，以及加工、运输和吊装要求，将项目设置为多个标准模块。在 BIM 中进行模块化集成设计时，按照功能将模块构件分为结构体模块、围护结构模块、设备管线模块等多个单元组，采用 Revit 进行信息建模，录入钢结构构件信息，根据构件尺寸进行模块单元组装后，结合 Revit 构件库中已有的基本构件进行整合并形成整体 BIM 模型[10]（图 10）。然后，根据这些单元模块的数据信息，合理安排后续设计、施工内容，并及时与生产厂家及合作单位沟通交流，协同各专业深化产品构件尺寸和选型[11]，通过 BIM 工作集的方式对方案进行协同完善。

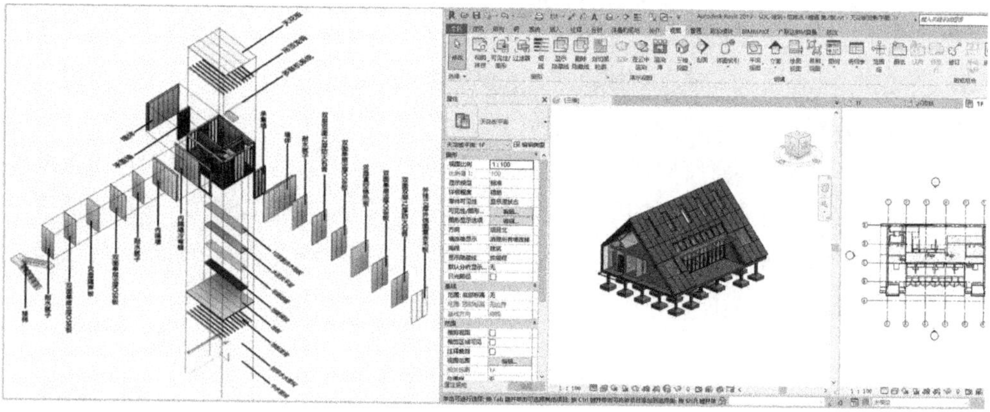

图 10 模块构件集成及 BIM 模型搭建

4.2 装配式智慧建造

在进行项目模块信息建模与数据统计后，项目协同各个专业一起创建施工设计流程与建造方式，以预搭建和现场搭建两步完成总体施工计划（图 11）。将“斜屋”的 BIM 模型导入 Navisworks 中进行施工模拟，根据软件生成的 4D 模型对项目的施工现场进行模拟，将反映出的节点问题进行反馈，从而反向对 BIM 的施工图和模型进行修改完善，提高实际施工过程的容错率[12]。

项目在张家口进行实地建造，采用 5 个集成箱体模块和 10 片屋顶模块进行吊装（图 12）；45°斜屋面部分采用片架形式进行组装，每片屋面板与下部箱体铰接安装。集成化设计加速了现场作品的完成时间，最终只用两天就迅速完成主体结构的搭建。采用 BIM 装配设计和流程管理，“斜屋”实现运输尺寸、搭建速度与使用功能的平衡，提升从设计、采购、生产到施工的全流程效率，满足了项目工业化建造、智慧化管理的需求。

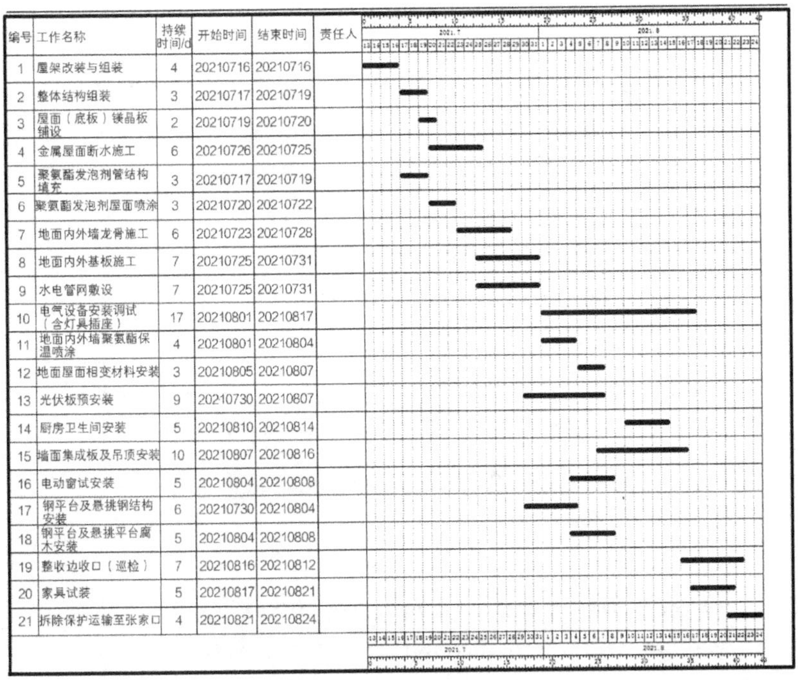

编号	工作名称	持续时间/d	开始时间	结束时间	责任人
1	屋架改装与组装	4	20210716	20210716	
2	整体结构组装	3	20210717	20210719	
3	屋面（底板）镁晶板铺设	2	20210719	20210720	
4	金属屋面断水施工	6	20210726	20210725	
5	聚氨酯发泡剂管结构填充	3	20210717	20210719	
6	聚氨酯发泡剂屋面喷涂	3	20210720	20210722	
7	地面内外墙龙骨施工	6	20210723	20210728	
8	地面内外基板施工	7	20210725	20210731	
9	水电管网敷设	7	20210725	20210731	
10	电气设备安装调试（含灯具插座）	17	20210801	20210817	
11	地面内外墙聚氨酯保温喷涂	4	20210801	20210804	
12	地面屋面相变材料安装	3	20210805	20210807	
13	光伏板预安装	9	20210730	20210807	
14	厨房卫生间安装	5	20210810	20210814	
15	墙面集成板及吊顶安装	10	20210807	20210816	
16	电动窗试安装	5	20210804	20210808	
17	钢平台及悬挑钢结构安装	6	20210730	20210804	
18	钢平台及悬挑平台腐木安装	5	20210804	20210808	
19	整收边收口（巡检）	7	20210816	20210812	
20	家具试装	5	20210817	20210821	
21	拆除保护运输至张家口	4	20210821	20210824	

图 11　BIM 施工流程控制

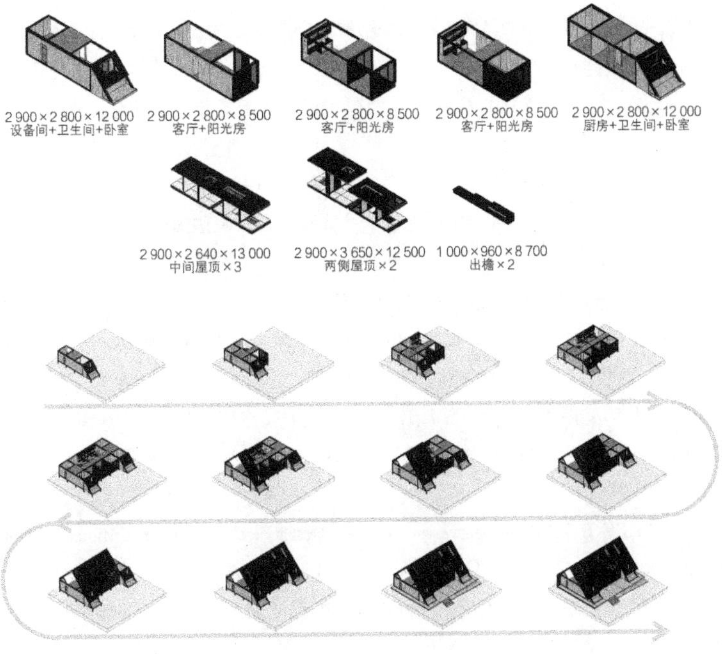

图 12　模块化装配建造

结语

“斜屋”项目采用多级缓冲空间、可调通风百叶、相变储能技术及高性能围护结构等被动式策略，配合全直流供电及空调、新风及加湿系统、智能调控等主动式技术，最大限度减少能耗，探索并实践装配式太阳能建筑的零碳途径。

项目借助 BIM 技术为建筑全生命周期的全流程设计提供了有力支持。但在应用过程中仍然存在以下须改进问题：（1）不管是已有族库的使用还是新建族文件都存在着数据复杂的情况，给项目的信息处理产生或多或少的困扰；（2）项目协同的工作流仍需优化，存在 MEP 专业的人员对于三维建模的熟练问题；（3）管线碰撞测试内容相对固化，对于一些实际建造中可忽略的问题容错率较低。可以看到，随着数字技术的迭代优化、协同设计流程的精简规范、族库信息数据的扩充简化，基于 BIM 技术的装配式太阳能建筑设计，将为面向未来的智能低碳人居环境做出更大贡献。

参考文献

[1] 徐伟,王雪．太阳能建筑发展研究探析[J]．上海节能,2020(8)：862-865.

[2] 王巧雯,张加万,牛志斌．基于建筑信息模型的建筑多专业协同设计流程分析[J]．同济大学学报(自然科学版),2018,46(8)：1155-1160.

[3] 董玉宽,刘立佳,范新宇,等．CIGS 光伏 BIM 族库在光伏建筑一体化设计中的应用研究[J]．建筑学报,2019(S2)：48-51.

[4] 黄海静,任毅迪,杨雨飞,等．相变储能技术在被动式太阳能建筑中的应用方法：以张家口地区为例[J]．室内设计与装修,2022(2)：122-123.

[5] 郭娟利,李纪伟,冯宏欣,等．基于 BIM 技术的装配式建筑太阳能集成设计与优化[J]．建筑节能,2017,45(6)：55-57.

[6] 王霞．住宅建筑生命周期碳排放研究[D]．天津:天津大学,2012.

[7] 刘卡丁,张永成,陈丽娟．基于 BIM 技术的地铁车站管线综合安装碰撞分析研究[J]．土木工程与管理学报,2015,32(1)：53-58.

[8] TANG L C M, CHO S Y, XIA L. Intelligent BVAC information capturing system for smart building information modelling[C]// Proceedings of 5th International Conference on Power Electronics Systems and Applications. New York, 2013：1-4.

[9] 冷烁,胡振中．基于 BIM 的人工智能方法综述[J]．图学学报,2018,39(5)：797-805.

[10] 张宏,罗申,唐松,等．面向未来的概念房:基于 C-House 建造、性能、人文与设计的建筑学拓展研究[J]．建筑学报,2018(12)：97-101.

[11] DE SOTO B G, ADEY B T. Preliminary resource-based estimates combining artificial intelligence approaches and traditional techniques[J]. Procedia Engineering, 2016, 164：261-268.

[12] 张莹莹,张宏．基于 BIM 平台的模块化设计与建造方法研究:以轻型钢结构房屋系统为例[J]．建筑技术,2019(6)：129-135.

图表来源：

图 1：https://hsiangning.blogspot.com/2015/06/blog-post.html.

图 2~13、图 15：作者自绘.

图 14：左图作者自绘；右图为武夷山朱子文化园旅游设施配套工程图.

表 1~2：作者自绘.

基于 JSON 的建筑数据交换格式轻量化研究

莫怡晨[1*] 李 飚[1]
（1. 东南大学建筑学院，江苏省南京市 210018，moyichen@seu.edu.cn）

摘要

云计算和大数据为建筑设计提供了前所未有的计算与存储能力，这依赖于灵活、可靠的数据传输与交互。现有的设计软件多采用封闭的数据格式，数据定义复杂，平台之间的数据交互较为烦琐，阻碍了设计全流程中计算性设计方法的介入。本文提出一种基于 JSON 的数据交换格式，具有轻量、紧凑、可扩展的特征，能在多种编程语言中解析与使用，填充设计流程中的缝隙。ArchiJSON 是由描述建筑信息的属性和值组成的交换格式，使用最小的数据量在网络中传输带语义的建筑模型。标准化的数据格式可成为多个微服务之间相互理解的语言，并且连接不同的物理计算和生成设计算法模块。该交换格式基于 WebSocket 的数据规范，可在 Rhino Grasshopper、Three. js、Processing 等可视化平台之间建立起双向的数据通信，紧密关联建筑的设计、计算、分析，以及维护。

关键词：数据模型；设计数据；建筑信息模型；云端设计；网络应用

Keywords: Data-model; Design data; Building information model; Web－based design; Web application

项目资助情况：国家自然科学基金面上项目（51978139）；江苏省研究生科研与实践创新计划项目（KYCX22_0189）

引言

建筑生成设计使用编程工具，量化与整合建筑环境、功能、空间、建构技术等，根据经济指标与设计要求生成理性且精确的设计方案[1]。过去 20 多年来，在 CAD 软件中二次开发，编写软件支持的脚本语言是实现生成设计的主流方法。但是现有的 CAD 受单一文件限制，缺少开放性与通用性。CAD 软件如 AutoCAD、ArchiCAD 使用单一的文档管理数据，仅考虑项目流程中的数据整合，并使用类似绘图的操作式建模方法。虽然 Rhino Grasshopper、Revit Dynamo 等以图形化的编程方式和轻量脚本语言实现生成设计，但无法改变其封闭的文件特点，缺少不同设计方案之间横向的关联。近年来，云计算的出现解除了特定 CAD 应用的限制，如 Moth 等人[2]提供了基于网络的建筑算法设计集成开发环境、Speckle 基于网络交互式地映射设计与建造中的数据传输[3]、Rhino Compute 则呈现传统 CAD 软件的网络接口化的转向[4]。建筑师从而能通过网络提供云端的生成设计服务。

云端设计服务依赖于灵活、可靠的数据传输与交互。本文提出一种基于 JSON 的数据交换格式，具有轻量、紧凑、可扩展的特征，能在多种编程语言中解析与使用。标准化的数据格式可成为多个微服务之间相互理解的语言，并连接不同的物理计算和生成设计算法模块（图 1）。本文涉及建筑数据表示、数据规范等方面的研究工作，提出并扩展了 ArchiJSON 交换格式，讨论了基于多种编程语言的进行生成设计开发的架构思路。本文研究讨论了建筑设计前期所需的数据交换格式，期望模块化微服务的架构能使生成设计更好地整合到建筑师的工作流程中，从而促进建筑数据的集成与计算性设计的综合应用。

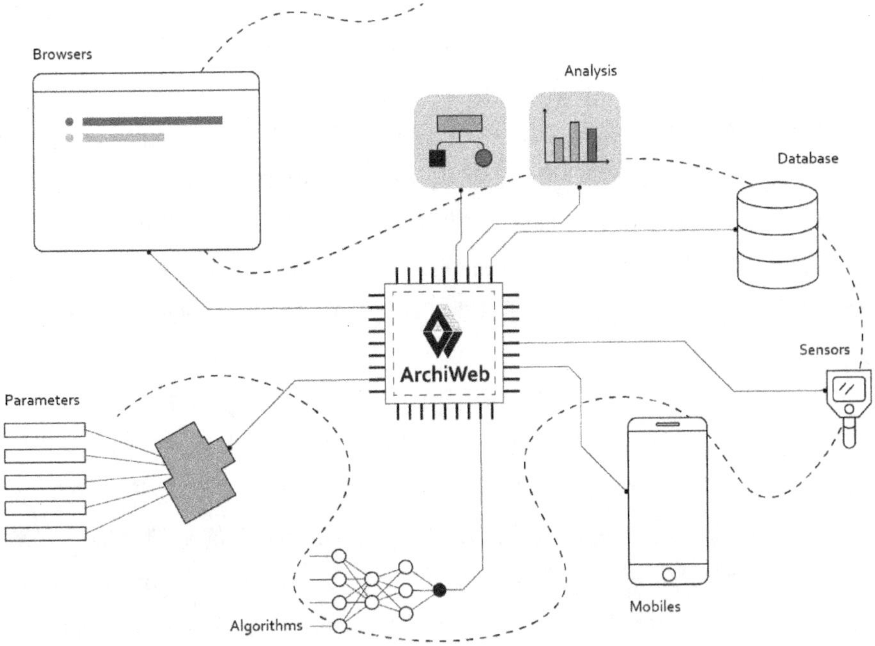

图 1 使用 ArchiJSON 连接不同的物理计算和生成设计算法模块、数据库及传感器等软硬件设备

1 研究现状

建筑数据是几何、拓扑与语义信息的混合物，如几何图元的描述方式、空间的连接关系的表示，以及建筑性能属性的描述等。现有的研究多集中于工业界，从实际应用需求出发，建立数据表示的规范。

1.1 数据表示

数据表示（representation）指的是将物理世界中的信息依据特定的约定方式进行抽象的过程。这种约定方式并不唯一，往往需要根据实际计算需求来确定数据的表示形式。以多边形的表示为例，边界表示法（boundary representation，Brep）使用顶点的位置和边的连接关系来描述，便于边的长度计算及形状的视觉展示；Nef Polygon 使用每个顶点的角度描述多边形，能更清楚地描述离散曲率的变化，同时便于集合上的布尔操作。

二维的数据表示遵循现有的标准，国际标准化组织开放地理空间协会（OGC）的简单要素标准（SFS）给出了描述客观世界的规范，包括数据库标准查询语言 SQL 中对简单要素的实现[5]。简单要素定义了点、线、面和多点、多线、多面等几何对象，还涉及基本几何操作和查询。

1.2 数据规范

数据规范（specification）是为保证可靠数据传输和信息交换而制定的一系列规定，与实际应用有着紧密的联系，建立在数据表示之上。

在地理信息领域中，描述城市的数据规范是城市数字基础建设的一部分。CityGML[6]是 OGC 提出的三维城市模型数据交换与存储的格式标准。为了便于网络交互，Ledoux 等人[7]提出了轻量化的城市数据模型 CityJSON，根据简单要素之间的拓扑关系尽可能减少数据量。开源地图 OpenStreetMap 中，使用简单三维建筑（simple 3D buildings）描述城市中的建筑，可以通过要素几何标签的<Key，Value>键值对定义城市中的建筑[8]。

自 1970 年以来，人们一直试图以结构化的格式组织和管理建筑数据。为了应对不同 CAD 软件之间无法共享和集成所造成的“信息孤岛”，诞生了国际协同工作联盟组织（Industry Alliance for Interoperability，IAI）与建筑行业的工业基础类（industry foundation classes，IFC）[9]。在建筑信息模型领域，关于数据的基础标准一直围绕着 3 个方面进行，即数据语义、数据存储和数据处理，由国际 BIM 专业化组织 buildingSMART 提出，并被 ISO 等国际标准化组织采纳。目前的 BIM 是一种语义模型，在几何基础上扩展了额外的属性，如空间关系、地理参考、装配部件的属性及参数定义。在网络传输中也发展出 ifcXML 与 ifcJSON 等数据传输格式，但是由于其语义丰富、数据结构复杂，BIM 在建筑设计的方案与概念阶段难以建立一致性。在设计阶段往往需要弱结构的建筑数据[10]，适应设计前期的动态性与随机性。

建造中同样使用数据来驱动数控设备，所遵循的数据规范与生产设备密切相关。其中 G-Code[11]是最为广泛的数控数据格式，主要在计算机辅助制造中用于控制机床或机器人。在混凝土预制件的加工制造过程中，需要将设计中可视化的模型转换为生产设备可识别的生产加工数据（Unitechnik 数据格式与 ProgressXML）[12]。

2　ArchiJSON 交换格式

建筑设计是强依赖于几何的设计活动，因此 ArchiJSON 交换格式以几何为描述的主体，语义和属性则被附加在几何对象或全局对象中。通用属性包括几何类型（type）、属性对象（properties）、模型空间中的唯一标识符（uuid）、线性变换矩阵（matrix）四种。基本几何要素（geometry）可分为几何原型与拓扑结构两类（图 2）。在实际应用中，用户通过拟定数据的组合方式构成完整的数据包。

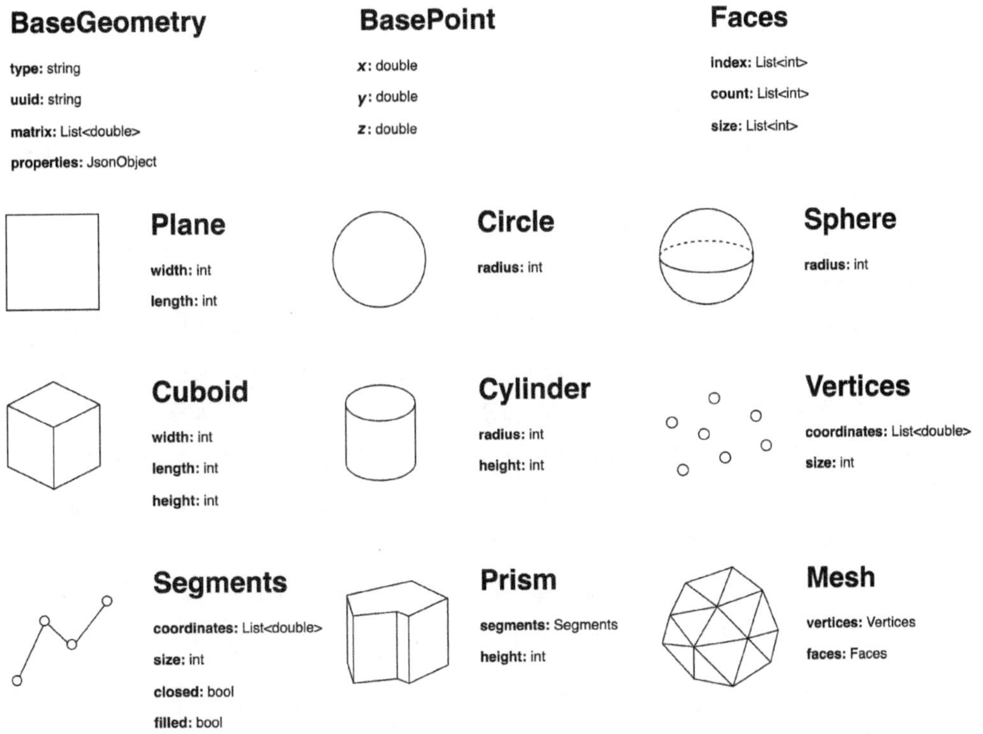

图 2　以 BaseGeometry 为基类的 8 种几何原型与 Mesh 拓扑结构

2.1　JSON 格式

JSON 全称为“JavaScript 对象表示法”（JavaScript object notation），是一种常见的数据交换格式。本文使用 JSON 作为数据传输的主体，主要原因如下：（1）JSON 数据格式简单，可读性强，便于在开发过程中调试与维护；（2）JSON 支持多种编程语言，容易映射到一般的数据结构；（3）JSON 广泛用于 Web 应用的数据传输，使用特定数据类型如整数、字符串、布尔等，具有一定的安全性。

2.2 几何原型

几何原型（geometric primitive）是计算机中用于处理、绘制、存储的基本单元，也是建筑设计中用于描述基本体量、空间等要素的形体。ArchiJSON 中的几何原型，主要组成为 CSG 中常见的参数化几何图元，如圆、矩形、方体等，通过声明属性参数的值，能在不同平台中参数化建模。目前版本的 ArchiJSON 中使用的几何原型如下：

（1）平面（Plane）为使用长、宽描述的矩形平面。

（2）方体（Cuboid）为使用长、宽、高描述的长方体。

（3）圆形（Circle）使用半径和角度描述一段圆弧线，默认为整圆。

（4）圆柱（Cylinder）为使用半径和高度描述的圆柱体。

（5）球体（Sphere）为使用半径描述的圆球。

（6）点集（Vertices）类似点云，描述多个点的集合，也可表示一个点。

（7）线集（Segments）是用连续的点序列表示多段线，可以用来表示一个多边形、多段线、线段，其呈现形式可为线框或网格面。

（8）棱柱（Prism）通过给定平面上的线集高度，向 Z 轴方向挤出得到棱柱。

2.3 拓扑结构

三维平面形体的数据存储基于 obj 文件的索引机制，使用顶点列表保存所有顶点位置，面片列表索引每个面的顶点序号。该方法可减少重复顶点带来的数据冗余，能明确存储顶点之间存在的拓扑关系。在 ArchiJSON 定义的网格（Mesh）中，面集（Faces）代表拓扑结构，点集（Vertices）代表几何特征。每个面片严格使用逆时针点序，可通过右手定则确定面的法向量。面片使用不定长的顶点序号，可以表示包括凹多边形在内的任意简单平面多边形。这一做法可以通过共点减少冗余的数据传输量，但是在一些平台如 Three. js 中，必须使用三角网格才能渲染呈现，需要在面所在平面与法向量张成的空间中对每个面三角化，合并索引列表得到三角网格（图 3）。

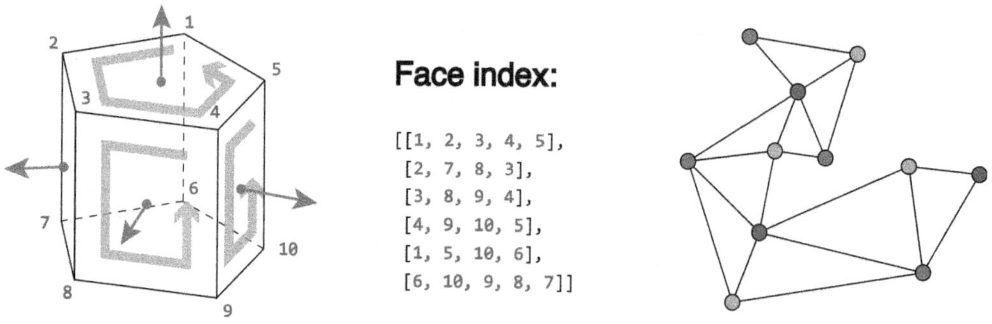

图 3 Mesh 中每个面片为逆时针点序，根据双耳定理将任意简单多边形面片三角化为三角网格

2.4 数据组合

在应用中，数据被组合起来形成传输所需的数据包。ArchiJSON 的一个数据包（图 4）记录一次数据传输所需的所有信息，目前版本包含如下所示的 JSON 属性：（1）在元数据（metadata）中，记录了所使用 ArchiJSON 版本，以此记号识别并解析不同版本的数据，同时用户可以使用一段描述文本记录传输内容；（2）数据包中所有几何对象组成的列表（geometries）；（3）全局对象属性（properties）。

```
{
    " metadata" : { " bersion" : " archijson 1.2" , " description" : " " },
    " geometries" : [ ],
    " properties" : { }
}
```

图 4　ArchiJSON 数据包示例

复杂的几何形态可以通过组合几何原型与拓扑结构实现，从而扩展现有的数据规范。例如样条曲线的实现，可在点集（Vertices）基础上加上所使用的算法名称，在程序端实现相应算法并计算曲线上分段点位置，并转为离散的多段线；再比如嵌套的带洞多边形，可以首先将顺时针序的多边形孔洞标记为内部，再在程序端将其实现为剪切过的平面或网格；复杂形态及其代表拓扑结构的连接关系也同样可以用类似的方法描述。

3　模块化微服务的实现

本文在模块化的微服务中提供数据传输的协议，由 ArchiJSON 提供范式及解析数据的标准，以能在任何程序语言中使用。ArchiJSON 使用 WebSocket 实现模块间的实时通信，从而成为微服务体系中使用的基本交换格式。

3.1 有效性验证

相较于特定的数据格式，ArchiJSON 数据组成具有一定灵活性，因此需要动态的验证程序检验有效性。本文中使用 JSON Schema 验证文件是否为有效的 ArchiJSON 数据段，目的是保证数据段内部具有一致性，验证内容举例如下：（1）字段数据类型是否有效；（2）检验几何原型的参数列表是否有效；（3）几何对象是否有重复或无效的唯一标识符；（4）点集、线段是否有重复顶点等。

3.2 Web 实时通信

主流的 Web 实时通信基于 HTTP 协议，包括服务器推送（server push）和客户端拉曳（client pull）。要保证实时通信，在浏览器与服务器之间就必须频繁建立连接并响应，这种方式效率低、资源消耗大，无法实现真正的实时通信。其效率取决于设定的轮询频率，如果过高会导致服务器负载过大，而过低则可能错失有效更新。

WebSocket 能在客户端和服务器之间搭建类似 TCP Socket 的持续、双向、有状态的通信模式，实现长连接模式的服务器推送，满足实时性的要求。其建立连接的机制通过发送握手请求开始，一旦连接建立便会保持当前状态，数据可在之后的任意时间被服务器推送至客户端。

ArchiJSON 基于 WebSocket 通信，以事件驱动的模式主动向连接的客户端和服务器之间通信。用户只需设计事件接口，就能调用不同的算法模块，并将结果推送到指定的客户端。后端服务器可在公网上，建立通过中央服务器通信，分散算法模块构建的模式；这种模式也能建立在局域网内，可以提升安全性，保护设计的知识产权（图 5）。

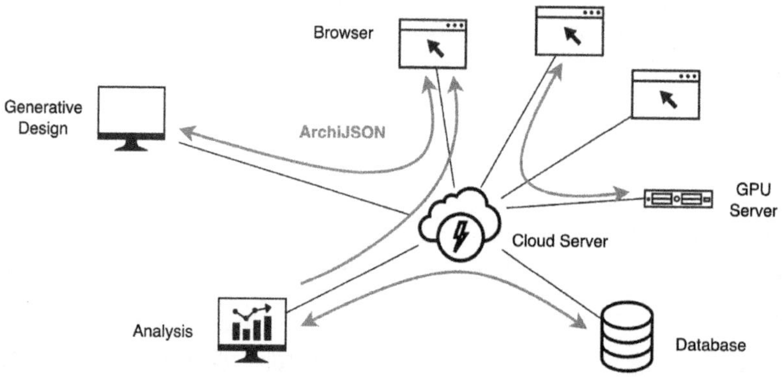

图 5 基于 WebSocket 建立通信，可使用 ArchiJSON 驱动不同算法模块，为不同平台上的用户提供服务

3.3 微服务体系

将服务器应用程序分解为一组小型服务，是一种微服务体系结构。使用 ArchiJSON 通信的每个服务都在自己的进程中运行，实现特定的功能，可以独立部署在任意能连接到中央服务器的设备上。每个微服务都拥有自己的数据模型和业务逻辑，并且能基于不同的数据存储技术（SQL、NoSQL）和不同的编程语言。

ArchiJSON 在多编程语言环境中提供了统一的数据交换接口，其中包含 ArchiServer 服务器类与 ArchiJSON 的数据体类。服务器类使用 Token 与 Identity 作为构造参数，以异步方式建立一个持续提供服务的服务器。程序在运行的过程中，实时监听来自中央服务器的消息内容，用户可在监听函数中自定义消息接收后的处理方式。数据体类用于包裹需要传输的数据内容，并可指定消息传递的对象为特定的客户端，或是以广播的形式传递到指定的群组。基于微服务体系结构的网络应用可以持续进行新功能的集成并发布更改。该应用能独立成模块，以隔离方式单独运行和测试，自主实现更新与升级。

4 计算性设计的综合应用

通过构建不同的微服务模块，ArchiJSON 可以连接起建筑的设计、计算、分析等方面的算法，应用到具体的实践当中。目前已有 JavaScript、Java、Python、C#、Grasshopper 版本的 ArchiJSON 库，可在任意项目中引入。此外，本文自主开发的网页端的 ArchiWeb 能在任意浏览器可视化及接收用户交互。在计算性设计的综合应用中，ArchiJSON 以数据流的形式出现，连接不同平台上的算法实现。

4.1 结构找形实验

借助 ArchiJSON 这一媒介，可以将已有的算法模块运用到新的项目中，只需少量代码完成程序接口，不必对原有代码逻辑进行修改。以拱顶结构找形为例，使用 Compas 中的推力线网络分析法（thrust network analysis，TNA）得到竖向荷载约束下的拱顶形态。如图 6 所示为 ArchiWeb 网页端平台的主要界面，用于接收用户输入参数与三维呈现找形的结果。

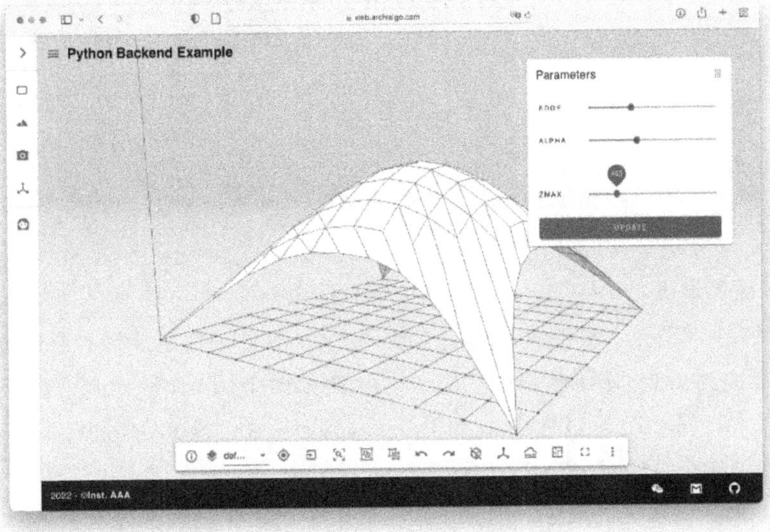

图 6 ArchiWeb 网页端平台的主要界面

4.2 街区搜索引擎

基于 ArchiJSON 连接不同程序端，可以实现复杂和综合的设计应用，城市街区空间检索系统 ArchIndex 是十分关键的例子。用户可以在浏览器中交互地修改和搜索相似的街区，根据街区的形态特征向量、活力值、功能比例、建筑面积、建筑密度等指标，从城市街区建筑实例数据库中探究其纷繁历史形态背后的基本类型，从而推动创造性的城市设计。ArchiWeb 作为前端界面与后端的 Python 与 Java 程序使用 ArchiJSON 相互连接（图 7）。用户的查询会首先经过 Python 端的预训练神经网络模型处理图像特征，再将整合的查询数据传递到 Java 端进行数据库查询与相似度比较。

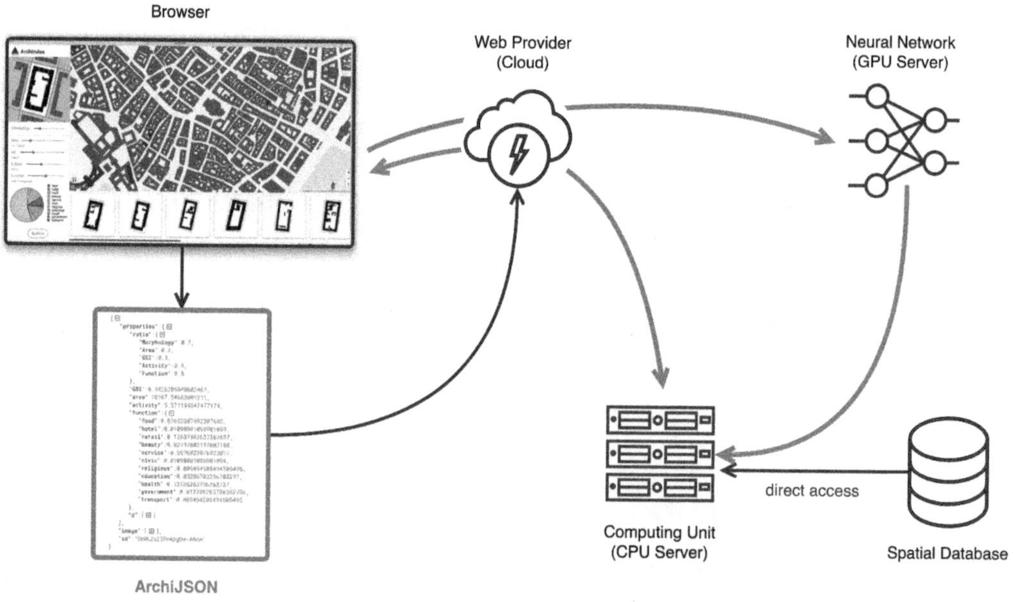

图 7 使用 ArchiJSON 连接前端的 ArchiWeb 界面与后端的 Python 与 Java 程序，形成综合的设计应用

4.3 CAD 软件集成

由于在设计实践中，建筑师仍然更多使用 CAD 软件来实现设计，通过 ArchiJSON 可将算法集成到商业 CAD 软件中。比如借助 Python 上的 win32com 可通过指令操作 AutoCAD 文档，那么就可以在 Java 和 Python 之间使用 ArchiJSON 进行通信，实现在 Java 上操作 AutoCAD 的需求。

在 Grasshopper 中所开发的 ArchiJSON 电池组使用多线程电池建立服务器，能够实现 Rhino 到网页端的通信。如图 8 所示为在 ArchiWeb 网页端代码编辑器向 Grasshopper 进行消息传递的过程。从浏览器将数据传递到 Rhino 中之后，可对数据进行处理，并将结果返还到浏览器上，呈现在用户面前。基于 ArchiJSON 电池组，Grasshopper 不仅可以与浏览器相连接，还能与其他所有算法模块通信，这一做法扩展了现有 CAD 软件的使用场景。

结语

在建筑设计的数字化与工业化应用中，使用标准化的工业基础类描述信息是必不可少的。但这种描述方式缺少灵活性，适用于已确定设计方案的建造场景。对于设计前期来说，需要精简、轻量的数据交换格式，在设计生成与计算的过程中交换信息。

本文讨论了 ArchiJSON 主要功能，简要介绍了其基本几何要素定义、标准化的传输过程及扩展的应用场景。ArchiJSON 具有灵活的编码、紧凑的数据表示，并且支持多种

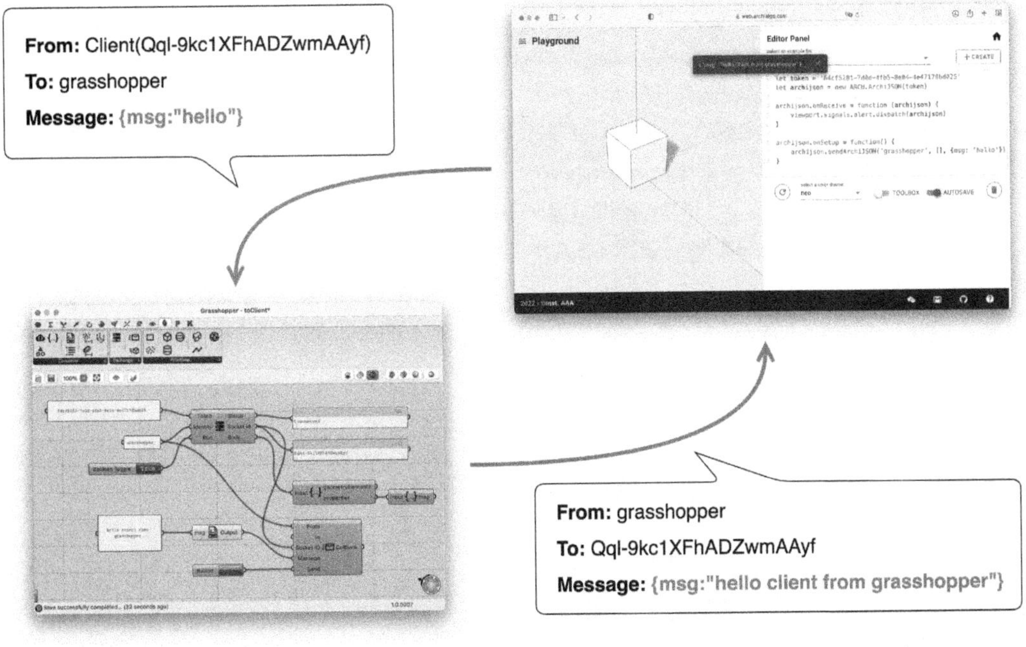

图 8 使用 Grasshopper 上的 ArchiJSON 电池组与 ArchiWeb 网页端代码编辑器的代码实时通信

编程语言。该交换格式的应用可以使计算性设计接入设计与加工的全流程数字链，从而整合到普适的设计流程中，依托数字技术与生成设计方法得到精确而精巧的设计。

参考文献

[1] 李飚. 建筑生成设计：基于复杂系统的建筑设计计算机生成方法研究[M]. 南京：东南大学出版社，2012.

[2] ALFAIATE P, CAMTANO I, LEITAO A. Luna moth: supporting creativity in the cloud[C]//Proceedings of the 37th Annual Conference of the Association for Computer Aided Design in Architecture. Cambridge, 2017: 72-81.

[3] POINET P, STEFANESCU D, PAPADONIKOLAKI E. SpeckleViz: a web-based interactive activity network diagram for AEC[C]//Proceedings of the 11th Annual Symposium on Simulation for Architecture and Urban Design. Vienna, 2020: 419-428.

[4] Rhino compute: guides to developing, deploying, and contributing to Compute[EB/OL]. [2022-01-06]. https://developer.rhino3d.com/guides/compute.

[5] HERRING J R. OpenGIS ® Implementation specification for geographic information — Simple feature access — part 1: common architecture [R]. Open Geospatial Consortium, 2011.

[6] KOLBE T H. Representing and exchanging 3D city models with CityGML[M]//WACHOWICZ M, ONG R, RENSO C. Lecture notes in geoinformation and cartography. Berlin: Springer Berlin Heidelberg, 2009: 15-31.

[7] LEDOUX H, ARROYO O K, KUMAR K, et. al. CityJSON: a compact and easy-to-use encoding of the CityGML data model[J]. Open Geospatial Data, Software and Standards, 2019, 4(1): 1-12.

[8] Simple 3D buildings: OpenStreetMap wiki[EB/OL]. [2022-01-10]. https: //wiki. openstreetmap. org/wiki/ Simple_3D_Buildings.

[9] 代一帆,董靓. 关于建筑数据表示和交换的标准 IFC[J]. 建筑科学,2008,24(8): 9-14.

[10] DILLENBURGER B. Raumindex: Ein datenbasiertes Entwurfsinstrument[D]. Zurich: ETH Zurich, 2016.

[11] G-code: RepRap[EB/OL]. [2022-01-10]. https: //reprap. org/wiki/G-code.

[12] 恽燕春,阮玲波,丁泓. 智能建造与建筑工业化协同发展实践应用[J]. 施工技术,2021,50(10): 1-4.

图片来源

图 1~8:作者自绘.

基于 BIM-Python 工作流的农宅能耗设计参量敏感性分析

曾旭东[1, 2*]　樊相楠[1]　王瑞阳[1]

（1. 重庆大学建筑城规学院，重庆市 400000，zengxudong@126. com；
2. 重庆大学建筑城规学院山地城镇建设与新技术教育部重点实验室，重庆市 400000）

摘要

我国农村住宅总建筑面积约 238 亿 m^2，由于在建造过程中较少考虑节能设计，其建筑能耗已占到全国建筑总能耗的 20. 7%。为探究建筑设计初期设计参量对农村住宅建筑能耗的影响，本文采用了 BIM-Python 工作流对 8 种设计参量进行了全局敏感性分析。首先，在文献整理的基础上选取 8 种设计参量，以重庆地区某农宅为参照在各设计参量取值范围内生成 9 000 组采样并创建能耗模型；其次，对能耗模型进行批量能耗模拟并对模拟结果中的年空调总能耗、年空调制热能耗，以及年空调制冷能耗进行提取；最后采用 Morris 方法对设计参量进行全局敏感性分析。BIM-Python 工作流在农宅能耗设计参量敏感性分析的研究中表现出了巨大的潜力，两者的结合为建筑设计人员提供了一种精细化处理建筑项目相关数据的方法，对推动 BIM 在正向设计中的应用有着积极的意义。

关键词： BIM-Python；农村住宅；建筑能耗；设计参量；敏感性分析

Keywords： BIM-Python；Rural housing；Building energy consumption；Design parameters；Sensitivity analysis

资助项目情况： 重庆市建设科技项目（城科字 2021 第 6-16）

引言

近年来，能源和环境问题日益成为人们关注的焦点。根据联合国预测，世界城市人口将从 2007 年的 33 亿增长到 2050 年的 63 亿[1]，这种长时间持续性的城市化进程将会给世界环境和资源带来巨大的挑战。根据《中国建筑能耗研究报告 2020》统计数据，2018 年全国建筑存量面积为 674 亿 m^2，建筑运行阶段能耗占我国能源消费总量的 21. 7%[2]，建筑节能是我国实现“双碳”目标的有效途径。

近年来，节能已经成为居住建筑设计中重要的影响因素，住房和城乡建设部也颁布了多部规范对居住建筑的节能设计做出指导。然而，这些规范主要是针对城市住宅，《农村居住建筑节能设计标准》尚停留在2013年，其中的部分条文难以对当今的农村住宅设计做出有效指导。近年来，我国农村住宅总建筑面积持续增加，由于在建造过程中缺乏科学指导，建筑节能水平亟须提高。研究农村住宅建筑能耗的影响因素，量化分析设计参量对建筑能耗的影响程度，对改善农村居民的居住条件和减少能源浪费有着积极意义。

1 研究对象和研究方法

1.1 研究对象

选取重庆地区某农宅作为本次研究的参照对象，其建筑平面如图1所示。结合《重庆市建筑材料热物理性能指标计算参数目录（2018年版）》，对农宅进行BIM建模，基本构造信息和材料热工属性如表1所示。根据《夏热冬冷地区居住建筑设计标准》及当地村民作息时间，将冬季室内计算温度设定为18℃，夏季室内计算温度设定为26℃；根据当地村民家庭状况，在卧室和客厅设置分体式空调，其余房间无空气调节设备，采暖计算期为12月1日至次年2月28日，空调计算期设定为6月15日至8月31日；室内平均得热强度设定为4.3 W/m^2。综合以上信息创建基准能耗模型，采用EnergyPlus对基准建筑进行能耗模拟可知，年空调制冷能耗为29 GJ，年空调制热能耗为6.75 GJ，年空调总能耗为35.75 GJ。

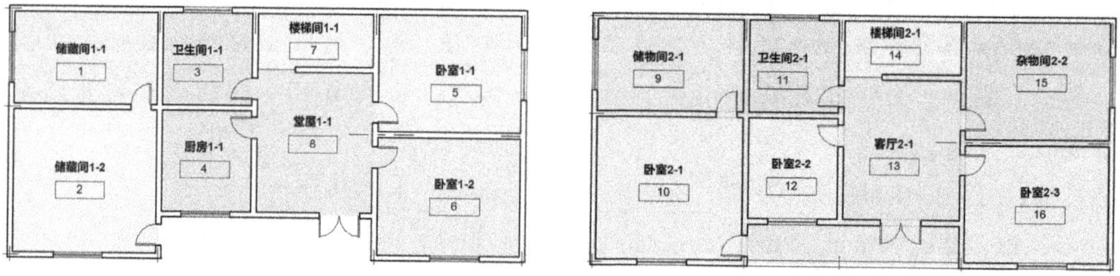

图1 建筑平面图

表1 围护结构构造及材料信息

围护结构	材料名称	计算参数			传热系数/[W/(m^2·K)]
		导热系数λ/[W/(m·K)]	蓄热系数S(24 h)/[W/(m^2·K)]	周期比热容c/[J/(kg·K)]	
外墙	190 mm黏土空心砖	0.58	7.874	1 050	1.47
	20 mm外保温砂浆	0.29	4.44	1 050	
内墙	10 mm厚水泥砂浆	0.93	11.37	1 050	1.477
	180 mm黏土砖	0.58	7.874	1 050	
	10 mm厚水泥砂浆	0.93	11.37	1 050	

（续表）

围护结构	材料名称	计算参数			传热系数/[W/（m^2·K）]
		导热系数 λ/[W/（m·K）]	蓄热系数 S（24 h）/[W/（m^2·K）]	周期比热容 c/[J/（kg·K）]	
楼板	20 mm 厚水泥砂浆	0.93	11.37	1 050	3.05
	80 mm 厚钢筋混凝土	1.74	17.2	920	
	20 mm 厚水泥砂浆	0.93	11.37	1 050	
屋顶	40 mm 钢筋混凝土	1.74	17.2	920	0.78
	120 mm 空心楼板	1.74	17.06	920	
	40 mm 挤塑聚苯板	0.03	0.365	2 032	

1.2 设计参量的敏感性分析

敏感性分析是用于研究如何将模型输出中的不确定性分配给模型输入中的不同不确定性来源的分析方法[3]，包括局部敏感性分析（local sensitivity analysis）和全局敏感性分析（global sensitivity analysis）。局部敏感性分析多用于分析单个设计参量对模型输出的影响，具有所需样本少、计算速度快、便于理解等优点，但是探索范围较小[4]。全局敏感性分析能够同时计算多个设计参量对模型输出的影响以及参数间的相互影响[5]，在建筑性能分析中常用于研究建筑设计参量对建筑能耗影响的显著性及重要程度。

基于筛选的 Morris 方法是建筑性能分析中常用的全局敏感性分析方法。Morris 方法源自 OAT（One-Factor-at-a-Time）筛选法，可以对输入参数的重要性进行定性的排序[6]。在建筑能耗分析中，能耗模型的输出结果可用 $y(x)$ 表示，其中 y 是模型的输出值，x 是具有 k 个坐标的输入值。所有输入变量都存在一个取值区间，通过将输入变量的取值区间映射到［0，1］，能够消除量纲对评价结果的影响，如公式（1）所示：

$$x = \frac{x_i - x_{\min}}{x_{\max} - x_{\min}} \tag{1}$$

式中，$x_{\max}$ 和 $x_{\min}$ 分别是输入变量 x_i 的最大值和最小值[7]。通过将［0，1］区间划分为 p 水平，生成 k 维 p 水平的样本空间，并根据 OTA 策略生成参数样本。每次采样仅在上一次采样的基础上改变一个参数，一个由 $k+1$ 个点组成的序列，其中每个参数按预先定义的值 Δ 变化一次为一条轨迹。该轨迹中的一点代表模型的一次评估运行。由于一个参数 x 的预定义变化，模型输出的变化幅度称为基本效应（EE_i），如公式（2）所示：

$$EE_i = \frac{[y(x) - y^i(x)]}{\Delta} \tag{2}$$

式中，$y(x)$ 和 $y^i(x)$ 分别为参量变化前后的输出值，Δ 为 x_i 变化前后的值映射在［0，1］区间的取值之差。通过对不同轨迹进行计算，可以得到参数的全局敏感度 μ^*［公式（3）］，而参数与结果的相关性可通过标准差与全局敏感度的比值进行描述[8]，如公式（4）所示：

$$\mu^* = \frac{\sum_{i=1}^{r} |EE_i|}{r} \tag{3}$$

$$\sigma = \sqrt{\frac{\sum_{i=1}^{r} |EE_i - \mu|^2}{r}} \tag{4}$$

式中，i 表示一组多条轨迹；标准差 σ 是由于特定参数的变化而导致的模型结果散布的度量，它表明一个参数的影响大小取决于其余参数的值，并且可以解释为非线性和参数相互作用的度量；r 为轨迹的数量。

建筑能耗受到环境、材料、构造、使用情况等诸多因素的影响，本文主要研究建筑设计初期所涉及的相关参量。建筑设计初期所涉及的设计参量可以分为建筑形体参量和材料性能参量，表 2 对部分建筑能耗敏感性分析相关文献中的参量选择进行了统计。

表 2　相关文献设计参量统计

参量名称	文献	参量名称	文献
建筑朝向	[6]，[9]，[10]，[11]	层高	[6]，[12]，[13]，[11]
长宽比	[6]，[12]，[10]	面积	[12]，[13]
北向窗墙比	[6]，[12]，[4]，[14]，[15]，[10]，[11]，[16]	外墙传热系数	[6]，[4]，[14]，[13]，[15]，[10]，[11]
南向窗墙比	[6]，[9]，[12]，[4]，[15]，[10]，[11]，[17]，[16]	屋顶传热系数	[6]，[4]，[14]，[13]，[15]，[10]，[11]
东向窗墙比	[6]，[12]，[11]	体形系数	[4]，[13]
西向窗墙比	[6]，[12]，[11]	窗户类型	[9]，[15]，[18]

根据表 2 文献中设计参量选取情况，将窗墙比、层高、朝向、外墙、屋顶、外窗传热系数作为本次研究的敏感性分析对象。由于缺乏针对重庆农村住宅的相关规范，因此设计参量取值范围在参考《农村居住建筑节能设计标准》《夏热冬冷地区居住建筑节能设计标准》《建筑节能与可再生能源利用通用规范》等规范的基础上进行了调整，结果如表 3 所示。

表 3 设计参量取值范围

变量	缩写	取值范围	单位
南向窗墙比	S_WWR	[0.20, 0.45]	—
北向窗墙比	N_WWR	[0.10, 0.40]	—
东向窗墙比	E_WWR	[0.1, 0.35]	—
西向窗墙比	W_WWR	[0.1, 0.35]	—
朝向	ORIEN	[90, 270]	(°)
层高	Floor_H	[3.0, 4.0]	m
外墙传热系数	W_HTC	[1.0, 4.7]	W/ (m^2 · K)
屋顶传热系数	R_HTC	[0.4, 1.0]	W/ (m^2 · K)

1.3 基于 BIM-Python 工作流的能耗模拟方法

BIM 是建筑工程项目的数字化表达，是设计、施工、管理等行业之间数据共享的平台，能够应用于建筑项目的整个生命周期。BIM 在建模、能耗模拟和信息处理方面的优势在于数据的集中管理和处理，这使得能耗模型能够根据 BIM 模型的更改实时更新，从而降低错误风险和时间成本[19]。BIM 与 BEM（建筑能耗模型）的转换需要在整个项目交付周期的背景下进行理解，其关键是实现将 BIM 信息转译为 EnergyPlus 等能耗软件能够读取的数据形式，在这个过程中 BIM 发挥了项目信息权威数据库的作用[20]。

IFC 和 GBXML 是两种主要的 BIM-BEM 转换格式，二者都包含了完整的能耗模拟所需数据，然而研究[19, 21-23]指出，两种格式在将数据映射到能耗模型的过程中会出现信息丢失的问题。针对项目情况使用 Python 开发代码读取 BIM 信息并生成能耗模型是避免这些问题的有效方法。

当前众多 BIM 软件中都内置了 Python 模块，如 Revit 将 Python 作为其可视化编程语言 Dynamo 中的节点，从而大大提升了数据操作的灵活性。2020 年 Revit 将内置 Python 版本从 IronPython 更新到了 CPython，由此可以直接在 BIM 中实现众多第三方库的调用。Eppy 和 Geomeppy 是基于 Python 的 EnergyPlus API 包，研究中用于能耗模型的创建、修改和模拟；SALib 是一个基于 Python 的参数敏感性分析开源软件包，包含了主流的敏感性分析算法，本文中用于完成全局敏感性分析；Pandas 是基于 NumPy 的开源数据分析工具，本文中主要用于数据的分析和处理。

本文主要工作流程如下：（1）根据前文研究内容创建基准 BIM 模型，完成几何、材料、构造、热区、热负荷、时间表等信息的定义。（2）利用 Python 读取上述信息并生成样本能耗模型。（3）根据表 3 中各设计参量取值范围，采用 Morris 方法对设计参量进行采样，生成 9 000 组设计参量组合。（4）调用 EnergyPlus，将上述信息循环写入

IDF 文件并进行能耗模拟。（5）提取模拟结果中的能耗数据，完成全局敏感性分析。本文技术路线如图 2 所示。

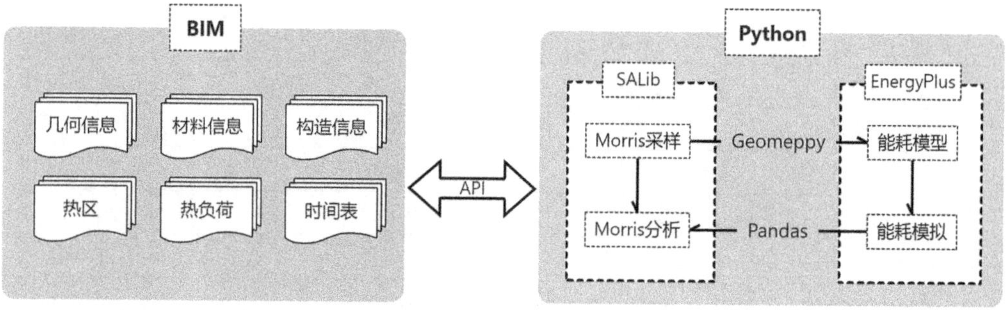

图 2 整体技术路线

2 模拟结果分析

2.1 基于模拟结果的相关统计

采用 Morris 方法在 8 种设计参量取值范围内共进行 9 000 次采样，采样结果分布状况如图 3 所示，可以看出采样值在各区间分布较为均匀。利用 Python 调用 EnergyPlus 进行多线程并行模拟的情况下，所有模型在一台 Inter i7 处理器的台式计算机上模拟了 15 h。

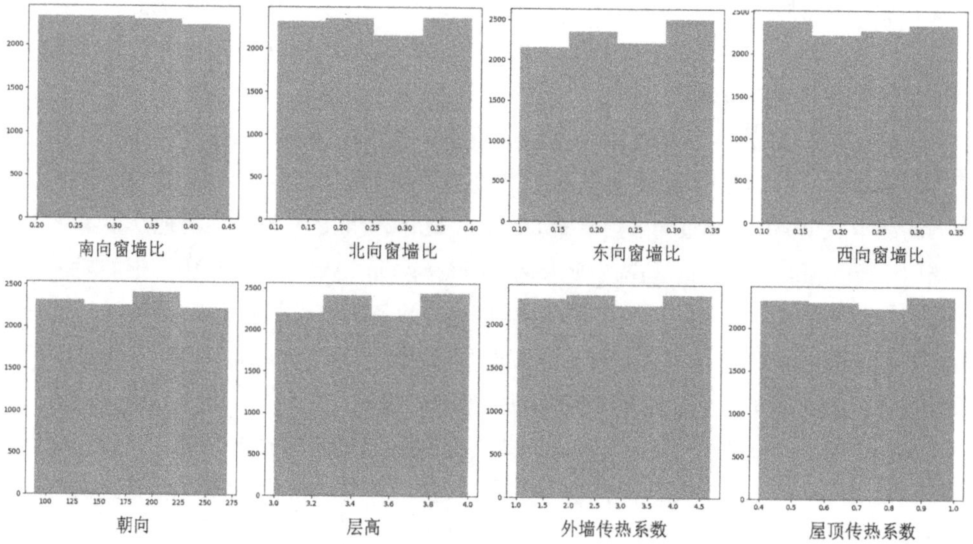

图 3 各设计参量采样分布统计

图 4 是由 9 000 组能耗数据中年空调总能耗、年空调制热能耗、年空调制冷能耗所生成的箱线图，表 4 是相关数据的补充。根据统计数据可知，各设计参量取值范围内，年空调能耗的最大值和最小值分别是 31.06 GJ 和 54.13 GJ，设计参量的选择对建筑能耗有着重要影响。

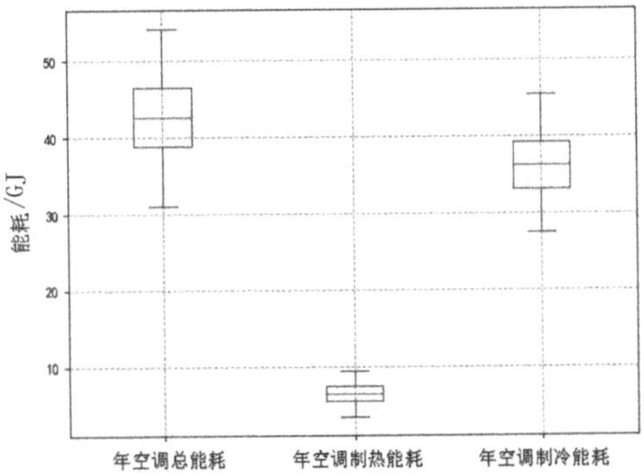

图 4 空调能耗箱线图

表 4 能耗数据统计分析

单位：GJ

	年空调总能耗	年空调制热能耗	年空调制冷能耗
平均值	42.758	6.490	36.268
标准差	4.833	1.269	3.757
最小值	31.06	3.49	27.5
25%	38.82	5.57	33.14
50%	42.64	6.46	36.23
75%	46.52	7.42	39.28
最大值	54.13	9.47	45.44

2.2 基于 Morris 方法的全局敏感性分析

（1）年空调总能耗

对年空调总能耗进行全局敏感性分析，结果如图 5 所示。图 6 为各参量 μ^* 与 σ 关系的散点图，根据 σ 与 μ^* 的比值可以判断设计参量与目标函数的关系，$(\sigma/\mu^*) < 0.1$ 时为线性关系，$0.1 < (\sigma/\mu^*) < 0.5$ 时为单调关系，$0.5 < (\sigma/\mu^*) < 1$ 时为近似单调关系，$(\sigma/\mu^*) > 1$ 时说明参数之间发生了相互影响。根据图 5~6，年空调总能耗中各设计参量敏感度指标的排序为层高、外墙传热系数、屋顶传热系数、朝向、南向窗墙比、北向窗墙比、东向窗墙比、西向窗墙比，其中外墙传热系数、屋顶传热系数、朝向、南向窗墙比、北向窗墙比、东向窗墙比、西向窗墙比都与年空调总能耗呈单调相关，而层高与年空调总能耗呈现出线性相关。

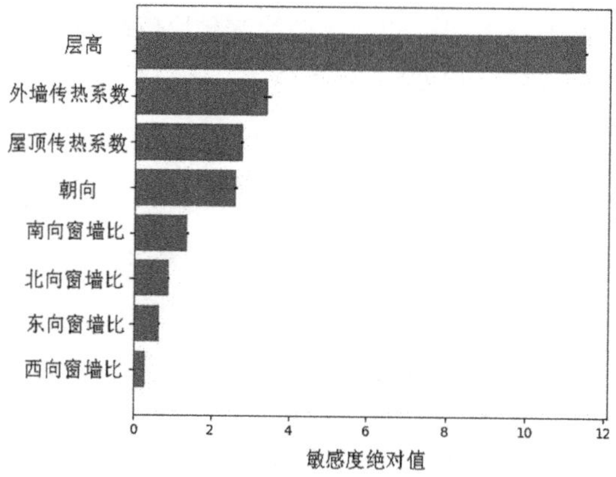

图 5　年空调总能耗全局敏感性

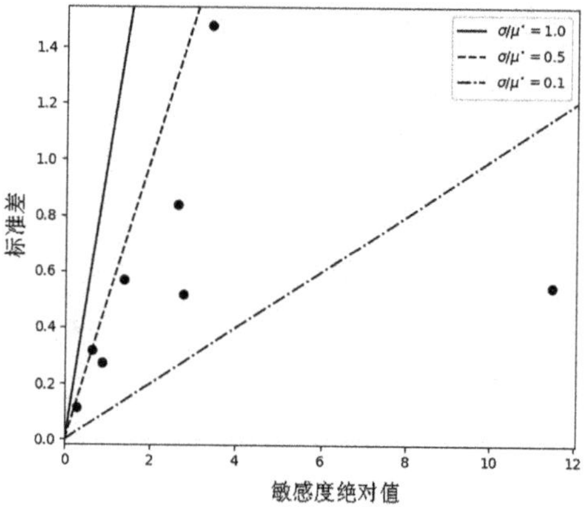

图 6　年空调总能耗指标关系

(2) 年空调制热能耗

对年空调制热能耗进行全局敏感性分析，结果如图 7 所示。各设计参量的敏感度指标由大至小的排序为：层高、外墙传热系数、屋顶传热系数、南向窗墙比、朝向、北向窗墙比、东向窗墙比、西向窗墙比。与年空调总能耗相比，各设计参量的敏感度指标排序大致相同，只有南向窗墙比与朝向的排序发生了互换。由图 8 可以发现，南向窗墙比、西向窗墙比与年空调制热能耗呈近似单调相关，北向窗墙比、层高、外墙传热系数、屋顶传热系数与年空调制热能耗呈单调相关，东向窗墙比、朝向受到了其他参数的影响。

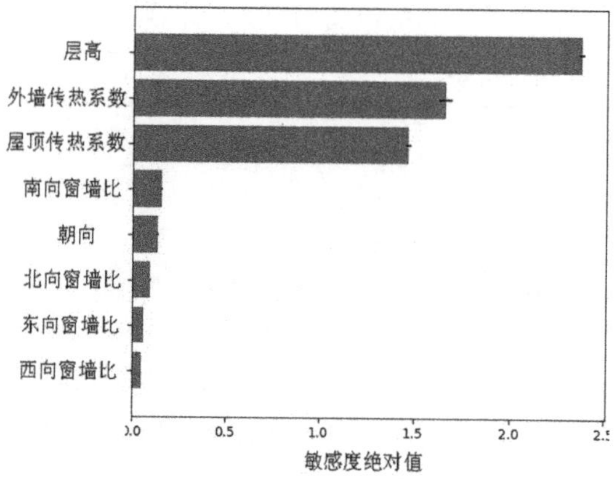

图 7　年空调制热能耗全局敏感性

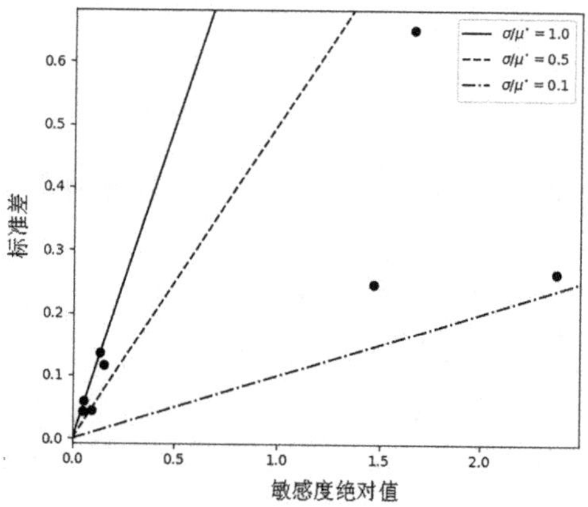

图 8　年空调制热能耗指标关系

（3）年空调制冷能耗

对年空调制冷能耗进行全局敏感性分析，结果如图 9 所示。各设计参量的敏感度指标由大至小的排序为：层高、朝向、外墙传热系数、南向窗墙比、屋顶传热系数、北向窗墙比、东向窗墙比、西向窗墙比。根据图 10 中的数据分布，层高与年空调制冷能耗呈线性相关，朝向、外墙传热系数、南向窗墙比、屋顶传热系数、北向窗墙比、东向窗墙比、西向窗墙比与年空调制冷能耗皆为单调相关。

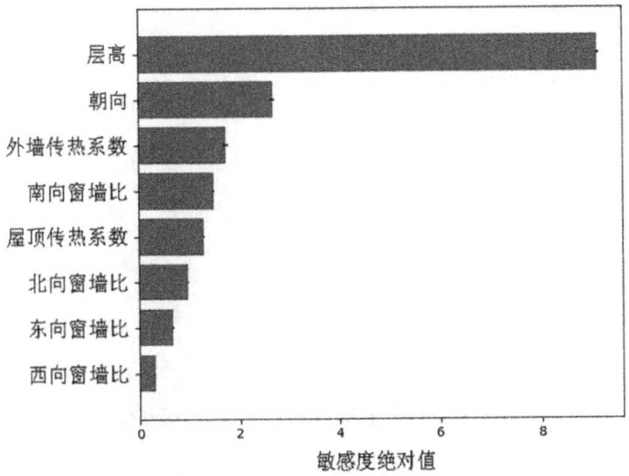

图 9　年空调制冷能耗全局敏感性

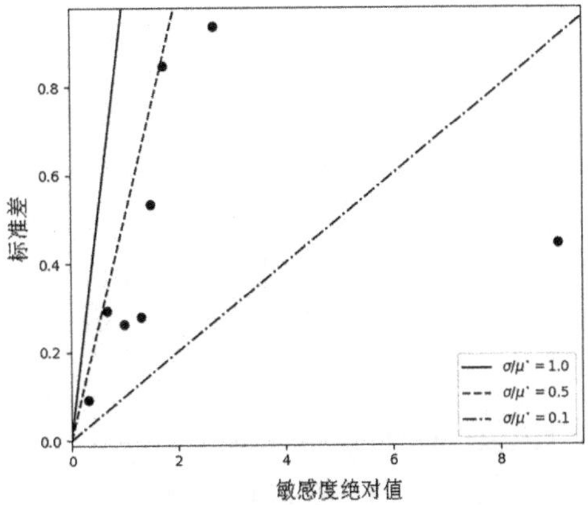

图 10　年空调制冷能耗指标关系

3　结论

本文采用 BIM-Python 的工作流，以重庆地区某农村住宅作为参照对象，在其基础上采用 Morris 方法在各设计参量的取值范围内进行抽样并生成了 9 000 种组合，通过 BIM 中内置的 Python 模块完成了能耗模型的创建、模拟、输出结果提取、全局敏感性分析等工作。

本次研究的对象包括年空调总能耗、年空调制热能耗、年空调制冷能耗，图 11 将三种对象的敏感性分析结果整合到了同一个雷达图中，综合前文研究可以得出以下结论：

（1）东向窗墙比、西向窗墙比、北向窗墙比在三种目标函数的全局敏感性分析排序中都处于末位，说明在设计参量的取值范围内，这三种参量

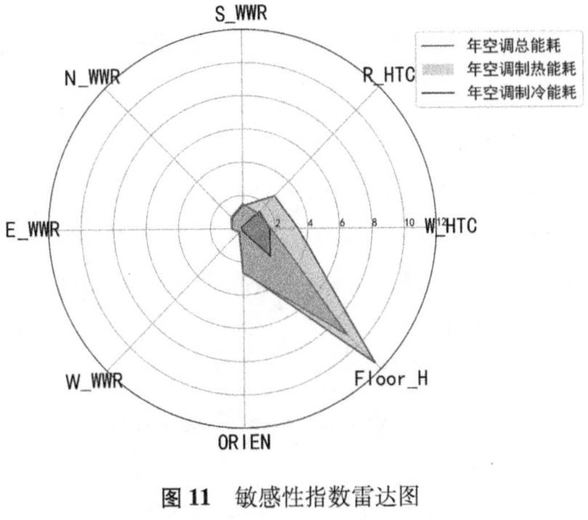

图 11　敏感性指数雷达图

对建筑能耗的影响较小。

（2）层高和外墙传热系数在三种目标函数的敏感性排序中都位于前三，且与目标函数呈单调线性或单调正相关，即在本次研究设计参量的取值范围内年空调总能耗、年空调制热能耗、年空调制冷能耗会随着外墙传热系数或层高的增加而增加。

（3）各设计参量与年空调制冷能耗、年空调总能耗均呈线性或单调关系，即在本次研究取值范围内存在最优解；总制热能耗的情况则更为复杂，东向窗墙比和朝向的 σ/μ^* 值均大于1，说明二者会受到其他设计参量的影响，需要在后续研究中进一步分析。

BIM 技术的优势在于建筑项目数据的集中管理，在此基础上结合 Python 可以完成一系列的自动化工作，因此本文是在 BIM 正向设计的视野下开展的研究，是对前期场地调研、当地 BIM 材料数据库、构造做法等信息的继承和利用。本次研究中，BIM 与 Python 的结合情况可以总结为以下几点：

（1）通过调用 BIM 软件的 API（应用程序接口），Python 可以完成建筑模型空间信息、材料信息、构造情况、运行时间表等数据的读取与修改，同时还可以完成在当前项目中对其他项目文件信息的调用，在面对重复性的工作内容时，能够大大提升工作效率。

（2）本次研究过程中，虽然 Python 能够顺利完成各种数据的读写工作，但是在进行批量能耗模拟的过程中，由于能耗计算引擎会占用大量的计算资源，而 BIM 软件本身便体积庞大，因此时常会出现程序崩溃的问题。本文采用的解决方法是将工作流程切分成几个模块，每个模块完成之后将数据保存在本地并结束模块进程。

（3）研究过程中发现，由于 BIM 中的 Python 版本缺少 Tkinter 模块，导致部分第三方库无法引入，官方论坛中相关技术人员确认正在解决这一问题。

综合前文所述，BIM-Python 工作流在农村住宅能耗设计参量敏感性分析的研究中表现出了巨大的潜力，两者的结合为建筑设计人员提供了一种精细化处理建筑项目相关数据的方法，对推动 BIM 在正向设计中的应用有着积极的意义。

参考文献

[1] ALIROL E, GETAZ L, STOLL B, et al. Urbanisation and infectious diseases in a globalised world[J]. The Lancet Infectious Diseases, 2011, 11(2): 131-141.

[2] 中国建筑节能协会.中国建筑能耗研究报告 2020[J]. 建筑节能(中英文), 2021, 49(2): 1-6.

[3] SALTELLI A, RATTO M, ANDRES T, et al. Global sensitivity analysis: the primer[M]. Chichester: John Wiley & Sons, 2008.

[4] 薛一冰,相楠. 山东地区高层住宅建筑能耗影响的敏感性分析[J]. 建筑节能(中英文), 2021, 49(9): 80-84,131.

[5] 马瀚青,张琨,马春锋,等. 参数敏感性分析在遥感及生态水文模型中的研究进展[J]. 遥感学报,2022, 26(2): 286-298.

[6] 孟岩岩. 基于设计参量敏感性分析的建筑节能优化研究[D]. 天津：天津大学，2020.

[7] SANCHEZ D G, LACARRIÈRE B, MUSY M. Application of sensitivity analysis in building energy simulations：combining first-and second-order elementary effects methods[J]. Energy and Buildings, 2014, 68:741-750.

[8] MENBERG K, HEO Y, CHOUDHARY R. Sensitivity analysis methods for building energy models：comparing computational costs and extractable information[J]. Energy and Buildings, 2016, 133(10)：433-435.

[9] SHAO T, ZHENG W X, CHENG Z. Passive energy-saving optimal design for rural residences of Hanzhong region in northwest China based on performance simulation and optimization algorithm[J]. Buildings, 2021, 11(9)：421.

[10] JIANG W, LIU B, LI Q, et al. Weight of energy consumption parameters of rural residences in severe cold area [J]. Case Studies in Thermal Engineering, 2021, 26：101131.

[11] SINGH M M, GEYER P. Information requirements for multi-level-of-development BIM using sensitivity analysis for energy performance[J]. Advanced Engineering Informatics, 2019, 43：101026.

[12] 郑林涛. 基于机器学习方法的珠三角地区商场空调全年负荷预测研究[D]. 广州：华南理工大学,2019.

[13] 那威,王明明. 基于主成分分析的公共建筑能耗影响因素研究[J]. 建设科技,2021(8)：33-37.

[14] 田志超,陈文强,石邢,等. 集成 EnergyPlus 和 Dakota 优化建筑能耗的方法及案例分析[J]. 建筑技术开发,2016, 43(6)：73-76.

[15] 艾闪. 榆林地区砖混结构农村住宅节能优化设计研究[D]. 西安：西安建筑科技大学，2021.

[16] MASTRUCCI A, PEREZ-LOPEZ P, BENETTO E. Global sensitivity analysis as a support for the generation of simplified building stock energy models[J]. Energy and Buildings, 2017, 149(15)：368-383.

[17] 高枫,朱能. 寒冷地区办公建筑负荷敏感性差异分析及应用[J]. 哈尔滨工业大学学报，2020，52(4)：180-186, 194.

[18] SHEN Y, YARNOLD M. A novel sensitivity analysis of commercial building hybrid energy-structure performance[J]. Journal of Building Engineering, 2021, 43(11)：102808.

[19] KAMEL E, MEMARI A M. Review of BIM's application in energy simulation：tools, issues, and solutions [J]. Automation in Construction, 2019, 97(1)：164-180.

[20] HONG S. Geometric accuracy of BIM-BEM transformation workflows：bridging the state-of-the-art and practice [D]. Ontario：Carleton University, 2020.

[21] GAO H, KOCH C, WU Y P. Building information modelling based building energy modelling：a review[J]. Applied Energy, 2019, 238：320-343.

[22] ELNABAWI M-H. Building information modeling-based building energy modeling：investigation of interoperability and simulation results[J]. Frontiers in Buit Environment, 2020, 6：573971.

[23] KIM H, SHEN Z, KIM I, et al. BIM IFC information mapping to building energy analysis(BEA) model with manually extended material information[J]. Automation in Construction, 2016, 68：183-193.

图表来源

图 1~11：作者自绘.

表 1~4：作者自绘.

从方案精度的二维图纸到施工图精度的三维信息模型的智能生成设计

许　达[1*]　李一帆[1]　秦承祚[1]　黄　延[1]

（1. 上海品览数据科技有限公司，上海市 200040，da. xu@pinlandata. com>）

摘要

本文介绍了品览对人工智能技术与建筑信息模型的结合方式的研究，阐述了一种将方案精度的二维图纸向施工图精度的三维信息模型的智能生成设计的方案，实现输入方案阶段的二维图纸，高效输出施工图设计阶段的三维信息模型和图纸，模型数据架构满足国际通用的IFC标准，易于被广泛应用、交换与共享，较大程度地提高了建筑设计工作流的效率。方案利用了图机器学习GNN、卷积神经网络CNN、专家系统等人工智能技术，完成图元对象化、尺度模数化、设计自动化、人机协同化、信息集成化等目标，促进建筑工程设计智能化的产业升级。

关键词：AI技术；建筑信息模型；智能生成；IFC标准；自动化

Keywords: AI technology; Building information model; Intelligent generation; IFC standard; Automation

引言

当下，建筑信息模型在建筑设计、施工、运营等领域发挥越来越重要的作用，而其整体的设计工作流仍然以较低效率的模式运行。相关设计软件，在方案设计阶段的使用效率较低，导致行业内大量采用逆向的设计方式，即：在方案阶段利用AutoCAD设计，在施工图阶段先深化AutoCAD图纸，再对照图纸利用三维信息软件进行建模。施工图阶段的设计工作，往往由于方案设计的精度不足，需要手动进行大量的修正，降低了工作的效率；而现有辅助翻模的插件，无法实现图纸与模型联动、模型生成后编辑的正向设计目标。

随着2010年代后期，人工智能算法算力的不断提升，AI在制造、医疗、零售、交互等诸多领域均取得了较为广泛的应用，建筑学与AI的结合也不断地被讨论研究，利用AI技术解决建筑工程设计中烦琐的问题，恰如数十年前利用电脑绘图取代手工绘图一般，已经成为行业向前发展的必经之路。

通过本次研究，希望实现输入方案阶段的二维图纸，高效完成施工图设计阶段的三维信息模型和图纸，较大程度地提高了建筑设计工作流的效率，力争实现利用智能科技促进传统建筑设计产业改造升级的一小步。

1 背景

1.1 当前建筑信息模型构建方面的不足

根据中国建筑业协会发布的《2021 年建筑业发展统计分析》显示，2021 年，一方面，全国建筑业企业房屋施工面积 157.55 亿 m^2，比上年增长 5.41%，竣工面积 40.83 亿 m^2，结束了连续四年的下降态势，比上年增长 6.11%。与建筑行业的持续增长相比，行业产值利润率连续五年下降，建筑业从业人数连续三年减少。一方面是住宅市场的规模持续上涨，另一方面是从业人数和利润的持续减少，二者之间存在矛盾，这就要求建筑行业必须走向利用智能化科技推动产业升级的道路。

建筑信息模型 20 年来在国内的发展，并未达成 BIM 降本增效的愿景目标。自 2002 年 Revit 推出以来，在全球范围内的应用已经过去了 20 年，国内的引进和提倡也达 10 年之久，但是在行业内的应用却不尽如人意，究其原因是其相对 AutoCAD 更复杂的使用过程，虽然在三维模型中集成了更多的信息，但是也大幅增加了设计人员的工作，减缓了设计周期，很难满足设计行业对它的要求。根据调研显示，相同项目利用 Revit 进行设计的周期时长一般为利用 AutoCAD 的 2 倍左右。综上所述，行业正在面临着对智能化建筑信息模型日益增长的需求与低效建立模型之间的矛盾。

1.2 利用人工智能实现建筑模型智能生成设计的契机

自从谷歌公司旗下的 AlphaGo 战胜了人类围棋高手之后，人工智能受到了越来越多行业的青睐，形成了各个行业的风口。而建筑设计行业也在不断探索与人工智能融合的角度。建筑信息模型作为建筑全生命周期的管理系统，日益成为数字化建筑的重要元素。而利用人工智能中对于图形、数据、生成网络的算法，结合大数据的研究，形成一套智能化的设计环境，通过一定的输入条件，将相对笼统、不精确的方案意图输入系统，利用人工智能环境深化设计，高效率、高精度地生成建筑信息模型，同时打造一个数字化信息平台，实现人机的深度交互。

2 建筑信息模型的智能生成设计方案

本文希望利用人工智能的能力，赋能施工图设计阶段的图纸深化和三维信息模型的智能生成。具体方法如下：首先，对上传的方案设计图纸进行解析、识图，获取图纸中墙、门、窗、柱、楼梯、电梯等构件，以及围合的空间；根据结构竖向构件、空间布局自动生成轴网；对原有图纸进行模数化处理，消除方案设计阶段的设计误差；利用机器学习算法如GNN等，对墙体、柱、门、窗、飘窗、楼梯等构件进行自动化的三维重建，重建后的构件符合IFC标准且能够进行三维编辑；利用重建后的模型进行深化设计，如自动推荐满足房间窗地比、通风比等节能要求的窗构件，自动布置水暖井、电井、机房等设备空间，自动房间降板及匹配构造做法，自动根据房间类型布置家具等，以及利用云设计编辑能力，提供人机深度交互协同，复制AI完成艺术化部分的图纸深化。在出图环节中，建立基于模型的平立剖面图纸联动生成、自动化尺寸标注、门窗编号标注、门窗表统计、面积计算等。构建完整的端到端环境，实现建筑信息模型智能生成设计。完成的环境流程分为以下5个部分。

2.1 图元对象化

首先，获取人工输入的工程语义信息，并进行对象化处理。在目前的工程设计实践应用中，方案设计主要的生产工具仍然是AutoCAD。AutoCAD文件自身由图元组成，通常只包含二维图形信息，无法直接与建筑工程元素建立联系。所以系统的第一个环节就是利用CNN等AI技术中对于图形识别的能力，对AutoCAD图元进行识别、重建和对象化，进而作为建立建筑信息模型的输入条件。

面对建筑平面图，建筑师能够读取墙、门、窗、柱、楼梯、电梯等构件，也能理解由构件围合的真实物理空间，而计算机面对的是离散的图元，需要经过训练不断地迭代，同时输入大量人工标注的数据进行辅助，才能实现类似于建筑师的理解能力。通过AI理解了的图元，将其转化为格式化、结构化的工程对象数据，以此作为输入条件的基础。

2.2 尺度模数化

在建筑设计中，尤其是装配式建筑中，为了实现工业化大规模生产，使不同材料、不同形式和不同制造方法的建筑构配件、组合件具有一定的通用性和互换性，设定了建筑的模数化系统，用以协调建筑尺度的增值单位。不同的构件和空间常用的模数也不同，例如墙体的常用模数为50 mm，空间的常用模数为100 mm等。这就需要利用AI专家系统的决策机制，将方案精度图纸中不满足建筑模数的部分进行优化，例如墙体、柱网、门窗、空间面宽等等。

模数化过程是建筑施工图制图的基础逻辑，是耗时耗力的设计过程。通过AI技术实现建筑模数自动化，可以大幅度提升效率和精确度，在工程实践中进而利用更多的标准化构件，进一步提升经济性。

2.3 设计自动化

利用AI技术，实现设计过程中一部分流程的自动化生成，减少建筑师烦琐复杂低价值的工作，是提升设计效率、把建筑师的时间和精力回归设计本身的重要环节。以住宅项目的施工图设计流程为例，墙体重建、门窗标准化构件重建、轴网自动生成、面积计算、节能结算、家具自动排布、尺寸标注等环节，均可利用AI技术进行自动化设计（图1）。

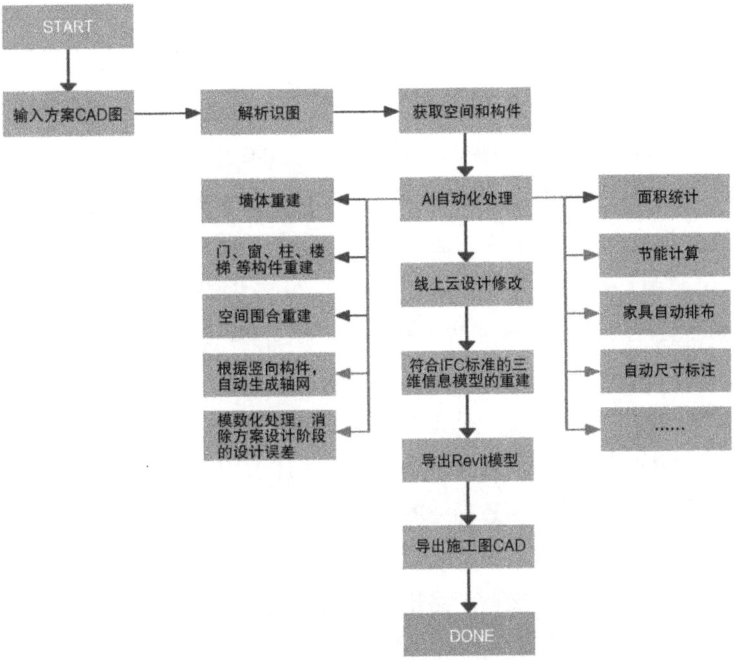

图 1　建筑信息模型的智能生成流程图

在构建了建筑信息模型的基础上，通过读取工程语义，可以将已经研发的其他专业自动化模块进行植入，例如结构布置图、地暖盘管生成、楼梯间生成、照明系统布置、给排水布置等等，形成全专业高价值的模块设计自动化。自动化的能力与规模化的项目二者相遇，会递减边际成本，形成较大的行业价值。

2.4　人机协同化

在现阶段，人工智能的算法在处理设计问题时，更多的是基于模式语言、数据关系、数学逻辑的"理解"，很难构建对系统的整体认知，也并不了解数据背后的因果联系或内涵。现阶段的 AI 技术并不具备建筑师的情感、审美、价值观等主观因素，因此无法做到完全像人一样思考。在建筑设计实践中仍然有大量的高价值的工作，需要建筑师去亲自完成，所以，端到端的设计方案必须具备人机的高度协同。

通过调研发现，虽然利用人工智能去解决设计问题，已经被提出了多年，但是现有的设计辅助工具对于大多数建筑师而言过于抽象、复杂，通常需要比较多的计算机和编程技能，因而难以在设计实践中得到广泛认可或使用。所以，在提供给建筑设计使用的产品方案中，应该提供比程序编写更容易、直观的交互体验。

除了人工智能与建筑师的协同外，还应包含基于云端的人际间协同能力。建筑工程设计是跨多专业、多目标、多环节的设计流程，必须在多个专业的工程师共同配合下才能完成。因此，建筑信息模型中需要容纳多专业的信息系统，前端需要提供完善的、友好的、多专业交互的协同能力。

2.5 信息集成化

BIM 技术实现集成的一个重要前提和基础是数据标准化。建筑信息模型应符合广泛交换和共享的标准。在建筑工程的设计实践中，IFC（Industry Foundation Class）标准被国际广泛应用于数据交换与共享的标准。IFC 标准主要使用 Express 语言，对建筑信息模型中的数据资料进行有效的表达，由国际协同联盟（International Alliance for Ineteroperability，IAI）在 1995 年提出后，历经了 20 多年的发展，其规范和对象化的程度很高，也被建筑行业的设计软件所广泛接纳，例如 Revit、Rhino、SketchUp 等等，易于进行信息传递共享。

从 IFC 构建的结构层次来看，从上往下分别为领域层、共享层、核心层、资源层，每个层次只能引用同层次和下层的信息资源，而不能引用上层资源。这样上层资源变动时，下层资源不受影响，保证信息描述的稳定。领域层指不同专业类别，比如建筑、结构、设备等专业；共享层指共享建筑元素和管理元素等，如门、窗、墙、柱等；核心层是拓展性的内容，比如控制拓展、产品拓展、过程拓展等。资源层包括时间资源、材质资源等等（图 2）。

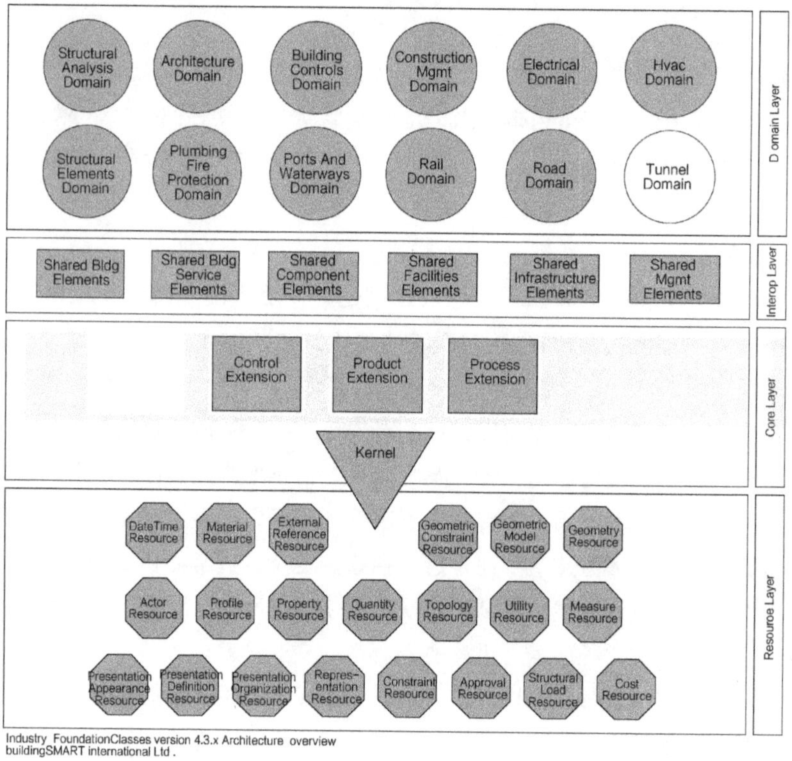

图 2 IFC 标准结构层次

建筑信息模型的生成应该严格符合 IFC 标准，不仅包括看得见、摸得着的建筑元素的定义和属性，如梁、柱、板、吊顶、家具等等，也包括了那些抽象的概念，如计划、空间、组织、造价等等。利用 IFC 标准构建建筑信息模型，实现多专业的设计、管理、交互的一体化整合。

3 人工智能算法与住宅模型智能生成设计的结合

3.1 住宅产品模型的研究

在《2021 年建筑业发展统计分析》中，2021 年，从全国建筑业企业房屋竣工面积构成情况看，住宅竣工面积占最大比重，为 66.26%；厂房及建筑物竣工面积占 13.81%；商业及服务用房竣工面积占 6.19%；其他各类房屋竣工面积占比均在 6%以下。可见，住宅建筑的占比远超其他类型的建筑，且住宅项目的规律相对可循，所以在设计之初对住宅产品模型进行研究。

（1）住宅产品网格的研究

可以从 4 个角度对住宅进行分类：从产品类型分类，可以分为商品房和保障性住房；从组成部分分类，包括底商配套、地库、市政用房、景观、住宅；从建造方式分类，可以分为现浇和装配式；从专业分类，可分为建筑、结构、设备、景观、室内、总图（图 3）。

从平面模块的角度分析，可以分为板楼和塔楼两种，其中板楼可以分为拼接式和长廊式两类，塔楼可以分为 T 字形、十字形等六类（图 4）。进一步地，还可以根据典型核心筒、典型户型进行细分（图 5）。

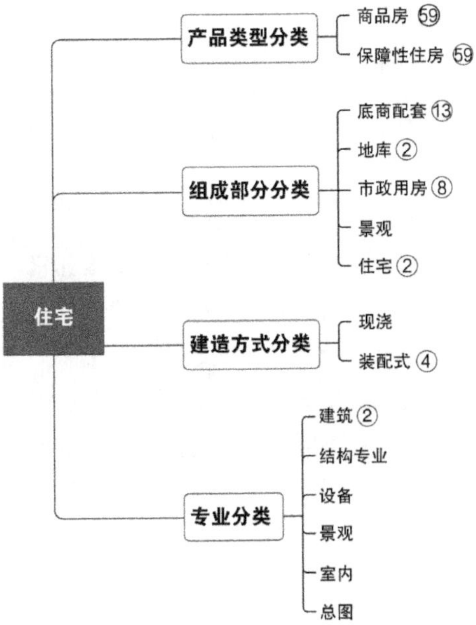

图 3 住宅产品不同角度的分类方式

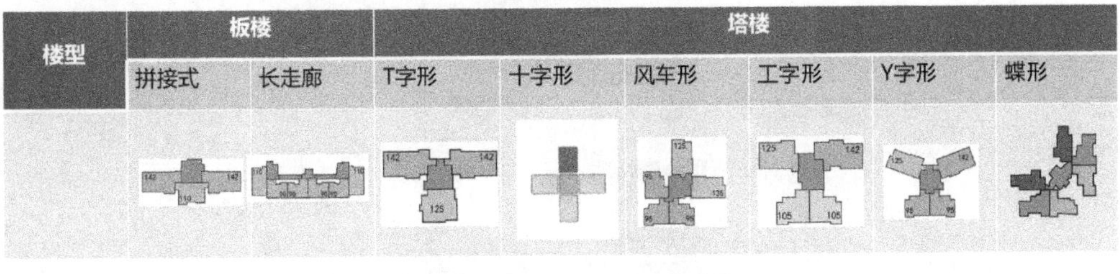
楼型
板楼
塔楼
拼接式
长走廊
T字形
十字形
风车形
工字形
Y字形
蝶形

图 4 住宅产品的平面模块的分类

分类细项	电梯数	楼梯数量	楼梯间类型	集中分散关系	电梯与楼梯关系	井道位置	楼梯形态	电梯形态
	1梯	1个楼梯	敞开楼梯间	集中式	相对	在梯段上	折返双跑	常规梯
	2梯	2个楼梯	防烟楼梯间	分厅式	相邻	半平台	U形三跑	贯穿梯
	3梯		开敞楼梯			楼层平台	剪刀梯	
	4梯		封闭楼梯间				异形楼梯	
	5梯		剪刀楼梯					

细项分类	户型类型	房型	面积段	面宽	客餐厅朝向	客餐厅类型	卫生间类型	厨房类型	阳台类型	空调板数量
	平层户型	一室一厅一卫	70 m^2以下	一面宽	南向	竖厅	干湿分区	开放式厨房	休闲阳台	1个
	跃层户型	一室两厅一卫	70~90 m^2	1.5面宽	东向	竖宽厅	一字形	一字形	工作阳台	2个
	错层跃户型	两室两厅一卫	90~105 m^2	2面宽	西向	横厅	L形	L形		多个
	叠拼	两室两厅两位	105~120 m^2	2.5面宽	北向		S形	U形		
	联排	三室两厅一卫	120~150 m^2	3面宽			U形	S形		
	双拼	三室两厅两卫	150~160 m^2	3.5面宽			三分离	中西厨		
	别墅	三室两厅三卫	160 m^2以上	4面宽						
		四室两厅两卫		4.5面宽						
		四室两厅三卫								
		五室两厅三卫								
		五室两厅四卫								
		六室两厅四卫								

图 5　住宅针对典型核心筒、典型户型进行细分

（2）住宅建筑信息模型的组成元素

按照严格符合 IFC 标准的模型构建原则，住宅建筑模型元素之间的关系主要分为聚合、包含、分组、关联、连接、定义、覆盖、轮廓等 8 种。按照空间等级，划分为项目、场地、建筑、楼层、空间 5 个层级，从小至大依次聚合而成。除此之外，不同的构件被包含在不同等级的空间之下，例如墙、幕墙、梁、柱包含在楼层之中，家具、家电等包含在空间之中，设备系统按照需求关联于不同的空间等级之下（图 6）。

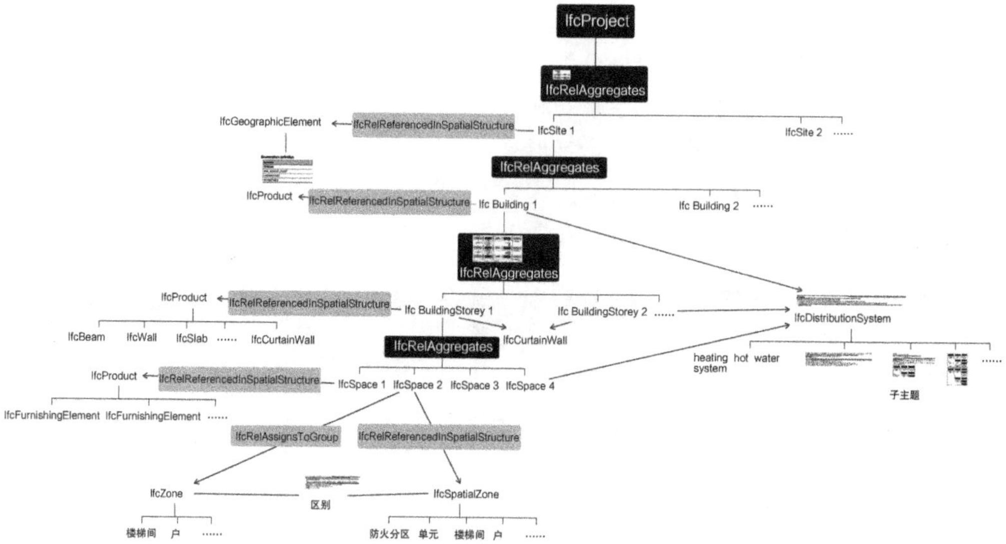

图 6　符合 IFC 标准的建筑信息模型组成元素

3.2 机器学习算法的应用

机器学习是通过数据及先验知识，自动改进计算机算法的研究。机器学习能够自动化地处理某些功能，这些功能对于人类而言，很容易做到，但是对于计算机来说，却很难描述。机器学习可以在人类无法进行的尺度内转换信息。

举例而言，在本文中应用的典型算法为图机器学习。图机器学习的实现方法一般分为两种：一种为基于 Graph 结构，通过图表示学习，学习数据特征，并用传统的机器学习方法实现；另一种为将 Graph 建模为 Network，或者通过自然图（Natural Graphs）结构，使用基于深度网络的 GNN（Graph Neural Network）实现（图 7）。图表示学习的任务是将节点映射到嵌入空间（Embedding Space）。Embedding 的相似性可以反映原节点在网络中的相似性。

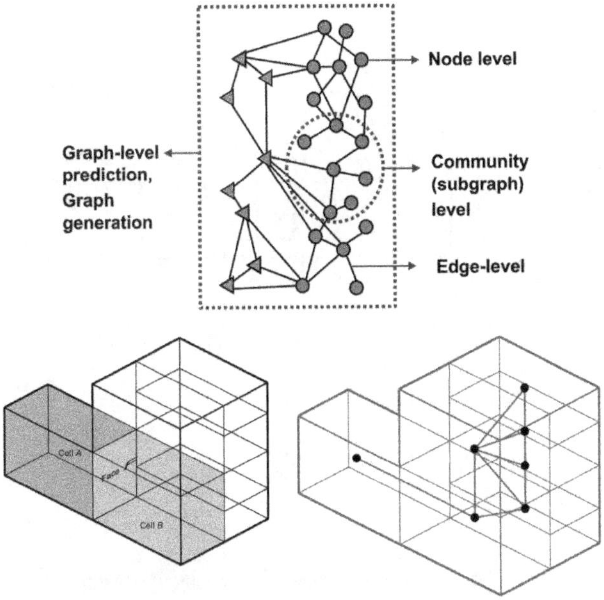

图 7 GNN 将节点映射到嵌入空间

YOLat 利用 Dual-Stream GNN，可以提高针对矢量图形的识别率（图 8）。Dual-Stream 可以在每一层神经元上，聚合到边缘方向的特征，且不会因提前聚合特征而影响到性能。实验表明，基于 YOLaT 的矢量图形识别效果要优于其他的 GNN 或 CNN 方法。

在实际应用层面，我们利用图机器学习的方法，将输入的 CAD 图纸的墙体识别后进行重建，得到具有工程语义信息的模型。将墙体重建的前提是拆分，将连续多个转折的墙体拆分成利用中线和厚度定义的单独墙体，再赋予识别到的相应材质、高度等信息，重建为三维墙体模型。重建后的模型满足 IFC 标准，可以分段进行编辑，也可以共享给 Revit、Rhino 等设计软件，实现信息共享（图 9）。

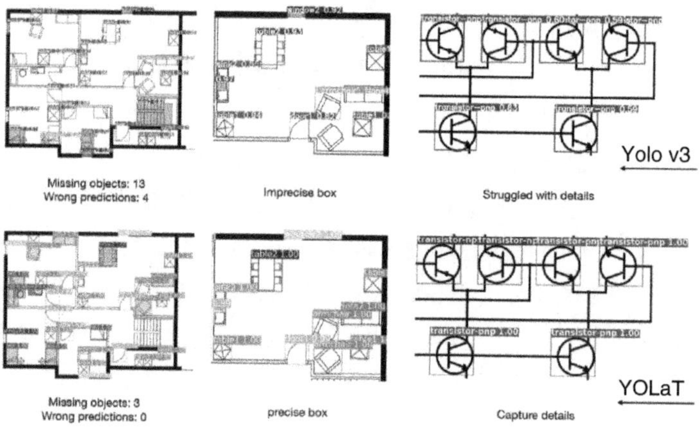

图 8 利用 Dual-Stream GNN 提高针对矢量图形的识别率

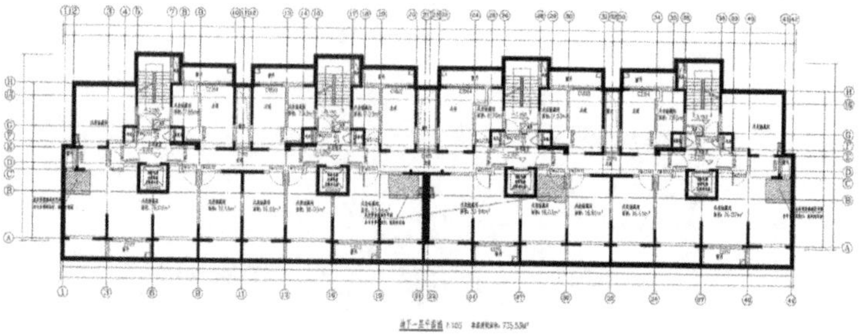

Step1：输入 CAD 图纸

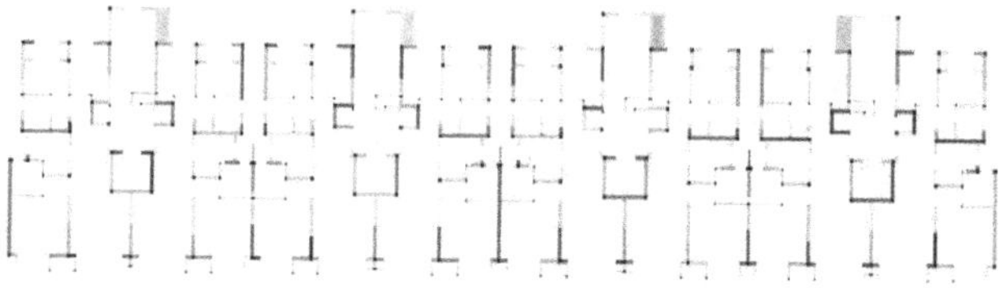

Step2：利用 GNN 算法进行墙体拆分，获取墙体中线和宽度

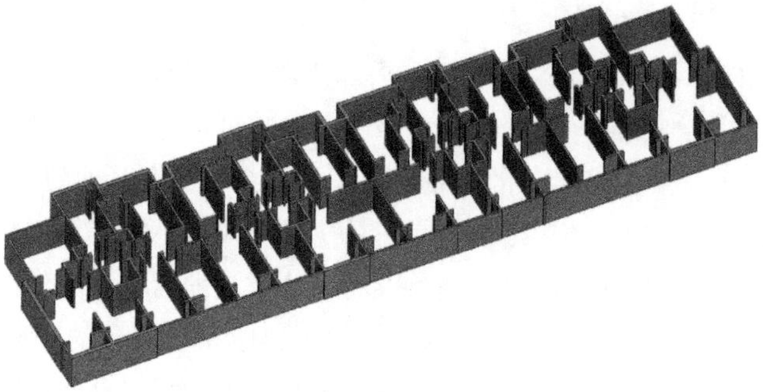

Step3：重建三维墙体模型，重建后的墙体满足 IFC 标准，可以独立进行编辑、导出 Revit 等

图 9 利用 GNN 算法进行墙体拆分的逻辑

结语

将人工智能的技术应用到建筑设计实践的领域中，高效率解决设计实践中的实际问题，将会是建筑行业向前发展的必由之路。本文方案的愿景，希望 AI 能够在实践环节，帮助建筑师具备高效敏捷的模型能力、高度集成的信息能力、精确敏锐的决策能力，使得建筑信息模型成为设计实践的有利助手，推动建筑行业向科技化、智能化方向迈进。当下人工智能和建筑设计的结合仍然在摸索前行，希望本文能够推动建筑智能化产业升级迈出一小步。

参考文献

[1] 赵峰,王要武,金玲,等 . 2021 年建筑业发展统计分析[J]. 工程管理学报,2022, 36(2): 1-5.

[2] 马奕昆,武超 . 试论人工智能对建筑变革的深远影响[J]. 房地产世界,2022(2):21-23.

[3] 何宛余,赵珂 . AI 技术和 BIM 系统结合下的工程应用探索：小库科技智能设计云平台的研发实践[C]// 第七届全国 BIM 学术会议论文集 . 重庆，2021:266-270.

[4] 孙澄,韩昀松,任惠 . 面向人工智能的建筑计算性设计研究[J]. 建筑学报,2018(9):98-104.

[5] 甘桂其,聂凤玲 . 基于 IFC 标准的建筑结构模型的自动生成[J]. 中国标准化,2018(6):132-134.

[6] 魏力恺,张备,许蓁 . 建筑智能设计:从思维到建造[J]. 建筑学报,2017(5):6-12.

图片来源

图 1、图 3~6、图 9：作者自绘.

图 2：图片源自 https://standards. buildingsmart. org/IFC/DEV/IFC4_3/RC2/HTML.

图 7~8：图片源自 https://www. sohu. com/a/533885370_120356774.

第四章 人工智能与设计

基于剖面的采光预测模型研究

刘宇波[1]　何晏泽[1]　邓巧明[1*]
（1. 华南理工大学建筑学院，亚热带建筑科学国家重点实验室，广东省广州市 510641，dengqm@ scut. edu. cn）

摘要

人工神经网络（ANN）在采光预测领域的应用逐渐受到关注，成为解决模拟耗时性的有效途径，但目前的研究局限于较为简单的建筑形式，缺乏对更复杂形态建筑的适用性。本文以建筑剖面作为切入点，提出了一种应对复杂剖面的采光预测方法，进而拓宽了预测模型的使用边界。剖面是对竖向设计的一种抽象，包含了开窗、边界轮廓、材质等信息，在本文中这些建筑参数将作为预测模型的输入。动态采光指标 $UDI_{300\text{-}3000}$、$UDI_{<300}$及 $UDI_{>3000}$能够反映全年的采光质量，可作为预测模型的输出。此预测模型实现了对复杂剖面方案 UDI 分布的快速预测，经过测试和验证，真实值和预测值之间 *RMSE* 为 3.81~4.65，*MAE* 为 1.28~2.88，R^2 为 0.79~0.86，具有较高的准确度。基于此方法可搭建基于剖面的采光预测平台，进而优化建筑设计早期的采光设计流程。

关键词： 剖面设计；采光预测；人工智能；人工神经网络；有效日光照度

Keywords: Section design; Daylighting prediction; Artificial intelligence (AI); Artificial neural network (ANN); Useful daylight illuminance (UDI)

资助项目情况： 国家自然科学基金项目（51978268，51978269）；亚热带建筑科学国家重点实验室国际合作研究项目（2019ZA01）；华南理工大学研究生教育创新计划资助项目

引言

剖面是一种以假想平面剖切物体以展示内部结构的表现形式[1]。因其在图解上的直观性，剖面被广泛地应用于采光分析和设计中，如参考文献［2-3］等采光设计手册均采用剖面的方式呈现采光设计策略；在实际项目中建筑师也常用剖面图解的方法推敲和呈现建筑形式与光线的关联，进而实现不同的室内光环境。

但现实中，光随时间推移不断变化，并受当地气候的影响很大，因此剖面设计的合理性需要借助采光模拟软件提供数据上的支撑。采光模拟的耗时性及一定的学习门槛，

阻碍了设计师在建筑设计早期做出合理的采光设计决策。

近年来，人工智能在建筑领域的应用取得了巨大的成功。基于机器学习算法的预测模型被称为“黑匣子”，它能够从输入的数据中提取有用的信息，构建数学拟合模型，输出预测结果，从而处理建筑设计中复杂的非线性问题。本文提出了一种基于人工神经网络（artificial neural network，ANN）的采光预测方法，该方法能够实现对建筑设计早期阶段的剖面方案的实时反馈，进而优化设计过程。

1 基本概念

1.1 剖面与采光设计

在采光设计中，剖面能够一定程度反映出光与建筑界面（屋顶、墙面、地面、开窗等）的互动关系，光在室内的传播路径以及剖切位置上水平面的照度分布（图1）。由于与剖面垂直方向上的建筑要素被忽略，因此这种方法不能完全反映总体的采光情况，但在剖面形式变化不大的建筑类型中，例如教室、办公室等，剖面能够较好地反映光环境的基本情况。

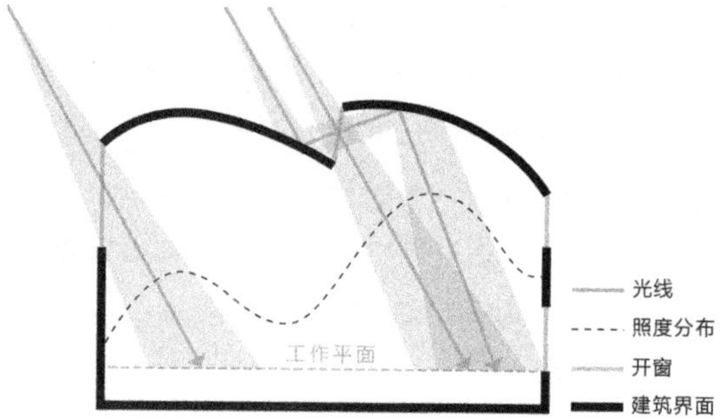

图1 采光设计中的剖面图解

采光设计策略在剖面设计中大致可分为以下3点：（1）通过设计采光口（开窗）的位置、尺寸、角度，控制进光量和进光方式；（2）通过建筑室内界面倾斜角度，影响光线的传播路径和传播范围；（3）通过界面材质的设计，实现对光线的反射、散射和吸收。自然光通过上述策略的影响，最后投射到工作平面上，工作平面上的照度值和照度分布成为评估室内光环境的重要指标。在后续的参数原型设计中，开窗位置、建筑界面轮廓及材质将作为主要的参数输入预测模型。

1.2 采光指标与采光模拟

根据不同的采光计算方法，有两种类型的采光指标：静态采光指标和动态采光指标。静态采光指标（例如采光系数）的计算基于静态天空模型，不考虑全年的天气变化。相比之下，动态采光指标或基于气候的指标（climate-based daylight metrics，CBDM）的计算基于项目选址的全年的气候数据，能够更加真实地反映出现实的采光情况。

有效日光照度（useful daylight illuminance，UDI）是一种度量日光可用性的动态采光指标，指某一指定点的照度在有效采光范围内出现的时间占全年总使用时间的百分比。UDI 在 2005 年[4]首次提出后，已被广泛使用。300 到 3 000 lx 范围内的日光照度通常被认为是理想的[5]，超过 3 000 lx 的照度存在眩光的风险，低于 300 lx 的照度被认为是不足的或是需要人工照明作为补充。因此 $UDI_{300-3000}$、$UDI_{<300}$ 及 $UDI_{>3000}$ 可分别作为评估照度充足、不足或过量的指标，三者在空间的分布能够较好地反映房间总体的照度情况，进而指导采光设计。

然而，由于动态采光指标的模拟基于全年的采光数据，因此需要耗费大量的时间才能获得准确的结果。根据建筑物的大小，模拟过程需要 5 min 到数小时。在实际设计中往往需要对大量的剖面方案进行比选，采光模拟将耗费更多的时间，这阻碍了迭代性质的设计过程。如果一个工具能够在设计早期阶段实时反馈采光性能，建筑师将更加专注于设计本身，从而提高设计效率。

1.3　人工神经网络与采光预测

近年来，已有多项研究引入机器学习的方法预测采光，以解决采光模拟效率不足的问题。Ayoub[6]对采光预测研究的综述中总结到，46%的研究使用了人工神经网络（artificial neural network，ANN）模型，其余则使用了多元线性回归（MLR）、决策树（DT）、支持向量机（SVM）等模型。

ANN 受人类神经系统的启发，被广泛应用于预测问题。ANN 模型由若干层组成，分为 3 个部分：接收输入的输入层、隐藏的计算层和预测结果的输出层。每一层都包含若干称为“神经元”的处理元件。神经元通过不同的权重与下一层神经元相连，并通过引入激活函数（如 Sigmoid 或 ReLU 等）决定神经元是否将数据传递至下一层。ANN 模型的训练便是通过调整隐藏层内神经元之间的权重来优化自身，以最小化实际值和预测值之间的差异。

在大部分基于 ANN 的采光预测模型研究中[7–9]，房间原型的形态参数比较简单，如立方体房间的基本尺寸、侧窗的尺寸或位置等；预测指标不涉及空间分布，如平均采光系数、空间采光阈等。这些预测模型缺乏对更多建筑形态的适用性，同时缺少对光分布的预测，因此应用范围有限。相比之下，在 Han 等人[10]对简单矩形平面办公室的采光预测研究中，通过对每个光传感器分别预测，实现了对不同矩形平面房间 UDI 分布的预测；Le-Thanh 等人[11]则突破了矩形平面的限制，构建了一个由 4 个矩形组成的多边形平面房间，实现了对较复杂平面 UDI 分布的预测。然而上述两者在开窗模式和剖面轮廓上，并没有进行更多的探索。

本文希望能弥补预测方法在复杂剖面上的空白，进一步拓展预测模型在更复杂形式的建筑上的适用性。

2 方法

如图 2 所示，基于剖面的采光预测平台的开发过程包括 3 个步骤：数据集的获取与处理、建立机器学习模型及搭建基于剖面的采光预测平台。本文将重点介绍与核心方法有关的前两步。进一步细分可将流程分为 4 步：参数化原型设计、数据获取和处理、ANN 模型搭建与超参数优化、训练和测试。

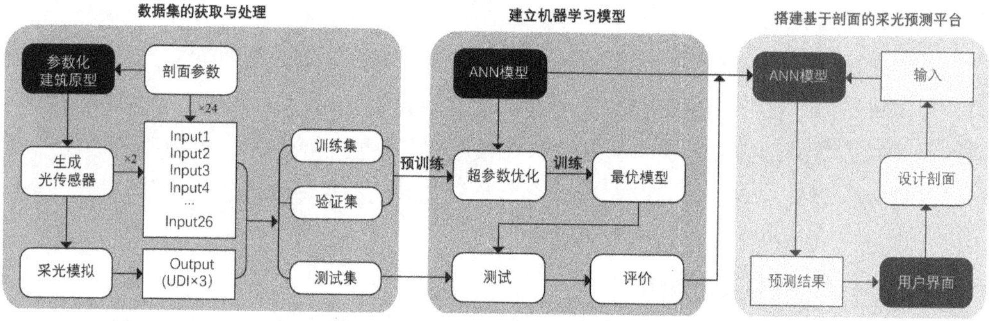

图 2　预测平台开发过程

2.1 参数化原型设计

本文以教室这种建筑类型作为研究对象。教室平面通常为矩形，以南北向两个立面及顶面作为采光面，山墙面由于与其他单元相连因而没有开窗。教室剖面在平行采光面的方向上基本没有变化。这种建筑类型可以简化剖面与采光的关系，从而便于验证本文研究方法的可行性。

原型的复杂度会影响预测模型的效果，复杂度过大不利于模型拟合，复杂度过小则会限制预测模型的适用范围。图 3（a）列举了 5 种不同复杂度的剖面原型：原型 A 剖面形状为矩形，只考虑了简单的侧窗；原型 B 考虑了折线屋面轮廓，并区分了低侧窗和高侧窗；原型 C 进一步加入了天窗；原型 D 具有更高自由度的屋顶轮廓，能够概括大部分平面和简单曲面的屋顶形式；原型 E 具有更复杂的屋面和侧墙轮廓。其中，原型 D 表现出相对适中的复杂度，包含两组高低侧窗、两组简单曲面屋顶及中部天窗，其衍生形式能够涵盖 A、B、C 原型及大部分实际项目中的剖面形式［图 3（b）］。因此，本文选取原型 D 作为参数化原型。

本文采用基于 Nurbs 的建模软件 Rhino3D 及其内置的图形算法编辑器 Grasshopper 进行建模。如 1.1 所述，开窗位置、建筑界面轮廓及材质是主要的剖面设计要素。本文中原型参数共 24 个，主要分为 4 个部分：房间的基本尺寸，屋顶轮廓线控制点位置，侧窗高度以及开窗材质（表 1）。屋顶轮廓采用 Nurbs 曲线，分别由 3 个控制点控制。侧窗及天窗共有 5 个材质参数，代表了各开窗的透光率。这些参数将作为预测模型的输入参数。

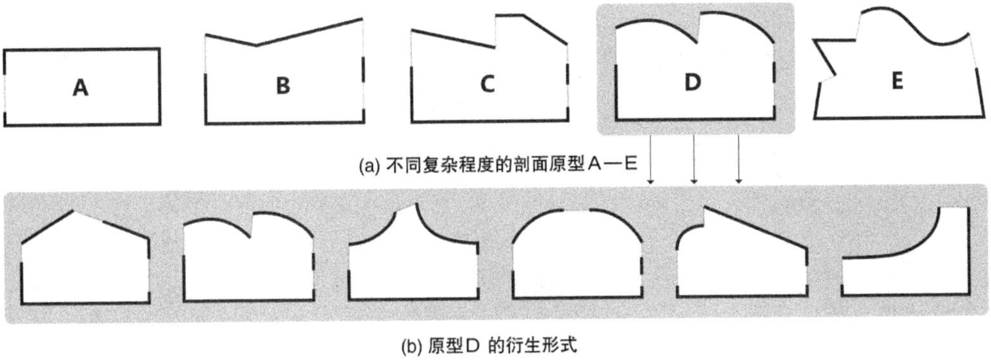

图 3　选择参数化原型

表 1　剖面参数

编号	参数	单位	范围	步长	备注
1	*W*	m	4.0~16.0	0.1	房间长
2	*D*	m	4.0~16.0	0.1	房间宽
3	*H*	m	2.0~5.0	0.1	房间净高，保证最小的使用高度
4~7	*CX*		0.0~1.0	0.1	控制点水平位置，相对整个屋面的比例
8~13	*CY*	m	0.0~3.0	0.1	控制点垂直位置
14~15	*WU*		0.0~1.0	0.1	高侧窗下沿位置，相对整个立面的比例
16~17	*WM*		0.0~1.0	0.1	低侧窗上沿位置，相对整个立面的比例
18~19	*WL*		0.0~1.0	0.1	低侧窗下沿位置，相对整个立面的比例
20~24	*M*		0.0~1.0	0.1	透光率，0.0 为实墙，1.0 为洞口，0.1~0.9 为玻璃

剖面依据教室长度挤出得到完整的三维模型，用于采光指标模拟。各建筑界面的材质设置为：屋顶外表面反射率为 0.5，内表面反射率为 0.8，墙内表面反射率为 0.5，地面反射率为 0.2。在后期搭建的预测平台中，设计师通过用户界面调整剖面参数，便能快速获得三维模型及对应的采光预测结果（图 4）。

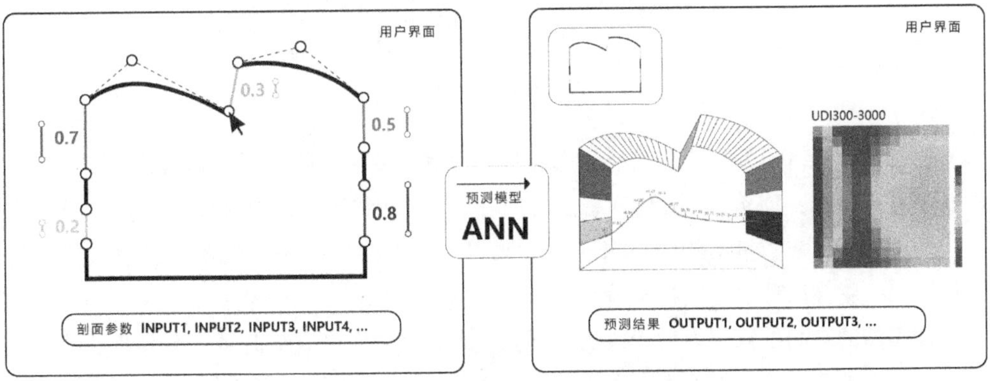

图 4　参数化原型及预测平台用户界面

2.2 数据获取和处理

人工神经网络的训练需要获得足够的数据集。通过随机生成 1 500 组剖面参数，获得 1 500 个教室模型（图 5），其中涵盖了大多数常见的剖面形式，同时也衍生出颇具创意的新形式，巨大的方案空间有利于后期设计师进行广泛的方案探索。

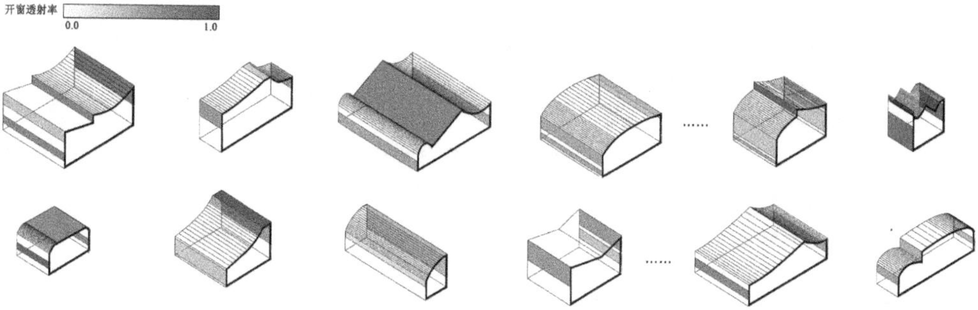

图 5 随机生成的教室模型

本文采用 Grasshopper 插件 Ladybug tools 1.3 对教室方案进行采光模拟，该插件集成了采光模拟引擎 Radiance，其模拟动态采光指标的性能已在多项研究中被验证[12]。

本文选取中国广州作为模拟地点，但此方法也同样适用于其他地区采光预测模型的开发。将广州的天气文件以 epw 的格式导入，包括 8 760 个 h 的气象数据。测试平面设置在离地面 800 mm 的高度，并被划分为边长为 500 mm 的分析网格，中心带有光传感器，用于采光分析（图 6）。建筑使用时间为早上 8 点到下午 6 点，建筑为南北朝向。

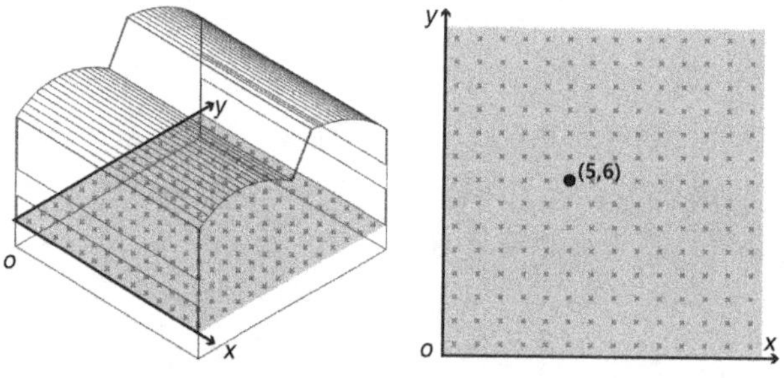

图 6 采光分析网格与传感器坐标

通过模拟可以得到每个光传感器全年逐小时的照度值，同时可计算出每个光传感器的 3 个采光指标：$UDI_{300\text{-}3000}$、$UDI_{<300}$及 $UDI_{>3000}$，作为预测模型的目标输出。不同平面尺寸的房间将生成数量不等的 UDI 值。如果以一个房间作为一组数据导入输入值和输出值，那么就会出现数据结构不兼容的问题。本文采取以一个光传感器为单位的方式，将光传感器的空间位置作为输入值的一部分。人工神经网络需要对每一个具有不同空间位置特征的传感器的 UDI 数值进行预测，最后拼合在一起形成完整的 UDI 分布。

网格的行列数决定光传感器的空间位置（x，y），其中 x 为所在行数，y 为所在列数（图 6）。以一个传感器为一组数据，包含 26 个输入值和 3 个输出值。

通过采光模拟，1 500 个房间模型共获得 412 348 组数据。将其分为 3 个独立的数据集：80%为训练集，10%为验证集，10%为测试集。将所有输入值和输出值映射到［0，1］之间，导入预测模型。

2.3 ANN 模型搭建与超参数优化

本文中的 ANN 模型使用 Pytorch 1.9 开发，并采用 NVIDIA GeForce RTX 2060 的 GPU 进行训练。该神经网络的结构如图 7 所示，由一个输入层、N 个隐藏层、一个输出层组成，每个隐藏层由一个线性层、一个 ReLU 激活层、一个 dropout 层组成。其中 dropout 层的作用是在每一批的训练当中随机减掉一些神经元用于防止神经网络过拟合，ReLU 激活层的作用是为隐藏层加入非线性因素从而增强神经网络的表征能力，优化学习的效果。

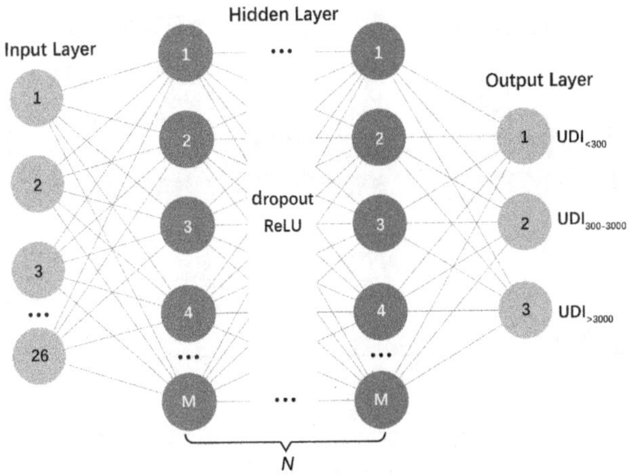

图 7 ANN 模型神经网络结构

隐藏层的层数（n_layers）、各层的神经元数（hidden_nc）、dropout 的概率（dropout_rate）、学习率（learning_rate）和批量大小（batch_size）等被称为超参数。超参数的不同组合会导致不同的结果，影响预测的准确度。因此如何确定超参数的取值是十分关键的问题。

本文采用 Python Optuna 包对超参数进行优化。Optuna 采用贝叶斯优化方法，每次迭代的时候，利用之前观测到的历史信息进行下一次优化。整个优化过程迭代 100 次，每一次迭代都只对 50 组训练数据进行学习，并对验证集的预测结果进行评估。本文采用均方误差（MSE）对每次迭代的训练结果进行预测值（$predict_i$）和真实值（$true_i$）之间损失计算，公式如下：

$$MSE = \frac{1}{N}\sum_{i=1}^{N}(predict_i - true_i)^2 \tag{1}$$

图 8 展示了优化过程中随优化次数的增加验证集损失的变化，横坐标代表迭代次数，纵坐标代表损失，其中折线代表最佳超参数组合对应的损失变化，可以看出整体损失不断下降。图 9 展示了不同超参数组合对应的损失值的等高线图，颜色越浅，代表损失越小。优化过程结束，选择损失最小的超参数组合，进入训练过程。超参数的取值如表 2 所示。

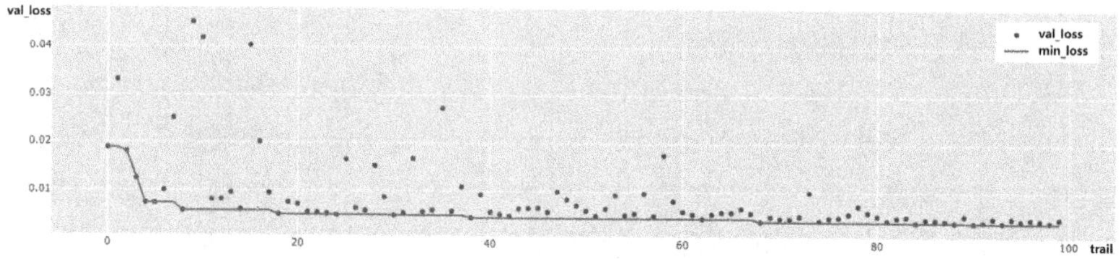

图 8 优化过程损失变化曲线

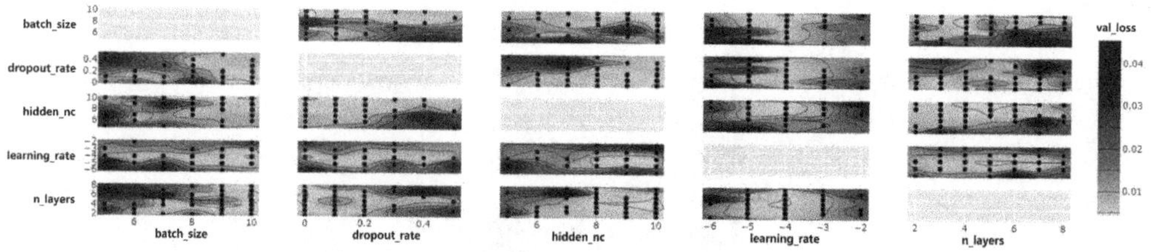

图 9 超参数组合损失等高线

表 2 超参数优化结果

超参数	取值	备注
n_layers	5	隐藏层的层数
hidden_nc	210	各隐藏层的神经元数
dropout_rate	0.2	dropout 概率
learning_rate	1^{e-4}	学习率
batch_size	2^9	批量大小

2.4 训练和测试

整个训练过程迭代 400 次，直到损失收敛，训练停止。图 10 为训练过程，横坐标为迭代次数，纵坐标为损失，线条 a 为训练集的损失变化曲线，线条 b 为验证集的损失变化曲线。训练结束，训练集损失为 0.000 5，验证集损失为 0.003。

接着用训练好的模型对测试集进行预测。采用 *RMSE*（均方根误差）、*MAE*（平均绝对误差）和 R^2（决定系数）对预测值（$predict_i$）和真实值（$true_i$）进行计算［公式（2）～（4）］。*MAE* 和 *RMSE* 越小，R^2 越靠近 1，则代表 ANN 模型的预测表现越好。

$$RMSE = \sqrt{\frac{1}{N}\sum_{i=1}^{N}(predict_i - true_i)^2} \tag{2}$$

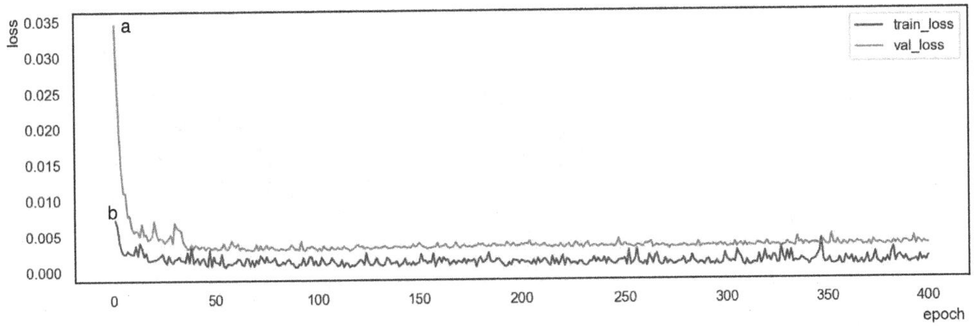

图 10 训练过程训练集和验证集的损失变化

$$MAE = \frac{1}{N}\sum_{i=1}^{N} | predict_i - true_i | \tag{3}$$

$$R^2 = 1 - \frac{\frac{1}{N}\sum_{i=1}^{N} (predict_i - true_i)^2}{\frac{1}{N}\sum_{i=1}^{N} (predict_i - \overline{true})^2} \tag{4}$$

3 结果

3.1 采光预测总体评价

如表 3 所示，ANN 模型呈现出较为准确的预测能力。其中 $UDI_{<300}$准确度较高，但拟合程度较低，$UDI_{300-3000}$和 $UDI_{>3000}$的预测表现则相差不大。图 11 显示了不同指标真实值和预测值之间的关系，线代表预测值和真实值完全相等的情况。可以发现，在 $UDI_{<300}$数值较低时预测呈现更强的准确性，相比之下，$UDI_{300-3000}$和 $UDI_{>3000}$预测值的准确性分布则更为平均。推测可能是由于输入数据中整体的照度值偏高，缺乏较高数值的 $UDI_{<300}$的数据，这和参数原型中较多的开窗和缺乏遮挡有关。

表 3 测试集预测表现

指标	*RMSE*	*MAE*	R^2
$UDI_{300-3000}$	4.65	2.88	0.86
$UDI_{<300}$	3.81	1.28	0.79
$UDI_{>3000}$	4.06	2.48	0.83

除此之外，本文参数原型较为复杂，参数过多以及输入值和输出值的关联性较弱，这些都可能是影响神经网络拟合效果的因素。在未来的研究中，可通过进一步提升数据集大小，或是提出与输出值有更直接关联的输入参数，从而进一步提高 ANN 模型的预测准确度。

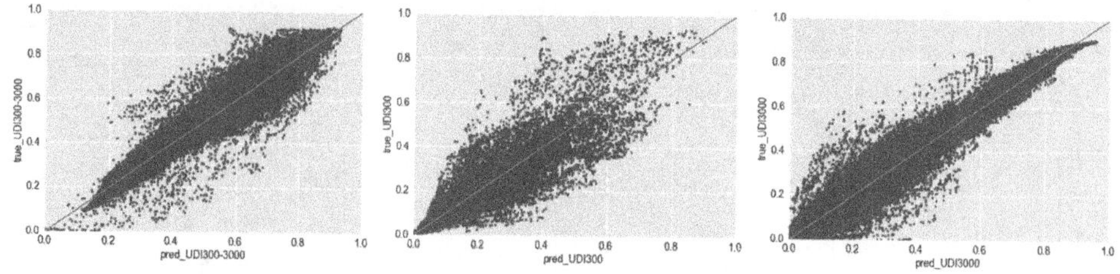

图 11 预测值和真实值的比较

3.2 采光预测的空间分布评价

为了进一步说明预测结果和真实值的空间关系，从测试集中随机选取若干案例，对误差的空间分布进行分析（图 12）。选取 $UDI_{300\text{-}3000}$ 作为对比指标。整体来看，预测模型实现了对 UDI 分布较为准确的预测，每个传感器的预测值与真实值的绝对误差均在 ±5 以内。同时，误差在南北方向上呈现高低交错，在过去的单侧窗的采光预测研究中，预测误差则呈现相对平滑的梯度。推测可能是天窗位置的多样性，增大了预测模型的拟合难度。

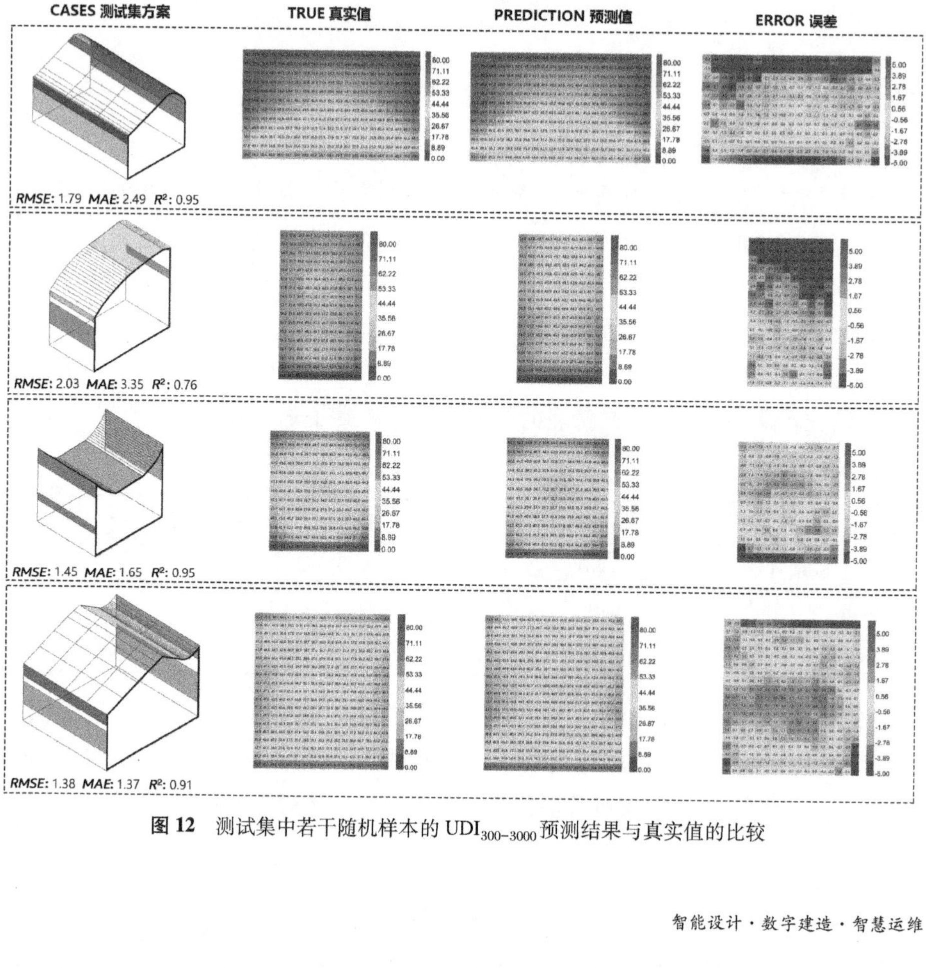

图 12 测试集中若干随机样本的 $UDI_{300\text{-}3000}$ 预测结果与真实值的比较

再随机选取一个案例，对三种指标的预测进行横向对比（图 13）。可以发现，$\mathrm{UDI}_{<300}$的误差最小，推测可能是天窗的使用，使得大多数的案例都呈现出较高的照度，因此 $\mathrm{UDI}_{<300}$成为较容易预测的数据。值得注意的是，$\mathrm{UDI}_{300-3000}$和 $\mathrm{UDI}_{>3000}$在误差上显示出明显的互补关系。推测可能是在许多的案例中平均照度相对较大，许多照度值在 3 000 lx 附近，使得 $\mathrm{UDI}_{300-3000}$和 $\mathrm{UDI}_{>3000}$界限不够明显，预测过程中出现了分类错误。

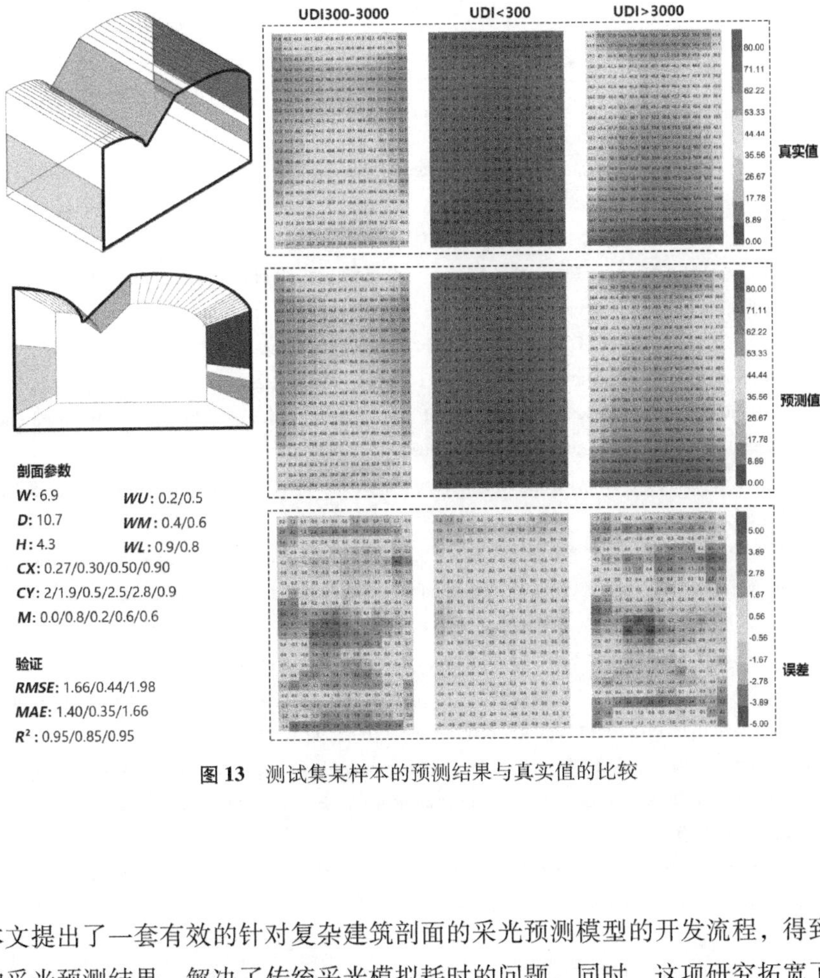

图 13 测试集某样本的预测结果与真实值的比较

结语

本文提出了一套有效的针对复杂建筑剖面的采光预测模型的开发流程，得到了较为准确的采光预测结果，解决了传统采光模拟耗时的问题。同时，这项研究拓宽了采光预测的适用性，极大提升了用户在使用预测工具时的设计灵活性。

本文采用 3 个 UDI 指标作为预测目标，一方面实现了对房间整体采光质量的评估，另一方面也实现了对采光空间分布的评估，使得该模型具有评价采光和指导采光设计的作用。此方法可以拓展用于更多的指标预测，例如自主采光阈（DA）、空间采光阈（sDA）、年日照量（ASE）等动态采光指标或采光系数（DF）、某一时间照度等静态指标。

本文研究虽基于教室这种建筑类型，但已经显现出其对不同尺度的房间的适用性。

在未来的研究或应用中，此研究方法可以拓展到更多的建筑类型中，例如小尺度空间单元如办公室等，或大尺度单体建筑如体育馆等。

本文研究存在若干不足。首先，预测模型缺乏对室外环境的考量。目前的原型设计中除了研究建筑外不存在其他任何遮挡，同时朝向固定，因此该预测模型局限于特定的环境。其次，实际设计中会涉及更多的剖面要素，如侧墙的形态、遮阳构件等。更多环境因素和剖面要素的引入会使 ANN 模型的拟合更加困难，更全面的剖面预测模型将成为未来的研究方向。

参考文献

[1] HARRIS C M. Dictionary of architecture & construction[M]. 4th ed. New York: McGraw-Hill, 2006.

[2] ASHRAE. Advanced energy design guide for K-12 school buildings[S]. ASHRAE AEDG ZE K12-2018, 2018.

[3] Office of Energy Efficiency and Renewable Energy U. S. Department of Energy. National best practices manual for building high performance schools[Z]. 2007.

[4] NABIL A, MARDALJEVIC J. Useful daylight illuminance: a new paradigm for assessing daylight in buildings[J]. Lighting Research & Technology, 2005, 37(1):41-57.

[5] MARDALJEVIC J, ANDERSEN M, ROY N, et al. Daylighting, artificial lighting and non-visual effects study for a residential building[R]. Lausanne: EPFL, 2012.

[6] AYOUB M. A review on machine learning algorithms to predict daylighting inside buildings[J]. Solar Energy, 2020, 202: 249-275.

[7] LORENZ C, PACKIANATHER M, SPAETH A, et al. Artificial neural network-based modelling for daylight evaluations[C]//Proceedings of the 2018 Symposium on Simulation for Architecture and Urban Design. Delft, 2018: 11-18.

[8] RADZISZEWSKI K, WACZYŃSKA M. Machine learning algorithm-based tool and digital framework for substituting daylight simulations in early-stage architectural design evaluation[C]//Proceedings of the 2018 Symposium on Simulation for Architecture and Urban Design. Delft, 2018: 1-7.

[9] URIBE D, VERAAND S, BUSTAMANTE W. Optimization of complex fenestration systems using an artificial neural network[C]//Proceedings of the 51st International Conference of the Architectural Science Association. Wellington, 2017: 50.

[10] HAN Y S, SHEN L H, SUN C. Developing a parametric morphable annual daylight prediction model with improved generalization capability for the early stages of office building design[J]. Building and Environment, 2021, 200: 107932.

[11] LE-THANH L, NGUYEN-THI-VIET H, LEE J, et al. Machine learning-based real-time daylight analysis in buildings[J]. Journal of Building Engineering, 2022, 52: 104374.

[12] BREMBILLA E, MARDALJEVIC J. Climate-Based Daylight Modelling for compliance verification: benchmarking multiple state-of-the-art methods[J]. Building and Environment, 2019, 158: 151-164.

图表来源

图 1~12：作者自绘.

表 1~3：作者自绘.

基于场景照片深度学习的城市公共空间品质评价模型研究

付舰于[1]　张　愚[1*]　贡一鸣[1]

（1. 东南大学建筑学院，江苏省南京市 210096，zy033@163.com）

摘要

本文结合图像数据分析技术和深度学习中的神经网络建模方法，建立并初步验证城市公共空间品质的公众评价模型。以公众在“六只脚”网站自发上传的无锡市漫游场景照片为研究对象，运用卷积神经网络语义分割对其中的城市公共空间要素进行提取并进行数据分析，进而通过基于“瑞士轮”赛制原理的打分与匹配机制让公众参与图片评分并使用神经网络算法训练评价模型，再将预测结果在空间分布上进行可视化，最终根据空间分布上的特点发现预测的评分结果基本符合公众认知。这一评价模型着眼于客观数据和公众主观评分数据的相关性研究，强调公众参与，旨在有效提升公共空间评价的人本性和精确性，以期能对城市级别场景照片大数据进行快速、大量、精确且人本的评估。

关键词：城市公共空间；品质评价；深度学习；场景照片；公众参与

Keywords: Urban public space; Quality evaluation; Deep learning; Scene photos; Public participation

资助项目情况：江苏省研究生科研与实践创新计划项目（SJCX22_0035）

引言

随着城市建成环境从“增量时代”逐步迈入“存量时代”，城市空间的高质量发展更加突出“以人为本”的重要性[1]。街道等公共空间承载着居民日常的交往、休闲娱乐等活动，同时也在相当的程度上构成了城市的特色风貌[2]。从 1960 年代开始，以简·雅各布斯（Jane Jacbos）[3]、大卫·列斐伏尔（David Lefebvre）[4]等为代表的先驱者就开始对人本尺度的城市公共空间及空间活力的本质进行了探索，对之前功能主义思想影响下的城市规划设计进行了深刻的反思与批判。杨·盖尔（Yang Gehl）[5]、凯文·林奇（Kavin Lynch）[6]等人的研究也对深入思考城市和体验者的关系有很强的启发性意义，但仅仅通过定性的理论很难切实精确而有效地评判和验证城市尺度下的公共空间活力品质。

随着网络数字共享平台的普及化和人工智能技术的飞速发展，以卷积神经网络语义分割为代表的图像分析技术给城市场景图像大数据分析与评估带来了契机[7]。城市场景图像中所包含的人本尺度的城市信息丰富，且数据覆盖面广、收集效率高，被证明具有客观性和准确性[8-9]，对公众来说相比其他表征空间的数据具有直观性的特点，公众对空间的评分很大程度上也依托于视觉感知。

当前已经有诸多研究关注城市街景及其评价问题。有的研究也利用 ELO 等图片两两匹配评分机制让公众给百度地图中的街景照片进行打分，进而利用机器学习建立评价模型并对大范围爬取的城市街景地图照片进行预测，得到城市级别的地图街道空间评分。这种研究方法所建立的评价模型的自变量是结合专家所定性研究的结论而选定的，具有更多的评价维度，如空间句法所描述的可达性等[10]。

本文的关注点将放在更多直接携带公众信息的城市公共空间上，而百度地图中的街景照片是以行车的视角，在城市道路中拍摄的，很难反映市民的休闲娱乐生活场景。本文选取的市民在“六只脚”网站上传的城市场景照片则较全面地反映了市民休闲娱乐等生活场景，因此对这些图片的研究更加反映“人本视角”。同时与上述其他研究相比，本文研究自变量的选取完全从客观的构成数据出发，不包含专家的主观选择倾向，结果更能直接反映公众的视觉认知。

1 研究方法

本文通过数据获取、数据处理、数据分析，建立预测模型以及对图片进行预测，并得出结论（图 1）。

值得强调的是，在获取公众对图片评分的环节，公众对图片的打分具有主观性，且有时候存在评判标准难以统一的情况，因此让公众对城市场景照片打分时运用“瑞士轮”赛制原理，原因如下：一是图片两两出现让公众选择而非对每张图片具体打分，这样对公众来说更易做出评价，既搜集了公众倾向性又使定量评分标准统一；二是“瑞士轮”赛制本身能匹配得分相近的图片，从而避免匹配机制的不合理。

在对图片进行语义分割时，使用 ADE_20K 训练集[11-13]这个开源的城市图像数据集，并运用全卷积神经网络（FCN）模型对城市场景照片进行语义分割识别（图 2）。获取城市场景照片中的标签数据占比后，采用神经网络学习从数据中自主学习并训练模型对城市公共空间品质进行评价预测，弥补了部分研究中仅依靠客观测度数据进行决策评价的缺陷，强调了城市公共空间品质评价的公众参与，并提升了评价结果的可信度。

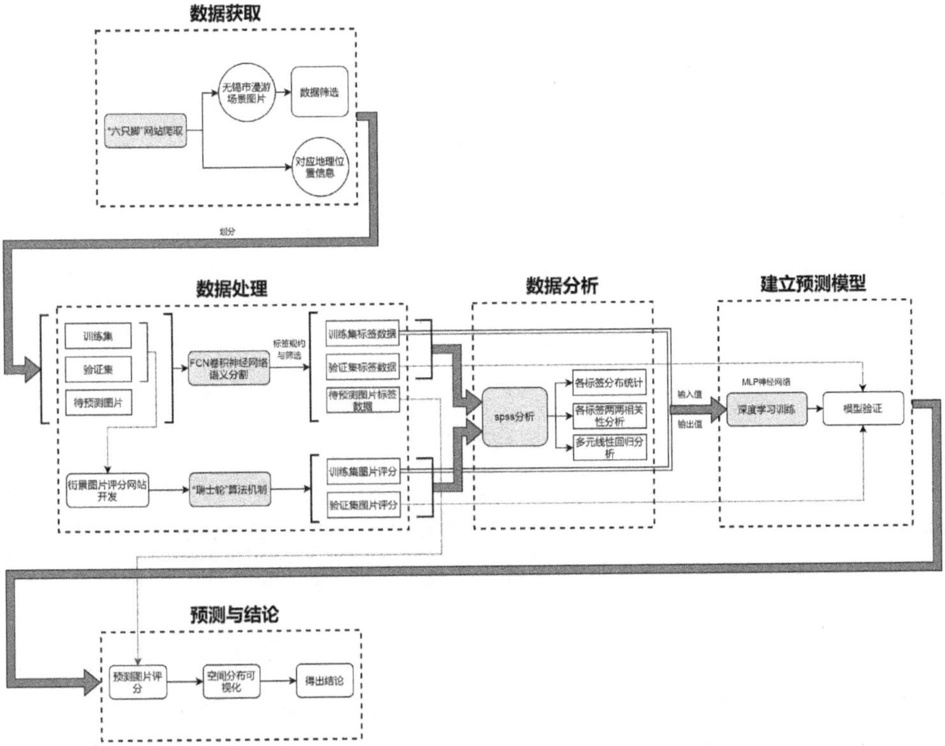

图 1 技术路线图

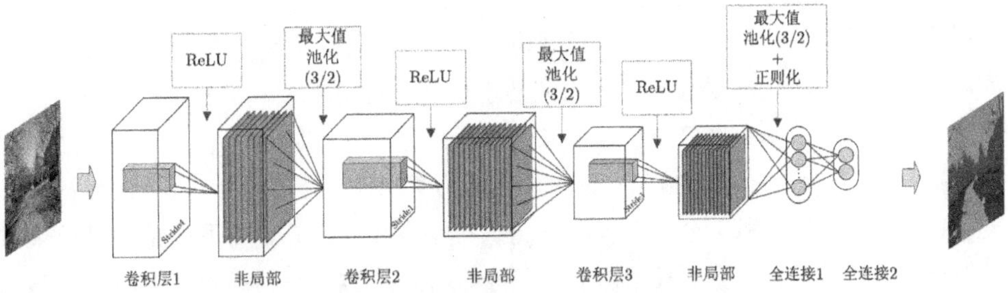

图 2 卷积神经网络语义分割示意图

在建立预测模型环节，选取的是 MLP（multilayer perceptron）神经网络模型，这种模型是一种前馈人工神经网络模型，其特点是能将输入的多个数据集映射到单一的输出数据集上（图 3）。本文试图探讨城市公共空间的各部分要素构成（在模型中简化为城市场景照片的各标签构成）对公众在空间评分中的影响，这个过程正是多数据集（各标签数据）对单一数据集（评分数据）的映射，在对比了多元线性回归等建模方式后选取了神经网络模型来构建预测模型。

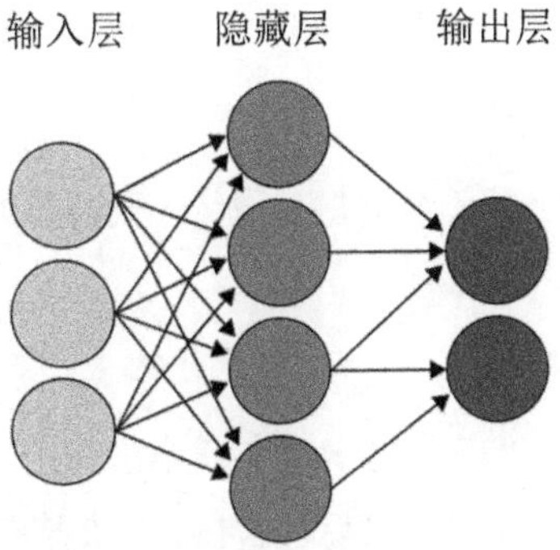

图 3 MLP 神经网络模型示意图

2 城市场景照片获取与公众评分

2.1 研究对象范围

为保证在之后的公众参与中更能让市民清晰地对城市公共空间做出评判，应选取能反映公众印象中的城市公共空间的城市场景照片。而类似百度街景地图中的行车视角，很难直接代表市民参与城市公共空间活动时的视角，故而选取了市民自发上传分享到“六只脚”网站上的城市场景照片作为研究对象。

2.2 图片数据爬取

城市场景照片及图片所对应的经纬度信息是利用网络爬虫从“六只脚”网站上爬取而来的，该网站是面向旅游者的共享交流平台，其依托带有 GPS 定位的智能手机，采集和共享游客户外行为的活动轨迹。本文以“无锡”为关键词爬取用户 GPS 出行轨迹所对应的拍摄轨迹点 1 265 个，对其中的所有图片和 GPS 信息进行爬取。根据研究需求删除重复项和过曝照片等无效图片，将能满足研究要求的室外城市场景照片筛选出来，最终得到数据 1 124 个。

2.3 公众参与评分

本文采用网页调研受访者的方式获取公众对图片的评分，设计了基于“瑞士轮”赛制原理的图片评比网站。“瑞士轮”又称积分循环制，常用于国际象棋比赛，最早出现于 1895 年在瑞士苏黎世举办的比赛中，故得名。

直接让公众对图片打分会因为不同受访者评分标准不一致或受访者前后标准不一致导致数据不准确，因此需要选择适合研究需求的积分计算机制。而基于“瑞士轮”赛制原理的图片两两对比则尽可能地避免了这样的情况。

“瑞士轮”机制会随机编排第一轮图片进行两两比较，接着开始让受访者一一选择比较，每次获胜的图片积 1 分，败者不得分，打平各积 0.5 分。当某一轮比赛结束后，可以得到所有图片的总积分，根据这个总积分的高低，把图片由高到低排序，接着是高分比高分，低分比低分，如此循环，直到所有轮次结束。

通常用以下公式确定具体轮次（x 代表轮次，y 代表参评图片数量，y 只能为偶数）：

$$2^{x-1} \leqslant y \leqslant 2^{x} \tag{1}$$

而所有题目数量 S 则通过如下公式确定：

$$S = \frac{xy}{2} \tag{2}$$

网站设计会每次弹出两张图片[10]，让受访者选择其更喜欢的一张或者两者都喜欢（图 4），最后可以在后端获取图片的积分与排名。本文 350 张照片的评分结果统计分布如表 1 及图 5 所示，其符合正态分布。

图 4 调研网站设计界面

表 1 城市场景照片评分统计表

个案数/张		平均值	中位数	方差	最小值	最大值
有效	缺失					
350	0	3.5	3.5	1.63	0	6.5

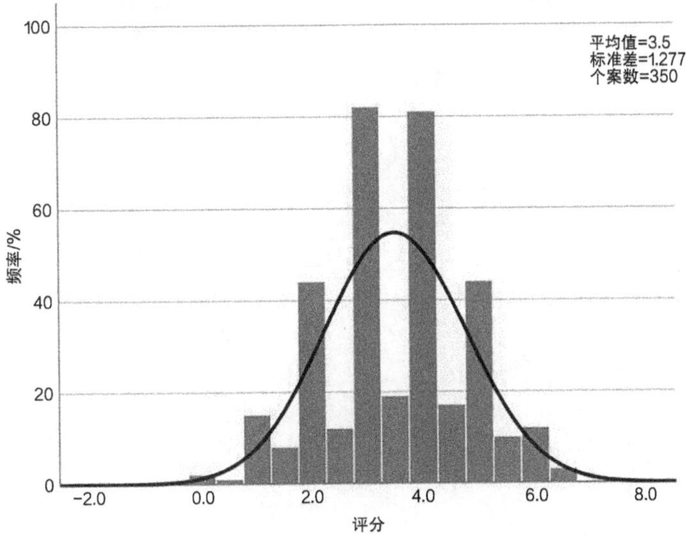

图 5 评分分布直方图

3 城市场景照片语义分割及数据分析

为了能够定量研究和分析采集的图片所蕴含的内容信息，需要对图片进行处理，将之一一转化为数据语言。城市场景照片是以人视为基准视角的视觉数据，通过全卷积神经网络（FCN）模型对图片进行语义分割[14]，可得到人本视角下表征空间物质信息的绿视率、天空视率、道路视率等标签要素的信息。同时因为选择的训练集标签多达150个，接下来需要对这些数据进行部分规约处理和筛选处理，并分析其中的要素相关性。

3.1 基于卷积神经网络的语义分割

对之前所获取的1 124张城市场景照片运用基于ADE_20K训练集的全卷积神经网络进行语义分割，标签有150个，最终得到了含有1 124×150个数据的语义分割结果（图6~8）。

图6 城市场景照片及其语义分割结果示意图

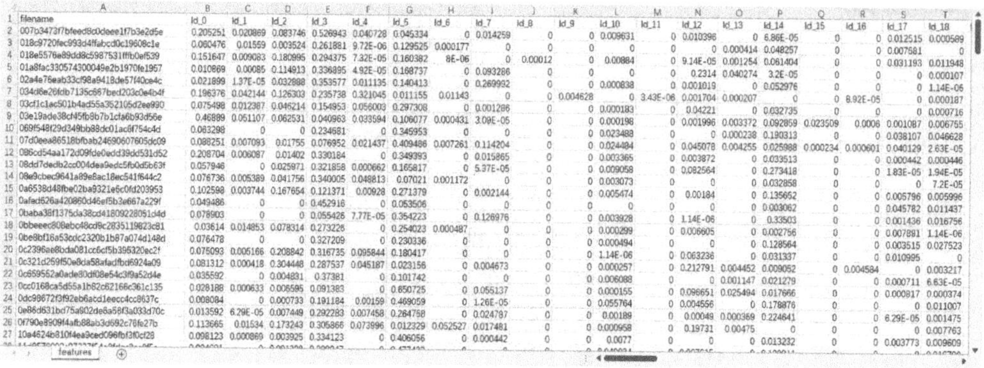

1	filename	Id_0	Id_1	Id_2	Id_3	Id_4	Id_5	Id_6	Id_7	Id_8	Id_9	Id_10	Id_11	Id_12	Id_13	Id_14	Id_15	Id_16	Id_17	Id_18
2	007b3473f7bfeed8c0deee1f7b3e2d5e	0.205251	0.020869	0.083746	0.526943	0.040728	0.045334	0	0.014259	0	0	0.009631	0	0.010396	0	6.86E-05	0	0	0.012515	0.000589
3	018c9720fec993d4ffabcd0c19608c1e	0.060476	0.01559	0.003524	0.261881	9.72E-06	0.129525	0.000177	0	0	0	0	0	0	0.000414	0.048257	0	0	0.007581	0
4	018e5576e89dd8c5987531fffb0ef539	0.151647	0.009083	0.180995	0.294375	7.32E-05	0.160382	8E-06	0	0.00012	0	0.00884	0	9.14E-05	0.001254	0.061404	0	0	0.031193	0.011948
5	01a8fac330574300049e2b1970fe1957	0.010869	0.00085	0.114913	0.336895	4.92E-05	0.168737	0	0.093286	0	0	0	0	0.2314	0.040274	3.2E-05	0	0	0	0.000107
6	02a4e76eab33cf98a9418de57f40ce4c	0.021899	1.37E-05	0.032888	0.353577	0.011135	0.140413	0	0.269992	0	0	0.000838	0	0.001019	0	0.052976	0	0	0	1.14E-06
7	034d6e26fdb7135c667bed203c0e4b4f	0.196376	0.042144	0.126303	0.235738	0.321045	0.011155	0.01143	0	0	0.004628	0	3.43E-06	0.001704	0.000207	0	0	8.92E-05	0	0.000187
8	03cf1c1ac501b4ad55a352105d2ee990	0.075498	0.012387	0.046214	0.154953	0.056003	0.297308	0	0.001286	0	0	0.000183	0	0.04221	0	0.032735	0	0	0	0.000716
9	03e19ade38cf45fb8b7b1cfa6b93d56e	0.46889	0.051107	0.062531	0.040963	0.033594	0.106077	0.000431	3.09E-05	0	0	0.000198	0	0.001996	0.003372	0.092859	0.023509	0.0006	0.001087	0.006755
10	069f548f29d349bb88dc01ac6f754c4d	0.063298	0	0	0.234681	0	0.345953	0	0	0	0	0.023488	0	0	0.000238	0.190313	0	0	0.038107	0.046628
11	07d0eea86518bfbab24690607605dc09	0.088251	0.007093	0.01755	0.076952	0.021437	0.409486	0.007261	0.114204	0	0	0.024484	0	0.045078	0.004255	0.025988	0.000234	0.000601	0.040129	2.63E-05
12	086cd54aa172d09fde0edd39dd531d52	0.208704	0.006087	0.01402	0.330184	0	0.349393	0	0.015865	0	0	0.003365	0	0.003872	0	0.033513	0	0	0.000442	0.000446
13	08dd7dedb2cc004dea9edc5fb0d5b63f	0.057946	0	0.025971	0.321858	0.000662	0.165817	0	5.37E-05	0	0	0.009058	0	0.082564	0	0.273418	0	0	1.83E-05	1.94E-05
14	08e9cbec9641a89e8ac18ec541f644c2	0.076736	0.005389	0.041756	0.340005	0.048813	0.07021	0.001172	0	0	0	0.003073	0	0	0	0.032858	0	0	0	7.2E-05
15	0a6538d48fbe02ba9321e6c0fd203953	0.102598	0.003744	0.167654	0.121371	0.00928	0.271379	0	0.002144	0	0	0.005474	0	0.00184	0	0.135652	0	0	0.005796	0.005996
16	0afed626a420860d46ef5b3e667a229f	0.049486	0	0	0.452916	0	0.053506	0	0	0	0	0	0	0	0	0.003062	0	0	0.045782	0.011437
17	0baba38f1375da38cd41809228051d4d	0.078903	0	0	0.055426	7.77E-05	0.354223	0	0.126976	0	0	0.003928	0	1.14E-06	0	0.33503	0	0	0.001436	0.016756
18	0bbeeec808ebc48cd9c2835119823c81	0.03614	0.014853	0.078314	0.273226	0	0.254023	0.000487	0	0	0	0.000299	0	0.006605	0	0.002756	0	0	0.007891	1.14E-06
19	0be8bf16a53cdc2320b1b87a074d148d	0.076478	0	0	0.327209	0	0.230336	0	0	0	0	0.000494	0	0	0	0.128564	0	0	0.003515	0.027523
20	0c2396ae8bda081cc6cf5b395320ec2f	0.075093	0.005166	0.208842	0.316735	0.095844	0.180417	0	0	0	0	1.14E-06	0	0.063236	0	0.031337	0	0	0.010995	0
21	0c321d259f50e8da58afadfbd6924a09	0.081312	0.000418	0.304448	0.287537	0.045187	0.023156	0	0.004673	0	0	0.000257	0	0.212791	0.004452	0.009052	0	0.004584	0	0.003217
22	0c659552a0ade80df08e54c3f9a52d4e	0.035592	0	0.004831	0.37381	0	0.101742	0	0	0	0	0.006088	0	0	0.001147	0.021279	0	0	0.000711	6.63E-05
23	0cc0168ca5d55a1b82c62166c361c135	0.028188	0.000633	0.006595	0.091383	0	0.650725	0	0.055137	0	0	0.000155	0	0.096651	0.025494	0.017666	0	0	0.000817	0.000374
24	0dc98672f3f92eb6acd1eecc4cc8637c	0.008084	0	0.000733	0.191184	0.00159	0.469059	0	1.26E-05	0	0	0.055764	0	0.004556	0	0.178876	0	0	0	0.011007
25	0e86d631bd75a802de6a58f3a033d70c	0.013592	6.29E-05	0.007449	0.292283	0.007458	0.264758	0	0.024787	0	0	0.00189	0	0.00049	0.000369	0.224641	0	0	6.29E-05	0.001475
26	0f790e8909f4afb88ab3d692c76fe27b	0.113665	0.01534	0.173243	0.305866	0.073996	0.012329	0.052527	0.017481	0	0	0.000958	0	0.19731	0.00475	0	0	0	0	0.007763
27	10a4624b810f4ea9ced096fbf3f0cf28	0.098123	0.000869	0.003925	0.334123	0	0.406056	0	0.000442	0	0	0.0077	0	0	0	0.013232	0	0	0.003773	0.009609

features

图7 部分城市场景照片语义分割各标签占比数据

图 8 城市场景照片地理信息分布示意图

3.2 标签数据预处理

提取 1 124 张照片中的 350 张照片的数据（其中 250 张用作之后神经网络模型的训练集数据，100 张作为模型的验证集数据）作为样本进行数据处理和分析。因为 ADE_20K 训练集中标签多达 150 个，不仅包含了室外场景信息诸如“建筑”“河”“绿化”等标签，同时还包含了很多室内空间信息诸如“花瓶”“地毯”“床”等与本文研究无关的标签，所以需要对数据进行筛选剔除。同时，对室外的标签信息也需要进行规约处理，在尽可能保持数据原貌的前提下，最大限度地精简数据量。例如与水体相关的标签诸如“河”“湖”等在本文中可合并为一类，“草”“绿植”“树”等标签也可合并为一类。最终规约为 10 类标签信息。

3.3 各标签数据分析

在对数据进行预处理后，试图从数据中发现一些客观存在的数据规律，了解多标签的数据之间是否存在一些内在相关性，也试图探究各标签本身和评价得分数据之间存在的相关性大小。

（1）数据分布统计

从表 2 中可以看到，在 350 张城市场景照片的 10 个标签数据分布中，建筑、天空、道路、人行道、地面和植物绿化这几类的标签分布比较广泛，是公众感知空间的场景视域中的主要构成要素标签；天空和植物绿化的视域在所有图片中的平均视域占比都超过了 20%，建筑和水体的平均视域占比超过了 10%，可知这几类标签是公众感知空间的视域主要构成分布；各标签在训练集照片中的分布方差中，植物绿化的分布方差最大，其余方差较小甚至为 0，这可能是由训练集照片中缺失值过大而导致的。

表 2 各标签分布统计表

		建筑	天空	道路	人行道	人	地面	植物绿化	交通工具	水体	标志物
个案数/张	有效	346	350	255	307	193	340	349	111	267	169
	缺失	4	0	95	43	157	10	1	239	83	181
平均值		0.133 69	0.265 70	0.056 13	0.062 36	0.012 01	0.082 53	0.244 98	0.008 79	0.104 00	0.004 42
方差		0.023	0.013	0.007	0.006	0.000	0.007	0.030	0.001	0.020	0.000
最小值		0.000 00	0.004 09	0.000 00	0.000 00	0.000 00	0.000 05	0.000 00	0.000 00	0.000 00	0.000 00
最大值		0.865 06	0.611 03	0.350 24	0.324 31	0.133 88	0.356 85	0.778 50	0.144 99	0.533 91	0.037 96

（2）数据内部相关性分析

从表 3 中可以看到，“建筑”“天空”“地面”“水体”这几类主要标签在视域的竞争博弈关系中两两存在显著的负相关性（“水体”和“天空”除外，这个例外说明了公众对“水天共存”的观景偏好），其中“建筑”和“植物绿化”“天空”和“植物绿化”的负相关性尤为突出。在正相关的组中，“建筑”和“人行道”“标志物”的正相关性较显著，这可能是建筑需要可达性和可识别性所导致的。

表 3 各标签两两相关性统计表

		建筑	天空	道路	人行道	人	地面	植物绿化	交通工具	水体	标志物
建筑	皮尔逊相关性	1	−0.209 **	−0.069	0.213 **	0.126 *	−0.234 **	−0.572 **	−0.063	−0.288 **	0.313 **
	显著性（双尾）		0.001	0.279	0.001	0.047	0	0	0.322	0	0
天空	皮尔逊相关性	−0.209 **	1	−0.027	−0.086	−0.042	−0.158 *	−0.424 **	0.031	0.170 **	0.075
	显著性（双尾）	0.001		0.669	0.173	0.507	0.012	0	0.627	0.007	0.236
道路	皮尔逊相关性	−0.069	−0.027	1	−0.030	0.136 *	−0.146 *	0.021	0.384 **	−0.279 **	−0.045
	显著性（双尾）	0.279	0.669		0.633	0.032	0.021	0.740	0	0	0.475
人行道	皮尔逊相关性	0.213 **	−0.086	−0.030	1	0.225 **	−0.096	−0.127 *	−0.064	−0.380 **	0.111
	显著性（双尾）	0.001	0.173	0.633		0	0.131	0.045	0.315	0	0.079
人	皮尔逊相关性	0.126 *	−0.042	0.136 *	0.225 **	1	−0.177 **	−0.107	−0.054	−0.190 **	0.067
	显著性（双尾）	0.047	0.507	0.032	0		0.005	0.091	0.396	0.003	0.289
地面	皮尔逊相关性	−0.234 **	−0.158 *	−0.146 *	−0.096	−0.177 **	1	0.174 **	−0.063	−0.224 **	−0.093
	显著性（双尾）	0	0.012	0.021	0.131	0.005		0.006	0.323	0	0.142
植物绿化	皮尔逊相关性	−0.572 **	−0.424 **	0.021	−0.127 *	−0.107	0.174 **	1	−0.039	−0.154 *	−0.295 **
	显著性（双尾）	0	0	0.740	0.045	0.091	0.006		0.536	0.015	0
交通工具	皮尔逊相关性	−0.063	0.031	0.384 **	−0.064	−0.054	−0.063	−0.039	1	−0.105	−0.040
	显著性（双尾）	0.322	0.627	0	0.315	0.396	0.323	0.536		0.098	0.531
水体	皮尔逊相关性	−0.288 **	0.170 **	−0.279 **	−0.380 **	−0.190 **	−0.224 **	−0.154 *	−0.105	1	−0.111
	显著性（双尾）	0	0.007	0	0	0.003	0	0.015	0.098		0.080
标志物	皮尔逊相关性	0.313 **	0.075	−0.045	0.111	0.067	−0.093	−0.295 **	−0.040	−0.111	1
	显著性（双尾）	0	0.236	0.475	0.079	0.289	0.142	0	0.531	0.080	

注：** 表示在 0.01 级别（双尾），相关性显著。
* 表示在 0.05 级别（双尾），相关性显著。

（3）多元线性回归分析

第一步，用 y（评分）对 X_1、X_2、…、X_k（标签数据占比）做回归，得：

$$\hat{y} = \hat{\beta}_0 + \hat{\beta}_1 X_1 + \hat{\beta}_2 X_2 + \cdots + \hat{\beta}_k X_k \tag{3}$$

第二步，计算简单相关系数，即 y 与 X_1、X_2、…、X_k 之间的复相关系数：

$$R = \frac{\sum (y - \bar{y})(\hat{y} - \bar{y})}{\sqrt{\sum (y - \bar{y})^2 (\hat{y} - \bar{y})^2}} \tag{4}$$

公式（4）和表 4 中的 R 指的是复相关系数，R^2 用于反映回归方程能够解释的方差占因变量方差的百分比。在本文中计算了 10 个标签数据对评分影响的复相关系数 R 和解释度 R^2，其中复相关系数 R 为 0.611，解释度 R^2 为 0.373，因此可以说多元线性回归模型能在 37%以上的程度来解释评分。由此可以知道，多元线性回归模型的解释度很难完美地对数据进行预测，多元线性回归的模型和系数也只能定性地分析一些关联趋势，这也是之后的建模选择用神经网络作为预测模型的原因。

表 4 多元线性回归模型摘要表

模型	R	R^2	调整后 R^2	标准估算的错误
1	0.611[a]	0.373	0.347	1.015 5

注：a. 预测变量（常量）：标志物、交通工具、天空、人、地面、人行道、道路、建筑、水体、植物绿化。

（4）线性回归下各标签系数及其显著性

可以看到在线性回归模型中（表 5），“道路”“人行道”“植物绿化”“水体”这几类标签对评分有较好的显著性影响，而别的标签因为显著性的值过大所以不存在显著性影响。其中“水体”和“植物绿化”的标准化系数又较“道路”和“人行道”高，特别是“水体”甚至达到了 0.615 的水平，这在一定程度上说明了公众对水体的偏爱。

表 5 各标签系数表

模型		未标准化系数		标准化系数		显著性	共线性统计	
		B	标准错误	$Beta$	t		容差	VIF
1	（常量）	1.662	0.773		2.150	0.033		
	建筑	0.326	1.059	0.039	0.308	0.758	0.163	6.137
	天空	1.521	1.000	0.140	1.521	0.130	0.311	3.215
	道路	3.571	1.096	0.220	3.258	0.001	0.577	1.733
	人行道	4.025	1.114	0.233	3.612	<0.001	0.629	1.590
	人	0.413	4.023	0.006	0.103	0.918	0.828	1.208
	地面	−1.447	1.159	−0.093	−1.248	0.213	0.470	2.130
	植物绿化	2.894	0.912	0.399	3.172	0.002	0.166	6.017

（续表）

模型		未标准化系数		标准化系数		显著性	共线性统计	
		B	标准错误	Beta	t		容差	VIF
1	交通工具	-5.614	4.745	-0.068	-1.183	0.238	0.800	1.250
	水体	5.844	0.931	0.615	6.280	<0.001	0.273	3.658
	标志物	-7.692	13.762	-0.031	-0.559	0.577	0.865	1.156

注：因变量：评分。

4 城市公共空间评价模型

在前面的数据样本的线性回归分析中，我们得到了 R^2 为 0.373，因此可以说多元线性回归模型对公众评分的解释度是有限的。MLP 神经网络模型是一种非参数非线性方法，它具有强大功能，能够揭示数据分布规律。而在生物学上也有相当多的研究表明，公众的评分在从视域获取到大脑给出评价是依靠神经间的复杂传递所完成的，本文粗略地尝试模拟这一过程，故而选用神经网络回归来建模。本文将使用 Python 语言，在 TensorFlow 的框架下运用 Keras、Sklearn 等库完成模型构建。

4.1 划分训练集和验证集

上文已经提到，我们提取了 1 124 张照片中的 350 张照片（250 张用作之后神经网络模型的训练集，100 张作为验证集），用验证集去评估模型的稳健性，防止过拟合等情况的发生。其余照片将在之后用训练好的模型给出评分预测。

4.2 构建神经网络模型

（1）标签数据与评分数据归一化

在深度学习领域中，因为不同评价指标往往具有不同的量纲，且量纲单位会影响数据分析的结果，而本文中的标签数据和评分数据量纲不统一，所以需要进行数据标准化处理。因此选取了 Python 的 Sklearn 库中的 MinMaxScaler 函数对各标签数据进行归一化处理。其公式为：

$$X_i' = \frac{X_i - X_{\min}}{X_{\max} - X_{\min}} \tag{5}$$

（2）构建模型

本文利用基于 Python 语言的 TensorFlow 框架以及相关的 Keras 等库进行神经网络模型的构建。在建模中，输入层为城市场景照片语义分割后的 10 个标签对应数据，经过三次全连接层，其中在第一次全连接层后加入一个“dropout”层，以一定概率（在该模型中设置为 0.2）丢弃部分连接以防止过度拟合的情况发生（图 9）。

在实际选择迭代次数（epochs 值）的时候，对比了 epochs 值分别为 10、50、100、200 时模型的训练（train）和测试验证（test）的损失（loss）可视化图（图 10），可以

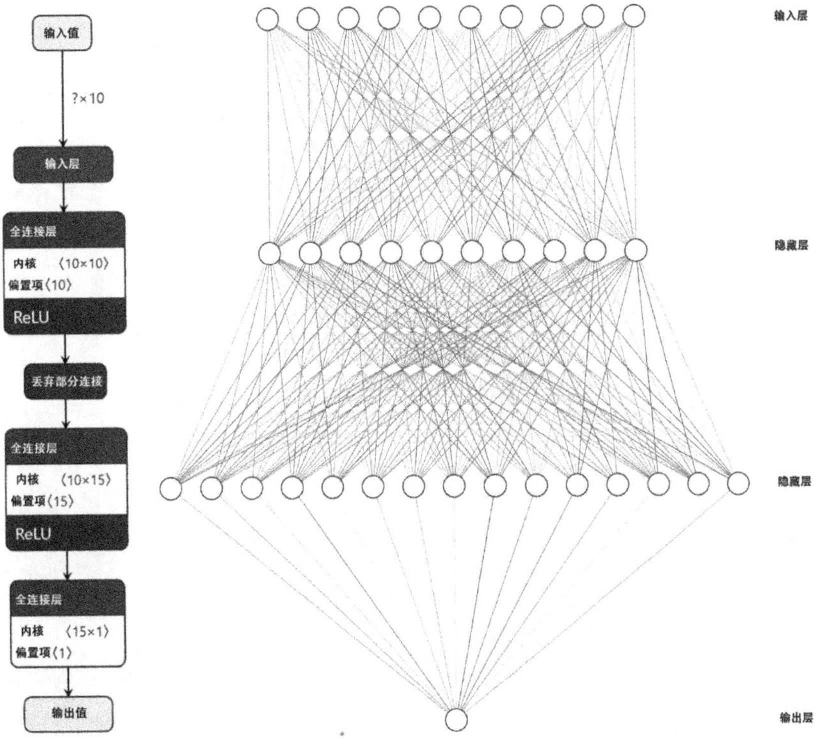

图 9 神经网络模型构建流程图及其可视化图

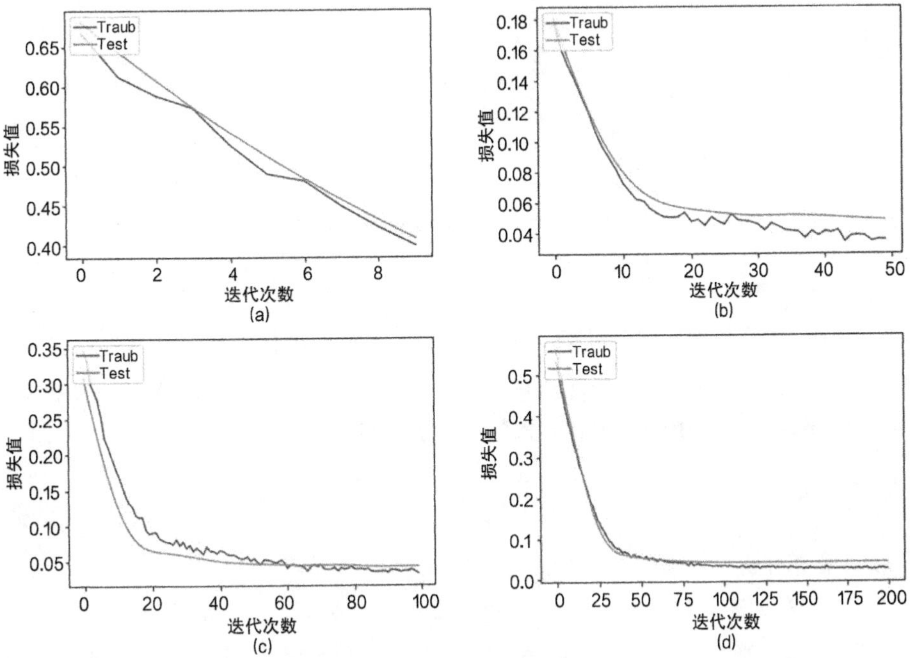

图 10 不同迭代次数的模型损失函数

发现当迭代到200次的时候，模型趋于稳定。但是即使迭代次数都是200，依然会发现运行模型最终的损失函数结果也是不一样的（图11），这是因为初始化的权值和阈值是随机的，丢弃一定的连接也是随机的（概率设置为0.2）。而正是因为每次的结果不一样，才为找到比较理想的结果提供了可能。因此在多次尝试后选取了迭代次数为200、loss函数表现最稳定、误差最小的模型。

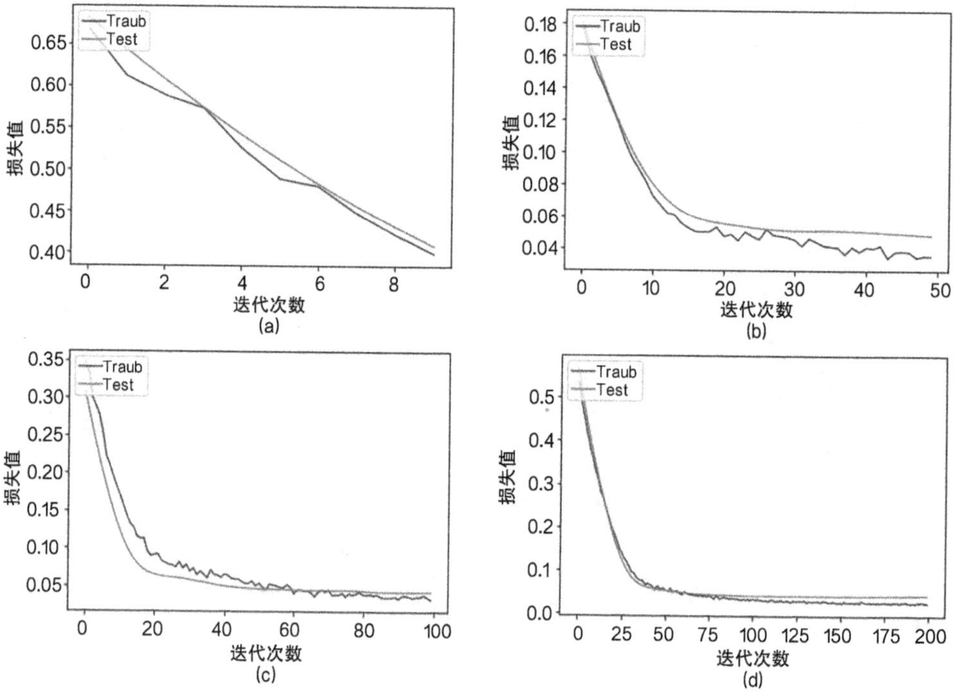

图11 迭代次数为200的模型损失函数

（3）训练与预测

将之前获取到的所有1 124张图片标签数据代入模型进行预测，可得到对应预测打分结果。值得注意的是，预测的打分结果同样是经过了归一化处理的数值。而本文希望得到类似评分网页上的积分，所以对数据进行了反归一化处理。

5 预测结果分析

5.1 统计分布分析

其统计分布如表6和图12所示，数据大致呈正态分布。其中评分最高分为4.043，最低分为2.252，平均数和中位数均为3.200左右，方差为0.091。这也在统计分布层面说明了该神经网络模型具有一定可信度，是符合正态分布的。

表 6 预测评分结果统计表

个案数/张		平均值	中位数	方差	最小值	最大值
有效	缺失					
1 124	146	3.211	3.201	0.091	2.252	4.043

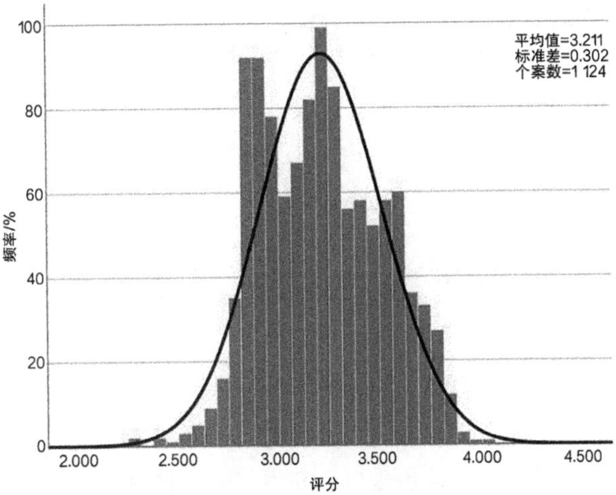

图 12 预测评分分布直方图

5.2 空间分布可视化

将结果数据与之前所爬取到的城市场景照片的地理位置信息结合，可以得到预测评分结果在空间上的分布（图 13）。同时提取了评分在前 10%的城市场景照片并同样做空间分布可视化分析（图 14）。

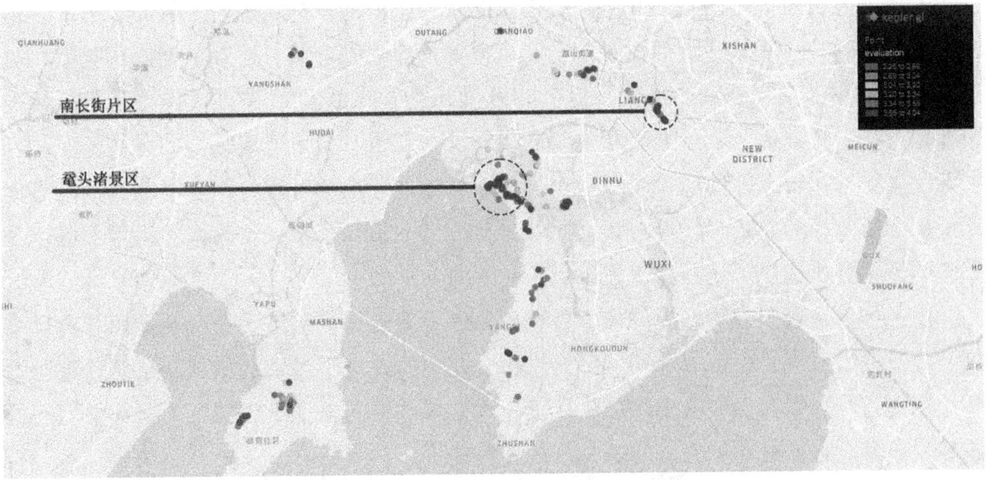

图 13 预测评分值在空间分布上的可视化示意图

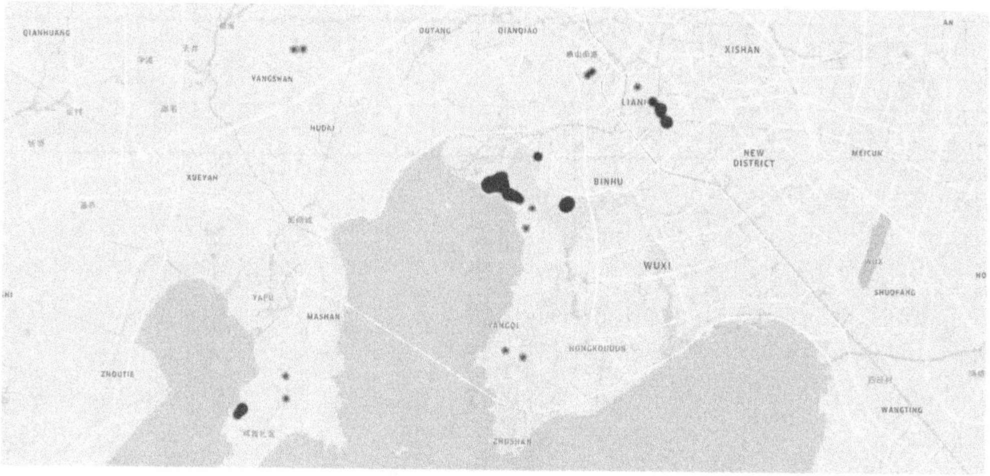

图 14 前 10%评分值图片分布热力图

从分布图可以看到，市民更喜爱上传的照片主要包括太湖滨湖区域以及市区内沿古运河的南长街附近区域。在滨湖区域，以北边的鼋头渚风景区附近的湿地景观公共空间场景评分较高。采集照片的地理信息坐标分布反映了市民有亲近自然的偏好，其中的空间品质又在不同偏好程度上被市民感知，而预测结果所反映的鼋头渚等高品质景区照片评分较高也进一步证明了该模型的可信度。

结语

本文对城市公共空间的公众评分进行研究，将问题聚焦在表征公共空间的场景构成要素上，评价模型中将城市公共空间的构成简化为城市场景照片中的分类标签占比，将公众对城市公共空间的感受简化为公众对城市场景照片的评分。评分数据的获取则利用较科学的“瑞士轮”公众参与评分机制和针对此类非线性多元回归问题的复杂神经网络建模方法，较好地将公众对公共空间的反馈反映在了对城市建成环境的评估上。通过深度学习技术，将庞大的城市场景数据和较小样本的公众参与评价结合了起来，最终建立了拟合度较高的能批量快速对该类照片进行评分的预测模型，这为人本视角下城市公共空间评估分析提供了一种测度思路。

以总体上来看，在所选择的样本数据内，该模型的预测结果大致符合预期。而且该模型经过损失值校验，可以在同类型的城市公共空间评价中对别的城市场景照片进行批量快速地打分。然而在变量的选取问题上，本文所选择的自变量为城市中公共空间的构成要素，其是否准确和全面有待进一步的研究论证。

参考文献

[1] 龙瀛,叶宇. 人本尺度城市形态:测度、效应评估及规划设计响应[J]. 南方建筑,2016(5):41-47.

[2] MEHTA V, BOSSON J K. Revisiting lively streets: social interactions in public space[J]. Journal of Planning Education and Research, 2021, 41(2): 160-172.

[3] JACBOS J. The death and life of great American cities[M]. New York: Random House, 1961.

[4] LEFEBVRE H. Introduction to modernity[M]. London: Verlso Books, 1962.

[5] GEHL J. Life between buildings: using public space[M]. Washington D.C.: Island Press, 2011.

[6] LYNCH K. Good city form[M]. Cambridge: The MIT Press, 1984.

[7] 龙瀛,唐婧娴. 城市街道空间品质大规模量化测度研究进展[J]. 城市规划,2019,43(6):107-114.

[8] CHENG L, CHU S S, ZONG W W, et al. Use of tencent street view imagery for visual perception of streets [J]. ISPRS International Journal of Geo-Information, 2017, 6(9):265.

[9] 唐婧娴,龙瀛. 特大城市中心区街道空间品质的测度:以北京二三环和上海内环为例[J]. 规划师,2017, 33(2):68-73.

[10] 叶宇,张昭希,张啸虎,等. 人本尺度的街道空间品质测度:结合街景数据和新分析技术的大规模、高精度评价框架[J]. 国际城市规划,2019, 34(1):18-27.

[11] YAO Y, LIANG Z, YUAN Z H, et al. A human-machine adversarial scoring framework for urban perception assessment using street-view images[J]. International Journal of Geographical Information Science, 2019, 33(12): 2363-2384.

[12] ZHOU B, ZHAO H, PUIG X, et al. Scene parsing through ADE20K dataset[C]//Proceedings of the 2017 IEEE Conference on Computer Vision and Pattern Recognition. Honolulu, 2017: 5122-5130.

[13] ZHOU B, ZHAO H, PUIG X, et al. Semantic understanding of scenes through the ADE20K dataset[J]. International Journal of Computer Vision, 2019, 127(3): 302-321.

[14] BADRINARAYANAN V, KENDALL A, CIPOLLA R. SegNet: a deep convolutional encoder-decoder architecture for image segmentation[J]. IEEE Transactions on Pattern Analysis and Machine Intelligence, 2017, 39(12): 2481-2495.

图表来源

图1、图3、图5、图7~14: 作者自绘.

图2、图4、图6:作者自绘,其中照片取爬自"六只脚"网站.

表1~6: 作者自绘.

使用 GAN 算法替代有限元分析的工作流

——以椅子设计为例

魏正旸[1]　李可可[1]　吴　昊[1]　袁　烽[1*]

（1. 同济大学建筑与城市规划学院，上海市 200092，philipyuan007@tongji.edu.cn）

摘要

建筑结构设计、工业设计、机械加工制造等领域常采用有限元分析方法进行结构优化设计，为了得到精确的结果，需要增加用于计算的网格数量，进而产生较大的算力消耗。而近些年来，许多学者将深度学习引入有限元分析过程中，使之学习有限元分析图片的结果，最终替代有限元分析过程，通过训练模型直接输出分析结果。这不仅大大降低了算力消耗，还提高了设计效率。现阶段相关方面的研究大多针对二维结构的拓扑优化，对于三维结构的拓扑优化较少。本文提出一种将三维结构的拓扑优化结果映射到二维图像的方法，实现了对三维结构拓扑优化过程的深度学习。同时本文也提出了一种基于 GAN 算法的有限元分析的设计工作流，介绍了工作流的操作流程，并以椅子设计为例，评价该工作流在实际工作中的可靠性与普适性。

关键词：深度学习；Pix2Pix；有限元分析；拓扑优化；椅子设计

Keywords: Deep learning; Pix2Pix; Finite element analysis; Topology optimization; Chair design

资助项目情况：国家自然科学基金联合基金集成项目（U1913603）；上海市科学技术委员会项目（21DZ1204500）；住房与城乡建设部科学技术计划项目（2021-R-085）

引言

结构优化设计作为一种在建筑设计、产品设计、桥梁设计、汽车设计等领域常见的设计方法，对于加强设计作品的结构强度、精简材料消耗具有重要意义[1]。近些年来，结构优化设计所采用的工具在不断进步。从高迪的圣家族大教堂设计中采用小球悬吊的方法进行结构设计优化，到现在计算机时代出现的 Abaqus、Dlubal RFEM、Karamba3D、Ameba、Millipede 等各种结构设计优化软件[2-3]，人们所使用的结构优化设计工具在不断地进步。而这些计算机结构优化软件所采用的基本原理是有限元分析，其是将分析对象分割为有限数量的单元进行受力分析，得到逼近于物体真实受力状态的分析结果。人们在使用此种方法进行设计时，为了得到精确的计算结果，常增加被分割单元的数量，但是却导致计算耗时过长。故此，近年来许多学者通过深度学习模型，对既有的有限元分析过程进行优化，将传统的有限元分析过程转化为图像的学习和训练过程，最终训练出能够自动生成有限元分析结果图像的模型。而这种方式大大降低了进行有限元分析时对于算力的需求[4]。但目前大多数的研究仅针对二维拓扑优化结果的深度学习，针对三维拓扑优化结果的深度学习研究较少。本文针对性地提出了一种将三维结构的拓扑优化结果映射到二维图像的方法，让三维的拓扑优化结果变得可供学习；以此为基础，提出一种利用 GAN 算法替代有限元分析的设计工作流，并将其运用到椅子设计当中，以评价该工作流的可行性与普适性。

1 背景

1.1 Millipede 有限元分析设计方法

目前市场上存在较多的有限元分析软件，它们主要采用了本地计算和云计算两种计算方式。本文为了精确记录有限元分析耗时，故采用 Millipede 作为有限元分析软件。Millipede 作为产品设计和建筑设计领域建模软件 Rhino 自带的 Grasshopper 软件的插件，对于设计师有较好的操作友好性[5]。同时其有限元分析过程采用的本地计算方式，能有效避免在计算求解消耗时间时，云上传速度及云端计算机未知的配置信息对计算耗时数据精确性的影响。使用 Millipede 进行有限元分析的主要流程为：首先定义分析对象，确定受力对象的材质等物理属性，并确定受力作用域及受力大小，以及支撑力作用域；其次确定有限分割的数量，并定义需要收敛的百分比与迭代次数，开始进行运算，通过多次迭代得到结构分析结果。

1.2 Millipede 现存问题

在使用 Millipede 对椅子进行有限元分析时，对于单一对象，在相同受力条件下，可通过改变有限元数量，得到计算耗时与有限元数量及迭代次数的数据关系。通过测试可以得到计算耗时与有限元数量和迭代次数分别呈正相关。由此也可以得出，使用 Millipede 进行有限元分析时，为了得到更加精确的数据，所需要的时间随着精确值的增加而增多。而这也导致了设计过程中为了得到精确结果，会消耗大量时间。

1.3 已有的解决策略

对于使用人工神经网络替代拓扑优化这一思路，相关学者已经提出了解决办法。例如，Yang 等人[6]采用 Ameba 软件构建 OptiGAN 的训练集，利用训练得到的模型替代 Ameba 软件的拓扑优化过程，在图像预处理过程中采用了 3 个通道的数值来分别定义设计领域与固定边缘、X 方向受力、Y 方向受力[6]。Yang 等人的研究为人工神经网络替代拓扑优化过程，提供了一种具有较强可行性的思路与方法。

2 解决策略

2.1 GAN算法简介

本文主要采用GAN算法中的一种人工神经网络模型Pix2Pix。该模型是由Isola等人[7]提出的，他们提出了一种基于条件对抗网络的图像到图像翻译的方法，该方法提供一一对应的图像训练集以供模型学习，从而让训练模型能够实现从一种图像生成另一种图像，并将Pix2Pix代码应用于地图风格的转化、建筑立面与标签的转化等。此外，许多艺术家也将Pix2Pix代码应用于相关艺术创作中，如通过简单的人物线轮廓、生成精美的人物头像[7]。前人的研究充分展现了Pix2Pix代码的广阔应用领域与前景。

2.2 解决策略：使用GAN算法替代有限元分析的工作流

（1）三维转换二维工作流

基于前人对于Pix2Pix的研究与应用实践，笔者提出了一种采用Isola等[7]学者所提供的Pix2Pix项目代码，替代Millipede拓扑优化计算过程的椅子设计工作流。该工作流先通过连续面生成一种造型的椅子，并将椅面受力情况输入Millipede，得到相应椅面的最优材料分布图。将此最优材料分布图流动至二维平面，并将其压缩为方形图像，得到训练集的一张数据图像。与其对应的带有受力数据的另一张数据图像，通过将连续椅面根据RGB色彩三通道定义面受压大小、与地面接触程度、材料的有无，同样将面流动至二维平面并压缩为等大的方形图像，得到另一张数据图像。这两张数据图像构成训练集的一对数据，再通过相同方法将多种的椅面造型生成200~300对数据，并将其作为两组数据集输入Pix2Pix进行对抗神经网络模型的训练。判定模型具有可靠性之后就得到了一个可以替代有限元分析的模型。在对新造型椅子进行设计时，只需要将含有椅面受力等信息的椅面RGB色彩通道图展开为二维图像，压缩成方形图像，并将其输入训练好的Pix2Pix模型。模型输出得到的最优的材料密度分布的方形图像，将方形图像拉伸为和椅面RGB色彩通道图未压缩前的尺寸，再流动至原椅面上，则得到了三维空间的椅面有限元分析结果。由此再对椅子进行结构优化，最终得到经过结构加强的椅子造型，全工作流步骤如图1所示。

（2）模型评价指标

Pix2Pix训练模型通过可靠性测评的方法与标准如下；使用构建训练集时所采用的方法，生成三对验证数据集，将带有受力信息等数据的RGB图像输入训练模型，将所得到的生成结果与Millipede所生成的方形最优材料密度分布图进行对比，若能够达到较高的相似性则通过可靠性测评。

（3）工作流的目的与意义

该工作流的目的是解决传统设计过程中结构优化采用有限元分析计算耗时过长的问题。其意义不仅在于对传统有限元分析过程进行加速优化，提高设计效率，缩短计算耗

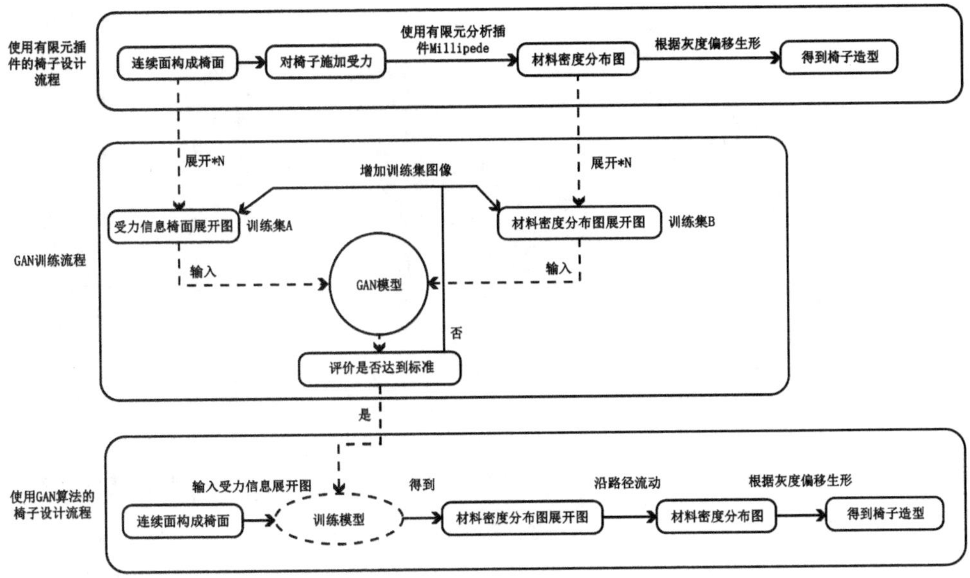

图 1　使用 GAN 算法替代有限元分析的工作流

时，使得设计师等待计算机求解的时间大大缩短，而且也提出了一种使用对抗神经网络模型对三维结构进行优化加速的可行途径。这种将三维物体的拓扑优化求最优解问题，转化为二维求最优解问题，再使用 GAN 算法进行加速优化的方法，是将 GAN 算法从二维领域拓展到三维领域的一种探索，其有效地拓展了 GAN 算法的应用范围。

3　工作流操作架构

3.1　有限元分析数据集获取

通过相关设备测量一名体重为 75 kg 的男性对椅背与坐面的压力，得到椅面、椅背受压数据。由于本文最终以连续面构成的椅子作为实例验证对象，故设计由连续面构成的椅子造型。根据椅面的实际受力情况，使用 Millipede 设置椅背的受压区域压强为 250 N/m^2，坐面受压区域压强为 6 104 N/m^2，生成相应椅子的最优材料分布图。由于生成的图像是空间弯折的，故使用 Rhino 中的沿曲线流动工具将其展平成平面，得到了一张平面的最优材料分布图。与其对应的等像素并带有受力信息的数据图像，则采用 Grasshopper 生成 RGB 图像。由于 RGB 色彩三通道定义面受压大小、与地面接触程度、材料的有无，故采用三组电池组分别影响图像中像素的 RGB 数值变化。其中：R 值为 256 代表 6 104 N/m^2，0~256 的 R 值区间映射 0~6 104 N/m^2 的受压情况；G 值为 256 代表其与地面完全接触，0~256 的 G 值区间映射与地面完全不接触到与地面完全接触的状态；B 值为 0 代表该区域有材料，也就是连续面未被裁剪。完成如上步骤则得到了一组数据集，如图 2 所示。此外，为获得所需数量的训练集，需要重复以上步骤多次。

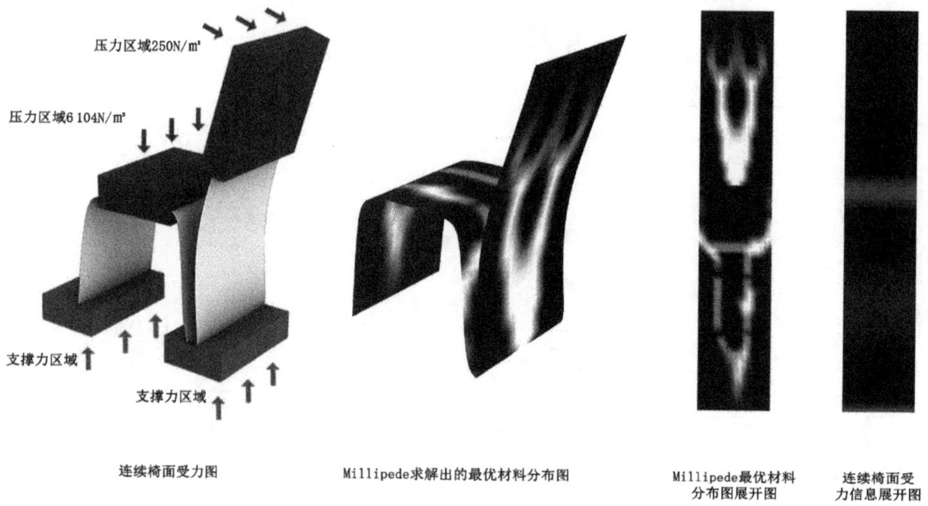

图 2 数据集获取示意图

3.2 训练集数据整合与预处理

虽然由连续曲面构成的椅子的连续面宽度相同，但是长度不尽相同，因此得到的展开图像尺寸也存在差异。而 Pix2Pix 代码所需要的训练集为 256×256 像素的方形图像。故需要对已得到的训练集的图像数据进行尺寸标准化处理，将最优的材料分布图和带有受力信息的数据图像均处理为 256×256 像素的方形图像。此外，通过查看 Pix2Pix 项目中提供的源代码和案例训练集，可以发现项目中对应转化的两组训练集均拼接成一张张 512×256 像素的长方形图像，故在完成图像数据尺寸标准化后，需要将两组一一对应的数据集进行拼接，同时注意最优的材料分布图位于 512×256 像素的长方形图像的左侧，带有受力信息的数据图像位于其右侧[7]。若拼接顺序错误，则不能得到有受力信息的数据图像，得到具有最优材料分布图的 Pix2Pix 模型。完成此步骤后，将 jpg 格式的训练集从 1 开始命名，并存储于同一个文件夹中，如图 3 所示。

3.3 模型训练

模型训练过程，就是将先前构建的训练集输入 Pix2Pix 人工神经网络中，使用深度学习的模型对两组训练集进行学习，得到能够通过输入受力信息图，输出最优材料密度分布图的模型。模型训练的原理是通过学习两组数据集，让生成器生成的图片能够通过鉴别器的判定，输出能够以假乱真的“假”图像。

3.4 可靠性验证

对于可靠性的验证，需要通过输入 3 个带有受力信息的数据图像，使用训练好的 Pix2Pix 模型输出最优的材料密度分布图，并将其与使用 Millipede 所得到的结果进行对比。采用构建训练集的方法得到三组数据，并将之输入已经训练完成的模型当中，通过

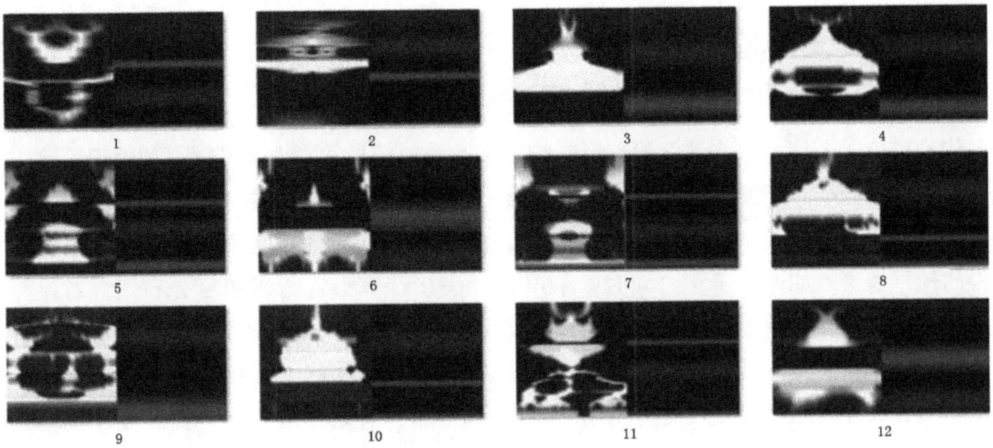

图 3 预处理后的 512×256 像素的部分训练集

运行测试代码得到模型的输出图像数据。这时，我们通过对比由模型生成的数据与使用 Millipede 求解得出的数据图像，来判别模型的可靠性。

由于通过训练所得到的模型的可靠性很大程度上受训练集的数量影响，因此对训练集的数据量要求是多多益善，通常采用 200~300 对图像作为训练集。本文由于外部因素影响，只搭建了 30 对图像组进行训练。对比用以验证可靠性的三组数据通过训练模型得到的结果与使用 Millipede 求解得到的结果，如图 4 所示，发现有两组数据达到了较高的准确性，其中一组有一定的差距，究其产生差距的原因，笔者认为是训练集数量不够。但总体来看，所训练出的模型是可靠的。因此，可说明使用 Pix2Pix 算法替代有限元分析是具有可行性的。

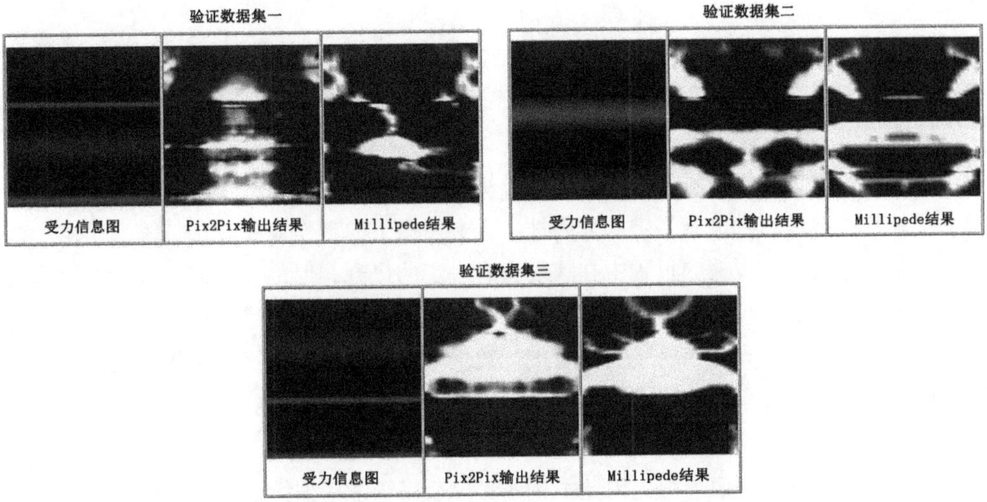

图 4 三组测试数据验证训练模型可靠性

4　实例验证：以椅子设计为例

实例验证采用前文所训练的模型进行连续椅面构成椅子的设计。首先设计由连续椅面构成的椅子造型，并将连续面展开，构建带有受力信息的平面展开图，预处理后输入 Pix2Pix 模型得到方形的最优材料密度分布图，再对输出的图像进行展开与沿曲面流动处理，最后通过模型生成的最优材料密度分布图对椅子进行结构加强，得到经过结构加强的椅子造型，如图 5 所示。同时，采用 Millipede 计算最优材料密度分布图。对比两者在结构优化步骤所消耗的时间，通过实例验证发现，采用 Pix2Pix 算法计算最优材料密度分布图只需要几秒钟的时间，而采用 Millipede 进行计算，迭代出较为可靠的结果需要几分钟的时间。由此可见，采用 Pix2Pix 算法替代有限元分析，对提高设计效率是有较高可行性与优越性的。但也发现，采用 Pix2Pix 算法计算出的最优材料密度分布图与采用 Millipede 计算得出的结果还有一定差距。因此在实际操作中，为了确保设计的安全性与可靠性，可以考虑使用有限元分析软件对 Pix2Pix 的计算结果进行校对。

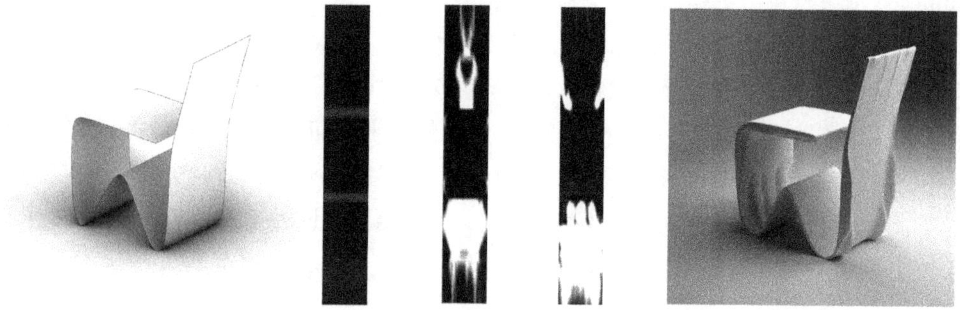

图 5　通过训练模型进行椅子结构优化

结语

本文提出的工作流相较于使用有限元分析软件进行结构优化的传统工作流，具有一定的优越性，但是同时也有一定的局限性。本文所提出的工作流相较于传统工作流，在进行有限元分析这一步骤的过程中在速度上有一定的提升，但是存在需要进行大量的数据集的处理，并通过较高配置的计算机或者服务器对对抗神经网络进行训练，才能得到相应的训练模型的缺点。而对于只需要进行数量不多的椅子拓扑优化工作的设计人员来说，此种方法可以说是得不偿失。因此，本文提出的方法对于需要对大量的椅子进行结构优化分析的设计人员来说具有较强的使用价值。同时，由于采用的是 Pix2Pix 算法，其仅能用于点对点的图像学习，因此本工作流仅适用于采用连续面生成的椅子的有限元分析加速过程，而不适用于采用四条椅腿支撑的椅子设计。但是，本工作流对于加速由连续面生成椅子的结构优化有限元分析，通过实例被证明具有可行性与较高可靠性。本工作流也有可能拓展到由连续面生成的任意物体的结构优化过程中，例如采用连续面生成桥梁、建筑等领域，但由于这些领域受力情况较为复杂，因此需要对本工作流进行较大的调整，以满足对于复杂受力情况和较高结构优化分析结果精确率的要求。同时在实际操作过程中仍然需要通过传统结构优化方法验证最终输出的结果优化数据的可靠性和准确性，避免因对抗神经网络数据集数量不足等诸多原因造成的优化结果不准确而导致的安全事故。

参考文献

[1] 赵冰,陈天一. 拓扑优化在建筑设计中的应用[J]. 建筑与文化,2016(11):104-105.

[2] 谢亿民,左志豪,吕俊超. 利用双向渐进结构优化算法进行建筑设计[J]. 时代建筑,2014(5):20-25.

[3] 金倩,陈镌. 基于有限元分析的建筑设计教学：以 DLUBAL RFEM 为例[J]. 住宅科技,2018,38(10):70-74.

[4] 潘如玥. 基于图像生成的拓扑优化方法[D]. 大连：大连理工大学,2021.

[5] 张烨,刘嘉玲,许蓁. 性能导向的数字化设计与建造[J]. 世界建筑,2021(6):108-111.

[6] YANG X Y, BAO D, YAN X, et al. OptiGAN: topological optimization in design form-finding with conditional GANs[Z]. 2022.

[7] ISOLA P, ZHU J Y, ZHOU T H, et al. Image-to-image translation with conditional adversarial networks[C]// 2017 IEEE Conference on Computer Vision and Pattern Recognition. Honolulu, 2017: 5967-5976.

图片来源

图 1~5：作者自绘.

耦合遗传算法和神经网络的建筑性能优化设计

——以南京孔家村党群活动中心设计为例

曲恺辰[1] 张 宏[1,2*] 罗 申[2] 伍雁华[2] 张睿哲[1]

（1. 东南大学建筑学院，江苏省南京市 210096，seu_zheng_studio@sina.com；

2. 东南大学建筑设计研究院有限公司，江苏省南京市 210096）

摘要

全球范围内，建筑所消耗的能源占比达 36%，针对建筑行业的节能减排已经成为世界各国的共识。建筑性能优化作为建筑节能设计方法之一，旨在通过优化算法驱动模拟引擎自动寻优并生成优化设计方案。然而，鉴于其高昂的计算成本，不适用于快速预测和反复修正的设计。本文旨在构建耦合优化算法和神经网络的建筑性能优化设计流程，以代理模型替代建筑动态模拟引擎，由此大幅提高建筑优化效率。为验证该流程的有效性，选取南京市孔家村党群活动中心进行实证研究，以建筑能耗和室内舒适度为优化目标，以被动式设计策略为设计变量。结果显示，耦合神经网络的优化流程可以节约 67%的计算成本（约 20 h）。相较于参考建筑方案，多准则决策筛选出的最优方案在建筑能耗、室内热舒适度和自然采光性能 3 个指标层面，分别提升 17.34%、10.64%和 30.79%。此外，本文为夏热冬冷地区（南京）提供了被动式相关设计策略参考。本文所构建的方法适用于新建和改造建筑设计，同时也为性能化建筑设计和建筑节能减排提供理论参考和技术路径。

关键词：建筑性能优化；遗传算法；神经网络；建筑能耗；室内环境

Keywords: Building performance optimization; Genetic algorithms; Neural network; Building energy consumption; Indoor environment

引言

全球范围内，建筑全生命周期碳排放和能源消耗占比分别达 40%和 36%[1]。建筑行业节能减排潜力已成为世界范围内众多国家的共识[2-3]。建筑性能化设计作为建筑节能的重要设计手段，旨在通过建筑模拟软件在建筑设计早期估算建筑性能，以此权衡判断建筑方案是否满足国家相关标准规范[4]。在设计方案满足相关条件的情况下，可继续深化设计；反之，则需要重新调整并模拟设计方案[5-6]。

然而，上述传统或半定量化的性能化设计方法存在以下弊端：(1)自动化程度和执行效率较低，且存在误操作风险；(2)在基本满足相关标准的情况下，即可停止优化进程，无法深度挖掘建筑节能潜力；(3)人为操作难以探索大量建筑设计策略；(4)无法权衡多种建筑性能指标之间复杂矛盾的关系[7]。

考虑到上述问题，已有研究尝试引入计算机科学，辅助建筑性能优化设计[8]。耦合优化算法的建筑优化设计是当前较为热门的研究方向，即通过优化算法驱动建筑模拟模型自动调整寻优设计方案[9]。如图 1 所示，设计师在确定初始设计方案之后，即可将其转换为参数化的模拟模型，进而启动优化引擎求解，具有自动化和智能化的特征[10-11]。

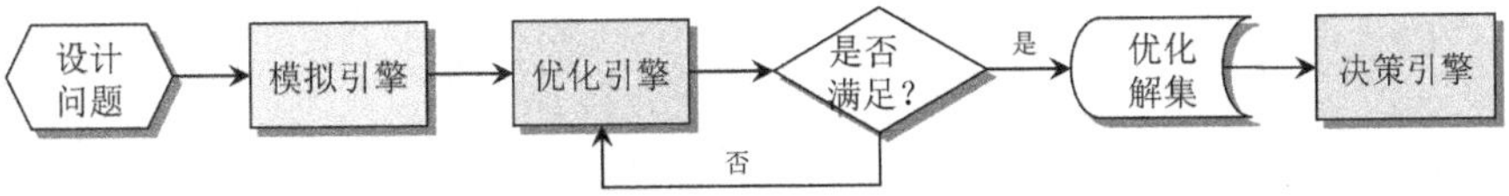

图 1　基于优化算法的建筑性能优化设计流程

尽管如此，优化算法不可避免地存在大量循环计算判断的过程。Weerasuriya 等人[12]采用了 8 个设计变量，但直至第 6 000 次才实现优化算法的收敛；Echenagucia 等人[13]通过比对试验，提出优化算法的总计算次数应设为 5 000。以遗传算法为例，现有研究通常将初始族群数量设置在 50~200 之间[14]，或者为设计变量的 2~6 倍[15]，迭代次数通常不低于 10[16]，这也意味着执行单次优化设计通常需要上千次的循环计算求解，计算成本巨大。

建筑优化设计的重要制约因素之一便是高昂的计算成本，这主要体现在两个层面：

(1) 优化算法本身具有迭代寻优的特征，算法寻优的过程需要大量算次的循环过程。

(2) 动态模拟软件（如 EnergyPlus、TRNSYS 等）本身的计算成本很高，且与建筑复杂度和体量呈正比。因此，如何提升优化效率以及节约计算成本是当前建筑性能优化设计需要解决的问题[17]。

针对上述研究问题，本文的研究目标如下：

(1) 构建一套耦合遗传算法和神经网络的建筑性能优化设计流程，通过搭建人工神经网络替换原本优化流程中的模拟引擎，在保证准确模拟结果的同时，提升优化算法的寻优效率。

(2) 选取南京市孔家村党群活动中心作为案例对所提出的方法进行验证，探究本文构架的优化流程在提升建筑性能层面的潜力，同时探究案例建筑性能指标之间的权衡关系。

(3) 最后，通过决策和分析优化建筑设计策略，明确适用于南京（夏热冬冷地区）的被动式建筑设计策略，为建筑节能和室内环境改善提供设计参考依据。

1 研究方法

1.1 优化问题的数学表达

优化问题一般分为求解最大值和最小值问题，以求解最小值优化为例，其数学表达式如下：

$$Find\ \min\{f_1(\boldsymbol{x}),\ f_2(\boldsymbol{x}),\ \cdots,\ f_k(\boldsymbol{x})\} \tag{1}$$

s. t.

$$g_i(\boldsymbol{x}) = 0,\quad i = 1,\ 2,\ \cdots,\ m \tag{2}$$

$$h_i(\boldsymbol{x}) \leqslant 0,\quad i = 1,\ 2,\ \cdots,\ n \tag{3}$$

$$x \in X \tag{4}$$

在上述公式中，f（$\boldsymbol{x}$）为目标函数，k 为整数，且当 k 大于等于 2 时，优化问题属于多目标优化问题；h_i（$\boldsymbol{x}$）和 g_i（$\boldsymbol{x}$）分别为一系列 m 和 n 个等式或不等式限制函数；X 为所有设计变量的集合，$\boldsymbol{x}$ 为一组设计变量的向量。

建筑性能优化设计在本质上就是将复杂的现实建筑设计问题转换为运筹优化问题。因此，将上述数学问题应用在建筑设计领域，其转述方式如下：

（1）X 代表所有建筑设计策略及其定义域的集合。在优化设计中，建筑设计策略通常会被转换成对应的建筑变量，而向量 $\boldsymbol{x}$ 包含了一个设计方案中所有的设计变量。

（2）目标函数 f（$\boldsymbol{x}$）代表建筑性能评价指标，包括能源、室内环境和经济成本等指标[18-19]。设计者需要根据实际需求、标准规范以及决策者喜好等因素，将性能指标转换为目标函数，由此指导优化算法寻优。

（3）限制函数 h_i（$\boldsymbol{x}$）和 g_i（$\boldsymbol{x}$）代表与建筑设计策略相关的约束条件。根据其方程式的性质，可以分为等式和不等式约束[20]。在优化设计中，约束函数的设定并非强制，在一些优化问题中，目标函数和约束函数之间可以相互转换[21-22]。

1.2 建筑优化设计流程

根据图 1 所示的优化设计特征和构建流程，优化设计主要由 3 个部分（引擎）组成：

（1）模拟引擎：通过适宜的模拟软件，将建筑设计转换为模拟模型[23]。同时，这一阶段需要确定相关性能评价指标、设计策略和限制条件，并根据公式（1）~（4）相应转化为目标函数、设计变量以及限制函数。

（2）优化引擎：选取优化算法并确定其运行参数。优化算法会根据模拟引擎中传输而来的目标函数自动调整设计变量集合，并由此迭代寻优，直至达到终止条件。如图 2 所示，根据优化算法的特征，大体可以分为启发式法、无导数搜索法和混合法[24-25]。

(3) 决策引擎：针对优化生成的解进行评级和筛选。相关方法大抵分为两类：帕累托最优法和多准则决策法[26]。帕累托最优法以点状图形式展示优化结果，但很难描绘高维目标空间；相对而言，多准则决策可以忽略目标空间的维度限制，根据决策者的偏好将原本的多目标问题转换为单目标问题。

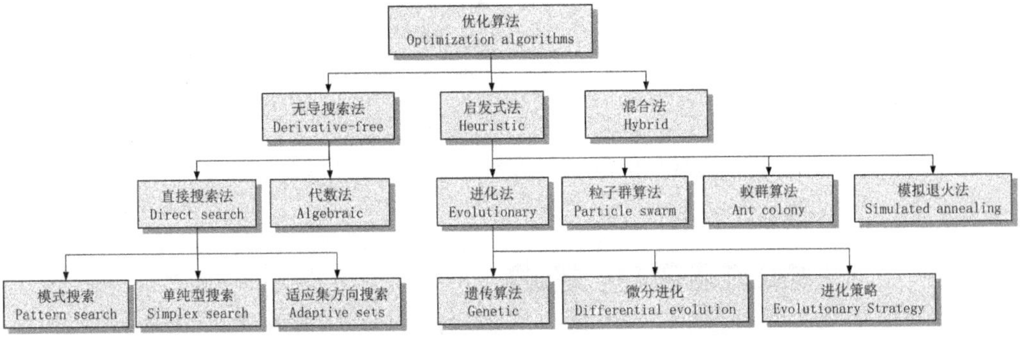

图 2　优化算法分类

1.3　人工神经网络架构

神经网络作为机器学习中监督学习的分支，需要根据训练数据拟合变量之间的非线性关系，进而建立新的数学预测模型[19]。神经网络的构架通常由 3 部分组成：节点（也称神经元）、层和边。在神经网络中，最左侧层由输入节点组成，每一个输入节点对应一个输入变量；相应地，最右侧层由输出变量节点组成、在输入层和输出层之间的为隐含层。

本文选取人工神经网络构建预测模型，其结构相对简单，只有一个隐含层。在人工神经网络中，输入变量传递到隐含层，并最终到达输出层。在传输过程中，每个节点会被赋予相应的权重（weights）和偏差（biases）。

在训练人工网络时，通常会将数据库细分为训练集、验证集和测试集。训练集用以构建一系列数学预测模型，验证集用以确认其中最适宜的权重参数，测试集用以测试上述数学模型预测结果的准确程度。最后，设计者可以根据相关性能指标（如均方误差、均方根误差等），判断人工神经网络预测模型是否符合精度要求。

1.4　耦合神经网络的优化流程

本文的研究目标在于耦合遗传算法和神经网络，构建出一套新的建筑性能设计流程。如图 3 所示，该优化设计流程主要分为 5 个部分：

(1) 制订初步设计方案，本文所选取的案例建筑为南京市孔家村党群活动中心。借助 Rhino 和 Grasshopper 平台，将设计问题转换为参数化设计模型。

(2) 定义优化问题，包括确定相关性能指标、设计策略和限制条件。随后，通过 Honeybee 工具集将参数化模型转化为模拟模型；同时，将上述性能指标和设计策略转换为相应的目标函数和设计变量。最终通过随机抽样模拟，构建用于训练神经网络的数据库。

（3）将数据库导入MATLAB平台，训练人工神经网络。通过确定评价神经网络预测数据准确度的性能指标，明确具有最佳预测精度的神经网络模型，以此作为代理模型替换优化流程中原本的动态模拟模型。

（4）以modeFRONTIER作为优化平台，选取遗传算法中的非支配遗传算法（non-dominated sorting genetic algorithms，NSGA-II）作为优化算法。在设定优化引擎相关参数之后，开启迭代优化。

（5）选取适宜的决策方法和数据可视化方法，对优化算法生成的方案集合进行筛选和评估；进一步，还可以针对最优解的具体设计变量（设计策略）进行分析，以确定适用于提升建筑相应性能指标的设计方案。

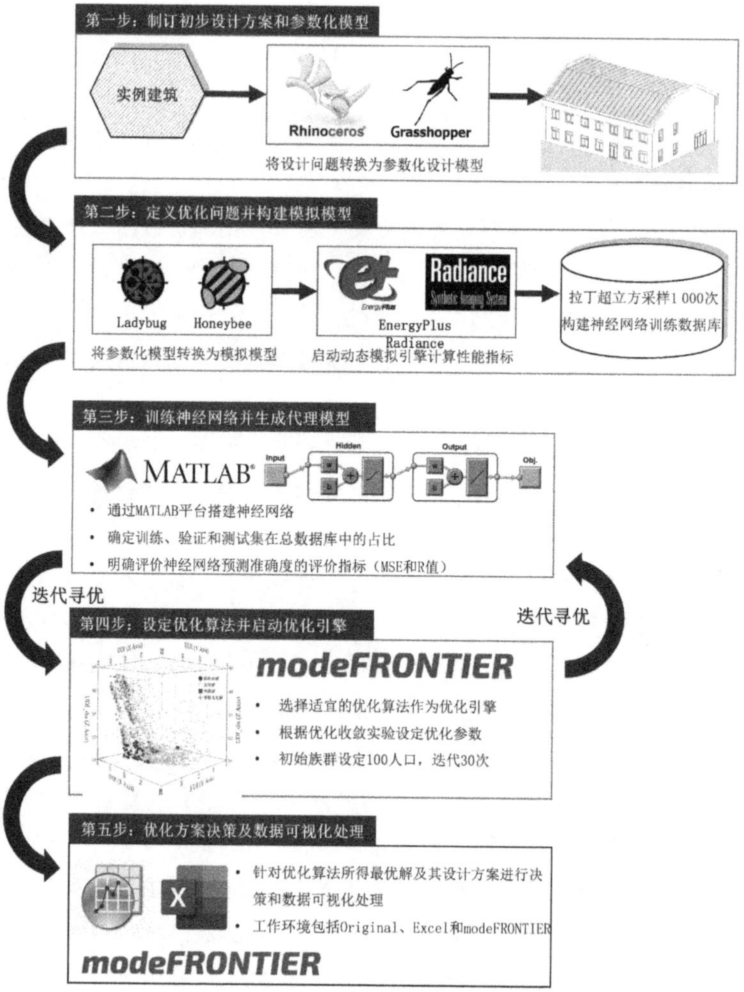

图3　耦合遗传算法和神经网络的优化设计流程

2　实证研究

2.1　案例建筑

南京市孔家村党群活动中心位于夏热冬冷气候区。如图 4 所示，活动中心由 4 栋建筑围合组成，本次试验选取位于北侧的二层办事大厅作为案例建筑。该建筑为钢结构预装装配式建筑，建筑外墙和屋面采用结构保温一体化的预制复合板。建筑共 2 层，总共划分为 4 个热区，包括楼梯间、服务大厅、办公区和会议室，总建筑面积为 526.92 m^2。建筑室内人员、空调、照明等设定参数，以及建筑围护结构的热工性能可参考文献［27］。

为了更加直观地展示优化设计对建筑性能的积极作用，本文采用理想 HVAC 模型来模拟室内暖通空调系统。根据采访，确定制冷季为 6 月 1 日至 8 月 31 日，采暖季为 12 月 1 日至次年 2 月 28 日。暖通空调系统工作时间为早 8 点至晚 6 点。供暖和空调室内设定温度分别为 20°和 26°，春秋过渡季节则采用自然通风进行室内降温。

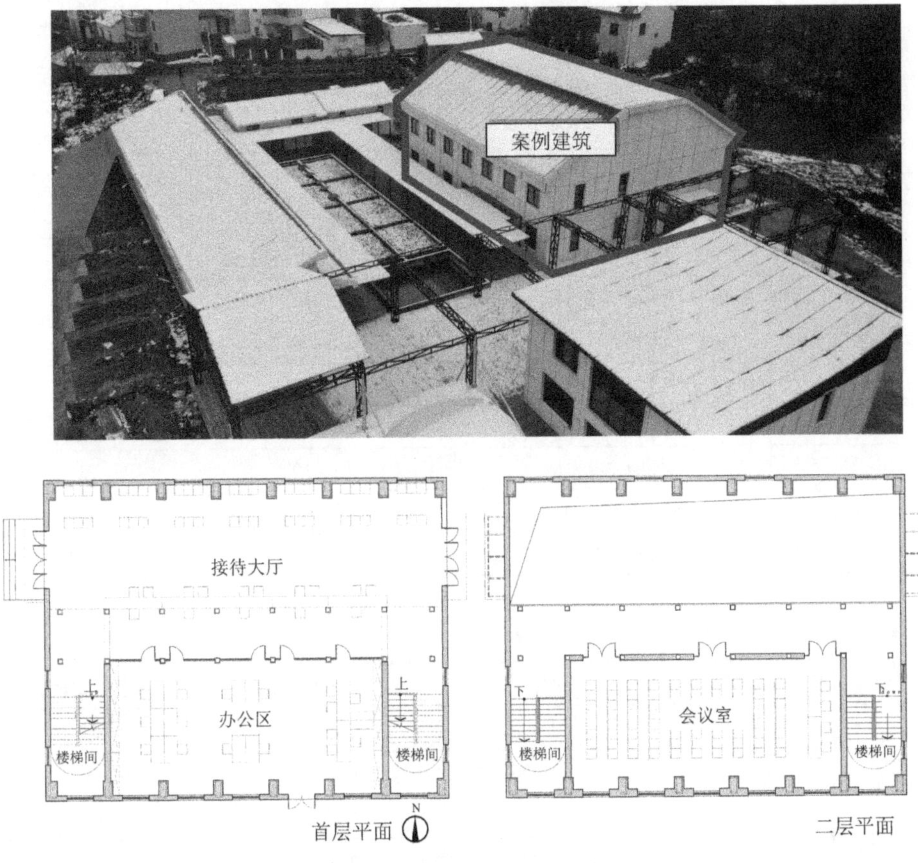

图 4　案例建筑摄影及平面图

2.2 定义优化设计问题

由于本文主要研究被动式建筑设计策略，因此涵盖包括窗墙比、围护结构构造形式和材料在内的22个设计变量。详细设计变量和材料见表1和表2。

表1 建筑优化设计变量

建筑构造	设计变量	定义域范围	步长
建筑形体	窗墙比（南侧）	[0.1, 0.7]	0.01
	窗墙比（北侧）	[0.1, 0.7]	0.01
	窗墙比（东西侧）	[0.1, 0.7]	0.01
建筑外墙	太阳辐射吸收系数	[0.25, 0.92]	0.01
	外侧结构板材料	[1, 9]	1
	外侧结构板厚度/m	[0.01, 0.025]	0.001
	保温层材料	[1, 7]	1
	保温层厚度/m	[0.03, 0.2]	0.001
	内侧结构板材料	[1, 9]	1
	内侧结构板厚度/m	[0.01, 0.025]	0.001
屋面	太阳辐射吸收系数	[0.25, 0.92]	0.01
	保温层材料	[1, 7]	1
	保温层厚度/m	[0.03, 0.3]	0.001
地面	外侧结构板材料	[1, 9]	1
	外侧结构板厚度/m	[0.01, 0.025]	0.001
	保温层材料	[1, 7]	1
	保温层厚度/m	[0.03, 0.2]	0.001
	内侧结构板材料	[1, 9]	1
	内侧结构板厚度/m	[0.01, 0.025]	0.001
窗户	外侧玻璃类型	[1, 10]	1
	中间层气体类型	空气	常数
	内侧玻璃类型	[1]	常数

表2 建筑可用材料汇总

序号	玻璃材料	厚度/m	太阳辐射透射率	太阳辐射反射率
1	透明玻璃	0.006	0.775	0.071
2	绿色吸热玻璃	0.006	0.487	0.056
3	灰色吸热玻璃	0.006	0.455	0.053
4	高透光热反射玻璃	0.006	0.66	0.18

（续表）

序号	玻璃材料	厚度/m	太阳辐射透射率	太阳辐射反射率
5	中透光热反射玻璃	0.006	0.429	0.308
6	低透光热反射玻璃	0.006	0.32	0.34
7	高透光 Low-E 玻璃	0.006	0.60	0.055
8	中高透光 Low-E 玻璃	0.006	0.43	0.07
9	中透光 Low-E 玻璃	0.006	0.36	0.035
10	低透光 Low-E 玻璃	0.006	0.26	0.06
序号	结构板材料	导热系数/［W/（m·K）］	保温层材料	导热系数/［W/（m·K）］
1	胶合板	0.17	岩棉板	0.041
2	纤维板	0.34	玻璃棉板	0.037
3	水泥刨花板	0.34	聚苯乙烯泡沫塑料板	0.033
4	稻草板	0.13	挤塑聚苯板	0.03
5	定向刨花板	0.065	聚氨酯硬泡沫塑料板	0.024
6	石棉水泥板	0.52	酚醛板	0.034
7	石膏板	0.33	发泡水泥板	0.07
8	硅酸钙板	0.20	—	—
9	氧化镁板	0.44	—	—

优化设计通常会选取相互矛盾的建筑性能指标，以此权衡比较多样的建筑设计方案[28]。本文采用建筑用电密度（energy use intensity，EUI）、室内年热舒适不满意度（indoor thermal discomfort time ratio，DTR）和年无效日照强度（dissatisfaction of useful daylight illuminance，UDI_{dis}）作为评价建筑性能的指标。

EUI 代表案例建筑单位面积年能源负荷[29]；*DTR* 是根据 ASHRAE 标准采用适应性舒适度标准所确定的建筑室内热舒适度指标[30]，取所有热区的模拟平均值；有效日照强度 *UDI* 指在给定区域内年日照强度在有效取值范围内的占比，根据中国《建筑采光设计标准》（GB 50033—2013），取值范围为 100~2 000 lx[31]。UDI_{dis} 则为上述取值范围之外建筑室内年日照强度的比例。三个目标函数的数学表达式为：

$$EUI = \frac{Q_h + Q_c + Q_e + Q_l}{A} \tag{5}$$

$$DTR = \left(1 - \frac{1}{k} \times \sum_{j=1}^{k} \frac{N_j}{8\,760}\right) \times 100\% \tag{6}$$

$$UDI_{dis} = 100\% - \frac{1}{M}\sum_{i=1}^{M} UDI_i \tag{7}$$

在上述公式中，Q 代表建筑年能源负荷，包括建筑采暖、制冷、照明和设备能耗，单位为 kW·h/（m^2·a）；A 为总建筑面积；N_j 为第 j 热区中室内环境满足热舒适条件的小时数，k 为总热区数量；i 为评价室内有效日照强度的模拟传感器的索引号；模拟传感器尺寸为 1 m×1 m，设置于办公大厅、办公室和会议室地面 0.8 m 高处；M 为模拟传感器的数量，共 348 个；UDI_i 为在 100 lx~2 000 lx 之间的年照度比例。

2.3 构建神经网络替代模型

图 5 展示了本文所构建的神经网络架构。左右两侧分别为输入层和输出层，神经元数量分别为 20 个和 3 个，隐含层含 15 个神经元。同时，本文采用拉丁超立方抽样方法收集数据样本，该方法可以以较少的样本填充设计变量空间，提高抽样效率。研究表明，采用拉丁超立方抽样法，训练 ANN 模型需要 2 倍的设计变量的样本数[32-33]。因此，本文共抽样 1 000 个数据样本用于构建训练数据库。此外，训练集、验证集和测试子集的占比分别为 70%、15%和 15%。

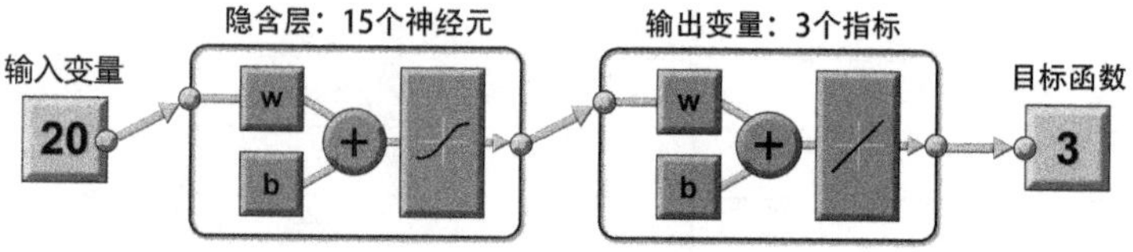

图 5　人工神经网络构架示意图

2.4 制定优化算法及其参数

本文采用 NSGA-II 作为优化算法[34]。同时，开展收敛试验以确定适宜的计算次数，即让算法自动寻优，直至无法找到足够多的非支配解时停止。收敛试验共进行 5 次，相关数据记录在表 3 中。由表可知，算法自动寻优平均计算次数为 3 191 次。基于此，本文将优化算法的初始人口设定为 100 人，迭代次数设定为 30 次，即总共进行 3 000 次优化计算。其他算法参数依据 modeFRONTIER 默认设定[35]。

表 3　自动优化试验数据

收敛试验序号	总优化算次/次	生成非支配解数量/个
1	3 059	196
2	2 257	146
3	2 402	234
4	5 013	467
5	3 224	241
平均值	3 191	257

3 试验结果

3.1 神经网络替代模型验证结果

本文采用均方误差（*MSE*）和相关系数（*R*）作为验证神经网络准确度的评价指标。试验结果如图 6 所示，训练集、验证集和测试集的 *MSE* 指标分别为 0.06、0.12 和 0.18，*R* 值均接近 1，这意味着替代模型可以精确地预测数据。

在本文中，Honeybee 单次性能模拟时间为 36 s，循环优化 3 000 算次，这意味着基于传统模拟引擎的优化流程单次执行需 30 h。相比而言，采用拉丁超立方抽样训练 1 000次神经网络后，可以瞬时完成优化设计。简言之，耦合神经网络替代模型的优化设计不仅可以节约超过 67%的时间成本（约 20 h），同时还可以多次执行优化程序，更为便捷地调整优化模型变量和算法参数。

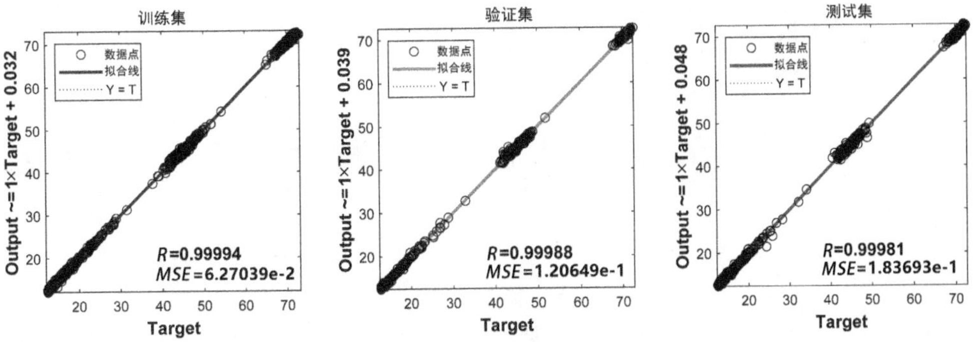

图 6 神经网络训练结果

3.2 参照建筑和优化解集分析

参照建筑模拟所得 *EUI*、*DTR* 和 UDI_{dis} 分别为 42.32 kW · h/（m^2 · a）、70.46%和 19.39%。在图 7 中，这一目标向量以方点示意；十字和圆点标记为非支配解，也被称为帕累托最优解，即在多个矛盾目标函数的情况下，所筛选出的相对最优解，这些解集也被称为帕累托前沿。优化结束后，共计生成 316 个非支配解。此外，本文将非支配解中单项目标函数弱于参照建筑的非支配解称为参照支配解，以十字标记；反之，将三项目标函数均优于参照建筑的解称为帕累托解（共 79 个），以圆点标记。此外，图 7 中浅灰色点为支配解，即被淘汰的设计方案。

图 8 展示了目标函数在优化迭代后的取值，其中粗线（100 组方案）代表目标函数的平均值迭代趋势；细线代表最小值趋势。从图 8 中可以观察到，*EUI* 和 *DTR* 两个指标的平均值和最小值在算法寻优过程中逐渐降低，这意味着建筑性能和室内热舒适环境的改善；相比较而言，UDI_{dis}平均值在迭代过程中逐步提升，这意味着建筑自然采光能力的降低。但该指标的最小值变化幅度不大，且一直保持较低水平，这可能是 UDI_{dis} 目

标很快达到了收敛状态，优化算法尝试通过牺牲采光指标来搜索另两个性能指标所造成的。

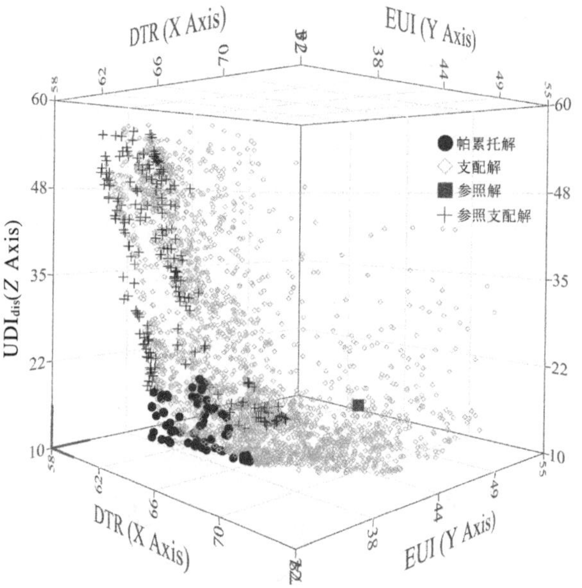

图 7 三维目标函数空间

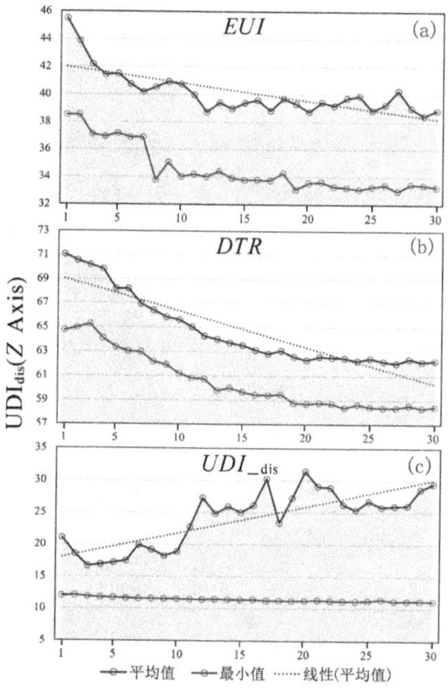

图 8 优化过程中目标函数的取值

图 9 展示了优化解集的二维分布情况。同时，为了更直观地描述帕累托解目标函数之间的关系，采用斯皮尔曼系数（Spearman Coefficient）统计所有非支配解目标函数之间的相关性，并标记在图右上角。

如图 9（a）所示，在由 *EUI* 和 *DTR* 两个指标组成的坐标系中，优化解整体趋近于左下坐标原点，这说明 *EUI* 和 *DTR* 两指标之间并没有明显权衡关系；同时，斯皮尔曼系数为-0.172，也足以说明这两个指标之间的关系为弱相关，即两个性能指标可以在近乎不互相影响的情况共同优化提升。

在图 9（b）和（c）中，参照支配解的 UDI_{dis} 值最高达到 57.31%，远远超过参照方案 19.39%的基准。在这一区间分布的参照支配解可能是因为优化算法牺牲 UDI_{dis} 指标，以此求解具有更高能耗和热舒适度的设计方案。当然，设计决策者也可以在依据标准规范和用户偏好的前提下，适当降低建筑自然采光的能力，进一步提高建筑能耗，以达到建筑节能的目标。此外，UDI_{dis} 与 *EUI* 和 *DTR* 两个指标的斯皮尔曼系数分别为-0.441和-0.718，这也说明了在本案例建筑中，建筑的自然采光能力与建筑能耗，尤其是与热舒适度呈较强的负相关关系。

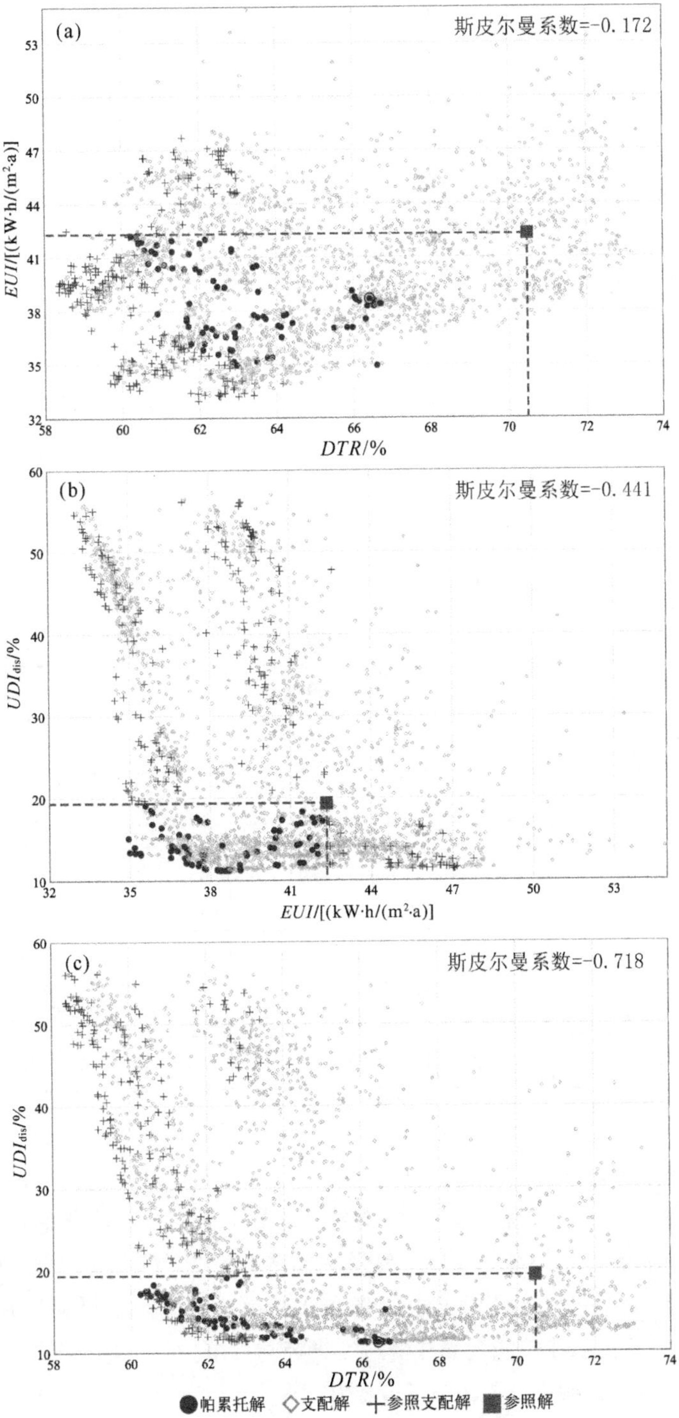

图 9 优化方案在二维目标空间中的分布

3.3 优化设计方案解析

本文采用多准则决策对所有帕累托解进行后续分析，即对三个目标函数赋予相同权重并求和，排序并筛选出综合最优的方案；同时，罗列比较帕累托解集中单个性能指标最优的方案。由表 4 可知，多准则决策最优方案的 *EUI*、*DTR* 和 UDI_{dis} 三个指标分别为 34.98 kW·h/（m^2·a）、62.96%和 13.42%。相比较于参照建筑，其在建筑能耗、室内热舒适度以及光舒适度 3 个性能层面分别提升了 17.34%、10.64%和 30.79%，证实了建筑性能优化设计在提升建筑性能方面的潜质。

表 4 决策分析筛选方案

序号	参考建筑	决策最优解	单目标决策		
			最优 *EUI* 解	最优 *DTR* 解	最优 UDI_{dis} 解
窗墙比（南侧）	0.29	0.3	0.5	0.3	0.3
窗墙比（北侧）	0.33	0.11	0.11	0.1	0.5
窗墙比（东西侧）	0.09	0.1	0.17	0.1	0.1
外墙太阳辐射系数	0.4	0.39	0.8	0.27	0.31
外墙热阻值/（m^2·K/W）	5.51	7.89	6.75	2.22	7.10
屋面太阳辐射系数	0.7	0.25	0.67	0.3	0.61
屋面热阻值/（m^2·K/W）	6.10	6.10	6.10	6.10	6.10
地面热阻值/（m^2·K/W）	3.55	0.95	1.40	0.92	1.39
窗户外侧玻璃类型	8	8	10	10	10
EUI/［kW·h/（m^2·a）］	42.32	34.98（17.34）	34.94	42.18	38.65
DTR/%	70.46	62.96（10.64）	66.61	60.24	66.42
UDI_{dis}/%	19.39	13.42（30.79）	15.15	17.21	11.15

图 10 展示了所有帕累托解中的对非整数设计变量进行归一化处理后的结果，其中折线代表参照建筑的设计变量。由图可知，部分设计变量分布与参考建筑方案存在较大差异，具体包括：（1）外墙和屋面太阳辐射系数的中值和最小值普遍位于较低水平，这意味着浅色光滑饰面（如浅色粉刷、涂层和面砖等）更有利于建筑能耗和室内舒适度的提升；（2）优化方案外墙保温层厚度在 0.1~0.9 之间，中值和平均值分别位于 0.8 和 0.6 附近，这说明建筑能耗和热舒适度指标与外围护热工性能并非呈正比，即高性能外墙保温并不一定利于能耗和舒适度提升[36]；（3）地面保温层厚度在所有优化方案中，这意味着地面保温设计策略并不适用于案例建筑相关性能的提升[37]。

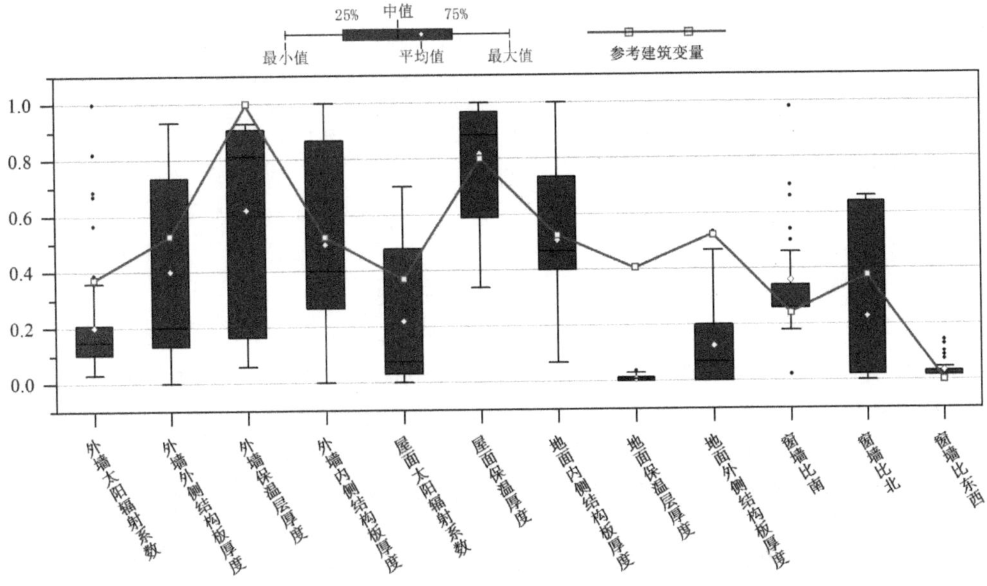

图 10 帕累托解的设计变量统计分布

结语

本文构建了一套耦合遗传算法和神经网络的建筑性能优化设计流程，即通过训练人工神经网络搭建代理模型，进而替换原本建筑优化流程中的动态模拟引擎。该方法在保证精准预测结果的同时，能够瞬时完成整个迭代优化过程，极大提高建筑性能化设计的效率。为了验证本文所提出的优化流程的有效性，以南京市孔家村党群活动中心为例进行实例研究，相关试验结果如下：

（1）基于神经网络的优化设计流程可节约超过 67%的计算成本（约 20 h）；同时，搭建的神经网络的训练集、验证集和测试集的 *MSE* 指标分别为 0.06、0.12 和 0.18，*R* 值均接近 1，这意味着神经网络替代模型可以精确地预测模拟数据。

（2）优化算法生成的非支配解并不一定是最优解。以参照建筑三项目标函数为基准，316 个非支配解中仅筛选出 79 个最优帕累托解。这意味着设计者在制订决策方案时首先需要明确设计规范和通则，明确相关性能指标的下限，以此避免筛选出在单个性能指标上表现极端的方案。

（3）夏热冬冷地区需同时兼顾隔热和保温，这意味着更为复杂矛盾的建筑节能和环境控制设计策略。试验结果显示，建筑外墙保温层热工性能与建筑能耗和舒适度指标并非呈正比，即适当降低保温材料厚度反而有利于提升建筑性能；同时，应尽量避免地面保温工程。

（4）通过多准则决策筛选出的最优设计方案的 3 个目标函数——*EUI*、*DTR* 和 UDI_{dis}

分别为 34.98 kW·h/（m^2·a）、62.96%和 13.42%，相比较于参照建筑分别提升了 17.34%、10.64%和 30.79%，验证了本文所提出的建筑性能优化设计方法的有效性。

本文所构建的建筑性能优化设计流程可以作为建筑早期设计和性能导向设计的手段之一，为设计者提供决策依据；同时，该流程同样适用于建筑改造设计中，为建筑节能改造和建成环境提升提供设计依据。

参考文献

[1] NIKOLINA S. Energy efficiency of buildings: a nearly zero-energy future? [EB/OL]. [2022-10-20]. https://www.europarl.europa.eu/RegData/etudes/BRIE/2016/582022/EPRS_BRI(2016)582022_EN.pdf.

[2] 中华人民共和国住房和城乡建设部."十四五"建筑节能与绿色建筑发展规划[R]. 2022.

[3] ZHANG S C, WANG K, XU W, et al. Policy recommendations for the zero energy building promotion towards carbon neutral in Asia-Pacific Region [J]. Energy Policy, 2021, 159: 112661.

[4] 中华人民共和国住房和城乡建设部.建筑节能与可再生能源利用通用规范：GB 55015—2021[S]. 北京：中国建筑工业出版社,2021.

[5] 中华人民共和国住房和城乡建设部.民用建筑能耗标准:GB/T 51161—2016[S]. 北京：中国建筑工业出版社,2016.

[6] 孙澄,韩昀松. 基于计算性思维的建筑绿色性能智能优化设计探索[J]. 建筑学报,2020(10): 88-94.

[7] HONG T, KIM J, LEE M. A multi-objective optimization model for determining the building design and occupant behaviors based on energy, economic, and environmental performance[J]. Energy, 2019, 174: 823-834.

[8] EZSENHOWER B, O'NEILL Z, NARAYANAN S, et al. A methodology for meta-model based optimization in building energy models[J]. Energy and Building, 2012, 47: 292-301.

[9] YAN B, HAO F, MENG X. When artificial intelligence meets building energy efficiency, a review focusing on zero energy building[J]. Artifical zntelligence Review, 2021, 54(3): 2193-2220.

[10] CUI Y F, GENGZ Q, ZHU Q X, et al. Review: Multi-objective optimization methods and application in energy saving[J]. Energy, 2017, 125: 681-704.

[11] KHEIRI F. A review on optimization methods applied in energy-efficient building geometry and envelope design [J]. Renewable and Sustainable Energy, 2018, 92: 897-920.

[12] WEERASURIYA A U, ZHANG X, WANG J, et al. Performance evaluation of population-based metaheuristic algorithms and decision-making for multi-objective optimization of building design [J]. Building and Environment, 2021, 198: 107-855.

[13] MENDEZ E T, CAPOZZOLI A, CASCONE Y, et al. The early design stage of a building envelope: multi-objective search through heating, cooling and lighting energy performance analysis[J]. Applied Energy, 2015, 154: 577-591.

[14] ZHAO J, DU Y. Multi-objective optimization design for windows and shading configuration considering energy consumption and thermal comfort: a case study for office building in different climatic regions of China[J]. Solar Energy, 2020, 206: 997-1017.

[15] ASCIONE F, BIANCO N, DE STASIO N, et al. Multi-stage and multi-objective optimization for energy

retrofitting a developed hospital reference building: a new approach to assess cost-optimality[J]. Applied Energy, 2016, 174: 37-68.

[16] HONG T Z, LANGEVIN J, SUN K Y. Building simulation: ten challenges[J]. Building Simulation, 2018, 11(5): 871-898.

[17] FERRARA M, SANTA F D, BILARDO M, et al. Design optimization of renewable energy systems for NZEBs based on deep residual learning[J]. Renewable Energy, 2021, 176: 590-605.

[18] SHI X, TIAN Z C, CHEN W Q, et al. A review on building energy efficient design optimization Rom the perspective of architects[J]. Renewable and Sustainable Energy Reviews, 2016, 65: 872-884.

[19] MEHMOOD M U, CHUN D, zEESHAN Z, et al. A review of the applications of artificial intelligence and big data to buildings for energy-efficiency and a comfortable indoor living environment[J]. Energy and Buildings, 2019, 202: 109383.

[20] KHEZRI R, MAHMOUDI A, WHALEY D. Optimal sizing and comparative analysis of rooftop PV and battery for grid-connected households with all-electric and gas-electricity utility[J]. Energy, 2022, 251: 123876.

[21] WORTMANN T, FISCHER T. Does architectural design optimization require multiple objectives? : a critical analysis[C]//Proceedings of the 25th Conference on Computer Aided Architectural Design Research in Asia. Bangkok, 2020: 365-374.

[22] HE L H, ZHANG L. A bi-objective optimization of energy consumption and investment cost for public building envelope design based on the ε-constraint method[J]. Energy and Buildings, 2022, 266: 112-133.

[23] TIAN Z C, ZHANG X, JIN X, ET AL. Towards adoption of building energy simulation and optimization for passive building design: a survey and a review[J]. Energy and Buildings, 2018, 158: 1306-1316.

[24] MACHAIRAS V, TSANGRASSOULIS A, AXARLI K. Algorithms for optimization of building design: a review[J]. Renewable and Sustainable Energy Reviews, 2014, 31: 101-112.

[25] SI B H, TIAN Z, JIN X, et al. Ineffectiveness of optimization algorithms in building energy optimization and possible causes[J]. Renewable Energy, 2019, 134: 1295-1306.

[26] JING R, WANG M, ZHANG Z, et al. Comparative study of posteriori decision-making methods when designing building integrated energy systems with multi-objectives[J]. Energy and Buildings, 2019, 194: 123-139.

[27] QU K C, ZHOU X, ZHANG H, et al. Comparison analysis on simplification methods of building performance optimization for passive building design[J]. Building and Environment, 2022, 216: 108-990.

[28] ALSHARIF R, ARASHPOUR M, CHANG V, et al. A review of building parameters' roles in conserving energy versus maintaining comfort[J]. Journal of Building Engineering, 2021, 35: 102087.

[29] LI H Y, GENG G, XUE Y B. Atrium energy efficiency design based on dimensionless index parameters for office building in severe cold region of China[J].Building Simulation, 2020, 13(3): 515-525.

[30] DE DEAR R J, BRAGER G S. Thermal comfort in naturally ventilated buildings: revisions to ASHRAE Standard 55[J]. Energy and Buildings, 2002, 34(6): 549-561.

[31] 中华人民共和国住房和城乡建设部. 建筑采光设计标准: GB 50033—2013[S]. 北京: 中国建筑工业出版社, 2013.

[32] TIAN W, HEO Y, DE WILDE P, et al. A review of uncertainty analysis in building energy assessment[J]. Renewable and Sustainable Energy Reviews, 2018, 93: 285-301.

[33] LI H X, WANG S. Coordinated robust optimal design of building envelope and energy systems for zero/low energy buildings considering uncertainties[J]. Applied Energy, 2020, 265: 114-779.
[34] BARBER K A, KRARTI M. A review of optimization based tools for design and control of building energy systems[J]. Renewable and Sustainable Energy Reviews, 2022, 160: 112-359.
[35] ESTECO SpA. modeFRONTIER [EB/OL]. [2022-10-20]. https: //www.esteco.com/modefrontier.
[36] 中华人民共和国住房和城乡建设部. 公共建筑节能设计标准: GB 50189—2015[S]. 北京: 中国建筑工业出版社, 2015.
[37] ASCIONE F, BIANCO N, MAURO G M, et al. A new comprehensive framework for the multi-objective optimization of building energy design: Harlequin[J]. Applied Energy, 2019, 241: 331-361.

图表来源

图 1~3、图 5~10: 作者自绘.

图 4: 摄影来源:东南大学建筑设计研究院有限公司工业化住宅与建筑工业研究所,图片来源:作者自绘.

表 1~4: 作者自绘.

基于机器学习的武汉商住街区空间形态量化分类研究

郭 放[1] 王昶厶[1] 李竟一[1*]

（1. 华中科技大学建筑与城市规划学院，湖北省武汉市 430072，jimmylee@hust. edu. cn）

摘要

街区作为组成城市的重要元素，其空间形态的量化分析与分类十分必要。本文选取了武汉中心城区的 1 252 个街区并提取常见空间形态学指标作为指标数据集；对数据集进行了 PCA 主成分分析，得到了 6 个主成分指标；通过 t-SNE（t-distributed stochastic neighbor embedding）算法进行了进一步的降维处理；通过 K-means、DBSCAN 以及 SVC（support vector cluster）这三种机器学习聚类算法获得了降维后的数据集对应街区的分类结果，发现 PCA 降维过程中贡献率较高的 6 个指标可以作为有效的城市空间形态分析指标，且发现不同聚类算法的聚类结果并不相同，需要研究人员进行比较分析。通过实际调研，研究发现通过指标量化分析，可以有效地对武汉商住小区进行分类。

关键词：PCA 主成分分析；t-SNE 降维算法；机器学习；城市形态学指标；支持向量机聚类

Keywords：Principal component analysis；t-SNE algorithm；Machine learning；Urban morphological indicators；Support vector classification

引言

随着中国城市发展由增量型发展模式向存量型发展模式转变，如何进行有效的城市更新已经变成了中国城市发展的核心问题。这一现象使得城市设计正成为中国城市转型发展中的学术探讨和工程实践热点。城市设计的核心内容为城市空间形态的设计与营造[1]。城市空间是由多种要素组成的。街区，通常是被道路所包围的城市区域，是城市结构的基本组成单位。街区形态[2]设计可以认为是城市形态设计的重要组成环节。

在提升街区空间质量之前，需要先明确如何进行街区空间质量评估。关于街区空间质量评估的标准有很多，主要分为以下 3 类：（1）区域内物质的物理属性，如建筑或街道的位置、形状等；（2）区域内的文化属性，即区域内文化资源和空间对应的文化属性以及文化意向；（3）区域内的环境舒适度以及对应的量化数据。近年来，由于国家提出了“健康城市”的城市设计主旨，人们对于城市环境质量的要求逐步提高，研究人员也开始重视城市空间形态与城市物理环境的关联性研究。比如，研究人员希望发现城市内建筑或街道的几何特征与城市日照或者城市风环境之间的关联性[3-5]。由于城市日照或者城市风环境在城市不同区域内情况不同，因此对于城市形态需要划分不同区域进行空间质量的量化分析，然后再与不同区域的环境量化数据进行关联性分析。城市空间关联性研究的主要难点就是如何对城市物质空间特征进行量化描述。只有有效地量化表达城市空间特征，才能将其和城市环境质量的各项量化数据的关联性研究推进下去。

1 国内外研究成果

近年来城市形态学研究领域出现了很多量化分析的方法与系统，比如 Space Syntax[6-7]、Spacemate[8-9]、MXI[10]、Place Syntax[11]、Urban Network Analysis[12]等。早在1970 年代，Clark 等人[13]就比较了欧洲城市较为典型的几种城市肌理的密度指标：容积率、建筑层数和土地覆盖率，使得建筑和城市设计中的土地使用有了基本的量化指导。但是，城市形态不仅是密度问题，还是一种空间结构问题。英国的 Bill Hillier 提出了 Space Syntax 理论，他通过 connectivity、step depth 以及 integration 这几个指标分析城市空间的结构问题，但是 Bill Hillier 的理论缺乏对空间几何特征的关注。荷兰的 Pont 和 Haupt 提出了 Spacemate 理论[9]，他们将建筑容积率、建筑覆盖率、平均层数和开放空间率这四个指标结合，通过图表的形式将建筑密度与城市形态相关联。传统建筑学理论一直以来都在探索如何有效地描述城市空间特征，但是这些理论都缺乏有效的量化分析指标。不论是 Trancik[14]总结的三类城市设计理论模型，还是 Lynch 等人[15]提出的空间认知理论都缺乏量化指标，都需要接受相关理论学习，通过经验与理论进行主观判断。

随着计算机工具的发展以及全球地理信息系统（GIS）的完善，不少学者利用 GIS 平台的卫星图像进行城市形态分析。有学者从视觉感知角度对不同城市肌理下的城市街道平面进行街道空间形态的数据化分析和比较，建构了新的街道空间形态关键指标，通过新的指标体系区分不同类型街道的空间形态。王冠玉[16]、成敏[17]分别从二维和三维的角度，运用视域、天空开阔度（SVF）等方法来表达空间的开敞程度、可视度等特征。有学者希望通过图像信息进行城市形态量化研究，但是由于图像信息的数据维度以及数据量级过大，研究人员很难对图像信息进行有效的分析。随着机器学习以及深度学习技术的出现，对于高纬度数据以及大数据，人们有了有效的分析手段。Albert 等人[18]通过深度学习技术对 140 000 个欧洲城市的卫星图像进行学习，并进行了有效的分类处理。

2 武汉商住街区选择

本文选择武汉中心城区的商住街区作为研究对象。武汉中心城区的商住街区地块开发强度不同，同时受长江汉水以及其他水系的影响，街区几何特征和空间特征都呈现出复杂性与差异性。但是，由于中国商住街区的开发具有一定的规律性和一致性，因此通过形态学分析可以寻找到其空间形态的规律。

本文选取江岸区、硚口区、汉阳区、武昌区以及洪山区这五个武汉的主要区域进行研究，共计选取了 1 252 个商住街区数据，其中江岸区 259 个街区，硚口区 232 个街区，汉阳区 249 个街区，武昌区 361 个街区，洪山区 151 个街区（图 1）。

图 1 研究选取的街区分布图

3 街区形态学指标

3.1 形态学指标选择

有研究[19]通过形态学指标进行街区空间形态量化分析，不同背景的学者提出了大量相关的指标。这些指标中部分指标之间有着密切的理论联系，且能够通过公式进行转换。因此可以通过对大量街区之间的指标值进行对比，筛选出特征值较高的指标，建立有效的空间形态量化指标体系。本文选取的 16 个形态学指标可分成 3 个方面，包括：（1）街区形态学指标类（5 个指标）；（2）街区内建筑形态学指标类（7 个指标）；（3）街区内建筑朝向指标类（4 个指标）。表 1 为选取的 16 个形态学指标的具体描述。

表 1 16 个形态学指标

指标名称	指标类型	指标符号	计算公式	指标单位
街区建筑容积率	街区形态学整体指标	FAR	$FAR = \frac{\sum_{i=1}^{n} A_i \times N_i}{TA}$	无
街区建筑密度		BCR	$BCR = \frac{\sum_{i=1}^{n} A_i}{TA}$	无
街区最大迎风面面积比		WAR_{max}	无	无
街区最小外接矩形面积比		BRA	$BRA = \frac{TA}{BR}$	无
街区最小外接矩形长宽比		BRR	$BRR = \frac{BRL}{BRW}$	无
街区占地面积		TA	无	m^2
街区最小外接圆面积		CCA	$CCA = CCR^2 \times \pi$	m^2
建筑单体平均高度	街区内建筑形态学指标	BH_{ave}	$BH_{ave} = \frac{\sum_{i=1}^{n} BH_i}{n}$	m
建筑单体平均高度标准差		BH_{sd}	$BH_{sd} = \sqrt{\frac{\sum_{i=1}^{n} (BH_i - BH_{ave})^2}{n-1}}$	m
建筑单体平均面积		BA_{ave}	$BA_{ave} = \frac{\sum_{i=1}^{n} BA_i}{n}$	m^2
建筑单体面积标准差		BA_{sd}	$BA_{sd} = \sqrt{\frac{\sum_{i=1}^{n} (BA_i - BA_{ave})^2}{n-1}}$	m^2
建筑单体平均周长		BL_{ave}	$BL_{ave} = \frac{\sum_{i=1}^{n} BL_i}{n}$	m
建筑单体周长标准差		BL_{sd}	$BL_{sd} = \sqrt{\frac{\sum_{i=1}^{n} (BL_i - BL_{ave})^2}{n-1}}$	m
建筑最小外接矩形平均长宽比		BS_{ave}	$BS_{ave} = \frac{\sum_{i=1}^{n} \frac{BRL_i}{BRW_i}}{n}$	无
建筑单体主立面与南向平均夹角	街区内建筑朝向指标	ANS_{ave}	$ANS_{ave} = \frac{\sum_{i=1}^{n} ANS_i}{n}$	°
建筑单体主立面与主干道方向平均夹角		AND_{ave}	$AND_{ave} = \frac{\sum_{i=1}^{n} AND_i}{n}$	°

3.2 街区形态学指标筛选

由于16个指标信息维度过高，无法分辨出哪些指标主要影响街区形态，因此需要提取主要指标。本文选用主成分分析（principal component analysis，PCA）方法[20]进行主要形态学指标的提取。由图2可见，运用PCA处理会产生信息损失，信息损失率在指标数量降到6个之前，损失曲线较为平滑；指标数量在6个以下时，曲线斜率较大。所以本文认为主成分指标数量为6个较为合理。

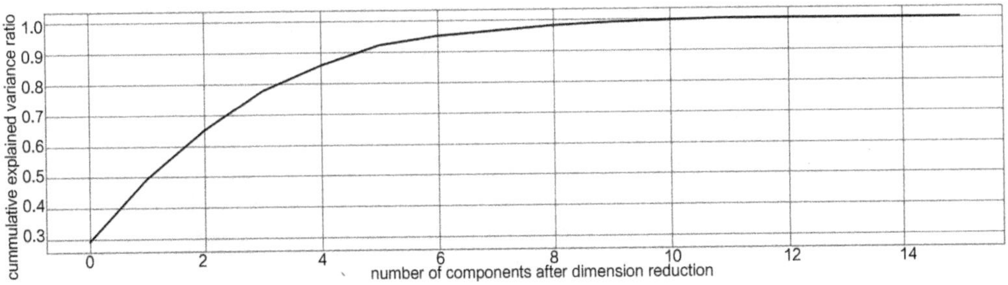

图2 PCA降维的信息损失率曲线

笔者发现这6个指标的贡献率排名由高到低为：(1) 街区占地面积（*TA*）；(2) 街区建筑密度（*BCR*）；(3) 建筑单体平均高度（BH_{ave}）；(4) 街区最小外接圆面积（*CCA*）；(5) 街区建筑容积率（*FAR*）；(6) 街区最大迎风面面积比（WAR_{max}）。这6个主成分指标分别属于不同的指标类型：*TA* 和 *CCA* 属于街区平面形态指标；*BCR* 和 *FAR* 属于街区空间形态指标；BH_{ave}属于建筑单体高度指标；WAR_{max}属于建筑立面指标。这说明当研究人员需要全面地量化评价街区空间形态时，需要对不同类型的量化指标进行多维度分析。

(1) *TA* 和 *CCA*：*TA* 和 *CCA* 都是能够描述街区平面大小的指标。由于1 252个街区的平面大小相差巨大，因此这两个指标的PCA贡献率较高。

(2) *BCR*：*BCR* 可以较为准确地反映街区在平面上的拥挤程度。武汉城区的发展历史悠久，众多街区发展情况不同，*BCR* 可以很准确地反映街区的空间形态特征。

(3) BH_{ave}和 *FAR*：BH_{ave}和 *FAR* 都是描述街区建筑高度的指标。其中 *FAR* 不仅可以描述街区内建筑在垂直方向的“拥挤程度”，还可以描述街区内建筑在平面方向的“拥挤程度”。

(4) WAR_{max}：武汉部分街区是沿着城市主干道进行划分的，这部分街区的建筑布局需要考虑与主干道的关系，因此这些街区在最大迎风面方面与其他街区的情况较为不同。

4 街区形态学分类

4.1 街区形态学指标聚类分析

本文将经PCA处理后的数据集作为新的数据集，并采用t-SNE方法进行二维展示。

t-SNE（t-distributed stochastic neighbor embedding）[21-22] 方法可以在不损失各个维度信息的同时将数据进行降维展示。图 3 展示了数据集在 t-SNE 降维算法下的二维分布情况，研究发现数据具有聚集现象，这说明可以通过聚类算法进行街区分类。下文将使用 K-means 算法[23-24]，DBSCAN（density-based spatial clustering of applications with noise）算法[25]以及支持向量机聚类（SVC）算法[26]进行聚类分析。

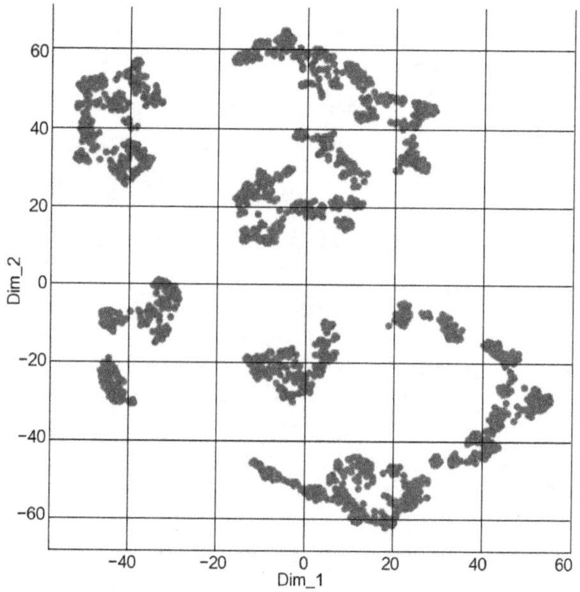

图 3 数据集在 t-SNE 降维算法下的二维分布情况

K-means 聚类算法需要在计算前设定聚类簇个数，这不符合本文研究的目的，因此先通过 DBSCAN 算法和 SVC 算法进行聚类，确定合适的聚类簇个数，再进行K-means聚类计算。

设定 DBSCAN 算法的半径为 12，局部最小密度为 3，最后计算获得了 5 个聚类簇。同时，设定 SVC 算法的 p 值为 0.002，B 值为 100，q 值为 0.000 8，*eps*1 值为 3，*eps*2 值为 3.3，学习率为 50，最后计算获得了 6 个聚类簇。研究发现，SVC 的聚类结果较好，所以最后确定聚类簇的个数为 6。设定 K-means 算法的初始簇个数为 6。最后，由图 4 三种聚类算法的结果可知，K-means 聚类算法与 SVC 聚类算法结果较为一致，而 DBSCAN 算法由于是密度算法，缺乏全局性，因此聚类结果相比于其他两种算法结果存在缺陷。

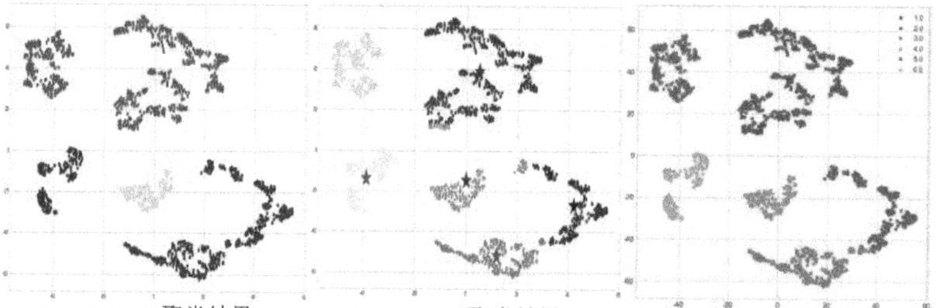

(a) DBSCAN聚类结果　(b) K-means聚类结果　(c) SVC聚类结果

图 4 数据集在不同算法下的聚类结果

4.2 两种算法的聚类结果比较分析

对 K-means 聚类结果与 SVC 聚类结果进行交叉比较验证。研究发现，这两种聚类结果在 57 个街区的归属上存在差异，占有效街区的 4.55%。本文对这两种聚类方法进行新的分类，形成最终聚类结果。图 5 为最终聚类结果展示。

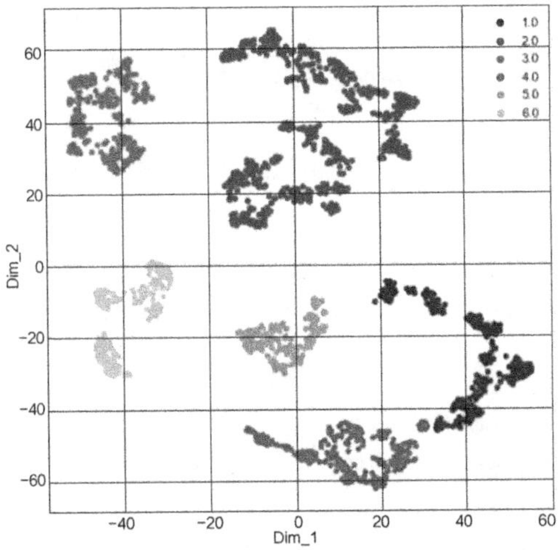

图 5 最终聚类结果

5 街区分类结果描述

5.1 最终聚类结果的街区形态指标描述

对各个街区的 6 个主成分指标按照簇的分类结果进行划分，并通过图 6 将各个簇的指标值由大到小进行整理展示。

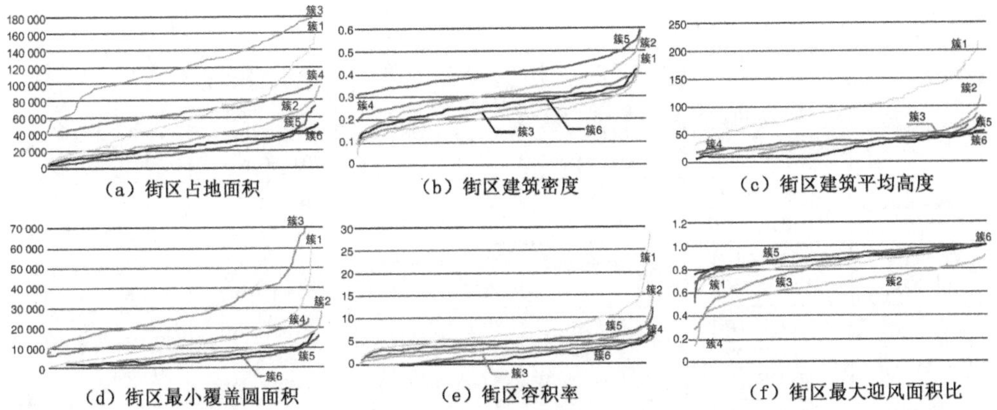

图 6 各个簇指标值展示

由图 6 可知，对 6 个主成分指标进行街区形态学聚类是合理的，各个指标的折线图呈现明显的分层情况。研究发现，各个簇在不同指标上的分布情况十分不同，需要分别进行分析：

（1）街区占地面积方面：簇 3 和其他簇区别较大。簇 1 和簇 4 存在一定的交集，这说明簇 1 和簇 4 不是主要依据街区占地面积指标进行聚类划分的。

（2）街区建筑密度方面：簇 5 和其他簇区别较大。簇 2 和簇 4 存在一定的交集，这说明簇 2 和簇 4 不是主要依据街区建筑密度进行聚类划分的。

（3）建筑单体平均高度方面：簇 1 和其他簇区别很大。簇 6 和其他簇有一定区别。

（4）街区最小外接圆面积方面：由于街区最小外接圆面积与街区面积有一定的相似性，因此各个簇在这两个指标的分布情况十分接近。

（5）街区建筑容积率方面：簇 1 和其他簇区别较大，其他簇之间有一定的区别。

（6）街区最大迎风面面积比方面：簇 2 和其他簇之间指标值区别较大，其他簇之间区别不大。

5.2 最终聚类结果的街区形态类型描述

对最终聚类结果中各个簇的指标进行独立分析后发现，各个簇的形态学 指标具有一定特点。继而对 6 个指标的取值范围进行了划分，将每个指标的取值范围划分成 5 段，对于每段取值进行标签设定，具体设定如表 2 所示。

对聚类结果中各个簇的指标值进行平均值处理后，发现，可以通过各个簇的指标平均值对簇进行特征描述。各个簇的指标平均值如表 3 所示。

簇 1：一共 190 个街区，占总街区数量的 15.2%。研究认为簇 1 的街区是以高层建筑为主的小型街区，整体为低密度高容积率街区。

簇 2：一共 431 个街区，占总街区数量的 34.4%。研究认为簇 2 的街区是以小高层建筑为主的小型街区，整体为建筑密度较低以及容积率适中的街区。

表 2 6 个指标不同取值范围及其描述

指标名称	标签 1（范围）	标签 2（范围）	标签 3（范围）	标签 4（范围）	标签 5（范围）
街区占地面积	极小型街区（32 000 m^2 以下）	小型街区（32 000~64 000 m^2）	中型街区（64 000~96 000 m^2）	较大型街区（96 000~128 000 m^2）	极大型街区（128 000 m^2 以上）
街区建筑密度	低密度街区（0.25 以下）	较低密度街区（0.25~0.40）	适中密度街区（0.40~0.55）	较高密度街区（0.55~0.70）	高密度街区（0.70 以上）
建筑单体平均高度	低层建筑街区（12 m 以下）	多层建筑街区（12~27 m）	小高层建筑街区（27~60 m）	高层建筑街区（60~100 m）	超高层建筑街区（100 m 以上）
街区最小外接圆面积	极小型圆形街区（1 000 000 m^2 以下）	小型圆形街区（1 000 000~2 000 000 m^2）	中型圆形街区（2 000 000~3 000 000 m^2）	大型圆形街区（300 000~4 000 000 m^2）	极大型圆形街区（400 000 m^2 以上）
街区建筑容积率	容积率低街区（1.5 以下）	容积率较低街区（1.5~3.0）	容积率适中街区（3.0~4.5）	容积率较高街区（4.5~6.0）	容积率高街区（6.0 以上）
街区最大迎风面面积比	迎风面稀松街区（0.2 以下）	迎风面较稀松街区（0.2~0.4）	迎风面拥堵率适中的街区（0.4~0.6）	迎风面拥堵街区（0.6~0.8）	迎风面极拥堵街区（0.8 以上）

表 3　各个簇的指标平均值

簇的编号	街区占地面积/m^2	街区建筑密度	建筑单体平均高度/m	街区最小外接圆面积/m^2	街区建筑容积率	街区最大迎风面面积比
簇 1	60 778	0. 22	98. 59	127 718	7. 30	0. 84
簇 2	34 851	0. 32	36. 31	70 254	3. 89	0. 67
簇 3	133 742	0. 24	34. 11	290 467	2. 77	0. 81
簇 4	67 600	0. 31	36. 17	134 850	3. 89	0. 90
簇 5	20 911	0. 41	36. 96	42 050	5. 29	0. 89
簇 6	25 069	0. 26	25. 15	51 381	2. 35	0. 92

簇 3：一共 204 个街区，占总街区数量的 16. 3%。研究认为簇 3 的街区是以小高层建筑为主的大型街区，整体为建筑密度低且容积率较低的街区。

簇 4：一共 116 个街区，占总街区数量的 9. 3%。研究认为簇 4 的街区是以小高层建筑为主的中型街区，整体为建筑密度较低且容积率适中的街区。

簇 5：一共 186 个街区，占总街区数量的 14. 9%。研究认为簇 5 的街区是以小高层建筑为主的极小型街区，整体为建筑密度适中且容积率较高的街区。

簇 6：一共 125 个街区，占总街区数量的 10. 0%。研究认为簇 6 的街区是以多层建筑为主的极小型街区，整体为建筑密度较低且容积率较低的街区。

本文将 6 个聚类簇的街区进行图像处理，将街区中的建筑按照灰度进行填色，建筑越高颜色越白，建筑越矮颜色越黑。通过比较不同簇的图像发现，通过聚类算法进行指标分类是较为合理的，各个簇的图像符合前文对于各个簇的形态学特征描述。6 个簇的典型街区如表 4 所示。

表 4　6 个聚类簇典型街区图像展示表

簇编号	典型街区图像	簇编号	典型街区图像
簇 1		簇 4	
簇 2		簇 5	
簇 3	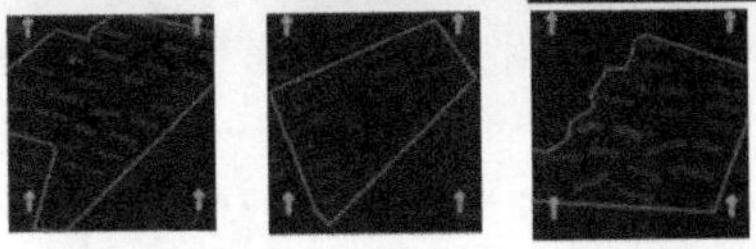	簇 6	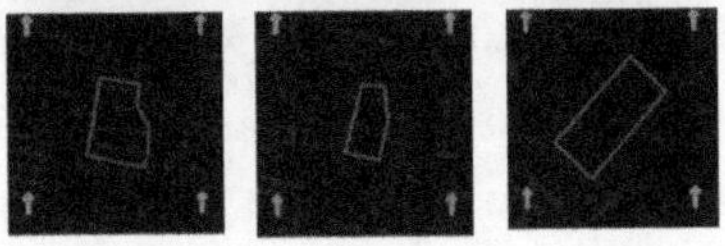

结语

本文通过对1 252个武汉商住街区的空间形态学指标进行PCA主成分分析，获取了16个空间形态学指标中能够有效描述武汉商住街区空间特征的6个主成分指标；对主成分空间形态学指标进行t-SNE降维处理，并对降维后的数据进行聚类分析；通过3种不同的聚类算法对商住小区进行了分类处理，并对SVC聚类结果和K-means聚类结果做比较分析，获取了1 252个武汉商住小区的空间形态学最终聚类结果；对最终聚类结果进行了各个指标的独立分析，并发现各个聚类簇在不同指标方面都有较明显的区别，这说明通过6个主成分指标可以对1 252个街区进行有效的分类；通过各个聚类簇的指标平均值对各个簇的街区进行空间形态特征描述，将各个聚类簇在武汉地图上进行了可视化处理，并发现各个聚类簇的分布具有很强的规律性，这说明聚类分析结果较为合理。

参考文献

[1] PENG Y L, GAO Z, BUCCOLIERI R, et al. An investigation of the quantitative correlation between urban morphology parameters and outdoor ventilation efficiency indices[J]. Atmosphere, 2019, 10(1):33.

[2] TRINDADE D S F, REIS N C, SANTOS J M, et al. The impact of urban block typology on pollutant dispersion[J]. Journal of Wind Engineering and Industrial Aerodynamics, 2021, 210:104-524.

[3] XU H H, CHEN H, ZHOU X, et al. Research on the relationship between urban morphology and air temperature based on mobile measurement: a case study in Wuhan, China[J]. Urban Climate, 2020, 34: 100-671.

[4] ZHANG J, XU L, SHABUNKO V, et al. Impact of urban block typology on building solar potential and energy use efficiency in tropical high-density city[J]. Applied Energy, 2019, 240:513-533.

[5] CHEW LW, NORFORD LK. Pedestrian-level wind speed enhancement in urban street canyons with void decks [J]. Building and Environment, 2018, 146:64-76.

[6] HILLIER B, HANSON J. The social logic of space[M]. Cambridge:Cambridge University Press, 1984.

[7] HILLIER B. Space is the machine: a configurational theory of architecture[M]. Cambridge, MA: Cambridge University Press, 1996.

[8] PONT M B, HAUPT P. The relation between urban form and density[J]. Urban Morphology, 2007, 11(1): 142-146.

[9] PONT M B, HAUPT P. Spacematrix: space, density and urban form[M]. Rotterdam: NAI Publishers, 2010.

[10] HOEK J W V D. The MXI (mixed-use index) as tool for urban planning and analysis[M] //PROVOOST M. New towns for the 21st century: the planned vs. the unplanned city. Amsterdam: SUN Architecture, 2009.

[11] STÄHLE A, MARCUS L, KARLSTRÖM A. Place Syntax: geographic accessibility with axial lines in GIS[C] //Proceedings of the 5th international symposium on space syntax ed. London, 2005:131-144.

[12] SEVTSUK A, MEKONNEN M. Urban network analysis: a new toolbox for ArcGIS[J]. Revue Internationale De Géomatique, 2012, 22(2):287-305.

[13] CLARK W A V, MARTIN L, MARCH L. Urban space and structures[J]. Geographical Review, 1975, 65(1):138.

[14] TRANCIK R. Finding lost space:theories of urban design[M]. New York:John Wiley, 1986

[15] Lynch K, Banerjee T, Southworth M. City sense and city design:writings and projects of Kevin Lynch[J]. Landscape Journal, 1990, 11:87-87.

[16] 王冠玉. 基于视域的城市广场空间形态数据化表述:以传统广场为例[D]. 南京:南京大学, 2011.

[17] 成敏. 基于天空开阔度的城市街道空间形态研究:以南京为例[D]. 南京:南京大学, 2012.

[18] ALBERT A, KAUR J, GONZALEZ M C. Using convolutional networks and satellite imagery to identify patterns in urban environments at a large scale[C]//Proceedings of the 23rd ACM SIGKDD International Conference on Knowledge Discovery and Data Mining. Halifax, 2017:1357-1366.

[19] CHEN W, WU A N, BILJECKI F. Classification of urban morphology with deep learning:application on urban vitality[J]. Computers, Environment and Urban Systems, 2021, 90:101-706.

[20] OWEN S M, MACKENZIE A R, BUNCE R G H, et al. Urban land classification and its uncertainties using principal component and cluster analyses:a case study for the UK West Midlands[J]. Landscape and Urban Planning, 2006, 78(4):311-321.

[21] LINDERMAN G C, STEINERBERGER S. Clustering with t-SNE, provably[J]. SIAM Journal on Mathematics of Data Science, 2019, 1(2):313-332.

[22] VAN MAATEN L D, HINTON G. Visualizing data using t-SNE[J]. Journal of Machine Learning Research, 2008(9):2579-2605.

[23] GANGOLELLS M, CASALS M, FERRE-BIGORRA J, et al. Office representatives for cost-optimal energy retrofitting analysis:a novel approach using cluster analysis of energy performance certificate databases[J]. Energy and Buildings, 2020, 206:109-557.

[24] WU X D, KUMAR V, ROSS QUINLAN J, et al. Top 10 algorithms in data mining[J]. Knowledge and Information Systems, 2008, 14(1):1-37.

[25] 李新延, 李德仁. DBSCAN 空间聚类算法及其在城市规划中的应用[J]. 测绘科学, 2005, 30(3):51-53.

[26] OLU-AJAYI R, ALAKA H, SULAIMON I, et al. Machine learning for energy performance prediction at the design stage of buildings[J]. Energy for Sustainable Development, 2022, 66:12-25.

图表来源

图1~6: 作者自绘.

表1~4: 作者自绘.

基于大数据与神经网络的旅游小镇酒店规模与业态配比预估方法

——以南京市浦口区汤泉小镇为例

闻　健[1]　徐明昊[1]　崔一帆[1]　李　力[1*]　方　榕[2]

(1. 东南大学建筑学院，江苏省南京市 210096，101012053@seu.edu.cn;

2. 东南大学建筑设计研究院有限公司，江苏省南京市 210096)

摘要

在旅游小镇前期策划中，酒店规模和业态配比多基于设计师个人经验、知识及案例储备。但是小镇自身特性与周边环境的复杂性，常导致预期与现实脱节。随着信息技术的不断发展，大量城乡数据可以获取，因此可以通过大数据更加科学、精准地找寻匹配度高的案例进行数据分析，提高决策的合理性。本文以南京市汤泉小镇为例，提出一种将城乡大数据与人工智能技术结合用于预估酒店规模和业态配比的方法。技术方法上，本文借助国家统计局网站、APP与网站开放数据API接口等获取相关城镇数据与样本小镇业态数据，建立了包含4 000余案例的样本库。通过多元线性回归和神经网络回归进行相互校验，最终预估出汤泉小镇酒店规模和业态配比。该结果具有较强的设计参考价值，为设计师提供了客观的策划依据和指导，辅助其快速得到准确合理的规模定位和业态配比。

关键词：大数据；神经网络；酒店规模；业态配比；旅游小镇

Keywords: Big data; Neural network; Hotel scale; Business format ratio; Tourist town

资助项目情况：中央高校基本科研业务费专项资金（2242021R41075）

引言

目前，旅游小镇的开发建设成为众多城乡地区展示文化、吸引投资、带动第三产业的重要手段之一。传统旅游小镇的前期策划，在旅游小镇的文化特色、历史挖掘等人文策划方面更侧重感性设计，但在酒店规模、业态配比等规模测算方面更需要理性策划分析，否则开发规模过大会导致小镇亏损、物质空间浪费，开发规模过小则易导致无法承载客流量，游客体验差、口碑低等消极影响。定位规模的不合理与前期参考案例过少、匹配度低等原因有关。

随着信息技术的不断发展，海量的城市数据不断产生和传播，应运而生的大数据技术为各行业赋予发展新动力，同时也带动城市设计范式的转型[1]。因此对于旅游小镇的策划定位，大数据技术可以弥补参考案例过少、参考案例匹配度低等缺陷，也可以将酒店规模和业态配比直接量化，得到更合理、更具指导意义的预估数据，将原有依赖经验的设计转变为"经验判断+数据支撑"的设计。

1 相关研究

叶宇等人[2]指出基于大数据的规划编制可以轻松构建一个海量的案例数据集，机器学习程序可以辅助城市规划编制过程中的各项决策。大数据技术使得在城市设计中，尤其是前期策划的决策中能够更加高效。龙瀛等人[3]提出了数据增强设计（DAD）的概念，旨在通过数据的有效分析来支撑城市设计方案的生成，形成更理性的空间决策。李力等人[4]依据数据的使用方式初步提出大数据在城市更新项目中的3种应用范式：数据循证、案例检索、学习式生成，通过建立相应数据库，利用机器学习程序为城市更新提供设计参考。

2 课题介绍

汤泉街道位于江苏省南京市浦口区，前期策划依据国内4个著名案例——南京汤山温泉小镇、湖北恩施大峡谷小镇、浙江嘉兴南湖金融小镇、四川巴中化成山水生态特色小镇，得到汤泉镇区用地面积的配比建议：酒店/商业餐饮=1.3~1.5。但策划方案存在以下2个问题：

（1）小镇整体规模定位较为模糊，没有充分考虑和周边城市片区的关系；

（2）小镇业态配比借鉴的案例相似性不足，很难得到有指导性的业态配比指标。

本文对国内相关旅游小镇周边地区的经济社会数据和小镇本身的酒店规模、业态配比数据进行了收集、清洗、筛选，再使用机器学习等数据处理技术，对汤泉小镇的酒店规模和业态配比进行了推演和预估，为经验判断结果提供更加合理可靠的数据指导。

2.1 技术路线

本文研究的主要步骤为：收集相关小镇的数据样本，经过清理和筛选得到优质样本库；建立周边城市数据库，在数据库中筛选出相似的前15个案例，得到酒店房间总数；利用多元线性回归和神经网络回归得到汤泉小镇的酒店房间总数，两者相互验证，得到酒店规模（以酒店床位数衡量）；在周边城市数据库筛选出相似的前10个案例，得到业态配比。

在技术路线确定时，我们有以下假设：旅游小镇的规模与服务半径内城乡的各项经济社会数据有关。但具体与哪些经济社会数据有关，以及有多大的相关性，须通过机器学习去判定，而非根据人的主观经验判定。

技术路线图如图 1 所示。

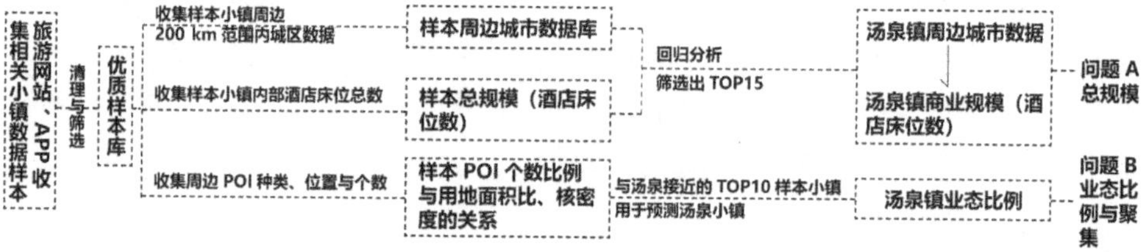

图 1 技术路线图

2. 2 数据的获取与筛选

（1）数据的获取

针对样本小镇的数据获取，首先选定 10 个与汤泉小镇相关的旅游目的地关键词，分别为：小镇、温泉、度假、疗养、汤泉、休闲、养生、体验、浴场、特色。通过携程网站的景点关键词检索得到页面信息，利用 Python 爬取小镇的基本信息，包括小镇名称、小镇经纬度坐标、所属省份、所属城市、所属区县、点评数量、评分、地址等。其次依据小镇坐标通过百度地图 API 接口获得每个小镇周边直线距离 1 km 内的 POI，包括餐饮、购物、酒店，每个 POI 点信息包括经纬度坐标、详细地址等。最后根据得到的酒店名称利用艺龙网站爬取酒店客房数。以上所有数据均以 csv 文件存储。

针对样本小镇的周边城市数据，可以根据国家统计局的《中国统计年鉴 2020》《中国县域统计年鉴 2020》得到县、区、市的大量经济社会数据。每个县、区、市样本的相关数据包括以下 22 个方面：行政区域面积、乡个数、镇个数、街道办事处个数、户籍人口、第二产业从业人数、第三产业从业人数、地区生产总值、第一产业增加值、第二产业增加值、一般公共预算收入、一般公共预算支出、居民储蓄存款余额、年末金融机构各项贷款余额、设施农业占地（水面）面积、规模以上工业企业单位数、固定电话用户数、普通中学在校学生数、小学在校学生数、医疗卫生机构床位数、各种社会福利收养性单位数、各种社会福利收养性单位床位数。以上所有数据均以 csv 文件存储。

（2）数据的筛选

首先，根据关键词检索得到相关小镇共 4 459 个，但其中包含了国外小镇、重复小镇、空白小镇等无用数据，利用 Python 正则表达式进行检测和处理。经过初步清理得到有效小镇样本 3 464 个。其次，由于城市市区中的旅游小镇和县、乡、镇一级的旅游小镇周边配套设施不同，在策划和定位上也有所不同，因此按照小镇的行政区划选出属于乡、镇一级的小镇样本。由于这些小镇并非所有样本都是值得参考和借鉴的优质样本，因此再将携程评分大于等于 4. 0 作为最后一道筛选条件，最终得到由 1 028 个小镇样本组成的优质样本库。

2.3 样本总体特征分析

为了衡量每个城市数据对小镇整体规模的影响程度，首先需要对不同单位的周边城市经济社会数据进行归一化处理，在此选用的是最大-最小标准化方法，归一化后的样本周边城市数据可以可视化，如图 2 所示。其次利用 Python 中的 Pandas 库计算周边城市数据中哪些变量对样本小镇 POI 数量的影响权重较大，其中每个样本小镇的周边城市数据选用直线距离 200 km 之内的城市数据之和。

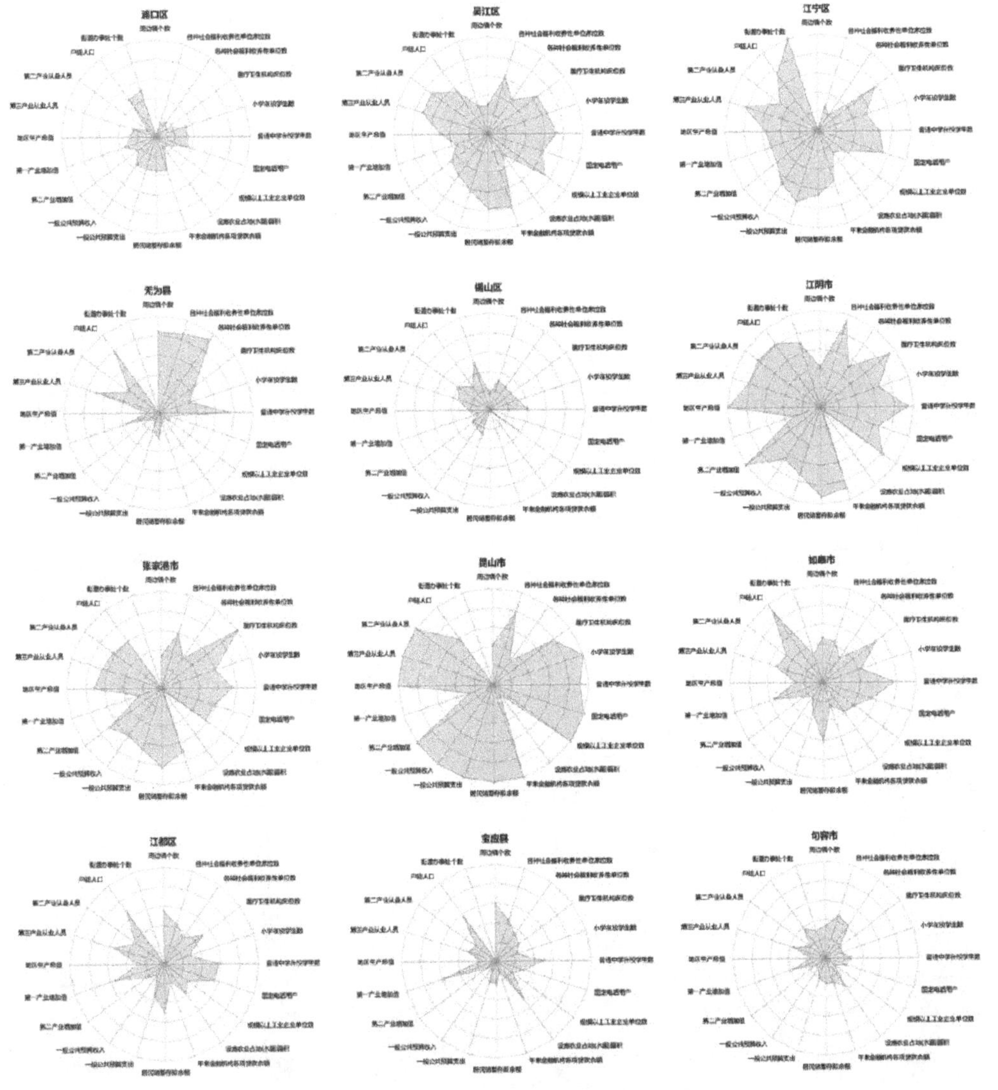

图 2 周边城市数据可视化

经 Pandas 库中的皮尔逊（Pearson）相关系数分析发现，户籍人口、地区生产总值、居民储蓄存款余额、第二产业从业人数、年末金融机构各项贷款余额、小学在校学生数、规模以上工业企业单位数这 7 项指标的影响权重较大。

2.4 酒店规模预估

在预估酒店房间总数的过程中，采取“双方法”交互验证的方式，即基于前 15 相似周边城市数据样本预估法和基于周边城市数据回归模型预估法进行预估。

（1）基于前 15 相似周边城市数据样本预估法

该方法选取周边城市数据最相似的前 15 个样本小镇的酒店房间数量作为预估汤泉小镇酒店房间数量的数据来源。由此方法得到的前 15 相似样本酒店房间数的平均数为 2 081 间，中位数为 2 167 间，房间数主要分布范围为 2 300~2 800 间。

此方法虽然与传统依靠建筑师经验选取若干相似案例的基本逻辑相同，但是基于大数据的方式选取的案例更加接近汤泉小镇的实际周边现状，筛选的基础数据量更大。

前 15 相似周边城市数据样本的数据如图 3 所示。

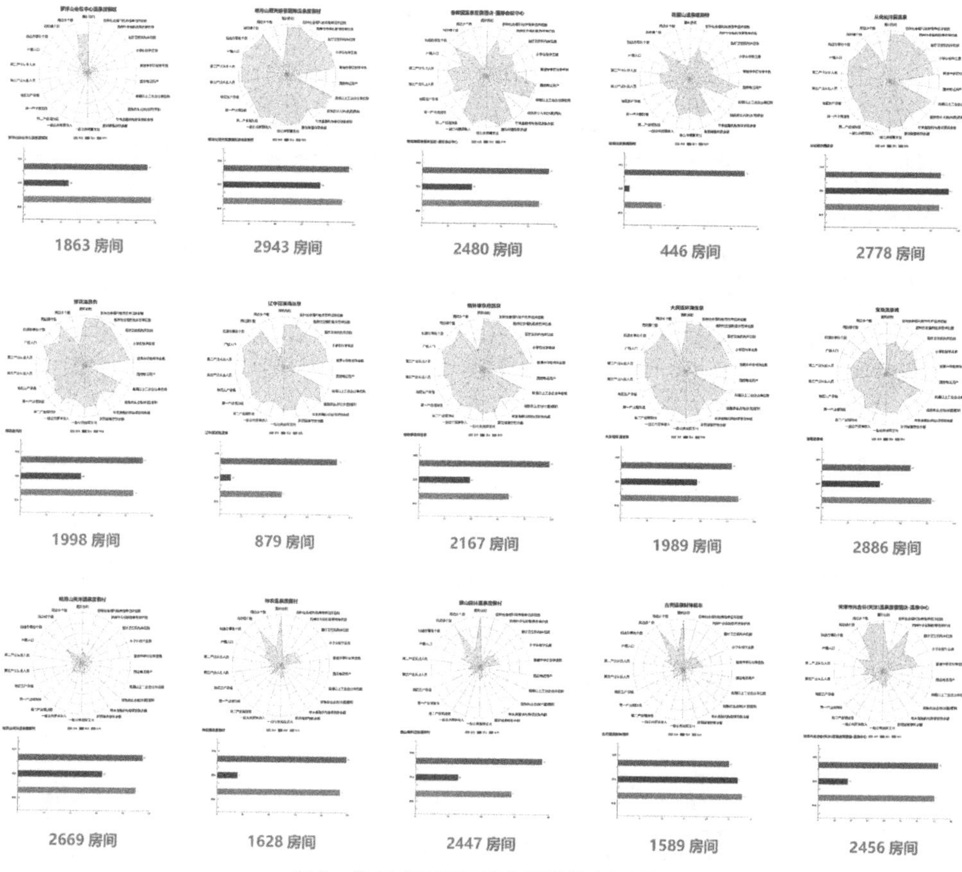

图 3 前 15 相似周边城市数据样本的数据

（2）基于周边城市数据回归模型预估法

将收集到的小镇城市数据（横轴）与小镇酒店数量和酒店房间总数量（纵轴）进行

一一对应，创建数据矩阵（图 4），尝试发现其中占主导因素的小镇周边城市数据变量，但没有发现明显的主导变量，因此可以使用回归模型对小镇酒店房间数量进行预估。

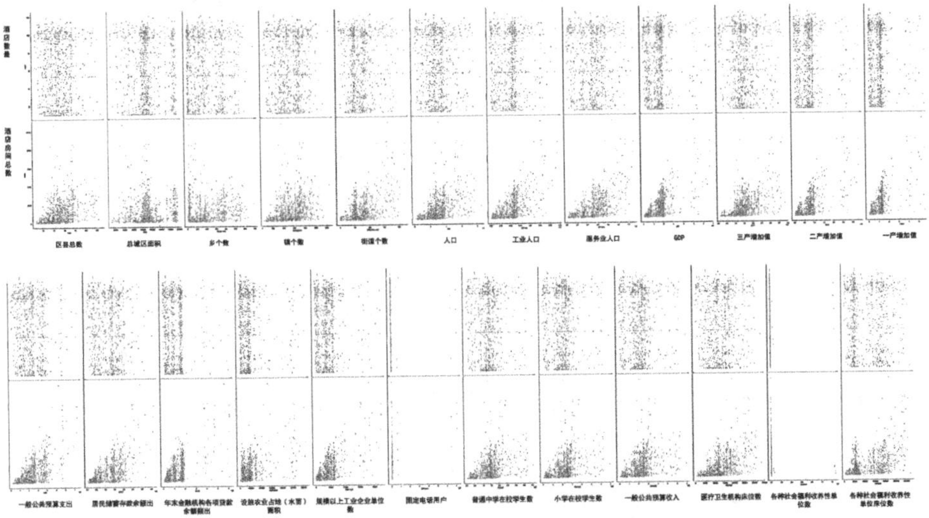

图 4 小镇城市数据与小镇酒店数量和酒店房间总数量数据矩阵

将样本小镇周边 200 km 内城市的各项经济社会数据作为输入，样本小镇的实际酒店房间数作为输出，通过各类回归模型的深度学习，让计算机尝试发现两者之间的联系，依据输入预测输出，可以得到各类回归模型的拟合度（图 5）。经过分析发现，有些类别的算法属于过拟合，有些属于拟合不够，最终选取多元线性回归模型和神经网络回归模型进行预估。

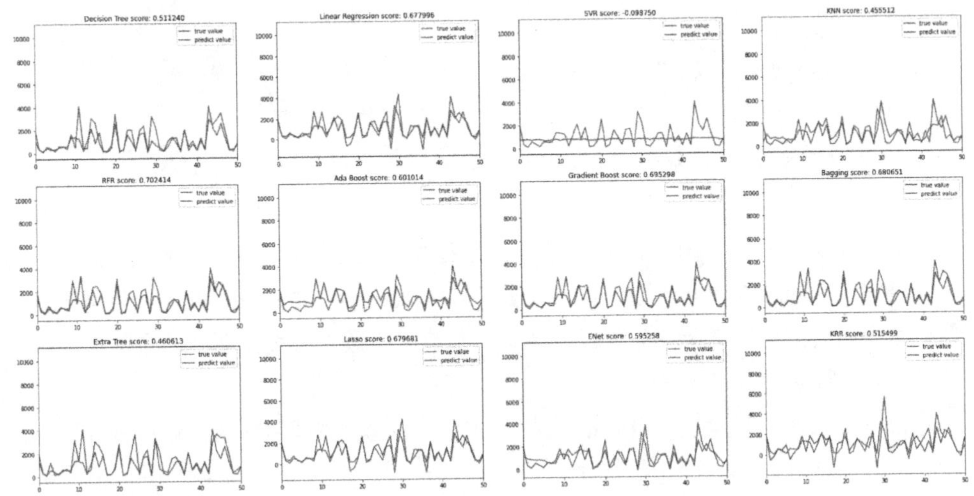

图 5 各类回归模型的拟合度

多元线性回归模型的优势在于能够较为直接地反映各类城市数据与最终规模的权重关系，但回归的拟合度相较于神经网络较低；神经网络回归模型的优势在于能够较为准确地拟合原样本数据，但较难发现各类城市数据对整体规模的影响程度大小。图 6 反映出两者预测值与实际值的拟合关系。

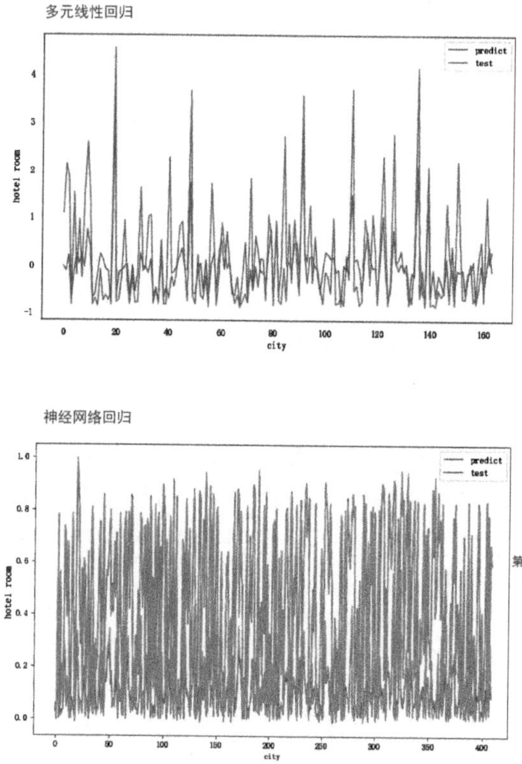

图 6 多元线性回归与神经网络回归拟合度

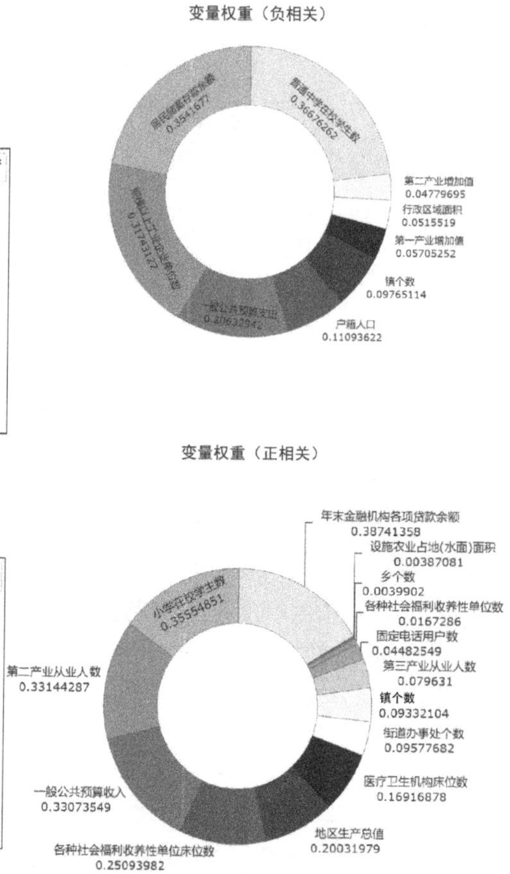

图 7 各类城市数据权重

经数据相关性分析（图 7），在众多城市数据中，与小镇酒店房间总数呈正相关的前三位变量为：小学在校学生数、第二产业从业人数、一般公共预算收入。与小镇酒店房间总数呈负相关的前三位变量为：普通中学在校学生数、居民储蓄存款余额、规模以上工业企业单位数。

通过多元线性回归预估，酒店数量为 74 家，房间数量为 2 480 间；通过神经网络回归预估，酒店数量为 82 家，房间数量为 2 769 间。为了衡量现有机器学习预估的准确性，可以利用现有小镇数据去做预估，与实际相对照。我们选取的是南京汤山温泉康养小镇，机器学习所预估的酒店数量为 119 家，预估房间数为 3 634 间，实际酒店数量为 113 家，房间数为 3 540 间，预估值和实际值相差较小，因此得到的预估值具有较强的参考价值和指导意义。图 8 为多元线性回归与神经网络回归结果。

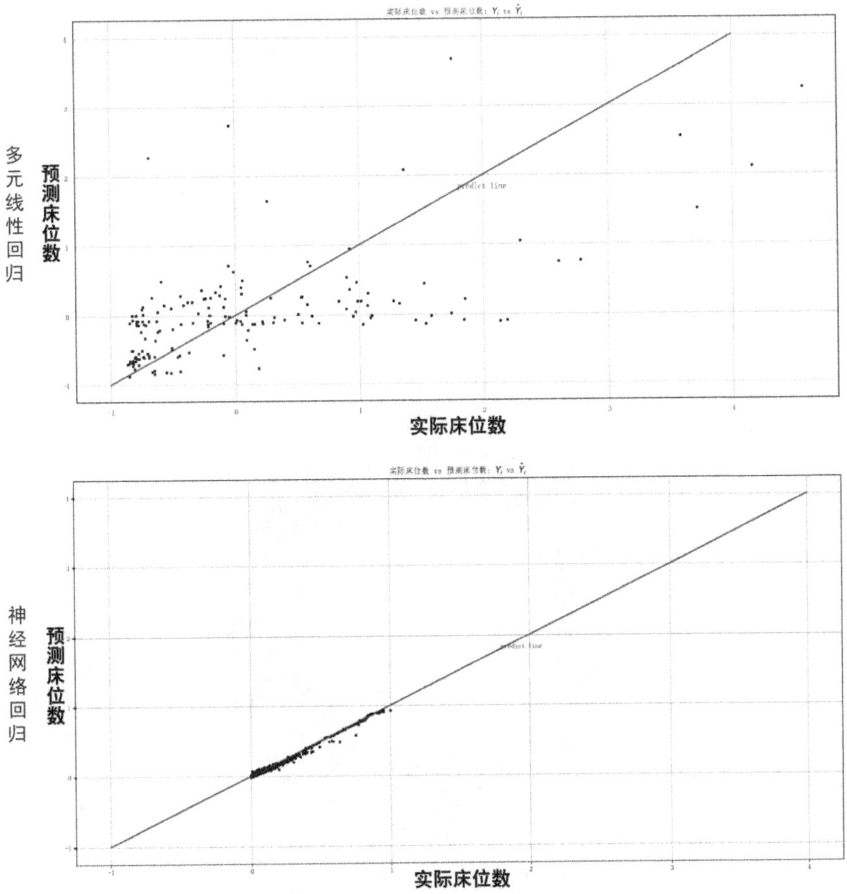

图 8 多元线性回归与神经网络回归结果

2.5 业态配比预估

预估完酒店数量和床位总数之后，在业态配比的预估中，可以使用 TOP10 酒店床位数相似样本案例的 POI 统计，从百度地图获取每一个美食、购物、酒店 POI 的占地面积，最终得到酒店床位数、POI 个数与占地面积之间的统计学关系，用于折算相应面积。

TOP10 酒店床位数相似的温泉小镇数据及业态配比如图 9 所示。最终通过这 10 个相似案例，得到汤泉小镇预估的业态配比为酒店/商业餐饮 = 1.42，酒店：餐饮：购物 = 58.7：25.6：15.7。

图 9 前 10 酒店床位数相似的温泉小镇数据及业态配比

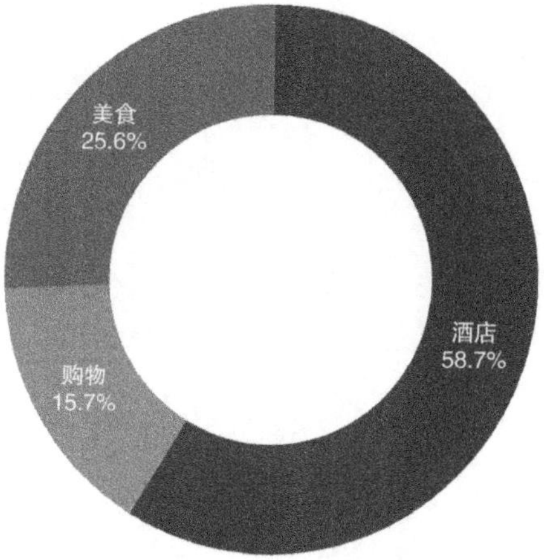

图 10 汤泉小镇预估业态配比

结语

本文以南京市汤泉小镇为例，提出一种将城市大数据与人工智能技术结合用于预估酒店规模和业态配比的方法。技术方法上，借助国家统计局网站、APP 与网站开放数据 API 接口等获取相关城镇数据与样本小镇业态数据，通过数据清理和数据筛选，建立了包含国内县级及以上行政区的城市数据库与 4 000 余案例的样本库。通过在样本小镇 200 km 范围内的周边城市数据和样本小镇自身业态数据之间建立关联，以此训练用于规模定位与业态配比预估的回归模型，并通过多元线性回归和神经网络回归进行相互验证，最终预估出汤泉小镇的酒店规模和业态配比。

本文为城市设计中的定位与前期业态功能配比提供了一种基于大数据技术的可行方

法。除可用于预估酒店规模和业态配比之外，该方法还可以用于其他城市设计中的经济指标预估。随着城市有关数据的获取难度降低和案例数据的增多，这种基于大数据技术的方法将更为完善。

参考文献

[1] 席广亮,甄峰. 过程还是结果?：大数据支撑下的城市规划创新探讨[J]. 现代城市研究,2015, 30(1)：19-23.

[2] 叶宇,魏宗财,王海军. 大数据时代的城市规划响应[J]. 规划师,2014, 30(8)：5-11.

[3] 龙瀛,沈尧. 数据增强设计：新数据环境下的规划设计回应与改变[J]. 上海城市规划,2015(2)：81-87.

[4] 李力,张婧,穆萨维,等. 大数据驱动的城市更新设计方法初探[J]. 新建筑,2021(2)：37-41.

图片来源

图 1~10：作者自绘.

第五章 大数据与空间评估

基于多源数据的城市步行建成环境评价与智慧运维平台搭建

——以澳大利亚墨尔本 DDSS 系统为例

黄骁然[1*]　马库斯·怀特[2]　王艺丹[3]

（1. 北方工业大学建筑与艺术学院，北京市 100144，xiaoran. huang@ ncut. edu. cn；

2. 斯威本科技大学建筑与设计学院，墨尔本市 VIC3000；3. 国家开放大学计算机学院，北京市 100039）

摘要

步行是人类最基本的活动方式之一。步行环境的友好程度已成为衡量绿色城市和人性化城市的核心指标。倡导健康出行，建设步行街区是世界范围内城市建设的重要议题。影响步行出行偏好和行为模式的原因有很多，深入理解城市的步行空间须搭建相应的多目标评价体系平台。在当下的大数据环境下，对多源数据的收集、分析、整合和可视化处理将极大地增强我们对建成环境可步行性的认知并提高相应的城市运维管控能力。本文以澳大利亚研究理事会的项目 Walk-Quality 为例，介绍了多源数据条件下基于平台的步行建成环境评价和智慧运维体系 DDSS 的搭建，并探讨了相关的技术路线和潜在应用领域。

关键词： 可步行性；步行环境；时空分布特征；设计决策辅助

Keywords： Walkability；Pedestrian environment；Spatial-temporal；Design decision-making support

资助项目情况： 澳大利亚研究理事会基金项目（Australian Research Council Linkage Project，LP190100089）；北京市教育委员会科学研究计划项目（KM202210009008）；北京市高层次留学人才资助计划；北方工业大学青年教师启动基金；大学生创新创业训练计划项目（108051360022XN353，108051360022XN370）

引言

在当代城市建设中，交通基础设施的改善，将会促进并直接引起其他基础设施体系的变化，并在更广泛的程度上对城市的发展和出行模式带来根本上的影响。随着大数据、数字平台、城市信息模型（city information modelling）等创新概念的提出，城市设计师和管理者有能力和技术提出更详细和网格化的设计方法和管理措施。探究小尺度和街道层面的建成环境变化及其与更大尺度城市空间的联系成为当代城市设计和管理的重要议题，并影响着可持续发展战略目标的实现[1]。随着澳大利亚城市的发展和增长，众多传统以车行为导向的“摊大饼式”（urban sprawl）的街区将逐渐通过TOD（transit-oriented design）策略转型成为中高密度开发强度的社区。其中一个关键的议题就是如何制定合理的规划政策，加快基础设施的转型，以提供包容性的、舒适性的街区步行环境，使得市民可以方便地访问公共交通、商店、公园和其他娱乐设施[2]。

诸多研究表明，采取主动交通（包括步行和骑行等）的模式对个体和社群都有多种好处。尽管如此，在澳大利亚的城市近郊，1 km以下的短途出行有超过50%是采用车行模式[3]。从个体层面来看，选择步行交通方式有助于增加体育活动频率，并满足个人每日的基本锻炼需求。这对增强个体健康有众多好处，包括：减少心血管疾病，减少肥胖风险和减少心理健康问题[4]。在宏观层面上，这些健康问题也代表着巨大的成本。例如，研究表明，缺乏运动是一个被严重低估的心脏病风险因素，并由此导致每年国家卫生预算几十亿美元的投入[5]。此外，由车行带来的交通拥堵据估计会导致澳大利亚160亿澳元的经济损失[5]。因此，从健康和经济的角度来看，我们迫切需要改变公民的出行模式选择，大力推广以步行为代表的主动交通方式，并促进相关城市环境的建设。

在可步行性研究领域中，物理建成环境被认为是在城市建设过程中须考虑的决定性因素。在过去的十几年里，关于物理环境可步行性的相关研究主要专注于构建大尺度城市空间的“步行测度”（walkability index），并通过统计和分析交叉口密度、住宅密度和用地多样性等指标来创建可量化的评分指数[6]。这些步行测度指数对于进行城市间的比较、明确问题区域、利用GIS应用程序进行细化统计分析来说是非常有价值的[7]。相比之下，微观层面或街区尺度的设计因素，如人行道的连续性、无障碍设施的布置、路径的直达性、道路交叉口的安全性、高速公路的影响、步行与车行的分离以及景观质量等条件也对出行模式选择产生了重大影响，但由于数据收集和分析的时间较长、成本较高和难度较大，这些因素基本上被传统的步行测度研究方法排除在外[7]。对于城市设计师和政策制定者来说，微观层面的设计改造和介入比宏观尺度的规划方案调整和法规修订要容易得多，而这也更加体现了对街区步行环境研究和探索的重要性[8-9]。例如，为了增加一个社区的可步行性，通过增加树木覆盖率、确保人行道的连续性和引入无障碍等措施来改变微观层面的街道景观，其成本效益将远远高于新建若干个道路以增加街道交叉口密度或完全变更当前城市的土地使用性质。

因此，本文将围绕物理空间环境，探究在街区尺度下与可步行性相关的关键因素，并结合当前技术条件下的量化评估和可视化方法，搭建相应的评价与智慧运维平台用以分析和模拟不同场景下的步行环境，从而为政府、设计师与科研人员提供量化的分析方案并辅助数字化、精细化管理的实施。

1 国际上相关的数字系统研究进展

1.1 巴塞罗那 Cool Walks 系统

巴塞罗那夏天炎热，而基于当今气候变化趋势，这种炎热的天气将在未来出现得更加频繁。在西班牙，每年由于热浪造成的死亡人数远超过其他气候风险。根据当地环境保护署的数据，每年估计有超过 1 300 人死于极端高温。此外，气温会降低劳动者的生产力，并对基础设施造成严重破坏。因此，巴塞罗那市议会已批准并正在执行一项气候计划，该议程旨在探索步行城市环境与日照、阴影，以及关键服务设施之间的关系，并通过多种城市设计措施和法令来应对气候变化的挑战。

Cool Walks 是一种在该计划下由巴塞罗那市政府技术团队开发的行人路线规划工具，旨在测算日照在城市空间中的影响并向用户展示前往预定目的地的各种步行路线。该工具可以帮助巴塞罗那居民找到两个地点之间被阴影覆盖最舒适的路线，以避免极端高温带来的出行不便。在网页版应用中，用户可以选择多种出行模式，包括最直接（最少步行距离）的路线，可能需要更长时间但更阴凉的路线，也可以将出行条件设置为“吸血鬼模式”，即不惜一切代价避免阳光直射（图 1）。用户还可以使用该应用程序寻找饮水机或避免阳光直射的场所（图 2）。该应用程序使用光学雷达（LIDAR）技术来创建高分辨率的地面高程模型，使得建成环境的细节模型可以精确到 10 cm 以内。这些信息与太阳高度角和其他城市空间信息相结合，可以计算出一天中任何给定时间的阴影状况。

图 1 最少步行距离模式

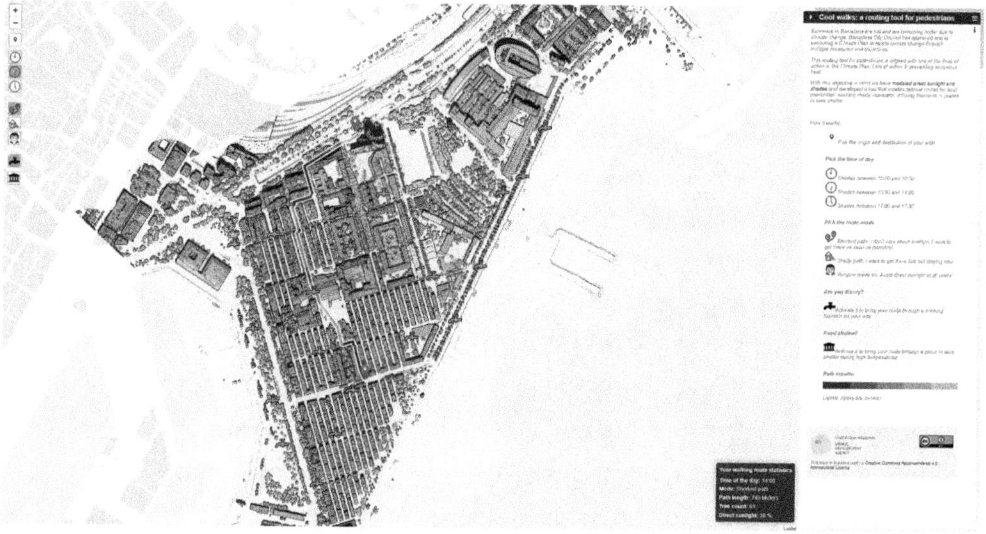

图 2　最少步行距离模式+访问饮水设施

1.2　欧盟 BRouter 系统

BRouter 是一个基于云端的路径规划和分析引擎工具，旨在使用 Open Street Map（OSM）等城市道路信息和欧盟空间开发署提供的高程数据计算最佳的步行和骑行路线。该工具由 Arndt Brenschede 博士开发完成，并已经分别在网页端和移动端（安卓系统）上线。BRouter 具有较强的步行针对性，在信息提取上考虑了地形因素给步行体验带来的影响，并将能量消耗纳入整体的计算框架中。在信息提取上，BRouter 有多种接口选择，用户可以自行选择不同的建成环境信息数据来源，包括 Open Street Map、Open Topo Map、ESRI World Imagery 等数据库。在分析模式上，BRouter 加入了针对多种自然和建成环境因素的参数，包括但不限于地形坡度、转弯限制、速度限制、非安全区域规避等因子，并将轮渡和阶梯等中介连接交通方式纳入考量，最终呈现出步行路径整体的出行距离、用时、爬坡距离和能耗分布。图 3 是 BRouter 网页版 UI 界面，评估了从皇家墨尔本儿童医院至 Fitzroy 公园的步行路线。操作左侧的按钮绘制步行路线，右侧显示了多种建成环境因子的参数调整，下方的图表显示了在规划路线不同阶段的平均速度、能耗等关键参数。在额外的评估中，该系统还可以统计出步行路线中路面铺装和整体平滑度等细节（图 4）。

2　Walk-Quality 项目与 DDSS 系统

如前文所述，步行出行的质量对社区的健康和福祉至关重要。靠近公共交通、学校和开放空间等服务性设施会明显地提高居民的步行出行意愿并因此增加从事体育活动的概率。因此，设计有利于步行和骑行的街道对促进城市的可持续发展来说至关重要。具

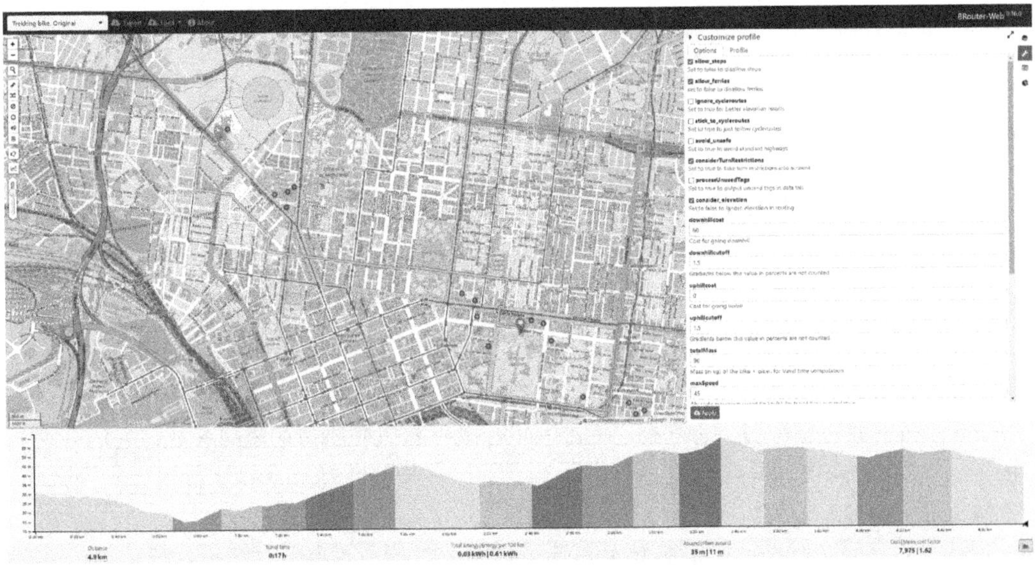

图 3　BRouter 网页版 UI 界面

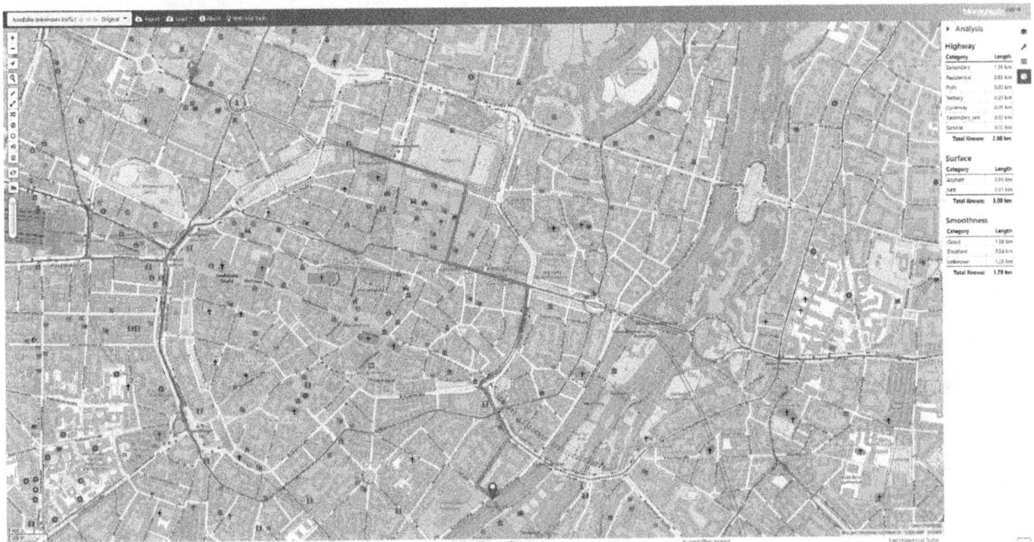

图 4　慕尼黑 Knoigsplatz 公园至河边的步行路径分析

有高质量步行环境的社区应具备但不限于以下条件：良好的网络可达性、舒适的地形（不陡峭）、较为安全的十字路口、足够的绿化以提供合适的人体热舒适度等。城市设计师和相关专业人员目前欠缺合适的方法和工具用于综合评估街区尺度的建成环境，并以此指导设计项目的推进。居民也缺乏工具帮助他们规划最安全、最舒适和健康的路线。因此，我们亟须新的工具和系统来分析、量化并可视化街景尺度的步行质量，并对潜在的改进方案进行测评以提供可量化的证据。

“步行质量”项目（Walk-Quality：A Multi-criteria Design Platform to Facilitate Active Journeys）是由澳大利亚研究理事会、维多利亚州交通局、斯威本科技大学主导、墨尔本大学和北方工业大学等多个单位共同参与的校企合作科研项目。该项目试图探索微观尺度下影响步行质量的空间和环境关键元素，并提供开放式的数字工具以辅助专业的城市设计人士做出更好的决策，并帮助社区规划更安全、更舒适的步行路线。在该项目中，5 个关键的物理环境因子被确定为影响步行出行意愿和质量的重要参数，它们分别是：步行可达性、地形（陡峭程度）、行人安全性（如危险的马路交叉口数量）、人体热舒适度和空气质量。

该项目将开发一个设计决策支持系统（design decision support system，DDSS）——一种松散耦合的数字工具集，用于集成多个城市步行质量因素并对其进行加权量化分析和可视化处理。DDSS 将提供给城市设计师、规划者和政策制定者一个可操作的数字平台，用以提供循证设计的依据并积极促进步行城市的建设。同时，该平台优秀的可视化界面还将为社区和地方政府提供一个交流平台，使公众能够在知晓更多信息的情况下参与规划的决策。

3 DDSS 系统的技术路线与关键组成模块

在本项目中，我们的跨学科团队将使用迭代的研究和技术方法来执行该项目。这种方法基于“敏捷”（Agile）软件开发模型，即通过较短时间的设计、开发和发布周期“小步多次”地逐步实现原型至成品的项目推进。我们将通过这个迭代的开发过程与行业合作伙伴进行广泛性的合作，以案例分析和工作坊的形式进行测试和反馈收集，并推广已完成的部分工具组件。我们将以现有的行人可达性建模工具 Pedestrian Catch 为基础构建附加模块。Pedestrian Catch 是一个成熟且被广泛采用的工具，迄今已有超过 20 000 人次使用其网页端的应用（Pedcatch. com）。该工具目前可被用于分析行人可达性，如图 5 展示了从墨尔本中央商务区（CBD）中心向周边辐射的步行可达范围和用时，同时该工具还为额外的功能扩展提供了理想的框架。整体的 DDSS 系统主要由下面的 4 个主要模块组成。

3.1 DDSS 的关键组成模块

（1）城市地形模块（坡度分析）

该模块将建立在由 White 教授领导团队开发的 Pedcatch 原型模型之上[10]。这个过程涉及整合 NASA 的 SRTM 高程和地形数据、Open Street Map 的道路信息和 Bing Map 中的建筑信息。街道各路段的陡峭程度是通过沿路径设置采样点与映射其海拔值获取的，通过叠加分析可以得到街道每个部分的坡度。过于陡峭的地形可以根据用户指定的梯度阈值从可通行的路网中排除（例如，超过 1∶14 的坡度被认为太陡而无法适用于特定人群的步行条件），如图 6 展示了基于北京某小区周边路网的 10 min 步行可达区域，并根据参数设定标注了因坡度过高影响步行的部分。该功能将通过优化和数据整合得到进一步发展，并根据实际测试项目中不同城市建成环境的特征和数据来源进行调整以改进整体的评估流程。

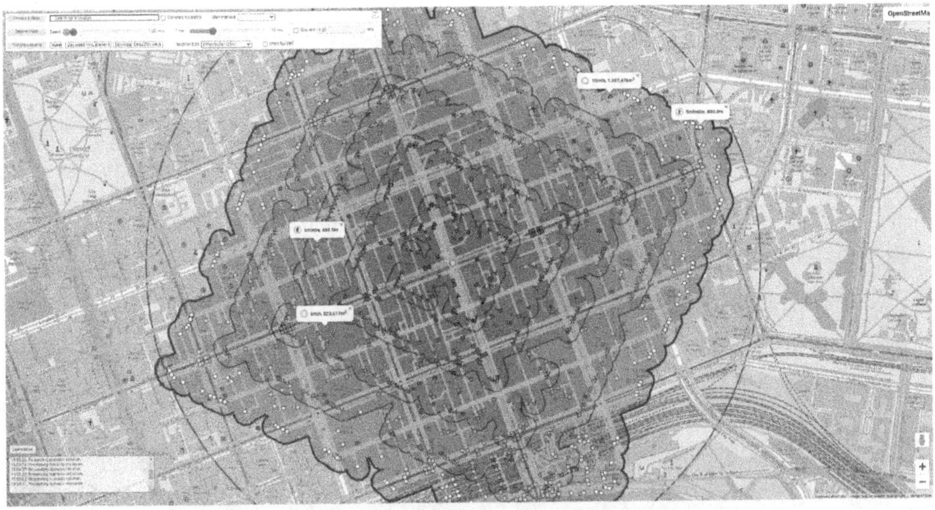

图 5 行人可达性平台 Pedestrian Catch 上的测试运行截图（一）

图 6 行人可达性平台 Pedestrian Catch 上的测试运行截图（二）

（2）步行风险模块

在该模块中，我们采用Logan等人[11]提出的风险评级系统。该系统涵盖了5个可能导致行人受伤的交通风险因素，即：①交叉点的速度限制；②交叉口的交通量（每小时车辆通行数量）；③道路的宽度；④穿越斑马线时遇到的交通冲突点数量；⑤提供辅助穿越道路的设施类型（如交通信号灯、学校警示标和斑马线等）。该系统将借助开源平台和政府网站上的多源数据得到增强，以更好地评估整个步行旅程中的行人风险，并以此为契机更深入地探索步行安全问题以及促进人群步行出行的策略。

（3）人体热舒适度（human thermal comfort，HTC）模块

基于HTC的观测和建模，本模块将根据步行频率与出行偏好等数据探索各种步行路线与人体热舒适度之间的关系，并借鉴相关研究建立量化的衡量标准。初始原型将在与合作机构关联的选定区域上进行建模，结合三维城市形态、道路植被布局、阳光照射和气候条件，建立“试验”区域并根据HTC评估选择合适的步行路径。基于这些研究结果和模型参数，HTC模块将被整合到Pedestrian Catch平台中。除了用于评估选定的区域外，我们还将对各种独立场景进行分析，并通过分析阴影区、光辐射负荷和城市植被分布获取不同步行路径的舒适度（图7）。代表城市炎热区域的热力图常被用于步行分析，系统将根据参数设置反馈其他更合适、更“凉爽”的步行路径。同时，街边行道树的品种和布局也将被纳入考量，设计师和景观规划师同样可以利用该模块调整相应的方案已满足基本步行舒适度的要求。

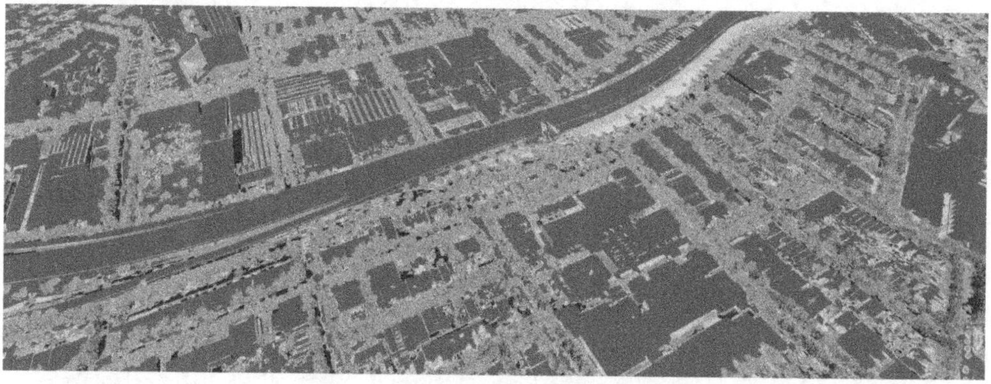

图7 基于生成式算法的建模：调整不同的植被分布并测算步行环境的日照强度和地面温度

（4）空气污染模块

在此模块中，我们将收集物理基站的实时和长期监测数据，根据路网生成一天中几个关键时间点的常见污染物分布图、风玫瑰图和MET数据，并将其与建筑位置和高度、交通密度和通行量进行比对分析。同时一个动态（车载）的传感器也将被部署用于收集不同日期、街道位置和天气条件的空气监测结果，这些结果将被用于空气污染模型的

建模过程。根据建模和针对本地居民的调研结果，我们将探索污染物（空气和噪声）对步行出行意愿和舒适度的影响。基于以上研究成果，结合卫星地图和土地性质数据建立回归模型，为 DDSS 系统提供详细的城市空气与噪声污染分布图，并对不同步行道路进行量化的污染评级。由此产生的污染热力图将被作为参数用于对建成环境步行可达性和舒适性的评价，其技术手段与前述的人体热舒适度模块类似。

3.2 基于 QGIS 的原型测试

在项目推进过程中，我们采用了敏捷式开发的方法并进行了环境评价与运维平台设计和原型搭建。QGIS 因具有广泛的适用性和丰富的网络 API 接口，而被采用作为初期的开发与验证平台。前期关于步行可达性的建模体系被引入该平台中，并结合城市地形、道路等级、交叉口安全性和等待时间等数据，利用栅格-矢量技术将多源数据量化加权，建成初步的路径评估和优化模块（图 8）。在近期研究中，以墨尔本市的两个二级行政区 Glen Eira 和 Maribyrnong 为例，探索了该平台体系的可行性和相关应用方法，并验证了在短时间内（5 min 之内）使用该原型进行城市建成环境分析和方案评估的可能性（图 9）。后期的平台开发将进一步迁移到 Cesium 平台上，以追求更好的网页端与移动端的访问便捷性。

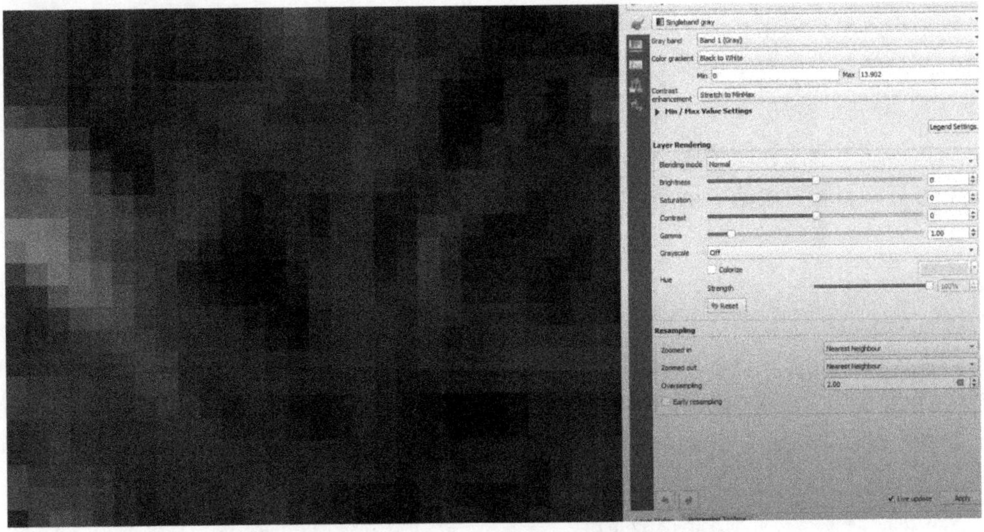

图 8 参数加权后形成的某地块步行舒适度栅格网络图

结语

近年来，可步行性已经成为衡量人性化城市的一项核心内容和体现可持续发展的重要标志。如何评价街区尺度建成环境中的步行体验是近年来国内外的前沿课题。本文中，我们介绍了由澳大利亚研究理事会主导的 Walk-Quality 项目，该项目通过搭建一个

图 9　可达性分析界面

设计决策支持系统（design decision support system，DDSS）将包括城市地形、步行可达性、热环境和空气质量等多个物理和环境因素的测度整合到一个设计分析平台中，从而建立动态的空间评价体系，并为决策者提供更全面的信息。本文中的技术路线和针对街区尺度的探索将为我国相应体系平台的建设提供可借鉴的经验，有助于促进我国绿色交通和健康城市相关政策、措施与规划框架的完善和实施。

参考文献

[1] ELMQVIST T，ANDERSSON E，FRANTZESKAKI N，et al. Sustainability and resilience for transformation in the urban century[J]. Nature Sustainability，2019，2(4)：267-273.

[2] THOMSON G，NEWMAN P，NEWTON P. Urban regeneration and urban fabrics in Australian cities[J]. Journal of Urban Regeneration & Renewal，2017，10(2)：169-190.

[3] CHARTING TRANSPORT. Road Traffic | Charting Transport[EB/OL]. (2014)[2018-07-18]. https://chartingtransport. com/category/road-traffic/.

[4] GILES-CORTI B，WOOD G，PIKORA T，et al. School site and the potential to walk to school：the impact of street connectivity and traffic exposure in school neighborhoods[J]. Health & Place，2011，17(2)：545-550.

[5] FOUNDATION T H. Heart foundation welcomes active policy[EB/OL]. (2018-11-30)[2018-11-30]. https://www. heartfoundation. org. au/news/heart-foundation-welcomes-active-policy.

[6] HUANG X，WHITE M，BURRY M. A pedestrian-centric design strategy：melding reactive scripting with multi-agent simulation[C]//Proceedings of the Symposium on Simulation for Architecture and Urban Design. Toronto，2017：1-8.

[7] PARK S, CHOI K, LEE J S. To walk or not to walk: testing the effect of path walkability on transit users' access mode choices to the station [J] . International Journal of Sustainable Transportation, 2015, 9(8): 529-541.
[8] RODRÍGUEZ D A, KHATTAK A J, EVENSON K R. Can new urbanism encourage physical activity?: comparing a new Urbanist neighborhood with conventional suburbs [J] . Journal of the American Planning Association, 2006, 72(1): 43-54.
[9] HUANG X R, WHITE M, BURRY M C. Design globally, immerse locally: a synthetic design approach by integrating agent based modelling with virtual reality [C]//Proceedings of the 23rd Conference on Computer Aided Architectural Design Research in Asia. Beijing, 2018:473-492.
[10] BADLAND H, WHITE M, MACAULAY G, et al. Using simple agent-based modeling to inform and enhance neighborhood walkability [J] . International Journal of Health Geographics, 2013, 12(1):58.
[11] LOGAN D B, CORBEN B F, OXLEY J, et al. A model for star rating school walking routes [C]//Australasian Road Safety Research, Policing and Education Conference. Sydney, 2013.

图表来源

图 1~2: https://cool.bcnregional.com.作者编辑测试场景后自绘.

图 3~4: https://brouter.delbrouter.web.作者编辑测试场景后自绘.

图 5~6: https://Pedcatch.com.作者编辑测试场景后自绘.

表 7~9: 作者自绘.

基于生活圈的居住社区卫生服务设施服务水平评价研究

尤晨淳[1]　张　彧[1*]
（1. 东南大学建筑学院，江苏省南京市 210096，yuazy@sina. com）

摘要

本文通过生活圈居住区内社区卫生服务设施的配置分级和进一步精细化至住区组团尺度的空间单元等改进措施，运用优化后的势能模型法和服务区法，从生活圈居住区中的“供”方设施和“需”方居民两个方面对南京市鼓楼区、建邺区、秦淮区的社区卫生服务设施服务范围、实际服务圈大小和可达性进行评价，并基于最大化覆盖模型提出不同设施新增数量下的优化策略，为相关规划提供参考。

关键词：社区卫生服务设施；空间可达性；改进势能模型法；服务区法

Keywords：Community health service facilities；Spatial accessibility；Improved potential model；Service area model

项目资助情况：国家自然科学基金面上项目（51978142）

引言

社区卫生服务设施是我国基层医疗卫生机构的重要组成部分。在城市人口密度不断增长和老龄化程度进一步加深的背景下，随着经济水平的提高，居民愈发关注自身健康状况。社区卫生服务设施为居民提供预防、护理、保健、康复、健康教育和计划生育等服务，在新时代健康人居环境发展中扮演重要角色。面对国内零星爆发的新冠疫情，社区卫生服务设施在疫情防控链中承担着流调轨迹排查、核酸检测、新冠疫苗接种和发热门诊管控等功能，在前端清总量和后端控增量中，发挥了重要作用[1]，是“平疫结合”疫情防控体系的基础。因此，社区卫生服务设施服务水平的高低，决定着居民获得健康服务的质量，也影响着整个防疫网络的运转效率。对其服务水平进行客观评价并进行优化，就显得尤为重要。

1　国内外相关研究

随着我国医疗体制改革的持续推进，社区卫生服务设施在建设量和医疗资源配置方面均取得明显发展，但仍存在些许不足。首先在服务范围层面，虽然《城市居住区规划设计标准》（GB 50180—2018）①对社区卫生服务设施的配置做了相关规定，但现状设施的服务范围并不能满足实际生活圈的要求，这使得居民前往就医时往往花费更多的时间；其次在服务资源获得层面，部分地区现状设施的医技人员数、床位数等卫生资源达不到人口分布的要求[2]，且卫技人员学历、职称、医护比例结构失衡，这导致分配到生活圈内各个住区单元的资源量不达标，进而降低了居民对设施服务的满意度[3]。

针对上述现状，研究者们基于公平和效率的原则，通过多种方式对社区卫生服务设施的服务水平进行评价。传统的社会学数理统计方法侧重于评价其社会公平绩效，常从人均资源供应量出发，通过基尼系数、洛伦兹曲线等指标，比较不同区域间社区医卫资源分配的情况和医卫资源总量与人口的关系。此类方法虽然能准确描述设施资源在人群总体中的分配情况，但忽略了实际城市空间对设施和居民间联系的影响，特别是路网形态造成的空间距离差异。在智慧城市时代，随着城市空间数据获取途径的增加和信息处理能力的不断提升，以 ArcGIS 为基础研究设施可达性逐渐成为设施服务水平的主要评价方法。可达性既能反映服务设施对周边住区单元的覆盖情况，又能观察到社区卫生服务资源在一定范围内的分配情况。如黄经南等人[4]基于可达性，从医疗卫生供给和需求入手，以医疗设施覆盖水平和社区单元距最近等级医院距离、就医可选择性、享受病床数等指标构建服务水平评价体系；魏伟等人[5]在“城市人”理论的指导下，通过网络分析法中的服务区分析，对典型 15 min 居住区生活圈中社区卫生服务设施的可达范围进行了计算，分析平均可达性与居民满意度之间的关系，在“自存—共存”平衡下探讨社区卫生服务设施的适宜服务范围。

针对社区卫生服务设施可达性的评价方法主要有最短路径法、两步移动搜索法和势能模型法。王娟等人[6]以社区分异为切入点，通过最短路径法对老龄化相关的社区卫生服务中心的步行可达性进行评价，并将其作为客观结果与居民主观意愿联系起来；徐怡珊等人[7]通过两步移动搜索法，以社区为单元评价卫生服务设施可达性的差异，促进了设施布局的均衡优化。还有学者以可达性评价为基础，通过多种手段进一步优化现有设施空间布局，如罗馨等人[8]对位于社区卫生服务设施和等级医院服务范围之外的住区单元，将最近邻距离之和作为聚类测度，在聚类中生成社区卫生服务中心拟建设点，为后期生活圈中社区卫生服务设施的选点布局提供了量化基础。

尽管上述方法能基于不同计算原理对社区卫生服务设施可达性进行评价，但仍存在局限性。最短路径法基于空间阻隔，计算难度低，在实际运用中却较少考虑社区卫生服务中心、服务站规模差异对可达性的影响；两步移动搜索法虽将设施资源量的供给和覆盖范围内人口的需求纳入计算，但却忽略了使用者因设施距离的衰减而产生选择偏差的情况；势能模型法综合了供给方规模、使用者需求和距离衰减对选择的影响，模型评价角度较为全面，然而没有考虑对社区卫生服务设施的分级。此外，现有使用势能模型法评价可达性的研究中，因数据获取的限制，多以社区/村作为空间单元，以其行政中心替代人口重心[9]。在城市发展趋向高密度的今天，社区包含的住区单元呈现出差异性和复杂性的特点，需要缩小尺度进行更细致的研究；且人口在整个区域内的实际分布各异，行政中心的位置不一定能准确反映人口重心，这导致评价结果在生活圈尺度缺乏实际指导意义。

鉴于此，本文将改进后的势能模型法运用到社区卫生服务设施服务水平评价中，其优化细节有如下几点：（1）将研究尺度缩小到住区组团，以住区单元为研究单元。（2）提高设施点位的准确度。因住区单元划分尺度小，组团内部人口分布较为平均，故研究中可视单一住区单元内人口均等分布，在地理位置计算中以其几何中心替代人口重心。（3）基于社区卫生服务设施的分级情况，根据不同等级设施规模确定势能模型法的出行阈值，计算研究范围内各住区单元的单位可享资源量。（4）为使评价结果更直观，本文除运用改进势能模型法评价可达性，还结合服务区法对设施服务范围进行分析，并在此基础上运用最大化覆盖模型对社区卫生服务设施进行增补，以提高设施总体服务水平。

2 研究方法

2.1 服务区法

服务区法能够确定在指定范围内从设施点出发到达的区域，其形成的空间范围即服务覆盖区。在本文中，服务覆盖区是以社区卫生服务设施点为中心，基于实际道路网络生成的居住区生活圈，能够较为直观地表现社区卫生服务设施对周边住区单元的覆盖。计算服务覆盖区需要获取道路网络数据、相关设施和住区单元的地理位置信息。结合《城市居住区规划设计标准》（GB 50180—2018），本文中 15 min 居住区生活圈的出行阈值设定为 1 000 m，10 min 居住区生活圈的出行阈值设定为 500 m，并在此基础上，对社区卫生服务设施分级（表 1）。

表 1 社区卫生服务设施服务半径阈值

类别	类型	生活圈对应级别	服务半径阈值
社区卫生服务设施	社区卫生服务中心	15 min 生活圈	1 000 m
	社区卫生服务站	10 min 生活圈	500 m

2.2 改进势能模型法

势能模型法表征空间相互作用，是牛顿万有引力模型在地理学中的发展之一。Hansen[10]将其引入可达性计算中，相关学者运用此模型研究各类服务设施的相互作用。然而，此时的模型并没有考虑设施使用对象间的竞争，之后 Weibull[11]通过引入使用者间的竞争系数 V_j 来优化势能模型，并形成同时考虑供需双方的势能模型一般表达式：

$$A_i = \sum_{j=1}^{n} \frac{S_j}{V_j} D_{ij}^{-\beta}$$

$$V_j = \sum_{k=1}^{m} P_k D_{kj}^{-\beta} \tag{1}$$

在对社区卫生服务的实地调研中发现，居民对于不同规模的社区卫生服务设施存在一定偏好性。居民倾向于优先选择规模大、设备齐全、服务能力更强的社区卫生服务中心，即使社区卫生服务站的距离更近，居民也会步行更远的距离前往社区卫生服务中心完成诊疗。因此，通过添加社区卫生服务设施规模对居民就医选择的影响来使势能模型描述更精确。本文中，赋予社区卫生服务设施以规模影响系数 G_{ij}，运用分级的服务半径阈值确定服务范围。改进后模型表达式为：

$$A_i = \sum_{j=1}^{n} \frac{S_j}{V_j} D_{ij}^{-\beta} G_{ij}$$

$$V_j = \sum_{k=1}^{m} P_k D_{kj}^{-\beta} G_{kj}$$

$$G_{ij} = 1 - \left(\frac{D_{ij}}{d_i}\right)^{\beta} \tag{2}$$

表达式中，A_i 为住区单元 i 处对附近范围内社区卫生服务设施可达性之和，V_j 为居民对社区卫生服务的竞争系数，D_{ij} 为居民前往设施 j 处的出行成本，P_k 为居民点 k 的人口数，β 为出行阻抗系数，S_j 为社区卫生服务设施的服务规模。因社区卫生服务设施的服务内容多以医生、护士等医技人员的专业服务为工作量，故采用医技人员数作为 S_j 的度量值。

对于出行阻抗系数 β 的取值，学界一直在进行持续的研究。Peeters 等人[12]总结先前学者的观点，得出 β 的取值集中在 0.9~2.29 之间，且取值在 1.5~2 之间更为适合；宋正娜等人[9]在医疗卫生设施可达性计算中，对 $\beta=1$ 和 $\beta=2$ 进行比较，发现 $\beta=2$ 时可达性数值波动范围更大、离散程度更高，可更好地表达不同居民点就医空间可达性差异；王远飞等人[13]研究上海浦东新区综合医院服务域时，β 的取值也为 2。参考先前学者研究成果，本文中 β 的取值为 2。

3 实证研究

3.1 研究对象与范围

本文选取南京市的部分社区卫生服务设施为研究对象。南京以“山水城林”为城市特色，主城区内城市肌理丰富，反映了历史底蕴丰厚的老城到现代高密度新城的复杂城区结构，作为评价单元有较强参考意义。

社区卫生服务设施是在城市范围内设置、经相关部门登记注册并取得执照的机构，为公益性事业单位。其体系以社区卫生服务中心为主，社区卫生服务站为补充。由于设施数量随着城市建设住区规模的扩张而不断增加，因此本文以 2020 年第七次人口普查为时间断面，以南京市鼓楼区、秦淮区、建邺区（不含江心洲街道）的行政区划为研究区域。所选择的研究范围（图 1）涵盖南京主城区内主要的人口聚居点，且在历史文脉与城市发展上各有特色。鼓楼区集中了多所大学和较多政府机关，是南京文化、经济、教育中心；秦淮区是古都金陵的起源，存有大量历史文化遗产；建邺区是南京金融、商贸、会展集中区，也是新规划建设的河西新城一部分。研究区域下辖 3 个行政区共 12 个街道，区域总面积为 151.56 km^2（表 2）。

表 2 研究区域详细信息

行政区	面积/km^2	住区单元人口/人	下辖街道
鼓楼区	54.18	1 002 642	宁海路街道、小市街道、华侨路街道、凤凰街道、中央门街道、宝塔桥街道、挹江门街道、阅江楼街道、幕府山街道、湖南路街道、建宁路街道、江东街道、热河南路街道
建邺区	48.27	598 143	莫愁湖街道、南苑街道、双闸街道、兴隆街道、沙洲街道
秦淮区	49.11	842 735	洪武路街道、双塘街道、月牙湖街道、五老村街道、大光路街道、秦虹街道、瑞金路街道、夫子庙街道、光华路街道、红花街道、中华门街道、朝天宫街道

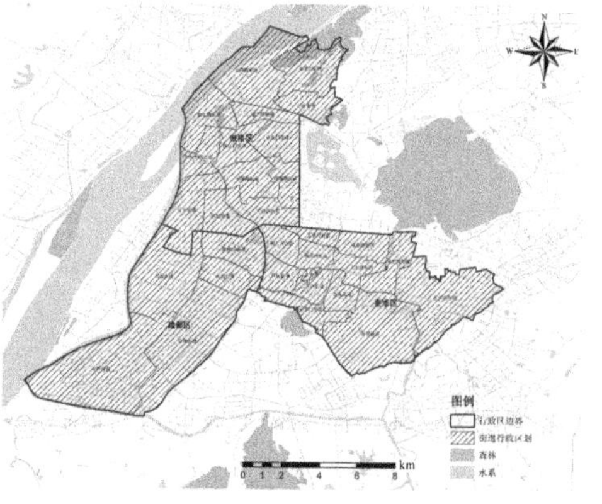

图 1 研究范围行政区划图

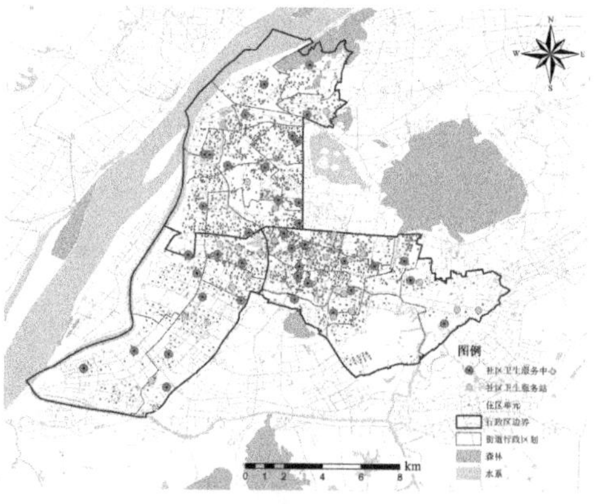

图 2 社区卫生服务设施位置

3.2 数据来源及处理

研究涉及地理信息数据、社区卫生服务设施数据和住区单元数据（表 3）。因本文着眼于生活圈尺度，居民前往社区卫生服务设施主要通过步行或骑行，故基于开源地图剔除高架路、隧道等仅供机动车行驶的城市快速路。同时，对研究区域内住区单元进行信息采集，依托链家等房产交易网站获取住区单元名称、经纬度坐标、户数等数据，共获得 1 836 条住区单元数据（图 2）。本文将空间单元缩小到住区组团尺度，在确定住区单元人口时，因实际数据较难获取，故采用区域内总人口与户数的比值作为每个家庭户的平均人口，为 2. 24 人/户。区域内住区单元总人口为 221. 54 万人。

表 3 研究数据类型与来源

数据类别	数据类型	数据来源
地理信息数据	南京市交通路网	Open Street Map 地图
	南京市行政区划	百度地图、南京市人民政府网站
社区卫生服务设施数据	设施地理位置	百度地图
	设施名称与数量	南京市卫生健康委员会网站、南京 12320 网站
	设施医技人员数	微医网、社区卫生服务设施微信公众号等互联网开源数据
住区单元数据	住区单元名称、户数	链家等房产交易网站
	住区单元地理位置	百度地图

基于 ArcGIS 对研究区域内的交通路网、社区卫生服务设施、住区单元等空间要素建立地理信息数据库。首先计算不同设施的服务范围，通过 Network Analyst 模块中的服务区分析，以社区卫生服务设施为中心，各自出行阈值为间断点，分别求解社区卫生服务中心、服务站的服务区域。

其次，通过势能模型计算不同住区单元对附近社区卫生服务设施的可达性，可分为以下若干步骤：(1) 构建 OD 成本矩阵，得到住区单元到每个社区卫生服务设施的交通路线，计算出每条交通路线的实际出行距离；(2) 运用属性表连接工具，将住区单元人口信息和社区卫生服务设施医技人员数添加到每条交通路线两端；(3) 运用字段计算器工具，根据改进后的势能模型表达式得到 $D_{ij}^{-\beta}$、G_{ij}、V_j 等值；(4) 运用汇总工具，得到每个住区单元的可达性之和 A_i。

3.3 研究区域内社区卫生服务设施服务水平评价

(1) 社区卫生服务设施服务范围分析

通过计算得到各社区卫生服务设施的服务区域（图 3），并对同一行政区内的设施服务区域取并集处理，将其与住区单元叠合后，汇总数据得到表 4。

表 4 鼓楼、建邺、秦淮三区社区卫生服务设施服务覆盖情况

行政区	覆盖住区单元数 /个	住区单元总数 /个	住区单元覆盖率 /%	覆盖人口数 /人	人口总数 /人	人口覆盖率 /%
鼓楼区	381	834	45. 68	358 986	940 387	38. 17
建邺区	196	323	60. 68	296 711	534 257	55. 54
秦淮区	507	679	74. 67	483 899	740 809	65. 32

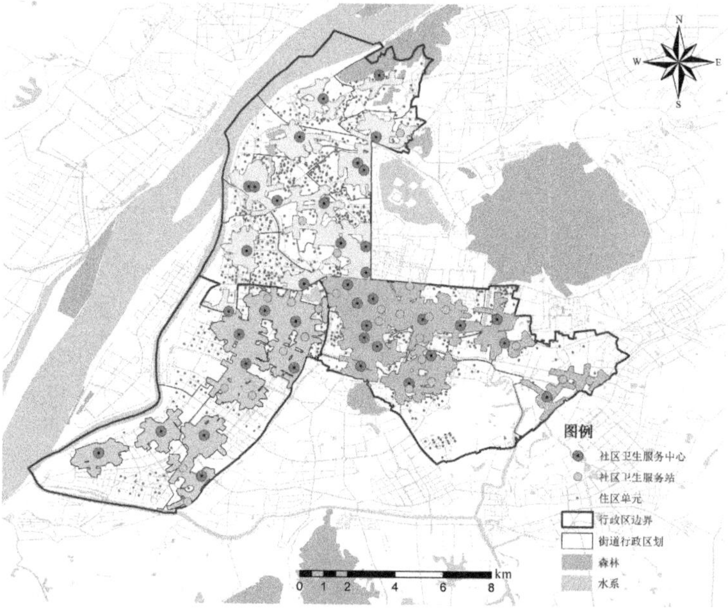

图 3　鼓楼、建邺、秦淮三区社区卫生服务设施服务区域

从分析结果可以看出，鼓楼、建邺、秦淮三区中 1 084 个住区单元位于社区卫生服务设施的服务范围内，总体服务覆盖率接近 60%；近 114 万人能在生活圈中享受到社区卫生服务，占所有被统计人口的 51. 44%。对三个行政区进行横向对比分析可得出，住区单元覆盖率和服务人口覆盖率这两项指标，秦淮区均高于建邺区和鼓楼区，其中鼓楼区住区单元覆盖率尚未达到 50%，社区卫生服务设施的增量建设仍有较大提升空间。三个行政区的住区单元覆盖率均高于人口覆盖率，这在一定程度上表明在人口较密集的城区，基层医疗卫生资源基于地理分配的情况优于基于人口分配的情况，这与社会学数理统计方法得出的结论相一致[14]。

（2）社区卫生服务设施服务圈大小分析

基于各服务中心、服务站生成的设施服务范围（图 4），对其进行面积计算，并将得到的面积值拟合为以设施为中心、欧氏距离为半径的圆形（图 5）。虽然部分服务设施距离相近，服务范围存在重叠的情况，但并不影响单个设施服务圈大小的计算。根据计算结果可以发现（图 6），社区卫生服务中心的实际服务半径在 427 ~ 808 m 之间，平均值为 663 m；社区卫生服务站的实际服

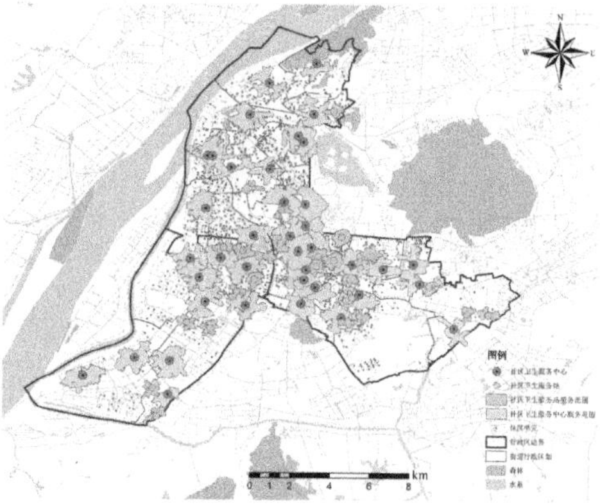

图 4　社区卫生服务中心、服务站设施服务范围

务半径在 232~412 m 之间，平均值为 331 m。结合相关标准对居住区生活圈范围的定义，现有社区卫生服务中心服务范围略大于 10 min 居住区生活圈，小于 15 min 居住区生活圈；现有社区卫生服务站服务范围约等于 5 min 居住区生活圈，远小于 10 min 居住区生活圈，服务范围与规范要求仍存在一定差距，宜继续提升相关设施的建设密度。

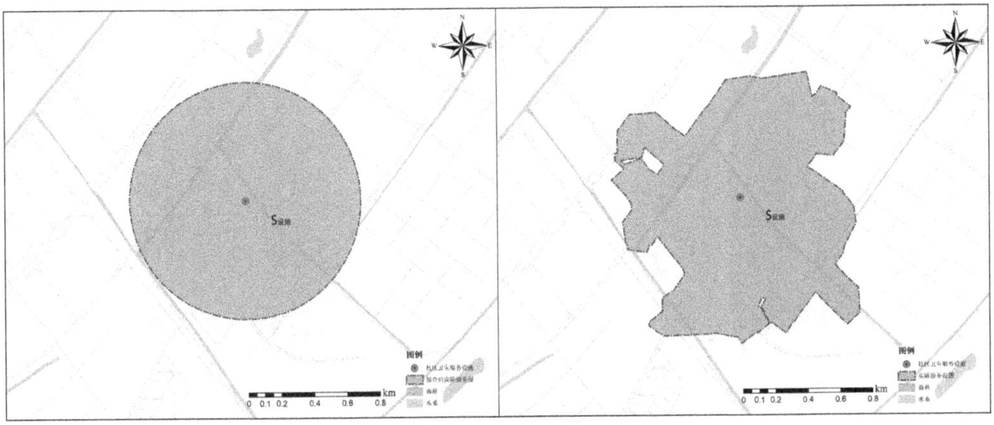

图 5 拟合前、后社区卫生服务设施服务圈

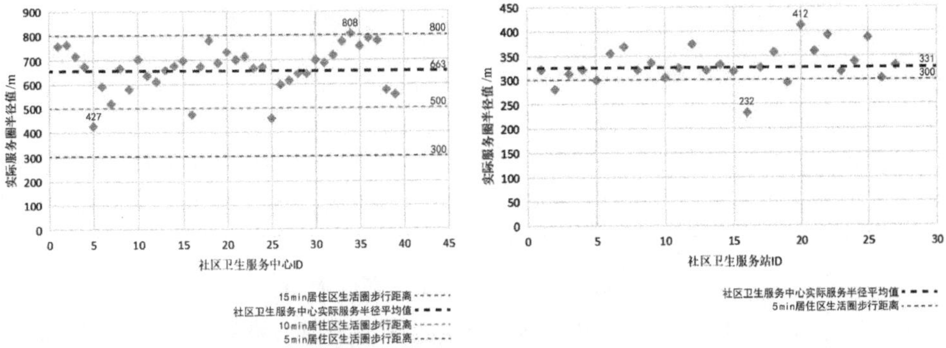

图 6 社区卫生服务设施服务圈半径值散点图

（3）社区卫生服务设施可达性评价

基于改进后的势能模型表达式计算鼓楼区、建邺区、秦淮区住区单元的可达性。计算结果显示，研究范围内 67.1%的住区单元可达性为正，数值分布在 0~184 之间，这表明这些住区单元能够在相应居住区生活圈内到达至少一家社区卫生服务设施。运用自然间断点分级法对可达性值进行分级，大部分住区单元的可达性在 0~4.06 之间，占住区单元总量的 59.2%。其中可达性值高于 1 的住区单元有 372 个，这意味着综合了距离、居民对社区卫生资源的竞争后，30.2%的住区单元每千人至少能分配到一位医技人员。

对计算结果进行克里金插值分析得到各住区单元可达性分布图像（图 7）。在城市尺度上，研究区域内可达性差异明显，呈现出“线性集聚多中心”的特点。沿中山路南北方向的区域可达性普遍较高，奥体周边、古林公园、南理工等区域形成了局部的高可达性组团。位于城市边缘的住区单元可达性水平较低，对设施增补有较大的需求。

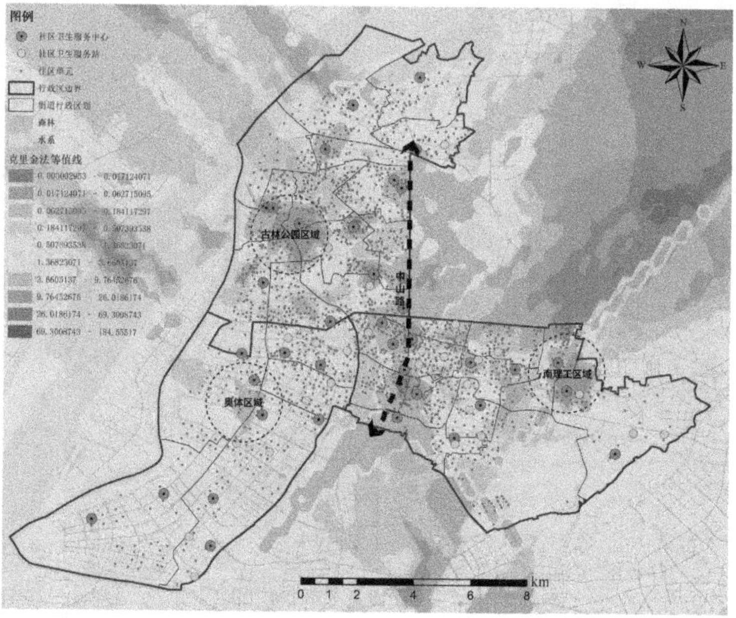

图 7 研究范围内各住区单元可达性分布图像

在行政区尺度上，鼓楼区、建邺区、秦淮区中可达性值较高的区域与社区卫生服务设施点位基本吻合，且可达性值呈现出以社区卫生服务设施为中心向外围梯度递减的趋势。不同行政区城市形态的特点也反映在可达性的分布上。鼓楼区可达性的高值点呈现出“多组团散点式”的布局，这是因为区内存在较多政府机关、教育设施等大面积封闭空间单元，人为地割裂了交通路网，居民获取卫生服务时需要绕远路，变相增加了居民出行时的阻抗。秦淮区可达性的高值点沿中山南路附近区域集中分布，这片区域是明城墙内南京老城区的一部分，自古便是集中居住区，现保留着乌衣巷、老门东、夫子庙等历史文化遗产。此区域住区单元尺度小、数量多，路网密度高，社区卫生服务设施集聚性也高。建邺区受河西新城总体规划的影响，区域形态有明显的轴向特征，即东北至西南向的江东路交通轴和南北向的奥体公建轴，因此建邺区可达性的高值点围绕着江东路两侧分布并在奥体周边形成集聚，而江东路向周边延伸的腹地则出现了较多低值点。图 8 为鼓楼、建邺、秦淮三区住区单元可达性插值分布图。

3.4 研究区域内社区卫生服务设施优化配置

针对设施现状布局，结合 ArcGIS 中的位置分配模型，在未被社区卫生服务设施覆盖的研究区域内新增社区卫生服务设施点位，以此提高住区单元的被覆盖率，缩小不同

图 8　鼓楼、建邺、秦淮三区住区单元可达性插值分布图

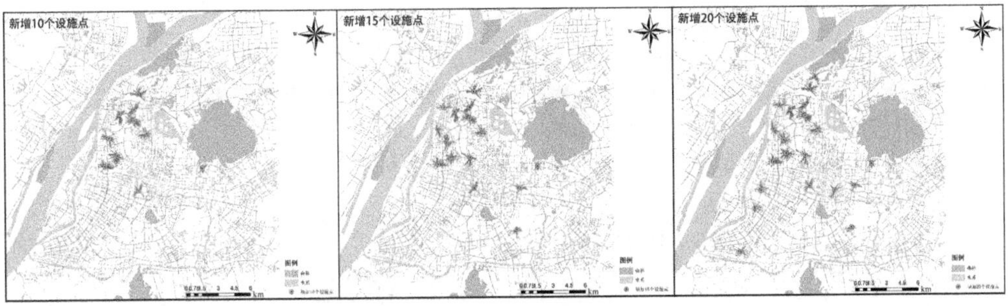

图 9　新增 10、15、20 个设施点的优化布局分析

住区单元可达性差异。ArcGIS 中常用的优化布局模型有最大化覆盖模型和最小化阻抗模型，前者的优化目标是覆盖最多的需求点，后者的优化目标是使需求点到达最近设施的出行成本之和最低[15]。社区卫生服务设施作为公益性的医疗服务机构，须覆盖所有

的住区单元，故采用最大化覆盖模型在优化范围内通过增加设施点数量进行优化布局分析，得到不同新增数量下的设施位置分配图，为不同阶段优化工作的推进提供参考（图 9）。

结语

本文基于南京市社区卫生服务设施的分布格局，利用势能模型法和服务区法，通过设施服务范围、实际服务圈大小、可达性等指标评价其服务水平的高低。主要研究结果如下：(1) 南京市社区卫生服务设施服务覆盖情况良好，总体服务覆盖率接近 60%，但仍存在一定数量的服务盲区。(2) 现有社区卫生服务设施的实际服务圈未满足相关规范要求，其中社区卫生服务中心服务圈略大于 10 min 生活圈，社区卫生服务站服务圈约等于 5 min 生活圈，宜提高卫生服务设施的建设密度。(3) 南京市社区卫生服务设施可达性总体呈现“线性集聚多中心”的空间特点，围绕各社区卫生服务设施向外围梯度递减，并一定程度上受城市形态影响。

南京市社区卫生服务设施建设缺口较大，在满足增量建设的基础上，在城市肌理相异区域进行设施规划时，不仅需满足相关规范的要求，更要结合区域实际特点做灵活处理。如区域内存在较多封闭空间单元时，可利用封闭单元与住区单元的有效接触面进行设施的增补；依据规划蓝图指导建设新城区时，可结合规划实际与未来发展方向，提前落位相关设施，变“需求在先，建设在后”为“需求建设同步走”。

注释

① 《城市居住区规划设计标准》(GB 50180—2018) 对社区卫生服务设施的配置做了相关指导：15 min 生活圈居住区配套设施中应包含独立设置的社区卫生服务中心（社区医院），10 min 生活圈居住区配套设施中宜包含社区卫生服务站。

参考文献

[1] 江萍，吴琼，戴寅妍，等.大型城市社区卫生服务机构在疫情防控中的功能定位[J].中国初级卫生保健，2022，36(1)：37-39.

[2] 王玥月，李宇阳，秦上人，等.基于集聚度的中国基层医疗卫生服务资源配置公平性研究[J].中国卫生统计，2019，36(6)：874-877.

[3] 别凤赛，严晓玲，孟月莉，等.新医改以来我国社区卫生服务中心卫生人力资源配置现状分析[J].实用预防医学，2019，26(3)：378-380.

[4] 黄经南，陈敏，李玉岭，等.基于最优路径分析和两步移动搜索法的武汉市医疗卫生设施服务水平评价与优化[J].现代城市研究，2019，34(8)：25-34.

[5] 魏伟，杨欢，陶煜."城市人"视角下社区卫生服务设施的供需匹配分析及规划策略：以武汉市为例[J].现代城市研究，2020，35(5)：38-45.

[6] 王娟，杨贵庆.社区分异视角下社区公共服务设施可达性评价研究：以上海市高密度老龄化社区为例[J].住宅科技，2021，41(1)：26-32.

[7] 徐怡珊,周源,周典.基于老年人活动空间的社区医疗卫生服务设施规划研究[J].建筑与文化,2018(8):168-171.

[8] 罗馨,忻静,翁敏.基本公共医疗服务均等化与优化布局[J].地理空间信息,2020,18(6):13-18.

[9] 宋正娜,陈雯,车前进,等.基于改进潜能模型的就医空间可达性度量和缺医地区判断:以江苏省如东县为例[J].地理科学,2010,30(2):213-219.

[10] HANSEN W G. How accessibility shapes land use[J]. Journal of the American Institute of Planners, 1959, 25(2): 73-76.

[11] WEIBULL J W. An axiomatic approach to the measurement of accessibility[J]. Regional Science and Urban Economics,1976,6(4):357-379.

[12] PEETERS D,THOMANS I. Distance predicting functions and applied location-allocation models[J]. Journal of Geographical Systems,2000,2(2):167-184.

[13] 王远飞,张超.GIS 和引力多边形方法在公共设施服务域研究中的应用:以上海浦东新区综合医院为例[J].经济地理,2005,25(6):800-803.

[14] 李志刚,杜福贻,李丽清.我国社区卫生服务机构卫生资源配置的公平性研究[J].中国全科医学,2018,21(10):1154-1160.

[15] 张晟,刘辉,王昊聪.天津市中心城区机构养老设施布局均衡性研究[J].现代城市研究,2022,37(1):38-44.

图表来源

图 1~9:作者自绘.

表 1~4:作者自绘.

基于 Keep 数据的成都市六环内绿道网络使用评价

刘雅心[1]　康志浩[2]　胡一可[2*]
（1. 成都市市政工程设计研究院有限公司，四川省成都市 610218；
2. 天津大学建筑学院，天津市 300000，563537280@qq. com）

摘要

在快速城市化的背景下，户外体力活动逐渐受到广泛关注。成都作为公园城市示范区，大力开展绿道网络建设。运动健身 APP 的普及，为评价绿道的使用状况提供了新的途径。这类 APP 可真实记录用户的活动轨迹和语义评价。本文基于运动健身 APP——Keep 用户自发上传的打卡、评价数据等 VGI 数据，从绿道的空间使用效率和语义文本两个视角对成都市六环内绿道网络的使用状况进行综合评价。研究发现，为促进居民的户外体力活动，提高绿道使用效率，需要保障交通安全，提高绿道环境质量，建立良好的路径环境设施，充分利用周边生态资源。本文以运动健身 APP 作为数据源，能够真实地反映绿道的使用情况，对未来绿道系统及公共空间规划，提供自下而上的数据支持与决策依据。

关键词：绿道；大数据；空间使用；语义文本；评价

Keywords：Greenway; Big data; Space use; Semantic text; Evaluation

引言

在快速城市化的背景下，绿道作为城市居民进行休闲性体力活动的重要场所，在公众健康提升、美化城市建成环境、城市活力营造等方面有着深远影响。

周年兴等人[1]认为绿道是一种灵活的线性开放空间。它可以连接公园、历史文化景观资源和生态资源，是沿着河岸、铁路、道路等线性开放通道，专为慢行游览设立的景观廊道。该定义被广泛认可。本文认为绿道是人为建设和自然环境相结合的线性开放空间，具有改善居民生活环境，提高公众体力活动参与度等作用。依据《绿道规划设计导则》的分类标准，绿道可划分为区域级绿道、市域级绿道、社区级绿道，本文所重点研究的绿道为连接城区和附近县的市域级绿道。

休闲性体力活动（leisure time physical activity，LTPA）是指在闲暇时间范畴内进行的能引起骨骼肌收缩而导致能量消耗的身体运动[2-3]。休闲性体力活动多以城市绿道等空间为活动载体[4]，通过跑步、步行、骑行等形式，可以有效降低心血管疾病、糖尿病等慢性病和非传染性疾病的患病风险[5-8]。

本文研究的休闲性体力活动数据来自运动健身软件 Keep，该软件可以在用户运动时记录其运动类型、运动时间、运动速度、运动时长、运动轨迹、运动评价等[9]信息。自发地理信息（volunteered geographic information，VGI）数据是使用者自发通过在线协作的方式上传到互联网上的地理信息，相比于传统的数据来源具有高现势性、数据量大、成本低廉等特点。

近年来，因人民日益增长的乐活生活需求，亟须建立城市绿道使用评价体系。目前相关研究一方面基于行为观测、受访者地图标识、人工地图标记等方式，对绿道的使用效率进行评价；另一方面基于研究者的主观打分，对绿道的建成环境质量进行评价。综合来看，前者的数据样本量较少，后者的评价方式主观性较强，均易产生评价的偏差[10]。

本文通过爬虫技术，快速获取运动健身软件 Keep 中海量的活动打卡数据和语义评价数据，从空间使用效率与语义文本分析两个角度对成都绿道的使用状况进行评价，活动数据充分，评价文本真实性高。

1 研究框架

1.1 研究方法

本文主要的研究方法为通过爬取 Keep 的活动打卡点信息，获取成都市居民的体力活动数据以及文本评价信息，从成都绿道的空间使用效率与语义评价两个层面对成都绿道的使用情况进行评价。在空间使用效率方面，通过将 Keep 活动打卡点在空间中显示出来，分析居民的打卡热力点，并从总体活动、跑步活动、步行活动、骑行活动四个方面，分别做出评价。在语义评价方面，通过构建词频、语义网络，对活动打卡点的评价信息进行分析，直观反映居民对成都绿道的使用感受，分析居民对成都绿道建设的关注要素，以及评价词汇之间的关联，从而挖掘出成都绿道使用评价的深层信息。

基于空间使用效率与语义分析两个层面的评价，分析其中的原因，提出相应的改造建议，提高绿道使用的满意度，进而促进居民的体力活动，为下一步绿道的建设规划提供参考。

1.2 数据收集

本文关于居民体力活动的数据来自运动记录型软件 Keep，Keep 为用户提供了位置服务功能，如图 1~2 所示，用户可以自发地上传自己的活动打卡信息，并对活动场地做出评价。Keep 官方网站的数据显示，截至 2021 年 3 月，Keep 用户已达 3 亿人，日活跃人数达 600 万，月活跃人数达 4 000 万，现已成为国内最大的运动类社交平台。民生证券的分析报告显示，2021 年，Keep 以 44.7%的市场占比，占据中国线上健身应用程序的最高市场份额。因此，从数据的可获取性、平台使用的广泛性、用户的活跃性来看，Keep 是目前最具代表性的运动记录型手机软件。

图 1　Keep 活动打卡点示意图

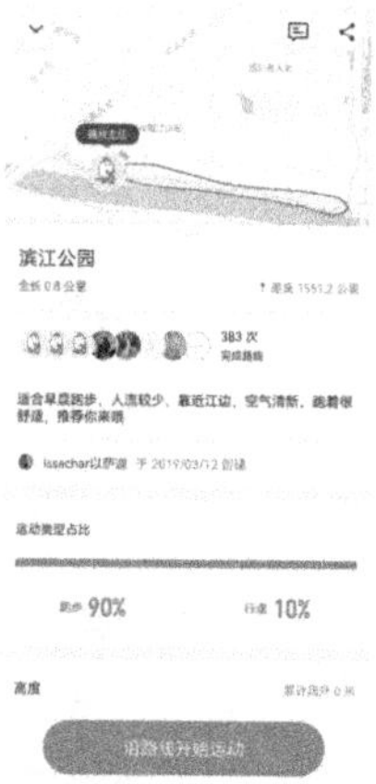

图 2　Keep 某一活动打卡点详情信息示意图

本文利用爬虫技术，共爬取了 1 304 个活动打卡点，剔除掉创建在学校、小区、公司园区等与绿道无关的位置点，一共收集到 698 个创建在绿道及其周边的有效打卡点，部分收集数据示例如图 3 所示。

name	id		distance	description	activity!	segmentT	runningR	cyclingR	hikingRa	pioneer	runner	cycler	hiker	sceneTpy	lng	lat
羊安公园	5d01c832a035496f781	羊安公园5d01c832a03	876.7	道路宽阔平坦，绿化好，风景优美，有健身	run	loop	71%	0%	29%	947	672	0	275	park	103.7086	30.40089
冉场河滨路	61bd944386cc7d00017	冉场河滨路61bd94438	2981.5	河边绿道，车少人少，适合跑步，户外，空	run	normal	0%	0%	100%	19	0	0	19	street	103.6576	30.43303
商业城到华润体	5a54ad7883743624564	商业城到华润体育场5	400	一条在绿道还在修路的时候可以选择的跑道	run	loop	87%	0%	13%	20702	18011	0	2691	playgrour	103.8063	30.42143
团结岛绿道	60c49e942b2804305b3	团结岛绿道60c49e942	3041.6	位于成都市新津区宝墩镇团结岛河堤绿道，	run	normal	0%	0%	100%	692	0	0	692	park	103.7971	30.41492
西河河道兴义段	600d464f2b28040ab0c	西河河道兴义段600d4	2757	新津西河边上，从龙王渡大桥到成新蒲路，	run	normal	0%	0%	100%	87	0	0	87	street	103.7827	30.47289
南河两公里速跑	61eb89feafcdb00001e	南河两公里速跑61eb8	1960.5	这是一条围绕金樾澜湾、金樾府邸、老码头	run	loop	0%	0%	100%	16	0	0	16	street	103.7942	30.39944
新津教育岛	5e7a21500cdae92afc2	新津教育岛5e7a2150C	1739.4	整条路线紧靠一中、外实校、南河，空气好	run	loop	91%	0%	9%	13260	12067	0	1193	others	103.8227	30.41563
南河跑道	5a2d06538374362c070	南河跑道5a2d0653837	2859.6	沿着南河，夜晚还有最美的南河夜景，路上	run	normal	70%	4%	26%	906	634	36	236		103.8115	30.4107
三渡水跑道至津	5a969697f26a4163355	三渡水跑道至津津绿	3523.7	17年刚刚修建好的跑道，路线还在继续延伸	run	normal	82%	6%	12%	952	781	57	114	park	103.8214	30.4169
40min上下老君	5d1dc0f3120da30b7c7	40min上下老君山5d1c	4488.123	从宝资山前的路口上山，从老码头一侧下山	run	normal	28%	21%	51%	32	9	7	16	field	103.8163	30.40829
新津机场5公里	5cb1aaafe4beb211e4c	新津机场5公里跑5cb1	2476.9	围绕着新津机场的跑步路线 从早到晚能够	run	normal	95%	0%	5%	3384	3215	0	169	others	103.8493	30.4153
白鹤滩湿地公园	5ff1821b355b16255e0	白鹤滩湿地公园环线5	3520.5	白鹤滩国家湿地公家，视野非常开阔，植被	run	loop	0%	0%	100%	444	0	0	444	park	103.854	30.3999
天府生物城公园	60f57e18eadce426c67	天府生物城公园60f57	1418.9	人比较少的公园，比较适合一个人或少量人	run	loop	0%	0%	100%	190	0	0	190.01	park	103.9473	30.44028
天府绿道	5e7c0830c6dd9465b0b	天府绿道5e7c0830c6c	4127.8	河边，风景优美，视野开阔，无车辆，天府	run	normal	73%	23%	4%	2467	1801	567	99	park	104.0366	30.46194
环天府公园	5db0e6e1120da36438b	环天府公园5db0e6e11	4972.3	道路宽敞，沥青地面，小坡多，环境不错，	run	loop	84%	3%	13%	1213	1019	36	158	park	104.0663	30.43639
天府公园秦皇湖	5c9747d98f37941105c	天府公园秦皇湖5c974	3583.2	环湖大约2.5km一圈，平地为主，有一两个	run	normal	85%	1%	14%	464	394	5	65	park	104.0637	30.43784
成都天府公园环	5eb938b30cdae910127	成都天府公园环线5eb	5784.6	路线环绕天府公园水系，空气好，人流少，	run	loop	78%	11%	11%	456	356	50	50.01	park	104.0647	30.43896
环怡心湖	60c210361de4af41b6e	环怡心湖60c210361de	3702.2	环怡心湖路线，目前尚在开发阶段，车辆较	cycling	loop	0%	0%	100%	681	0	0	681	park	104.0215	30.47456
天府公园	5a0b95cef26a412be18	天府公园5a0b95cef26	4041.1	天府新区湿地公园，鸟语花香，透水材质铺	run	loop	77%	2%	21%	2011	1546	40	422	park	104.073	30.43519
环麓湖小圈5km	60d2074efe8f5e518aa	环麓湖小圈5km60d207	2597.9	此路线为循环线，两圈即为5公里，适合新	run	loop	0%	0%	100%	193	0	0	193	street	104.0561	30.46738
环兴隆湖	59373a70aede3b61e50	环兴隆湖59373a70aec	9088.6	整条路线紧靠兴隆湖，沿途风景很赞洞爆朋	run	loop	80%	7%	13%	26967	21574	1888	350.016	park	104.0725	30.40114
鹿溪河生态区	593aadd815cfed69e2b	鹿溪河生态区593aadc	7476.4	河边的跑道，湖边的栈桥。空气清新，风景	run	loop	82%	7%	11%	1183	970	83	130.01	park	104.0739	30.4141
红石公园	5a16937649dc7816ce2	红石公园5a16937649c	1106.6	超级美的公园，应该是中国最美的花园！各	run	loop	39%	7%	54%	120	47	8	65		104.0761	30.46385
兴隆湖外围公路	6048a9b32709912bce5	兴隆湖外围公路6048a	8196.6	兴隆湖内圈修建，只有外圈公路可以跑，目	run	loop	0%	0%	100%	1723	0	0	1723	park	104.0732	30.39602
森林公园	604a40165a5e755a25d	森林公园604a40165a5	1883.8	从恒大天府半岛出发，一路往森林公园打卡	run	normal	0%	0%	100%	161	0	0	161	park	104.0667	30.47111

图 3　收集数据示例图

2　研究结果

2.1　成都绿道空间分布

成都位于四川盆地西部，有着丰富的自然资源和历史人文资源。成都市建设委员会 2017 年发布的《成都市天府绿道规划建筑方案》显示，成都市域级绿道将形成“一轴两山三环七道”的体系。其中“一轴”为锦江绿道；“两山”为龙泉山森林绿道、龙门山森林绿道；“三环”为熊猫绿道、天府绿道、田园绿道；“七带”为走马绿道、江安绿道、金马绿道、三河绿道、东风绿道、沱绛绿道、毗河绿道。结合《成都市城市总体规划（2011—2020 年）》，本文提取锦江绿道、熊猫绿道、天府绿道、田园绿道、走马绿道、江安绿道、金马绿道、三河绿道、东风绿道、沱绛绿道、毗河绿道、龙泉山森林绿道、三圣绿道、川藏绿道、金沙绿道、安靖绿道、北湖绿道、龙潭绿道、青龙绿道作为使用评价对象，空间分布如图 4 所示。

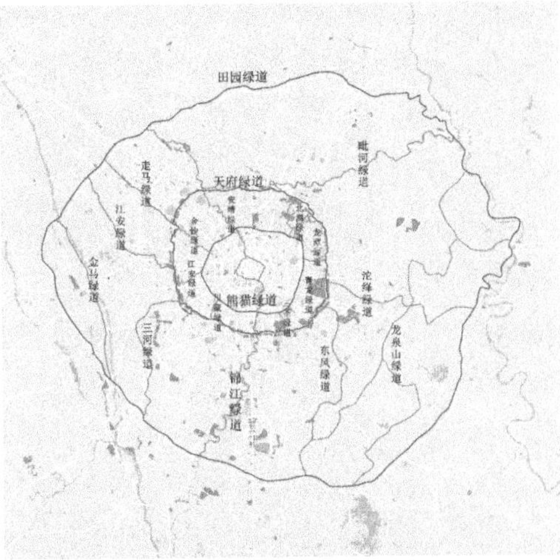

图 4 成都市六环内市域绿道分布图

2.2 空间使用效率评价

为分析居民的打卡热力点，需将 Keep 的活动打卡点及其打卡热力值在空间中显示出来，打卡人数约多，其对应的打卡热力值就越高。从总体活动、跑步活动、步行活动、骑行活动四个方面对成都市六环内市域性绿道分布，进行空间使用效率评价。

（1）总体活动

将 Keep 总体的打卡热力点和打卡热力值在空间中显示出来，如图 5 所示。从图中可以发现，居民体力活动的区域主要分布在四环以内，打卡热力点较多的区域集中在三环的熊猫绿道以内，特别是锦江绿道周边呈现出较多的打卡热力点和较高的打卡热力值，但打卡热力值最为显著的区域在四环的天府绿道周边，特别是天府绿道南部的桂溪生态公园、锦城公园一带，分布了较多的打卡热力点，并且打卡热力值较高，以青龙湖湿地公园为代表的青龙绿道则显示出最高的打卡热力值，这说明天府绿道南部以及青龙绿道的建设受到了居民的高度认可。但同时也可以发现天府绿道北部的打卡热力点较少，且打卡热力值较低，这说明天府绿道北部未能将绿道串联的生态资源充分利用起来，促进居民的体力活动。在四环和六环之内，打卡热力点呈现出零散分布的态势，较为集中在走马绿道、江安绿道、三河绿道、锦江绿道、沱绛绿道，但打卡的热力值普遍较低。

（2）跑步活动

由于打卡活动类型分为跑步、步行和骑行，因此，分别将这三种活动类型的打卡人数在空间中显示出来，具体分为跑步打卡热力、步行打卡热力和骑行打卡热力。

将跑步打卡热力在空间中显示出来，如图 6 所示。从图中可以发现，跑步打卡热力和总体打卡热力分布较为相近，主要分布在四环内的天府绿道南部、青龙绿道、锦江绿道，熊猫绿道周边也有较多的跑步打卡热力点，但热力值相对较低。此外，在四环和六环之间的走马绿道、江安绿道、三河绿道、锦江绿道也有一些较为集中的热力分布。

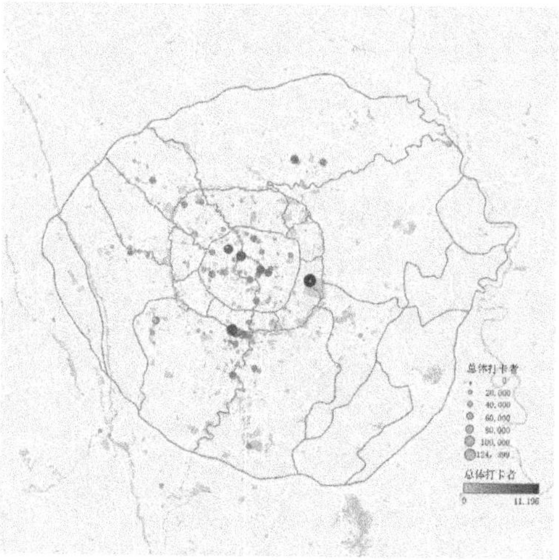

图 5 Keep 总体活动打卡热力分布图

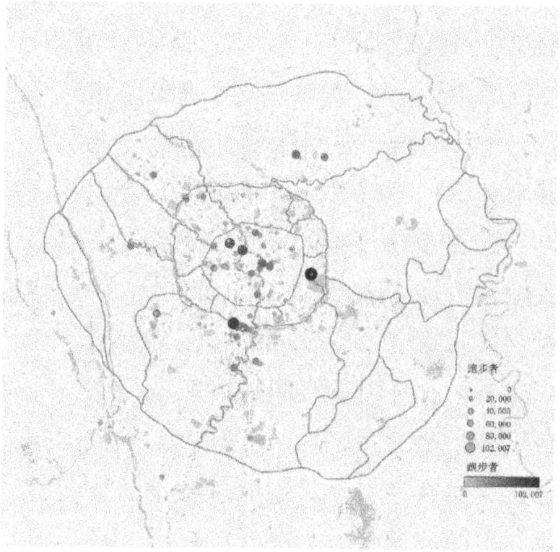

图 6 Keep 跑步活动打卡热力分布图

（3）步行活动

如图 7 所示为步行打卡热力分布，其同样主要集中在四环内的天府绿道南部、青龙绿道、锦江绿道，以及四环和六环之间的走马绿道、江安绿道、三河绿道、锦江绿道，熊猫绿道周边同样呈现出打卡热力点多，但打卡热力值较低的情况。与跑步打卡热力分布较为不同的是，步行打卡热力点在四环与六环之间的分布比跑步打卡热力点在四环与六环之间的分布在数量上多一些，并且热力值较高。此外，除了以上主要分布的绿道，沱绛绿道也有一些较为明显的分布。所以，步行打卡热力点的分布相对较为分散，跑步热力打卡点的分布更加集中。

（4）骑行活动

而在骑行打卡热力图中（图 8），可以发现，骑行打卡热力点分布更加集中，主要分布在青龙绿道、熊猫绿道、四环内的锦江绿道，相对于跑步和步行，在天府绿道的南部，骑行活动打卡点同样有较为集中的分布，但打卡热力值不高。此外，在江安绿道、走马绿道、四环外的锦江绿道、三河绿道、沱绛绿道等同样也有较为密集的骑行打卡热力点分布，但热力值相对于跑步和步行较低。

综上可以发现，绿道打卡的热力点主要集中在四环内的青龙绿道、锦江绿道、天府绿道的南部，熊猫绿道周边有较多的热力点，但热力值相对较低，四环和六环之间的江安绿道、走马绿道、三河绿道、锦江绿道也有较多的打卡热力点。打卡热力点热力值最高的为青龙绿道，在跑步、步行、骑行三种体力活动类型中，均具有较高的打卡热力值。三种体力活动类型中，步行的打卡热力点的分布相对较为分散，骑行活动则相对较为集中。

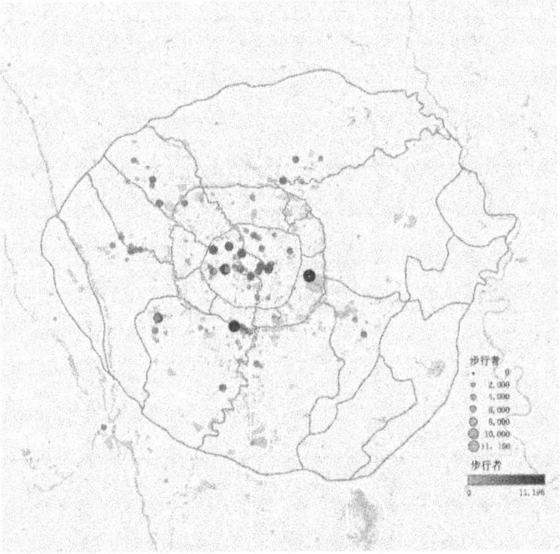

图 7 Keep 步行活动打卡热力分布图

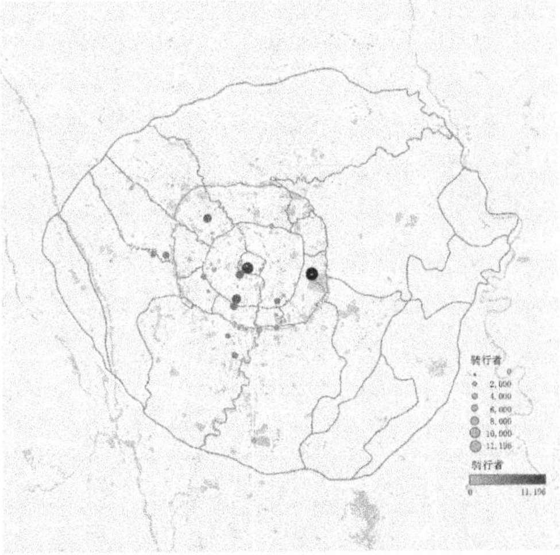

图 8 Keep 骑行活动打卡热力分布图

2.3 语义文本评价

(1) 词频统计分析

如表 1 所示，本文提取出活动打卡点文本评价 50 个高频词语，词频越高说明居民在体力活动时对该要素的认知深刻度与关注度越高。可以看出，排名前 50 的高频特征词，主要集中在场地的周边环境、设施、活动类型、活动时间等方面。在有关环境的特征词方面，可以发现居民活动时主要关注自然环境，如“空气”“绿化”“风景”等，以及交通环境，如“车辆”“安全”“人少”“行人”“避让”等。在设施方面，主要关注交通安全设施，如“路灯”“红绿灯”等以及运动设施，如“跑道”“大道”“路面”等。在活动类型方面，主要为跑步和步行活动，主要体现在“跑步”为列第 2 位，“散步”位列第 15 位。在活动时间方面，主要集中在“晚上”和“早上”，其中，对夜间活动的关注量最多，主要体现在“夜跑”“晚上”，分别位列第 3 位和 6 位，“早上”“晨跑”分别为列第 29 位和第 32 位。

表 1 活动打卡点评价词频统计表

序号	词语	词频/次	序号	词语	词频/次
1	适合	587	7	路线	169
2	跑步	378	8	公里	153
3	夜跑	361	9	比较	144
4	公园	286	10	可以	141
5	注意	226	11	车辆	127
6	晚上	189	12	一圈	122

（续表）

序号	词语	词频/次	序号	词语	词频/次
13	绿道	117	32	晨跑	63
14	需要	115	33	这是	62
15	散步	108	34	成都	60
16	一条	92	35	路面	59
17	道路	90	36	红绿灯	58
18	跑道	89	37	一个	57
19	没有	87	38	不错	53
20	路灯	86	39	空气清新	53
21	灯光	77	40	运动	52
22	空气	75	41	充足	52
23	很多	70	42	行人	50
24	安全	70	43	非常	49
25	人少	67	44	绿化	48
26	这里	66	45	还有	48
27	小区	65	46	街道	47
28	注意安全	65	47	左右	46
29	早上	64	48	风景	44
30	环境	64	49	避让	44
31	大道	63	50	环线	44

（2）语义网络分析

如图9所示，对文本评价建立语义分析网络，可以发现，构建出了“适合”“注意”“跑步”“晚上”这几个核心词语，其中最主要的核心词语为“适合”，与“注意”“晚上”“跑步”都有紧密的联系，这表明居民对于活动打卡点的适宜性，主要关注跑步活动的适宜性以及在晚上活动的适宜性。与“注意”有紧密联系的词包括“安全”“车辆”“避让”“红绿灯”等，这表明居民在活动时对安全的关注度较高。与“跑步”有紧密关系的词包括“空气”“清新”“公园”“绿化”“环境”“路面”“平整”“跑道”等，这表明居民在进行跑步活动时较为关注空气质量、绿化质量以及跑道路面质量等。与“晚上”有紧密联系的词包括“路灯”“道路”“公园”“灯光”等，这表明在以街道和公园为主的体力活动场地中，要保证充足的灯光照明，以提高居民体力活动的安全感。

2.4 关键词空间分布

本文提取出每个打卡热力点评价的前五个关键词，按照打卡热力点的总体打卡热力

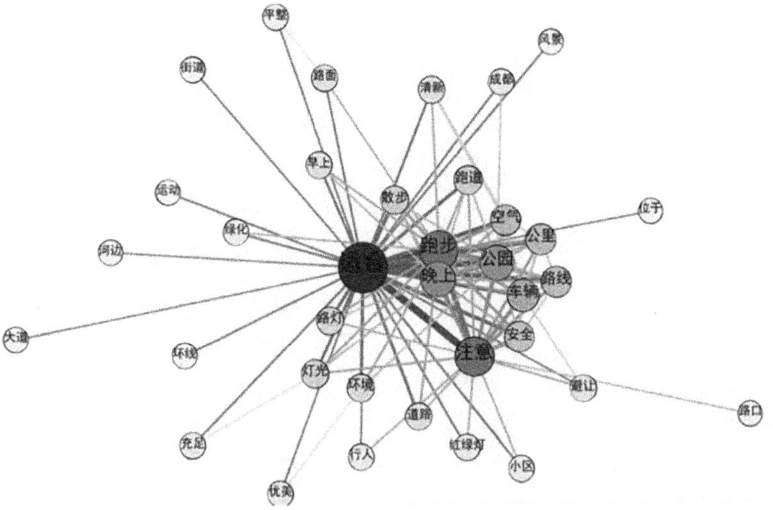

图 9 绿道文本评价语义网络图

值进行字体大小和颜色的区分，将关键词在空间分布，如图 10 所示。可以发现，打卡热力值较高的地区，关键词的提取普遍有“公园”“风景”“空气”“非机动车”“道路”“路面”等，这说明打卡热力值较高的地区在自然景观、交通安全、路面建设等方面较为符合居民体力活动的需求，因此，为提升绿道的空间使用效率，需要着力加强环境质量、设施质量等方面的建设。

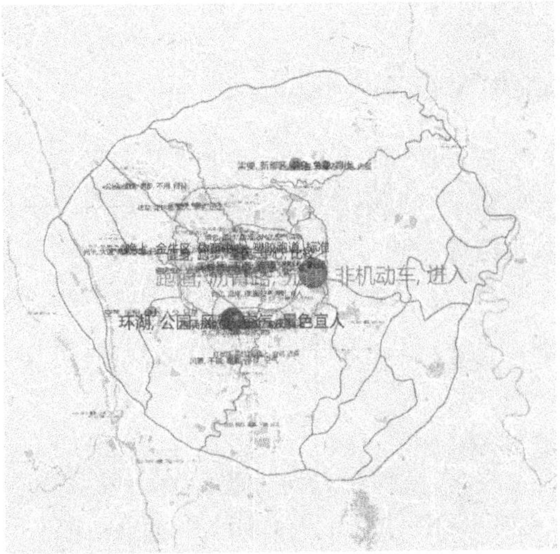

图 10 Keep 打卡评价关键词空间分布及词频情况图

3 研究结论

本文通过爬取 Keep 数据，从空间使用效率及语义文本两个视角对绿道进行评价。在空间使用效率分析中，发现四环内绿道，特别是天府绿道的南部、锦江绿道、青龙绿道的打卡热力点分布较集中，打卡热力值较高。在语义文本评价中发现主要关注的活动类型为跑步活动，主要的活动时间为晚上，主要关注的场地要素包括自然景观、交通安全、路面建设等。将每个打卡热力点文本评价的前五个关键词在空间上分布，发现热力值较高的打卡点，关于环境质量、交通安全、路面质量的关键词分布较为明显。总体来看，在高热力值的绿道打卡点中，良好的环境质量、交通安全、设施质量是吸引居民活动的重要原因，特别是需要满足居民夜跑时对环境、安全、设施的需求。因此，在绿道建设中，应着重关注这几个方面，充分利用绿道串联起良好的生态资源，提高环境质量及设施质量，保障交通安全，从而吸引人群活动，提高绿道的空间使用效率。

就此提出以下两方面建议：

（1）补充短板资源，激发活动需求

由空间使用效率分析可知成都六环内绿道不同区域具有显著的使用效率差异，对于使用效率较低的绿道地段，应尽快补足绿色空间品质、场地活动设施、交通连通等短板资源，满足居民对于跑步活动，特别是夜跑活动的高需求，创建形式多样的跑步区域，激发更多人群活动需求。

（2）推动特色建设，凸显不同功能

由空间使用效率分析可知，步行活动的打卡热力点分布较为分散，在四环内和四环外的绿道，均有较高的热力值，因此，在绿道的路权分配中，需要更多地关注步行道的建设。骑行活动的打卡热力点分布较为集中在四环之内的熊猫绿道和锦江绿道，因此，在市区内的绿道建设中，除了需要满足步行活动需求，还要关注骑行活动的辅助设施建设。

结语

在大数据时代背景下，本文通过爬取 VGI 海量数据，直观快速地反映出了绿道的空间使用情况及居民对绿道使用的核心关注点，为城市公共空间品质提升，进一步建设城市绿道系统，提供自下而上的数据支持与决策依据。

未来我们期待挖掘出更多数据，并结合城市多源建成数据，挖掘出更多居民活动特征，为进一步提升城市公共空间品质而提出针对性的优化策略。

参考文献

[1] 周年兴，俞孔坚，黄震方.绿道及其研究进展[J].生态学报，2006，26(9)：3108-3116.

[2] CASPERSEN C J, POWELL K E, CHRISTENSON G M. Physical activity, exercise, and physical fitness: definitions and distinctions for health-related research[J]. Public Health Reports, 1985, 100(2): 126-131.

[3] ANDRIANASOLO R M, MENAI M, GALAN P, et al. Leisure-time physical activity and sedentary behavior and their cross-sectional associations with excessive daytime sleepiness in the French SU.VI.MAX-2 Study[J]. International Journal of Behavioral Medicine, 2016, 23(2): 143-152.

[4] SALLIS J F, CERVERO R B, ASCHER W, et al. An ecological approach to creating active living communities[J]. Annual Review of Public Health, 2006, 27: 297-322.

[5] LONG Z C, HUANG L L, LYU J J, et al. Trends of central obesity and associations with nutrients intake and daily behaviors among women of childbearing age in China[J]. BMC Women's Health, 2022, 22(1): 1-11.

[6] GARNWEIDNER-HOLME L, HENRIKSEN L, BJERKAN K, et al. Factors associated with the level of physical activity in a multi-ethnic pregnant population: a cross-sectional study at the time of diagnosis with gestational diabetes[J]. BMC Pregnancy and Childbirth, 2022, 22(1): 1-8.

[7] CHEN L L, BI Y, SU J, et al. Physical activity and carotid atherosclerosis risk reduction in population with high risk for cardiovascular diseases: a cross-sectional study[J]. BMC Public Health, 2022, 22(1):1-11.
[8] SHARIF K, WATADA, BRAGAZZ I N L et al. Physical activity and autoimmune diseases: get moving and manage the disease[J]. Autoimmunity Reviews, 2018, 17(1):53-72.
[9] GOODCHILD M F. Citizens as sensors: the world of volunteered geography[J]. GeoJournal, 2007, 69(4): 211-221.
[10] 李蕊娟. Keep 创始人王宁：用科技“让世界动起来”[J]. 中关村，2021(8)：76-79.

图表来源

图 1~2:作者手机截屏。

图 3~10:作者自绘。

表 1:作者自绘。

眼动分析与主观评价相结合的传统村落空间氛围营造研究

朱佳真[1]　冷嘉伟[1]　周　颖[1]　邢　寓[1]　王举尚[1]

（1. 东南大学建筑学院，江苏省南京市 210096）

摘要

传统村落的保护与更新是乡村振兴战略中面临的迫切问题，也是近年来设计师以改善民生为导向的热门实践场景。独特的空间氛围是传统村落生命力的重要来源，因此如何从人因工程学的角度抓住这一内在价值的关键因素，探讨优化提升策略，对当前传统村落的保护和更新有重要意义。本文采取以下 3 种研究方式：（1）选取三处村落格局、文俗不同的传统村落——佘村、苏家理想村、李巷村，通过文献资料进行前期调研。（2）组织 15 位大学学生进行眼动试验，收集眼动数据，试验后进行主观评价的问卷调查。（3）利用软件对收集的眼动数据进行分析，并与主观问卷结果结合，分析得出空间氛围营造关键因素。

关键词：眼动分析；主观评价；传统村落；氛围营造；乡村振兴

Keywords：Eye movement analysis；Subjective evaluation；Traditional villages；Atmosphere construction；Rural vitalization

资助项目情况：教育部产学合作协同育人项目（202101042020）；东南大学校级重大创新训练项目（202201006）；江苏省大学生创新创业项目（S202210286001）

引言

中国传统村落历史悠长，其建筑、景观、文化具有悠久的历史传统和浓郁的地方特色，是不可再生的文化资源和珍贵的历史遗产。目前，传统村落已成为重要的旅游目的地。本文选取了 3 个传统村落作为研究对象，3 个村落具有相似的地域景观特征，但是由于旅游商业开发的模式和程度不同，3 个村落的景观情境也存在较大差异。

与 2005 年提出的社会主义新农村建设相比，乡村振兴战略进一步丰富了内涵，提升了层次，而美丽乡村建设作为推进农业农村现代化，实施乡村振兴战略的重要任务，更是对农村地域空间综合价值追求的高标准规划和建设，是自上而下相结合的创造性探索。

近年来对于传统村落的研究都主要集中在古建筑单体和文物古迹上，对于村落空间节点特征的关注较少，同时研究方式以定性描述为主，缺少量化方法[1]。眼动仪是用于记录人在处理视觉信息时的眼动轨迹特征的重要仪器，被广泛应用于注意、视知觉、阅读等研究领域。借助于现有的眼动仪（Tobbi Glasses 系列），可以获取到人群对于建筑空间的场景知觉和视觉搜索过程中的多样指标，为研究城市空间的视觉属性提供了便利条件。因此，利用目前国内仍处于起步发展阶段的眼动追踪技术，对于传统村落的优化建设改造具有重要价值。

在以往研究中，大量学者对民居建筑以及村落空间物质形态特征进行了解析，例如以 GIS 技术和空间句法理论进行的空间形态研究分析。然而对于人在村落中的认知研究，由于缺乏有效的技术手段，一直鲜有开展。

目前空间视觉质量评价方法多从评价者的主观角度出发，以公众的感受为依据，评价会牵涉到复杂的指标体系。而眼动追踪可以客观衡量人们对景观的观察，即公众的主观感受可从其眼动指标得到客观体现，因此眼动分析法是一种强有力的研究工具。本文以传统村落空间为例，将眼动分析方法引入空间视觉质量评价中，通过眼动追踪仪记录大学生被试者在观看村落图片时的眼动数据，探究其对于村落空间的眼动特征，从而给出提高传统村落空间视觉质量的建议。该文利用新技术为空间视觉评价研究提供新的思路，并且通过眼动特征，了解人们对空间的心理，对传统空间的视觉质量提升及其旅游规划开发与管理具有重要意义[2]。

基于环境行为学前沿手段——眼动追踪技术，将村落这一传统议题赋以新解。结合既往村落形态研究成果，量化解读人对于传统空间的认知机制。探究传统村落空间形态规律与意象认知要素，使得本文的研究成果可应用于建筑空间创作，赋予当代场所以中国传统特性。

1 研究方法

1.1 技术路线

本文主要采用眼动分析法、问卷调查法以及数理统计方法进行研究。通过眼动仪测量被试者观察样本照片时的视觉关注点、强度及其视线运动轨迹，并以可视化的图像或数据量化的形式进行导出分析，探讨被试者对传统村落空间的视觉反应规律。利用问卷调查法获取被试者对传统村落空间氛围质量的主观评价数据，对问卷数据进行因子分析，得出被试者的主观评价。结合眼动和主观评价两类数据进行相关分析，研究被试者在观察图片时的眼动指标与其主观评价之间的关系。

1.2 现状调研

实地调研是社会调查中运用最广泛的方法，是本着客观的态度采用科学的方法，对已确定研究对象进行实地考察，并对收集到的大量资料进行统计分析。实地调研主要分为现场观察法和询问法，本文采用现场观察法，选取南京有代表性的三处传统村落进行调研、试验以及分析：

（1）佘村（A）：位于南京市江宁区东山街道，被称为“金陵古风第一村”。

（2）李巷村（B）：位于南京市溧水区，是南京著名的红色遗址和文化教育基地。

（3）苏家理想村（C）：位于南京市江宁区秣陵街道，传统与现代碰撞，为村落注入新的活力。

笔者于2021年12月4日和2020年1月7—8日首次先后对佘村、苏家理想村以及李巷村进行实地调研，由15位被试者分两批次现场佩戴眼动仪按规定路线进行游览观察，从起始点开始，走回到起始点结束，记录眼动数据。受天气状况及设备影响，现场试验采样率过低，其次发现眼动仪记录画面过于晃动，不利于后续眼动数据分析，因此，笔者于2022年5月8—9日再次先后对三个村落进行补充调研，材料完整全面。

1.3 眼动试验设计

（1）眼动试验仪器

试验采用 Tobbi Pro Glasses 2 眼动仪记录被试者在观察传统村落空间的眼动数据，眼球运动采样率为100 Hz，场景摄像机记录角度/视角为水平82°，垂直52°。仪器包括投屏一块，连接眼动仪器的笔记本一台，播放幻灯片笔记本一台。

（2）被试者选择

本试验共选择了15名被试者，均为东南大学本科生或博士生，其中9名为建筑学相关专业人员，6名为其他专业人员，年龄分布在20~30岁之间。大学生具有一定的旅游经历和审美评判能力，建筑学专业学生在学习过程中积累了对传统村落的丰富知识和经验，因此可以认为被试者的选择具有可行性和代表性。被试者的裸眼视力和矫正视力均为正常。选择眼动采样率85%作为数据筛选值，去除无效数据一组，共获得14组有效样本数据，其中男生7人，女生7人，男女比例为1∶1。

（3）样本照片选择与预处理

本文共在3个村落进行实地拍摄，每个村落以空间与要素的丰富度为准，同一村落的照片选择多样的空间类型，各选择八张有代表性的样本照片（图1），调整照片分辨率、长宽比使其契合实验室大型屏幕。

试验主要包含4个流程：

① 引导被试者进行眼动校准，调整好眼动仪角度。② 校准完毕后，引导被试者坐在投屏前约1.5 m处，主试者向被试者解释整个试验目的、过程和要求。③ 播放24张样本照片，同时眼动仪开始追踪眼动数据，直到播放完毕停止追踪，设置每张照片播放时长为7 s，切换间隔时间为0 s。④ 被试图片观看结束后进行主观评价问卷填写。被

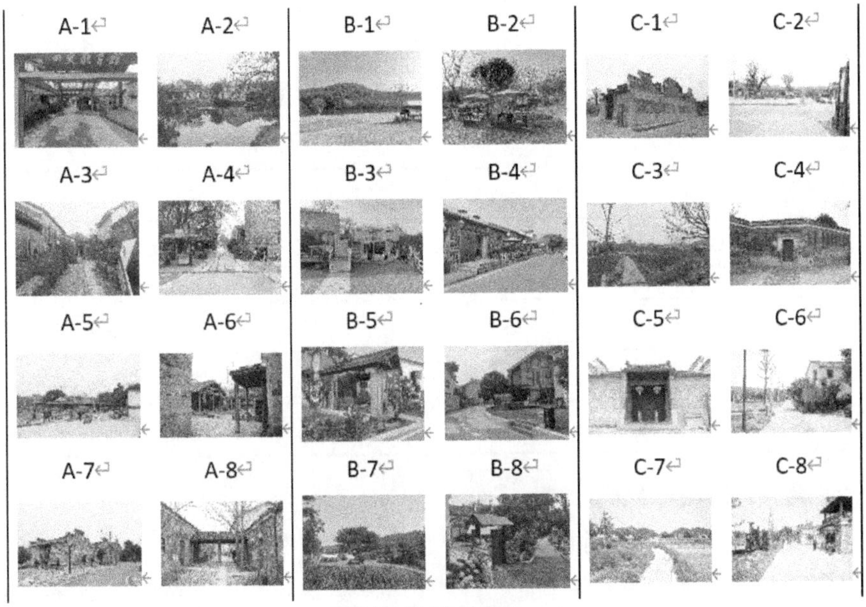

图 1 所有样本照片

试者按幻灯片顺序对图片进行传统空间氛围主观评价打分。

1.4 被试者选择和问卷设计

（1）问卷设计

本次评价使用语义学解析法（SD），即基于言语尺度对人的直观感受进行心理测定，从而构造定量的数据对空间进行评价。结合 3 个村落的具体情况，选取传统感、绿化协调度、自然度、生活氛围度、设计感、年轻活泼感、喜好度 7 个语义变量作为空间氛围感评价指标。评价从最否定到最肯定共设置七个梯度，分别赋值-3 到 3 分。

（2）被试者选择

本试验中，问卷共定向发放 15 份，其中，男性 7 人，女性 8 人，年龄主要分布在 20~30 岁之间。其中有 9 人为建筑学专业，6 人为其他专业。被试者均参与过上文的眼动试验，在眼动试验完成后立刻再次观察样本图片并填写问卷，因而数据的真实可靠性得到保证。

2 试验结果

2.1 眼动试验结果分析

试验结束后，利用软件 Tobbi Pro Lab 进行数据分析。

（1）眼动指标选取

眼动软件能够测定多项眼动数据，包含时间和空间维度的指标。为了获得客观有效的量化数据结果，选择第一次注视时间、注视点个数、访问次数和总注视时间 4 个指标，对眼动试验数据进行分析。另外，选择计数、平均值、总值作为观察项。因本试验中，并非所有样本包含的要素类型均相同，因此选择平均值作为主要参考依据。眼动指标的基本意义如表1所示。

表1 所选眼动指标及其定义

所选眼动指标	定义解释
第一次注视时间	被试者从开始展示起到第一次注视感兴趣区域（AOI）所用时间，时间越短，元素越显眼
注视点个数	统计对象为被试者对一个感兴趣区域的注视点个数，注视点越多，信息越分散
访问次数	统计对象为被试者对一个感兴趣区域的访问次数，切换次数越多，信息越分散
总注视时间	被试者注视感兴趣区域时间的总和。一个元素的总注视时间越长，它的吸引力就越大

（2）感兴趣区域（AOI）划分

本文将后续分析涉及的空间要素大致划分为10类，其中传统语汇类4类，即瓦屋面、砖墙立面、石砖铺地、装饰构件，自然要素类3类，即树木绿植、草坪、水体远山，此外还有休憩设施、生活要素、远景房屋。将类型相同的元素成组标记，以便于试验结束后导出各感兴趣区域（AOI）组的数据。

（3）被试者眼动指标数据分析

① 总注视时间。该指标为各类型要素兴趣区域中所有注视点的持续时间之和，平均数值从高到低排序为远景房屋、休憩设施、砖墙立面、水体远山、装饰构件、树木绿植、草坪、瓦屋面、生活要素、石砖铺地（表2）。

表2 各样本照片各元素总注视时间统计　　单位：s

	瓦屋面	砖墙立面	石砖铺地	装饰构件	树木绿植	草坪	水体远山	休憩设施	生活要素	远景房屋
A-1	0.09	0.43	—	0.39	0.41	—	—	—	—	—
A-2	0.44	—	—	—	0.69	—	1.85	—	—	2.15
A-3	0.19	1.91	0.07	—	0.52	—	—	—	—	—
A-4	0.07	0.46	0.37	—	0.3	—	—	0.73	—	—
A-5	1.06	—	—	0.57	0.82	—	—	—	0.32	—
A-6	0.54	0.21	0.17	—	—	—	—	—	—	—
A-7	0.46	2.26	0.27	1.00	0.52	—	—	—	—	—
A-8	0.51	0.93	0.07	—	0.32	—	—	—	—	—
B-1	—	—	—	—	0.54	0.66	2.59	1.24	—	—
B-2	—	—	—	—	0.62	—	—	2.60	—	—

（续表）

	瓦屋面	砖墙立面	石砖铺地	装饰构件	树木绿植	草坪	水体远山	休憩设施	生活要素	远景房屋
B-3	—	—	—	—	—	—	—	1.65	—	—
B-4	0.19	0.46	—	—	0.19	—	—	1.38	—	—
B-5	0.11	—	—	0.04	0.38	—	—	0.77	—	—
B-6	—	—	—	—	1.07	0.39	—	1.60	—	—
B-7	—	—	—	—	3.09	—	0.11	0.72	—	—
B-8	—	—	—	2.4	1.58	—	—	—	—	—
C-1	0.17	2.53	0.03	—	0.04	—	—	—	—	—
C-2	—	1.38	—	—	0.83	—	0.09	—	0.32	
C-3	0.78	—	0.07	—	0	—	—	—	—	1.80
C-4	0.20	0.49	0.44	1.34	—	—	—	—	—	—
C-5	0.44	1.99	—	0.29	—	—	—	—	—	—
C-6	0	—	—	1.20	1.48	0.57	0.59	—	—	—
C-7	—	—	0.06	—	1.56	—	0.28	—	—	—
C-8	—	1.13	—	0.16	0.23	—	—	1.44	—	—
总计	5.25	14.18	1.55	7.39	15.19	1.62	5.51	12.13	0.64	3.95
平均值	0.35	1.18	0.17	0.82	0.76	0.54	0.92	1.35	0.32	1.98

② 注视点个数。该指标为被试者对各类型要素兴趣区域的注视点个数，平均数值从高到低排序为远景房屋、休憩设施、砖墙立面、树木绿植、装饰构件、水体远山、生活要素、草坪、瓦屋面、石砖铺地（表3）。

表3 各元素注视点个数统计

	瓦屋面	砖墙立面	石砖铺地	装饰构件	树木绿植	草坪	水体远山	休憩设施	生活要素	远景房屋
照片数量/张	15	12	9	10	20	3	6	9	2	2
注视点个数总计/个	19.46	54.25	5.99	29.08	58.88	4.47	13.44	42.00	4.08	10.66
平均值/个/张	1.30	4.52	0.67	2.90	2.94	1.49	2.24	4.67	2.04	5.33

③ 访问次数。该指标为被试者对各类型要素兴趣区域的访问次数，平均数值从高到低排序为休憩设施、砖墙立面、远景房屋、树木绿植、装饰构件、水体远山、草坪、生活要素、瓦屋面、石砖铺地（表4）。

表 4 各元素访问次数统计

	瓦屋面	砖墙立面	石砖铺地	装饰构件	树木绿植	草坪	水体远山	休憩设施	生活要素	远景房屋
照片数量/张	15	12	9	10	20	3	6	9	2	2
次数总计/次	13.43	30.67	3.67	17.40	36.63	3.40	9.73	25.00	1.83	4.83
平均值/次/张	0.90	2.56	0.41	1.74	1.83	1.13	1.62	2.78	0.92	2.42

④ 第一次注视时间。如表 5 所示，第一次注视时间平均值从低到高排序为远景房屋、休憩设施、砖墙立面、水体远山、装饰构件、树木绿植、草坪、生活要素、瓦屋面、石砖铺地（表 5）。

表 5 第一次注视时间统计

	瓦屋面	砖墙立面	石砖铺地	装饰构件	树木绿植	草坪	水体远山	休憩设施	生活要素	远景房屋
照片数量/张	14	12	8	9	19	3	6	9	2	2
注视时间/s	37.84	17.42	31.53	22.53	48.90	7.77	13.36	12.05	5.30	2.20
平均值/s/张	2.70	1.45	3.94	2.50	2.57	2.59	2.23	1.34	2.65	1.1

以上眼动指标数据结果呈现相关性，此结果一定程度上说明了远景房屋、休憩设施、砖墙立面三类要素在场景图片中较为醒目，可以吸引被试者的视线关注，可能对观察者形成空间氛围印象具有较大影响。通过对样本照片的初步观察，远景房屋类型的要素常分布在视平线位置，占画幅长，容易被被试者观察到；休憩设施类型要素一般处于近中景位置，造型多样且多为浅色，容易引起被试者兴趣；砖墙立面类型要素在样本中占据较大的图面面积，且纹理丰富。瓦屋面和石砖铺地常分布于照片上下部分，不容易被观察到。

2.2 问卷调查结果

统计被试者提交的答卷，得到 24 张样本照片的各空间氛围感维度的评价结果如表 6 所示。传统感得分最高为 C-5 样本，最低为 B-3 样本；绿化协调度得分最高为 B-1 样本，最低为 A-4 样本；自然度得分最高为 B-7 样本，最低为 C-5 样本；生活氛围度得分最高为 B-4 样本，最低为 C-1 样本；设计感得分最高为 B-3 样本，最低为 B-1 样本；年轻活泼感得分最高为 B-3 样本，最低为 C-1 样本；喜好度得分最高为 B-1 样本，最低为 A-4 样本；总计得分最高为 B-8 样本，最低为 C-1 样本。

表 6 问卷调查结果

	传统感	绿化协调度	自然度	生活氛围度	设计感	年轻活泼感	喜好度	总计
A-1	1. 00	-0. 13	-1. 00	0. 20	1. 40	-0. 67	0. 87	1. 67
A-2	1. 67	1. 40	1. 47	1. 13	-0. 80	-0. 80	0. 80	4. 87
A-3	1. 47	0. 33	0. 87	0. 07	-0. 40	-1. 00	-0. 20	1. 14
A-4	0. 6	-0. 40	-0. 60	0. 67	-0. 53	-0. 27	-0. 40	-0. 93
A-5	0. 8	0	-0. 20	1. 33	-0. 07	0. 20	0. 33	2. 39
A-6	1. 87	0. 07	-0. 47	1. 07	0. 40	-0. 8	0. 33	2. 47
A-7	1. 20	-0. 13	-0. 93	-0. 60	0. 13	-0. 87	-0. 13	-1. 33
A-8	1. 60	0. 13	0. 07	0. 53	-0. 20	-0. 93	0. 60	1. 80
B-1	-1. 33	2. 47	2. 53	0. 73	-1. 27	0. 67	2. 13	5. 93
B-2	-1. 13	0. 60	1. 27	1. 27	0. 47	1. 13	0. 53	4. 14
B-3	-2. 13	1. 20	0. 13	1. 67	2. 13	2. 20	1. 60	6. 80
B-4	0. 33	0. 80	0. 07	1. 93	1. 33	1. 33	1. 27	7. 06
B-5	-0. 33	1. 27	1. 20	1. 60	1. 53	1. 40	0. 73	7. 40
B-6	-1. 00	1. 73	1. 33	1. 80	1. 80	1. 73	1. 67	9. 06
B-7	-1. 07	2. 33	2. 87	1. 80	-0. 40	1. 67	2. 07	9. 27
B-8	0. 60	2. 13	2. 20	1. 73	1. 33	0. 93	1. 27	10. 19
C-1	1. 80	-0. 33	-1. 53	-0. 53	0. 07	-1. 33	-0. 13	-1. 98
C-2	-0. 53	0. 20	0. 27	0. 53	-0. 27	0. 13	-0. 27	0. 06
C-3	0. 93	0. 13	0. 67	1. 73	-1. 07	-0. 87	0	1. 52
C-4	1. 73	0. 60	-1. 00	0. 53	0. 20	-0. 6	0. 27	1. 73
C-5	2. 00	-0. 07	-1. 60	0. 07	-0. 13	-1. 00	-0. 07	-0. 80
C-6	-0. 80	1. 60	1. 67	1. 60	-0. 33	0. 73	0. 60	5. 07
C-7	-0. 53	2. 00	2. 27	1. 53	-0. 67	0. 27	1. 07	5. 93
C-8	1. 07	1. 20	1. 33	1. 33	0. 40	-0. 13	0. 73	5. 93

3 试验结果分析

3.1 问卷结果分析

（1）总体评价结果分析

通过对样本照片数据的统计分析，得到李巷村、苏家理想村、余村三个村落的柱状图（图 2），图中数据为对应指标的同村落样本得分的平均值。

可以看出，李巷村在传统感上得分最高，说明其对历史风貌保存和修复工作开展得较好，但是在绿化协调度和自然度上得分均较低，说明其大部分场景还可以进一步增加绿化布置，以增加其宜人性；苏家理想村除在传统感维度外，在其他维度上都呈现出明显优势，但在传统感上得分为负值，说明可能存在改造过度，使村落失去原有风貌的情况，但从整体看，观看者依然认可和喜好该村现状；佘村在前四项维度得分比较平均，而在设计感和年轻活泼感上得分较低，说明其拥有传统村落的常见优势，但是还可以进一步打造自身特色，或引进新兴文化产业，吸引外来游客。

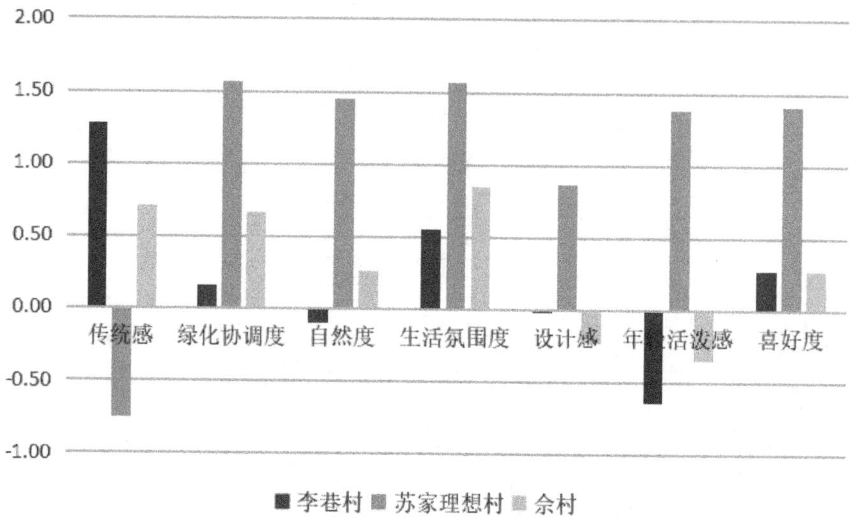

图 2 三个村落各维度得分柱状图

（2）相关维度比较分析

在七个维度中，可能存在被相似的要素类型影响评价结果的维度，因此，针对两个维度组进行相关维度比较分析，观察其结果相关性（图 3~4）。

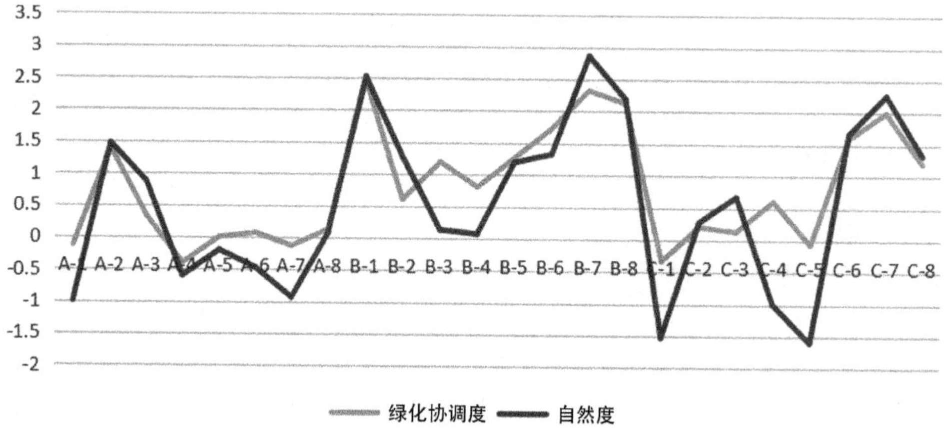

图 3 各样本照片绿化协调度与自然度得分比较

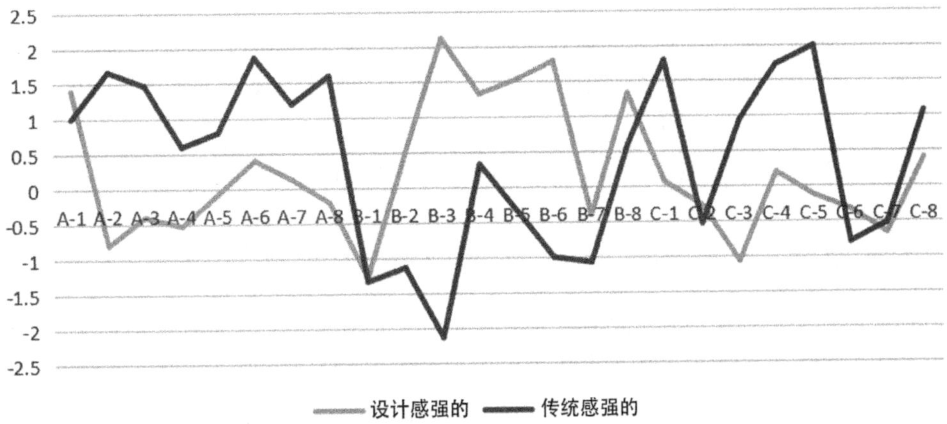

图 4 各样本照片设计感与传统感得分比较

①“绿化协调度”与“自然度”比较分析。“绿化协调度”与“自然度”都与样本照片中的树木绿植和水体远山两类要素的出现高度相关，可以观察到，两个评价维度的整体走势相似，但也有得分差异较大的情况，如B-3、B-4、C-4、C-5。样本B-3出现了大面积人工草坪，观察者倾向于认为这是绿化协调的而不是自然的；B-4、C-4、C-5的画面主体都是街巷空间的临街建筑界面，观察者认为缺少树木绿植也是较“协调”的，因此，布置绿化时应结合建筑布局布置。

②“传统感”与“设计感”比较分析。在对传统村落的设计改造中，不当的人为干预往往使村落空间的传统氛围被削弱，因此，观察评价维度中“传统感”和“设计感”的得分情况，可以观察到A-1得分较为理想，两项得分都在1分以上。此外，A-6、B-4、B-8、C-8综合值较高。

3.2 眼动分析和主观评价结果相结合的分析

（1）空间氛围与空间要素之间的联系

氛围是人们在场所中的感知，是对环境场所的总印象。“氛围”一词可以解释如下：①风格、基调，是占支配地位的情感基调或态度，尤指与特定的环境或事物状态相联系；②与特定场所相联系的美感、情趣，艺术的特性或效果；③周围的气氛与情调，包含了客观的环境和主观的体验两个方面。

“氛围设计”，即采用一些设计手段对客观环境要素进行精心组织和安排，运用光、形态、色彩等要素去刺激人的感官，人们在这个感知的过程中可以获得情感体验。而不同的要素种类会对人的心理产生不同的影响。

上文眼动试验从空间要素入手分析了被试者对各类要素的感知程度，问卷调查则尝试描述被试者对空间氛围的整体印象，两者结合分析，可以探究空间要素与空间氛围之间的因果性关联，用主客观结合的手段为传统村落的保护和更新提供优化设计策略。

（2）传统氛围空间营造关键要素

在对数据的整理中发现，传统语汇对传统感的感知有较大影响，因此笔者统计了传统语汇类型空间要素注视时长总和，即“瓦屋面”“砖墙立面”“石砖铺地”“装饰构件”四类要素注视时长之和，与主观评价结果中“传统感”和“喜好度”进行比对（图5）。

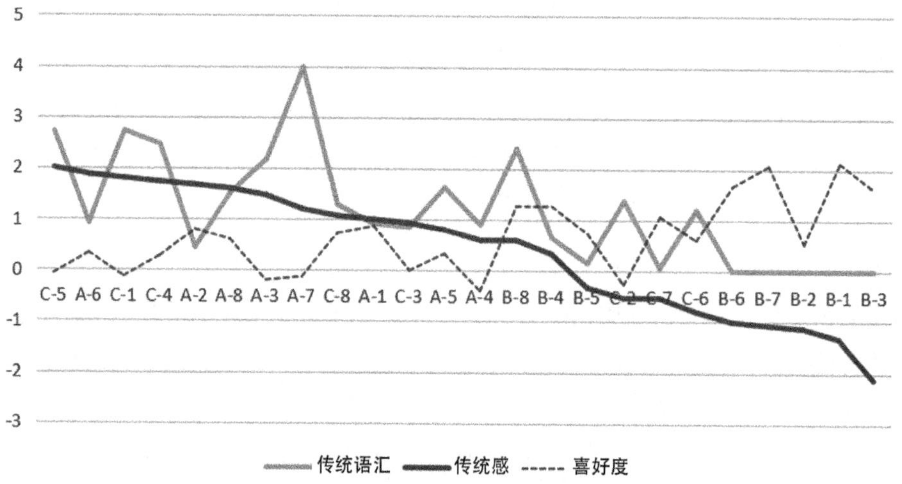

图5 相关维度比较分析样本图（一）

从总体来看，传统语汇折线的走势基本符合传统感折现下降的趋势，样本B-6、B-7、B-2、B-1、B-3无相关要素，其传统氛围感在所有样本中最低。但是，传统语汇注视时长折线波动较大，说明只有一定程度的相关性。选取A-6、A-2、A-7、B-8、C-2、C-6进一步观察，样本A-6传统语汇分布在照片四周，并且照片中心有色彩鲜艳的元素吸引注意力，可能导致传统语汇的注视时长偏低，但是被试者依旧认可其传统氛围，这说明在传统空间中可以根据需要摆放显眼的非传统语汇的空间要素，但要仔细推敲其影响程度；样本A-2中明确清晰的传统语汇占比小，但是具有典型的传统空间关系；样本A-7和C-2中都出现了柏油马路，且都出现传统氛围感不如预期的情况，这说明大面积的现代铺地材质或车行道路可能导致传统氛围下降。

（3）空间绿化布置分析

主观评价结果中统计被试者注视自然类要素的总时长，即“树木绿植”“草坪”“水体远山”三类要素注视时长之和，与主观评价结果中“绿化协调度”“喜好度”进行比对（图6）。

从总体来看，三条折线都呈下降趋势，这说明自然要素与绿化协调度和整体喜好度关联度都很高，应在设计中着重注意草木绿化部分。选取样本B-3、C-8、B-4进一步观察，三个场景都具有经过整治设计的传统语汇或休憩设施类要素，这说明当空间中其他要素的重要性和审美价值高于绿植时，可以适当减少绿化的布置，而观看者并不会因此对场景产生明显的负面情绪；选取样本 A-5 进一步观察，场景虽存在绿植，但是布置杂乱，并存在草木枯黄现象，因此氛围营造效果并不理想。

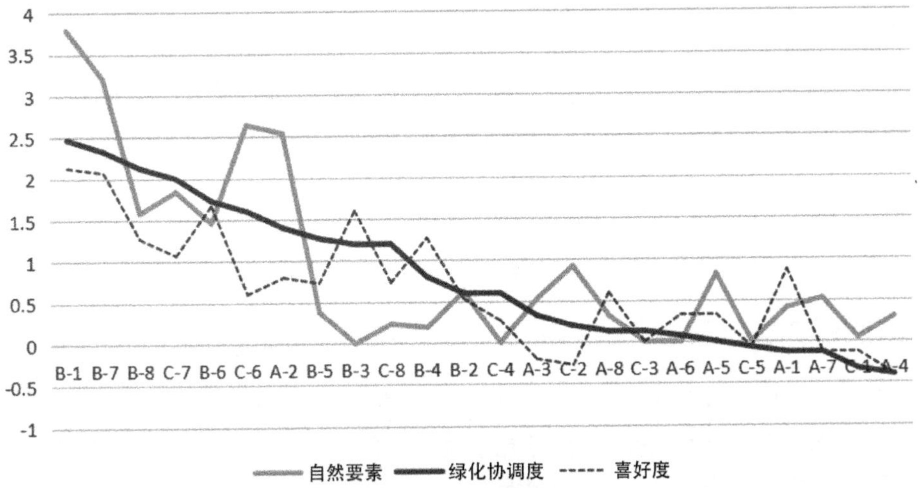

图 6　相关维度比较分析样本图（二）

（4）生活氛围空间营造关键要素

分别选取生活氛围度得分较高的 8 张样本照片和得分较低的 8 张样本照片，计算各要素注视时长的平均值，并进行比对（表 7）。高分组比低分组要素种类更丰富，对自然类、休憩设施类、远景房屋的注视时间明显多于低分组，而传统语汇的注视总时长差异不明显，细分种类中，高分组注视砖墙立面更短，注视装饰构件更长，这说明观察者认为有较多休闲元素和装饰的空间更有生活氛围。

表 7　关键因素总注视时间的比较（一）　　单位：s

	瓦屋面	砖墙立面	石砖铺地	装饰构件	树木绿植	草坪	水体远山	休憩设施	生活要素	远景房屋
高分组	0.27	0.46	0.07	1.21	1.11	0.48	0.35	1.22	—	1.80
低分组	0.29	1.49	0.18	0.76	0.44	—	0.09	—	0.32	—

（5）年轻氛围空间营造关键要素

分别选取年轻活泼感得分较高的 8 张样本照片和得分较低的 8 张样本照片，计算各要素注视时长的平均值，并进行对比（表 8）。高分组注视传统语汇的时间更短，注视自然要素和休憩设施的时间更长，这说明传统语汇缺少更具有现代性和年轻化的转译，在吸引年轻人兴趣方向上亟待探索。

表 8 关键因素总注视时间的比较（二） 单位：s

	瓦屋面	砖墙立面	石砖铺地	装饰构件	树木绿植	草坪	水体远山	休憩设施	生活要素	远景房屋
高分组	0.10	0.46	—	1.21	1.20	0.48	0.35	1.45	—	—
低分组	0.44	1.64	0.11	0.65	0.35	—	1.85	—	—	1.98

4 建议

综合传统村落中各空间要素对人们的视觉行为、传统氛围的影响，提出如下传统村落空间优化建议。

（1）要素本身应注重传统感的体现。

（2）合理丰富空间要素，符合视觉审美规律。

（3）因地制宜，从原本空间关系出发，组合不同的空间要素。

5 结论与展望

（1）本文通过眼动分析和主观评价相结合的方法，探讨被试者对空间要素的兴趣特征及其与氛围认知的相关性，证明了眼动数据对空间氛围评价具有一定指示作用，眼动分析法对空间氛围质量评价具有适用性。

（2）本文选择大学生作为试验对象，并不能代表全部人群，后续相关的研究可以扩大被试者人口背景范围。

（3）研究试验图片不能完全代替实际景观，而且照片中有多种因素影响人的心理感受，如何对变量进行控制仍待考虑，眼动用于空间氛围评价仍有较大研究空间。

参考文献

[1] 郭素玲，赵宁曦，张建新，等.基于眼动的景观视觉质量评价：以大学生对宏村旅游景观图片的眼动实验为例[J].资源科学，2017，39(6)：1137-1147.

[2] 孙良，宋静文，滕思静，等.步行商业街界面形态类型与感知量化研究[J].规划师，2020，36(13)：87-92.

[3] HOSSEIN A A, DOLA K B, SOLTANI S. An evaluation of the elements and characteristics of historical building facades in the context of Malaysia[J].Urban Design International，2014，19(2)：113-124.

图表来源

图 1~6：作者自绘.

表 1~8：作者自绘.

人本视角下基于多源数据的小城镇街道空间活力评价研究

李金泽[1]　唐　芃[1,2*]

（1. 东南大学建筑学院建筑运算与应用研究所，江苏省南京市 210096，tangpeng@seu.edu.cn；

2. 教育部城市与建筑遗产重点实验，江苏省南京市 210096）

摘要

进入新时代，以人为本的新型城镇化发展已从外延快速扩张阶段转向内涵提质增效阶段，对高品质空间的需求日益增强。活力是城市可持续发展的基础，是实现高品质空间的必要条件。而街道空间作为居民日常活动的重要组成部分，建立对其活力的正确认知和评价并进而提升街道空间的活力对人本导向下的小城镇可持续发展意义重大。近年来随着数字技术的发展与进步，各类城市基础信息都可以便捷地从各种数据系统中获取。多源城市数据在即时性、丰富度、颗粒度等方面相较于传统的城市数据有着不可比拟的优势，为更加科学地认知小城镇街道空间并合理评价其活力带来了新的发展契机。

本文基于人本视角，以宜兴市丁蜀镇为例，通过多源大数据获取整合丁蜀镇用地布局、建筑肌理、交通结构、人口分布、设施分布等城镇空间要素，建立丁蜀镇城镇空间要素集，形成街道空间赖以依存的城市语境。通过百度街景图像的获取与分析，提取街道空间要素，进一步借助GIS空间分析和统计学相关的方法，以人在空间中的分布作为活力评价的外显要素，以不同维度的空间要素作为街道空间活力的影响因子，探索街道空间活力与各维度指标之间的相关性关系，并选定与街道空间活力具有显著相关性的五项评价指标建立最终的街道空间活力评价体系。本文为人本视角下小城镇的街道空间活力提供了认知途径，并尝试建构了街道空间活力评价体系，为进一步提升小城镇街道空间活力提供了科学有效的循证支撑。

关键词：人本视角；多源数据；小城镇；街道空间活力

Keywords：People-oriented perspective；Multi-source data；Small towns；Vitality of street

资助项目情况：国家自然科学基金面上项目（52178008）

引言

现阶段，我国正处于小城镇发展的转型阶段，小城镇的发展和更新不再是流于表象的物质空间的塑造，而是为居民及其社会活动提供更好的场所和体验。而街道，既是城市中连接各区域的通道，在城市中承担着交通属性，同样也是城市公共活动发生的场所，承担着与之相对的社会属性。简·雅各布斯在其著作《美国大城市的死与生》中指出："当我们想到一个城市时，首先出现在脑海里的就是街道，城市中街道担负着特别重要的任务，是城市中最富有活力的'器官'，也是最主要的公共场所。"自此开始，街道空间作为城市生活的重要公共场所进入大众视野。同时作为承载着当地居民的交通功能、社会生活与文化意象的重要组成部分，街道空间也直接关系到居民对城市的认知和使用。活力是城市发展的动力。街道空间的活力对小城镇人居环境提升及可持续发展具有重要的作用。以往对于街道空间的活力分析多是基于实地调研或问卷调查得出定性分析或定量统计，不仅需要耗费大量的人力物力，而且还很难在宏观尺度上建立起客观的认知。而随着技术的发展与进步，各类与城市紧密相关的基础信息都可以从各种数据系统中获取到，相比于传统城市数据，新的空间感知以及多源城市数据拓展了以往对城市认知的时空维度、精度和丰富度，为"以人为本"的街道空间活力分析与评价带来新的发展契机。

目前主要从街道形态量化评价和主观评价等方面对街道进行评价研究。季惠敏等人[1]探索了城市街廓空间特征及其量化方法，提出了多指标组合的空间形态分类图表。Ewing 等人[2]对道路网络中影响街道主观评价的街道相关要素进行了详细分析。而随着城市发展逐渐转向空间内涵提质阶段，城市设计的关注点也逐渐从形态美学拓展至城市的可持续性、适应性、公平性、效率性与社会正义等人本议题上。街道空间作为公共空间的重要组成部分，其社会性与街道空间中人的活动受到了越来越多的关注，街道空间活力成为研究者关注的焦点。Mehta[3]基于城市社会学的研究，通过对街道空间中的人进行观察、统计和调查，对街道的社交性进行了分类，解释了街道作为社会空间是如何体现的，强调了街道作为普通公共空间的重要作用，并对不同类型的街道活力进行了定性评价。

随着大数据的兴起，时空大数据所呈现出的人本属性也为以人为本的街道空间活力研究提供了新的视角。大数据为城市空间的认知和评价提供了更广的时空维度和更高的精细度，同时带有人本属性的数据能够精准地反映人对空间的感知、人在空间中的偏好、人在空间中的行为，进而为人本视角下更加客观科学地评价空间活力提供了数据基础。Ye 等人[4]通过分析谷歌街景图像，整合街景图像中的绿化率并以此来量化城市居民每天可接触到的街道绿化，对居民城市空间可达绿化的公平性进行评估。Song 等人[5]使用 Flicker 和 Instagram 中人们上传的图片对新加坡公园的访问频率和受欢迎程度进行合理的评估。Cong 等人[6]基于土地利用、人口分布和道路交通等多源数据，将主动交通模式（步行和骑自行车）和公共交通纳入大尺度城市模型，探索跨地理尺度的城市增长模式与人类行为之间的关系。

本文通过建立包括道路网络、人口分布、用地性质等在内的城镇空间要素集，将街道空间置于城市语境下进行分析和研究。通过对人的空间分布与城市语境下街道空间要素的叠加，揭示街道空间活力与街道空间要素之间的关联关系，并基于此建构街道空间活力评价体系（图 1）。

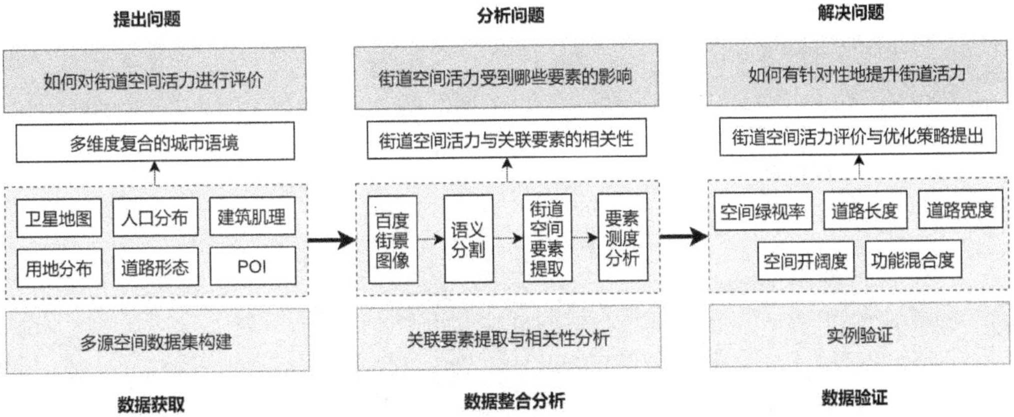

图 1　小城镇街道空间活力评价技术路线

1　城镇空间多源数据集的建立

街道本身并非独立存在，而是存在于城市空间语境之下，受到用地布局、建筑肌理、交通结构、人口分布、设施分布等多种要素的影响。随着信息技术的发展，通过大数据的方法建构多重维度复合的多源空间要素集成为可能。城镇空间要素集的建立为街道空间提供了基本的城市语境，为人的空间活动的理解和街道空间的分析研究提供了数据基础（图 2）。

其中卫星地图数据、道路形态数据和建筑肌理数据来自百度地图。用地分布数据来自丁蜀镇政府官方网站。人口分布数据来自腾讯位置大数据，通过腾讯位置大数据收集 2019 年 5 月 1 日的 1 km 人口栅格数据。POI（point of interest）数据来自高德地图，通过 Python 调用高德地图 API 以获取丁蜀镇在 2022 年 5 月 10 日当日 15 类 POI 数据共计 12 920 条。每条 POI 数据包含地理实体名称、经纬度、地址、类别等信息。

2　街道空间要素的获取与组织

静态街景地图通过提供体现平均人体高度和视觉观察范围内的街道环境实景，直观还原和体现了人眼视角下街道环境的视觉内容及其人们的感受。通过从街景图像中提取街道空间要素，可以客观真实地反映人们在步行中可见的景象，可以在一定程度上描述人们在街道空间中的主观感受。本文通过采集街景图像并进一步对图像进行语义分割的

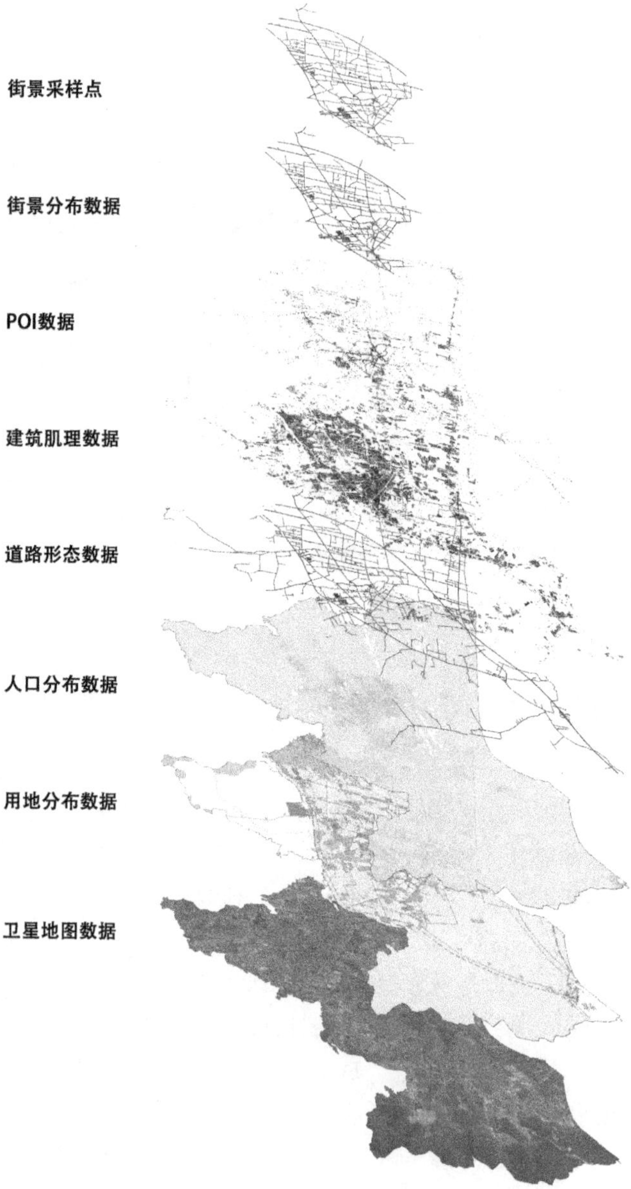

图 2　城镇空间要素集

方式，对丁蜀镇中心镇区的公共性街道的空间要素进行提取（图 3）。

2.1　街景地图的获取

为了体现道路的社会属性，本文选取丁蜀镇中心镇区内 1 532 条公共道路。通过对

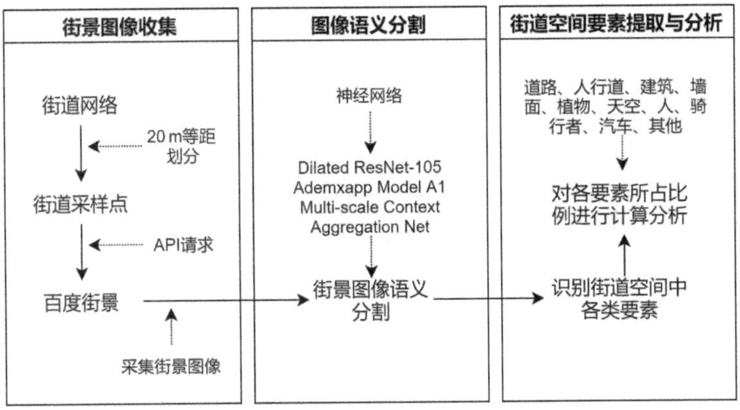

图 3 街道空间要素的获取与组织流程图

路网进行 20 m 等距划分，划定了丁蜀镇中心镇区的采样点共计 17 720 个。在 2022 年 5 月 2 日—20 日对各采样点通过请求获取丁蜀镇静态街景地图，通过 GET 请求向百度地图 API 发送统一资源定位器（URL）参数，请求获取选定采样点对应经纬度、对应方向、对应角度的百度静态街景图像。经过筛选共获得实际可用的静态街景地图 16 250 张（图 4）。所获取的采样点基本完全覆盖丁蜀镇中心镇区（图 5）。

图 4 丁蜀镇中心镇区街景图像示意图

图 5 丁蜀镇中心镇区

2.2 街景地图的语义分析

为了提取街景图像中的街道空间要素，使用基于语义分割的卷积神经网络模型对获取到的街景图片进行语义分割。通过比较三种基于 Cityscapes 数据集预训练的城市街景语义分割的神经网络模型（Dilated ResNet-105、Ademxapp Model A1、Multi-scale Context Aggregation Net），最终选择使用 Dilated ResNet-105 对获取到的街景图片进行语义分割（图 6）。将图片分割为与人的感知及行为密切相关的 13 类要素（图 7），并筛选出与人的空间认知直接相关的 9 类要素进行进一步分析，这 9 类要素分别是“道路、人行道、建筑、墙面、植物、天空、人、骑行者、汽车”。

3 街道空间活力评价

街道活力的核心在于人，有活力的街道空间应该能为人的公共活动提供适宜的场所和多样的功能，表象上主要体现在空间中人群活动的强度频率及其可进行的公共活动的可能性和丰富性。本文从人本视角出发，使用街道空间中与人密切相关的要素指标建构街道空间活力评价的体系，并以丁蜀镇中心镇区为例进行街道活力的评价。

3.1 评价维度构建

将街道空间的活力评价分为 4 个维度，即认知维度、感知维度、形态维度和功能维度（表 1）。认知维度主要从人眼视觉可见的街道空间要素出发，对街景图像语义分割

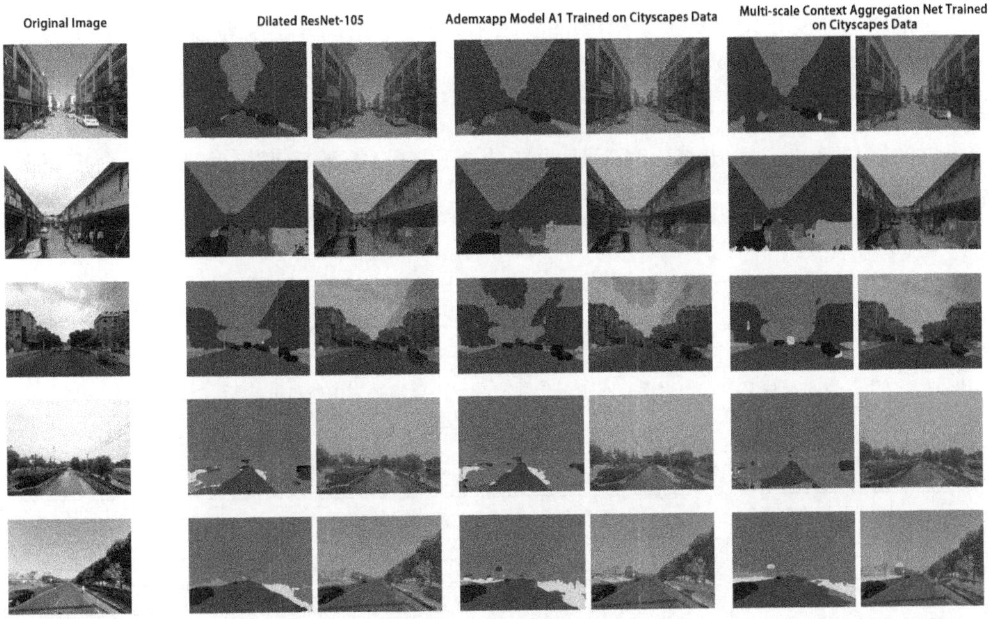

图 6 语义分割模型选择

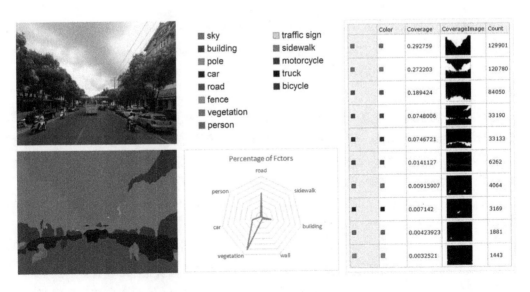

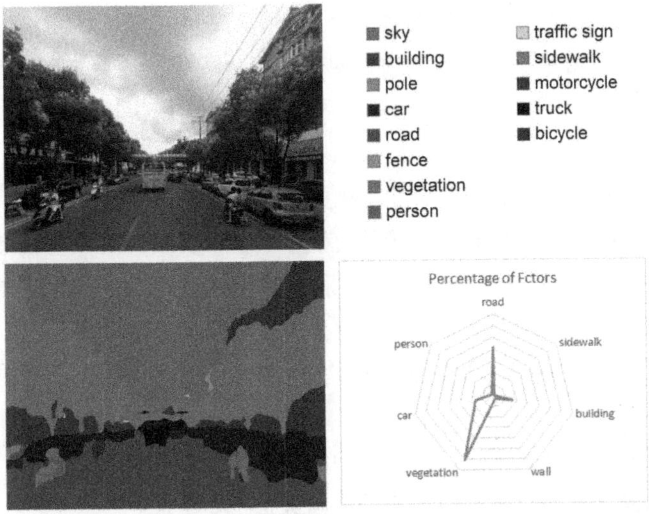

	Color	Coverage	CoverageImage	Count
		0.292759		129901
		0.272203		120780
		0.189424		84050
		0.0748006		33190
		0.0746721		33133
		0.0141127		6262
		0.00915907		4064
		0.007142		3169
		0.00423923		1881
		0.0032521		1443

图 7 语义分割与认知要素示意图

后的直接所见的人行道占比和空间绿视率进行统计和分析。感知维度主要从人处在街道空间中的空间感受出发，对街景图像中的空间围合度、空间开阔度等影响人空间感受的要素进行分析。形态维度主要是从宏观视角，对街道形态中与人对道路的使用直接相关的道路长度、道路宽度、路网密度等形态要素进行分析。功能维度主要是从街道两侧所能提供的服务功能角度出发，对街道两侧功能服务设施的密度以及功能混合度进行分析。

表 1 街道活力评价维度

评价维度	评价指标	指标描述	数据来源
认知维度	人行道占比	街道空间中人行道占整体道路的比例	街景图像
	空间绿视率	街道空间中绿化面积在行人正常视野中所占的比例	街景图像
感知维度	空间围合度	街道空间中纵向空间要素与水平空间要素的比值	街景图像
	空间开阔度	街道空间中可见的天空与其余要素的比值	街景图像
形态维度	道路长度	任意两条道路交叉点之间的道路长度	街道形态数据
	道路宽度	街道空间中车行道与人行道的宽度之和	街景图像
	路网密度	某一计算域内所有道路的总长度与区域总面积之比	街道形态数据
功能维度	功能密度	道路两侧缓冲区内 POI 点数与道路长度的比值	POI 数据
	功能混合度	道路两侧缓冲区内的各类 POI 点的信息熵加权之和	POI 数据

3.2 街道空间评价与分析

丁蜀镇中心镇区街道活力现状如图 8 所示，从图中可以看出丁蜀镇中心镇区的街道主要以小街区、密路网的形态为主，由中心镇区向周边路网密度逐渐降低。街道空间活力主要与街道两侧功能分布密切相关，同时街道围合感越强、绿视率越高街道活力值越高。

对以上初步确定的活力评价指标依次通过 SPSS 进行相关性分析，可以得出，街道空间的活力与空间开阔度、空间绿视率、道路长度、道路宽度、功能混合度具有显著性差异（表 2）。进一步比较相关性系数可得，空间开阔度、道路长度、道路宽度与街道空间活力呈负相关，即空间开阔度越高、道路长度越长、道路宽度越宽则街道空间的活力越差，而空间绿视率、功能混合度与街道空间活力呈正相关，即空间绿视率越高、功能混合度越好则街道空间活力越好。

基于以上相关性分析，选取上述五项指标，以丁蜀镇中心镇区为例进行街道活力评价和分析。通过对五项指标的加权计算，对丁蜀镇中心镇区内黄龙路、汤省路街道空间活力较差的原因进行分析并提出针对性的提升优化策略。图 9~10 为黄龙路、汤省路空间现状及其街道活力评价。

图 8 丁蜀镇中心镇区街道活力现状

表 2 街道空间活力与评价指标的显著性相关关系

		空间开阔度	空间绿视率	道路长度	道路宽度	功能混合度
街道空间活力	皮尔逊相关性	−0.169**	0.185**	−0.162**	−0.347**	0.218**
	Sig.（双尾）	0.000	0.000	0.000	0.000	0.000
	个案数	1 519	1 519	1 519	1 519	1 519

注：** 表示在 0.01 级别（双尾），相关性显著。

黄龙路街道活力较差的原因主要是街道两侧的功能较少，功能混合度较差，虽然街道两侧的人行道宽度较宽，但仅具有单一的交通功能，加之附近居住小区较少，人流量不大，因此活力较差。为了提升街道活力，可以考虑提升街道两侧的业态丰富度，增强街道空间本身的吸引力，并考虑在人行道较宽的区域布置公共休息座椅等公共设施，形成小型开放的公共空间，使人能驻足停留。

图 9 黄龙路街道空间现状及其街道活力评价

汤省路街道活力较差的原因主要是街道两侧除民宅外基本没有其他的业态功能，功能混合度较差，街道空间开阔度较高，且道路长度较长。虽然街道两侧有部分供人停留的空间，但基本仅作为民宅大门入口的私人空间使用，不具备公共性。为了提升街道活力，可以增加街道两侧绿化，并在较大的宅前空间增加部分活动设施、座椅、景观灯具等，增强其公共属性，同时可设置街道与其他次级道路的连接，增加其与周边道路的连通性，以打破其街道长度过长的劣势。

图 10 汤省路街道空间现状及其街道活力评价

4 结果与讨论

本文基于多源数据的获取和分析，展开了人本视角下小城镇街道空间要素的测度分析与活力评价。通过分析可以得到小城镇街道空间的活力主要与适宜的空间开阔度、较高的空间绿视率、适宜的街道长度和宽度以及较高的功能混合度紧密相关。基于相关性分析建构街道活力评价体系，并以宜兴市丁蜀镇为例对其中心镇区内的街道空间进行分析评价，基于五项指标的分析对街道空间活力较低的街道提出针对性的优化策略，为小城镇街道空间活力的提升提供科学有效的循证支持。

本文虽基于多源数据对小城镇街道空间活力进行了评价，但仍存在一些不足：（1）本文研究的范围仅覆盖了丁蜀镇的中心镇区，对于中心镇区向外发散的周边区域没有纳入研究，这使得结果不能在小城镇范围内得到普遍推广，后续仍需扩大研究范围进行进一步分析和验证。（2）本文对街道活力的表征仅使用街道空间中人的个数和车的个数来表示，相对是一种静态的、较为单一的表述方式，如何更为有效地测度街道空间活力并进而对其内在驱动力进行研究是仍有待探究的问题。

参考文献

[1] 季惠敏,丁沃沃.基于量化的城市街廓空间形态分类研究[J].新建筑,2019(6):4-8.

[2] EWING R, CERVERO R. Travel and the built environment[J]. Journal of the American Planning Association, 2010, 76(3): 265-294.

[3] MEHTA V. Streets and social life in cities: a taxonomy of sociability[J]. Urban Design International, 2019, 24(1): 16-37.

[4] YE Y, RICHARDS D, LU Y, et al. Measuring daily accessed street greenery: a human-scale approach for informing better urban planning practices[J]. Landscape and Urban Planning, 2019, 191: 103434.

[5] SONG X P, RICHARDS D R, HE P J, et al. Does geo-located social media reflect the visit frequency of urban parks?: a city-wide analysis using the count and content of photographs[J]. Landscape and Urban Planning, 2020, 203: 103908.

[6] CONG C, KWAK Y, DEAL B. Incorporating active transportation modes in large scale urban modeling to inform sustainable urban development[J]. Computers, Environment and Urban Systems, 2022, 91: 101726.

图表来源

图 1~10:作者自绘.

表 1~2:作者自绘.

第六章
基于环境性能的设计研究

基于多目标遗传算法的
湿热地区教室光热性能优化

刘宇波[1]　王泽恺[1]　邓巧明[1*]

（1. 华南理工大学建筑学院，广东省广州市 510641，dengqm@ scut. edu. cn）

摘要

从 20 世纪初起，美、英等国家就展开了针对教室光环境的设计探索。在炎热气候下，采光得到优化的同时，更多的热量会随之进入室内，使教室热环境受到不利影响，能耗提升。所以在教室光环境的设计优化过程中，如何处理采光、热舒适、能耗三者的平衡关系成为首要问题。由于遗传算法在进行多目标优化时有着较为不错的表现，因此在本文中希望通过遗传算法对教室空间进行设计优化，以平衡光、热与能耗。本文选取 ASE 和 sDA500 两个指标对视觉舒适度进行评价，并选取 PMV 和 EUI 分别对热舒适和能耗进行评价。本文还以湿热气候下（江西）的典型单层天窗教室为例，将侧窗大小等参数作为变量来优化设计。结果表明，该优化方法在最大提升 82%视觉舒适性的同时，可以最大限度地提升热舒适并降低 29%的能耗，实现了综合性的室内环境优化。

关键词： 多目标优化；教室设计；自然采光设计；热舒适；遗传算法

Keywords： Multi-objective optimization；Classroom design；Daylight design；Thermal comfort；Genetic algorithms

项目资助情况： 国家自然科学基金项目（51978268，51978269）；亚热带建筑科学国家重点实验室国际合作研究项目（2019ZA01）；华南理工大学研究生教育创新计划资助项目

引言

1950 年代，美国、英国等许多国家陆续展开针对教室采光的优化设计探索。随着人工照明的快速发展，人工照明逐渐取代自然光成为教室的主要光源，但 Zahiri 等人[1]的研究证实，缺少自然采光的教室环境会对青少年身心健康产生巨大的负面影响。因此近年来，教室的自然采光问题再次受到建筑师们的关注。

与此同时，计算机已经逐渐进入建筑设计领域，成为帮助建筑师预测、优化建筑性

能的高效工具，各种计算机领域的算法也逐渐被建筑师们关注并加以利用，从而实现更加复杂的多目标优化。其中，遗传算法通过设置目标函数和变量来描述建筑空间，通过变量的交叉与变异生成大量的方案并进行对比，提供一组候选最优解，这组解被称为帕累托最优解集。帕累托最优解可以表现出不同目标之间的最佳平衡，这种优化方式有效地改善了优化过程，提高了优化效率。以遗传算法为代表的多目标优化方法为建筑综合性能优化分析指明了方向，为建筑设计前期阶段的方案更迭提供了可靠的依据，在满足形体要求的同时实现了相对最优的建筑整体综合性能，因此有必要将多目标优化方法引入建筑设计阶段之中。

基于此，本文选取了湿热地区（江西）的典型天窗教室作为研究对象，利用遗传算法，综合了自然采光、热舒适与能耗三个方面的评价指标，经过迭代优化得到帕累托最优解集，并将优化结果与初始原型方案进行对比。结果表明，优化后方案的采光性能提升 60%~82%，同时热舒适性能与能耗表现也均得到了优化。该优化方法也可通过改变气候参数应用于其他气候条件。

1 研究背景

在早期设计阶段采取的设计决策会极大地影响建筑的最终性能[2]，因此对建筑性能仿真的研究多集中在这一阶段，以便在设计的早期阶段就得出方案的一些关键参数。目前，仿真模拟已经普遍用于对特定的单性能目标进行模拟优化，从而提高设计质量与使用体验。

除此之外，有越来越多的研究开始关注到不同性能目标之间的相互影响作用。在这些关联性研究中，不仅有对自然采光与热舒适之间的相互作用的研究，还有对自然采光与能耗之间的相互作用的研究。Motamedi 等人[3]针对单层办公大楼的采光与能耗进行研究，通过控制窗地比来探索避免眩光且保持较低能耗比，从而找到最佳窗地比范围。Košir 等人[4]通过将自然采光与能耗作为参照量，研究朝向、窗地比等关键变量对预制化单元的性能影响，进而得出预制化模块设计的相对最优变量范围。但以上研究所关注的指标仍然较少，且研究对象也较为单一，难以得到综合性能的评价与提升。

一些研究为了进一步完善优化过程，在研究过程中增加了更多的指标，通过对多个目标进行同步优化，从而提升建筑的综合性能。这些研究大多分为以下两类：第一类研究的目的是设计出较为合理的评价体系，通过调查分析得出各个评价指标的权重值，将多个评价指标进行加和处理，以加和结果作为性能评价分数，从而将多目标任务转化为单目标任务进行计算。但这一类研究中，各目标的权重取值计算复杂，易受主观影响，且加和后的分值在优化过程中易过度收敛从而形成唯一最优解，这并不利于设计初期的方案对比与优化。第二类研究是利用遗传算法进行迭代设计。通过设置一系列变量与多个优化目标，生成多个方案，针对每一代方案中的最优个体群进行遗传和变异，从而形成方案的多次迭代，最后得到呈现收敛的相对于整个种群的优势个体群，即为帕累托最优解集。这一过程从一定程度上避免了结果的过度收敛与主观因素对权重计算过程的干扰，提高了结果的客观性与可靠性，同时保留了结果的多样化。遗传算法是目前多目标优化中最常用的方法[5]。张安晓等人[6]选取 UDI、能耗和夏季热不舒适时间三个指标，研究了中国寒冷气候下不同空间构型的走廊的性能，得出了双面封闭走廊性能最好的结论。Lakhdari 等人[7]通过将窗墙比作为关键变量，将 UDI、能耗和热舒适度作为目标函数，为阿尔及利亚炎热干燥气候下的教室设计提供了窗墙比参考值。但以上研究中主要关注建筑的单一变量参数对建筑性能的影响，并未考虑到多个变量叠加后带来的额外性能影响，UDI 也并不能反映教室中自然光分布的均匀度问题。

2 研究方法

在不同类型的建筑中，需要考虑不同类型的性能指标。在本次研究中选取了教室作为研究对象，学生在教室的视觉、温度感受及维持教室舒适度的能耗则成为本次研究中要考虑的核心参数。为了更全面更准确地表达视觉舒适度，充分反映出自然采光的下限值与直射眩光，本文首次根据 ASE 模拟结果，将该值划分为不同范围，并计算每一个范围的得分，将该分值与 sDA 的计算结果相结合，从而得到最终的视觉舒适度评价得分，继而通过遗传算法对视觉舒适度、热舒适度与能耗三个性能指标进行多目标优化，求得帕累托最优解集，实现对教室整体性能的优化。

2.1 自然采光与视觉舒适度

UDI 可以反映出自然采光照度的变化范围，但只能得到某一观测点的结果。如果研究对象是整个教室空间的照明情况，则需要计算室内所有测点的 UDI 数值的平均值，即为 UDIavg[6]。但平均值模糊了自然光在室内空间分布的均匀度，并不能真实地反映出室内阳光的分布情况。

sDA（spatial daylight autonomy）是 IES 协会推荐的测量标准，它显示了空间中在一年中有 50%以上的时间达到目标照度的水平照度计算点数量占所有水平照度计算点数量的百分比。与 UDI 相比，sDA 不仅能反映出光照强度水平，还能反映基于年气候条件的自然光空间分布均匀度。因此，sDA 更适合优化对空间光照均匀性要求更高的教室。

ASE（annual sun exposure）是指一年中特定时间内接受超过一定强度与时间的直接阳光照射的面积与空间总面积的比率[8]。ASE 可以用来限制阳光直射强度的最大值，以避免强烈直射光造成的视觉损害。因此，ASE 可以与 sDA 相结合，形成完整的视觉舒适度评价体系。

sDA 侧重于评价照度值的下限以及室内自然光分布均匀性，而 ASE 侧重于评价直射光最大照度值。由于过强的直射光会给儿童的视力带来不可逆的损伤，因此需要额外注意 ASE 的计算结果。如果将 sDA 和 ASE 分别单独加入多目标优化计算之中，很容易得到综合评分较高但直射眩光过多的结果。因此，本次研究中将 sDA_{500}与 ASE 相结合，通过 ASE 对结果进行筛选分类，利用分数分级剔除掉直射光过强的方案，将剩下的结果按照 sDA_{500}的得分值进行排序，即可得到最优的视觉优化结果，因此本文针对 ASE 的值进行了视觉舒适度的得分范围划分：

$$S_1 = T_{sDA500} \times N_{ASE} \begin{cases} \text{if} \quad T_{ASE} \geqslant 10 & N_{ASE} = 0 \\ \text{if} \quad T_{ASE} < 3 & N_{ASE} = 100 \\ \text{if} \quad 3 \leqslant T_{ASE} < 10 & N_{ASE} = 10 \times (10 - 100 \times T_{ASE}) \end{cases} \tag{1}$$

式中，S_1 为视觉目标得分，T_{sDA500} 为 sDA_{500} 实际计算结果，N_{ASE} 为 ASE 得分值，T_{ASE} 为 ASE 实际计算结果。

2.2 热舒适度

建筑自然采光的提升势必会带来室内温度的上升，从而影响尤其是夏季的舒适度，因此在对自然采光的优化过程中也需要同步考虑对室内热环境的影响。

热舒适是一个描述室内热环境合理性的术语[9]，室内热舒适评价需要综合考虑个人因素和热环境参数。在目前采用的标准中，常用的热舒适模型是预测平均投票数 PMV（predicted mean vote），其对舒适度评价标准划分为如表 1 所示的 7 个等级。

表 1 PMV 标准等级划分

身体感知	热	较暖	稍暖	正常	稍凉	较凉	冷
PMV 得分	+3	+2	+1	0	−1	−2	−3

在 PMV 评价中，当得分为 0 时人体感觉最为舒适，值越大，代表室内环境越热；值越小，代表室内环境越冷。基于此，本文对 PMV 计算结果进行全年方差计算，计算所有时间段的室内 PMV 值基于 0 的标准差，并将其作为优化的目标函数之一。该值结果越小，则说明热环境越舒适，反之则越不舒适。热舒适度的计算公式为：

$$S_2 = \sqrt{\frac{\sum (N_{PMV_i})^2}{T}} \tag{2}$$

式中，S_2 代表热环境目标得分，N_{PMV_i} 为在第 i 个时间段内 PMV 的得分，T 代表总时长。

2.3 能耗

为了综合评价建筑优化情况，建筑能耗同样需要考虑。在本次评价过程中引入能源使用强度（energy use intensity，EUI）这一指标来描述建筑整体能耗情况。EUI 的计算方法为用建筑年总能耗除以建筑面积：

$$S_3 = N_{EUI} \tag{3}$$

式中，S_3 为能耗目标得分，N_{EUI} 为 EUI 全年计算结果值。

2.4 多目标优化

多目标优化的方法有很多，其中基于权重的综合评分优化体系更加直观，通过为不同的优化目标分配不同的权重，通过累加各优化目标加权得分等方式形成一个可量化的综合评价结果。但该方法不仅需要经过一系列复杂的计算和调查，并结合主观意愿才能制定出权重值，而且形成的最终结果也呈过收敛态，易形成唯一最优解，从而忽略掉方案更多的可能性，并不适用于设计初期。

基于多个目标的遗传算法则避免了以上问题。在面对多目标问题时，遗传算法所形成的帕累托最优解集不会收敛于单个最优解，而是得到一组具有参考价值的多个最优非支配解，对于方案之间的优势关系描述如下：如果方案 A 在某一个或多个目标的表现上优于或等于方案 B，而方案 B 在某一个或多个目标的表现上优于或等于方案 A，则方案 A 与方案 B 互不支配。帕累托最优解集（非支配解）则是由所有非支配解所组成的集合，集合中的每一个方案对设计都有参考意义，可根据设计的取向与发展对方案解集进行进一步筛选与优化。

多目标优化选择的不同函数之间往往会相互限制，当不同目标函数之间成反比关系时，多目标优化往往可以很好地实现各个目标之间的平衡[10]。在本文中，自然采光的提升往往意味着更大的进光窗口面积，但这也加快了夏季的热量积累与冬季的热量流失，导致室内热环境性能较差，同时导致能耗的提升。采光优化与热优化、能耗优化之间在多数情况下是相互制约的，因此多目标优化可以较好地实现采光性能、热舒适与能耗之间的平衡。

由于 NSGA-Ⅱ算法模型运算速度更快，运算效率更高，因此本文采用 NSGA-Ⅱ算法进行优化计算，以提升运算效率。

3 建立模型

本文选取了江西省南昌市的气候条件，该地气候夏季炎热多雨，冬季温暖潮湿，夏季平均气温为 26.1~33.7℃，冬季平均气温为 3~8℃，模拟过程中适用的天气资料均来自中国标准天气数据集。该研究的模型搭建平台与算法运行平台为 Rhino 与 Grasshopper，模拟插件采用基于 OpenStudio 与 EnergyPlus 二次开发的适配于 Grasshopper 的 Ladybug 与 Honeybee。

3.1 建筑设计参数

优化模型为标准教室模型（初始尺寸为 10.0 m×8.0 m×3.3 m），教室两侧开窗，在南侧设置了 1.5 m 宽的遮阳（图 1）。

教室内测点网格分布为 10×8，测点密度 1 个/m^2，学生活动表按照中国小学标准设定，屋顶形式则参考了典型奥哈伊剖面，做出北侧天窗形式。教室各变量类型及取值范

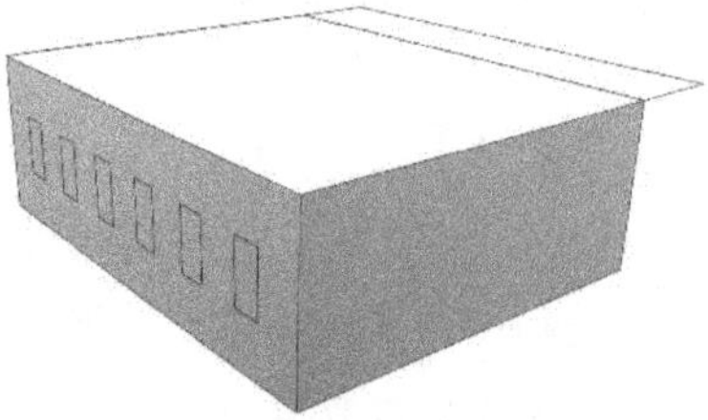

图 1 初始模型

围如表 2 所示，通过下列变量的变化则会产生多种潜在优化方案（图 2）。

表 2 教室变量设置表

变量	变量范围	单次步长
层高/m	3.6~4.5	0.3
南侧窗窗宽/m	0.2~1.4	0.2
南侧窗窗高/m	0.3~1.8	0.3
北侧窗窗宽/m	0.2~1.4	0.2
北侧窗窗高/m	0.3~1.8	0.3
南侧遮阳长度/m	0.0~4.0	0.5
屋顶起坡长度比	0~1	1/5
天窗窗高/m	0.9~3.0	0.3
天窗窗墙比/%	10~90	10

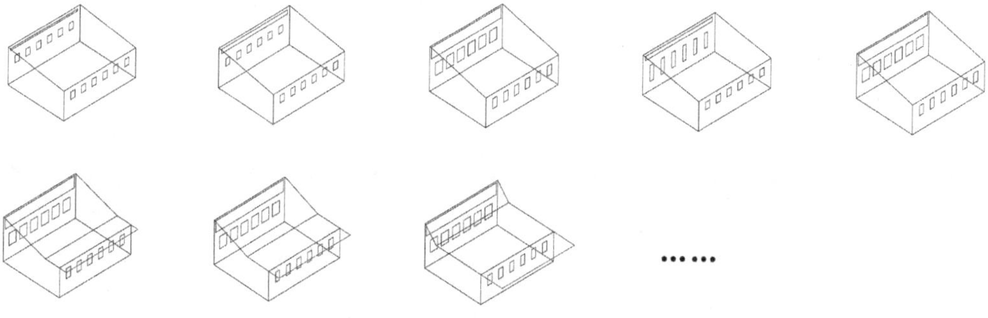

图 2 潜在方案模型

3.2 优化算法设置及目标函数

本文的遗传算法选择了 NSGA-Ⅱ算法模型，其多目标优化函数如下：

$$S = \min F(x) = [-S_1(x);\ S_2(x);\ S_3(x)] \tag{4}$$

式中，S 代表多目标优化得分，x 代表迭代代数。在多目标优化中，帕累托最优解是求解各目标函数的最小值，因此视觉目标得分 S_1 应取负数，热环境目标得分 S_2 与能耗目标得分 S_3 应取正数。

多目标优化算法相关参数设置如表 3 所示。

表 3 遗传变量设置表

变量名称	设置参数
种群规模	20
种群代数	20
交叉概率	0.9
交叉分布指数	20
突变分布指数	20

4 优化结果

模拟算法循环运行了 20 代，每代包含 20 个解决方案，因此最终在有限的时间内共对 400 个迭代模型进行了模拟与比较。单次运算耗时约 10 h，运算结果最终逐渐收敛至帕累托前沿位置。

为了体现最终结果的优异性，本文对初始模型的性能进行了分析（表 4）。初始状态下教室内部 sDA_{500} 的值为 17.5%，且从 sDA_{500} 模拟结果中可以看出，教室内部光线分布很不均匀，光线主要集中在教室南部区域，较少分布在教室中部区域。此外，根据 ASE 的模拟结果可以看出，ASE 的值为 18%，教室南侧阳光直射情况严重，因此位于此处的学生极易产生视觉不适感。

表 4 初始模型运算结果

编号	模型	指标	结果
Gen. 00 Indv. 00	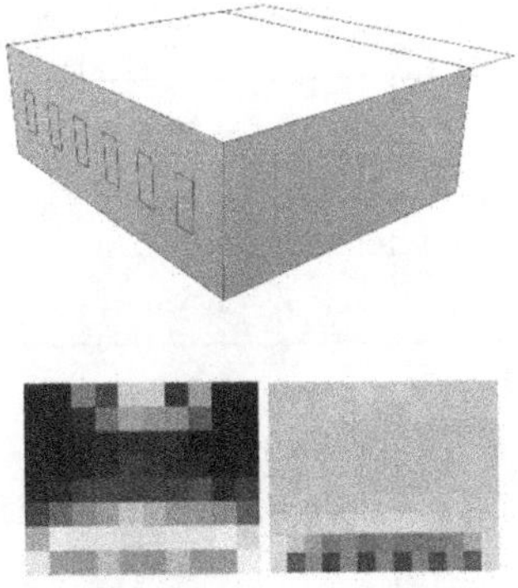	S_1	0
		S_2	1.119
		S_3	323.885
		sDA_{500}	17.5%
		ASE	18%

随着模拟优化迭代次数逐渐增加，三项指标结果分布逐渐趋向平稳，并最终得到帕累托前沿解集（图3）。从第19代解决方案中所有非支配方案得分不难看出，优化设计的各项目标都得到了改善（表5），其中 Indv. 06 更倾向于满足视觉舒适性，其 ASE 与 sDA_{500}模拟结果分别为0%与100%，与原方案相比，视觉性能得到了明显提升；S_2 与 S_3 模拟结果分别为1.568和286.892，与 S_3 相比增长了29%。而 Indv. 09 的 S_1 得分为77.5，虽然在采光方面的性能提升不如 Indv. 06，但是其 S_2 和 S_3 模拟结果分别为1.546和268.770，整体性能更加均衡（表6）。

表5 教室变量设置表

结果	S_1	S_2	S_3
Gen. 19 Indv. 01	−100.00	1.568	286.892
Gen. 19 Indv. 02	0.00	1.516	250.378
Gen. 19 Indv. 03	−100.00	1.570	286.832
Gen. 19 Indv. 04	0.00	1.508	251.672
Gen. 19 Indv. 05	0.00	1.505	253.039
Gen. 19 Indv. 06	−100.00	1.568	286.892
Gen. 19 Indv. 07	−80.00	1.558	281.420
Gen. 19 Indv. 08	−37.50	1.530	259.765
Gen. 19 Indv. 09	−77.50	1.546	268.770
Gen. 19 Indv. 10	−55.00	1.532	260.887
Gen. 19 Indv. 11	−97.50	1.563	284.320
Gen. 19 Indv. 12	−80.00	1.558	281.420
Gen. 19 Indv. 13	−23.75	1.524	255.229
Gen. 19 Indv. 14	−77.50	1.546	268.770
Gen. 19 Indv. 15	−65.00	1.541	266.092
Gen. 19 Indv. 16	−3.50	1.520	256.000
Gen. 19 Indv. 17	−7.50	1.523	255.834
Gen. 19 Indv. 18	−25.00	1.525	257.054
Gen. 19 Indv. 19	−97.50	1.565	284.173

表 6 典型子代优化模拟结果

编号	模型	指标	结果
Gen. 19 Indv. 06	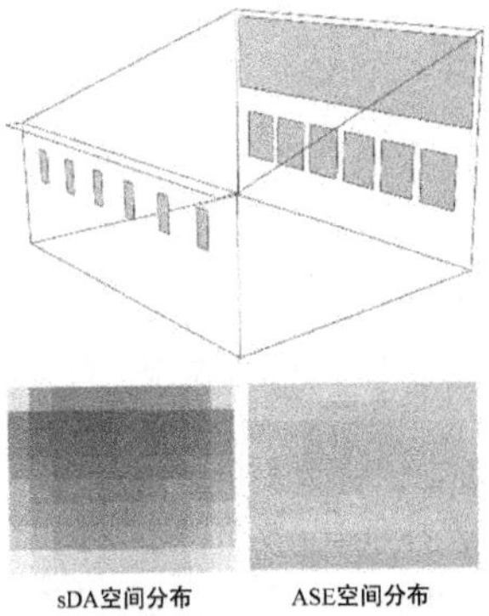	S_1	- 100. 00
		S_2	1. 568
		S_3	286. 892
		sDA_{500}	100%
		ASE	0%
Gen. 19 Indv. 09	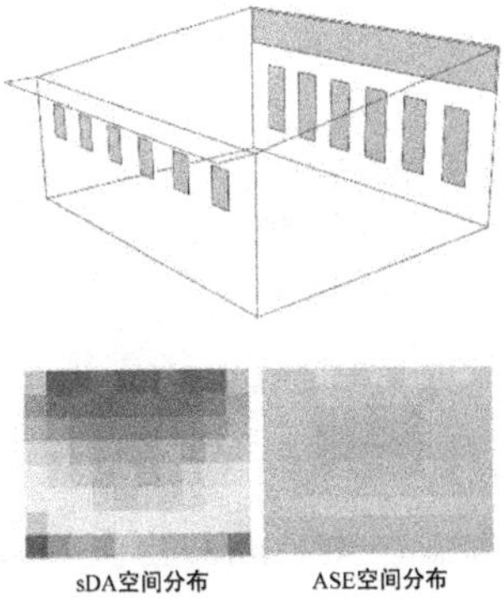	S_1	- 77. 50
		S_2	1. 546
		S_3	268. 770
		sDA_{500}	77. 5%
		ASE	3%

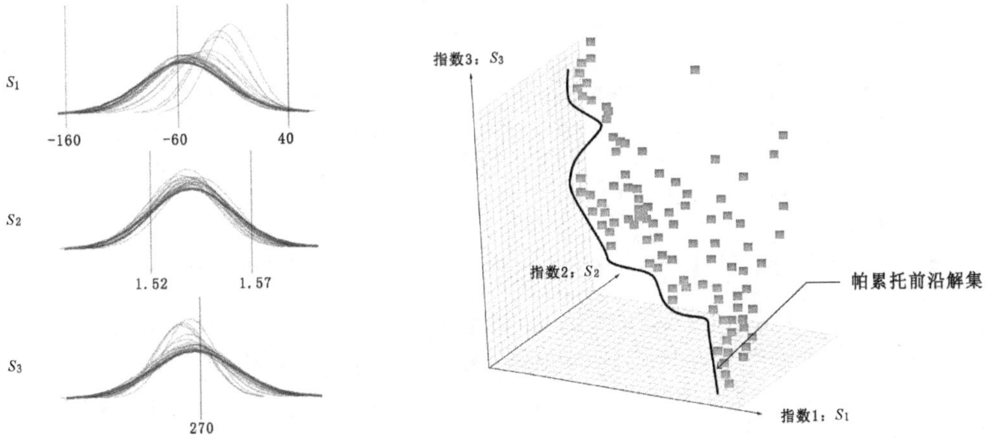

图 3 整体优化结果及帕累托前沿解集

结语

本文对国内湿热气候条件下的教室参数进行了优化研究，通过多目标遗传算法实现了以视觉性能为主导的方案整体性能优化。对选取的江西典型教室的优化结果表明，通过调整教室设计参数可实现更优的性能，获得更好的自然采光效果，实现 10%~90%的视觉性能的提升。本文还展示了如何利用遗传算法实现多目标优化，并在设计过程的早期阶段提供更多的潜在方案，从而平衡可能冲突的各项性能指标。

此外，为了避免教室内部过度阳光直射，更好地描述室内光线分布情况，本文提出了通过 ASE 对模拟结果进行筛选处理，在确保避免直射光带来的视觉损伤的同时尽可能提升方案的采光性能，并为后期深化设计提供更多的可能性。

在未来的研究中可以引入更多的设计原型，探讨更加丰富的天窗形式，通过引入更多的变量来增强优化结果的丰富性，最大限度地发挥遗传算法的计算规模优势。

参考文献

[1] ZAHIRI S, ALTAN H. The effect of passive design strategies on thermal performance of female secondary school buildings during warm season in a hot and dry climate[J]. Frontiers in Built Environment, 2016, 2:3.

[2] LI Z W, CHEN H Z, LIN B, et al. Fast bidirectional building performance optimization at the early design stage[J]. Building Simulation, 2018, 11(2):1-15.

[3] MOTAMEDI S, LIEDL P. Integrative algorithm to optimize skylights considering fully impacts of daylight on energy[J]. Energy and Buildings, 2017, 138:655-665.

[4] KOŠIR M, IGLIČ N, KUNIČ R. Optimisation of heating, cooling and lighting energy performance of modular buildings in respect to location's climatic specifics[J]. Renewable Energy, 2018, 129:527-539.

[5] CIARDIELLO A, ROSSO F, DELL'OLMO J, et al. Multi-objective approach to the optimization of shape and envelope in building energy design[J]. Applied Energy, 2020, 280:115984.

[6] ZHANG A X, BOKEL R, DOBBELSTEEN A V D, et al. Optimization of thermal and daylight performance of school buildings based on a multi-objective genetic algorithm in the cold climate of China[J]. Energy and Buildings, 2017, 139:371-384.

[7] LAKHDARI K, SRITIA L, PAINTER B. Parametric optimization of daylight, thermal and energy performance of middle school classrooms, case of hot and dry regions[J]. Building and Environment, 2021, 204:108173.

[8] PILECHIHA P, MAHDAVINEJAD M, RAHIMIAN F P, et al. Multi-objective optimisation framework for designing office windows: quality of view, daylight and energy efficiency[J]. Applied Energy, 2020, 261:114356.

[9] NICOL J F, ROAF S. Rethinking thermal comfort[J]. Building Research & Information, 2017, 45(7): 711-716.

[10] SOMMA M D, YAN B, BIANCO N, et al. Multi-objective design optimization of distributed energy systems through cost and exergy assessments[J]. Applied Energy, 2017, 204:1299-1316.

图表来源

图 1~3:作者自绘.

表 1~6:作者自绘.

基于白蚁巢穴空腔的非线性建筑空间能耗影响研究

龚天鑫[1]　孙明宇[1*]
（1. 厦门大学建筑与土木工程学院，福建省厦门市 361000，smy_arch@xmu.edu.cn）

摘要

在自然界中的各种生物形态与行为模式蕴含的内在逻辑为当代仿生建筑提供了灵感。本文以白蚁巢穴为仿生原型，以生物学与仿生学作为研究基础，以参数化为理念，探讨蚁巢在建筑节能设计上的具体运用。文献研究发现，高级进化白蚁的成熟巢系统由王室主巢、食物贮存处副巢、共生菌圃、联合交通网以及周围空腔等组成[1]。其内部功能场所随机排布所产生的非线性空间，体现了白蚁种群对巢穴的过程设计。在非线性空间的基础上，思考空腔的存在对于白蚁巢穴的能量消耗价值。实验使用参数化模型软件Rhino、Grasshopper等对蚁巢进行数据收集和建立模型，再使用Ladybug和Honeybee分析蚁巢模型的基础环境以及部分巢穴能耗情况，发现非线性空腔的存在与否对能耗消耗有一定影响。以此为基点将白蚁巢穴内的空腔引申为建筑中公共空间或者庭院的形式，其存在的内部逻辑对建筑能耗有一定的参考价值，为可持续建筑提供借鉴意义，从而实现建筑设计中的节能化和生态化的建筑目标。

关键词： 白蚁巢穴；非线性建筑空间；泰森多边形；建筑热舒适度；生态系统工程

Keywords：Termite mound；Non-linear architectural spaces；Tyson polygons；Thermal comfort of the building；Ecosystem engineering

项目资助情况： 国家自然科学基金项目（51808471）；中央高校基本科研业务费专项资金资助（20720220079）

引言

自然界中各种生物形形色色的本领让我们惊叹，其精巧的结构与完美和谐的外形让我们将眼光转向自然界，所谓仿生学的概念就是“模仿生物系统的原理来建造技术系统，或者是人造系统具有类似于生物系统特征的一门科学，其目的在于应用模拟的方法来改善现代技术设备并创造新的工艺”。然而运用到建筑领域中就是我们所说的仿生建筑。

在仿生建筑中，通过模仿生物的外形、结构形式和内部功能的特征来适应周围多变的特殊环境，实现建筑与自然的共生（表1）。通过对仿生建筑的原型探究，我们发现在炎热潮湿的非洲大陆上，蚁穴的地上巢穴形成的小山丘已经变成一大自然景观，蚁类被称为是“天生杰出的建筑师”[2]。在对蚁穴的研究过程中，学者们发现白蚁所建造的巨型巢穴可以与万里长城相媲美，这是自然界与人类社会的两大奇观，经过探索我们发现白蚁在建造蚁穴的过程中，可以克服不同环境下的生存困境，通过改变蚁穴的大小、内部建造方式以及外部形态来适应多变环境。白蚁可以在炎热的环境下保持巢穴内部的温湿度平衡，这给我们建筑建造时提供了灵感：白蚁巢穴结构是否可以应用到人类建筑中，使其内部通风和能量消耗达到更加优质的阶段（图1）。

表1 基于白蚁蚁穴的仿生理念

基于白蚁蚁穴的仿生理念			
仿生建筑理念	仿生建筑要素		具体因素
周围场地和谐、共生	建筑形态	模拟白蚁巢穴形式	蚁穴的构造
自然资源的利用		模拟白蚁巢穴材料	生态混凝土
节省能耗，天然能量的充分利用	建筑技术	运转过程模拟白蚁生态系统	内部温度与通风的调节
资源的循环利用			
节能；健康舒适	建筑功能	模拟白蚁巢穴空间组织	功能分布

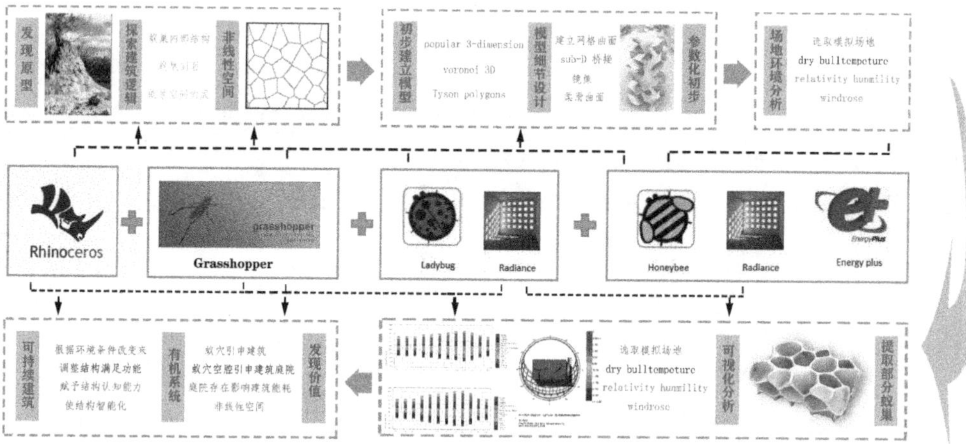

图1 实验流程图

1 白蚁巢穴参数化建模分析

1.1 白蚁巢穴的内部结构

白蚁巢穴内部主要分为主巢、副巢、共生菌圃、交通网络及被称为巢腔的空腔(图2)。主巢是蚁王蚁后的居住地和进行蚁后的孵卵腔，大部分位于整个蚁穴的地下位置，作为主要空间。副巢主要为工蚁兵蚁生活居住的地方，部分副巢用作食物储存，主要位置位于地下蚁穴，与主巢相近。共生菌圃是蚁丘内的室内花园，菌圃依靠白蚁的排泄物作为营养地基进行生长，而白蚁可以以共生菌圃为食满足日常生活需求，同时，共生菌圃可以作为建造材料为蚁穴的建造提供坚硬外壳。交通网络遍布整个蚁穴，联通各个功能空间，不仅作为联系，而且可以使地下蚁丘进行热能交换，地上的烟囱与地下相连，满足蚁穴内部部分需要光照、需要进入新鲜空气的需求。主巢和副巢除了菌圃外，还有被称为巢腔的空腔结构，空腔的表面是韧性十分强的黏泥壳。它主要分布在主巢和副巢周围，并且在靠近地上处也有部分空腔。

图2 白蚁蚁巢内部结构分布示意

1.2 发现内在逻辑：非线性空间

对于白蚁蚁穴筑巢的逻辑性，我们发现白蚁在运动变化过程中有着许多不一样的表现方式，这种变换的方式可以大概分为有序和无序。有序意味着在巢穴建立的时候，主巢、副巢、空腔及周围交通网络可以作为一个单元，根据环境变化对单个单元进行增加或消减，按照一定的规则建立适合当下生存的体量，整体来说因果联系稳定，便于应对各类变化。无序的变换主要呈现为不稳定与随机性，蚁穴单元之间彼此互相独立，时间与空间都有随即变换的可能性。这种无序的空间也是一种非线性空间。所谓蚁巢营造的非线性空间，是对蚁巢动态、不规则和自生组织内部空间的合理解释。蚁巢外表奇特，构造巧妙，巢穴结构极其复杂并且分布没有任何规则(图 3)。

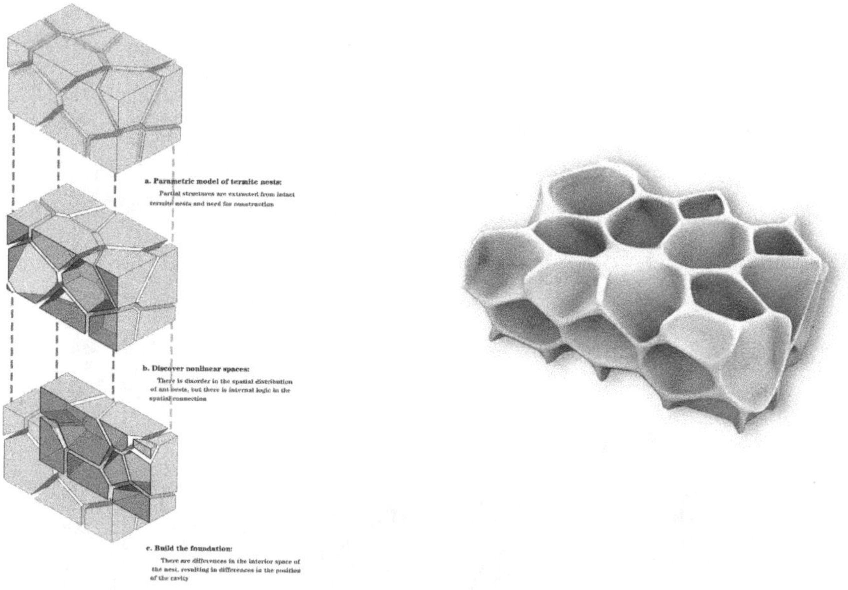

图 3 蚁穴中非线性空间

1.3 空腔的存在

对于蚁穴内部结构研究发现，除了主要的功能结构外，出现了被称为巢腔的空腔，它处在地下蚁巢主巢与副巢的附近，对于群居白蚁来说，内部空间是巨大的。本文认为空腔的作用首先是在平面分布上贯穿蚁穴断面，对于蚁穴的内部稳定性和承载能力有一定作用。其次，空腔可以像“肺泡”一样呼吸来与外界进行气体交换。白蚁穴丘材料是由多孔的生态混凝土组成，上面分布着无数细小通道，表面的细小空洞往深处延伸，渐渐合并形成内部的空腔[3]。在炎热的时候释放新鲜冷空气，在寒冷的时候吸收蚁穴内部冷空气，维持蚁穴内部的温湿度平衡。同时，空腔可以作为中空空间，对蚁穴产生的能耗进行降低。

2 非线性建筑空间的性能模拟

2.1 原型空间生成过程

为了将白蚁巢穴参数可视化，采用类比法与拟人类比法选取部分蚁穴作为研究对象，便于我们对其能耗进行研究。首先在 Grasshopper for Rhino 中使用电池 Rectangle 建成平面拉伸成体改变单元范围成为基本单元，同时，使用与 Voronoi 3D 电池随机生成点形成面，最大化地还原蚁穴内部非线性空间。在平面上通过 Population 2D 建成无序的大小不一的空间。基于单元方格内部随机形成的各个点通过 Voronoi 3D 形成泰森多边形空间（图 4）。空间的建立是白蚁蚁穴的基础，我们将不同空间形态类比为白蚁的主要功能空间，在此模型之上进行能耗模拟。为了使能耗模拟能顺利进行，我们采用类比法从整体的蚁穴模型中选取部分蚁穴进行研究，选取功能单元主巢、副巢、交通网络及空腔进行能耗模拟。

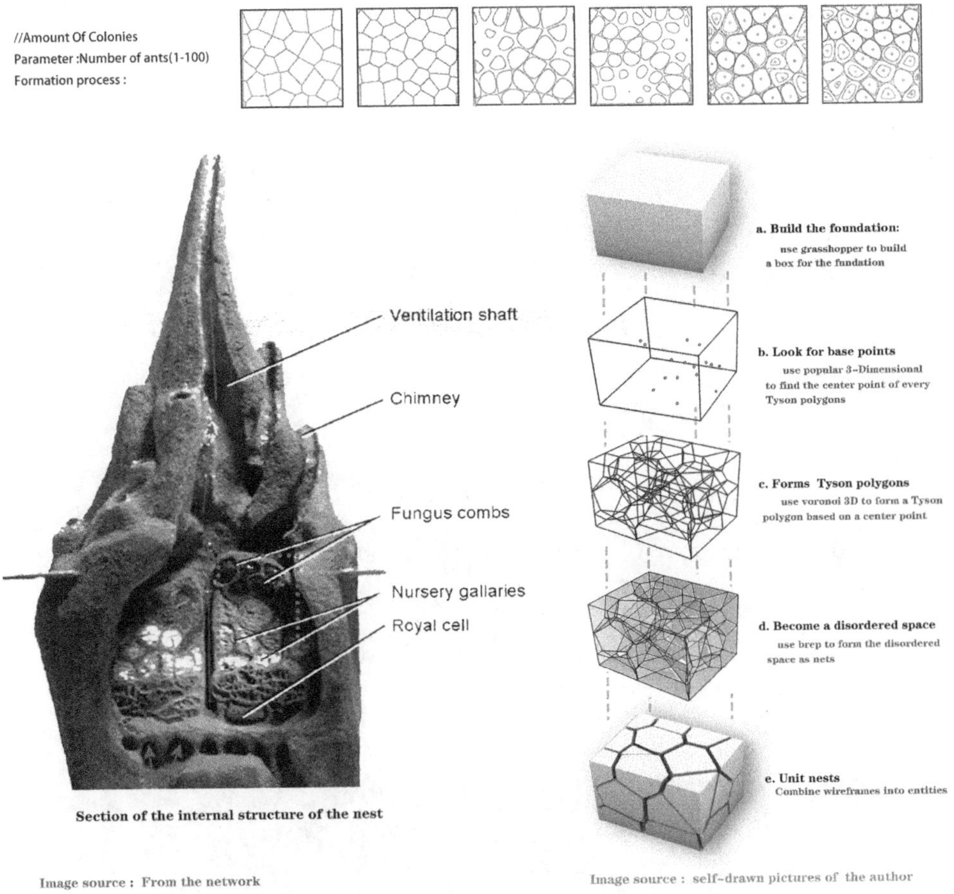

图 4 蚁穴建模过程图

2.2 部分蚁穴能耗模拟

（1）基于 Ladybug 的基础环境分析确定

使用 Ladybug 进行大环境模拟，我们以北京为基础气候环境，在 EPW map 中寻找到北京的全年气候文件作为基础，EPW（energy plus weather data）是美国气象局对各个城市全年气候的监测。使用 Ladybug 选择电池 Mothly bath chat，将 Drydulb temperature 连接上 input data 接入后就得到了包含每小时的温度变化信息的温度分析图表（图5）。在已知温度同时的时候，使用 visualize weather data 找到 wind speed 与 relative humuity 电池连接进 input data，得到关于温度、风速和湿度的可视化图表。在这样的全年气候环境下，我们通过修改 Conditional statement 的参数以及 Parameter bar 的比例，可以获得合适的风的组织方式，从而降低温度与调节湿度（图6）。从选择条件得出在6月到8月是北京全年最热的月份，春冬季北京的湿度较低，在20.6%~41%之间，比较干燥，而在夏秋两个季节，湿度较大，在80%~100%之间，给人潮湿热的感觉。通过查找资料，在此次实验中，我们将限制条件定为外部温度大于26℃、风速大于2和湿度小于80%时，蚁穴的内部是需要进行能量散热的。

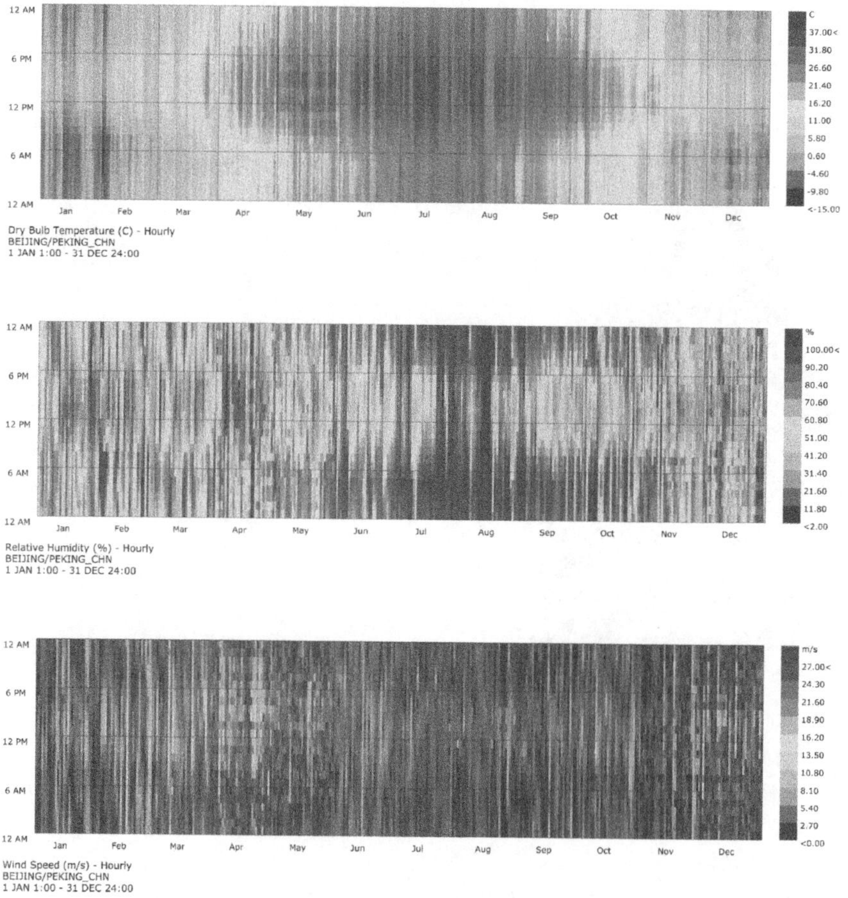

图5 北京全年温度、湿度及风速图

由于蚁穴内部空间的无序，前后的空间秩序不同，在体块生成的截面图上可以看出主巢、副巢、交通网络及空腔的分布情况。同时，在大环境气候确定的基础上，我们对全年的太阳轨迹进行分析，选定秋分时期9月21日为典型时间节点，得出蚁穴建造空

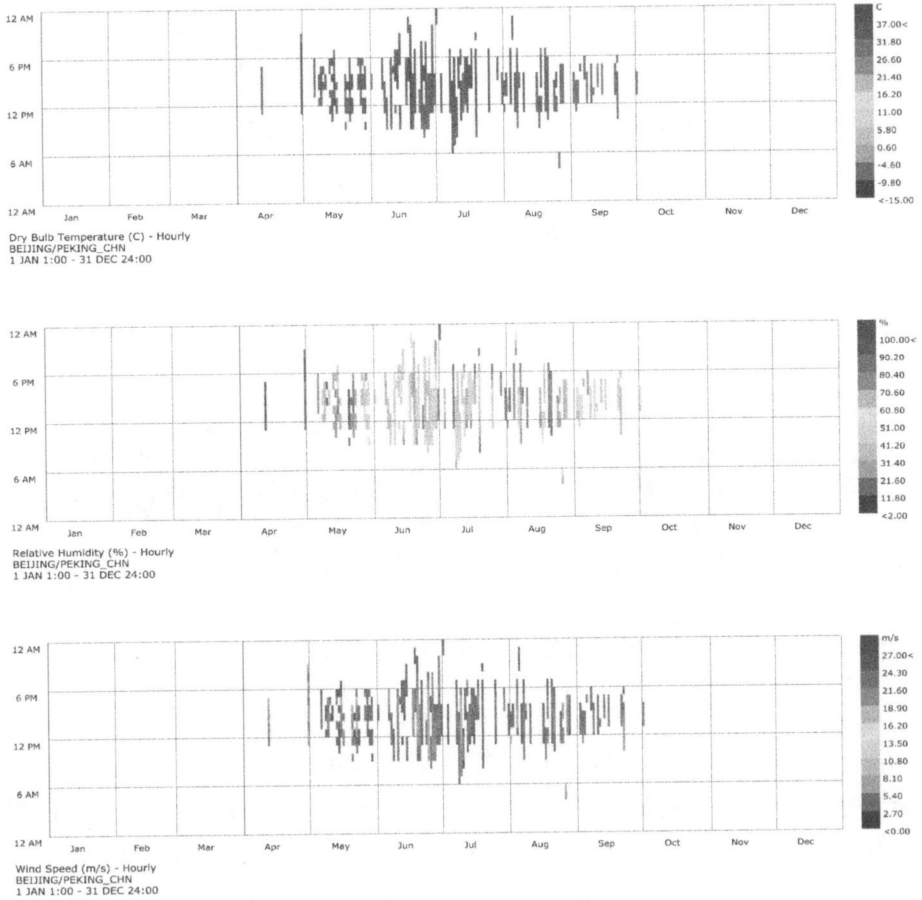

图 6 温度大于 26℃、风速大于 2 m/s 和湿度小于 80%时北京全年温度、湿度及风速图

间受到太阳辐射的影响（图 7）。在蚁穴模型中外部空间会得到大量的太阳辐射，导致蚁穴内部空间温度升高，蚁穴内部截面图显示出空腔所在位置受到的太阳辐射最少，得到的热量最少。空腔作为蚁穴内部“肺泡”似的存在，可以作为冷热空气交换的空间，对于蚁穴内部维持舒适的生存环境起着重要的作用。

3 原型空间性能模拟探索

在一个具有主巢、副巢、交通网络及空腔的完整蚁穴单元模型基础上，建造一个无空腔的蚁穴模型。在 Honeybee 中对有无空腔的蚁穴模型进行对比研究。将 Grasshopper 中建成的模型通过 Hongeybee-creatHBSRFs 电池转换成能量 Zone，将其连接进入 Energyplus 得出 Resultfile 通过 construct energy balance 并将其柱状图可视化，对于一个空间，能耗的产出与消耗是对等的，我们通过连接 cooling（制冷）、heating（制热）、

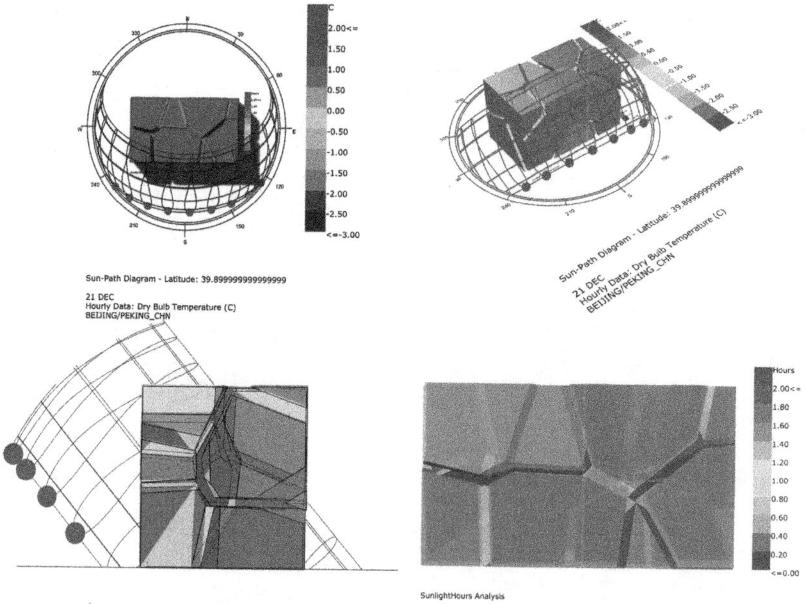

图 7 北京全年温度、湿度及风速图

opaque construction（不透明材料）、machanical ventiltation（通风）、infiltration（渗透）、user（使用）以及 solar（太阳辐射）8 个电池来测算蚁穴内部能耗输出与输入。对于蚁穴来说，cooling（制冷）可以看作地下蚁穴中靠近地下水的冰冷土丘，在蚁穴内部温度过高时，白蚁可以通过搬运冰冷土丘进入内部来帮助散热；heating（制热）可以看作蚁穴表面土丘，白天经过太阳辐射土丘表面材料蓄热，在夜晚气温降低时，土丘表面开始散发热量进入蚁穴，使蚁穴内部保持适宜温度。之后在电池输入端 runlt 处接入 Boolean Toggle 让它开始运行。通过 energy balance 可以看出，随着温度的逐渐升高，蚁穴的能耗也逐渐增加，然而，有空腔的蚁穴比无空腔蚁穴的消耗能量总体要少，6—11 月，有空腔的蚁穴中 ventiltation（通风）能耗要比无空腔的能耗多，heating（制热）比无空腔的少。这就说明在有空腔的蚁穴中，因为存在空腔通风的散热助力，所以蚁穴的整体能耗消耗减少(图 8)。

4 实验结果

（1）在 Ladybug 环境模拟中，我们发现蚁穴各个部分受到的太阳辐射并不均匀，主巢、副巢因蚂蚁活动产生热量，当环境温度过高时，蚁穴内外会造成温度压强差，气体流动依靠蚁丘深处的热量产生的热风压推动，热空气上升，冷空气下降，此时，空腔如肺的呼吸作用一样，产生的压力能够推动气流流动，加强气体混合交换使蚁穴内部温度达到平衡。

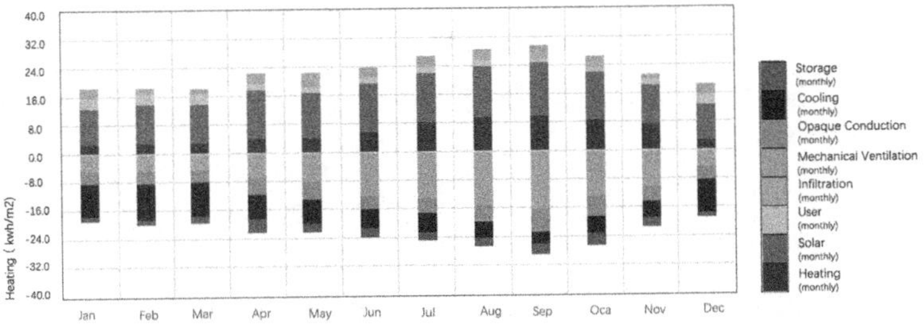

（a）空腔存在时蚁穴内部能耗平衡图

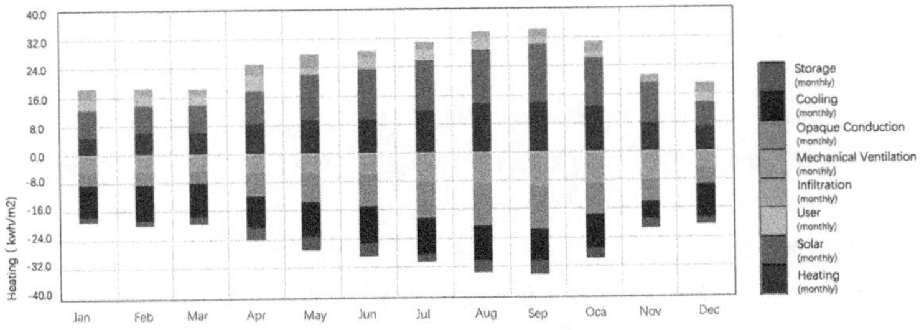

（b）空腔不存在时蚁穴内部能耗平衡图

图8　蚁穴内部能耗平衡图

（2）在 Honeybee 的能耗模拟中，我们选取有无空腔的两个蚁穴模型进行能耗研究，发现无空腔的蚁穴模型中总体能耗消耗较多，相反，有空腔的蚁穴模型中通过空腔进行能耗消耗与转换导致蚁穴内部消耗热量减少。空腔的存在相当于一个能耗的缓冲空间，在空腔中可以进行冷热交换，空气流通。实验证明，有空腔存在的蚁穴能耗消耗更加均衡并且可以加快能耗的交换，使蚁穴在相对时间内维持在一个舒适的生存环境下。

结语

在此次实验中，验证了蚁穴中空腔存在的作用，同时也给作者启发：空腔分布的位置、存在的形态等是否对蚁穴的能耗有所影响，在前文的逻辑中，蚁穴内部的结构是无序的非线性空间，它的这种无序是否存在能耗影响的因素，使蚁穴更能达到一个节能的状态，继而我们对建筑中引用空腔的非线性空间分布是否存在一定的价值。在未来的研究中，可以针对白蚁空腔的形态、大小、分布位置进行实验研究，得出具有价值的节能建筑应用。

同时，从此次白蚁蚁穴研究实验中，我们发现建筑能耗节能从仿生学和生物学的角度研究时可以分为四个步骤：首先需要结合大环境进行归纳总结，准确地定位建筑节能问题。其次，根据存在的各种能耗问题，在大自然中寻找面临相同问题的生物原型，依靠前文提到的类比法，选取自然界中境况相同或相近的原型。再次，针对选取的仿生原型研究其处理能耗问题的作用机制，明确原型面对相似环境条件下的应对策略。最后，对研究出的生物原型节能作用机制进行价值性的变化，将其运用在建筑节能中，使建筑实现可持续目标。

参考文献

[1] 王鸿斌,张玉金,向奉华,等.白蚁巢"上帝遗落的泥土"[J].森林与人类,2020(10):68-78.

[2] 蒋音成.走出东门大厦[J].建筑科学,2011,27(8):1-5.

[3] KING H, OCKO S, MAHADEVAN L. Termite mounds harness diurnal temperature oscillations for ventilation[J]. PNAS, 2015, 112(37):11589-11593.

[4] 万之源,杨云迪.基于生物行为的城市节庆交通空间优化:以巴特莱特建筑学院仿生学方向的硕士培养为例[J].华中建筑,2021,39(10):148-153.

[5] 石晓园.基于三种动物巢穴"营造"方式的空间建构研究[D].南京:南京艺术学院,2017.

[6] 刘先觉.仿生建筑文化的新趋向[J].世界建筑,1996(4):55-59.

[7] 仓力佳.生态建筑的仿生研究[D].武汉:华中科技大学,2005.

[8] 刘昆轶,柏巍.有序和无序之间:对城市生长状态的解读[J].城市,2008(3):50-54.

[9] 郭润博.源于蚁穴的"筑"作米克·皮尔斯的仿生建筑理论及技术研究[D].天津:河北工业大学,2011.

[10] TURNER J S. The extended organism: the physiology of animal-built structures[M]. Cambridge, Mass.: Harvard University Press, 2000

[11] SEELEY T D. Atmospheric carbon dioxide regulation in honey-bee (APis mellifera) colonies[J]. Journal of Insect Physiology, 1974, 20(11):2301-2305.

[12] LI G, WU Y, LI B. From epidermis to chamber apparatus: interpretation of the ecological strategy of three foreign buildings[J]. Architecture, 2004(3):51-53.

[13] VINCENT J F V, BOGATYREVA O A, BOGATYREV N R, et al. Biomimetics: its practice and theory[J]. Journal of the Royal Society, Interface, 2006, 3(9):471-482.

[14] YUAN Y P, YU X P, YANG X J, et al. Bionic building energy efficiency and bionic green architecture: a review[J]. Renewable and Sustainable Energy Reviews, 2017, 74:771-787.

[15] 陈子颖.过去、现代和未来:未来城市发展构想——基于高层动态仿生建筑的探讨[J].艺术与设计(理论),2018,2(9):159-161.

图片来源

图1、图3~8:作者自绘.

图2:https://xw.qq.com/partner/vivoscveen/20210528A04N8100.

基于 MADRL-GAN 的性能化城市空间形态自主智能设计方法研究

王锦煜[1]　黄辰宇[2]　姚佳伟[1*]
（1. 同济大学建筑与城市规划学院，上海市 200092，jiawei. yao@tongji. edu. cn；
2. 北方工业大学建筑与艺术学院，北京市 100042）

摘要

城市高密度建设会对城市通风与热岛效应造成不利影响，严重威胁城市居民的安全、健康与舒适。现有性能评估由于数值模拟专业性强且耗时较长，难以为设计初期的环境性能优化提供高效的决策反馈。此外，随着设计尺度的增大，现有研究主要采用的基于逐代演化的静态优化多目标搜索效率显著下降，难以高效获取寻优反馈结果。本文通过联合多智能体深度强化学习与生成对抗网络（MADRL-GAN），提出性能化城市空间形态自主智能设计方法。通过多智能体与室外环境性能的动态交互，可从因果影响机制层面解释不同环境性能与空间形态之间的耦合关系，引导建筑师在方案设计初期阶段主动优化环境性能，最终促进人机交互设计的思维范式转变。

关键词： 城市形态；环境性能；深度强化学习；生成对抗网络；MADRL-GAN

Keywords: Urban form; Environmental performance; Deep reinforcement learning; Generative adversarial network; MADRL-GAN

项目资助情况： 国家自然科学基金青年基金项目（51908410）；上海市级科技重大专项项目（2021SHZDZX0100）；中央高校基本科研业务费专项资金

引言

到 2050 年，全球人口将超过 100 亿，其中 68%的人口将居住在城市地区[1]。受人类活动影响的高密度城市环境形成了与自然环境迥异的通风和辐射特征，形成城市热岛效应。城市温度上升，风速降低，导致城市热环境变差、通风效率降低、污染物难以扩散。越来越多的人口暴露在严峻的城市环境挑战中，极易诱发居民疾病，甚至导致死亡风险[2]。

许多国家出台的评价标准或设计导则对室外环境提出了强制或建议要求，其中，我国《绿色建筑评价标准》对室外物理环境做了严格要求，指出场地风环境设计应有利于室外行走、舒适活动和建筑的自然通风；应采取措施降低热岛强度，增加遮阴措施等。城市形态和城市环境之间存在密切的关系，当前，通过城市空间形态优化调控包括风环境、光环境和热环境在内的室外物理环境已成为领域学者共识。

1 文献综述

1.1 性能驱动的设计

性能驱动的设计旨在将性能作为设计的依据。国内外学者围绕环境性能驱动的设计已展开广泛探讨。在设计早期进行环境性能优化的框架被总结为“形体生成（form generation）—性能评估（performance evaluation）—优化设计（optimization）”三个步骤[3]，旨在通过参数化形态特征，以环境性能为目标，应用优化算法代替人工实现自动可控的环境性能优化与形态生成过程。目前，国内外针对建筑单体设计[4-5]、建筑立面与表皮设计[6-8]、住宅强排[9-10]等已有探索，研究表明，环境性能驱动的设计方法面向室内光环境[11]、日照时长[12]、建筑能耗[13]等环境性能指标的优化具有较好的潜力，并可以极大地提升设计早期的环境性能优化效率。

1.2 加速环境性能评估的方法

低效的性能模拟是性能驱动设计的一个重要障碍。当设计尺度增大时，风环境模拟、平均辐射温度计算和城市能源建模的复杂程度就会急剧增加，导致计算机处理时间的非线性增加[14]。这使得优化算法不能及时获得当前方案的性能数据，阻碍了优化过程的推进。以遗传算法为例，获得帕累托最优解集经常需要多代进化和迭代，如果不能实时获得某个基因（某一个方案的一组形态参数）的适应度（环境性能指标），那么就会导致遗传算法的发散。林波荣等人[15]强调在早期设计阶段实施性能驱动设计过程中的重大挑战，包括模型集成、实时性能分析和交互式设计优化。

国内外学者已经研究了加速环境性能评估的技术。研究可分使用简化的物理模型、硬件加速，并行计算，以及数据驱动三种。其中，引入数据驱动的方式在应用难度和效率上具有优势，有利于实现方案设计阶段室外环境性能的即时预测。利用监督算法学习预先生成的大量数据样本，将“白盒模型”打包为“黑盒模型”，进而建立形态参数到性能参数的映射关系，可以实现针对复杂环境性能指标的即时预测。孙澄等人[16]使用人工神经网络构建了多目标优化过程中的适应度函数，实现了自适应表皮设计参数到室内光环境性能的实时映射。Wu 等人[17]面向室外风环境对居住区布局展开多目标优化，建立了基于高斯过程回归的代理模型，实现了室外风环境指标的即时预测，显著提高了室外风环境分析与优化效率。

上述研究通常是针对连续环境性能进行预测。面对具有空间分布的场的环境性能，如行人高度的风环境、累积太阳辐射和 UTCI，简单地预测全场的平均值或特征值会导致局部细节信息的丢失，造成不充分评估。根据湍流理论，室外气流在与建筑物进行能量和动量交换后，以复杂的方式在空间扩散，经典的机器学习算法很难学习和预测。因此，需要使用深度学习来预测全场信息[18]。作为一种通常的深度学习方法，生成对抗网络（GANs）在计算机视觉中发挥着关键作用。一些研究人员利用GANs来发现二维流动，并取得了重大进展[19]。GANs已被应用于气象学，以生成具有高空间和时间分辨率的天气预报[20]。作为一个条件性的GAN，Pix2Pix在建筑环境中获得了很多关注。它基于图像到图像的转换，将输入图像逐像素地转换为输出图像[21]。林波荣团队使用pix2pix来预测室内空间的照度分布[22]。Mokhtar等人[23]使用Pix2Pix学习建筑物周围的风场分布，并使用具有多样性的几何图形进行CFD模拟，构建训练数据集。Duering等人[24]将基于pix2pix的室外风流和太阳辐射预测模型与城市设计和优化系统相结合，建立了一个工作流程，减少了互操作性和计算成本障碍。虽然眼前的准确性有待提高，但是使用pix2pix进行环境性能评估的可能性已经被证实，有必要进行进一步讨论。

1.3 深度强化学习设计研究

当前，遗传算法、模拟退火算法等进化算法常被用于解决建筑生成设计与性能优化问题。上述算法采取静态优化方案，对参数空间进行批量采样后选取性能最佳的方案，并通过变种产生次代以搜索最优解集。当涉及的控制参数较少时，静态优化算法具有轻量、高效的优点。但是，面向城市街区尺度的生成与优化任务，控制参数数量往往会随建筑数量增加呈指数级增长，通过逐代演化寻优会造成内存占用较大，静态优化策略搜索效率显著下降，收敛难度增加[25]。作为AlphaGo的底层算法，深度强化学习已被证明具有在高维空间搜索最优解的独特优势。不同于有监督或无监督学习，强化学习不要求预先给定数据，而是通过智能体与环境交互的“试错”与“奖励”过程进行学习。作为一种动态交互式学习方法，强化学习能有效应对城市级多控制参数解空间的设计优化问题[26]。

深度强化学习与环境性能驱动的设计结合研究主要面向能耗与日照优化，较少涉及室外风环境优化。Chang等人[25]提出了基于强化学习的校园建筑生成方法，通过Ladybug Tools评估设计方案中能耗与天空可视因子，并为智能体决策提供状态收益。孙澄宇等人[27]采用深度确定性策略梯度深度强化学习算法（deep deterministic policy gradient, DDPG）进行了高层建筑的自动布局研究，以满足城市规划指标和日照优化为目标，并在多地进行了案例生成。韩臻等人[28]使用DDPG深度强化学习算法控制参数化城市设计模型，并以日照时数作为优化目标开展交互式寻优。宋雅楠等人[29]建立了城市集群的深度强化学习模型，通过物理风洞实时获得方案风环境性能，并为智能体动作进行即时反馈。

2 研究框架

本文将开展基于生成对抗网络的多智能体深度强化学习方法（MADRL-GAN），将城市街区的建筑群以统一形状语法定义为多智能体。在交互学习过程中跳过环境性能模拟，使用生成对抗网络作为室外风环境（行人高度风）、光环境（累计太阳辐射）、热环境（室外通用热气候指数 UTCI）评估的代理模型，从而提高多智能体深度强化学习训练的效率。

本文首先建立基于城市空间形态的多样化参数模型，考虑住宅、商业、办公以及混合等多种建筑功能，确定设计参数的约束条件；其次，通过 Ladybug Tools 环境模拟引擎对参数化模型开展批量模拟获得室外风环境、太阳辐射、室外热舒适度图谱数据库，并训练 Pix2Pix 生成对抗网络性能预测模型；最后，以某实际案例为例，将建筑参数模型转译为多智能体深度强化学习系统实现形态参数的自主调控，结合室外环境预测模型获得智能体决策的实时性能收益反馈，运行模型收敛到多智能体的最优参数组合以获得室外环境的最大收益。研究技术路线如图 1 所示。

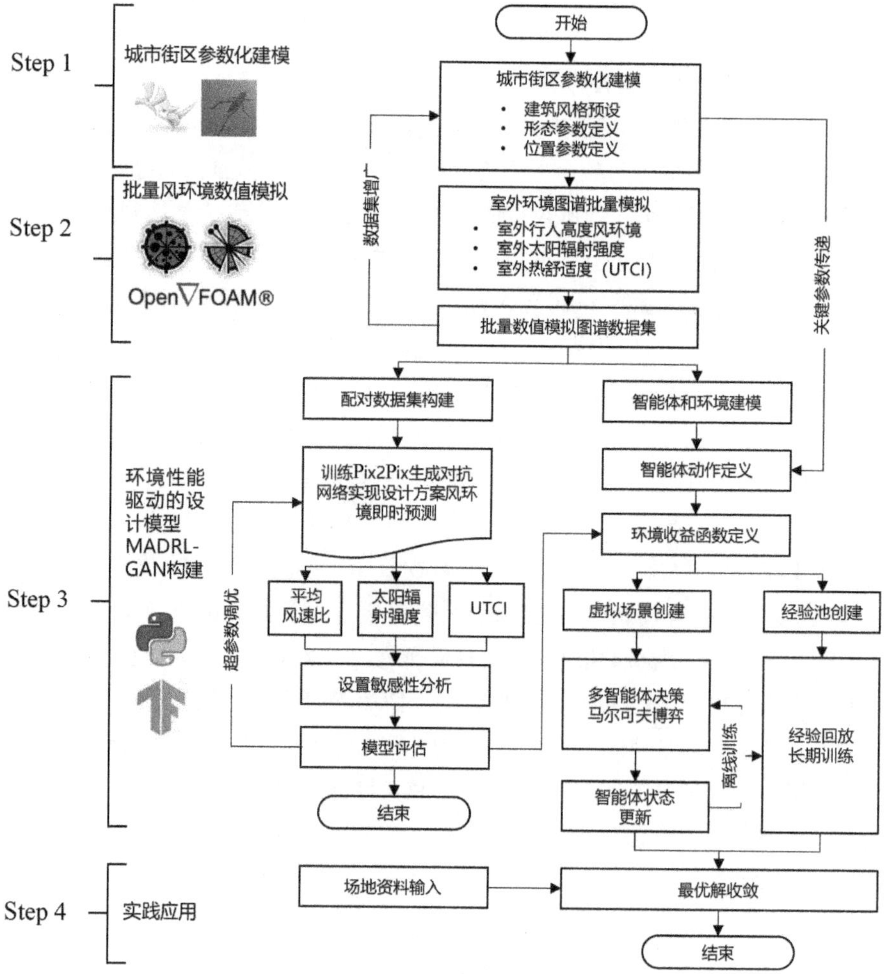

图 1 研究技术路线图

3 基于 GAN 的街区性能评估代理模型

3.1 性能模拟数据集构建

通过设计参数化模型为 Pix2Pix-GAN 性能预测模型提供充足的训练集。建立了居住、办公、商业三种风格包括行列式、围合式等参数化模型，尺度范围在 250 ~ 500 m 不等，为 Pix2Pix 提供多样化输入，确保性能预测模型的泛化性能。对参数化模型进行抽样，分别对模型室外风环境、光环境、热环境进行模拟，并保存行人高度风速比图谱、累计太阳辐射强度图谱和室外通用热气候指数 UTCI 图谱。使用 Rhino/Grasshopper 平台的 Ladybug Tools 插件进行数值模拟，其中 Butterfly 插件用于模拟室外风环境，Ladybug 用于模拟室外光环境和热环境。

降维几何模型作为 Pix2Pix 的输入。几何模型的高度使用不同深度的蓝色进行编码，将降维后的几何模型与其对应的环境模拟图谱组成配对数据集用于训练。数据准备过程如图 2 所示。Pix2Pix 由生成器和判别器组成，生成器用于在输入的几何模型周围生成室外环境图谱，判别器用于判断生成器生成的环境图谱的真实性。Pix2Pix 模型结构如图 3所示。

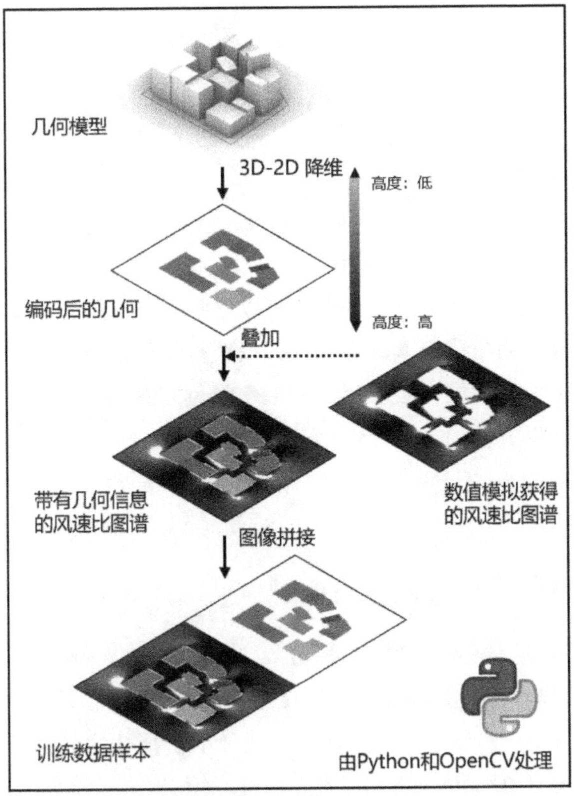

图 2 模型降维与训练数据准备

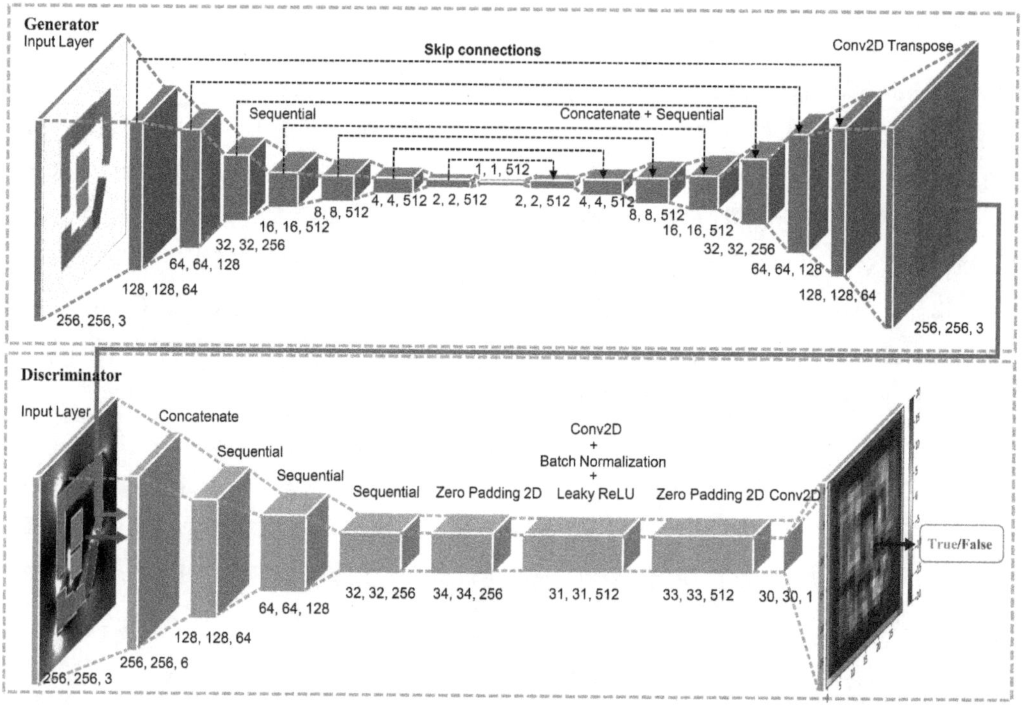

图 3 Pix2Pix 模型结构

3.2 pix2pix 模型训练与部署

使用 TensorFlow 深度学习框架训练 Pix2Pix 网络。使用 NVIDIA GeForce RTX 2060 进行训练，时间消耗约为 93.6～104.3 s/k epoch，训练约 160 k epoch 后模型呈现收敛趋势，模型损失曲线如图 4 所示。由图可以看到明显的损失下降和收敛。在训练过程中，对三个性能参数的生成模型进行监控，以获得最佳的模型训练效果。

测试了感兴趣平面的网格大小、图像大小和颜色方案的敏感性。通过不断调整超参数，获得性能最佳的生成器用于后续强化学习过程中三种环境性能的实时预测。最后，通过 GH_CPython 插件将经过训练的生成器、图像编码算法配置到 Rhino/Grasshopper 平台上。

4 基于 MADRL 的街区性能优化模型

本文使用多智能体深度强化学习（multi-agent deep reinforcement learning, MADRL）寻找室外风环境、光环境与热环境最佳的城市空间形态。智能体（agent）是在深度强化学习过程中进行学习并实时决策的主体。智能体之外的所有与其相互作用的事物都可被称为环境（environment）。智能体与环境持续进行交互，智能体选择动作（action），环境对此做出响应，并向智能体呈现出新的状态（state），这一过程被称为

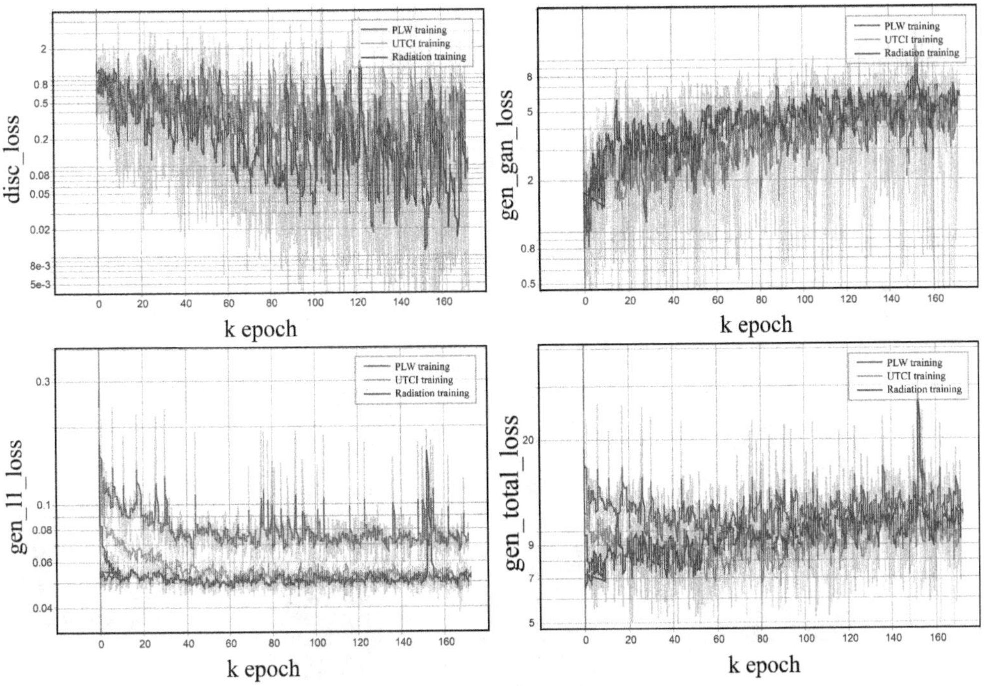

图 4 Pix2Pix 损失曲线

马尔可夫决策过程（markov decision process，MDP）。环境产生的收益（reward）是智能体一系列动作决策过程中追寻的最大化目标。单智能体与多智能体与环境交互的机制类似。研究数据流程图如图 5 所示。

基于 MADRL 的性能优化示意图如图 6 所示。在多智能体深度强化学习中，多个智能体共享一个共同的环境，智能体之间需要根据合作或竞争模式开展联合。在单智能体系统中，智能体仅需关注自身行动取得的收益，而在多智能体系统中，智能体不仅要观察自己行动的结果，还要观察其他智能体的行动。多智能体系统相较单智能体系统具有指数增长的联合行动空间，使得多智能体深度强化学习的应用相比单智能体面临更多挑战，但同时也有能力解决更为复杂的问题。

本文以某设计案例验证 MADRL-GAN 系统的性能优化能力，案例内部包含购物中心、农贸市场、商店、住宅和历史建筑，如图 7 所示，其中历史建筑需要保留，其他区域拆除重建。在本例中，参数化建模以围合式为主，将参数化建筑群转译为多智能体，在场地内共获得 18 个智能体，其动作定义为形态的控制参数改变，通过 Pix2Pix-GAN 获得环境评价并映射到动作收益，通过智能体与环境交互开展马尔可夫决策过程，智能体经过长期交互式训练可以在不同设计条件下进行泛化，并在短时间内获得符合目标的设计最优解。

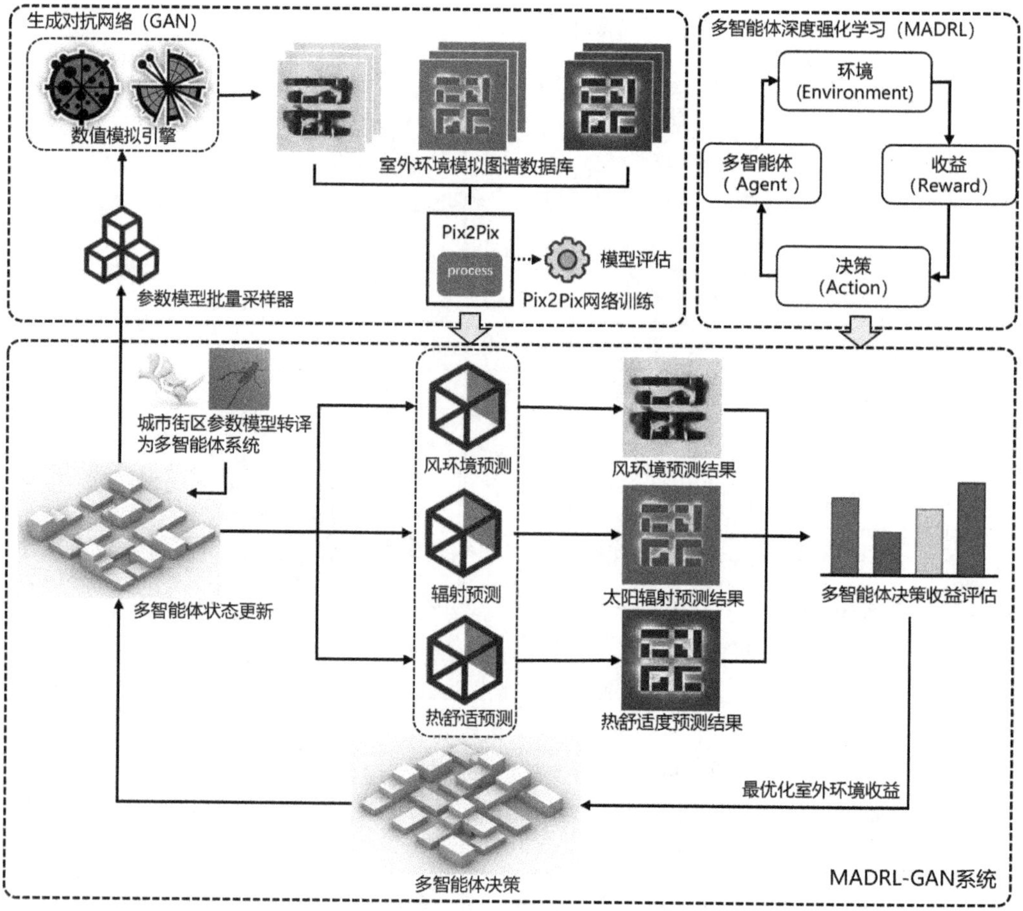

图 5　研究数据流程图

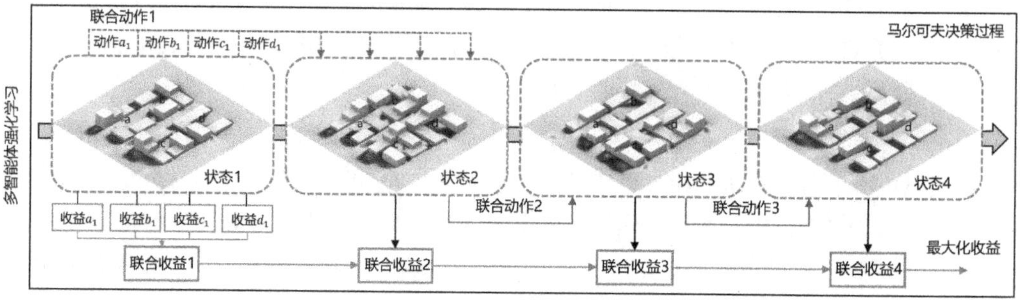

图 6　基于 MADRL 的性能优化过程示意图

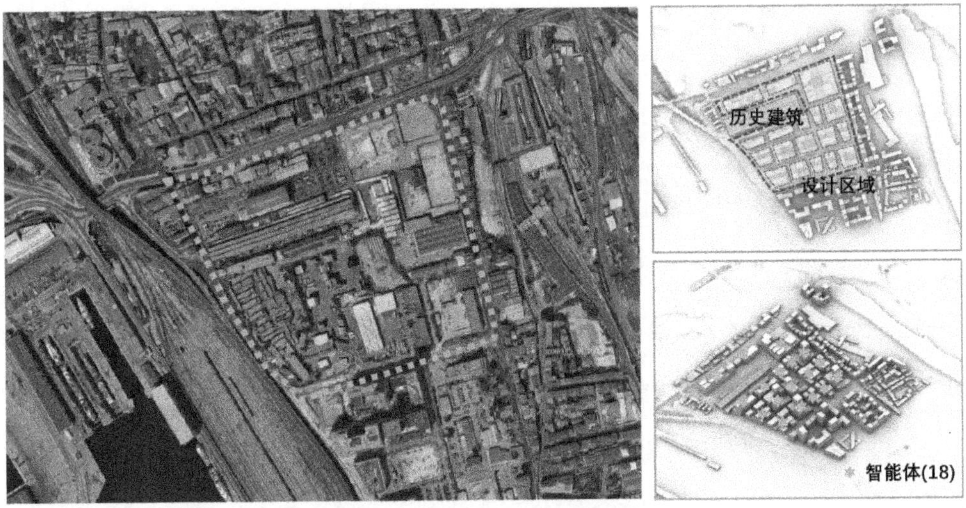

图 7 MADRL-GAN 应用案例

使用 TensorFlow 深度学习框架执行 MADRL-GAN 任务，在本例中，由参数模型的形态参数构成智能体的行动空间（action space）。前期载入多种街区尺度参数化模型进行预训练，减少多智能体系统在泛化过程中的低级错误，加速实践项目中的模型收敛速度。使用 GH _CPython 插件部署预训练 MADDPG 算法并控制设计参数，使用 Pix2Pix-GAN 拾取 Rhino 界面并进行端到端的环境性能预测，评估每一步动作形成的收益，结合经验回放进行 MADDPG 模型训练，训练约 3 500 步后收敛于最佳收益，可视化初始、过程及最终多智能体状态如图 8 所示。

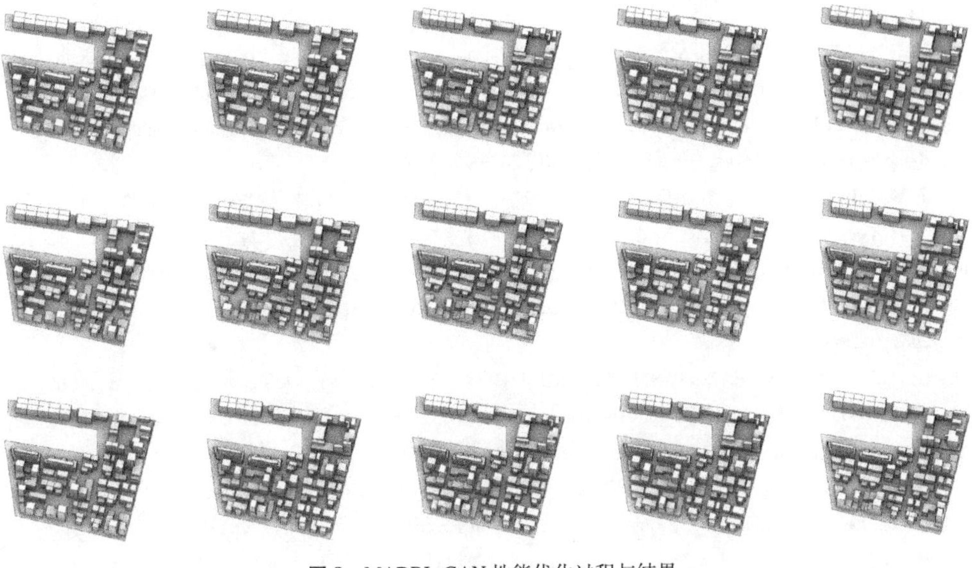

图 8 MADRL-GAN 性能优化过程与结果

结语

在我国“十四五”发展目标的指引下，多个城市正面临着新城与新区开发的复杂城市建设任务，急切需要在规划与设计层面超前布局，进一步探索可持续城市发展的空间格局。如何将城市空间形态的设计优化与环境性能分析相结合一直是建筑学的重要研究方向之一。本文旨在通过建筑学、环境学、计算机科学的交叉合作，发挥深度强化学习在复杂空间生成与数据隐含关系挖掘上的显著优势。从设计师了解环境性能重要性与必要性的认知角度，该方法有利于加深建筑师对室外风环境、光环境、热环境优化机制的深层次理解，进而引导建筑师在方案设计初期阶段主动优化环境性能，最终促进人机交互设计的思维范式转变。

参考文献

[1] LEE V J, HO M, KAI C W, et al. Epidemic preparedness in urban settings: new challenges and opportunities [J]. The Lancet Infectious Diseases, 2020, 20(5): 527-529.

[2] COHEN A J, BRAUER M, BURNETT R, et al. Estimates and 25-year trends of the global burden of disease attributable to ambient air pollution: an analysis of data from the global burden of diseases study 2015[J]. The Lancet, 2017, 389(10082): 1907-1918.

[3] EKICI B, CUBUKCUOGLU C, TURRIN M, et al. Performative computational architecture using swarm and evolutionary optimisation: a review[J]. Building and Environment, 2019, 147: 356-371.

[4] NASROLLAHZADEH N. Comprehensive building envelope optimization: improving energy, daylight, and thermal comfort performance of the dwelling unit[J]. Journal of Building Engineering, 2021, 44: 103418.

[5] DONG Y, SUN C, HAN Y, et al. Intelligent optimization: a novel framework to automatize multi-objective optimization of building daylighting and energy performances[J]. Journal of Building Engineering, 2021, 43: 102804.

[6] FAN Z, LIU M, TANG S. A multi-objective optimization design method for gymnasium facade shading ratio integrating energy load and daylight comfort[J]. Building and Environment, 2022, 207: 108527.

[7] SHI X, ABEL T, WANG L. Influence of two motion types on solar transmittance and daylight performance of dynamic façades[J]. Solar Energy, 2020, 201: 561-580.

[8] 石峰,朱雨洁,刘江.基于多目标优化的可变建筑反光构件设计研究[J].南方建筑,2021(6):107-113.

[9] 刘慧杰,吉国华.基于多主体模拟的日照约束下的居住建筑自动分布实验[J].建筑学报,2009(S1):12-16.

[10] WANG S S, YI Y K, LIU N X. Multi-objective optimization (MOO) for high-rise residential buildings' layout centered on daylight, visual, and outdoor thermal metrics in China[J]. Building and Environment, 2021, 205: 108263.

[11] BAHDAD A A S, FADZIL S F S, ONUBI H O, et al. Sensitivity analysis linked to multi-objective optimization for adjustments of light-shelves design parameters in response to visual comfort and thermal energy performance[J]. Journal of Building Engineering, 2021, 44: 102996.

[12] WANG L, ZHANG H, LIU X, et al. Exploring the synergy of building massing and facade design through evolutionary optimization[J]. Frontiers of Architectural Research, 2022, 11(4):761-780.

[13] 杨崴,于汉泽.生命周期环境影响与成本目标下的建筑设计优化方法[J].建筑学报,2021(2):35-41.

[14] LI Z, LIN B, ZHENG S, et al. A review of operational energy consumption calculation method for urban buildings[J]//Building Simulation, 2020, 13(4): 739-751.
[15] LIN B, CHEN H, YU Q, et al. MOOSAS: a systematic solution for multiple objective building performance optimization in the early design stage[J]. Building and Environment, 2021, 200: 107929.
[16] 孙澄,韩昀松,王加彪.建筑自适应表皮形态计算性设计研究与实践[J].建筑学报,2022(2):1-8.
[17] WU Y, ZHAN Q, QUAN S J, et al. A surrogate-assisted optimization framework for microclimate-sensitive urban design practice[J]. Building and Environment, 2021, 195: 107661.
[18] CALZOLARI G, LIU W. Deep learning to replace, improve, or aid CFD analysis in built environment applications: a review[J]. Building and Environment, 2021, 206: 108315.
[19] KOCHKOV D, SMITH J A, ALIEVA A, et al. Machine learning-accelerated computational fluid dynamics[J]. Proceedings of the National Academy of Sciences, 2021, 118(21):e2101784118.
[20] RAVURI S, LENC K, WILLSON M, et al. Skilful precipitation nowcasting using deep generative models of radar[J]. Nature, 2021, 597(7878): 672-677.
[21] ISOLA P, ZHU J Y, ZHOU T, et al. Image-to-image translation with conditional adversarial networks[C]//Proceedings of the IEEE conference on computer vision and pattern recognition. Honolulu, 2017: 1125-1134.
[22] HE Q, LI Z, GAO W, et al. Predictive models for daylight performance of general floorplans based on CNN and GAN: a proof-of-concept study[J]. Building and Environment, 2021, 206: 108346.
[23] MOKHTAR S, SOJKA A, DAVILA C C. Conditional generative adversarial networks for pedestrian wind flow approximation[C]//Proceedings of the 11th Annual Symposium on Simulation for Architecture and Urban Design. Vienna, 2020: 25-27.
[24] DUERING S, CHRONIS A, KOENIG R. Optimizing urban systems: integrated optimization of spatial configurations[C]//Proceedings of the 11th Annual Symposium on Simulation for Architecture and Urban Design. Vienna, 2020:509-515.
[25] CHANG S, SAHA N, CASTRO-LACOUTURE D, et al. Multivariate relationships between campus design parameters and energy performance using reinforcement learning and parametric modeling[J]. Applied Energy, 2019, 249: 253-264.
[26] 桑顿,巴图.强化学习[M].2 版.北京: 电子工业出版社,2019.
[27] 孙澄宇,宋小冬.深度强化学习:高层建筑群自动布局新途径[J].城市规划学刊,2019(4):102-108.
[28] HAN Z, YAN W, LIU G. A performance-based urban block generative design using deep reinforcement learning and computer vision[C]//Proceedings of the International Conference on Computational Design and Robotic Fabrication. Springer, 2020: 134-143.
[29] Song Y N, Yuan P F. A research on building cluster morphology formation based on wind environmental performance and deep reinforcement learning [C]//Proceedings of the 39th International Conference on Education and Research in Computer Aided Architectural Design in Europe. Novi Sad, 2021:335-344.

图片来源

图 1~8:作者自绘.

碳中和导向的办公建筑表皮气候适应性设计研究

舒 欣[1*] 陈 晨[1]

（1. 南京工业大学建筑学院，江苏省南京市 211816，494704966@qq.com）

摘要

在“双碳”目标的背景下，本文以南京某办公建筑为例，结合 BIM 技术与 Grasshopper 参数化性能分析工具，利用建模软件 Revit 建立建筑信息模型，使用生命周期环境影响计算插件 Tally 进行生命周期评价，并通过 Rhino. Inside. Revit 联合 Rhino7 和 Grasshopper 建立建筑性能模型，对采光质量、建筑能耗进行仿真运算，利用 Octopus 插件对表皮垂直遮阳百叶和水平遮阳百叶的自变量及目标参数进行优化，优化结果同步反馈给建筑信息模型以修改相关参数，最终通过比较不同遮阳类型下的建筑运行能耗及隐含碳排放，以碳中和为目标综合评价该建筑的生命周期环境影响。

关键词：碳中和；BIM 技术；建筑表皮；气候适应性；多目标性能优化

Keywords: Carbon neutral; Building information modelling; Building skin; Climate adaptability; Multi-objective performance optimization

项目资助情况：国家自然科学基金项目（51908279）；江苏省自然科学基金项目（BK20190680）

引言

全球变暖和能源危机日益严峻，世界主要经济体逐渐形成共识，即有必要在 21 世纪中叶实现全球净零排放，中国也做出“碳达峰、碳中和”的相关承诺。根据中国建筑节能协会统计，2019 年全国建筑全过程能耗总量为 22. 33 亿 tce，其中建筑运行阶段能耗为 10. 3 亿 tce，占全国能源消费总量的比重为 21. 2%；全国建筑全过程碳排放总量为 49. 97 亿 t CO_2，占全国碳排放总量的 50. 6%，其中建筑运行阶段碳排放总量为 21. 3 亿 t CO_2，占全国碳排放总量的比重为 21. 6%[1]。由此可见，建筑行业的节能减排工作对全国实现碳中和有直接影响。

随着清洁能源技术的进步，光伏系统在建筑领域已经得到了广泛的探索。公共建筑，尤其是高层办公建筑立面具有巨大的光伏发电潜力，然而传统光伏组件在建筑物表面的应用却始终关注建筑物屋顶等水平表面，这主要是因为在建筑垂直表面部署光伏组件需要考虑各种因素之间的复杂影响，包括地理气候、建筑周边环境和硬件规格等因素，这是一个复杂的多目标优化问题[2]。同时，科学技术的进步给气候适应性建筑表皮的发展带来了新的契机，建筑表皮设计已向智能化、模块化发展，表皮构件与光伏组件结合设计可以充分利用建筑立面的潜在能源，减少建筑物全生命周期中运行阶段的碳排放。

本文旨在探讨碳中和导向的办公建筑表皮气候适应性设计方法，将建筑信息模型（BIM）与参数化性能分析工具联动，权衡多性能目标并制定表皮优化设计决策，最终提高建筑性能以实现低能耗的节能目标。

1　碳中和导向的办公建筑表皮气候适应性设计方法

碳中和导向的办公建筑表皮气候适应性设计需要运用计算性设计方法，基于建筑信息模型中的相关参数与材料信息，在设计阶段权衡采光质量、建筑能耗与隐含碳排放等多种绿色性能目标，共同推动建筑表皮的形态演变。

1.1　BIM 技术在气候适应性设计中的应用

BIM 工具种类众多，本文基于 Autodesk Revit 软件建立建筑信息模型，在建模过程中通过编辑族构件将设计信息储存在建筑模型中。Revit 中的模型构件参数主要分为几何图元参数与物理属性信息，其中几何图元参数分为实例参数与类型参数，负责控制图元的几何形态，如长、宽、高等；物理属性信息包括构造、材质与装饰信息等，本文根据参数类型和参数属性将族构件分为定量信息模型和参数控制模型。Tally 插件可以从建筑模型中提取材质信息，联系美国生命周期清单数据库和全球性数据库 Gabi 定义构件详细的材料信息，识别未明确建模的材料（如隔汽层等），量化建筑整体或部分对环境的全生命周期影响[3]。

1.2　建筑性能模拟与多目标优化方法

Grasshopper 是内置于计算机辅助设计软件 Rhinceros 中的可视化编程语言和环境，是成熟的参数化设计平台，拥有丰富的插件库，其中性能模拟分析插件 Ladybug Tools 是用 Python 编写的免费开源插件，建立在 Radiance、Daysim、EnergyPlus、OpenStuido 等几个经过验证的仿真引擎之上，可以完整地运行在 Grasshopper 环境中并允许所有数据在其仿真引擎之间传输。Ladybug Tools 分为 Ladybug、Honeybee、Dragonfly、Butterfly 四个工具，每个工具都由模块化组件构成，能够灵活地运行在不同的设计阶段。

多目标优化以 Octopus 插件为核心，该插件基于 HypE、SPEA2 等遗传算法，能以天然采光、建筑能耗、太阳辐射等性能为优化设计目标，实现性能导向下的建筑形态与空间等设计决策。

1.3　BIM 与 Grasshopper 的联动方法

Rhino. Inside. Revit 是完全内置于 Rhino、Grasshopper 和 Revit 中的插件，可以查询、

修改、分析和创建原生 Revit 元素。在 Rhino. inside. Revit 中可以方便拾取 Revit 中的模型，避免重复建模，有利于后续在 Grasshopper 平台进行建筑性能模拟与多目标优化分析。Rhino. Inside. Revit 还可以联动建筑信息模型中的实例控制参数与建筑性能模型中的几何控制参数，实时反馈性能优化结果（图 1）。

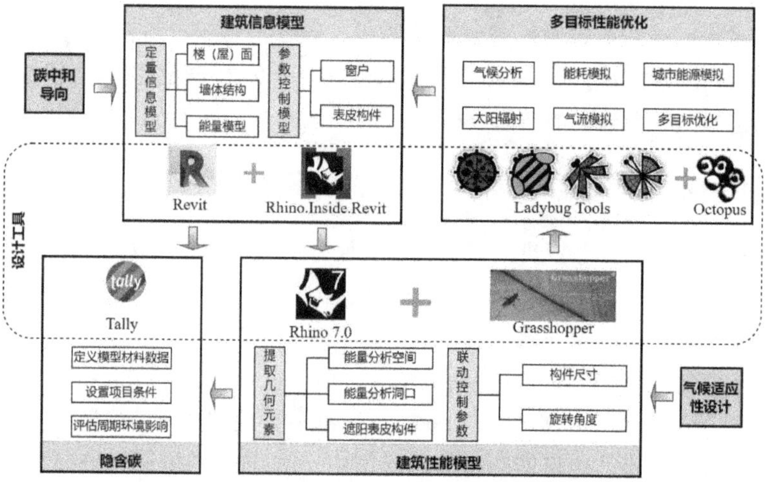

图 1　碳中和导向的办公建筑表皮气候适应性设计流程

2　建筑性能评价目标

2.1　sDA

sDA（spatial daylight autonomy）是空间全天然采光时间百分比，代表每年部分工作时间达到最低照度水平的分析区域百分比。最常用的指标是 sDA300/50%，表示一年 50%的工作时间中，工作平面超过 300 lx 的天然采光照度面积百分比。

2.2　UDI

UDI（useful daylight illuminance）是年度日光照度，代表年度工作时间内工作平面照度 100~2 000 lx 的时间百分比。工作平面照度低于 100 lx 表示采光不足，高于2 000 lx 则可能会产生过多的日光和眩光。

2.3　ASE

ASE（annual sunlight exposure）是全年光暴露量，代表接受过多太阳直射的工作平面面积百分比，照度值超过 1 000 lx 且全年时长大于 250 h 可能会产生过多的太阳直射，会引起眩光或增加制冷能耗[4]。

2.4　EUI

EUI（energy use intensity）即能源使用强度，单位是 kWh/(m^2·a)，表示一年内单位面积的综合能源消耗，包括供暖、制冷、通风与人工照明等[5]。

3　碳中和导向下建筑表皮气候适应性设计方法实践应用

本文以南京某办公建筑为例，主要论述 BIM 与 Grasshopper 的联动过程及建筑遮阳表皮的优化对建筑运行阶段碳排放的影响。该办公建筑地上共 28 层，其中 3~28 层为商业办公空间，层高为 4.2 m，标准层面积为 2 100 m^2。

3.1　创建建筑信息模型

基于 Revit2023 平台建立建筑信息模型，模型中的楼（屋）面、墙体结构、幕墙等基本构件为定量信息族，建筑遮阳构件为参数控制族。在“基于公制幕墙嵌板填充图案”样本文件基础上，分别建立水平遮阳（图 2）和竖向遮阳（图 3）两种形式的自适应族，网格水平间距为 2 250 mm，垂直间距为 4 200 mm，新建百叶宽度、旋转角度两个实例参数分别控制形状图元的尺寸变化和旋转角度。

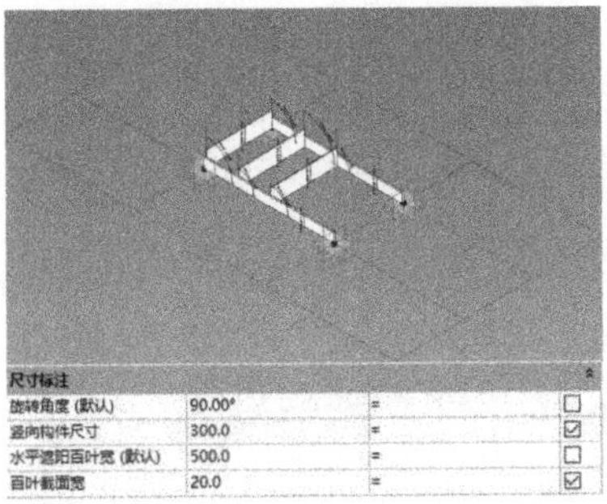

图 2　水平遮阳构件及其参数

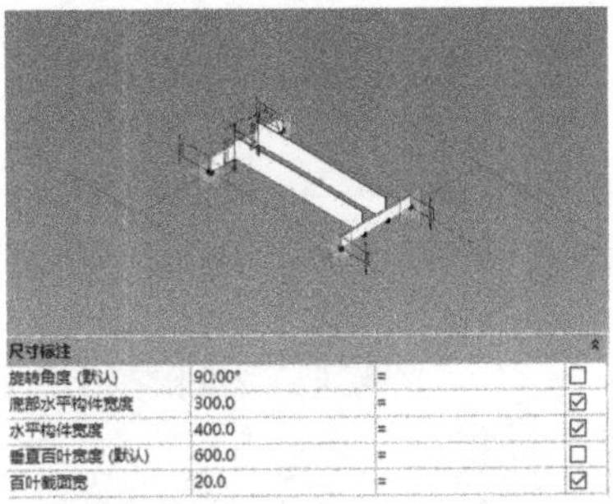

图 3　垂直遮阳构件及其参数

Revit2023 自带的能量分析功能可以直接在模型中快速创建能量模型（图 4），并且支持通过 gbXML 格式将数据导出到其他能耗模拟软件中。能量模型可以通过详细建筑图元（墙、楼板、屋顶等）或体量图元来创建能量模型，本案例使用“房间或空间”模式创建能量模型，可以减少模型生成的时间并方便进一步分析建筑性能。

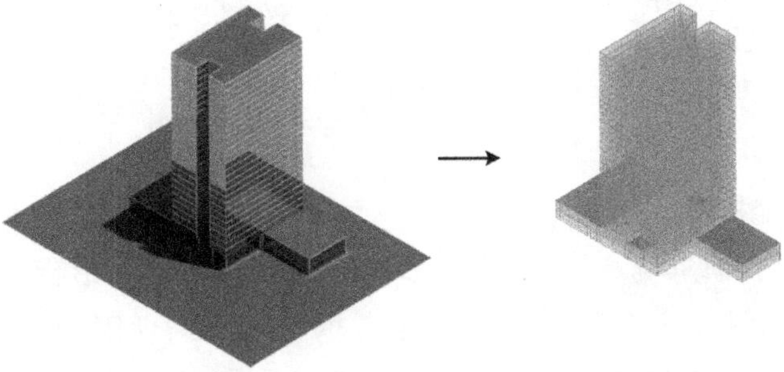

图 4　建筑信息模型与能量模型

3.2 创建建筑性能模型

通过 Rhino. inside. Revit 插件与 Grasshopper 平台创建建筑性能模型，其联动方法如下。

（1）拾取模型与提取几何图形

在 Rhino. Inside. Revit 插件中，通过查询过滤器组件按 Revit API 名称拾取能量模型中的能量分析空间、能量分析洞口，通过 Graphical Element 组件按照不同朝向分别拾取 Revit 模型中的建筑遮阳表皮实例，Element Geometry 组件用于提取实例的几何图形。

（2）联动参数值

Inspect Element 组件可以直接查询建筑遮阳表皮构件的实例参数并输出到 Element Parameter 组件中，该组件识别参数名称的同时可以重新设置参数值，并在 Revit 中实时生成原生 3D 元素且不丢失信息。

（3）输出参数化模型

Rhino. Inside. Revit 中提取的参数化模型仍是三维几何图形，不利于进行性能分析与动态调整，因此建筑遮阳表皮仍需要在 Grasshopper 中进一步转化。由于 Revit 程序内存限制，本文新建的 Grasshopper 文件用于参数化模型进行性能模拟与多目标优化，通过 Pancake 插件在 Grasshopper 环境中实时交换数据（图 5）。

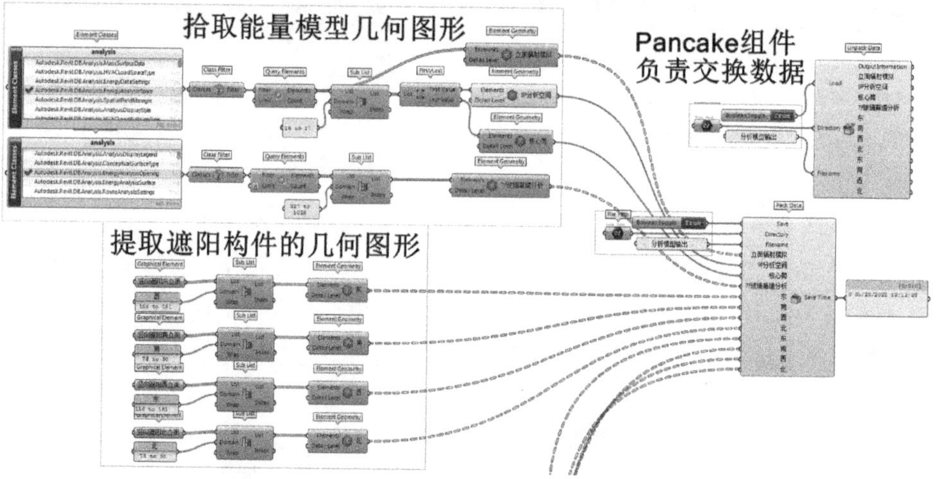

图 5 输出参数化模型

（4）转化性能模型

要进行建筑性能模拟与分析，需要将参数化模型中的几何图形转化为可被 Ladybug Tools 利用的性能模型，其模型转化逻辑为：拾取几何图形—创建分析空间—创建建筑遮阳—添加物理参数—组成性能模型。在 Grasshopper 平台中，通过 Honeybee 插件中的 HB Room from Solid、HB Shade、HB Aperqures 组件拾取办公标准层分析空间、建筑遮阳表皮、玻璃幕墙的 Brep，将其转化为可供 Honeybee 读取的性能模拟实体，另外赋予实体传热系数、导热热阻、构造材质与暖通条件等参数，最终通过 HB Model 转化为性能模型（图 6）。

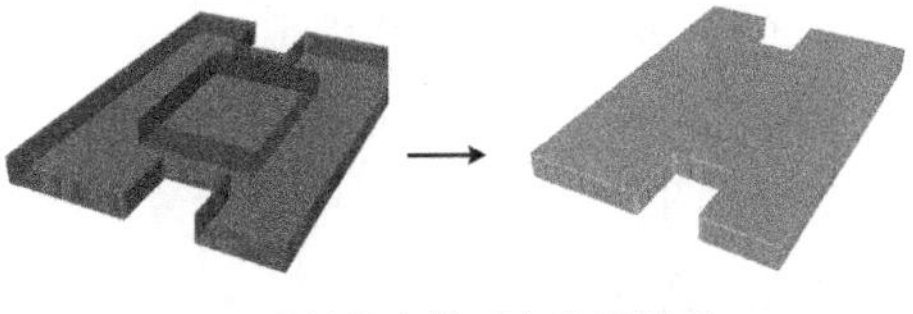

图 6 建筑信息模型与能量模型

3.3 性能模拟与优化

碳中和导向的办公建筑表皮气候适应性设计目标是保证自然采光的同时降低能耗水平，因此本文选取 sDA、ASE 和 EUI 作为建筑性能评价指标，以量化建筑表皮形态优化结果对建筑性能的影响。

（1）物理参数设置

性能模拟之前需要设置建筑的材料属性和模拟参数，相关参数参照《公共建筑节能设计标准》（GB 50189—2015）、《建筑采光设计标准》（GB 50033—2013）等节能设计规范设置。材料属性按照构造类型由传热系数、导热热阻、太阳得热系数和可见光透过率构成（表 1）。模拟参数主要设置对建筑性能有明显影响的相关参数，如工作时间、照明功率密度、设备功率密度、人均建筑面积等（表 2）[6]。

表 1 建筑性能模型材料属性

构件类型	材料	传热系数 / [W/ (m² · K)]	导热热阻 / [(m² · K) /W]	太阳得热系数	可见光透过率
外墙	铝型复合板 真空绝热板 铝塑复合板	0.42	1.94	—	—
幕墙	金属隔热型材 5Low-e+20Ar+5	2.0	2.02	0.26	0.55

表 2 建筑性能模型材料属性

名称	数值	单位
工作时间表	周一至周五 8：00~18：00	—
照明功率密度	9	W/m²
设备功率密度	15	W/m²
人均建筑面积	0.1	m²/人
工作平面高度	0.75	m
室内天然光照度标准值	450	lx
光伏发电系数	19	%
加热点温度	20	℃
制冷点温度	26	℃
HVAC 类型	带中央空气源热泵的风盘管风冷冷水机组	—

（2）光环境与能耗模拟

建筑物垂直表面潜在光伏发电量（Epv）通过 Ladybug 估算，通过模拟建筑物全年接收的太阳辐射能量，经过光伏发电系数转换，评估垂直表面的光伏发电潜力（图 7），模拟结果表明建筑物东、南、西三个立面都有较大的发电潜力，因此在选择光伏组件位置时优先考虑放置在东、南、西三个立面。

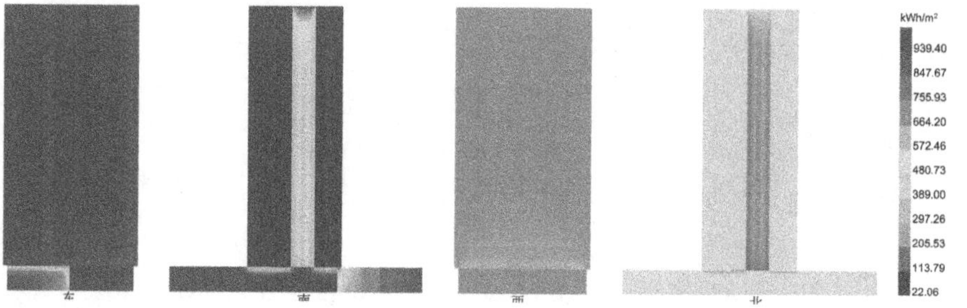

图 7　垂直表面光伏发电潜力

光性能模拟以 Honeybee Radiance 插件为主，输入南京的气象数据，通过 Annual Daylight 和 Direct Sun Hours 两个组件分别运行年度日光研究和太阳直射时间分析，利用 Daylight Control Schedule 组件根据年度日光结果输出电力照明时间表，用于控制能源模拟中的电灯运行时间；能耗模拟使用 Honeybee Energy 插件，通过 HB Model to OSM 组件将 Honeybee 模型写入 OSM 文件（OpenStudio 模型），然后在 EnergyPlus 中运行分析程序输出 EUI 数据（图 8）。模拟的标准层照度与全年能耗数据表明，空间内工作平面采光质量不高，容易产生眩光，而且制冷与制热负荷较大。

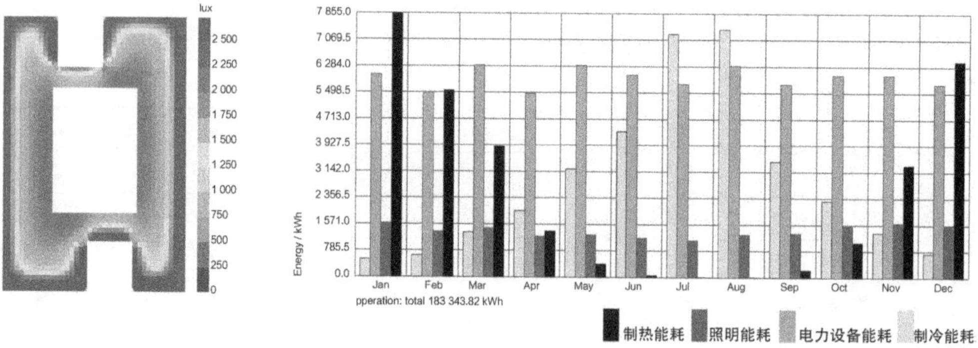

图 8　优化前办公标准层照度与全年能耗

（3）多目标优化

多目标优化流程通过 Octopus 插件实现，基于两种遮阳表皮形态展开多目标优化，根据四个朝向的遮阳百叶宽度（w）和旋转角度（deg）评估 sDA、ASE、EUI 三种性能目标。水平遮阳百叶宽度取值范围为 0.2～1.2 m，旋转角度取值范围为 0～75°，垂直遮阳百叶宽度取值范围为 0.2~1.2 m，旋转角度取值范围为-75°~75°，百叶宽度（w）步长均为 0.1 m，旋转角度（deg）步长均为 15°。优化算法参数包括精英率、突变率、突变大小、交叉概率、种群数量等五项（表 3）。

表 3 优化算法参数

精英率	突变率	突变大小	交叉概率	种群数量
0.5	0.2	0.9	0.8	30

（4）优化结果分析

Octopus 默认计算每个目标性能的最小值，因此运算时设置 sDA 值为实际值的负数。在图中，颜色最深的为最终迭代运算结果，随着迭代次数的增加，解的分布逐渐由分散变为聚拢，其中位于帕累托前沿曲线附近且靠近坐标原点的解就是理论最优解[7]。比较两种遮阳表皮的演进过程（图 9），水平遮阳表皮系统中帕累托前沿曲线曲率更大，表明 sDA 与 ASE 两个目标性能具有较强的正相关性，因此水平遮阳表皮在满足日光充足的基础上可以更有效地避免眩光[8]。

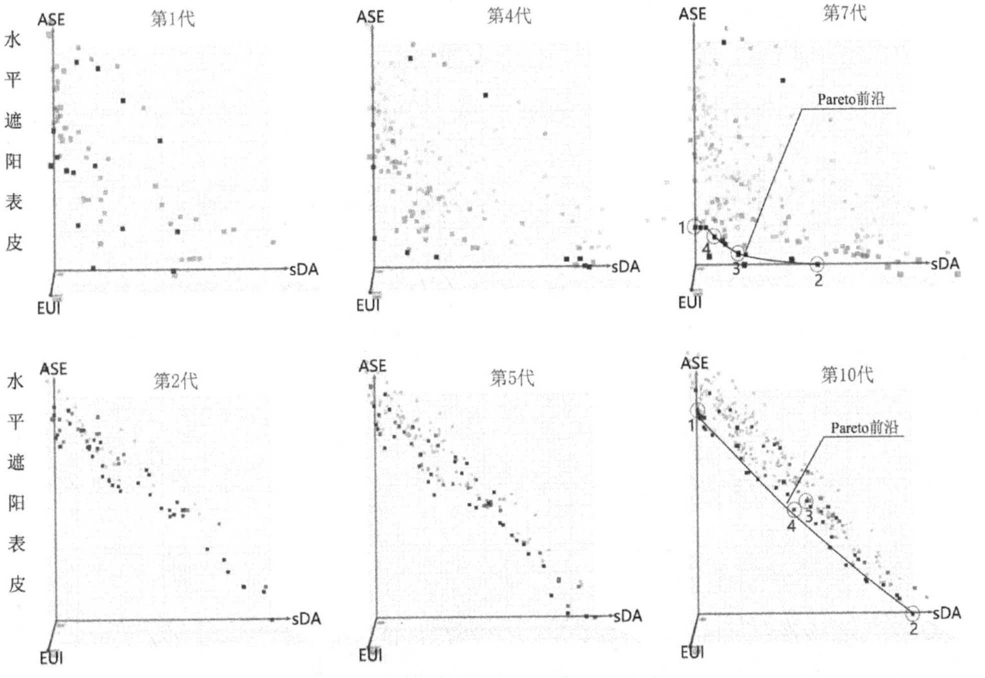

图 9 两种表皮系统多目标优化演进过程

图 10 列举了建筑遮阳表皮的四个最佳设计选项，包括 sDA 最优解①、ASE 最优解②、EUI 最优解③和综合最优解④，每个设计选项的遮阳表皮控制参数、性能目标值以及潜在光伏发电量（Epv）也列在图中。根据该图，水平遮阳表皮的四种设计选项均具

有更好的采光性能和能耗水平，AES 值基本稳定在 10%～15%之间，均不容易产生眩光，同时水平遮阳表皮中的潜在光伏发电量更高。

优化结果	水平遮阳表皮	垂直遮阳表皮
sDA最优解①	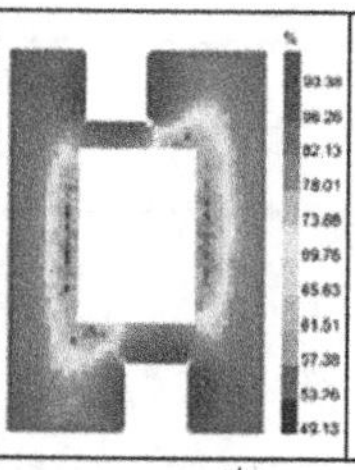 sDA:100.00% ASE:15.63% EUI:107.11 kWh/(m^2 · a) Epv:45 144.56 kWh	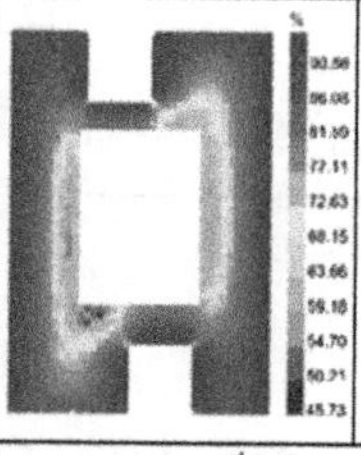 sDA: 99.80% ASE:38.13% EUI:108.28 kWh/(m^2 · a) Epv:21 835.96 kWh
	东 南 西 北 *w* 1.1 0.9 1.1 1.1 *deg* 90 45 90 75	东 南 西 北 *w* 0.2 1.1 0.3 1.1 *deg* 135 15 105 90
ASE最优解②	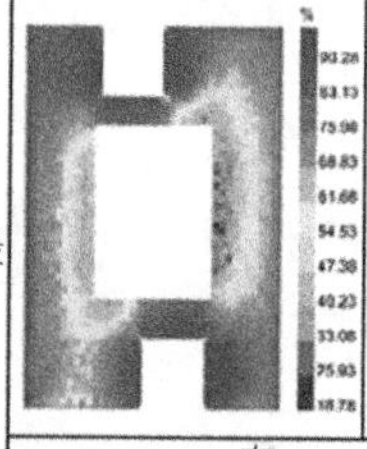 sDA: 85.26% ASE:10.56% EUI:107.20 kWh/(m^2 · a) Epv:57 215.54 kWh	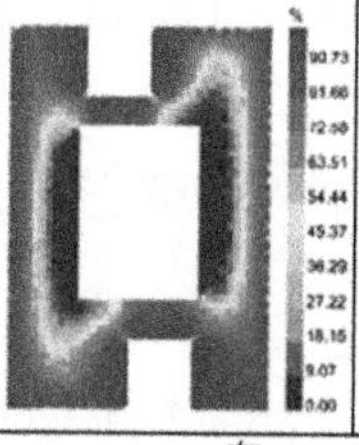 SDA:70.37% ASE:13.15% EUI:107.86 kWh/(m^2 · a) EPV:58 862.96 kWh
	东 南 西 北 *w* 1.1 1.2 1.2 0.9 *deg* 60 15 75 30	东 南 西 北 *w* 1.1 1.1 1.2 1.2 *deg* 165 165 150 165
EUI最优解③	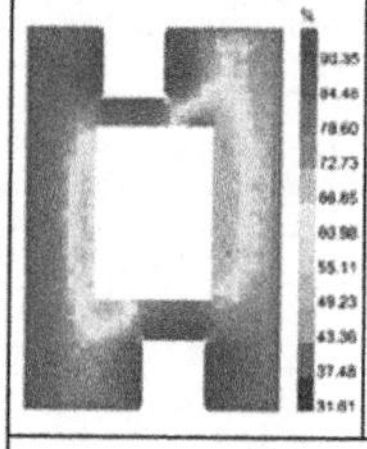 sDA: 95.31% ASE:12.15% EUI:106.96 kWh/(m^2 · a) EPV:51 673.13 kWh	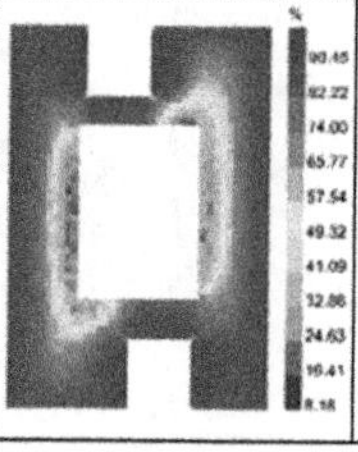 sDA:84.80% ASE:27.21% EUI:106.99 kWh/(m^2 · a) EPV:39 866.53 kWh
	东 南 西 北 *w* 1.2 0.9 1.2 1 *deg* 75 15 90 15	东 南 西 北 *w* 0.8 1.1 0.5 1.1 *deg* 45 15 165 165
综合最优解④	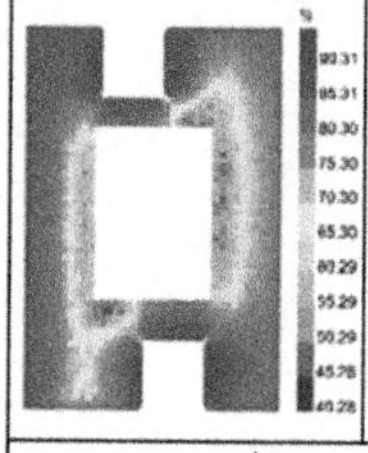 sDA:97.40% ASE:14.18% EUI:106.97 kWh/(m^2 · a) EPV:48 774.28 kWh	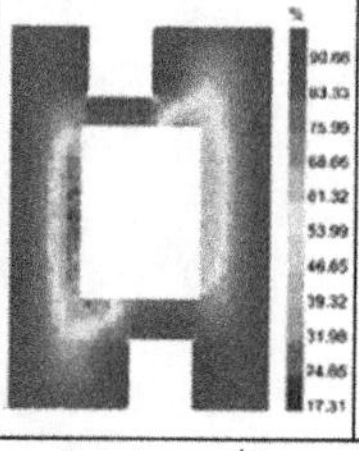 sDA:87.46% ASE:28.68% EUI:107.07 kWh/(m^2 · a) EPV:35 211.00 kWh
	东 南 西 北 *w* 1 1 1.1 0.8 *deg* 75 15 90 15	东 南 西 北 *w* 0.8 1.1 0.7 1.1 *deg* 75 165 120 165

图 10 最佳设计选项

经过权衡多性能目标，最终确定水平遮阳表皮中的综合最优解④为性能相对最优方案，该方案与优化前相比减少了 4%的运行能耗（图 11）。

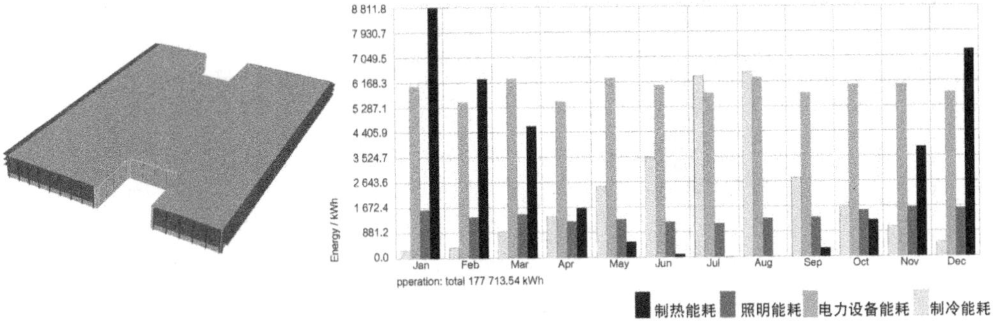

图 11 水平遮阳表皮综合最优解的全年总能耗

4 碳中和导向的 BIM 模型优化

4.1 多目标优化结果反馈

确定水平遮阳表皮中的综合最优解④为性能相对最优方案之后，通过 Rhino. Inside. Revit 中 Inspect Element 与 Element Paramete 两个组件联动“旋转角度”与“百叶宽度”两个实例参数并重新赋值(图 12)，以修改 BIM 中的遮阳构件族。

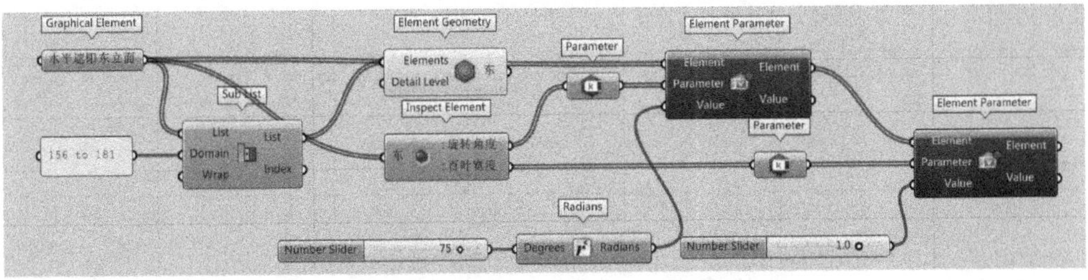

图 12 修改东立面水平遮阳表皮参数

4.2 建筑整体碳排放水平对比

计算建筑整体碳排放量，需要重新从 Tally 数据库中定义 BIM 元素和建筑材料之间的关系，并设置建筑寿命等相关信息（图 13）。

本文采用 Tally 插件评估建筑的全生命周期环境影响，可以计算并预测温室气体排放潜能、潜在性酸性物质、潜在性烟雾颗粒等评价指标。在表皮优化前后两种情况下，建筑构造和使用的材料基本上相同，因此使用 Tally 插件计算评估时，受建筑运行能耗与可再生能源影响较大。研究建筑表皮气候适应性设计对建筑全生命周期碳排放的影响，主要关注温室气体排放潜能（GWP），该指标可以直观地评估建筑全生命周期碳排

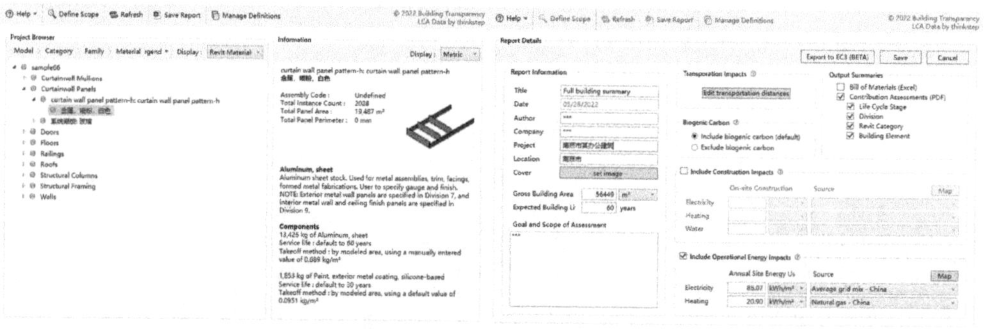

图 13 在 Tally 中重新定义建筑材料并设置项目信息

放水平。

将 Honeybee-Energy 模拟的单位建筑面积能耗（能源使用强度）与潜在光伏发电量折算结果输入 Tally 中（表 4），转化为建筑物运行阶段产生的生命周期环境影响，与建筑材料生命周期环境影响相加，评估建筑在全生命周期中的碳排放（表 5）。

表 4 建筑能源使用情况

设计选项	单位面积能耗/（kWh/m^2）	光伏总发电量/kWh	总耗电量/kWh
原始建筑	110.36	—	6 229 711.64
表皮优化后建筑	106.97	48 774.28	6 038 349.53

表 5 温室气体排放潜力（GWP）

碳排放阶段	表皮优化后 GWP/kg CO_2 eq	原始建筑 GWP/kg CO_2 eq	GWP 差值/kg CO_2 eq
生产阶段	24 330 000	24 320 000	-10 000
施工阶段	266 864	266 294	-570
运行阶段	308 800 000	321 200 000	12 400 000
拆除阶段	2 264 796	2 264 684	-112
总计	335 750 548	348 050 978	12 300 430

分析不同阶段建筑温室气体排放潜能数据，设置建筑表皮会增加建筑材料生产阶段、施工阶段、拆除阶段的碳排放量，但是从建筑的全生命周期角度来看，气候适应性建筑表皮可以显著提高建筑的性能，有利于降低建筑运行阶段的碳排放（图 14），与光伏组件结合设计，优势则更加明显。

结语

本文通过 Rhino. Inside. Revit 插件联动 BIM 工具与参数化性能分析工具，利用多目标优化算法比较建筑在不同遮阳表皮形态下的采光质量、运行能耗、光伏发电潜力，其

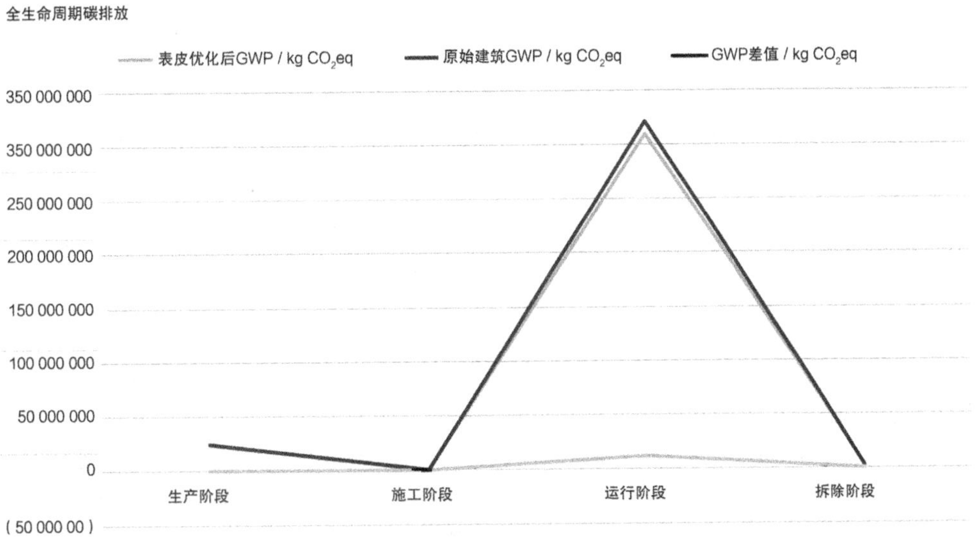

图 14 建筑整体碳排放水平

中水平遮阳具有更均衡的建筑性能。与普通建筑方案相比，碳中和导向的气候适应性表皮方案在材料生产阶段对环境影响较大，但在全生命周期内还是具有明显的优势。近年来气候适应性表皮也向自适应、可调节方向发展，具有更为积极的环境响应特征[9]。

由于篇幅有限，本文仅为当前建筑表皮设计流程选择了适宜的工具，事实上围绕 BIM 技术与参数化性能模拟的平台软件仍在不断更新，例如以 ArchiCAD 为 BIM 核心建模软件，通过 Grasshopper-ArchiCAD Live Connection 插件联动 Grasshopper 和 ArchiCAD 的优化设计流程[10]；或者基于 BIM-Dynamo 参数化平台，利用 Project Refinery 优化模块权衡遮阳表皮与光伏组件性能目标的设计方法[11]。整合多目标优化算法与人工神经网络算法，以人工神经网络模型计算优化设计目标适应，实现多目标优化算法与人工神经网络的协同计算，显著提高了多目标优化决策的支持效率[12]。

参考文献

[1] 重庆大学，中国建筑节能协会.中国建筑能耗与碳排放数据库[DB/OL].[2022-05-05].http://www.cbeed.cn/#/ calculate.

[2] VAHDATIKHAKI F, SALIMZADEH N, HAMMAD A. Optimization of PV modules layout on high-rise building skins using a BIM-based generative design approach[J]. Energy and Buildings, 2022, 258:111787.

[3] 毕雪皎，杨崴，陈译民，等.基于 BIM 的小型形态可变建筑生命周期评价[C]//数字技术・建筑全生命周期:2018 年全国建筑院系建筑数字技术教学与研究学术研讨会论文集．西安，2018:337-342.

[4] HESCHONG L, WYMELENBERG V D, KEVEN, et al. Approved method: IES spatial daylight autonomy (sDA) and annual sunlight exposure (ASE)[M]. New York: IES-Illuminating Engineering Society, 2012.

[5] LEE J, BOUBEKRI M, LIANG F. Impact of building design parameters on daylighting metrics using an

analysis, prediction, and optimization approach based on statistical learning technique[J]. Sustainability, 2019, 11(5):1474.

[6] 田一辛,黄琼.西安市办公建筑多目标优化设计[J].哈尔滨工业大学学报,2020,52(12):185-191.

[7] TOUTOU A, FIKRY M, MOHAMED W. The parametric based optimization framework daylighting and energy performance in residential buildings in hot arid zone[J]. Alexandria Engineering Journal, 2018, 57(4): 3595-3608.

[8] TALAEI M, MAHDAVINEJAD M, AZARI R, et al. Multi-objective optimization of building-integrated microalgae photobioreactors for energy and daylighting performance[J]. Journal of Building Engineering, 2021, 42:102832.

[9] 王加彪.建筑自适应表皮形态性能驱动设计研究[D].哈尔滨:哈尔滨工业大学,2022.

[10] 曾旭东,杨韵仪,陈诗逸.基于 BIM+Grasshopper 的性能分析方法在节能建筑方案设计中的探索[C]//智筑未来:2021 年全国建筑院系建筑数字技术教学与研究学术研讨会论文集.武汉,2021:17-24.

[11] SALIMZADEH N, VAHDATIKHAKI F, HAMMAD A. Parametric modeling and surface-specific sensitivity analysis of PV module layout on building skin using BIM-ScienceDirect[J]. Energy and Buildings, 2020, 216:109953.

[12] 孙澄,韩昀松,任惠.面向人工智能的建筑计算性设计研究[J].建筑学报,2018(9):98-104.

图表来源

图 1~14:作者自绘.

表 1~5:作者自绘.

居住建筑自适应表皮设计方法

史学鹏[1]　汪丽君[2]　解旭东[1*]

（1. 青岛理工大学建筑与城乡规划学院，山东省青岛市 266033，13626396981@163. com；

2. 天津大学建筑学院，天津市 300072）

摘要

当今城市面临气候变化、人居环境与资源供给等诸多方面的严峻挑战，作为数量最多的建筑类型，居住建筑环境性能、能耗表现与城市更新及其“双碳”目标达成息息相关。本文结合自适应表皮三种特性，得出三种构成要素、两大构成系统；揭示了居住建筑自适应表皮的多要素协同设计关联机制，借助性能模拟工具、实测数据验证、预测分析技术，构建了整合模拟与预测的居住建筑自适应表皮多目标择优方法。结果显示，居住建筑自适应表皮可以有效提升室内光热环境舒适性，在资源产出方面，满足每户全年 6. 6%~15. 7%用电需求以及 11. 4%~15. 5%蔬菜需求，展现了可观的环境效益、资源效益和社会效益。

关键词：自适应表皮；建筑光伏一体化；光伏遮阳；建筑农业一体化；表皮种植；多目标择优

Keywords：Adaptive facade；BIPV；PV shading；BIA；Building facade planting；Multi-objective optimization

项目资助情况：山东省自然科学基金面上项目（ZR2020ME218）

引言

作为全球共性问题，至 2050 年世界一半人口将居住在城市地区，城市面临气候变化、人居环境与资源供给等诸多方面的严峻挑战，作为数量最多的建筑类型，居住建筑环境性能与能耗表现与城市更新及其“双碳”目标的达成息息相关。为了缓解和改善城市系统性风险以及面对灾害的脆弱性，以环境可调控性、资源可利用性、用户可交互性为特性，整合动态光伏遮阳系统与建筑表皮种植系统的居住建筑自适应表皮设计研究成为当下建筑表皮设计领域的研究热点之一。如近期新冠疫情持续反复，封城措施时断时续，城市居民面临着迫切的资源获取压力，尤其家庭蔬菜供给面临很大的不确定性，资源的分布式生产与获取成为解决上述关键问题的办法之一[1]，也凸显了居住建筑自适应表皮设计研究的必要性与紧迫性。

1　多要素协同与多目标择优框架

本文整合光环境、风环境、热环境和资源产出 4 种要素，构建了居住建筑自适应表皮的多要素协同设计关联机制；借助性能模拟工具、实测数据验证、预测分析技术，搭建了居住建筑自适应表皮多目标择优方法；充分考虑居住建筑立面特点及居民的生活模式，建立了动态光伏遮阳系统与建筑表皮种植系统的设计原型库。多要素协同与多目标择优框架基于 Rhinoceros + Grasshopper 工具，并关联 Radiance、EnergyPlus 以及 OpenFOAM 等性能化分析工具（图 1），部分数据来自新加坡国立大学热带技术实验室。目前研究主要针对热带居住建筑开展自适应表皮设计。

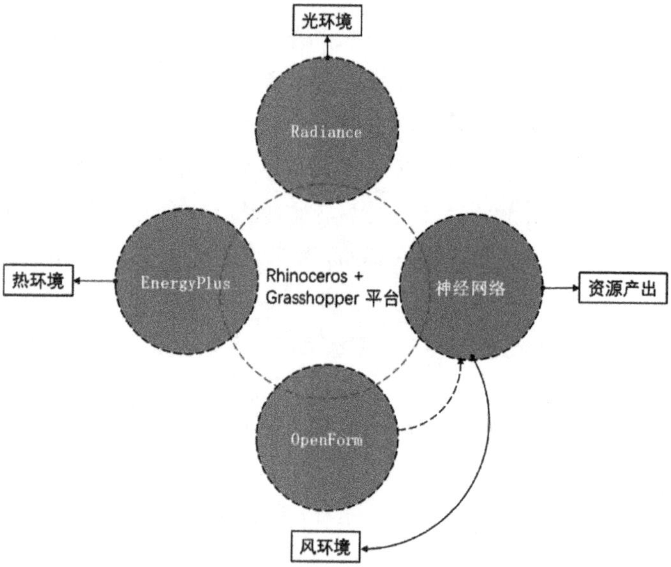

图 1　设计方法中的多要素协同与多目标择优框架示意图

2　典型居住模块的建立

选取较为常见的点式与组合式居住建筑，充分考虑了建筑规划布局和建筑平面特点，根据相关建筑规范以及调研结果，本文将典型居住模块的尺寸统一设定为开间 3.2 m，进深 4.5 m（不包括阳台等附属部分），层高 2.8 m，窗台高度 1.1 m，窗户高度 1.2 m，外墙厚度 0.15 m。总共分析了不同高度区域、不同建筑朝向、不同规划布局的 12 种居住案例（图 2~3）。

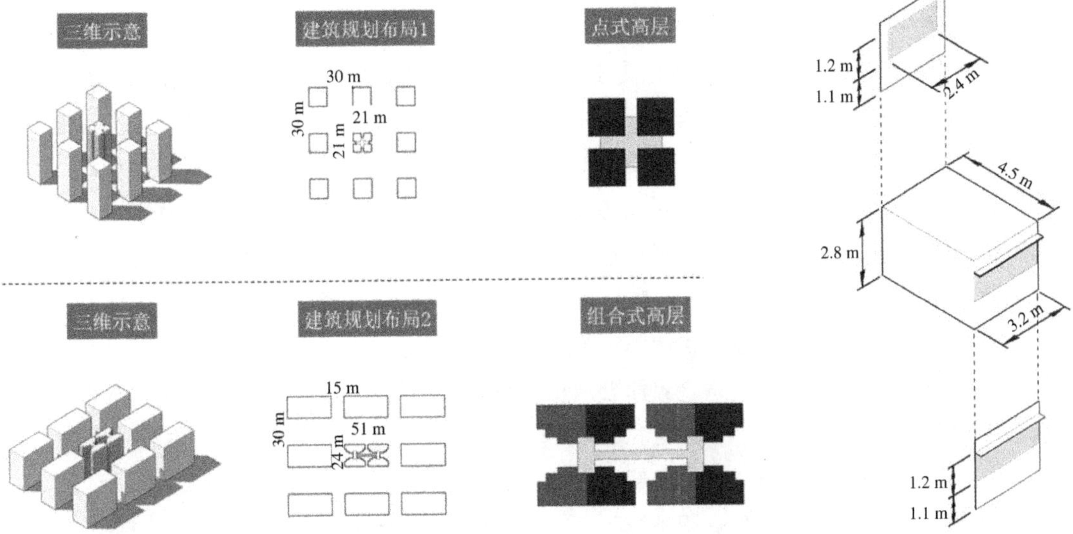

图 2 典型居住模块及两种建筑规划布局

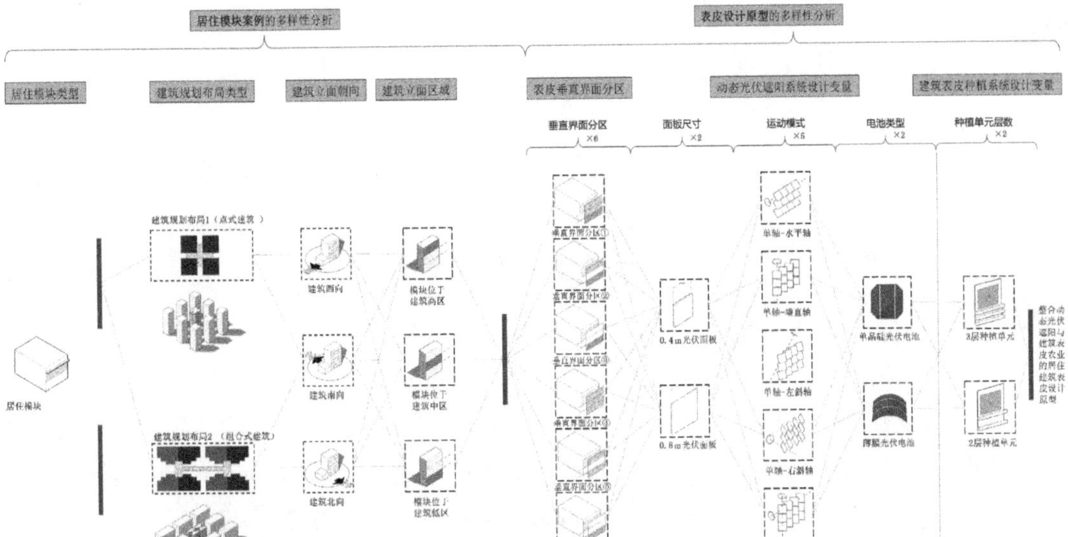

图 3 居住模块案例及自适应表皮设计原型多样性分析

3 自适应表皮设计原型

3.1 自适应表皮垂直界面分区

将建筑表皮区域沿垂直方向分为上、中、下三部分，上部主要功能为控光、通风等，中部主要功能为可视、控光，下部主要功能为储能、蓄热。建筑表皮种植系统可选区域为下部，该系统放置于建筑表皮下部有利于用户对作物的日常维护及采摘播种等活动场景，同时也避免了作物灌溉对动态光伏遮阳系统造成的影响。动态光伏遮阳系统具有控光和储能双重特点，其可选区域包括上、中及下部区域。此外，根据热带技术实验室的实际种植效果，部分朝向过高太阳辐射会造成作物产量偏低，为了更加灵活地响应具体条件，增设了仅有动态光伏遮阳系统的自适应表皮。

综上所述，自适应表皮垂直界面分区总共包括6种类型：①上部、中部（动态光伏遮阳系统），下部（建筑表皮种植系统）；②上部（动态光伏遮阳系统），中部（无），下部（建筑表皮种植系统）；③上部、中部（无），下部（建筑表皮种植系统）；④上部、中部、下部（动态光伏遮阳系统）；⑤上部（动态光伏遮阳系统），中部（无），下部（动态光伏遮阳系统）；⑥上部、中部（无），下部（动态光伏遮阳系统）。设计原型包括3个方面变量：垂直界面分区（共6种）、动态光伏遮阳系统设计变量（20种（2面板尺寸×5运动模式×2电池类型））、建筑表皮种植系统设计变量（4种），设计原型库总共142种表皮具体设计原型。具体设置如图4所示。

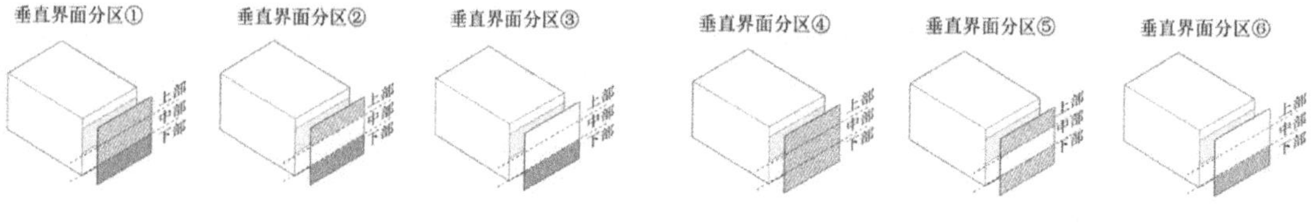

图4 6种垂直界面分区

3.2 自适应表皮设计原型构建

（1）动态光伏遮阳系统设计原型

① 面板尺寸设计变量

光伏面板尺寸基于光伏电池尺寸，晶硅电池的尺寸一般为156 mm、156.75 mm、158.75 mm和166.00 mm、182 mm、210 mm，且有不断增加的趋势以降低生产成本，提升组件功率。薄膜电池尺寸由各个厂家的技术标准来决定，现在CIGS薄膜太阳能电池组件面积已经可以达到0.5 m^2 以上，本文中薄膜电池尺寸参照晶硅电池。光伏电池尺寸增大具有可观的经济效益，目前光伏尺寸型号逐渐趋近于0.2 m，甚至0.21 m光伏电池尺寸已经出现。根据光伏电池的发展情况，本文设定0.2 m为光伏电池基本尺寸，并以此为模数确定光伏面板的尺寸设计变量。另外依据光伏电路设计原则，最优的组件电池封装方式必须是偶数列，因此最小的光伏面板尺寸为 2 个模数的光伏电池，即 0.4 m×0.4 m。同时增设了 0.8 m×0.8 m 尺寸作为设计变量对比。

② 运动模式设计变量

针对运动模式在讨论之前需要对面板排布进行设计。以下研究以居住模块的垂直界面分区④为例，针对其自适应表皮展开讨论。面板排布首先受面板尺寸的影响，根据 0.4 m 和 0.8 m 两种尺寸，对面板进行二维排布（图 5）。0.4 m 的面板单元在 3.2 m（宽）×2.8 m（高）的典型居住模块中最大可安置 8×6 列阵的光伏面板单元，建筑立面覆盖率为 86%，虽然未能达到 100%的立面太阳能利用，但考虑到居住模块室内视线可达性的必要需求，以及尽量避免光伏面板自遮挡的客观要求，适度降低的动态光伏遮阳面板覆盖率可以恰好兼顾各个相互影响甚至冲突的设计要素，因此本文维持了 86%的建筑立面覆盖率，并基于此将光伏面板单元阵列在建筑立面区域进行均匀布置（如图 5 中④）[2]。0.8 m 的面板单元在 3.2 m（宽）×2.8 m（高）的典型居住模块中最大可安置 4×3 列阵的光伏面板单元，建筑立面覆盖率也为 86%。根据 3.1.5.1 章节的技术

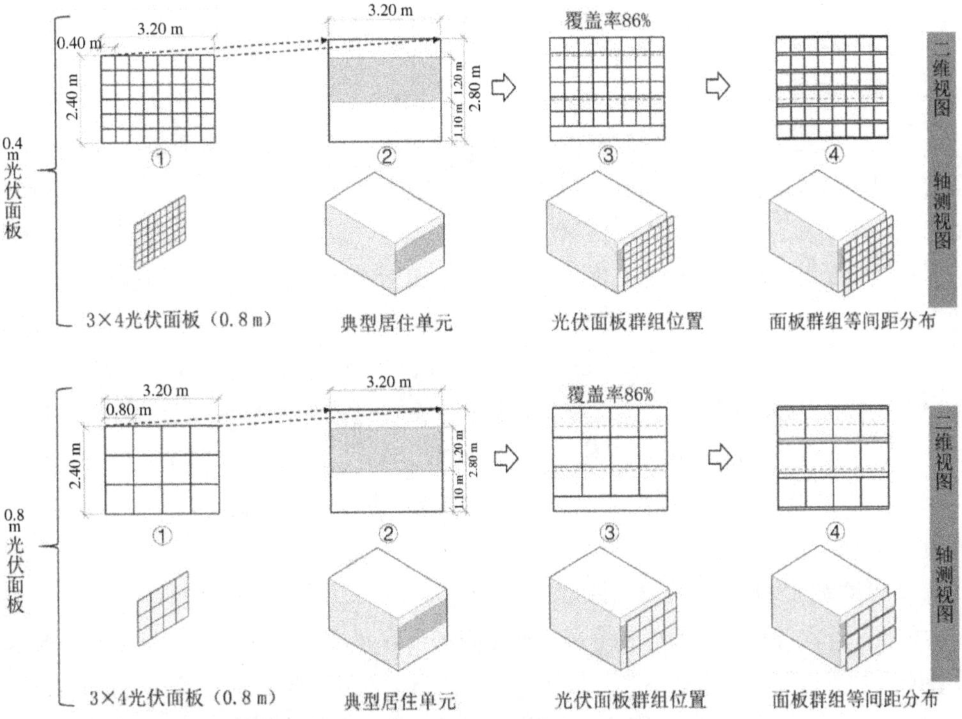

图 5 光伏面板在建筑表皮的二维排布设计

策略，面板运动模式设计变量包含4种模式：单轴（水平、垂直、倾斜）和双轴共2个大类5种形式。具体的运动模式设计变量如图6所示。

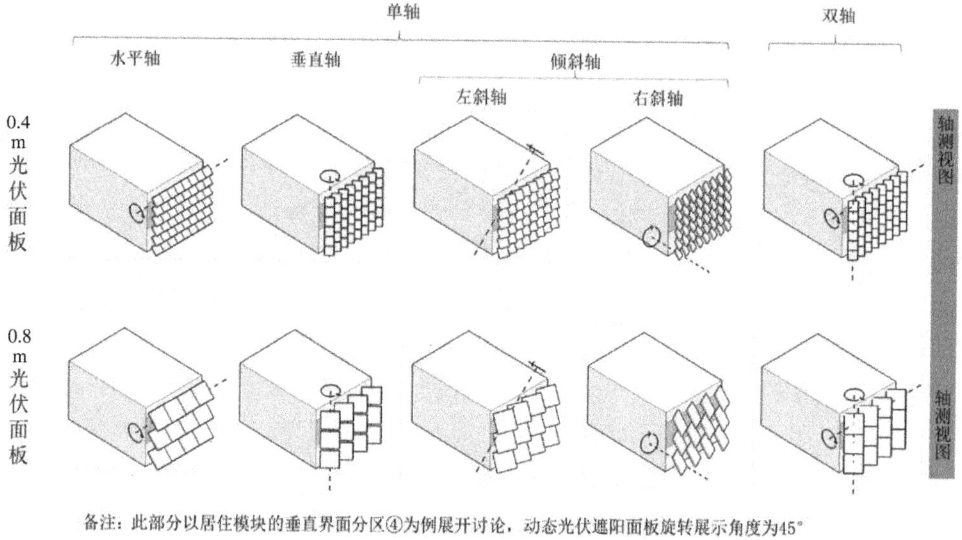

图6 动态光伏遮阳系统的5种运动模式设计变量

③ 耦合视野转角设置

面板角度变化是动态光伏遮阳系统适应外界环境，提高室内环境质量与资源产出的主要手段，面板的转角设置需要兼顾室内用户的视野需求、光伏面板的资源产出特性、室内光环境的动态调控要求以及机械运动的可实施性。因此，工作状态的光伏面板角度应保持在一定范围区间。从室内用户的视野需求角度考虑，本文将光伏面板角度范围设置为45°~135°（0°和180°均为面板完全闭合状态）。室内视野的最不利情况（以45°为例），室内视野区域占比均可达到30%以上，可以满足室内用户的基本视野需求[3]。在确定面板转角范围之后，为了简化模拟过程的复杂性、平衡模拟的精确性和模拟时间成本，本文在45°至135°范围内选取7种角度（45°、60°、75°、90°、105°、120°、135°），光伏面板可以在7种角度中自动调整以获得资源产出、室内热环境、室内光环境的最佳折中。

（2）建筑表皮种植系统设计原型

种植单元尺寸设定需要综合考虑居住建筑的开窗尺寸、作物生长需求、株距要求、外挂安全性等方面的因素，本文种植单元尺寸设置为0.8 m×0.2 m×0.2 m，长度设置为0.8 m，以便与单个可开启扇等宽，可以在满足0.25 m株距的条件下种植3颗浅根系作物。4个种植单元连接构成一排与居住模块的3.2 m等宽。尺寸兼顾了高层外墙外挂构件的安全性考虑，以及作物收获期人工采摘的便捷性，具体如图7所示。

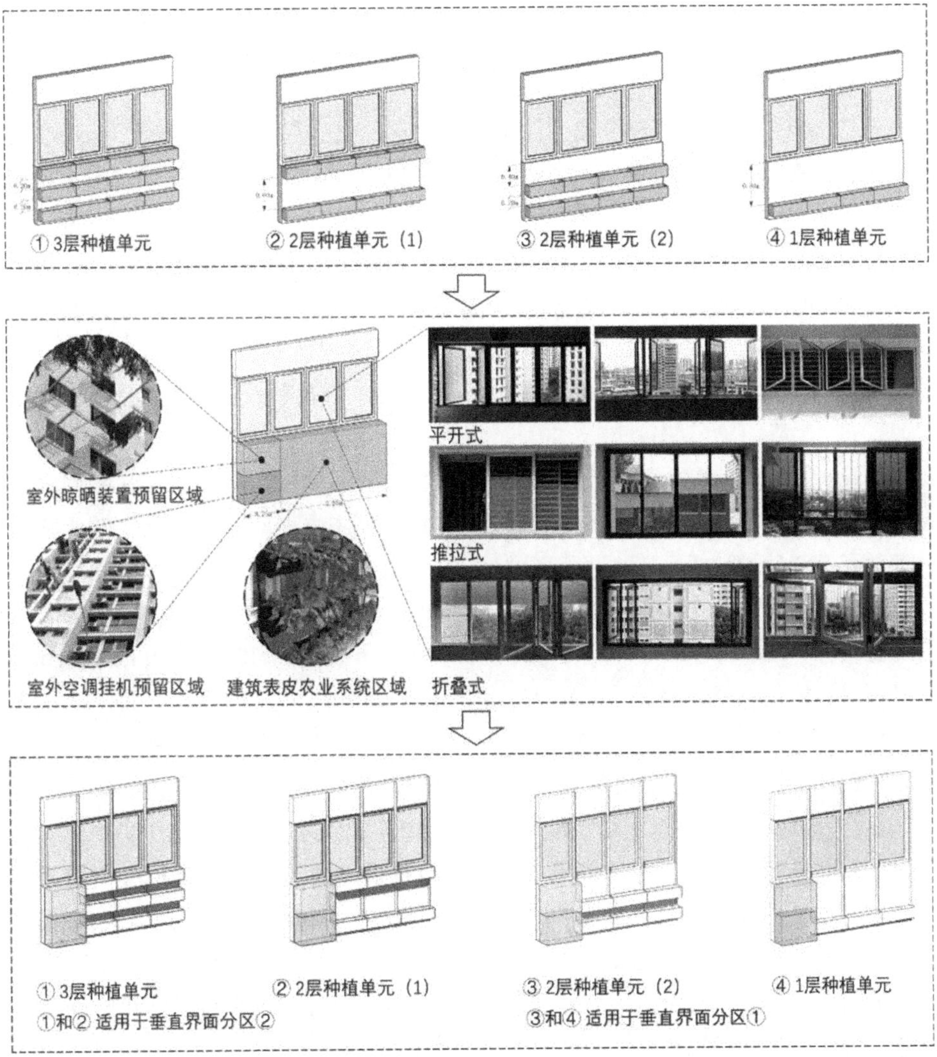

图 7 建筑表皮种植系统设计原型

建筑表皮种植系统位于自适应表皮下部，种植单元位置应低于窗槛墙高度(1.1 m)。浅根系作物高度要求一般不低于 0.2 m，综合窗槛墙高度、作物净高要求及用户使用便捷性的需求，种植单元可能的布置方式有 4 种（图 7）。①中种植单元的间距相比②要小，因此具有潜在的作物日照不充分的可能，但①比②具有更多的种植单元数量，因此需要针对几种不同的布置方式进行择优筛选，③和④也具有相似的情况。

针对居住建筑自适应表皮设计应该考虑当地建筑立面常见附属设施，例如安装的衣物晾晒装置以及独立式空调系统的外挂机。在不影响用户使用习惯与必要性需求的原则下，本文对建筑表皮种植系统设计原型进行适当调整，以留出足够区域容纳空调外挂机位及晾晒等常见附属设施。

（3）居住建筑自适应表皮设计原型

自适应表皮设计原型的整合包括 3 个方面变量：垂直界面分区（6 种）、动态光伏遮阳系统设计变量（20 种 2 面板尺寸×5 运动模式×2 电池类型）、建筑表皮种植系统设计变量（4 种），共计 142 种设计原型（图 8）。

评价指标包括光环境-有效天然采光照度平均值（UDI200~3 000 lux，avg）、热环境-PMV[4]、资源产出-P（输出功率）。需要指出的是，同动态光伏遮阳系统相比，建筑表皮种植系统因为无法有效影响室内光热环境质量，因此不作为自适应表皮设计原型的评价指标。气象资料来源于 Energyplus 网站数据，墙体反射及热工指标依据规范进行设置。

根据设计原型库（142 种设计原型）进行设计原型择优，为 12 种居住案例筛选最佳自适应表皮设计原型。12 种居住案例包含了主要居住类型的不同状况。对于每种案例，评估了 142 种设计原型（6 种分区类型，2 种光伏面板尺寸，5 种光伏面板运动方式，2 种光伏电池类型，2 种种植单元排布）；针对每种设计原型，计算了全年 16 个时刻的性能指标［4 d（3. 22，6. 22，9. 22，12. 22）×4 h（9am，12pm，15pm，18pm）］，每个时刻的性能指标是综合评估 7 种动态光伏角度之后的最优性能指标。因此，本文包括两个多目标择优步骤：第一步是动态角度择优，动态角度择优是根据公式（1）从 7 个动态面板可变角度中选出自适应表皮设计原型在某个时刻的最佳角度，最佳角度条件下自适应表皮具有最佳室内采光质量、最佳室内热舒适度、最大光伏电力产出。第二步是设计原型择优，经过第一步的筛选，得到每种设计原型在每个模拟时刻的最佳角度，通过对每种设计原型的所有模拟时刻的统计分析得到每种设计原型的 UDI200~3 000 lux，*avg*（有效天然采光照度区间平均值）、*PMV*（预计平均热感觉指标）、*P*（动态光伏输出功率），最终通过公式（2）得到居住案例的自适应表皮最佳设计原型。该研究共评估了 190 848 种情况。

择优是按照一定的准则进行决策的行为，由于自适应表皮的动态属性以及两步择优过程的特殊性，建筑择优领域常用的遗传算法等多目标择优方法不适用于本文的择优过程，因此本文采用公式（1）与公式（2）的多目标择优方法，分别进行动态角度择优与设计原型择优。动态角度择优、设计原型择优这两步择优过程同样采用 Rhinoceros+Grasshopper 工具进行数据处理。

动态角度择优公式：

$$O_{\text{angle}\cdot\text{best}} = \min\left(\sqrt{\left(\frac{(D_i - D_{\max})}{D_{\max}}\right)^2 + \left(\frac{(PMV_i - PMV_0)}{PMV_0}\right)^2 + \left(\frac{P_i - P_{\max}}{P_{\max}}\right)^2}\right) \quad (1)$$

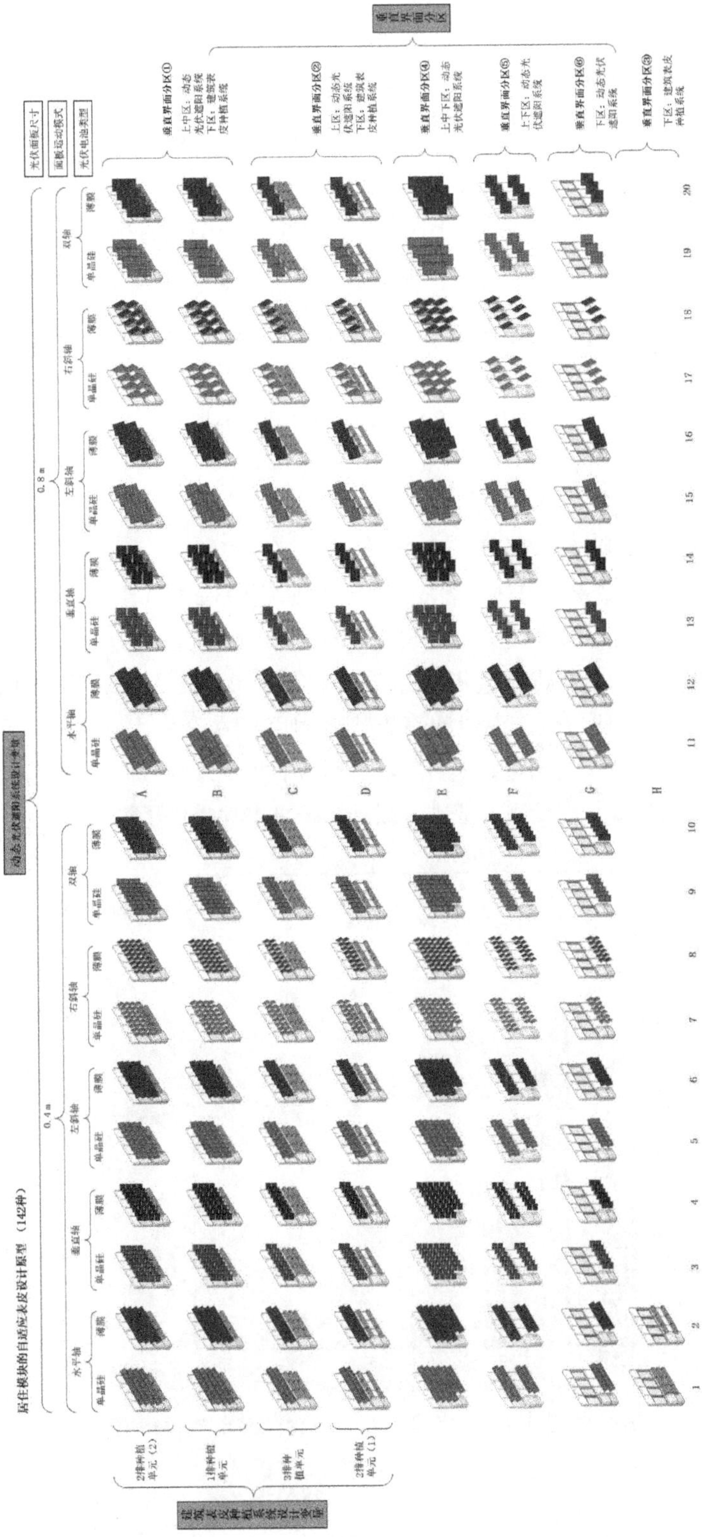

图 8　居住建筑自适应表皮 142 个设计原型

式中：D 为室内采光处于适宜照度区间的面积占比(200 ~ 3 000 lux)； PMV 为室内预计平均热感觉指标值； PMV_0 为室内热环境适中 PMV 值为0(注： 为计算可行所有 PMV 值在原基础 + 1)； P 为自适应表皮动态光伏遮阳系统输出功率。

设计原型择优公式：

$$O_{design \cdot best} = \min\left(\sqrt{\left(\frac{(UDI_i - UDI_{max})}{UDI_{max}}\right)^2 + \left(\frac{(PMV_i - PMV_0)}{PMV_0}\right)^2 + \left(\frac{P_i - P_{max}}{P_{max}}\right)^2}\right) \quad (2)$$

式中：UDI 为有效天然采光照度平均值(此处指代 UDI200 ~ 3 000 lux，avg)； PMV 为室内预测平均投票值； PMV_0 为室内热环境适中 PMV 值为0(注： 为计算可行所有 PMV 值在原基础 + 1)； P 为自适应表皮动态光伏遮阳系统输出功率。

4 最佳设计原型的分析

4.1 动态组件的最佳角度分布情况

本文从 12 种居住案例的自适应表皮最佳设计原型中筛选出具有动态光伏遮阳系统的 5 种，分别进行全年最佳角度分布的统计。对全年 16 个分析时段的动态光伏遮阳面板的最佳角度进行统计分析发现（图 9），5 种案例的动态光伏遮阳面板的最佳角度集中于 45°、60°、75°三种角度，说明动态光伏遮阳面板在全年大多数时段可以通过在 60°上下角度浮动 15°范围内调整，即可实现自适应表皮的最大性能，为简化动态光伏遮阳系统的机械复杂程度，降低建造成本，提升系统可靠性提供了依据。

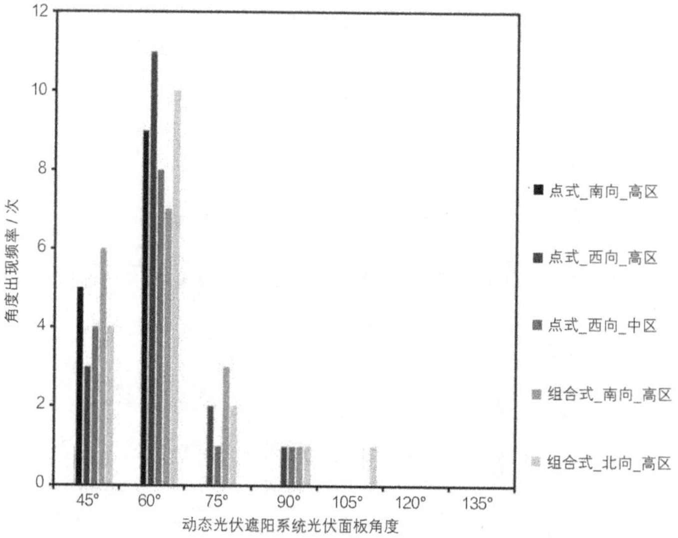

图 9 自适应表皮动态遮阳系统光伏面板最佳角度分布统计

4.2 不同立面区域的最佳设计原型与指标对比

针对 12 种居住案例，自适应表皮应用前后环境性能指标差如图 10 所示（具体指标详见附录 1、附录 2）。对比指标包括 DA200lux，50%指标与 UDI3000 lux，10%面积占比。

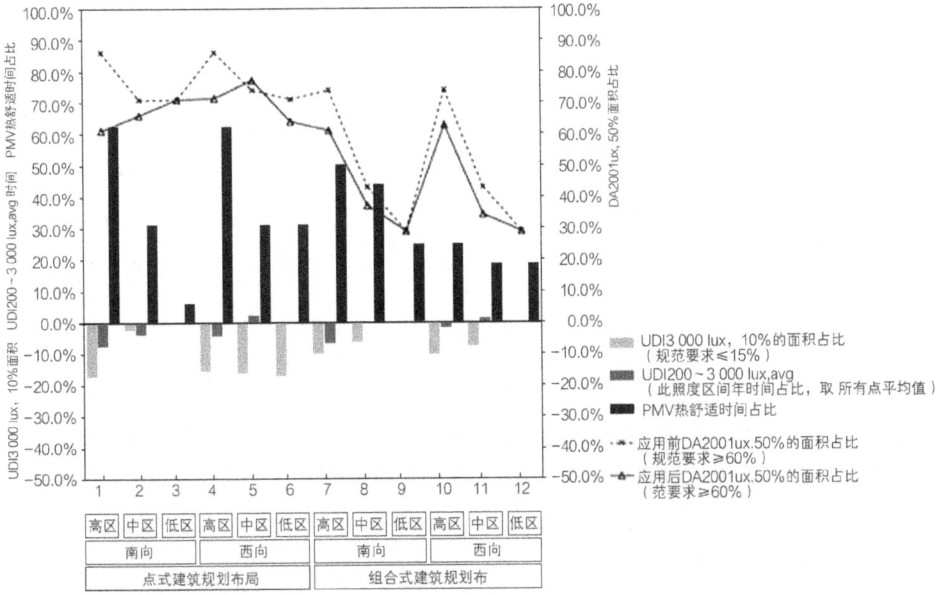

图 10 自适应表皮应用前后光热指标结果的差值（应用后减去应用前）

光环境方面，采用了自适应表皮最佳设计原型，12 种居住案例的 DA200 lux，50%指标和 UDI200~3000 lux，avg 指标相较于无外表皮的居住案例大多有所下降，但总体维持了较高的天然采光质量，但热环境方面，采用自适应表皮最佳设计原型的室内热舒适度大幅提高，其中，点式规划布局条件下，南向与西向居住模块的室内全年热舒适区间时间占比分别平均提升了 33.3%与 41.7%，相较而言，显示了西向居住模块自适应表皮的应用必要性。此外，两种朝向的高区居住模块要比中区与低区居住模块提升幅度要大；组合式规划布局条件下，南向与北向居住模块的室内全年热舒适区间时间占比分别平均提升了 39.6%与 20.8%，相类似的是两种朝向的高区居住模块比中区与低区居住模块提升幅度要大。

资源产出方面，自适应表皮具有可观的电力与作物产出性能。其中，点式规划布局条件下，南向与西向居住模块自适应表皮电力产出介于 207.3~442.5 kWh/年之间；组合式规划布局条件下，南向与北向居住模块自适应表皮电力产出介于 219.4~489.5 kWh/年之间，结合家庭人均用电量 780 kWh/人年，单个居住模块的全年电力产出可以满足一个 4 口之家全年 6.6%~14.2%（点式规划布局）、7.0%~15.7%（组合式规划布局）的自给率。综合热环境方面的改善，充分体现了自适应表皮将不利太阳辐射转化为有利电力产出的环境提升作用以及经济价值。

作物产出方面，点式规划布局条件下，南向与西向居住模块自适应表皮作物产出介于 9. 4~13. 9 kg 干重（按照蔬菜中水分 65%~95%的均值计算，约为 47. 0~69. 5 kg 蔬菜鲜重）之间；组合式规划布局条件下，南向与北向居住模块自适应表皮作物产出介于 9. 2~12. 8 kg 干重之间（约为 46. 0~64. 0 kg 蔬菜鲜重），参考 2018 年城镇居民蔬菜人均消费量 103. 1 kg[5]，单个居住模块的全年作物产出可以满足一个 4 口之家全年 11. 4%~16. 9%（点式规划布局）、11. 2%~15. 5%（组合式规划布局）的自给率。结合新加坡当地常见 4 室和 3 室居住单元的实际情况，保守估计 1 户家庭的全年蔬菜自给率可以接近 1/2，这对于提升我国城市家庭蔬菜自给率，减少食物里程而言具有重要的现实意义。

结论与展望

通过构建多要素协同设计关联机制，搭建了评价指标计算模型，采用两步式多目标设计择优方法，完成了自适应表皮设计的定量化分析、性能化模拟、资源产出预测以及设计择优过程。本文为缓解城市热岛效应、改善城市能源现状、提升城市居民人居环境质量，促进“双碳”与城市更新目标达成等方面提供了具有可行性的解决方案，具有较强的环境效益与社会效益。

参考文献

[1] ACKERMAN K, CONARD M, CULLIGAN P, et al. Sustainable food systems for future cities: the potential of urban agriculture[J]. The economic and socialreview, 2014, 45(2): 189-206.

[2] HOFER J, GROENEWOLT A, JAYATHISSA P, et al. Parametric analysis and systems design of dynamic photovoltaic shading modules[J]. Energy Science and Engineering, 2016, 4(2): 134-152.

[3] SHI X, ABEL T, WANG L. Influence of two motion types on solar transmittance and daylight performance of dynamic façades[J]. Solar Energy, 2020, 201: 561-580.

[4] WANG Z, ZHANG L, ZHAO J, et al. Thermal comfort for naturally ventilated residential buildings in Harbin[J]. Energy and Buildings, 2010, 42(12): 2406-2415.

[5] 国家统计局.中国统计年鉴[S/OL].[2021-03-20]. http://www.stats.gov.cn/tjsj/ndsj.

图片来源

图 1~10:作者自绘.

附录 1　点式建筑规划布局居住建筑自适应表皮最佳设计原型及指标

居住模块类型	案列		室内环境质量指标			自适应表皮最佳设计原型示意图	
				无表皮	适应性表皮	可选方案1	可选方案2
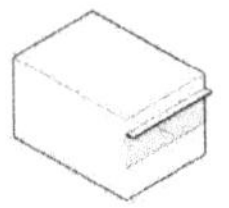	南向	高区	DA200 lux，50%	86.00%	61.14%	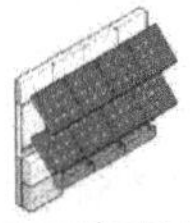	
			UDI200～3000 lux, avg	67.00%	60.00%		
			PMV_{avg}	0.91	0.28		
			舒适区间时间占比	18.80%	81.25%	A-11（垂直界面分区①-0.8 m-水平-单晶-2排种植单元）	E-11（垂直界面分区④-0.8 m-水平-单晶）
			资源产出（电力+作物）	—	—	442.5 kWh/a+9.4 kg/a	608.4 kWh/a
建筑规划布局类型		中区	DA200 lux，50%	71.00%	66.00%	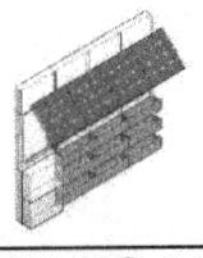	
建筑规划布局1			UDI200～3000 lux, avg	61.00%	57.32%		
			PMV_{avg}	0.76	0.37		
			舒适区间时间占比	37.50%	68.75%	H-A-1（垂直界面分区③-0.8 m-水平-单晶硅-固定式-3层种植单元）	
			资源产出（电力+作物）	—	—	233.0 kWh/a+20.4 kg/a	
		低区	DA200 lux，50%	71.00%	71.00%	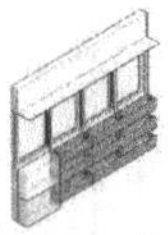	
			UDI200～3000 lux, avg	62.00%	62.00%		
			PMV_{avg}	0.73	0.57		
			舒适区间时间占比	37.50%	43.75%	H-1（垂直界面分区③-3层种植单元）	
			资源产出（电力+作物）	—	—	10.1 kg/a	
	西向	高区	DA200 lux，50%	86.00%	71.42%	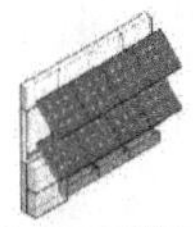	
			UDI200～3000 lux, avg	68.00%	64.11%		
			PMV_{avg}	1.26	0.38		
			舒适区间时间占比	12.50%	75.00%	A-11（垂直界面分区①-0.8 m-水平-单晶-2排种植单元）	E-11（垂直界面分区④-0.8 m-水平-单晶）
			资源产出（电力+作物）	—	—	421.5 kWh/a+11.1 kg/a	579.5 kWh/a
		中区	DA200 lux，50%	74.00%	77.14%	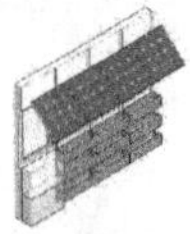	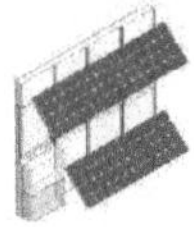
			UDI200～3000 lux, avg	63.00%	65.36%		
			PMV_{avg}	1.05	0.54		
			舒适区间时间占比	18.75%	50.00%	C-11（垂直界面分区②-0.8 m-水平-单晶-3排种植单元）	F-11（垂直界面分区⑤-0.8 m-水平-单晶）
			资源产出（电力+作物）	—	—	207.3 kWh/a+12.8 kg/a	362.7 kWh/a
		低区	DA200 lux，50%	71.00%	64.00%		
			UDI200～3000 lux, avg	62.00%	62.68%		
			PMV_{avg}	1.00	0.58		
			舒适区间时间占比	18.75%	50.00%	H-B-1（垂直界面分区③-0.8 m-水平-薄膜-固定式-3层种植单元）	
			资源产出（电力+作物）	—	—	213.2 kWh/a+13.9 kg/a	

Green Mark规范规定DA200 lux，50%指标不小于60%，-0.5<PMV<0.5为舒适区间，作物产量为干重。

附录 2　组合式规划布局居住建筑自适应表皮最佳设计原型及指标

居住模块类型	案列		室内环境质量指标			自适应表皮最佳设计原型示意图	
				无表皮	适应性表皮	可选方案1	可选方案2
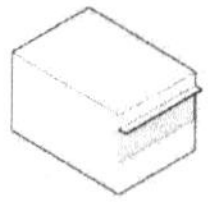	南向	高区	DA200 lux，50%	74.00%	61.14%	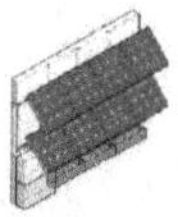	
	南向	高区	UDI200～3000 lux, avg	62.00%	55.89%		
	南向	高区	PMV_{avg}	0.91	0.30		
	南向	高区	舒适区间时间占比	25.00%	75.00%	A-11（垂直界面分区①-0.8 m-水平-单晶-2排种植单元）	E-11（垂直界面分区④-0.8 m-水平-单晶）
	南向	高区	资源产出（电力+作物）	—	—	489.5 kWh/a+10.0 kg/a	673.1 kWh/a
建筑规划布局类型	南向	中区	DA200 lux，50%	43.00%	37.14%		
建筑规划布局2	南向	中区	UDI200～3000 lux, avg	36.00%	35.36%		
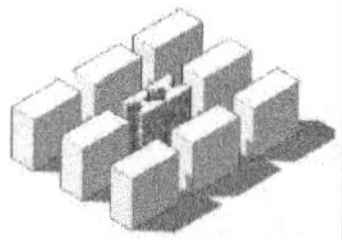	南向	中区	PMV_{avg}	0.73	0.40		
	南向	中区	舒适区间时间占比	31.25%	75.00%	H-A-1（垂直界面分区③-0.8 m-水平-单晶硅-固定式-3层种植单元）	
	南向	中区	资源产出（电力+作物）	—	—	229.6 kWh/a+12.8 kg/a	
	南向	低区	DA200 lux，50%	29.00%	28.57%		
	南向	低区	UDI200～3000 lux, avg	27.00%	38.39%		
	南向	低区	PMV_{avg}	0.69	0.51		
	南向	低区	舒适区间时间占比	31.25%	56.25%	H-1（垂直界面分区③-3层种植单元）	
	南向	低区	资源产出（电力+作物）	—	—	9.2 kg/a	
	北向	高区	DA200 lux，50%	74.00%	62.86%		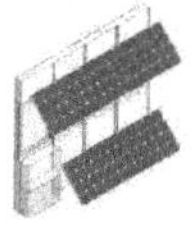
	北向	高区	UDI200～3000 lux, avg	62.00%	60.54%		
	北向	高区	PMV_{avg}	0.93	0.43		
	北向	高区	舒适区间时间占比	25.00%	50.00%	C-11（垂直界面分区②-0.8 m-水平-单晶-3排种植单元）	F-11（垂直界面分区⑤-0.8 m-水平-单晶）
	北向	高区	资源产出（电力+作物）	—	—	253.9 kWh/a年+11.2 kg/a	444.5 kWh/a
	北向	中区	DA200 lux，50%	43.00%	34.29%		
	北向	中区	UDI200～3000 lux, avg	36.00%	36.25%		
	北向	中区	PMV_{avg}	0.75	0.39		
	北向	中区	舒适区间时间占比	31.25%	50.00%	H-A-1（垂直界面分区③-3层种植单元）	
	北向	中区	资源产出（电力+作物）	—	—	219.4 kWh/a+12.0 kg/a	
	北向	低区	DA200 lux，50%	29.00%	28.57%	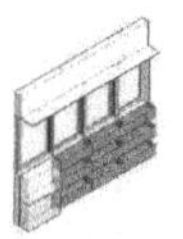	
	北向	低区	UDI200～3000 lux, avg	27.00%	38.57%		
	北向	低区	PMV_{avg}	0.69	0.51		
	北向	低区	舒适区间时间占比	37.50%	56.25%	H-1（垂直界面分区③-3层种植单元）	
	北向	低区	资源产出（电力+作物）	—	—	11.7 kg/a	

Green Mark规范规定DA20 0lux，50%指标不小于60%，-0.5<PMV<0.5为舒适区间，作物产量为干重。

基于复合型机器学习算法的武汉办公建筑原型与建筑能耗关系研究

王昶么[1] 李竞一[1] 陈 宏[1*]

(1. 华中科技大学建筑与城市规划学院，湖北省武汉市 430072，chhwh@hust.edu.cn)

摘要

在中国城市中，大型写字楼仅占城市总建筑面积的5%~6%，但每平方米能耗却是住宅建筑的10~20倍，是城市中建筑能耗的高密度区域。办公建筑能耗及室内使用者热舒适性的研究持续受到研究者的关注。本文研究旨在通过机器学习预测模型和优化算法探索设计参数与建筑能耗之间的关系。本文通过机器学习方法建立武汉办公建筑能耗预测模型，同时建立了武汉办公建筑形态归类模型；将能耗预测模型与形态判定模型部署在Grasshopper参数化平台上，通过NSGA-Ⅱ遗传算法对设计参数进行多目标优化计算；将各个优化目标的优秀解集进行单独分析，确定符合建筑不同要求的设计参数取值范围以及对应的建筑形态原型；通过总结，为武汉办公建筑设计提供一些能耗相关的设计建议。

关键词：建筑能耗模拟；机器学习；NSGA-Ⅱ遗传算法；参数化设计；建筑形态学

Keywords: Building energy simulation; Machine learning algorithms; NSGA-Ⅱ genetic algorithm; Parametric design; Architecture morphology

引言

在中国城市中，大型写字楼仅占城市总建筑面积的5%~6%，但每平方米能耗却是住宅建筑的10~20倍，是城市中建筑能耗的高密度区域。过去研究人员通过比较分析多种建筑原型的能耗模拟值，对建筑形态与建筑能耗之间的关系进行研究。但是由于建筑性能模拟耗时过长，因此这些研究的案例数量有限，不能给予设计人员满足能耗要求的最优建筑原型。有研究人员通过优化算法对建筑造型进行关于建筑能耗方面的优化计算。因为优化算法的全局搜索效率较低，同时建筑性能模拟耗时过长，所以这些研究一般优化目标较少或者建筑造型的变量较少。随着机器学习等算法的推广，越来越多的研究人员开始使用数据驱动的方法进行建筑能耗的模拟软件的替代方法的研究[1-2]。Niu

等人[3]运用SVM算法进行建筑能耗预测研究。Li[4]运用支持向量机算法进行建筑制冷系统能耗的预测工作。Ahmad等人[5]运用随机森林进行高分辨率的建筑能耗预测研究。相比于物理方法，很多研究表明数据驱动方法所输入的建筑变量更少，计算结果更精确。同时，根据Runge等人[6]和Qiao等人[7]的研究表明，相比于物理方法，数据驱动方法耗时极少，能耗预测结果能在几秒之内输出。尽管机器学习算法在精度方面会有一点损失，但是它代表了一种计算时间和准确性之间的慎重权衡[8]。尽管基于机器学习算法的数据驱动方法具有多种良好的特性，但是过去很少有针对建筑设计阶段的研究。大量研究是利用已建成的建筑的相关数据建立建筑能耗预测模型，这样的预测模型在建筑设计阶段很难被设计师进行运用。而Aversa等人[9]和Colmenar-Santos等人[10]的研究表明设计阶段的建筑节能潜力占总节能可能性的30%，对设计阶段的能耗预测模型进行研究价值巨大。

本次研究通过多个设计参数建立武汉办公建筑的参数化形态模型，并通过EnergyPlus对不同设计参数取值所对应的建筑形态进行能耗模拟。同时，研究通过机器学习算法建立设计参数与建筑能耗之间的能耗预测模型，以及设计参数与建筑原型标签之间的形态分类模型。最后，研究通过优化算法进行设计参数取值关于建筑能耗的探索，并通过形态分类模型对优化计算中能耗性能优秀的案例进行建筑形态原型分类。研究希望通过能耗性能优秀的案例提供给建筑设计师在设计初期可供选择的建筑形态原型。

1 武汉办公建筑设计参数设定

Liu等人[11]发现，中国写字楼平面可分为直线式、折线式、点式、围合式等。他发现每个样式的平面都可以相互转化，它们的转化关系如图1所示。

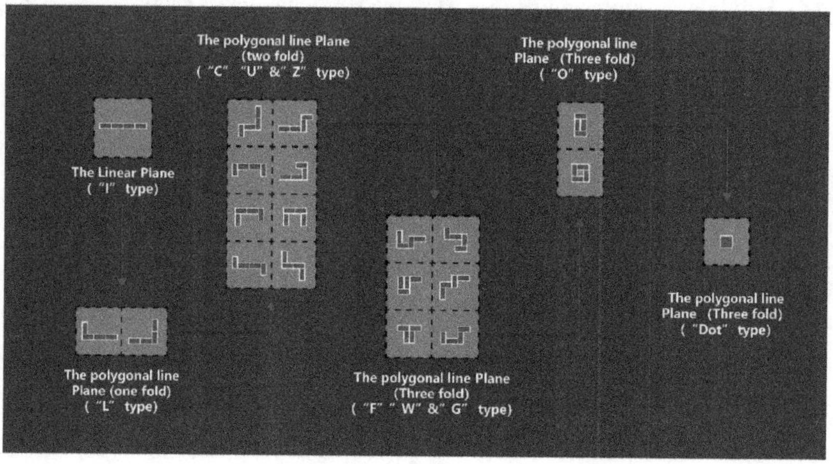

图1 建筑平面转化示意图

本文将 Liu 等人的研究结果与参数化设计软件相结合，通过调整四个角度变量来转换不同的建筑平面类型。为了准确地比较各个平面之间的能耗差距和室内热舒适度，规定了建筑平面的面积（每层 1 200 m^2）和建筑层数（5）。四个角度变量可以确定建筑平面的大致形状。表 1 列出了控制建筑计划的 5 个形态变量及其取值范围。图 2 显示了每个变量如何控制建筑平面。由于研究主要关注的是单栋建筑的造型以及设计参数取值，因此研究并未设定目标建筑周边情况。

表 1 形态参数及取值范围

设计参数名称	命名法	取值范围	单位
角度 1	A_1	−90~90	角度（°）
角度 2	A_2	−90~90	角度（°）
角度 3	A_3	−90~90	角度（°）
角度 4	A_4	−90~90	角度（°）
建筑进深	D_B	10~20	米（m）

2 武汉办公建筑设计参数设定

根据参考文献［12－16］，研究发现四个方面的设计参数与建筑能耗具有高度相关性：(1) 建筑造型（BP）；(2) 窗户形状（WS）；(3) 建筑朝向（BO）；(4) 建筑保温层厚度（BIT）。

在 BP 方面，生成系统生成了建筑平面，研究仍需设置其垂直高度。由于建筑层数固定，因此本文将使用层高（H_F）来控制其在垂直方向上的整体形状。《公共建筑节能设计标准》(GB 50189—2015) 中没有规定建筑层高的取值范围，本文按常识设定，H_F 的取值范围为 3.0~4.0 m。

在 WS 方面，本文侧重于不同方向的窗口大小。设计变量为北向（WWR_N）、东向（WWR_E）、南向（WWR_S）、西向（WWR_W）的窗墙比（WW_R）。根据《公共建筑节能设计标准》(GB 50189—2015)，武汉建筑的取值一般在 0.2~0.8 之间。窗台高度值（H_W）也影响窗的形状。由于《公共建筑节能设计标准》(GB 50189—2015) 未明确规定H_W的取值范围，因此本文基于常识规定 H_w 的取值范围为 1.0~2.0 m。

在 BO 方面，由于四个角度变量控制着建筑平面，这四个角度变量的变化将决定建筑主立面的朝向，因此本文将不考虑特定的建筑朝向变量设置。

在 BIT 方面，由于建筑围护结构材料通常没有在建筑设计阶段设定，因此本文不将其作为变量。

表 2 列出了 6 个非形态设计变量及其取值范围。图 3 显示了这些非形态变量如何影响建筑形态与外观。

表 2 其他设计参数及取值范围

设计参数名称		命名法	取值范围	单位
层高		H_F	3.00~4.00	m
窗台高度		H_W	1.00~2.00	m
窗墙比（WW_R）	北向	WWR_N	0.20~0.80	
	西向	WWR_W	0.20~0.80	
	南向	WWR_S	0.20~0.80	
	东向	WWR_E	0.20~0.80	

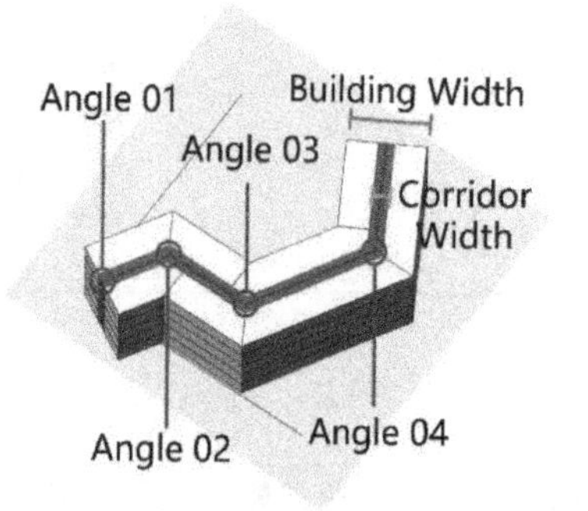

图 2 办公建筑的形态参数示意图

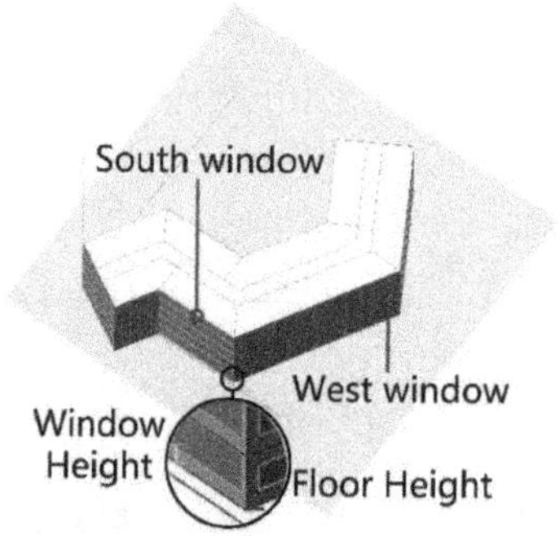

图 3 办公建筑的非形态参数示意图

3 建筑能耗预测模型

机器学习预测模型是通过已有的输入数据以及对应的输出数据学习输入数据的变化对输出数据的影响，训练集数据越多，预测模型的精度就越高。研究人员发现通过随机抽样方法得到的设计参数组合不能很好地覆盖整个变量的组合可能性，这样的设计参数组合缺乏特性，对应的机器学习预测模型精度较低。而有效的抽样方法可以使得设计变量组合具有较强的代表性，这样可以通过较少的数据建立有效的机器学习预测模型。本次研究选用拉丁超立方抽样方法[17-19]进行训练集的建立。

本次研究的建筑能耗预测模型的训练集将会通过拉丁超立方抽样方法进行抽样，抽样数量为 2 000 个。预测模型的测试集将会通过随机抽样方法进行抽样，抽样数量为 600 个。研究将通过建筑性能模拟方法获得这 2 600 个设计参数组合以及对应的输出值，通过机器学习回归算法建立预测模型。

本文使用的能源模拟软件是 EnergyPlus 8. 1. 2[20]，建筑室内照明系统开关需要根据建筑自然日光条件进行调整。DaySim 软件用于模拟建筑自然日光照射情况，建筑室内照明系统开关将根据 DaySim[21-22]模拟结果进行设置。表 3 描述了本次研究关注的能耗目标以及其他目标。

表 3 研究关注的建筑性能目标

模拟性能方面	相关参考标准	计算公式	描述	命名法	单位
建筑制冷系统能耗	GB 50189—2015	$E_C = \dfrac{Q_C}{A \times SCOP_T}$	1. Q_C 是 EnergyPlus 计算的年度累计制冷系统耗电量 2. A 是建筑物的总建筑面积 3. 供冷系统综合性能系数（$SCOP_T$）设定为 2.5	E_C	kWh/m^2
建筑制热系统能耗	GB 50189—2015	$E_H = \dfrac{Q_H}{A \times \eta_2 q_2 q_3}$	1. 制热系统效率系数（η_2）设定为 0.75 2. 发电用煤量（q_2）设定为 0.36 kgce/kWh 3. 标准天然气值（q_3）设定为 9.87 kWh/m^3 4. A 是建筑物的总建筑面积 5. Q_H 是 EnergyPlus 计算的年度累计制热系统耗电量	E_H	kWh/m^2
建筑照明系统能耗	GB 50034—2013 GB 50189—2005	$E_L = \dfrac{Q_L}{A \times \eta_P}$	1. 效率系数（η_P）设定为 0.75 2. A 是建筑物的总建筑面积 3. Q_L 是 EnergyPlus 计算的年度累计照明系统耗电量	E_L	kWh/m^2
建筑室内热舒适指标占比	PMV 模型，P. O. Fanger[23]	$PMV_i = \dfrac{\sum_{1}^{l} \times S_l}{S_{SUM}}$ $PMV = \dfrac{\sum_{1}^{8\,760} PMV_i}{8\,760}$	1. l 是网格数量 2. S_l 是建筑 PMV 值在 −1 到 1 之间的总建筑面积 3. S_{SUM} 是建筑总面积	PMV	%

4 建筑形态分类模型

由于建筑形态缺乏统一评判标准，特别当建筑平面形态不属于典型平面时，设计人员很难将这些平面归类到不同的建筑平面类型当中，研究希望通过机器学习分类算法进行建筑平面造型的分类。

研究发现通过四个角度变量的改变，平面生成模型可以生成 10 种典型平面（详图见表 4）。考虑建筑对称性时，这 10 种典型建筑平面包括了四个角度变量的所有典型组合形式。研究将这 10 种典型平面作为建筑平面形态标签。通过这些典型平面的参数取值将四种角度变量的取值范围进行等距划分并进行分层抽样，最终获得了223 200组参数组合以及对应的形态标签。研究随机将 70%（156 240）组数据作为训练集，30%（66 960）组数据作为测试集，通过机器学习分类算法建立分类模型。

表 4　办公建筑的 10 种典型平面

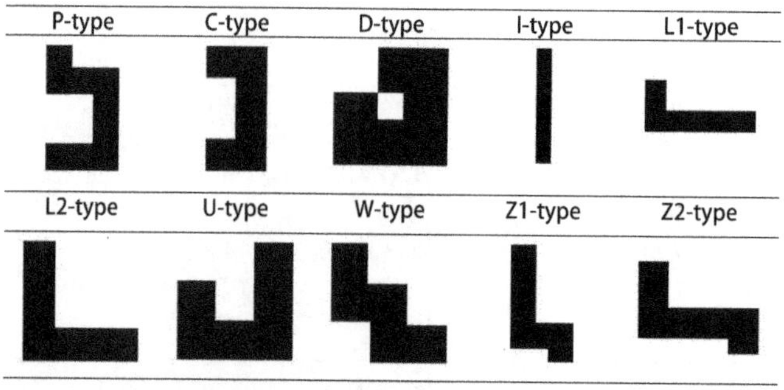

5　多种机器学习模型的建立与比较

大量的研究将支持向量机（SVM）[24]、梯度提升（GB）[25]、随机森林（RF）[26]、决策树（DT）[27]以及 XGBoost[28]等算法定义为高性能机器学习预测模型算法。本次研究将会选用 RF、XGBoost 以及 SVM 算法进行建筑能耗预测模型和建筑形态分类模型的建立，采用 Python3.2 中的 Scikit-learn 库来进行相关机器学习模型的搭建。

5.1　建筑能耗预测模型的评估情况

统计评价指标可用于研究预测模型的准确性。相关系数（R^2）、均方根误差（RMSE）可以用于评估预测模型的准确性。研究发现[10, 23]，*RMSE* 值越小，模型的预测精度越高；R^2 值越大，模型的预测精度越高。R^2 的可接受值在工程应用中通常大于 0.7。这两个指标各有侧重，*RMSE* 被用来识别较大的误差，R^2 能够较直观地评价回归模型的预测性能，研究将会综合这两个评估指标进行能耗预测模型的评估。

表 5　机器学习模型的能耗预测准确性比较

预测模型算法	预测模型的 R^2 值	预测模型的 *RMSE* 值
XGBoost	0.839 761	0.773 070
Random forest regression	0.746 804	0.989 371
SVM	0.074 899	2.045 545

由表 5 可知，3 个建筑能耗预测模型中 XGBoost 算法的预测表现最好，R^2 值超过了 0.8，且 *RMSE* 值也是最小的。研究将会选用 XGBoost 算法的预测模型作为建筑能耗预测模型。

5.2　建筑形态分类模型的评估情况

本次研究将预测准确度（*A*）作为分类模型评估的标准，分别对训练集和测试集进行评估。

$$A = N_p / N_{all} \times 100\% \tag{1}$$

其中，N_p 为预测正确的案例个数，N_{all} 为整体案例个数。

由表6可知，3个建筑形态分类模型中SVC算法的分类表现最好，在测试集中精度最高，达到99%以上。研究将会选用SVC算法的分类模型作为建筑形态分类模型。

表6 机器学习模型的形态分类准确性比较

分类模型算法	训练集精度	测试集精度
XGBoost classifier	97.971%	97.920%
Random forest classifier	95.380%	95.584%
SVC	99.323%	98.982%

6 优化计算

6.1 优化平台

由于研究主要针对建筑设计人员在设计阶段进行建筑形态的探索，因此选择建筑设计人员常用的Grasshopper数字化设计平台进行机器学习模型参数的优化计算。如图4所示是机器学习模型在Grasshopper中的部署以及整个优化过程的搭建。

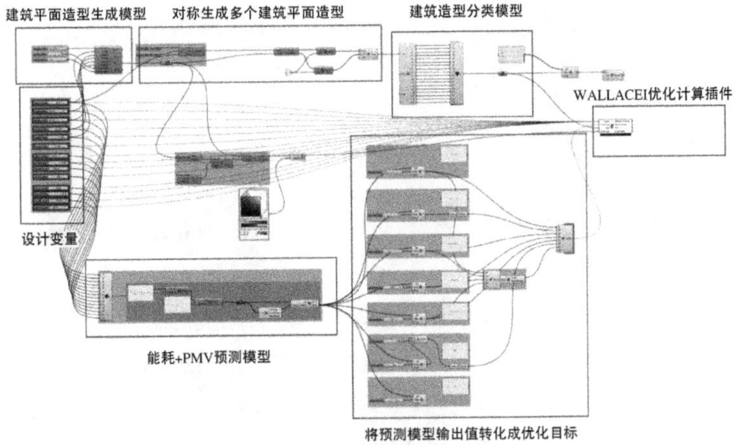

图4 Grasshopper优化计算流程示意图

6.2 优化结果

优化过程共有5 000个解，其中有426个帕累托解。如图5所示为优化过程中所有可行解组成的解集空间分布图。空间中的每一个立方体代表整体优化过程的一个可行解。由于研究有四个研究目标，除了X轴、Y轴、Z轴表示建筑制冷系统、制热系统、照明系统能耗大小外，还通过颜色区别建筑室内PMV占比大小。立方体离三维坐标原点越近且颜色越偏向绿色，建筑各方面能耗越小，建筑室内满足PMV要求的面积占比最大。如图6所示为优化过程中最后一代的50个解，研究发现这些解都在整体解的最前面，靠近坐标轴原点。这说明优化算法的性能较好，随着优化过程的进行每代解的性能越来越好。

四个优化目标的迭代趋势如图 7（a）（c）（e）（g）分别为对应目标的标准差变化趋势。标准差变化趋势图中每条曲线代表 50 代优化过程中一代结果的标准差。曲线越宽，本次迭代中大多数目标值和平均值的差值越大；曲线越陡，大多数目标值和平均值的差值越小。曲线的颜色表示结果的代数，代数越是靠后，对应的曲线颜色越是偏向蓝色；代数越是靠前，对应的曲线颜色越是偏向红色。研究发现各个目标的蓝色曲线相比于红色曲线都向左有一定偏移，这说明优化算法对于各个优化目标的优化效果较好。蓝色曲线与红色曲线相比更加平缓，这说明随着迭代的增加，不同解的目标值具有很强的离散程度。

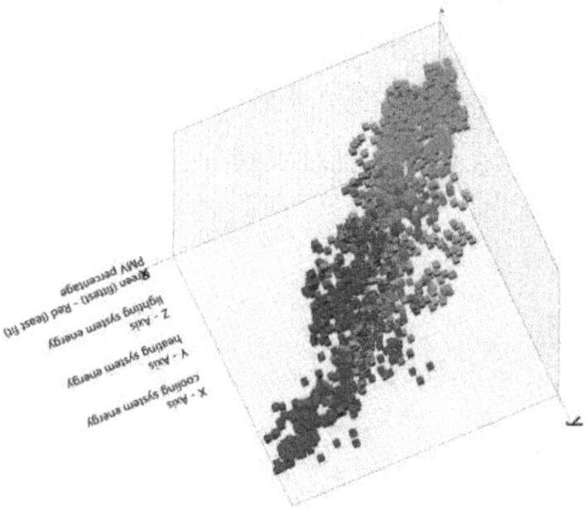

图 5 优化过程的解集空间分布图

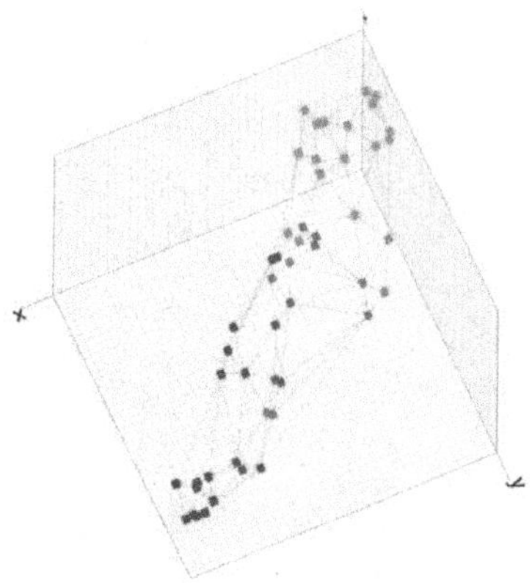

图 6 优化过程最后一代的 50 个解图

图 7（b）（d）（f）（h）分别为优化过程的平均适应度趋势图（mean fitness trend-line chart），趋势图显示了优化过程中每代平均适应度的变化过程。研究发现各个优化目标的平均适应度都有明显的下降，这说明随着优化过程的进行，整体上所有解在这些目标上的性能越来越好。由图 7（b）可以发现，随着优化过程的进行，从第一代制冷能耗平均值 44.74 kWh/m^2 开始，每一代平均值迅速下降，当迭代进入 69 代时，平均值趋于稳定，稳定在 42.39 kWh/m^2 左右。由图 7（h）可以发现，随着优化过程的进行，从第一代满足 PMV 要求面积占比平均值 38.32%开始，每一代平均值迅速上升，当迭代进入 82 代时，平均值趋于稳定，稳定在 40.05%左右。

如图 8 所示为平行坐标图（PCP），PCP 将所有解在各个优化目标中的适应度展现出来，适合总体分析所有的解决方案，其目的是更好地理解整个模拟过程中各个优化方案的性能。由图 8（a）可知，制冷系统的能耗由 53.46 kWh/m^2 下降到 35.77 kWh/m^2，最大下降 33.09%；制热系统的能耗由 15.42 kWh/m^2 下降到 10.34 kWh/m^2，最大下降 32.94%；照明系统的能耗由 28.77 kWh/m^2 下降到 11.03 kWh/m^2，最大下降 61.66%；

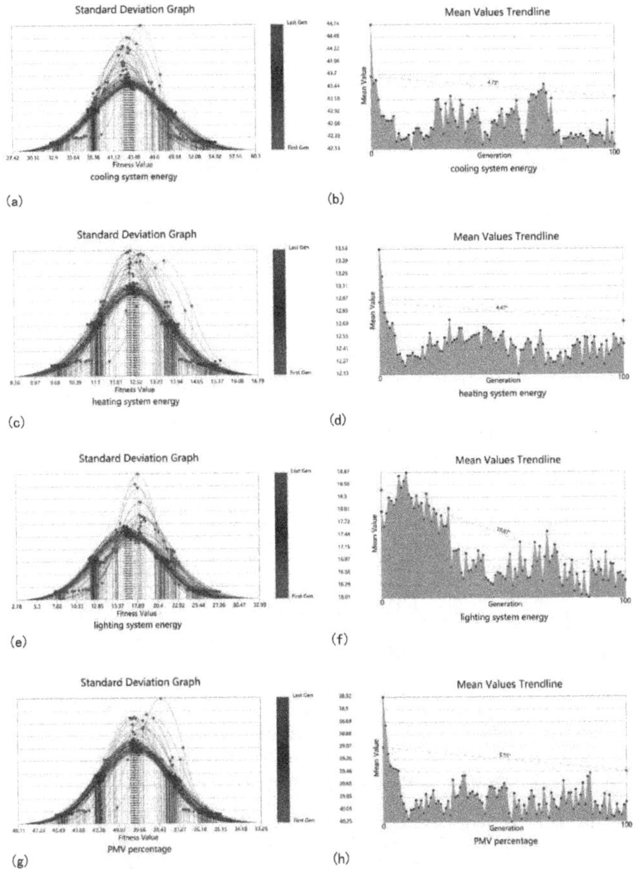

图 7 四个优化目标的迭代趋势图

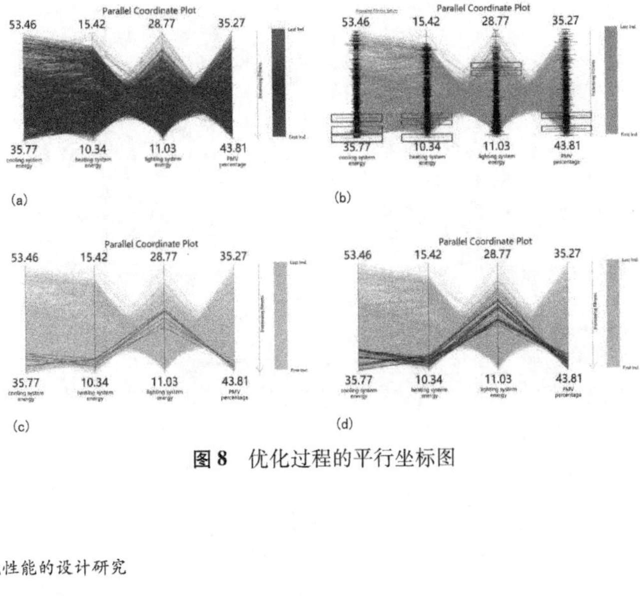

图 8 优化过程的平行坐标图

满足 PMV 要求面积占比由 35.27%上升至 43.81%，整体最大上升 24.21%。照明系统的优化效率最高，这主要是由于建筑开窗以及建筑造型会直接影响自然光进入建筑室内，从而影响建筑照明系统的开启与关闭。

由图 8（b）可知，各个优化目标在整体的适应度取值方面存在集中趋势，每个优化目标的适应度都有部分取值被大量重复，这说明优化算法锁定这些适应度取值为适合的取值。由图 8（c）和（d）可知，帕累托解在制冷系统能耗、制热系统能耗以及满足 PMV 要求面积占比这三项优化目标的取值情况较为类似，都是集中在最小值附近，而这些解在照明系统方面的取值集中在整个优化目标适应度取值的中间部分，这说明制冷系统能耗、制热系统能耗以及满足 PMV 要求面积占比这三个优化目标的优化趋势一致，而照明系统与其他三个优化目标的优化趋势不同。优化趋势的不同主要是由于制冷系统、制热系统以及 PMV 都关注室内热舒适性，而照明系统主要关注室内照明情况。

6.3 帕累托解

如图 9 所示，研究将 426 个帕累托解提取后，通过不同颜色将不同平面类型解进行标注。研究发现 I-type 平面类型解和 L2-type 平面类型解一共占所有帕累托解的 86.85%，属于主要建筑平面类型。I-type 平面类型解最多，占 60.80%；L2-type 平面类型占 25.82%，占比第二大。此外，Z1-type 平面类型解占所有帕累托解的 8.22%；L1-

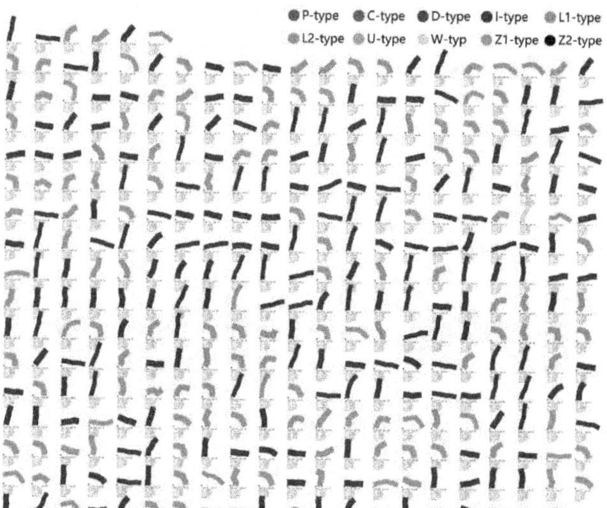

图 9 帕累托解的形态分类

type 平面类型解占 4.46%，都属于需要注意的建筑平面类型。

研究将帕累托解按照不同平面类型进行分类，并计算不同平面类型解的优化目标平均值。如表 8 所示，研究发现不同平面类型的解在各个优化目标方面性能具有一定差异。

制冷系统方面：Z1-type 和 L2-type 表现最好，这两类解的平均值分别为 39.31 kWh/m^2 和 39.68 kWh/m^2，而 I-type 表现最差，平均值为 44.02 kWh/m^2。

制热系统方面：Z1-type 和 L1-type 表现最好，这两类解的平均值分别为 10.95 kWh/m^2 和 11.14 kWh/m^2，而 I-type 表现最差，平均值为 12.48 kWh/m^2。

照明系统方面：I-type 表现最好，平均值为 15.14 kWh/m^2，其他三类的平均值相差不大，L2-type，Z1-type 和 L1-type 的平均值分别为 19.24 kWh/m^2、20.81 kWh/m^2、19.05 kWh/m^2。

PMV 方面：Z1-type 和 L2-type 表现最好，这两类解的平均值分别为 41.93% 和 41.89%，而 I-type 表现最差，平均值为 39.75%。

整体系统方面：研究将所有帕累托解的制冷系统、制热系统和照明系统的能耗进行汇总，得到各个解的整体系统能耗值。研究发现各个类型的平均值相差极小，这说明帕累托解在总能耗方面的表现大致相当，不同类型的解在不同方面表现不同。

6.4 帕累托解的设计变量与优化目标相关性

本文对帕累托解的设计变量与优化目标之间的相关性进行了分析，利用皮尔逊相关性进行分析。

由图 10 可得出如下结论：

建筑平面造型变量方面：四个角度变量与各个优化目标具有一定的相关性，但是只有角度 03 与制冷系统和照明系统能耗具有较强的相关性（pearson correlation 值大于 0.5）。这主要是由于角度 03 值的改变将会改变建筑平面的整体造型，而造型的改变将会影响制冷系统和照明系统的能耗。其他三个角度变量对于建筑造型的影响不大，所以它们与优化目标相关性不足。

建筑开窗变量方面：建筑四个方向的开窗大小与制冷系统能耗具有较强的正相关性。由于玻璃材料特性，开窗面积越大，建筑整体热工性能越差，建筑制冷系统能耗越大。同时，研究发现四个方向开窗大小与照明系统的能耗具有较强的负相关性。开窗越大，建筑照明系统能耗越小。

其他变量方面：建筑宽度与制冷系统能耗、制热系统能耗具有较强的负相关性。由于建筑面积不变，建筑宽度值的增加将会使得建筑长度值下降，这将会使得建筑更加紧凑，使得建筑暴露在外的表面积减少，从而降低制冷系统和制热系统的能耗。建筑层高与制冷系统能耗、制热系统能耗存在较高的正相关性，与照明系统以及 PMV 具有较强的负相关性。建筑层高值的增加将会增加建筑暴露在外的表面积，将造成建筑制冷系统

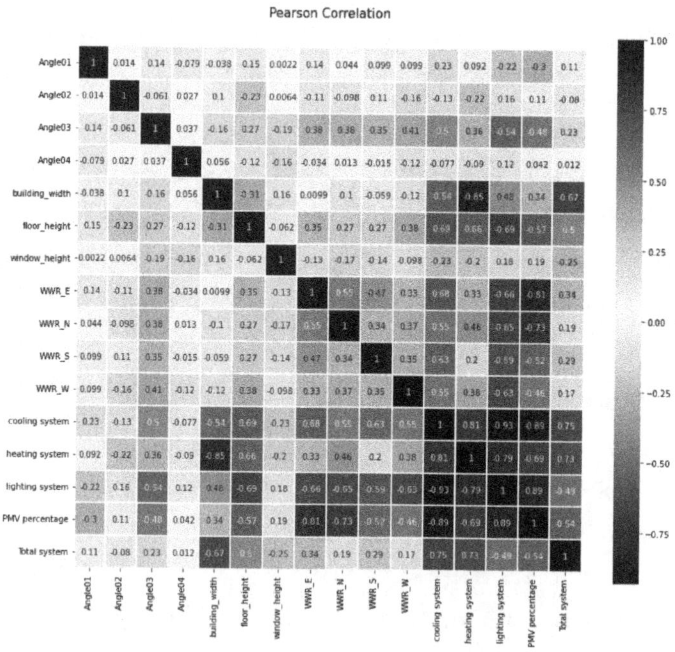

图 10 设计变量与优化目标之间的相关性示意图

和制热系统能耗的上升，使得建筑室内热舒适性下降。同时，建筑层高值的增加将会增加建筑立面面积，由于研究通过窗墙比控制建筑开窗大小，在开窗变量值不变的情况下，增加建筑层高值将会增大建筑开窗面积，使得建筑制冷系统和制热系统的能耗上升，同时使得建筑照明系统能耗下降。

结语

本文通过有效的抽样方法和多种机器学习算法建立多个关于建筑设计参数与建筑性能值的预测模型及多个建筑造型分类模型。研究发现 XGBoost 算法可以有效地进行建筑能耗预测，而 SVC 算法可以有效地进行建筑形态分类。研究将机器学习模型与优化算法进行联合，通过优化计算方法快速获得 426 个帕累托解。

研究发现帕累托解的平面造型标签较为集中，这说明设计师需要重点考虑这些平面造型标签。研究发现 I-type、L2-type、Z1-type、L1-type 平面类型为主要建筑平面类型。研究对帕累托解的造型与不同建筑性能方面的关系进行了研究，发现紧凑的建筑造型对于降低建筑制冷系统和制热系统能耗具有积极意义；同时，舒展的建筑造型对于降低建筑照明系统能耗具有积极意义。同时，由于 PMV 值与建筑室内温度相关，因此紧凑的建筑造型也能提高建筑 PMV 方面的表现。

参考文献

[1] ØSTERGÅRD T, JENSEN R L, SEJAE M. A comparison of six metamodeling techniques applied to building performance simulations[J]. Applied Energy, 2018, 211:89−103.

[2] JAFFAL I, INARD C. A metamodel for building energy performance[J]. Energy and Buildings, 2017, 151: 501−510.

[3] NIU D, WANG Y, WU D D. Power load forecasting using support vector machine and ant colony optimization [J]. Expert Systems With Applications, 2010, 37(3):2531−2539.

[4] LI Q, MENG Q, CAI J, et al. Applying support vector machine to predict hourly cooling load in the building [J]. Applied Energy, 2009, 86(10):2249−2256.

[5] AHMAD M W, MOURSHED M, REZGUI Y. Trees vs neurons:comparison between random forest and ANN for high-resolution prediction of building energy consumption[J]. Energy and Buildings, 2017, 147:77−89.

[6] RUN GE J, ZMEUREANU R. Forecasting energy use in buildings using artificial neural networks:a review[J]. Energies, 2019, 12(17):3254.

[7] QIAO Q, YUNUSA-KALTUNGO A, EDWARDS R E. Towards developing a systematic knowledge trend for building energy consumption prediction[J]. Journal of Building Engineering, 2021, 35:101967.

[8] ROMAN N D, BRE F, FACHINOTTI V D, et al. Application and characterization of metamodels based on artificial neural networks for building performance simulation:a systematic review[J]. Energy and Buildings, 2020, 217:109972.

[9] AVERSA P, DONATELLI A, PICCOLI G, et al. Improved thermal transmittance measurement with HFM technique on building envelopes in the Mediterranean area[J]. Journal of Civil Engineering, 2016, 11(2): 39−52.

[10] COLMENAR-SANTOS A, LOBER LNTD, BORGE-DIEZ D, et al. Solutions to reduce energy consumption in the management of large buildings[J]. Energy and Buildings, 2013, 56:66−77.

[11] LIU L G, LIN B R, PENG B. Correlation analysis of building plane and energy consumption of high-rise office building in cold zone of China[J].Building Simulation, 2015, 8(5):487−498.

[12] WANG W, RIVARD H, ZMEUREANU R. Floor shape optimization for green building design[J]. Advanced Engineering Informatics, 2006, 20(4):363−378.

[13] OUARGHI R, KRARTI M. Building shape optimization using neural network and genetic algorithm approach [J]. ASHRAE Transactions, 2006, 112 PART 1:484−491.

[14] ECHENAGUCIA T, CAPOZZOLI A, CASCONE Y, et al. The early design stage of a building envelope: multi-objective search through heating, cooling and lighting energy performance analysis[J]. Applied Energy, 2015, 154:577−591.

[15] TUHUS-DUBROW D, KRARTI M. Genetic-algorithm based approach to optimize building envelope design for residential buildings[J]. Building and Environment, 2010, 45(7):1574−1581.

[16] KÄMPF J H, MONTAVON M, BUNYESC J, et al. Optimisation of buildings' solar irradiation availability[J]. Solar Energy, 2010, 84(4):596−603.

[17] RODRÍGUEZ G C, ANDRÉS A C, MUÑOZ F D, et al. Uncertainties and sensitivity analysis in building energy simulation using macroparameters[J]. Energy and Buildings, 2013, 67:79−87.

[18] DAS P, SHRUBSOLE C, JONES B, et al. Using probabilistic sampling-based sensitivity analyses for indoor air quality modelling[J]. Building and Environment, 2014, 78:171−182.

[19] DONOVAN D, BURRAGE K, BURRAGE P, et al. Estimates of the coverage of parameter space by latin hypercube and orthogonal array-based sampling : connections between populations of models and experimental

designs[J]. Applied Mathematical Modelling, 2018, 57:553-564.

[20] CRAWLEY D B, LAWRIE L, WINKELMANN F, et al. EnergyPlus: creating a new-generation building energy simulation program[J]. Energy and Buildings, 2001, 33(4):319-331.

[21] YUN G, KIM K. An empirical validation of lighting energy consumption using the integrated simulation method [J]. Energy and Buildings, 2013, 57:144-154.

[22] MANZAN M, PINTO F. Genetic optimization of external fixed shading devices[J]. Energy and Buildings, 2014, 72:431-440.

[23] PAPADOPOULOS S, KONTOKOSTA C E. Grading buildings on energy performance using city benchmarking data[J]. Applied Energy, 2019, 233/234:244-253.

[24] AHMAD A S, HASSAN M Y, ABDULLAH M P, et al. A review on applications of ANN and SVM for building electrical energy consumption forecasting[J]. Renewable and Sustainable Energy Reviews, 2014, 33: 102-109.

[25] OLU-AJAYI R, ALAKA H, SULAIMON I, et al. Machine learning for energy performance prediction at the design stage of buildings[J]. Energy for Sustainable Development, 2022, 66:12-25.

[26] WANG Z Y, WANG Y R, ZENG R C, et al. Random Forest based hourly building energy prediction[J]. Energy and Buildings, 2018, 171:11-25.

[27] TSO G K F, YAU K K W. Predicting electricity energy consumption: a comparison of regression analysis, decision tree and neural networks[J]. Energy, 2007, 32(9):1761-1768.

[28] WANG R, LU S, FENG W. A novel improved model for building energy consumption prediction based on model integration[J]. Applied Energy, 2020, 262:114561.

图表来源

图 1~10:作者自绘.

表 1~6:作者自绘.

第七章
虚拟仿真

基于 HoloLens 混合现实平台的城市设计空间多模态交互与协同设计环境应用方法

江欣城[1] 张思源[2] 刘深圳[1] 赵英伦[1] 许昊皓[1,3,4*] 卢添添[5]

（1. 湖南大学建筑与规划学院，湖南省长沙市 410082，xuhaohao@hnu.edu.cn；

2. 华中科技大学建筑与城市规划学院，湖北省武汉市 430073；

3. 丘陵地区城乡人居环境科学湖南省重点实验室，湖南省长沙市 410082；

4. 湖南省地方建筑科学与技术国际科技创新合作基地，湖南省长沙市 410082；

5. 哈尔滨工业大学（深圳），广东省深圳市，518055）

摘要

传统的城市与建筑设计协作工具存在局限于二维平面化、信息分散化、协作性差等问题，在当前 Web3.0 立体全息互联网技术与元宇宙时代背景下，信息的呈现将不再局限于由界面与按钮组成的二维屏幕，而是实体信息与虚拟信息融合的、立体的三维数字空间。鉴于此背景，本文归纳并总结以往的城市与建筑设计流程与协作工具的演变，在此基础上通过混合现实设备与 Unity3D 完成虚拟端的交互应用系统，结合 Arduino 开源电子原型平台完成现实端的空间交互和信息决策，提出一种基于 HoloLens 混合现实平台的城市设计空间增强创造性环境应用方法。项目通过提取指定城市片区信息然后转译为 3D 信息，结合 Unity3D 进行设计交互后，通过 Arduino 开源电子原型平台向城市模块单元传递信息，并结合多模态信息的转化，最终反馈至实体的城市空间模型，在 HoloLens 中呈现城市数据可视化信息以及沉浸式实时空间体验。本文的目标在于实现 Web3.0 模式的交互联动，从而改善城市设计实践方法，实时了解设计决策对城市空间形体的干预影响，促进利益相关者之间高效进行设计决策与协同工作。

关键词： 城市设计；协同设计；混合现实；多模态；交互

Keywords: Urban design; Collaborative design; Mixed reality; Multimode; Interaction

项目资助情况： 教育部产学研协同育人教学内容和课程体系改革项目（202102185009）；湖南省社会科学成果评审委员会课题（XSP22YBC153）

引言

城市是 Bill Hillier 强调的抽象复杂的网络，也承载着人民的公共活动，它是通过塑造人们行为、理解空间形态来构建的。不同的人群与文化交织使得城市公共空间呈现出复杂性、多样性的特点。当前的城市发展正处于挑战与机遇并存的时代转折点，存量规划背景使城市设计所面临的各方利益冲突大量增加；在当前的环境下，规划前期的决策设计过程中，决策者对城市空间的组织以及内在运行规律通常缺乏有意义的可视化视觉表现，而在当前 Web3.0 立体全息互联网技术与元宇宙时代背景下，信息的呈现将不再局限于由界面与按钮组成的二维屏幕，而是实体信息与虚拟信息融合的、立体的三维数字空间。作为设计决策者，本研究的目标是开发实现 Web3.0 模式交互联动的辅助设计工具，改善城市设计实践方法，实时了解设计决策对城市空间形体的干预影响，在城市设计的过程中辅助整合各方需求与资源，促进利益相关者之间高效进行设计决策与协同工作，利用新技术开发共治城市空间、营造城市高品质公共环境的新技术方法。

1 研究背景

1.1 城市设计协作工具的演变

自工业革命以来，随着城市的快速扩张、各地区经济的高速发展，经济、技术、文化、环境等要素成为干预城市设计决策的不确定因素；在工业革命发展之前，传统的城市设计工具已难以满足决策者对城市多维度信息处理与多方协同工作的需求，直至19 世纪 40 年代，计算机的出现为数字化城市设计工具提供必要条件，因此诞生了早期的计算性辅助设计工具，如 CAD、SketchUp 等。21 世纪初，BIM、GIS 等多元数字化工具开始在城市设计领域广泛应用，这类建筑类软件能够集成大量功能用于处理城市中海量的综合信息数据。近年来，国内也衍生了许多设计平台，如光辉城市等，但在协同设计方面仍有所欠缺。在信息网络技术与共享环境较为成熟的时代下，工程师也在不断努力创造决策者、实践者、公众之间的无缝对话，然而这些工具从功能上并没有改变设计过程，大多数工具仍专注于单个使用者开发环境，在用户与决策者之间的信息传播与交互仍存在较大鸿沟。1970 年，美国麻省理工学院 Architecture Machine Group（AMG）结合物理与计算性城市模型开发了名为“SEEK”的城市设计辅助工具，该项目强调设计与城市规划是社会技术问题，并说明了具有协同设计能力的辅助系统的重要性。2000 年代初期，美国麻省理工学院为设计了开发一系列可协作的有形用户界面，如“Augmented Urban Planning Workbench”“Clay Table”“Luminous Room”。2004 年，英国伦敦大学学院开发了一个用于建筑和城市规划的增强圆桌系统，名为“ARTHUR”，该系统使多个会议参与者能够与通过圆桌上的头戴式显示器显示的虚拟对象进行积极交互，进一步缩小了决策者、利益相关者之间的信息差。2013 年，美国麻省理工学院城市科学小组为协同设计过程而开发 CityScope（CS）平台，CS 平台包括了城市模型、投影仪和用于检测人交互的传感器，并已在实际案例中证实具有协同设计功能的辅助工具在城市设计、交通规划、旅游分析以及难民安置问题的实效性，但仍存在缺陷：（1）CS 平台无法投影三维建筑模型；（2）使用者接触到的数据层单一化；（3）应用分析主要以二维平面为主，缺少三维的、人视感知的尺度转换。

1.2 XR 参与式设计工具研究背景

随着计算机图形学（CGI）技术的发展，以手绘草图为主的设计方式渐渐被数字媒体技术取代。这类技术开始于 2D 图像和 3D 模型的广泛应用，直到最近开始发展沉浸式交互式环境，如虚拟现实（VR）、增强现实（AR）、混合现实（MR）和扩展现实（XR），它集成了 VR、AR 和 MR。XR 技术增强了用户体验的“真实性”，让用户沉浸在人工创造的世界中。这些沉浸式技术可以真实显示其他现实世界中的信息、项目信息（包括准确的比例、材料、感官体验等），并帮助用户了解并设计解决方案。

Kwiecinski，Arkusiewicz & Pasternak（2017）研究并使用相机和 AR 跟踪器捕捉对象，然后生成由 Grasshopper 叠加在真实世界的图像上，帮助用户理解与设计。混合现实技术（MR）融合了真实世界与虚拟世界，实现了现场的三维可视化。Yda 等人（2021）开发了一种设计工具“HoLoDesigner”。有了这个参与式设计平台，用户可以自由表达他们对社区空间的想法：通过放置准备好的三维家具模型并进入实际场景进行设计。

2 研究内容

本文为“2021 计算性设计学术论坛暨中国建筑学会计算性设计学术委员会年会工作营：交互现实——虚实结合的交互设计”的延伸研究。

2.1 研究方法

本文将在已有的设计交互工具研究基础之上融合更多维度的辅助工具，探索新的城市设计空间多模态交互与协同设计环境的应用方法，如扩展现实（XR），其包含的技术有增强现实（AR）、虚拟现实（VR）、混合现实（MR），利用实时环境的三维可视化应用，来辅助决策者了解城市抽象的多元化信息；此外，它还支持虚拟场景和物理模型的实时交互，帮助用户协同设计与决策，并以有趣而直接的方式提出想法。

2.2 系统架构

对于此应用，我们采用人—设备—人的动态、迭代、循证的反馈循环交互方式（图 1），由三个核心模块组成：

（1）物理矩阵沙盘（物理交互模块）：物理可交互的、以 45 mm×45 mm×45 mm 为模数构成的矩阵沙盘（图 2），其组成从上往下结构依次为接触面、LED 灯带、压力触点、压力传感器、模块底座、机械传动构件。

（2）人机交互信息处理平台：Arduino 开源电子原型平台与 Unity 平台（图 3），二者在该应用方法中承担转译电信号与分析交互手势信号的中间媒介，实现人机互联。

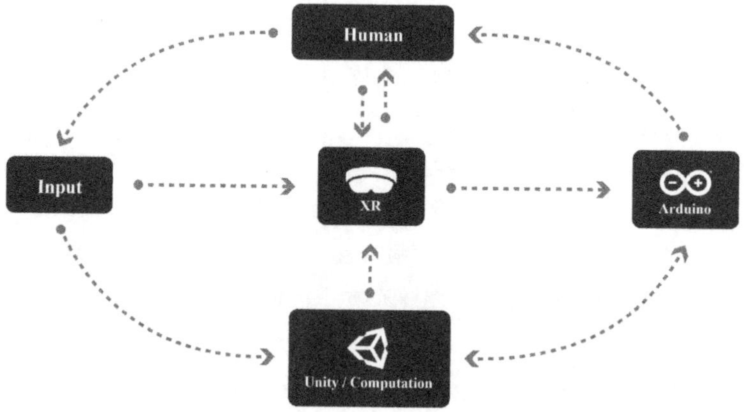

图 1 人机交互模式图

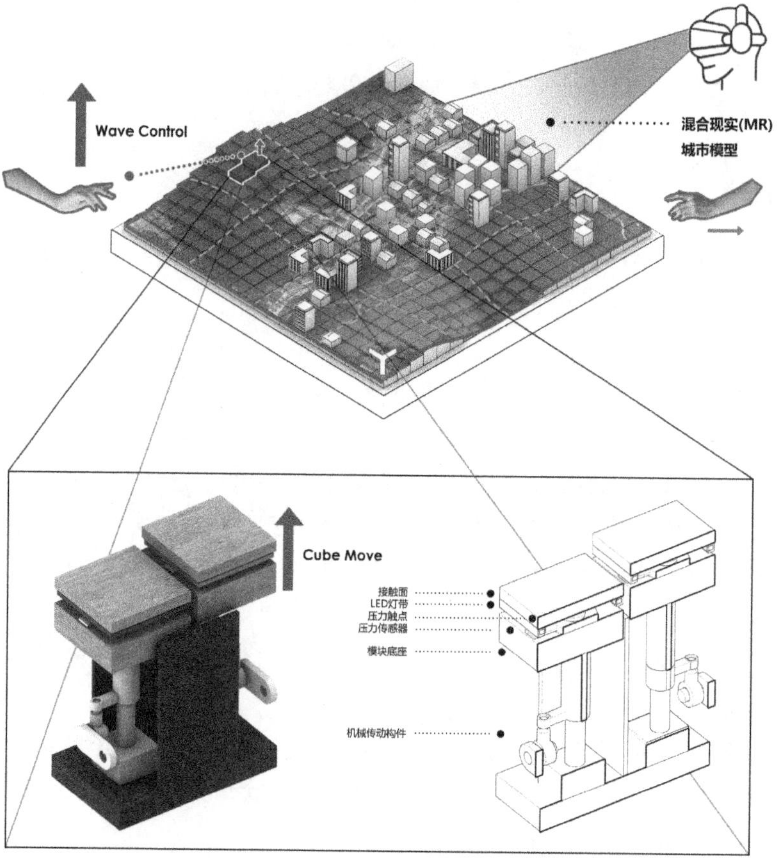

图 2 矩阵沙盘与单元模块运行方式

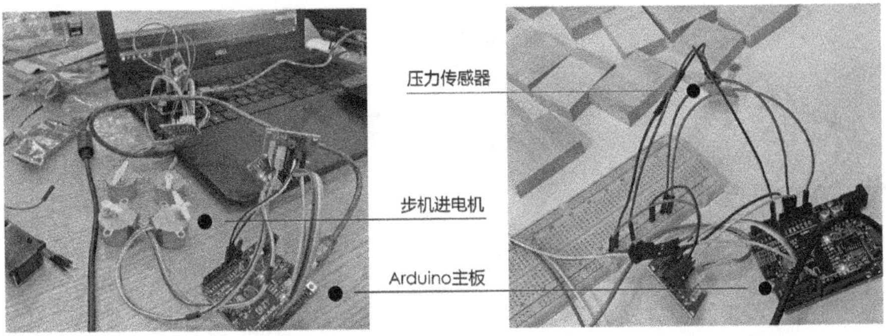

图 3　机械元件拆解示意图

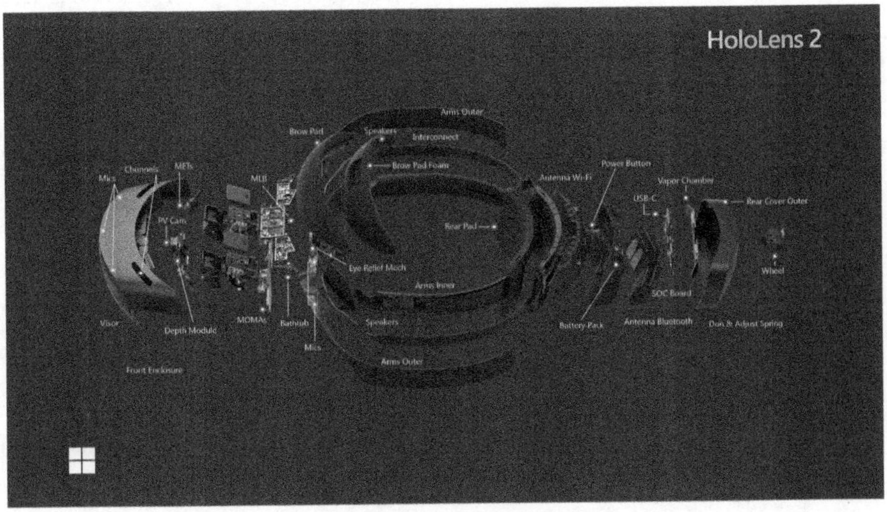

图 4　HoloLens 2 设备技术图

（3）混合现实交互模块：Microsoft HoloLens 2 是完全不受束缚的全息计算机。它可以改进由 HoloLens（第一代）开启的全息计算功能，通过搭配更多用于在混合现实中协作的选项，提供更舒适的沉浸式体验（图 4）。

2.3　技术路线

本应用中，技术路线总体是在微观与宏观间相互转换，分为地形生成、区域指标控制、局部模块调整三大板块（图 5）。

（1）地形生成

城市—矩阵沙盘的模态转译：选定城市设计范围后，使用倾斜摄影技术捕获场地三维模型，并爬取指定城市片区的高程点与各项数据信息，将其转译为垂直阵列空间并映射到矩阵沙盘中。矩阵沙盘由 400（20×20）个以 45 mm×45 mm×45 mm 为模数的正方

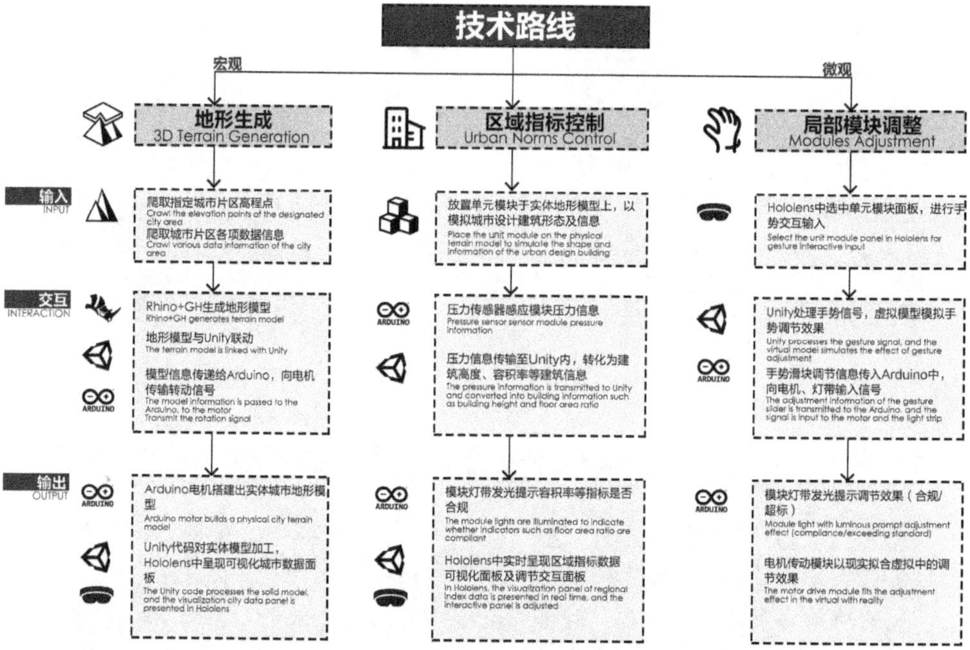

图 5　技术路线图

体单元构成，每个单元都可以进行独立控制与反馈输出。矩阵沙盘与 Unity 平台联动，决策者可在 HoloLens 眼镜中看到城市虚拟矩阵模型，虚拟矩阵模型中的每一部分单元模块都与有形矩阵沙盘的单元模块一一对应，根据决策者的设计需求，可完成改变街道周边建筑的密度、高度、地形要素的操作（图 6），借由 Unity 平台与 Arduino 开源电子原型平台向电机传输转动信号，在矩阵沙盘中呈现、共享决策者的设计结果。

（2）区域指标控制

单元模块—区域指标的模态转译：将可移动的单元模块放置于实体地形模型上，矩阵沙盘中的每个单元模块中都加入了压力传感器，通过压力传感器感应模块压力信息，传输至 Unity 平台，转译为建筑高度、容积率等城市信息。此外，单元模块中的 LED 灯带通过不同颜色的发光提示指标是否符合规范或是否适宜足尺体验；根据决策者的设计操作，HoloLens 平台中也将通过 AR 面板进行区域指标数据的交互式分析与数据可视化，将风环境、日照等分析映射至矩阵沙盘中。

公共空间视觉感知—区域指标的模态转译：本研究提出一种新方法来进行城市设计，城市设计师可以通过 HoloLens 平台对接虚拟现实模块，进入自己设计的街道和城市公共空间，直观地感受到 3D 人视角的空间氛围（图 7），同时也可通过“手势控制”与街道建筑互动：改变街道建筑大小、移动建筑单元实现微观设计操作（图 8）。这使决策者从以往自上而下的视角中脱离出来，进入足尺空间，自下而上地进行进一步决策设计。

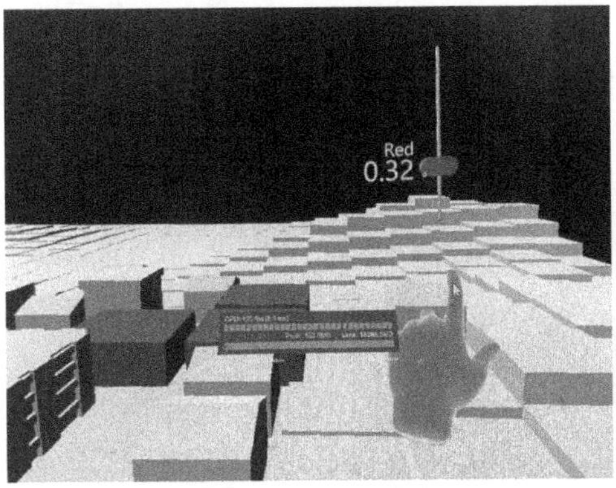

图 6　操作改变街道要素参数图

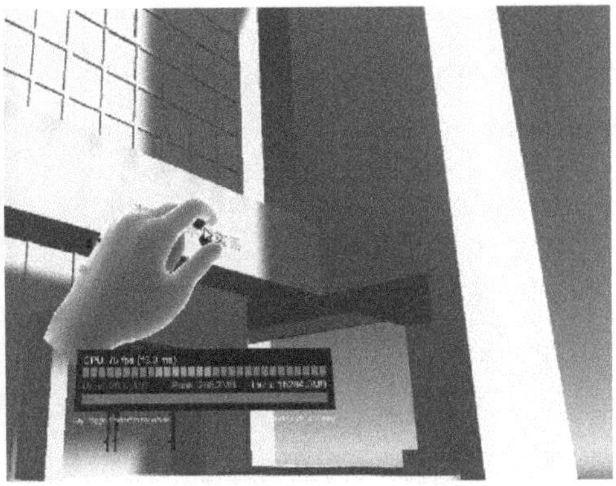

图 7　虚拟现实视角图

图 8　移动与缩放操作图

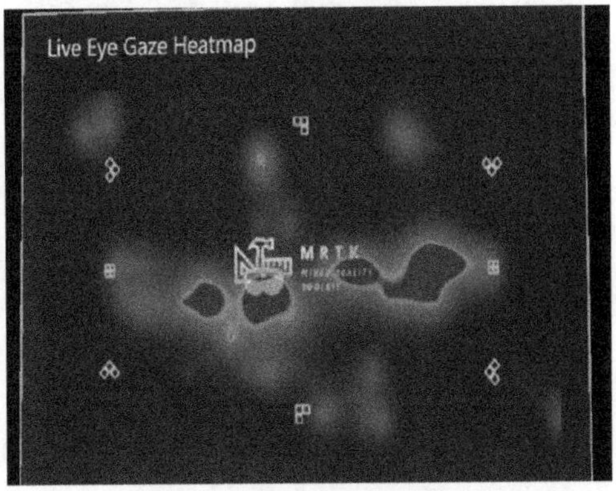

图 9　视觉感知热力图

街道空间视觉感知量化：应用对接 HoloLens 平台中“眼动追踪”的 SDK，基于使用者对街道空间形态、街道细节环境的主观感受形成的客观数据量化评价，形成视觉感知热力图（图 9），达到评估决策后的城市对视觉感知影响的目的。

（3）局部模块调整

手势交互—单元模块的模态转译：在决策者对当下设计决策对片区的影响有更深入的了解后，在 HoloLens 平台上选中单元模块，进行手势交互输入，Unity 平台则会处理决策者的手势信号，反馈至 HoloLens 平台中模拟手势调节后的效果。使用交互面板中的虚拟滑块来调整所选建筑的高度、建筑面积等指标；点选不同的建筑或区域设置 AR 高亮显示进行功能与空间类型的区分；使用面板显示、滑块移动来调整人、车流的预设参数，可基于现有交通条件和城市方案，模拟车行流线、人行流线，给出路线推荐值。以上通过手势达成的调节信息传入 Arduino 开源电子原型平台中，向电机、LED 灯带输入信号，控制矩阵沙盘单元模块跟随决策设计发生变化，并与区域指标控制部分完成动态、迭代、循证的交互闭环。

2.4 决策参与流程

针对不同的输入与输出信息，该部分将根据设计决策流程呈现本应用方法的交互方式（图10）。

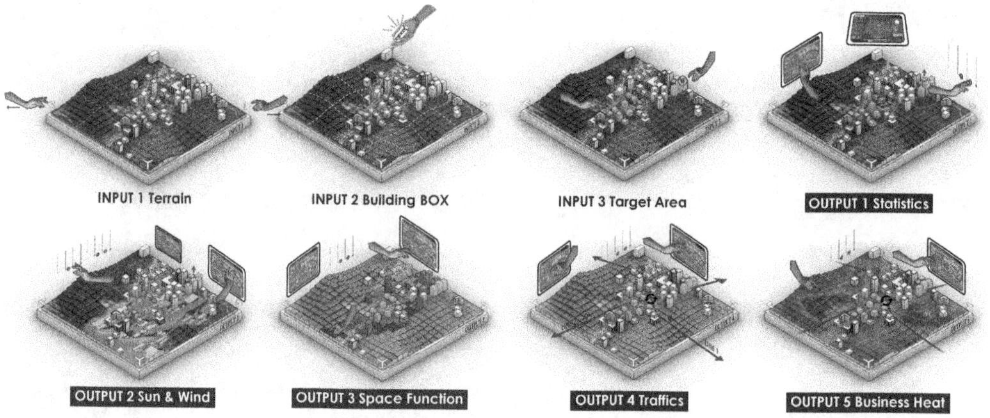

图10 设计流程图

（1）输入一：地形

通过对现状地形、建筑构建矩阵模型，电机读取场地数据后驱动单元模块起伏变化，形成地形。在HoloLens平台中，使用“手势控制”，拖动角点实时缩放聚焦；倾斜摄影MR混合现实功能对矩阵沙盘进行三维投影映射。

技术应用：DEM爬取地形数据、OSM爬取城市数据、GH to Arduino（机械）、GH to Unity（AR）。

（2）输入二：建筑单元

决策者可将建筑单元模块放置于矩阵沙盘中，单元模块通过压力传感器读取模块重量，将模块重量信息转译为所置入的模块的数量，系统可大致估算此操作后场地容积率、密度产生的影响。

技术应用：压力传感器data、超声波传感器data。

（3）输入三：区域选定

决策者可在HoloLens平台中，用手单选、点选区域，HoloLens平台读取“手势信息”后对虚拟矩阵沙盘进行选中并标记区域或单个建筑的操作。

技术应用：Unity（AR）/（MR）。

（4）输出一：数据统计

决策者可在HoloLens平台的AR面板中调整所选中区域的指标，如容积率、建筑密度、绿地率等；也可在选中某一栋建筑后，使用滑条调整其指标，如建筑高度、建筑面积等。

技术应用：马达驱动（Arduino）、超声波传感器（测距）、C# for Unity 编写指标计算逻辑、Unity AR。

（5）输出二：日照与风环境

系统根据决策者对单元模块的调整结果，生成可交互式数据分析，对选中片区的风环境、建筑日照等进行分析，并通过 HoloLens 平台投射至虚拟矩阵沙盘中。

技术应用：马达驱动（Arduino）、Ladybug（GH）、OpenFoam、Unity（AR）。

（6）输出三：空间功能

通过点选不同的建筑单元模块、区域，设定建筑与区域的功能分类，使不同功能的建筑块、公共空间以不同的颜色 AR 高亮显示。

技术应用：压力传感器（Arduino）、C# for Unity 编写指标计算逻辑、Unity（AR）。

（7）输出四：交通组织

决策者可在 Hololens 平台中对面板、滑块对人流、车流的预制参数进行实时调整；基于现有交通条件与城市设计方案，模拟车行流线、人行流线，并投射于虚拟矩阵沙盘中。

技术应用：GH to Unity、C# for Unity 编写指标计算逻辑、Unity（AR）。

（8）输出五：商业热点分析

系统通过对接商业热点图的 SDK，可基于现有城市设计方案，投射商业热度、城市活力热度至虚拟矩阵沙盘上，以辅助决策并确定商业功能布置的合理度。

技术应用：GH to Unity、C# for Unity 编写指标计算逻辑、Unity（AR）。

结语

多模态信息的互通互联呈现是一种可能改进公共空间设计的方法，在这种方法机制下，复杂的、差异化的、多元的社会问题能够在一定程度上得到展示，并结合设计行为的操作进行协调。本研究提出了一种基于 HoloLens 混合现实平台的城市设计空间增强创造性环境应用方法，通过数据模态的多重转换，为设计师创造从二维到三维推敲设计的平台，也为公众参与城市设计创造了条件。通过对本研究交互方式可行性的分析，得出图 11 所示结果。

在城市设计过程中，可视化对于决策者以及广泛的利益相关者来说至关重要，该工具试图通过生动的可视化信息和量化数据来增强决策设计的合理性，但其中仍存在许多问题：

该技术方法目前仍处于尝试与探索阶段，提出的概念虽已有样品但未成体系；

当前的虚拟界面对非专业人士来说仍然不太友好；

当前扩展现实的工具交互是不自然的，复杂的手柄和手势仍然限制非专家用户的参与；

分析项目	分析对象	矩阵沙盘响应	头戴式混合现实设备显示	手持式显示
视觉特性	使用者	可确认	可确认	可确认
	旁人	可确认	不可确认	接近手持者可确认
	混合现实显示	可确认：全视野	-	可确认：设备摄像机视野
	虚拟现实空间显示	画面部分被遮蔽	-	无法获取沉浸感
虚拟物体操作	直接操作	可交互	可交互，操作复杂	不可交互
	设备间接操作	可交互	可交互，操作复杂	不可交互

图 11 交互方式可行性分析

依赖于扩展现实设备的配套应用软件模块，目前这个板块尚有欠缺，使得前期的工作流变得烦琐，我们需要提前准备 3D 模型，同时在实验的时候仍会遇到很多未知错误。

图 12 设计流程实验操作 1

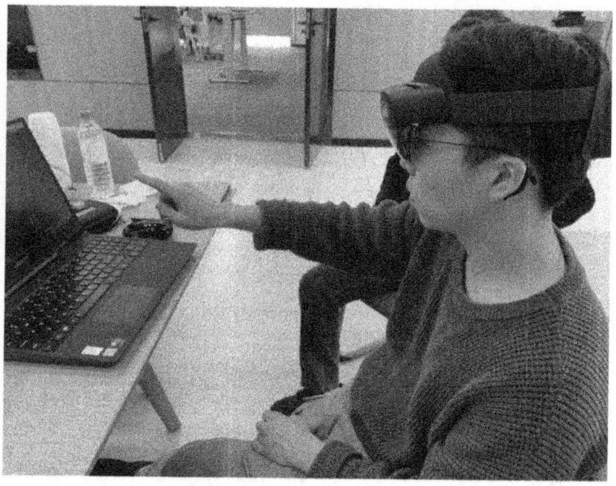

图 13 设计流程实验操作 2

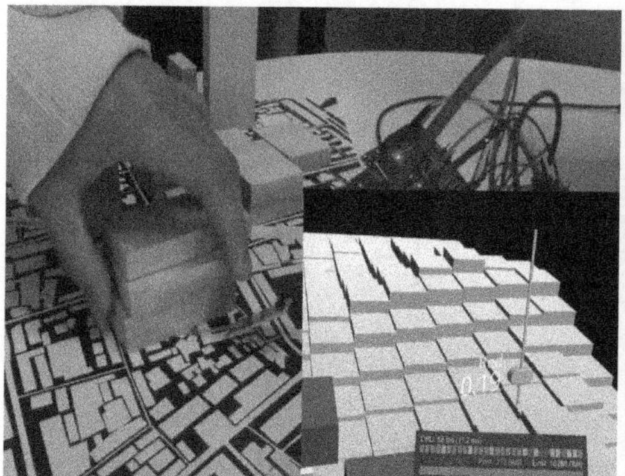

图 14 实验操作与混合现实画面图 1

图 15 实验操作与混合现实画面 2

这项工作可以作为进一步研究新方法的起点，本研究团队将继续基于此研究进行深入探索，通过科学的方法让我们对城市公共环境有着更深入的理解与认知，最大限度地发挥建筑师、规划师的技术优势，发挥协同设计效用，进而使其成为营造城市空间感知与集体价值认知的辅助设计工具。

参考文献

[1] 张砚,蓝森.CityScope:可触交互界面、增强现实以及人工智能于城市决策平台之运用[J].时代建筑,2018(1):44-49.

[2] 龚明东,丛晔,韩睿鹏,等.基于 HoloLens 的多人协同设计平台[J].现代计算机,2020(26):86-89.

[3] 任宇,徐小东.城市设计工具的历史演进与逻辑特性[J].华中建筑,2021,39(2):6-9.

[4] 曹静,何汀滢,陈筝.基于智能交互的景观体验增强设计[J].景观设计学,2018,6(2):30-41.

[5] ISHII H, RATTI C, PIPER B, et al. Bringing clay and sand into digital design: continuous tangible user interfaces[J]. BT Technology Journal, 2004, 22(4): 287-299.

[6] UNDERKOFFLER J. A view from the luminous room[J]. Personal Technologies, 1997, 1(2):49-59.

[7] NOYMAN A, HOLTZ T, KRÖGER J, et al. Finding places: HCI platform for public participation in refugees' accommodation process[J]. Procedia Computer Science, 2017, 112: 2463-2472.

图片来源

图 1~3、图 5~11: 作者自绘.

图 4: 微软官方网站.

图 12~15: 作者自摄.

MR 技术支持下参数化建筑的参与式营建
——以 CIY Pavilion 为例

孙克难[1]*　卢添添[1]　郭湘闽[1]
（1. 哈尔滨工业大学（深圳）建筑学院，广东省深圳市 518071，skyduo@gmail.com）

摘要

参数化设计过于抽象，用户很难理解和参与到参数化设计的优化中。参与式设计仅仅是基于个体得到的结果，无法满足大规模生产的需求，以及难以获得普适性的逻辑自洽。为了弥补参与式设计和参数化设计的不足，本文提出一种参与式与参数化设计协同的工作流。在这个流程中，我们通过几何参数设计了一系列模块化的亭子，并在 MR 环境中对其进行组合装配，简称 CIY（customize it yourself）Pavilion。MR 技术可以让参与者通过手势交互对 CIY Pavilion 进行初步设计。与完全的实体建造不同，基于 MR 的参与式装配建造通过设备、软件开发等方式，让用户在虚拟展示空间自由组合及拆解装配式构件，并允许其在其他空间中复制展示。这个工作流为打通参数化设计和参与式设计的联系提供了新的可能性。

关键词：MR；参数化设计；用户参与；模块化亭子；自行定制

Keywords：Mixed reality；Parametric design；User participation；Modular pavilion；Customize it yourself

项目资助情况：国家哲学社会科学基金后继资助项目（19FXWB026）；国家自然科学基金青年基金项目（51908158）；广东省高等教育研究和改革项目（HITSZERP19001）；深圳市高校稳定支撑计划总项目（gxwd20201230155427003—20200822174038001）；深圳市优秀科技创新人才培养计划资助项目（ZX20210096）

引言

参数化设计的过程十分复杂，通常会利用 Grasshopper 等专业设计软件进行建模。其设计输出的图纸和模型也较为抽象，对于甲方、用户和施工人员这类非专业人群十分不友好。这会导致设计结果沟通困难、设计满意度不高等问题。为了平衡这种关系，本文以 CIY（customize it yourself）Pavilion 为例，构建了一个参数化与参与式设计协同配合的工作流。CIY Pavilion 是一种模块化和几何参数化的亭子，通过参与式的方法进行设计，并能利用装配式的技术进行预制加工。这个工作流的尝试也为参数化建筑的模块化定制生产带来了可能性。CIY Pavilion 的设计初心是为乡村旅游空间增加空间吸引力，这个工作流也可以为乡村的建筑振兴提供新的思路。

1 文献综述

通过梳理参数化设计、参与式住房设计的文献，发现了它们之间有很多难以协调的矛盾，基于此，文中提出利用 MR 技术和模块化设计的方法，在两者之间建立一种联系，更好地推动参数化设计和参与式建筑设计。

1.1 建筑参数化设计

建筑的参数化设计是一种设计方法，其核心思想是把建筑设计的逻辑提炼成一种函数或者算法，通过改变变量的参数来控制建筑的造型和形体[1]。这种设计方法可以利用计算机技术来自动生成建筑设计方案，可以在很短的时间内生成多种设计方案。但是参数化设计往往也是抽象的和难以理解的，这会带来很多问题。对于甲方而言，抽象的设计逻辑不利于控制成本和造价；对于建造者而言，复杂的设计形式不利于施工和建造以及大规模生产；对于用户而言，自上而下的设计规则不利于用户对个性化的追求。在这种限制下，将会导致参数化建筑华而不实，这与建筑的以人为本、实用主义等基本特点产生矛盾。这也是公众诟病参数化设计的主要原因。

1.2 参与式住房设计

近年来，建筑领域的参与式设计受到广泛关注。它主张自下而上的设计，将设计权力部分转移给用户[2]，让建筑空间具有更多可变性和可选择性，从而满足用户的个性需求[3]。对于住宅建筑而言，可以分为支撑体系统和可变的填充体系统[4]。住户可以利用参与式设计方法设计可变的填充体系统。用户可以根据自己的需求、喜好及预算，设计空间布局，布置设备管线，选择隔断材料等[5]。但是，参数化设计是一个复杂的系统，专业的设计图纸非常复杂，用户可以从中理解的建筑信息很有限。由于缺乏相关的建筑信息和设计经验，加上设计方案在施工前无法通过技术手段得到直观的表达与验证，住户在填充体的设计与改造过程中常常留有遗憾，甚至出现一些不可协调的问题。为了避免对支撑体造成伤害，只好重新设计或施工，造成不必要的时间与建材浪费。

1.3 模块化装配式建筑

模块化建筑是指以每个功能房间作为一个基本单元，在工厂中提前加工完成，然后运输至现场，并通过一定的手段连接成整体[6]。装配式是指将传统的建筑建造过程中的大量现场作业转移到工厂进行，在工厂加工好各类建筑构件，然后运输到现场进行连接，形成建筑。两者有一定的相通之处，模块化和装配式建筑的构件都由工厂预先制作好，都具有生产标准化、易于运输、场地适应性强、易于替换等特点。简而言之，模块化建筑是一种集成化的装配式建筑。目前模块化建筑主要应用于临时建筑、实验建筑和居住建筑。

1.4 MR 技术

MR 技术旨在通过硬件设备结合 3D 技术、图像分析、追踪技术、实时渲染等多种技术手段，实现虚拟环境和真实环境交融的状态[7]。混合现实（MR）将虚拟世界和现实世界进行融合，打破了人、信息以及体验之间的距离壁垒。我们可以多感官地感知虚拟与真实环境，通过情境感知、感觉带入、多技术交互等方式对虚拟对象进行编辑。MR 技术拥有人本性、智能性、交互性、生态性和生成性等教育应用特征。MR 技术的综合特点可以更直观、更便捷地与环境交互，对于建筑设计、建造过程以及建筑仿真有很好的应用价值。我们可以利用扩展现实技术辅助设计项目建造以及创造智慧化、交互式的场景设计[8]。

2 研究背景与实验逻辑

2.1 研究背景

溪东种养专业合作社位于潮州市韩江之滨，生态环境优越。当地拥有丰富的竹资源，竹子具有绿色、低碳、生长周期快的特点，还拥有一批技艺精湛的、经验丰富的竹师傅，这使当地传统的竹艺得到发展。这里有花海、农田，还有湖畔文化，吸引了许多游客来此观光。但纯粹的自然环境中缺乏具有人文气息的休息空间和可停留空间，游客在这里游玩过程中找不到遮阳避雨、喝茶聊天的空间。因此，游客和附近居民希望在稻田中设计属于自己的定制化凉亭。为了满足用户的需求，我们定义了一个新范式的工作流（图 1）：以用户的个性化和大规模可定制的需求为导向，从几何参数进行研究，利用参数化设计工具进行设计，并为 CIY Pavilion 制定了三个库，然后，基于 MR 技术让用参与 CIY Pavilion 的设计。我们的工作一方面为当地乡村振兴提供了更多的可能性，另一方面，也探索 MR 技术下参数化建筑的参与式营建。

2.2 实验逻辑

具体的实验路径分为以下四个部分（图 2）：（1）选择可密铺的几何体作为基本单元，对其进行优化变形，使其满足空间可填充或者二维平面可密铺的要求。（2）进一步对模块化单元进行深化，将 CIY Pavilion 分为结构系统、可填充的系统和交通系统，并将三个系统打造成三个可扩展的模型库。用户可以自由设计休息空间、眺望空间、餐饮空间等不同类型的空间。（3）在 Unity 中为中添加手势交互脚本。（4）基于 MR 技术探索不同模块单元的装配方式和组合方式。将设计权力转移给用户，在混合现实空间中让用户参与设计。

3 研究过程

参数化设计的基础是研究几何关系和几何变化。在几何算法的驱动下参数化设计才

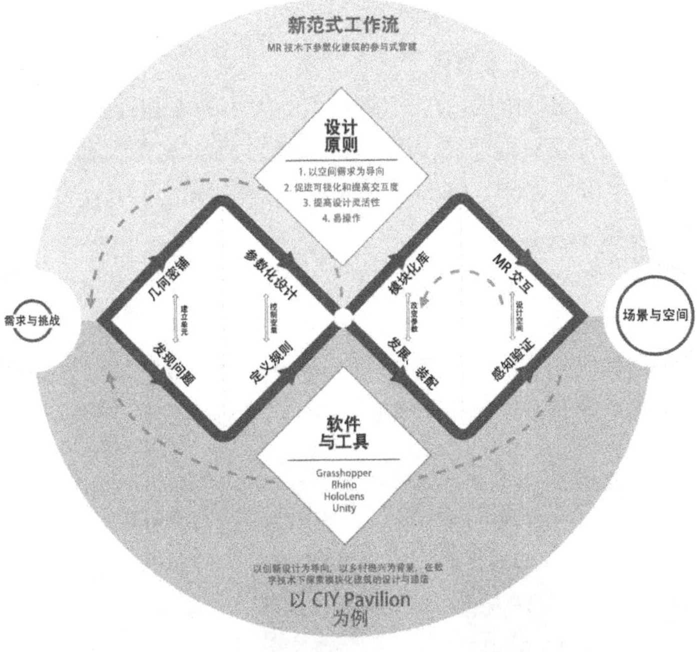

图 1 MR 技术支持下参数化与参与式设计协同工作流

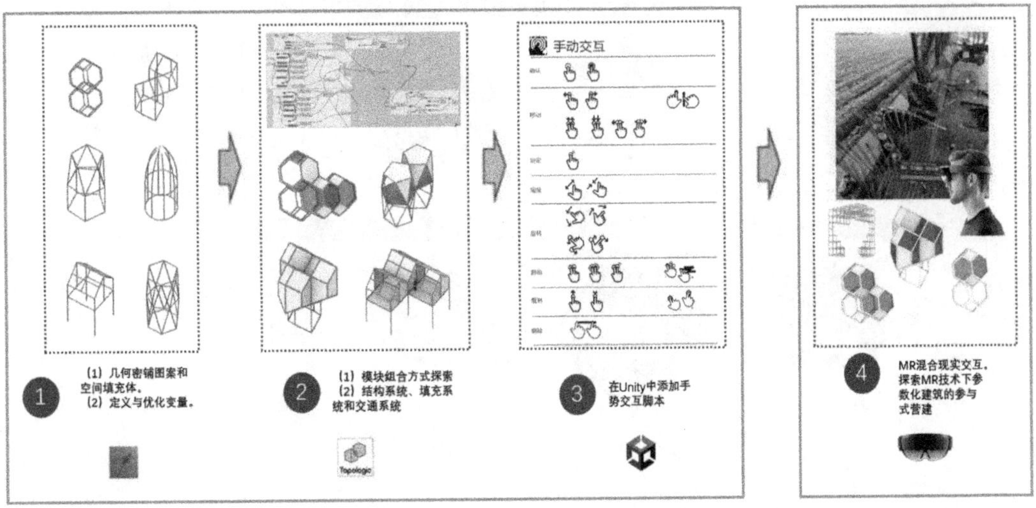

图 2 实验路径

会呈现更科学的数据结构和设计逻辑。而装配式构件为了满足重复利用的需求，多采用模数化和标准化的构件作为基本单元，通过不同模数单元的组合形成功能房间。为了提高模块化亭子的利用率和组合效率，我们希望建筑本体是一种在组合自由度上限制性少的几何结构，因此空间填充多面体成为我们的研究对象。我们从几何组合的逻辑中发现规律，并将其运用到 CIY Pavilion 的参与式设计中。

3.1 可密铺几何图形与空间填充多面体

密铺图形是指可以进行密铺的图形，即将形状、大小完全相同的平面图形进行拼接，彼此之间不留空隙、不重叠地铺成一片。可密铺的二维几何形状有任意三角形、任意凸四边形、三对对应边平行的六边形等几何图形。可密铺图形的几何特点与模块化建筑对拼接单元的需求非常一致。

为了让 CIY Pavilion 基本单元的利用率更高，我们希望 CIY 系统中少数几种独立的几何单元就可以填满整个三维空间。空间填充多面体是指利用一种空间几何体就能够独立完成空间密铺的几何体（图 3），即可以形成一个所有胞全等的堆砌或蜂巢体[9]。例如，截角八面体、菱形六角化十二面体、梯形菱形十二面体等都是空间填充体。

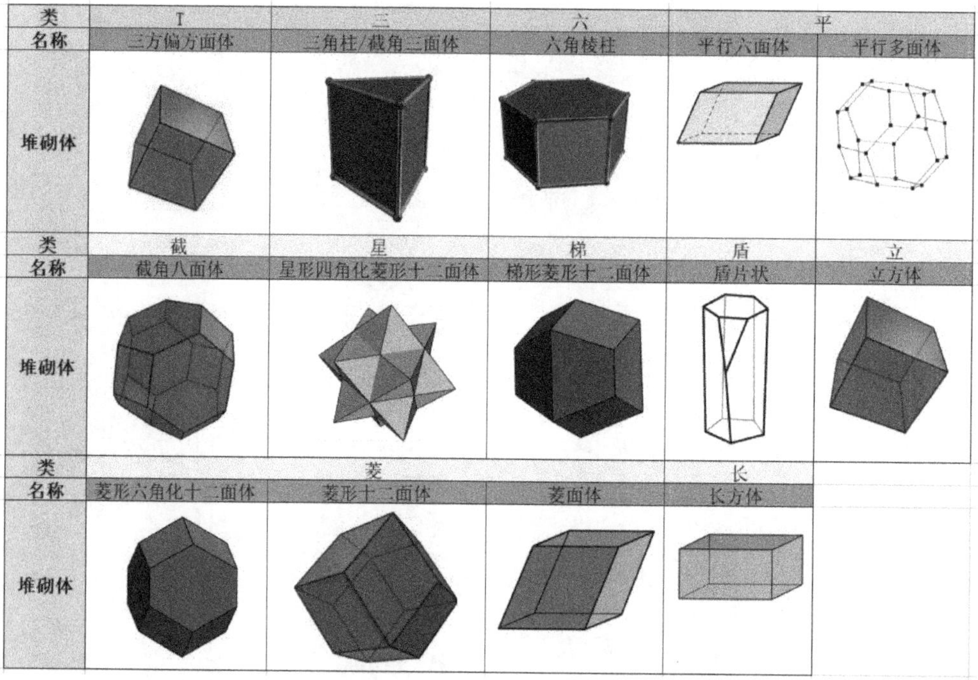

图 3 空间填充几何体

3.2 基于几何参数优化的 CIY Pavilion

建筑空间不仅仅是几何体的堆砌。该项目的用户提出，CIY Pavilion 不能影响稻田的耕种，要将亭子建在空中。为了在空间结构和模块利用率之间找到一个平衡点，我们将二维的可密铺几何形体和空间填充体进行了结合，把 CIY Pavilion 分为结构支撑系统、填充系统和交通系统三大部分。

3.3 CIY Pavilion 的设计阶段

本文以一个五棱柱变形体为例（图 4），展示了 CIY Pavilion 构建的三个阶段。首先是对几何体的参数进行优化，使其组合的自由度尽可能高，同时又要保证功能空间的尺度合理、经济和舒适。接着将几何形式生成建筑，并分为结构系统、可填充的系统和交通系统。最后用户根据自己的需求将模块单元进行组合拼装，生成属于自己的 CIY Pavilion。

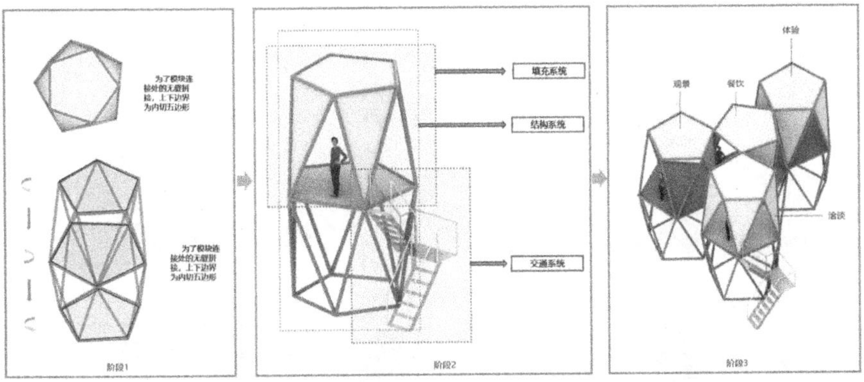

图 4　CIY Pavilion 的三个设计阶段

4　基于 MR 的手动交互实验

基于 MR 的手动交互实验利用硬件和软件的结合，将 Rhino、Grasshopper、Unity、HoloLens 进行联动。首先，把 Rhino 和 Grasshopper 作为设计输入端，建立 CIY Pavilion 的基本参数和逻辑；接着，在 Unity 和 Visual Studio 中添加手势交互命令；最后，在 HoloLens 中进行设计可视化输出和交互实验，并搜集实验数据（图 5）。

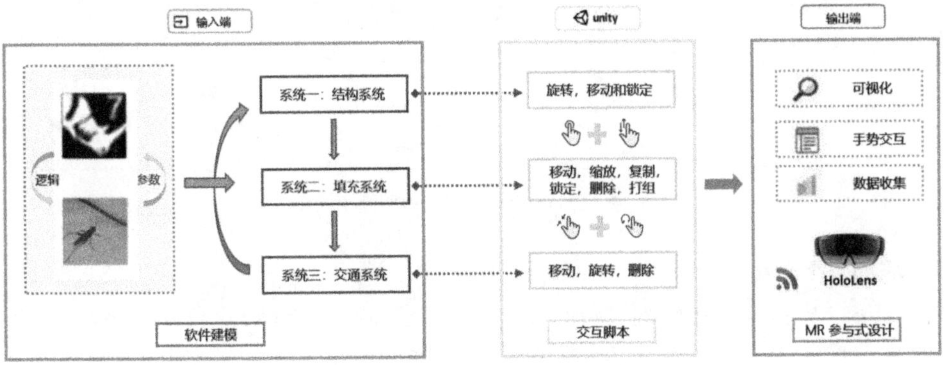

图 5　CIY Pavilion 的实验流程

4.1 实验的输入端

在进行 XR 实验前，需要提前在 Rhino 中设计好 CIY Pavilion 的三个系统（图 6）：结构系统、填充系统、交通系统。同时，在 Grasshopper 中将三个系统进行参数化设计，并利用 Grasshopper 和 Rhino 共同调整 CIY Pavilion 的尺度和逻辑。三个系统里的模型信息可以被看成一个库，设计师可以根据用户的个性化需求不断扩展库中的模型。这三个库就是实验的输入端，接着将模型信息导入 Unity 中。

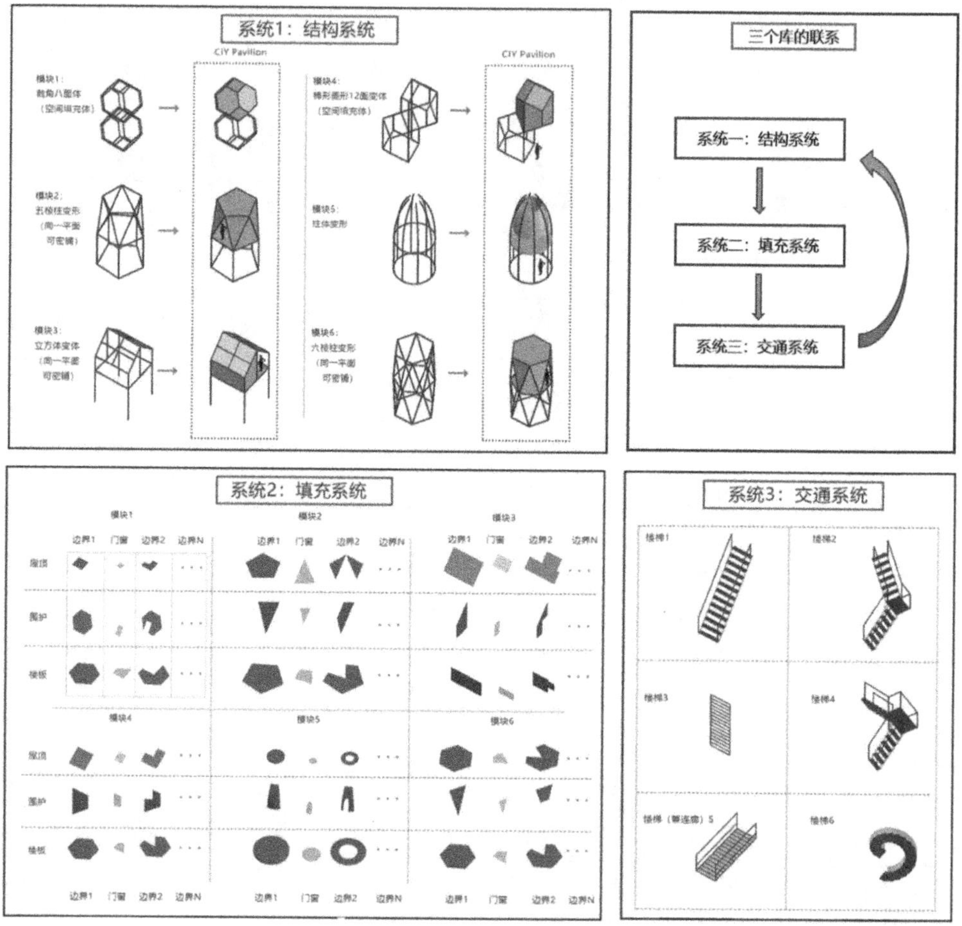

图 6 CIY Pavilion 的三个模型库

4.2 添加手势交互

在 Unity 中，为三类库文件添加不同的手动交互脚本，为用户在 HoloLens 中的交互做准备。对于结构系统，对其添加旋转、移动和锁定等交互命令，这样便于参与者摆放结构模型，让用户根据自己的需求确定最佳的基地位置。对于填充系统，对其添加移动、缩放、复制、锁定和删除等交互命令（图 7）。用户可以根据自己对景观、私密性、光照等的需求来拖动和摆放填充系统里的模型。同时，用户可以通过手势拖曳来改变窗户、门等构件的尺寸。在用户确定好填充构件的位置和大小后，可以对其锁定，避免失误移动模型。对于交通系统，对其添加了移动、旋转的交互命令，用户可以自由组织交通流线。

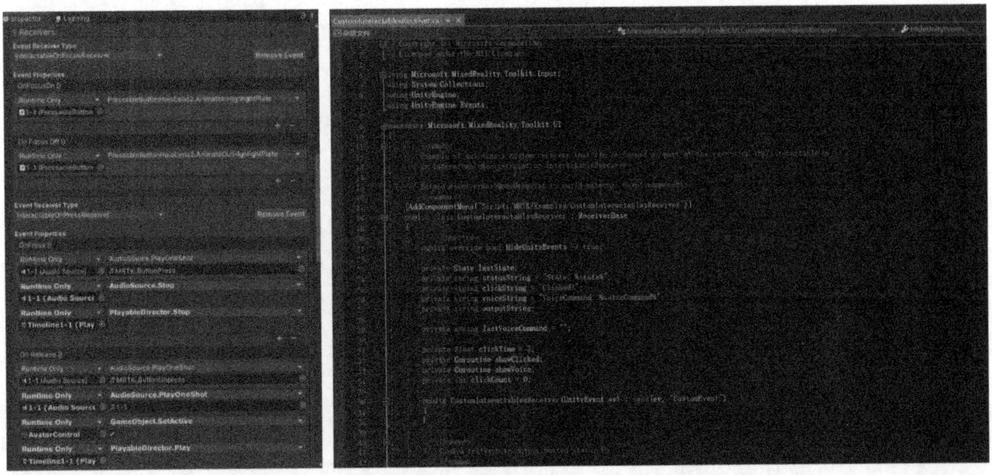

图 7 手势交互命令

4.3 在 HoloLens 中进行参与式设计

为模型添加手势交互命令后，将 Unity 和 HoloLens 眼镜连接。用户可以在混合现实空间中自由调动三个库里的模型（图 8）。首先，用户确定一种自己喜欢的结构单元，并确定结构单元的数量和位置。然后再进入填充系统的库中选择屋顶、围护边界和楼板。最后，添加交通系统中的楼梯或者连廊，实现 CIY Pavilion 的参与式设计。

图 8 MR 环境中参与式设计 CIY Pavilion

5 不足与展望

本文通过对 CIY Pavilion 的设计，探索了参数化和参与式协同的设计方法。基于混合现实技术的参与式建造通过 HoloLens 硬件、Unity 软件开发等方式，让用户在虚拟展示空间自由组合及拆解装配式构件，并允许 CIY Pavilion 在其他空间中复制展示。这个工作流为打通参数化设计和参与式设计的隔阂提供了新的可能性。但是这个工作流还有很多值得改进的地方，实验也有很多不成熟的地方，以下几个问题将是我们在未来努力的方向。

（1）由于疫情的原因无法去实地做实验，有待后期进一步落实，让当地居民参与设计并推动建造。

（2）交互方式只有手势交互，交互的自由度有待提高，未来会在系统中加入声音交互等内容。

（3）MR 技术可以实现真实环境和虚拟对象的情景交融，但是没有在虚拟对象和真实的物理对象之间建立交互联系，后期会加入 XR 技术进一步优化参与式工作流，打造一个虚实联动的设计方式。

（4）目前的设计输入相对简单，仅仅停留在建筑结构、建筑边界的基础上，后期会加入更多的库文件——家具库和环境库，使得用户可以根据自己的个性化的需求选择家具，并根据自己对景观的爱好设计周边建筑环境。

结语

本文提出了一种基于 MR 技术的建筑参数化和参与式营建的工作流。在这个过程中，以 CIY Pavilion 为研究对象，实现了软硬件协同、虚实结合、情景交融的实验目的。这种方法为模块化建筑的大规模定制提供了更多可能性，也为参数化建筑的参与式营建提供了新思路。但是，目前的交互度和设计对象还较为初级，后期将对交互的自由度以及设计对象的丰富度做进一步的研究。

参考文献

[1] 孙澄.建筑参数化设计[M].北京：中国建筑工业出版社，2020.

[2] MUELLER J, LU H X, CHIRKIN A, et al. Citizen design science：a strategy for crowd-creative urban design [J]. Cities, 2018, 72：181-188.

[3] LO T T, SCHNABEL M A. Definition of smart sarametric sodel for collaborative design of mass housing[C]// Cutting Edge：47th International Conference of the Architectural Science Association (ANZAScA). Hong Kong, 2013：207-216.

[4] HABRAKEN J. Supports：an alternative to mass housing[M]. London：Urban International Press, 1999.

[5] FRIEDMAN A. Decision making for flexibility in housing [M]. North Shields：The Urban International Press, 2011.

[6] 王蔚.模块化策略在建筑优化设计中的应用研究[D].长沙:湖南大学,2013.
[7] BURDEA G C, COIFFET P.虚拟现实技术[M].2版.魏迎梅,栾悉道,等译.北京:电子工业出版社,2005.
[8] 肖凤翔,覃丽君.麻省理工学院新工程教育改革的形成、内容及内在逻辑[J].高等工程教育研究,2018(2):45-51.
[9] 王子琛.规整多面体空间填充的分析探究[J].空间结构,2016,22(1):16-24.

图片来源

图1~7:作者自绘.

图8:作者自摄.

基于虚拟现实技术的大型综合医院 BCP 应急场景模拟与评估

贾天下[1*]　周　颖[1]　辛阳鹏[1]　杨　乐[2]

（1. 东南大学建筑学院，江苏省南京市 210000，1006716462@qq.com；

2. 常州第二人民医院感染管理科，江苏省常州市 213004）

摘要

BCP 即业务连续计划（business continuity plan），医院的 BCP 就是在突发事件之前做好的相关应对预案。如果 BCP 制定较为成功，在灾难发生后可减少混乱并顺利开展灾时医疗。但在医院 BCP 制定后，BCP 中的预设是否与灾时实际情况相匹配，难以实际检验，无法确定其可行性。且医院应急 BCP 进行在现实中的实验模拟难度过大，成本过高。本文拟用虚拟现实技术开展对 BCP 应急场景的模拟与评估，并检验得到一套合理且广泛适用的 BCP 评估方法，推动国内医院未来 BCP 的协同设计与改进。

关键词：业务持续计划；灾时应急医疗；行人模拟；虚拟现实；评估方法

Keywords: Business continuity plan; Emergency medical treatment; Pedestrian simulation; Virtual reality; Evaluation methods

项目资助情况：教育部产学合作协同育人项目（202101042020）；东南大学校级重点创新训练项目（202201012）；国家级创新训练项目（202210286004）；国家自然科学基金面上项目（51978143）

引言

在当今时代背景下，从海啸、地震，到疫情时代随时可能发生的疫情灾害，世界范围内的紧急灾害越来越频发，医疗建筑与应急设计面临着越来越严峻的考验。

医院的 BCP 就是在突发灾害发生之前做出的相关应对预案。在紧急灾害发生时，BCP 的执行可以提高医院的灾害承受能力，在受灾期间继续推进各项医疗业务，将医院的运行状况较快恢复至正常水平。在 2011 年的东日本大地震中，位于日本宫城县石卷市的石卷红十字医院作为防灾急救据点，发挥了巨大的作用。医护人员按照 BCP 展开行动，在 56 min 内基本恢复医院业务运转能力，在三天内接收并治疗了 2 129 名伤者[1]。

与一般企事业单位相比，医院 BCP 所需响应速度、恢复速度和工作量都要高得多，因此编制难度大。湘南藤泽德州会医院是日本神奈川县灾害协力医院，2017 年该医院救护车将 9 795 人次急救患者搬运入院，在日本位居前列，但迄今为止还未经历过大型灾害。换言之，BCP 中的预设是否与灾时实际情况相匹配，还未经过实际检验，无法确保其可行性。且医院应急 BCP 在现实中进行实验难度过大、成本过高。借助虚拟现实技术，有望创造一个可以模拟在重大灾害事件发生时应急医疗的可视化虚拟场景，这为 BCP 的模拟与评估提供了可能性。

本文拟借助虚拟现实技术，开展对 BCP 应急场景的模拟与评估。最终提供一套合理且适用广泛的 BCP 评估方法，推动国内医院未来 BCP 的协同设计与改进。

1 文献综述

1.1 BCP 与医院应急能力

医院应急能力即医院在公共卫生事件或紧急灾害突发时，快速响应并确保各项医疗业务正常进行的能力。近年来，国内各级医院的医疗技术和服务水平得到明显提升，但在面临重大突发公共卫生事件时，国内医院的应急能力仍存在应急预案实用性不强等诸多问题[2]。

BCP 是在紧急灾害发生之前做出的相关应对预案。日本石卷红十字医院的实践有力说明：制订合理可行的 BCP，可以有效提高医院的应急能力，在受灾期间推进各项医疗业务，较快恢复医院正常运转。BCP 的有效制订对解决国内医院应急能力存在的问题具有重大意义。

1.2 虚拟现实技术与应急医疗

虚拟现实（VR）技术是一种可以创建并使用户沉浸体验虚拟世界的计算机仿真系统。当今虚拟现实技术日渐成熟，如何利用虚拟现实技术解决当前医疗所面临的严峻考验，提高医院应急能力，是亟须解决的问题。借助虚拟现实技术在虚拟世界中进行模拟实验，推动医院 BCP 制订与有效评估，是可能的解决方案之一。

2 研究方法

2.1 技术路线

本文的技术路线如图 1 所示。研究学习湘南藤泽德州会医院的 BCP，采集接收伤病员数量、类型与应急医疗流程等前期数据以备后续实验；借助 SketchUp 对目标医院建模，并使用 MassMotion 行人模拟技术对人流密度等进行分析，检验目标医院灾时是否可以收治 BCP 中预估的患者数量；检验满足后，借助虚拟现实技术创造模拟灾时应急医疗的可视化虚拟场景，并招募若干名志愿者在模拟场景中进行实验，以问卷等形式得到实验参与者的反馈，分析得到对目标医院 BCP 与虚拟现实模拟评估方法两方面的评估结果。

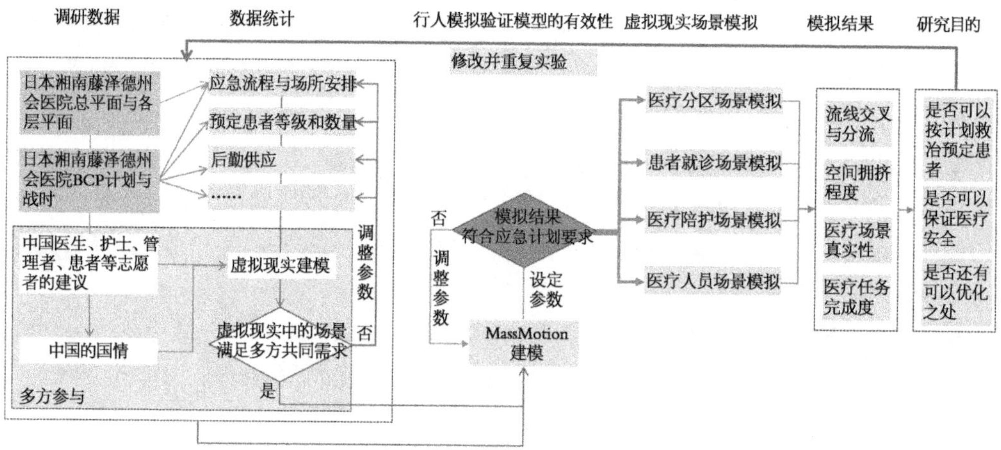

图1　技术路线

2.2　研究对象

德州会集团是日本第一、世界第三大的医疗集团。该集团始终致力于灾害应急医疗的研究与探索。截至目前，集团下属的全部71所医院中，有67所被确认为急救指定医院。湘南藤泽德州会医院是德州会医疗集团旗下的一所制订有详细BCP计划的急救指定医院。

（1）医院概要

湘南藤泽德州会医院是一所位于日本神奈川县藤泽市的大型综合性医院（图2）。建筑面积41 569 m^2，床位数419床，医院设计假定外来患者总流量约1 500人每日，共包含急救科、综合内科等32个专业科室[3]。

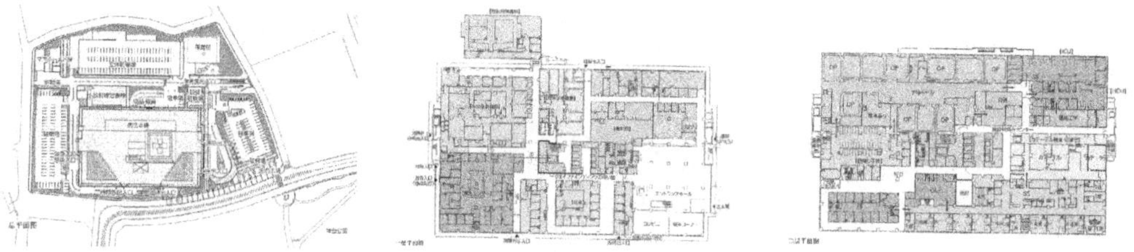

(a) 总平面图　　(b) 一层平面图　　(c) 二至四层平面图

图2　湘南藤泽德州会医院平面图

（2）BCP

湘南藤泽德州会医院拥有一套较为完整的医院BCP应急行动计划。该BCP主要包括6部分：应急医疗能力确认、应急系统构建、医疗分流工作计划、医疗分区计划、交通运输和物资存储与采购[4]。其中将几乎所有可能出现的应急医疗行为流程规范进行详细策划规定。

2.3 人员数据与应急医疗流程

在进行实验前，需要先对目标医院的相关数据与信息进行采集，主要包括人员数据与应急医疗流程等内容。

在目标医院 BCP 中，以 2011 年东日本大地震为参考，该医院假定了相似灾害来临时的医院受灾相关数据，包括灾后数日患者人数等重要参考数据（图 3）。

以下是关于灾害发生后对周边地区和本院的损害假设

◆对周边地区和本院的损害

项 目	灾害发生后 (0～6 h)	第一阶段 (48～72 h)	第二阶段 (72 h～1周)	第三阶段 (1周～1月)	第四阶段 (1月～3月)	第五阶段 (3月后)
周边建筑物与人的损害						
·建筑倒塌	100栋					
·火灾	1 000栋					
·死亡人数	100人					
·重症人数	200人	400人	300人	100人	50人	
其他患者人数	800人	800人	400人	200人	100人	50人
·避难人数	500人	2 000人	3 000人	2 500人	2 000人	1 000人

图 3 BCP 中的受灾人员假设

本研究中，实验所需的时间条件为某个特定时段。需要提取灾时每个时间段的医院人员数据。BCP 中未给出相关信息，且由于条件限制无法进行现场调研得到数据。

正常情况下，医院急诊科每天都需要接诊由于若干突发灾害事件导致的患者。医院急诊科的人员数据对于本次实验具有最大借鉴意义。美国 EDBA（Emergency Department Benchmarking Alliance）于 2007 年进行了一项针对医院急诊科每日人员数据变化的统计实验[5]。该实验表明：在医院急诊科中，经过一个 24 h 的周期，可以预测，无论规模大小，医院急诊科内的患者数量高峰通常是低谷的 3～4 倍，平均每小时医院急诊科的到达人数通常为患者数量低谷的 1/2（图 4）。

根据该变化规律，将从湘南藤泽德州会医院的 BCP 中所得的医院受灾情况下每日人员数据进行计算，可以得到相应的 1 天各小时内的人员数据。

在目标医院的 BCP 中，明确包含了包括医疗分区、预检分诊流程等说明。因后续实验设定需要，对应急医疗流程进行采集。

2.4 实验设定

进行实验前需要针对实验时段的背景进行设定，包括灾时医院医疗能力状况与设施的损坏情况、实验时段的发生时间、患者的症群比例与类型等若干内容。

对于实验时段的发生时间，出于评估目的，设定时间段应当为灾害发生后的医疗接诊难度最大的时段，也就是患者人数最大日中的患者人数高峰时段。

为确定灾时的患者的症群比例，实验参考 2012 年日本东京电机大学对于东日本大

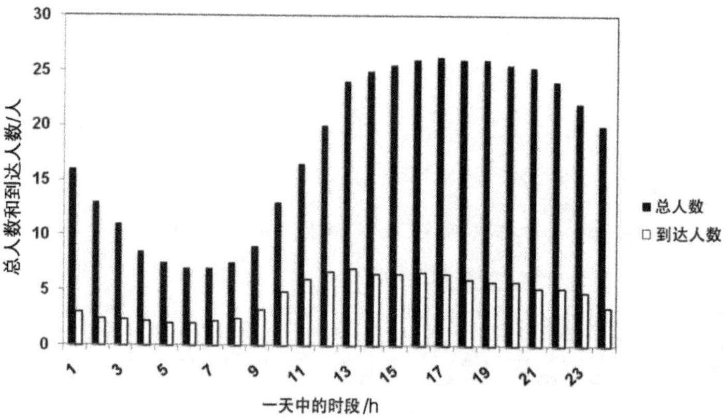

图 4 医院急诊科每日人数变化表

地震时医院伤病员接收情况的研究[6]。该研究获取了 14 家亲历该地震的医院的真实数据，确定了灾时各家医院重症、中症与轻症患者的比例。将目标医院与样本医院进行比对，找到最相似的医院，类比确定实验中所需患者的症群比例。灾时患者类型（年龄、性别等）通过实地调研获取相关信息。

2.5 行人模拟

（1）模拟实验

人流模拟须借助目标医院 3D 模型进行。本次研究借助 SketchUp 三维建模软件进行 3D 模型建设，将已建立的目标医院 3D 模型导入 MassMotion 人流模拟软件。依据前期采集的数据与信息对进入医院的患者人数、类型、行为等进行设定并模拟，最终得到实验时段内医院的人流密度地图、人员最大邻近度地图等模拟成果（图 5）。

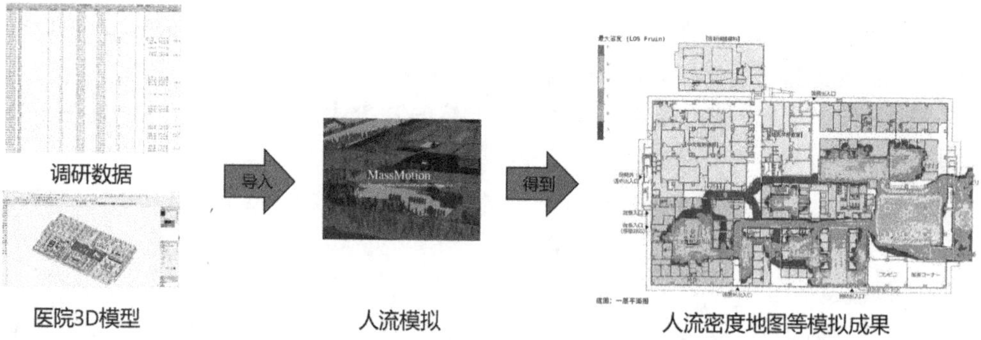

图 5 人流模拟实验技术路径

（2）验证分析

对实验结果进行分析。确定在实验时段，医院内部是否会出现大面积拥挤、流线交叉严重等不利状况，前期数据与设定是否满足进行后续虚拟现实实验的条件。同时确定目标医院 BCP 是否能按计划救治预定数量患者。若实验结果出现问题，则需要对目标医院 BCP 做相关改进后再进行后续实验。

2.6 虚拟现实实验方案

虚拟现实模拟实验采取参与式实验方式，拟征集若干志愿者参与。志愿者范围包括潜在患者、陪护人员，以及医生、护士等专业人群，以获得多方的参与和建议。

实验参照目标医院 BCP 中的预估，为参与者设定灾时的多种不同模拟身份，并根据不同身份为参与者设定不同的实验任务，以满足实验评估的全面性。

2.7 虚拟现实模拟

（1）模拟实验

将医院 3D 模型导入 TwinMotion 虚拟现实建构软件，参照前期数据与医院场景信息进行仿真场景建构。实验中参与者需要佩戴 VR 头盔设备，在已构建的虚拟场景中根据实验方案中的指定任务流程完成任务，模拟出灾后医院应急医疗业务的进行状况。记录实验中被延迟或无法顺利进行的动作，找到 BCP 中亟须改善之处。

（2）结果分析

实验完成后以问卷的形式反馈实验结果。问卷包括虚拟场景、空间流线与医疗流程等相关评估内容。对已得到问卷进行分析，得到包括目标医院 BCP 可行性与虚拟现实模拟评估方式有效性的实验结论（图 6）。

图 6 虚拟现实模拟实验技术路径

3 研究结果

3.1 数据采集结果

根据目标医院 BCP，医院灾后最大患者数量日为灾后第三日，当日目标医院全天预计接收 1 200 名患者。根据医院急诊科每日人员数量变化规律，可估算得到：目标医院灾后第三日患者数量高峰约 300~400 人。

对目标医院 BCP 中关于医疗分区、应急时期预检分诊流程等灾时具体应急医疗流程的说明进行采集与直观表达（图 7~8）。人流模拟实验中的行为设定与虚拟现实模拟实验中任务设定参照相关流程信息进行。

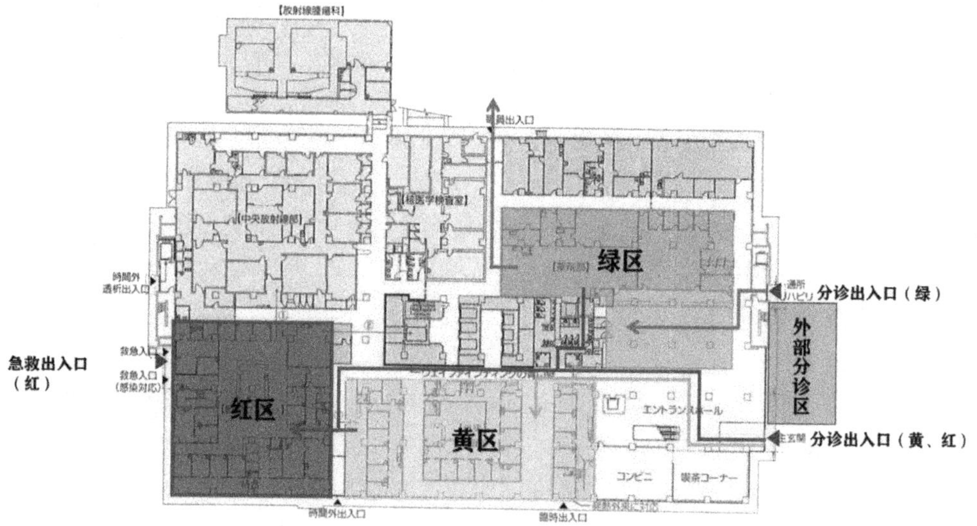

图 7 灾时医疗分区与流线

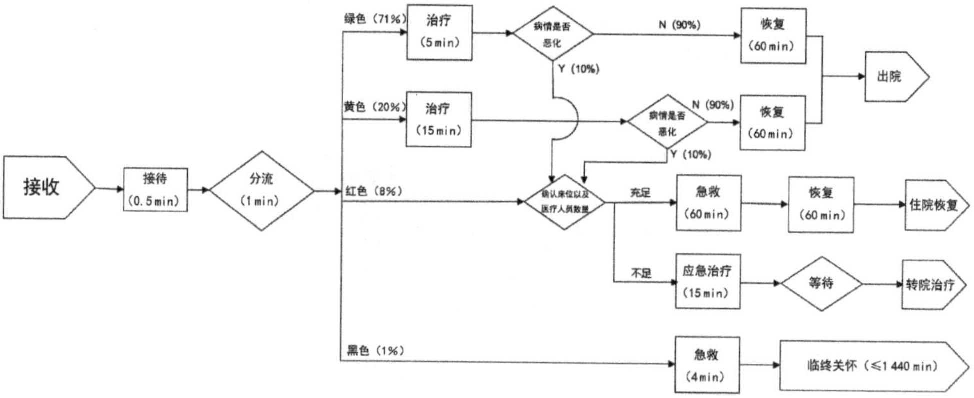

图 8 灾时分诊与应急医疗流程

3.2 实验设定

目标医院为日本急救指定医院，按照 BCP 中的预估（图 9），灾时医院电力、通信、运输、物资供给等方面内容可以在 48 h 内恢复正常运转。实验时段为灾后患者人数最大日即灾后第三日的患者数量高峰时段，该时段应急医疗业务可正常运转。

将目标医院与第 2.4 小节研究中的 14 个样本医院进行比对，得到最相似的样本医院为 J 医院，类比得到目标医院灾时重症、中症与轻症患者的比例（图 10）。

患者类型通过实地调研统计获取 R 医院 2022 年 1 月 17 日上午 8—9 时的急诊科人员高峰时段患者类型（表 1）。

以下是关于灾害发生后对周边地区和本院的损害假设

◆对周边地区和本院的损害

项 目	灾害发生后(0～6 h)	第一阶段(48～72 h)	第二阶段(72 h～1周)	第三阶段(1周～1月)	第四阶段(1月～3月)	第五阶段(3月后)
设施功能的损害						
·电力	×	○	○	○	○	○
·电话(固定)	×	○	○	○	○	○
·电话(手机)	×	×	○	○	○	○
·网络	×	×	×	○	○	○
·生活用水	×	○	○	○	○	○
·工业用水	×	○	○	○	○	○
·燃气	×	×	○	○	○	○
·周边道路	×	×	○	○	○	○
·铁路	×	×	×	×	○	○

图 9 BCP 中的设施与物资损害假设

表 1 患者类型统计

项 目	人数	百分比(患者)/%	百分比(总人口)/%
老人	55	15.54	11.00
儿童	56	15.82	11.20
青年	243	68.64	48.60
患者总人数	354	100.00	70.80
陪护人数	146		29.20
总人数	500		100.00
陪护比/%	1.412		

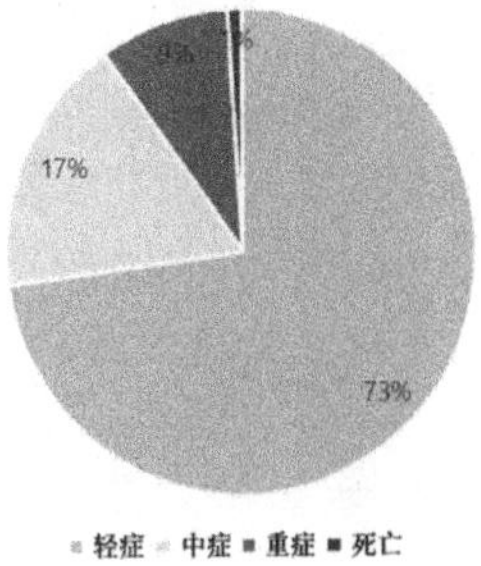

图 10 患者症群比例

3.3 行人模拟结果

(1) 模拟结果

借助 MassMotion 行人模拟软件，对目标医院灾后第三日的患者数量高峰时段进行实验总时长为 2 h 的人流模拟实验，获得若干人流模拟成果（图 11、12）。

(2) 结果验证

从已获得的实验结果来看：实验时段内，除极少区域出现轻微人员拥挤外，医院内部并未出现大面积人员拥挤、流线交叉严重等不利状况，满足进行后续虚拟现实模拟实验的条件；目标医院有能力按计划救治预定数量患者，医院 BCP 对于接受患者能力预估基本准确。

3.4 实验方案

因疫情等实际情况所限，实际征集 10 名东南大学与郑州大学的大学生作为志愿者参与（表 2）。其中临床医学专业学生为 2 名郑州大学本科四年级学生，已于专业医院实习过，具备实验所需专业技能与知识。

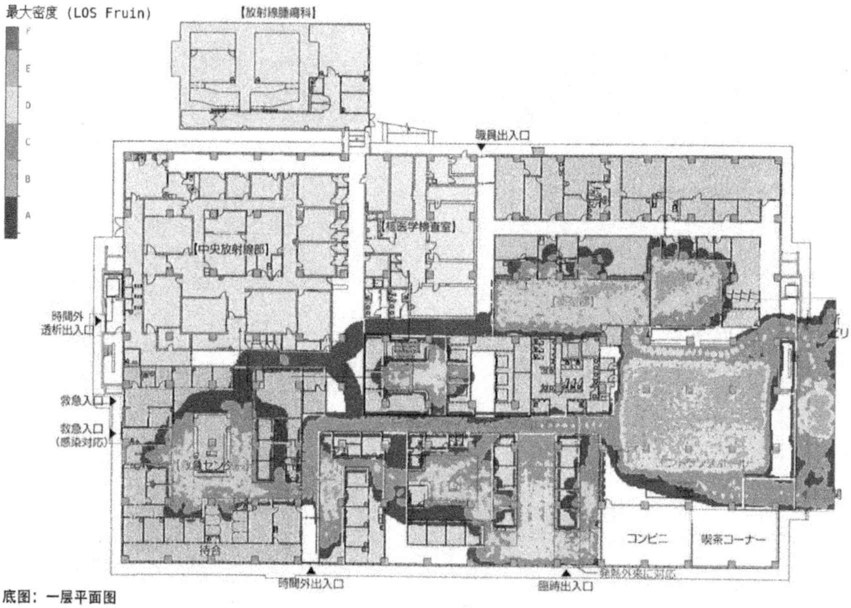

底图：一层平面图

图 11 最大人流密度地图

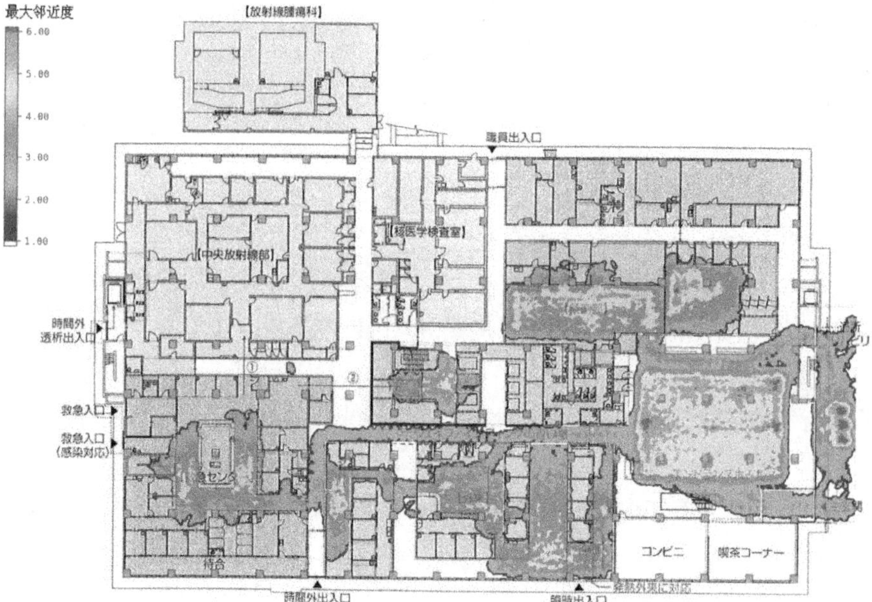

底图：一层平面图

图 12 人员最大邻近度地图

表 2 实验参与者信息统计表

统计信息	年龄			性别		学历		专业	
	16~20 岁	21~25 岁	26~30 岁	男	女	本科生	研究生	建筑学	临床医学
占比/%	10	70	20	80	20	70	30	80	20

根据目标医院 BCP 中的说明，依据患者、患者家属、医护人员（医生、护士）的不同模拟身份共设计，并进行 5 组不同任务的模拟实验（表 3），每组独立进行 4 次重复的实验，共 20 次模拟实验。医护人员模拟身份的实验任务由 2 名临床医学专业学生完成。

表 3 实验任务

实验编号	01	02	03	04	05
模拟身份	轻症患者（轻微外伤）	中症患者（小臂骨折）	重症患者陪护	轻症护理护士	中症负责医生
任务流程示例	01：进入预检分诊区向医护人员描述自身情况 ——被医护人员告知“请前往绿区就诊” ——依据医护人员引导来到绿区相应诊室就诊治疗 ——治疗结束后依据医护人员引导来到绿区恢复区进行休息恢复 ——确认自身伤势痊愈或基本痊愈后寻路离开医院				

3.5 虚拟现实模拟结果

（1）实验结果

在已完成的虚拟现实模拟实验中，通过对实验结果与以调查问卷形式获得的参与者反馈结果统计，得到以下结果。

关于目标医院 BCP：

① 100%的实验参与者可以完成分配的实验任务，90%的实验参与者认为该应急医疗流程合理且有效。

② 在共计 20 次实验中，95%的实验任务均可在目标医院 BCP 预估的时间内完成。

③ 部分实验参与者认为医院应急分区、应急流线与患者寻路等方面存在问题。

在 1 组超出了预估用时的实验中，实验参与者的任务编号为 02（中症患者就诊实验）。实验中参与者在寻路过程中花费大量时间，导致实验最终用时 3 min 42 s（BCP 中预估用时为 3 min）。

关于虚拟现实模拟评估方法：

① 100%的实验参与者对虚拟现实应急医院场景的真实性持肯定态度，100%的实验参与者认为虚拟现实模拟作为评估真实医院应急医疗场景的手段是可行的。

② 包括 2 位临床医学专业学生的 4 位实验参与者认为，该模拟实验方法对于医院

场景与人物行为细节的模拟精度不够，难以满足更大精度模拟实验的要求。

将 BCP 评估内容分为医疗分区、分诊流线、医疗流程 3 个指标，再将医疗流程细分为预检分诊流程、患者就诊流程与医护接诊流程，共得到 5 个评价指标。同理将虚拟现实模拟方法评估内容分为场景真实性、场景细节精度、技术路径可行性、任务合理性和国内现实有效性 5 个指标。每个评价指标以 5 分满分进行评分，将问卷中的评分结果取平均值定量地表达（图 13、表 4）。

图 13　虚拟现实模拟实验场景

表 4　实验评分结果

<table>
<tr><th>目标医院 BCP</th><th>虚拟现实模拟评估方法</th></tr>
<tr><td>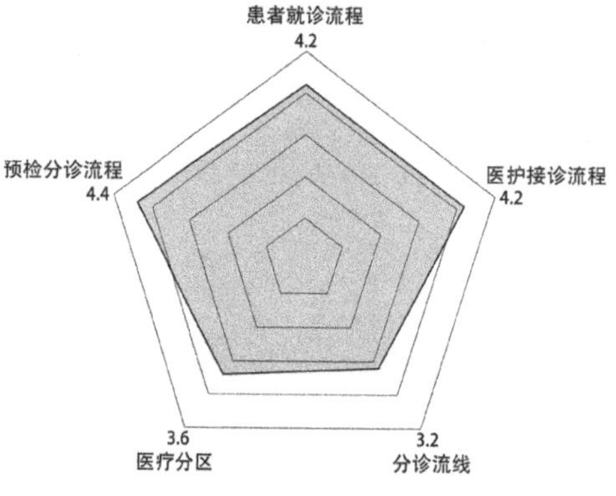
</td><td>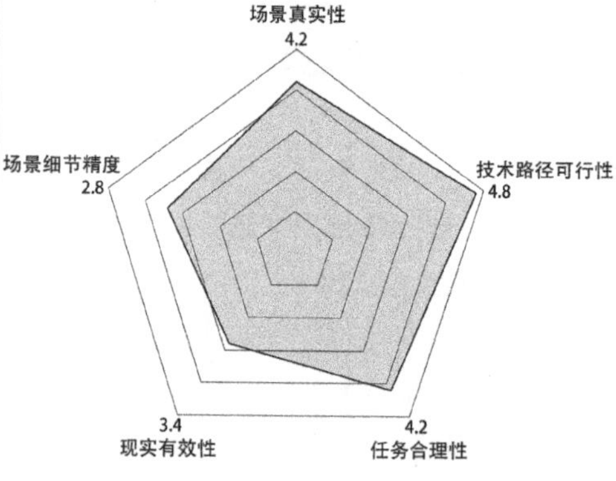
</td></tr>
</table>

（2）结果分析

关于目标医院 BCP：

① 目标医院 BCP 与应急医疗流程基本可行，灾时应急医疗业务基本可以正常进行。

② 目标医院 BCP 中的应急分区存在不合理之处：应急分区的可辨识度不够，灾时患者难以找到相应分区；红区距离分诊入口较远，可能导致医疗事故；绿区设置存在问题，可能会导致医院大厅人员拥挤。

③ 目标医院 BCP 中的应急流线与患者寻路存在不合理之处：应急流线可辨识度不够，灾时患者难以正常寻路就诊，需要更多的标识指示与地面引导；红区与黄区的应急流线出现部分交叉，可能会导致交通瘫痪状况；三区流线均须通过医院大厅，灾时大厅若出现意外情况会直接影响各区域应急医疗的进行。

关于虚拟现实模拟评估方法：

鉴于大部分实验参与者的积极反馈与目标医院 BCP 的模拟评估成果，可初步评估利用虚拟现实技术对大型综合医院 BCP 应急场景进行模拟和评估的方法具有可行性，但关于场景细节精度与对国内医院的现实有效性仍须后续改进完善。

4 讨论

4.1 本文的意义

在世界范围内的紧急灾害越来越频发的当下，国内医院的应急能力仍存在等诸多问题。参考国外的应急医疗实践，合理有效的制订 BCP 计划，将有效提升国内医院应急能力。本文得出的模拟评估方法相对合理且适用性广泛，对于国内医院未来 BCP 的制订修改和提升应急能力具有重大意义。

4.2 本文的局限性和未来计划

限于当下国内医院 BCP 计划制订极少且实践经验欠缺，本文的目标医院为一家日本医院。国内应急医疗面临的患者数量、患者类型等现状比目标医院更加复杂，应急难度更大。本文得出的方法未来还须针对国内医院现状进一步发展改进。

限于现实条件，本文的实验参与者未能囊括更快广泛的人群（在职医护人员、应急管理者、消防员等）。未来计划针对国内医院 BCP，征集更广泛人群的实验参与者，对本文方法进行多轮重复实验并不断改进。

结语

针对目标医院 BCP，可得到一些普适性结论：医院建筑的空间布局一般适用于正常接诊状态，在应急状态下容易出现分区不明确、流线交叉且不清晰等问题；医院 BCP 在未经实验验证的状态下，无法确定 BCP 中的医患、医疗流程等预设是否和建筑空间与灾时实际情况相匹配，无法确保 BCP 在灾害发生时的可行性。

针对虚拟现实模拟评估方法，根据实验结论与虚拟现实模拟的可定制性、可重复性、可记录性以及实施成本低等优势表明，该模拟和评估的方法具有可行性。但关于场景细节精度与对国内医院的现实有效性仍须后续改进完善。这套方法对于国内医院未来 BCP 的协同设计与制订具有重大参考意义。

参考文献

[1] 入間田悌二,熊谷一冶,武山早苗.石巻赤十字病院の震災時の被害状況と対応[J]. Medical Gases,2012,

14(1):25-28.
[2] 史发林,高彩云,徐凤兰.医院突发公共卫生事件应急能力探讨[J].甘肃医药,2021,40(10):928-930.
[3] 日本株式会社新建筑社.日本新建筑6:医疗设施[M].大连:大连理工大学出版社,2012.
[4] 宗像博美,高力俊策,川﨑亮輔.湘南藤沢徳洲会病院災害時事業継続計画[M].东京:灾害对策委员会,2021.
[5] WELCH S J. Using data to drive emergency department design: a metasynthesis[J]. Health Environments Research & Design,2012,5(3):26-45.
[6] 江川香奈,長澤泰.病院における東日本大震災時の傷病者の受け入れ状況に関する考察[R]//日本建筑学会学术报告集19(43).东京:日本建筑学会,2013:1055-1060.
[7] 建部謙治,田村和夫,高橋郁夫.2011年東北地方太平洋沖地震時の病院の初動と災害対策[R]//日本建筑学会计划类论文集83(744).东京:日本建筑学会,2018:375-383.

图表来源

图1、图5~8、图10~13:作者自绘.

图2:参考文献[3].

图3、图9:作者根据参考文献[4]改绘.

图4:作者根据参考文献[5]改绘.

表1~4:作者自绘.

基于虚拟现实技术的家庭病床个性化改造策略研究

图尔新[1]*

（1. 东南大学建筑学院，江苏省南京市 210000，453331218@qq. com）

摘要

家庭病床是积极应对老龄化的重要措施，居家患者的多样性对家庭病床的环境改造提出了不同的要求。本文基于扬州市WF街道家庭病床环境实态，借助虚拟现实技术对改进后的家庭病床环境进行检验，得出针对家庭医养环境的设计策略：以病床所在区域为中心进行功能布局，对病床所在卧室与核心功能区域做路径优化，以及形成针对视力障碍患者所进行的空间辨识度增强方法，为基于虚拟现实的居家医养环境研究提供一些参考，也证实了使用虚拟现实技术研究家庭医养环境的可能性。

关键词： 家庭病床；虚拟现实；居家环境；空间句法；环境改造

Keywords：Family beds; Virtual reality; Home environment; Spatial syntax; Environmental transformation

引言

家庭病床是通过在家中设立床位，将医院的医疗服务延伸至家庭中的一种医疗模式，是积极应对老龄化的重要措施。在家中进行诊疗和康复，意味着对居家环境提出新的要求，不仅应满足常规的生活支援，还应针对疾病所导致的生理特点进行针对性设计。常规的适老化改造措施对患有不同疾病的病人提供的帮助相对有限，无法满足其需求，因此针对患有不同疾病的患者的居家环境进行个性化的改造便显得十分重要。

目前，国内针对居家环境的研究主要集中于普适性的适老化改造、康辅设施用具配置、居家安全风险评估等方面的研究[1-3]，针对特定患者的居家环境研究较少，研究主要集中在服务及照护模式上[4-7]。当前国内家庭病床所服务的群体多数为高龄患者，高龄所带来的身体能力下降以及疾病所带来的机能下降乃至丧失，都对其家庭病床环境提出了更高的要求。

虚拟现实技术被视为高效直观、低成本的验证手段被广泛应用于公共交通设施、商业空间[8-9]等建筑的设计研究中，在医养领域，已有学者通过虚拟现实技术模拟养老设施中的痴呆症患者及护理人员所面临的环境，以研究养老设施对患者和护理人员的影响。在本文中，将通过虚拟现实设备完成对家庭医养环境的改造验证。

1 研究对象及方法

1.1 研究对象

根据江苏省政府 2018 年的数据，80 岁以上老人所患疾病排在前五位的分别是高血压、骨关节病、心脑血管疾病、青光眼/白内障和胃病。笔者此前在 2021 年 4 月对江苏省扬州市 WF 街道社区卫生服务中心所服务的 13 户家庭病床患者进行了入户调研及半结构访谈，按照江苏省高龄人口的疾病谱排布顺序，分别选取患有心脑血管疾病、骨关节病、视力障碍的 3 名患者及其居家环境，结合对患者的半结构访谈结果，将 3 名患者的个人属性及环境情况归纳在表 1 中。

表 1 患者个人属性及居家环境布局

序号	性别	年龄	所患疾病	面临问题	居家环境布局
a	男	88	心脑血管疾病（脑梗）	从卧室到达卫生间、玄关距离较远，需要从餐厅空间穿过	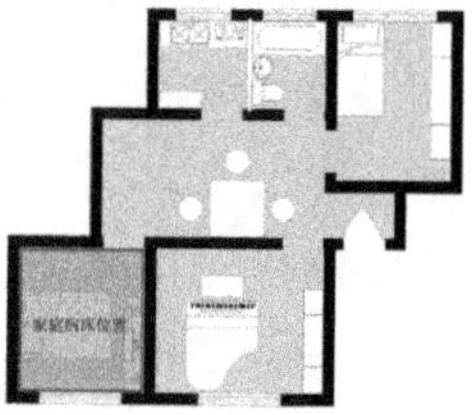
b	女	88	骨关节病（骨折后遗症）	行动缓慢，需要借助助行器；卫生间距离较远	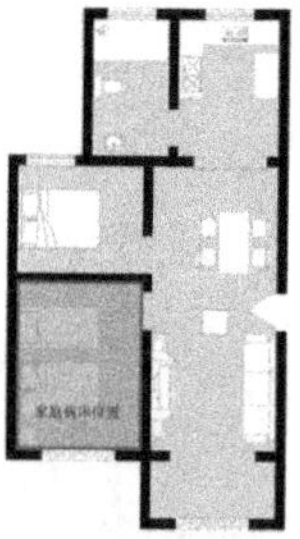
c	女	76	单眼失明/白内障	视野模糊；物品及位置识别存在问题；卫生间较远	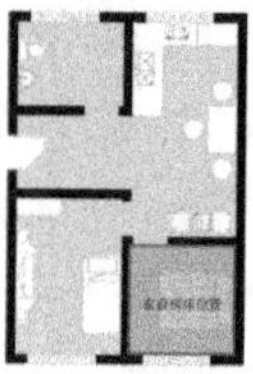

1.2 技术路线

本文的技术路线为：通过现有的家庭病床入户调研数据，总结以心脑血管疾病、骨关节病、视觉障碍为代表的三类患者对于居家空间的需求，绘制 3 户患者所在的居家环境平面图并建模，根据需求对家庭病床和家庭空间从色彩、距离、位置层面进行优化，并将优化前后的方案在 depthmapX 中进行前后对比，进而通过虚拟现实设备进行如厕、服药、诊疗等行为的模拟，记录模拟时所完成的时长，结合实验结果验证环境改造策略（图 1）。

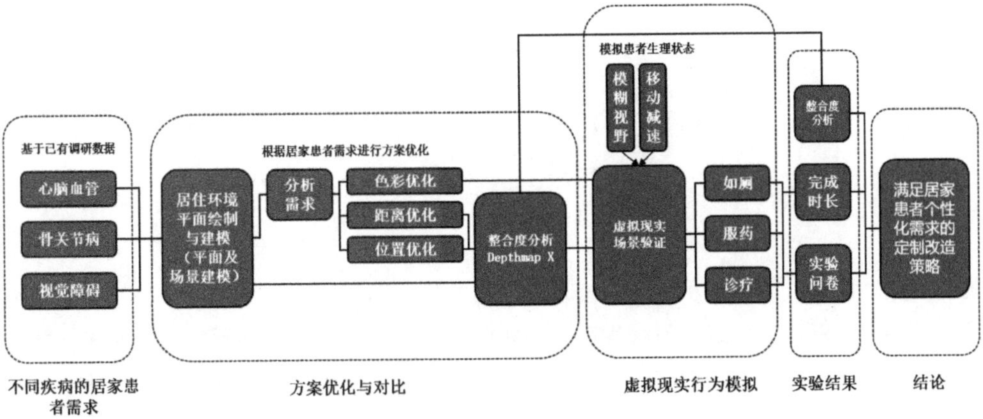

图 1　本文的技术路线

1.3　方案优化与空间句法分析

（1）方案建模与优化

本文根据实地调研所获取的照片和信息，对 3 户家庭环境进行平面绘制及建模，在建模时选取与照片相近的材质以保证实验的可靠性。

（2）对于原有平面进行分析

本文使用空间句法软件 depthmapX 对 3 位病人的家庭病床所在房间到达室内各区域的最短路线转角（metric step shortest-path angle）和最短路径距离（metric step shortest-path length）进行分析，该两项分析反映了家庭病床在整个平面布局中的中心性，即从该空间到达各功能区域的难易程度。在进行最短路线转角和最短路径距离分析时，考虑病患在医疗服务中需要来往于入口玄关等区域，增加了一部分入户门外的区域纳入计算。结合上述分析和患者所面临的问题，对家庭病床的位置、部分家庭环境以及环境细节进行了调整，结合调整将改动反馈到平面和模型之中，结合后续的虚拟现实实验进行验证。

1.4　基于虚拟现实的居家患者的行为模拟

实验通过 TwinMotion 软件和 Oculus Quest 2 设备实现该过程的模拟，该实验为模拟居家患者在家中的日常行为，以卧室为起点，分别完成如厕、吃药、接受医生诊疗三项行为的场景，实验流程如图 2 所示。

该实验由 10 名实验者参与，由每位实验者借助 VR 设备分别体验 3 个居家环境在

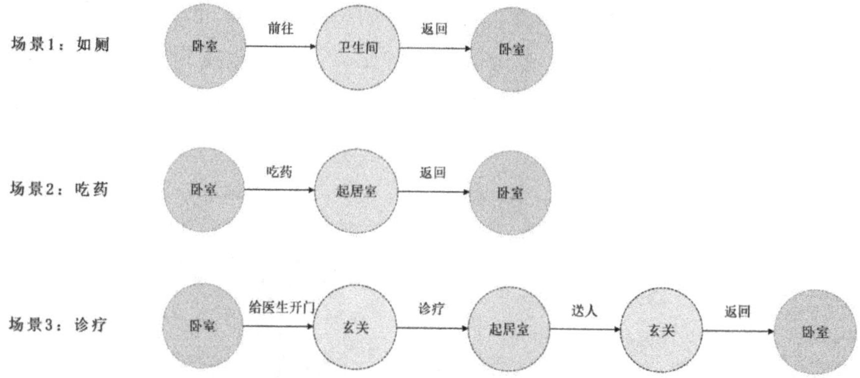

图 2 虚拟现实场景模拟行为流程

改造前后的场景，按照提示完成当前任务。因病患长期居住于自宅环境中，对居住环境较为熟悉，为模拟对户型的熟悉程度，在实验开始前会为试验者展示户型平面图，并事先在虚拟环境中体验一段时间。在虚拟现实模拟过程中，为模拟不同疾病种类的患者在实际中的体验，通过将人工放慢移动操作以模拟骨关节患者的移动方式；通过在 VR 眼睛上增减不同度数的镜片，令实验者以模糊视野进行实验，从而模拟白内障等视力障碍群体的行为方式。最后，在实验过程中统计各位试验者完成对应场景所需要的时间（图 3~7）。

图 3 实验所用 VR 设备 Oculus Quest 2

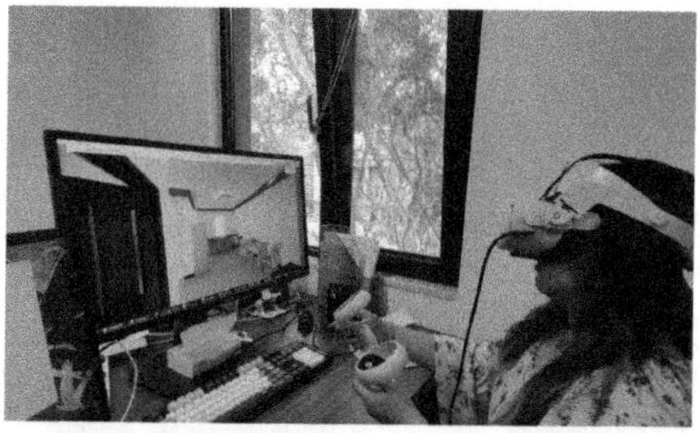

图 4 实验者使用 VR 体验居家环境

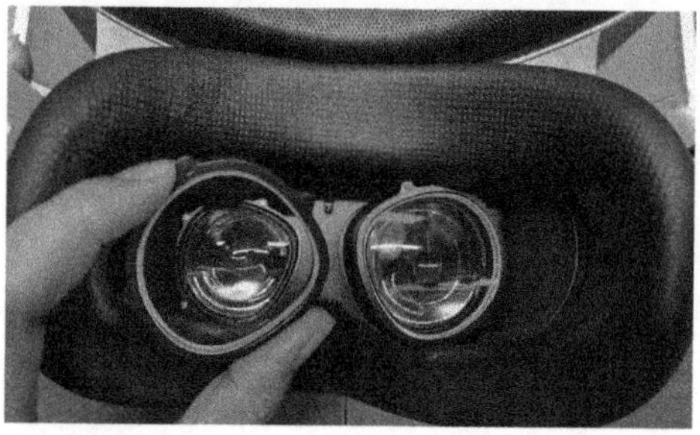

图 5 增减 VR 眼镜近视镜片以模拟视障老人的观感

图 6 VR 模拟画面

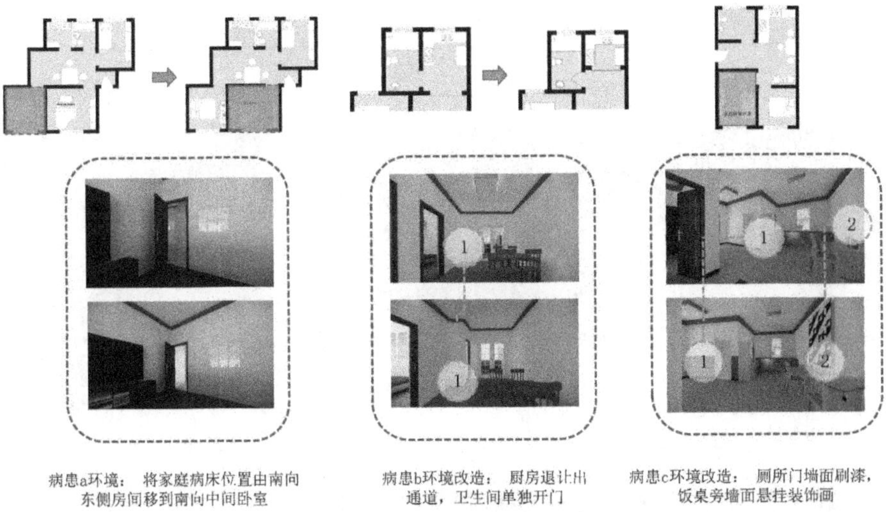
病患a环境：将家庭病床位置由南向东侧房间移到南向中间卧室
病患b环境改造：厨房退让出通道，卫生间单独开门
病患c环境改造：厕所门墙面刷漆，饭桌旁墙面悬挂装饰画

图 7 家庭病床环境改造前后的虚拟现实模拟

2 实验结果

2.1 空间句法分析结果

对方案优化前后，家庭病房所在的卧室到达各区域的最短路线转角和最短路径距离分析如表 2~3 所示，因病患 c 并未改变其户型布局和家庭病床位置，因此仅做优化前分析。

表 2 方案优化前后最短路线转角分析

序号	a	b	c
优化前		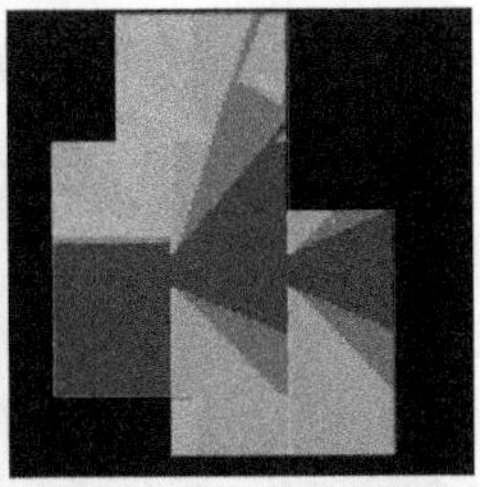	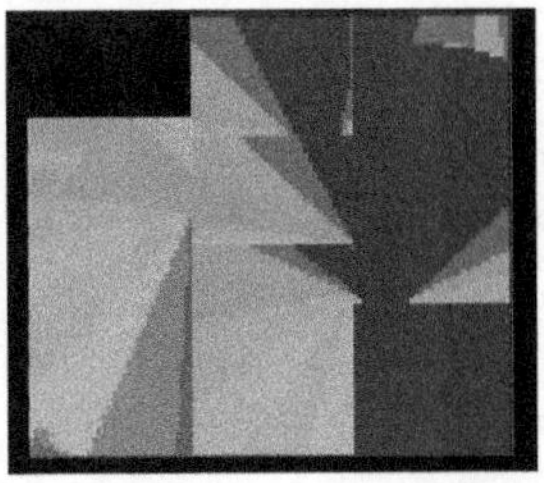
优化后			

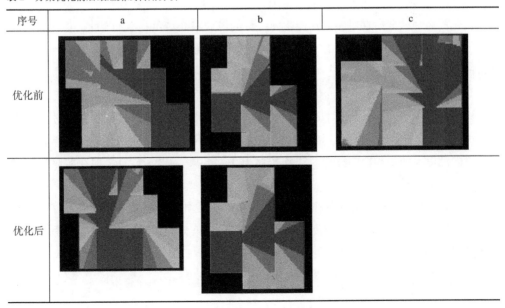

表 3　方案优化前后最短路径距离分析

序号	a	b	c
优化前			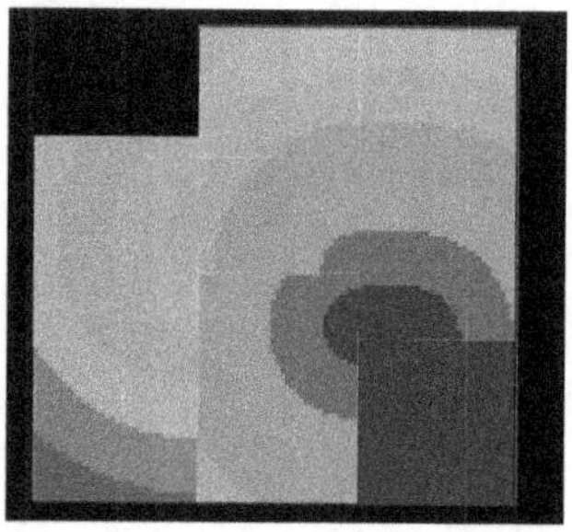
优化后	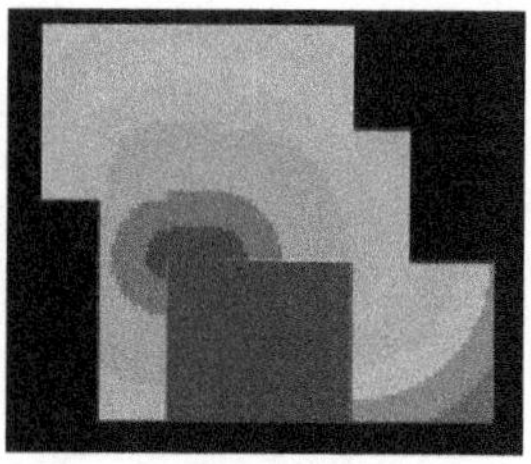		

实验结果显示：在病患 a 的家庭环境中，东侧卧室到达卫生间、餐厅、玄关等主要功能区域的最短路线转角和最短路径距离要高于南侧居中卧室；在病患 b 的家庭环境中，优化前后由病床所在卧室到达卫生间区域的最短路线转角基本无变化，优化后的最短路径距离要低于优化前；病患 c 的户型方正，最短路线转角和最短路径距离均在一个较低的范围内。

2.2　虚拟现实模拟结果

10 名实验人员在改进前后的场景中完成如厕、服药、诊疗三项行为的时间如表 4 所示。因实验省略了到达卫生间和起居室后完成如厕、吃药、由医生诊疗的具体动作时长，因此以上两项动作的完成时长均按照 120 s、30 s、180 s 计算，即在实际试验时长上加上以上时长。

实验结果显示，3 个案例在进行优化改进后，完成如厕、服药、诊疗三个操作的时间均有所缩短：环境 a 中完成以上三项行为的平均时长分别减少了 5.8 s、6 s 和 4.9 s；环境 b 中完成以上三项行为的平均时长分别减少了 7.8 s、1.3 s 和 1.5 s；环境 c 中完成以上三项行为的平均时长分别减少了 4.6 s、2.4 s 和 3.2 s。

表 4 家庭病床模拟行为模拟时长统计　　单位：s

	实验者序号	1	2	3	4	5	6	7	8	9	10	平均
环境 a	如厕优化前	170	177	169	171	169	176	170	172	172	173	171.9
	如厕优化后	164	170	160	164	166	170	169	166	164	168	166.1
	吃药优化前	83	88	84	81	80	85	81	82	80	83	82.7
	吃药优化后	76	80	78	74	75	78	78	76	75	77	76.7
	诊疗优化前	233	238	230	234	230	231	230	231	233	235	232.5
	诊疗优化后	227	230	225	230	226	227	226	227	229	229	227.6
环境 b	如厕优化前	177	190	179	181	182	182	178	190	177	178	181.4
	如厕优化后	167	183	170	173	174	173	170	182	174	170	173.6
	吃药优化前	55	50	53	55	57	52	55	53	54	53	53.7
	吃药优化后	56	48	53	52	53	50	53	53	53	53	52.4
	诊疗优化前	230	233	227	235	230	229	228	240	228	231	231.1
	诊疗优化后	229	233	225	230	228	227	230	235	229	230	229.6
环境 c	如厕优化前	183	170	188	178	180	181	178	187	195	182	182.2
	如厕优化后	180	165	188	176	175	175	177	178	180	182	177.6
	吃药优化前	53	50	59	55	55	54	52	55	61	52	54.6
	吃药优化后	50	50	55	52	53	51	49	53	59	50	52.2
	诊疗优化前	236	228	242	230	235	236	233	240	242	236	235.8
	诊疗优化后	230	226	236	228	234	230	230	238	239	235	232.6

3 分析与讨论

3.1 不同疾病对家庭环境的需求

（1）心脑血管疾病患者的居家医疗环境问题

心脑血管患者大多伴有高血压、高血糖等疾病，需要定期服用降糖降压药物，以及在室内适当走动以控制血糖血压，同时医护人员一般会为其提供一周 2~3 次的上门测量血糖、血压服务。基于以上需求，患者往往有定期来回往返于指定空间的行为特征（卧室→起居室，卧室→玄关→起居室），室内空间应便于其行走。此外，极速地低头、下蹲、起身、躺下和局部用力都有可能造成突然的晕厥或摔倒，因此对于心脑血管疾病的居家患者而言，无高差、路程短、避免阻挡与绕路的流线是其理想的环境。

（2）骨关节病患者的居家医疗环境问题

骨关节病是老人常患的慢性疾病之一，骨关节会造成老人的关节退化、僵硬从而影响患者的行动能力。患者常因关节炎症或外伤，需要借助助行器在家中缓慢移动，因此在存在室内外高差，或者需要穿过有障碍物或其他家具的空间时，使用助行器的患者存在较大的安全问题。骨关节病患者对于居家医疗空间的环境需求与心脑血管患者有些相似，但受限于其活动方式，通常对活动路径长的空间大小有所要求。

（3）视力障碍者的居家医疗环境问题

高龄患者易患白内障、青光眼等眼部疾病，导致其对屋内细节、装饰、墙面等地区的识别能力下降，同时由于担心碰撞到家具，其行动通常较为缓慢。视力障碍者通常应避免室内强光、对眼睛有刺激的频闪或色彩，同时，也应当对主要功能区域增加区别于周围环境的色彩或装饰，便于患者对空间、位置的识别与定位。

3.1 家庭病床个性化改造策略

家庭病床作为医院医疗服务在家庭中的延续，其目的在于为居家患者提供持续、便捷的医养支持。家庭病床的设立与位置的选择，应考虑便于到达居家环境中的主要功能区域，如起居室、餐厅、卫生间。同时，也应考虑利于患者接受医护人员上门进行诊疗。在此原则下，在家庭病床的位置与格局选择上，应围绕主要的功能区域和入口玄关进行设计。

（1）以家庭病床所在房间为中心的功能布局

在较为理想的情况下，家庭病床所在的区域应可直达卫生间、餐厅和玄关等主要功能区域，按照此条件，将家庭病床设立于起居室中似乎是最合理的选择，但实际情况中，出于必要的隐私性需求，家庭病床都设立在卧室之中。

在本实验的第一个案例中，该病患起初的家庭病床位置位于户型边角，环境问题在于从家庭病床所在区域（卧室）到达特定区域的路线过长且存在干扰路线的家具（餐桌），存在一定的安全隐患。在对家庭病床的位置进行更改后，由卧室到达各个功能区域的时间和难度均有所缩短，南向居中的卧室显然具备更好的位置优势，最短路线转角、最短路径距离分析也证明了这个结果。

（2）核心功能区的路径优化

对于居家患者而言，餐厅、起居室、卫生间是其日常生活、医疗诊断的核心功能区域，当患者前往以上区域时通常目的性都较为明确（就餐、休息、吃药、如厕等），因此以上区域与患者患病所在卧室的路径应尽可能直接高效，避免障碍物与遮挡。在第二个案例的实验中，通过将厨房进行退让，将本用于厨房内部和卫生间的交通部分退让到了外部，起到的作用相同，但卫生间的入口被单独划分了出来，整合度的分析结果与虚拟现实结果表明该改动减少了老人到达卫生间的时间。

（3）功能区域的色彩识别

以白内障、青光眼为代表的群体，视力功能的不足导致其对重点空间的特征识别和定位存在障碍，在保证对房屋进行最低程度的修改前提下，在墙壁、垂直空间添加具有高识别度的装饰、涂料等是一种有效增强空间辨识度的方法。在第三个实验的前后对比中，患者c的户型通达性较好，但是室内环境缺少具有识别性的指示，通过在餐桌及卫生间区域的墙壁分别悬挂装饰画和深色涂料，在一定程度上缩短了实验人员找到餐桌和卫生间的时间，这证明通过增强空间辨识度以方便视力障碍老人行动是可行的。

结语

本文通过对心脑血管疾病患者、骨关节炎症患者和视力障碍患者的家庭病床环境的现状进行分析优化，借助虚拟现实技术对改进后的家庭病床环境进行检验，得出针对以上三种病患的家庭医养环境设计原则：以病床所在区域为中心进行功能布局，对病床所在卧室与核心功能区域做路径优化，以及形成针对视力障碍患者所进行的空间辨识度增强方法，为基于虚拟现实的居家医养环境研究提供一些参考，也证实了使用虚拟现实技术研究家庭医养环境的可能性。

本文也存在一定的局限性，在本文中为模拟各类病患的生理状态，采用了人工减慢移动速度、为 VR 眼镜增减近视镜片等方式，但模拟状态与病人真实的生理感受之间还有一定距离；此外，VR 设备操作熟练程度和实验人员对 3D 画面的适应性不同，也是影响实验结果的重要因素。随着虚拟现实技术和平台的不断进步，在以后的研究中将进一步寻找更符合病患生理感受和行为方式的方法。

参考文献

[1] 王羽，刘子扬，尚婷婷，等.居家环境下老年人夜间行走辅助照明研究[J].南方建筑，2019(2)：32-36.

[2] 付瑶，王枢文，王梓通.全龄需求下居家养老设施功能空间配置量化研究[J].建筑技艺，2021，27(3)：110-113.

[3] 刘楠，胡惠琴.基于老年人日常生活行为营造居家情景的康养空间[J].建筑学报，2017(S2)：51-55.

[4] 王俊星，王丽，降依然，等.脑卒中患者“医院-社区-居家”延续照护模式在家庭医生式服务中的实践[J].中国护理管理，2017，17(4)：448-452.

[5] 张燕，韩琤琤，路琦，等.癌症晚期患者居家临终关怀服务模式研究及效果评价[J].中国全科医学，2014，17(31)：3773-3776.

[6] 杜凤珍，邓朋，侯莹.居家康复对中后期脑卒中患者 ADL 能力的影响[J].中国康复医学杂志，2011，26(2)：165-167.

[7] 陶伟，丁传标.家的解码：空间句法对家空间研究的内容与方法[J].地理科学，2015，35(11)：1364-1371.

[8] 王朔，徐建，李闽平，等.基于 VR 的建筑行人交通行为数据采集与评价[J].南方建筑，2021(6)：32-37.

[9] 郭湘闽，吴小童，卢添添，等.性别差异与关注偏好：基于虚拟眼动感知检测的商业综合体空间使用分析[J].建筑学报，2021(S2)：112-118.

图表来源

图 1~2、图 6~7：作者自绘.

图 3~5：作者自摄.

表 1~3：作者自绘.

基于 AnyLogic 仿真模拟的医院护理单元空间优化方法

齐 奕[1*] 郑相壹[1] 李 广[1]

(1. 深圳大学建筑与城市规划学院，广东省深圳市 518060，qiyi@szu.edu.cn)

摘要

空间效率是医院护理单元运行中的关键设计要素之一，关系到建筑使用效率，同时与护理效率紧密相关。本文聚焦医院护理单元空间效率问题，运用 AnyLogic 虚拟仿真技术，旨在提出面向巡行效率提升的空间效率优化方法。首先，基于空间类型学方法，对空间构成要素进行拆分提取，进而构建医院护理单元的参数化模型数据库；其次，通过访谈及调研确立护理流程及路线，分析患者的行为规律；最后，基于医患的行为规律，对护理单元中的医护流线、路径距离、消耗时间进行模拟分析，总结不同护理单元形式之间巡行效率的差异及空间特点，为医院护理单元空间优化设计提供科学依据和设计建议。本文开展的针对巡行效率的空间模拟仿真及优化，对提升医院护理单元的巡行效率、提高设计的科学决策水平具有重要应用价值；同时对基于数字孪生的智能决策方法进行了探索，为智能设计方法全流程提供了有效评估方法。

关键词：医院建筑；护理单元；AngLogic 仿真模拟；巡行效率；智能设计

Keywords: Hospital building; Nursing unit; AngLogic simulation; Rounding efficiency; Intelligent design

项目资助情况：国家自然科学基金项目（51908360）；深圳市科技计划资助项目（ZDSYS20210623101534001）

引言

近年来，随着国家医改政策的出台和大力支持，我国医疗卫生机构数量和床位数不断增长。据统计，2010 年至 2019 年间，全国医院总床位增长 93.4%，大型综合医院方面，超过 3 000 床的医院已超过 60 家[1]，且部分医院床位规模仍在飞速上涨，床位总量的急速增长对护理单元设计提出新的问题和挑战。而护理单元作为医院重要的组成部分，其巡行效率是设计中需要着重考虑的因素，直接影响着护理行为。但是目前在护理效率方面的研究较少，其中一个重要原因是护理效率难以量化，同时医院作为最复杂的公共建筑之一，前期设计考虑因素之多导致巡行效率作为医院护理单元设计非常重要的议题往往被忽视。因此对护理单元巡行效率为目标的相关研究势在必行，而以社会力模型为核心的 AnyLogic 仿真工具是一种有效的定量研究方法。

AnyLogic 平台用于开发基于智能体、系统动力学和离散事件的仿真模型。相较于常用的行人仿真平台，其核心为社会力模型[2]，考虑了行人之间的相互作用力、障碍物或边界对行人的作用力、人员驱动力、环境吸引力等，真实地反映出行人与环境、行人心理等各种因素，较好地描述了行人的运动过程与本质。国内外学者已对 AnyLogic 仿真模拟进行了大量实践探索。在医疗领域，AnyLogic 仿真平台多应用于宏观层面的医疗政策制定及医疗资源配置[3-4]，以及微观层面的医疗机构内部资源布置及就诊流程优化等方面[5-6]。相关研究成果也证实了该软件在空间量化指标研究方面的可靠性和适用性。

本文以综合医院护理单元空间布局为主要研究对象，以 AnyLogic 行人仿真平台为分析工具，首先建立护理单元参数化模型及数据库，通过对不同类型的护理单元空间布局进行比较，总结出各自的特点，最后为住院部护理单元空间设计优化提供指导性建议（图 1）。

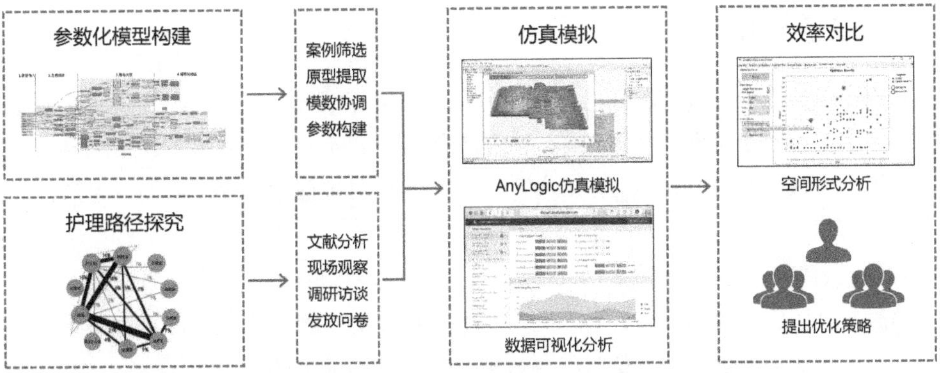

图 1 基于 AnyLogic 仿真模拟的医院护理单元巡行效率优化研究实验路线

1 护理单元平面模拟原型提炼

1.1 原型提取

护理单元空间模式类型研究更侧重于功能秩序方面，因此通过类型学进行归纳与提取，关注护理单元本身的布局和体量关系。首先收集大量的经典护理单元空间，从外部特征和单元要素两方面展开，用作护理单元类型归纳的依据。最终建立单廊式护理单元（S：single-corridor）、双廊式护理单元（D：double-corridor）和放射式护理单元（R：radial）三种护理单元空间原型。将三种护理单元原型（S、D、R）进行形式与数量间的排列组合，以对应不同形式的护理单元平面，最终建立护理单元空间原型库，“原型”体现着护理单元空间布局的共性，为相关研究提供类型化的模型基础。

1.2　参数化模型构建

在护理单元空间原型库的基础上，以模数协调作为约束条件，对护理单元空间原型尺寸进行数据挖掘与分析，归纳模数规律及模数序列关系；借助参数化工具，通过模数协调原则建立护理单元空间变体，实现数据调控；对空间原型变体进行条件筛选，最终实现医院护理单元的参数化模型及数据库建立（图2）。

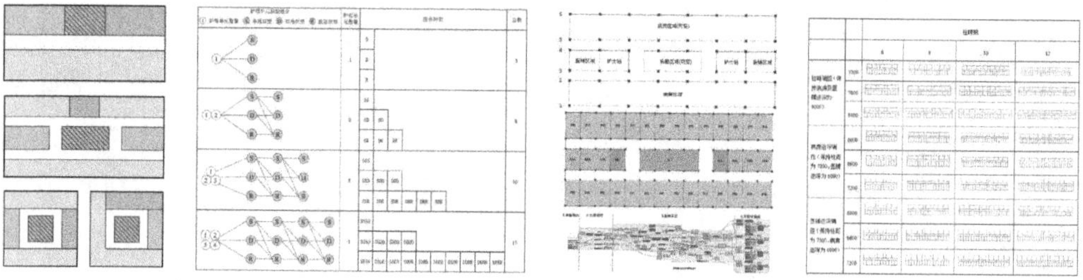

建立S、D、R护理单元原型　　护理单元组合讨论　　模数协调数据调控　　护理单元参数化模型数据库

图2　护理单元平面参数化构建流程

2　护理路径及流程分析

前人已对护理单元的护理方式和护士分类进行了详细的研究[7]。本文选择功能制护理模式作为巡行效率研究的参考对象。功能制护理模式是我国现存的主要护理模式，其优势在于护士分工明确，路线固定，便于本文制定针对护理过程中产生的一系列护理活动和护理流线的规则。

对巡行效率研究需要从护士活动展开，了解护理单元的实际工作路线，护士进行巡视活动时有其固定的路线顺序，且容易受到外界因素的干扰，容易被打断。因此在分析护士巡行效率时需要确立各种假设条件以便研究问题的准备性。

首先对护士的护理活动进行分析，通过访谈与调研发现护士一天要进行的与医疗任务有关的活动主要有：巡视病房、配药、文件处理等，与医疗任务无关的活动如交谈、扔垃圾等不考虑在内。护理活动主要涉及病房、护士站和医辅（配药室）。但根据另一项研究显示[8]：文件记录是护士最常进行的活动，随后是患者评估和用药，大多数活动持续时间在 10 s~2 min 之间。

从功能和时间来看，护士主要在病房空间内进行换药、打针等短暂性医疗相关活动，持续时间不长；护士花费大量的时间在文件记录和配药上，主要使用空间是护士站和配药室，因此根据护士完成相关护理活动时往返于各空间的联系频率总结空间联系，护理路径主要产生于病房—病房、护士站—病房、护士站—配药室、配药室—病房之间（图3），由此关系可梳理出护理路径：护士站→医辅（配药室）→病房→护士站。

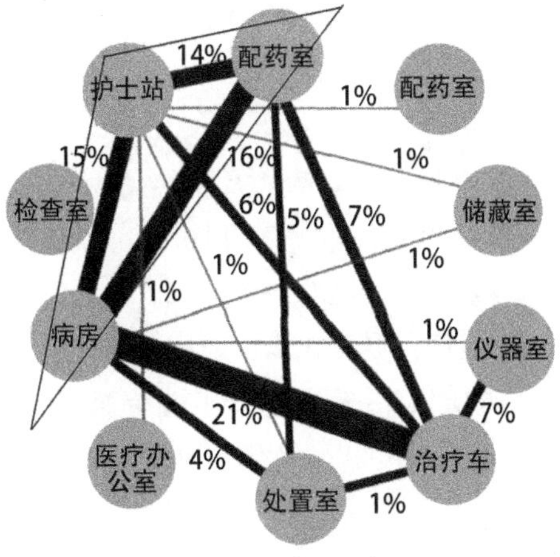

图 3 护士往返于空间的联系频率图

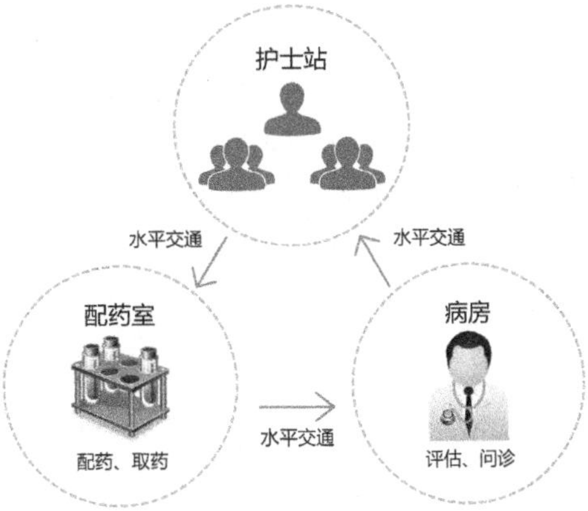

图 4 护士巡行路线定义

本文主要针对护士巡视活动产生的路径进行研究，因此不考虑应对突发事件的活动。综上将护士完成一次巡视任务的行为活动定义如下：

（1）从护士站出来。

（2）从配药室配药、取药或准备其他医疗物品。

（3）通过全部或者部分需要的病房区的水平交通流线（主要路径）。

（4）进入每个病房，完成相应任务。

（5）回到护士站，完成巡视。

基于以上分析，整理出本文进行巡行效率研究的巡行路线（图 4），为后文建立护理单元仿真模拟分析模型的巡行路径提供样本。

3 巡行逻辑建模及效率模拟

护理单元巡行效率受多方面的物理、非物理因素影响，如护理单元的开间、进深及走廊宽度等等，若要穷尽，恐篇幅过长。而护士站是医护工作开展的核心场所，其直接关系到护理单元内部的交通组织、病房排列以及医护人员护理方式及效率，对病人心理也有直接的影响。护士站在护理单元内部的位置主要有以下 3 种：其一，位于护理单元中部：这种布置方式以护士站为核心，所有病房围绕护理单元布置。其优点是医护人员可快速到达个各个病房，护理半径合理。其二，位于护理单元入口处：其有利于对出入人员进行管理，同时减少各病区病人的交叉感染，还便于探视人员咨询。其三，分散布置：护理单元内部设置两个及以上的护士站，分别为不同的护理小组。其优势在于护理距离最短且效率高，但是由于护理人员的增加，对医护管理及空间利用要求更高。因此本文暂以护理单元中护士站的位置布置为例，以护士站为研究对象，将护士巡行总距离和消耗时间为评价指标，借助 AnyLogic 模拟仿真平台，讨论不同模式下、不同布置形式的护士站对于护理单元巡行效率的影响。

3.1 AnyLogic 仿真模拟

（1）明确边界：按研究目的来确定仿真系统的边界及约束条件

首先基于前文建立的护理单元原型库分别选取单廊式、复廊式及放射式护理单元，结合相应实际案例完成护理单元平面细化，建立护理单元仿真底图（图 5）。因为行人在环境中的交通行为是行人根据自身因素和环境因素做出的综合决策结果。建立的仿真底图限定了行人的活动范围及行动约束，主要工作包括：尽可能真实地还原护理单元实际布局，删除与仿真无关的多余物体。完善后的仿真底图最终以工业标准的 DXF（Drawing Exchange Format，等绘图交换文件）格式或图片格式保存，为导入 AnyLogic 中做前期准备。

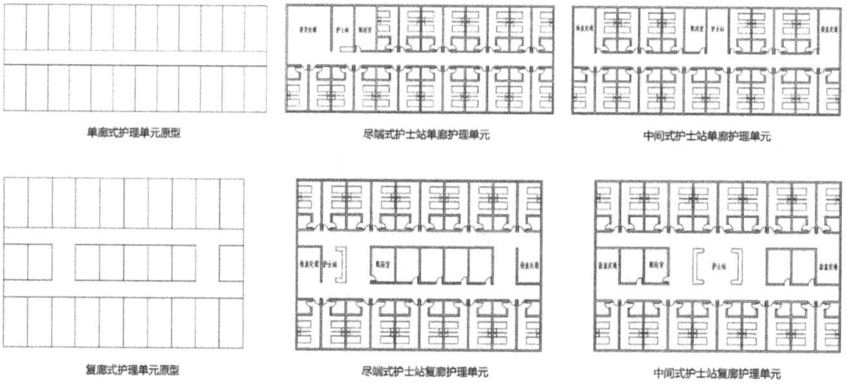

图 5 护理单元仿真底图建立

（2）构建逻辑模型：将实际系统抽象为数学表达式或流程图

基于前文总结的护理单元巡行路径，调用 AnyLogic 行人库模块，建立护士巡行路径逻辑模型。将护士在现实中的活动分解为仿真系统中一个个不同的行为过程，最终形成完整活动链（图 6）。其完整流程模型主要包括：护士源（从护士站出发）、步行路径（护士行走）、到达目标（到达医辅或病房）、服务行为（换药或问诊）、下一阶段活动

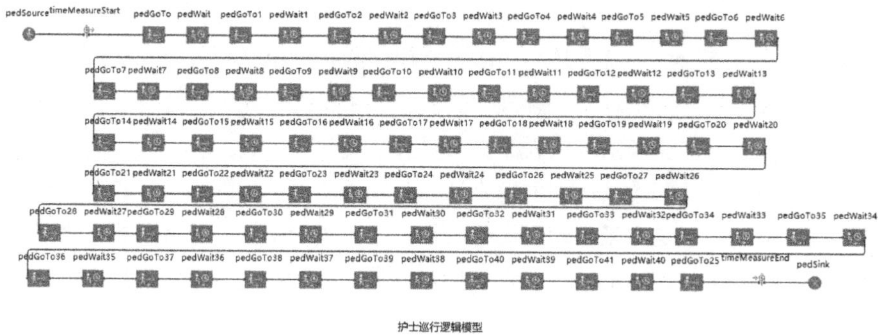

图 6 巡行逻辑模型

（进入下一个病房）、活动结束（回到护士站）。

（3）仿真参数设定：模拟真实行人参数

本文主要参数设定在护士源，即 pedSource 模块。设置的主要包括：护士步行速度、问诊与检查时间、智能体（护士）数量及出发点等（表 1）。行人的步行速率受生理和非生理因素影响，生理因素包括性别、年龄、身体状况等，非生理因素包括环境影响等。通过统计数据可知，常人正常步行速度为 1.1~1.5 m/s，考虑到护理单元的现实情况，护士的速率会高于常人正常行走速率，通过文献统计和实际调研设定护士速率为 1.20~1.75 m/s。通过前文分析，护士对患者进行评估与用药大多数活动持续时间在 10 s 到 2 min 之间，因此到达病床的滞留时间区间设定为 10~120 s，并选用均匀分布函数。

（4）构建仿真模型：将数学模型转换为计算机能处理的仿真模型

表 1 仿真实验参数设置表

逻辑模块	图标	含义	设置依据	单位
护士源（pedSource）		模拟护士从护士站出发	舒适速率：1.20~1.75	m/s
			初始速率：1.20~1.75	m/s
			出发人数：1	人
到达病房（pedGoTo）		护士进入指定房间	—	
问诊（pedWait）		护士针对患者进行评估与治疗	延迟时间：10~120	s
离开病房（pedGoTo）		护士进入下一个病房	—	
消逝（pedSink）		护士回到护士站，完成巡行	—	

基于前文完善的护理单元仿真底图，进行三维处理。在仿真系统中建立真实的护理单元环境模型，完成 AnyLogic 三维仿真模型的建立和可视化（图 7~8）。

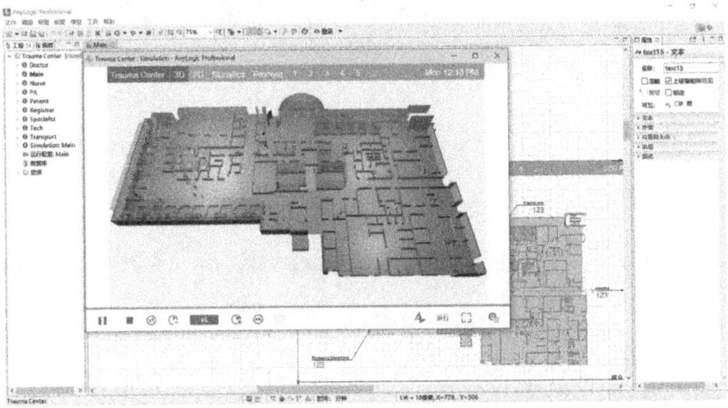

图 7 AnyLogic 模拟仿真界面

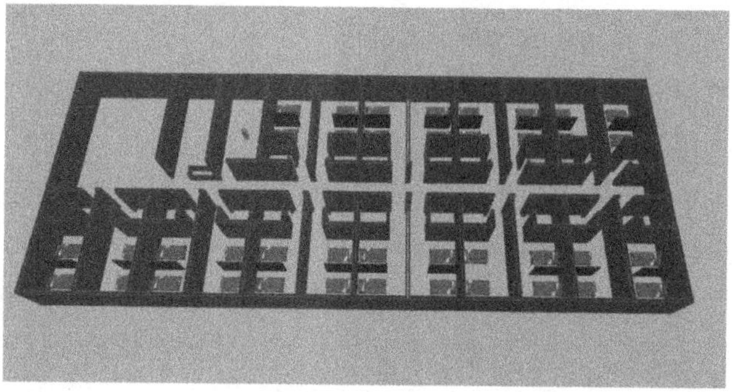

图 8 仿真三维模型

（5）评价指标建立：巡行效率评价指标定义

假设病房所有床位都有病人入住，仿真时段以一名护士巡视完所有病房直至回到护士站为一个阶段。运行模型，每经过一个阶段输出一次数据，主要为：护士巡行时间数据、巡行路径总距离数据、护士巡行路径轨迹图。

护士巡行时间数据利用 AnyLogic 中流程建模库的 Time Measure Start 和 Time Measure End 两个模块统计护士巡行时间，以护士从护士站出来为计时起点，巡视完所有病房回到护士站为计时终点。引入 Chart 或 Time Plot 模块，键入代码“timeMeasureEnd. distribution”或“timeMeasureEnd. dataset”进行数据输出及可视化。

巡行路径总距离数据基于事件发生器模块，其原理在于创建并收集智能体（护士）在行动过程中每一次的坐标点，点与点之间的距离绝对值即反映智能体行走的距离，因此将持续的坐标间距绝对值进行累加便是护士巡行路径总距离。首先建立一个智能体寻路事件，模拟护士在护理单元中行走的过程。引入 Parameter 模块建立需要得到的参数：智能体的 X、Y 坐标，每一次的发生时间(t)以及智能体名称（id，此次模拟只有一个智能体）。最后在事件发生器模块键入代码：

```
t = time ( ); //time ( ) 得到当前的模型运行时间
for (Agent p: level. getPeds ( ) ) {
  x = p. getX ( );    //getX ( ) 获得行人的 x 坐标值
  y = p. getY ( );    //获得 y 坐标值
  id = p. getId ( );    //获得行人 id
  collectionTime. add (t);    //使用集合的 add ( ) 函数将数据写入集合之中
  collectionId. add (id);
  collectionX. add (x);
  collectionY. add (y);
  timeid. add (t, id);
```

```
  xy. add (x, y);
}
```

最终将建立的参数导出外部Excel表格，通过表格单元的公式换算得到护士巡行路径总距离。

护士巡行路径轨迹图建立在前文得到的智能体坐标点上。将得到的智能体坐标点表格导入MetLab进行数据处理，结合护理单元平面底图，最终绘制护士巡行路径轨迹图。

4 讨论与分析

对于三种护理单元形式而言，放射式护理单元可拆分为单、复廊护理单元的组合；而对于分散式护士站而言，从前文建立的三个评价指标角度考虑，在同等规模病房数量下，护士平均分配的病房数减少，其步行距离明显优于单、复廊式，但是空间利用率与医护效率等还须再讨论。本文以巡行效率为研究对象，因此暂以单、复廊式护理单元不同护士站位置形式进行结果讨论与分析。

通过控制变量法，保证四种护理单元形式的病房数（20房，40床）、病房开间（3 600 mm）、病房进深（7 200 mm）、医辅进深（5 100 mm）、走廊宽度(2 400 mm）一致，对单、复廊护理单元尽端式和中间式护士站分别进行模拟。以十次模拟为一组数据，取平均值分别进行对比，得到相应的巡行轨迹图（图9）和模拟数据结果如下（表2~3）。

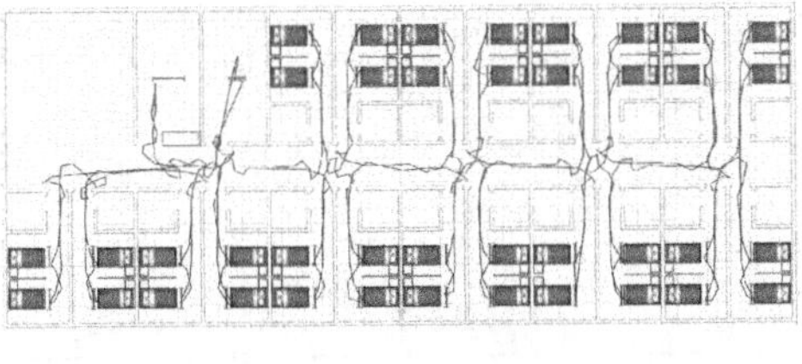

尽端式护士站单廊护理单元

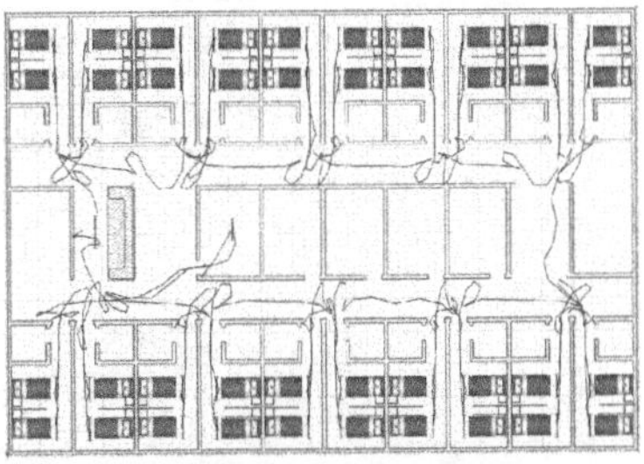

尽端式护士站复廊护理单元

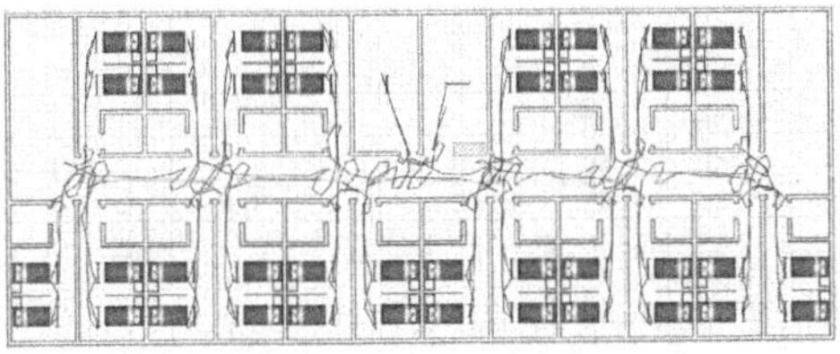

中间式护士站单廊护理单元

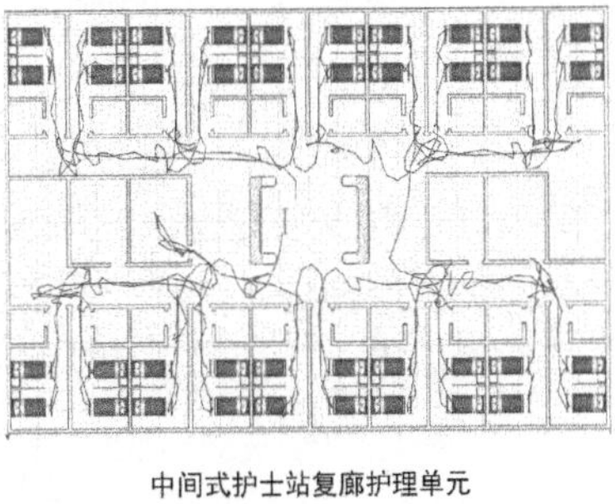

中间式护士站复廊护理单元

图9 不同护理单元巡行轨迹图

表 2 尽端式护士站仿真结果

	模拟次数	单廊式护理单元		复廊式护理单元	
		巡行时间/s	路径距离/m	巡行时间/s	路径距离/m
尽端式护士站	1	3 441.07	524.39	3 515.17	444.65
	2	3 343.36	536.86	3 723.91	577.76
	3	3 476.16	567.15	3 242.93	552.31
	4	3 222.11	435.17	3 267.92	440.57
	5	3 300.80	577.13	3 413.81	586.31
	6	3 456.81	505.76	3 368.04	555.98
	7	3 469.81	576.21	3 631.66	535.13
	8	3 310.19	501.49	3 635.37	423.40
	9	3 190.16	484.96	3 646.92	487.12
	10	3 385.15	523.36	3 546.41	509.96
	均值	3 359.562	523.248	3 499.214	511.319
病房数（20 房，40 床）、病房开间（3 600 mm）、病房进深（7 200 mm）、医辅进深（5 100 mm）、走廊宽度（2 400 mm）					

表 3 中间式护士站仿真结果

	模拟次数	单廊式护理单元		复廊式护理单元	
		巡行时间/s	路径距离/m	巡行时间/s	路径距离/m
中间式护士站	1	3 454.57	457.47	3 922.65	539.26
	2	3 757.34	455.52	3 501.25	520.26
	3	3 846.32	499.56	3 698.29	494.31
	4	3 768.7	508.04	3 687.98	583.12
	5	3 881.27	614.77	3 517.89	468.59
	6	3 479.61	461.50	3 909.03	471.42
	7	3 735.35	642.43	3 538.64	460.33
	8	3 447.01	455.95	3 737.24	487.78
	9	3 722.91	428.23	3 600.73	507.37
	10	3 508.99	510.06	3 996.48	611.41
	均值	3 660.207	503.353	3 711.018	514.385
病房数（20 房，40 床）、病房开间（3 600 mm）、病房进深（7 200 mm）、医辅进深（5 100 mm）、走廊宽度（2 400 mm）					

通过对仿真结果的两两比较发现：

（1）对于单廊式护理单元而言，中间式护士站的巡行路径距离小于尽端式护士站，二者相差 19.90 m。而中间式护士站的巡行时间要长于尽端式，其原因在于巡行时间是步行时间和问诊滞留时间之和，仿真模拟设定护士问诊滞留时间为 10~120 s 之间的随机值，因此随机因子的不确定导致每次滞留时间长短不一。因此在护士步行速率一致的前提下，从巡行距离考虑，中间式护士站优于尽端式护士站布置。

（2）对于复廊式护理单元而言，尽端式护士站的巡行时间和路径距离均小于中间式护士站布置，分别相差 211.80 s、3.01 m。通过平面分析，这种差异主要是由于护士的巡行路径方式差异造成的。尽端式护士站巡行路径形成环线，而中间式护士站巡行路径产生了较多的路径重复，因此造成了较多的时间和距离的增加。

（3）对于尽端式护士站布置方式而言，单廊式护理单元的巡行路径比复廊式长出 11.93 m。这与贺镇东[9]提出的中廊式护理单元相较于双内廊式具有更高的巡视效率结论相反，与 Trites 等人[10]结论一致，双廊式护理单元平面优于单廊式。究其原因，在控制变量的前提下，当病房数一致时，复廊式护理单元跨数要小于单廊式。虽然相较于单廊式护理单元，复廊式增加了一条走廊，但其宽度影响小于柱跨对护理单元效率的影响。

（4）对于中间式护士站布置方式而言，复廊式护理单元巡行路径和巡行时间均比单廊式护理单元长，分别相差 11.03 m 和 50.81 s，与上文尽端式护士站布置方式恰恰相反。通过平面分析可知，主要是由护士巡行路径方式的差异造成。单廊式护理单元的巡行路径是环线，而复廊式护理单元巡行路径在尽端的病房处有重复路径，因此增加了额外的巡行时间和距离。

5 总结与展望

本文基于 AnyLogic 仿真平台，以医院护理单元巡行效率为研究对象，以巡行时间、路径距离、路径轨迹图为评价指标，讨论不同模式下、不同布置形式的护士站对于护理单元巡行效率的影响，主要得出以下结论：

（1）在单廊式护理单元中，中间式护士站布置方式优于尽端式护士站布置；

（2）在复廊式护理单元中，尽端式护士站布置方式优于中间式护士站布置；

（3）布置尽端式护士站的情况下，复廊式护理单元巡行效率优于单廊式；

（4）布置中间式护士站的情况下，单廊式护理单巡行效率优于复廊式。

由此可见单、复廊式护理单元巡行效率比较不能一概而论，不同的平面形式和布置方式会导致巡行效率的差异。因此在医院护理单元前期设计或优化中，除了考虑护理单元形式之外，护士站布置方式和巡行路径方式也是重要影响因素。

本文借助 AnyLogic 平台，通过相关数据的量化，弥补了设计师在设计方案客观评价中的不足，帮助设计师突破传统定性分析的局限性，提供更为科学的研究方法，对提高设计的科学决策水平具有重要应用价值。同时本文采用的基于 AnyLogic 的决策方法，是对实体对象（“本体”）的动态仿真技术，其本体的实时状态及外界环境条件在“孪生体”上一一映射，探索了基于数字孪生的设计决策方法。本文的不足之处在于为了便于效率的计算，仅讨论了一类护士的巡行活动，并简化了巡行过程。后续的研究中将引入同一空间不同护士类型的活动模拟，同时增加患者因素，从医护管理和医患分配等层面进一步讨论护理单元效率问题，为医院护理单元设计提供更科学的依据和优化建议。

参考文献

[1] 中华人民共和国国家统计局.中国统计年鉴2008[M].北京:中国统计出版社,2008.

[2] 单庆超,张秀媛,张朝峰.社会力模型在行人运动建模中的应用综述[J].城市交通,2011,9(6):71-77.

[3] 鹿国伟,陶学强,段德光,等.AnyLogic仿真平台在医疗资源优化领域的研究进展[J].中国医学装备,2022,19(2):191-194.

[4] EINZINGER P, POPPER N, BREITENECKER F, et al. The GAP-DRG model: simulation of outpatient care for comparison of different reimbursement schemes [C]//Proceedings of the 2013 Winter Simulation Conference. Washington D C, 2013:2299-2308.

[5] 王冰冰,默秀卿.基于AnyLogic仿真的综合医院内科门诊候诊面积指标研究[J].建筑学报,2021(S2):42-46.

[6] EL-RIFAI O, GARAIX T, AUGUSTO V, et al. A stochastic optimization model for shift scheduling in emergency departments[J]. Health Care Management Science, 2015, 18(3):289-302.

[7] 罗运湖.现代医院建筑设计[M].2版.北京:中国建筑工业出版社,2010.

[8] SU Z, YAN W. Improving genetic algorithm for design optimization using architectural domain knowledge [Z]. 2014.

[9] 贺镇东.中廊的再开发:关于中廊式护理单元设计的思索[J].新建筑,1996(2):48-50.

[10] TRITES D, GALBRAITH F, STURDAVANT M, et al. Influence of nursing-unit design on the activities and subjective feelings of nursing personnel[J]. Environment and Behavior, 1970, 2(3): 303-334.

图表来源

图1、图4~9：作者自绘.

图2：曾春生《面向巡行效率优化的医院护理单元计算性设计研究》.

图3：李宗飞等《基于护士活动的护理单元空间优化设计研究》.

表1~3：作者自绘.

第八章

保护更新中的数字技术

新技术支持下的城市微更新快速响应
——以杨浦区内环高架桥下空间更新改造为例

张 埗[1] 万洪羽[1*]

（1. 同济大学建筑与城市规划学院，上海市 200092，hongyuwan@tongji.edu.cn）

摘要

随着中国城市化步入下半程，运用数字技术，提升城市品质的方针已在国家“十四五”规划纲要中上升为国家战略。本文提出了一种快速响应城市微更新的设计分析范式：基于互联网手机LBS数据，调用用户画像开展快速评估人的行为活力；基于POI数据，对场地周边设施服务水平进行分析；依托空间句法，进行现状路网体系评估和设计初步校验。本文以上海“内环高架年轻化”项目中的四平路—政本路桥下空间更新改造为例，对上述新范式的研究框架进行了示范性应用，在24 h内呈现数字化分析结果，同步了设计师的步伐，进行了特色空间更新改造设计，展现新范式的路径优势和可行性。此研究是计算性城市设计背景下的微更新技术集成，可为需要快速开展的城市微更新设计提供有实践意义的方法探索。

关键词： 城市微更新；快速响应；桥下空间；上海；计算性城市设计

Keywords：Urban micro-renewal；Rapid respond；Under-bridge space；Shanghai；Data-informed urban design

项目资助情况： 国家自然科学基金面上项目（52078343）；中央高校基本科研业务费专项（22120210540）

引言：城市微更新的时代背景

随着全球化信息技术的发展，数字技术革新带来的新数据新技术可以实现实时性、高精度的研究分析[1]。与此同时，中国城镇化进程展现出从增量市场的大规模建设转变为存量市场品质建设的趋势，聚焦“微空间、微改造”，强调城市微小空间品质提升和功能塑造，打造以人为本的有温度的城市[2]。运用数字化、提升城市品质的时代目标，已在国家“十四五”规划纲要中上升为国家战略，数字技术在城市设计领域的应用和发展得到了空前的重视。在技术发展和人本导向的时代背景下，运用新数据和新技术，为当下的城市微更新实践，提供快速同步的人本尺度精细化分析和精准研判的设计支持已成为典型需求[3]。

与此同时，信息技术飞速发展，采集个体信息的传感器技术和定量研究城市的技术也日益成熟，数据获取也更加高效便捷：基于位置服务数据（LBS 数据），基于移动互联网应用（APP）的定位系统[4]，能够提取出设计场地的访客画像，从而进行精准定位目标用户的需求[5]。城市兴趣点（POI）是地理信息系统中的地理实体，如餐厅、学校、汽车站等[6]，可以据此进行场地周边功能业态布局分析，在一定程度上衡量地区的活力。空间句法是通过研究城市空间网络，揭示空间、人车流和用地模式之间关系的定量城市研究方法[7]，可以预测设计和规划的中长期影响[8]，进行设计初步校验与评估。

基于以上多元海量数据的综合分析和多种技术的整合运用，实现短时间内对人群行为、设施服务以及城市空间结构的量化研判，可以为新时代精准快速的城市微更新提供与设计节奏同步的全面支持。

1 相关研究回顾：新技术支持下的城市微更新

1.1 多源数据技术为城市微更新提供新可能，但仍需要建立综合性的精细化框架

经过近几年的发展，城市微更新结合多源数据的相关技术路径已十分成熟，成为越来越重要的研究方向。多源数据目前主要包括移动通信数据、社交网络数据、电子地图数据、业态兴趣点数据（POIs）等[9]，基于 ArcGis、百度高德 API 等开放平台，对城市信息进行数字化采集、分析、表达、设计、管理[10]。在既有研究中，数字技术在街道可步行性[11]、社会信息、职住关系[12]等领域已有较多应用，进一步为实现人本、精准、科学[3]的城市微更新提供了新可能。

我们以“多源数据（New data）” “计算性城市设计（Computational urban design）”“新城市科学（New urban science）”等关键词在谷歌学术和中国知网中检索相关的文献，进一步筛选与城市微更新紧密相关的文献（图 1），主要包括以下几个方面：(1) 多源数据在行为活力测度方面被应用广泛，基于市民对城市空间使用的数据［如位置服务数据（LBS），社交媒体数据等］对访客年龄、兴趣、时间、情绪等进行研究[13]，建立了人本视角下空间本底使用情况的框架，大大提高了传统问卷、调研等方式的准确性和效率。(2) 功能设施特征研究是多源数据应用的重要方面，结合兴趣点数据（POIs）[14]，对城市中不同功能和人群聚集程度进行定量化研究，分析城市功能供给情况。(3) 空间形态的量化研究越来越多，通过结合空间句法、空间矩阵、网络分析等工具[15]，对物质空间基地要素，如覆盖率、高度、连接度等进行精确解读，有助于规划师对城市三维空间的特征进行全面了解。

随着城市微更新从追求速度向渐进式、高品质、小规模转变[16]，与之匹配的精细化、人性化城市分析研究正在快速兴起，这对于研究范式、数据类型、技术路径都提出

了新要求。目前的技术路径往往针对某一类数据，相对零散，难以适配较为复杂的城市微更新问题。将行为活力、功能设施、空间肌理等多城市更新中涉及的多个方面整合起来的综合框架，是接下来城市更新分析工作的重点。

表 1　相关研究回顾

研究方向	研究对象	数据类型	主要研究内容
多源数据支持	行为活力评价	LBS 数据	基于腾讯位置大数据，对城市更新中的人群画像和人员流动精准研判[17]
		微博签到和大众点评数据	通过社交网络数据研究土地使用、功能、混合度与城市活力的关系[18]
	功能设施特征	POI 数据	研究城市空间主导功能的分布[14]
		POI 数据，LBS 数据	功能混合使用与社区活跃度的关系[19]
		POI 数据	城市更新过程中城市服务设施种类、构成及空间分布[20]
	空间肌理形态	空间句法数据、POI 数据	在城市尺度和街道尺度，将空间数据应用于基地测评、方案比较和优化[21]
		精细化建成环境空间数据、POI 数据、结构化网页数据	引入多源数据，探索人本尺度下街道形态及绿道更新设计[22]

1.2　目前城市分析响应速度往往偏慢，不能做到与设计同步快速迭代

城市更新面临的问题十分复杂且不可预知，体现为空间复杂、权属复杂、任务多元、推进困难等[23]，涵盖了建筑管理、环境改善、社区融合等各种方面[24]。城市更新设计过程也呈现相对复杂的状态，主要包括开展深入详尽的调研、提出总体发展策略、制订空间方案以及制定相关导则及政策机制等[25]。传统的城市更新研究主要采用定性方法，如现场调研、问卷、访谈等，其效率和精度均不高[11]，很难应用于高精度且大规模的城市更新。由于受访者个体差异，研究的可靠性和有效性并不高，难以进行普适性推广。受到传统城市分析精度和效率限制，数据研判和设计之间缺乏连接，不适用于当下品质化、精细化设计。

虽然目前多源数据技术发展已十分丰富，但在城市更新设计的快速响应方面仍较为缺乏，数据研判无法跟上设计师的步伐。对于规模小、周期短、需要快速响应的城市微更新项目，现有技术路径由于数据获取困难、数据源昂贵、清洗困难等问题，面临响应慢和周期长的困难。为应对微更新快速迭代的需求，需要新技术具有快速的数据获取、高效的分析方法和精准的数据研判的功能，使前期分析能够跟上设计的节奏，为设计师提供有效的数据支撑。

针对现有研究进展及仍然存在的局限，本文运用多源数据方法，把现有技术路径整合成一套能够快速响应的综合性方法，试图为数字化城市更新提供新思路。

2 研究设计：数字化城市微更新的新范式

综上所述，通过对城市微更新相关理论及研究的汇总，并结合多源数据测度的不同指标，本文发现对于城市微更新的研究可纳入三个主要维度：行为活力、设施服务、空间结构。因此本框架基于三个基本方面，运用多源数据、空间句法、量化统计等数字技术，进行进一步数据指标细化，建立适用于不同城市微更新项目的综合性研究框架（图1）；同时，形成数字化城市微更新的新范式，从而挖掘复杂城市更新问题的背后机制，实现对城市微更新的快速响应。

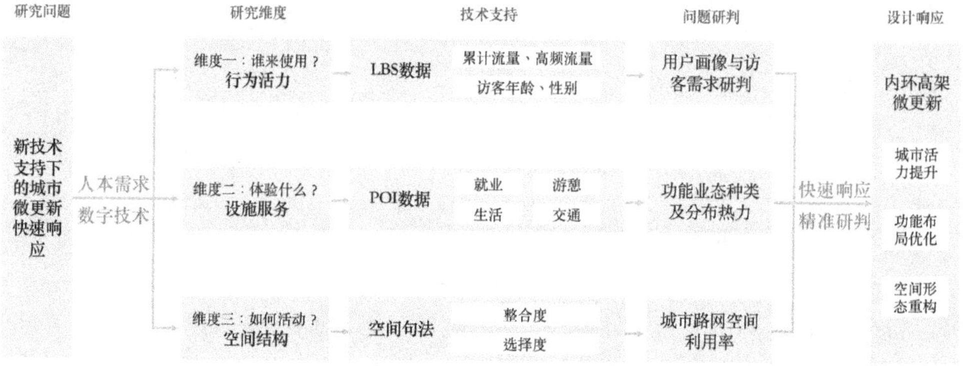

图1 数字化城市微更新的分析框架

2.1 行为活力研判

在人的行为活力层面，通过采集三个月内全面稳定的基于位置服务数据（LBS 数据），对所在区域用户画像开展精准评估，获取如累计流量、高频访客、年龄、性别等方面的信息，让规划师深入地了解既有城市空间的使用人群特征，明确访客对应的空间需求，从而为城市更新提供扎实的基础。

2.2 设施服务研判

在设施服务水平层面，基于兴趣点数据（POIs），获得设施服务情况。通过对设施热力图分布，就业、游憩、生活、交通等方面均形成直观的可视化分析结果，为规划师直观呈现场地周边功能业态布局和业态种类，为后期设计更新中的业态布置提供直接支持。

2.3 空间结构研判

在城市空间结构层面，依托空间句法理论，在 depthmapX 软件中对既有空间拓扑网络结构进行量化分析，从而获得路网体系评估和设计初步校验，让规划师对空间形态及道路结构有更加精确的认知，从而在后续更新设计中更好地改进现有空间的不足。

基于以上三方面的多源数据，可以初步建立起数字化城市微更新的新分析框架，从而突破传统城市分析技术的局限，从精细化、品质化、人性化的角度出发，深入了解既有环境存在的问题以及需求，最终导向快速响应的城市微更新。

3 示范性应用

3.1 研究范围与现状分析

四平路—政本路内环高架桥位于上海市中心杨浦区，总长约 580 m，红线面积约 10 700 m^2。其西侧为高校区、科研类办公楼区，北侧为军事区域，东侧和南侧为居住区。高架桥所在片区人流量大，缺乏公共活动空间，现有两处城市公园，但距离较远，桥下闲置空间有改造提升为高品质公共活动空间的潜力（图 2）。

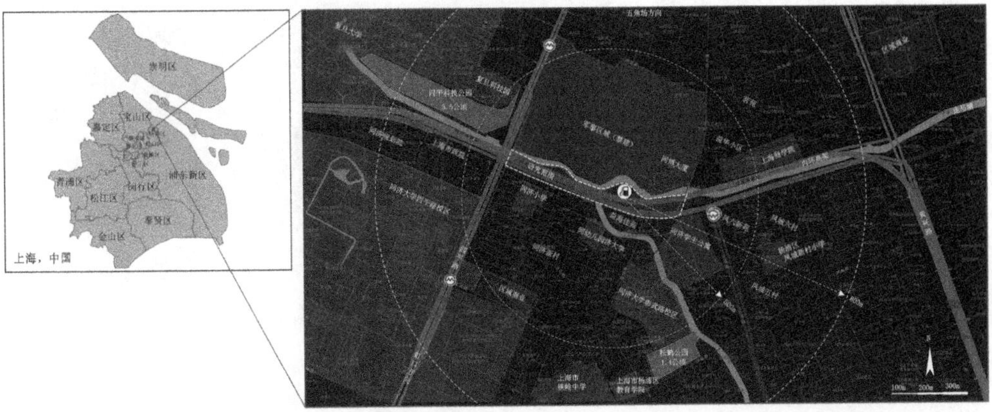

图 2 研究范围

研究范围可根据基地特征，分为 3 个路段：路段 1 为同济新村段，从四平路口起，到杨树浦港止，总长 320 m，占地 4 503 m^2，路口处 4 m，最宽处 29 m，桥下人行宽 2 m；路段 2 为中石化段，从杨树浦港到加油站入口，总长 125 m，占地 1 861 m^2，北侧有加油站；路段 3 为政本路段，从加油站入口到政本路，总长 135 m，占地 4 364 m^2，最宽处 40 m。该片区现状空间荒废，人活动较少，路段 1 地块狭长，植物郁闭，草木茂密，视觉受阻，有绿地但未设置活动场地；路段 2 紧邻加油站，因交通安全及气味影响，无活动停留人群；路段 3 偶尔有中老年人使用，主要休闲方式包括吹练乐器、慢走健身、打拳。针对此路段的景观改造设计，有助于推进人本城市的更新发展（图 3）。

3.2 基于 LBS 数据的行人活力测度

（1）LBS 数据来源与研究范围

本文抓取了 2021 年 4—6 月某互联网公司移动应用端后台的 LBS 数据，从访客流量、年龄构成、消费水平与房产级别等四个方面，近距离访客和热点区域访客两个维度，对访客流量特征和需求特征进行分析，进而为问题研判与设计导控提供支持。

根据人的步行范围通常在 500～800 m 之间，选取场地中心为圆心，以 500 m 和 800 m 为半径，作为以距离为维度的访客画像分析对象；根据场地地理位置，选取了场

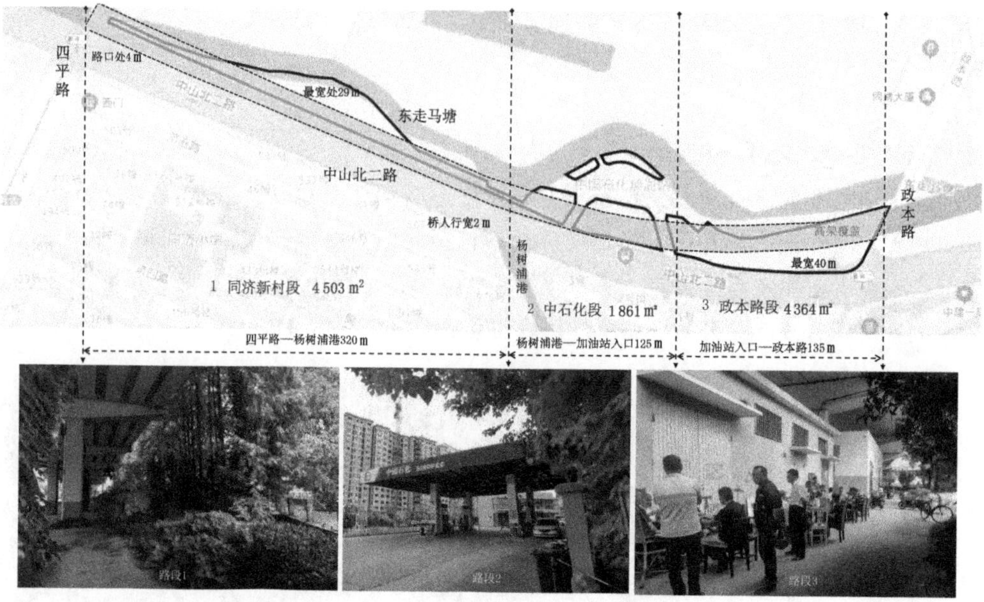

图 3 现状分析

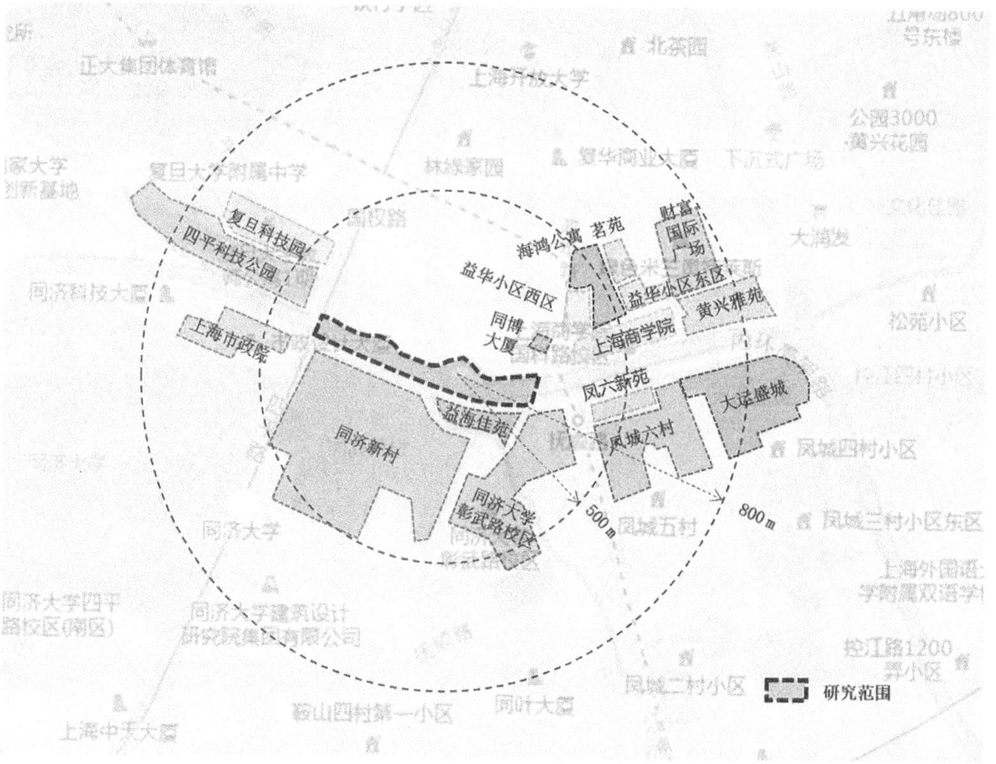

图 4 LBS 数据采样范围

地周边17个热点区域，如同济新村、益海佳苑、上海市政院等（图4），作为以热点区域为焦点的访客画像分析对象。

（2）访客画像研判

场地半径800 m范围内，3个月累计客流量为580万人次，高频访客占比不足5%，人群以26~35岁年龄段为主，消费水平偏低，多居住在普通社区内；场地半径500 m范围内，3个月累计客流量为250万人次，高频访客占比不足4%，人群以26~35岁年龄段为主，消费水平偏低，多居住在普通社区内（图5）。由于此处取样范围包含内环路，因此累计客流有很大部分是通过性人流，半径800 m内实际日常使用性客流在8~10万人次左右，半径500 m内日常使用性客流在4万~5万人次左右。

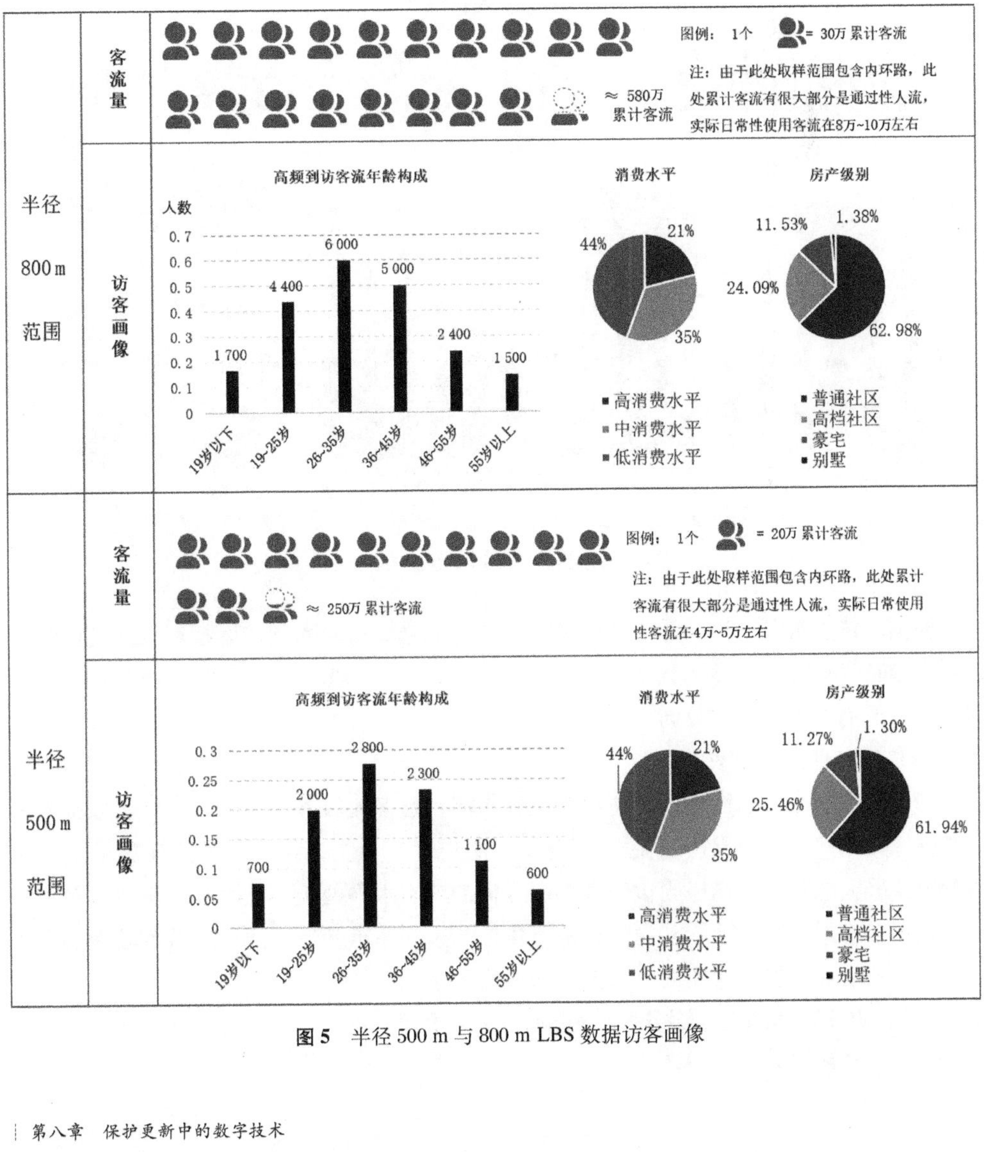

图5 半径500 m与800 m LBS数据访客画像

场地周边热点区域的累计访客和高频访客主要来自同济新村和同济大学彰武路校区。南侧人流量最大，西侧次之，北侧最少；访客均主要由 26~35 岁年龄段的人构成，19~25 岁和 36~45 岁占比次之。访客消费水平基本相同，以中低消费水平为主，大约各占比 2/5，高消费水平较少，占比约 1/5（图 6）。

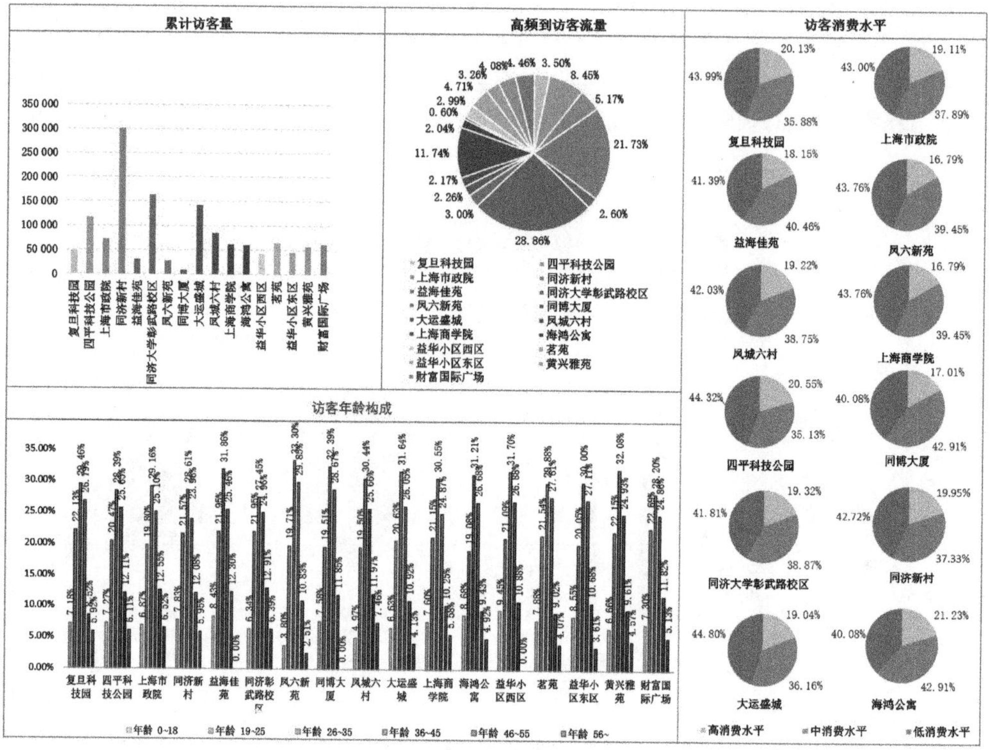

图 6 周边热点地区 LBS 数据访客画像

根据上述分析可得出，桥下空间具有较大客流量、较小高频访客量、较强南向访客辐射力等特点；访客年龄构成呈金字塔分布，中青年人居多，老幼较少；访客消费较为均衡，中低消费水平占比较高。

（3）针对性改造建议

场地周边客流流动性较大，建议多设置为流动性客流服务的功能与设施，以提升空间的整体使用率；场地周边客流以 26~35 岁的中青年为主，建议在商业设施的选择上多考虑年轻人的需求；场地周边绝大多数客流的消费水平处于中低水平，不建议在场地内设置消费水平较高的功能与设施；由于场地北边为军事基地，西边活跃度较南边和东边较低，建议在设施与功能的分布上偏向南边的东侧。

3.3 基于 POI 数据的设施服务水平分析

（1）POI 数据来源与分类

城市 POI 数据于 2021 年 7 月取自高德地图，选取离设计场地中心半径约为 1 km 范围内的与城市活力有关的数据，共计 3 099 个数据。根据研究需求，将 POI 分为四大类：就业类、生活类、游憩类和交通类（表 2）。

表 2 POI 数据

POI 类别	P5 餐饮服务	P6 购物商业	P7 生活服务	P8 体育娱乐	P9 医疗保健	P14 科研教育	P10 宾馆酒店	P11 风景名胜	P15 交通运输	P12 商务住宅	P13 政府机构	P16 金融保险	P17 公司企业
类别	生活类						游憩类		交通类	就业类			
点位数/个	604						171		648	2 676			

（2）服务设施水平研判

POI 总体分布主要集中在场地南侧和东北侧，东南侧和西侧分布相当，较为零星，北侧完全没有 POI；就业类 POI 主要分布在场地南侧、东侧和西北角，北侧和西南角几乎没有分布；游憩类 POI 主要分布在场地东南侧 800 m 开外，其余方向分布较为松散；生活类 POI 以学校教育类为主，集中分布在场地西南侧，其余方向成片分布，但数量较少；交通类 POI 主要分布在场地北侧 800 m 开外和毗邻的西南角，其余方向少数量均匀覆盖（图 7）。

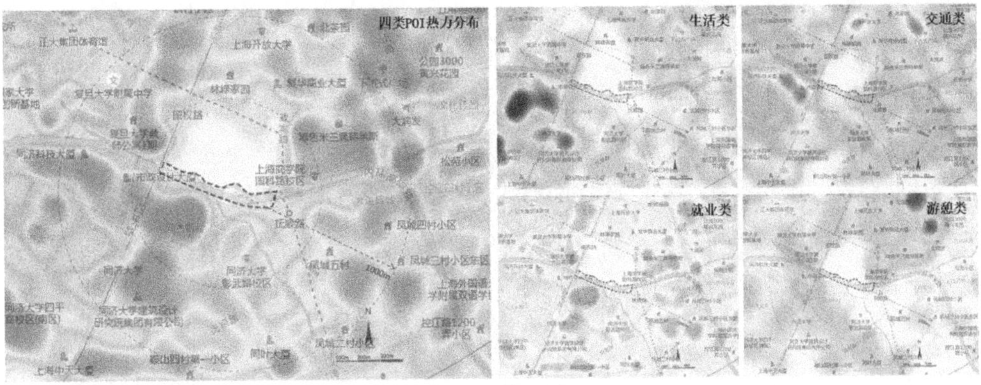

图 7 POI 数据热力图

（3）针对性改造建议

场地周边就业类 POI 数量多且分布在场地四周，工作者数量大，建议在布置功能与设施时考虑这部分高频到访客流的需求；场地周边活跃度最高的同济新村与同济大学彰武路校区却是生活类 POI 分布最少的区域，建议在场地的南边和西边设置相应功能与设施；场地周边游憩类 POI 均处于数量稀少的状态，建议在场地内设置带有游憩性质的功能与设施满足这部分的需求。

3.4 基于空间句法的空间结构分析

（1）空间句法模型

根据研究需求，关注场地所在城市空间中的人行活动，因此以场地为中心，步行

10 min 的路程为半径，以人步行速度 75~90 m/min 计算，得到大约 3 km^2 的范围。以高德地图为图底，将范围内的人行路径按照“最长且最少”的原则，进行综合绘制和拓扑处理，得到原始轴线模型。因为相比于空间句法最基础的轴线分析，线段分析还考虑了实际路程距离、最小转弯距离和最小角度距离等维度，对于分析城市微观尺度的空间结构非常有效[8]，因此本文采用 depthmapX 软件，将轴线模型（axial map）转化为线段模型（segment map）进行分析，共有 2 996 条线段参与计算。

（2）场地片区空间结构研判

场地范围较小，聚焦于社区范围内的人行活动，因此计算了改造前后距离 800 m 的整合度、选择度和可理解度，进行比较评估：整合度（integration）表示轴线或线段等空间单元在城市空间网络中的深度情况[26]，颜色越深则整合度越低，行人也越不容易到达；选择度（choice）表示一个元素出现在其他元素最短拓扑路径上的次数[26]，在本文中可以理解为人们在这个空间通勤的可能性；可理解度（intelligibility）被计算为局部整合度与全局整合度间的关联系数，表示人们通过感知所在的空间，从而推知整体空间结构的程度[27]。

从现状来看（图 8），场地内部南侧人行路径整合度和选择度均高于北侧，北侧加油站路段较难到达，通勤选择度较低。此外，东南侧选择度明显高于其他路径，推测其为南侧小区居民在场地内部的主要通勤路线。所选范围的整体理解度较高，局部和全局整合度形成了明显的线性回归关系，R^2 接近 0.6，属于较好的城镇空间结构。本文选择了场地内路径及与其拓扑关系为 1 的路径（图中深色散点），出现分层现象，勉强能形成线性回归线，但没有和整体的线性回归线相交，这表明场地和城市整体的联系微弱，没有形成较好的空间结构[7]。

图 8　场地原状空间句法分析

（3）初步设计校验

根据场地空间和面积条件，初步进行了路径设计，在三个路段较宽处分别设置了区别于车道和人行道第三条游憩路径，并且加强场地与南侧地块的联系，将路径连接到同济新村内侧。在原始线段模型的基础上，加入设计后的人行路径，总计 3 015 条线段参与计算。

结果显示（图 9），增加路径后，北侧路径的选择度和整合度明显提高，从而提高了北侧桥下空间的可达性和通勤选择的可能性；从可理解度的散点图也可以看出，分层现象减弱，场地和城市的联系有所加强。

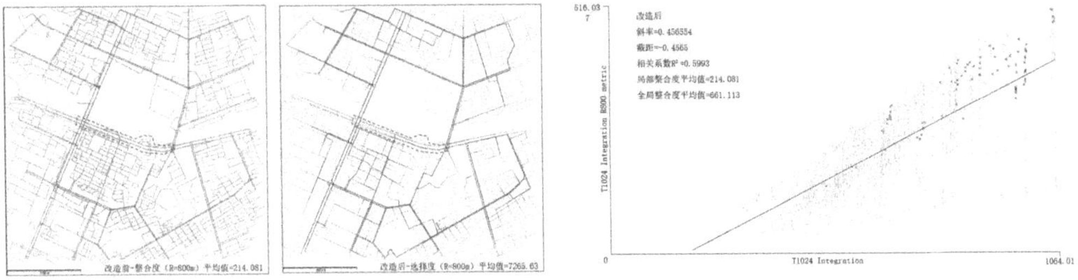

图 9　初步设计空间句法校验

3.5　基于数据研判的更新设计

从行人活力和服务设施水平分析结论中可以得出，该场地的设计定位是：增加路径并与南侧地块连接，场地内建设以 26～35 岁年轻人为主的流动性客流服务功能设施，并且在分布上偏向南侧和西侧；根据空间句法初步判定增加北侧路径及过街人行横道的可行性和必要性。

因此，结合新增路径，将场地的三个路段分别设计为休闲区、过渡区和运动区。休闲区满足现存中老年人群的邻里交流、散步等需求；过渡区通过增加生态廊道，尽量屏蔽加油站和主干道的噪音和气味影响；运动区满足年轻人篮球、羽毛球和慢跑等户外运动需求（图 10）。

图 10　三个路段的改造愿景

结语

本文以上海“内环高架年轻化”项目中的四平路—政本路桥下空间更新改造为例，对基于新技术快速响应城市微更新的设计分析范式进行了示范性应用：在人的行为活力、设施服务水平、城市空间结构三个层面，利用新数据和技术进行了快速评估，并且在 24 h 内呈现数字化分析结果，同步了设计师的步伐。在此基础上，进行了包括静态休闲区、慢性生态区和动态运动区三段特色空间的更新改造设计，以满足不同人群、不同功能的需求，展现了新范式的路径优势和可行性。

本文提出的设计新范式，立足于城市数字化转型的大背景和城市设计实践向小而快的更新项目转型的现状，将 LBS 数据、POI 数据和空间句法等数字化城市量化分析方法集成化运用，对接规模小、周期短、需要快速响应的城市微更新项目，解决了传统数据缺乏高精度、数据源昂贵、清洗困难和用时长等问题，实现了最少的数据输入、最全面的数据覆盖、最高效的设计响应，为人本视角的城市微更新实践提供了有效途径，是数字化城市设计背景下的新思路。

参考文献

[1] 王建国.基于人机互动的数字化城市设计:城市设计第四代范型刍议[J].国际城市规划,2018,33(1):1-6.

[2] 罗小龙,许璐.城市品质:城市规划的新焦点与新探索[J].规划师,2017,33(11):5-9.

[3] 叶宇.新城市科学背景下的城市设计新可能[J].西部人居环境学刊,2019,34(1):13-21.

[4] 钮心毅,吴莞姝,李萌.基于 LBS 定位数据的建成环境对街道活力的影响及其时空特征研究[J].国际城市规划,2019,34(1):28-37.

[5] 李锐.用户画像研究述评[J].科技与创新,2021(23):4-9.

[6] 池娇,焦利民,董婷,等.基于 POI 数据的城市功能区定量识别及其可视化[J].测绘地理信息,2016,41(2):68-73.

[7] 希利尔.空间是机器:建筑组构理论[M].杨滔,张佶,王晓京,译.北京:中国建筑工业出版社,2008.

[8] 希利尔,斯塔茨,黄芳.空间句法的新方法[J].世界建筑,2005(11):54-55.

[9] 徐敏,王成晖.基于多源数据的历史文化街区更新评估体系研究:以广东省历史文化街区为例[J].城市发展研究,2019,26(2):74-83.

[10] 杨俊宴.全数字化城市设计的理论范式探索[J].国际城市规划,2018,33(1):7-21.

[11] 杨俊宴,吴浩,郑屹.基于多源大数据的城市街道可步行性空间特征及优化策略研究:以南京市中心城区为例[J].国际城市规划,2019,34(5):33-42.

[12] 龙瀛,张宇,崔承印.利用公交刷卡数据分析北京职住关系和通勤出行[J].地理学报,2012,67(10):1339-1352.

[13] YE Y, RICHARDS D, LU Y, et al. Measuring daily accessed street greenery: a human-scale approach for informing better urban planning practices[J]. Landscape and Urban Planning, 2019, 191: 103434.

[14] 龙瀛,叶宇.人本尺度城市形态:测度、效应评估及规划设计响应[J].南方建筑,2016(5):41-47.

[15] 叶宇,黄鎔,张灵珠.量化城市形态学:涌现、概念及城市设计响应[J].时代建筑,2021(1):34-43.

[16] 伍江.城市有机更新与精细化管理[J].时代建筑,2021(4):6-11.

[17] 刘淼,邹伟,王芃森,等.大数据支持下城市更新政策实施的精细化评估初探:以上海市铜川路水产市场搬

迁为例[J].上海城市规划,2019(2):69-76.

[18] SHEN Y, KARIMI K. Urban function connectivity: characterisation of functional urban streets with social media check-in data[J]. Cities, 2016, 55: 9-21.

[19] YUE Y, ZHUANG Y, YEH A G, et al. Measurements of POI-based mixed use and their relationships with neighbourhood vibrancy [J]. International Journal of Geographical Information Science, 2017, 31(4): 658-675.

[20] 范正午,彭长歆.基于POI数据的城市更新服务设施评价研究:以广州市恩宁路街区为例[J].住宅与房地产,2021(18):25-27.

[21] 盛强,方可.基于多源数据空间句法分析的数字化城市设计:以武汉三阳路城市更新项目为例[J].国际城市规划,2018,33(1):52-59.

[22] 叶宇,黄鎔,张灵珠.多源数据与深度学习支持下的人本城市设计:以上海苏州河两岸城市绿道规划研究为例[J].风景园林,2021,28(1):39-45.

[23] 葛天阳,阳建强,后文君.基于存量规划的更新型城市设计:以郑州京广路地段为例[J].城市规划,2017,41(7):62-71.

[24] 丁凡,伍江.城市更新相关概念的演进及在当今的现实意义[J].城市规划学刊,2017(6):87-95.

[25] 王林,莫超宇.城市更新和风貌保护的城市设计与城市治理实践[J].规划师,2017,33(10):135-141.

[26] 深圳大学建筑研究所.空间句法简明教程[Z].深圳:深圳大学建筑研究所,2015.

[27] 希列尔,赵兵.空间句法:城市新见[J].新建筑,1985(1):62-72.

图片来源

图 1~2:作者自绘.

图 3、图 10:上海市城市建设设计研究总院(集团)有限公司.

图 4~9:作者自绘.

历史地段“小尺度、渐进式”保护更新模式中的辅助决策工具
——以南京荷花塘历史文化街区为例

宋哲昊[1]　唐　芃[1,2*]　宋亚程[1]

（1. 东南大学建筑学院，江苏省南京市 210096，tangpeng@seu.edu.cn；2. 教育部城市与建筑遗产重点实验室）

摘要

在中国历史地段保护与更新的历次实践中，基于微观空间元素、整合多元人群意愿的“小尺度、渐进式”工作模式逐渐成为面对历史地段复杂问题的有效手段。但这一工作模式在规划决策阶段面临大量的分析与试错工作，需要更有效的工具辅助。通过Java语言编程构建的一个可计算并联动历史地段内每条道路、每个地块详细形态信息的程序模型，被完善为一个设计师可不断尝试对道路与地块进行属性修改并获得实时形态解析反馈的辅助决策工具。在南京荷花塘历史文化街区的保护与更新中对该工具进行的应用尝试验证了其在实际工作中的有效性，提升了工作效率的同时使形态分析结果能够为形态设计工作提供更准确的依据。

关键词：历史地段；小尺度渐进式；保护与更新；数据驱动；辅助决策工具

Keywords: Historic area; Small-scale and gradual working; Protection and renewal; Data-driven approach; Decision support tool

项目资助情况：国家自然科学基金面上项目（52178008）

1　研究背景

1.1　“小尺度、渐进式”工作模式的现实需求

历史地段是城镇历史记忆的物质载体，其保护与更新一直是被持续关注和研究的问题。近年来相关学者在探索更有效的保护更新方法的过程中意识到，这项工作不仅仅是建筑学问题，更是一个社会学问题[1]。历史地段中除了大量物质文化遗产，亦应考虑对于历史信息的真实性、完整性和生活延续性的保护。同时历史地段内复杂的产权关系和居民各不相同的诉求使得以“一盘棋”的统一模式进行的更新难以开展，给更新保护工作提出了更高要求。在这一背景下，“小尺度、渐进式”的工作模式逐渐形成[2]，其

主要内涵是根据依托产权与形态等要素对历史地段进行进一步的详细划分，并基于细分后的微观单元展开有差异的保护与更新行动[3]。

但这一工作模式也意味着在设计前有大量烦琐而细碎的前期工作。历史地段内存在大量零散的空间信息、复杂的产权关系和多元人群的诉求，使各个微观单元的特征截然不同，而历史地段保护更新中任意总图设计决策的调整又可能改变街区中每个微观单元的形态特征，进而影响其设计导向。这也就使设计师在总图设计决策阶段面临大量的分析与试错工作，需要更有效的工具辅助。该工具一方面应能整合并联动历史地段内各微观单元的复杂信息，快速提供形态分析结果，方便设计师查询与调用；另一方面应基于总图设计决策的调整给出每个微观单元对应的分析结果反馈，以减少重复工作，提高工作效率，方便设计师快速完成大量方案的比选工作。

1.2 数字化方法在历史地段保护更新中的应用

面对历史地段保护更新中的复杂问题，传统的分析与设计方法会带来大量重复工作，且难以寻求最优解。随着计算机技术在建筑学领域的发展，越来越多的学者意识到数字化方法在历史地段保护更新这一传统问题中的应用潜力，并进行了诸多实践。

刘泽等[4]基于分形理论的计盒维数法，对北京传统村落的类型与其空间形态复杂性之间的关系进行了量化分析。吴佳雨等[5]使用岭回归和 LightGBM，结合地理空间数据，探讨了影响历史遗产区活力的城市形态要素。葛天阳等[6]通过 ArcGIS 平台与 AHP 方法的应用，对南京市湖熟古镇内的建筑进行了多级综合评价，提高了工作效率与计算精度。唐芃等[7]基于类型学方法建立了宜兴市蜀山古南街空间层级结构的描述体系，并在 CtiyEngine 平台中构建了对应的建筑生成规则，实现了从路网到细部材料样式的自动生成。徐怡然等[8]根据古南街已有的设计实践，提出一种数据库的建构思路，能辅助设计师针对不同的地块匹配对应的设计方法。

以上研究均展示了数字化方法在历史地段保护与更新工作中的分析与设计阶段所具备的重要意义，证实了通过数字技术开发相关工具的可能性。本文基于 Java 语言编程，将既有的城市形态量化分析方法转译为程序算法，通过数据联动各微观单元的形态信息，进而构建一个能够整合复杂信息、提供即时分析结果以辅助设计师进行规划设计决策的数字化工具。

2 方法建构

2.1 形态单元的量化分析框架

“小尺度、渐进式”的保护更新方法将历史地段划分为独立的产权地块，以产权地块为基本操作单元展开保护与更新工作。同时各产权地块由道路网相互串联，并与外部通达（图 1）。因此历史地段中每条道路以及其所连接的每个地块的形态特征成为这一工作模式下关注的重点。

图 1 “小尺度、渐进式”工作方法以道路与地块认知历史地段

本文对历史地段内的道路与地块的形态解析分为两个方面。一方面是空间元素自身的特征，在本文中统称为该空间元素的内部属性，以有助于设计决策者对更新对象本身空间特点的把握和认识，提出相应的应对策略。另一方面是空间元素与外部的连接关系，在本文中统称为该空间元素的外部属性，反映了空间元素的公共性会影响到更新设计过程中的功能导向。内部属性和外部属性是设计师完成单元更新设计时的主要形态分析依据，亦会随着设计决策的调整而改变。

表 1 道路内部属性评级的计算方式　　单位：m

道路宽度	道路长度				
	<100	100~<200	200~<300	300~<500	≥500
<3	9	8	7	6	5
3~<6	8	7	6	5	4
6~<10	7	6	5	4	3
10~<15	6	5	4	3	2
≥15	5	4	3	2	1

表 2 **Spacematrix 分析方法依据的四个量化指标及其计算方式**

量化指标	计算方式
容积率（floor space index）	$FSI = F/A$
覆盖率（ground space index）	$GSI = B/A$
平均层数（number of floors）	$L = FSI/GSI$
开放空间率（open space ratio）	$OSR = (1 - GSI)/FSI$

道路的内部属性主要指长宽等形态特征，并根据长宽划定了形态特征分级（表 1）[9]，以表示该道路未来在历史地段中能够承担的交通属性。地块的内部属性通过面积、容积率、建筑占地率等反映地块形态特征的量化指标来描述（表 2），并依据

Spacematrix 理论中的分类方法对地块进行形态类型分类[10]（图 2），从而将历史地段中形态各异的地块纳入一个统一的类型划分体系。

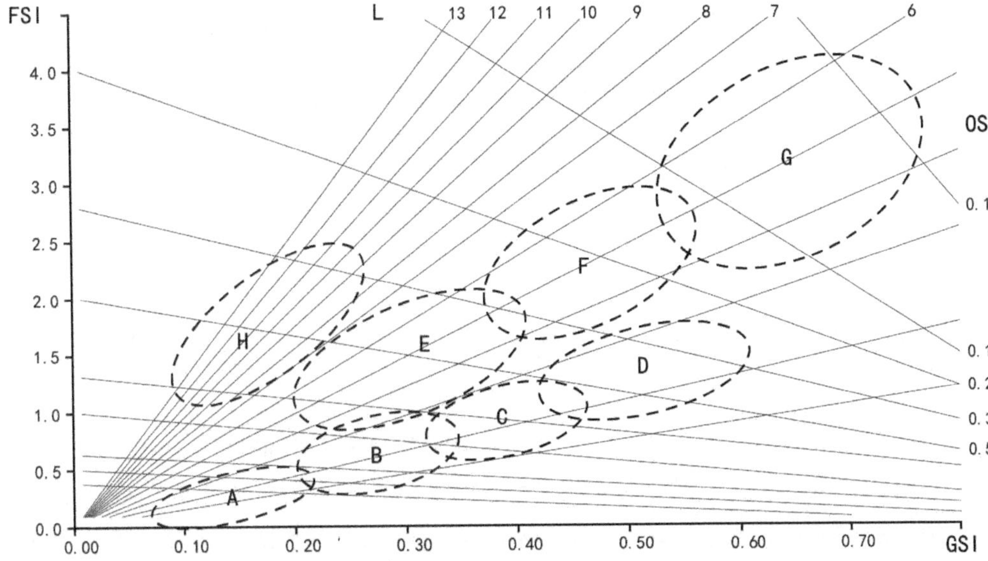

A	低层为主，点式布局地块	E	多层为主，板式布局地块
B	低层为主，板式布局地块	F	多层为主，板式、围合式混合布局地块
C	低层为主，板式、围合式混合布局地块	G	多层为主，围合式布局地块
D	低层为主，围合式布局地块	H	高层为主，点式、板式混合布局地块

图 2 Spacematrix 理论所构建的地块形态类型分类标准

空间句法是对人居空间结构的一种量化表述方法，用于表达城市空间中不同空间元素之间的联系[11]。道路的外部属性通过空间句法的 4 个基本值：连接值、深度值、控制度与集成度来描述。连接值表示在一个空间网络中与某个空间节点相连接的节点个数，即与某条道路相连的道路总数，反映了道路的通达性（图 3）。深度值表示空间网络中两节点之间的空间转换次数，在本文中可理解为历史地段中任意一条道路通达到研究范围之外的便捷程度，反映了道路的易达性（图 4）。空间网络中任意节点的控制度即与该节点相连的所有节点的连接值的倒数之和，计算公式如下：

$$C_a = \sum_{i=0}^{n} 1/L_i \tag{1}$$

式中，C_a 表示该节点的控制度，n 表示与该节点相邻的节点个数，L_i 表示与该节点相连的第 i 个节点的连接值。

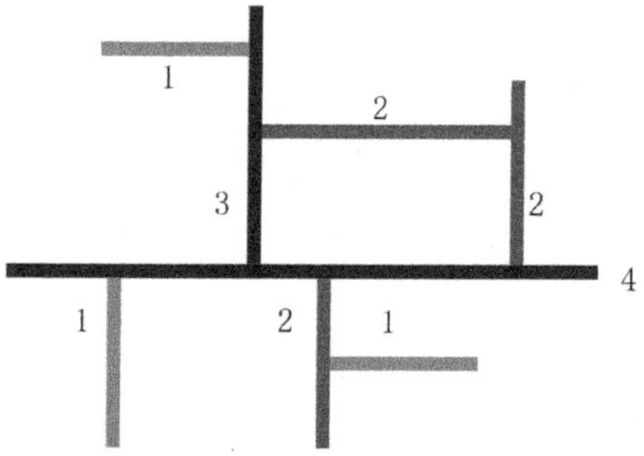

图 3　道路连接值示意

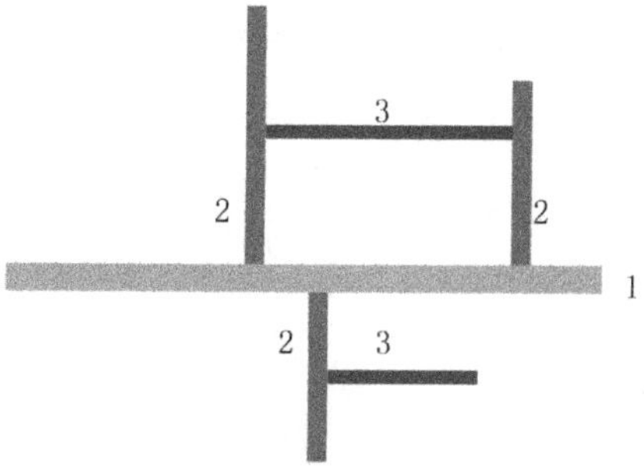

图 4　道路深度值示意

集成度基于深度值改进而来，避免了节点数目对深度值的影响[12]，其计算公式如

$$GA = 2(DA - 1)/(n - 2) \tag{2}$$

式中：GA 为该节点的集成度，DA 为该节点的深度值，n 为空间网络中的节点总数。

连接值和深度值是反映道路公共性最直观的两个值，控制度和集成度则是连接值和深度值的进一步补充限定。因此本文以连接值和深度值为基本依据，对道路的公共性进行初步分级，并根据控制度和集成度做进一步的调整，以去除不合理的情况，使道路外部属性分级能够更准确地描述道路的公共属性[9, 13]。具体的分级与调整如表 3~4 所示。

表 3　道路外部属性评级的计算方式

道路连接值	道路深度值		
	<1.5	1.5~3.5	>3.5
>6.5	1	2	3
2.5~6.5	2	3	4
<2.5	3	4	5

表 4　道路外部属性评级依据控制度与集成度的调整计算方式

道路集成度	道路控制度		
	<0.5	0.5~3	>3
>0.2	+2	+1	0
0.05~0.2	+1	0	−1
<0.05	0	−1	−2

历史地段中通过道路网与其他地块通达是各地块之间最基本的连接方式，因此地块的外部属性来自其直接相连的道路的外部属性。但当地块与不止一条道路相邻时，该地块外部属性的 4 个量化指标来自公共性最强的那条道路。

至此，本文梳理了历史地段中道路与地块的量化表述与分析框架（表 5）。在这一框架中，道路与地块的内部属性与外部属性均可通过计算获得，为程序模型中通过程序算法进行形态分析提供了相应的方法依据。

表 5 历史地段中道路与地块的量化表述与分析框架

	内部属性	外部属性
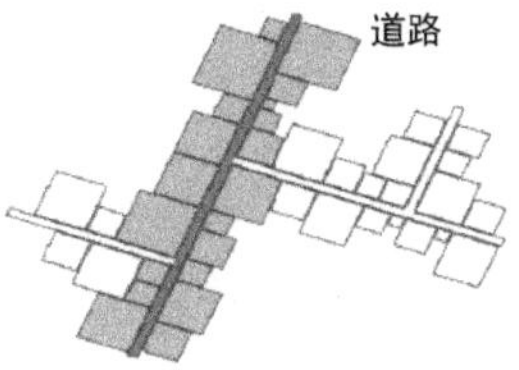	长度 宽度 ↓ 内部属性评级	连接值 深度值 控制度 集成度 ↓ 外部属性评级
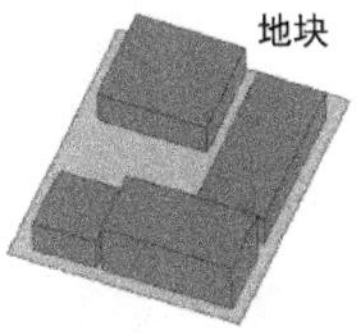	容积率 覆盖率 平均层数 开放空间率 ↓ 内部属性评级	连接值 深度值 控制度 集成度 ↓ 外部属性评级

2.2 实际形态到程序模型的转译

依据已有的历史地段量化表述与分析框架，可将历史地段的实际空间形态转译为程序语言构建的模型。本文通过 Java 语言编程为道路与地块建立了对应的类，通过类的各项属性涵盖空间元素囊括的信息。

其中地块类（class plot）与场地中的每个地块相对应，其属性除了表示地块边界的平面多边形以及形态分析结果之外，还拥有一个由其所包含的建筑平面多边形组成的集合，以便于计算该地块的容积率等数据。道路类（class street）对应每条道路，除该道路的几何多段线以及道路的内部属性与外部属性信息之外，还包含一个由地块类的对象组成的集合，代表了该道路两侧与该道路相邻的所有地块的地块序列。通过这种有关联性的数据关系，道路的外部属性分析结果可传递给予其相邻的地块，从而实现各空间元素形态分析结果的联动（图 5）。

程序无法直接识别历史地段复杂的实际形态，因此空间元素的几何信息来源于历史地段的 dxf 文件。程序会根据图层名对街区 dxf 地形图进行读取，将不同图层中的多段线或多边形赋予对应空间元素类的对象。通过 Java 语言编程，空间元素既有的形态分析方法被转译为对应的程序方法，程序会依据这些方法计算获得所有空间元素对象的形态分析结果。同时，程序模型还会计算街区内所有道路与地块的平均内部属性与外部属性数据，以反映历史地段的总体形态特征以及所有空间元素的平均公共属性。至此，可计算并联动历史地段内每条道路、每个地块详细形态信息的程序模型建构完成。

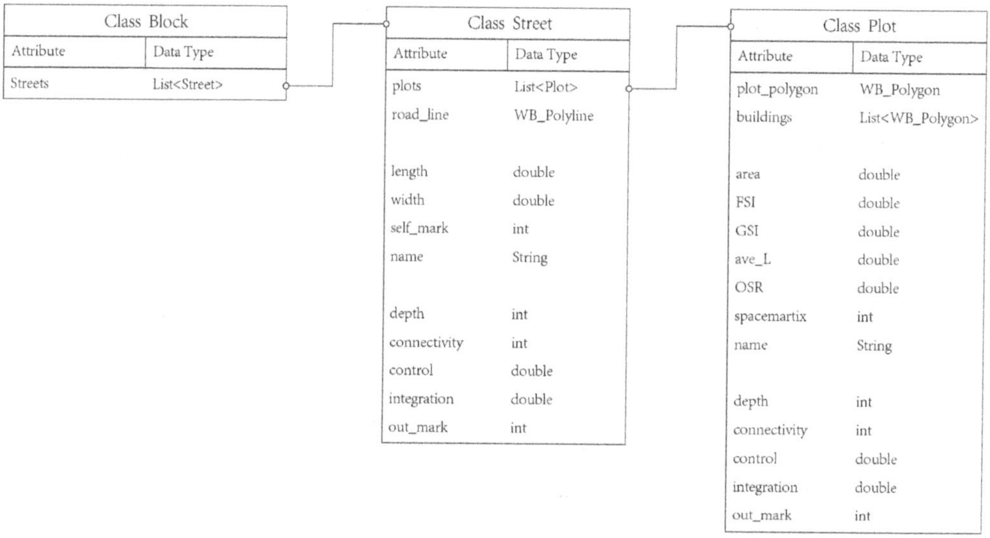

图 5 程序模型的类结构

2.3 辅助决策工具的构建

程序模型建构完成后，即可为此模型添加一个可视化的互动用户界面，进而完善为一个辅助决策工具。该工具一方面是程序模型中形态分析结果的可视化，可直观地显示分析结果；另一方面具有调整与更新功能，设计师可在程序界面中不断尝试对道路与地块的属性进行修改，并获得实时的形态分析结果反馈，以验证设计策略的合理性。

辅助工具的界面以街区分析总图为中心，研究通过 hemesh 工具包中的绘图类 WB_ Render 在程序运行后的工具界面内根据程序模型来绘制相应的几何图形，实现街区形态分析结果的可视化。分析总图有内部属性与外部属性两个模式，用以展示不同侧重点的分析结果。总图右侧添加了数据显示栏，在显示街区整体分析结果的同时，还可根据鼠标的实时坐标，显示当前鼠标指向的某一道路或地块的详细数据，方便使用者查看需要的信息。

调整与更新是该设计决策辅助工具相比于既有分析软件的一大优势，使用者可随时检验自己的设计决策对整个街区形态特征产生的影响。对道路网以及地块划分方式的调整是历史地段保护更新过程中总图设计决策的主要内容。工具内置的对道路的调整操作包括增加道路、删除道路以及修改道路宽度，以辅助设计师实现街区内路网的重新规划。对于地块的调整操作则包括合并地块与拆分地块，以辅助设计师重新划分设计单元，使街区形态结构更合理。为便于操作，通过 ControlP5 工具包为工具添加了操作面板，将需要的更改显示方法与空间要素调整方法与对应的按钮联动，使用者可通过按钮点击即可使用对应的功能。图 6 展示了构建完成的辅助决策工具界面。

图 6 辅助决策工具界面

3 应用检验

本文选取多名设计师或建筑从业人员，基于荷花塘历史文化街区的保护更新这一应用场景，对构建完成的辅助决策工具进行的模拟试用成果，以验证该工具在历史地段保护更新工作中的应用价值，并找到后续的改进方向。

3.1 信息整合与地块功能决策

历史地段的保护与更新过程中需要整理与分析大量的信息，既有的保护更新多基于一到两种特定的分析方法，难以做到客观全面。设计师在进行保护与更新的前期决策时，往往会先明确某种功能目的，再依托多方面综合的信息，找到特征相似的能在未来街区中承担特定功能的地块。该工具较好地应对了这一需求，提供了空间要素信息的快速整合与分析能力。设计师可依托工具对所有地块进行快速修改与筛选，最终找出街区内形态特征与公共性均达到一定使用功能需求的地块。图 7 展示了设计师通过本工具重新划分荷花塘历史文化街区的设计单元后筛选出的公共性较高且面积达到一定需求、可承担商业功能的地块。

图 7 设计师筛选出的可承担一定规模商业功能的地块

3.2 道路规划与地块划分的辅助决策

该工具在实用层面的另一个重要作用是提供了历史地段保护更新在道路规划与地块划分层面上的辅助决策。在“小尺度、渐进式”工作模式中，传统的分析方法在每次设计策略调整后，都要重新绘制类型学地图对每个空间元素的状态进行重新分析，因此带来较大的工作量。而在本文的辅助决策工具界面内，设计师可进行不断地修改尝试，快速高效地比选不同规划策略下历史地段道路网与地块的形态特征与公共性，进而找到更合理的规划设计策略。图8展示了参与试用的设计师对荷花塘的道路网进行不同的修改调整后获得的外部属性分析结果。

图8 设计师基于不同设计策略调整街区路网后获得的外部属性分析结果

3.3 局限性与尚存问题

参与试用的设计师指出，辅助决策工具在多个层面上仍具有局限性。一方面，历史地段保护更新的设计决策不仅仅基于形态分析结果。中国历史地段由于年代久远，存在多元人群的产权复杂、诉求难以协调等一系列社会问题，更新设计需要考虑更加全面的信息。而该工具目前仅能提供形态分析结果，必须是对于相关理论有一定了解的设计师才能获得较大的参考价值。另一方面，实际工作中历史地段保护与更新方案的产生是一个客观评价与主观评判相结合的过程，设计师的主观感受未能在该工具中有所体现。该工具若能加入一系列自定义的判定标准，才能提供更科学、全面的分析结果。

同时，试用人员亦提出该工具多个技术层面的可改进之处。例如避免误操作、方案存储与回退以及与 Rhino 等建模工具的衔接等，成为工具未来的进一步改进方向。

结语

“小尺度、渐进式”工作模式为历史地段的保护和更新提供了一种更关注真实性、完整性和生活延续性的有效手段，但也使设计决策阶段面临大量分析与试错工作。本文面对这一实际问题，基于 Java 语言编程构建了一个可计算并联动历史地段内道路和地块详细形态信息的程序模型，并将其完善为一个辅助决策工具。该工具作为通过数字化方法解决城市形态分析问题的有效尝试，提升了设计决策的科学性与工作效率。

本文采用数学分析方法，通过程序语言构建分析工具，但解决的仍是历史地段这一传统对象中的问题。历史地段中的空间元素彼此独立又互相影响，在不断精细化的历史地段保护与更新工作的背景下，更新设计决策不再是设计师一人的价值观决断，而需要基于大量的信息进行综合的价值评估。通过更高效方法的探索，使形态分析结果能够为形态设计工作提供更准确的依据，推进历史地段更新设计工作中“基于经验的人为归纳”到“基于数据的模式提取”的工作方式，这才是本文所揭示的另一层技术意义。

参考文献

[1] 董亦楠,韩冬青,黄洁.从南京小西湖历史地段小尺度、渐进式保护再生看城市设计的过程性和参与性[J].时代建筑,2021(1):51-55.

[2] 韩冬青.显隐互鉴,包容共进:南京小西湖街区保护与再生实践[J].建筑学报,2022(1):1-8.

[3] 董亦楠,韩冬青.超越地界的公共性:小西湖街区堆草巷的空间传承与动态再生[J].建筑学报,2022(1):17-21.

[4] 刘泽,秦伟.基于分形理论的北京传统村落空间复杂性定量化研究[J].小城镇建设,2018(1):52-58.

[5] WU J Y, LU Y T, GAO H, et al. Cultivating historical heritage area vitality using urban morphology approach based on big data and machine learning[J]. Computers, Environment and Urban Systems, 2022, 91: 101716.

[6] 葛天阳,后文君,阳建强.基于 GIS 和 AHP 的历史地段建筑多级综合评价:以南京湖熟古镇核心地段为例[J].现代城市研究,2017,32(7):31-38.

[7] 唐芃,王笑,华好.解码历史:宜兴丁蜀古南街历史风貌保护与更新中的数字技术与实践[J].建筑学报,2021(5):24-30.

[8] 徐怡然.基于案例库思维的传统聚落风貌保护设计方法研究:以宜兴丁蜀古南街为例[D].南京:东南大学,2021.

[9] GE X, HAN D Q. Sustainability-oriented configurational analysis of the street network of China's superblocks: beyond Marshall's model[J]. Frontiers of Architectural Research, 2020, 9(4): 858-871.

[10] BERGHAUSER-PONT M Y, HAUPT P. Spacematrix: space, density and urban form[M]. Rotterdam: NAI, 2010

[11] 张愚,王建国.再论“空间句法”[J].建筑师,2004(3):33-44.

[12] STEADMAN P. Architectural morphology: an introduction to the geometry of building plans[M]. London: Pion,1983

[13] 韩冬青,宋亚程,葛欣.集约型城市街区形态结构的认知与设计[J].建筑学报,2020(11):79-85.

图表来源

图 1：参考文献[10].

图 2~7：作者自绘.

表 1、表 3~5：作者自绘.

表 2：参考文献[10].

乡村聚落建筑风貌量化研究

浦欣成[1*] 王颖佳[1] 张露瑶[1]

(1. 浙江大学建筑工程学院建筑系，浙江省杭州市 310058，hzpxc@126.com)

摘要

本文基于聚落空间的视角，探讨聚落建筑风貌的量化方法；对聚落建筑单体风貌量化、聚落建筑整体风貌量化、聚落建筑风貌紊乱度等问题展开研究，试图以此完善乡村聚落建筑风貌的测评体系，并通过四个不同类型的聚落案例验证了量化方法的可行性。

关键词：乡村聚落；建筑风貌；聚落建筑整体风貌；聚落建筑风貌紊乱度；量化测评

Keywords: Rural settlement; Architectural style; The overall architectural style of the settlement; Degree of disorder of settlement style; Quantitative evaluation

项目资助情况：浙江省哲学社会科学规划课题（21NDJC035YB），浙江省自然科学基金项目（LY21E080021）

引言

目前我国现行的乡村聚落相关评估体系主要参照《中国历史文化名镇（村）评价指标体系》《传统村落评价认定指标体系（试行）》[1]，较为笼统，主要关注于历史建筑的考察，也未考虑聚落空间结构对聚落风貌的影响。

在聚落风貌的量化研究上，杨笑之等利用 ArcGIS 分析旧城的传统风貌现状[2]，张义新使用空间句法和 GIS 采用全景影像技术探索传统村落风貌量化方法[3]。唐芃等学者通过构建建筑立面数据库、机器学习等方法研发了历史街区的建筑立面生成设计工具[4]。

本文尝试将乡村聚落建筑风貌评估从重点关注历史性建筑单体转向对所有建筑的风貌量化，并且考虑聚落空间结构对聚落风貌的影响，以期对现有的聚落风貌评估体系进行完善与补充。

1 聚落建筑风貌量化基本思路

首先求得各建筑单体的建筑风貌值，然后通过分析聚落空间结构计算出聚落内各建筑的权重，进而求取聚落整体的建筑风貌量值。

2 聚落建筑单体风貌量化

2.1 建筑风貌指标及权重确定

本文选取影响建筑风貌最主要的三个要素：建设层数（H）、屋顶形式与材质(R)、外立面材质(M)(图1)，将每个要素根据具体内容分五个层级并赋值1~5将其量化。数值越大表明在该分项上风貌越趋于现代，数值越小表明风貌越趋于传统（表1）。

表1 建筑风貌分项量化示意图

指标 层级	建筑层数（H）	屋顶形式与材质（R） 屋顶形式	屋顶形式与材质（R） 屋顶材质	外立面材质（M）	量化分值
一	 单层	 传统屋顶形制	 小青瓦	 夯土墙	1
二	 二层	 普通双（单）坡屋顶	 黑灰色瓦	 木板墙	2
三	 三层	 四坡屋顶	 红瓦（陶土瓦）	 白粉墙/青砖墙	3
四	 四层	 异形屋顶	 彩瓦	 小红砖墙	4
五	 五层及以上	 平顶屋面	 板状彩瓦/无瓦	 饰面（石材、面砖）墙	5

图 1 建筑层数、屋顶形式与材质及外立面材质是决定建筑风貌的主要因素

确定评价指标及其层级后，采用德尔菲法[5]来确定各指标权重值（表 2）。

表 2 咨询 33 位专家后的意见统计表

	建筑三要素对聚落建筑整体风貌影响比重			屋顶要素对屋顶风貌影响比重	
	建筑层数	屋顶形式与材质	外立面材质	屋顶形式	屋顶材质
均值/%	29.5	41.2	29.3	56.4	43.6

2.2 建筑单体风貌求取

（1）建筑风貌计算

设聚落中有 n 个建筑，第 i 个建筑的风貌值设为 S_i，三个分项指标分别是 H_i、R_i、M_i。依据德尔菲法得到的数值赋予权重，H_i、R_i、M_i 权重依次为 29.5%、41.2%、29.3%，建筑单体风貌值 S_i 的计算公式如下：

$$S_i = 0.295H_i + 0.412R_i + 0.293M_i \tag{1}$$

建筑屋顶的两项指标为屋顶形式 R_{si}、屋顶材质 R_{ti}，权重值分别为 56.4%、43.6%，建筑单体屋顶风貌值 R_i 的计算公式如下：

$$R_i = 0.564R_{si} + 0.436R_{ti} \tag{2}$$

结合以上得到 S_i 公式如下：

$$S_i = 0.295H_i + 0.232R_{si} + 0.180R_{ti} + 0.293M_i \tag{3}$$

（2）建筑风貌赋值

使用无人机对乡村聚落进行采样，使用 ContexCapture 系统进行三维建模，得到聚落的正射影像图和三模模型。绘制建筑的外轮廓。使用 Grasshopper 程序对建筑单体编号，按顺序依次对各建筑单体赋值。以许家山村为例，其正射影像图、三模模型如图 2 所示，其建筑平面图、建筑编号图如图 3 所示。

图 2　许家山村正射影像图和三维模型

图 3　许家山村建筑平面图和建筑编号图

对照三维模型，按编号对许家山村建筑单体各指标赋值，并求得建筑单体风貌值，如表 3 所示。

表 3 许家山村建筑风貌统计表

建筑编号	建筑层数	屋顶形式与材质		外立面材质	建筑风貌值
		屋顶形式	屋顶材质		
1	2	1	1	4	2.1740
2	2	1	1	2.5	1.7345
3	2	1	1	3	1.8810
……	……	……	……	……	……
170	1	2	1	1	1.2320
171	1	5	5	3	3.2340

3 聚落建筑单体风貌权重

3.1 研究原理

（1）从单体风貌值的均值到聚落整体风貌值

可通过求取各单体风貌值 S 的均值来表示聚落建筑整体风貌值，即

$$\overline{S}_{总} = (S_1 + S_2 + \cdots + S_n)/n \tag{4}$$

（2）基于空间视角考量建筑风貌权重

人们对聚落风貌的感知是通过在聚落空间中的视觉体验实现的。聚落空间分为内部空间与外部空间，两者综合构成了聚落整体风貌（图 4）。在聚落空间结构中的建筑所处位置不同，对聚落风貌的影响程度也不一样。因而要将建筑纳入聚落空间结构中探寻其权重差异。

3.2 基于聚落内部空间视角的建筑风貌权重

（1）建筑节点网络图

聚落内部空间的建筑风貌视觉体验，可以通过建筑与建筑之间的可视关系体现。在二维平面中，局部可视空间可以还原为一系列最基本的两两建筑之间可视空间的叠合。据此在聚落总平面上，将相互之间具有可视空间关联的建筑通过联系线连接起来，编织成建筑节点网络图[6]（图 5）。

但当两两建筑之间距离超过一定影响距离时，则不认为它们具有有效的可视空间，且影响距离应随聚落致密程度不等而有弹性。聚落致密程度与建筑之间的平均距离有关，可通过 Delaunay 三角网求取，如图 6 所示；因 50 m 是一个临界值，是在“识别域”中“远方相”（35~50 m）的上限[7]，故删除两个建筑之间最小距离在 50 m 以上的联系线，形成最终聚落 Delaunay 三角网图，如图 7 所示，计算所有联系线定义的建筑间最小距离的均值 μ，以及数组标准差 σ。正态分布中大约有 99.7%的数据落在距平均值三个标准差范围内，因而影响距离采用 $\mu + 3\sigma$，可在理论上包含三角网建筑距离

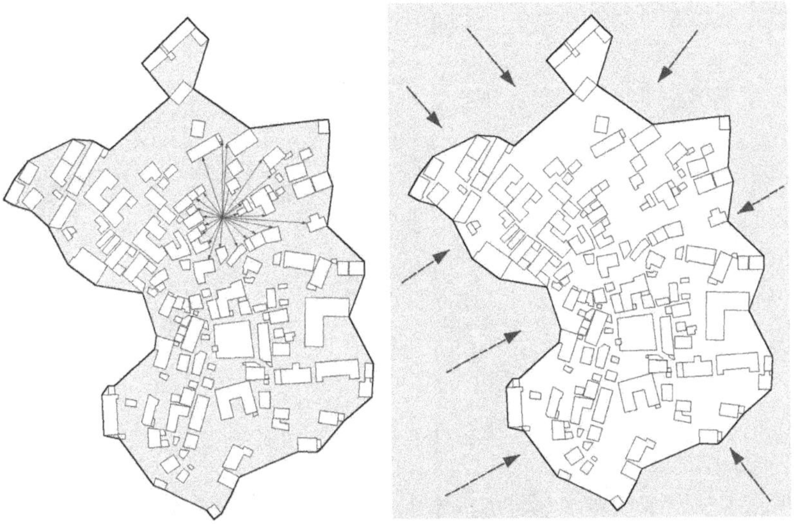

图 4　分别通过内部空间与外部空间体验聚落风貌示意图

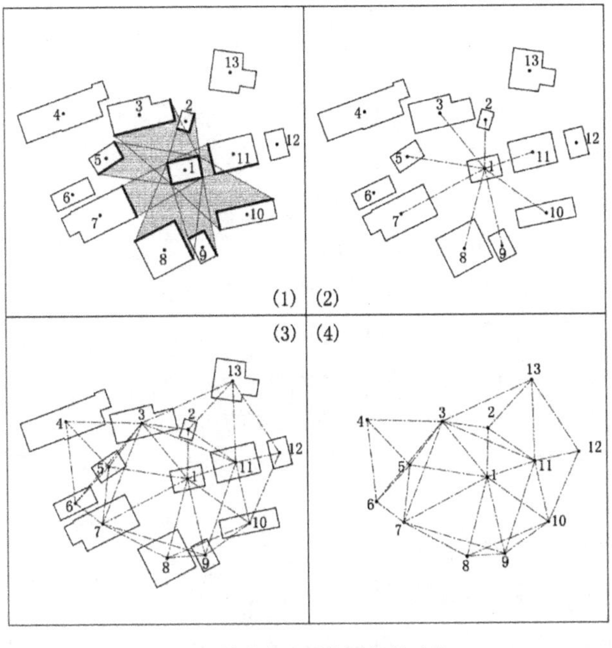

图 5　建筑节点网络图解析过程

数组中 99.7%的数据[8]。据此求取聚落的建筑节点网络图，如图 8 所示。

（2）基于建筑节点网络图设定各建筑的风貌值权重

从建筑节点网络图中可以发现，网络图具有疏密不同的分布，分布密集处的建筑间

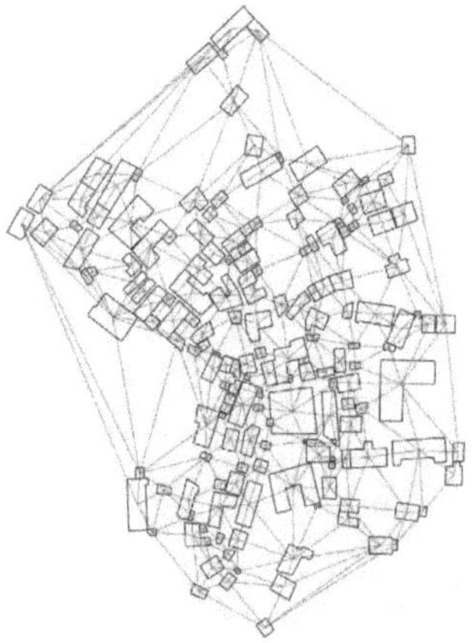

图 6　初始 Delaunay 三角网图

图 7　最初 Delaunay 三角网图

图 8　建筑节点网络图

发生的可视关系多，反之则少。可通过单个建筑的联系线占聚落所有联系线的比值来表征该建筑单体所处空间位置的重要程度。

设建筑在节点网络图中具有联系线数量为 L_i，网络图中联系线总数为 $L_{总}$，则该建筑的风貌值对聚落整体风貌值的影响权重为：

$$W_i = L_i/2L_{总} \tag{5}$$

以许家山村为例，按权重大小顺序给建筑从暖到冷赋色，形成在聚落内部空间秩序影响下的建筑单体影响热力图[9]（图 9）。

图 9　建筑权重分色示意图

3.3　基于聚落外部空间视角的建筑风貌权重

基于聚落外部空间的对聚落建筑风貌的感知，主要通过聚落边界来实现。位于聚落边界的建筑较之内部建筑更容易被外界关注，应在内部空间权重的基础上，获得附加权重。本研究通过求取聚落三层不同尺度的边界，寻找处于不同凹凸状态中的边缘建筑，并求取各边界建筑的权重值。

（1）基于 alphashape 求取聚落三层尺度边界[10]

三层边界中，第一层以 MATLAB 的 alphashape 函数能取的最大半径 Inf（无穷大）来求取凸包，第三层边界通过 alphashape 函数求得默认的最小半径来求取最紧凑的边界。第二层边界，基于扬·盖尔交往与空间理论中论及的 100 m 是社会性视域的最高限[11]，设定其为最小边界尺度与 100 m 的均值。

以许家山村为例，如图 10 所示，三种颜色的虚线分别为第一层边界、第二层边界、第三层边界。其中第一层边界 a 取 Inf，第三层边界取默认最小 a 值为 11.423 6 m，第二

层边界的 a 值为（11. 423 6+100/2）/2=30. 711 8 m。

（2）基于三层边界设定边缘建筑权重

根据边界贴线率给边缘建筑赋基于该层边界的权重。对某层边界中的第 i 个建筑，贴线率 T_i 为该建筑与其所在边界的贴合(或投影) 部分的长度 E_i 与其所在边界总长度 $E_{总}$ 的比值，分别用 T_1、T_2、T_3 表征它在三层边界上的贴线率：

$$T_{1_i} = E_{1_i}/E_{1_总} \tag{6}$$

$$T_{2_i} = E_{2_i}/E_{2_总} \tag{7}$$

$$T_{3_i} = E_{3_i}/E_{3_总} \tag{8}$$

图 10 许家山村三层边界图

将各层边界上的边界贴线率之和换算为 100%，得到各边界线上边缘建筑的边界影响力 T'_i，分别用 T'_1、T'_2、T'_3表征它在三层边界上的边界影响力，设一层、二层、三层边界各有 b、c、d 个边缘建筑与之接触，则处理后的各层边缘建筑的权重为：

$$T'_{1_i} = \frac{T_{1_i}}{\sum_{i=1}^{b} T_{1_i}} \tag{9}$$

$$T'_{2_i} = \frac{T_{2_i}}{\sum_{i=1}^{c} T_{2_i}} \tag{10}$$

$$T'_{3_i} = \frac{T_{3_i}}{\sum_{i=1}^{d} T_{3_i}} \tag{11}$$

将第 i 个建筑分属于三层边界的处理后的权重叠加（有些为 0）得到边缘建筑的权重：

$$V_i = \frac{T'_{1_i} + T'_{2_i} + T'_{3_i}}{3} \tag{12}$$

使用 Grasshopper 编写程序，挑选出与各层边界接触的边缘建筑，求取各边缘建筑的贴线率，并分别给第一、二、三层边缘建筑着红色、橙色、绿色，红色建筑有 3 个权重叠加，橙色建筑有 2 个权重叠加，绿色建筑只有 1 个权重，重要性程度逐步降低(图 11)。

3.4 建筑单体风貌总权重

将基于建筑节点网络图所得的 n 个建筑的权重记为 W，基于聚落边界所得的 m 个边

缘建筑的权重记为 V，单体建筑总权重记为 U，建筑总权重计算公式如下：

$$U_i = n/(m+n) \times W_i + m/(m+n) \times V_i \quad (13)$$

4 基于聚落建筑单体风貌值及其权重的聚落建筑整体风貌量化

基于单体建筑总权重，聚落建筑整体风貌值计算公式如下：

$$S_{总} = \sum_{i=1}^{n} S_i \times U_i \quad (14)$$

以许家山村为例，求取聚落建筑整体风貌值如表4所示，求取聚落建筑分项指标整体风貌值如表5所示。

图11 边缘建筑分色图

表4 聚落建筑整体风貌值求取表

建筑编号	建筑风貌值	网络图权重 W	边界权重 V	总权重 U	聚落总风貌值 S
1	2.174 0	0.003 0	0.082 8	0.018 7	0.040 7
2	1.734 5	0.003 0	0.000 0	0.002 4	0.004 1
3	1.881 0	0.003 0	0.038 5	0.010 0	0.018 8
……	……	……	……	……	……
170	1.232 0	0.002 1	0.039 1	0.009 4	0.011 6
171	3.234 0	0.001 7	0.040 8	0.009 4	0.030 4
聚落总风貌值					**1.657 7**

表5 聚落建筑分项指标整体风貌值求取表

建筑编号	建筑层数	屋顶形式与材质		外立面材质	分项风貌值 H	分项风貌值 R	分项风貌值 M
		屋顶形式	屋顶材质				
1	2	1	1	4	0.037 4	0.018 7	0.074 8
2	2	1	1	2.5	0.004 8	0.002 4	0.006 0
3	2	1	1	3	0.019 9	0.010 0	0.029 9
……	……	……	……	……	……	……	……
170	1	2	1	1	0.009 4	0.014 7	0.009 4
171	1	5	5	3	0.009 4	0.047 0	0.028 2
分项总风貌值					**1.476 8**	**1.436 5**	**2.151 7**

5 聚落建筑整体风貌的紊乱度

建筑之间的风貌差值表征了两两建筑之间风貌的差异性程度，聚落建筑之间的风貌差值越大，则聚落建筑整体风貌越紊乱。考虑到聚落空间结构的影响，紊乱度的求取须基于节点网络图。网络图中每条联系线联系两端建筑并定义了一个风貌差值，求取所有风貌差值的均值，表征聚落基于特定空间结构所具有的相对风貌差，即聚落建筑整体风貌的紊乱度。

如表 6 所示，将各联系线两端建筑根据编号对应到各建筑风貌值，求取两建筑的风貌差，对风貌差求均值得到许家山村的聚落建筑整体风貌的总体紊乱度为 0.469 4。

表 6 许家山村风貌紊乱度求取表

连线编号	建筑编号 1	编号 1 建筑风貌值	建筑编号 2	编号 2 建筑风貌值	两建筑风貌差
1	1	2.174 0	2	1.734 5	0.439 5
2	1	2.174 0	3	1.881 0	0.293 0
3	1	2.174 0	4	1.820 0	0.354 0
……	……	……	……	……	……
1179	169	2.648 0	171	3.234 0	0.586 0
1180	170	1.232 0	171	3.234 0	2.002 0
紊乱度					**0.469 4**

6 四个乡村聚落的建筑风貌量化求解与比较分析

在浙江地区选取四个传统程度在直观上处于不同梯度的乡村聚落（表 7），分别整理三维模型图（图 12）、建筑节点网络图（图 13）。

表 7 选取村落名单

类型	历史文化名村兼传统村落	传统村落	偏传统的村落	偏现代的村落
名称	宁波市宁海县许家山村	丽水市松阳县桐溪村	嘉兴市海宁市三王庙村	湖州市长兴县龙四村

计算各聚落的整体风貌值及整体风貌紊乱度（表 8）。可见四个聚落中，许家山村的建筑整体风貌最传统，龙四村最现代，桐溪村和三王庙村介于两者之间，桐溪村表现得偏传统，而三王庙村则偏现代。同时，龙四村的建筑整体风貌紊乱度最低，即聚落内建筑之间的风貌差异性最小，许家山村其次；而桐溪村和三王庙村紊乱度较大，聚落内建筑的风貌差异性较大。在这四个聚落中，许家山村风貌值和紊乱度都较小，属于风貌统一的传统聚落；龙四村风貌值大而紊乱度小，属于风貌统一的现代聚落；桐溪村和三王庙村风貌值中等，紊乱度大，属于混杂聚落，其中桐溪村是偏传统的混杂聚落，而三王庙村是偏现代的混杂聚落。

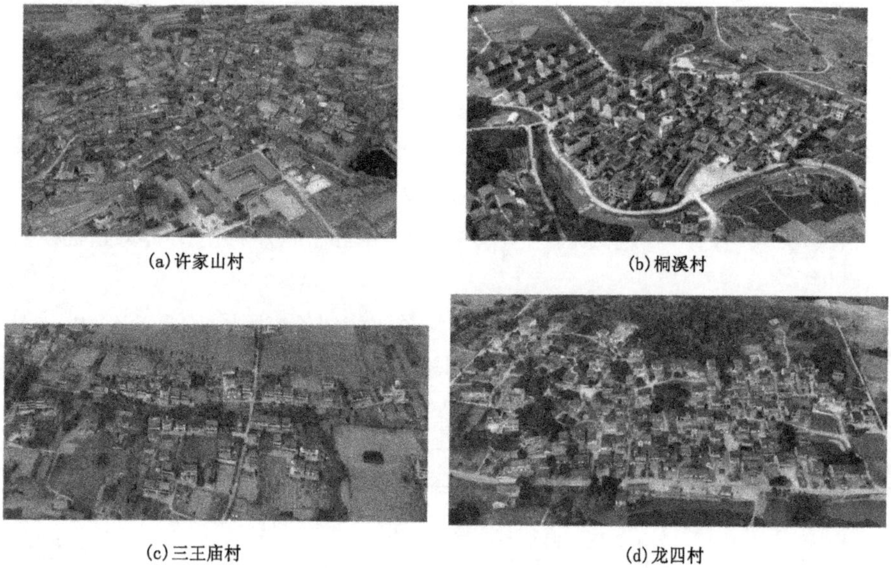

(a)许家山村　(b)桐溪村

(c)三王庙村　(d)龙四村

图 12　三维模型图

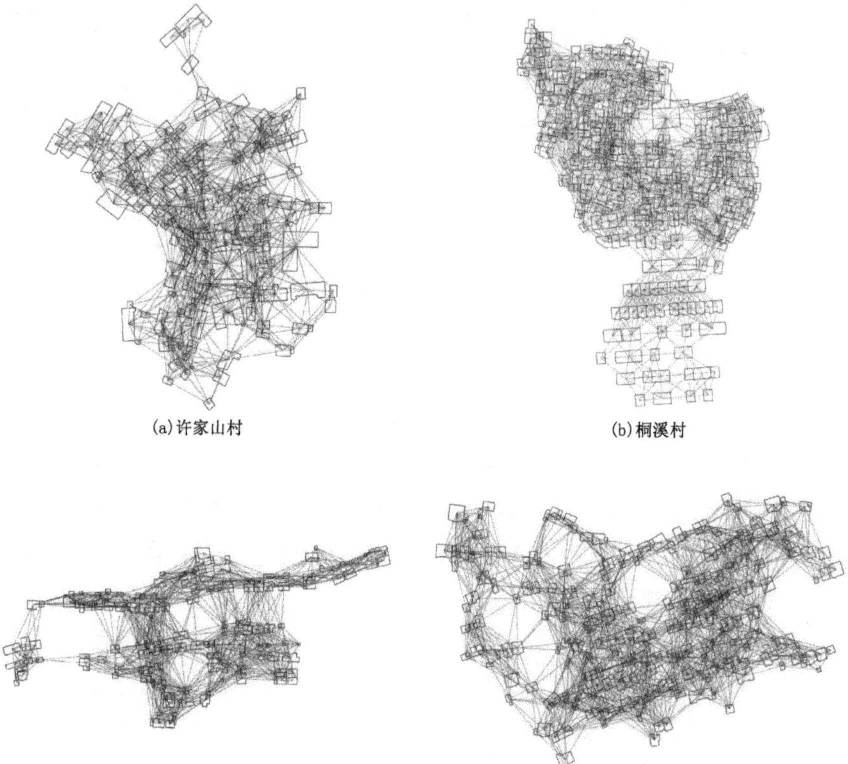

(a)许家山村　(b)桐溪村

(c)三王庙村　(d)龙四村

图 13　建筑节点网络图

表 8 四个乡村聚落建筑风貌相关数据汇总

村落名称	聚落建筑整体风貌值	聚落建筑整体风貌紊乱度
宁波市宁海县许家山村	1. 657 7	0. 469 4
丽水市松阳县桐溪村	2. 344 2	0. 902 4
嘉兴市海宁市三王庙村	2. 610 2	0. 679 5
湖州市长兴县龙四村	2. 723 1	0. 405 7

结语

本文基于聚落空间的视角，从建筑单体风貌量化、聚落整体风貌量化、聚落风貌总体紊乱度展开研究，希望在理论上能够完善乡村聚落建筑风貌的评价体系，并为乡村聚落的风貌分类提供量化思路。后续研究将结合这些量值，尝试着对聚落风貌的保护和整治提供一定的量化导引，以助力于乡村的保护与发展。

参考文献

[1] 徐峰，易子涵，叶菲.传统村落评价认定指标体系地域化研究[J].中外建筑，2021(2)：4-11.

[2] 杨笑之，阙维民.宁波慈城旧城传统风貌定量分析与启示[J].中国园林，2015，31(6)：63-67.

[3] 张义新.影响外部空间风貌的新建筑立面量化：以浙江缙云河阳村为例[D].天津：天津大学，2019.

[4] 唐芃，王笑，华好.解码历史：宜兴丁蜀古南街历史风貌保护与更新中的数字技术与实践[J].建筑学报，2021(5)：24-30.

[5] 张建.国内传统村落价值评价研究综述[J].小城镇建设，2018(3)：5-10.

[6] 浦欣成，王竹，高林，等.乡村聚落平面形态的方向性序量研究[J].建筑学报，2013(5)：111-115.

[7] 王昀.传统聚落结构中的空间概念[M].北京：中国建筑工业出版社，2009.

[8] 柯惠新，沈浩.调查研究中的统计分析法[M].2 版.北京：中国传媒大学出版社，2005：71.

[9] 浦欣成，张远，高林.乡村聚落平面形态集聚性肌理特征的可视化研究[J].建筑与文化，2018(12)：38-40.

[10] 浦欣成，王颖佳，黄倩.乡村聚落边界形态求取的量化方法探析[J].建筑与文化，2020(12)：189-191.

[11] 盖尔.交往与空间[M].何人可，译.北京：中国建筑工业出版社，2002.

图表来源

图 1~2、图 12：作者自摄.

图 3~11、图 13：作者自绘.

表 1：作者自绘、自摄.

表 2~8：作者自绘.

基于 DCGAN 的老街意象生成在历史街区改造中的应用研究

——以重庆磁器口古镇为例

曾旭东[1,2*]　陈诗逸[1,2]　陈鑫润[3]　张崇业[3]

（1. 重庆大学建筑城规学院，重庆市 400000，zengxudong @126. com；2. 重庆大学建筑城规学院山地城镇建设与新技术教育部重点实验室，重庆市 400000；3. 重庆大学计算机学院，重庆市 400000）

摘要

数字时代背景下，建筑设计方法随着计算机算力提升与算法优化得以革新，建筑设计的内涵与外延也随之深化与拓宽。同时，存量规划时代下历史街区保护与更新成为提升城市空间品质、彰显城市本土特色与唤醒城市记忆的重要议题。本文立足于生成式对抗网络（generative adversarial networks，GAN）这一技术语境，首先对历史街区改造设计展开讨论，归纳历史街区改造设计流程；进而应用深度卷积生成对抗网络（deep convolutional generative adversarial networks，DCGAN），以重庆磁器口古镇街区实景为训练样本生成虚拟老街风貌意象；在此基础上，将基于 DCGAN 的生成设计方法与传统设计方法进行对比，归纳二者在风貌特征提取的底层逻辑、设计流程上的异同点，探讨该生成方法在历史街区改造设计中实际应用的潜力与可能性，以期为未来历史街区改造拓宽设计思路并提供方法启示，同时为生成式对抗网络在建筑设计更多领域的探究提供方法参考。

关键词：DCGAN；生成设计；历史街区；改造；风貌意象

Keywords：DCGAN；Generative design；Historical block；Renovation；Style image

项目资助情况：重庆市建设科技项目（城科字 2021 第 6-16）

引言：历史老街的式微与时代机遇

随着城市化进程的推进，现代与传统产生激烈碰撞，历史建筑的功能被弱化从而逐渐在钢筋水泥的侵蚀下消解，城市中承载着历史文脉与几代人记忆的历史老街亦逐渐式微。幸而近年来国家对城市“空间质量”的关注加深，党的十九届五中全会提出实施城市更新行动，推动城市高质量发展，提出要以人为本，关注空间品质与人的空间体验，历史街区保护与更新成为提升城市空间品质、彰显城市本土特色与唤醒城市记忆的重要议题。然而各城市历史街区改造实践存在颇多争议，例如街区整体风貌牵强附会，各历史街区“同质化”“网红化”“过度商业化”而丧失特色，街区内各单体建筑之间风格不统一等。在历史街区改造中，对空间肌理、建筑风格、历史风貌元素的提炼与把控依赖设计师的主观判断，因此在街区整体风貌意象上不易客观还原街区原始风貌[1]。

在数字时代背景下，数字技术逐渐渗透到历史建筑保护中，当下政策的导向与技术的进步都推动历史建筑的保护工作向数字化转变。目前，历史建筑领域内相关技术前沿热点主要有 HBIM、可视化展示、交互特征、混合现实技术等[2]，集中在可视化、信息储存方面。同时，随着机器学习尤其是深度学习不断发展，计算机能够从海量数据中挖掘潜在规则。利用大数据记录历史街区风貌、由人工智能学习街区风貌特征并生成风貌意象图像，可作为辅助建筑师风貌设计的方法之一。目前，深度学习模型之一生成式对抗网络（generative adversarial network，GAN），在图像生成领域取得了令人瞩目的表现，并从 2018 年开始逐步被引入建筑学领域，开启了建筑生成设计的新篇章。生成式对抗网络在建筑领域的研究目前主要围绕在城市设计、建筑平面生成、立面生成、数值预测、效果图渲染、建筑环境及机械臂 7 个方面展开，使计算机辅助设计向辅助决策更进一步，可为街区风貌特征提取与生成提供技术支撑。

1 传统的历史街区改造设计流程分析

新时代下，我国在历史街区保护方面提出了抢救性修补、功能优化提升，适应性改造等多种保护策略[3]，各地方政府出台相应的地方保护条例，针对性地指导保护修缮工作。在历史街区改造过程中，一般遵循“勘测—设计—施工”的流程，本文主要对“勘测—设计”过程展开讨论。

在历史街区改造项目中，设计师并非话语权的主导者，整个改造设计过程实际更接近于一场政府部门、资方、设计师与街区居民多方商榷与博弈的过程。设计师首先根据规划文件明确保护范围与红线，进行前期文献资料的查阅并实地调研。通过对文献资料的研究，设计师主要进行文脉梳理，了解当地地理、气候、风俗、历史等信息，评述历史人文价值；现场调研则主要针对街区内建筑类型、残损程度、预保护手段等进行分级，并通过调研测绘提取街区建筑院落空间、建筑结构体系、构件、瓦作装饰等反映街区风貌特色的建筑信息。文献研究与现场调研过程往往须多轮反复，整合出历史价值及现状等信息向政府部门反馈，进而进行项目定位、招商引资等，而后再进一步提出保护规划并进行深入设计（图 1）。在整个设计过程中，设计者着重考虑历史街区的功能需求与风貌特征，并努力实现“规划者”“开发商”“原住居民”等多个视角以及保护、改善、发展等多重目标的平衡[4]，在保持街区整体空间格局、风貌特征完整性的同时，满足使用者对生活品质的现实需求，实现历史与现代的融合。

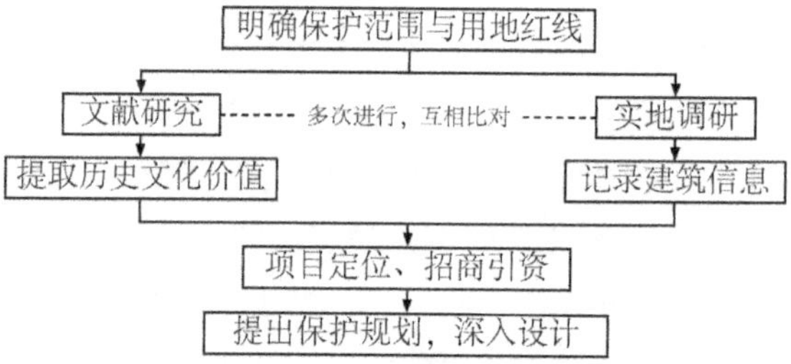

图 1　传统历史街区改造设计流程图

在风貌设计过程中，对街区风貌的提取主要依靠设计者在前期文献整理与调研环节中主观提炼完成。风貌设计一般按照从宏观到微观的逻辑，从整体布局到建筑单体再到构造装饰、技术手段逐步深入，针对建筑残损分级与现状提出相应整治措施。理想情况下，设计师可以在创作中严格按照一定逻辑不断深化。但实际的建筑设计过程充斥着文脉、成本、技术、个人审美趣味、功能需求等诸多复杂、联动的影响因素[5]，无法简单按照单一逻辑线性推进。正因如此，设计方案能够灵动、多变，建筑师的价值也因此显现——但同时也意味着，对街区风貌的把控容易掺杂个人色彩，可能被建筑师主观的创作理念所影响。

2　基于深度学习的建筑生成设计方法讨论

深度学习技术在 2012 年举办的“大规模图像识别大赛”（ImageNet Large Scale Visual Recognition）中大放异彩，吸引了大量研究者关注，并被广泛应用在产品开发中。Facebook、Google、百度等公司纷纷成立或收购研究部门以探索该领域。深度学习技术在自身不断发展的同时，也极大地推动了其他领域的技术发展，从而成为研究“红海”，近年来也逐步被引入建筑学领域。

2.1　以数据驱动的“学习”

机器学习的本质是从数据中学习，让计算机具备寻找合适的函数解决目标问题的能力，从而简化人的思考工作。所谓“学习”，是指通过大量训练数据而自动获取最优权重参数的过程[6]。传统的浅层神经网络依赖人为设计规则，例如利用计算机识别某种动物或手写数字时需要人为定义其对应特征，而深度学习将传统人工神经网络的拓扑结构由三层（输入层、隐藏层、输出层）扩展到多层，增加了隐藏层数量，可以自动提取数据特征而无须人为设计规则，可通过对原始数据的学习输出目标结果，实现“端到端”学习（图 2）。因此，深度学习算法可以通过学习图像样本，挖掘图像中潜藏的规则，模仿数据集中人的“设计模式”，从而能够根据给定样本进行“创作”而实现生成设计，这种“创作”并非是要取代设计师，而是能够在短时间内提供参考方案，给予设计师多元灵感。

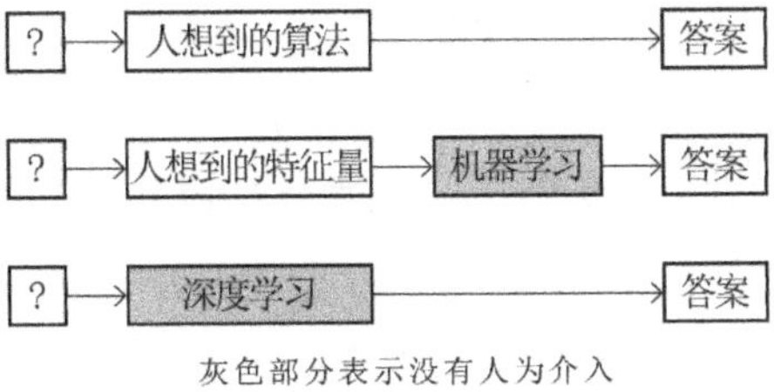

图 2 从数据中“学习”

2.2 基于生成式对抗网络的生成设计

生成式对抗网络（GAN，以下均作此简称）是于 2014 年由 Goodfellow 等学者[7]提出的深度学习模型，由判别器（D）与生成器（G）组成（图 3）。判别器与生成器的关系犹如老师与学生，老师（判别器）以输入的样本作为标准答案，学生（生成器）向老师提交答案（即生成虚假样本），并通过老师的分数反馈不断优化自身答案，从而输出逼真的虚假样本。目前，GAN 在图像生成领域取得了不错的成绩，由于其生成逻辑与建筑设计逻辑较为吻合，研究者们开始尝试将其应用于建筑设计方案生成中，例如自动生成建筑平面布局、自动生成建筑渲染效果图、自动生成城市路网等。

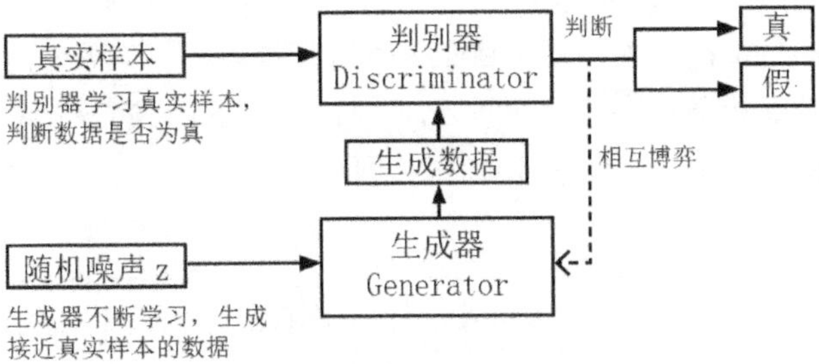

图 3 生成式对抗网络原理

GAN 的生成结果好坏很大程度上依赖训练样本。训练样本应当有一定的规律性，例如手写数字、人脸五官分布等等；同时，样本数量要充足，以便模型能够充分学习。而历史街区内建筑风格特征明显，街道尺度、建筑屋顶、墙身立面以及整体色调相对统一，且暗含一定的样式规律，此外街景图像采样方便，容易获得数量充足的街景图像，因此历史街区街景风貌适宜作为 GAN 模型的训练样本。将 GAN 与历史街区风貌设计结合，以历史街区街景作为训练样本，可以使计算机从现有街景中挖掘隐含的建筑特征，从而生成虚拟的街区风貌意象，可为设计师在风貌设计过程中提供参考。

3 基于 GAN 的老街风貌生成实践

本文以重庆沙坪坝区磁器口古镇作为案例，采用磁器口历史文化街区的街景图像为输入样本来训练 GAN 模型，使其自动生成街区风貌意象。

磁器口古镇始建于宋代，历史悠久，作为重庆典型沿江街区，内部建筑保存较为完好，巴渝地区传统古朴的风貌特征明显，被列为重庆市“传统巴渝”风貌区。本文的主要目标在于探索现代数字技术在历史街区改造风貌设计中的应用潜力，虽然目前磁器口街区已经经过改造修复，但因其街区整体保护较好，风貌特征明显，适宜作为 GAN 的训练样本，故选择磁器口街景作为 GAN 学习对象。

本文以生成目标为导向，明确样本拍摄要求。生成结果目标如下：(1) 能反映街道空间格局，以建筑为画面主体；(2) 能在一定程度上反映街区建筑风貌特征，如建筑形态、结构体系、装饰构件等；(3) 尽量避免人、车等对画面遮挡，但街区内植物景观作为街区风貌的一部分可以少量遮挡建筑；(4) 生成结果应有较高的清晰度。

3.1 训练样本

本文以磁器口古镇街景图片作为训练样本。因网络上磁器口街景照片构图、拍摄角度以及图片尺寸、清晰度不统一，故训练样本均由研究团队成员拍摄完成。在采样之前先进行预调研，明确采样路线，将采样范围限制在风貌保存最完整、受周边现代建筑影响较少的磁正街。为尽可能获取有效样本，采样人员在采样前统一了样本构图、尺寸以及采样天气、时间与设备（表 1）。为避免行人对步道遮挡、街区内商铺开张时占用街道影响街道界面及曝光不足或过曝等问题，采样人员选择在同一个阴天的早晨 7 点—9 点进行拍摄，最终共筛选出 216 张图片作为训练样本。

表 1 样本要求表

拍摄设备	图像比例	构图	相机高度	拍摄时间	天气
手机	1∶1	正方形	约 160 cm	清晨 7—9 点	阴天

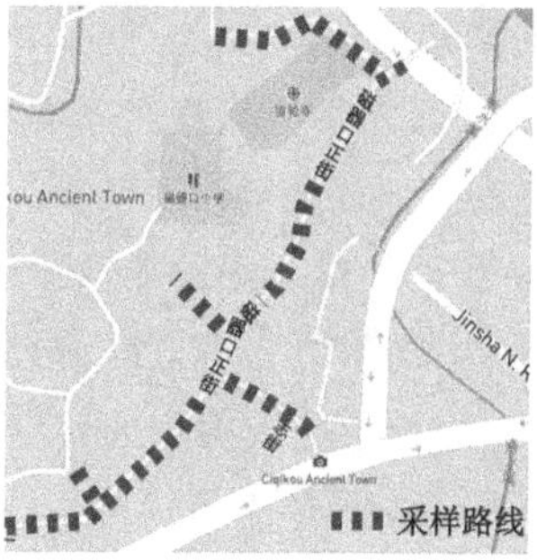

采样路线

构图图示

样本范例

完成数据集采集后，使用跨平台计算机视觉和机器学习软件库 OpenCV 的 resize 改变图片尺寸，将图像调整为 640×640 像素匹配生成式对抗网络的数据结构。

3.2 GAN 模型选择及训练过程

本文结合自身生成目标并参考 GitHub 相关项目，选取 GAN 模型分支——深度卷积生成对抗网络[8]（deep convolutional generative adversarial networks，DCGAN）作为算法模型。DCGAN 在 GAN 模型基础上将 GAN 与卷积神经网络（convolutional neural networks，CNN）结合以解决 GAN 训练不稳定的问题并提高生成结果质量（图 4）。DCGAN 主要对 GAN 在网络架构方面做了改进：①判别器与生成器中原始的全连接网络被 CNN 的整体架构所代替，并舍弃了 CNN 中的池化层（pooling），此外生成器中的卷积层被替换为反卷积层；②在判别器与生成器中使用 batch normalization 层，以提升训练的稳定性；③生成器输出层使用 tanh 激活函数，其余层使用 ReLU 激活函数，而判别器中使用 LeakyReLU 激活函数。

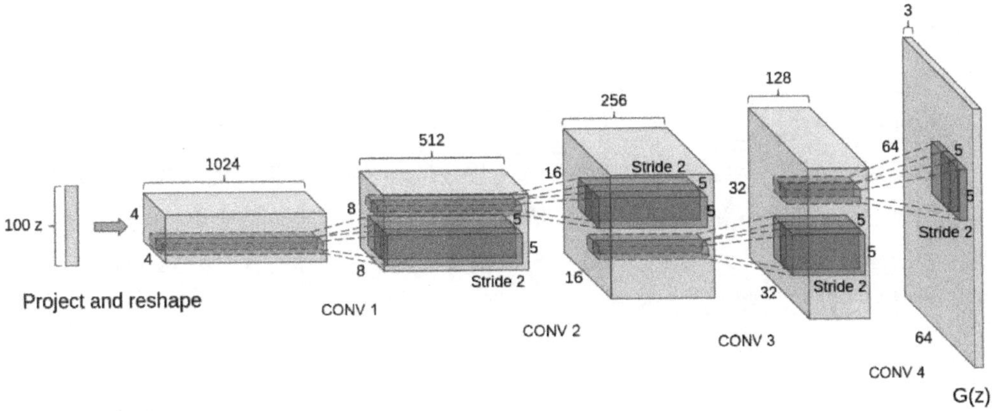

图 4 DCGAN 生成网络

本研究应用深度学习框架 TensorFlow，以现场采集的磁器口街景作为输入样本，以虚拟老街风貌意象作为输出。为追求较好的生成效果，经过多次实验比对，最终选择学习率设为 0. 000 2，epochs 为 6 000，特征点设为 120，具体环境配置及参数见表 2。

表 2 环境配置及主要参数表

名称	内容	备注
CPU	Intel i9-10980XE	
GPU	NVDIA RTX 3090	
Cuda Runtime API	V11. 2. 67	显卡矩阵运算驱动
Cuda Driver API	V11. 5	显卡驱动
项目运行环境	Python 3. 6	

（续表）

名称	内容	备注
机器学习库	TensorFlow 2. 5. 0-gpu	
学习率	0. 000 2	梯度下降的速率
epoch	6 000	本次训练总迭代次数
batch_ size	8	每次迭代的样本数
特征数	120	模型特征复杂程度
噪声数	16	初始噪声的数量
输入输出图像通道数	3	RGB 图像
输出图像频率	1	平均每次迭代输出图像次数

3.3 生成结果分析

生成结果的好坏主要通过人对图片质量的主观判断结合对训练过程中生成器与判别器的损耗值分析得出。

根据训练过程中生成器与判别器损失函数（loss）可生成折线图（图 5），由图可知，训练过程中生成器和判别器的损失函数相互咬合并持续波动，反映了生成器与判别器互相博弈的过程。同时，结合训练过程中生成图片可以看出，经过约 5 000 轮迭代，图片质量趋于稳定（图 6）。

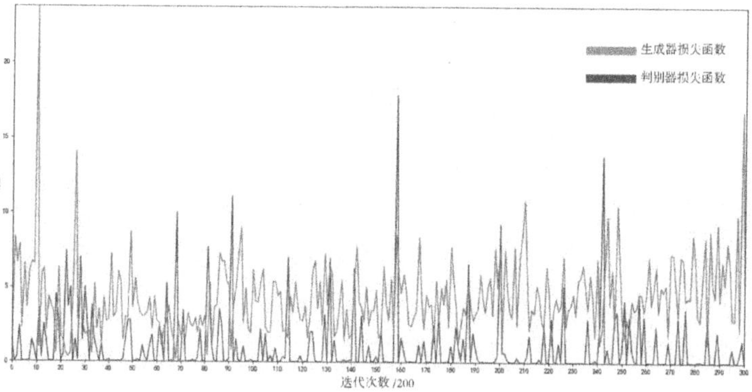

图 5 训练过程损失函数

经过 5 000 轮迭代后，生成图像画面较为清晰，能够大致反映街道空间尺度、空间格局以及两侧建筑轮廓、檐口错落的层次、建筑层数、前后建筑之间关系，此外，植被、街道装饰物也在生成图像中有所体现（图 7）。

图 6 训练过程

图 7 生成结果

4 基于 DCGAN 的老街意象生成与传统方法下历史街区风貌设计对比

通过对比传统的历史街区风貌设计过程与基于 DCGAN 的生成老街意象过程可以得出，二者主要在风貌特征提取的底层逻辑以及方案生成两方面有所差异（表 3）。

表 3 传统历史街区风貌设计与基于 DCGAN 的生成设计对比参数表

内容		传统历史街区风貌设计	基于 DCGAN 的生成设计
特征提取	方式	建筑师通过文献分析与实地调研主观总结特征	计算机通过训练样本，从“数据”中总结特征
	内容	建筑形式、结构体系、构造方法、材料、工艺等	取决于训练样本内容，如视角、构图、色调等
	效果	特征类别全面，人为工作量大，主观挖掘信息，信息量丰富	通过二维图像提取特征，信息量较少，可减少人为工作量
方案生成	方式	建筑师主观设计	计算机自动生成
	内容	规划方案、单体建筑平/立面生成等	接近输入样本的虚拟图像
	影响因素	环境、文脉、建筑功能、成本、工艺、创作理念等综合影响	输入样本质量、算法与参数选择

在风貌特征提取方面，在传统设计方法中，建筑师将从街区空间格局、建筑类型、建筑组成部分、结构体系、构造方法、建筑材料及施工技艺等方面多层次、全方位地进行调研分析，并归纳总结形成一套风貌特征。而在 DCGAN 中，计算机对风貌特征的提取主要依赖训练样本，学习训练样本的整体色调、构图并挖掘样本中反复出现的元素以及隐含的其他样式机制，训练样本的内容决定了 GAN 学习内容。本研究中，DCGAN 所学习的内容仅限于二维图像，包含的风貌特征信息较少。同时在实际街景采样中发现，磁器口作为重庆“文化名片”，商业氛围浓重，有较多灯笼、雨伞等装饰物，这些干扰元素也会被 DCGAN 学习。

方案生成对于传统历史街区改造设计而言，包括整体规划、平面生成、体块生成、立面造型等多方面。建筑师的创作过程是杂糅了经济成本、历史元素、个人创作理念、建筑功能与性能等多因素的“黑箱”。本研究中基于 DCGAN 的生成设计实际主要针对建筑方案生成问题中的核心问题，即“如何生成—形态生成”[9]。GAN 模型通过对街景样本的学习，挖掘样本中潜藏的设计规则，并通过判别器与生成器不断博弈学习，最终达到纳什均衡，输出接近真实街景的虚拟意象图像，在一定程度上契合了建筑设计过程中反复推敲、不断优化的过程。同时，深度学习算法通过感性街景图像提取其中蕴含的理性规则，突破主观因素主导的信息传递方式[1]，尽可能保持风貌提取的客观与完整，可作为建筑师在确定项目定位后进行深入设计过程中的参考。

结语

在城市快速发展的时代，历史街区改造已经形成了一套“调研—项目定位—规划设计—施工”的成熟体系。基于 DCGAN 的老街意象生成并非旨在用新兴技术挑战人在设计中的主导地位，而是在历史街区改造项目中，寻求解放设计生产力的可能，寻求对街区风貌另一独特视角的挖掘与解读。通过对 DCGAN 的生成结果进行解读，不难发现在二维图像中隐含的老街风情。计算机通过对采样者穿行在清晨无人的街巷中记录下的街景图像的学习，挖掘掩盖在商铺林立的百年老街中的城市记忆与设计规则模式，从而突破人为主观的信息挖掘与传递，在较短时间内生成具备较高参考价值的街景意象。

本次实践难点主要集中在训练样本采集过程中：①由于采样路线长度有限，训练样本量不大，可能导致 GAN 模型学习不够充分；②街区商家店铺为了宣传产品，使用了大量色彩鲜明、引人注目的装饰物，会对生成结果造成一定影响；③由于重庆独特的山地地形，周边现代建筑在采样中难以避开，使老街街景中背景部分变得复杂，影响了 GAN 对历史街区建筑的特征提取。同时本研究也存若干局限与不足：①本研究样本采用一点透视构图，视角单一，对街区内建筑细节的展示有限，因此 GAN 对历史街区风貌特征的学习有所局限；②由于样本数量有限，且在行进过程中进行采样，两侧建筑变化较大，生成结果中画面两侧建筑“纯净”程度有限；③生成结果质量的判断暂无明确标准，依然需要依靠人为解读。

以上难点与不足也为未来进一步的研究提供了启示：可以使用建筑模型渲染图作为训练样本以尽可能减少环境因素影响；同时，未来将进一步研究从街区界面轮廓到老街意象的图像到图像生成，并尝试利用 GAN 对多种类型风貌进行学习，以进一步为建筑师提供多样性参考，也为 GAN 在建筑设计更多方向的应用探究提供新的思路。

参考文献

[1] 唐芃，李鸿渐，王笑，等.基于机器学习的传统建筑聚落历史风貌保护生成设计方法：以罗马 Termini 火车站周边地块城市更新设计为例[J].建筑师，2019(1)：100-105.

[2] 曾旭东，周鑫，张磊.BIM 技术在建筑设计阶段的正向设计应用探索[J].西部人居环境学刊，2019，34(6)：119-126.

[3] 吴奇.新时代历史文化街区环境整治策略研究：以屯溪老街历史文化街区为例[D].合肥：安徽建筑大学，2020.

[4] 王建国.历史文化街区适应性保护改造和活力再生路径探索：以宜兴丁蜀古南街为例[J].建筑学报，2021(5)：1-6.

[5] 李飚，韩冬青.建筑生成设计的技术理解及其前景[J].建筑学报，2011(6)：96-100.

[6] 斋藤康毅.深度学习入门：基于 Python 的理论与实现[M].陆宇杰，译.北京：人民邮电出版社，2018.

[7] GOODFELLOW I J, POUGET-ABADIE J, MIRZA M, ET AL. Generative adversarial networks[J]. Advances in Neural Information Processing Systems，2014，3：2672-2680.

[8] RADFORD A, METZ L, CHINTALA S. Unsupervised representation learning with deep convolutional generative adversarial networks[J]. arXiv preprint arXiv, 2015：1511.06434.

[9] 李煜茜，徐卫国.基于深度学习算法的建筑生成设计方法初探[C]//数智营造：2020 年全国建筑院系建筑数字技术教学与研究学术研讨会论文集.长沙，2020：149-153.

图表来源

图 1、图 3、图 5~7：作者自绘.

图 2：参考文献[6].

图 4：参考文献[8].

表 1~3：作者自绘.

唐五代木构建筑遗存所见平面主要尺度与材等规律初探

段智钧[1*]　张瑞田[1]　刘婷婷[1]　赵娜冬[2]
（1. 北京工业大学城市建设学部，北京市历史建筑保护工程技术研究中心，北京市 100124，dzj007@163.com；
2. 天津大学建筑学院，天津市 300072）

摘要

本文通过对照宋《营造法式》材等分析唐五代木构建筑遗存的典型实例，探讨建筑材等与建筑当心间间广、上部梁架架深尺度、外檐出跳等平面主要尺度的一些关联特征，并引入理想平面“元”尺度假设，初步尝试讨论相关规律。

关键词：材等；当心间；架深；外檐出跳；理想平面

Keywords：Material grade；Interdangling；Frame deep；Out of the eaves；Ideal plane

1　唐五代木构建筑遗存与宋《营造法式》材等分布关联

一般认为在隋唐至北宋时期，中国传统木构建筑营造技艺及其建筑体系逐渐变得成熟化、标准化和模数化，而唐五代木构建筑作为我国现存最早的重要相关遗存而弥足珍贵。本文选取我国现知全部10例具有一定公认度的唐五代建筑遗存实例（表1）尝试讨论。

表1　现知唐五代木构遗存实例概况表

朝代	所在位置	名称	开间数	年代
唐代	山西五台山	南禅寺大殿[1]	三开间	唐建中三年（782年）
唐代	山西五台山	佛光寺东大殿[2]	七开间	唐大中十一年（857年）
唐代	山西芮城	广仁王庙正殿[3]	五开间	唐大和五年（831年）
五代	河北正定	正定文庙大成殿[4]	五开间	具体年代待考
五代	山西平顺	天台庵大殿[5]	三开间	五代长兴四年（933年）
五代	山西平顺	大云院弥陀殿[3]	三开间	五代天福五年（940年）
五代	山西平遥	镇国寺万佛殿[6]	三开间	五代北汉天会七年（963年）
五代	福建福州	华林寺大殿[7]	三开间	五代乾德二年（964年）

（续表）

朝代	所在位置	名称	开间数	年代
一说	山西长子县布村	玉皇庙前殿[3]	三开间	具体年代待考
一说	山西长子县小张村	碧云寺正殿[3]	三开间	具体年代待考

按照宋《营造法式》卷四开章名义所言，“凡构屋之制，皆以材为祖，材有八等，度屋之大小，因而用之”，其中反映的早期木构建筑材分°（材栔）制，作为大木作主要用材尺寸控制标准，规定了八个等级的截面尺寸（图1）。“材”既是标准枋料的规定截面，又是控制尺度，材广（高）为15分°，材厚（宽）为10分°，材（及栔）的广厚之比均为3∶2，尤以材厚数值往往更为稳定，而成为判别建筑材等的重要参照数值，并与清代以斗口规定的材等体系也存在一定关联。

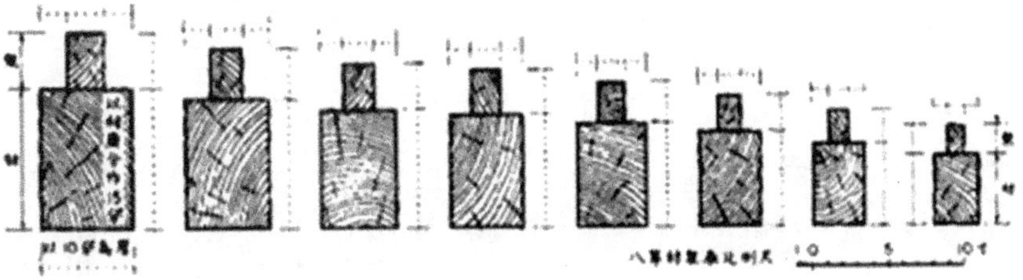

图1　材分八等尺寸示意图

鉴于材的广厚比与材等基本呈线性正相关（图2），克服不同建筑材等因数有助减小构件尺度绝对值差异，可以用来进一步探讨对应体系内木构建筑用材尺度规律。

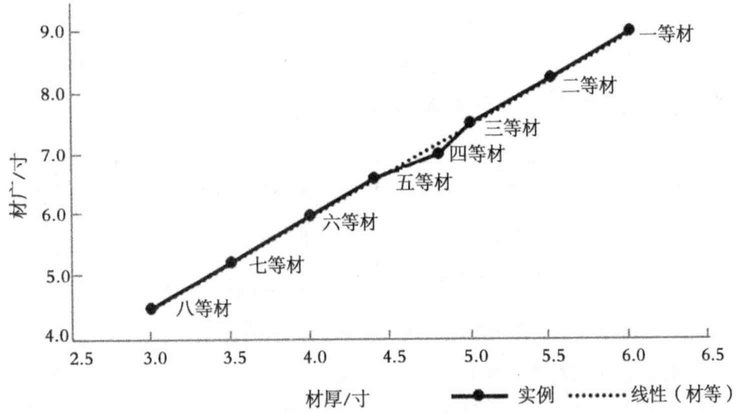

图2　《营造法式》材厚与材广分布关系图

针对唐、五代时期的10例木构建筑遗存示例及其可能营造尺的范围（折算考虑尺长古今差异），参考见于著录的唐代常用尺尺长的样本范围在290~318 mm（现行公制）之间[8]，故尝试将本文所要探讨的唐五代木构建筑实例分别取唐尺极小值（1 尺 = 290 m）和极大值（1 尺 = 318 m）进行材等划分，以利于在一定程度上排除不同规模建筑遗存的材等定位差异，并展开数据相关讨论（表 2）。

表 2 材等截面与其应用范围及唐五代实例分布表

材等	截面：材广×材厚/寸×寸	应用范围	唐五代遗存对应材等之一（按 1 尺 = 290 mm 折算）	唐五代遗存对应材等之二（按 1 尺 = 318 mm 折算）
一	9.00×6.00	殿身九间至十一间	佛光寺东大殿（>一等材） 正定文庙大成殿（>一等材）	佛光寺东大殿（>一等材） 正定文庙大成殿（>一等材）
二	8.25×5.50	殿身五间至七间	华林寺大殿（>二等材） 南禅寺大殿（>二等材）	
三	7.50×5.00	殿身三间至五间、堂七间	镇国寺万佛殿（>三等材）	华林寺大殿（>三等材） 南禅寺大殿（>三等材）
四	7.20×4.80	殿三间、厅堂五间		
五	6.60×4.40	殿小三间、 厅堂大三间	大云院弥陀殿（>五等材） 玉皇庙前殿（>五等材）	镇国寺万佛殿（>五等材） 大云院弥陀殿（>五等材） 玉皇庙前殿（>五等材）
六	6.00×4.00	亭榭、小厅堂	广仁王庙正殿（>六等材） 碧云寺正殿（>六等材） 天台庵大殿（>六等材）	广仁王庙正殿（>六等材） 碧云寺正殿（>六等材） 天台庵大殿（>六等材）
七	5.25×3.50	小殿、亭榭、营房屋		
八	4.50×3.00	殿内藻井、小亭榭		

注：本表为自绘，其中应用范围项来源参考陈明达《营造法式大木作研究》。

分析上表中实例的材等，其中用材最大的是佛光寺东大殿、正定文庙大成殿，均略超过宋《营造法式》中一等材的尺度，也可知宋《营造法式》著录的一至六等材很可能是唐五代木构建筑的常用材等。再分别选取唐尺的两个可能极值 290 mm、318 mm 作为尺度折算参照标准，讨论有关遗存实例用材广、材厚（广厚比）与宋《营造法式》中所规定材等的关系。

选取唐尺为极小值 1 尺 = 290 mm 时，实例的数据与材等的关系如图 3 所示。

选取唐尺为极大值 1 尺 = 318 mm 时，实例的数据与材等的关系如图 4 所示。

如图可见，任何唐尺尺长取值均可取值用一条回归线（宋《营造法式》材等分布关系）拟合所有实例材广、材厚数据，并存在有明显的广厚比线性函数关系和稳定性。据此进一步比对实例遗存数据，发现本文探讨的 10 例唐五代木构建筑遗存实例虽早于宋《营造法式》，其用材广厚比取值均趋近于 3 ∶ 2，其中，地处山西平顺的天台庵大殿、大云院弥陀殿最接近 3 ∶ 2。

假设以位于山西东南部浊漳河流域的平顺县为界，按地域可划分为平顺及其以北、平顺以南两个地区，平顺以南的实例用材广厚比均趋向于大于 3 ∶ 2（表 3）。

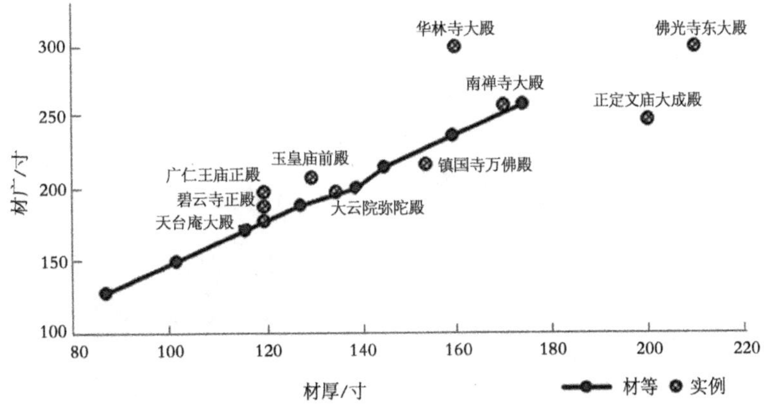

图 3 唐尺 1 尺=290 mm 的材广厚比分布图

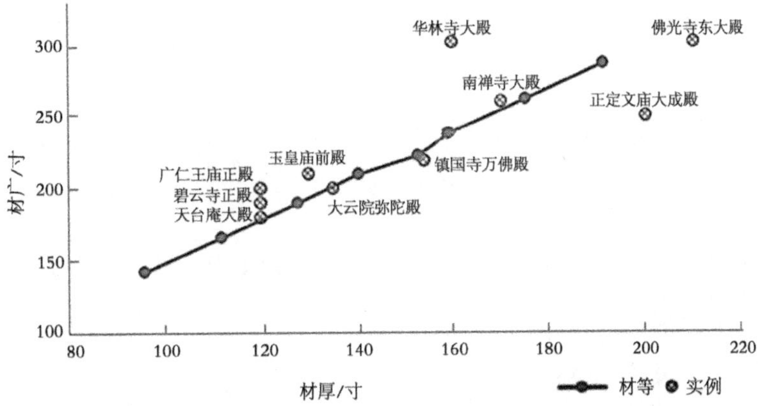

图 4 唐尺 1 尺=318 mm 的广厚比分布图

表 3 用材广厚比范围及地域分布关系表

地域分布	实例	材厚/mm	材广/mm	用材广厚比	
山西平顺及其以北地区	佛光寺东大殿	210	300	1.43	≤3/2
	正定文庙大成殿	200	250	1.25	
	南禅寺大殿	170	260	1.53≈3/2	
	镇国寺万佛殿	154	219	1.42	
	天台庵大殿	120	180	1.50	
	大云院弥陀殿	135	200	1.48	
山西平顺以南地区	广仁王庙正殿	120	200	1.67	>3/2
	玉皇庙前殿	130	210	1.62	
	碧云寺正殿	120	190	1.58	
	华林寺大殿	160	300	1.88	

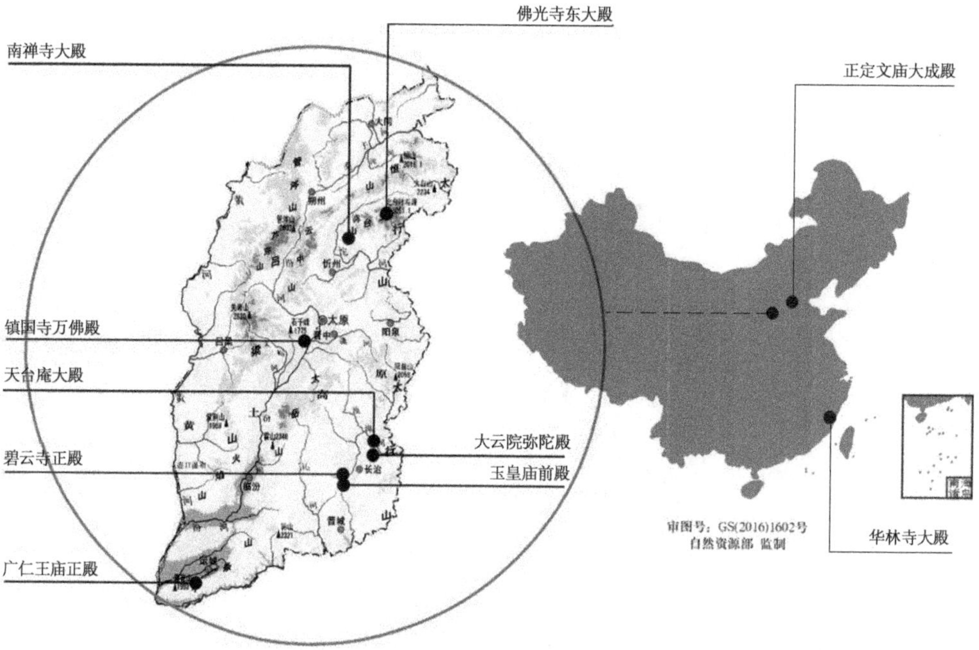

图 5 实例地域分布图

在此基础上，参照材等因数来鉴别当心间广、上部梁架架深、外檐出跳等平面主要尺度，尝试探讨有关数据规律。

2 当心间间广尺度

对于木构建筑间广，宋《营造法式》中将间广和铺作朵数（材等）相联系，实例中多数是由当心间向两侧次间或梢间依次减小。当心间间广作为最大建筑开间尺度具有关键设计意义，尤其对应材等（材厚）因数（以当心间间广与材厚的比值为 K_1，建立函数关系）有助于鉴别不同建筑尺度的绝对值差异，可以用来进一步探讨对应体系内木构建筑用材尺度特点。

表 4 实例中当心间间广与材厚值

实例	实例当心间示意	间数/间	当心间间广 L/mm	材厚/mm	K_1：当心间间广/材厚
佛光寺东大殿		7	5 040	210	24.00

（续表）

实例	实例当心间示意	间数/间	当心间间广 L/mm	材厚/mm	K_1：当心间间广/材厚
正定文庙大成殿		5	4 670	200	23.45
南禅寺大殿		3	4 990	170	29.35
华林寺大殿		3	6 521	160	40.76
镇国寺万佛殿		3	4 550	154	29.55
大云院弥陀殿		3	3 933	135	29.13
玉皇庙前殿		3	3 180	130	24.46
碧云寺正殿	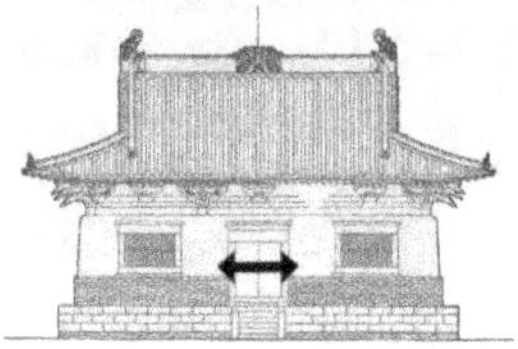	3	3 400	120	28.33

（续表）

实例	实例当心间示意	间数/间	当心间间广 L/mm	材厚/mm	K_1：当心间间广/材厚
天台庵大殿	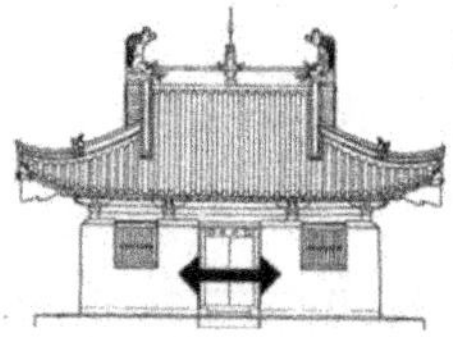	3	3 140	120	26.17
广仁王庙正殿		5	2 950	120	24.58

由表4可见当心间与材厚之比 K_1 取值存在一个区间范围（斜率虚线），所有实例均处于23.45~40.76之间（图6）。

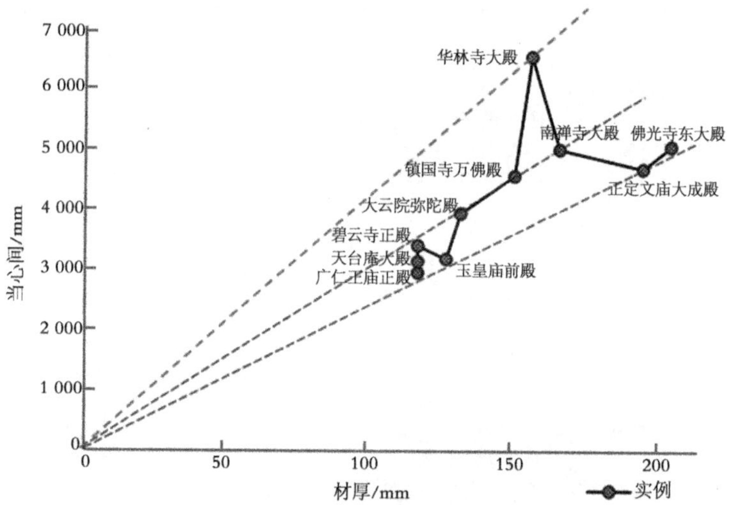

图6 实例当心间间广与材厚比值 K_1 分布图

其中，处于南方福建的华林寺大殿实例可能存在用材较大等地方性做法，其当心间开间尺度数值也明显大于其他实例。排除华林寺大殿个例可能的特殊情况，对于唐五代木构建筑实例整体的 K_1 取值范围可以修正为23.45~29.55，并可围绕当心间间广约为24倍或29倍的材厚大致拟合为两类。还可发现，所有间广数为五开间或七开间的建筑实例均可归入24倍材厚取值范围。

3 上部架深尺度

由于唐五代木构建筑各实例规模差异较大，上部梁架槫数与槫距不同，又多见架道不均，简单依据其通进深、椽平长（架深）等数值则不具可比性，因此探讨实例架深尺度 a 的平均值（图 7），有利于鉴别建筑本身尺度大小差异而展开材等讨论。

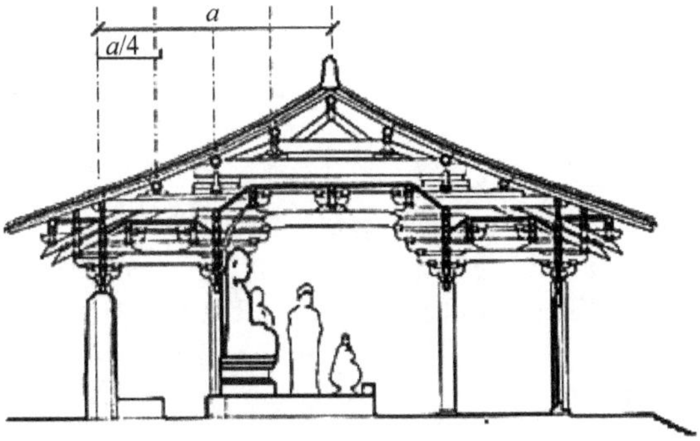

图 7 以佛光寺东大殿为例的架深均值 $a/4$ 示意图

对于有关实例，以架深平均值与材厚之比 K_2 建立函数关系（表 5）。

表 5 实例的架深尺度与材厚

实例名称	通进深/mm	由檐槫至脊槫的架深/mm	架深均值/mm	材厚/mm	K_2：架深均值/材厚
佛光寺东大殿	21 588	1 974，2 205，2 205，2 205，2 205	2 159	210	10.50
正定文庙大成殿	12 240	2 780，1 670，1 670	2 040	200	8.85
南禅寺大殿	11 520	2 485，3 275	2 880	170	16.94
华林寺大殿	18 900	2 100，1 925，1 925，1 750，1 750	1 838	160	11.49
镇国寺万佛殿	10 692	1 748，1 757，1 841	1 783	154	11.58
大云院弥陀殿	9 936	2 642，2 326	1 664	135	12.33
玉皇庙前殿	6 750	1 640，1 735	1 688	130	12.98
碧云寺正殿	8 120	2 720，1 900	2 030	120	16.92
天台庵大殿	6 900	1 880，1 570	1 725	120	14.38
广仁王庙正殿	4 920	1 360，1 100	1 230	120	10.25

由上表可知架深平均值与材厚之比 K_2 也存在一个区间范围，所有实例取值分布于 8.85～16.94 之间（图 8）。

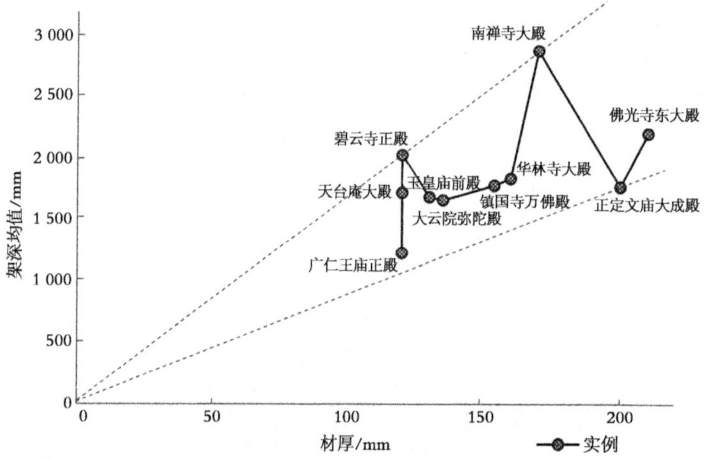

图 8 以实例架深均值与材厚比值 K_2 分布

以三开间的镇国寺万佛殿（K_2 = 11.58）或华林寺大殿（K_2 = 11.49）引出的斜率取值线来看，所有三开间建筑 K_2 值（12.33 ~ 16.94）均大于此二例。而五开间和七开间的建筑 K_2 值均小于此数值，简言之，大于三开间者的平均架深均不超过 11 倍的材厚。这一现象很可能并非偶然，初步推测原因可能是建筑规模大者，往往在满足力学要求的前提下留有更多的安全储备值，以避免建筑失稳或承力构件被破坏。

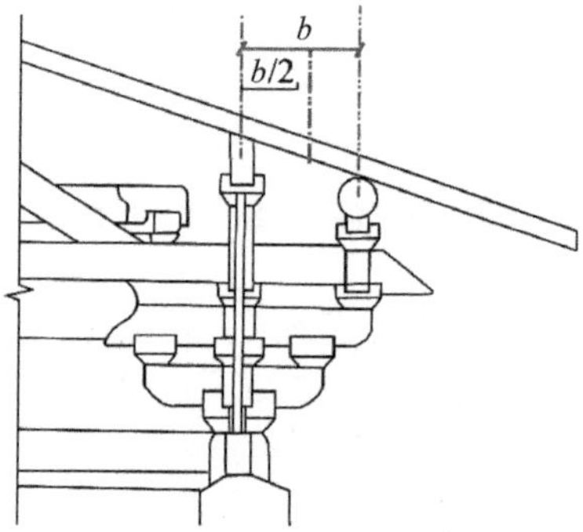

图 9 以五台山南禅寺大殿为例的前檐柱头出跳均值 $b/2$ 示意图

4 外檐出跳尺度

唐五代木构建筑遗存实例的斗栱形制不同，而且出跳数不同，每跳长度也不同，比较其外檐出跳总尺度参照意义不大，因此本文通过比较外檐出跳长 b 均值进行尺度探讨。

对于有关实例，以外檐斗栱出跳平均值与材厚之比 K_3 建立函数关系（表 6）。

表 6 实例的外檐出跳均值与材厚

实例名称	出跳数/跳	外檐出跳总值/mm	外檐出跳均值/mm	材厚/mm	K_3：外檐出跳均值/材厚
佛光寺东大殿	4	1 974	494	210	2.35
正定文庙大成殿	2	810	405	200	2.03
南禅寺大殿	2	810	405	170	2.38

（续表）

实例名称	出跳数/跳	外檐出跳总值/mm	外檐出跳均值/mm	材厚/mm	K_3：外檐出跳均值/材厚
华林寺大殿	4	2100	525	160	3.28
镇国寺万佛殿	4	1380	345	154	2.24
大云院弥陀殿	2	760	380	135	2.81
玉皇庙前殿	2	805	403	130	3.10
碧云寺正殿	2	800	400	120	3.33
天台庵大殿	1	450	450	120	3.75
广仁王庙正殿	2	640	320	120	2.67

由上表可知，外檐出跳均值与材厚之比 K_3 的实例取值分布在 2.03~3.75 范围内。

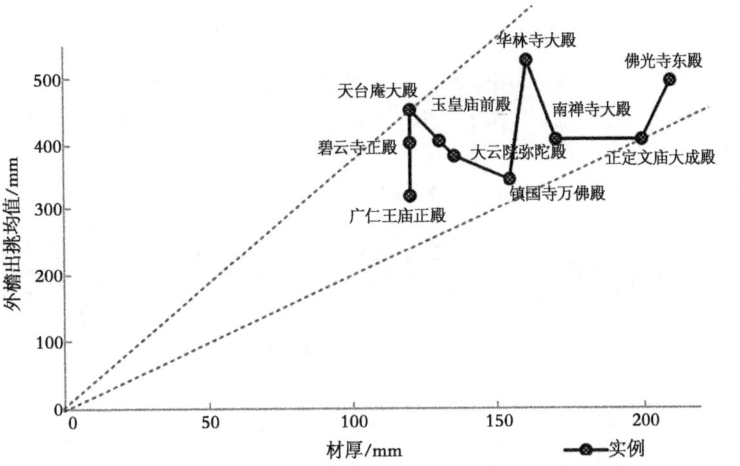

图 10 外檐出跳均值与材厚分布图

其中，就 K_3 的取值范围来看，斗栱出跳平均值大致分布在 2 倍至 3 倍材厚之间，联系明清以来官式建筑斗栱出跳形成定值（3 倍斗口或曳架），可见唐五代时期实例的此倾向尚不明确。但就地域分布而言，如前述实例用材广厚比之南北差异，也可按照山西平顺地区为界来划分取值（四舍五入），大云院弥陀殿、天台庵大殿、玉皇庙前殿、碧云寺正殿、广仁王庙正殿、华林寺大殿等 6 例可归入 3 倍材厚（斗口），与此以北 4 例为 2 倍材厚（斗口）情况有所区别。并且，所有外檐斗栱七铺作的实例，因出跳数多，出跳均值就其材等而言反而偏低，如佛光寺东大殿、镇国寺万佛殿等。

5 唐五代木构建筑遗存的一种理想平面“元”尺度讨论

根据前述关于唐五代木构建筑遗存依据材等讨论的当心间间广 L、上部构架架深 a(均值)、外檐出跳 b (均值) 这三个主要平面尺度的情况，初步尝试拟合形成一个由当心间向外延伸的理想平面“元”尺度（图 11）加以讨论。

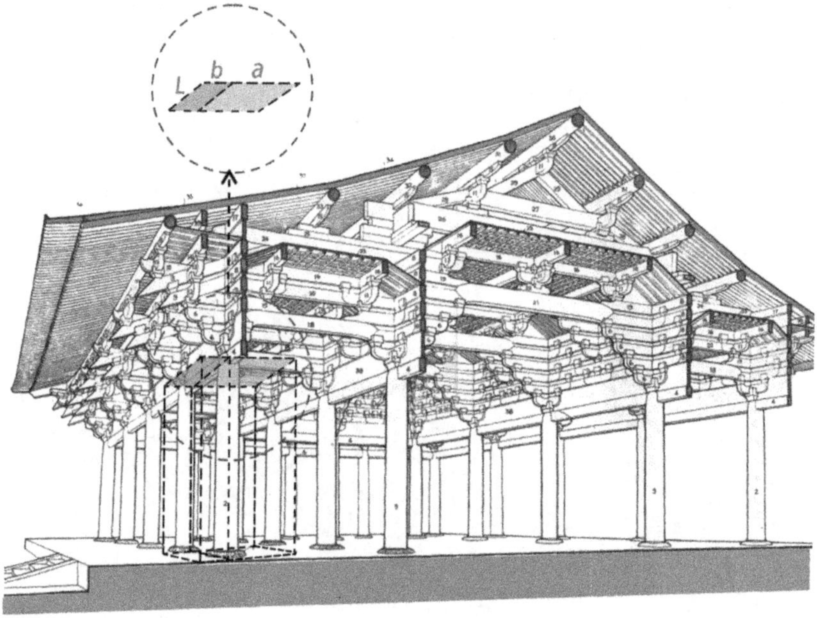

图 11 理想平面尺度示意图

各实例有关理想平面“元”尺度长（即当心间间广 L）与宽(即架深尺度 a 均值与外檐出跳 b 均值之和）数值之比 K 值，即为此理想平面“元”尺度长宽比（表 7）。

表 7 实例中材等与元平面尺度

实例名称	元平面长 K_1/mm	元平面宽（K_2+K_3）/mm	K=K_1/（K_2+K_3）	材厚/mm
佛光寺东大殿	5 040	2 653	1. 90	210
正定文庙大成殿	4 670	2 445	1. 91	200
南禅寺大殿	4 990	3 285	1. 52	170
华林寺大殿	6 521	2 363	2. 76	160
镇国寺万佛殿	4 550	2 128	2. 14	154
大云院弥陀殿	3 933	2 044	1. 92	135
玉皇庙前殿	3 180	2 091	1. 52	130
碧云寺正殿	3 400	2 430	1. 40	120

（续表）

实例名称	元平面长 K_1/mm	元平面宽（K_2+K_3）/mm	$K=K_1/(K_2+K_3)$	材厚/mm
天台庵大殿	3 140	2 175	1.44	120
广仁王庙正殿	2 950	1 550	1.90	120

由上表可知理想平面“元”尺度长宽比值范围为 1.40～2.76 范围内，主要实例均可归入 $K=1.5$ 和 $K=1.9$ 斜率线两类。参照黄金分割比 1.618 来看，这样的理想平面“元”尺度长宽比也具有一定合理性。

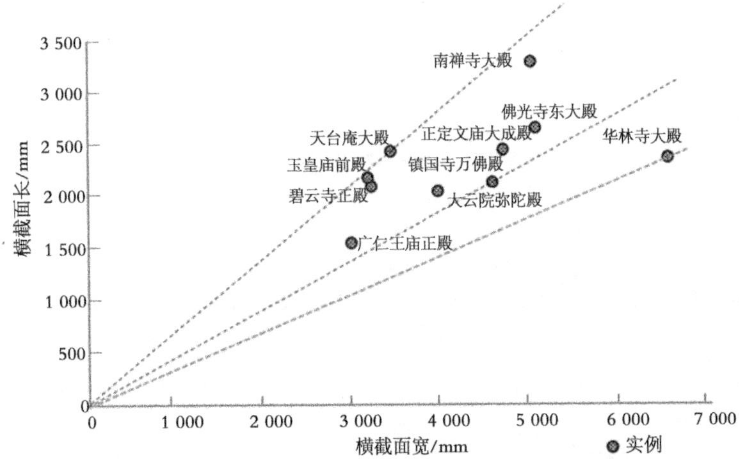

图 12　*K* 数值分布图

如图 12 所示，在理想平面“元”尺度长宽比 $K=1.5$ 和 $K=1.9$ 两类斜率线中，所有五开间、七开间建筑均分布在 $K=1.9$ 附近，即有关理想平面“元”尺度长宽比多呈现较为扁平的形态（如表 8 对比）。

表 8　唐五代木构建筑遗产实例理想平面“元”尺度示意图

佛光寺东大殿	正定文庙大成殿	南禅寺大殿	华林寺大殿	镇国寺万佛殿
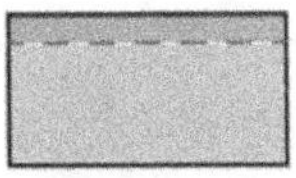	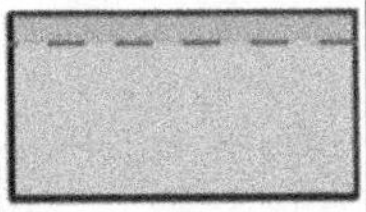		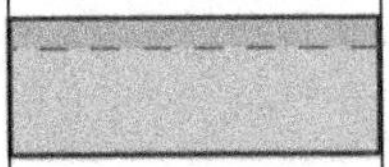	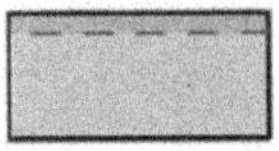
大云院弥陀殿	玉皇庙前殿	碧云寺正殿	天台庵大殿	广仁王庙正殿
	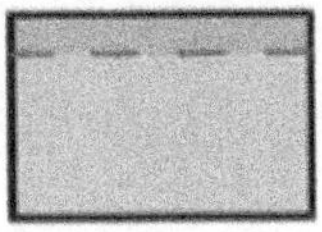	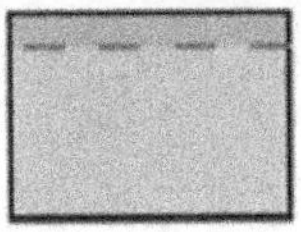	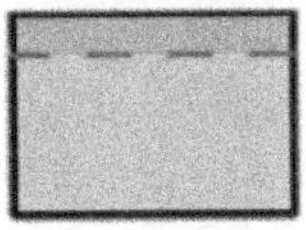	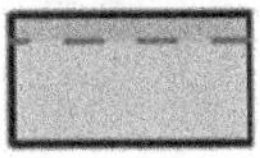

注：本表为自绘，其中数据来源参考前文。

由于现存唐五代木构建筑遗存实例稀少，关于其中可能的理想平面“元”尺度（图 11）的讨论，仅作为一种材等初步假设抛砖引玉，为相关研究的深入提供一些数据参考。敬请各位专家学者批评指正。

参考文献

[1] 祁英涛,柴泽俊.南禅寺大殿修复[J].文物,1980(11):61-75.

[2] 张荣,刘畅,臧春雨.佛光寺东大殿实测数据解读[J].故宫博物院院刊,2007(2):28-51.

[3] 贺大龙.长治五代建筑新考[M].北京:文物出版社,2008.

[4] 林秀珍.河北正定县文庙大成殿[J].文物春秋,1995(1):64-67.

[5] 王春波.山西平顺晚唐建筑天台庵[J].文物,1993(6):34-43.

[6] 刘畅,刘梦雨,王雪莹.平遥镇国寺万佛殿大木结构测量数据解读[J].中国建筑史论汇刊,2012(1):101-148.

[7] 孙闯.华林寺大殿大木设计方法探析[D].北京:清华大学,2010.

[8] 陈明达.营造法式大木作研究[M].北京:文物出版社,1981.

[9] 肖旻,吴庆洲.唐宋古建筑尺度规律研究[J].新建筑,2003(3):80.

[10] 都铭.试论“材分八等”的数理渊源[J].时代建筑,1998(3):89-91.

[11] 潘谷西,何建中.《营造法式》解读[M].南京:东南大学出版社,2005.

[12] 段智钧.南禅寺大殿大木结构用尺与用材新探[J].中国建筑史论汇刊,2008(1):83-99.

图表来源

图 1：梁思成《〈营造法式〉注释》.

图 2~6、图 8、图 10、图 12：作者自绘.

图 7：张荣等《佛光寺东大殿实测数据解读》.

图 9：底图参考祁英涛《南禅寺大殿修复》.

图 11：《中国古代建筑史》第二版.

表 1~8：作者自绘.

第九章 智慧运维

目标可见性视点下的大型医院门诊部垂直交通设计研究

徐 熠[1] 周 颖[1] 张 愚[1]

（1. 东南大学建筑学院，江苏省南京市 210096，463775258@qq. com）

摘要

大型医院门诊部每日人员数量庞大，且多为身体状态欠佳的患者，若他们可以在短时间内快速寻找到垂直交通工具，便可以减少因寻路产生的折返行为，缩短就医时间，提高就医效率，减少心理和生理上的痛苦。根据寻路理论，目标的可见性越高，更容易被找到，所以大型医院门诊部垂直交通工具的目标可见性决定了患者的就医效率。本文主要关注垂直交通工具的目标可见性对缩短患者就医时间和移动距离、提高患者就医效率的影响。本文首先使用空间句法理论和虚拟现实技术在客观和主观两个方面讨论了直接可见性和人们对垂直交通使用的正相关性。其次，使用 MassMotion 行人模拟技术预测垂直交通可见度提高后的就医效率，得出随着可见度的提高，患者的就医时间和移动距离缩短等结论。最后，提出有关提高垂直交通工具目标可见性的设计建议。

关键词： 目标可见性；大型综合医院；垂直交通；空间句法；虚拟现实；行人模拟

Keywords: Target perception; Largest general hospital; Vertical traffic; Space syntax; Virtual reality; Pedestrian simulation

项目资助情况： 教育部产学合作协同育人项目（202101042020）；国家自然科学基金面上项目（51978143）

引言

大型综合医院门诊部日均人流量大，医院功能分区复杂，患者需要在门诊部完成问询、挂号、问诊和缴费等一系列复杂的流程，流程中的各个功能分设在不同楼层上，患者有很大一部分时间花费在了寻找垂直交通工具以及乘坐它们上，垂直交通工具的位置是否可以让患者快速找到，很大程度上决定着患者的就医效率。根据寻路理论，垂直交通工具的可见性越高，更容易被找到，而一般来说，人们对于垂直交通的感知或者说人们主动寻找垂直交通工具其实是在就医流程的几个节点上，包括医院入口、问询处以及挂号处，所以我们需要研究的是垂直交通工具对于这几个节点的目标可见性对就医效率的影响。

既往对于门诊部垂直交通工具的研究集中在数量和布局上。龙灏等[1]提出了医院门诊部电扶梯数量标准，齐琪[2]总结了医院门诊部垂直交通的布局模式，但很少有对于垂直交通工具具体形式的考量。越来越多的研究已经在医疗环境中应用了空间句法分析，证实了空间句法在医院设计中的有效性。Haq 和 Luo[3]使用基本空间句法研究医院建筑中的寻路、隐私偏好、感知护理质量、用户成本、护士运动和疏散模式，吴化平[4]使用空间句法分析证明了直接可见性对于垂直交通使用人数的影响。空间句法软件有很多，但大多数工具都旨在描述整体空间对空间中的某个点的影响，对于点对点的分析十分缺乏，所以我们需要寻找可以提供以人为中心的分析工具，从不同节点的患者个体的角度评估垂直交通可见性。VR 已经开始运用在建筑设计领域。Chias 等[5]使用 VR 和 BIM 结合，开发了应用于医院设计的新的方法。除此之外，基于代理的仿真模拟也已经被应用于再现和预测大型公共建筑的行人运动。Lisa 等[6]使用基于代理的模拟，检查和评估医院不同的布局设计，使用设施利用率等仿真结果进行医院布局选择。

本文将主要借鉴空间句法、虚拟现实以及基于代理的仿真模拟等方法，从调研分析入手，确定垂直交通工具目标可见性对使用人数的影响，探讨大型综合医院门诊部垂直交通工具的具体形式以及提高其目标可见性的具体策略。

1 研究方法

本文以南京市 R 大型综合医院以及 J 大型综合医院为研究对象（图 1、2），二者门诊部日均人流量分别为 1.8 万人次和 1.08 万人次。R 大型综合医院门诊部共有南北两部扶梯，1~2 号电梯以及 3~8 号电梯，J 大型综合医院门诊部共有 1 部扶梯和 1 组电梯。

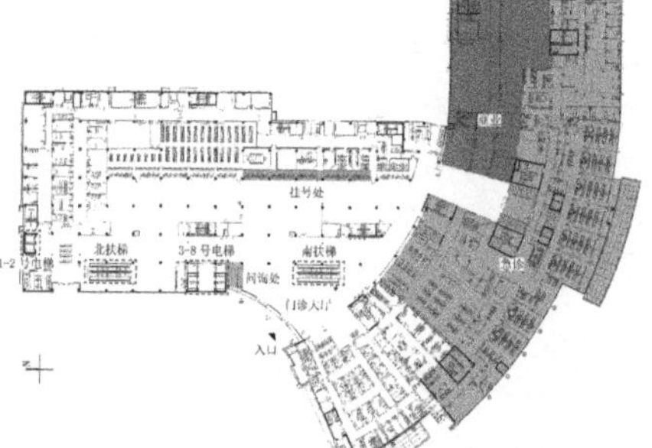

图 1　R 大型综合医院平面图

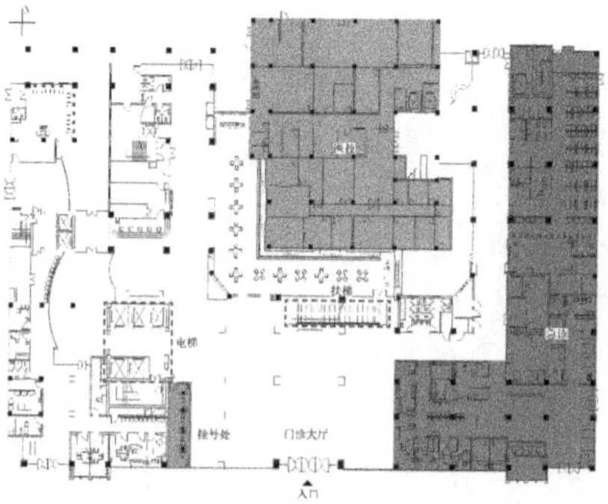

图 2　J 大型综合医院平面图

通过实地调研，获得南京市 R 大型综合医院以及南京市 J 大型综合医院平面图、周一早高峰时期（7：50~10：00）进入医院的人数、各个垂直交通工具使用人数、就医流程及就医流程中的各个环节人数比例。由于疫情因素，R 大型综合医院门诊部就医流程为单向行走，患者从南入口进入、北入口出，所以我们仅统计南入口进入人员的数量、就医流程及各环节人数比例。整体的研究思路如图 3 所示。

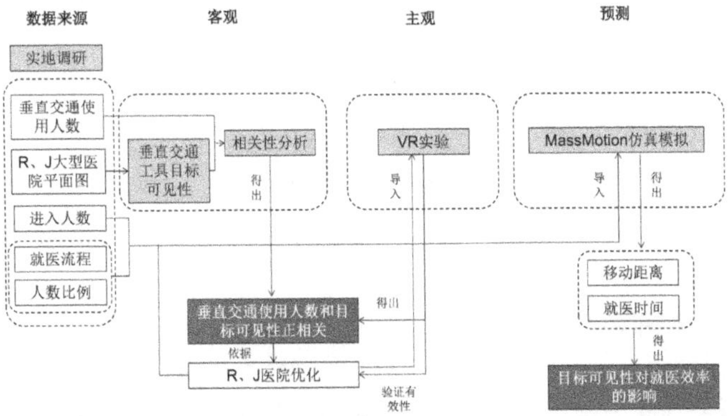

图 3　技术路线

1.1　SAVisual Power Tool 空间句法

SAVisual Power Tool 是 2019 年由美国的研究者 Lim Lisa 使用 ObjectARX（AutoCAD Runtime Extension）编写的，通过 C++语言编程，使用户能够在 AutoCAD 上执行代理可见性分析。与其他空间句法软件不同的是，SAVisual Power Tool 支持以人为中心的可见性分析，可以通过为每个患者输入箭头来反映患者的方向，用以量化患者之间以及患者与视觉目标（垂直交通工具）之间的视觉关系。

表 1　SAVisual Power Tool 分析内容

关系	变量（英文）	描述
目标对目标每个人看到特定物体的程度以及特定物体被每个人看到的程度	物体的可见性（visibility to subjects）	一个人能看到多少个物体点
	物体对人的可见性（visibility of subjects by agents）	多少个人能看到一个物体点
	物体的视觉可见性（visual access to subjects）	当人有指定的视野角度时，能看到物体点的概率
	物体的视觉暴露水平（visual exposure of subjects）	一个物体点被人看到的概率
	物体的可见性（有方向性）（visibility to subjects with directionality）	当人有指定的方向时，一个人能看到多少个物体点
	物体对人的可见性（有方向性）（visibility of subjects by agents with directionality）	当人有指定的方向时，多少个人能看到一个物体点
	物体的视觉可见性（有方向性）（visual access to subjects with directionality）	当人有指定的方向时，能看到指定的物体点的概率
	物体的视觉暴露水平（有方向性）（visual exposure of subjects with directionality）	当人有指定的方向时，一个指定的物体点被人看到的概率

本研究使用用户对视觉目标分析中的物体的视觉暴露水平（有方向性）分析（表1），以门诊部入口处、问询处以及挂号处的患者为中心，指定患者方向为朝向门诊大厅，将 Subjects 指定为自动扶梯和垂直电梯，计算垂直交通工具被患者看到的概率。将每个自动扶梯和每组垂直电梯目标可见性的最大值作为其对患者的目标可见性，并导出至 Excel。

1.2 SPSS 皮尔逊相关性法

将实地调研获取的自动扶梯和垂直电梯使用人数数据及 SAVisual Power Tool 分析的自动扶梯和垂直电梯的目标可见性数据导入 IBM SPSS Statistics 25 软件中，制作散点图发现其呈现一次线性相关，后使用相关性分析中的皮尔逊相关性分析对其相关性的显著度进行研究。

根据相关性分析和两个医院门诊部电扶梯高峰时期的运输情况，我们认为需要提高 R 医院门诊部的电梯和 J 医院门诊部的扶梯的目标可见性来均衡垂直交通工具的使用人数，提高高峰时期的利用率，保证患者就医效率。我们将 R 医院门诊部 3~8 号垂直电梯改为透明观光电梯，将 J 医院门诊部自动扶梯南侧的实墙进行拆除。这样的优化方案使患者及其陪护人员在门诊大厅内可直接看到垂直交通工具。

1.3 VR 主观目标可见性

在 SketchUp 软件内建立两个医院门诊部垂直交通优化前后的模型，使用 Oculus Quest 2 虚拟现实头盔结合 Enscape 渲染引擎建立两所医院优化前后共 4 个虚拟环境（图 4~7）。

邀请 20 名志愿者进行 VR 实验。在实验前，志愿者佩戴 VR 头盔进入一个简单的虚拟房间，学习在 VE 中移动和转向等操作，对 VR 环境并无不适感且较为熟练掌握操作的志愿者进入正式实验。在正式实验中，志愿者在 4 个虚拟环境中完成正常的就医流程（进入—问询—挂号—寻找并使用垂直交通工具）后填写问卷。问卷包含 VR 适应性问题、VR 真实性问题以及对于垂直交通目标可见性感受的问题共 24 道，均采用李克特五点量表法。使用 SD 法对问卷结果进行分析，比较垂直交通工具目标可见性对人们主观上寻找垂直交通工具的影响以及目标可见性更改后人们的主观感受的变化。

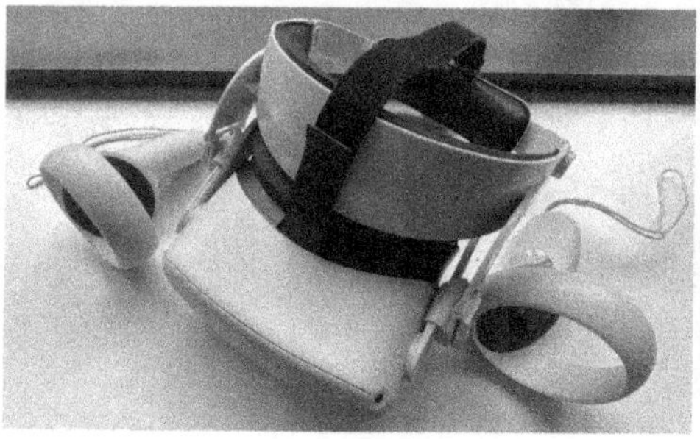

图 4 Oculus Quest 2

图 5 VR 实验

图 6　J 大型综合医院优化前后虚拟环境

图 7　R 大型综合医院优化前后虚拟环境

1.4　MassMotion 仿真模拟

（1）场景构建

在 MassMotion 11.0 中建立两所大型综合医院门诊部模型（图 8~9）。

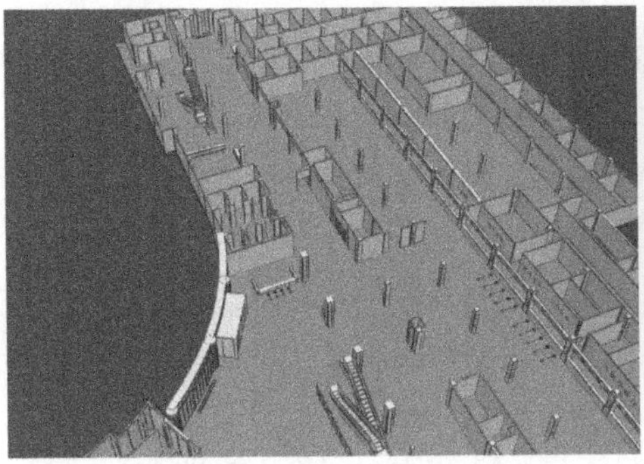

图 8　R 大型综合医院模型

图 9　J 大型综合医院模型

（2）模拟参数和输入输出内容

对于模拟人员参数设定，将人员的高度定义为 1.75 m。每个个体（从一个肩膀到另一个肩膀）的宽度为 0.5 m，移动速度为正态分布，最大值为 2.05 m/s，最小值为 0.65 m/s，平均值为 1.35 m/s，标准偏差为 0.25。问询时间均设置为 30 s，挂号时间均设置为 2 min。

对于模拟路径的设定，将实地调研收集到的人数数据以及各项就医流程的人数比例作为输入数据，对现状进行模拟。假设提高某个垂直交通工具的目标可见性可相应地提高其使用人数，使用遍历法，将此垂直交通工具的使用人数提高 5%、10%、15% 和 20%，其他垂直交通工具的使用总人数相应地减少，保证总使用人数不变，就医流程各环节人数比例也保持不变，对目标可见性提高前后进行模拟分析。

垂直交通工具难以快速寻找会产生徘徊和折返行为，我们认为这些行为会增加移动距离，拉长就医时间，所以我们选用患者及其陪护人员从入口至问询处再至挂号处最后到垂直交通工具这一流程中的移动距离和就医时间作为就医效率的标准，使用 MassMotion 输出移动距离和就医时间进行分析和比较。

（3）社会力模型

MassMotion 软件对于人员行走的定义是基于社会力模型和最短路径算法。社会力模型由 Helbing 于 1998 年提出，考虑人群中行人受到的心理作用和外界环境对行人造成的物理作用，能够很好地模拟拥塞现象，更加贴近现实。其主要包括 3 个基本作用力：行人自身的驱动力 f_i^0、人与人之间的作用力 f_{ij} 和人与障碍物之间的作用力 f_{iw}。其表达式为：

$$m_i \frac{\mathrm{d}v_i}{\mathrm{d}t} = m_i \frac{v_i^0(t)e_i^0(t) - v_i(t)}{\tau_i} + \sum_{j(\neq i)} f_{ij} + \sum_{w} f_{iw} \tag{1}$$

行人自身的驱动力反映了行人以期望的速度到达目的地，其公式为：

$$f_i^0 = m_i \frac{v_i^0(t)e_i^0(t) - v_i(t)}{\tau_i} \tag{2}$$

式中，m_i 是行人的质量，$v_i(t)$是行人的实际行走速度，$e_i^0(t)$是行人在 t 时刻的期望速度方向，τ_i 是行人变速的反应时间，$v_i^0(t)$是行人的期望速度。

行人间的相互作用力指的是人群中行人难免会与其他行人发生接触，此时行人 i 试图与行人 j 保持一定距离而产生的力，其公式为：

$$f_{ij} = A_i \exp\left[\frac{r_{ij} - d_{ij}}{B_i}\right] n_{ij} + kg(r_{ij} - d_{ij}) n_{ij} + kg(r_{ij} - d_{ij}) \Delta v_{ji}^t t_{ij} \tag{3}$$

式中，A_i 和 B_i 均为常数，d_{ij}表示两个行人重心的距离，n_{ij}表示行人 j 指向行人 i 的单位向量。

在行走的过程中，行人还会受到来自障碍物的作用力，被称作行人和障碍物间的作用力，该力和行人之间的作用力类似，其公式为：

$$f_{iw} = A_i \exp\left[\frac{r_i - d_{iw}}{B_i}\right] n_{iw} + kg(r_i - d_{iw}) n_{iw} + kg(r_i - d_{iw})(v_i \cdot t_{iw}) t_{iw} \tag{4}$$

式中，d_{iw}是行人和障碍物之间的距离，n_{iw}是行人和障碍物的法线方向，t_{iw}是行人和障碍物的切线方向。

2 结果与分析

2.1 实地调研

两个医院门诊部中的垂直电梯均为普通电梯，使用混凝土作为核心筒，区别在于R医院垂直电梯候梯厅入口朝向医院内部而不是门诊大厅，而J医院垂直电梯候梯厅入口朝向门诊大厅。两个医院自动扶梯均位于门诊大厅内部，其中R医院的南扶梯位于六层通高空间内，J医院扶梯位于实墙背后，实墙遮挡了大部分的自动扶梯。通过数据统计得出R、J两个医院门诊部早高峰（7：50~10：00）入口进入人数以及垂直交通工具使用人数（图10）。同时，我们也统计了两所医院门诊部人员就医流程的种类、人数和比例（图11）。

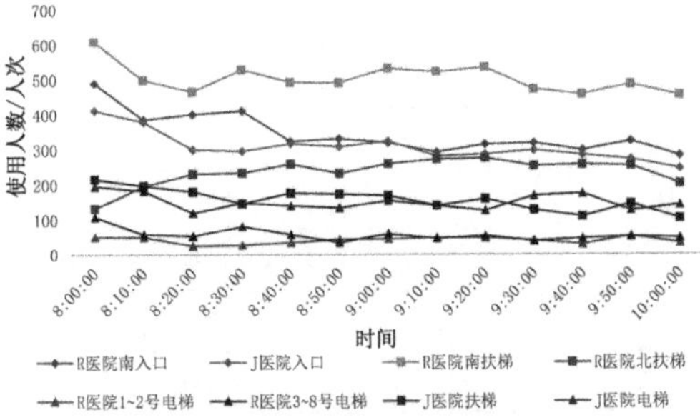

图10 各个入口及垂直交通工具人数

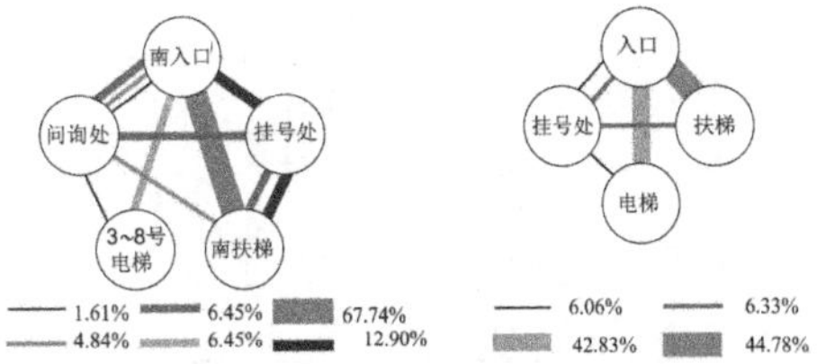

图11 就医流程及人数比例

相较于J医院，R医院进入人员数量更多，其自动扶梯承担了大部分的运输任务，在自动扶梯入口处会出现拥堵现象，垂直电梯在高峰时期的运输效率并不高，候梯厅并没有过多的等候和滞留人员。J医院门诊部日人流量适中，但使用垂直电梯的人员占比很高，电梯候梯厅拥堵，等候时间过长。

2.2 空间句法及相关性分析

根据就医流程，发现患者在入口处、问询处以及挂号处会产生主动寻找垂直交通的行为，所以我们使用SAVisual Power Tool对两所医院入口处、问询处和挂号处的患者对垂直交通工具的目标可见性进行分析，结果如图12~13所示。可以发现，R医院的南扶梯目标可见性最高，其次是北扶梯，3~8号电梯候梯厅入口以及1~2号电梯入口处目标可见性较低。而J医院的电梯候梯厅入口目标可见性较高，扶梯目标可见性较低。

将垂直交通工具目标可见性数值与其使用人数相对应（表2），并导入IBM SPSS Statistics 25软件内进行皮尔逊相关性分析，结果如表3所示。相关性分析结果表明，垂直交通工具目标可见性和使用人数在0.01级别相关，相关性十分显著，且其相关性系数为0.934，为正相关。这说明了目标可见性对使用人数的积极影响。

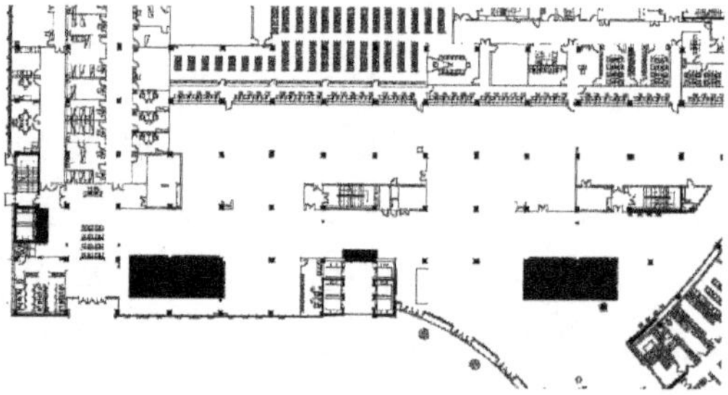

图12 R医院垂直交通工具目标可见性

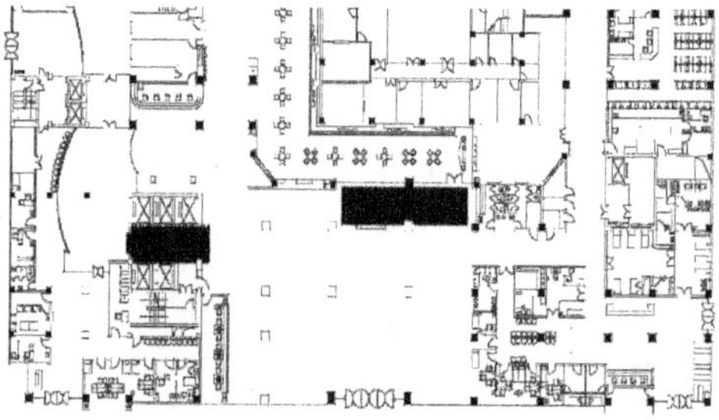

图13 J医院垂直交通工具目可见性

表2 SPSS相关性分析输入数据

位置	使用人数（7:50—10:00）/人次	目标可见性
J大型综合医院电梯	1 961	1 621
J大型综合医院扶梯	2 549	1 434
R大型综合医院1~2号电梯	526	280
R大型综合医院3~8号电梯	919	4 254
R大型综合医院南扶梯	6 334	37 351
R大型综合医院北扶梯	2 837	14 034

表3 相关性分析结果

		使用人数（7:50—10:00）	目标可见性
使用人数（7:50—10:00）	皮尔逊相关性	1	0.934**
	Sig.（双尾）		0.006
	个案数量	6	6
目标可见性	皮尔逊相关性	0.934**	1
	Sig.（双尾）	0.006	
	个案数量	6	6

** 在0.01级别（双尾），相关性显著。

2.3 VR实验及分析

预实验后，20名志愿者中进入正式实验的志愿者共有13名。几乎全部志愿者对于两所医院的虚拟环境较为适应，并无不适感，也可以熟练地在医院内部移动，完成指定的就医流程（图13）。通过图14可以发现，对于两个医院的现状来说，大部分志愿者都可以相对快速地找到垂直交通工具，且他们认为能直接看到垂直交通工具会让他们更容易使用它。对于R医院来说，志愿者们认为在入口处、问询处和挂号处均不太容易直接看到垂直电梯，但可以很清楚地看到自动扶梯，通过标识寻找电扶梯较为容易。对于J医院来说，志愿者们认为看到垂直电梯较为容易，但不太容易看到自动扶梯。优化后，志愿者们认为 R 医院垂直电梯和 J 医院自动扶梯的直接可见性有显著提高，且志愿者们寻找到它们更为容易和快速。这证明修改垂直电梯的材质以及拆除自动扶梯附近的墙体可以有效提高其目标可视性，提高其使用人数。

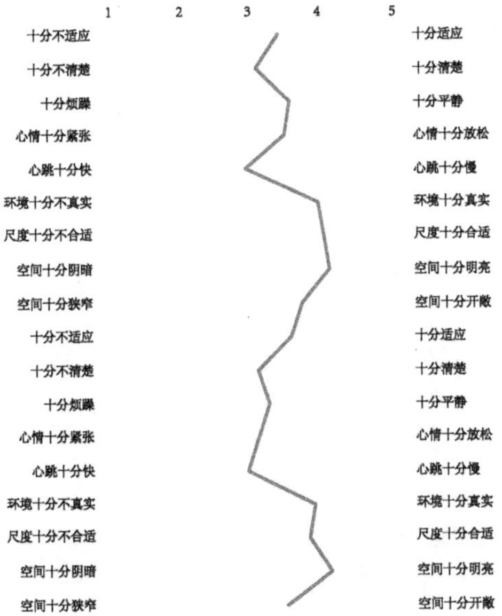

图 13 VR 适应性问题 SD 法分析

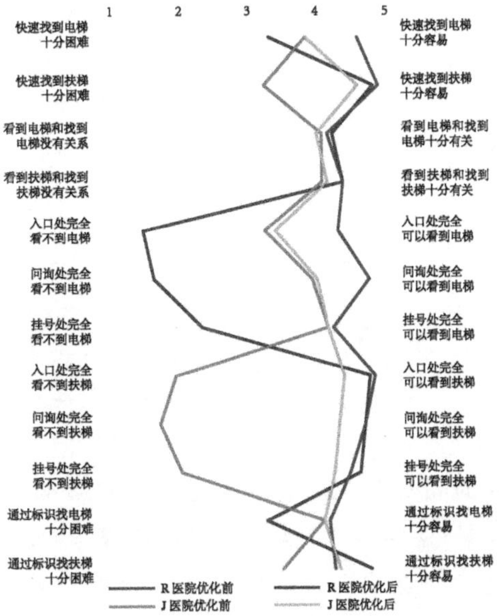

图 14 对垂直交通主观感受问题 SD 法分析

2.4 MassMotion 模拟

使用 VR 证明优化方案的确可以提高垂直交通工具目标可见性后，对两个医院门诊部垂直交通优化前后进行模拟。输入数据如表 4~6 所示。

表 4 MassMotion 人员移动终点比例　　单位:%

R 大型综合医院		电梯	扶梯	J 大型综合医院		电梯	扶梯
现状		8.06	91.94	现状		48.89	51.11
使用人数提高	5%	12.90	87.10	使用人数提高	5%	43.90	56.10
	10%	17.74	82.26		10%	38.87	61.13
	15%	22.58	77.42		15%	33.91	66.09
	20%	27.42	72.58		20%	28.90	71.19

表 5 R 大型综合医院 MassMotion 路径比例　　单位:%

	现状	5%	10%	15%	20%
南入口—电梯 3~8	6.45	10.32	14.19	18.06	21.94
南入口—问询处—电梯 3~8	1.61	2.58	3.55	4.52	5.48

（续表）

	现状	5%	10%	15%	20%
南入口—南扶梯	67.74	64.18	60.61	57.05	53.48
南入口—问询处—南扶梯	4.84	4.58	4.33	4.07	3.82
南入口—问询处—挂号处—南扶梯	6.45	6.11	5.77	5.43	5.09
南入口—挂号处—南扶梯	12.90	12.22	11.54	10.87	10.19

表6 J大型综合医院 MassMotion 路径比例

单位:%

	现状	5%	10%	15%	20%
入口—电梯	42.83	38.47	34.06	29.69	25.31
入口—扶梯	44.78	49.14	53.55	57.89	62.28
入口—挂号处—电梯	6.06	5.44	4.81	4.21	3.59
入口—挂号处—扶梯	6.33	6.96	7.58	8.20	8.83

将R医院门诊部3~8号电梯的使用人数提高5%、10%、15%、20%后，患者的就医时间缩短了4.60%、8.05%、11.49%和14.94%，就医距离缩短了1.18%、2.33%、3.49%和4.92%。将J医院门诊部自动扶梯的使用人数提高5%、10%、15%、20%后，患者的总就医时间缩短了，但平均就医时间相差不大，就医距离缩短了0.97%、1.59%、2.33%和3.54%（表5）。

表7 R大型综合医院优化前后就医效率

单位：s

	现状	5%	10%	15%	20%
时间 距离	87 47.31	83 46.75	80 46.21	77 45.66	74 44.98

表8 J大型综合医院优化前后就医效率

单位：s

	现状	5%	10%	15%	20%
时间 距离	37 25.72	37 25.47	37 25.31	37 25.12	37 24.81

3 讨论

3.1 垂直交通使用人数和目标可见性

通过实地调研发现，我们对于两所医院垂直电梯的位置感受取决于其候梯厅入口的位置，若垂直电梯的材质或形式改变，我们对于其位置的认知可能会更为快速。根据实地调研的感受，我们提出了两个猜想。猜想一：我们认为R医院南北两个自动扶梯的目标可见性很高，不管是从入口处、问询处或是挂号处都能轻易看到，但是3~8号垂直电梯不能直接被看到，需要通过标识指引或是四处张望寻找才能看到；J医院垂直电梯目标可见性较高，由于实墙的遮盖，自动扶梯目标可见性较低。猜想二：我们认为不同的垂直交通工具目标可见性导致其使用人数不同，也正是由于此，垂直交通工具高峰时期运输能力均未达到饱和，导致使用人数过多的自动扶梯入口和垂直电梯候梯厅产生拥堵。

SAVisual Powe Tool 空间句法分析证明了我们的第一个猜想。R 医院的垂直电梯目标可见度低，J 医院自动扶梯目标可见度低。通过皮尔逊相关性分析，证明了我们的第二个猜想。垂直交通工具的目标可见性和使用人数在 0.01 级别上相关，为强相关，这证明了垂直交通工具目标可见性越高，其使用人数越多。我们认为需要提高垂直交通工具的目标可见性才能均衡垂直交通工具的运输人数，才可以提高其运输效率，提高患者就医效率。所以我们决定修改垂直电梯材质和拆除自动扶梯周围的墙体。

3.2 VR 主观感受

通过 VR 实验，志愿者们能感受到自己在真实的医院环境中完成了就医流程，也对垂直交通工具目标可视性有切身的体会，侧面证实了使用 VR 技术研究医院空间环境的有效性和可靠性。

通过 SD 法量化志愿者在 VE 中的感受，我们可以确认现状垂直交通工具目标可见性对于志愿者是否容易找到它和使用它有很大影响，这再次印证了我们的猜想二。同时，我们也可以确定将垂直电梯改为透明观光电梯以及拆除自动扶梯附近的墙体可以有效提高人们对于垂直交通工具的目标可见性。至此，我们从客观的数据分析和主观的感受两个方面确定了目标可见性和使用人数的关系，也确定了优化方案的有效性。

3.3 垂直交通工具调整前后就医效率

若将垂直电梯和自动扶梯的使用人数更改太多，会超过其最大运输能力，造成拥堵问题，所以在这里我们为了确保不超过电扶梯的最大运输能力，仅讨论了将垂直交通工具使用人数提高 5%、10%、15%和 20%这几种情况。根据输出的数据来看，R 大型综合医院就医效率的提高更为明显，可能是由于现状电梯使用人数过少，优化后电梯的使用人数可能会提高不止 20%。J 大型综合医院优化前后时间变化不大，距离变化也较少，但对于患者及其陪护人员来说，更快速地找到垂直交通会对他们心理健康更有利。

R 医院门诊部 3~8 号垂直电梯变为透明电梯，J 医院扶梯附近的实墙拆除，缩短了患者就医的时间和移动距离，证实了垂直交通工具目标可见性提高对就医效率的正面影响。

3.4 局限性

对于空间句法来说，我们在使用 SAVisual Power Tool 指定人员时，各个挂号窗口的人员数量是均衡的，这导致靠北侧能直接看到候梯厅入口处的挂号窗口比重超过实际情况。这也是研究不足的地方，即对于每个节点患者的目标可见性比重无法量化分析。

MassMotion 仿真模拟无法完全模拟从众行为。最开始进入医院的患者及其陪护人员对于垂直交通工具的寻找靠的是其目标可见性，随着人员数量的不断增多，其他人员会跟随前人移动，但使用人数受到很多因素的影响，我们在这里只探讨最直观的感觉，也就是目标可见性对它的影响。同时 MassMotion 无法设置小团体行为，无法完全模拟一起移动的患者及其陪护人员，这与真实情况有所差距。另外，垂直电梯和自动扶梯人数并不是越多越好，而是根据各自的最大运输能力确定相应的使用人数，由于篇幅有限，此问题在本文中没有被探讨。

结语

大型综合医院门诊部需要考虑垂直交通工具的目标可见性以均衡高峰时期各垂直交通工具的使用人数，保证其高峰时期的利用率，提高患者就医效率。可以通过对电梯材质或者扶梯所在空间的围合方式进行设计，使用透明观光电梯等方式来提高垂直交通工具的目标可见性，保证患者的就医效率。

参考文献

[1] 龙灏，张玛璐，马丽.大型综合医院门急诊楼竖向交通系统设计策略初探[J].建筑学报，2016(2)：56-60.

[2] 齐琪.基于系统化的大型综合医院交通组织研究[D].北京：北京工业大学，2016.

[3] HAQ S, LUO Y. Space syntax in healthcare facilities research: a review[J]. HERD: Health Environments Research & Design Journal, 2012, 5(4): 98-117.

[4] 吴化平.基于垂直交通配置性能理论的医院直梯优化调度[J].中国新技术新产品，2017(18)：127-129.

[5] CHIAS P, ABAD T, DE MIGUEL M, et al.3d modelling and virtual reality applied to complex architectures: an application to hospitals' design[J]. The International Archives of the Photogrammetry, Remote Sensing and Spatial Information Sciences, 2019, XLII-2/W9: 255-260.

[6] LIM L, KIM M, ZIMRING C M. Measuring interpersonal visual relationships in healthcare facilities: the agent visibility model and SAVisualPower tool[J]. HERD, 2019, 12(4): 203-216.

图表来源

图 1~3、图 6~13：作者自绘.

图 4~5：作者自摄.

表 1~8：作者自绘.

基于真实数据和虚拟现实技术的灾害基地医院的应急救援场景再现和设计优化

王筱远[1*]　周　颖[1]　辛阳鹏[1]　杨　乐[2]

（1. 东南大学建筑学院，江苏省南京市 210000，1625522784@qq.com；

2. 常州第二人民医院感染管理科，江苏省常州市 213000）

摘要

宫城县石卷市是 2011 年 3 月东日本大地震及海啸的重灾区。石卷红十字会医院是当地的一家灾害基地医院，发挥了重要的应急救援的作用。本文先收集并整理东日本大地震发生后 72 h 内的日本石卷红十字医院救援真实数据，学习并比较研究日本石卷红十字医院的平时和灾时的平面布局。利用收集的资料建模并使用虚拟现实技术进行模拟实验，再现灾后 72 h 应急救援场景。最后根据实验结果提出优化建议，并进行验证，为国内外的 BCP 计划研究和医院设计提供参考。

关键词： 虚拟现实技术；灾害基地医院；灾后 72 h；初始响应体系；伤病员分级分区

Keywords：Virtual reality technology；Disaster base hospital；72 hours after the disaster；Initial response system；Patient classification and zoning

项目资助情况： 东南大学国家级重点创新训练项目（202210286004）；国家自然科学基金面上项目（51978143）；教育部产学合作协同育人项目（202101042020）；东南大学校级重点创新训练项目（202201012）

引言

近年来，地震、海啸等自然灾害发生的频次明显增加，给社会经济以及人民的生命安全都造成了严重的威胁。12・26 的印尼大地震、5・12 的汶川大地震、3・11 的东日本大地震等等，每次都造成了不可估量的人员伤亡以及经济损失。而当灾害发生时，区域性的医院往往需要承担起灾时应急的作用，为人们提供基本的治疗、避难场所以及食物、水等生活必需品。在这样的背景下，对于医院灾时应急的研究就显得尤为重要。而医院的灾时应急能力取决于许多方面，其中最重要的便是 BCP 计划。当灾难发生时，经过灾时应急教育的医护人员能按照事先制订的 BCP 计划进行快速行动，划分区域，疏导人流，用最短的时间重新恢复医院的业务运转能力，接收地区内的伤者并提供治疗与基本的物资。

本文以经历过3·11东日本大地震的石卷红十字医院为例，通过虚拟现实技术与人流模拟技术分析，从应急防灾的角度为石卷红十字医院的建筑设计与BCP计划提出优化建议，并进行检验，希望本文研究能对国内外医院BCP计划的研究有所帮助。

1 文献综述

1.1 灾时医院应急与BCP计划

灾时医院应急是指当遭遇大规模公共突发事件（如地震、海啸、疫情等）时，医院需要快速处理风险，维护地区内人民群众生命安全。假如处理不当，灾情可能迅速扩散，造成社会、国家乃至于全球的危机，在这种状态下，人身安全、公共关系、社会秩序、价值准则等都将受到严重威胁。

近年来，由于不同地区的发展速度不同步，虽然医院在医疗能力、物资调配能力、医院规模上都已有很大的进展，但在调查和研究过程中发现，在面临公共突发事件时，我国医院仍存在一系列问题。如医院危机管理意识不强，处置公共突发事件的前期准备工作不扎实、不系统；医院的应急救援队伍组建不完善，大多是面临突发情况时临时抽调，可能面临配合不够娴熟、技术水平参差不均等问题；还有医院的应急救援物资配备不完善，缺少分级储备，统一调度中心等。

BCP计划作为公共突发事件发生时的医院紧急预案，直接关系到灾时医院应急能否有效发挥作用。针对不同类型的公共突发事件，设定切实有效的系统的防控危机计划，能极大地提升医院的灾时应急能力。目前国内由于对BCP计划的研究起步较晚，仍存在实用性不强、修订和更新不及时、应急预演过少等问题。

1.2 虚拟现实技术在应急模拟中的应用

某一BCP计划的实用性须展开验证，但实际的应急预演需要消耗大量的人力、物力，且在控制环境、重复演练、获取人群行为数据方面，也存在明显缺陷。为了了解人群在遇到火灾紧急情况时的行为，需要一个安全、客观、可靠和有效的数据收集环境。虚拟现实技术（virtual reality，VR）为医院应急研究提供了新的可能。VR被定义为"感知者体验远程呈现的真实或模拟环境"[1]，能够创建拥有高度沉浸感、交互性、想象性、控制性、复制性以及精确收集数据的环境，可以模拟灾难性和威胁生命的情况，而不会对参与者造成身体伤害[2]。

VR与地理信息的结合为人们提供了一种新的空间认知环境——虚拟地理环境（virtual geographic environment，VGE），它扩展了空间认知的手段和范围，改变了传统的地图表现方法，让人以参与者的身份体验和认识三维虚拟世界。其理论基础包括虚拟实践、地理实验、复杂性科学等，是基于虚拟地理环境和人机交互技术，依据一定的假设、理论、模型、情景设想，以人为中心开展时空计算、协同分析的方法，最终获取或验证某种地理经验与知识[3]。

2　东日本大地震中石卷红十字医院应急救援分析

2.1　研究对象

2.2　医院基础图纸

本次的研究对象是位于日本宫城县石卷市的石卷红十字医院，它在 2011 年 3 月 11 日的东日本大地震中作为防灾据点医院发挥了巨大的作用。石卷红十字医院占地面积为73 815 m^2，建筑面积为 32 487 m^2，地上 7 层，地下 1 层，采用钢筋混凝土免震结构，设床位 402 张（急性期床位 398 张、传染病床位 4 张），日门诊量 1 026 人次，日急诊量 60 人次。

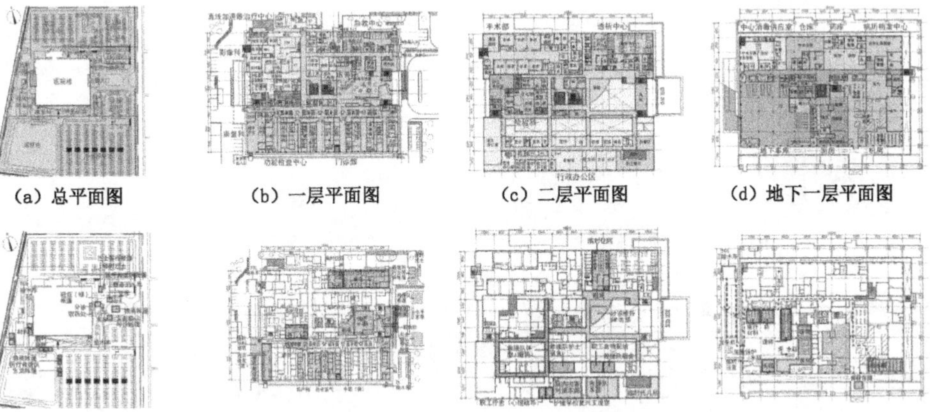

（a）总平面图　（b）一层平面图　（c）二层平面图　（d）地下一层平面图

（e）灾时总平面图　（f）灾时一层平面图　（g）灾时二层平面图　（h）灾时地下一层平面图

图 1　石卷红十字医院平面图

2.3　灾难数据统计

东日本大地震中，石卷市的震级为 6 级弱，且市中心受到海啸冲击，约 3 700 人死亡或下落不明。石卷红十字医院在灾后发生的三天内救援并治疗了 2 129 名伤者，并在之后的一个月内持续展开救援行动。

2.4　灾时医院概况

表 1　受灾情况表

患者、工作人员等	无死亡或受伤
建筑物	地震隔离层最大位移 26 cm，未发现结构上的功能损坏
设备	损坏很小，没有房间或关键设备无法使用
电力	在商业电力停电的同时转为私人发电
城市燃气	完全停止供应，临时恢复用了 21 d，完全恢复用了 1 个月

（续表）

通讯/互联网	固定电话和手机均停运 3~4 d，互联网停运约 10 d
电梯	3 d 无法使用
订购系统	可以使用
直升机场（地面）	无明显问题
手术室	设备无明显损坏

表 2　医院灾时储备表

电力	应急发电机（内部发电）确保 20 000 L 重油 3 d 用作燃料
液氧	液氧储备保持罐内液氧剩余量至少正常使用 14 d
清水储备	190 t 约半天
杂水储备	470 t 约 3 d
食物储备	可供应住院患者 3 d

3　研究方法

3.1　技术路线

图 2 是本次研究的技术路线。

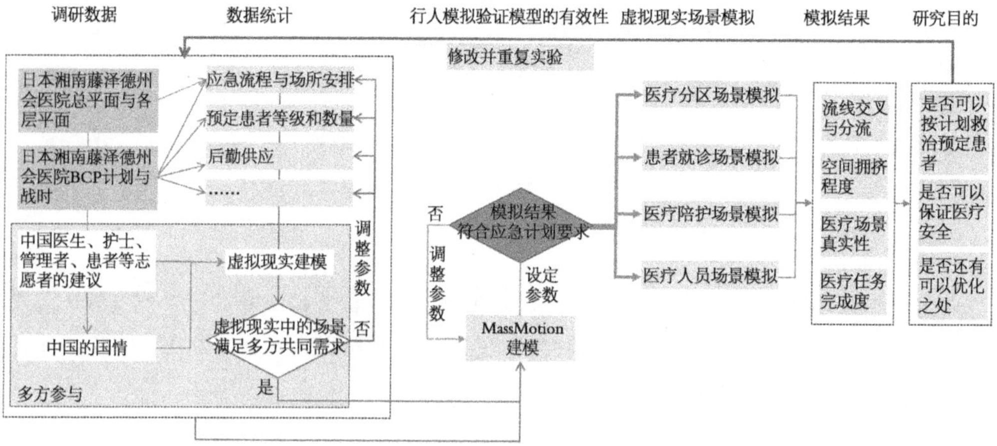

图 2　技术路线

3.2　数据采集

根据石卷红十字医院官方提供的数据，石卷红十字医院的日门诊量在 1 000 人左右，日急诊量在 60 人左右。但当灾害发生时，由于地区交通便利性、人员分布情况等复杂因素，前往医院寻求治疗与帮助的人群数量往往较平时有较大波动。

通过查阅有关东日本大地震时的纪实书籍和文献，我们了解到在灾难发生后的 7 天内的每天医院接收伤者数量（图3）。但为了保证实验的真实性与可靠性，我们需要更具体的每天每小时医院接收患者的数量。而由于官方未给出这方面的具体信息，现场纪实与相关书籍中也没有记载，我们只能参考其他实例来推算东日本大地震时石卷红十字医院的每小时接收患者数量。

美国EDBA（Emergency Department Benchmarking Alliance）在2007年进行的一项针对医院急诊科每日人员数据变化的统计实验结果表明，在一个24 h的周期内，医院每日急诊接收的患者数量的高峰通常是低谷的3~4倍。为了保证医院在灾时的医疗能力充足，我们需要选取接收患者最多的时段进行实验。根据该研究得出的相应医院急诊科在1 d内的人员数量变化柱状图（图4），代入石卷红十字医院在第三天的（高峰）的患者接收数量，就能估算出当天每个时段医院接收患者的数量（每个时段为1 h）。

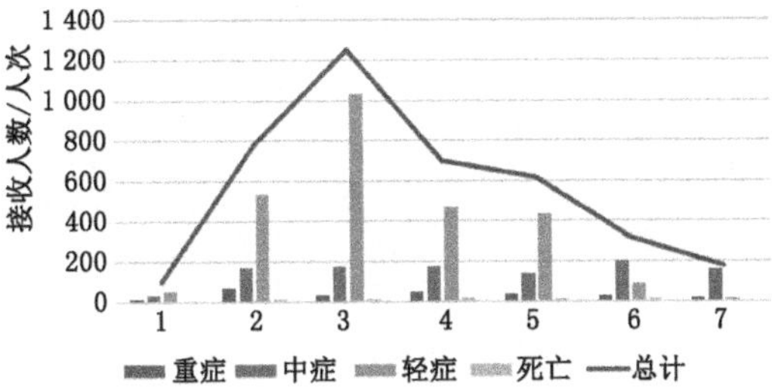

图3　灾后每日医院接收人数图

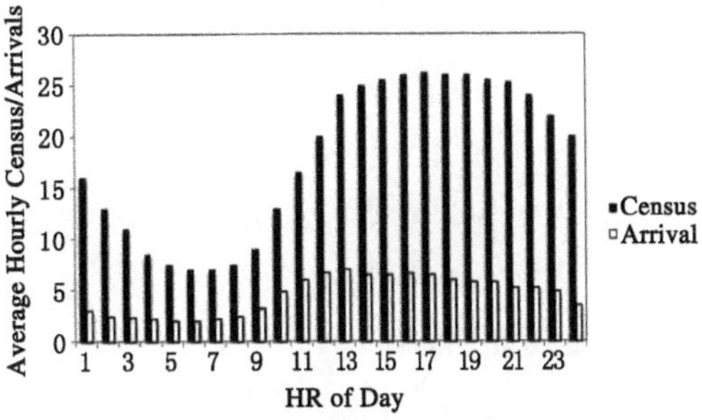

图4　医院急诊科人数变化图

3.3　医院应急流程

通过查阅有关文献和医院官网搜索资料，归纳整理出医院的应急流程。

3.4　实验设定

由于实验目的是检测灾时医院内的极限通行能力，因此应选择人流量最大的时段进行模拟。

3.5　交通行人模拟

由于灾时医院内的人流量较大，因此医院内部的通行能力也是影响灾后医院治疗救援活动能否顺利展开的重要因素。借助交通模拟软件MassMotion，完成医院建模后，输入已获得的相关实验数据，就能精确地验证在灾时的高峰期医院是否会发生交通方面的问题，查找医院设计或BCP计划分区的不合理之处，也可用于验证优化后的医院平面与BCP计划是否更有效。

（1）医院建模

利用SketchUp软件进行建模，参照数据来自相关文献中的医院基础图纸。

（2）模拟实验

将在 SketchUp 内处理好的模型导入 MassMotion 内。根据之前获得的相关数据，依次设定实验时间、输入总人数、患者行为、流线分区等等，设定完成后开始模拟。模拟结束后可以得到 1 h 内医院患者的人流交通视频演示和代表医院内交通拥堵程度的最大密度地图等成果。

（3）结果分析

在完成交通人流模拟实验后，对实验结果进行分析。通过分析 1 h 内医院患者的人流交通视频演示和最大密度地图，就能验证在高峰期医院内是否会出现交通拥堵、流线交叉严重等问题，进而发现医院 BCP 计划和医院平面设计中存在的问题。

3.6 优化建议

如在分析实验结果后发现存在交通拥堵、流线交叉严重等问题，可针对这些问题提出优化建议。若发生交通拥堵，可能是由于存在某分区面积过小或走道过窄等问题，可以采取加宽走道、增加分区面积、扩宽走廊等措施。若流线交叉严重，则可能是由于 BCP 计划中设定的分区和流线不合理，可以采用重新设计出入口、分区以及流线等措施。

在优化 BCP 计划和医院平面后，需要再次实验，如发现问题已解决，则说明提出的优化建议确实有效。

3.7 虚拟现实模拟

（1）实验任务设定

进行虚拟现实模拟需要设定具体的实验任务。在查阅有关纪实与文献、了解东日本大地震时石卷红十字医院的真实情况后，设定被试者身份以及符合真实情况的流程，以还原当时可能出现的场景。

（2）实验人员

实验采取参与式设计实验方式，在社会和学校内征集志愿者参加实验。志愿者包括不同年龄、职业、学历的人群，以获得更广泛的、具有参考价值的实验数据与建议，保证实验的真实性。

（3）场景搭建

在 SketchUp 中完成基本建模后，将模型导入 TwinMotion 内，进行仿真场景的搭建，效果应接近当时拍摄的照片实景，符合当时医院内的真实情况。

（4）场景模拟

在完成 TwinMotion 中的仿真场景搭建后，开始虚拟现实模拟实验。志愿者先选择自己的身份以及相应的任务。协助志愿者正确佩戴和使用 VR 设备后，启动 VR 设备，确定设备正常运行后，在旁用语音指引志愿者进行实验。志愿者需要扮演自己所选择的身份，在仿真场景中完成任务。当整个实验流程结束后，请志愿者根据自己的真实感受填写调查问卷。

（5）问卷调查

在实验完成后，向志愿者分发问卷。志愿者按照自己的真实感受填写问卷后，回收问卷，统计调查问卷，作为实验结果的一部分。

（6）结果分析

对实验后志愿者填写的调查问卷结果进行统计分析，生成相关图表。如有超过被试人数 1/3 的志愿者表达对实验某处存在疑问或提出建议，则证明医院的 BCP 计划和平面设计在此处有不合理的部分。

（7）优化建议

针对结果分析中发现的问题，对医院的 BCP 计划和医院平面进行优化和再设计。例如，若调查结果统计表明，大部分志愿者认为红区氛围过于压抑，就可以适当改变红区的平面布局，使得空间更加开阔；若发现拿药处排队过长，则需要更多设置几个拿药的窗口，缓解人流压力。

在完成 BCP 计划和医院平面的优化设计后，需要再进行虚拟现实模拟实验，验证优化方案的可行性。如实验结果表明问题已被解决，则证明提出的优化实际试合理实用的。

4 研究结果

4.1 数据采集结果

根据推算，得出石卷红十字医院第三日每个时段前往医院的患者人数（图 5）。

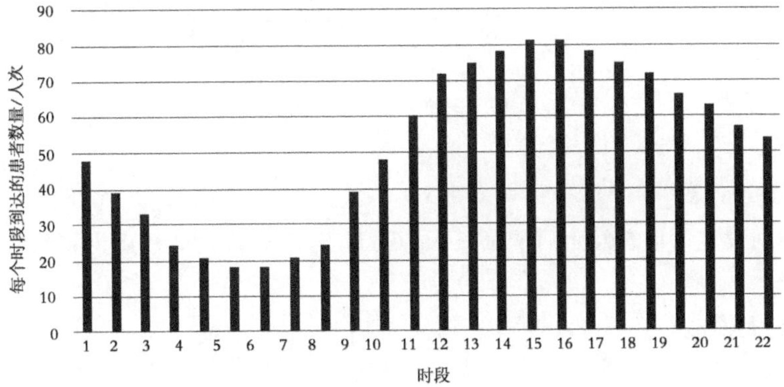

图 5 第三天每时段到达医院患者数量图

4.2 应急医疗流程

经过资料收集与整理，绘制灾时事件节点图（图 6）与医院应急医疗流程图（图 7）。

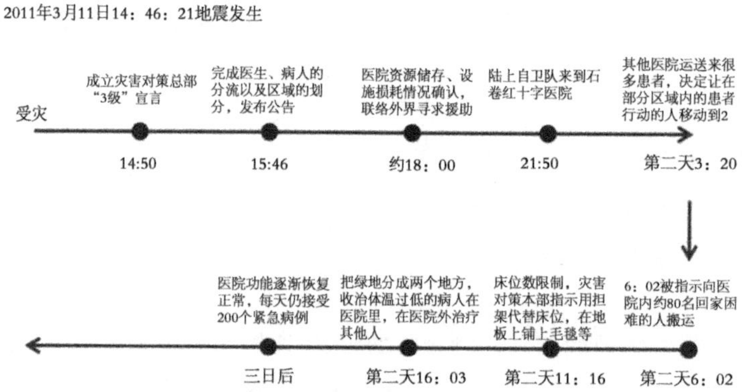

图6 灾时事件节点图

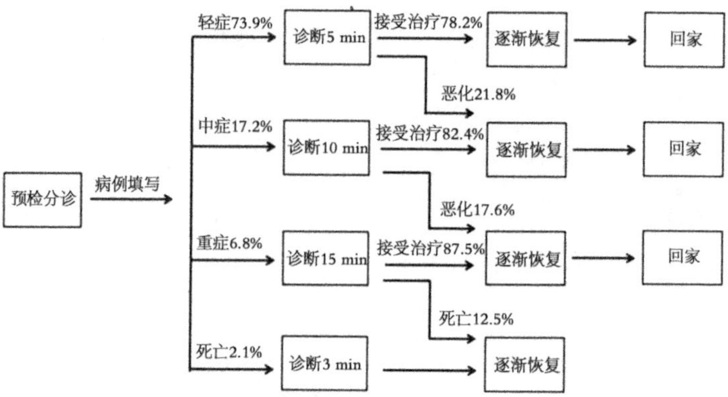

图7 医院应急医疗流程图

4.3 实验设定

实验时间设定为地震发生后的第三天16~17时，实验模拟地点为石卷红十字医院一层。

4.4 交通行人模拟

（1）模拟结果

利用MassMotion软件进行交通行人模拟后，生成最大密度地图（图8）。

（2）结果分析

如实验后生成的最大密度地图所示，恢复区存在人流量过大、过于拥挤的现象。这说明原BCP计划中的分区并不完全合理，恢复区的面积过小。

（3）优化建议

由于恢复区的面积过小，造成交通拥堵现象，因此需要合理利用大厅内剩余的空

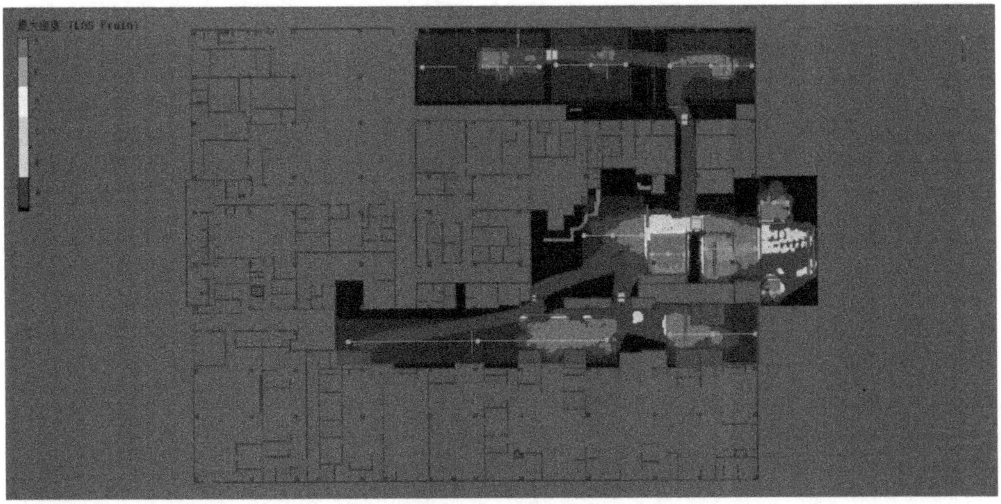

图 8 最大密度地图

间，扩大恢复区的面积，既解决交通拥堵问题，也提供了足够的治疗空间（图 9）。

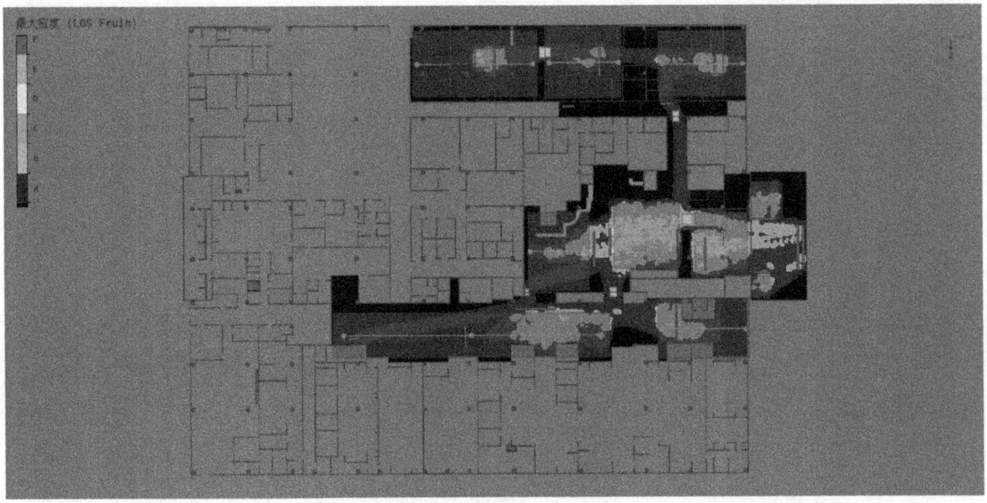

图 9 优化后最大密度地图

4.5 虚拟现实模拟

（1）实验任务设定（表 3）

表 3 实验任务设定表

任务 1：作为轻症患者	任务 2：作为中症患者	任务 3：作为重症患者的陪护人员
（1）参与者在地震发生后的第一天前往石卷红十字医院，进入预检分诊区就诊。 （2）1 min 后，参与者被诊断为轻微的外伤，前往室外拿药处拿药。 （3）在室外拿药处，参与者排队 1 min 后，取药。 （4）自行离开医院	（1）参与者在地震发生后，坐轮椅进入预检分诊区就诊。 （2）1 min 后，参与者被诊断较严重的外伤，前往中症区进行治疗。 （3）在中症区，参与者被诊断为腿部多处骨折，在 30 min 内，接受了医生的治疗。 （4）在中症区内，在病床上留院治疗和观察 60 min。 （5）由家属推轮椅离开医院	（1）参与者在地震发生后，推担架床陪护病人进入预检分诊区就诊。 （2）1 min 后，患者被诊断较严重的内脏出血及并发症，前往重症区进行紧急抢救。 （3）在重症区，患者被诊断为肺部出血以及低血压，导致休克，在 60 min 内，接受了医生的手术和抢救，参与者在急救室外进行等待。 （4）参与者将患者送往临时住院处

（2）实验人员

我们在校内和校外各征集了 10 名不同年龄、不同学历的志愿者，总共 20 名志愿者参加实验（表 4）。

表 4 实验人员信息表

统计信息	年龄			性别		学历			
	18~24 岁	25~37 岁	38~50 岁	男	女	高中	本科	硕士	博士
占比/%	50	35	15	50	50	10	50	30	10

（3）实验结果

将参与实验的志愿者填写的调查问卷整理后，得出图 10~11。

（4）结果分析

由图 10~11 可知，实验中恢复区的通畅程度与室外拿药处的拥挤程度存在问题。从虚拟现实模拟的场景中可以发现，恢复区堵塞的原因为分区之间缺少管理，使得人流流线混乱。而室外拿药处拥挤的原因为拿药窗口过少，因此排队很长。

（5）医院设计与 BCP 计划优化建议

对于恢复区的堵塞问题，可以在灾时用临时的隔板划分出恢复区、诊断区以及通道，同时扩大恢复区的面积，合理运用大厅内的空间。

在室外拿药处，可以增加取药的窗口，缓解人流压力，减少取药等待时间。

（6）优化后的实验结果

实验结果表明，经过优化后，恢复区的堵塞问题与室外拿药处的拥挤问题都有所缓解（图 12~13）。

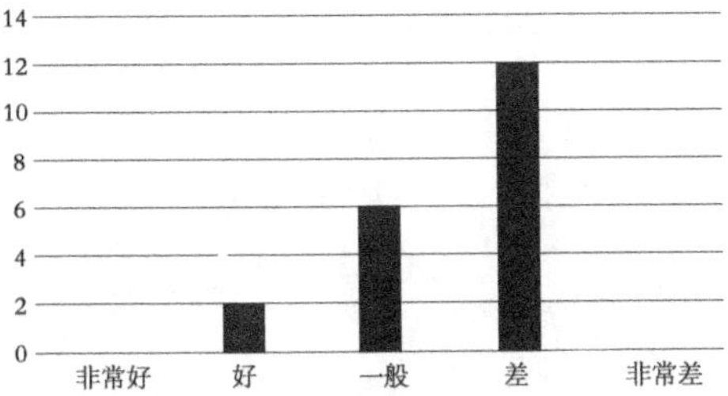

(a) 恢复区通畅程度图

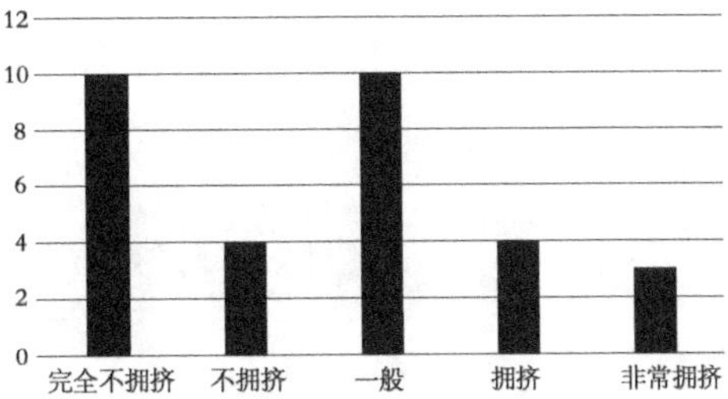

(b) 中症区拥挤程度图

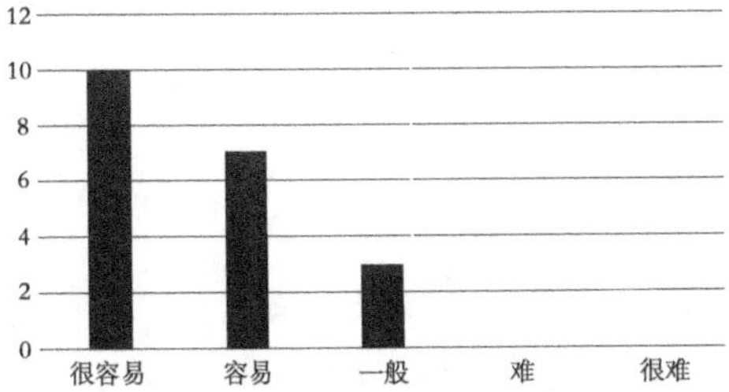

(c) 重症区寻路难易程度图

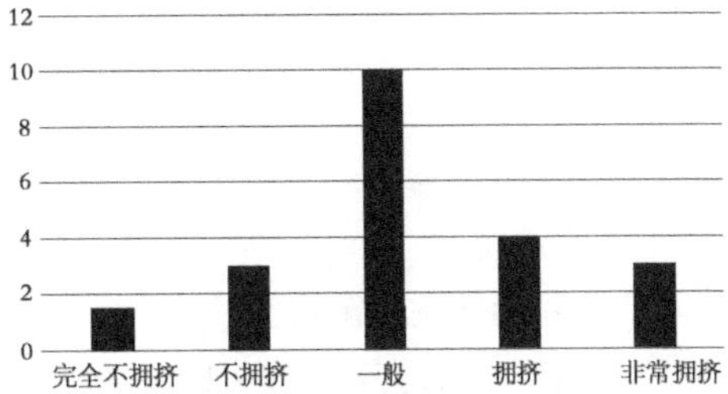

(d) 室外拿药处拥挤程度图

图 10 调查问卷结果图

(a)恢复区模拟场景图

(d)室外拿药处模拟场景图

图 11 虚拟现实模拟场景图

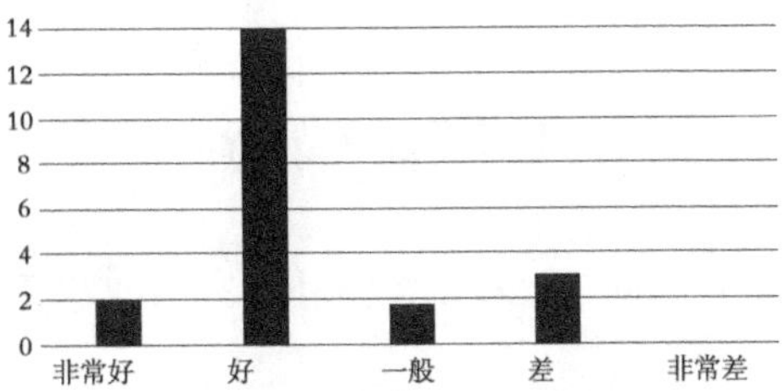

(a) 优化后恢复区通畅程度图

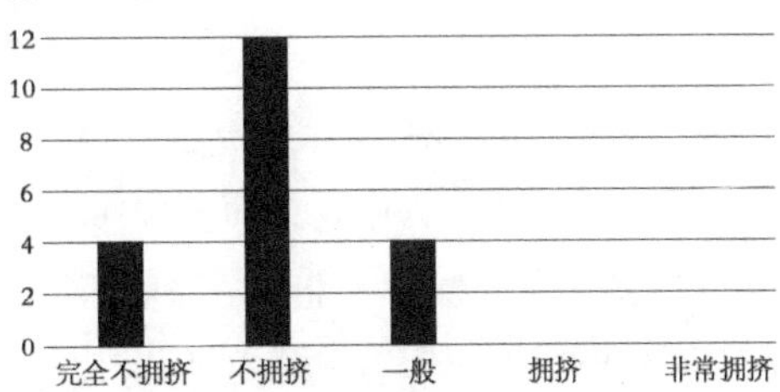

(b) 优化后室外拿药处拥挤程度图

图 12 优化后调查问卷结果图

(a)优化后恢复区模拟场景图　　(b)优化后室外拿药处模拟场景图

图 13　优化后虚拟现实模拟场景图

5　讨论

5.1　本文的意义

当今世界大规模灾害频发，而国内的医院应急能力还处在不太完善的水平，有很大的提升空间。本文以经历过 3·11 日本大地震的石卷红十字医院为例，在重现当时医院应急场景的基础上进行分析，并提出了优化建议，对于国内外医院的 BCP 计划改进和设计优化有着重大意义。

5.2　本文的局限性与未来计划

由于日本医疗系统与中国存在差异，本文中的部分结论并不一定能应用于国内医院，需要后续的实验验证。且实际面临的灾害情况会更复杂，本文只针对了地震这一种灾害类型，而实际情况中更可能出现灾害造成“交通瘫痪，患者无法达到医院”等情况。

由于现实条件限制，本次实验的参与者数量偏少，如能征集更广泛、更多样的人群参加实验，想必会得出更有说服力、更深入的结论。

结语

（1）医院在事先制订 BCP 计划时，应当预估各类患者的人数，以此为根据决定各个分区的面积大小。如果某个分区面积不足，往往会产生交通堵塞或治疗空间不足等问题。

（2）如果在一个大的开敞空间内划分分区，应当用临时的隔板或物品将通道与各个分区间适当阻隔，方便管理和人流通行。

（3）灾时许多患者只需在医院取药即可离开医院，设置多个室外或室内的拿药窗口，能有效缓解人流压力，减少排队时间。

（4）运用虚拟现实技术进行实验，能有效地减少实验的时间、人力、物力成本，同时使参与者相对真实地体验场景，十分有助于有关医院应急能力的研究。

参考文献

[1] STEUER J.Defining virtual reality: dimensions determining telepresence[J].Journal of Communication,2006, 42(4): 73-93.

[2] KINATEDER M,RONCHI E,NILSSON D,et al.Virtual reality for fire evacuation research[C]//Proceedings of the 2014 Federated Conference on Computer Science and Information Systems.Warsaw,2014: 313-321.

[3] 龚建华.论虚拟地理实验思想与方法[J].测绘科学技术学报,2013,30(4): 399-408.

[4] 马晓辉.基于VR的医院应急疏散认知实验与时空行为研究[D].北京:中国科学院大学,2019.

[5] 王樾.浅析综合医院交通组织优化: 以首都医科大学附属北京朝阳医院为例[J].中国医院建筑与装备,2020,21(6): 77-79.

图表来源

图1~13:作者自绘.

表1~4:作者自绘.

集群智能模拟智慧疏散标识应对出口拥堵有效性的案例研究

许伟舜[1*]　沈弈辰[1]

（1. 浙江大学建筑工程学院，浙江省杭州市 310000，xuweishun@zju.edu.cn）

摘要

在建筑应急疏散中，出口标识扮演着指示逃生路径的重要角色。与传统仅指示出口方向的双向箭头标识不同，智慧疏散标识能够在逃生时通过指向变化改变对不同人群进行引导，有望达到更好的疏散效果。本文以浙江大学月牙楼为例，通过空间拓扑模型中的集群智能模型，模拟了复杂公共建筑中标识无路径选择作用、最短路径选择及预测出口拥堵下的路径分配三类不同的应急疏散场景。本文研究显示，智慧疏散标识通过影响路径选择能大幅减少应急疏散整体用时，且对出口拥堵进行预测并预先进行路径分配比最短路径策略更能减少疏散时间。

关键词：集群智能；应急疏散；智能体模型；出口拥堵；路径分配

Keywords：Swarm intelligence；Emergency evacuation；Agent-based modeling；Egress congestion；Route assignment

项目资助情况：浙江大学平衡建筑研究中心下的数字化设计与建造方向建筑学专业本硕博携同教学课程体系建设项目

引言

在当代日益复杂的建筑空间中，如火灾等灾害发生时，人员能否迅速安全疏散是降低人民生命及财产损失的关键之一。随着防灾技术的升级，硬件和软件结合的智慧疏散系统有望为灾害发生时的应急疏散提供更多保障。在涌现的各类智慧疏散系统研究中，能针对不同疏散条件进行迅速反馈、并支持疏散人群决策的新型视觉标识是其中的重要组成部分[1]。但是，现有的智慧标识研究虽然部分验证了其针对逃生人员个人决策的有效性，但在提升疏散的全局效率验证上还较少获得疏散模型的支持。本文试图通过融合智慧标识避免疏散的寻路决策和全局疏散模拟，为此类型的研究提供一种可推广的决策模型原型。

1 研究背景概述

1.1 智能视觉引导在应急疏散中的作用

在传统建筑设计中，灾害发生时的紧急疏散依赖于建筑法规控制下的安全疏散距离、疏散宽度、出口个数等刚性法规。这些法规虽然对建筑室内空间进行了必要的客观约束，但基于疏散分区的法规大部分以最短疏散路线作为基本原则，但并未考虑人在疏散时的实际寻路行为，因此难以确保建筑整体在应急疏散时的性能[2]。在不熟悉的公共建筑中，不明确或不完整的疏散信息指示则可能造成寻路困难[3]。即便存在最高效疏散路线的情况下，由于缺乏有序引导和寻路指示，人群可能陷入集体恐慌等情绪中，引发非理性行为，进而降低疏散效率，甚至可能造成二次灾害[4]。

基于出口标识的视觉引导是应急疏散设计中的重要因素，并在实证实验中缩短了人群的寻路时间并提高了逃生人员通向最近出口的概率[5]。但是，由于法规对安全出口数量的规定，目前国内公共建筑中普遍采用的出口标识引导常同时指向两个安全出口，不但无法提供最有效率的疏散指示，甚至可能将人员引导向灾害发生的方位[6]。

随着科技的发展，智慧疏散标识研究开始出现，相关研究的重心之一在于利用空间中的人群分布、灾害方位等全局信息解决传统疏散标识对应急疏散寻路决策支持不足的问题。例如，Galea 等[7]通过可变设计提高出口标识可视率，并借此规避标识指向灾害发生方位的情况。Chu[8]则通过实时监测逃生路线拥堵情况，将拥堵路段作为障碍物，以改变标识指示方向，引导人们分散疏散。Zhao 等[9]人则从鲁棒性角度出发，试图通过去中心化智慧标识设计侦测灾害方位，并调整可以通行与否的指示。

以上智慧疏散标识研究大部分从规避灾害层面出发，通过建筑使用情况等实时数据反馈提供有效逃生路线，并通过动画、VR 实验等方式验证了其对逃生人员个体决策的积极影响，但往往从疏散系统整体效率上尚缺乏有效论证。不过，智慧疏散标识运作所必要的信息则为建立疏散模型并进行其有效性验证和优化提供了条件。

1.2 集群智能应用于建筑疏散模型

疏散模型一般指用于预测建筑内部人员安全撤离建筑所需时间的算法模拟模型，其目的是从整体上评估建筑室内空间应对应急疏散的安全性。由于建筑内部人员对建筑整体的情况了解有限，且常处于动态过程中，因此自下而上的智能体模型（agent-based modeling）是建立疏散模型的常用手段[4]。疏散模型主要分为三类：以元胞自动机（cellular automata）模型为代表、以单元空间作为智能体的网格模型[10]；以逃生人员为智能体，模拟互动、躲避等群体行为的集群智能（swarm intelligence）模型[11]；假设个体行为间除物理碰撞外关联性小，以逃生速度为核心的反馈式速度—障碍（reciprocal velocity obstacles）模型[12]。

集群智能模型由于能对个体行为、群体互动及个体—环境信息交互进行方便定义，在需要模拟逃生人群行为和状态的研究中被广泛采用。为使得模拟更趋近真实情况，Bollomo 等人[13]对抽象的模型中如何定义人和建筑的尺度进行了理论总结。Hoogendoorn 等人[14]则定义了人群如何进行动态路径选择。Li 等人[15]对灾害中的个人行为如何分类及模型应用提供了参考，并包括了扑救行为、等待救援等特殊情况。在应对环境信息上，Tan 等人[16]将可视范围作为智能体信息获取限制的一部分，并使用语义表达对建筑环境进行编程，完成了相对复杂的室内环境应急疏散原型。

1.3 建筑疏散模型评估智慧疏散标识有效性

基于以上信息，本文假设：指示方向可变的智慧疏散标识能基于对逃生人员个体的积极影响提高公共建筑整体的逃生效率，且比起指向最近的逃生出口、预测逃生路线拥堵的疏散标识更加有效；集群智能的疏散模型可以用于该效率的评估。

2 模拟实验设计

本文选取浙江大学建筑学系所在的紫金港校区月牙楼标准层作为案例研究对象，对比使用智慧疏散标识给予具体逃生方向引导与使用普通标识不给与逃生方向指导状况下，人员逃生所用时长。同时，为验证疏散策略对疏散效率的影响，智慧疏散标识的逃生方向引导也分为两类策略，一是将所有人引导向最近的安全出口，二是假设能通过楼内摄像头知晓建筑中的使用者分布情况，为避免出口拥堵更平均地分配逃生线路。本实验中采用的模型策略如下文所记。

2.1 配置智能体行为模式

在集群智能疏散模型中，智能体指逃生人员个体，即应急疏散开始时留在建筑室内空间中的所有人。每个智能体在运动时具有速度 $\vec{V}$、加速度 $\vec{a}$、坐标（x，y）三个基本属性。同时，由于月牙楼是教学楼，其大部分使用者为学生，为模拟逃生时的群体行为，每个智能体均隶属于一个逃生开始时由其附近智能体组成的智能体群，智能体群内的个体在互动时遵从三种集群智能模型常用的“社交力（social force）$\vec{a}_1$”，即为保证智能体在空间占位上不互相重叠碰撞的个体区隔（separation）$\vec{a}_2$、保证群体相互靠近不散落的向心吸引（cohesion）以及保证群体行动方向一致性的行进校准（alignment）$\vec{a}_3$。这三种力在模型中分别表现为个体间相互距离过近时触发的相互斥力、指向群体平均坐标中心位置的引力以及基于附近个体平均加速度方向产生的转向力。

此外，由于本模型主要用于检验疏散标识的有效性，考虑到标识主要基于视觉向疏散人群传达信息，但传达效率除了受制于视觉可达性，也受到个体行为模式的影响，例如处于恐慌情绪中的人可能不会注意标识信息。因此，本模型中追加设立了两种不同的智能体行为模式。根据事先调查，仅有 20%的学生了解月牙楼现存疏散标识及安全出口位置并愿意引导他人。因此本模型中，将 20%的智能体追加设置了领导者属性，即能主动获取标识信息且不受群体行为影响持续向出口移动。剩下 80%的智能体则作为追随者，会被领导者的移动方向影响，产生跟随加速度$\vec{a}_4$。因此对于跟随智能体，其加速度计算为：

$$\vec{a} = \vec{a}_1 + \vec{a}_2 + \vec{a}_3 + \vec{a}_4 \tag{1}$$

而对于领导者，则主要受路径选择分力$\vec{a}_0$影响，其加速度计算为：

$$\vec{a} = \vec{a}_0 + \vec{a}_1 \tag{2}$$

因此，在给定时间节点 t 中，每个个体的速度更新为：

$$\vec{V}_t = \vec{V}_{t-1} + \vec{a}_{t-1} \cdot \Delta t \tag{3}$$

此外，在每个智能体前进方向上，加入视野这一属性。视野中出现出口时，无论领导者还是智能体，均会向出口移动。

2.2 配置环境模型

本次模拟实验基于月牙楼标准层的消防疏散示意图，建立了基于平面图示的环境模型（图1）。环境模型中主要包含2种基本元素，即线形的墙体和点状的出口。模型同时以不同层级的房间来组织出口和墙壁。房间分为2种，即典型封闭式房间（如教室、办公室等）和非封闭式房间（如走廊等）。在各类房间中，墙体以障碍物的形式被智能体认知，即智能体过于靠近墙壁时会触发智能体的加速度以墙壁切线方向进行镜像，迫使智能体离开墙壁或沿墙壁移动。封闭房间中的出口能被智能体认知，作为智能体寻路策略的起点。而非封闭房间即走廊上设置的出口则可以对智能体产生指向性的加速度偏转，吸引智能体向出口移动。因此，月牙楼的异形走廊空间可以被抽象为一系列由非封闭房间出口串联得到的序列，使得智能体在其中按序向疏散终点移动。

此外，为了最大限度地模拟出口拥堵状况，每个出口均被设置了等待时间，即出口会主动侦测接近的人群，在单位时间内按照出口宽度只允许有限的人数通过。

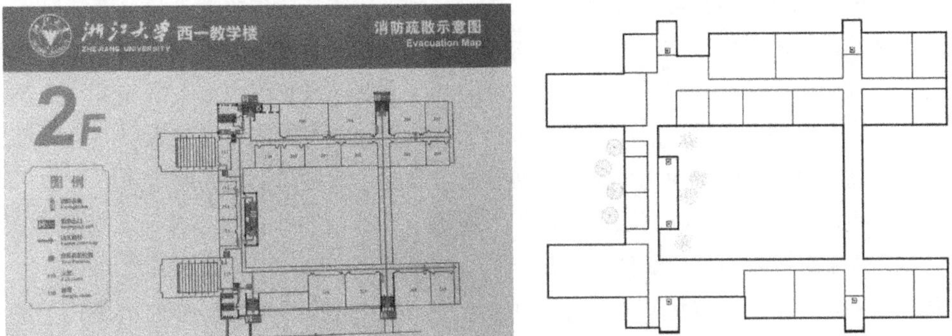

图1 月牙楼消防疏散示意图（左）及模型采用的图示（右）

图 2 环境模型中左上为封闭式房间，右下袋状走廊为非封闭式房间

2.3 智慧标识疏散管理模式建模

作为初步实验，本实验并未设计火场等灾害方位，而是假设防灾演习的紧急疏散情况。本实验假设在缺乏智慧标识的情况下，领导者智能体将根据自身对现有出口标识及出口位置的知识，向位于自己最近的出口移动，而追随者智能体将跟随移动。而在智慧标识存在的情况下，本实验假设应急疏散管理系统能根据场所内整体人员分布情况来预测人员到达出口的顺序，从而进行人群与目标出口的配对，使得后达人群能通过转向其他负荷较轻的出口来规避拥堵。这类疏散策略的实施要求智慧标识在人群经过时改变标识指示方向，影响领导者智能体的行进线路，促使领导者向预先指定的出口而非最短出口路径移动。本次实验中使用的出口拥堵预测及路线优化逻辑如图 3 所示。

在应用了优化路径分配算法后，由于人群数量和逃生出口的效率被计入分配逻辑，因此会出现部分疏散距离较长的人群没有被分配至相邻出口，而是依据其移动时间被引导到稍远一点的出口，以此规避相邻出口因先期抵达的人群产生拥堵的情况，如图 4 所示。

此外，作为对照组，本实验也验证了完全缺乏视觉标识引导情况下的集体混乱疏散状况，即取消领导者智能体，而让全部智能体以出口作为视觉线索移动向出口。

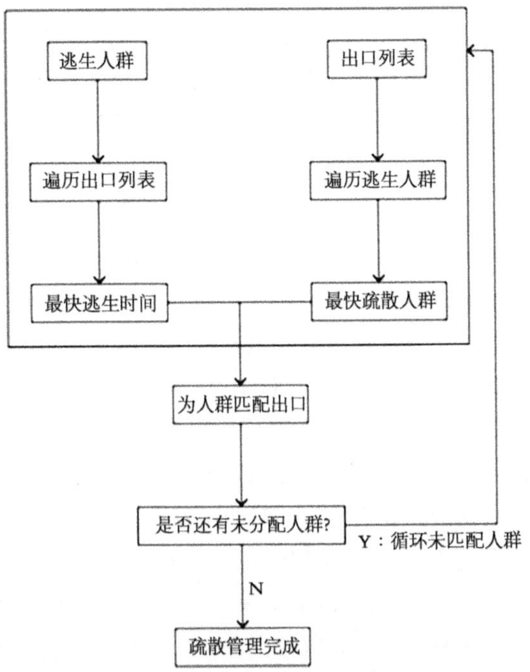

图 3　基于智慧标识根据人群分布优化应急疏散路径分配逻辑

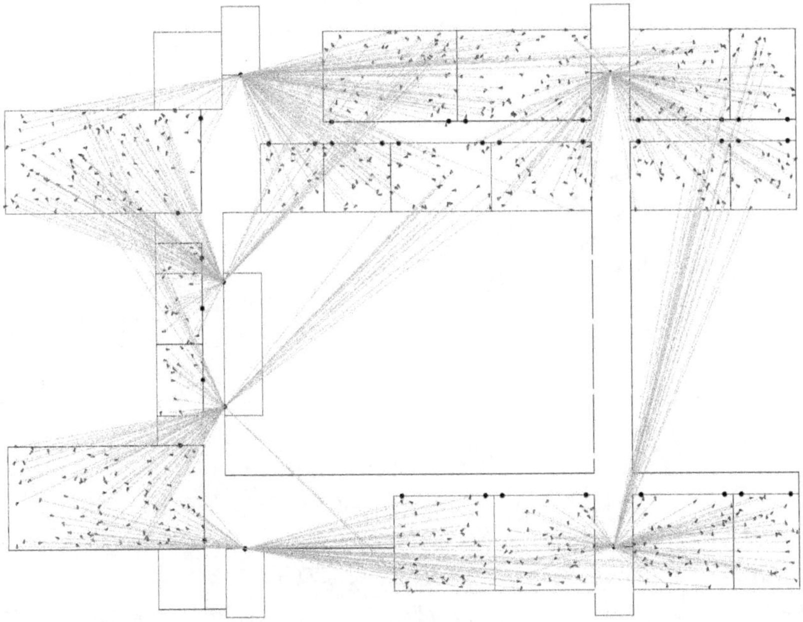

图 4　人群均匀分布下一次典型的逃生出口分配结果

考虑到月牙楼作为建筑学系教学楼的使用特殊性，即建筑学系所有学生平时均处于教学楼内，但所处教室随上课时间变化，且课后分布于各专业教室的情况，本实验设置了两种不同的人员分布初始情况，即应急疏散开始时人员平均分配，用于反映非上课时间的情况，及应急疏散开始时人员集中于一部分上课教室，用于反映上课时间的情况。

3 实验结果

为避免不同模拟条件下算法效率及智能体个数对疏散效率统计的影响，本模拟实验使用了模拟程序中每一个智能体都完成当前移动的程序循环次数作为计时基准，并对程序自带的室内余留人员总数进行实时统计，其模拟结果如下。

3.1 视觉标识体系能大幅缩减紧急疏散时间

如图 5 所示，在逃生人群均匀分布的情况下，相比于无视觉标识的混乱逃生情况，无论是基于最短路径逃生还是基于智慧标识引导的匹配路径逃生模拟情景，都能大幅缩短人员从建筑内完全撤离的应急疏散时间。其中，相比人们都涌向最短路径逃生，如果能应用智慧标识引导不同逃生人群前往最优匹配路径，建筑整体应急疏散时间在本模拟情景中可缩减约 35%。而如果无标识视觉引导，仅依靠出口视觉引导人群，则将有部分人员因月牙楼公共空间的复杂形状及疏散过程中的从众效应而一直无法找到出口，最终未能疏散。

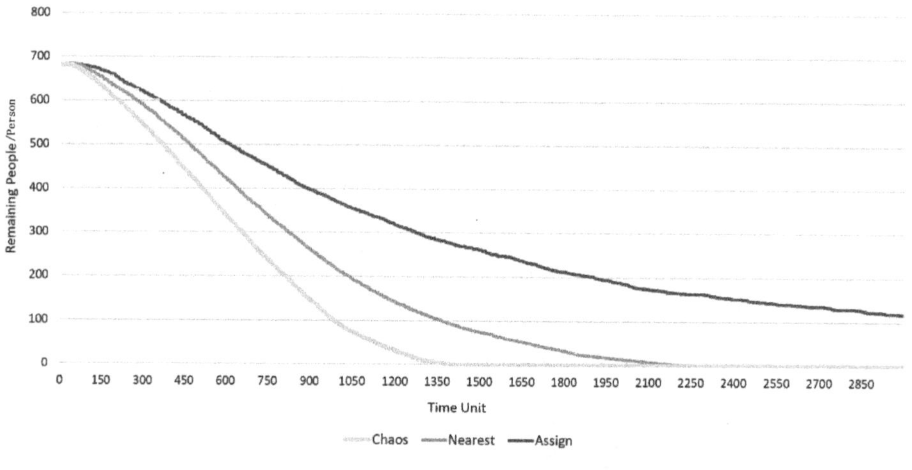

图 5 使用者均布下无视觉引导、最短路径及匹配路径策略下余留人数—时间关系

3.2 基于使用者分布匹配逃生路径能提高应急疏散效率

如图 6 所示，在逃生人群不均匀分布的情况下，最短路径策略和路径分配策略均需要更长的时间完成疏散。此时，相比最短路径疏散，根据应急疏散开始时的人群分布提前分配逃生路径，并通过智慧疏散标识进行引导，可同样将建筑整体的疏散时间压缩

近 35%。

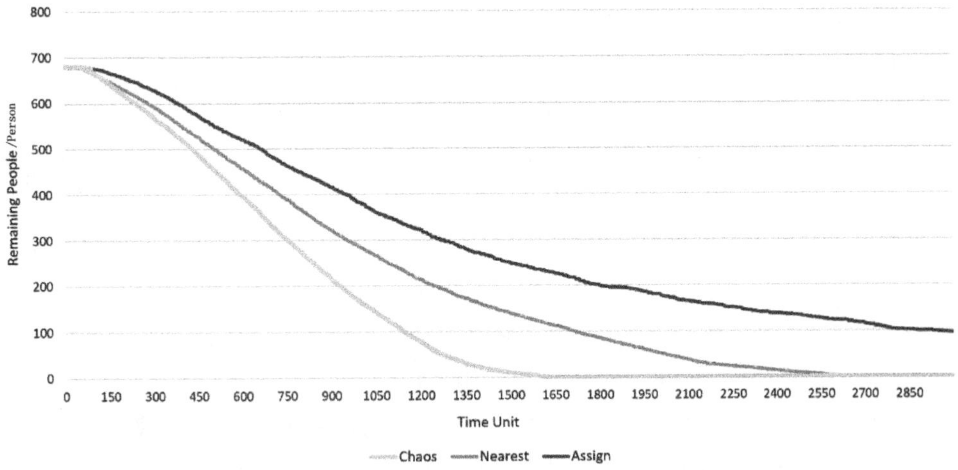

图 6 使用者非均布下无视觉引导、最短路径及匹配路径策略下余留人数—时间关系

相比使用者均布状况，使用者非均布时代表最近路口策略的残留人群曲线斜率放缓更加明显，疏散用时增加了约 20%，而路径分配策略则仅增加了 15%的疏散时间。图 7 所示的疏散过程模型截图可能解释了路径分配策略更高效的原因。依据最短路径逃生时，由于大量人群积聚于出口附近造成严重拥堵，造成大部分人群陷入等待状态，且有部分出口无人使用。因此，在最短路径场景下，逃生时间更加受制于建筑出口的疏散效率，且非均布的人群必然造成离人群聚集处近的出口附近积压大量待疏散的建筑使用者。相比而言，路径分配模型则倾向于将应急疏散开始时离最近出口距离较长的人群分配至次近或者较远的出口，以规避先期到达并在出口处形成拥堵的人群，因此显著地减轻了出口拥堵的情况，进而减少了建筑整体完成疏散的时间。

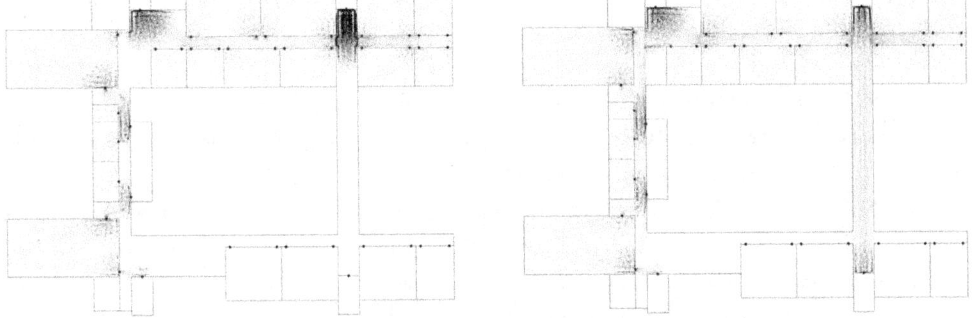

图 7 最短路径（左）与路径分配（右）情景下的人群热力图

4 总结、反思与未来工作

本文采用智能集群疏散模型，通过浙江大学紫金港校区月牙楼这一案例，对智慧应急疏散标识支持下的拥堵规避疏散模型进行了初步模拟实验，从建筑整体疏散时间上验证了智慧应急疏散标识相对传统应急疏散指示标识的有效性，在一定程度上弥补了相关研究更关注个体疏散决策支持、对建筑整体疏散效率评估不足的现状。同时，本文也侧面佐证了现存其他文献提出的基于现行建筑法规和静态标识的建筑疏散设计可能忽略了对逃生者的决策支持，从而造成疏散效率达不到设计初衷的问题。

作为基于案例的初期实验，本文仍有许多不足之处有待优化。其一是优化出口拥堵状况预测逻辑。目前的安全出口分配是以应急疏散开始时形成的人群作为匹配基础的，其假设是人群之间相对同质化；但现实世界中，人群可能包含的个体数量差异更大，因此应考虑基于出口位置预测其实际可能接收到的逃生人员个体数量，并计入优化权重。其二是对智能体主动决策能力的实时更新，如在最短路径策略中，一旦后来者发现出口严重拥堵时，可能会主动转向其他出口进行逃生，诸如此类行为模式的转变目前没有被包含在本次模拟中。第三是追加视觉信息传达的机制。本次实验依据事先调研，明确了事先了解月牙楼应急疏散标识位置并愿意帮助疏散的同学的比例，因而假设这些同学作为领导者能自始至终获取通过智慧疏散标识传达的全局信息。但与建筑学学生朝夕相处的专业教室不同，在许多公共建筑中使用者对周边环境和彼此都缺乏了解，其自组织能力也更弱，因此需要将标识视觉传达的效率考虑在内。本文研究人员希望能在未来的研究中解决这些问题，以形成更贴近真实情况的模型，提高实验结果的可信度，促进智慧防灾系统的发展和应用。

参考文献

[1] GHORPADE P S, RUDRAWAR S K. Review on evacuation systems for indoor fire situation[M]//Second international conference on computer networks and communication technologies. Cham: Springer International Publishing, 2020.

[2] HAJIBABAI L, DELAVAR M R, MALEK M R, et al. Agent-based simulation of spatial cognition and wayfinding in building fire emergency evacuation[M]//Lecture notes in geoinformation and cartography. Berlin, Heidelberg: Springer Berlin Heidelberg, 2007.

[3] LOVELACE K L, HEGARTY M, MONTELLO D R. Elements of good route directions in familiar and unfamiliar environments[M]//Cognitive and computational foundations of geographic information science. Berlin, Heidelberg: Springer Berlin Heidelberg, 1999.

[4] WAGNER N, AGRAWAL V. An agent-based simulation system for concert venue crowd evacuation modeling in the presence of a fire disaster[J]. Expert Systems With Applications, 2014, 41(6): 2807-2815.

[5] KOBES M, HELSLOOT I, DE VRIES B, et al. Way finding during fire evacuation: an analysis of unannounced fire drills in a hotel at night[J]. Building and Environment, 2010, 45(3): 537-548.

[6] LI M X, ZHU S B, WANG J H, et al. Research on fire safety evacuation in a university library in Nanjing[J].

Procedia Engineering,2018,211: 372-378.

[7] GALEA E,XIE H,LAWRENCE P.Experimental and survey studies on the effectiveness of dynamic signage systems[J].Fire Safety Science,2014,11: 1129-1143.

[8] CHU C Y.Adaptive guidance for emergency evacuation for complex building geometries[C]//International Workshop on Computing in Civil Engineering 2011.Miami,2011: 603-610.

[9] ZHAO H T,SCHWABE A,SCHLÄFLI F,et al.Fire evacuation supported by centralized and decentralized visual guidance systems[J].Safety Science,2022,145: 105451.

[10] LI Y,CHEN M Y,DOU Z,et al.A review of cellular automata models for crowd evacuation[J].Physica A: Statistical Mechanics and Its Applications,2019,526: 120752.

[11] HELBING D,MOLNÁR P.Social force model for pedestrian dynamics[J].Physical Review E,1995,51(5): 4282-4286.

[12] VAN DEN BERG J,LIN M,MANOCHA D.Reciprocal velocity obstacles for real-time multi-agent navigation [C]//2008 IEEE International Conference on Robotics and Automation.Pasadena,2008: 1928-1935.

[13] BELLOMO N,PICCOLI B,TOSIN A.Modeling crowd dynamics from a complex system viewpoint[J]. Mathematical Models and Methods in Applied Sciences,2012,22(supp02): 1230004.

[14] HOOGENDOORN S P,BOVY P H L.Pedestrian route-choice and activity scheduling theory and models[J]. Transportation Research Part B: Methodological,2004,38(2): 169-190.

[15] Behaviour based motion simulation for fire evacuation procedures[C]//Proceedings of the Theory and Practice of Computer Graphics 2004.Birmingham,UK,2004: 112-118.

[16] TAN L,HU M,LIN H.Agent-based simulation of building evacuation: combining human behavior with predictable spatial accessibility in a fire emergency[J].Information Sciences,2015,295: 53-66.

图片来源

图 1~7:作者自绘.

基于 G1 法的特殊教育学校运维质量评估体系构建研究

徐明月[1]

（1. 东南大学建筑学院，江苏省南京市 210096，1165160501@qq.com）

摘要

评估特殊教育学校运行和维护能力对于实现特殊学校学生的优质教育非常重要。依据相关文献，结合专家的建议，建立了特殊教育学校运维质量的评估指标体系，采用 G1 法、非线性权重法进行评估，并建立了综合评估模型。最后，通过评估指标体系赋权的结果，分析了各个因素对运维质量的影响，并就如何改进特殊教育学校运维质量提出了一些建议。

关键词：特殊教育学校；G1 法；运维质量；质量评价；指标体系

Keywords：Special education schools；G1 method；Operation quality；Quality evaluation；Index system

引言

随着政府和社会各界对特殊教育工作的日益重视，特殊教育学校的运维质量正成为社会关注的焦点。《“十四五”特殊教育发展提升行动计划》在 2021 年 12 月 31 日发布，将进一步提高特殊教育质量，基本建立特殊教育质量评价制度，加快健全各地特殊教育体系，促进特殊教育高质量发展[1]。目前，我国基本采取“普校随班就读为主、特殊教育学校为辅、送教上门为次”的安置模式[2]（图 1）。除随班就读外，特殊教育学校容纳了大多数学龄特殊儿童。因此建立有针对性的特殊教育学校运维质量评价制度，强化特殊教育学校管理运维质量评价是对政府各类法规政策的正确贯彻，更是特殊教育健康发展的重要手段，其关乎促进学生身心健康发展、满足家长教育期望和实现社会教育公正的需求，推动社会教育公平。

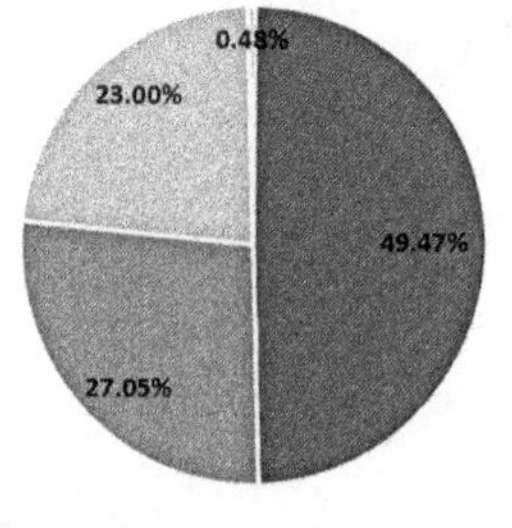

图 1 我国特殊教育安置模式

目前，中国的特殊教育学校运维质量评估体系主要面临着评估对象单一、评估项目覆盖范围狭窄、评估指标体系运作效能不高的问题，亟须提升评价指标的科学性和评估方式的灵活性，注重评价内容和主体的多元性[3]。国内有关特殊教育学校质量评估的内容主要集中于高等教育和义务教育，本文研究特殊教育学校运维质量的评估，完善特殊教育运维质量评估体系，推进特殊教育学校高质量发展。

1 建立评估指标体系

1.1 指标体系的研究现状

表 1 总结了现有文献中有关殊教育质量学校评估体系的指标标准。表 1 显示，以往用于评估特殊教育学校质量的考核指标主要聚焦于学生发展方面，课程教育质量与教师队伍水平也是重要的两个评价指标。目前，研究人员在对基于指标的学校质量评价体系的研究中所确定的各种标准大多是一级指标和二级指标，涉及三级指标的深入研究较少，可操作性低；同时，由于评估整个学校运维质量的复杂性，目前评价指标体系并不能覆盖特殊教育学校全面性的综合评价；最后，目前的科学研究主要使用定性研究，定量研究分析或和定量相结合的研究较少[5]。

表 1 特殊教育学校质量评估体系的指标标准

研究者	特殊教育学校质量评估标准
萧胜南	注重于社会需求和个人发展问题需求[4]
董艳艳	办学条件、学生需求与发展、教育教学、满意度、灵活指标[5]
颜廷睿	支持与资源、管理与领导、文化与环境、教与学、学生表现[6]
曹婕滢	办学资源、课程资源、师资队伍、医疗康复、社会适应、荣誉表现[7]
台湾“教育部门”	行政组织、鉴定与安置、课程教学、特殊教育资源、支援与转衔、经费编列与运用[8]
张婷	背景——学生、学校、社会特征；输入——师资队伍、学校环境、经费保障、政策支持；过程——教学计划、教学实施、教学管理；结果——学生、教师、学校发展[9]
美国新泽西州	领导层、学校氛围、日常安排与参与、课程、教学与评估、项目计划与发展、项目实施与评估、个别化学生支持、家校关系、合作性计划与教学、专业发展、最佳教学实践方式的改进计划[10]
刘岚	办学条件、学校管理、教师队伍、教育教学[11]

1.2 制定评估指标体系

建立一套科学、行之有效的评估指标，是评估特殊教育学校管理、运行、维护质量的关键。本文基于文献资料分析法，审查确定了基于知识、时间、逻辑三个层面的评估指标（图 2），并通过与特殊教育领域的专家协商和修改，建立一套评估特殊教育学校运维质量的指标体系。指标包括一级指标 4 项、二级指标 11 项、三级指标 38 项。根据指标体系，设置一定的研究问题，得到评估对象在各个指标的观察结果。

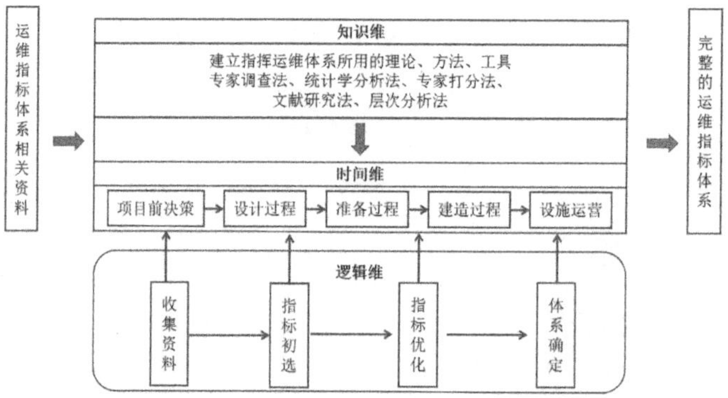

图 2 特殊教育学校智慧运维评估体系构建模式图

2 确定评估指标权重

以往的研究成果中，更多的学者运用了文献研究法和统计学分析法等定性研究方式，如曹婕滢[7]利用层次分析法（AHP），构建了一套特校教育质量评估框架。但由于AHP法存在主观成分大、难度大等问题，出于对一致性要求的考虑，本文选择使用G1法对我国特殊教育学校运维质量评估指标体系进行权重赋值[12]。

2.1 群组 G1 法原理

群组序列关系分析（G1法）是基于AHP方法由东北大学郭亚军教授提出的一种主观赋权法，其主要步骤是：由两位以上专家根据特定的目标，对指标进行排序、权重分配；其次，汇总专家的相同或不同意见；通过对数据的分析和计算，得出赋权的结果[13]。其主要特征是：保证顺序；不需要建立判断矩阵，不需要进行一致性检测；与AHP法相比其对个别专家的依赖程度更小，其结果更直观、更易应用[12]。

2.2 群组 G1 法步骤

（1）确定各级指标的重要性排序

将指标集记为 $U=\{u_1, u_2, \cdots, u_n\}$（$n$ 表示本级指标数量），专家首先确定 U 中最重要的因素，记为 u'_1；从剩余指标中继续筛选出最重要的因素，记为 u'_2；重复这一过程标的重要性排序，记为 $U'=\{u'_1, u'_2, \cdots, u'_n\}$。

（2）确定各级指标的相对重要程度

专家根据表2的标准判断 U' 中相邻指标的重要程度。其中，r_k 是 u'_{k-1} 与 u'_k 的重要性之比，即：

$$r_k=\frac{\omega_{k-1}}{\omega_k},\ k=2, 3, \cdots, n \tag{1}$$

式中，ω_{k-1}，ω_k 分别表示因素 u'_{k-1} 与 u'_k 的权重（表2）。

表 2 G1 法 r_k 赋值参考表

数值	含义
1.0	表示 u'_{k-1} 与 u'_k 同等重要
1.2	表示 u'_{k-1} 比 u'_k 稍微重要
1.4	表示 u'_{k-1} 比 u'_k 明显重要
1.6	表示 u'_{k-1} 比 u'_k 强烈重要
1.8	表示 u'_{k-1} 比 u'_k 极端重要
1.1，1.3，1.5，1.7	上述两个相邻的赋值的中间值

（3）确定各级指标的权重值

各级指标的权重计算。专家给出所有的 r_k 值，计算第 n 个因素的权重值：

$$\omega_n = (1 + \sum_{k=2}^{n} \prod_{i=k}^{n} r_i)^{-1} \quad (k = 2, 3, \cdots, n) \tag{2}$$

其他因素的权重计算：

$$\omega_{k-1} = r_k \omega_k (k = 2, 3, \cdots, n) \tag{3}$$

（4）各层致因综合权重计算

根据致因层次权重向量 $\boldsymbol{W}_a$ 和各层致因权重向量 $\boldsymbol{W}_b$ 计算综合权重：

$$\boldsymbol{W}' = \boldsymbol{W}_a \times \boldsymbol{W}_b \tag{4}$$

式中，$\boldsymbol{W}_a = [\omega_{A1}, \omega_{A2}, \omega_{A3}, \omega_{A4}]$，$\boldsymbol{W}_b = [\omega_{B1}, \omega_{B2}, \cdots, \omega_{B11}]$；$\boldsymbol{W}'$ 表示综合权重向量，$\boldsymbol{W}' = [\omega'_{B1}, \omega'_{B2}, \cdots, \omega'_{B11}]$。

表 3 特殊教育学校运维质量评价二级指标综合权重

层次	A1	A2	A3	A4	综合权重
	0.221 4	0.206 2	0.297 8	0.274 6	
B1	0.297 1	0	0	0	0.065 8
B2	0.327 5	0	0	0	0.072 5
B3	0.375 4	0	0	0	0.083 1
B4	0	0.625 3	0	0	0.129 0
B5	0	0.374 7	0	0	0.077 3
B6	0	0	0.200 1	0	0.059 6
B7	0	0	0.431 6	0	0.128 5
B8	0	0	0.368 3	0	0.109 7
B9	0	0	0	0.350 7	0.096 3
B10	0	0	0	0.365 4	0.100 3
B11	0	0	0	0.283 9	0.077 9

2.3 指标体系权重的确定

基于G1法的基本思路与步骤，邀请在江苏省残联与NG特殊教育学校中四位长期从事特殊教育工作的专家，做出评估指标的次序关系判定与重要性赋值。根据四位专家提供的次序进行数据分析，形成了表3～5所示的特殊教育学校运维质量评估体系中各项指标的权重系数和综合权重。

表4 特殊教育学校运维质量评价三级指标综合权重

层次	B1	B2	B3	B4	B5	B6	B7	B8	B9	B10	B11	综合权重
	0.065 8	0.072 5	0.083 1	0.129 0	0.077 3	0.059 6	0.128 5	0.109 7	0.096 3	0.100 3	0.077 9	
C1	0.283 3	0	0	0	0	0	0	0	0	0	0	0.018 6
C2	0.428 8	0	0	0	0	0	0	0	0	0	0	0.028 2
C3	0.287 9	0	0	0	0	0	0	0	0	0	0	0.018 9
C4	0	0.113 0	0	0	0	0	0	0	0	0	0	0.008 2
C5	0	0.071 4	0	0	0	0	0	0	0	0	0	0.005 2
C6	0	0.192 5	0	0	0	0	0	0	0	0	0	0.014 0
C7	0	0.114 6	0	0	0	0	0	0	0	0	0	0.008 3
C8	0	0.237 4	0	0	0	0	0	0	0	0	0	0.017 2
C9	0	0.271 1	0	0	0	0	0	0	0	0	0	0.019 7
C10	0	0	0.306 5	0	0	0	0	0	0	0	0	0.025 5
C11	0	0	0.368 6	0	0	0	0	0	0	0	0	0.030 6
C12	0	0	0.324 9	0	0	0	0	0	0	0	0	0.027 0
C13	0	0	0	0.307 8	0	0	0	0	0	0	0	0.039 7
C14	0	0	0	0.160 6	0	0	0	0	0	0	0	0.020 7
C15	0	0	0	0.305 0	0	0	0	0	0	0	0	0.039 3
C16	0	0	0	0.226 6	0	0	0	0	0	0	0	0.029 2
C17	0	0	0	0	0.294 3	0	0	0	0	0	0	0.022 7
C18	0	0	0	0	0.313 4	0	0	0	0	0	0	0.024 2
C19	0	0	0	0	0.392 4	0	0	0	0	0	0	0.030 3
C20	0	0	0	0	0	0.247 7	0	0	0	0	0	0.014 8
C21	0	0	0	0	0	0.270 0	0	0	0	0	0	0.016 1
C22	0	0	0	0	0	0.482 3	0	0	0	0	0	0.028 7
C23	0	0	0	0	0	0	0.207 5	0	0	0	0	0.026 7

（续表）

层次	B1	B2	B3	B4	B5	B6	B7	B8	B9	B10	B11	综合权重
	0.065 8	0.072 5	0.083 1	0.129 0	0.077 3	0.059 6	0.128 5	0.109 7	0.096 3	0.100 3	0.077 9	
C24	0	0	0	0	0	0	0.492 8	0	0	0	0	0.063 3
C25	0	0	0	0	0	0	0.299 7	0	0	0	0	0.038 5
C26	0	0	0	0	0	0	0	0.376 8	0	0	0	0.041 3
C27	0	0	0	0	0	0	0	0.246 7	0	0	0	0.027 1
C28	0	0	0	0	0	0	0	0.376 5	0	0	0	0.041 3
C29	0	0	0	0	0	0	0	0	0.259 9	0	0	0.025 0
C30	0	0	0	0	0	0	0	0	0.142 0	0	0	0.013 7
C31	0	0	0	0	0	0	0	0	0.356 0	0	0	0.034 3
C32	0	0	0	0	0	0	0	0	0.242 1	0	0	0.023 3
C33	0	0	0	0	0	0	0	0	0	0.364 4	0	0.036 6
C34	0	0	0	0	0	0	0	0	0	0.383 2	0	0.038 4
C35	0	0	0	0	0	0	0	0	0	0.252 4	0	0.025 3
C36	0	0	0	0	0	0	0	0	0	0	0.410 0	0.032 0
C37	0	0	0	0	0	0	0	0	0	0	0.316 3	0.024 6
C38	0	0	0	0	0	0	0	0	0	0	0.273 7	0.021 3

表 5 特殊教育学校运维质量评价指标权重与综合权重

一级指标	一级权重	二级指标	二级权重	三级指标	三级权重	综合权重
办学条件 A1	0.221 4	设施规模 B1	0.297 1	建设投入 C1	0.283 3	0.018 6
				设施配建 C2	0.428 8	0.028 2
				校园用地 C3	0.287 9	0.018 9
		设施质量 B2	0.327 5	设施可达性 C4	0.113 0	0.008 2
				设施集中度 C5	0.071 4	0.005 2
				功能完整度 C6	0.192 5	0.014 0
				建筑环境品质 C7	0.114 6	0.008 3
				建筑安全及维修 C8	0.237 4	0.017 2
				无障碍建设 C9	0.271 1	0.019 7
		仪器设备 B3	0.375 4	教学设备 C10	0.306 5	0.025 5
				医疗康复设备 C11	0.368 6	0.030 6
				设备应用培训 C12	0.324 9	0.027 0

（续表）

一级指标	一级权重	二级指标	二级权重	三级指标	三级权重	综合权重
学校管理 A2	0.206 2	内部管理 B4	0.625 3	方针法规与管理办法 C13	0.307 8	0.039 7
				学校特色 C14	0.160 6	0.020 7
				安全管理 C15	0.305 0	0.039 3
				卫生后勤工作 C16	0.226 6	0.029 2
		外部管理 B5	0.374 7	校企合作 C17	0.294 3	0.022 7
				信访和信息宣传 C18	0.313 4	0.024 2
				社会评价 C19	0.392 4	0.030 3
教师队伍 A3	0.297 8	配备分布 B6	0.200 1	年龄 C20	0.247 7	0.014 8
				学科 C21	0.270 0	0.016 1
				专业技术 C22	0.482 3	0.028 7
		教师质量 B7	0.431 6	学历背景 C23	0.207 5	0.026 7
				从业人员素质 C24	0.492 8	0.063 3
				医疗康复教师补充 C25	0.299 7	0.038 5
		教师培养 B8	0.368 3	培训课程 C26	0.376 8	0.041 3
				交流学习 C27	0.246 7	0.027 1
				教学研究与实践 C28	0.376 5	0.041 3
教育教学 A4	0.274 6	教学质量 B9	0.350 7	课程设置 C29	0.259 9	0.025 0
				教学改革 C30	0.142 0	0.013 7
				学生发展 C31	0.356 0	0.034 3
				教师发展 C32	0.242 1	0.023 3
		送教服务 B10	0.365 4	个别化教育计划 C33	0.364 4	0.036 6
				家校结合 C34	0.383 2	0.038 4
				医教结合 C35	0.252 4	0.025 3
		全纳教育 B11	0.283 9	资源教师 C36	0.410 0	0.032 0
				资源教室 C37	0.316 3	0.024 6
				教育诊断评估 C38	0.273 7	0.021 3

2.4 建立评价模型

在确定了特殊教育学校运维质量的指标后，需要构建一种评估模式，利用以上38项评估指标与实际调研数据相结合的权值，得出评估目标质量的方法。学者们在进行综合评估时，往往采用线性与非线性加权的权重综合方法，其差异在于评估指标间是否相互影响[12]。本文评估体系的各项指标之间具有很强的关联度，因此建议采用非线性权重方法评估客体。其基本模型公式为：

$$y = \prod_{i=1}^{m} x_i^{\omega_i} \tag{5}$$

式中，y 为特殊教育学校的运维质量评估结果，ω_i 是指标权重系数，x_i 是构建问卷得到的 38 个评估指标的观测值。各院校可利用该模型来评估运营和管理的质量，并确定和纠正自身发展中的不足。

3　特殊教育学校运维质量的提升策略

评价指标的权重直接反映了指标的重要性。通过对 G1 法的应用，得到了特殊教育学校运维质量评估指标权重。结果表明，在一级评估指标中教师队伍因素对特殊教育学校运维质量的影响最强，教育教学、办学条件、学校管理的影响作用依次降低。

3.1　加强特殊教育师资队伍建设

尽管目前我国专职教师数量持续增加，2021 年达到 6.94 万人，同比增加 0.32 万人，增幅为 4.83%（图 3）。但我国特殊教育行业仍面临着师资短缺的问题，从整体看，特殊教育在校师生比从 2017 年的 9.68%下降到 2021 年的 7.55%（图 4）。这表明一位专职教师要承担的学生数量有所增长。按区域划分，11 个省市的在校师生比超过了 1∶20，这与 1 个专业老师承担 3 个学生的理想比率有很大的差异[14]。

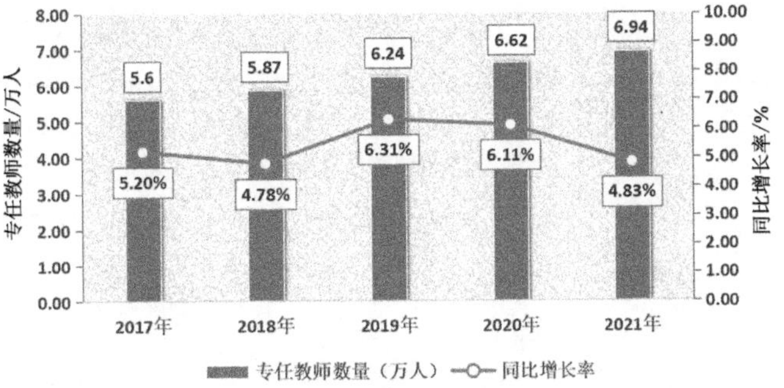

图 3　我国特殊教育学校专任教师数量情况

图 4　我国特殊教育在校师生比情况

特殊教育学校的高质量发展需求对教师队伍提出了新要求，今后的发展方向应该是综合特殊教育的专业知识，通过区域联合、普特跨校、特教专项教研等方式搭建教师沟通平台。同时，要加强特殊教育国际化，积极借鉴国外先进的教学思想和技术，以促进特殊教育国际化的发展。

3.2 多部门协调联动强化融合教育教学

中国特殊教育的发展大致可以分为4个时期：萌芽期、形成期、发展期、成熟期(2014至今)[15]（图5），"无障碍生态"和"全纳"特殊教育体系的构建是当前的重点。特殊教育学校在全纳教育的背景下积极开展教育实践，并向一体化发展；然而，仅依靠教育部门来推动全纳教育显然是不够的，地方残联、卫生部门、企业和其他有关部门应提供资源保障和支持，将普教和特教、职教和特教、医疗康复和特教、信息技术教育和特教资源整合起来，实现特殊教育学校运维体系高质量发展（图6）。

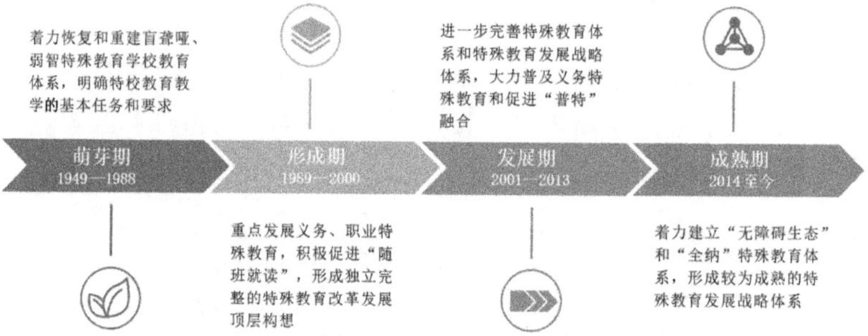

图5 我国特殊教育发展阶段

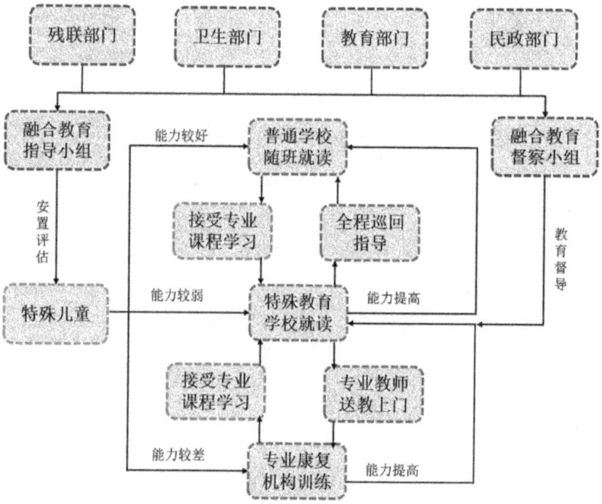

图6 融合教育教学资源整合

3.3 改善特殊教育办学条件

促进特殊教育学校教育资源配置和校园建设工作，在特殊教育学校建设规范制定过程中，应适应特需学生的障碍特点和环境要求，进一步完善校园无障碍设施建设配套标准，为学生在校学习生活提供无障碍支持服务。为针对性地提出和解决与学校环境有关的问题，有必要制定一个整体的干预流程，以合理维护特殊教育学校的建设运作[16]（图 7）。还有必要确保组织关于使用医疗康复辅助器具和设备的技术培训，特别是关于运动康复和言语康复等设备的培训，促进康教结合、医教结合发展[11]。

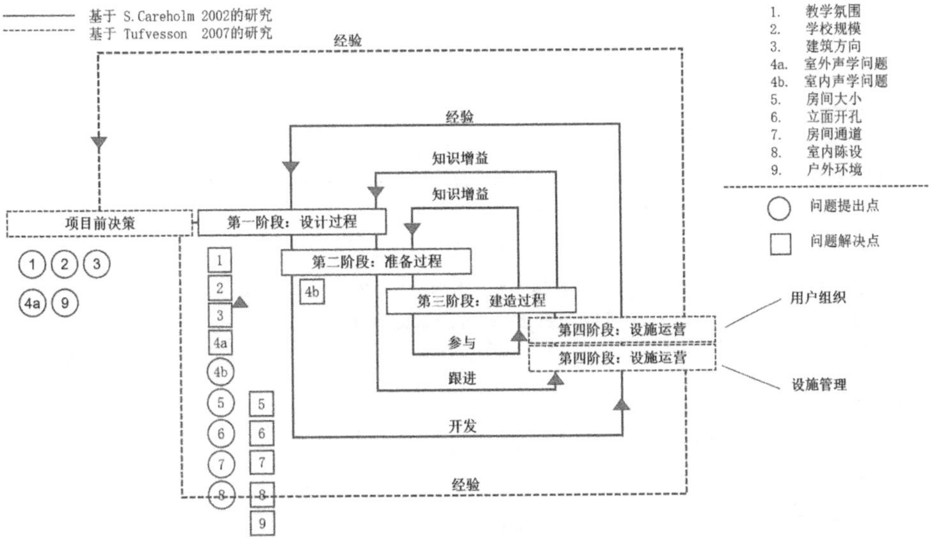

图 7 智慧运维流程中建筑环境问题的提出与解决

结语

通过文献调研和专家咨询，初步构建了 4 个一级指标、11 个二级指标、38 个三级指标的特殊教育学校运维质量评估指标体系。运用 G1 专家打分法进行问卷调查，确定了各个指标的重要性和综合权重。本文为特殊教育学校运维管理提供了一种新的评估模式，可以为特校运维管理的质量提供参考。

在此基础上，本文只从一个全新的视角来探讨特殊教育学校运维质量的评估体系，因涉及的问题较多，评估指标还有待进一步完善，权重的确定也有待进一步的探讨。

参考文献

[1] 中华人民共和国教育部."十四五"特殊教育发展提升行动计划[Z].2021-12-31.
[2] 赵斌，凡桂芹，雷艳霞，等.新中国成立以来民族地区特殊教育发展回顾与展望[J].现代特殊教育，2020(19)：10-14.

[3] 李俊杰.特殊教育学校办学质量督导评估指标体系研究[J].学周刊,2019(10):164.
[4] 萧胜南.区域特殊教育质量评价体系的构建与思考[J].现代特殊教育,2015(9):20-22.
[5] 董艳艳.特殊教育学校办学质量评估指标体系研究:以聋校为例[D].济南:山东师范大学,2016.
[6] 颜廷睿,关文军,邓猛.融合教育质量评估的理论探讨与框架建构[J].中国特殊教育,2016(9):3-9.
[7] 曹婕滢.我国特殊教育学校教育质量评价体系研究[D].南京:南京财经大学,2017.
[8] 陈全银,汤滟秋,肖乐.台湾地区特殊教育学校办学质量的评估及其启示[J].现代特殊教育,2019(1):76-80.
[9] 张婷,陈琴霞,杨柳.基于"CIPP 模式"的融合教育质量评估研究[J].现代特殊教育,2018(12):36-40.
[10] 陈慧星,邓猛.教育现代化背景下融合教育质量评估框架与发展策略[J].绥化学院学报,2021,41(1):18-24.
[11] 刘岚.天津市特殊教育学校现代化办学指标体系的研究报告[J].现代特殊教育,2014(S1):11-13.
[12] 吕金梅,高圣涛.学生发展导向的高校创新创业教育质量评价研究:基于群组 G1 法[J].安徽理工大学学报(社会科学版),2018,20(4):85-89.
[13] 王学军,郭亚军.基于 G1 法的判断矩阵的一致性分析[J].中国管理科学,2006,14(3):65-70.
[14] 中华人民共和国国家统计局.中国统计年鉴 2011[M].北京:中国统计出版社,2011.
[15] 李尚卫.我国特殊教育发展战略的回顾与展望[J].井冈山大学学报(社会科学版),2020,41(5):49-60.
[16] TUFVESSON C, TUFVESSON J. The building process as a tool towards an all-inclusive school: a Swedish example focusing on children with defined concentration difficulties such as ADHD, autism and Down's syndrome[J]. Journal of Housing and the Built Environment, 2009, 24(1): 47-66.

图表来源

图 1、图 3~4:依据参考文献[14]数据自绘.

图 2、图 6:作者自绘.

图 5:依据参考文献[15]数据自绘.

图 7:依据参考文献[16]绘制.

表 1~5:作者自绘.

综合交通枢纽换乘中心设计的 Legion 仿真模拟研究

——西安火车站改扩建工程的启示

李 冰[1*] 张 宁[1]

(1. 中国建筑西北设计研究院有限公司，陕西省西安市 710018，122737276@qq.com)

摘要

针对大型综合交通枢纽的换乘人员密集、换乘客流交叉、换乘距离过长及换乘时间过长等问题，在西安火车站改扩建地下综合交通枢纽换乘中心方案设计中，应用 Legion 软件，在客流量相同情况下，对单厅式、平面多厅式和立体多厅式等布局模式进行模拟，对比分析其最大密度和换乘时间。结果表明优先分流客流规模大的流线，可有效减少流线交叉，流线交叉时的换乘效率与客流规模有关，而换乘效率最高的布局模式为立体多厅式。在此基础上，提出了“立体分流、垂直分层、平面分厅”等布局设计要点，实现缩短换乘时间、人行车流分离、公共交通优先等设计目标。

关键词：Legion 仿真；综合交通枢纽；换乘中心；立体多厅式；西安站改扩建

Keywords: Legion simulation; Comprehensive transportation hub; Transfer center; Three dimensional multi hall type; Reconstruction and expansion of Xi'an railway station

引言

换乘中心是解决综合交通枢纽的换乘问题而产生的建筑空间，由于其整合了大巴、私家车、出租车、轨道交通等多种交通方式，因此可以在一定范围的建筑空间内实现乘客的高效换乘行为[1]。

传统及现状的建筑方案设计多以设计师的理念和经验为主导，依据相关规范、标准或图集进行功能分区、流线组织和空间组合，基本不进行量化分析。对于人流量大、流线复杂的综合客运交通枢纽，有可能导致换乘空间不足、换乘客流交叉、换乘距离过长及换乘时间过长等问题，这就需要采用更为科学的预测及量化设计方法。近年来，铁路枢纽的换乘空间从“站台换乘”和“广场换乘”模式，发展到“换乘大厅”和“换乘中心”模式，以“集约利用空间”“公交优先”“零距离换乘”为理念，有效地提高了换乘效率和换乘舒适性，达到立体化的流线组织。

1 仿真模拟方法及适用性解析

1.1 行人仿真软件及流程

运动仿真是模拟行人在室内或室外如何从起点运动到终点的过程，目前应用较为成熟的有 Legion、AnyLogic、Steps 等模拟软件。Legion 软件是被认为最有效的行人仿真与分析工具，广泛用于铁路、地铁车站、场馆、机场、重大活动等人流聚集区域的步行人流模拟[2]。Legion 软件主要包括 Model Builder 及 Simulator 两部分，仿真分析时将车站的方案图导入 Model Builder，设置站内各设施、设备的参数，输入客流数据，建立仿真模型；再使用 Simulator 对模型进行数据模拟，通过输出不同的图形、图表体现仿真结果[3]。大型综合交通枢纽的换成空间，流线复杂，人员密集，因此运用仿真模拟技术对大型综合交通枢纽进行行人模拟分析，可以在设计方案的初期有效地预判设计中存在的问题。在方案过程中，通过模拟对比找出最优方案，属于辅助设计，可在后期的建筑施工中有效地节约成本。

1.2 西安火车站交通特征及发展需求

（1）项目概况

西安火车站目前年客运量达到 2 680 万人次，改扩建工程形成集城际铁路（含部分高速铁路）客运、普速铁路客运、城市轨道交通、中长途公路客运、城市公交、出租汽车、社会车辆于一体的大型综合交通枢纽中心（图 1）。改扩建后车站规模扩大为 9 台 18 线，站房最高聚集人数为 12 000 人，成为拥有南北双广场、双站房、多通道的大型综合交通枢纽，同时实现与地铁无缝接驳换乘。

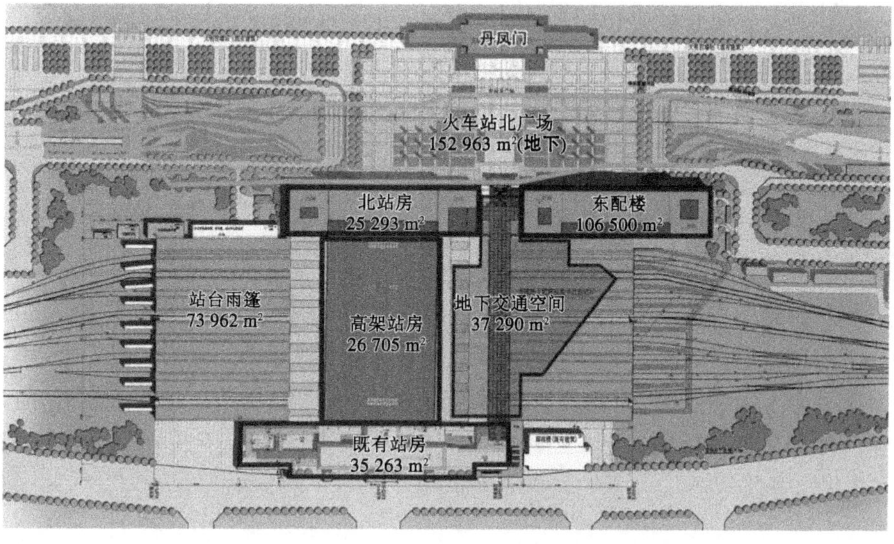

图 1 西安站地下交通枢纽位置图

（2）交通需求分析

根据《西安站枢纽改扩建可行性研究报告》，远期 2035 年旅客年发送量为 4 520 万人，最高聚集人数为 12 000 人，高峰小时旅客发送量约 9 780 人。旅客出行方式将以地铁、公交、出租为主，三者总和将占到总出行的 80%以上（表 1）。由于远期地铁集散能力的提高，公交和出租车场的规模需求将小于中期，因此，模拟分析以中期规模控制各类设施规模。

表 1 西安近期与远期客流量构成表

项别	年旅客发送量/万人		日旅客发送量/人		高峰小时旅客发送量/人	
	近期	远期	近期	远期	近期	远期
地铁	1 140	1 270	38 270	42 370	5 360	5 720
城际中转客流	280	310	9 330	10 340	560	690
公交	420	470	14 000	15 500	830	1 030
长途汽车	199	220	6 530	7 240	390	480
出租车	360	400	12 130	13 430	720	890
单位及私家车	340	370	11 200	12 400	670	830
步行及其他	60	60	1 870	2 060	110	140
合计	2 800	3 100	93 330	103 340	8 640	9 780

1.3 研究对象参数确定

在对行人进行仿真模拟时，需要对模型参数和行人参数进行标定。模型参数的确定可分为空间参数和设施参数两部分。其中空间参数是对建筑模拟范围内的墙、柱和障碍物等阻碍行人通过的边界进行设置。设施参数是指楼梯、扶梯、验票闸机等对行人运动产生影响的交通设施参数。自动扶梯段固定运行的速度为 0. 53 m/s，行人上楼梯的速度为0. 8 m/s，闸机每次只允许一人通行，通行时间为 2 s。行人参数分为行人特性参数和行人数量参数两部分，行人特性参数根据相关文献的研究统计，行人半径设定为 0. 45 m，行走速度为 0. 9 m/s，携带大型行李的行人占 44%。行人数量参数根据《西安站枢纽改扩建可行性研究报告》中高峰小时旅客发送量及乘坐不同交通设施的比例来确定。

2 换乘中心多种布局模拟优化

西安站改扩建综合交通枢纽采用“零换乘”原则，设计国铁和地铁快速进站厅，将乘坐公交车、出租车、网约车等其他旅客分流到北广场地下交通枢纽（图 2~3）。因人流量大且流线复杂，换乘中心的设计尤为重要，在设计过程中，分别设计了单厅式、平面多厅式、立体多厅式等多种换乘中心，并且使用 Legion 仿真软件进行模拟，选出最优方案。在模型搭建过程中，首先需要梳理初步方案 CAD 图，对进出站出入口进行编号，确定实体类型，设置数据配置文件，将完成 OD 矩阵导入 Moder Builder 中，对上下行楼梯、售票机、闸机、安检设施、各路线以及各方向行人产生和消失的模块进行设置，最后使用 Simulator 进行仿真模拟，输出仿真结果，并分析仿真结果（图 4）。通过 Simulator 中输出的图表，统计旅客换乘各种交通设施的平均换乘时间。选择公交车站、出租车上客区、网约车上客区、快速进站厅入口等典型场所，进行人流密度分析，得出最大密度图，密度越高，颜色越偏红，说明越拥挤，密度低则越偏蓝色。

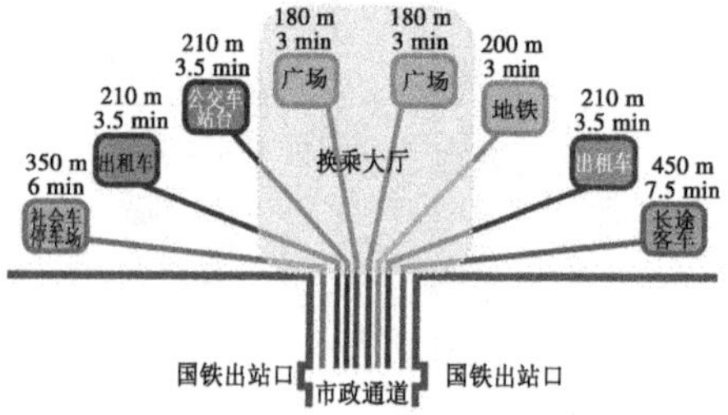

图 2　出站换乘布局图

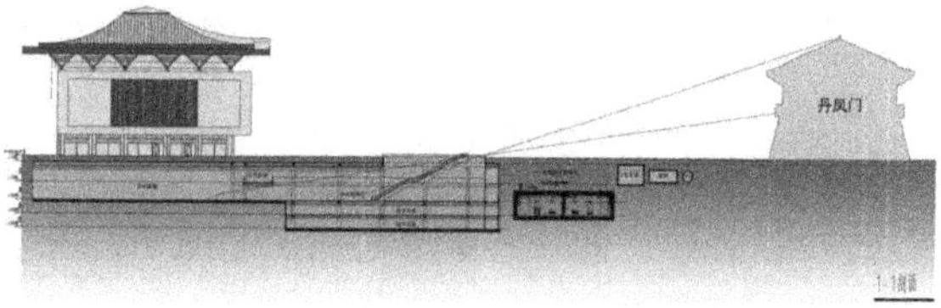

图 3　换乘中心剖面图

2.1　行人仿真软件及流程

单厅式是各种交通方式的换乘站台围绕单一换乘厅布置，换乘序列较为简单（图 5）。通过最大密度图可见，单厅式的布局在换乘中心入口处、公交车换乘处和地铁换乘处多处形成拥堵（图 6）。主要原因是单厅式的布局没有明确的路径，选择不同换乘工具的铁路出站旅客需要在换乘大厅入口的信息指示处确定所乘坐换乘工具的位置，客流容易形成路径交叉。且因为不同的换乘站台没有明确的分隔，旅客易选择最短路径到达自己所需去往的换乘站台，此时则更容易出现流线交叉，换乘出租车的乘客会穿越公交车站台，形成拥堵，加大客流交叉频率。

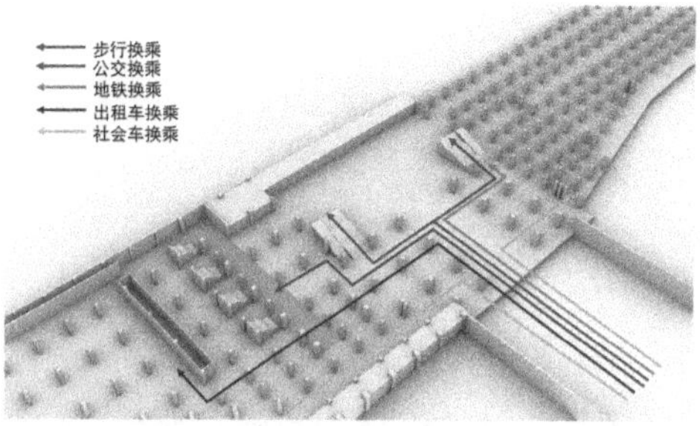

图 5　单厅式流线示意图

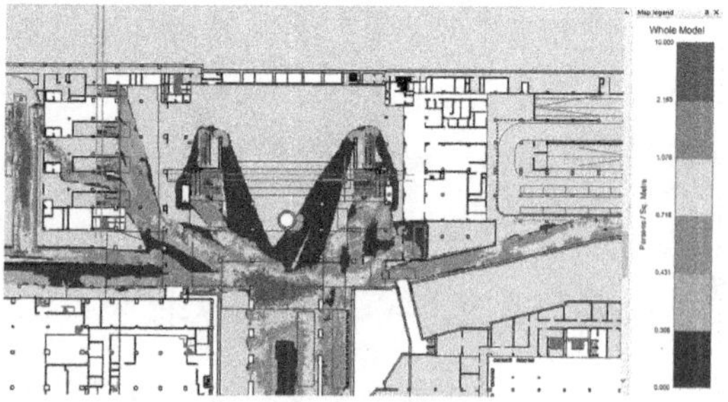

图 6　单厅式最大密度图

2.2　平面多厅式模型

平面多厅式是在同一平面内设置多个换乘厅，换乘站台围绕不同的换乘厅布置（图 7）。由最大密度图可见，市政通道末端与换乘大厅衔接处及公交指示信息观察区域形成拥堵（图 8）。主要原因是公交车站采用双厅式布局，换乘公交车的旅客由地下二

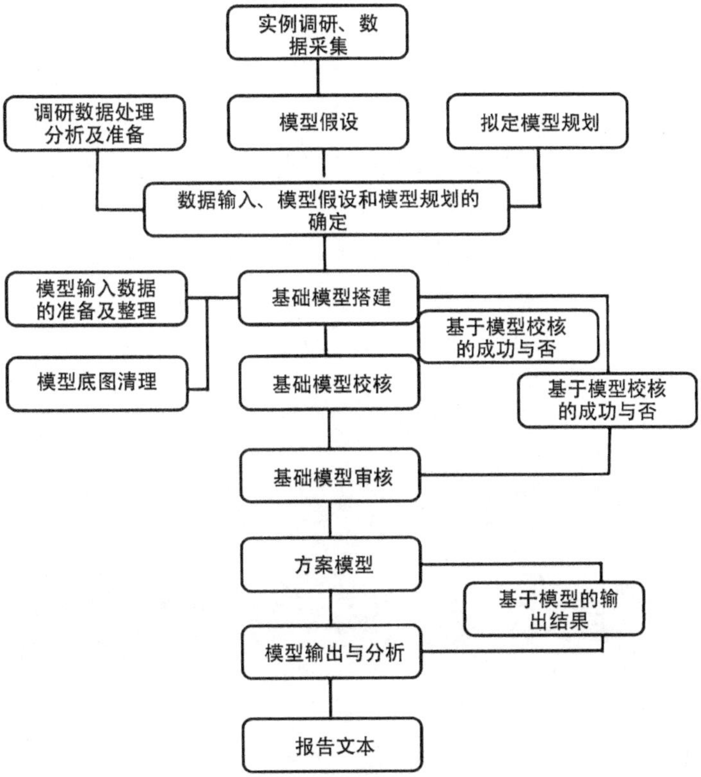

图 4 仿真模型构建逻辑图

层出站后，在市政通道末端与换乘广场衔接处须确认公交车站，由于有 38 条公交线路，两侧公交站厅共设置 6 部楼扶梯通向地下一层公交车乘车岛，旅客聚集较多，且此处同时还有大量乘坐出租车、网约车等其他乘客经过。可见双厅式公交车站布局造成人流聚集、交叉，使得换乘时间较长。

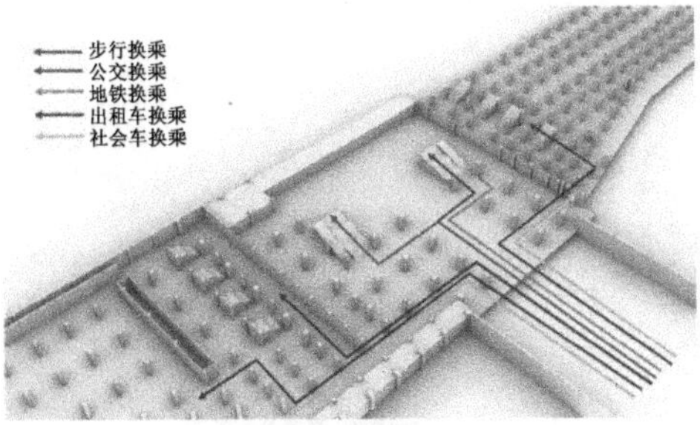

图 7 平面多厅式流线示意图

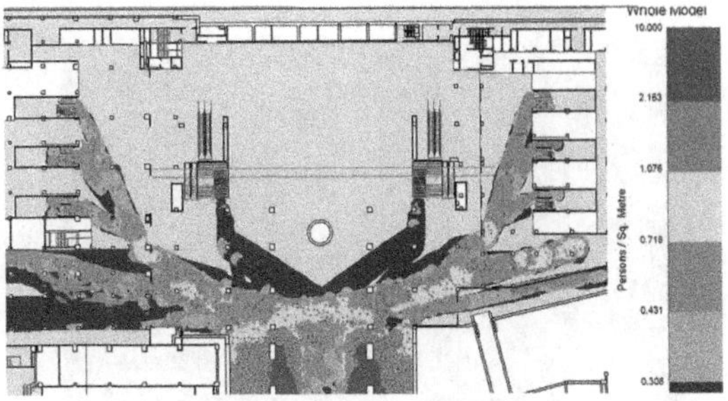

图 8 平面多厅式最大密度图

2.3 立体多厅式模式

立体多厅式的布局是在不同层设置多个换乘厅，换乘站台围绕换乘厅立体布置，这种布局方式可以有效地利用空间，并未增加空间消耗，各层换乘序列简单（图 9）。由图可见，国铁旅客出站后通过换乘中心入口处的楼扶梯到达次级公交站厅，在次级公交站厅中，再选择左侧专用楼扶梯到达不同的公交乘车岛（图 10）。在此过程中会发生少量的拥堵，但拥堵情况已明显好于单厅式与平面多厅式。乘坐地铁的乘客通过左侧扶梯下入地铁站厅，出租车换车的旅客通过两侧的换乘通道直达换乘站台，步行旅客经过左侧扶梯直达广场，社会车乘客通过换乘通道前往负三层停车场。由此可见此种布局方式可有效地减少乘客在换乘厅内寻找换乘出入口的时间，提高换乘效率。

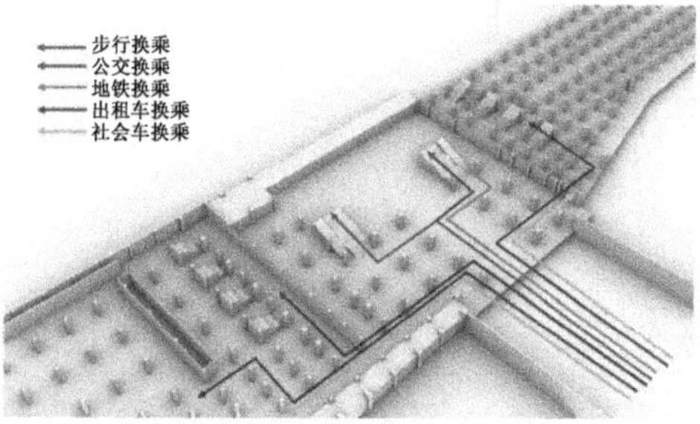

图 9 立体多厅式流线示意图

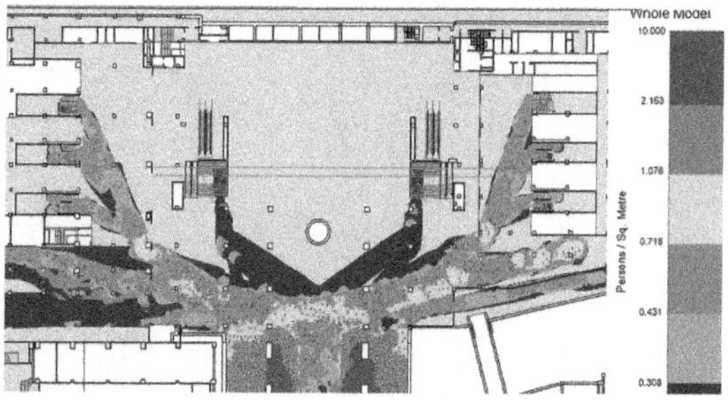

图 10 立体多厅式最大密度图

2.4 立体模拟优化

（1）公交车分层立交

公交车东西双厅式布局模式，改为立体单厅式，并去掉 2 部通往地下一层公交车候车岛的楼扶梯组。换乘公交车的旅客经市政通道后，到达换乘大厅，左转进入公交候车厅，只需经过一次视线转折，避免了在市政通道与换乘大厅形成拥堵，且换乘公交车的旅客在相对独立的公交候车厅内进行公交指示信息的查看，不会对换乘其他设施的旅客进行干扰，旅客确认信息后，经楼扶梯到达公交车通行的地面一层半封闭式公交车候车岛，乘车离开（图 11）。

图 11 公交车分层立交示意图

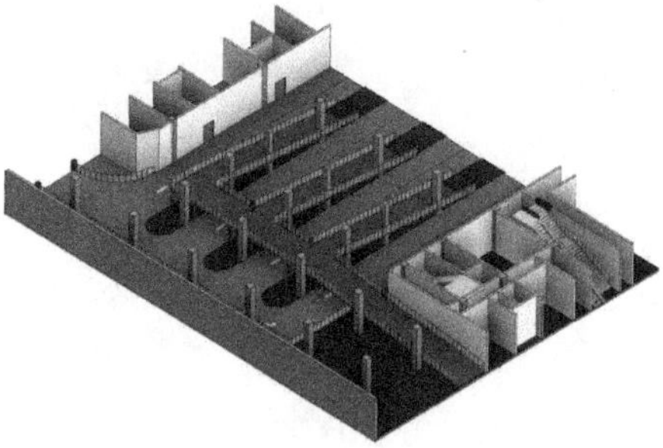

图 12 出租车同层立交示意图

（2）出租车同层立交

出租车上客区按照同层人车立交设计，因出租车换乘区域人车频繁交叉，在同一层空间内设置人车立交，使换乘出租车的乘客与车辆立体交叉，将一层空间成功地划分为两部分，出租车在立交下行驶，旅客通过坡道进入人行立交，人车完全分离（如图10所示）。同层立交设计不仅提高了乘坐出租车的旅客的换乘效率，也保证了旅客安全，使得旅客不须穿车道就可以到达上车区（图12）。

（3）总体设计优化

根据对出站层的高峰小时密度图及换乘时间的对比可见，优化设计后换乘时间有大幅度的减少（表2）。公交车采用分层立交换乘时间减少了4 min，优化率为58.10%；出租车采用同层立交换乘时间减少了4.8 min，优化率为57.67%。通过总体换乘层最大密度图可见（图13），在高峰小时密度图中也未见拥堵现象，这表明Legion仿真模拟分析对于大型铁路客运站换乘设计具有显著的优化效果，在此基础上进行换乘流线组织与空间设计，可以提高换乘效率，并保证长远的使用需求。

表2 优化前后换乘时间比较

换乘设施	优化前/s	优化后/s	优化率/%
轨道交通	224	160	28.58
公交车	420	176	58.10
出租车	496	210	57.67
网约车	382	246	35.61
国铁进站	208	145	30.29
社会车	380	322	15.27

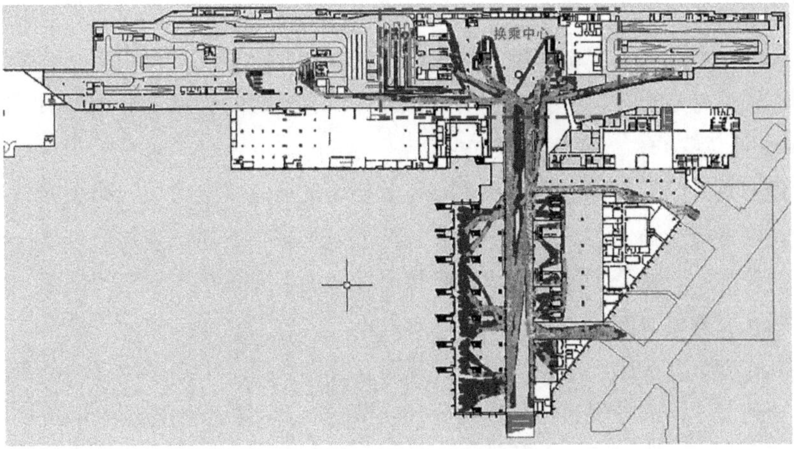

图13 总体设计优化最大密度图

3 换乘中心布局设计

大型综合交通枢纽需要衔接多种交通方式，内部换乘流线复杂多样，换乘中心的设计不应该是几种流线的叠加，而应该进行数字化、量化设计，科学合理地确定换乘路线、换乘距离和人均换乘面积等。通过对不同换乘布局的模拟分析，可通过“立体布局、垂直分层、平面分厅”等布局方法实现缩短换乘时间、人行车流分离、公共交通优先等设计目标。

3.1 立体多厅式换乘中心总体布局

立体多厅式布局是指公交、地铁、出租车、社会车等不同交通工具按照换乘需求分设在不同层，并设置专用换乘厅。可将公交站厅设置在地下一层，出租车候车区设置在地下二层出站层，地铁站厅设置在地下三层。私家车公共性较弱，不需要设置专用换乘厅，旅客可在换乘中心乘坐扶梯直接下地下三层和地下四层的社会车停车库，并乘车离开。同样人行交通的社会性也较弱，可将扶梯直接通到地面层。立体多厅式布局可以有效地避免不同换乘需求的旅客在换乘厅内混行，形成众多流线交叉点，同时可以有效地利用空间，缩短换乘时间，提高换乘效率。

3.2 满足人车分离的多层垂直布局

换乘中心内部车辆行驶密集，人车混杂，当人员穿行时车辆须停车等候，这将极大地增加换乘时间，形成拥堵。传统的人车分离为平面分离模式，使用高出车道的站台和栏杆将行人与车辆隔离，在必须人车交会的地方使用减速带和斑马线，但这种方式换乘效率较低，因此在人车必须交叉的点，可以使用同层立交和分层立交的方式将人车进行分离。同层立交适用于出租车上客区和网约车上客区，是将一层空间分为两个部分，车辆在立交桥下通行，旅客通过坡道上下人行立交，人车完全分离。分层立交是使用上下两层组织人车交通，适用于公交车候车岛，旅客先在本层选择，再通过扶梯到达上层的公交候车岛，候车岛为封闭式，类似于地铁候车区，使人车完全分离。人行立交虽会增加一定的换乘距离，但是通过仿真模拟多层垂直布局可以有效缓解拥堵，缩短换乘时间。

3.3 公共交通优先的多厅平面布局

通过模拟对比分析得出，在换乘中心布置各类交通站点的时候，应该遵循公共交通优先原则，将各类交通点逐级分散。将公共性最强及旅客使用最多的公交车及地铁布置在最便利的位置，再将公共性次一级的出租车、网约车布置在次便利的位置，社会车的公共性最弱，因此可以布置在换乘中心相对最不利的位置。在具体设计过程中，可将不同的交通方式划分为 4 级：第一级是步行交通，直接在换乘中心进行分流，旅客在换乘中心可以看到上地面的扶梯；第二级是公共性最强的公交车、地铁，入口紧贴着换乘中心，换乘距离最短；第三级是公共性次一级的出租车，换乘入口通过短通道与换乘中心连接；第四级是公共性最弱的网约车及社会车，换乘入口连接通道及楼扶梯，换乘距离最长。多厅平面布局方式可以将出站的密集瞬时人流进行快速分流，有效避免拥堵，缩短换乘时间。

结语

综合交通枢纽换乘种类设施较多，换乘中心的设置尤为重要，如果换乘布局不合理，极易导致人流过密、换乘距离过长及换乘时间过长等问题。应用 Legion 软件，对单厅式、平面多厅式和立体多厅式等布局模式进行模拟，结果表明换乘效率最高的布局模式为立体多厅式。在此基础上继续对该布局方式进行模拟优化，结果表明“立体分流、垂直分层、平面分厅”等布局设计要点是提高综合交通枢纽换乘效率的有效途径。

参考文献

[1] 陈一辉，陈剑飞.高铁站换乘中心与站房主体空间形式一体化设计研究[J].建筑与文化，2021(10)：143-144.

[2] 余晶.基于行人仿真模拟的地铁车站方案优化设计：以地铁佛山西站为例[J].中外建筑，2017(10)：147-150.

[3] 李耿旭，耿浩，王九州，等.基于 Legion 仿真软件的地铁车站设计优化[J].天津建设科技，2021，31(4)：75-77.

图表来源

图 1、图 3、图 11~12：项目图纸.

图 2、图 4~5、图 7、图 9：作者自绘.

图 6、图 8、图 10、图 13：模拟软件输出图.

表 1~2：作者自绘.

人机关系发展下的建筑设计策略研究

郑艺林[1]　庄惟敏[2*]

（1. 清华大学建筑学院，北京市 100084；2. 清华大学建筑学院，北京市 100084，zhuangwm@tsinghua.edu.cn）

摘要

人机交互技术的迭代、网络社交的繁荣和建筑的智慧化发展都对建筑中的人机关系产生影响，变化的人机交互的场景、形式、需求进而影响了使用者的行为、体验与心理预期。建筑中信息系统的进一步发展是必然，建筑设计需要将应对人机关系的变化作为目标之一。本文根据建筑中人机交互技术的应用现状，以空间意向、人机交互行为、人机交互体验为出发点，以建筑中人机交互的转变为切入点，从虚实结合、行为主导和关注体验等三个方面分别提出建筑设计策略。

关键词：人机关系；建筑设计策略；空间意向；人机交互行为；人机交互体验

Keywords: Human-computer relationship; Architectural design strategies; Space images; HCI behaviours; HCI experiences

引言

信息技术推动城市功能重组、形态重构，对于交通网络、产业聚集形态、人的生活模式产生巨大影响。在建筑中，人机共处已是必然。智能设备融入生活，也开始影响建筑使用。智慧化场景例如智能感知系统、类物联网系统等技术应用初见成效。绝大部分的人类生命活动都能以数据的形式进行收集，且可测的内容在持续增加，一切正在变得“数据化”[1]。信息技术的使用是未来建筑体系中重要的一环，研究信息技术对建筑使用行为和需求的影响并将其反映到建筑设计上，是解决或预判未来建筑问题的基础。

在建筑从策划到运维的全流程都有计算机深度参与的情况下，建筑师从自上而下的控制者转变为自下而上的构造者。建筑中信息技术系统的设计不应是基于我们能做什么，而应是基于需求。为使人—机—建筑的互动关系可持续，建筑设计应对信息社会的策略不应仅是基于当下的技术发展，更应着眼于人机关系的长期发展。我们还需要思考，我们希望周围的空间如何理解人的行为，以及如何回应人的需求。

1 建筑中的信息技术应用现状

1.1 建筑中的计算机系统与人机交互

Otto Bollnow 在 1963 年将空间比喻成人身体的延伸[2]，其观点与 Marshall McLuhan 认为媒介是人身体的延伸[3]的观点相契合，空间、机器、身体三者的互动关系催生了动态建筑空间的概念。计算机可以帮助人类进行认知、交流、思维，是一个辅助人类完成特定任务的多功能工具。由于计算机系统的交互性和智能化程度越来越高，越来越多的研究开始聚焦于人与机的互动模式[4]。

人机交互可以指代人与计算机系统、移动设备或更加广泛的驱动器的交流与互动[5]。交互设计（interaction design）一词最初被 Bill Morggridge 作为计算机的软界面（soft surface）提出，目的在于“定义人造物的行为方式”，其本源是基于人类行为的设计手段[6]。而在信息技术深度参与人类生活的今天，人的行为深受人机关系的影响。因此，关于建筑的交互设计应从基于技术发展的人机关系转变入手，而非对于技术的过度追求。

1.2 建筑中的多维人机关系

在建筑语境下，普遍理解的人机交互包括基于虚拟现实技术的虚拟交互、基于交互装置的即时交互、基于数据收集分析的环境优化与建筑响应和基于人工智能的智能决策系统等等。大数据等技术通过管理、资源分配、需求预测等方式提升了建筑的功能性，智慧城市的概念也以技术为主导，强调优化与表现[7]，对于使用者本身的体验关注较少。但同时，人在建筑中的舒适度、行为、心理可以逐渐通过人因数据采集的方式获知，建筑中的信息系统也因此有了更加人性化的潜力。建筑中的人工智能技术、互联网技术、虚拟现实技术、人机设备的发展都不同程度地对人生活产生影响，使社交环境甚至社交行为虚拟化，使交互更有机、更体系化，环境的智慧化程度也得到极大的提升，在建筑中形成多维的人机关系。

1.3 建筑需要适宜信息系统的设计策略

建筑中的计算机技术的发展已涉及各方各面，在实际应用中仍表现出缺乏建筑与技术相互适应、融合的现象。目前建筑对于信息社会发展下全新的人与人、人与机的交流方式的承载力和适应性较为薄弱，更多的相关研究停留在人机交互技术的功能性与使用感上，多样的交互形式也未形成完整的体系。智能设备参与到了人与建筑的互动中，成为信息交换的客体之一，而建筑要参与人机交互，需要与之形成共生关系。传统建筑学需要根据人机交互的发展而发展，建筑需要做一些妥协，或者重新平衡价值，以更加适宜未来人—机—建筑动态关系的交互环境来重新定义建筑特性（图 1）。

2 人机关系发展在建筑中的表现

2.1 虚拟的社交环境促进多维的空间意向

开展和容纳交往行为是建筑的一个重要作用，但技术的发展会对人交往模式进行重

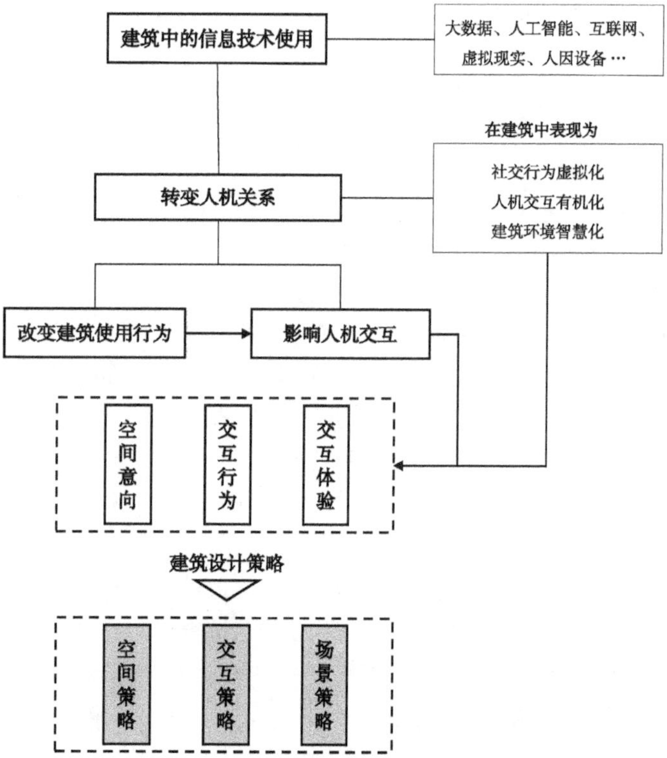

图 1 信息技术对建筑设计提出新要求

组并造就新的环境[8]。网络社交平台形成了一个虚拟的社交空间，而全新的虚拟环境又与实体空间产生交集。虚拟空间在广义上可以理解为信息网络所形成的空间，可以容纳社会活动，具有社会性[9]。网络媒体的文字、影像将片段的感受具象化并在网络上广泛流传，当人游览线下空间时，空间感受无可避免地与在社交平台上所接收到的信息相结合，并对城市意向产生影响[10]（图 2）。

多维结合的空间意向，也改变着人们对空间的审美。审美研究从

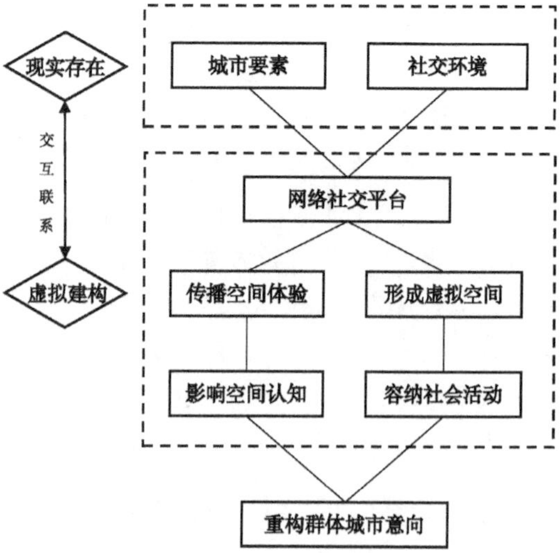

图 2 网络平台推动城市意向重构

注重实体变为虚实并举，更发展出把交流视为目的的交流美学[11]，网络流媒体造成的建筑场景片段的传播也逐渐成为建筑体验的一部分[12]，虚拟现实的发展掀起了关于虚拟空间是现实空间延伸的讨论。与此同时，互联网也催生了数字化的信息交流与合作平台，并通过信息平台提供建筑全流程的公众参与的可能性[13]。

建筑空间因此不再仅仅包括实体空间，数字信息对于空间感知、建筑体验同样重要。Neil Leach 强调，以空间为限定的人机交互，其程序变化应超越媒介，涵盖实体空间环境，使互动建筑区别于互动媒体[14]。同时建筑设计也应将实体空间有意地与虚拟空间结合，融合成为全新的空间。

2.2 多样的计算机设备造就有机的交互体验

智能环境由丰富的智能设备组成、以深度集成的数据生成和交换为标志，协调、实时、可靠的人机交互让使用者相信与其交互的是一个“人工有机体”[15-16]（图3）。互动建筑、适应性建筑、响应式建筑、动态建筑等建筑理念[17-20]共同指向建筑可变与可交互的未来，使建筑可以根据环境变化和特定需求而变化，能更好地容纳多样的使用需求，提供更舒适的建筑环境。

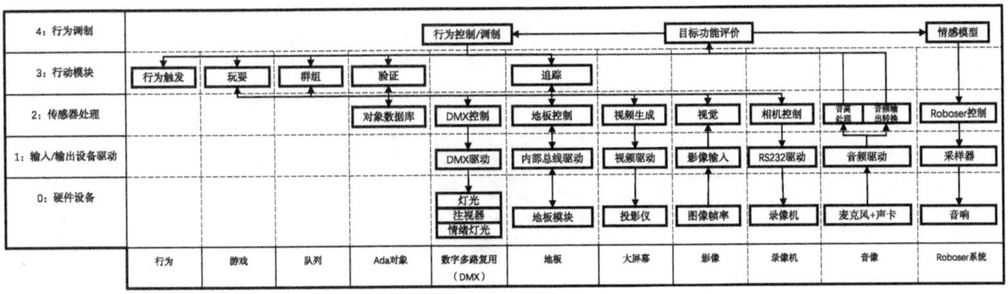

图3 交互空间 Ada 系统架构概述

在人产生行为时，建筑也在改变，人成为建筑“行为”的组成部分，人与建筑环境的耦合关系发生转变。感应式技术的介入让建筑可以更频繁全面地监测人的状态，例如，通过红外感知、影像分析、生理数据监测等数据收集手段实时地感知使用者的身体变化。人的行为可以促进人与环境相互影响的循环，体系化的交互可能引发相关的新的交互[18, 21]。可变的空间也赋予了使用者对于环境变化的控制力，可以提供归属感以及丰富的情感体验[22]。

以人的行为和体验为设计目标是交互建筑的巨大优势[23]，计算机通过指令接收与主动感知的方式更准确地理解人的需求。因此不论是对于人与建筑环境的互动还是人与计算机系统的交互来说，人的行为模式都是关键的影响因素。只有了解人如何感知空间，人机交互的设计才能更好地结合环境[24]。

2.3 集成的设备网络形成智慧的交互场景

建筑智能的发展与体系化的交互系统形成了智慧化的建筑环境。将智能设备集成为一个可交互的网络。建筑中的变化、使用者的指令在网络间传输，收集到的各种数据集成在一起，通过机器学习、算法优化得出最优的决策，再通过网络中的驱动设备执行决策。基于日益增加的交互需求，建筑中置入的传感器、驱动器以及使用者所携带的移动设备数量增加，为建筑物联网的发展打下基础。物联网系统中的智能设备组成交互网络，具备即时接收、反应的能力[25]（图4），也为建筑的智慧化发展提供平台。智慧化的建筑环境将计算机与建筑、使用者连接在一起，将任何变化因子都纳入人—机—建筑互动的系统中。在智慧建筑中，人与整个系统交互而非单独的某个机器，系统成为交互的“合作者”[26]。

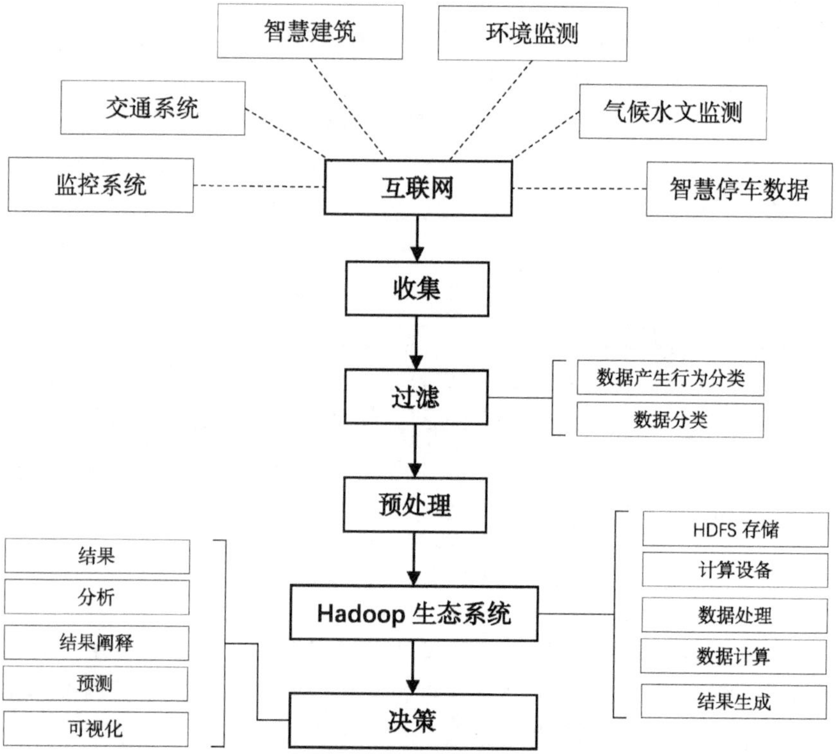

图4　智慧系统的实施模型

技术的发展使建筑中人与人的交往模式、人与机器的交流方式发生改变，人机的动态关系带来的不断转变的人机交互与空间使用预期也悄然改变了使用者对于人机交互系统的情感。在未来建筑场景的设计中，人机关系对于建筑体验的转变不容忽视。

3　虚实结合的空间策略

3.1　建筑动态作为人机交互的结果呈现

当人机交互置于建筑中，建筑常被视作人机交互的界面，是指令发出与接收的载体，也是交互结果的呈现。空间、表皮、物理环境的变化都可以视作人机交互的结果，呈现方式可以包括建筑本身的变化、以交流为目标的影像或文字的传递、以情感触动和心理认同为目标的视听触觉的感官刺激。交互装置、实验性搭建常以可变的结构作为研究对象，以一种实时互动的方式影响空间组构是一个正在发展的巨大的研究领域[27]。交互式建筑表皮包括结构动态、LED 屏等，交互表皮的普遍设计目标是改善物理环境和让建筑结合媒体呈现，研究与应用也验证了交互式建筑表皮有潜力成为建筑设计的重要部分[28]。

3.2 虚拟信息扩大建筑中的人机交互界面

在广义的交互空间中，使用者通过传感器、移动设备等产生交互行为，建筑空间通过转变物理环境或改写虚拟空间信息与使用者进行交互，使用者可视、可达的范围内都可以视为人机交互的界面，交互载体的多样性增加，界面的范围无限扩大[29]。实体空间与虚拟信息相叠加也可以视作环境动态的一部分，例如互动投影、虚拟现实等具象信息呈现和建筑环境中声音、光线的变化等等[30-31]。基于互联网思维的建筑媒介化现象将建筑界面作为“屏幕”传递信息，使建筑立面承担展示功能[32]。空间增强现实利用投影等技术实现实体空间与虚拟内容的叠加，方便用户与虚拟内容互动[33]。

3.3 数字媒介与实体空间的结合潜力

建筑中虚拟与实体空间结合的信息呈现方式有巨大潜力。增强、混合、扩展等技术将实体空间与虚拟现实结合，在保留原有空间感的情况下，在实物界面上叠加算法化的数字意向。例如，Pokemon Go 游戏将移动端与空间体验结合，体现出便携智能设备对于空间游览方式的变革的潜力，也展现了混合现实游戏的移动性、社交性和空间性[34]。沉浸式数字技术在展示空间中的应用较多，在丰富了展示内容的同时也提升了展示信息的具象性。

3.4 建筑的具身性被移动设备改变

移动设备赋能建筑中的人机交互，在信息技术的影响下，建筑使用中的具身性也发生改变。如今移动设备的物理形态逐渐趋于微型化，与人身体联结紧密甚至趋于耦合，虚拟增强现实技术、语音交互等数字技术消融了人与媒介的空间界限，使计算机可以更自然地与人交流、传递信息，也可以更频繁、全面地监测人的状态并做出反应，殷乐等将此身体—媒介—环境的互动形式称为“具身互动”[35]（图 5）。

3.5 设计策略

综上所述，人机交互将建筑实体视作交互界面，而投影、屏幕、虚拟现实等虚拟信息的呈现方式使人机交互的界面范围无限扩大。混合现实游戏、沉浸式展览开始尝试在实体空间中与数字信息进行交互，并将空间感建立在虚拟空间与实体空间的共同作用下。与身体紧密联结的移动设备也为人机交互提供便利（图 6）。

综合来看，建筑需要表现出对于新兴技术的承载，通过交互界面激发人机交互行

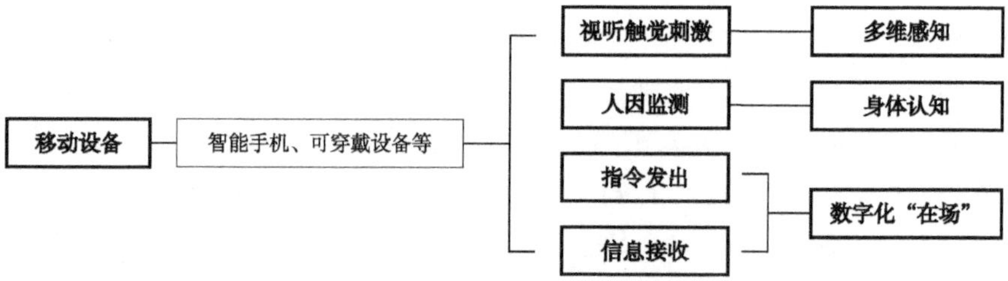

图 5 移动设备的具身互动机制

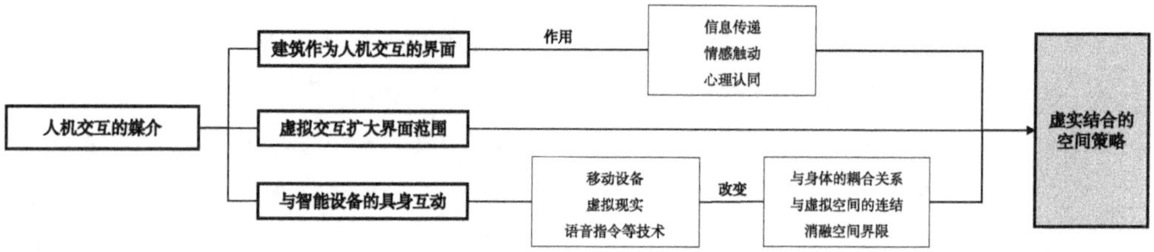

图 6 空间策略生成思路

为，并使环境有与之对应的反馈。在实体空间中获取数据、呈现信息是信息技术对于建筑空间提出的新需求。由于建筑可以提供丰富、多样的交互界面，在建筑中承载虚实结合的人机交互，首先应划定可交互的界面的范围，并确定交互的目标对象，在交互的尺度、频率、复杂度上进行深入思考。其次，虚拟社交环境对于空间意向产生影响，所以对空间的体验、感受的设计应将可对使用者产生影响的数字信息纳入考量。最后，利用移动智能设备对建筑中的具身体验进行调整。

4 行为主导的交互策略

4.1 建筑中存在多种交互模态

交互装置、增强现实、可穿戴设备、移动终端、建筑屏幕、机器感知都成为建筑中人机交互的方式，建筑中的人机交互发展呈现多模态的趋势。人机交互在建筑中的介入也转变了建筑使用行为。移动终端成为线上信息汇总传递的平台，建筑中的屏幕、声光的变化、增强现实为感官体验增添了维度，也使人能够在实体空间中与数字信息产生互动。交互装置根据使用者的行为而变化，机器感知、可穿戴设备成为集发出指令与人因数据测量为一体的交互载体。

4.2 人机交互成为日常行为

建筑中的人机交互正逐渐转向注重日常性、可靠性、易用性[14]，包括互动媒体学者 Perry Hoberman 在内的许多学者都曾提出，未来的人机交互应该是更加流动且自然地融入日常生活的[36]。事实上，信息设备已经充满生活，人们越来越依赖信息技术，交互行为也正变得不易察觉。人们对于交互行为的习以为常主要体现在显性化的交互上，即以触觉、听觉、视觉、嗅觉等感官反馈为结果的交互[37]。一些最初应用于特定建筑场景中的技术也会逐渐转变为向日常化转变[18]。例如，显性化的人交互在展示性空间和公共空间中的应用、生理监测在医疗建筑中的应用，当相关技术在特定建筑场景中被广泛接受后可预见地会逐渐普及到住宅或办公建筑中。

4.3 技术熟悉度影响人机交互的结果

技术的发展与应用分为多个不同的阶段，从设想到应用到被接受越来越重要，直至融入日常而被忽略[7]，而对不同的受众来说，每种技术都处在不同的阶段。使用者对于技术的使用满意度极大地受技术准备度的影响[38-39]，例如，在以游客为主要使用群体的研究中，使用游客不熟悉的导览设备会对于游览体验产生负面效果。对于体验的深度研究与利弊分析可以为建筑中人机交互的设置提供方向[40]。技术的易用性和对于使用者的技术熟悉度的深刻了解，是设计建筑中面向使用者的技术的决策前提。

4.4 智能化交互系统对群体行为做出反应

计算机科学中，认知法将人类视为信息处理的有机体，在人与机器形成的信息整体内部进行信息交换[41]。建筑搭建了一个可以整合人机交互、人工智能、数据分析系统的平台，进而形成智能建筑系统。机器学习一部分是为了分析数据，一部分是为了根据数据“立即采取行动”[42]，系统性的整合使设备可以各司其职。因此，建筑可以对于交互行为进行自主反馈。人机交互的多元性和即时性让建筑中的交互场景和交互形式更加丰富。

计算机感知系统通过传感器数据采集，与建筑的可变性结合，形成信息接收—建筑响应的反应系统（图 7）。人工智能通过分析、模拟、预测环境和使用者行为的变化可以预测事件发生的时间和地点[43]，而预测需要大量的数据作支撑。包括传感器、监控、Wi-Fi 信号等等原本独立的技术在建筑设计之初就应考虑到其作为系统的作用。以大数据为代表的对于使用者环境行为和心理感知的分析模型使交互手段可以更好地与社会、文化和心理现象相结合。由于智能设备无处不在，人机关系和谐是系统性交互的必要条件。

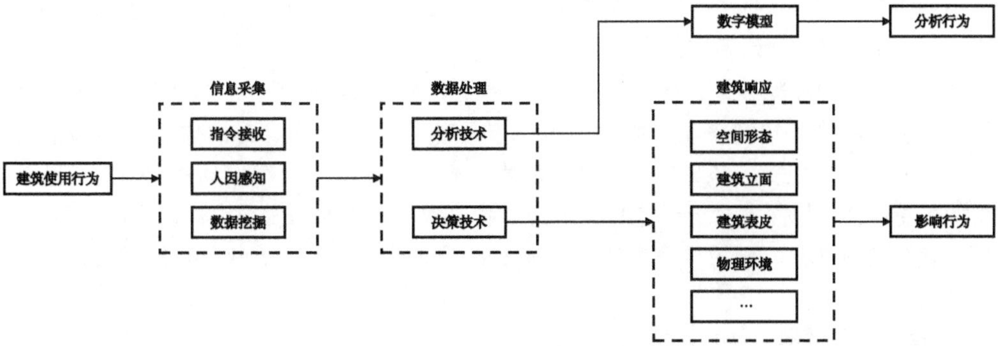

图 7 信息接收—建筑响应系统模型

4.5 设计策略

综合上述对于建筑中交互模态与交互系统的分析，在建筑中已有应用的人机交互形式多样且在技术上已经相对成熟。人机交互行为也由于技术发展而更加频繁且日常，但不同的使用者群体对于不同技术的接受度的差异也会导致交互行为及心理满意度的区别。智能化交互系统结合多模态的人机交互，使建筑系统更好地服务于使用者的群体行为（图8）。

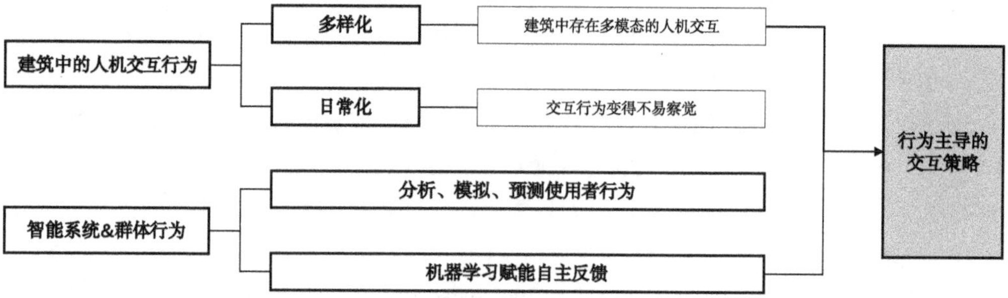

图8 交互策略生成思路

如何选择、结合、利用不同的交互模态以应对不同的交互需求，在建筑中的使用扬长避短是交互设计策略的关键。首先，对于建筑中人机交互技术的选择应充分考虑相应技术应用的广泛性，以及交互逻辑是否与日常行为相契合。其次，在设计人机交互时，应充分考虑使用者群体对该技术的熟悉度以确保使用行为与预期相符，必要时则应进行抽样实验。并且，设计时应考虑多模态的交互与大数据、机器学习在建筑中的和谐。最后，提示交互系统的存在和显性化其对环境的提升有助于使用者感受人机交互在建筑中的普遍存在并促进人机交互行为。

5 关注体验的场景策略

5.1 信息技术丰富建筑的情感体验

在信息技术越来越多地提升了建筑的功能性之余，使用者在人机交互过程中的心理需求也在不断增加，建筑中的人机交互应更加关注其带来的情感变化以及心理满足。人机交互所引发的环境与身心互动产生愉悦的感受，更把人们从环境中的被动者置换为环境中的主动者[30]。研究表明，博物馆中语音导览、交互展示对人的体验有积极的贡献[44]。同时，人机交互还可以使环境中的声、光、影像等与人产生动作、信息、情感上的切身体会，加深人对于环境的认知[30]。建筑中数字技术的发展表现出对以人为本、情感和意义的追求[45]，由于信息技术逐渐附带了情感属性，使用者对人机交互提出了更高的情感需求，对于技术的情感容忍度也正在降低[46]。

5.2 技术发展带来动态的人机交互预期

管理期待值是人机交互的设计要点之一，期待值过低则容易无聊，期待值过高则交互行为容易中断[47]，建筑师对于使用者不断变化的使用预期的把握关系到建筑中人机交互的设计是否能满足现状并适应未来。如今的生活是动态的，我们生活的空间也应该是动态的、根据我们的需求而不断变化的[48]。建筑中的人机交互为建筑环境带来不确定性，这也应是人机交互应用的目的，通过计算机的介入使环境动态更加满足人的期望。人机交互的不确定性体现在不为特定的信息输入设计一种输出，而是通过算法使信息系统有一定的分析、整合、反馈能力，形成人机之间的“对话”[47]。同时，使用者希望像跟人交互一样跟机器交互，希望交互空间在人机交互的过程中展现出“智能”[49]。具有“人情味”的人机交互也将成为智慧建筑场景的一大愿景。

5.3 人机交互促进人际情感联结

对于建筑中的人机交互的研究更应注重信息交换过程中人的心理满足，在多人参与的人机交互过程中促进人际关系。从指令接收到建筑响应，人机交互实现了人与信息系统事实上的连接，而对于人机交互在建筑中的使用，人们也需要一种人际的、心理上的“联结感”[31]。许多交互装置已经开始探索多人参与的人机交互的动态性与趣味性对于人际交往的激励。通过虚拟现实或混合现实搭建场景间的跨距离交流，也是让人机交互服务于人际的联结的尝试[50]（图 9）。

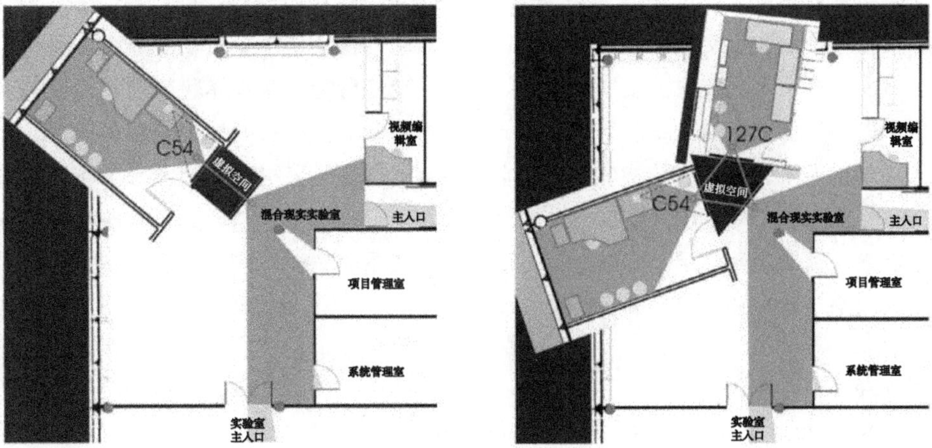

图 9 混合现实通过视听连通实现空间整合

5.4 设计策略

综上所述，信息技术在建筑中的应用带来了积极体验的同时，也对建筑体验提出了更高的要求，包括恰当的情感体验、环境的动态性与“人情味”和对人际交往的激励。人有对于环境动态性的需求，而人机交互可以满足这个需求。人机交互引发的人与人、人与建筑的交互让使用者与环境联结更紧密（图 10）。

研究表明，恰当的人机交互技术可以有效提升建筑场景体验，建筑设计应将人机交

图 10　场景策略生成思路

互在场景中对体验的影响纳入考量。首先，使用者对于环境动态有需求，所以建筑应有自我调整的能力，建筑中人机交互的设计应致力于使人与建筑环境的互动更频繁、更多元。其次，多人参与的人机交互可以成为激励人际交往的方式和提升人与人、人与建筑联结感的设计思路。最后，基于个体的差异化认知和建筑中情感需求的不断变化，在建筑设计之前应做充分的案例研究，明确信息技术使用对情感的影响。

结语

建筑中的技术应用与人机交互相关学科长期独立各自研究发展，人机交互的形式虽然多样，但是与建筑本体却缺少相互的融合。构建交互建筑的不同层面、不同尺度的人机交互技术需要系统性的整合及方法论的研究。其中，以日益发展的人机关系为出发点，使建筑中的人机交互适应技术的发展与人需求的变化，是建筑学的必经之路。

本文分析了人机关系的发展对于空间意向、交互行为、交互体验三方面的影响，并提出了虚实结合的空间策略、行为主导的交互策略和关注体验的场景策略作为建筑设计对于建筑中人机关系发展的响应。建筑本身具有互动性，人机交互技术为这种互动属性加成，交互性的考量应贯穿建筑设计的全过程。由于人机交互的形式、场景、行为、体验、需求、预期研究不足又不断变化，面向人机关系的建筑设计方法论的形成需要对于上述人机交互特性的量化研究与关联性分析。

参考文献

[1] PENTLAND A S. Human－AI decision systems[EB/OL].(2017－11－01)[2022－11－02]. http://thehumanstrategy.mit.edu/blog/human-ai-decision-systems.

[2] BOLLNOW O F, SHUTTLEWORTH C, KOHLMAIER J. Human space[M]. London: Hyphen, 2011.

[3] 麦克卢汉.理解媒介：论人的延伸[M].何道宽,译.南京：译林出版社,2011.

[4] NASS C, STEUER J, TAUBER E R. Computers are social actors[C]//CHI '94: Proceedings of the SIGCHI Conference on Human Factors in Computing Systems. Boston, 1994: 72-78.

[5] COSTA S D, BARCELLOS M P, FALBO R D A, et al. A core ontology on the Human-Computer Interaction phenomenon[J]. Data & Knowledge Engineering, 2022, 138: 101977.

[6] 匡莎.信息时代背景下的交互建筑研究[D].长沙：湖南大学,2015.

[7] SAYEGH A, ANDREANI S, KALCHSCHMIDT M, et al. Responsive environments: an interdisciplinary manifesto on design, technology and the human experience[M]. London: Architectural Press, 1985.

[8] 马歇尔·麦克卢汉,斯蒂芬妮·麦克卢汉,戴维·斯坦斯.麦克卢汉如是说:理解我[M].何道宽,译.北京:中国人民大学出版社,2006.
[9] 贾巍杨.交互空间:多媒体时代的建筑[J].山东建筑工程学院学报,2005,20(4):32-35.
[10] 赵渺希,王世福,李璐颖.信息社会的城市空间策略:智慧城市热潮的冷思考[J].城市规划,2014,38(1):91-96.
[11] 蔡良娃.信息化空间观念与信息化城市的空间发展趋势研究[D].天津:天津大学,2006.
[12] 朱文一.数字孪生美学与网红打卡地:数字时代建筑学(5)[J].城市设计,2020(5):38-43.
[13] CARLOMAGNO M.Fluid collaborations.digital platforms to support creative communities[M]//Springer series in design and innovation.Cham:Springer International Publishing,2021:66-73.
[14] 尼尔·里奇,王韬,张春伟.互动建筑简史[J].住区,2013(6):10-15.
[15] ZIADA H.The digital crowd[J].Architecture and Culture,2020,8(3/4):653-666.
[16] ENG K,BABLER A,BERNARDET U,et al.Ada-intelligent space:an artificial creature for the Swiss Expo 02[C]//2003 IEEE International Conference on Robotics and Automation.Taipei,2003:4154-4159.
[17] FOX M,KEMP M.Interactive architecture[M].New York:Princeton Architectural Press,2009.
[18] JÄGER N,SCHNÄDELBACH H,HALE J.Embodied interactions with adaptive architecture[M]//Human - computer interaction series.Cham:Springer International Publishing,2016:183-202.
[19] MEYBOOM A, JOHNSON G, WOJTOWICZ J. Architectronics:towards a responsive environment[J].International Journal of Architectural Computing,2011,9(1):77-98.
[20] ZUK W,CLARK R H.Kinetic architecture[M]. New York:Van Nostrand Reinhold, 1970.
[21] 魏秦,林雪晴,康艺兰.激活建筑:从物联网到感应式建筑[J].公共艺术,2020(6):84-91.
[22] 张若诗,庄惟敏.信息时代情感导向的建成环境设计表达[J].南方建筑,2019(6):82-87.
[23] 褚晓慧,葛丹,商文.交互建筑设计的发展与实践探究:感知与回应[J].建筑与文化,2018(6):35-37.
[24] PAANANEN V,OPPENLAENDER J,GONCALVES J,et al.Investigating human scale spatial experience[J].Proceedings of the ACM on Human-Computer Interaction,2021,5(ISS):496.
[25] RATHORE M M,AHMAD A,PAUL A,et al.Urban planning and building smart cities based on the Internet of Things using Big Data analytics[J].Computer Networks,2016,101:63-80.
[26] ALKATHEIRI M S.Artificial intelligence assisted improved human-computer interactions for computer systems[J].Computers and Electrical Engineering,2022,101:107950.
[27] 佩恩,张佶.适应性建筑环境:切换于真实与数字化之间[J].世界建筑,2005(11):35-40.
[28] PARK J W,HUANG J,TERZIDIS K.A tectonic approach for integrating Kinesis with a building in the design process of interactive skins[J].Journal of Asian Architecture and Building Engineering,2011,10(2):305-312.
[29] 裴竞艺.基于数字游戏的城市公共空间交互设计初探[J].工业设计,2022(4):26-28.
[30] 许俪丹.基于游戏精神的城市互动景观设计研究[D].南京:东南大学,2017.
[31] WISNESKI C,ISHII H,DAHLEY A,et al.Ambient displays:turning architectural space into an interface between people and digital information[M]//Lecture notes in computer science.Berlin,Heidelberg:Springer Berlin Heidelberg,1998:22-32.
[32] 吕彬.可变与交互:"互联网+"时代的建筑空间初探[D].南京:东南大学,2017.
[33] YUAN Q S,WANG R N,PAN Z G,et al.A survey on human-computer interaction in spatial augmented reality[J].Journal of Computer-Aided Design & Computer Graphics,2021,33(3):321-332.
[34] SILVA A D S E.Pokémon go as an HRG:mobility,sociability,and surveillance in hybrid spaces[J].Mobile Media & Communication,2017,5(1):20-23.
[35] 殷乐,高慧敏.具身互动:智能传播时代人机关系的一种经验性诠释[J].新闻与写作,2020(11):28-36.

[36] RACAT M, CAPELLI S. Touching without touching: the paradox of the digital age[M]//Haptic sensation and consumer behaviour. Cham: Springer International Publishing, 2020: 33-64.
[37] 毛彦迪.浅析交互在景观设计中的运用：以城市住宅为例[J].明日风尚,2021(18)：121-123.
[38] OBERMEIER G, AUINGER A. Human-computer interaction in physical retail environments and the impact on customer experience: systematic literature review and research agenda[M]//HCI in Business, Government and Organizations. Ecommerce and consumer behavior. Cham: Springer International Publishing, 2019: 51-66.
[39] HE Z Y, WU L, LI X. When art meets tech: the role of augmented reality in enhancing museum experiences and purchase intentions[J]. Tourism Management, 2018, 68: 127-139.
[40] HASSENZAHL M. User experience and experience design [M]//SOEGAARD M, AARHUS R F. The encyclopedia of human-computer interaction. 2nd ed. Denmark: The Interaction Design Foundation, 2013.
[41] BUTZ A, KRÜGER A.人机交互[M].陈雅茜,译.北京：科学出版社,2019.
[42] SZE V, CHEN Y H, EMER J, et al. Hardware for machine learning: challenges and opportunities[C]//2017 IEEE Custom Integrated Circuits Conference. Austin, TX, 2017: 1-8.
[43] GUPTA S, MATEU J, DEGBELO A, et al. Quality of life, big data and the power of statistics[J]. Statistics & Probability Letters, 2018, 136: 101-104.
[44] PALLUD J, MONOD E. User experience of museum technologies: the phenomenological scales[J]. European Journal of Information Systems, 2010, 19(5): 562-580.
[45] 张若诗,庄惟敏.信息时代人与建成环境交互问题研究及破解分析[J].建筑学报,2017(11)：96-103.
[46] HUDLICKA E. To feel or not to feel: the role of affect in human-computer interaction[J]. International Journal of Human-Computer Studies, 2003, 59(1/2): 1-32.
[47] HAQUE U. Architecture, interaction, systems[J]. AU: Arquitetura & Urbanismo, 2006, 149: 1-5.
[48] RAZAZ Z E. Sustainable vision of kinetic architecture[J]. Journal of Building Appraisal, 2010, 5(4): 341-356.
[49] WANG Y, GREEN K E, GRUPEN R, et al. Designing intelligent spaces as if they were human: a "space agent" framework[C]//2018 4th International Conference on Universal Village (UV). Boston, MA, 2018: 1-6.
[50] SCHNÄDELBACH H, PENN A, STEADMAN P. Mixed reality architecture: a dynamic architectural topology [C]. 6th International Space Syntax Symposium 2007, 12-15 June 2007, Istanbul, 2022: 106.

图片来源

图 1~2、图 5~8、图 10：作者自绘.

图 3：译自参考文献[16].

图 4：译自参考文献[25].

图 9：译自参考文献[50].

第十章
可持续性与智能化设计工作流

数字技术赋能传统民居运维评估浅析

钱雨翀[1]　冷嘉伟[1*]　王海宁[1]

（1. 东南大学建筑学院，江苏省南京市 210012，jw_ leng@seu.edu.cn）

摘要

因为独特的历史文化价值以及村民的多样需求，传统民居运维更新面临诸多挑战：一方面要打破现有重建轻管格局，实现低干预管理；另一方面则需要把握优化重心，实现高效率更新。城市信息模型（city information modeling，CIM）技术，是集成建筑信息模型（BIM）、地理信息系统（GIS）、物联网（IoT）等技术而构建的三维数字空间城市信息有机综合体。本文以 CIM 技术为基础，基于多种数字技术，介绍了一种传统民居智慧运维的技术路线，包括对影响传统民居品质的重要指标进行动态监测、耦合多源异构数据、网页端数字孪生平台搭建。最后以此平台为基础，从人居环境、结构安全、构件价值三个角度，对民居性能进行量化评估与预测。该方法能有效提高管理效率，并为民居优化提供方法。

关键词：城市信息模型；传统民居；智慧运维；乡村振兴；管理平台

Keywords：City information modeling；Traditional residential dwellings；Intelligent operation and maintenance；Rural revitalization；Management platform

项目资助情况："十三五"国家重点研发计划课题（2020YFD1100405）

引言

2021 年作为国家"十四五"规划开局之年，"乡村振兴"发展战略正式接棒"扶贫攻坚"，成为三农工作的重心。而以物联网、大数据、人工智能等为代表的数字技术在第四次工业革命的浪潮下得到快速发展。随着 2019 年《数字乡村发展战略纲要》[1]的颁布，数字技术在推动乡村振兴过程中所具有的独特价值逐渐显现。传统民居作为乡村重要组成要素，不仅是居民生活的主要载体，更因其蕴含的独特地方文化特色而成为中华历史文明的瑰宝。为了避免对历史遗迹的二次伤害，对传统民居的运营维护一直是管理者的难点。本文试图将城市信息模型（city information modeling，CIM）平台理论运用于传统民居中，从而探究一种基于多种数字技术集成的民居智慧运维体系，并对其在民居环境、结构、价值评估等方面的应用进行了介绍。

1 背景介绍

1.1 民居管理

相比现代住宅与公共建筑，传统民居的运维管理存在诸多难点：在政策方面，近年的中央一号文件在要求保留民居历史风貌，不搞大拆大建的同时，又提出三年内完成危房改造的发展要求[2]。决策者在民居的保护与更新问题上面临两难；在技术方面，传统民居往往具有无序性与自组织性，加之年代悠久，缺乏科学的建设标准与技术图纸，导致传统的“走访—统计—评估”的管理方法难以实现且说服力不足；在经济方面，村镇发展普遍存在“重建轻管”的现象，投入民居管理的人力、物力、财力明显不足。除此之外还有民权民生等多重问题，造成了当下民居运维管理落后的现象。为了保护好历史文化遗产，提升传统民居的魅力与品质，亟须探求一条低干预、高效率的传统民居运维管理路线。

1.2 数字乡村

数字乡村建设作为农业农村现代化建设的重要一环，被新成立的乡村振兴局列为重点扶持的项目之一。随着建筑工业化的发展，建筑信息模型（building information modeling，BIM）技术因其可视化、协调性、模拟性等特点，在城镇建筑构件与管井等静态数据的存储与管理方面得到运用[3-5]，而地理信息系统（geography information system，GIS）则在绿地景观等宏观地理信息把控方面发挥作用[6-8]，物联网技术（internet of things，IoT）因为其在动态时序数据采集方面的优势，被广泛运用于各级状态监测中[9-10]，另外诸如大数据、云计算等也都在乡村建管中进行了尝试[11-12]。因为数字技术对本体干预少、效率高、易操作、科学性强等特性，在民居的运维管理方面具有较大潜力。然而，目前相关民居的评估研究多基于少数独立数字技术对某单一指标展开的分析，缺少多源要素耦合联动的综合考虑，致使有关结论说服力不足。对多源异构数据集成融合、实现一体化综合运维显得很有意义。

2 技术框架

2.1 CIM 技术

城市信息模型（CIM）最早由 Lachimi Khemlani 教授于 2007 年提出，视为 BIM 技术在城市维度的发展，随着平台的发展，先后融入了 GIS 技术及物联网技术[13]，逐渐形成集微宏观、动静态于一体的数字孪生智慧平台。该平台以 BIM 为记录多样建筑信息的细胞载体，GIS、IoT 为提供多源数据的接口底板，大数据、云计算、人工智能（AI）等为分析融合异构数据的中枢系统，通过整合多源异构数据形成系统的三维数字空间城市信息有机综合体，不仅具有数字孪生技术将物理世界进行数字化映射形成可视可控可观的特性，而且融合了机器学习技术预测模拟、交互分析的性能，从而达到辅助决策、智慧运维的目的[14]。相比城市空间系统，村镇民居体系所包含的要素及体量要远小于城市，传统民居周边功能模块清晰简单，因此，CIM 体系对于村镇民居智慧运维可行性强。基于 CIM 平台将多种数字技术及异构数据进行融合，并进行平台化呈现，能够有效化解民居一体化运维难点，提高管理效率，辅助决策者对民居进行合理优化。技术框架如图 1 所示。

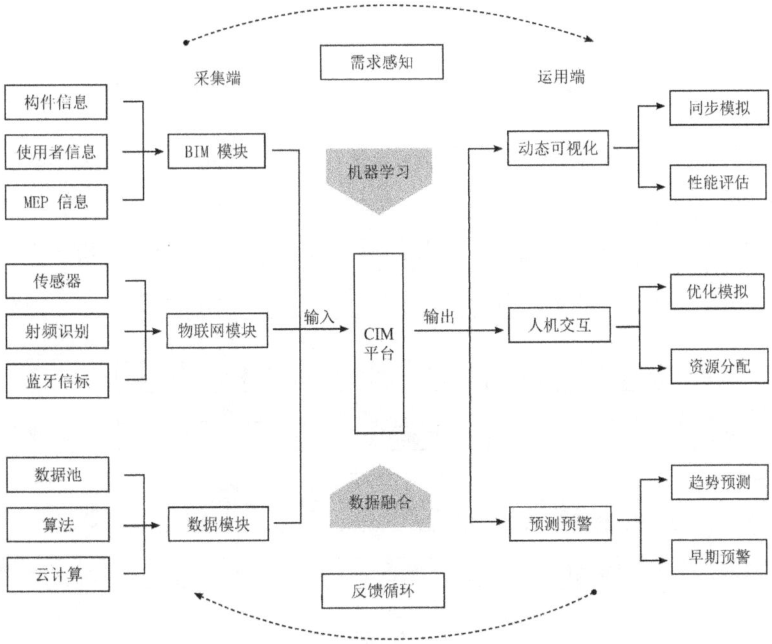

图 1 CIM 平台运行框架

2.2 技术路线

通过对传统民居管理难点与目标导向的分析，其基于 CIM 平台的智慧运维实施路线由四个模块组成，先后为模型模块、采集模块、整合模块、应用模块，具体内容与相关技术如图 2 所示。

（1）模型模块

针对上述民居存在无序性且缺乏技术图纸的特性，模型模块的置入能够高效地完成传统民居数字孪生建模。首先的地理层 3S 技术（GPS、RS、GIS）[15]以及无人机载倾斜摄影的运用，能够对村镇整体环境信息进行宏观采集，对水景、绿地、民居以及基础设施等体量关系进行基础的定位。在掌握了目标民居的地理信息后，以点云技术为基础的三维激光扫描技术能够通过计算机视角逻辑高效地获取物体表面三维信息并实现三维立体测绘。由于三维扫描仪对于屋顶等外部模型数据采集存在一定的局限性，则须应用以遥感及倾斜摄影为基础的航测技术来弥补。民居模型建立一般采用 300 m 以下旋翼无人机进行数据采集，并通过空中三角测量（aerial triangulation）对点云进行加密，从而生成高精度的数字表面模型（digital surface model，DSM）。接着通过找到与三维扫描点云模型的数据重叠，生成可视化高的数字点云模型。而后基于 BIM 技术，结合现场勘验，完成点云模型向数字实体模型的转换，实现三维逆向建模。整个过程具有非接触、高效率、高密度、低成本、全数字化的特性，满足了传统民居测绘领域对效率与保护方面的要求。

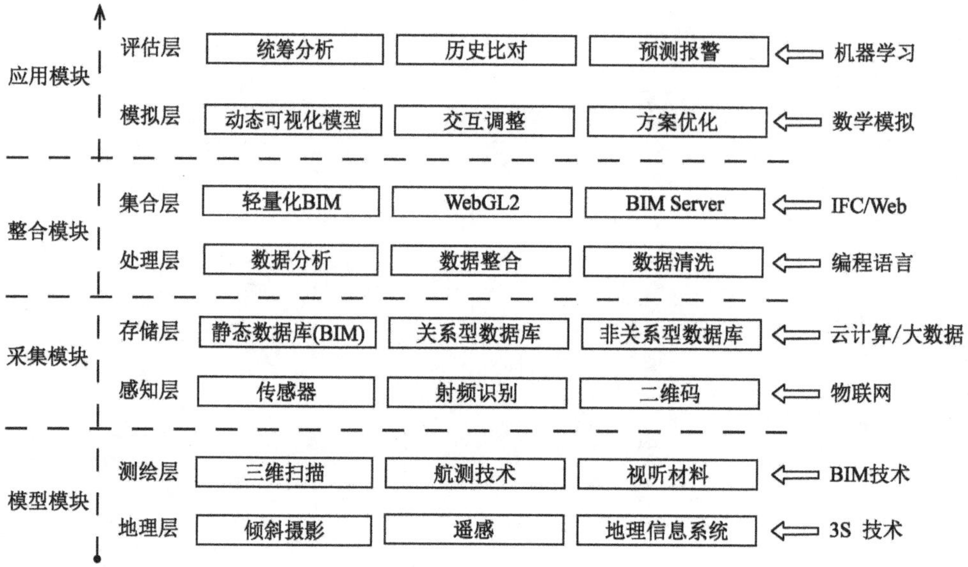

图 2 传统民居智慧运维技术路线

（2）采集模块

采集模块包括感知层与存储层，主要用于采集存储多种动态时间顺序（时序）数据，是传统民居运维管理分析科学性的重要保障。感知层主要基于物联网技术，通过运用传感器等感知仪器实现自动、实时的大规模工程数据采集。应用于传统民居监测感知设备按其功能主要分三大类：其一是用于采集物理环境的微环境传感器，如温湿度传感器、照度传感器等；其二是用于评估民居安全性的结构类传感器，如应变计、加速度传感器等；其三是用于监测使用者人行为的感知仪器，如蓝牙信标、能耗计。在感知仪器布设选点方面，目前已经有很多基于数学模拟辅助遴选有限监测选点的研究[16]，综合运用聚类分析、空间插值、计算流体力学（CFD）、有限元模型等模拟算法，可以将传统民居空间进行聚类，通过数字模拟辅助传感器的布设。而后通过云计算技术实现数据传输至云平台，通过使用恰当的数据库在存储层实现分布式存储。实际操作流程可以概括为：明确实采数据；筛选感知仪器；布设安装点位；遴选适用数据库。

在数据存储层，除了将模型模块的静态数据通过 BIM 技术进行存储外，还要将通过云计算平台传输而来的海量多源异构时序数据进行并行存储操作，基于大数据技术的数据库可以很好地满足这些条件。以面向对象数据库（object-oriented database，OODB）为目标的非关系型数据库（not only SQL database，NoSQL）可以更直接、高效地处理分布式环境中的海量时序数据[17]。而结构化查询语言（structured query language，SQL）数据库可以更简洁高效地存储静态数据，包括时间序列数据的 ID 和阈值的范围等。因此，综合使用 SQL 和 NoSQL 数据库才能实现采集数据的存储与管理。

（3）整合模块

为了让实测数据更准确高效地服务于应用模块，处理层需要对各类实测数据进行清洗、降噪与挖掘。对于动态不间断的海量监测数据，传统统计方法不仅工作量巨大、处理缓慢，而且容易出现差错，难以实现不同类型数据间的联动。而通过专业编程语言处理系统，可以快速地清洗错误数据，并运用既有函数及算法交叉多源数据，生成多样图表，方便发现数据之间的关联性及潜在价值。集合层是 CIM 平台可视化呈现的关键。随着超文本标记语言 5（HTML5）的发布，2017 年发布的 WEBGL2 应用程序编程界面（WEBGL2 API）为基于 WEB 的 3D 交互式渲染提供了很大的可行性。将 BIM 数据通过 industrial foundation classes（IFC）标准在基于 WEBGL2 界面中运用诸如 IFCOpenshell 等插件可以实现可视化解析与访问几何信息，然后上传到 BIM 服务器（serve），将 IFC 文件解析为轻量化的三角网格数据，从而将静态设备数据与时间序列数据通过统一的 API 连接起来，完成动态可视化 CIM 平台的搭建。

（4）应用模块

对基于 CIM 技术耦合存储的海量多源数据，其实际应用主要表现在两个方面。一方面，将监测数据与数学模拟融合，通过实测数据辅助交互式训练优化模拟数据库，从而将修正后的数学模拟参数运用于传统民居的优化与维护设计中；另一方面，基于运筹学、人工智能等技术，对实测数据进行统计分析与机器学习，通过监督学习实现对多维度多目标的预测预警，并通过交互式的比对分析，为管理者对民居的维护管理提供理论依据与量化支撑。

下一节基于不同目标导向，介绍数字技术赋能传统民居智慧运维的实际运用。

3　平台应用

对于传统民居的运维管理的目标导向主要包括三个方面：一是以舒适为导向的人居环境评估；二是以安全为导向的结构稳定性评估；三是遗产保护方面的传统民居价值评估。本节基于该智慧运维体系，分别对三个维度的管理评估方法进行探讨。

3.1　环境评估

对于诸如温湿度、污染物等动态非均匀分布的物理环境，有限的监测点位数据显然无法代表传统民居各空间的环境状态。而将其与计算流体力学（CFD）模拟软件进行拟合，可实现对民居环境的整体动态评估。目前，诸如 OpenFOAM 等环境数值模拟开源软件已经得到广泛应用与认可[18]，通过对多种环境进行叠加 CFD 模拟，构建民居环境数据库，并运用机器学习方法对数据库进行函数关系训练。然后以监测数据作为快速预测模型的输入端，根据 CFD 模拟训练的结果，实现室内多种动态物理环境的实施预测。值得一提的是，传统的 CFD 软件计算速度慢、数据存储容量不足，对于多参数、长时间的运维模拟来说，为了提高模拟效率，需要减少海量时序数据的运算量。可以通过降维离散化的方法对数据进行处理，获得低维线性数据库，并以此数据库作为训练对象实现机器学习[19]。环境模拟技术路线如图 3 所示。

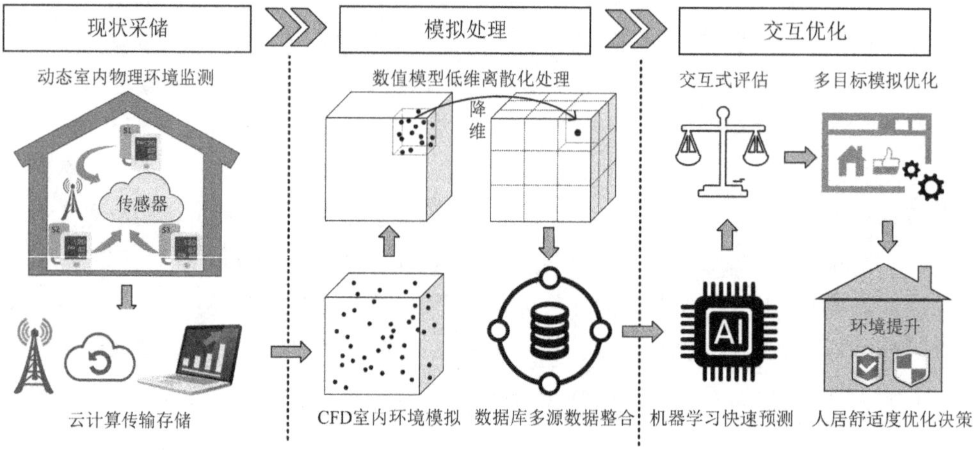

图 3 传统民居室内环境运维管理技术路线

通过对多种环境分布场的综合分析，可以实现多目标传统民居环境评估（图 4）。目前对于室内人体热舒适的评估，广受认可的理论标准包括 PMV 模型热感觉投票（TSV）、热适应模型[20]等，此类标准均需要基于温湿度、风速等微环境数据，计算平均辐射温度、中性温度等关键指标，并结合实地走访调研，获得传统民居的 80%或 90%可接受标准等效温度（SET），实现对民居热舒适评估。不仅如此，通过对二氧化碳浓度场及能耗的评估，有助于对民居碳足迹分布进行模拟评估，满足中国“双碳”政策的发展目标。最后，通过数字孪生民居环境各参数的模拟可以为探究传统民居的更新方案提供量化支撑，满足民居低干预运维更新的优化需求。

3.2 安全评估

传统民居室内结构安全性的分析主要可以通过挖掘民居结构中残损点以及运用有限元模型模拟传统民居结构应变能云图进行评估。专业的结构分析软件（如 ANSYS）已经能够实现对民居结构性能的初步模拟。而历史民居因为年代久远，需要结合应变计、位移计、倾角计等传感器的实际监测数据进行有限元模型（FEM）修正。通过对各结构参数的灵敏度进行分析，构造优化算法，完善有限元模型环境后，基于应变能的分布

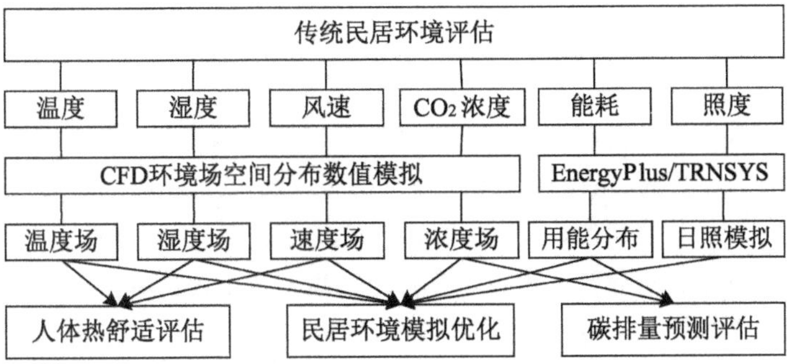

图 4 传统民居环境类多目标评估相关参数

可以对各单元构件进行加权，从而生成整个民居模型结构安全的评估云图（图 5）。除此之外，残损点的挖掘也是有效确定民居结构安全性的方法之一[21]，国标已经详细明确了民居各类结构参数的阈值[22]，结合实测数据即可明确民居内结构残损点分布情况。

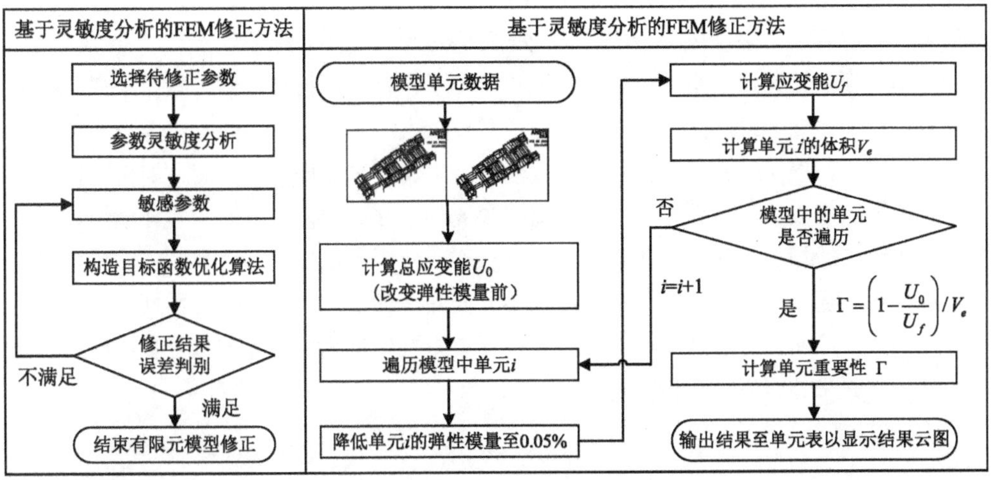

图 5 传统民居结构安全管理评估技术路线

3.3 价值评估

传统民居空间结构以及细部构件作为中国古代劳动人民工艺及智慧的结晶，蕴含着丰富的历史文化价值，也是民居在运维管理中不可忽视的特色环节。准确全面地对民居内部各构件价值进行评估并且直观地呈现重要元素的空间分布，能够有效提高民居更新与维护的效率。然而，传统民居普遍缺乏科学的管理维护标准，并且大部分民居为多户人家合住，部分居民因为多种需求对结构进行了加固改造或拆解更替，自组织的改造导致民居不同空间构件状态各异，对整体价值评估造成困难。该智慧运维平台在模型端以 BIM 模型为基础，在结合实地调研以及三维点云扫描的基础上，能够对各构件信息及价值进行区分，并独立存储与注释，实现细部价值分布的可视化呈现。

4 讨论与展望

随着农村现代化建设的深入，运用数字技术推动智慧农村发展成为乡村振兴的趋势。中国各地的传统民居各具特色，包含着浓厚的历史与文化价值，但普遍存在遗产保护与优化更新平衡的运维管理难点，传统管理手段方法单一，效率低，成本高，部分村落传统民居因管理落后而导致严重损坏，甚至坍塌。本文提出的基于CIM平台，运用多种数字技术的传统民居智慧运维管理方法，相比传统手段，具有以下优势：

（1）该体系具有低干预、高效率、高精度且适用性广的特性；

（2）为传统民居建立了全方位高度集成的数据库，为多目标导向的管理提供量化支撑；

（3）三维可视化交互管理的方法打破了传统二维图纸表格管理的限制，实现了现实环境与数字模型的联动，达到了通过模拟数据分析预测现实环境的目的；

（4）结合人工智能对平台数据进行分析预测，可以对多种潜在风险及灾害进行实时预警与远程管控，规避风险，实现智能化民居运维保护的目标。

但是，在实际运用与实施过程中，该技术体系还存在挑战与限制。整体来说，因为涉及技术广泛，专业跨度大，在搭建过程中需要较大人力与成本，同时因为技术有一定颠覆性，在村镇居民中的认可度与接受度还有待提高。在数据采集方面，如何规避人行为等对模型数据以及环境数据的干扰是值得探究的；在处理模拟方面，多环境参数耦合模拟非线性、非均匀性强，评估算法的选择有待商榷；不仅如此，因为对于村落民居的智慧运维体系还处于初步阶段，在预测预警方面数据样本量严重欠缺，在预测准确性方面存在挑战。然而这些潜在的难点与局限性不会影响到整体智慧运维平台在传统民居中的实现，在未来的研究中必将得到完善。

结语

本文聚焦当下乡村振兴战略中的传统民居运维管理与保护更新问题，针对目前普遍存在的民居管理方法单一、效果欠佳问题，探究了运用多种数字技术，以城市信息模型（CIM）平台为基础的集数字建模、动态采集、多源耦合、智能分析于一体的传统民居全方面多角度智慧运维管理方法。该体系理论方法可行、各模块层次清晰，能够有效提高传统民居管理效率，为历史民居的有效传承与科学发展提供思路。

参考文献

[1] 中共中央办公厅 国务院办公厅印发《数字乡村发展战略纲要》[EB/OL].(2019-05-16)[2022-05-25]. http://www.gov.cn/zhengce/2019-05/16/content_5392269.htm.

[2] 中共中央 国务院关于全面推进乡村振兴加快农业农村现代化的意见[EB/OL].(2021-02-21)

[2022-05-25].http://www.gov.cn/xinwen/2021-02/21/content_5588098.htm.
[3] MATEJKA P. Utilization of digitized building data and information models (BIM) in value estimation of building in rural areas[C]//Engineering for Rural Development. Latvia University of Life Sciences and Technologies,2019: 1693-1698.
[4] 李刘蓓,于冰清,夏晓敏.基于 BIM 技术的传统民居适宜性改造研究:以石门村窑洞民居为例[J].中原工学院学报,2020,31(5):34-38.
[5] 邓显石.基于 BIM 技术的传统村镇民居数字化维护探究[J].建筑与预算,2020(9):38-40.
[6] 康勇卫,梁志华.我国 GIS 研究进展述评(2011—2015 年):兼谈 GIS 在城乡建筑遗产保护领域的应用[J].测绘与空间地理信息,2016,39(10):24-27.
[7] 胡明星,董卫.基于 GIS 的镇江西津渡历史街区保护管理信息系统[J].规划师,2002,18(3):71-73.
[8] TSILIMANTOU E,DELEGOU E T,NIKITAKOS I A,et al.GIS and BIM as integrated digital environments for modeling and monitoring of historic buildings[J].Applied Sciences,2020,10(3):1078.
[9] 童丽萍,许春霞.生土地坑窑民居夏季室内外热环境监测与评价[J].建筑科学,2015,31(2):9-14.
[10] 谢静芳,董伟,王宁,等.吉林省冬季燃煤民居室内 CO 污染监测分析[J].气象与环境学报,2014,30(1):75-79.
[11] 杨鑫,汤朝晖.基于 SPSS 统计分析的河源客居形态研究[J].小城镇建设,2021,39(3):89-98.
[12] 陈偌晰,段园园,刘冲,等.基于大数据的色尔古传统藏寨民居分析[J].建材与装饰,2019(11):67-69.
[13] XU X,DING L,LUO H,et al.From building information modeling to city information modeling[J].Journal of Information Technology in Construction,2014 (19):292-307.
[14] 吴志强,甘惟,臧伟,等.城市智能模型(CIM)的概念及发展[J].城市规划,2021,45(4):106-113.
[15] QIAN Y C,LENG J W.CIM-based modeling and simulating technology roadmap for maintaining and managing Chinese rural traditional residential dwellings[J].Journal of Building Engineering,2021,44: 103248.
[16] 曹世杰,任宸,朱浩程.基于有限监测与降维线性模型耦合预测的暖通空调系统在线监控方法与策略[J].建筑科学,2021,37(4):83-92.
[17] 周颖,郭红领,罗柱邦.IFC 数据到关系型数据库的自动映射方法研究[C]//第四届全国 BIM 学术会议论文集.合肥,2018: 319-325.
[18] 何宗武.基于 OpenFOAM 的不同温度层结条件下大气污染物扩散的数值模拟研究[D].衡阳: 南华大学,2021.
[19] REN C,CAO S J.Implementation and visualization of artificial intelligent ventilation control system using fast prediction models and limited monitoring data[J].Sustainable Cities and Society,2020,52: 101860.
[20] 郑武幸.气候的地域和季节变化对人体热适应的影响与应用研究[D].西安: 西安建筑科技大学,2017.
[21] 淳庆,潘建伍,董运宏.南方地区古建筑木结构的整体性残损点指标研究[J].文物保护与考古科学,2017,29(6):76-83.
[22] 四川省建筑科学研究院.古建筑木结构维护与加固技术规范: GB 50165—1992[S].北京: 中国机械出版社,1993.

图片来源

图 1~4:作者自绘.

图 5:课题团队.

眼动追踪技术视角下的传统村落节点空间认知偏好研究

尤会子[1*]　付舰于[2]　冷嘉伟[3]　周　颖[3]　邢　寓[4]，王举尚[2]
（1~4. 东南大学建筑学院，江苏省南京市 210008，1497767712@qq. com）

摘要

随着乡村振兴战略的持续推进，我国乡村发展日新月异，作为其中重要组成部分的传统村落，其空间性质和功能也发生了较大变化。因此，如何在不破坏村落特色的前提下，对传统村落空间进行科学有效的优化，是一个非常重要的课题。本文选取南京地区三个不同规模的传统村落——佘村、李巷村和苏家理想村作为研究对象，基于眼动追踪技术以及城市设计中的空间序列视景分析方法，并结合语义分割方法及相关数据，对不同村落不同类型的序列场景进行比对分析，对传统村落节点空间认知偏好特征进行精确而科学的把握，总结出在乡村建设中对于村落节点空间优化提升的更新改造策略，为传统村落保护与发展提供相关建议。

关键词：眼动追踪；序列视景；传统村落；节点空间；认知偏好

Keywords: Eye tracking; Sequence view; Traditional villages; Node space; Cognitive preference

项目资助情况：教育部产学合作协同育人项目（202101042020）；东南大学校级重大 创新训练项目（202201006）；江苏省大学生创新创业项目（S202210286001）

引言

乡村振兴战略的推行，使得规划和建设不断开始介入村落空间，很多村落在优化建设的进程中没有针对性的优化策略，盲目从众，甚至丢失了原本的村落特色，导致“千村一面”。因此，如何在不破坏村落特色的前提下，对村落空间进行科学有效的优化策略的研究需求愈发急切。

近年来对于传统村落的研究都主要集中在古建筑单体和文物古迹上，对于村落空间节点特征的关注较少，同时研究方式以定性描述为主，缺少量化方法[1]。而以数据主导的新型研究范式被逐渐引入建筑学科的日常研究之中，随着“大数据时代”的到来，各种日趋成熟的信息处理分析技术为研究城市空间的视觉属性提供了便利条件。其中，利用目前国内仍处于起步发展阶段的眼动追踪技术，对于传统村落的优化建设改造具有重要价值[2]。

本文首先基于眼动追踪技术以及城市设计中的空间序列视景分析方法，实地调研选取代表性节点空间场景，进行眼动实验；其次，结合语义分割 CityScapes 数据集选取兴趣区，运用眼动追踪技术对不同村落、不同类型的节点空间进行分析；最后，结合主观问卷调查，对不同类型的村落节点空间的认知特征进行合理解析，并在此基础上提出相应的乡村建设优化策略。

1 既往研究

1.1 传统村落空间认知相关研究

凯文·林奇的《城市意象》一书总结了道路、边界、区域、节点和标志物五大城市意象要素[3]。节点可以只是简单的汇聚点，但因为是某种功能或物质特性的中心而显得举足轻重，比如街角空间或是围合的广场。在本文中，传统村落节点指道路岔口或会合点，以及空间联结转换的关键环节点。

目前，关于传统村落空间认知的研究中针对节点空间这个层级的研究相对较少，主要集中在公共空间这个层级的研究上。传统村落公共空间具有空间与行为的复核属性，因此相对于公共空间认知的研究，节点空间切入角度有所不同[4]。赵含钰等[5]将村落公共空间整体作为一个完整的系统，利用“空间句法”的理论方法从宏观的角度对村落空间的组织结构关系进行解读与评价；谭辰雯等[6]则利用基于村民视角的认知地图，对村落整体空间进行了生活性空间赋值评价。以上研究主要建立在理论方法以及人主观感受的基础上，研究结果的准确性容易产生较大的偏差。本文采用了客观的实验方法，对主观感受进行量化，可以获得更为客观的研究结果。

1.2 眼动追踪技术相关研究

眼动追踪技术最初用于社会认知和心理学领域，近年来，利用眼动追踪设备对人们的视觉活动进行分析（如注视点位置，注视时间、顺序、分布情况等）方法被广泛应用于数字媒体设计和视觉传达设计与评价方面[2]。刘淼运用眼动实验对电源产品的造型、交互界面中组件的体量进行了研究，实现了眼动追踪技术与感性量化评价手段之间的结合[4]。

此外，在城市空间研究方面，王敏则将眼动实验运用在了城市开敞空间的研究上，他设计了将认知地图与眼动实验相结合的视觉研究方法，对城市广场的空间感知进行分析[4]。然而，目前将该方法用于传统村落空间认知方面的研究比较缺乏，具有很好的研究前景。

2 研究方法

2.1 实地调研

实地调研是社会调查中运用最广泛的方法，是本着客观的态度采用科学的方法，对已确定研究对象进行实地考察，并收集大量资料进行统计分析。实地调研主要分为现场观察法和询问法，本文采用了现场调查法，选取南京有代表性的三处传统村落进行调研、实验以及分析：

（1）佘村（A）：位于南京市江宁区东山街道，被称为“金陵古风第一村”。

（2）李巷村（B）：位于南京市溧水区，是南京著名的红色遗址和文化教育基地。

（3）苏家理想村（C）：位于南京市江宁区秣陵街道，是传统与现代碰撞，具有新的活力的村落。

笔者于2021年12月4日和2020年1月7—8日先后对佘村、苏家理想村以及李巷村进行实地调研，由10位被试者分两批次现场佩戴眼动仪按规定路线进行游览观察，从起始点开始，走回到起始点结束，记录眼动数据。受天气状况及设备影响，现场实验采样率过低，且眼动仪记录画面过于晃动，不利于后续眼动数据分析，因此，笔者于2022年5月8—9日两天再次对三个村落进行补充调研，采用下文所述序列视景方法进行实验材料的收集，并对规定路线全程录像，保证材料完整全面。

2.2 序列视景

序列视景分析方法是戈登·卡伦首创的一种行之有效的城市景观分析和评价途径。王建国在《城市设计》一书中具体阐述了序列视景分析方法，他提到这一分析技术有两个基础，其一是格式塔心理学的“完形”理论，该理论认为，城市空间体验的整体由运动和速度相联系的多视点景观印象复合而成，但不是简单地叠加；其二是人的视觉生理现象，根据有关研究，视觉是最主要的感受信息渠道，它约占人们全部感觉的60%[7]。

本文采用序列视景分析方法，将其应用到传统村落A、B、C的现场调研中。其具体过程包括：

（1）在调研的村落中，选择适当运动路线；

（2）结合步行运动每10步停顿一次的节奏，确定关键性的节点，即上文中所说“节点”，和节点中的固定视点；

（3）在事先准备好的平面图上标明节点位置、视点位置及方向，并按行进顺序进行编号；

（4）对节点空间按视点位置和方向进行观察记录，拍照录像作为眼动实验材料。

从上述方法步行运动选出的节点中，笔者根据现场感受，在每个村子中选取分别可以体现空间尺度开合变化、视线转折变化、地面高差变化以及围合方式变化四个空间认知维度的四个节点，每个节点按步行节奏连续选择2~3张照片，共31张照片，作为实验样本（表1）。

表1 节点空间实验样本

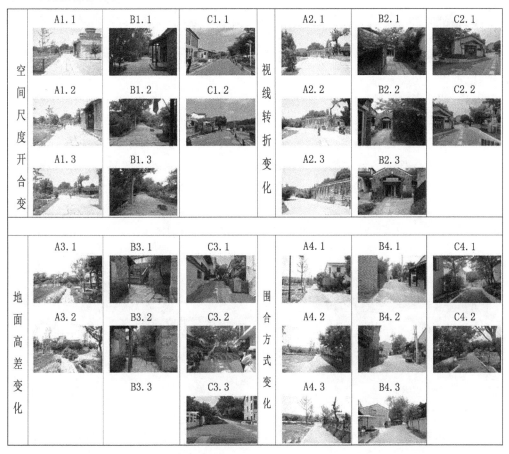

空间尺度开合变	A1.1 	B1.1 	C1.1 	视线转折变化	A2.1 	B2.1 	C2.1 
	A1.2 	B1.2 	C1.2 		A2.2 	B2.2 	C2.2 
	A1.3 	B1.3 			A2.3 	B2.3 	
地面高差变化	A3.1 	B3.1 	C3.1 	围合方式变化	A4.1 	B4.1 	C4.1 
	A3.2 	B3.2 	C3.2 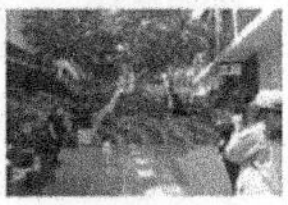		A4.2 	B4.2 	C4.2 
		B3.3	C3.3 		A4.3 	B4.3 	

2.3 语义分割

语义分割是对图像中的每一个像素进行分类，是计算机视觉领域的一个重要研究方向，也是场景理解和分析的基础，被广泛应用在自动驾驶、人机交互、计算摄影学、图像搜索引擎、增强现实等领域。

本文利用 CityScapes 训练集，搭建 DeepLab V3 模型对村落图像进行语义分割，可以得到对图像信息细致的分类（表2）。从中可以获取所需要的元素标签，比如 road、building 等在整体画面中的占比，为后续眼动分析做准备。

2.4 眼动实验

眼动实验法通过眼动仪对受试者眼球角膜反射光进行捕捉并记录，再通过相应软件将眼动行为以可视化的表示方法展现，可记录受试者的注视时间、注视次数和注视顺序等。

表 2 叠合照片示例及识别图例表

佘村	李巷村	苏家理想村	识别图例
		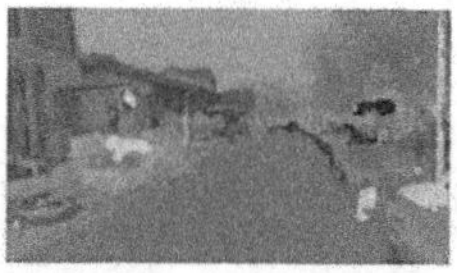	

（1）眼动实验器材

本眼动实验采用的 Tobii Pro Glasses 2 眼动仪（图 1），带有无线实时观察功能，为可穿戴式眼动仪，专为真实世界环境下的研究而设计。实验采样率为 50 Hz 或 100 Hz。场景摄像机视频格式与分辨率为 H. 264 1920×1080 pivels@25fps，场景摄像机视角为 90°16. 9，记录角度为 82°水平、52°垂直。该仪器采用的眼动记录方法为角膜反射光法。由于角膜突出于眼球表面，眼球在运动的过程中，角膜对于来自固定光源的光线反射角度也是变化的，这样就可以通过记录角膜的反光来分析眼动。

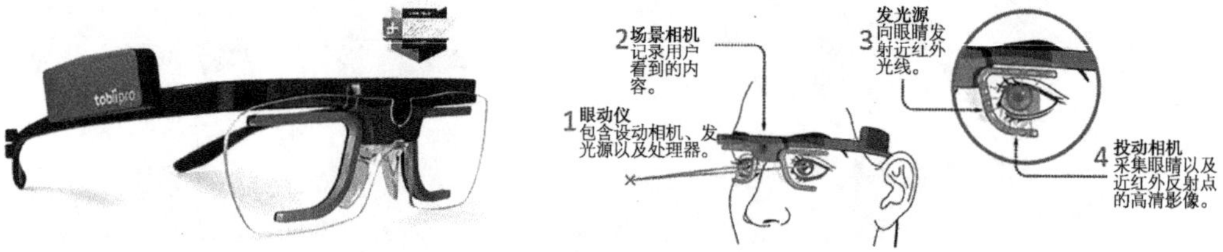

图 1 眼动仪

（2）眼动实验流程

①选取被试者：总人数为 20 人，皆为东南大学建筑学院学生，其中男女各半，色觉正常；

②帮助被试者正确了解实验过程，佩戴眼动仪并调试；

③黑暗环境中屏幕按顺序播放上述所选节点照片，每张照片播放 7 s 自动切换至下一张照片，被试者佩戴眼动仪观察选定的照片；

④全部照片观察完毕后，被试者填写问卷。

（3）眼动数据处理

眼动数据由眼动仪分析软件采集并输出，运用分析软件 Tobii Pro Lab 以及统计软件 Excel 和 SPSS 进行分析。

首先根据凯文·林奇的道路、边界、区域、节点和标志物城市意象五要素，结合语义分割所得标签类别，提取人们在传统村落里主要感知空间的五个物质形态元素：road、building、terrain、vegetation、fence 作为软件分析中五个 AOI 兴趣区；然后，在 Tobii Pro Lab 中进行 AOI 的绘制及相关数据的导出；最后，利用统计软件 Excel 及 SPSS

进行数据处理和分析。

2.5 问卷调查

为了更深入地研究村落节点空间认知偏好，本文设计了调查问卷。运用语义解析法（SD）调查问卷，采用言语尺度对人的直观感受进行心理测定，从而构造定量的数据对空间评价。结合三个村落的具体情况，涉及的内容包括：被试者的基本信息（性别、年龄）、空间开放封闭程度、空间丰富单调程度、空间感受舒适性强弱程度、空间印象深刻程度。评价共设置五个梯度，分别赋值-2到2分，这些信息能够在一定程度上反映出空间尺度开合变化、视线转折变化、高差变化、围合材料与方式变化以及人们对于三个不同类型村落和不同节点空间的认知及感受。

2.6 各维度相关性研究

语义分割得到的标签元素占比变化分析体现的是某种特定的节点空间特征，即所选能够体现空间尺度开合变化、视线转折变化、地面高差变化以及围合方式变化四个节点空间的主要特征；眼动 AOI 体现被试者对不同要素即所选人们在传统村落里主要感知空间的五个标签 road、building、terrain、vegetation、fence 的感兴趣程度，进而间接体现人们对于不同节点空间特质的感兴趣程度；问卷调查即主观评价维度体现被试者对于不同节点空间特征的直接感知体验。因此，为了能够更加准确地量化出被试者对于不同节点空间特征的认知偏好，使得研究路径形成逻辑严密的闭环（图 2），本文在研究结果的展现和分析中补充了主观评价维度与 AOI 相关性研究。

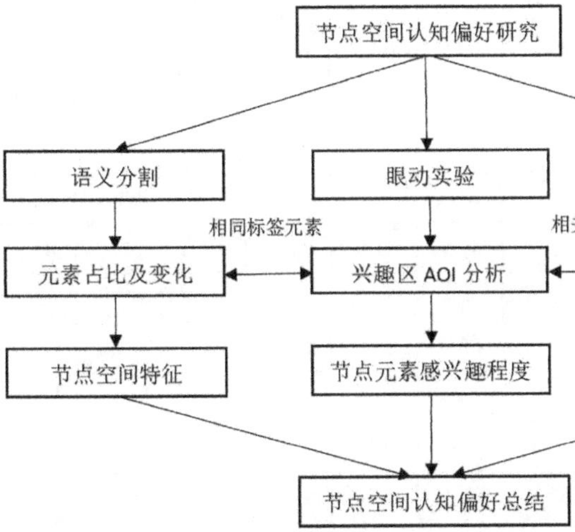

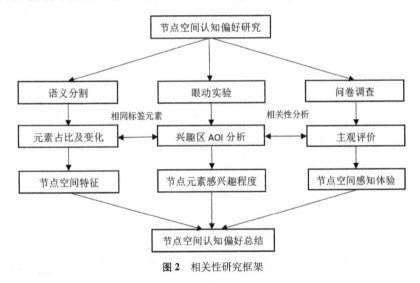

图 2 相关性研究框架

3 实验数据分析

3.1 语义分割分析

表 3 数据为三个村落各个节点经过语义分割后得到的 road、terrain、building、

vegetation 和 fence 在整个画面中的占比。

利用上述数据可以得出每个村子的各个节点中各个元素的占比变化（图 3~5），从中可以得出 1、2、3、4 四类节点的空间特征。

在佘村中，节点 1 中 building 和 vegetation 占比变化最为显著，节点 2 中 road 变化显著且 vegetation 明显增加，节点 3 中 terrain 变化显著，节点 4 中 building 变化显著且 fence 明显增加，四个节点 vegetation 占比都较大。在李巷村中，节点 1 中 building 明显减少，vegetation 明显增多，节点 2 中 vegetation 明显减少，building 明显增多，节点 3 中 building 稍有减少，节点 4 中 fence 和 building 变化显著。在苏家理想村中，节点 1 中 vegetation 稍有增加，节点 2 中 building 明显增多，road 和 vegetation 明显减少，节点 3 中 vegetation 和 building 变化明显，节点 4 中 vegetation 明显增加，building 明显减少。三个村子的四个节点的共同点是 building 和 vegetation 都呈相反变化趋势。

表 3 A、B、C 三个村落标签元素表　　单位：%

	A1.1	A1.2	A1.3	A2.1	A2.2	A2.3	A3.1	A3.2	A4.1	A4.2	A4.3
road	29.9	29.2	38.2	38.4	21.2	30.0	12.7	8.9	17.9	19.3	18.5
terrain	8.1	8.2	2.3	4.3	8.7	5.0	19.2	28.8	10.1	14.6	11.8
building	19.6	27.1	6.0	8.3	5.2	1.1	5.9	3.0	14.4	1.8	3.6
vegetation	23.3	14.8	28.8	25.0	31.4	37.2	42.4	41.9	32.9	34.4	31.1
fence	0.0	0.1	0.3	3.6	5.0	0.1	1.4	0.0	0.8	4.0	8.8
	B1.1	B1.2	B1.3	B2.1	B2.2	B2.3	B3.1	B3.2	B4.1	B4.2	B4.3
road	24.4	20.2	21.0	13.0	18.2	30.5	24.9	22.0	47.2	33.2	30.6
terrain	1.0	3.7	0.1	4.3	0.0	1.2	0.8	2.3	2.6	0.2	3.6
building	23.1	0.1	0.1	8.6	32.4	56.1	16.3	6.7	27.6	7.1	26.2
vegetation	47.9	68.4	68.1	69.6	39.1	9.8	17.7	13.0	13.0	31.7	29.2
fence	0.1	0.0	0.0	0.1	0.0	0.0	4.3	4.3	4.1	22.4	3.3
	C1.1	C1.2	C2.1	C2.2	C3.1	C3.2	C3.3	C4.1	C4.2		
road	31.0	27.3	39.7	5.7	38.7	40.2	48.5	11.5	12.6		
terrain	11.0	4.9	7.6	1.4	0.0	0.8	0.0	5.7	15.0		
building	13.9	12.0	14.8	49.4	27.9	36.7	13.4	27.1	0.2		
vegetation	27.9	31.2	20.6	42.9	17.5	8.4	18.6	55.6	70.8		
fence	0.1	1.4	6.9	0.0	12.3	1.1	16.3	0.0	0.1		

注：A1.1 代表 A 村第一个节点的第一张照片信息，依此类推；
B1.1 代表 B 村第一个节点的第一张照片信息，依此类推；
C1.1 代表 C 村第一个节点的第一张照片信息，依此类推。

3.2 眼动数据分析（图 3~5）

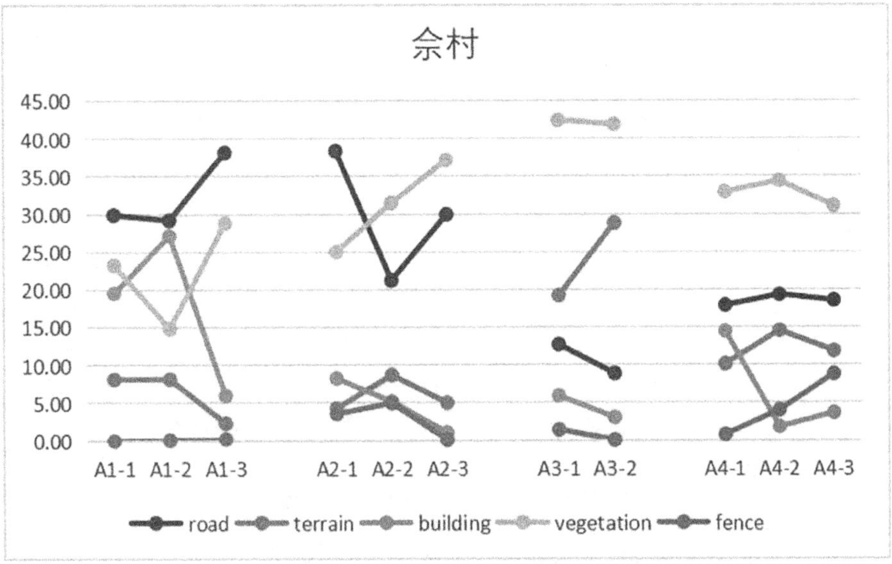

图 3 佘村元素标签占比变化

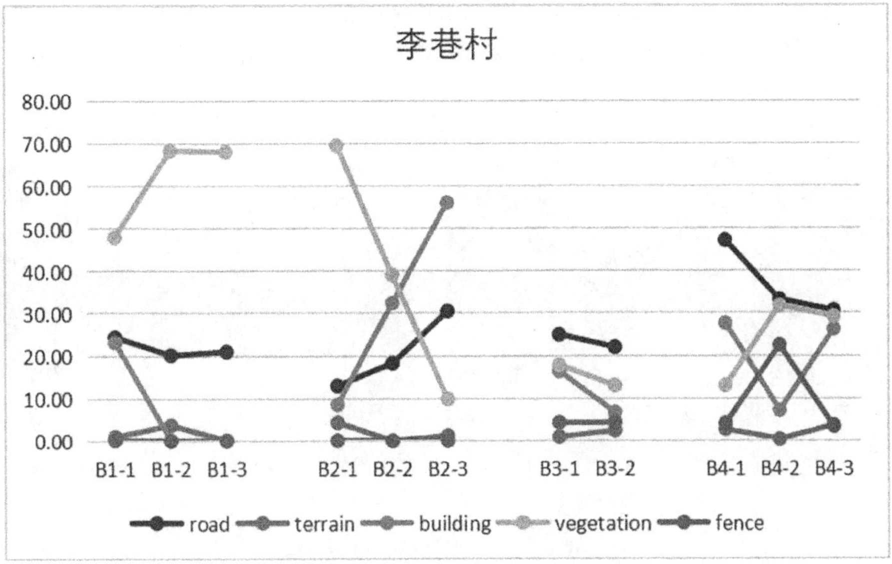

图 4 李巷村元素标签占比变化

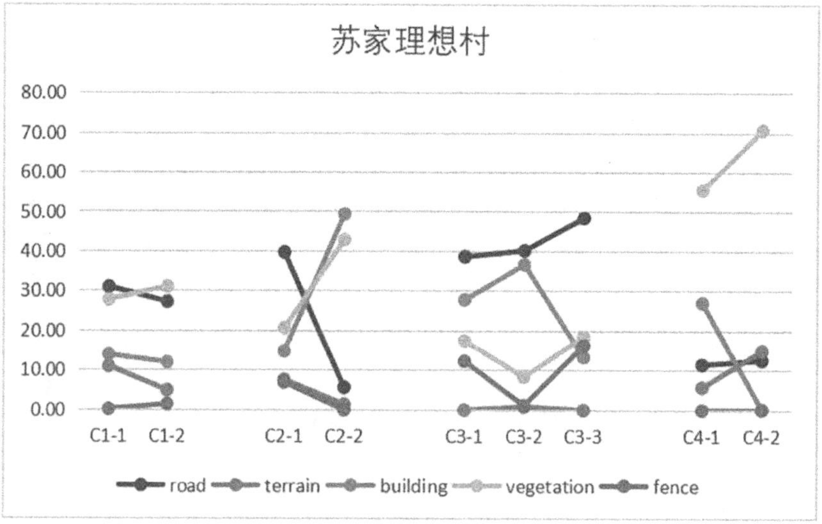

图 5 苏家理想村元素标签占比变化

（1）热点图及注视轨迹图分析

热点图以颜色呈现视觉关注度，关注度及关注时间和颜色的关系为：红色>黄色>绿色；注视轨迹图是以点的形式呈现的视觉轨迹图，从注视点 1 号开始表示观察是注视的先后位置以及轨迹。例如对李巷村节点 1-1 的热点图和注视轨迹图（图 6）进行分析可以发现，存在一些主要的感兴趣片区，即概括为前文所述的五个要素，分别是 road、building、terrain、vegetation、fence。

a）热点图　　　　b）注视轨迹图

图 6 热点图及注视轨迹图示例

（2）兴趣区 AOI 分析

本次实验中，笔者对所有样本的空间元素统一进行感兴趣区域划分形成 AOI，计算其平均注视时间（表 4）以及兴趣区平均注视点个数（表 5），以得到被试者对于不同要素的感兴趣程度。

① 总注视时长

总注视时长为各要素兴趣区中注视持续时长总和，可以较好地反映空间要素的吸引力。根据表6可知三个村落同类型节点各要素平均注视时长。三个村子中，节点1和2中building注视时长最长，节点3和4中vegetation注视时长最长；节点1、2、3、4总平均时长中，vegetation和building最长，fence的注视时长最小，road和terrain的注视时长都偏小。

表4 各节点各要素AOI平均注视时长统计　　单位：s

要素	road	terrain	building	vegetation	fence
A1-1	1.70	0.55	1.99	0.88	—
A1-2	0.83	1.01	1.90	1.60	0.34
A1-3	1.08	0.57	1.31	2.12	0.18
A2-1	0.73	0.23	1.29	1.61	0.58
A2-2	1.43	0.11	2.83	1.64	0.36
A2-3	1.06	—	2.59	1.90	1.61
A3-1	0.89	0.79	1.31	1.71	0.61
A3-2	0.95	0.54	0.45	1.82	0.83
A4-1	0.93	1.36	0.92	1.28	0.70
A4-2	0.93	1.48	—	1.95	0.52
A4-3	1.02	0.42	0.66	2.83	0.42
B1-1	0.37	0.18	0.72	2.72	—
B1-2	0.72	1.11	0.29	3.25	—
B1-3	0.49	1.38	1.16	2.45	—
B2-1	0.22	0.17	3.72	1.91	—
B2-2	0.14	—	3.96	1.01	—
B2-3	0.31	0.52	3.32	1.13	0.04
B3-1	0.22	0.74	2.37	0.73	0.39
B3-2	0.29	1.37	1.03	2.05	0.18
B4-1	0.86	—	1.09	1.84	0.43
B4-2	0.90	—	1.38	1.13	0.37
B4-3	0.61	—	1.06	1.39	0.31
C1-1	0.88	1.25	1.21	0.66	0.72
C1-2	0.45	1.06	0.58	0.86	0.47
C2-1	0.17	0.43	3.39	0.73	0.60
C2-2	0.45	1.23	1.56	1.37	—
C3-1	0.54	0.89	1.23	1.04	1.15

（续表）

要素	road	terrain	building	vegetation	fence
C3-2	0.42	2.41	0.48	0.80	0.65
C3-3	0.21	1.18	1.33	1.59	0.64
C4-1	0.32	0.21	0.50	2.60	0.75
C4-2	0.49	0.25	—	1.98	1.24

② 注视点个数

该指标为对各要素兴趣区的注视点数量，根据表 7 可知三个村落同类型节点各要素平均注视点个数。三个村子中，节点 1 和 2 中 road 上的注视点个数最多，节点 3 和 4 中 fence 的注视点个数最多，节点 1、2、3、4 总平均注视个数中，road 和 fence 的注视点个数最多，terrain 的注视点个数最少，building 和 vegetation 的注视个数也偏少。

表 5 各节点各要素 AOI 平均注视点个数

要素	building	fence	road	terrain	vegetation
A1-1	7.17	—	6.80	2.33	3.00
A1-2	7.50	2.00	3.80	2.50	5.00
A1-3	5.33	1.00	5.00	2.50	8.83
A2-1	5.83	3.00	3.40	1.00	7.00
A2-2	10.00	1.75	5.00	1.00	5.00
A2-3	9.17	10.00	3.50	—	4.83
A3-1	6.00	3.00	3.80	4.00	9.17
A3-2	2.67	3.00	4.67	2.00	8.00
A4-1	4.00	4.00	3.25	5.00	4.83
A4-2	—	3.50	4.00	6.17	7.00
A4-3	3.00	2.60	3.50	2.25	10.60
B1-1	3.17	—	2.20	1.00	12.17
B1-2	1.00	—	3.00	3.40	14.00
B1-3	4.00	—	1.50	6.25	8.83
B2-1	11.83	—	1.33	1.00	8.17
B2-2	15.67	—	1.00	—	4.17
B2-3	17.50	1.00	1.00	1.50	6.50
B3-1	10.83	1.80	1.50	2.67	3.50
B3-2	6.25	1.50	1.00	3.60	7.67
B4-1	6.25	1.40	3.50	—	9.20
B4-2	8.17	1.67	3.25	—	6.17

（续表）

要素	building	fence	road	terrain	vegetation
B4-3	5.50	1.00	2.00	—	6.67
C1-1	5.25	2.60	2.60	2.60	3.25
C1-2	2.67	1.75	2.75	3.67	2.80
C2-1	14.17	1.00	1.00	2.50	3.50
C2-2	6.40	—	1.50	3.75	5.00
C3-1	5.67	5.00	1.75	3.80	4.17
C3-2	3.33	3.00	1.50	9.33	3.25
C3-3	6.00	3.20	1.00	3.67	7.40
C4-1	3.75	2.67	2.00	1.25	11.83
C4-2	—	6.00	2.00	1.00	8.00

表 6 三个村落同类型节点 AOI 平均注视时长　　单位：s

要素	road	terrain	building	vegetation	fence
节点 1	0.82	0.89	1.14	1.82	0.43
节点 2	0.56	0.45	2.83	1.41	0.64
节点 3	0.55	1.12	1.14	1.36	0.64
节点 4	0.72	0.45	0.96	1.78	0.65
总平均值	0.67	0.76	1.59	1.60	0.60

表 7 三个村落同类型节点 AOI 平均注视点个数

要素	road	terrain	building	vegetation	fence
节点 1	4.51	1.84	3.46	3.03	7.24
节点 2	11.32	3.35	2.22	1.79	5.52
节点 3	5.85	2.58	2.24	4.21	6.50
节点 4	5.11	2.85	2.94	3.13	8.04
总平均值	6.87	2.71	2.75	3.04	6.84

3.3 问卷分析

表 3 数据为三个村落各个节点经过语义分割后得到的 road、terrain、building、vegetation 和 fence 在整个画面中的占比。

（1）不同特征节点偏好

从问卷统计结果（表 8），可以看出人们认为的所有空间开放程度排序为节点 4>节点 2>节点 1>节点 3，节点 3 的空间较为封闭；空间丰富程度的排序为节点 1>节点 4>节点 2>节点 3，节点 3 的空间较为单调；空间感受舒适性排序为节点 3>节点 4>节点 1>节点 2；空间印象深刻程度排序为节点 4>节点 3>节点 2>节点 1，节点 1 的空间印象最不深刻。

表 8 问卷统计结果

节点	空间开放/封闭				空间丰富/乏味			
	节点 1	节点 2	节点 3	节点 4	节点 1	节点 2	节点 3	节点 4
A	0.60	0.50	0.40	0.50	0.00	−0.45	−0.25	0.20
B	−0.60	−0.10	−0.75	0.35	0.30	−0.10	−0.70	−0.20
C	0.50	0.45	0.25	0.55	0.55	0.65	−0.60	0.15
总	0.17	0.28	−0.03	0.47	0.28	0.03	−0.52	0.05
节点	空间感受舒适性强/弱				空间印象深刻/不深刻			
	节点 1	节点 2	节点 3	节点 4	节点 1	节点 2	节点 3	节点 4
A	0.30	0.10	−0.15	0.05	−0.60	−0.10	−0.75	0.35
B	0.10	−0.05	0.45	0.55	0.65	0.55	0.55	0.75
C	0.05	0.20	0.80	0.45	−0.25	−0.15	0.65	0.70
总	0.15	0.08	0.37	0.35	−0.07	0.10	0.15	0.60

注：本表设置为−2~2 分五度量表，0 分为中介值

（2）不同特征村落偏好

从三个村落主观评价得分平均值（图 7）可得，人们对于整个村落空间开放程度的排序为：佘村>苏家理想村>李巷村；空间丰富程度排序为：苏家理想村>佘村>李巷村；空间感受舒适度排序为：苏家理想村>李巷村>佘村；空间印象深刻程度排序为：李巷村>苏家理想村>佘村。

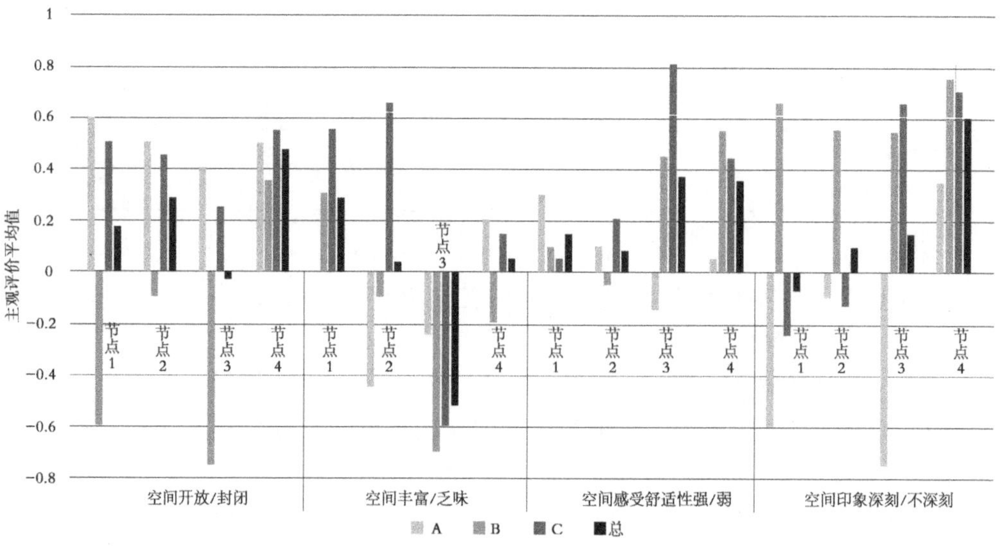

图 7 三个村落主观评价平均值柱状图

（3）不同性别偏好

从男女主观评价对比来看（图 8），可以看出，男女对于在节点 2 的空间丰富程度上产生了差异，在节点 1 的空间印象深刻程度上也有较大差异。

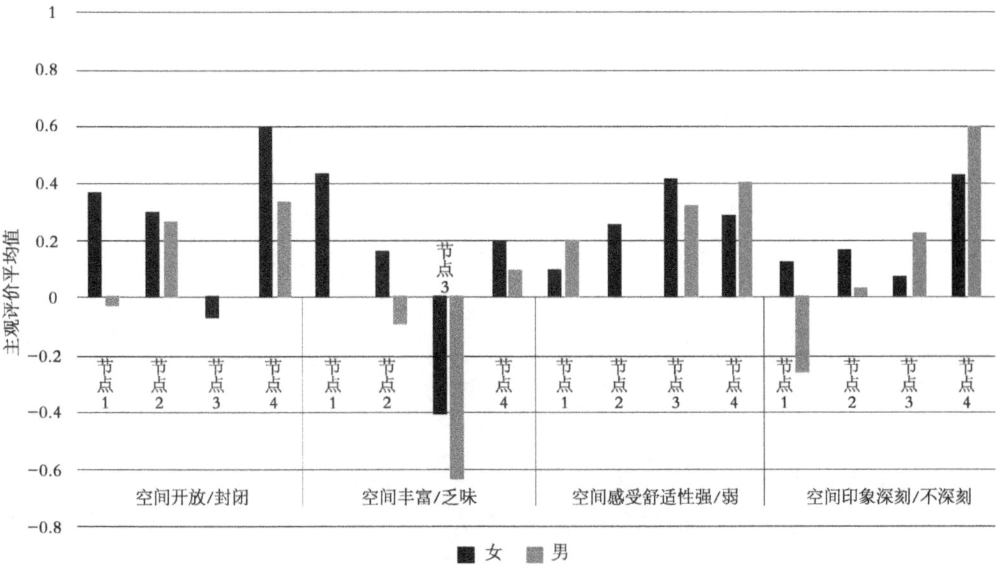

图 8 男女主观评价平均值对比线状图

（4）与 AOI 注视时长相关性分析

由表 9 可知 AOI 要素注视时长与问卷主观评价的相关性，空间开放程度与 vegetation 呈明显正相关，与 fence 呈明显负相关；空间丰富程度与 road 呈明显正相关；空间感受舒适性与 building 呈明显正相关，与 vegetation 呈明显负相关；空间印象深刻程度与 fence 呈明显正相关。

表 9 主观评价与 AOI 感兴趣程度相关性

维度	road	terrain	building	vegetation	fence
空间开放/封闭	0. 260	−0. 310	−0. 040	0. 634*	−0. 704*
空间感受丰富/乏味	0. 650*	−0. 250	0. 180	0. 130	−0. 180
空间感受舒适性强/弱	−0. 150	−0. 060	−0. 685*	0. 605*	−0. 550
空间印象深刻/不深刻	0. 070	0. 070	−0. 450	0. 040	0. 649*

* 在 0. 05 级别（双尾），相关性显著。

4　结果讨论

4.1　村落空间认知偏好及改造建议

（1）与不同程度改造的村落

由上述问卷调查所得的主观评价反馈来看，人们对于受不同程度改造的传统村落的节点空间呈多样化的评价。苏家理想村受改造程度最大，但是其空间丰富度和空间感受舒适度评价较高，达成其主打作为休闲度假村的村落定位目的；余村受改造程度最小，但是人们对其空间印象最不深刻，这表明虽然保留了原有的风貌，但是其特色价值并没有得到体现和提升；李巷村受改造程度中等，人们对其空间印象最为深刻，这表明其空间记忆点较多，特色较为突出，但是空间较为封闭，也较为乏味。

因此，传统村落节点空间的优化改造提升，首先应该明确村落自身的特色与优势，其次应合理地利用自身的特色资源营造特色空间，再对村落的发展方向与发展阶段进行合理的规划，然后根据不同的发展定位提出具体的优化改造措施。

（2）不同类型的节点空间

从上述语义分割元素占比变化结果来看，人的主观感受与实际结果有一定的误差，按笔者自己现场空间感受选取总结的不同类型节点空间与由元素占比变化体现的实际节点空间类型有所出入。从上述问卷结果可知，空间围合方式产生较大变化的节点空间评价都较高，其次是地面高差有较大变化的空间，再次是空间尺度开合有变化的空间，最后是产生视线转折变化的空间。

因此，针对村落节点空间的节点空间优化改造，从改造顺序及程度上应该首先从空间围合的方式上入手，人们会偏好一些围合方式较为丰富的节点空间；其次是从地面高差入手，利用地形做出丰富的高差变化，可以增加节点空间的丰富性；再次是空间尺度的控制，利用建筑物及植物等要素营造出丰富的空间尺度开合变化；最后是视线的控制与引导，因为在人们游览过程中，视线不断获得街道界面的承接，从而获得空间感知的舒适性并激发兴趣。相比于道路的转折，植物建筑物等要素也可以成为视线承载点，为节点带来趣味性。

（3）不同空间特征的要素

从上述 AOI 结合主观评价相关性来看，vegetation 是空间感知的主导因素，人们对其感兴趣程度最高，并且与空间开放程度以及空间舒适性呈正相关；其次是 fence，最高要素对空间开放程度以及空间印象的影响都较大；再次是 building 以及 road，最后是 terrain，此要素对不同空间感知的影响程度最小。但是，受所选特定节点空间所限，影响结果可能有所不同。

因此，对于空间开放性的营造，应当采用以 vegetation 为主的围合方式，以 fence 为主会使得空间较为封闭；对于空间丰富性的营造，应以 road 为主，设置丰富的道路转折，引导人们的视线；对于空间舒适性的营造，vegetation 占比较大会给人们更好的舒适感受，building 占比大则会让人产生不舒适的感觉；对于空间印象的营造，丰富的 fence 围合方式的设置会使人们对空间的印象更加深刻，但是积极向或是消极向的印象则需要对于这个要素设置准确的把控来决定。

4.2 研究不足及展望

本文相对于既往研究的创新之处主要体现在以下三个方面：

（1）将眼动仪引入寻找更新改造传统村落优化方法的实验中，将主观的视觉偏好转变为客观的量化分析，从而把握视觉特征与空间要素的关联性，进而对节点空间认知偏好进行探讨。眼动客观数据的量化分析与主观评价相结合的方法增强了研究结果的科学性和可信度。

（2）聚焦到传统村落的节点空间研究，以往对于传统村落公共空间的研究很多，但是专门针对主要节点空间的研究很少。

（3）采用空间序列视景理论方法，并结合语义分割这一计算机视觉领域的研究方法进行补充研究，极大地提升了本文的逻辑性和科学性。

本文的不足之处主要体现在以下三个方面：

（1）采用了特定的实验仪器，固有不可避免的误差，取得的数据类型也较为有限，在今后的研究中可通过提高实验的次数获得更多的实验数据减小误差，并尝试获取更为丰富的数据类型，从更丰富的角度对实验结果进行解释。

（2）本文选择了建筑学院学生为实验对象，属性单一，今后的研究可以扩大被试者范围，以研究不同属性人群之间的差异性，深入探讨传统村落节点空间认知偏好。

（3）研究方式为观察屏幕所播放照片，与在现实场景中真实的体验有所差距，且感知受多重因素的影响，如何对变量进行控制须仔细研究。

结语

本文利用眼动追踪技术，结合序列视景以及语义分割的方法，对传统村落的节点空间的认知偏好进行了研究，尤其是在如何认知不同类型节点空间以及其主要影响要素上，试图发现一些对传统村落节点空间质量提升起到重要影响的重要节点空间改造侧重点。本文对传统村落节点空间认知偏好特征进行精确而科学的把握，获得了一些小的发现，提出对于村落节点空间优化提升的更新改造策略，希望可以为传统村落保护与发展提供有益参考。

参考文献

[1] 冯磊，杜孟鸽，常铭玮，等.基于虚拟现实技术的传统村落空间形态与认知研究：许村、南屏、西递比较研究[C]//全国高校建筑学学科专业指导委员会.数字建构文化：2015 年全国建筑院系建筑数字技术教学研讨会论文集.北京：中国建筑工业出版社，2015：128-133.

[2] 李欣,李渊,任亚鹏,等.融合主观评价与眼动分析的城市空间视觉质量研究[J].建筑学报,2020(S2):190-196.
[3] LYNCH K.The image of the city[M].Cambridge: MIT Press,1960.
[4] 刘俊.旅游发展背景下的徽州传统村落公共空间研究:以屏山村为例[D].合肥:合肥工业大学,2019.
[5] 赵含钰,谢冠一.基于村落重生的乡村旅游建设适应性设计探讨[J].中国农业资源与区划,2016,37(10):166-173.
[6] 谭辰雯,李婧.基于认知地图的传统村落保护方法创新研究[J].小城镇建设,2019,37(9):77-83.
[7] 王建国.城市设计[M].3 版.南京:东南大学出版社,2011.

图表来源

图 1:TobiiPro 官网.

图 2~8:作者自绘.

表 1~9:作者自绘.

协作场景下的建筑、结构楼梯间详图智能出图模块研究

马　倩[1*]　李一帆[1]　赵正楠[1]

（1. 上海品览数据科技有限公司，上海市 200040，qian.ma@pinlandata.com）

摘要

建筑施工图设计需要密切的配合和协作。由于不同专业的设计人员之间既相对独立，又紧密联系，设计过程中存在着大量的技术协调、参数调整和冲突协商等工作。而传统 CAD 以及 BIM 等基于本地部署的绘图软件无法有效解决设计协同问题，限制了绘图效率与图纸质量的提升。本文以楼梯间详图设计模块为例，阐述了基于 SaaS 服务的智能协同设计平台——筑绘通如何协助用户实现人机协同下的建筑与结构楼梯间详图智能出图。在“十四五”规划大力推广建筑工业化、数字化、智能化发展的背景下，发挥人工智能的能力，助力工程设计领域效率提升，对于加速转型有着重要的意义。

关键词：施工图设计；协作设计；楼梯间详图；人工智能；智能出图

Keywords：Construction drawing design；Design collaborative；Stairwell detail drawing；Artificial intelligence（AI）；Automatic drawing

引言

建筑设计需要密切的配合和协作。由于不同专业的设计人员之间既相对独立，又紧密联系，设计过程中存在着大量的技术协调、参数调整和冲突协商等工作。推动建筑施工图云设计和智能出图，对设计资源进行智能优化配置，可以帮助缩短设计周期，提高设计质量和促进设计创新，是建筑设计行业信息化变革的必由之路。本文以施工图设计中的楼梯间详图模块为例，开展建筑、结构楼梯间详图智能协作出图模块研究，致力于实现协作场景下的建筑、结构楼梯间详图智能生成、修改与出图。

1　建筑施工图设计协同的必要性

建筑施工图设计是多专业、多人员、不同职责设计师共同围绕项目展开的高度连续协作的过程，每一套施工图需要协调安排建筑、结构、水、暖、电等专业，各专业设计

师又分别负责设计、校对和审核等工作，其中设计部分还包括计算、平面图设计、系统设计和详图设计等部分。设计过程通常由建筑专业开始，在此基础上进行其他专业设计，而在设计过程中，各专业都有根据需求向其他专业提出的要求，这类要求通常以条件图的方式提供，目前设计院采用的一般流程通常在线下提资开展，协作效率较低。同时，各专业内部细化过程中也存在着图纸关联，例如建筑专业中平立剖之间的关联、平立剖与详图之间的关联、结构专业中的模板图与详图的关联、电气专业的管线图与系统图之间的关联等，而对于规模较大的项目，各专业内部也存在着不同设计师共同工作的情况，因此，协同设计的需求在施工图设计环节无处不在。

各专业与专业内部的设计内容互相交叉、互相影响，常出现各专业设计内容互相矛盾以及由矛盾导致的重复性绘图的情况，而协同度欠缺所导致的设计问题一旦暴露在建筑施工甚至是使用阶段，会给业主方、设计方以及施工方和使用方带来时间与经济上的重大损失。因此在设计阶段，搭建有效的智能化协同设计平台，保证设计环节充分有效交圈，减少设计错漏碰缺，提升设计效率，显得尤为重要。

2　当前施工图协同设计痛点

计算机辅助设计（computer aided design，CAD）是指利用计算机及其图形设备辅助设计人员进行设计工作。CAD 在我国的发展经历了几个阶段，从前期的只能用于二维平面绘图、标注尺寸和文字的简单系统，发展到将绘图系统与数据管理结合，增加三维图形设计及优化计算等功能接口，再到以工程数据库为核心的集成化系统。当前市面上有不少基于 Auto CAD 二次开发的国产化软件，都可实现例如 CAD 版本对齐，统一参照和图档管理等基础性协同功能，但仍然存在本地化软件部署无法解决的问题。

（1）专业交圈不充分

施工图设计过程中，各专业除了互提设计资料以及与建筑专业进行必要的联系外，往往在各自的电脑上进行图纸设计，专业间交圈不充分，图纸常存在版本不统一、设计信息不同步等问题。

（2）本地储存难预览

基于线下的图纸绘制，设计文件及图纸通常储存于设计师的电脑中，尽管建立了储存图纸的本地文档，但无法实现在线查阅与预览，有较大限制性。

（3）数据安全不可控

线下的图纸储存与沟通带来数据及图纸共享的不安全性，无法有效保证公司及项目关键资料的安全。

（4）决策数据难实时

施目前的工程决策过程都是基于人工收集的各项数据，无法保证信息与数据实时有效，管理者无法动态掌握项目进度、质量、人员、经济数据等关键指标，更难以基于准确数据快速给出精准的决策管理。

(5) 低效劳动难避免

当前基于线下的绘图过程，由于各专业绘图环境存在差异，图层、线型、字体、颜色以及比例等难统一，图纸引用受限，依然难以避免人工绘制、调整格式、手动布图出图等低效工作。

(6) 经验分散难固化

设计知识经验分散难固化，且个体经验技术差异较大，难以形成公司标准化，更无法在团队内部沉淀经验技术库。

3 以楼梯间为例，探讨施工图设计协同解决方案

以楼梯间详图设计为例，为全面反映各层楼梯间的信息，必须绘出规范要求的建筑与结构专业的楼梯间平面、剖面详图及其他必要的节点。在以往的绘图场景中，设计师依靠 CAD、BIM 等计算机辅助设计软件进行线下设计。在这样的施工图设计过程中，人工计算及绘制工作量大，没有充分利用计算机的智能计算能力，绘图效率较低；且各专业绘图过程独立，缺乏有效的统筹交圈，常常由于信息不对称带来图纸返工等重复性工作，极大地限制了绘图效率与质量的提升。

AlphaDraw 筑绘通基于建筑设计经验与算法研发，辅以自研的高效率建筑模型渲染、编辑引擎，提出在 SaaS 端建立云端智能化协同设计平台，借助 AI 能力，实现人机交互下的施工图协同、智能设计。

3.1 传统建筑、结构楼梯间详图出图流程

传统出图流程（图 1），首先需要建筑专业基于平面底图手动绘制楼梯间初版建筑平面、剖面详图，在此过程中需要结构专业的基础输入条件。完成初版建筑详图后，二次提资给结构专业，结构专业在此基础上结合结构平面布置图深化设计楼梯间结构详图，并对于楼梯间梁柱结构提出优化调整。这个过程中伴随着与建筑专业的紧密讨论与协同修改，耗费双方设计师大量的时间与精力，而结构调整可能导致楼梯无法满足不碰头与疏散要求等情况，甚至会致使整套详图需要重新绘制，造成人力的巨大浪费。

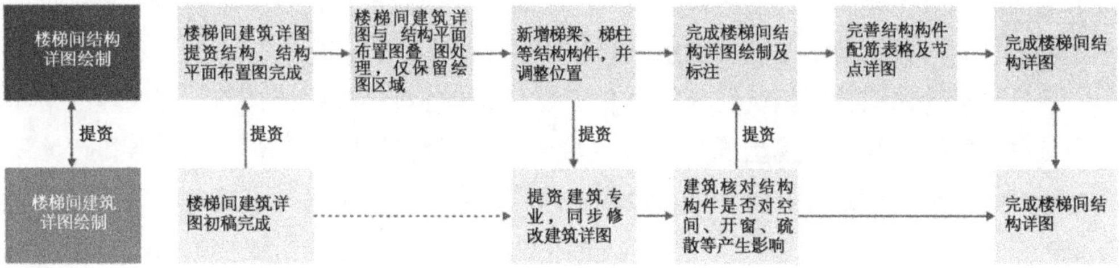

图 1 建筑、结构楼梯间详图绘制协同流程

为避免由于建筑、结构反复提资带来的图纸重复绘制的问题，我们期望基于人工智能的技术内核，通过计算模型自动完成数据计算并生成楼梯详图，同时搭建建筑数据信息模型，提供云设计平台，支持建筑、结构专业设计人员基于同一个数据模型进行楼梯的参数化调整，并通过合规性验证，实现人机协作下的最优出图。

3.2 楼梯间协同、智能设计技术路径

（1）画法库搭建

首先，我们需要基于楼梯间建筑、结构详图的人工绘图习惯、工程做法和规范法规进行绘图与计算逻辑的梳理，搭建画法知识库，实现绘图信息的高度结构化。

建筑设计知识库（简称“画法库”）是一个用于建筑设计经验沉淀的数字化、硅基化的知识库。画法库提供的建筑设计知识与经验沉淀的平台化解决方案，将改变过去建筑设计行业极其依赖于个人经验、且个人经验难以复用的状态，设计方法将以自然语言的形式结构化地记录下来，转译为代码后，作为 AI 绘图内在逻辑，可以持续高速高质地输出设计成果。这套设计方法可复用到多个项目，后续只须对该知识库进行维护和更新即可直接赋能生产。

建筑设计知识库是实现 AI 建筑设计的内核驱动，它包含了建筑学的系统架构、规则规范与逻辑方法。在筑绘通平台上输入设计条件，平台会按照画法库中设定的规则，将其分类为相应的情况，触发该情况下的解决方案，AI 绘图则在此解决方案限定的范围内求解出最优建筑设计结果。

画法库定义了设计对象及其属性、数据存储结构、绘图与系统计算逻辑、绘图的图纸类型、绘图所依据的规范和标准，并通过制定标准化的语素与语序，规范画法库中文字表达，形成标准化的自然语言的表达，实现信息的结构化。研发的过程遵循“从理论到模型到结构化”的进程。以楼梯间设计为例，我们在画法库内积累沉淀建筑与结构楼梯详图绘图习惯、计算逻辑、工程做法和规范法规等限定条件，进而建立思维模型与行为模型，实现人工智能算法下的楼梯间详图自动计算与生成。

（2）AI 识图

用户在平台上传建筑平面图与结构平面布置图，后台可通过 CAD 解析识别图纸内的所有信息（各图层的图元、文本等），然后基于图像算法将楼梯间解析出来。在图纸识别的同时，对楼梯间的组成构件，如门、墙、窗、梯段、平台以及结构构件等进行合并分类，进而通过深度学习模型识别出具体构件。

通过大量的训练数据，我们已经教会了机器认识各种各样的楼梯间，即完成了对于这个单一功能模块的感知模型搭建；进一步的，我们通过抽象“人”的思维和行为所建立的模型，逐步地完善机器对于这种现实的、复杂的、小尺度又锱铢必较的楼梯空间的分析和重构能力。

（3）云设计协同

基于识图的输入，我们内嵌自研的高效率建筑模型渲染、编辑引擎，为用户提供一

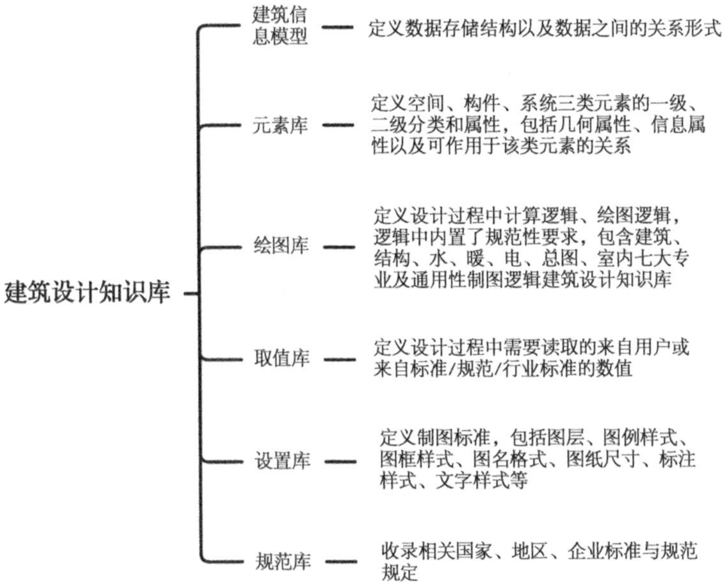

图 2 建筑设计知识库结构

个线上的可协作的图形化设计平台，用户可在云端流畅地实现类似本机软件的使用体验，实现真正的 AI 辅助设计。基于识图结果，平台支持精确地绘制楼梯间轮廓，参数化编辑门、窗、梁柱构件，及对空间/构件属性进行自定义调整，提高编辑自由度。

同时，我们支持用户根据楼梯间的特殊配置要求，实现个性化参数调整。支持全局—楼层/楼梯筒—楼梯间不同层级的属性配置，不仅可以对整个梯筒进行全局配置，还可以针对单一楼层设置起跑位置、面层厚度与层高等内容，实现多绘图场景的覆盖，全面提升设计灵活性。

基于协同设计平台上的同一个建筑数据模型，建筑、结构等多专业可同步调整参数，在楼梯间设计的过程中，实现梯梁、梯柱等结构构件的并行布置，避免了传统建筑、结构详图串联出图时，由于结构构件调整导致建筑详图返工修改的重复低效性工作。

（4）楼梯间建筑详图出图

在云设计平台完成各配置项的输入与确认后，即可进入自动出图环节。平台会根据进出楼梯间的位置，判断梯段的走势，同时根据读取到的楼梯间轮廓，对能够进行排布的区域进行计算；依据用户输入的层高和踏步数据，以剖面“碰头”的高度作为筛选条件，对梯段排布方案进行计算和选择。

完成自动计算后，根据计算的最优方案，绘制每层的梯段，并根据剖断线位置，将上下层梯段拼接入对应的平面内；绘制完成基本构件后，再根据标注规则，绘制详图需

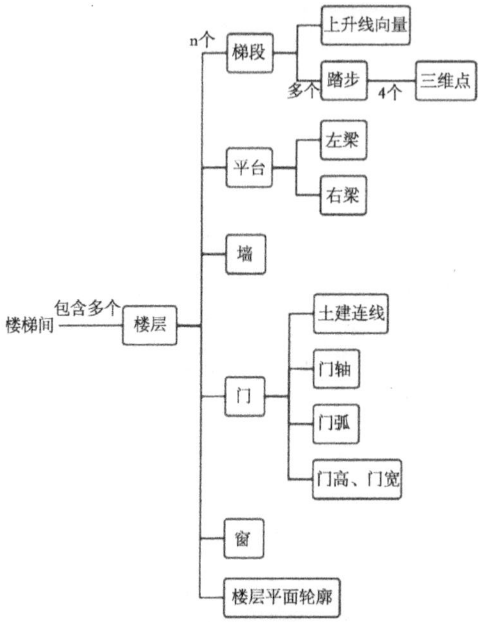

图 3　楼梯间画图算法模型

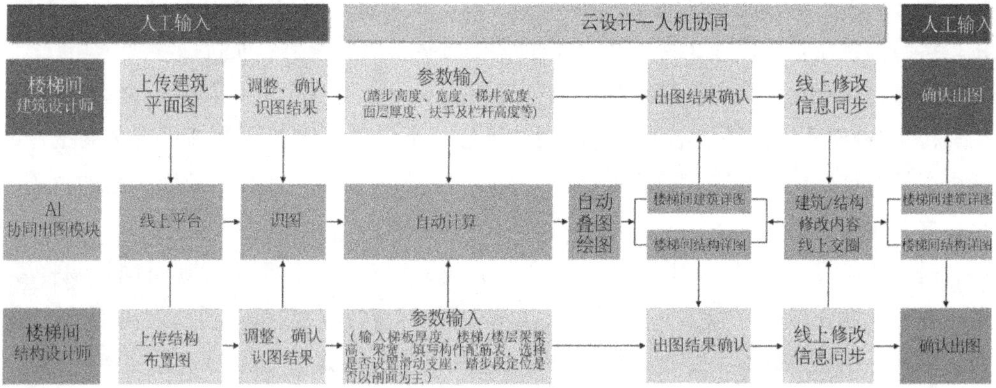

图 4　建筑、结构云设计协同流程

要的标注和属性信息。

绘制完成后，即可自动生成包含平面、剖面子图的楼梯间建筑详图全套图纸。楼梯间详图的输出结果为 CAD 文件，可良好地兼容 AutoCAD 与 BIM，支持后续编辑修改。同时支持电脑端、手机移动端一键下载出图。

（5）楼梯间结构详图出图

基于已输入的平面结构布置图与绘制完成的楼梯间建筑详图，平台支持继续生成楼梯间结构详图。通过内置楼梯间结构构件的画法规则，平台将在叠图的基础上，完成新增结构构件的自动绘制以及楼梯间结构平面、剖面详图的出图。

针对结构详图中特有的配筋表格、节点详图和排版说明，平台支持用户出图完成后自主编辑，或根据后台内置的默认数据库自动生成，由此完成楼梯间结构详图的出图。

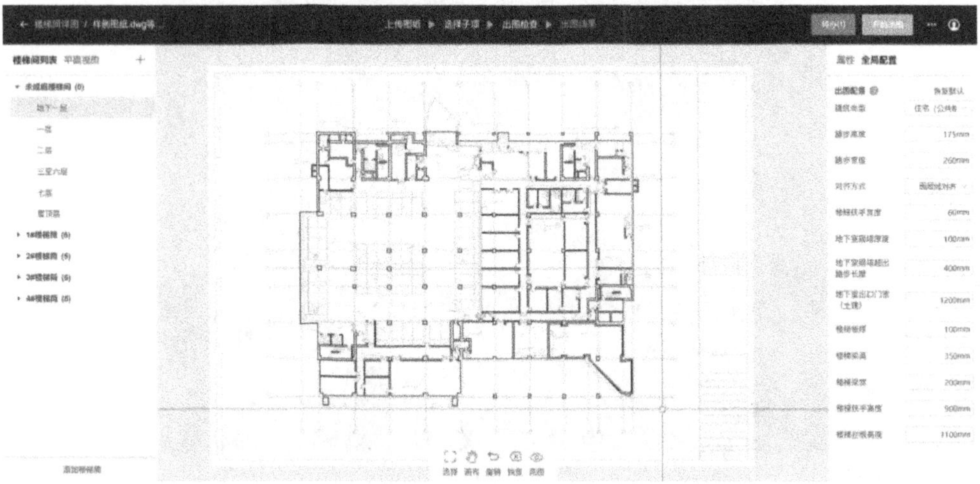

图 5 云设计平台产品设计

4 建筑、结构楼梯间详图协作模块优势

4.1 协作场景出图，减少重复修改

筑绘通改变了设计师线下协同以及纯手工的绘图方式，通过云设计平台实现了人机协同下的专业强交圈。筑绘通根据 CAD 图纸进行解析识别并重建建筑模型，并将建筑楼梯间详图绘图逻辑抽象为可供算法不断优化、多项目复用的绘图程序，设计师不再需要每个构件的绘制，而仅需通过云设计平台实现专业交圈，以及对 AI 生成结果做审核调优，90%的传统绘图时间得以释放。

4.2 知识库嵌入产品，绘图准确率更高

筑绘通将大量专业建筑施工图领域设计师的经验总结并沉淀，并在诸多实际建筑绘图场景中应用优化。与传统绘图时出图结果依赖人的计算与绘制相比，使用筑绘通的设计师不再需要担心过往经常出现的计算失误、绘图遗漏与专业矛盾等问题，楼梯间详图100%不碰头，绘图准确率与绘图表达质量更高。

4.3 云端产品，实现团队高效协同

筑绘通具有完整的企业用户权限与项目管理功能，建筑设计院的成员可以在筑绘通上共同编辑维护建筑模型，反复调整项目，任一的修改实时地同步至项目其他成员。筑绘通解决了不同专业的设计师图纸版本问题，在保证团队高效协同的同时，建筑数据模

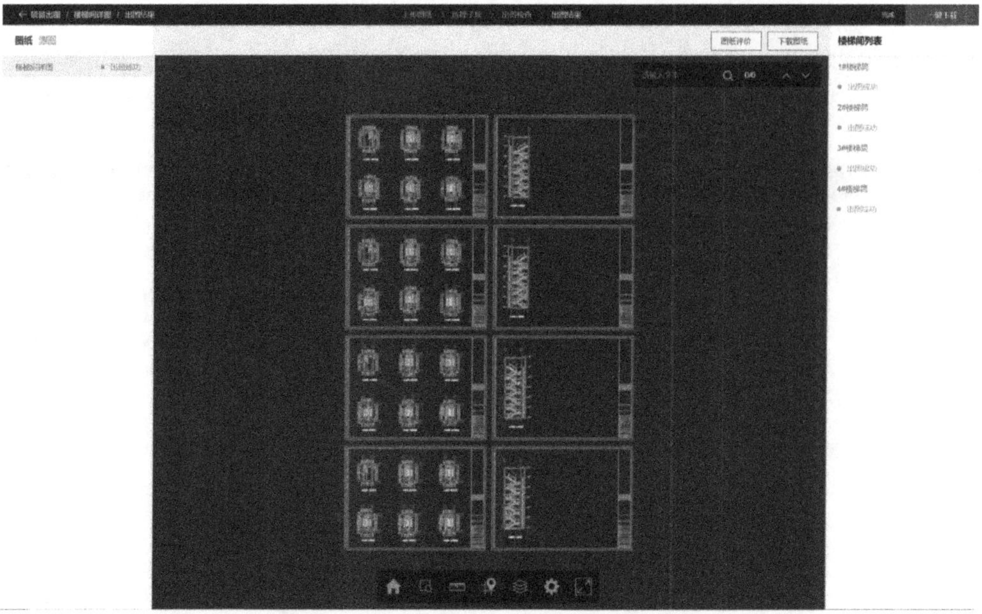

图 6　出图页面

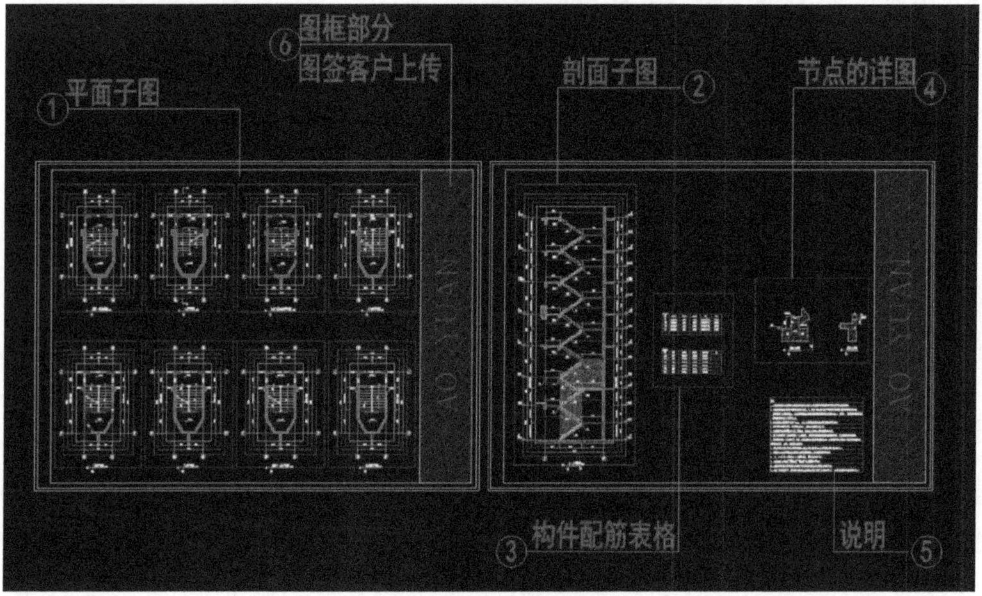

图 7　结构楼梯间详图构成

型稳定，AI 出图更加效率。

4.4 云设计能力，实现产品闭环

筑绘通内嵌自研的高效率建筑模型渲染、编辑引擎，用户可在云端流畅地实现类似本机软件的使用体验，用户从方案输入确认，到出图后的模型与图纸均可在线修改，对交付图纸进行配置后，可直接下载交图，实现完整的产品使用闭环。

结语

协作场景下的楼梯间详图自动出图，主要区别在于降低了“人”的绘图量，但保证了足够的协同度与参与度来决策关键信息。用户不必再亲力亲为地计算与调整，专业间也省去了反复提资带来的重复性工作，而仅需要上传图纸和输入必要的关键参数，通过计算模型就可以得出建筑与结构布置方案，并自动生成楼梯间详图。

《“十四五”建筑业发展规划》中指出，“‘十四五’时期，我国要初步形成建筑业高质量发展体系框架，建筑工业化、数字化、智能化水平大幅提升，建造方式绿色转型成效显著，加速建筑业由大向强转变。”AI 赋能建筑设计是在响应国家号召之下，建筑行业数字化、信息化转型的必由之路，运用人工智能的能力，针对建筑施工图设计环节产能低下、人力依赖、标准缺失的痛点和难点，针对性打造设计师的 AI 设计助手，将助力工程设计领域打破效率瓶颈，实现人效飞跃，高协同，快出图，少错漏。AlphaDraw——让建筑设计更简单！

参考文献

[1] 胡英杰，石陆魁，张博延.以 BIM 为核心的建筑设计协同设计管理平台构建研究[C]//共享·协同：2019 全国建筑院系建筑数字技术教学与研究学术研讨会论文集.重庆，2019：487-496.

[2] 秦晓东，孙世龙.施工图设计中的协同设计浅析[C]//河南省土木建筑学会.土木建筑学术文库：第 12 卷.上海：同济大学出版社，2009：320-321.

[3] 柯宇.施工图阶段各工种协同设计的研究[C]//第十四届全国工程设计计算机应用学术会议论文集.杭州，2008：247-249.

图片来源

图 1~4、图 7：作者自绘.

图 5~6：http：//zht. pinlandata. com.

基于伤病员分类分区的水灾发生时大型医院伤病员收容能力分析

王楚亭[1*]　周　颖[1]　辛阳鹏[1]　杨　乐[2]

（1. 东南大学建筑学院，江苏省南京市 210000，971695822@qq.com；
2. 第二人民医院，江苏省常州市 213004）

摘要

灾害发生时出现的大量需要救治的伤病员冲击了医院的运行。只有事前准备好应急预案并加以演练，才能最大程度地发挥医院效能，有效救治更多的患者。2021 年郑州水灾对医疗系统造成了巨大冲击，这更说明实行针对洪涝灾害的医疗应急计划的必要性。本文拟借鉴日本经验，学习日本应急行动计划，然后选取 NG 医院为对象，结合我国国情，使用国内医院急诊的真实数据，运用行人模拟软件 MassMotion 验算在水灾情况下的最大收容能力，最后在此基础上讨论实际的使用体验效果。

关键词： 医院应急计划；BCP；灾时医院平面设计；分区；伤病员收容能力

Keywords： Hospital emergency plan；BCP；Hospital floor plan during disaster；Zoning；Casualty holding capacity

项目资助情况： 教育部产学合作协同育人项目（202101042020）；东南大学校级重点创新训练项目（202201012）；国家自然科学基金面上项目（51978143）；国家级创新训练项目（202210286004）

引言

近年来，疫情灾害频发，我国是世界上自然灾害最为严重的国家之一，也是洪水灾害发生最为频繁的国家之一，根据 1970 年至 2005 年的数据，中国洪涝灾害的次数仅次于印度，位居世界第二[1]。随着全球气候变化以及中国城市化的进程加快，在原本高人口密度的城市基础上，中国的资源、环境和生态压力进一步加剧，自然灾害的防范应对形势更加复杂。2021 年郑州水灾充分说明了对应特定灾害的应急医疗系统的重要性。在灾害中，医院的医疗系统难免面临超负荷运转的挑战，如何抵御灾害、减轻损失、快速恢复日常业务是灾难中医院面临的重要难题。

以 2021 年 7・20 河南特大暴雨为例，此次特大暴雨灾害给河南的医疗卫生系统造成了重大冲击，其中郑州大学第一附属医院在最严重时地下三层和部分一层被淹没，水电和通信设施受损中断，被困患者和家属达1万多人。完善我国急救与防灾医疗系统，提升我国医疗系统在突发灾害面前的抗压能力，离不开各专业人士的通力配合与努力。目前国内对于日本发展相对成熟的应急行动计划业务连续计划（Business Continuity Plan，BCP）的介绍尚且不多，笔者认为，吸收国内外各类医疗应急方案的经验教训，学习建立BCP是提高我国医疗系统应急水平必不可少的关键环节。

基于以上情况，笔者针对研究对象NG医院所处地区容易发生的洪涝灾害讨论可能的应急预案；学习既有的BCP，并针对国内综合性医院做出调整；采用人流模拟软件，对相应方案在洪涝灾害特定场景下最大收容容量进行评估；通过虚拟现实技术，搭建更利于辨识的场景模型辅助研究。

1 过往研究与评价

1.1 BCP与医院应急能力

自2002年起医院应急能力相关的研究数量显著增加，近年在新冠疫情影响下研究热度达到高峰，但既有医院应急能力的研究，主要针对以疫情为主的公共卫生事件中综合医院的应急能力，而缺少针对具体自然灾害情形下综合医院可使用的应急预案。

BCP作为一种业务可持续性计划在多个领域皆有应用，针对医疗领域，日本做出了较多成果，并且将其应用于实际赈灾应急中。自2005年起，日本针对防灾备灾正式以BCP体系开展建设。在这种相对完善的体系下，大规模进行灾备资源建设使得在面对2011年的重大地震和海啸灾害时，日本的医疗体系可以冷静积极地进行抗灾防灾，并尽快恢复日常运作。

将BCP理念结合医疗系统进行研究，是备灾抗灾时必不可少的环节。通过建立合理的BCP，使医院在面对突发灾害时维持医疗系统的运作，从而为人们提供安全有效的医疗保障服务。

1.2 虚拟现实技术研究在防灾减灾中的作用

虚拟现实技术是伴随多媒体技术发展起来的计算机新技术，其特点在于：沉浸、交互和想象。虚拟现实系统利用多感官、全方位的呈现来帮助使用者切身体验到某一个环境。如今虚拟现实技术已应用于多个领域，如重现古建筑、模拟灾害发生规模、模拟手术过程等，可以帮助研究者们更具体地展现工作结果，从而达到减少研究成本的目的。虚拟现实技术在建筑领域更多地应用于模拟建成结果，检验建筑空间的感受，在医学上更多、用于模拟人体等。但该技术同时可以帮助安全生产应急演练，验算模拟灾害规模等工作，因此推测其在防灾减灾中有着极大发展潜力，可以综合医疗系统、建筑布局、交通系统等多方专业进行研究模拟，优化现有的防灾应急系统。

因此本实验希望利用虚拟现实技术，研究在医疗建筑中防灾应急系统的可能性，同时通过虚拟现实技术的高仿真性验证医院内部空间环境与 BCP 的可实施性。

2 研究方法

2.1 技术路线

本文的工作流程包括 5 个部分：数据整理分析、MassMotion 模拟客观分析、TwinMotion 虚拟现实模拟主观分析、综合评价、得到结果（图 1）。

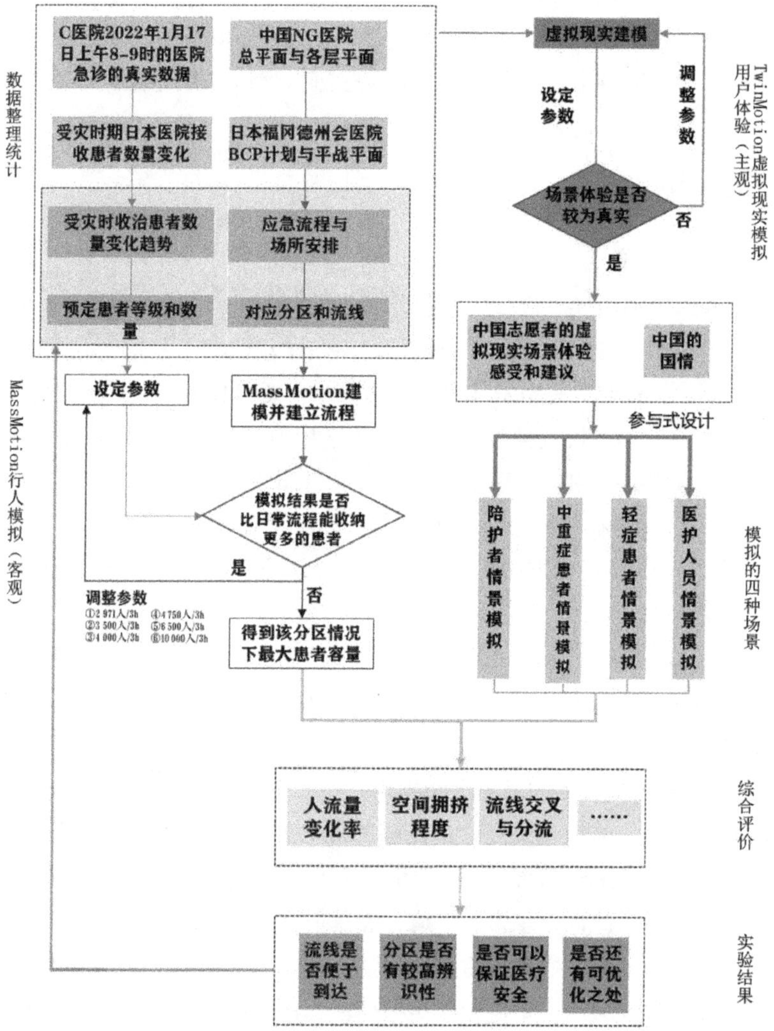

图 1 技术路线

2.2 NG 医院简介

NG 医院是中国江苏省南京市的一家综合性大型三级甲级医院，目前共有建筑面积

22.5 万m^2，有床位 3 800 张，在岗职工 5 000 余人，年门诊量约为 320 万人次。

实验主要以 NG 医院的一层平面和二层平面为主要研究对象。一层北侧主要为 NG 医院的急诊部，包含联合诊室、急救室、摄片室、EICU 等；一层南侧主要为门诊部，其中入口处设有发热门诊（图 2）；二层为各科室。沿中山路方向通过坡道可直接到达二层作为交通枢纽的钢琴厅（图 3）。

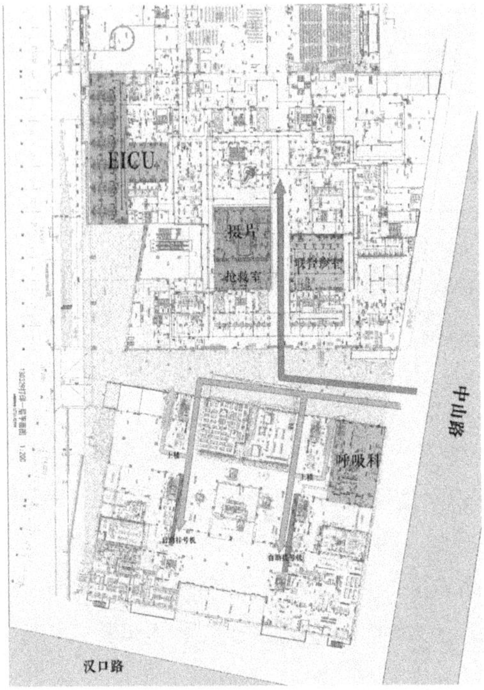

(a) 一层平面

图 2 NG 医院平时一层平面图

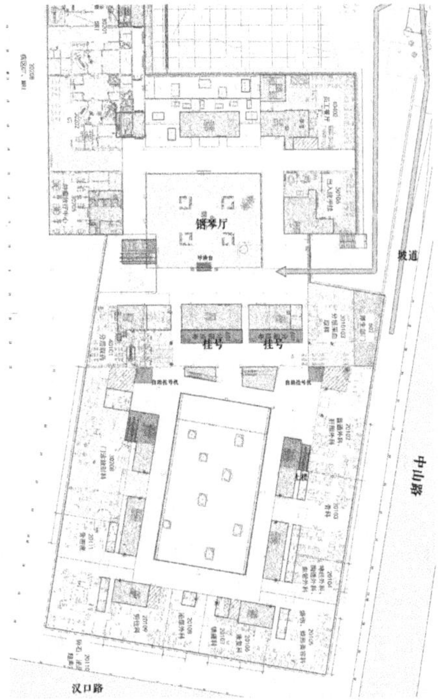

(b) 二层平面

图 3 NG 医院平时二层平面图

2.3 日本福冈德州会医院 BCP 与应急平面分区介绍

本实验以日本福冈德州会医院的 BCP 设计为主要研究对象。日本福冈德州会医院有着较为详细完备的 BCP 设计，针对地震、海啸、火灾等灾害都进行了资源管理、灾时分区、就诊流线等详细的预案设计。其中针对地震、海啸等大规模灾害，设计了以红、黄、绿、黑区分区为基础的灾害应急分区，将病患根据伤病等级进行分级，快速进入分区就诊，避免流线交叉干扰，从而应对面对灾害时涌入大量伤病患者所造成的冲击（图 4）。

其中红区代表需要急救的重症病人，黄区代表程度不及红区重症病人但随时可能恶化的中症病人，绿区代表行动基本无碍的轻症病人，而黑区则代表在有限的医疗资源内抢救困难的病人[2]。

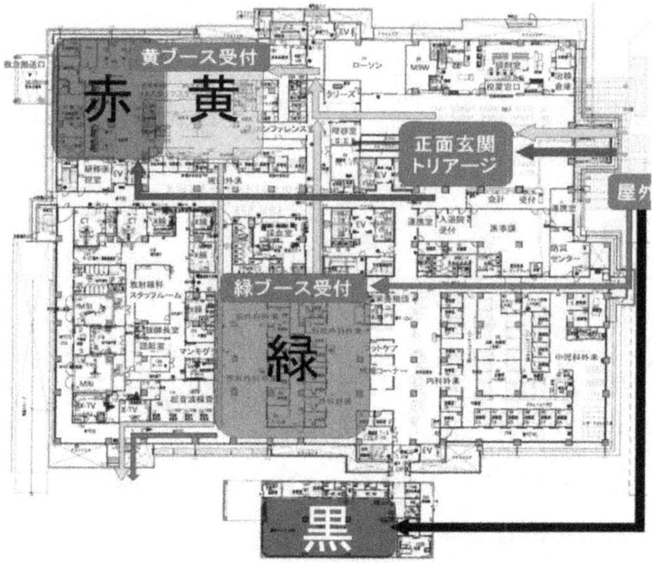

图 4 福冈德州会医院 BCP 分区平面图

2.4 实验方案

该试验方案以医院受灾为时间起点，建立 72 h 的受灾应急时间轴线（图 5）；根据 BCP 的标准对伤病患者进行重症、中症、轻症分类，并建立就诊流程框架；建立 NG 医院场景模型和实验模型；以国内医院门诊人数的真实数据为参考，分析该流程中分区和流线中的人流拥挤情况，计算最大容量；邀请志愿者利用虚拟现实模拟技术试验就诊流程，提供相应的反馈。

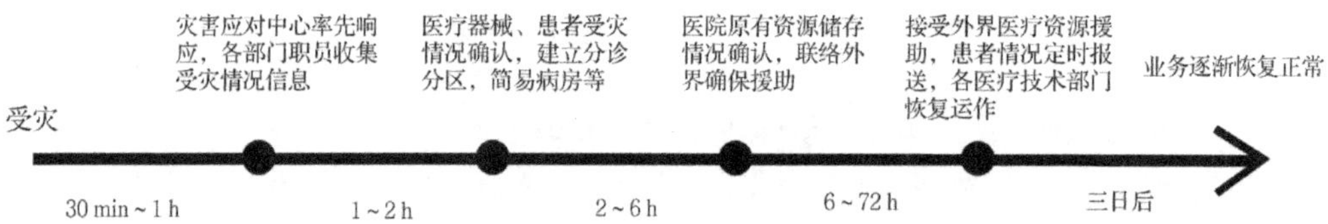

图 5 72 h 应急时间轴

2.5 患者数据

因日本医院与国内医院有着较大模式上的区别，使用日本医院的人流数据会导致试验失真。而 NG 医院内数据收集较为烦琐困难，因此使用我国 C 医院 2022 年 1 月 17 日上午 8—9 时的医院急诊的真实数据作为参考。后续实验根据 NG 医院门诊量规模和 C 医院门诊量规模的比例（图 6）以及受灾时的患者数量变化[3]，推演出在受灾情况下 NG 医院在灾后需要接收的急诊人数（图 7）。

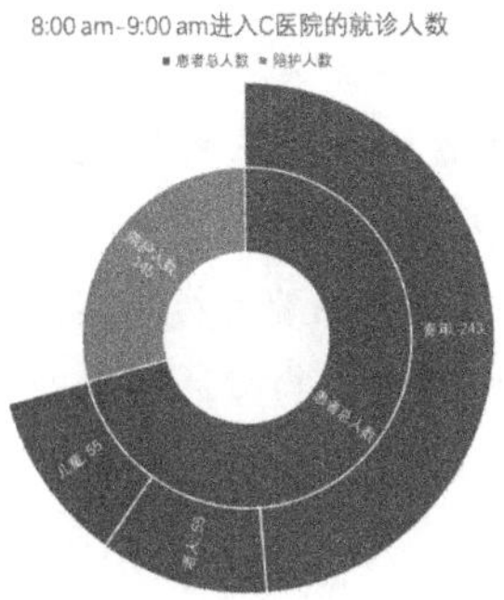

图 6 C 医院急诊数据

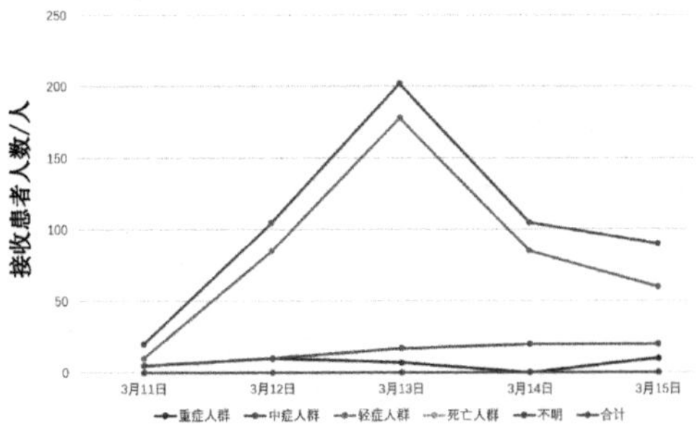

图 7 灾时医院接收患者人数变化规律

2.6 重症、中症和轻症患者的分类、治疗时间和流程

根据福冈德州会医院 BCP 中对患者受伤严重程度的分级，结合国内医院对患者受伤情况的评定标准，设定红、黄、绿、黑区收治患者的分类标准（表 1），并建立各分区收治和治疗的时间流程（图 8）。

表 1 患者情况分类

优先次序	分类	识别颜色	病患状态
第一顺位	最优先治疗组（重症）	红色	呼吸道阻塞、呼吸困难、存在意识障碍、大出血，有生命危险
第二顺位	等待治疗组（中症）	黄色	全身状态比较稳定，可以稍微延迟治疗时间
第三顺位	保留组（轻症）	绿色	可以进行门诊治疗
第四顺位	死亡组和等待死亡组（死亡）	黑色	已经死亡或存在高度脑损伤等不易救治的情况

注：重症、中症和轻症患者的分类参考福冈德州会医院 BCP 的症状分类。

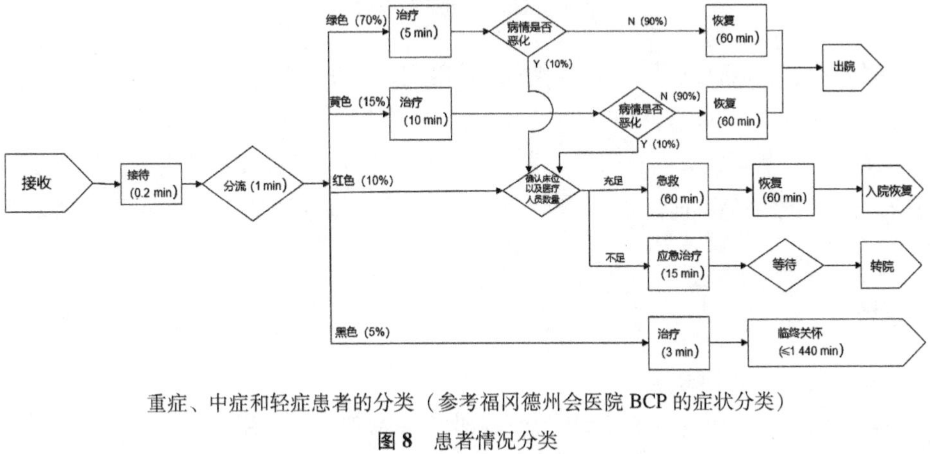

重症、中症和轻症患者的分类（参考福冈德州会医院 BCP 的症状分类）

图 8 患者情况分类

2.7 行人模拟分析（客观）

实验初步在 SU 内对 NG 医院进行场景建模和实验模型的建模，将实验模型导入 MassMotion 软件中进行人流分析，代入前期调研数据，检验该分区的有效性；增加人数模拟分区的运作情况，重复模拟，估算在该分区系统下医院的最大容量。

根据日本不同医院在面对灾害时来院人数的变化规律可知，来院人数最高峰可达到日常门诊量的 2~10 倍不等[3]。基于前期对 NG 医院灾时来院人数的推算，模拟来院总人数最多的灾后第三日上午 8：00—11：00 的情况。设定在应急时期 NG 医院床位为日常床位的两倍 136 张，依据图表，以基础数据 2 971 人/3 h 为最小值，以10 000人/3 h 为最大值，逐步取中间值模拟分析，根据红区的面积判断分区是否能正常运作。

2.8 虚拟现实与患者体验（主观）

将场景模型导入至 TwinMotion 虚拟现实模拟软件中进行进一步的场景细化，使用 VR 对该模型进行虚拟现实模拟，邀请志愿者对不同任务进行交互体验，并填写问卷。进行虚拟现实模拟过程中，志愿者需要扮演不同的身份（图 9）在场景中寻找目标路径并最后到达目的地。

①	②	③	④
模拟身份： 陪护家属	**模拟身份：** 中重症病患	**模拟身份：** 轻症患者	**模拟身份：** 医护人员
模拟背景： 假设你是一位孕妇的陪护家属，跟随救护车来到医院，需要进行医疗登记，等待孕妇进行手术	**模拟背景：** 假设你雨天在医院附近跌倒，被扶进医院，需要进入黄区接受治疗，观察无恙后在绿区休息，等雨停后离开	**模拟背景：** 假设你在路上被风刮断的树枝砸中，受到擦伤，前往医院，需要在绿区接受治疗，等待观察时突发腹痛，需要前往黄区治疗	**模拟背景：** 假设你是医院内负责巡视的医生，在接到将有大量降雨的警报通知后，根据上级指示需要检查各个分区的准备情况
任务路线： 到达医院→进行预检分诊→在红区等待手术结束→进入绿区休息	**任务路线：** 到达医院→进行预检分诊→在黄区接受治疗→进入绿区	**任务路线：** 到达医院→进行预检分诊→在绿区进行治疗→进入黄区进行检查治疗	**任务路线：** 从院内任何地方出发→按红区→黄区→绿区→预检分诊处的顺序检查

图 9 虚拟现实模拟场景设定

2.9 流线交叉、拥挤度分析（主客观的比较研究）

根据在 TwinMotion 软件和 MassMotion 软件中模拟得到的结果，导出特定时间内的最大密度地图，整理相关问卷结果。分析得到关于流线是否存在大量交叉、部分区域是否存在过分拥堵的情况的结论，判断在就诊人数达到高峰时期，分区是否仍然能进行运转。

3 结果

3.1 NG 医院灾时平面分区

在以福冈德州会医院既有 BCP 为研究对象的基础上，采用该体系中的分区逻辑，对 NG 医院平面进行初步的分区规划。

因红区的运作需要大量急救设备辅助，围绕急诊部设置红区；为方便黄区行动不便的病人在情况突然恶化时可迅速转移至红区，需要将黄区设置在红区相邻的区域，同时门诊部空间较为空旷，便于设置临时床位，因此将原门诊部的区域设置为黄区（图10）。

NG 医院是位于城市市中心的综合性大型医院，其规模与日本地区医院有着较大差别，在面对洪涝灾害的情况时，极有可能需要承载更大的就诊人流，在大面积断电情况下，医院更可能成为市民的聚集地。考虑到该情况，将以钢琴厅为中心的二层现有的候诊区域设置为绿区，以供大量轻症人员和滞留人员停留（图 11）。

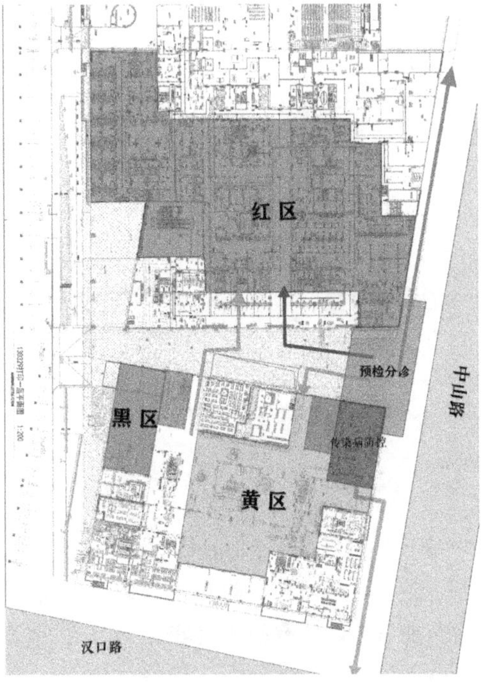

(a) 一层

图 10 NG 医院灾时一层平面分区

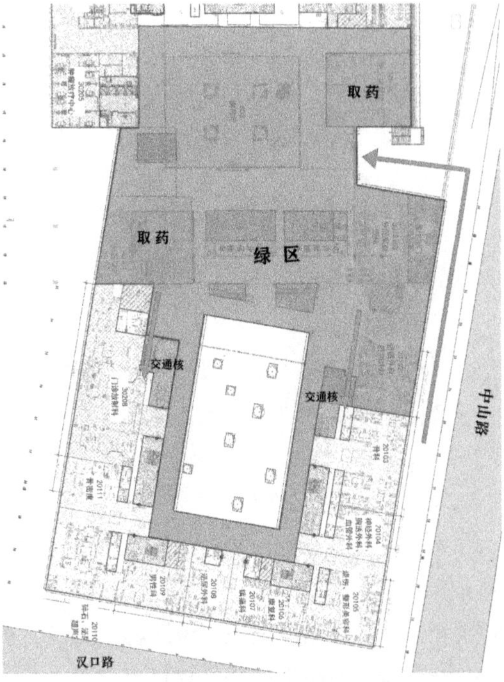

(b) 二层

图 11 NG 医院灾时二层平面分区

行人从东侧主入口进入，而救护车等车辆则从西侧进入，避免人流和车流的交叉。所有人员在医院的入口灰空间处进行预检分诊，仅做病症轻重的诊断，尽量减少停留时间，重症和中症病人直接进入红区和黄区抢救，在情况好转后补充信息采集，绿区的病人在预检分诊后须在指示下前往二层的绿区，在绿区内进行进一步的信息填写后接受救治。

在当前疫情背景影响下，洪涝灾害也伴随着潜在传染病的危害，需要在原有 BCP 分区基础上增加对传染病的防控的考虑。以原有的发热门诊作为应急时期传染病防控区域，发热或是检测阳性的病人需要直接进入该区域进行诊断或是防护条件下的救治，而不进入后续的分区。

3.2 患者数量

通过以国内C医院真实数据为基础，以灾时医院收容人数变化规律为骨架，计算灾后五天NG医院就诊人数变化如图12所示。

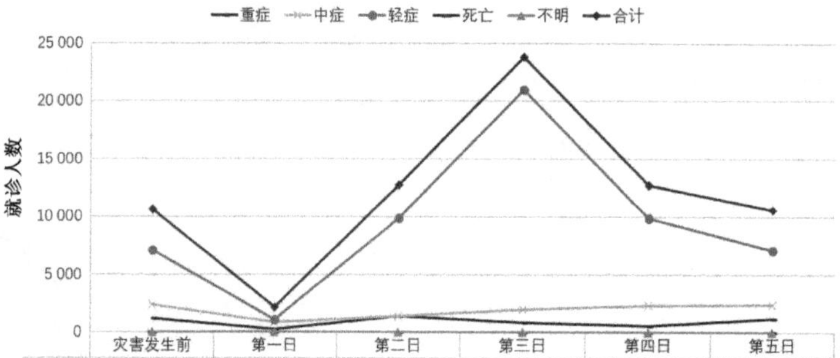

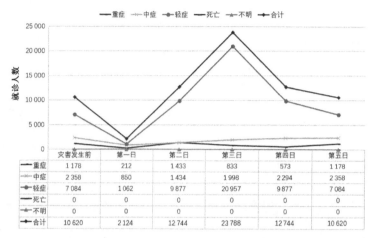

	灾害发生前	第一日	第二日	第三日	第四日	第五日
重症	1 178	212	1 433	833	573	1 178
中症	2 358	850	1 434	1 998	2 294	2 358
轻症	7 084	1 062	9 877	20 957	9 877	7 084
死亡	0	0	0	0	0	0
不明	0	0	0	0	0	0
合计	10 620	2 124	12 744	23 788	12 744	10 620

图12 NG医院模拟灾时就诊人数变化

3.3 分区系统下NG医院收容伤病员的最大容量

模拟结果如图13所示，得出NG医院在该BCP分区系统下，最大收容量约为4 000~4 750人/3 h，可达到日常门诊量的3~4倍。

3.4 场景体验真实性分析

模型环境的真实性也会对后续实验数据的可靠性造成影响，因此借助TwinMotion的VR仿真系统，对场景模型进行环境评估，通过整理调查问卷中的数据分析，可以得到如表2所示数据。这说明该医院模型场景提供给被试者的感受较为真实，为后续在模型中进行体验时得出的感受提供支撑。

表2 虚拟现实体验感受调查结果

场景的真实程度（总分5分，分数越高评价越积极）	分区是否比原就诊流程简便易懂?	该分区在洪涝灾害时是否更利于提高接收病患的效率?	该模型的建立以及VR技术的应用是否利于针对医院建筑内部空间的研究?
3	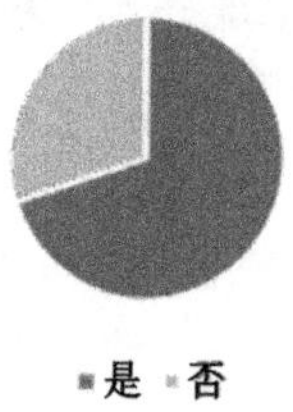	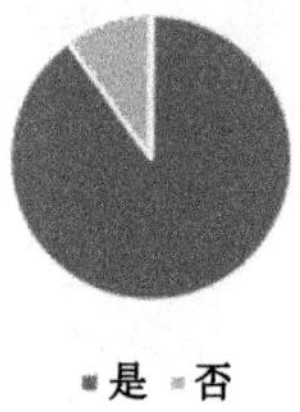	

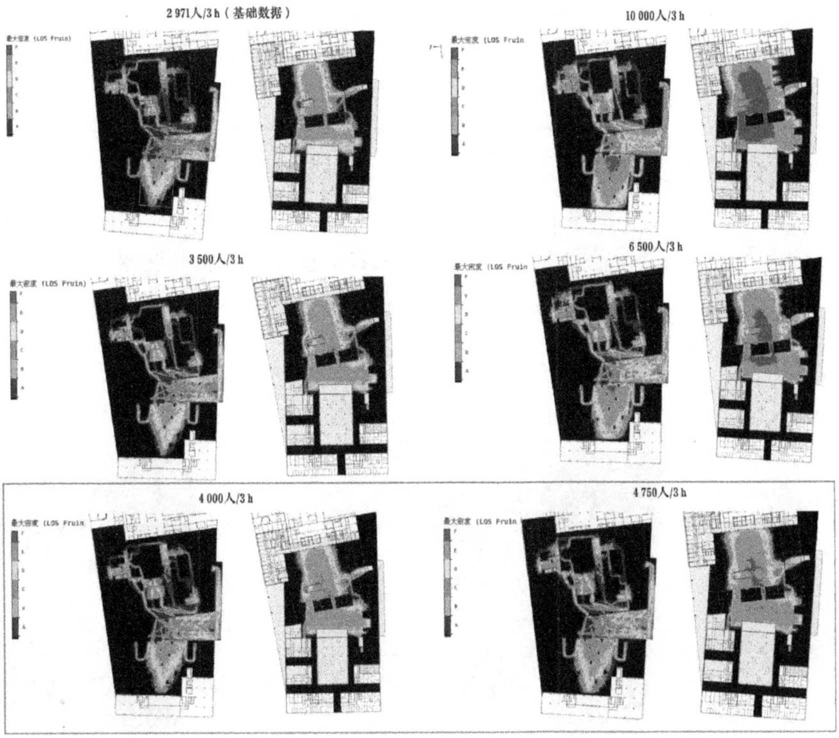

图 13　最大容量推算

3.5　流线交叉分析

（1）TwinMotion 虚拟现实模拟问卷数据分析

根据志愿者对 NG 医院应急场景的虚拟现实模拟提供的问卷调查结果（表 3）中针对寻找过程和流线体验的问题，进行整理分析，得到如下相应评估结论：在流线设置上虽没有过多交叉，但在实际行走体验中因为场景较大而容易迷失目标，从而导致流线混乱，需要增加更多醒目的标识。

表 3　虚拟现实体验关于场景识别度调查结果

问题	目标区域的可识别程度	任务流线的流畅度	标识的有效性
平均数	3. 78	2. 67	3. 89

3.6　拥堵分析

根据志愿者对 NG 医院应急场景的虚拟现实模拟所提供的问卷调查结果（表 4）中，针对拥堵方面的结果进行分析和分数计算，可得到结论：该场景中设置了较多的人群以增加场景的真实性，虽和真实数据比起来仍较少，但在体验中仍能感受到预检分诊处和绿区的人较多；通过比较用时可知较为拥挤的人群会影响寻找标识；在寻路过程中遭遇的拥堵情况较少。

表 4 模拟任务平均用时

情景编号	情景①	情景②	情景③	情景④
评价用时/s	124.67	45.67	152.33	157

以受灾情况下就诊人数最大日为实验样本，对实验模型进行计算模拟，得到如下人群最大密度图（图 14）和各区个体密度图（图 15），得到结论：以国内综合医院真实急诊数量为参考的情况下，在受灾情况人数最大日，该分区中拥挤程度较好，急救处和黄区入口较为拥堵，其次是绿区的信息登记处和预检分诊。总体来说各区所提供的停留面积足够，但预检分诊比各区所承载的人流密度更大。

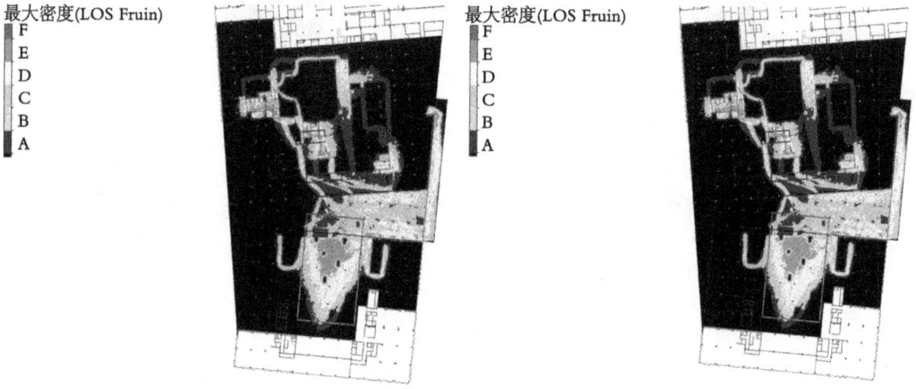

(a) 一层　　(b) 二层

图 14 最大密度图

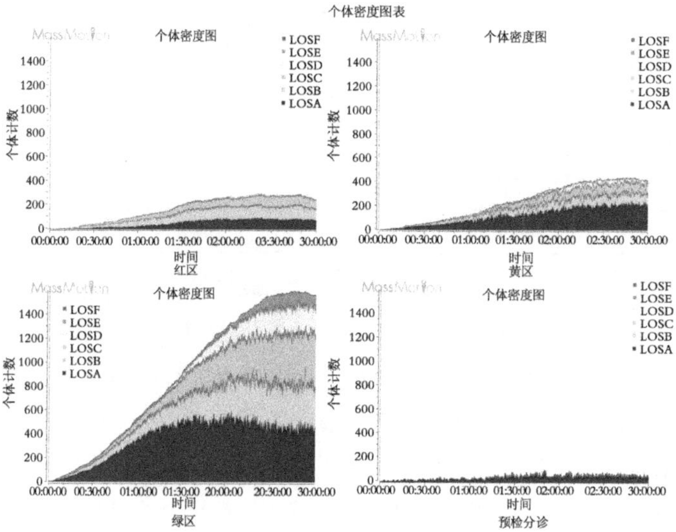

图 15 各区个体密度图

3.7 灾害平面优化建议

通过将模拟的结果进行整理，得到如下需要后续进行优化的问题：

(1) 从黄区前往绿区的楼梯较为隐蔽，需要增加指示标识。

(2) 虽然二层均为绿区，但因钢琴厅和另一侧等候区中间存在两个交通核，打断了空间，使一侧的人很难感受到另一侧空间，降低了两侧的联系性，需要更改空间布局或增加标识来整合绿区。

(3) 将绿区置于二层虽可提供较宽裕的空间，但也降低了绿区与红区、黄区的联系，增加了不便性，需要为从绿区到一层提供更为便捷的交通。

(4) 红区和黄区虽是同层，但因中间是室外空间，使红区和黄区的联系减弱，通过地面标识或更改材质，突出从黄区转移到红区的路径，使更易识别。

4 讨论

4.1 本文的意义

通过研究，一方面尝试借助计算机软件的协助，为医疗系统的完善提供多专业协作设计的途径；另一方面，学习日本既有较为完善的 BCP 应急医疗体系，可以为我国医疗应急方案提供经验与方向。

4.2 本文的拓展意义

本文通过探讨医疗系统完善的可能性，抛砖引玉地提供跨专业研究的思路，借助计算机软件的模拟，帮助各专业的学者从不同角度解决问题，达到协同作业的目的。本文通过建筑学的角度，借助建筑学软件，探讨完善医学系统的可行性和可能的方向，希望未来有其他领域的人可以通过其他角度推动我国医疗体系的进一步提升和完善。

4.3 本文的局限性和未来计划

本实验仅从建筑学平面和室内空间以及流线的角度进行研究分析，针对医学知识有较多的匮乏，虽然与医学工作者有过短暂的交流，但对于实验仍有较多不了解的专业内容，整个医疗体系的完善需要各个专业的人士共同努力和探讨。

本实验未来计划吸取前期实验得到的经验，并希望与相关医疗从业者进行进一步的交流，在医学人士专业意见下做进一步的改进。

结语

在当今自然灾害频发的情况下，我们急需提升我国医疗应急防灾减灾能力，以应对突发灾害对医疗系统造成的巨大冲击。针对医疗系统的 BCP 有很高的学习价值；通过以 NG 医院为例进行 BCP 分区设计可验证 BCP 面对突发灾害时有较高的使用价值，在其分区系统下最大可承载日常门诊量 3~4 倍就诊量；虚拟现实模拟等技术可以帮助非专业人士更形象地理解空间与流线，为实验减少人力、物力成本，使实验具有可重复性、可操作性。

参考文献

[1] 李芳,刘冰,沈华.我国洪涝灾害风险管理框架及运行机制研究[J].中国应急管理,2012(8):20-23.

[2] 于月增.从中日治水经验谈未来城市型洪涝灾害的应对策略[J].中国防汛抗旱,2021,31(9):30-36.

[3] 谭映军,马兴,李运明,等.灾害救援中医院层面应急计划的筹备与实施研究[J].重庆医学,2017,46(20):2861-2863.

[4] 中国研究型医院学会卫生应急学专业委员会,中国中西医结合学会灾害医学专业委员会,中国研究型医院学会心肺复苏学专业委员会,等.特大城市突发洪涝灾害急诊急救转运处置与过程管理专家共识(2021版)[J].河南外科学杂志,2021,27(5):1-5.

[5] 灾害对策委员会,BCP 事务局.福冈德洲会病院事业继续计划书(BCP)第二版[EB/OL].(2021-03-31)[2022-04-25].http://www.wds.emis.go.jp.

[6] EGAWA K,NAGASAWA Y.Studies on the situation in hospitals accepting many casualties suffered from great east japan earthquake[J].日本建筑学会技术报告集,2013,19(43):1055-1060

图表来源

图 1~3、图 5~8、图 10~15:作者自绘、自制.

图 4:参考之献[2].

图 9:参考文献[3].

表 1~4:作者自绘.

基于 DfD 理论的奥运场馆冰水转换体系数字化安装技术研究

王　祥[1*]　李　洋[2]　尹鹏飞[1]　周子淇[3]　吕雪源[3]　陈　蕾[3]

（1. 同济大学建筑与城市规划学院，上海市 200092，18310021@tongji.edu.cn；

2. 天津大学建筑学院，天津市 300072；

3. 中国建筑一局（集团）有限公司，北京市 100161）

摘要

本文介绍了一种基于 DfD 理论的用于可反复拆装的功能转换场景的预制装配化结构体系，以及基于多传感器和测量技术的高精度智能数字建造施工方法。该方法以 BIM 系统为平台，引入光学运动捕捉系统，并结合传统的施工测量技术，实现了 18 m×10 m 以上的大型施工区域内上百个点的实时动态监测。同时，通过引入定制化的结构族信息数据库和基于物联网技术的现场施工状态定位监测，以及二维码查询和修改系统，实现了施工全流程的数据可收集、可记录、可追溯。本文通过多传感器数据耦合和误差拟合，可提供±1 mm 以内的全局公差定位精度，同时开发了实时可视化辅助系统界面，提供各结构部件公差的反馈和分析。本文以北京 2022 年冬奥会"水立方"（中国国家游泳中心）中用于冬夏场景快速转换的装配式钢结构为例，验证了相关技术在实际施工中的应用前景，并完成了超大施工范围内全局标高误差 6 mm 以内、局部标高误差 2 mm 以内、整体施工时间 20 d 内的严苛目标。

关键词： DfD 理论；BIM；实时监测；运动捕捉技术；误差分析和拟合

Keywords：Design for disassembly；BIM；Real-time monitoring；Motion capture technology；Tolerance analysis and fitting

项目资助情况： 国家重点研发计划（2020YFF0304303-02）

引言

目前，以工业化建造为特征的装配式建筑在中国乃至世界范围内都得到大力推广，新技术的快速发展和应用也带来了对于设计、建造等流程环节的更高的要求和新的需求。例如，在当前的"碳达峰、碳中和"的背景下，预制装配化结构的适变性、建造过程的高效节能环保，也成为大量最新研究所关注的重点问题。针对建筑的适应性，国内外建筑工业化领域的研究人员已经进行了大量的实践，而基于可拆解、可反复安装利用的建筑体系的 DfD 理论，也是当前被学界较为关注和认可的设计理论和思想[1-2]。DfD（design for disassembly）意指一种基于可持续性、适变性的建筑设计思想，强调建筑在设计之初，便通过对于构配件的标准化设计、拆解设计和节点设计，实现对于建筑装配体系的单元化定义，从而在设计阶段就考虑了全生命周期的拆解，使组件易于拆解，最大限度地被回收利用，有效提高了其绿色性能。

在当前的 DfD 设计理论中，主要的研究问题关注于装配式建筑构件的等级秩序、界面划分、节点设计等基本的设计问题[3]。然而，对于建筑真实拆解、重建过程中的建造技术的关注仍然较为少见。在相关的 DfD 设计理论中，部分研究提及了现场建造中人力资源成本对于建筑拆解后的基本构件的部分要求，如在著名建筑先驱巴克明斯特·富勒（Buckminster Fuller）的成名作品 Dymaxion 住宅中，为考虑建造中对于构件、材料的搬运和安装方便，便将所有的构件重量都拆解为 25 kg 以下[3]。同时，由于此类建筑存在的构件连接的复杂性，往往也更依赖于现场工人的精细化作业，部分研究也提及了相关构配件的大小尺寸、节点安装复杂形式对于相关设计理论的重要作用[4]。然而，在当前的部分基于相关理论的实践中，建筑在反复拆装、特别是建造过程中，往往存在更多的问题和难题，如建筑构配件在搬运过程中的损耗、破坏，如何实现原位安装，如何高效地对施工构件进行现场堆放和施工组织，如何对施工安装的节点安装精度和整体精度进行控制。本文针对这一问题，以我国 2022 年北京冬季奥林匹克运动会冰壶馆“冰立方”的冬—夏场景转换建设项目为例，介绍了一种利用可反复拆装的预制钢结构体系，借助以 BIM 数字工作流为核心的、基于物联网和数字感知技术的高效智能数字建造体系，同时讨论了一种基于 BIM 数据体系的、利用物联网技术赋能的装配式建筑现场建造全生命周期数据采集和管理技术。

2022 年北京冬季奥林比克运动的冰壶馆由 2018 年的游泳场地——“水立方”主游泳池改建而成，而这也是世界范围内首个在泳池上架设冰壶赛道的奥运场馆，也使改造后的“冰立方”成为世界上唯一一座可同时运行水上项目和冰上项目的双奥场馆。在相关建筑结构设计和建造方法设计上，重点考虑应用了以 DfD 为主体思想的设计理念。同时，该项目的主要特征也带来了其对于施工过程和施工技术的严苛要求。首先，场馆运营的连续性和场景转换的反复性对整个快速安装、拆解的施工周期都有着严格的时间要求。同时，由于构件要多次反复安装、拆解、运输、维护，这给现场安装中的原位安装、构件全生命周期信息跟踪等提出了必要要求。最重要的是，由于比赛冰面铺设于该结构之上，其对整个预制装配结构的施工质量，特别是顶部制冰表面的标高水平度有着极其严格的要求。而整个体系的拆解程度高、离散程度高，这也给施工过程和施工方法带来了很大的难题。本文将结合上述问题，对相关设计内容和技术解决方案进行展开和讨论。

1　面向 DfD 理论的预制装配构件体系设计

冰水转换结构体系主要应用于国家游泳中心“水立方”的主游泳池中，在冬季冰雪运动的功能需求下，通过将泳池填平，形成一个临时的支撑结构，为上部提供一个稳定、平整的制冰平面，从而实现快速的冰—水功能转换。因此，整体结构采用了预制化装配式钢结构体系，结构总长 56. 7 m，宽 26. 7 m。在相关的结构拆解设计中，考虑到了室内场景施工中难以引入大型施工机械和运输机械，也对整体的结构可拆分程度做了较为深入的设计，使每个结构构件的重量控制在 500 kg 以内。结构支撑框架体由预制钢柱和梁制成，覆盖有轻质预制混凝土板，以满足制冰条件。结构以梁板柱结构体系为原型，分为结构柱、主梁、次梁、混凝土板等主要构件。考虑到结构的稳定性和构件拆解后的质量约束，基本的结构轴网尺寸控制为 2 m×3 m，每跨对应上部有 6 块混凝土板（图 1~2）。其中，梁柱构件均为高频焊接薄壁 H 型钢，具有加厚的翼缘板以减少拆装、运输过程中的变形可能。柱、主梁、次梁间的连接采用 M16 高强度螺栓进行连接，为了方便安装过程中的调节，螺栓对孔采用长直孔，具有 2 cm 左右的调节幅度。面层采用轻质混凝土预制板，主要规格为 1 m×1 m×1 m，强度等级为 L40。

由于冰壶比赛场地对于冰面条件的特殊性以及制冰条件的限制，所有钢柱的底部设置了可以通过螺栓进行高度调节的粗调装置，装置与钢柱通过球形铰接节点进行连接，在顶部次梁与混凝土板底部的连接处采用了可以通过螺栓进行高度调节的精调装置，其与次梁和混凝土板也通过螺栓进行固定连接（图 1）。最后，结构总共拆解为 2 000 余个构件，其中总共包括 1 568 块预制板和 140 t 的钢结构。

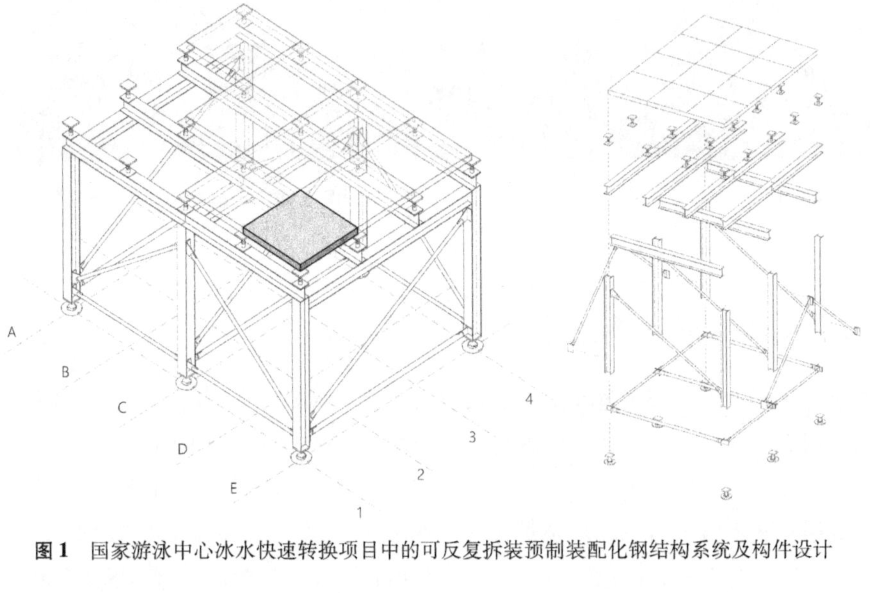

图 1　国家游泳中心冰水快速转换项目中的可反复拆装预制装配化钢结构系统及构件设计

图 2 国家游泳中心冰水快速转换项目中的可反复拆装预制装配化钢结构现场安装示意和最终铺设冰面赛道图

2 现场数字化安装技术方法

本研究对现场结构安装过程提出了较高的要求，试图对所有构件的安装过程进行精确记录，从而能够对整个建造过程进行数据采集，并通过数字孪生的方式，在现场指导工人的安装和后续的调平过程。因此，本研究首先建立了一个基于 BIM 数字模型体系的装配式结构现场施工监测、反馈的系统平台。整个平台以 Autodesk REVIT 软件为依托，通过对结构构件的族信息进行自定义，在相关属性信息中加入所需的工程状态属性

（如运输状态、维修状态、现场安装状态、调平状态等），对快速拆装中的构件信息进行记录，并呈现于数字模型中（图 3）。

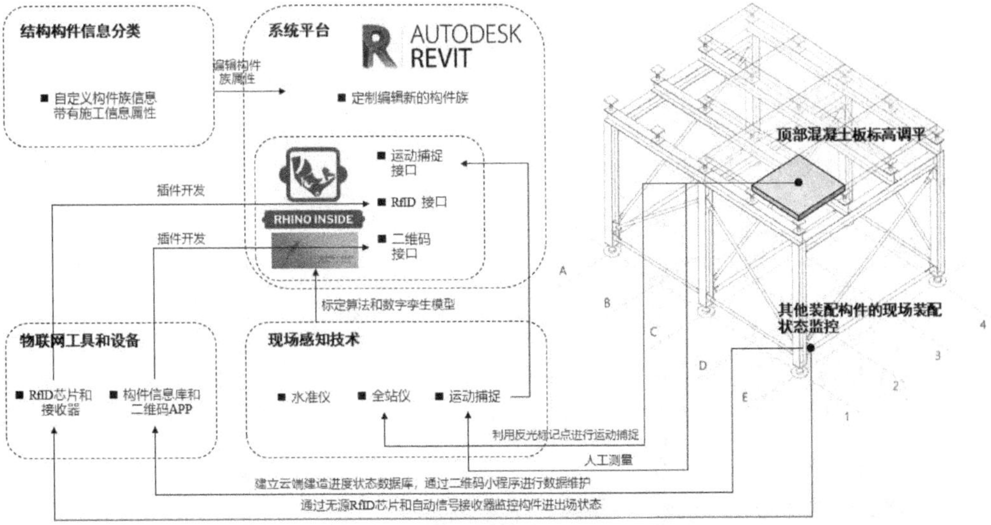

图 3　现场建造数字化系统的功能和接口示意图

对于结构构件的信息的收集首先来源于现在布置的各类传感设备。在本研究中，现场的信息感知包括两个系统：基于物联网的构件进出场信息感知和基于运动捕捉技术的构件坐标实时监控。对于构件的进出场状态，本研究利用了具有定位标签功能的射频识别芯片（RfID），通过对每个构件编号与芯片编号进行一一映射，便可以通过现场的 RfID 信号探测器，对相关构件的进出场状态进行监测，并通过相关的数据接口将构件状态的信息改变记录实时传入总体的 BIM 模型中。在现场施工组织中，进出场数据已构件码垛的形式进行记录，构件根据现场建造的先后顺序进行从上到下的码垛堆放，从而方便每次安装过程中的原位安装。同时，现场设立物料堆放区，一旦物料码垛进入现场堆放区，该芯片会被自动探测到，该记录会被传输并储存于系统中，对应构件的属性状态也会因此改变。

除了可以通过物联网技术进行直接感知的构件状态变化外，现场施工中仍涉及大量需要人工执行并上报维护的安装信息，如各构件是否安装完成、是否存在损伤等等。对于所有的此类构件信息，本研究通过一个在线的构件建造信息数据库进行统一管理，数据库对每个构件的所有施工状态进行统一记录，并保存每条记录产生变化的时间标签。为方便现场施工作业的便捷性，相关数据的维护、编辑功能采用微信小程序的方式完成。在现场的每一个构件上，都通过对应的构件名称和位置编号布置相关的二维码贴纸，在每一个施工步骤完成后，现场施工经理可以通过批量扫码的方式，对构件的安装信息进行更改维护（图 4），部分与 RfID 芯片、运动捕捉标高探测等相关的数据，则可以通过 BIM 系统的软件数据接口进行实时维护。

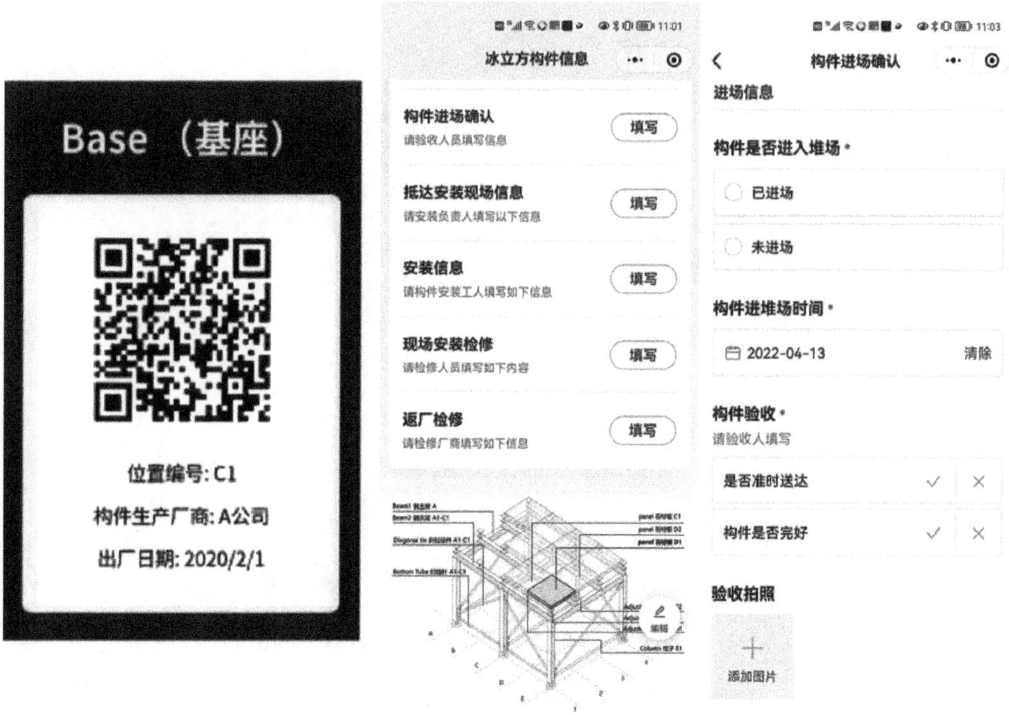

图 4 各构件信息二维码以及维护数据的微信小程序界面图

最后，由于本项目的特殊要求，在施工过程的一个重大难点在于如何对现场 1 568块混凝土预制板的顶板标高进行高精度调平。由于冰面对于平整度需求的特殊性，调平后的各块混凝土板在全部施工范围内的标高精度允许误差为 6 mm，局部 3 m 之内的标高误差精度允许为 2 mm，因此需要实现高精度的构件标高信息监测。同时，由于结构本身的离散特性，对于每一块构件的调整都会涉及对于其他构件的影响，因此还需要对多个构件标高信息变化进行同步的实时监测，而这是传统的施工监测技术（如水准仪、全站仪）难以实现的。在本项目中，为了实现大范围、高精度的多点实时监测技术，研究引入了广泛用于虚拟现实、运动、医疗、机器人等领域的运动捕捉感知技术，并将其与传统施工技术相结合，来对施工过程中的多个混凝土顶板的三维标高进行实时感知，并通过 BIM 软件的相关接口进行数据传输和分析，与现场的大屏幕联动，实时指导工人对各个顶板的标高进行调整（图 5）。

运动捕捉系统以基于视觉的三维坐标定位原理为基础，通过在目标物体上放置红外线反射力强的标志点（marker），再通过双（多）目成像的定位原理对目标物体的三维

图 5　用于混凝土顶板智能调平安装的运动捕捉系统

动态坐标信息变化进行感知。因此，现场的标高监测系统由多个红外线运动捕捉相机组成的监测阵列组成，相机成一字形排列，通过交换机进行数据传输，并与现场 BIM 系统的计算机进行通信。通过在不同混凝土板顶部放置标志点小球，系统可以实现对于该顶板的标高信息的高精度采集。

由于本研究中的数字施工方法涉及多源数据的获取和不同异构数据信息的融合，在 REVIT 系统中，专门利用了其中的计算性涉及平台 Rhino-inside-REVIT（RIR）对相关的算法功能接口进行整合。在 RIR 中，利用其中的参数化编程插件 Grasshopper，通过编写代码和接口的方式，实现了 RfID、云端数据库信息、运动捕捉标高信息的同步接入（图 3），最终保证了整个预制装配结构体系的拆装信息的实时采集和动态记录。

3　动态标高误差分析和辅助调平系统

本研究中的运动捕捉系统基于光学定位成像的原理，通过将定位点在相机中的二维坐标转换为空间中的三维坐标进行实现。因此，对于每个标志点的定位观测至少需要两台相机同步观测，并通过相关的算法对标志点的三维坐标进行计算。因此，标志点在各个相机内的二维坐标需要进行同步的融合，而对于各个相机之间的空间坐标关系的预测和优化计算也成为影响运动捕捉定位精度的重要因素。同时，在运动捕捉系统中，物体真实三维空间的原始坐标系需要通过人工标定进行建立，即在施工现场根据结构的初步落位情况放置一个 T 形的带有标志点的定位杆，通过一次静态识别的方式提取其中的两个正交轴线，并以此为系统的 *X*、*Y* 轴，对三维空间坐标系进行定位（图 6）。

由于本研究中的运动捕捉系统的成像特性，在单边排布的情况下，其定位的误差随着目标标志点和相机的距离的增加而增加。同时，由于定位系统的坐标系建立特征，直

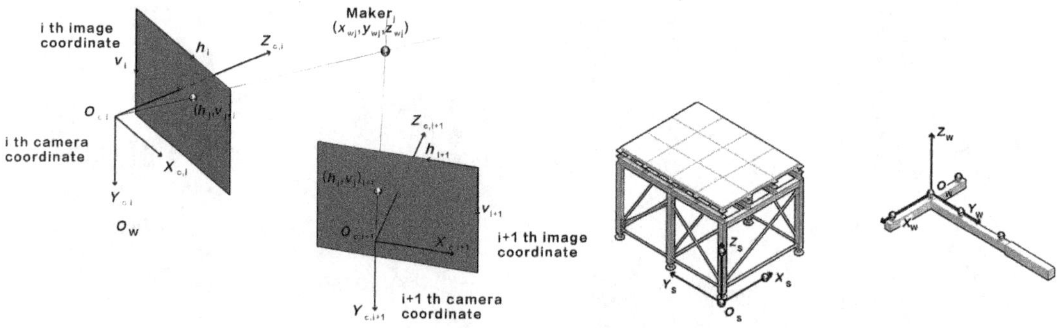

图 6 运动捕捉三维成像原理分析图

接从运动捕捉系统中采集的坐标数据往往存在一定程度的扭转和倾斜，因此难以直接反映目标的真实标高数据。根据相关研究，本研究采用了运动捕捉技术和传统测绘技术进行协同拟合并优化的方法[5]，进一步保证相关数据的准确性。首先，利用全站仪对各轴线交点进行现场放线，在相关的结构柱安装完成后，利用水准仪对各个柱顶中心点的标高数据进行一次人工记录。然后，在部署好运动捕捉系统之后，通过运动捕捉系统依据放线轴线进行初步的坐标系标定，并利用标志点对各个柱顶中心点进行一次运动捕捉自动采样。至此，两次采用的数据分别形成了一组由轴线顶点组成的基础定位网格。通过利用迭代最近点优化（ICP）的误差拟合算法，现场 BIM 系统对两套网格点的坐标数据进行一次全局拟合，从而将运动捕捉系统的标高数据拟合至传统定位方式测得的真实坐标系中，对运动捕捉的数据误差进行消除。通过相关的前序实验和现场测量验证，由本研究中 18 个运动捕捉相机组成的监测系统，同步可以覆盖 15 m×12 m 的测量范围，其定位误差可以达到 1 mm 以内。而由全站仪、水准仪数据构成的全局定位点数据，也方便了运动捕捉相机平移至下一区域后整体标高数据的拼合和整合，从而保证了现场施工中多点、高精度的标高数据实时采集和分析。

为了辅助相关的施工调平过程，本研究在 BIM 系统中编写建立了相关的混凝土顶点标高实时可视化辅助系统。通过在不同混凝土顶板上放置定位小球，实时获得相关标志点的标高信息。对定位信息的 X、Y 坐标位置进行判断，如果小球位于顶板中心，该小球的 Z 方向坐标则被认为是结构顶板的整体标高，如果小球位于顶板交点，则精细显示小球的 X、Y、Z 等多个数据以点的方式进行呈现。因此，在现场施工当中，施工人员可以首先在探测范围内的所有结构顶部中心放置定位小球，并同步通过三维标高辅助系统得到整体的安装平整度偏差信息，并对调整方案进行初步设计。在标高辅助系统中，该数据以平面的方式进行呈现，对于中心点标高直接呈现为对应混凝土板的整体标高数据，通过该标高数据与模型预期数据的对比，实时显示整个结构板的标高误差，并通过设置误差阈值的范围，筛选超出阈值的混凝土顶板的坐标信息，并实时地以红色的方式进行呈现。而对于结构顶板的微调过程，往往最终需要通过位于交点的精调装置进行调整，而这可以通过将定位小球移至交点的方式完成，此时，辅助系统中的坐标会变为以点为代表的标高误差值，通过现场的大屏幕中的数字孪生模型进行同步呈现，施工人员可以快速地实现整个结构的精细化标高调整。

图 7 结构顶板标高调平数字化实时辅助系统

4 数据整理和施工效果验证

基于上述的整套现场施工全流程动态监测系统，基本实现了所有构件、所有关键流程的信息采集和分析。在现场施工中，通过 BIM 模型系统进行信息整合，并根据数字孪生模型进行数据呈现，可以有效地反映现场施工组织、管理中的优缺点，对整个结构的反复拆装作业提供组织优化的必要基础数据信息。同时，对于不同施工流程的耗时信息的记录，也可以帮助施工设计人员发现整个结构设计的关键缺陷问题，从而对系统进行评估和相关的设计优化，也为后续的反复拆装的施工作业不断进行优化。

现场数据的数字孪生模型通过 BIM 软件中的对应构件族的属性信息进行组织，通过 RIR 中设计的相应算法，最终体现为结构数字孪生模型中颜色信息的改变。因此，在现场的施工管理人员则可以通过远程对数据进行监控，对全流程的关键施工环节进行把控。最后，相关的数据会被输出为 Excel 文件的施工日志，从而可以对一次完整的拆装施工的全流程进行可追溯的整体流程记录。

在最终的施工调平效果验证方面，在现场施工中，分别设置了大部分由运动捕捉系统进行辅助调平的试验区和只经过人工初步调平的对比区，并通过引入第三方高精度测量工具——激光跟踪仪，对每一块结构顶板标高进行标高的最终验证。结果表明，经过标高监测和调平辅助的区域基本满足项目对全局和局部高程误差的要求，整体精度控制在-1.5~1.5 mm之间（图9）。与该区域相比，未监测区的标高误差较大，区内大量测点低于全局期望标高，其误差在-2~-10 mm范围内，而这也往往和施工人员的测量数据和经验直接相关。因此，可以证明本研究提出的标高监测方法的有效性和高效性。

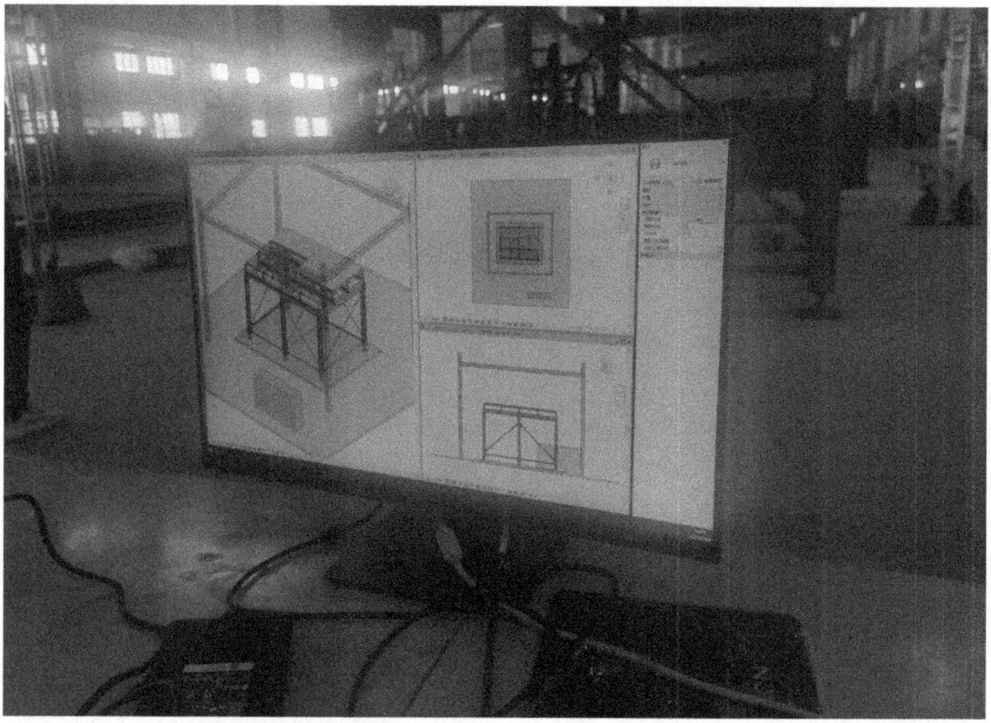

图8　实时数字孪生模型展示界面

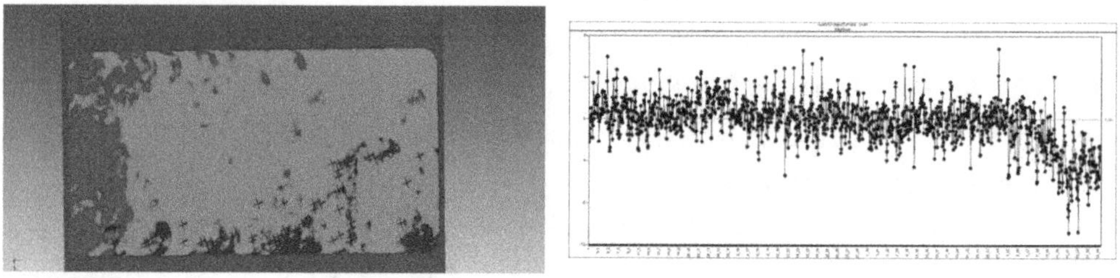

图9　由激光跟踪仪进行的调平数据和误差精度效果验证

结语

本文展示了基于DfD理论，结合相关BIM技术和施工监控技术，在REVIT和Grasshopper平台相关软件系统上开发了用于奥运场馆冰水快速转换的装配式钢结构体系快速拆装的系统化、一体化设计—建造—监控工作流程。该研究成功地帮助国家游泳中心从2008年夏季游泳场馆到2022年冬季冰壶场馆的快速、可重复场景过渡，有效地减少了所需的结构施工时间，并确保了结构本身的高标准、高控制要求。在当前建筑行业追求数字化和可持续发展的时代，本研究提出的相关设计和施工方法有望为未来建筑技术的智能化变革做出贡献。在本研究中，对相关传感器应用和算法的相关研究仍处于实验性质，相关设备相对昂贵，安装成本较高，在未来的研究中，期望能加入更先进、性价比更高的传感器，辅助优化施工过程中的新的数字化技术的发展。

参考文献

[1] GUY B, CIARIMBOLI N. Design for disassembly in the built environment: a guide to closed-loop design and building[Z]. City of Seattle: WA, Resource Venture, Inc Pennsylvania State University, 2003.

[2] RIOS F C, CHONG W K, GRAU D. Design for disassembly and deconstruction - challenges and opportunities [J]. Procedia Engineering, 2015, 118: 1296-1304.

[3] 孟刚. IFD+DfD: 具有干作特征的适变构造设计策略[J]. 住宅科技, 2020, 40(5): 44-46.

[4] ABUZIED H, SENBEL H, AWAD M, et al. A review of advances in design for disassembly with active disassembly applications[J]. Engineering Science and Technology, 2020, 23(3): 618-624.

[5] NAGYMáTé G, TUCHBAND T, KISS R M. A novel validation and calibration method for motion capture systems based on micro-triangulation[J]. Journal of Biomechanics, 2018, 74: 16-22.

图片来源

图1、图3~4、图6、图9:作者自绘.

图2、图5、图7~8:作者自摄.